西北五省区市售水果蔬菜
农药残留报告 II

庞国芳 李 坚 邱国玉 主编

科学出版社
北京

内 容 简 介

《西北五省区市售水果蔬菜农药残留报告Ⅱ》包括我国西北五省区2021年9类20种市售水果蔬菜农药残留侦测报告和膳食暴露风险与预警风险评估报告。分别介绍了市售水果蔬菜样品采集情况，液相色谱-四极杆飞行时间质谱（LC-Q-TOF/MS）和气相色谱-四极杆飞行时间质谱（GC-Q-TOF/MS）农药残留检测结果，农药残留分布情况，农药残留检出水平与最大残留限量（MRL）标准对比分析，以及农药残留膳食暴露风险评估与预警风险评估结果。

本书对从事农产品安全生产、农药科学管理与施用、食品安全研究与管理的相关人员具有重要参考价值，同时可供高等院校食品安全与质量检测等相关专业的师生参考，广大消费者也可从中获取健康饮食的裨益。

图书在版编目（CIP）数据

西北五省区市售水果蔬菜农药残留报告：Ⅱ / 庞国芳，李坚，邱国玉主编. —北京：科学出版社，2023.3

ISBN 978-7-03-074144-8

Ⅰ.①西… Ⅱ.①庞… ②李… ③邱… Ⅲ.①水果-农药残留-研究报告-西北地区 ②蔬菜-农药残留-研究报告-西北地区 Ⅳ.①S481

中国版本图书馆 CIP 数据核字（2022）第 234672 号

责任编辑：杨 震 刘 冉 杨新改/责任校对：杜子昂
责任印制：吴兆东/封面设计：北京图阅盛世

科学出版社 出版
北京东黄城根北街 16 号
邮政编码：100717
http://www.sciencep.com
北京中科印刷有限公司 印刷
科学出版社发行 各地新华书店经销

*

2023 年 3 月第 一 版　开本：787×1092　1/16
2023 年 3 月第一次印刷　印张：58 1/2
字数：1 390 000

定价：**298.00 元**
（如有印装质量问题，我社负责调换）

西北五省区市售水果蔬菜农药残留报告 II
编 委 会

主　编　　庞国芳　李　坚　邱国玉
副主编　　白若镔　方　冰　吴福祥　朱仁愿　常巧英
编　委　　（按姓名汉语拼音排序）

　　　　　白若镔　常巧英　陈　敏　陈　婷　丁　辉　樊　星
　　　　　方　冰　盖丽娟　郭　宝　韩　晔　郝小婷　冀腾腾
　　　　　李　坚　李　运　李依璇　刘光瑞　刘亚琼　潘建忠
　　　　　庞国芳　戚鹏飞　邱国玉　王　然　王小乔　吴　芳
　　　　　吴　瑶　吴福祥　闫　君　张　明　张　文　张虹艳
　　　　　张菁菁　朱仁愿

前　言

食品安全是全球的重大民生问题，而食品中农药残留问题是引发食品安全事件的重要因素之一，尤其受到关注。欧盟、美国和日本等已制定了严格的农药最大残留限量（MRL）标准，我国《食品安全国家标准 食品中农药最大残留限量》规定了食品中564种农药的10092项MRL，进一步加强了农药化学污染物残留监控。在关注农药残留对人类身体健康和生存环境造成新的潜在危害的同时，也对农药残留的检测技术、监控手段和风险评估能力提出了更高的要求。

作者团队此前围绕世界常用的1200多种农药和化学污染物展开多学科合作研究，例如，采用高分辨质谱技术开展无须实物标准品作参比的高通量非靶向农药残留检测技术研究；运用互联网技术与数据科学理论对海量农药残留检测数据的自动采集和智能分析研究；引入网络地理信息系统（Web-GIS）技术用于农药残留检测结果的空间可视化研究等，均取得了原创性突破，实现了农药残留检测技术信息化、检测结果大数据处理智能化、风险溯源可视化。

《西北五省区市售水果蔬菜农药残留报告Ⅱ》（以下简称《报告》）是上述多项研究成果综合应用于我国西北五省区农产品农药残留检测与风险评估的科学报告。为了真实反映西北五省区百姓餐桌上水果蔬菜中农药残留污染状况以及残留农药的相关风险，作者团队采用液相色谱-四极杆飞行时间质谱（LC-Q-TOF/MS）及气相色谱-四极杆飞行时间质谱（GC-Q-TOF/MS）两种高分辨质谱技术，从西北五省区16个城市（包括5个省会及11个水果蔬菜主产区城市）668个采样点（包括超市、农贸市场、个体商户、公司、餐饮酒店及电商平台等）随机采集了9类20种市售水果蔬菜（均属于国家农药最大残留限量标准列明品种）4000例进行了非靶向农药残留筛查，形成了西北五省区市售水果蔬菜农药残留检测报告。在此基础上，运用食品安全指数模型和风险系数模型，开发了风险评价应用程序，对上述水果蔬菜农药残留分别开展膳食暴露风险评估和预警风险评估，形成了2021年西北五省区市售水果蔬菜农药残留膳食暴露风险与预警风险评估报告。

为了便于查阅，本次出版的《报告》按我国西北五省区自然地理区域共分为24章：第1~4章为西北五省区总论，第5~8章为甘肃省，第9~12章为陕西省，第13~16章为青海省，第17~20章为宁夏回族自治区，第21~24章为新疆维吾尔自治区。

《报告》内容均采用统一的结构和方式进行叙述，对每个省区的市售水果蔬菜农药残留状况和风险评估结果均按照LC-Q-TOF/MS及GC-Q-TOF/MS两种技术分别阐述。主要包括以下几方面内容：①市售水果蔬菜样品采集情况与农药残留检测结果；②农药残留检出水平与最大残留限量（MRL）标准对比分析；③水果蔬菜中农药残留分布情况；④水果蔬菜农药残留报告的初步结论；⑤水果蔬菜农药残留膳食暴露风险评估；⑥水果蔬菜农药残留预警风险评估；⑦水果蔬菜农药残留风险评估结论与建议。此外，还以附录形式介绍了农药残留风险评价模型。该项研究成果为提升农药残留监管水平和农产品质量安全水平，提供了重要的技术和数据支撑。

本《报告》是国家重点研发计划项目（2022YFF1101103）"食品风险全程全息预警与评价可视化系统构建及应用"、国家市场监督管理总局科技计划项目（2021MK110）"高原夏菜农药残留风险监测与质量控制研究"、兰州市食品药品检验检测研究院院士工作站专项项目和国家市场监管（食品中农药兽药残留监控）重点实验室的研究成果之一。该项研究成果紧扣二十大报告指出的"强化食品药品安全监管"和"十四五"规划明确的"加强食品全链条质量安全监管"等主题，可为农药残留监管提供重要的技术和数据支撑。

本《报告》可供食品安全研究与管理、农产品生产加工、农药管理与施用的相关人员、政府监管部门及广大消费者阅读参考。

由于作者水平有限，书中不妥之处在所难免，恳请广大读者批评指正。

2022 年 12 月

目 录

第1章 LC-Q-TOF/MS 侦测西北五省区市售水果蔬菜农药残留报告 ··········· 1
    1.1 样品概况 ··· 1
    1.2 样品中农药残留检出情况 ·· 4
    1.3 农药残留检出水平与最大残留限量标准对比分析 ································ 19
    1.4 水果中农药残留分布 ·· 33
    1.5 蔬菜中农药残留分布 ·· 38
    1.6 初步结论 ·· 45
    1.7 小结 ·· 53

第2章 LC-Q-TOF/MS 侦测西北五省区市售水果蔬菜农药残留膳食暴露风险与预警风险评估 ··········· 55
    2.1 农药残留侦测数据分析与统计 ·· 55
    2.2 农药残留膳食暴露风险评估 ··· 59
    2.3 农药残留预警风险评估 ··· 75
    2.4 农药残留风险评估结论与建议 ··· 103

第3章 GC-Q-TOF/MS 侦测西北五省区市售水果蔬菜农药残留报告 ········· 106
    3.1 样品概况 ·· 106
    3.2 样品中农药残留检出情况 ··· 109
    3.3 农药残留检出水平与最大残留限量标准对比分析 ······························ 123
    3.4 水果中农药残留分布 ·· 138
    3.5 蔬菜中农药残留分布 ·· 142
    3.6 初步结论 ·· 150
    3.7 小结 ·· 159

第4章 GC-Q-TOF/MS 侦测西北五省区市售水果蔬菜农药残留膳食暴露风险与预警风险评估 ··········· 160
    4.1 农药残留侦测数据分析与统计 ·· 160
    4.2 农药残留膳食暴露风险评估 ··· 164
    4.3 农药残留预警风险评估 ··· 180
    4.4 农药残留风险评估结论与建议 ·· 200

第5章 LC-Q-TOF/MS 侦测甘肃省市售水果蔬菜农药残留报告 ··············· 204
    5.1 样品种类、数量与来源 ··· 204
    5.2 农药残留检出水平与最大残留限量标准对比分析 ······························ 221
    5.3 水果中农药残留分布 ·· 258
    5.4 蔬菜中农药残留分布 ·· 262

5.5　初步结论 ··· 267

第6章　LC-Q-TOF/MS 侦测甘肃省市售水果蔬菜农药残留膳食暴露风险与预警风险评估 ·· 274

6.1　农药残留侦测数据分析与统计 ·· 274
6.2　农药残留膳食暴露风险评估 ··· 277
6.3　农药残留预警风险评估 ·· 291
6.4　农药残留风险评估结论与建议 ·· 307

第7章　GC-Q-TOF/MS 侦测甘肃省市售水果蔬菜农药残留报告 ·················· 311

7.1　样品种类、数量与来源 ·· 311
7.2　农药残留检出水平与最大残留限量标准对比分析 ····································· 328
7.3　水果中农药残留分布 ··· 367
7.4　蔬菜中农药残留分布 ··· 372
7.5　初步结论 ··· 378

第8章　GC-Q-TOF/MS 侦测甘肃省市售水果蔬菜农药残留膳食暴露风险与预警风险评估 ·· 386

8.1　农药残留侦测数据分析与统计 ·· 386
8.2　农药残留膳食暴露风险评估 ··· 389
8.3　农药残留预警风险评估 ·· 402
8.4　农药残留风险评估结论与建议 ·· 427

第9章　LC-Q-TOF/MS 侦测陕西省市售水果蔬菜农药残留报告 ·················· 431

9.1　样品种类、数量与来源 ·· 431
9.2　农药残留检出水平与最大残留限量标准对比分析 ····································· 439
9.3　水果中农药残留分布 ··· 451
9.4　蔬菜中农药残留分布 ··· 456
9.5　初步结论 ··· 462

第10章　LC-Q-TOF/MS 侦测陕西省市售水果蔬菜农药残留膳食暴露风险与预警风险评估 ·· 467

10.1　农药残留侦测数据分析与统计 ·· 467
10.2　农药残留膳食暴露风险评估 ·· 469
10.3　农药残留预警风险评估 ··· 479
10.4　农药残留风险评估结论与建议 ·· 490

第11章　GC-Q-TOF/MS 侦测陕西省市售水果蔬菜农药残留报告 ················ 494

11.1　样品种类、数量与来源 ··· 494
11.2　农药残留检出水平与最大残留限量标准对比分析 ··································· 502
11.3　水果中农药残留分布 ·· 514
11.4　蔬菜中农药残留分布 ·· 519
11.5　初步结论 ·· 525

第 12 章　GC-Q-TOF/MS 侦测陕西省市售水果蔬菜农药残留膳食暴露风险与预警风险评估 ········· 530
12.1　农药残留侦测数据分析与统计 ········· 530
12.2　农药残留膳食暴露风险评估 ········· 532
12.3　农药残留预警风险评估 ········· 543
12.4　农药残留风险评估结论与建议 ········· 554

第 13 章　LC-Q-TOF/MS 侦测青海省市售水果蔬菜农药残留报告 ········· 558
13.1　样品种类、数量与来源 ········· 558
13.2　农药残留检出水平与最大残留限量标准对比分析 ········· 566
13.3　水果中农药残留分布 ········· 578
13.4　蔬菜中农药残留分布 ········· 583
13.5　初步结论 ········· 589

第 14 章　LC-Q-TOF/MS 侦测青海省市售水果蔬菜农药残留膳食暴露风险与预警风险评估 ········· 593
14.1　农药残留侦测数据分析与统计 ········· 593
14.2　农药残留膳食暴露风险评估 ········· 595
14.3　农药残留预警风险评估 ········· 605
14.4　农药残留风险评估结论与建议 ········· 616

第 15 章　GC-Q-TOF/MS 侦测青海省市售水果蔬菜农药残留报告 ········· 619
15.1　样品种类、数量与来源 ········· 619
15.2　农药残留检出水平与最大残留限量标准对比分析 ········· 627
15.3　水果中农药残留分布 ········· 639
15.4　蔬菜中农药残留分布 ········· 644
15.5　初步结论 ········· 649

第 16 章　GC-Q-TOF/MS 侦测青海省市售水果蔬菜农药残留膳食暴露风险与预警风险评估 ········· 654
16.1　农药残留侦测数据分析与统计 ········· 654
16.2　农药残留膳食暴露风险评估 ········· 657
16.3　农药残留预警风险评估 ········· 667
16.4　农药残留风险评估结论与建议 ········· 679

第 17 章　LC-Q-TOF/MS 侦测宁夏回族自治区市售水果蔬菜农药残留报告 ········· 683
17.1　样品种类、数量与来源 ········· 683
17.2　农药残留检出水平与最大残留限量标准对比分析 ········· 691
17.3　水果中农药残留分布 ········· 703
17.4　蔬菜中农药残留分布 ········· 708
17.5　初步结论 ········· 714

第 18 章　LC-Q-TOF/MS 侦测宁夏回族自治区市售水果蔬菜农药残留膳食暴露风险与预警风险评估 ……………………………………………………………………719
    18.1　农药残留侦测数据分析与统计 ………………………………………………719
    18.2　农药残留膳食暴露风险评估 …………………………………………………721
    18.3　农药残留预警风险评估 ………………………………………………………732
    18.4　农药残留风险评估结论与建议 ………………………………………………745

第 19 章　GC-Q-TOF/MS 侦测宁夏回族自治区市售水果蔬菜农药残留报告 ……749
    19.1　样品种类、数量与来源 ………………………………………………………749
    19.2　农药残留检出水平与最大残留限量标准对比分析 …………………………757
    19.3　水果中农药残留分布 …………………………………………………………769
    19.4　蔬菜中农药残留分布 …………………………………………………………774
    19.5　初步结论 ………………………………………………………………………779

第 20 章　GC-Q-TOF/MS 侦测宁夏回族自治区市售水果蔬菜农药残留膳食暴露风险与预警风险评估 ……………………………………………………………784
    20.1　农药残留侦测数据分析与统计 ………………………………………………784
    20.2　农药残留膳食暴露风险评估 …………………………………………………787
    20.3　农药残留预警风险评估 ………………………………………………………796
    20.4　农药残留风险评估结论与建议 ………………………………………………809

第 21 章　LC-Q-TOF/MS 侦测新疆维吾尔自治区市售水果蔬菜农药残留报告 ……813
    21.1　样品种类、数量与来源 ………………………………………………………813
    21.2　农药残留检出水平与最大残留限量标准对比分析 …………………………820
    21.3　水果中农药残留分布 …………………………………………………………828
    21.4　蔬菜中农药残留分布 …………………………………………………………834
    21.5　初步结论 ………………………………………………………………………839

第 22 章　LC-Q-TOF/MS 侦测新疆维吾尔自治区市售水果蔬菜农药残留膳食暴露风险与预警风险评估 ……………………………………………………………843
    22.1　农药残留侦测数据分析与统计 ………………………………………………843
    22.2　农药残留膳食暴露风险评估 …………………………………………………845
    22.3　农药残留预警风险评估 ………………………………………………………853
    22.4　农药残留风险评估结论与建议 ………………………………………………864

第 23 章　GC-Q-TOF/MS 侦测新疆维吾尔自治区市售水果蔬菜农药残留报告 ……867
    23.1　样品种类、数量与来源 ………………………………………………………867
    23.2　农药残留检出水平与最大残留限量标准对比分析 …………………………873
    23.3　水果中农药残留分布 …………………………………………………………879
    23.4　蔬菜中农药残留分布 …………………………………………………………885
    23.5　初步结论 ………………………………………………………………………890

第 24 章　GC-Q-TOF/MS 侦测新疆维吾尔自治区市售水果蔬菜农药残留膳食暴露风险与预警风险评估·················894
24.1　农药残留侦测数据分析与统计·················894
24.2　农药残留膳食暴露风险评估·················896
24.3　农药残留预警风险评估·················904
24.4　农药残留风险评估结论与建议·················913
附录 A　农药残留风险评价模型·················916
参考文献·················920

第1章 LC-Q-TOF/MS侦测西北五省区市售水果蔬菜农药残留报告

从西北五省区随机采集了4000例水果蔬菜样品,使用液相色谱-飞行时间质谱(LC-Q-TOF/MS),进行了871种农药化学污染物的全面侦测。

1.1 样品概况

为了真实反映百姓餐桌上水果蔬菜中农药残留污染状况,本次所有检测样品均由检验人员于2021年5月至9月期间,从西北五省区16个城市的668个采样点,包括71个农贸市场、60个电商平台、36个公司、390个个体商户、72个超市和39个餐饮酒店,以随机购买方式采集,总计746批4000例样品,从中检出农药216种,19524频次。样品信息及西北五省区分布情况详见表1-1。

表1-1 采样信息简表

采样地区	西北五省区16个城市
采样点	668
水果样品种数	5
蔬菜样品种数	15
样品总数	4000

1.1.1 样品种类和数量

本次侦测所采集的4000例样品涵盖水果和蔬菜2个大类,其中水果5种1000例,蔬菜15种3000例。样品种类及数量明细详见表1-2。

表1-2 样品分类及数量

样品分类	样品名称(数量)	数量小计
1. 水果		1000
1)核果类水果	桃(200)	200
2)浆果和其他小型水果	葡萄(200),草莓(200)	400
3)仁果类水果	苹果(200),梨(200)	400
2. 蔬菜		3000
1)豆类蔬菜	豇豆(200),菜豆(200)	400

续表

样品分类	样品名称（数量）	数量小计
2）叶菜类蔬菜	小白菜（200），油麦菜（200），芹菜（200），大白菜（200），小油菜（200），菠菜（200）	1200
3）鳞茎类蔬菜	蒜薹（200），韭菜（200）	400
4）芸薹属类蔬菜	结球甘蓝（200）	200
5）茄果类蔬菜	辣椒（200），番茄（200），茄子（200）	600
6）瓜类蔬菜	黄瓜（200）	200
合计	1. 水果5种 2. 蔬菜15种	4000

1.1.2 采样点数量与分布

本次侦测的668个采样点分布于西北5个省级行政区的16个城市，包括5个省会城市，11个果蔬主产区城市。各地采样点数量分布情况见表1-3。

表1-3 西北五省区采样点数量

城市编号	省级	地级	采样点个数
农贸市场（71）			
1	甘肃省	武威市	8
2	甘肃省	兰州市	27
3	陕西省	西安市	6
4	陕西省	铜川市	5
5	宁夏回族自治区	银川市	1
6	青海省	黄南藏族自治州	5
7	宁夏回族自治区	石嘴山市	3
8	陕西省	渭南市	1
9	青海省	西宁市	10
10	甘肃省	定西市	3
11	青海省	海北藏族自治州	2
总计			71
电商平台（60）			
1	甘肃省	兰州市	20
2	陕西省	西安市	30
3	新疆维吾尔自治区	乌鲁木齐市	10
总计			60

续表

城市编号	省级	地级	采样点个数
公司（36）			
1	甘肃省	兰州市	36
总计			36
个体商户（390）			
1	宁夏回族自治区	固原市	10
2	甘肃省	武威市	7
3	甘肃省	兰州市	262
4	陕西省	西安市	4
5	陕西省	铜川市	5
6	青海省	黄南藏族自治州	5
7	新疆维吾尔自治区	乌鲁木齐市	5
8	宁夏回族自治区	银川市	4
9	陕西省	渭南市	7
10	宁夏回族自治区	石嘴山市	3
11	甘肃省	白银市	51
12	甘肃省	定西市	1
13	甘肃省	张掖市	13
14	青海省	海北藏族自治州	8
15	新疆维吾尔自治区	哈密地区	5
总计			390
超市（72）			
1	宁夏回族自治区	固原市	3
2	甘肃省	兰州市	43
3	宁夏回族自治区	银川市	10
4	宁夏回族自治区	石嘴山市	6
5	陕西省	渭南市	2
6	甘肃省	白银市	2
7	甘肃省	定西市	6
总计			72
餐饮酒店（39）			
1	甘肃省	兰州市	39
总计			39

1.2 样品中农药残留检出情况

1.2.1 农药残留监测总体概况

这次使用的检测方法是庞国芳院士团队最新研发的不需使用标准品对照，而以高分辨精确质量数（0.0001 m/z）为基准的 LC-Q-TOF/MS 检测技术，对于 4000 例样品，每例样品均侦测了 871 种农药化学污染物的残留现状。通过本次侦测，在 4000 例样品中共计检出农药化学污染物 216 种，检出 19524 频次。

1.2.1.1 16 个城市样品检出情况

统计分析发现，16 个采样城市中被测样品的农药检出率范围为 83.7%～97.9%，均超过了 80.0%。哈密地区的检出率最高，为 97.9%。武威市的检出率最低，为 83.7%。详细结果见图 1-1。

1.2.1.2 检出农药品种总数与频次

统计分析发现，对于 4000 例样品中 871 种农药化学污染物的侦测，共检出农药 19524 频次，涉及农药 216 种，结果如图 1-2 所示。其中烯酰吗啉检出频次最高，共检出 1365 次，检出频次排名前 10 的农药如下：①烯酰吗啉（1365），②啶虫脒（1329），③吡唑醚菌酯（1149），④苯醚甲环唑（1033），⑤噻虫嗪（924），⑥多菌灵（909），⑦噻虫胺（770），⑧霜霉威（743），⑨吡虫啉（654），⑩戊唑醇（482）。

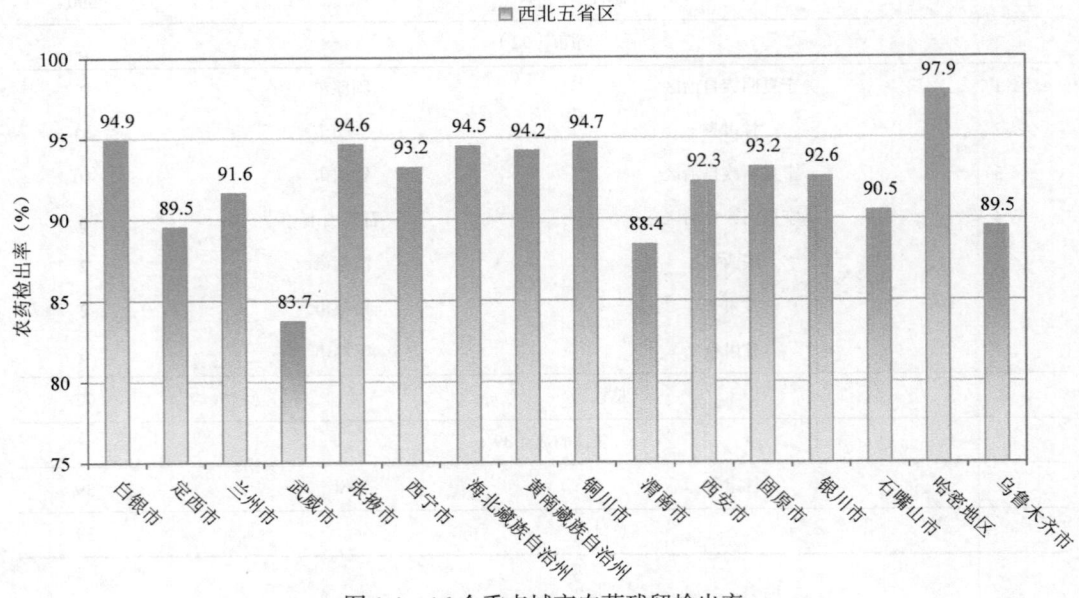

图 1-1　16 个重点城市农药残留检出率

由图 1-3 可见，豇豆、油麦菜、葡萄、芹菜、菜豆、辣椒、黄瓜、番茄、茄子、菠菜、韭菜、小白菜、小油菜和草莓这 14 种果蔬样品中检出的农药品种数均超过 60 种，其中，豇豆检出农药品种最多，为 91 种。

由图 1-4 可见，油麦菜、葡萄、黄瓜、豇豆、芹菜、辣椒、草莓、蒜薹、桃和小油菜这 10 种果蔬样品中农药检出频次均超过 1000 次，其中，油麦菜检出农药频次最高，为 1945 次。

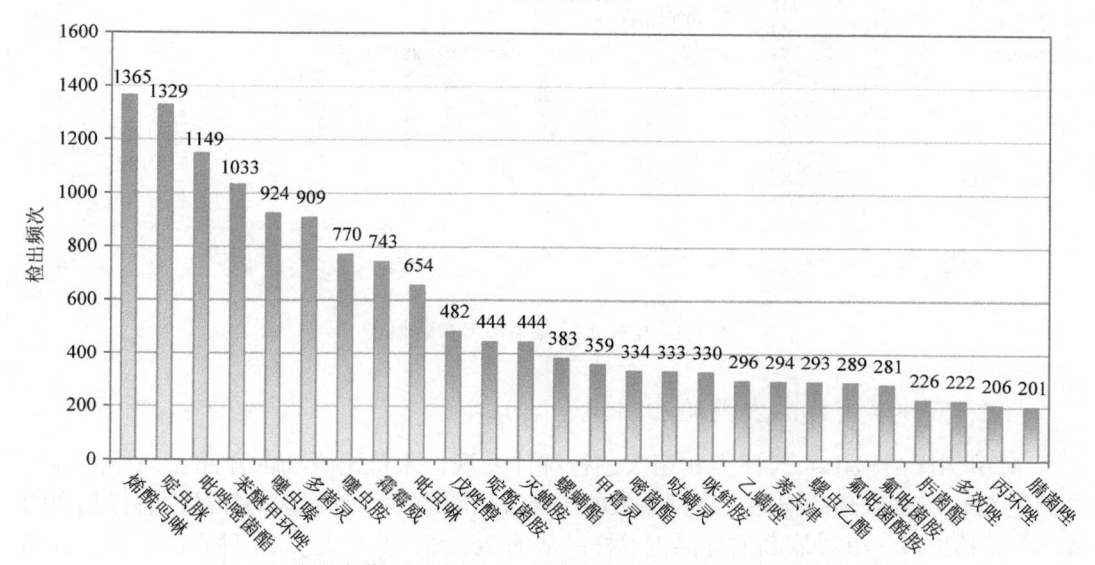

图 1-2　检出农药 216 种 19524 频次（仅列频次最高的 26 种农药）

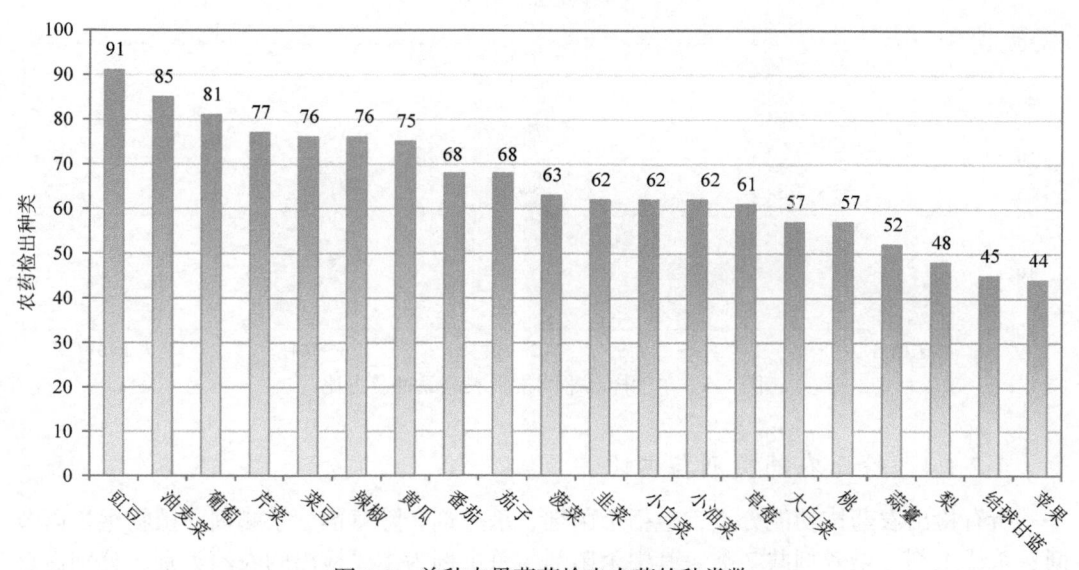

图 1-3　单种水果蔬菜检出农药的种类数

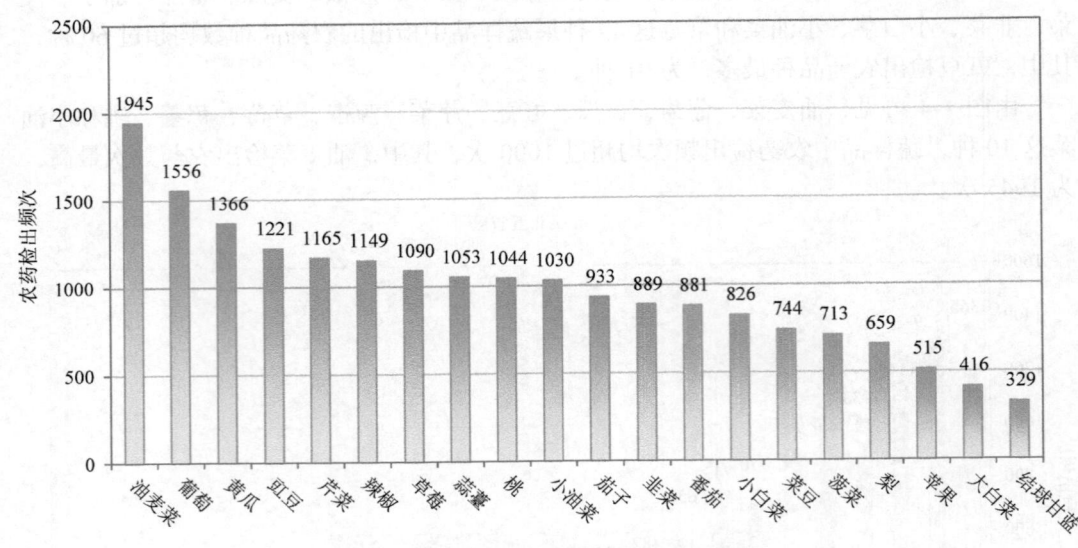

■ 西北五省区

图1-4 单种水果蔬菜检出农药频次

油麦菜 1945、葡萄 1556、黄瓜 1366、豆豆 1221、芹菜 1165、辣椒 1149、草莓 1090、蒜薹 1053、桃 1044、小油菜 1030、茄子 933、韭菜 889、番茄 881、小白菜 826、菜豆 744、菠菜 713、梨 659、苹果 515、大白菜 416、结球甘蓝 329

1.2.1.3 单例样品农药检出种类与占比

对单例样品检出农药种类和频次进行统计发现，未检出农药的样品占总样品数的 8.1%，检出 1 种农药的样品占总样品数的 11.5%，检出 2～5 种农药的样品占总样品数的 44.9%，检出 6～10 种农药的样品占总样品数的 26.3%，检出大于 10 种农药的样品占总样品数的 9.3%。每例样品中平均检出农药为 4.9 种，数据见图 1-5。

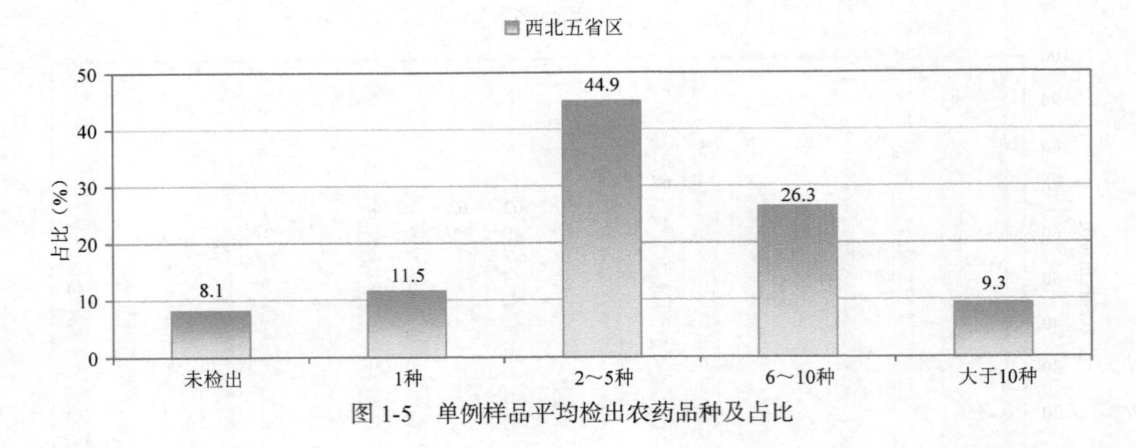

■ 西北五省区

未检出 8.1；1种 11.5；2～5种 44.9；6～10种 26.3；大于10种 9.3

图1-5 单例样品平均检出农药品种及占比

1.2.1.4 检出农药类别与占比

所有检出农药按功能分类，包括杀菌剂、杀虫剂、除草剂、杀螨剂、植物生长调节剂、杀线虫剂、增效剂共 7 类。其中杀菌剂与杀虫剂为主要检出的农药类别，分别占总数的 36.6%和 32.4%，见图 1-6。

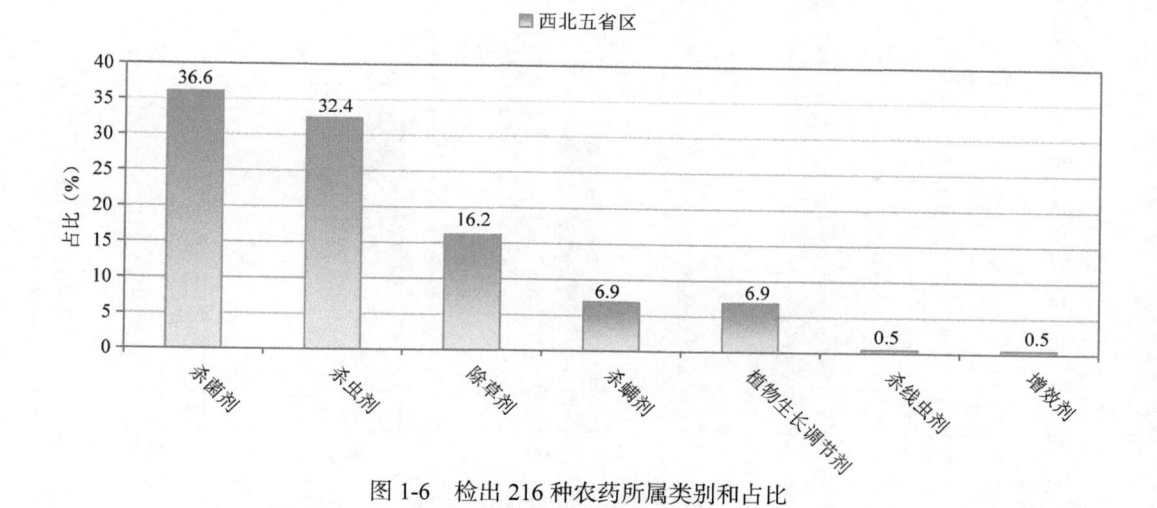

图 1-6 检出 216 种农药所属类别和占比

1.2.1.5 检出农药的残留水平

按检出农药残留水平进行统计，残留水平在 1~5 μg/kg（含）的农药占总数的 41.0%，在 5~10 μg/kg（含）的农药占总数的 14.3%，在 10~100 μg/kg（含）的农药占总数的 33.6%，在 100~1000 μg/kg（含）的农药占总数的 10.6%，>1000 μg/kg 的农药占总数的 0.5%。

由此可见，这次检测的 746 批 4000 例水果蔬菜样品中农药多数处于较低残留水平。结果见图 1-7。

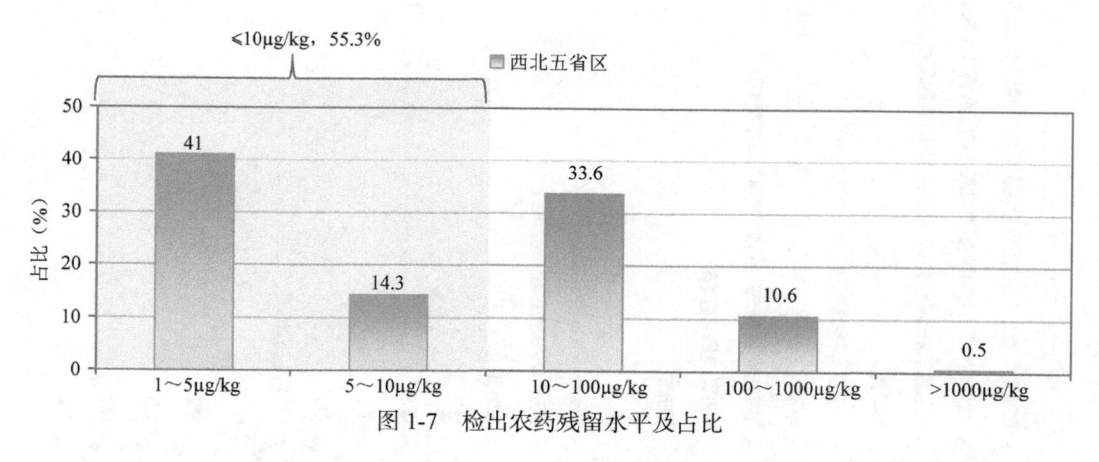

图 1-7 检出农药残留水平及占比

1.2.1.6 检出农药的毒性类别、检出频次和超标频次及占比

对这次检出的 216 种 19524 频次的农药，按剧毒、高毒、中毒、低毒和微毒这五个毒性类别进行分类，从中可以看出，西北五省区目前普遍使用的农药为中低微毒农药，品种占 89.4%，频次占 98.8%。结果见图 1-8。

1.2.1.7 检出剧毒/高毒类农药的品种和频次

值得特别关注的是，在此次侦测的 4000 例样品中有 15 种蔬菜 5 种水果的 212 例样

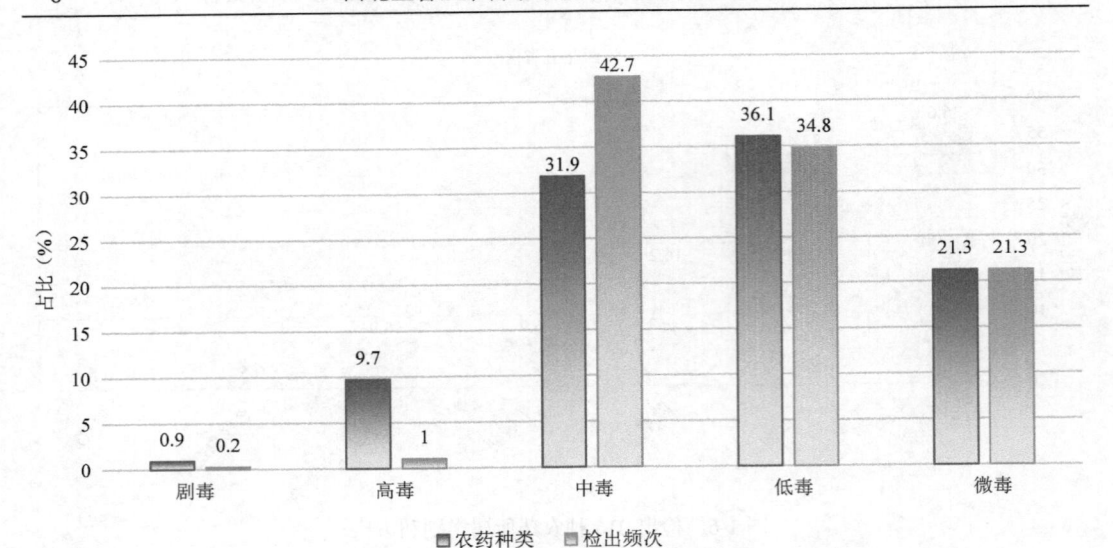

图 1-8 检出农药的毒性分类和占比

品检出了 23 种 239 频次的剧毒和高毒农药,占样品总量的 5.3%,详见图 1-9、表 1-4 及表 1-5。

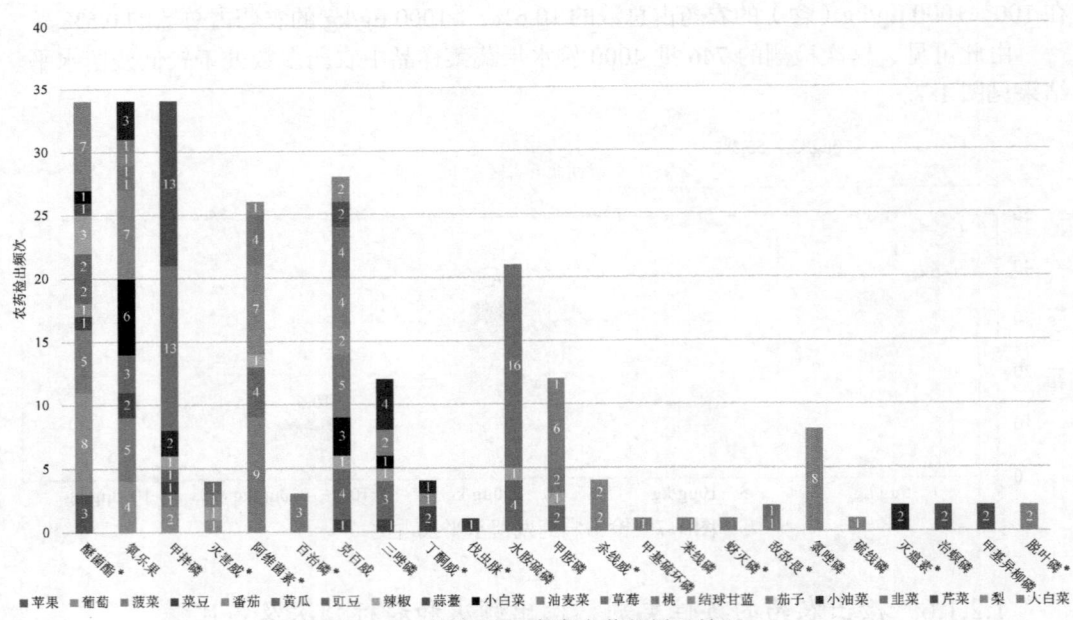

图 1-9 检出剧毒/高毒农药的样品情况
*表示允许在水果和蔬菜上使用的农药

表 1-4 水果和蔬菜中检出剧毒农药的情况

序号	农药名称	检出频次	超标频次	超标率
		从 1 种水果中检出 1 种剧毒农药,共计检出 2 次		
1	甲拌磷*	2	0	0.0%

序号	农药名称	检出频次	超标频次	超标率
	小计	2	0	超标率：0.0%
从 7 种蔬菜中检出 2 种剧毒农药，共计检出 34 次			
1	甲拌磷*	32	23	71.9%
2	治螟磷*	2	0	0.0%
	小计	34	23	超标率：67.6%
	合计	36	23	超标率：63.9%

注：超标结果参考 MRL 中国国家标准

*表示剧毒农药

表 1-5 高毒农药检出情况

序号	农药名称	检出频次	超标频次	超标率
从 5 种水果中检出 10 种高毒农药，共计检出 36 次				
1	醚菌酯	11	0	0.0%
2	克百威	7	2	28.6%
3	氧乐果	6	3	50.0%
4	阿维菌素	5	2	40.0%
5	甲胺磷	2	0	0.0%
6	苯线磷	1	0	0.0%
7	敌敌畏	1	0	0.0%
8	甲基硫环磷	1	0	0.0%
9	灭害威	1	0	0.0%
10	蚜灭磷	1	0	0.0%
	小计	36	7	超标率：19.4%
从 15 种蔬菜中检出 18 种高毒农药，共计检出 167 次				
1	氧乐果	28	5	17.9%
2	醚菌酯	23	0	0.0%
3	阿维菌素	21	10	47.6%
4	克百威	21	8	38.1%
5	水胺硫磷	21	12	57.1%
6	三唑磷	12	1	8.3%
7	甲胺磷	10	0	0.0%
8	氯唑磷	8	0	0.0%
9	丁酮威	4	0	0.0%
10	杀线威	4	0	0.0%

续表

序号	农药名称	检出频次	超标频次	超标率
11	百治磷	3	0	0.0%
12	灭害威	3	0	0.0%
13	甲基异柳磷	2	1	50.0%
14	灭瘟素	2	0	0.0%
15	脱叶磷	2	0	0.0%
16	敌敌畏	1	0	0.0%
17	伐虫脒	1	0	0.0%
18	硫线磷	1	0	0.0%
	小计	167	37	超标率：22.2%
	合计	203	44	超标率：21.7%

注：超标结果参考 MRL 中国国家标准

在检出的剧毒和高毒农药中，有 12 种是我国早已禁止在果树和蔬菜上使用的，分别是：克百威、甲拌磷、甲基异柳磷、三唑磷、氯唑磷、治螟磷、甲胺磷、氧乐果、苯线磷、水胺硫磷、硫线磷和甲基硫环磷。

禁用农药的检出情况见表 1-6。

表 1-6　禁用农药检出情况

序号	农药名称	检出频次	超标频次	超标率
从 5 种水果中检出 8 种禁用农药，共计检出 115 次				
1	毒死蜱	95	0	0.0%
2	克百威	7	2	28.6%
3	氧乐果	6	3	50.0%
4	甲胺磷	2	0	0.0%
5	甲拌磷*	2	0	0.0%
6	苯线磷	1	0	0.0%
7	甲基硫环磷	1	0	0.0%
8	乙酰甲胺磷	1	0	0.0%
	小计	115	5	超标率：4.3%
从 14 种蔬菜中检出 13 种禁用农药，共计检出 248 次				
1	毒死蜱	100	37	37.0%
2	甲拌磷*	32	23	71.9%
3	氧乐果	28	5	17.9%
4	克百威	21	8	38.1%

续表

序号	农药名称	检出频次	超标频次	超标率
5	水胺硫磷	21	12	57.1%
6	三唑磷	12	1	8.3%
7	甲胺磷	10	0	0.0%
8	乙酰甲胺磷	9	4	44.4%
9	氯唑磷	8	0	0.0%
10	丁酰肼	2	0	0.0%
11	甲基异柳磷	2	1	50.0%
12	治螟磷*	2	0	0.0%
13	硫线磷	1	0	0.0%
	小计	248	91	超标率: 36.7%
	合计	363	96	超标率: 26.4%

注：*表示剧毒农药超标结果参考 MRL 中国国家标准计算

此次抽检的果蔬样品中，有 1 种水果 7 种蔬菜检出了剧毒农药，分别是：葡萄中检出甲拌磷 2 次；小油菜中检出甲拌磷 2 次；芹菜中检出治螟磷 2 次，检出甲拌磷 13 次；菜豆中检出甲拌磷 1 次；菠菜中检出甲拌磷 1 次；豇豆中检出甲拌磷 1 次；辣椒中检出甲拌磷 1 次；韭菜中检出甲拌磷 13 次。

样品中检出剧毒和高毒农药残留水平超过 MRL 中国国家标准的频次为 67 次，其中：桃检出克百威超标 1 次；梨检出克百威超标 1 次；草莓检出阿维菌素超标 2 次，检出氧乐果超标 1 次；葡萄检出氧乐果超标 2 次；小油菜检出甲拌磷超标 2 次；小白菜检出氧乐果超标 3 次，检出克百威超标 1 次；油麦菜检出阿维菌素超标 5 次，检出氧乐果超标 1 次；结球甘蓝检出克百威超标 2 次；芹菜检出克百威超标 1 次，检出甲基异柳磷超标 1 次，检出甲拌磷超标 6 次；菜豆检出三唑磷超标 1 次，检出甲拌磷超标 1 次；菠菜检出阿维菌素超标 4 次；豇豆检出水胺硫磷超标 4 次，检出克百威超标 3 次，检出阿维菌素超标 1 次，检出氧乐果超标 1 次；辣椒检出甲拌磷超标 1 次；韭菜检出水胺硫磷超标 8 次，检出克百威超标 1 次，检出甲拌磷超标 13 次。本次检出结果表明，高毒、剧毒农药的使用现象依旧存在。详见表 1-7。

表 1-7 各样本中检出剧毒/高毒农药情况

样品名称	农药名称	检出频次	超标频次	检出浓度（μg/kg）
水果 5 种				
桃	克百威▲	5	1	8.2, 61.0[a], 1.6, 19.8, 2.0
桃	甲胺磷▲	2	0	1.2, 1.5
桃	敌敌畏	1	0	12.2
桃	氧乐果▲	1	0	2.2

续表

样品名称	农药名称	检出频次	超标频次	检出浓度（μg/kg）
梨	克百威▲	2	1	8.1, 28.7[a]
梨	阿维菌素	1	0	8.1
苹果	醚菌酯	3	0	4.0, 1.3, 2.7
草莓	阿维菌素	4	2	17.5, 21.5[a], 74.1[a], 16.8
草莓	氧乐果▲	1	1	170.8[a]
草莓	甲基硫环磷▲	1	0	1.2
草莓	苯线磷▲	1	0	2.8
草莓	蚜灭磷	1	0	1.9
葡萄	醚菌酯	8	0	25.1, 14.4, 58.1, 40.6, 2.8, 4.2, 1.6, 1.8
葡萄	氧乐果▲	4	2	2.5, 29.3[a], 2.8, 29.5[a]
葡萄	灭害威	1	0	6.2
葡萄	甲拌磷*▲	2	0	2.4, 4.2
	小计	38	7	超标率：18.4%
蔬菜 15 种				
大白菜	脱叶磷	2	0	1.2, 1.1
大白菜	甲胺磷▲	1	0	6.7
小油菜	三唑磷▲	4	0	2.0, 3.3, 46.7, 47.4
小油菜	氧乐果▲	3	0	1.0, 1.2, 1.2
小油菜	灭瘟素	2	0	3.3, 3.4
小油菜	丁酮威	1	0	241.7
小油菜	甲拌磷*▲	2	2	154.7[a], 160.4[a]
小白菜	氧乐果▲	6	3	286.2[a], 209.7[a], 243.5[a], 1.3, 1.8, 3.3
小白菜	克百威▲	3	1	24.3[a], 19.9, 10.5
小白菜	三唑磷▲	1	0	1.6
小白菜	醚菌酯	1	0	1.8
油麦菜	阿维菌素	7	5	106.1[a], 97.7[a], 211.0[a], 67.0[a], 142.6[a], 41.4, 39.9
油麦菜	氧乐果▲	7	1	60.0[a], 18.6, 1.3, 2.2, 3.7, 3.0, 1.6
油麦菜	醚菌酯	7	0	57.8, 131.3, 1.2, 110.2, 38.5, 57.2, 89.7
油麦菜	杀线威	2	0	91.7, 20.4
油麦菜	灭害威	1	0	83.7
番茄	醚菌酯	1	0	4.8
结球甘蓝	克百威▲	2	2	34.5[a], 33.7[a]
结球甘蓝	杀线威	2	0	92.2, 115.9

续表

样品名称	农药名称	检出频次	超标频次	检出浓度（μg/kg）
结球甘蓝	丁酮威	1	0	4.4
结球甘蓝	氧乐果▲	1	0	3.8
芹菜	克百威▲	2	1	2.8, 44.7[a]
芹菜	甲基异柳磷▲	2	1	16.3[a], 9.1
芹菜	甲拌磷*▲	13	6	4.0, 24.4[a], 135.9[a], 17.9[a], 8.9, 42.4[a], 1.1, 10.9[a], 5.8, 2.0, 10.1[a], 1.8, 1.3
芹菜	治螟磷*▲	2	0	2.5, 1.2
茄子	氯唑磷▲	8	0	2.5, 2.9, 2.6, 1.0, 1.4, 1.2, 2.5, 2.6
茄子	甲胺磷▲	6	0	11.0, 1.1, 2.9, 1.4, 4.8, 5.6
茄子	克百威▲	4	0	4.8, 8.8, 6.2, 10.6
茄子	三唑磷▲	2	0	20.5, 13.0
茄子	氧乐果▲	1	0	1.1
茄子	硫线磷▲	1	0	1.1
菜豆	丁酮威	2	0	9.9, 1.5
菜豆	氧乐果▲	2	0	1.5, 2.3
菜豆	三唑磷▲	1	1	83.6[a]
菜豆	伐虫脒	1	0	22.5
菜豆	克百威▲	1	0	4.1
菜豆	醚菌酯	1	0	8.6
菜豆	甲拌磷*▲	1	1	872.7[a]
菠菜	阿维菌素	9	4	6.8, 189.1[a], 22.3, 22.7, 31.3, 135.1[a], 60.7[a], 22.5, 83.8[a]
菠菜	氧乐果▲	5	0	2.0, 3.1, 1.5, 2.8, 2.3
菠菜	醚菌酯	5	0	37.6, 58.8, 46.1, 16.0, 45.8
菠菜	百治磷	3	0	4.2, 3.9, 1.3
菠菜	甲拌磷*▲	1	0	4.1
蒜薹	醚菌酯	1	0	110.6
豇豆	水胺硫磷▲	4	4	303.6[a], 164.6[a], 72.9[a], 57.7[a]
豇豆	克百威▲	4	3	1.6, 40.7[a], 317.4[a], 74.2[a]
豇豆	阿维菌素	4	1	29.5, 17.1, 82.5[a], 31.4
豇豆	氧乐果▲	3	1	11.3, 3.1, 146.3[a]
豇豆	三唑磷▲	3	0	1.1, 1.5, 2.0
豇豆	甲胺磷▲	2	0	5.5, 6.0
豇豆	醚菌酯	2	0	3.5, 28.5
豇豆	甲拌磷*▲	1	0	1.5

续表

样品名称	农药名称	检出频次	超标频次	检出浓度（μg/kg）
辣椒	醚菌酯	3	0	2.9, 9.7, 6.9
辣椒	三唑磷▲	1	0	27.0
辣椒	克百威▲	1	0	4.4
辣椒	水胺硫磷▲	1	0	38.8
辣椒	灭害威	1	0	1.0
辣椒	甲胺磷▲	1	0	4.2
辣椒	阿维菌素	1	0	148.4
辣椒	甲拌磷*▲	1	1	54.2^a
韭菜	水胺硫磷▲	16	8	36.5, 640.8^a, 630.0^a, 123.5^a, 22.2, 10.4, 55.6^a, 50.4^a, 21.6, 47.4, 45.3, 173.8^a, 57.7^a, 38.0, 266.3^a, 46.9
韭菜	克百威▲	4	1	16.3, 19.3, 10.6, 94.9^a
韭菜	敌敌畏	1	0	17.8
韭菜	灭害威	1	0	4.8
韭菜	甲拌磷*▲	13	13	11.6^a, 107.4^a, 61.9^a, 102.4^a, 38.4^a, 16.6^a, 40.9^a, 29.3^a, 56.7^a, 45.2^a, 34.0^a, 27.3^a, 27.3^a
黄瓜	醚菌酯	2	0	6.5, 1.3
	小计	201	60	超标率: 29.9%
	合计	239	67	超标率: 28.0%

注：*表示剧毒农药；▲表示禁用农药；a 表示超标结果（参考 MRL 中国国家标准）

1.2.2 西北五省区检出农药残留情况汇总

对侦测取得西北 5 个省级行政区的 16 个主要城市市售水果蔬菜的农药残留检出情况，课题组分别从检出的农药品种和检出残留农药的样品这两个方面进行归纳汇总，取各项排名前 10 的数据汇总得到表 1-8、表 1-9 和表 1-10，以展示西北五省区农药残留检测的总体概况。

1.2.2.1 检出频次排名前 10 的农药

表 1-8 西北五省区各地检出频次排名前 10 的农药情况汇总

序号	地区	行政区域代码	统计结果
1	西北五省区汇总		①烯酰吗啉（1365），②啶虫脒（1329），③吡唑醚菌酯（1149），④苯醚甲环唑（1033），⑤噻虫嗪（924），⑥多菌灵（909），⑦噻虫胺（770），⑧霜霉威（743），⑨吡虫啉（654），⑩戊唑醇（482）
2	武威市	620600	①苯醚甲环唑（47），②霜霉威（41），③吡唑醚菌酯（40），④啶虫脒（38），⑤甲霜灵（36），⑥莠去津（36），⑦烯酰吗啉（33），⑧嘧菌酯（30），⑨多菌灵（27），⑩灭蝇胺（26）

续表

序号	地区	行政区域代码	统计结果
3	固原市	640400	①啶虫脒（71），②苯醚甲环唑（57），③噻虫嗪（54），④吡虫啉（43），⑤吡唑醚菌酯（43），⑥烯酰吗啉（42），⑦多菌灵（41），⑧霜霉威（39），⑨噻虫胺（38），⑩灭蝇胺（30）
4	兰州市	620100	①烯酰吗啉（480），②吡唑醚菌酯（410），③啶虫脒（366），④苯醚甲环唑（320），⑤多菌灵（290），⑥噻虫嗪（289），⑦霜霉威（285），⑧啶酰菌胺（281），⑨噻虫胺（239），⑩螺螨酯（176）
5	西安市	610100	①烯酰吗啉（86），②啶虫脒（83），③多菌灵（74），④吡唑醚菌酯（68），⑤苯醚甲环唑（62），⑥噻虫胺（52），⑦吡虫啉（46），⑧霜霉威（45），⑨哒螨灵（43），⑩噻虫嗪（41）
6	铜川市	610200	①烯酰吗啉（75），②啶虫脒（70），③苯醚甲环唑（69），④噻虫胺（55），⑤多菌灵（53），⑥霜霉威（53），⑦吡唑醚菌酯（52），⑧噻虫嗪（47），⑨戊唑醇（42），⑩吡虫啉（34）
7	黄南藏族自治州	632300	①啶虫脒（73），②噻虫嗪（60），③烯酰吗啉（56），④吡唑醚菌酯（53），⑤苯醚甲环唑（47），⑥噻虫胺（41），⑦多菌灵（38），⑧吡虫啉（37），⑨咪鲜胺（26），⑩戊唑醇（24）
8	银川市	640100	①烯酰吗啉（72），②吡唑醚菌酯（65），③啶虫脒（59），④噻虫嗪（52），⑤噻虫胺（47），⑥苯醚甲环唑（46），⑦多菌灵（42），⑧吡虫啉（34），⑨戊唑醇（28），⑩霜霉威（25）
9	乌鲁木齐市	650100	①啶虫脒（52），②噻虫嗪（39），③烯酰吗啉（27），④噻虫胺（23），⑤多菌灵（22），⑥吡虫啉（20），⑦吡唑醚菌酯（17），⑧螺螨酯（16），⑨霜霉威（14），⑩甲霜灵（12）
10	渭南市	610500	①啶虫脒（79），②苯醚甲环唑（65），③吡唑醚菌酯（61），④噻虫胺（50），⑤多菌灵（45），⑥茚虫威（41），⑦噻虫嗪（40），⑧吡虫啉（37），⑨烯酰吗啉（37），⑩戊唑醇（35）
11	石嘴山市	640200	①烯酰吗啉（55），②多菌灵（44），③噻虫嗪（40），④吡唑醚菌酯（39），⑤啶虫脒（38），⑥苯醚甲环唑（37），⑦灭蝇胺（31），⑧霜霉威（29），⑨戊唑醇（29），⑩噻虫胺（28）
12	白银市	620400	①啶虫脒（100），②烯酰吗啉（78），③吡唑醚菌酯（52），④霜霉威（48），⑤吡虫啉（47），⑥多菌灵（47），⑦莠去津（39），⑧噻虫嗪（35），⑨苯醚甲环唑（34），⑩噻虫胺（31）
13	定西市	621100	①苯醚甲环唑（60），②吡虫啉（53），③吡唑醚菌酯（53），④多菌灵（53），⑤啶虫脒（52），⑥烯酰吗啉（47），⑦嘧菌酯（40），⑧噻虫胺（34），⑨噻虫嗪（33），⑩戊唑醇（27）
14	张掖市	620700	①烯酰吗啉（80），②啶虫脒（72），③噻虫嗪（55），④莠去津（54），⑤苯醚甲环唑（53），⑥吡唑醚菌酯（49），⑦多菌灵（46），⑧吡虫啉（43），⑨戊唑醇（42），⑩噻虫胺（38）
15	西宁市	630100	①烯酰吗啉（64），②啶虫脒（63），③吡唑醚菌酯（57），④苯醚甲环唑（55），⑤噻虫嗪（43），⑥霜霉威（34），⑦吡虫啉（33），⑧多菌灵（30），⑨甲霜灵（26），⑩噻虫胺（26）
16	海北藏族自治州	632200	①烯酰吗啉（89），②吡唑醚菌酯（66），③啶虫脒（59），④噻虫嗪（51），⑤苯醚甲环唑（49），⑥吡虫啉（46），⑦甲霜灵（34），⑧多菌灵（30），⑨莠去津（29），⑩噻虫胺（28）

续表

序号	地区	行政区域代码	统计结果
17	哈密地区	652200	①啶虫脒（54），②烯酰吗啉（44），③多菌灵（27），④吡唑醚菌酯（24），⑤苯醚甲环唑（21），⑥噻虫嗪（21），⑦茚虫威（21），⑧吡虫啉（20），⑨噻虫胺（16），⑩嘧菌酯（15）

1.2.2.2 检出农药品种排名前10的水果蔬菜

表1-9 西北五省区各地检出农药品种排名前10的果蔬情况汇总

序号	地区	行政区域代码	分类	统计结果
1	西北五省区汇总		水果	①葡萄（81），②草莓（61），③桃（57），④梨（48），⑤苹果（44）
			蔬菜	①豇豆（91），②油麦菜（85），③芹菜（77），④菜豆（76），⑤辣椒（76），⑥黄瓜（75），⑦番茄（68），⑧茄子（68），⑨菠菜（63），⑩韭菜（62）
2	武威市	620600	水果	①桃（20），②葡萄（17），③梨（14），④苹果（10）
			蔬菜	①黄瓜（19），②辣椒（13），③蒜薹（13），④豇豆（12），⑤小白菜（12），⑥小油菜（11），⑦芹菜（9），⑧大白菜（8），⑨番茄（8），⑩油麦菜（8）
3	固原市	640400	水果	①葡萄（43），②梨（24），③苹果（19），④桃（18）
			蔬菜	①番茄（28），②豇豆（27），③油麦菜（27），④黄瓜（25），⑤芹菜（23），⑥菠菜（20），⑦菜豆（20），⑧辣椒（17），⑨蒜薹（16），⑩小白菜（16）
4	兰州市	620100	水果	①草莓（60），②葡萄（58），③桃（43），④梨（28），⑤苹果（18）
			蔬菜	①豇豆（77），②辣椒（63），③茄子（56），④菜豆（54），⑤黄瓜（52），⑥芹菜（52），⑦油麦菜（48），⑧大白菜（43），⑨小油菜（40），⑩韭菜（38）
5	西安市	610100	水果	①葡萄（33），②草莓（29），③桃（19），④梨（15），⑤苹果（14）
			蔬菜	①黄瓜（29），②小白菜（29），③芹菜（27），④番茄（22），⑤油麦菜（22），⑥豇豆（21），⑦小油菜（21），⑧菜豆（17），⑨菠菜（15），⑩大白菜（14）
6	铜川市	610200	水果	①葡萄（33），②梨（20），③桃（19），④苹果（11）
			蔬菜	①油麦菜（29），②番茄（27），③豇豆（25），④芹菜（23），⑤小白菜（23），⑥黄瓜（19），⑦茄子（19），⑧小油菜（17），⑨菜豆（15），⑩蒜薹（15）
7	黄南藏族自治州	632300	水果	①葡萄（13），②桃（12），③苹果（4），④梨（3）
			蔬菜	①油麦菜（24），②黄瓜（23），③芹菜（22），④茄子（18），⑤小油菜（18），⑥菜豆（17），⑦豇豆（17），⑧蒜薹（16），⑨菠菜（13），⑩小白菜（11）
8	银川市	640100	水果	①葡萄（24），②桃（17），③苹果（16），④梨（13）
			蔬菜	①番茄（40），②芹菜（24），③菜豆（20），④黄瓜（19），⑤茄子（19），⑥小白菜（18），⑦油麦菜（18），⑧菠菜（16），⑨豇豆（16），⑩韭菜（15）
9	乌鲁木齐市	650100	水果	①草莓（20），②桃（10），③梨（7），④苹果（5），⑤葡萄（2）
			蔬菜	①油麦菜（25），②蒜薹（17），③黄瓜（11），④结球甘蓝（11），⑤辣椒（11），⑥菠菜（8），⑦豇豆（8），⑧大白菜（6），⑨芹菜（6），⑩小油菜（6）

续表

序号	地区	行政区域代码	分类	统计结果
10	渭南市	610500	水果	①葡萄（27），②桃（16），③梨（15），④苹果（14）
			蔬菜	①黄瓜（20），②芹菜（20），③油麦菜（19），④豇豆（17），⑤番茄（15），⑥小白菜（14），⑦菜豆（12），⑧茄子（12），⑨蒜薹（12），⑩大白菜（11）
11	石嘴山市	640200	水果	①葡萄（20），②桃（16），③梨（11），④苹果（11）
			蔬菜	①番茄（31），②菜豆（21），③芹菜（21），④黄瓜（19），⑤茄子（19），⑥蒜薹（17），⑦小白菜（16），⑧小油菜（16），⑨豇豆（15），⑩辣椒（11）
12	白银市	620400	水果	①葡萄（24），②桃（19），③梨（12），④苹果（9）
			蔬菜	①油麦菜（44），②黄瓜（30），③芹菜（25），④菠菜（23），⑤蒜薹（22），⑥小油菜（22），⑦豇豆（21），⑧辣椒（21），⑨小白菜（20），⑩结球甘蓝（19）
13	定西市	621100	水果	①葡萄（41），②桃（23），③梨（19），④苹果（18）
			蔬菜	①油麦菜（34），②黄瓜（29），③芹菜（21），④蒜薹（18），⑤菠菜（17），⑥辣椒（17），⑦番茄（16），⑧小白菜（14），⑨豇豆（13），⑩韭菜（13）
14	张掖市	620700	水果	①葡萄（17），②桃（16），③梨（11），④苹果（7）
			蔬菜	①芹菜（34），②油麦菜（33），③辣椒（30），④结球甘蓝（23），⑤小油菜（23），⑥黄瓜（22），⑦蒜薹（22），⑧菜豆（21），⑨豇豆（21），⑩菠菜（19）
15	西宁市	630100	水果	①葡萄（19），②桃（10），③苹果（8），④梨（6）
			蔬菜	①黄瓜（31），②豇豆（31），③油麦菜（28），④芹菜（26），⑤小油菜（24），⑥小白菜（21），⑦菜豆（20），⑧大白菜（20），⑨辣椒（20），⑩蒜薹（19）
16	海北藏族自治州	632200	水果	①草莓（22），②葡萄（14），③桃（13），④梨（8），⑤苹果（6）
			蔬菜	①油麦菜（29），②黄瓜（22），③豇豆（20），④小油菜（18），⑤小白菜（17），⑥辣椒（16），⑦芹菜（15），⑧大白菜（14），⑨结球甘蓝（14），⑩茄子（14）
17	哈密地区	652200	水果	①葡萄（12），②桃（11），③梨（7），④苹果（3）
			蔬菜	①油麦菜（20），②菠菜（18），③结球甘蓝（18），④芹菜（17），⑤大白菜（13），⑥蒜薹（11），⑦小白菜（10），⑧菜豆（8），⑨番茄（7），⑩黄瓜（7）

1.2.2.3 检出农药频次排名前10的水果蔬菜

表 1-10 西北五省区各地检出农药频次排名前10的果蔬情况汇总

序号	地区	行政区域代码	分类	统计结果
1	西北五省区汇总		水果	①葡萄（1556），②草莓（1090），③桃（1044），④梨（659），⑤苹果（515）
			蔬菜	①油麦菜（1945），②黄瓜（1366），③豇豆（1221），④芹菜（1165），⑤辣椒（1149），⑥蒜薹（1053），⑦小油菜（1030），⑧茄子（933），⑨韭菜（889），⑩番茄（881）
2	武威市	620600	水果	①葡萄（122），②桃（83），③梨（74），④苹果（32）
			蔬菜	①黄瓜（64），②小油菜（54），③番茄（46），④豇豆（42），⑤蒜薹（35），⑥大白菜（26），⑦芹菜（24），⑧小白菜（24），⑨辣椒（22），⑩油麦菜（20）

续表

序号	地区	行政区域代码	分类	统计结果
3	固原市	640400	水果	①葡萄（143），②梨（79），③桃（49），④苹果（44）
			蔬菜	①油麦菜（69），②番茄（67），③豇豆（63），④菠菜（56），⑤芹菜（55），⑥黄瓜（53），⑦菜豆（47），⑧茄子（46），⑨韭菜（38），⑩蒜薹（36）
4	兰州市	620100	水果	①草莓（758），②葡萄（393），③桃（315），④梨（102），⑤苹果（97）
			蔬菜	①油麦菜（798），②辣椒（618），③豇豆（479），④黄瓜（459），⑤韭菜（459），⑥茄子（455），⑦小油菜（294），⑧菜豆（277），⑨蒜薹（241），⑩芹菜（240）
5	西安市	610100	水果	①草莓（237），②葡萄（97），③桃（69），④苹果（39），⑤梨（36）
			蔬菜	①小白菜（96），②芹菜（95），③小油菜（79），④油麦菜（71），⑤黄瓜（60），⑥豇豆（48），⑦番茄（45），⑧蒜薹（41），⑨韭菜（37），⑩菠菜（34）
6	铜川市	610200	水果	①葡萄（153），②桃（56），③梨（53），④苹果（30）
			蔬菜	①油麦菜（94），②小油菜（74），③番茄（64），④豇豆（64），⑤小白菜（58），⑥芹菜（55），⑦茄子（53），⑧黄瓜（52），⑨韭菜（46），⑩菠菜（41）
7	黄南藏族自治州	632300	水果	①桃（47），②葡萄（42），③苹果（20），④梨（12）
			蔬菜	①芹菜（92），②蒜薹（89），③油麦菜（89），④豇豆（57），⑤黄瓜（56），⑥菜豆（53），⑦茄子（51），⑧辣椒（38），⑨番茄（33），⑩小油菜（30）
8	银川市	640100	水果	①葡萄（65），②桃（50），③苹果（46），④梨（39）
			蔬菜	①番茄（96），②芹菜（69），③油麦菜（61），④蒜薹（52），⑤小白菜（52），⑥菜豆（48），⑦茄子（46），⑧黄瓜（44），⑨辣椒（43），⑩豇豆（37）
9	乌鲁木齐市	650100	水果	①草莓（50），②桃（26），③梨（16），④苹果（10），⑤葡萄（5）
			蔬菜	①油麦菜（82），②蒜薹（53），③辣椒（31），④黄瓜（27），⑤豇豆（26），⑥菠菜（19），⑦小油菜（17），⑧大白菜（16），⑨芹菜（16），⑩结球甘蓝（15）
10	渭南市	610500	水果	①葡萄（131），②桃（59），③梨（57），④苹果（45）
			蔬菜	①豇豆（84），②黄瓜（61），③蒜薹（59），④番茄（56），⑤芹菜（52），⑥菠菜（49），⑦油麦菜（48），⑧菜豆（37），⑨韭菜（35），⑩小白菜（27）
11	石嘴山市	640200	水果	①葡萄（73），②桃（52），③梨（31），④苹果（26）
			蔬菜	①番茄（77），②小油菜（74），③蒜薹（61），④菜豆（58），⑤豇豆（47），⑥芹菜（47），⑦菠菜（44），⑧油麦菜（42），⑨茄子（39），⑩小白菜（34）
12	白银市	620400	水果	①葡萄（59），②桃（42），③苹果（34），④梨（29）
			蔬菜	①油麦菜（111），②黄瓜（83），③蒜薹（73），④芹菜（66），⑤小白菜（66），⑥菠菜（64），⑦韭菜（54），⑧小油菜（52），⑨辣椒（43），⑩结球甘蓝（40）
13	定西市	621100	水果	①葡萄（106），②桃（64），③梨（61），④苹果（25）
			蔬菜	①黄瓜（90），②油麦菜（72），③芹菜（69），④豇豆（52），⑤蒜薹（44），⑥韭菜（39），⑦小油菜（37），⑧茄子（36），⑨小白菜（32），⑩辣椒（31）
14	张掖市	620700	水果	①桃（48），②葡萄（38），③梨（30），④苹果（14）
			蔬菜	①芹菜（127），②油麦菜（98），③小油菜（94），④黄瓜（82），⑤蒜薹（81），⑥辣椒（79），⑦结球甘蓝（55），⑧豇豆（48），⑨菠菜（39），⑩韭菜（37）

续表

序号	地区	行政区域代码	分类	统计结果
15	西宁市	630100	水果	①葡萄（50），②桃（29），③苹果（23），④梨（16）
			蔬菜	①黄瓜（95），②蒜薹（88），③油麦菜（85），④芹菜（75），⑤豇豆（58），⑥小油菜（53），⑦辣椒（52），⑧番茄（47），⑨小白菜（41），⑩大白菜（35）
16	海北藏族自治州	632200	水果	①草莓（45），②桃（34），③葡萄（30），④苹果（20），⑤梨（15）
			蔬菜	①油麦菜（144），②黄瓜（92），③小白菜（77），④小油菜（74），⑤辣椒（68），⑥豇豆（57），⑦芹菜（36），⑧大白菜（34），⑨茄子（34），⑩蒜薹（32）
17	哈密地区	652200	水果	①葡萄（49），②桃（21），③苹果（10），④梨（9）
			蔬菜	①菠菜（64），②油麦菜（61），③芹菜（47），④蒜薹（32），⑤结球甘蓝（31），⑥菜豆（26），⑦小白菜（24），⑧大白菜（21），⑨豇豆（21），⑩番茄（19）

1.3 农药残留检出水平与最大残留限量标准对比分析

我国于 2021 年 3 月 3 日正式颁布并于 2021 年 9 月 3 日正式实施食品农药残留限量国家标准《食品中农药最大残留限量》（GB 2763—2021），该标准包括 548 个农药条目，涉及最大残留限量（MRL）标准 10092 项。将 19524 频次检出结果的浓度水平与 10092 项国家 MRL 标准进行核对，其中有 12355 频次的结果找到了对应的 MRL，占 63.3%，还有 7169 频次的结果则无相关 MRL 标准供参考，占 36.7%。

将此次侦测结果与国际上现行 MRL 对比发现，在 19524 频次的检出结果中有 19524 频次的结果找到了对应的 MRL 欧盟标准，占 100.0%；其中，18398 频次的结果有明确对应的 MRL，占 94.2%，其余 1126 频次按照欧盟一律标准判定，占 5.8%；有 19524 频次的结果找到了对应的 MRL 日本标准，占 100.0%；其中，14618 频次的结果有明确对应的 MRL，占 74.9%，其余 4904 频次按照日本一律标准判定，占 25.1%；有 10722 频次的结果找到了对应的 MRL 中国香港标准，占 54.9%；有 12348 频次的结果找到了对应的 MRL 美国标准，占 63.2%；有 9620 频次的结果找到了对应的 MRL CAC 标准，占 49.3%。见图 1-10。

图 1-10 19524 频次检出农药可用 MRL 中国国家标准、欧盟标准、日本标准、中国香港标准、美国标准、CAC 标准判定衡量的数量及占比

1.3.1 检出残留水平超标的样品分析

本次侦测的 4000 例样品中，322 例样品未检出任何残留农药，占样品总量的 8.1%，3678 例样品检出不同水平、不同种类的残留农药，占样品总量的 92.0%。在此，我们将本次侦测的农残检出情况与中国国家标准、欧盟标准、日本标准、中国香港标准、美国标准和 CAC 标准这 6 大国际主流 MRL 标准进行对比分析，样品农残检出与超标情况见表 1-11、图 1-11，样品中检出农残超过各 MRL 标准的分布情况见表 1-12。

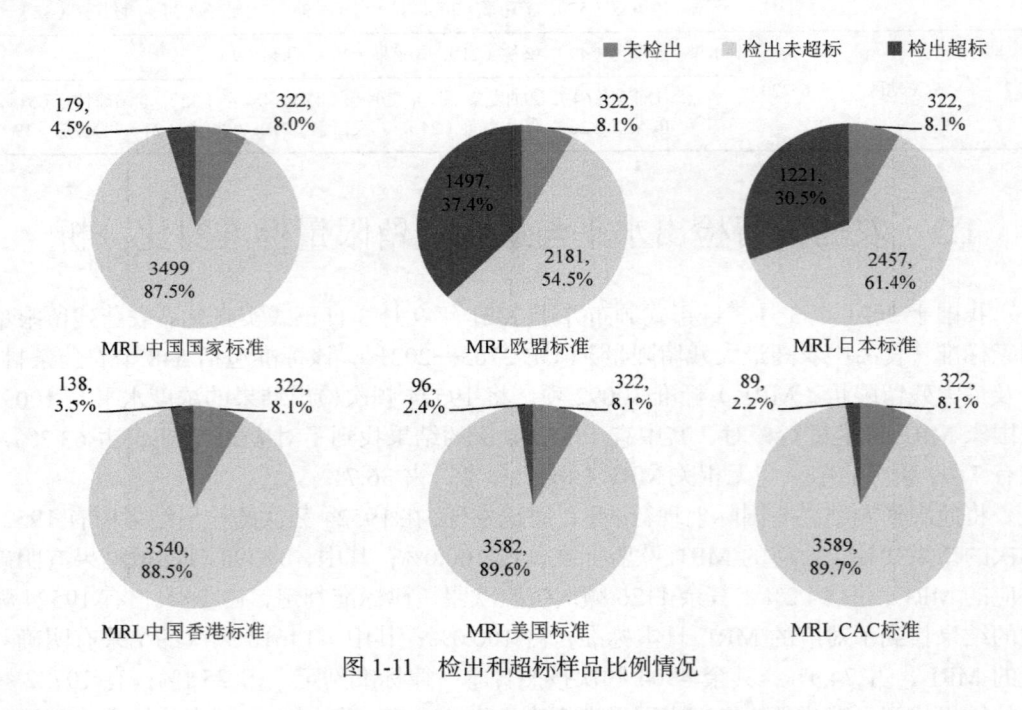

图 1-11 检出和超标样品比例情况

表 1-11 各 MRL 标准下样本农残检出与超标数量及占比

	中国国家标准	欧盟标准	日本标准	中国香港标准	美国标准	CAC 标准
	数量/占比（%）	数量/占比（%）	数量/占比（%）	数量/占比（%）	数量/占比（%）	数量/占比（%）
未检出	322/8.0	322/8.1	322/8.1	322/8.1	322/8.1	322/8.1
检出未超标	3499/87.5	2181/54.5	2457/61.4	3540/88.5	3582/89.5	3589/89.7
检出超标	179/4.5	1497/37.5	1221/30.5	138/3.5	96/2.4	89/2.2

表 1-12 样品中检出农残超过各 MRL 标准的频次分布情况

序号	样品名称	中国国家标准	欧盟标准	日本标准	中国香港标准	美国标准	CAC 标准
1	大白菜	3	47	22	2	0	0
2	小油菜	9	244	177	5	1	0

续表

序号	样品名称	中国国家标准	欧盟标准	日本标准	中国香港标准	美国标准	CAC 标准
3	小白菜	16	180	80	7	1	1
4	桃	1	62	68	0	10	0
5	梨	1	31	11	0	7	0
6	油麦菜	7	387	249	6	3	0
7	结球甘蓝	4	53	33	0	1	0
8	芹菜	15	212	81	6	0	2
9	茄子	12	118	51	7	6	5
10	草莓	15	99	62	18	4	12
11	菜豆	9	95	303	12	2	1
12	菠菜	7	138	103	4	2	0
13	葡萄	7	141	122	1	9	7
14	蒜薹	3	241	61	0	0	1
15	豇豆	35	160	490	52	26	35
16	辣椒	12	119	49	14	7	12
17	韭菜	32	103	170	0	2	0
18	黄瓜	5	100	38	7	8	9
19	番茄	0	46	18	12	5	15
20	苹果	0	25	13	0	5	0

1.3.2 检出残留水平超标的农药分析

按照中国国家标准、欧盟标准、日本标准、中国香港标准、美国标准和 CAC 标准这 6 大国际主流 MRL 标准衡量，本次侦测检出的农药超标品种及频次情况见表 1-13。

表 1-13 各 MRL 标准下超标农药品种及频次

	中国国家标准	欧盟标准	日本标准	中国香港标准	美国标准	CAC 标准
超标农药品种	24	133	140	17	15	14
超标农药频次	193	2601	2201	153	99	100

1.3.2.1 按 MRL 中国国家标准衡量

按 MRL 中国国家标准衡量，共有 24 种农药超标，检出 193 频次，分别为剧毒农药甲拌磷，高毒农药三唑磷、甲基异柳磷、阿维菌素、水胺硫磷、克百威和氧乐果，中毒农药乙酰甲胺磷、吡虫啉、啶虫脒、双甲脒、倍硫磷、腈菌唑、吡唑醚菌酯、毒死蜱、苯醚甲环唑和辛硫磷，低毒农药敌草腈、螺螨酯、烯啶虫胺、灭蝇胺和噻虫胺，微毒农药乙螨唑和霜霉威。检测结果见图1-12。

按超标程度比较，菜豆中甲拌磷超标86.3倍，小白菜中毒死蜱超标21.1倍，豇豆中倍硫磷超标19.0倍，小油菜中甲拌磷超标15.0倍，豇豆中克百威超标14.9倍。

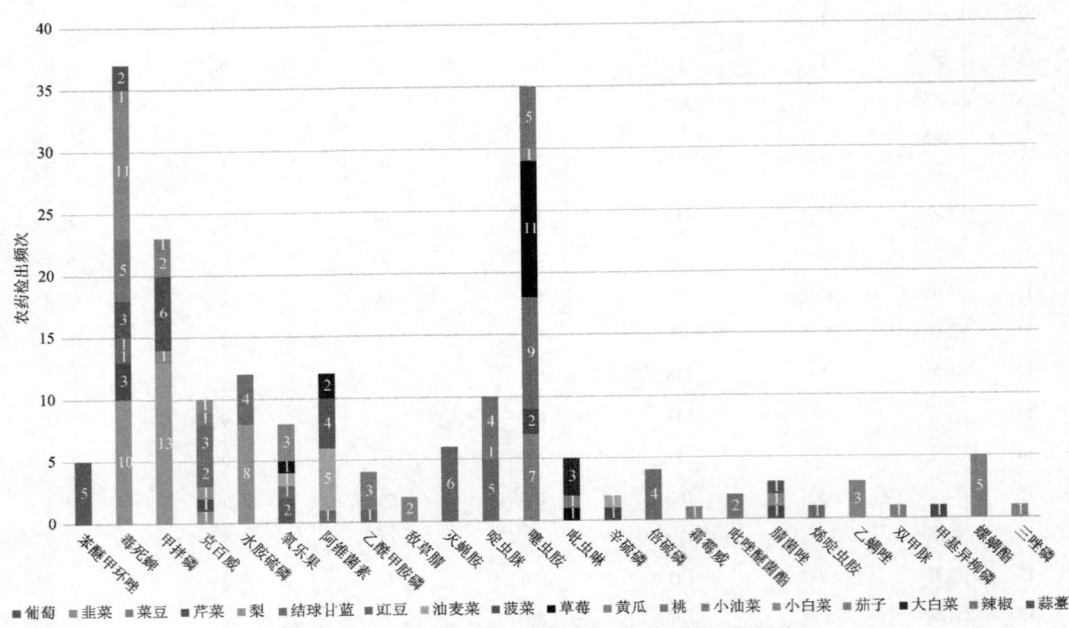

图1-12　超过MRL中国国家标准农药品种及频次

1.3.2.2　按MRL欧盟标准衡量

按MRL欧盟标准衡量，共有133种农药超标，检出2601频次，分别为剧毒农药甲拌磷，高毒农药杀线威、三唑磷、敌敌畏、甲胺磷、甲基异柳磷、阿维菌素、克百威、水胺硫磷、伐虫脒、灭害威、氧乐果、丁酮威和醚菌酯，中毒农药双苯基脲、噻虫啉、戊唑醇、多效唑、甲哌、乙酰甲胺磷、噁喹酸、咪鲜胺、噁霜灵、甲霜灵、氟啶虫酰胺、二嗪磷、三环唑、烯效唑、稻瘟灵、吡虫啉、喹硫磷、杀螟丹、仲丁灵、抑霉唑、茵草敌、烯唑醇、啶虫脒、矮壮素、三唑酮、炔丙菊酯、酯菌胺、丙环唑、氟硅唑、双甲脒、四氟醚唑、倍硫磷、腈菌唑、唑虫酰胺、吡唑醚菌酯、敌百虫、粉唑醇、仲丁威、唑螨酯、氟吡禾灵、异丙威、茵多酸、哒螨灵、丙溴磷、毒死蜱、烯草酮、三唑醇、辛硫磷和苯醚甲环唑，低毒农药烯肟菌胺、抗倒酯、己唑醇、苄氨基嘌呤、氟嘧菌酯、乙虫腈、乙氧喹啉、丁氟螨酯、调环酸、异戊烯腺嘌呤、四螨嗪、氨唑草酮、氟吡菌酰胺、除虫脲、特草灵、溴氰虫酰胺、吡唑萘菌胺、敌草腈、噻嗯菊酯、扑草净、氟噻唑吡乙酮、噻虫嗪、螺螨酯、烯酰吗啉、啶菌噁唑、乙嘧酚磺酸酯、灭幼脲、氟吗啉、异菌脲、呋虫胺、依维菌素、苯唑草酮、唑菌酯、乙草胺、烯啶虫胺、胺鲜酯、丁醚脲、环虫腈、灭蝇胺、莠去津、噻嗪酮、二甲嘧酚、马拉硫磷、苄呋菊酯、炔螨特、噻虫胺、嘧霉胺、腈吡螨酯、噻菌灵和腈苯唑，微毒农药乙霉威、萘草胺、氟环唑、霜霉威、乙螨唑、氰霜唑、氟酰脲、氟啶脲、甲氧虫酰肼、氟吡菌胺、肟菌酯、苯氧威、嘧菌酯、增效醚、丙硫菌唑、噻呋酰胺、苄氯三唑醇、多菌灵、吡丙醚和啶氧菌酯。检测结果见图 1-13。

按超标程度比较，油麦菜中氟硅唑超标 244.5 倍，大白菜中甲氧虫酰肼超标 239.9 倍，油麦菜中唑虫酰胺超标 236.8 倍，蒜薹中噻菌灵超标 194.3 倍，芹菜中氟吗啉超标 187.1 倍。

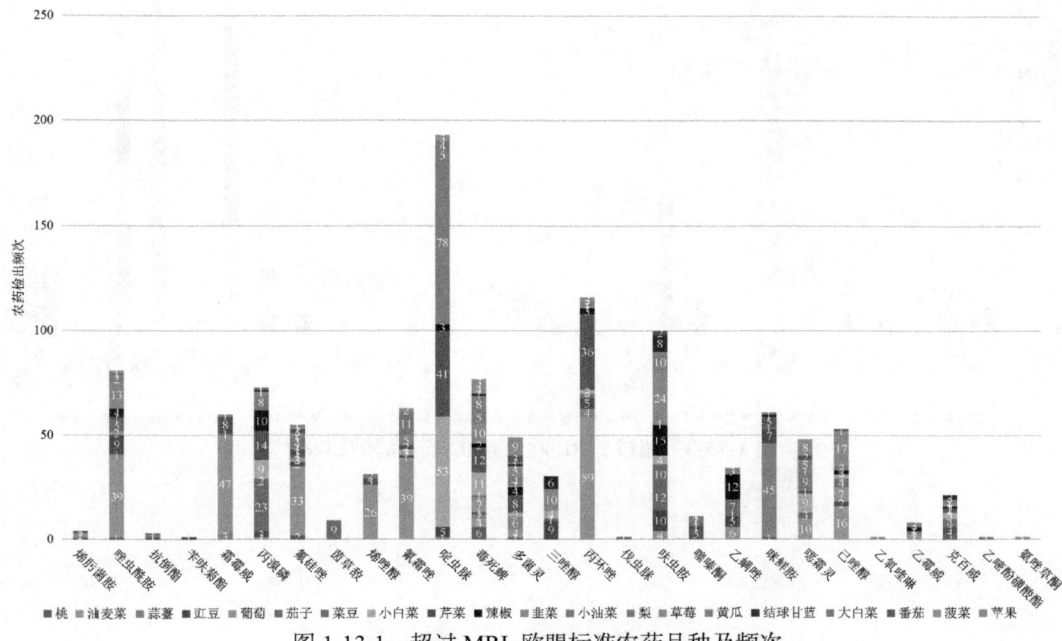

图 1-13-1　超过 MRL 欧盟标准农药品种及频次

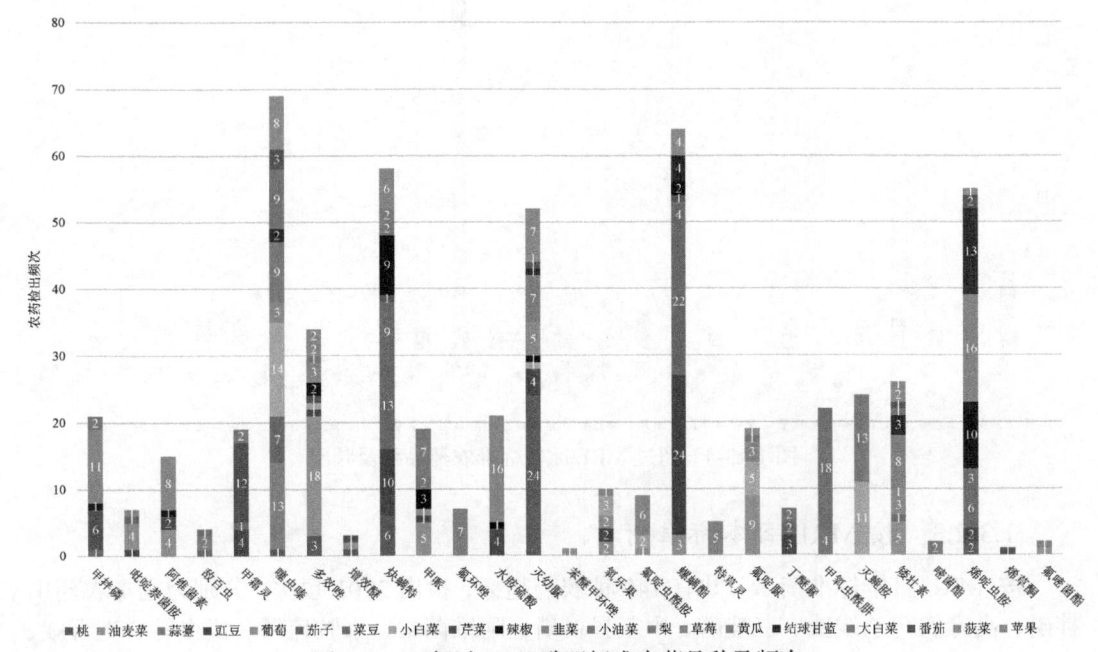

图 1-13-2　超过 MRL 欧盟标准农药品种及频次

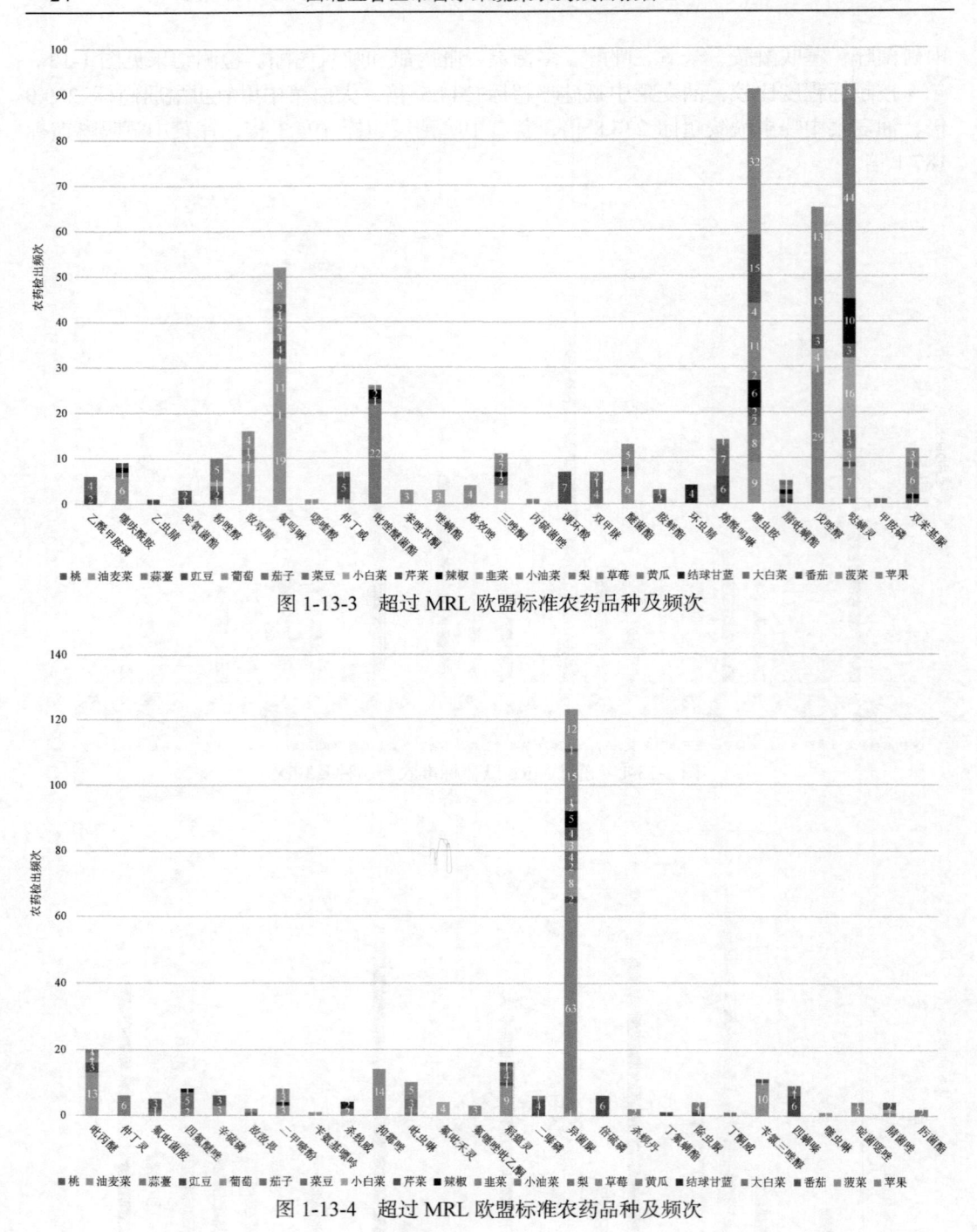

图 1-13-3　超过 MRL 欧盟标准农药品种及频次

图 1-13-4　超过 MRL 欧盟标准农药品种及频次

1.3.2.3　按 MRL 日本标准衡量

按 MRL 日本标准衡量，共有 140 种农药超标，检出 2201 频次，分别为剧毒农药甲拌磷，高毒农药杀线威、三唑磷、甲基异柳磷、阿维菌素、水胺硫磷、伐虫脒、克百威、灭害威、氧乐果、丁酮威和醚菌酯，中毒农药双苯基脲、戊唑醇、多效唑、乙酰甲胺磷、

图 1-13-5 超过 MRL 欧盟标准农药品种及频次

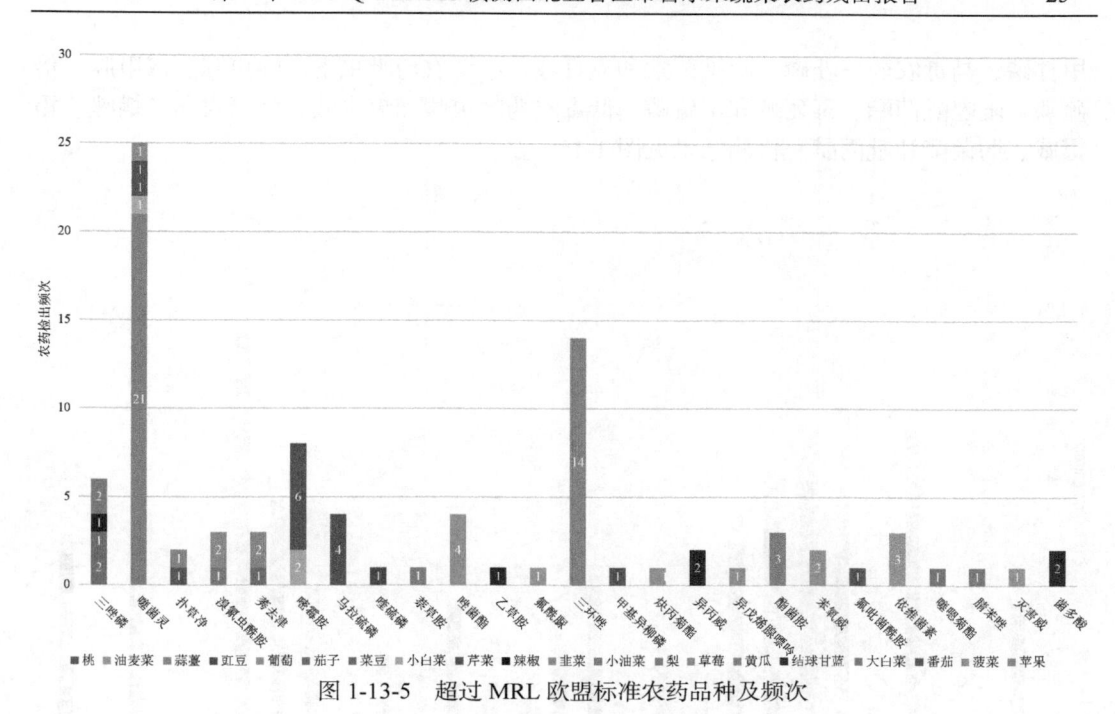

噻虫啉、甲哌、咪鲜胺、甲霜灵、二嗪磷、三环唑、噁霜灵、噻唑磷、氟啶虫酰胺、烯效唑、稻瘟灵、仲丁灵、喹硫磷、吡虫啉、抑霉唑、烯唑醇、茚虫威、茵草敌、啶虫脒、矮壮素、二甲戊灵、三唑酮、炔丙菊酯、酯菌胺、丙环唑、氟硅唑、双甲脒、四氟醚唑、倍硫磷、腈菌唑、喹禾灵、唑虫酰胺、吡唑醚菌酯、粉唑醇、敌百虫、仲丁威、唑螨酯、氟吡禾灵、异丙威、茵多酸、哒螨灵、丙溴磷、毒死蜱、苯醚甲环唑、烯草酮、三唑醇、抗蚜威和辛硫磷，低毒农药烯肟菌胺、抗倒酯、己唑醇、乙氧喹啉、氟嘧菌酯、乙虫腈、丁氟螨酯、螺虫乙酯、调环酸、异戊烯腺嘌呤、氟吡菌酰胺、四螨嗪、氨唑草酮、除虫脲、特草灵、氟唑菌酰胺、吡唑萘菌胺、敌草腈、溴氰虫酰胺、噻嗯菊酯、扑草净、噻虫嗪、螺螨酯、烯酰吗啉、啶菌噁唑、乙嘧酚磺酸酯、异丙甲草胺、灭幼脲、氟吗啉、特丁津、呋虫胺、异菌脲、依维菌素、苯唑草酮、唑菌酯、乙草胺、胺鲜酯、烯啶虫胺、环虫腈、丁醚脲、灭蝇胺、莠去津、二甲嘧酚、噻嗪酮、苄呋菊酯、炔螨特、嘧霉胺、吡蚜酮、噻虫胺、腈吡螨酯、吲哚乙酸和腈苯唑，微毒农药氟环唑、乙霉威、萘草胺、霜霉威、乙螨唑、氰霜唑、氟啶脲、乙嘧酚、肟菌酯、氯虫苯甲酰胺、氟吡菌胺、甲氧虫酰肼、嘧菌酯、丙硫菌唑、噻呋酰胺、苯酰菌胺、联苯肼酯、苄氯三唑醇、多菌灵、吡丙醚、啶酰菌胺、噻螨酮、啶氧菌酯和丁酰肼。检测结果见图 1-14。

按超标程度比较，油麦菜中氟硅唑超标 244.5 倍，豇豆中灭蝇胺超标 233.9 倍，菜豆中嘧霉胺超标 187.4 倍，芹菜中氟吗啉超标 187.1 倍，小白菜中哒螨灵超标 184.0 倍。

1.3.2.4 按 MRL 中国香港标准衡量

按 MRL 中国香港标准衡量，共有 17 种农药超标，检出 153 频次，分别为剧毒农药甲拌磷，高毒农药三唑磷、阿维菌素和克百威，中毒农药吡虫啉、啶虫脒、双甲脒、倍硫磷、吡唑醚菌酯、毒死蜱和辛硫磷，低毒农药噻虫嗪和噻虫胺，微毒农药乙螨唑、霜霉威、肟菌酯和吡丙醚。检测结果见图 1-15。

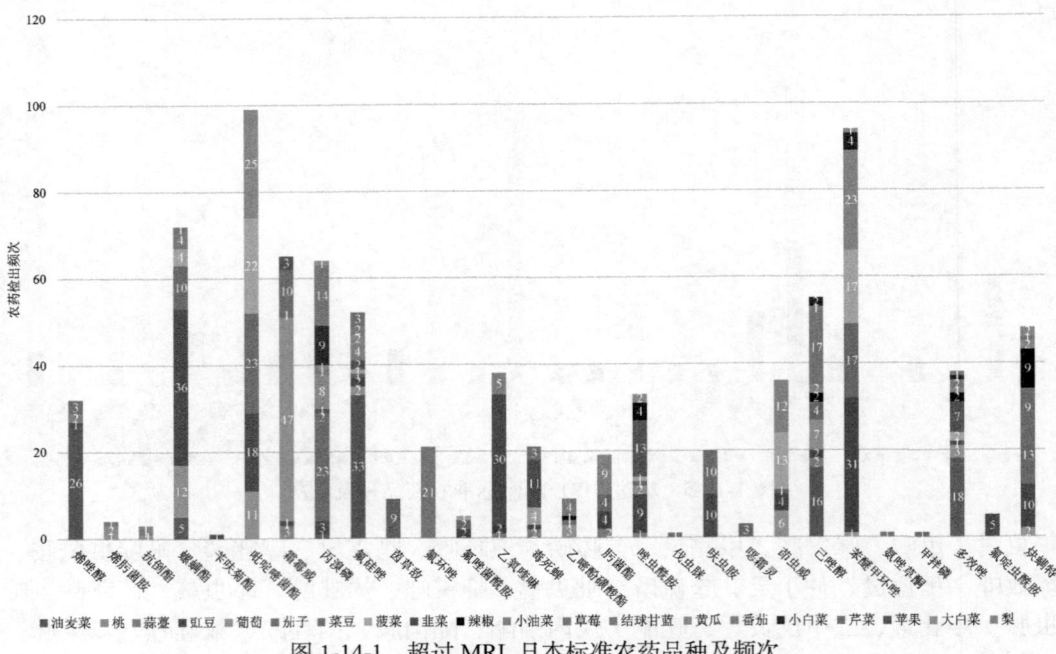

图 1-14-1 超过 MRL 日本标准农药品种及频次

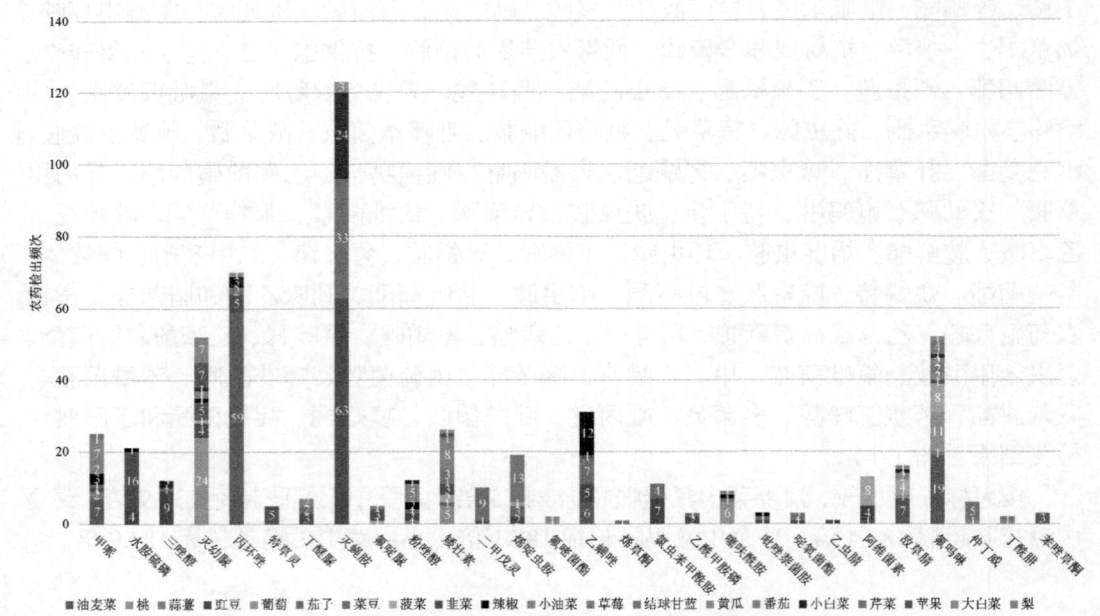

图 1-14-2 超过 MRL 日本标准农药品种及频次

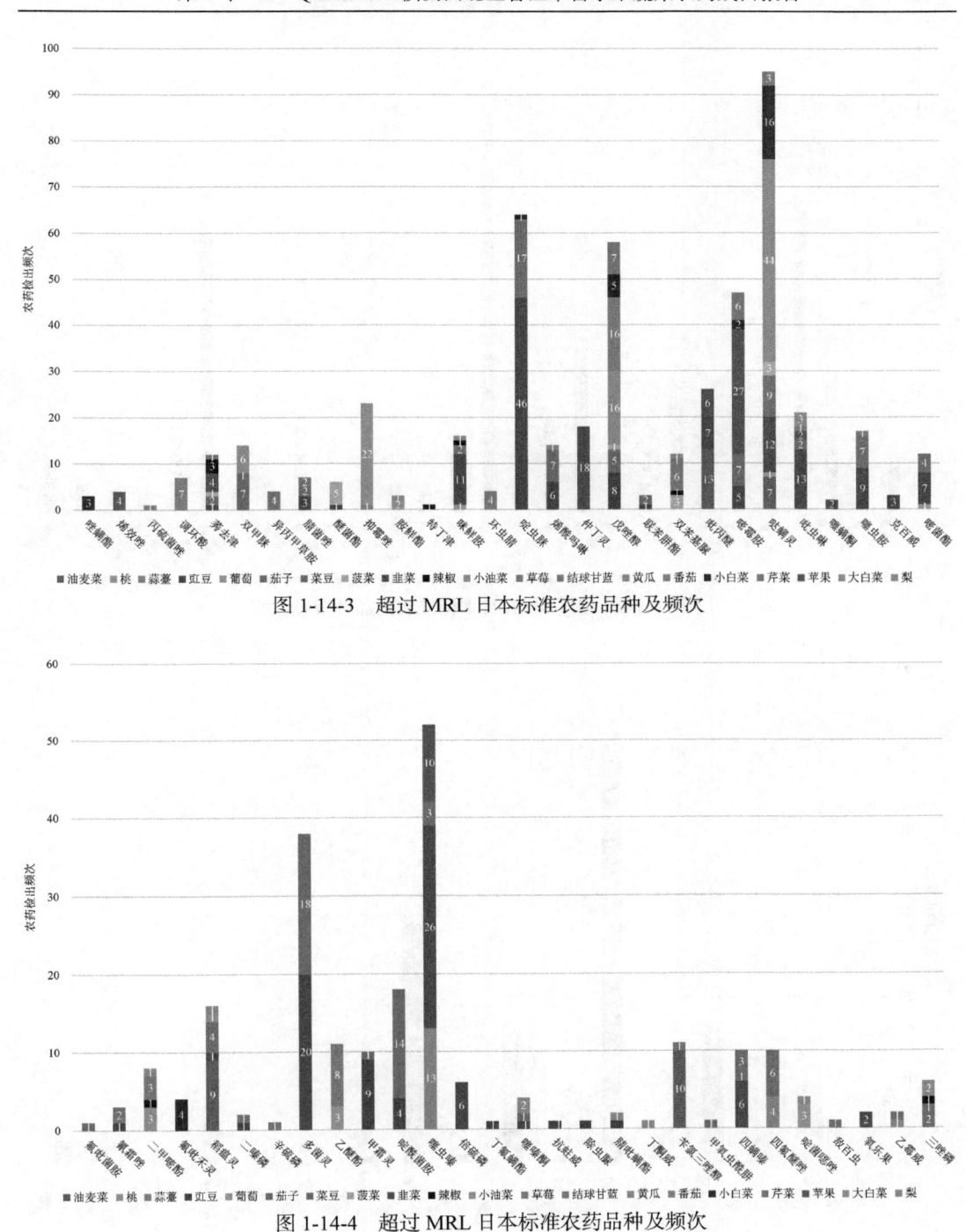

图 1-14-3　超过 MRL 日本标准农药品种及频次

图 1-14-4　超过 MRL 日本标准农药品种及频次

按超标程度比较，豇豆中吡唑醚菌酯超标 38.4 倍，豇豆中噻虫嗪超标 23.8 倍，豇豆中倍硫磷超标 19.0 倍，菜豆中甲拌磷超标 16.5 倍，番茄中噻虫胺超标 13.2 倍。

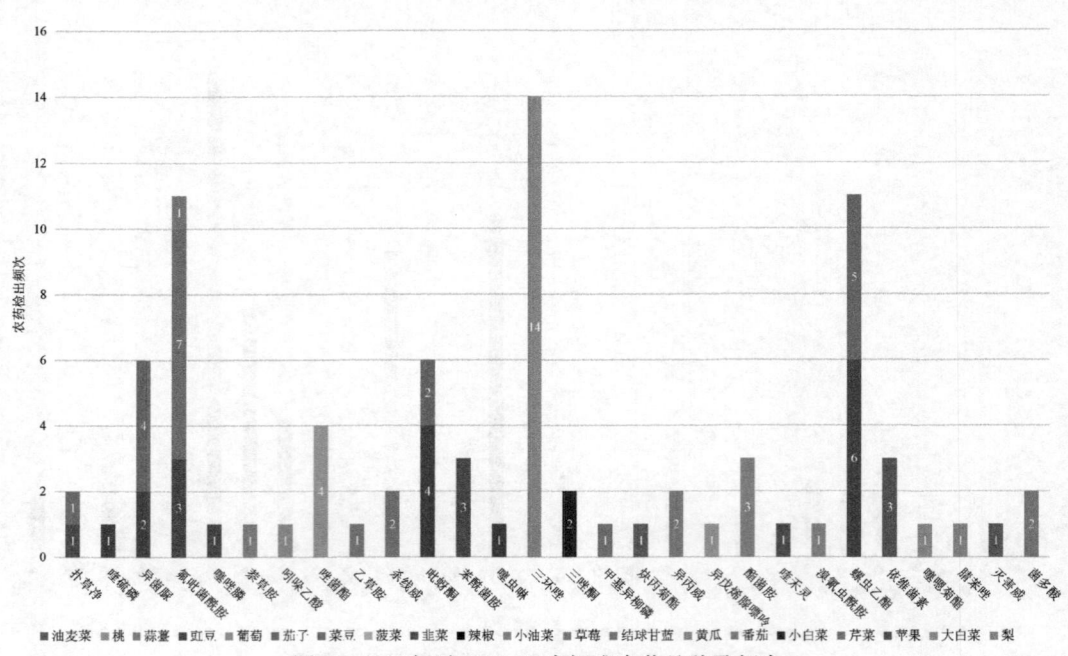

图 1-14-5　超过 MRL 日本标准农药品种及频次

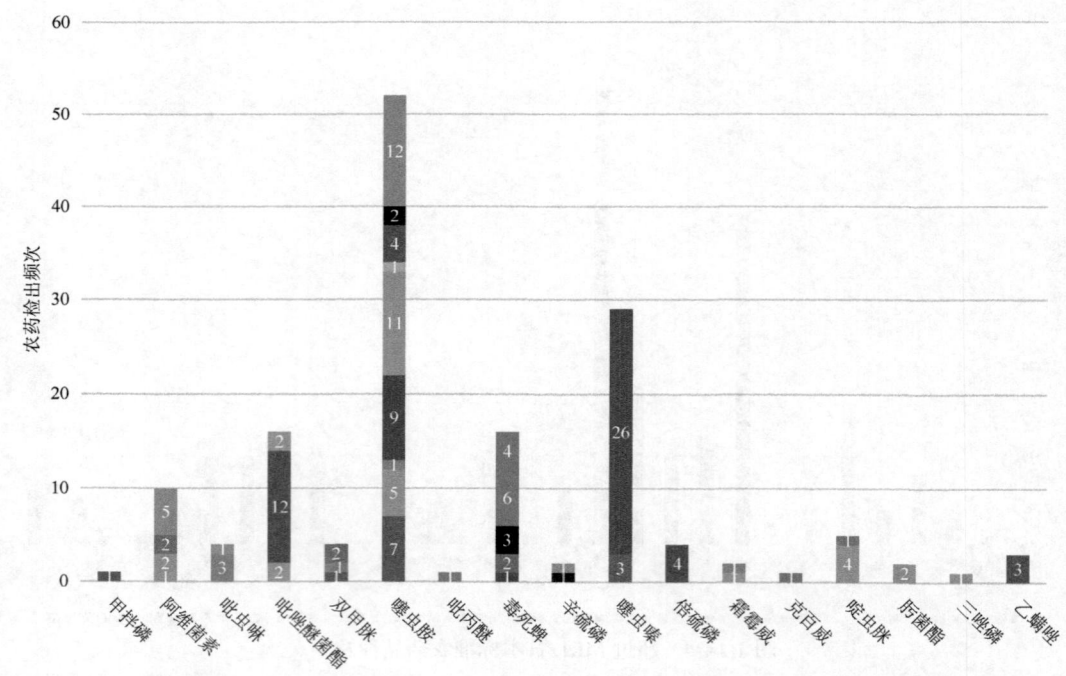

图 1-15　超过 MRL 中国香港标准农药品种及频次

1.3.2.5　按 MRL 美国标准衡量

按 MRL 美国标准衡量，共有 15 种农药超标，检出 99 频次，分别为高毒农药阿维菌素，中毒农药戊唑醇、甲霜灵、吡虫啉、啶虫脒、腈菌唑、四氟醚唑、吡唑醚菌酯、茵多酸和毒死蜱，低毒农药噻虫嗪、噻嗪酮和噻虫胺，微毒农药乙螨唑和联苯肼酯。检测结果见图 1-16。

按超标程度比较，豇豆中噻虫嗪超标 11.4 倍，葡萄中毒死蜱超标 9.3 倍，桃中毒死蜱超标 7.6 倍，辣椒中啶虫脒超标 6.1 倍，豇豆中腈菌唑超标 2.6 倍。

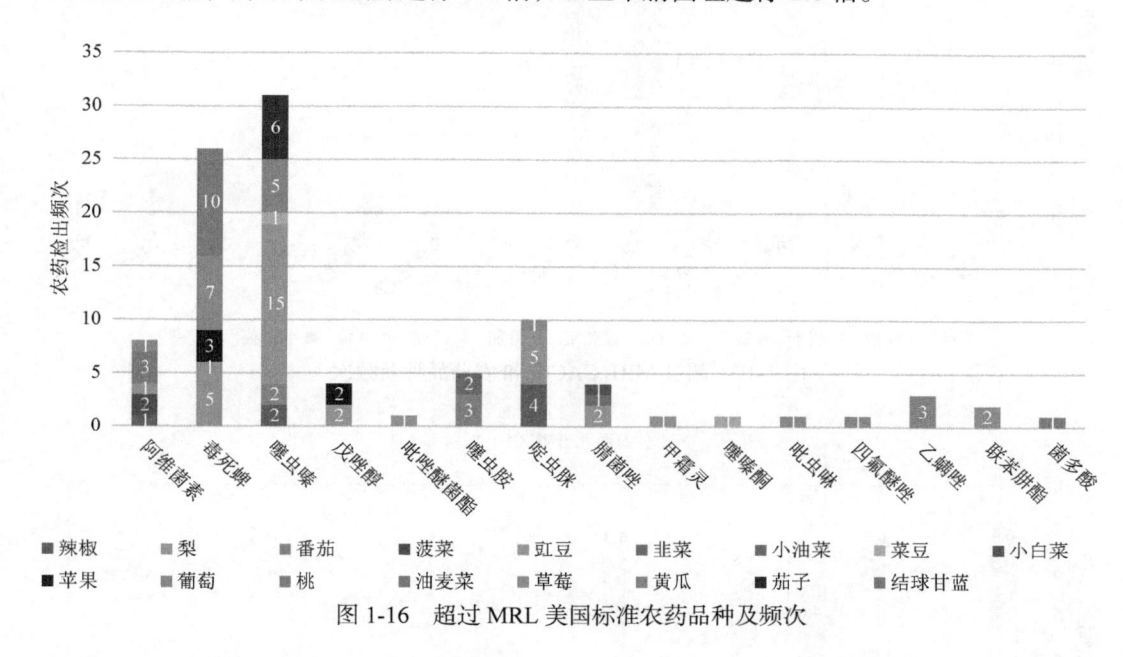

图 1-16 超过 MRL 美国标准农药品种及频次

1.3.2.6 按 MRL CAC 标准衡量

按 MRL CAC 标准衡量，共有 14 种农药超标，检出 100 频次，分别为剧毒农药甲拌磷，高毒农药阿维菌素，中毒农药吡虫啉、啶虫脒、矮壮素、腈菌唑、吡唑醚菌酯和苯醚甲环唑，低毒农药敌草腈、噻虫嗪和噻虫胺，微毒农药乙螨唑、霜霉威和多菌灵。检测结果见图 1-17。

按超标程度比较，辣椒中阿维菌素超标 28.7 倍，豇豆中噻虫嗪超标 23.8 倍，菜豆中甲拌磷超标 16.5 倍，番茄中噻虫胺超标 13.2 倍，草莓中噻虫胺超标 9.8 倍。

1.3.3 16 个城市超标情况分析

1.3.3.1 按 MRL 中国国家标准衡量

按 MRL 中国国家标准衡量，有 15 个城市的样品存在不同程度的超标农药检出，其中海北藏族自治州的超标率最高，为 7.0%，如图 1-18 所示。

1.3.3.2 按 MRL 欧盟标准衡量

按 MRL 欧盟标准衡量，有 16 个城市的样品存在不同程度的超标农药检出，其中白银市的超标率最高，为 44.6%，如图 1-19 所示。

图 1-17 超过 MRL CAC 标准农药品种及频次

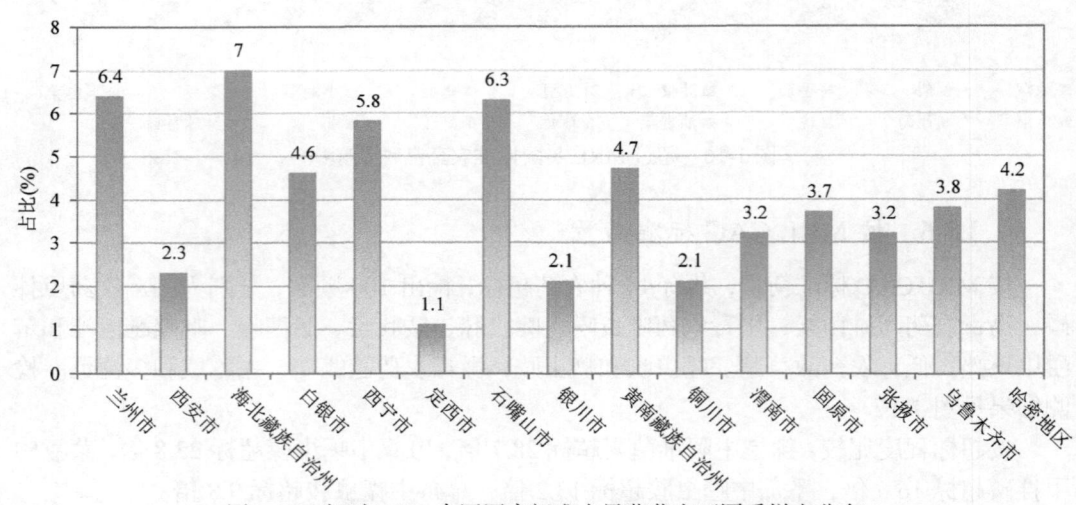

图 1-18 超过 MRL 中国国家标准水果蔬菜在不同采样点分布

1.3.3.3 按 MRL 日本标准衡量

按 MRL 日本标准衡量，有 16 个城市的样品存在不同程度的超标农药检出，其中张掖市的超标率最高，为 40.5%，如图 1-20 所示。

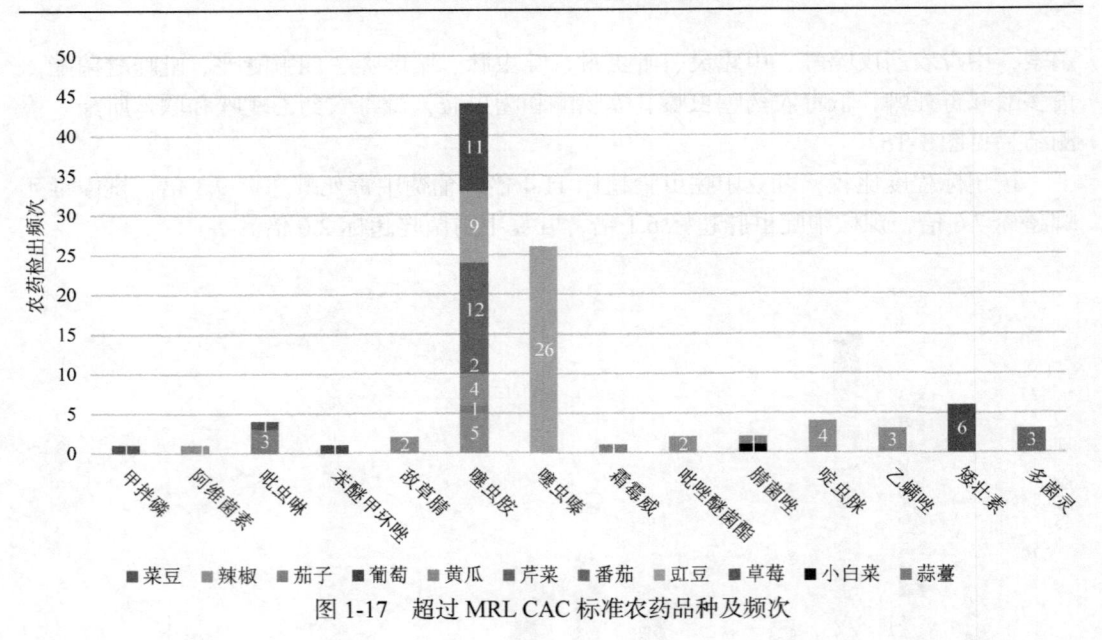

1.3.3.4 按 MRL 中国香港标准衡量

按 MRL 中国香港标准衡量，有 14 个城市的样品存在不同程度的超标农药检出，其中黄南藏族自治州的超标率最高，为 6.8%，如图 1-21 所示。

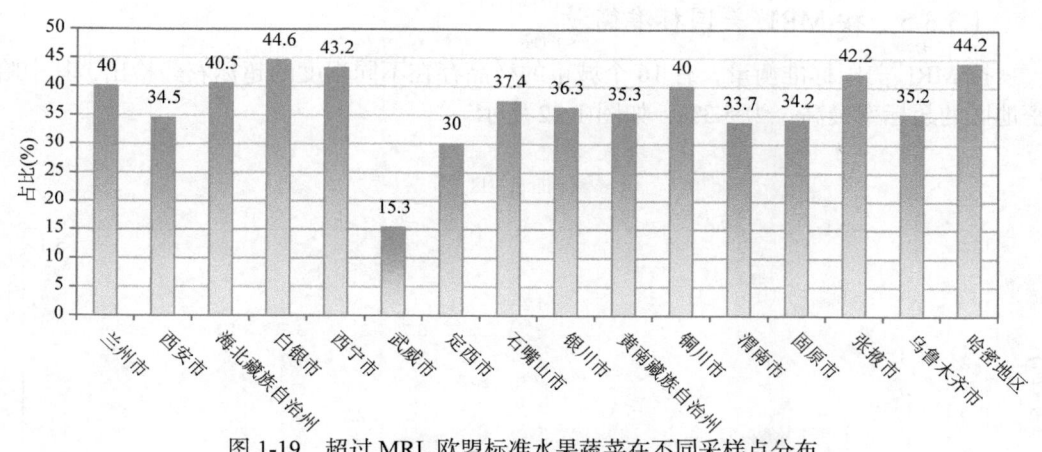

图 1-19　超过 MRL 欧盟标准水果蔬菜在不同采样点分布

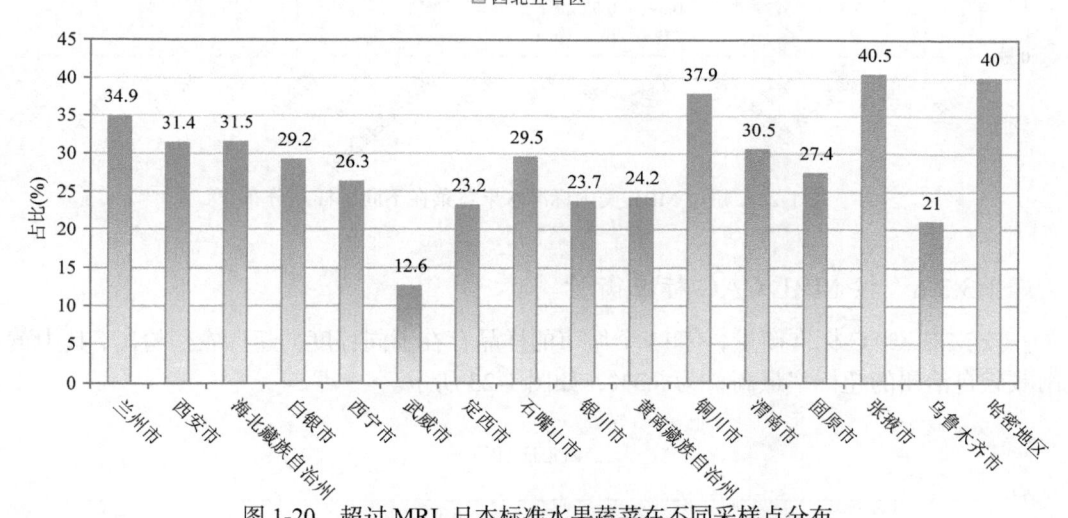

图 1-20　超过 MRL 日本标准水果蔬菜在不同采样点分布

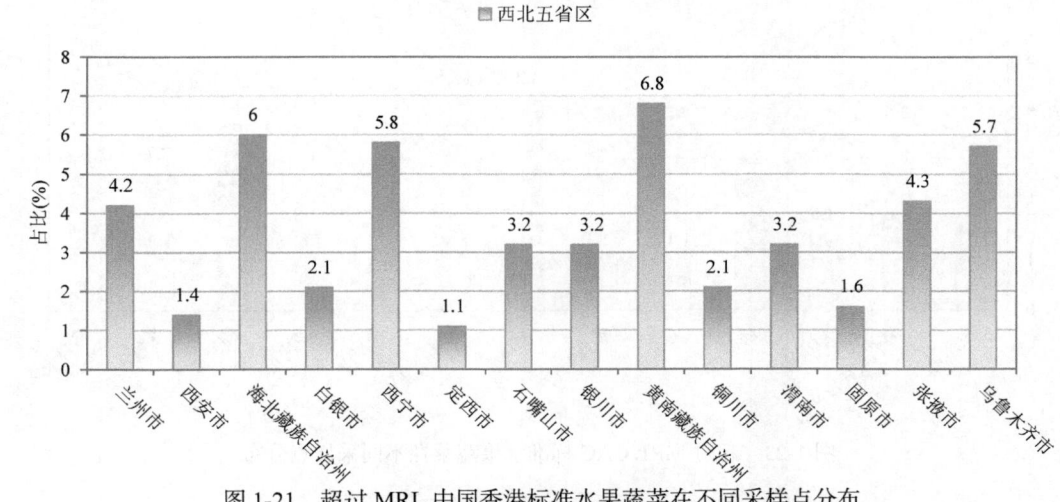

图 1-21　超过 MRL 中国香港标准水果蔬菜在不同采样点分布

1.3.3.5 按 MRL 美国标准衡量

按 MRL 美国标准衡量，有 16 个城市的样品存在不同程度的超标农药检出，其中哈密地区的超标率最高，为 5.3%，如图 1-22 所示。

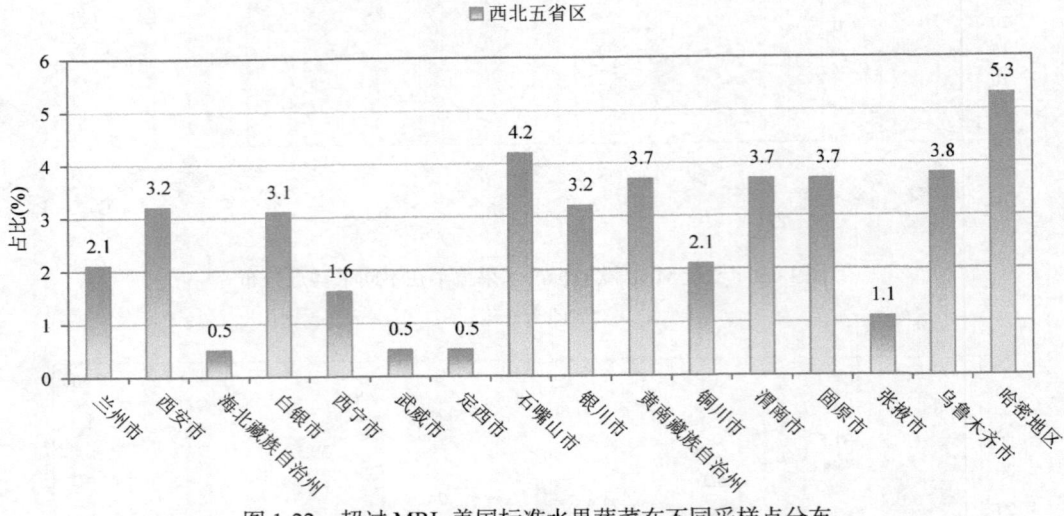

图 1-22 超过 MRL 美国标准水果蔬菜在不同采样点分布

1.3.3.6 按 MRL CAC 标准衡量

按 MRL CAC 标准衡量，有 13 个城市的样品存在不同程度的超标农药检出，其中黄南藏族自治州的超标率最高，为 6.3%，如图 1-23 所示。

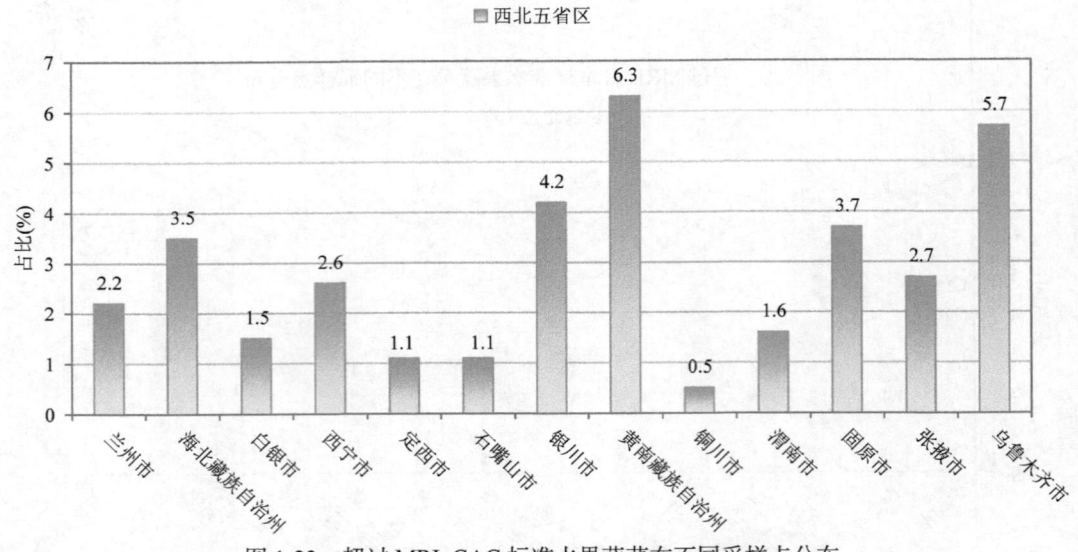

图 1-23 超过 MRL CAC 标准水果蔬菜在不同采样点分布

1.3.3.7 西北五省区 16 个城市超标农药检出率

将 16 个城市的侦测结果分别按 MRL 中国国家标准、欧盟标准、日本标准、中国香港标准、美国标准和 CAC 标准进行分析，见表 1-14。

表 1-14　16 个城市的超标农药检出率（%）

序号	城市	中国国家标准	欧盟标准	日本标准	中国香港标准	美国标准	CAC 标准
1	白银市	0.9	14.2	9.3	0.4	0.6	0.3
2	定西市	0.2	10.1	7.7	0.2	0.1	0.2
3	兰州市	1.4	14.5	13.4	0.9	0.4	0.4
4	武威市	0.0	4.1	3.5	0.0	0.1	0.0
5	张掖市	0.6	14.5	11.8	0.8	0.2	0.5
6	西宁市	1.2	13.5	8.9	1.2	0.4	0.6
7	海北藏族自治州	1.5	14.7	12.2	1.4	0.2	0.8
8	黄南藏族自治州	1.4	15.7	11.4	2.0	0.9	2.2
9	铜川市	0.0	13.2	11.3	0.0	0.4	0.1
10	渭南市	0.7	10.9	11.2	0.0	0.8	0.3
11	西安市	0.4	12.8	9.8	0.3	0.6	0.0
12	固原市	0.7	11.1	9.5	0.3	0.7	0.7
13	银川市	0.5	11.5	8.4	0.7	0.7	0.9
14	石嘴山市	1.5	15.1	14.2	0.9	1.0	0.4
15	哈密地区	0.8	15.1	12.9	0.0	1.0	0.0
16	乌鲁木齐市	0.9	14.7	10.4	1.8	0.9	1.8

1.4　水果中农药残留分布

1.4.1　检出农药品种和频次排前 5 的水果

本次残留侦测的水果共 5 种，包括葡萄、苹果、桃、草莓和梨。

根据检出农药品种及频次进行排名，将各项排名前 5 位的水果样品检出情况列表说明，详见表 1-15。

表 1-15　检出农药品种和频次排名前 5 的水果

检出农药品种排名前 5（品种）	①葡萄（81），②草莓（61），③桃（57），④梨（48），⑤苹果（44）
检出农药频次排名前 5（频次）	①葡萄（1556），②草莓（1090），③桃（1044），④梨（659），⑤苹果（515）
检出禁用、高毒及剧毒农药品种排名前 5（品种）	①草莓（5），②葡萄（5），③桃（5），④梨（4），⑤苹果（2）
检出禁用、高毒及剧毒农药频次排名前 5（频次）	①桃（51），②梨（30），③葡萄（25），④苹果（20），⑤草莓（8）

1.4.2 超标农药品种和频次排前 5 的水果

鉴于欧盟和日本的 MRL 标准制定比较全面且覆盖率较高，我们参照 MRL 中国国家标准、欧盟标准和日本标准衡量水果样品中农残检出情况，将超标农药品种及频次排名前 5 的水果列表说明，详见表 1-16。

表 1-16 超标农药品种和频次排名前 5 的水果

超标农药品种排名前 5（农药品种数）	MRL 中国国家标准	①草莓（4），②葡萄（2），③梨（1），④桃（1）
	MRL 欧盟标准	①葡萄（28），②草莓（19），③桃（18），④梨（11），⑤苹果（7）
	MRL 日本标准	①葡萄（17），②桃（14），③草莓（12），④梨（4），⑤苹果（3）
超标农药频次排名前 5（农药频次数）	MRL 中国国家标准	①草莓（15），②葡萄（7），③梨（1），④桃（1）
	MRL 欧盟标准	①葡萄（141），②草莓（99），③桃（62），④梨（31），⑤苹果（25）
	MRL 日本标准	①葡萄（122），②桃（68），③草莓（62），④苹果（13），⑤梨（11）

通过对各品种水果样本总数及检出率进行综合分析发现，草莓、桃和葡萄的残留污染最为严重，在此，我们参照 MRL 中国国家标准、欧盟标准和日本标准对这 3 种水果的农残检出情况进行进一步分析。

1.4.3 农药残留检出率较高的水果样品分析

1.4.3.1 草莓

这次共检测 200 例草莓样品，197 例样品中检出了农药残留，检出率为 98.5%，检出农药共计 61 种。其中吡唑醚菌酯、乙螨唑、多菌灵、联苯肼酯和啶虫脒检出频次较高，分别检出了 101、72、67、61 和 60 次。草莓中农药检出品种和频次见图 1-24，检出农

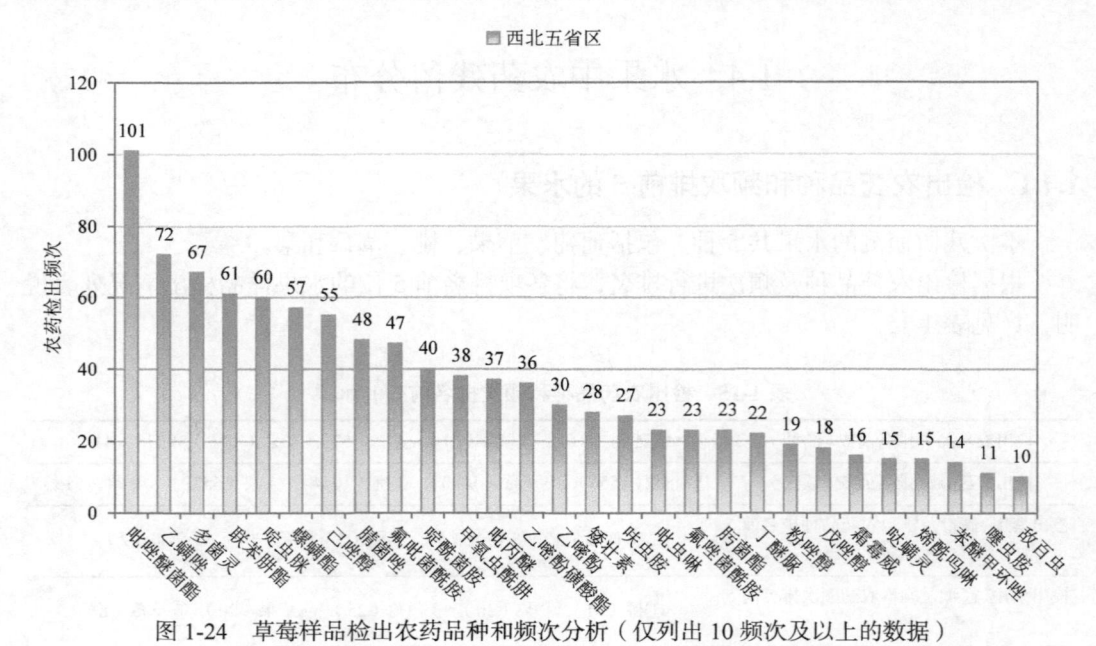

图 1-24 草莓样品检出农药品种和频次分析（仅列出 10 频次及以上的数据）

残超标情况见表 1-17 和图 1-25。

表 1-17 草莓中农药残留超标情况明细表

样品总数 200			检出农药样品数 197	样品检出率（%）98.5	检出农药品种总数 61
	超标农药品种	超标农药频次	按照 MRL 中国国家标准、欧盟标准和日本标准衡量超标农药名称及频次		
中国国家标准	4	15	噻虫胺（11），阿维菌素（2），吡虫啉（1），氧乐果（1）		
欧盟标准	19	99	呋虫胺（24），己唑醇（17），戊唑醇（13），噻虫胺（11），氟啶虫酰胺（6），双苯基脲（6），多菌灵（5），二甲嘧酚（3），多效唑（2），氟吗啉（2），杀螟丹（2），矮壮素（1），氨唑草酮（1），吡虫啉（1），吡唑萘菌胺（1），噁霜灵（1），腈吡螨酯（1），霜霉威（1），氧乐果（1）		
日本标准	12	62	己唑醇（17），戊唑醇（16），乙嘧酚（8），双苯基脲（6），乙嘧酚磺酸酯（4），二甲嘧酚（3），多效唑（2），氟吗啉（2），矮壮素（1），氨唑草酮（1），吡虫啉（1），噻虫胺（1）		

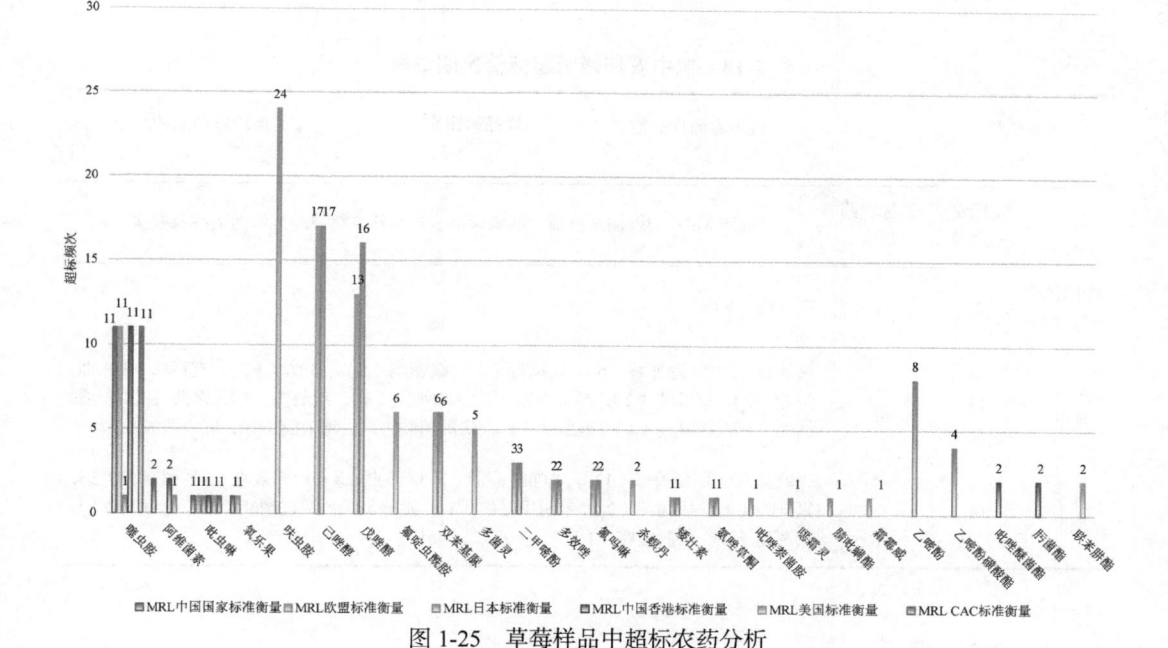

图 1-25 草莓样品中超标农药分析

1.4.3.2 桃

这次共检测 200 例桃样品，195 例样品中检出了农药残留，检出率为 97.5%，检出农药共计 57 种。其中啶虫脒、苯醚甲环唑、多菌灵、多效唑和吡唑醚菌酯检出频次较高，分别检出了 99、98、95、76 和 74 次。桃中农药检出品种和频次见图 1-26，检出农残超标情况见表 1-18 和图 1-27。

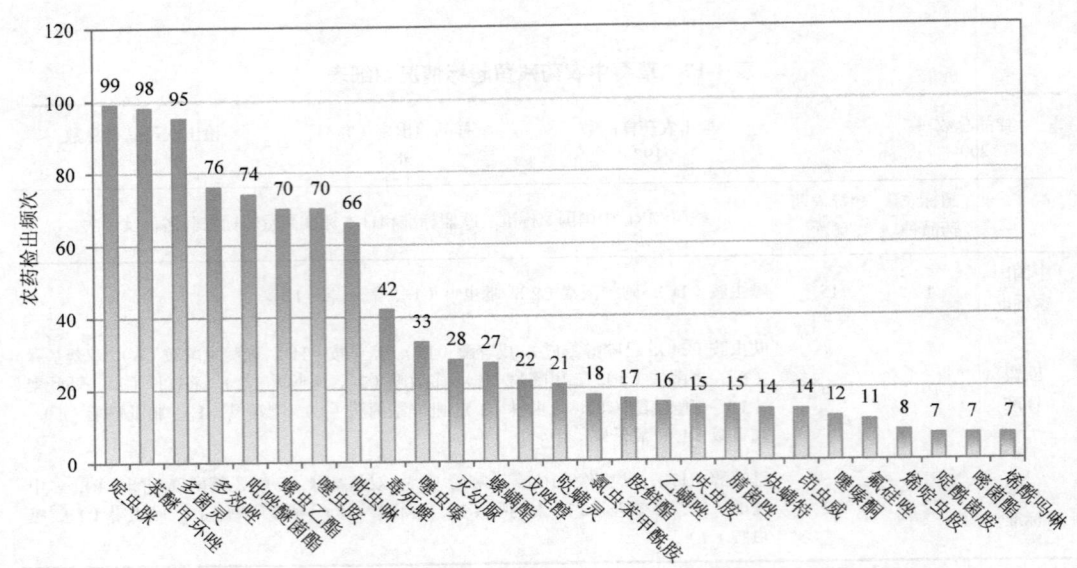

图 1-26 桃样品检出农药品种和频次分析（仅列出 7 频次及以上的数据）

表 1-18 桃中农药残留超标情况明细表

样品总数		检出农药样品数	样品检出率（%）	检出农药品种总数
200		195	97.5	57
	超标农药品种	超标农药频次	按照 MRL 中国国家标准、欧盟标准和日本标准衡量超标农药名称及频次	
中国国家标准	1	1	克百威（1）	
欧盟标准	18	62	灭幼脲（24）、毒死蜱（6）、炔螨特（6）、噻嗪酮（5）、多效唑（3）、克百威（3）、胺鲜酯（2）、氟硅唑（2）、烯啶虫胺（2）、哒螨灵（1）、敌敌畏（1）、多菌灵（1）、抗倒酯（1）、咪鲜胺（1）、噻虫嗪（1）、烯肟菌胺（1）、增效醚（1）、唑虫酰胺（1）	
日本标准	14	68	灭幼脲（24）、螺螨酯（12）、吡唑醚菌酯（11）、茚虫威（6）、多效唑（3）、胺鲜酯（2）、氟硅唑（2）、炔螨特（2）、苯醚甲环唑（1）、哒螨灵（1）、抗倒酯（1）、咪鲜胺（1）、嘧菌酯（1）、烯肟菌胺（1）	

1.4.3.3 葡萄

这次共检测 200 例葡萄样品，192 例样品中检出了农药残留，检出率为 96.0%，检出农药共计 81 种。其中吡唑醚菌酯、苯醚甲环唑、烯酰吗啉、霜霉威和氟吡菌酰胺检出频次较高，分别检出了 120、101、85、74 和 66 次。葡萄中农药检出品种和频次见图 1-28，检出农残超标情况见表 1-19 和图 1-29。

图 1-27 桃样品中超标农药分析

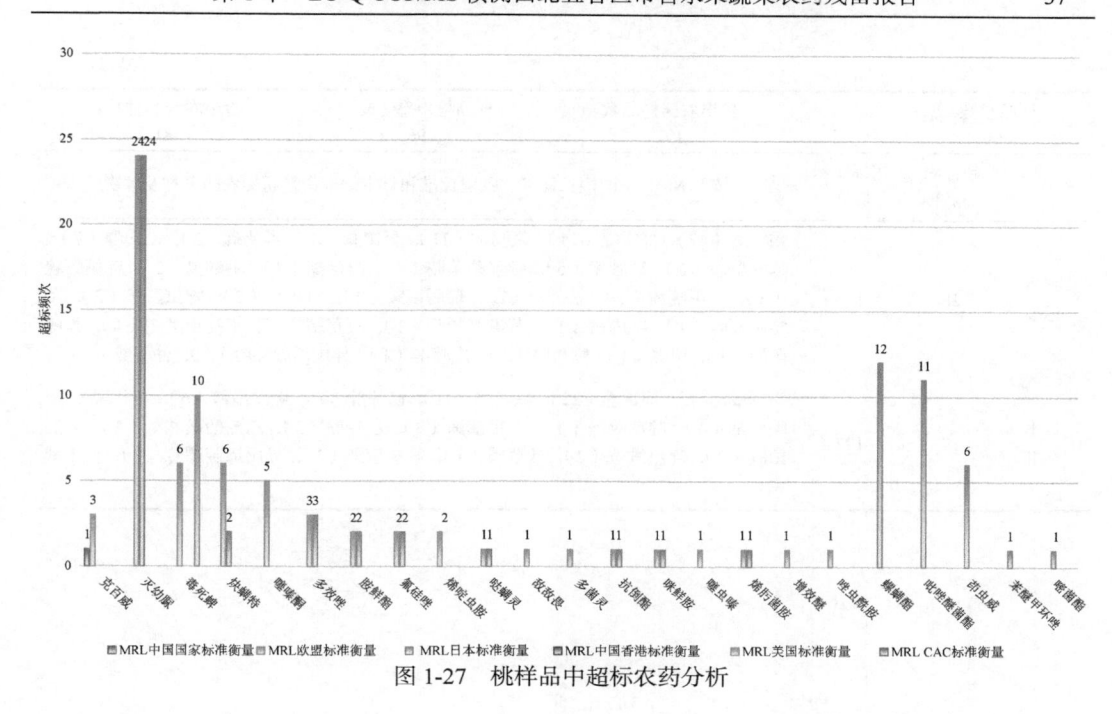

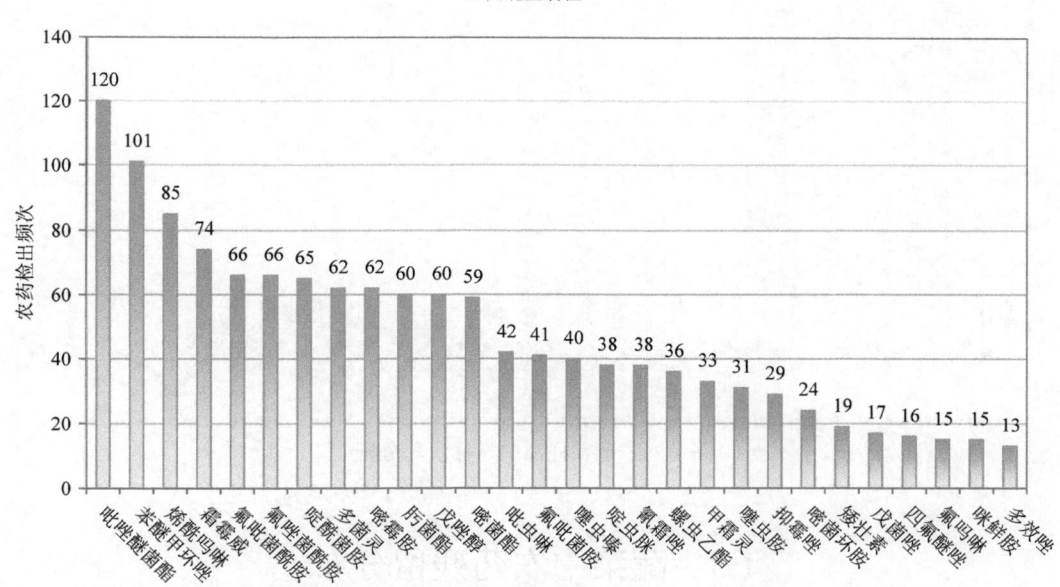

图 1-28 葡萄样品检出农药品种和频次分析（仅列出 13 频次及以上的数据）

表 1-19 葡萄中农药残留超标情况明细表

样品总数		检出农药样品数	样品检出率（%）	检出农药品种总数
200		192	96	81
	超标农药品种	超标农药频次	按照 MRL 中国国家标准、欧盟标准和日本标准衡量超标农药名称及频次	
中国国家标准	2	7	苯醚甲环唑（5），氧乐果（2）	

续表

样品总数 200		检出农药样品数 192	样品检出率（%） 96	检出农药品种总数 81
	超标农药品种	超标农药频次	按照 MRL 中国国家标准、欧盟标准和日本标准衡量超标农药名称及频次	
欧盟标准	28	141	霜霉威（47），抑霉唑（14），氟吗啉（11），异菌脲（8），毒死蜱（7），己唑醇（7），噻呋酰胺（6），矮壮素（5），吡唑萘菌胺（4），唑菌酯（4），哒螨灵（3），啶菌噁唑（3），二甲嘧酚（3），氟硅唑（2），烯肟菌胺（2），氧乐果（2），唑虫酰胺（2），苯醚甲环唑（1），吡丙醚（1），苄氨基嘌呤（1），敌草腈（1），氟啶虫酰胺（1），氟嘧菌酯（1），甲哌（1），噻虫啉（1），戊唑醇（1），异戊烯腺嘌呤（1），仲丁威（1）	
日本标准	17	122	霜霉威（47），抑霉唑（22），氟吗啉（11），己唑醇（7），噻呋酰胺（6），矮壮素（5），唑菌酯（4），啶菌噁唑（3），二甲嘧酚（3），乙嘧酚（3），乙嘧酚磺酸酯（3），烯肟菌胺（2），唑虫酰胺（2），敌草腈（1），氟嘧菌酯（1），异戊烯腺嘌呤（1），仲丁威（1）	

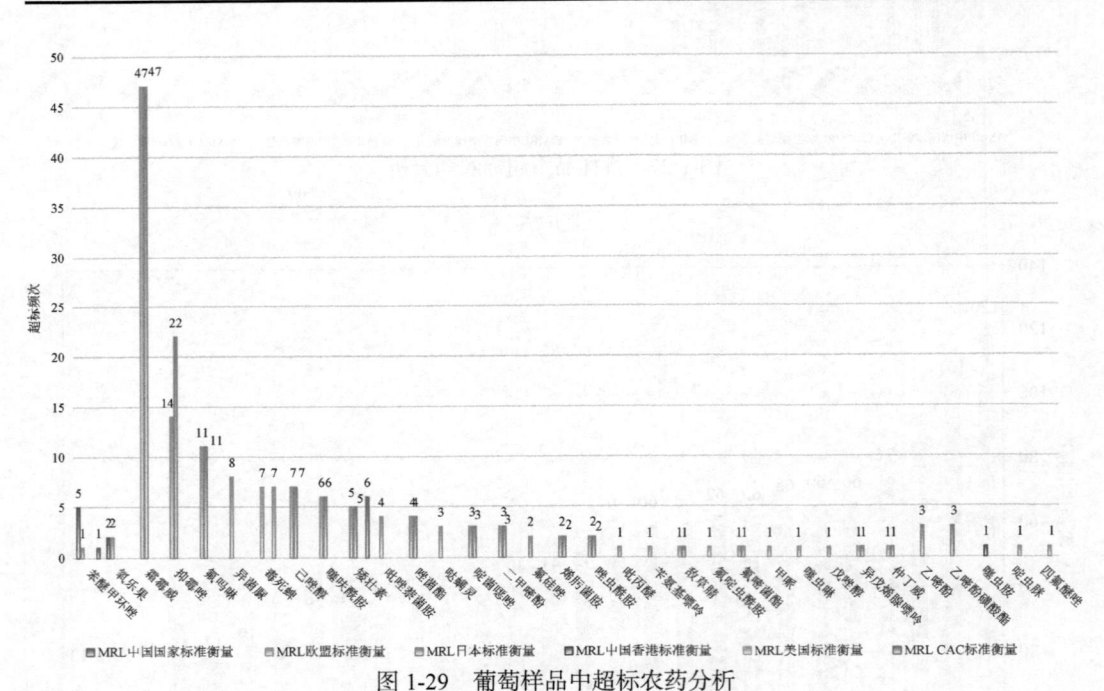

图 1-29 葡萄样品中超标农药分析

1.5 蔬菜中农药残留分布

1.5.1 检出农药品种和频次排前 10 的蔬菜

本次残留侦测的蔬菜共 15 种，包括结球甘蓝、辣椒、韭菜、蒜薹、小白菜、油麦菜、芹菜、小油菜、大白菜、番茄、茄子、黄瓜、菠菜、豇豆和菜豆。

根据检出农药品种及频次进行排名，将各项排名前 10 位的蔬菜样品检出情况列表说明，详见表 1-20。

表 1-20 检出农药品种和频次排名前 10 的蔬菜

检出农药品种排名前 10（品种）	①豇豆（91），②油麦菜（85），③芹菜（77），④菜豆（76），⑤辣椒（76），⑥黄瓜（75），⑦番茄（68），⑧茄子（68），⑨菠菜（63），⑩韭菜（62）
检出农药频次排名前 10（频次）	①油麦菜（1945），②黄瓜（1366），③豇豆（1221），④芹菜（1165），⑤辣椒（1149），⑥蒜薹（1053），⑦小油菜（1030），⑧茄子（933），⑨韭菜（889），⑩番茄（881）
检出禁用、高毒及剧毒农药品种排名前 10（品种）	①豇豆（10），②辣椒（9），③茄子（8），④菜豆（7），⑤小油菜（7），⑥菠菜（6），⑦韭菜（6），⑧芹菜（6），⑨油麦菜（6），⑩结球甘蓝（5）
检出禁用、高毒及剧毒农药频次排名前 10（频次）	①韭菜（55），②芹菜（45），③茄子（38），④豇豆（30），⑤油麦菜（28），⑥菠菜（27），⑦小白菜（24），⑧小油菜（18），⑨辣椒（15），⑩菜豆（9）

1.5.2 超标农药品种和频次排前 10 的蔬菜

鉴于欧盟和日本的 MRL 标准制定比较全面且覆盖率较高，我们参照 MRL 中国国家标准、欧盟标准和日本标准衡量蔬菜样品中农残检出情况，将超标农药品种及频次排名前 10 的蔬菜列表说明，详见表 1-21。

表 1-21 超标农药品种和频次排名前 10 的蔬菜

超标农药品种排名前 10（农药品种数）	MRL 中国国家标准	①豇豆（10），②芹菜（7），③茄子（6），④韭菜（4），⑤辣椒（4），⑥小白菜（4），⑦小油菜（4），⑧菜豆（3），⑨结球甘蓝（3），⑩油麦菜（3）
	MRL 欧盟标准	①豇豆（45），②芹菜（40），③油麦菜（39），④小油菜（35），⑤菜豆（34），⑥辣椒（32），⑦小白菜（30），⑧菠菜（29），⑨蒜薹（26），⑩韭菜（24）
	MRL 日本标准	①豇豆（72），②菜豆（57），③芹菜（28），④小油菜（27），⑤韭菜（24），⑥菠菜（21），⑦油麦菜（21），⑧辣椒（18），⑨蒜薹（18），⑩小白菜（18）
超标农药频次排名前 10（农药频次数）	MRL 中国国家标准	①豇豆（35），②韭菜（32），③小白菜（16），④芹菜（15），⑤辣椒（12），⑥茄子（12），⑦菜豆（9），⑧小油菜（9），⑨菠菜（7），⑩油麦菜（7）
	MRL 欧盟标准	①油麦菜（387），②小油菜（244），③蒜薹（241），④芹菜（212），⑤小白菜（180），⑥豇豆（160），⑦菠菜（138），⑧辣椒（119），⑨茄子（118），⑩韭菜（103）
	MRL 日本标准	①豇豆（490），②菜豆（303），③油麦菜（249），④小油菜（177），⑤韭菜（170），⑥菠菜（103），⑦芹菜（81），⑧小白菜（80），⑨蒜薹（61），⑩茄子（51）

通过对各品种蔬菜样本总数及检出率进行综合分析发现，油麦菜、豇豆和芹菜的残留污染最为严重，在此，我们参照 MRL 中国国家标准、欧盟标准和日本标准对这 3 种蔬菜的农残检出情况进行进一步分析。

1.5.3 农药残留检出率较高的蔬菜样品分析

1.5.3.1 油麦菜

这次共检测 200 例油麦菜样品，198 例样品中检出了农药残留，检出率为 99.0%，检出农药共计 85 种。其中烯酰吗啉、啶虫脒、苯醚甲环唑、噻虫嗪和甲霜灵检出频次较高，分别检出了 156、106、104、92 和 88 次。油麦菜中农药检出品种和频次见图 1-30，检出农残超标情况见表 1-22 和图 1-31。

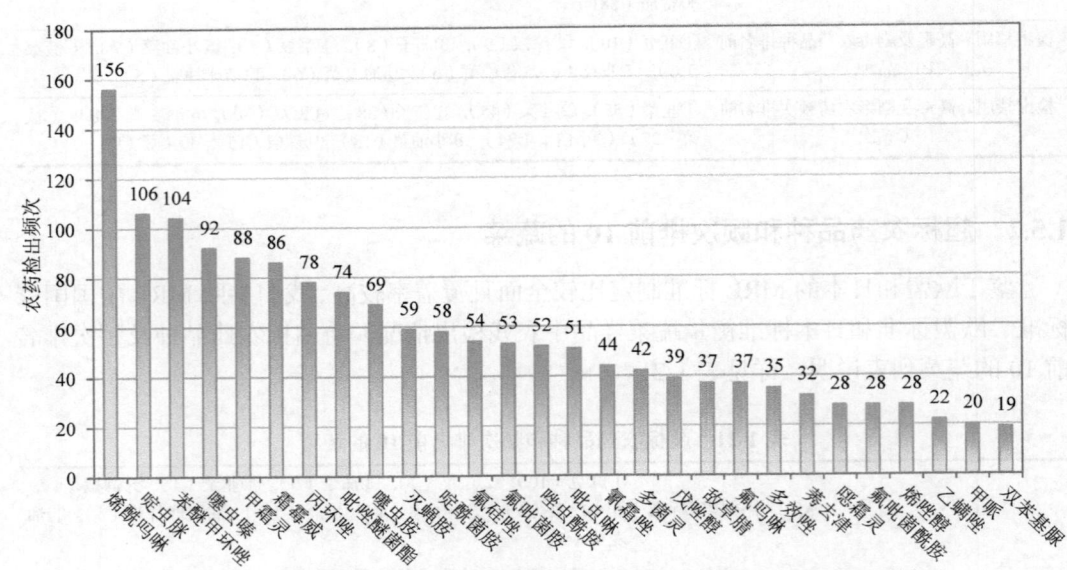

图 1-30 油麦菜样品检出农药品种和频次分析（仅列出 19 频次及以上的数据）

表 1-22 油麦菜中农药残留超标情况明细表

样品总数 200		检出农药样品数 198	样品检出率（%） 99	检出农药品种总数 85
	超标农药品种	超标农药频次	按照 MRL 中国国家标准、欧盟标准和日本标准衡量超标农药名称及频次	
中国国家标准	3	7	阿维菌素（5），辛硫磷（1），氧乐果（1）	
欧盟标准	39	387	丙环唑（59），氰霜唑（39），唑虫酰胺（39），氟硅唑（33），烯唑醇（26），氟吗啉（19），多效唑（18），己唑醇（16），吡丙醚（13），苄氯三唑醇（10），噁霜灵（10），稻瘟灵（9），氟啶脲（9），噻虫嗪（9），哒螨灵（7），敌草腈（7），醚菌酯（6），乙螨唑（6），甲哌（5），阿维菌素（4），毒死蜱（4），多菌灵（4），呋虫胺（4），烯效唑（4），苯唑草酮（3），螺螨酯（3），辛硫磷（3），依维菌素（3），苯氧威（2），杀线威（2），氧乐果（2），乙霉威（2），丙溴磷（1），噁喹酸（1），氟酰脲（1），灭害威（1），炔丙菊酯（1），异菌脲（1），增效醚（1）	
日本标准	21	249	丙环唑（59），氟硅唑（33），烯唑醇（26），氟吗啉（19），多效唑（18），己唑醇（16），吡丙醚（13），苄氯三唑醇（10），稻瘟灵（9），哒螨灵（7），敌草腈（7），甲哌（7），乙螨唑（6），螺螨酯（5），烯效唑（4），苯唑草酮（3），依维菌素（3），阿维菌素（1），丙溴磷（1），灭害威（1），炔丙菊酯（1）	

1.5.3.2 豇豆

这次共检测 200 例豇豆样品，196 例样品中检出了农药残留，检出率为 98.0%，检

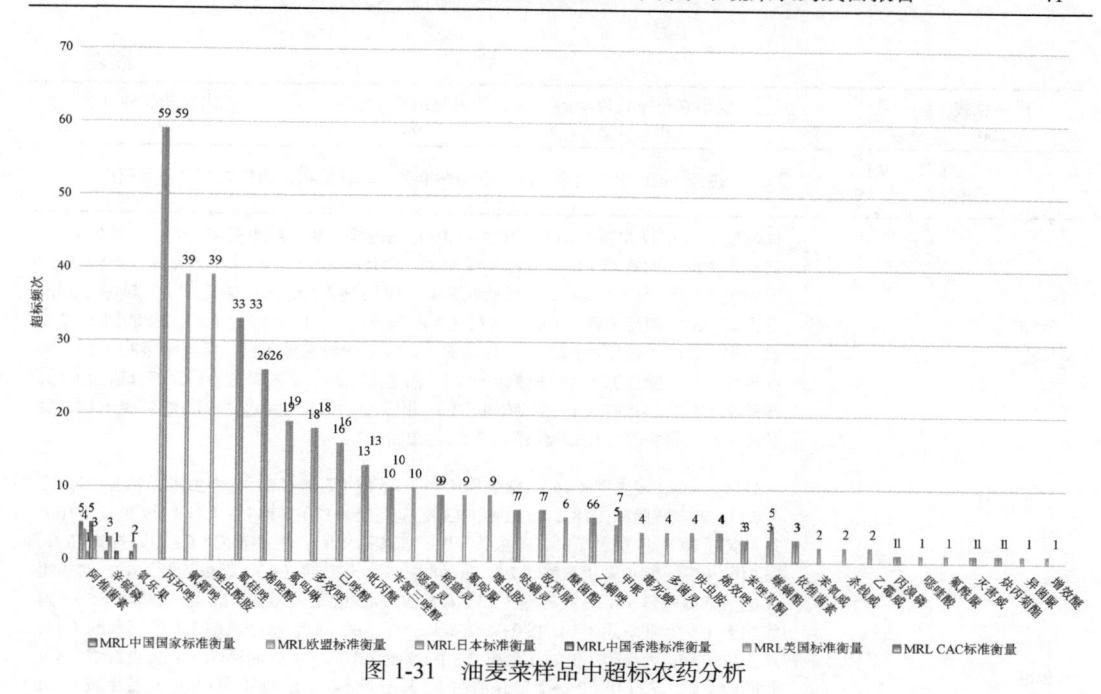

图 1-31 油麦菜样品中超标农药分析

出农药共计 91 种。其中烯酰吗啉、啶虫脒、灭蝇胺、苯醚甲环唑和多菌灵检出频次较高，分别检出了 94、92、91、78 和 71 次。豇豆中农药检出品种和频次见图 1-32，检出农残超标情况见表 1-23 和图 1-33。

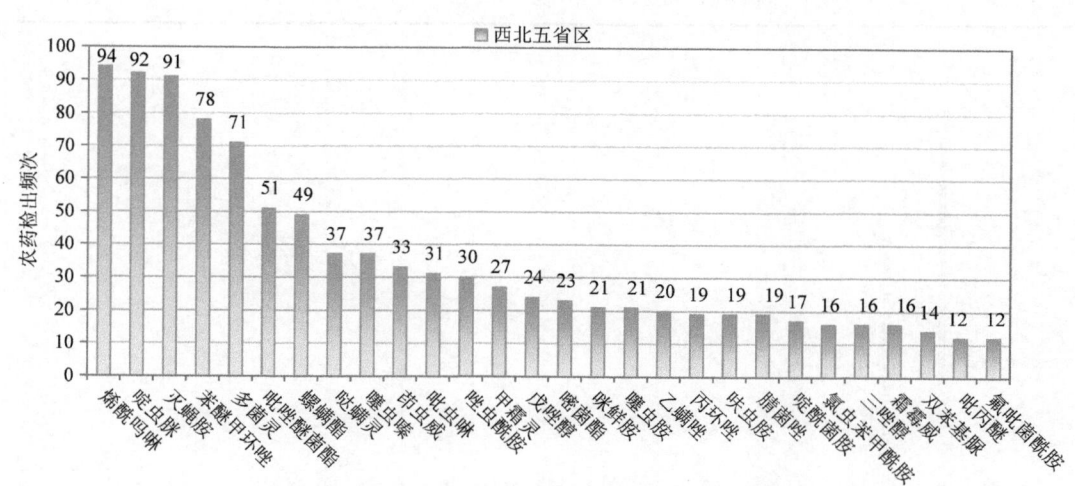

图 1-32 豇豆样品检出农药品种和频次分析（仅列出 12 频次及以上的数据）

表 1-23 豇豆中农药残留超标情况明细表

样品总数 200		检出农药样品数 196	样品检出率（%） 98	检出农药品种总数 91
	超标农药品种	超标农药频次	按照 MRL 中国国家标准、欧盟标准和日本标准衡量超标农药名称及频次	
中国国家标准	10	35	噻虫胺（9），灭蝇胺（6），啶虫脒（5），倍硫磷（4），水胺硫磷（4），克百威（3），阿维菌素（1），毒死蜱（1），氧乐果（1），乙酰甲胺磷（1）	

续表

样品总数 200		检出农药样品数 196	样品检出率（%） 98	检出农药品种总数 91
	超标农药品种	超标农药频次	按照 MRL 中国国家标准、欧盟标准和日本标准衡量超标农药名称及频次	
欧盟标准	45	160	螺螨酯（24），呋虫胺（10），炔螨特（10），三唑醇（9），唑虫酰胺（9），咪鲜胺（7），倍硫磷（6），四螨嗪（6），烯酰吗啉（6），丙环唑（5），啶虫脒（5），乙螨唑（5），甲霜灵（4），灭幼脲（4），水胺硫磷（4），吡丙醚（3），丙溴磷（3），丁醚脲（3），克百威（3），阿维菌素（2），粉唑醇（2），氟硅唑（2），己唑醇（2），烯啶虫胺（2），氧乐果（2），乙酰甲胺磷（2），异菌脲（2），吡唑醚菌酯（1），吡唑萘菌胺（1），苄呋菊酯（1），除虫脲（1），哒螨灵（1），稻瘟灵（1），丁氟螨酯（1），啶氧菌酯（1），毒死蜱（1），多效唑（1），二嗪磷（1），甲哌（1），腈吡螨酯（1），喹硫磷（1），醚菌酯（1），氰霜唑（1），噻嗪酮（1），乙虫腈（1）	
日本标准	72	490	灭蝇胺（63），啶虫脒（46），螺螨酯（36），苯醚甲环唑（31），噻虫嗪（26），多菌灵（20），吡唑醚菌酯（18），吡虫啉（13），哒螨灵（12），咪鲜胺（11），呋虫胺（10），炔螨特（10），甲霜灵（9），噻虫胺（9），三唑醇（9），唑虫酰胺（9），戊唑醇（8），吡丙醚（7），氯虫苯甲酰胺（7），嘧菌酯（7），倍硫磷（6），螺虫乙酯（6），四螨嗪（6），烯酰吗啉（6），丙环唑（5），氟啶虫酰胺（5），嘧霉胺（5），乙螨唑（5），阿维菌素（4），吡蚜酮（4），啶酰菌胺（4），灭幼脲（4），水胺硫磷（4），肟菌酯（4），茚虫威（4），丙溴磷（3），丁醚脲（3），氟吡菌酰胺（3），腈菌唑（3），克百威（3），粉唑醇（2），氟硅唑（2），氟唑菌酰胺（2），己唑醇（2），噻虫酮（2），烯啶虫胺（2），氧乐果（2），乙酰甲胺磷（2），乙氧喹啉（2），异菌脲（2），吡唑萘菌胺（1），苄呋菊酯（1），除虫脲（1），稻瘟灵（1），丁氟螨酯（1），啶氧菌酯（1），毒死蜱（1），多效唑（1），二嗪磷（1），甲哌（1），腈吡螨酯（1），抗蚜威（1），喹硫磷（1），联苯肼酯（1），醚菌酯（1），氰霜唑（1），噻虫啉（1），噻嗪酮（1），噻唑磷（1），霜霉威（1），乙虫腈（1），莠去津（1）	

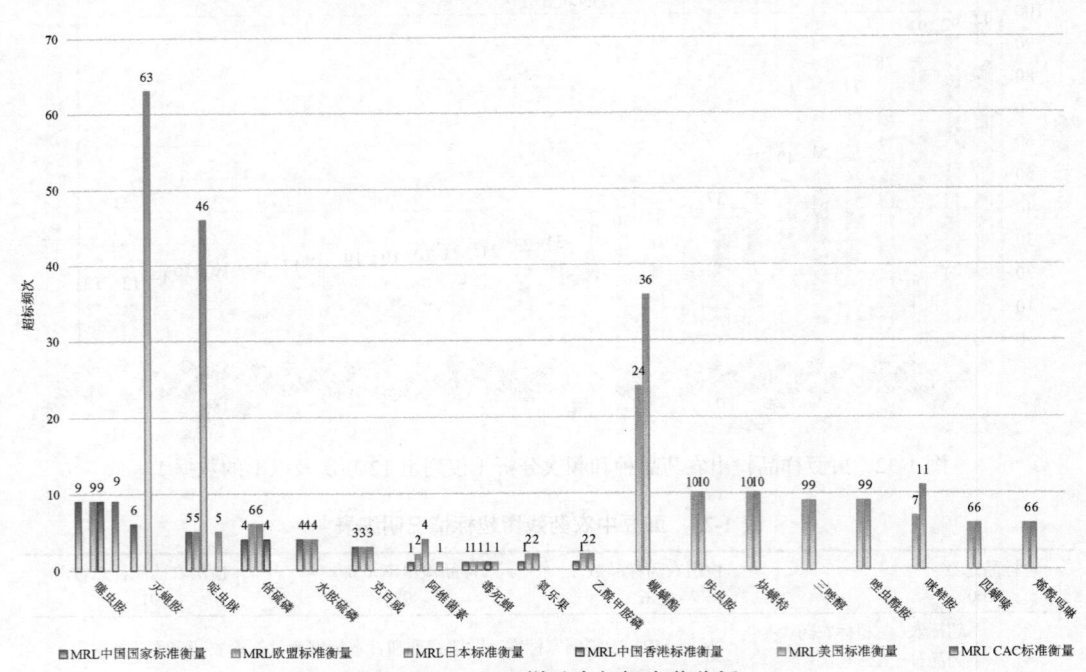

图 1-33-1 豇豆样品中超标农药分析

图 1-33-2　豇豆样品中超标农药分析

图 1-33-3　豇豆样品中超标农药分析

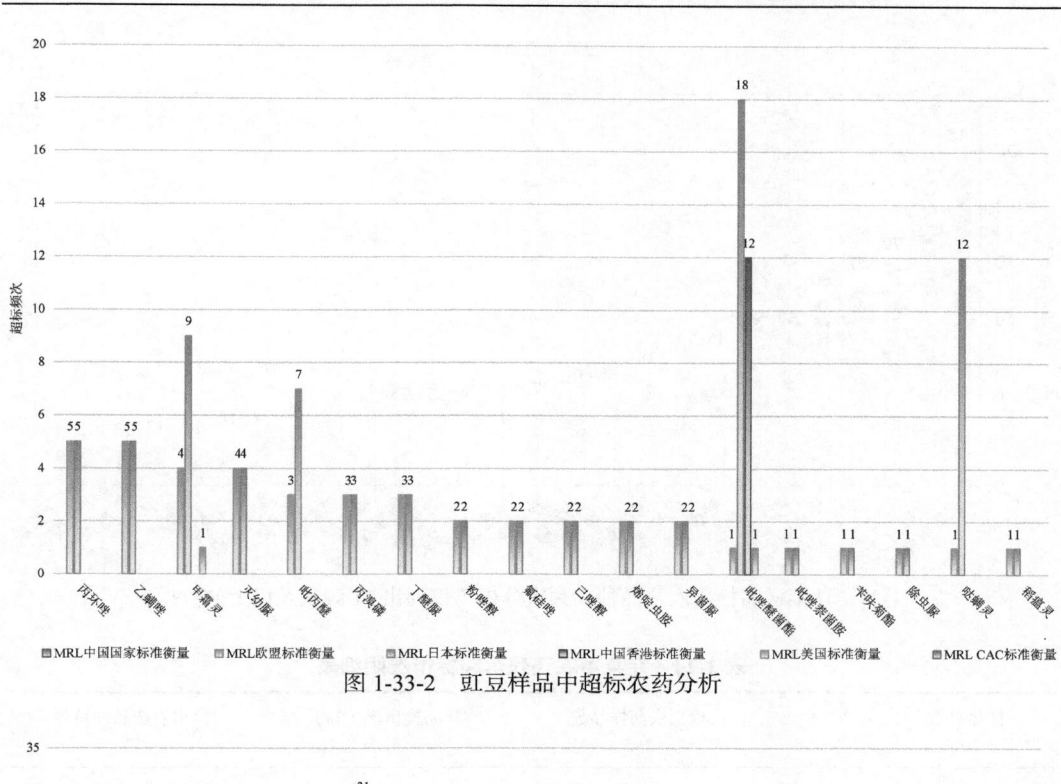

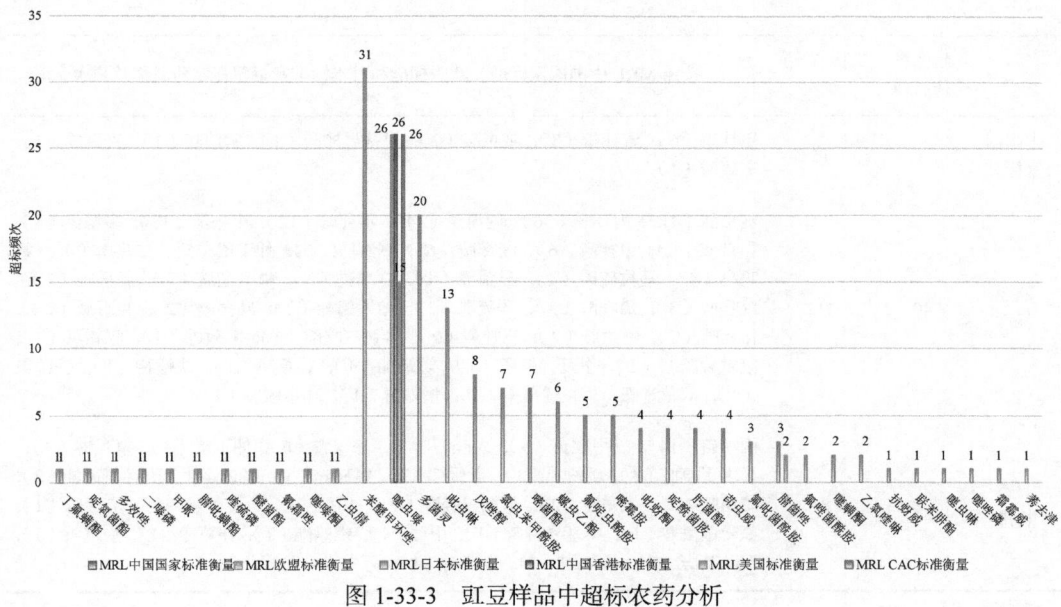

1.5.3.3　芹菜

这次共检测 200 例芹菜样品，195 例样品中检出了农药残留，检出率为 97.5%，检出农药共计 77 种。其中苯醚甲环唑、吡唑醚菌酯、啶虫脒、烯酰吗啉和噻虫嗪检出频次较高，分别检出了 118、90、79、72 和 66 次。芹菜中农药检出品种和频次见图 1-34，检出农残超标情况见表 1-24 和图 1-35。

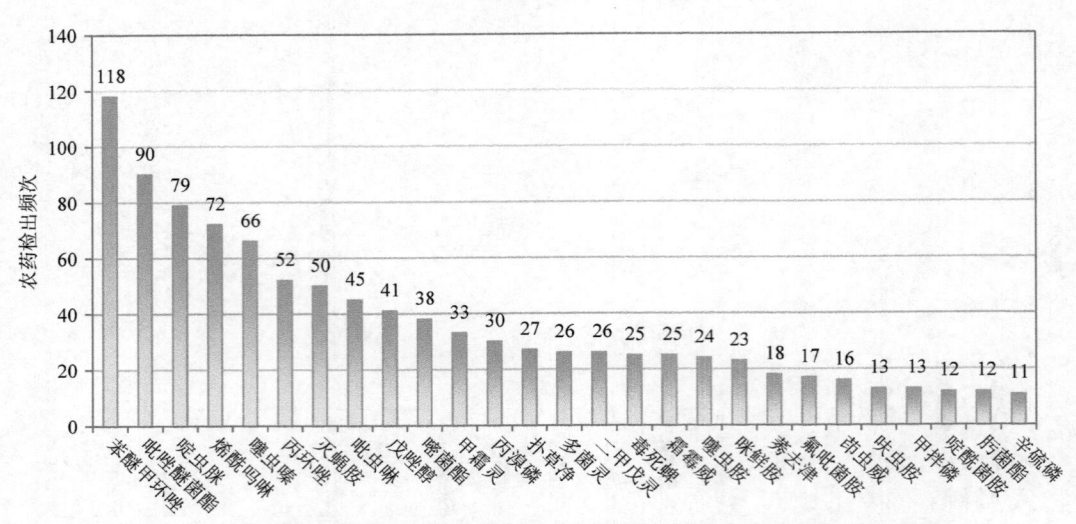

图1-34 芹菜样品检出农药品种和频次分析（仅列出11频次及以上的数据）

表1-24 芹菜中农药残留超标情况明细表

样品总数 200		检出农药样品数 195	样品检出率（%） 97.5	检出农药品种总数 77
	超标农药品种	超标农药频次	按照MRL中国国家标准、欧盟标准和日本标准衡量超标农药名称及频次	
中国国家标准	7	15	甲拌磷（6），毒死蜱（3），噻虫胺（2），甲基异柳磷（1），腈菌唑（1），克百威（1），辛硫磷（1）	
欧盟标准	40	212	啶虫脒（41），丙环唑（36），丙溴磷（14），毒死蜱（12），甲霜灵（12），多菌灵（8），霜霉威（8），甲拌磷（6），嘧霉胺（6），咪鲜胺（5），仲丁威（5），二嗪磷（4），氟吗啉（4），马拉硫磷（4），异菌脲（4），哒螨灵（3），氟吡菌胺（3），氟硅唑（3），戊唑醇（3），烯唑醇（3），辛硫磷（3），啶氧菌酯（2），腈菌唑（2），克百威（2），氰霜唑（2），噻虫胺（2），三唑酮（2），苄氯三唑醇（1），多效唑（1），噁霉灵（1），氟吡菌酰胺（1），甲基异柳磷（1），螺螨酯（1），扑草净（1），炔螨特（1），噻菌灵（1），双苯基脲（1），烯草酮（1），增效醚（1），唑虫酰胺（1）	
日本标准	28	81	丙溴磷（14），二甲戊灵（9），戊唑醇（7），嘧霉胺（6），仲丁威（5），氟吗啉（4），异丙甲草胺（4），哒螨灵（3），毒死蜱（3），氟硅唑（3），烯唑醇（3），啶氧菌酯（2），腈菌唑（2），氰霜唑（2），苄氯三唑醇（1），丁酰肼（1），多效唑（1），二嗪磷（1），氟吡菌酰胺（1），甲基异柳磷（1），甲哌（1），螺螨酯（1），扑草净（1），炔螨特（1），双苯基脲（1），烯草酮（1），辛硫磷（1），莠去津（1）	

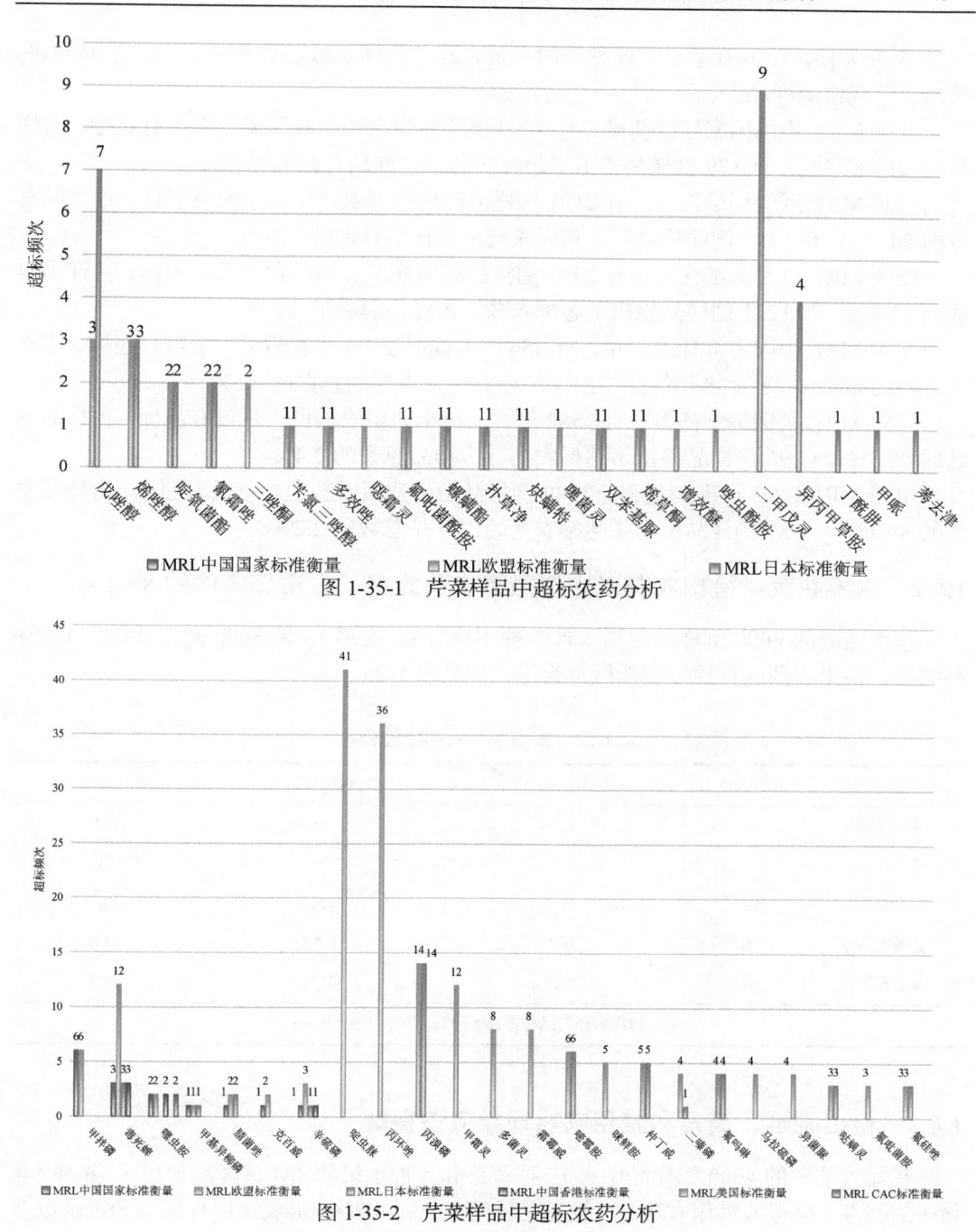

图 1-35-1　芹菜样品中超标农药分析

图 1-35-2　芹菜样品中超标农药分析

1.6　初 步 结 论

1.6.1　西北五省区 16 个城市市售水果蔬菜按国际主要 MRL 标准衡量的合格率

本次侦测的 4000 例样品中，322 例样品未检出任何残留农药，占样品总量的 8.0%，

3678 例样品检出不同水平、不同种类的残留农药，占样品总量的 92.0%。在这 3678 例检出农药残留的样品中：

按照 MRL 中国国家标准衡量，有 3499 例样品检出残留农药但含量没有超标，占样品总数的 87.5%，有 179 例样品检出了超标农药，占样品总数的 4.5%。

按照 MRL 欧盟标准衡量，有 2181 例样品检出残留农药但含量没有超标，占样品总数的 54.5%，有 1497 例样品检出了超标农药，占样品总数的 37.4%。

按照 MRL 日本标准衡量，有 2457 例样品检出残留农药但含量没有超标，占样品总数的 61.4%，有 1221 例样品检出了超标农药，占样品总数的 30.5%。

按照 MRL 中国香港标准衡量，有 3540 例样品检出残留农药但含量没有超标，占样品总数的 88.5%，有 138 例样品检出了超标农药，占样品总数的 3.5%。

按照 MRL 美国标准衡量，有 3582 例样品检出残留农药但含量没有超标，占样品总数的 89.5%，有 96 例样品检出了超标农药，占样品总数的 2.4%。

按照 MRL CAC 标准衡量，有 3589 例样品检出残留农药但含量没有超标，占样品总数的 89.7%，有 89 例样品检出了超标农药，占样品总数的 2.2%。

1.6.2 水果蔬菜中检出农药以中低微毒农药为主，占市场主体的 89.4%

这次侦测的 4000 例样品包括水果 5 种 1000 例，蔬菜 15 种 3000 例，共检出了 216 种农药，检出农药的毒性以中低微毒为主，详见表 1-25。

表 1-25 市场主体农药毒性分布

毒性	检出品种	占比（%）	检出频次	占比（%）
剧毒农药	2	0.9	36	0.2
高毒农药	21	9.7	203	1.0
中毒农药	69	31.9	8342	42.7
低毒农药	78	36.1	6788	34.8
微毒农药	46	21.3	4155	21.3

中低微毒农药，品种占比 89.4%，频次占比 98.8%

1.6.3 检出剧毒、高毒和禁用农药现象应该警醒

在此次侦测的 4000 例样品中有 15 种蔬菜和 5 种水果的 384 例样品检出了 26 种 446 频次的剧毒、高毒或禁用农药，占样品总量的 9.6%。其中剧毒农药甲拌磷和治螟磷以及高毒农药醚菌酯、氧乐果和克百威检出频次较高。

按 MRL 中国国家标准衡量，剧毒农药甲拌磷，检出 34 次，超标 23 次；高毒农药氧乐果，检出 34 次，超标 8 次；克百威，检出 28 次，超标 10 次；按超标程度比较，菜豆中甲拌磷超标 86.3 倍，小油菜中甲拌磷超标 15.0 倍，豇豆中克百威超标 14.9 倍，小白菜中氧乐果超标 13.3 倍，芹菜中甲拌磷超标 12.6 倍。

剧毒、高毒或禁用农药的检出情况及按照 MRL 中国国家标准衡量的超标情况见

表 1-26。

表 1-26 剧毒、高毒或禁用农药的检出及超标明细

序号	农药名称	样品名称	检出频次	超标频次	最大超标倍数	超标率（%）
1.1	治螟磷*▲	芹菜	2	0	0	0.0
2.1	甲拌磷*▲	韭菜	13	13	9.74	100.0
2.2	甲拌磷*▲	芹菜	13	6	12.59	46.2
2.3	甲拌磷*▲	小油菜	2	2	15.04	100.0
2.4	甲拌磷*▲	葡萄	2	0	0	0.0
2.5	甲拌磷*▲	菜豆	1	1	86.27	100.0
2.6	甲拌磷*▲	辣椒	1	1	4.42	100.0
2.7	甲拌磷*▲	菠菜	1	0	0	0.0
2.8	甲拌磷*▲	豇豆	1	0	0	0.0
3.1	丁酮威°	菜豆	2	0	0	0.0
3.2	丁酮威°	小油菜	1	0	0	0.0
3.3	丁酮威°	结球甘蓝	1	0	0	0.0
4.1	三唑磷°▲	小油菜	4	0	0	0.0
4.2	三唑磷°▲	豇豆	3	0	0	0.0
4.3	三唑磷°▲	茄子	2	0	0	0.0
4.4	三唑磷°▲	菜豆	1	1	0.672	100.0
4.5	三唑磷°▲	小白菜	1	0	0	0.0
4.6	三唑磷°▲	辣椒	1	0	0	0.0
5.1	伐虫脒°	菜豆	1	0	0	0.0
6.1	克百威°▲	桃	5	1	2.05	20.0
6.2	克百威°▲	豇豆	4	3	14.87	75.0
6.3	克百威°▲	韭菜	4	1	3.745	25.0
6.4	克百威°▲	茄子	4	0	0	0.0
6.5	克百威°▲	小白菜	3	1	0.215	33.3
6.6	克百威°▲	结球甘蓝	2	2	0.725	100.0
6.7	克百威°▲	芹菜	2	1	1.235	50.0
6.8	克百威°▲	梨	2	1	0.435	50.0
6.9	克百威°▲	菜豆	1	0	0	0.0
6.10	克百威°▲	辣椒	1	0	0	0.0
7.1	敌敌畏°	桃	1	0	0	0.0
7.2	敌敌畏°	韭菜	1	0	0	0.0
8.1	杀线威°	油麦菜	2	0	0	0.0

续表

序号	农药名称	样品名称	检出频次	超标频次	最大超标倍数	超标率（%）
8.2	杀线威◦	结球甘蓝	2	0	0	0.0
9.1	氧乐果◦▲	油麦菜	7	1	2	14.3
9.2	氧乐果◦▲	小白菜	6	3	13.31	50.0
9.3	氧乐果◦▲	菠菜	5	0	0	0.0
9.4	氧乐果◦▲	葡萄	4	2	0.475	50.0
9.5	氧乐果◦▲	豇豆	3	1	6.315	33.3
9.6	氧乐果◦▲	小油菜	3	0	0	0.0
9.7	氧乐果◦▲	菜豆	2	0	0	0.0
9.8	氧乐果◦▲	草莓	1	1	7.54	100.0
9.9	氧乐果◦▲	桃	1	0	0	0.0
9.10	氧乐果◦▲	结球甘蓝	1	0	0	0.0
9.11	氧乐果◦▲	茄子	1	0	0	0.0
10.1	氯唑磷◦▲	茄子	8	0	0	0.0
11.1	水胺硫磷◦▲	韭菜	16	8	11.816	50.0
11.2	水胺硫磷◦▲	豇豆	4	4	5.072	100.0
11.3	水胺硫磷◦▲	辣椒	1	0	0	0.0
12.1	灭害威◦	油麦菜	1	0	0	0.0
12.2	灭害威◦	葡萄	1	0	0	0.0
12.3	灭害威◦	辣椒	1	0	0	0.0
12.4	灭害威◦	韭菜	1	0	0	0.0
13.1	灭瘟素◦	小油菜	2	0	0	0.0
14.1	甲基异柳磷◦▲	芹菜	2	1	0.63	50.0
15.1	甲基硫环磷◦▲	草莓	1	0	0	0.0
16.1	甲胺磷◦▲	茄子	6	0	0	0.0
16.2	甲胺磷◦▲	桃	2	0	0	0.0
16.3	甲胺磷◦▲	豇豆	2	0	0	0.0
16.4	甲胺磷◦▲	大白菜	1	0	0	0.0
16.5	甲胺磷◦▲	辣椒	1	0	0	0.0
17.1	百治磷◦	菠菜	3	0	0	0.0
18.1	硫线磷◦▲	茄子	1	0	0	0.0
19.1	脱叶磷◦	大白菜	2	0	0	0.0
20.1	苯线磷◦▲	草莓	1	0	0	0.0
21.1	蚜灭磷◦	草莓	1	0	0	0.0
22.1	醚菌酯◦	葡萄	8	0	0	0.0

续表

序号	农药名称	样品名称	检出频次	超标频次	最大超标倍数	超标率（%）
22.2	醚菌酯◊	油麦菜	7	0	0	0.0
22.3	醚菌酯◊	菠菜	5	0	0	0.0
22.4	醚菌酯◊	苹果	3	0	0	0.0
22.5	醚菌酯◊	辣椒	3	0	0	0.0
22.6	醚菌酯◊	豇豆	2	0	0	0.0
22.7	醚菌酯◊	黄瓜	2	0	0	0.0
22.8	醚菌酯◊	小白菜	1	0	0	0.0
22.9	醚菌酯◊	番茄	1	0	0	0.0
22.10	醚菌酯◊	菜豆	1	0	0	0.0
22.11	醚菌酯◊	蒜薹	1	0	0	0.0
23.1	阿维菌素◊	菠菜	9	4	2.782	44.4
23.2	阿维菌素◊	油麦菜	7	5	3.22	71.4
23.3	阿维菌素◊	草莓	4	2	2.705	50.0
23.4	阿维菌素◊	豇豆	4	1	0.65	25.0
23.5	阿维菌素◊	梨	1	0	0	0.0
23.6	阿维菌素◊	辣椒	1	0	0	0.0
24.1	乙酰甲胺磷▲	茄子	7	3	2.46	42.9
24.2	乙酰甲胺磷▲	豇豆	2	1	0.145	50.0
24.3	乙酰甲胺磷▲	梨	1	0	0	0.0
25.1	毒死蜱▲	桃	42	0	0	0.0
25.2	毒死蜱▲	梨	26	0	0	0.0
25.3	毒死蜱▲	芹菜	25	3	7.458	12.0
25.4	毒死蜱▲	韭菜	20	10	5.47	50.0
25.5	毒死蜱▲	苹果	17	0	0	0.0
25.6	毒死蜱▲	小白菜	13	11	21.055	84.6
25.7	毒死蜱▲	葡萄	10	0	0	0.0
25.8	毒死蜱▲	茄子	9	1	1.35	11.1
25.9	毒死蜱▲	小油菜	5	5	12.92	100.0
25.10	毒死蜱▲	蒜薹	5	2	0.825	40.0
25.11	毒死蜱▲	豇豆	5	1	1.935	20.0
25.12	毒死蜱▲	辣椒	5	0	0	0.0
25.13	毒死蜱▲	菠菜	4	3	9.28	75.0
25.14	毒死蜱▲	油麦菜	4	0	0	0.0
25.15	毒死蜱▲	结球甘蓝	2	1	0.775	50.0

续表

序号	农药名称	样品名称	检出频次	超标频次	最大超标倍数	超标率（%）
25.16	毒死蜱▲	大白菜	2	0	0	0.0
25.17	毒死蜱▲	番茄	1	0	0	0.0
26.1	丁酰肼▲	小油菜	1	0	0	0.0
26.2	丁酰肼▲	芹菜	1	0	0	0.0
合计			446	108		24.2

注：超标倍数参照 MRL 中国国家标准衡量
　　*表示剧毒农药；◇表示高毒农药；▲表示禁用农药

这些超标的高剧毒或禁用农药都是中国政府早有规定禁止在水果蔬菜中使用的，为什么还屡次被检出，应该引起警惕。

1.6.4 残留限量标准与先进国家或地区差距较大

19524 频次的检出结果与我国公布的《食品中农药最大残留限量》（GB 2763—2021）对比，有 12355 频次能找到对应的 MRL 中国国家标准，占 63.3%；还有 7169 频次的侦测数据无相关 MRL 标准供参考，占 36.7%。

与国际上现行 MRL 对比发现：

有 19524 频次能找到对应的 MRL 欧盟标准，占 100.0%；

有 19524 频次能找到对应的 MRL 日本标准，占 100.0%；

有 10722 频次能找到对应的 MRL 中国香港标准，占 54.9%；

有 12348 频次能找到对应的 MRL 美国标准，占 63.2%；

有 9620 频次能找到对应的 MRL CAC 标准，占 49.3%。

由上可见，MRL 中国国家标准与先进国家或地区标准还有很大差距，我们无标准，境外有标准，这就会导致我国在国际贸易中，处于受制于人的被动地位。

1.6.5 水果蔬菜单种样品检出 57~91 种农药残留，拷问农药使用的科学性

通过此次监测发现，葡萄、草莓和桃是检出农药品种最多的 3 种水果，豇豆、油麦菜和芹菜是检出农药品种最多的 3 种蔬菜，从中检出农药品种及频次详见表 1-27。

表 1-27　单种样品检出农药品种及频次

样品名称	样品总数	检出率（%）	检出农药品种数	检出农药（频次）
豇豆	200	98.0	91	烯酰吗啉（94），啶虫脒（92），灭蝇胺（91），苯醚甲环唑（78），多菌灵（71），吡唑醚菌酯（51），螺螨酯（49），哒螨灵（37），噻虫嗪（37），茚虫威（33），吡虫啉（31），唑虫酰胺（30），甲霜灵（27），戊唑醇（24），嘧菌酯（23），咪鲜胺（21），噻虫胺（21），乙螨唑（20），丙环唑（19），呋虫胺（19），腈菌唑（19），啶酰菌胺（17），氯虫苯甲酰胺（16），三唑醇（16），霜霉威（16），双苯基脲（14），吡丙醚（12），氟吡菌

续表

样品名称	样品总数	检出率（%）	检出农药品种数	检出农药（频次）
豇豆	200	98.0	91	酰胺（12）、丙溴磷（11）、稻瘟灵（11）、莠去津（11）、炔螨特（10）、吡蚜酮（9）、螺虫乙酯（9）、多效唑（8）、氟硅唑（8）、嘧霉胺（8）、倍硫磷（7）、氟唑菌酰胺（7）、灭幼脲（7）、肟菌酯（7）、氟啶虫酰胺（6）、四螨嗪（6）、毒死蜱（5）、氰霜唑（5）、噻嗪酮（5）、莠灭净（5）、阿维菌素（4）、克百威（4）、水胺硫磷（4）、丁醚脲（3）、粉唑醇（3）、甲哌（3）、腈吡螨酯（3）、噻虫啉（3）、三甲苯草酮（3）、三唑磷（3）、烯啶虫胺（3）、氧乐果（3）、啶氧菌酯（2）、噁霜灵（2）、二嗪磷（2）、氟吡菌胺（2）、氟菌酯（2）、己唑醇（2）、甲胺磷（2）、醚菌酯（2）、嘧菌腙（2）、噻螨酮（2）、噻唑磷（2）、烯肟菌胺（2）、乙酰甲胺磷（2）、乙氧喹啉（2）、异菌脲（2）、吡噻菌胺（1）、吡唑萘菌胺（1）、苄呋菊酯（1）、除虫脲（1）、丁氟螨酯（1）、氟吗啉（1）、甲拌磷（1）、抗蚜威（1）、苦参碱（1）、喹硫磷（1）、联苯肼酯（1）、噻菌灵（1）、三唑酮（1）、双炔酰菌胺（1）、烯效唑（1）、溴氰虫酰胺（1）、乙虫腈（1）
油麦菜	200	99.0	85	烯酰吗啉（156）、啶虫脒（106）、苯醚甲环唑（104）、噻虫嗪（92）、甲霜灵（88）、霜霉威（86）、丙环唑（78）、吡唑醚菌酯（74）、噻虫胺（69）、灭蝇胺（59）、啶酰菌胺（58）、氟硅唑（54）、氟吡菌胺（53）、唑虫酰胺（52）、吡虫啉（51）、氰霜唑（44）、多菌灵（42）、戊唑醇（39）、敌草腈（37）、氟吗啉（37）、多效唑（35）、莠去津（32）、噁霜灵（28）、氟吡菌酰胺（28）、烯唑醇（28）、乙螨唑（22）、甲哌（20）、双苯基脲（19）、茚虫威（18）、咪鲜胺（17）、己唑醇（16）、吡丙醚（15）、哒螨灵（15）、稻瘟灵（13）、氯虫苯甲酰胺（13）、烯效唑（13）、溴氰虫酰胺（12）、异菌脲（12）、苄氯三唑醇（11）、苯嗪草酮（10）、螺螨酯（10）、嘧菌酯（10）、氟啶脲（9）、嘧菌环胺（9）、苯氧威（8）、氟唑菌酰胺（8）、扑草净（8）、阿维菌素（7）、醚菌酯（7）、三唑醇（7）、三唑酮（7）、氧乐果（7）、异戊烯腺嘌呤（7）、丙溴磷（6）、三环唑（6）、双炔酰菌胺（6）、呋虫胺（5）、氟噻唑吡乙酮（5）、嘧霉胺（5）、吲唑磺菌胺（5）、毒死蜱（4）、腈菌唑（4）、乙霉威（4）、苯唑草酮（3）、辛硫磷（3）、依维菌素（3）、虫酰肼（2）、噁草酮（2）、粉唑醇（2）、甲氧虫酰肼（2）、噻菌灵（2）、噻嗪酮（2）、杀线威（2）、倍硫磷（1）、噁喹酸（1）、氟酰脲（1）、氟佐隆（1）、灭害威（1）、炔丙菊酯（1）、噻虫啉（1）、噻唑磷（1）、三氟甲吡醚（1）、肟菌酯（1）、增效醚（1）、仲丁通（1）
芹菜	200	97.5	77	苯醚甲环唑（118）、吡唑醚菌酯（90）、啶虫脒（79）、烯酰吗啉（72）、噻虫嗪（66）、丙环唑（52）、灭蝇胺（50）、吡虫啉（45）、戊唑醇（41）、嘧菌酯（38）、甲霜灵（33）、丙溴磷（30）、扑草净（27）、多菌灵（26）、二甲戊灵（26）、毒死蜱（25）、霜霉威（25）、噻虫胺（24）、咪鲜胺（23）、莠去津（18）、氟吡菌胺（17）、茚虫威（16）、呋虫胺（13）、甲拌磷（13）、啶酰菌胺

续表

样品名称	样品总数	检出率（%）	检出农药品种数	检出农药（频次）
芹菜	200	97.5	77	（12），肟菌酯（12），辛硫磷（11），氟吡菌酰胺（8），氟硅唑（8），氯虫苯甲酰胺（8），马拉硫磷（8），嘧霉胺（8），二嗪磷（7），异丙甲草胺（7），氟吗啉（6），氰霜唑（6），异菌脲（6），仲丁威（6），螺螨酯（5），哒螨灵（4），啶氧菌酯（4），氟啶虫酰胺（4），腈菌唑（4），双苯基脲（4），烯唑醇（4），仲丁灵（4），苄氯三唑醇（3），甲哌（3），三唑酮（3），特丁津（3），唑虫酰胺（3），苯氧威（2），吡丙醚（2），敌草腈（2），噁霜灵（2），氟唑菌酰胺（2），甲基异柳磷（2），克百威（2），喹禾灵（2），噻菌灵（2），增效醚（2），治螟磷（2），苯菌酮（1），稻瘟灵（1），敌百虫（1），丁酰肼（1），多效唑（1），氟佐隆（1），抗蚜威（1），螺虫乙酯（1），扑灭津（1），炔螨特（1），噻呋酰胺（1），噻嗪酮（1），双炔酰菌胺（1），烯草酮（1），溴氰虫酰胺（1）
葡萄	200	96.0	81	吡唑醚菌酯（120），苯醚甲环唑（101），烯酰吗啉（85），霜霉威（74），氟吡菌酰胺（66），氟唑菌酰胺（66），啶酰菌胺（65），多菌灵（62），嘧霉胺（62），肟菌酯（60），戊唑醇（60），嘧菌酯（59），吡虫啉（42），氟吡菌胺（41），噻虫嗪（40），啶虫脒（38），氰霜唑（38），螺虫乙酯（36），甲霜灵（33），噻虫胺（31），抑霉唑（29），嘧菌环胺（24），矮壮素（19），戊菌唑（17），四氟醚唑（16），氟吗啉（15），咪鲜胺（15），多效唑（13），二甲嘧酚（12），乙螨唑（12），毒死蜱（10），己唑醇（10），甲氧虫酰肼（9），螺螨酯（9），氯虫苯甲酰胺（9），苯菌酮（8），哒螨灵（8），醚菌酯（8），异菌脲（8），氟硅唑（7），乙嘧酚（7），唑嘧菌胺（7），吡丙醚（6），噻呋酰胺（6），茚虫威（6），吡唑萘菌胺（5），敌草腈（5），腈菌唑（5），缬霉威（5），呋虫胺（4），腈苯唑（4），氧乐果（4），乙嘧酚磺酸酯（4），异戊烯腺嘌呤（4），唑菌酯（4），吡噻菌胺（3），啶菌噁唑（3），联苯肼酯（3），唑虫酰胺（3），胺鲜酯（2），丙环唑（2），氟啶虫酰胺（2），氟嘧菌酯（2），甲拌磷（2），甲哌（2），苦参碱（2），噻虫啉（2），烯肟菌胺（2），苯噻菌胺（1），苄氨基嘌呤（1），噁霜灵（1），粉唑醇（1），环氟菌胺（1），喹螨醚（1），氯吡脲（1），灭害威（1），噻嗪酮（1），三唑醇（1），双苯基脲（1），溴氰虫酰胺（1），仲丁威（1）
草莓	200	98.5	61	吡唑醚菌酯（101），乙螨唑（72），多菌灵（67），联苯肼酯（61），啶虫脒（60），螺螨酯（57），己唑醇（55），腈菌唑（48），氟吡菌酰胺（47），啶酰菌胺（40），甲氧虫酰肼（38），吡丙醚（37），乙嘧酚磺酸酯（36），乙嘧酚（30），矮壮素（28），呋虫胺（27），吡虫啉（23），氟唑菌酰胺（23），肟菌酯（23），丁醚脲（22），粉唑醇（19），戊唑醇（18），霜霉威（16），哒螨灵（15），烯酰吗啉（15），苯醚甲环唑（14），噻虫胺（11），敌百虫（10），多效唑（8），氟啶虫酰胺（8），腈吡螨酯（6），双苯基脲（6），二甲嘧酚（5），阿维菌素（4），

续表

样品名称	样品总数	检出率（%）	检出农药品种数	检出农药（频次）
草莓	200	98.5	61	咪鲜胺（4），杀螟丹（4），螺虫乙酯（3），嘧菌酯（3），氟吗啉（2），噻虫嗪（2），烯效唑（2），氨唑草酮（1），苯菌酮（1），苯线磷（1），吡唑萘菌胺（1），丁氟螨酯（1），噁霜灵（1），氟吡菌胺（1），氟唑磺隆（1），甲基硫环磷（1），抗蚜威（1），炔螨特（1），噻酮磺隆（1），三唑醇（1），三唑酮（1），双草醚（1），四氟醚唑（1），戊菌唑（1），蚜灭磷（1），氧乐果（1），异戊烯腺嘌呤（1）
桃	200	97.5	57	啶虫脒（99），苯醚甲环唑（98），多菌灵（95），多效唑（76），吡唑醚菌酯（74），螺虫乙酯（70），噻虫胺（70），吡虫啉（66），毒死蜱（42），噻虫嗪（33），灭幼脲（28），螺螨酯（27），戊唑醇（22），哒螨灵（21），氯虫苯甲酰胺（18），胺鲜酯（17），乙螨唑（16），呋虫胺（15），腈菌唑（15），炔螨特（14），茚虫威（14），噻嗪酮（12），氟硅唑（11），烯啶虫胺（8），啶酰菌胺（7），嘧菌酯（7），烯酰吗啉（7），克百威（5），咪鲜胺（5），肟菌酯（5），吡丙醚（4），腈苯唑（4），吡蚜酮（3），氟啶虫酰胺（3），霜霉威（3），丙环唑（2），二甲戊灵（2），粉唑醇（2），甲胺磷（2），甲氧虫酰肼（2），联苯肼酯（2），噻虫啉（2），四螨嗪（2），虫酰肼（1），敌敌畏（1），氟吡菌酰胺（1），氟唑菌酰胺（1），腈吡螨酯（1），抗倒酯（1），氰霜唑（1），噻唑磷（1），戊菌唑（1），烯肟菌胺（1），氧乐果（1），乙嘧酚磺酸酯（1），增效醚（1），唑虫酰胺（1）

上述 6 种水果蔬菜，检出农药 57～91 种，是多种农药综合防治，还是未严格实施农业良好管理规范（GAP），抑或根本就是乱施药，值得我们思考。

1.7 小　　结

1.7.1 初步摸清了西北五省区 16 个城市市售水果蔬菜农药残留"家底"

本研究采用 LC-Q-TOF/MS 技术，对西北五省区 16 个城市（5 个省会城市、11 个果蔬主产区城市），668 个采样点，20 种蔬菜水果，共计 4000 例样品进行了非靶向目标物农药残留筛查，得到检测数据 3484000 个，初步查清了以下 8 个方面的本底水平：①16 个城市果蔬农药残留"家底"；②20 种果蔬农药残留"家底"；③检出 216 种农药化学污染物的种类分布、残留水平分布和毒性分布；④按地域统计检出农药品种及频次并排序；⑤按样品种类统计检出农药品种及频次并排序；⑥检出的高毒、剧毒和禁用农药分布；⑦与先进国家和地区比对发现差距；⑧发现风险评估新资源。

1.7.2 初步找到了西北五省区水果蔬菜安全监管要思考的问题

新技术大数据示范结果显示,蔬菜水果农药残留不容忽视,预防为主、监管前移是十分必要的,也是当务之急。这次西北五省区市售水果蔬菜农药残留本底水平侦测报告,引出了以下几个亟待解决和落实的问题,望监督管理部门重点考虑:①农药科学管理与使用;②农业良好规范的执行;③危害分析及关键控制点(HACCP)体系的落实;④食品安全隐患所在;⑤预警召回提供依据;⑥如何运用科学发现的数据。

1.7.3 新技术大数据示范结果构建了农药残留数据库雏形,初显了八方面功能

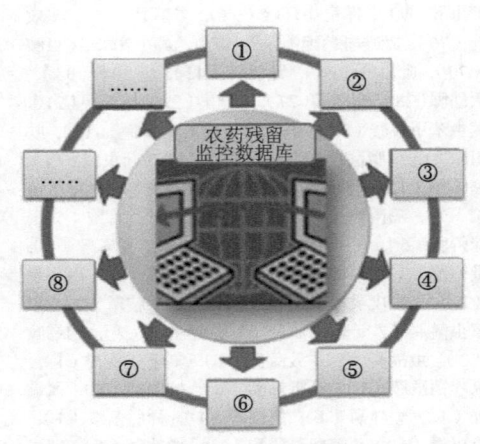

检测技术-网络技术-地理信息技术监测调查平台为各食品安全监管与研究部门提供农药残留数据支持和咨询服务

(1)执法根基:
① 发出预警;
② 问题溯源;
③ 问题追责;
④ 问题产品召回。
(2)科研依据:
⑤ 研究暴露评估;
⑥ 制定 MRL 标准;
⑦ 对修改制定法规提供科学数据;
⑧ 开展深层次研究与国际交流。

新技术大数据充分显示了:有测量,才能管理;有管理,才能改进;有改进,才能提高食品安全水平,确保民众舌尖上的安全。本次的示范证明,这项技术将有广阔的应用前景。

第 2 章　LC-Q-TOF/MS 侦测西北五省区市售水果蔬菜农药残留膳食暴露风险与预警风险评估

2.1　农药残留侦测数据分析与统计

庞国芳院士科研团队建立的农药残留高通量侦测技术以高分辨精确质量数（0.0001 m/z 为基准）为识别标准，采用 LC-Q-TOF/MS 技术对 871 种农药化学污染物进行侦测。

科研团队于 2021 年 5 月至 9 月在西北五省区 16 个城市的 668 个采样点，随机采集了 4000 例水果蔬菜样品，采样点分布在餐饮酒店、超市、电商平台、个体商户、公司和农贸市场，各月内水果蔬菜样品采集数量如表 2-1 所示。

表 2-1　西北五省区各月内采集水果蔬菜样品数列表

时间	样品数（例）
2021 年 5 月	569
2021 年 6 月	669
2021 年 7 月	1622
2021 年 8 月	760
2021 年 9 月	380

利用 LC-Q-TOF/MS 技术对 4000 例样品中的农药进行侦测，共侦测出残留农药 19524 频次。侦测出农药残留水平如表 2-2 和图 2-1 所示。检出频次最高的前 10 种农药如表 2-3 所示。从侦测结果中可以看出，在水果蔬菜中农药残留普遍存在，且有些水果蔬菜存在高浓度的农药残留，这些可能存在膳食暴露风险，对人体健康产生危害，因此，为了定量地评价水果蔬菜中农药残留的风险程度，有必要对其进行风险评价。

表 2-2　侦测出农药的不同残留水平及其所占比例列表

残留水平（μg/kg）	检出频次	占比（%）
1~5（含）	8003	41.0
5~10（含）	2790	14.3
10~100（含）	6553	33.6
100~1000（含）	2079	10.6
>1000	99	0.5

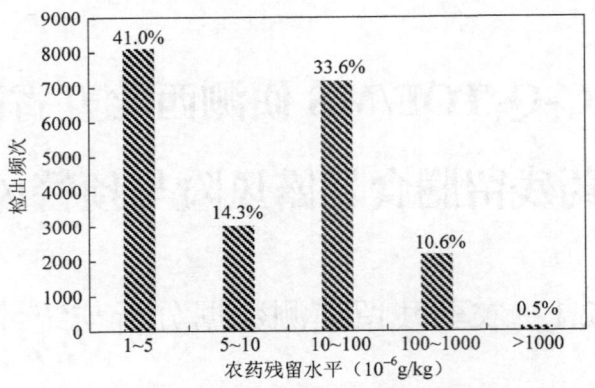

图 2-1 残留农药侦测出浓度频数分布图

表 2-3 检出频次最高的前 10 种农药列表

序号	农药	检出频次
1	烯酰吗啉	1365
2	啶虫脒	1329
3	吡唑醚菌酯	1149
4	苯醚甲环唑	1033
5	噻虫嗪	924
6	多菌灵	909
7	噻虫胺	770
8	霜霉威	743
9	吡虫啉	654
10	戊唑醇	482

本研究使用 LC-Q-TOF/MS 技术对西北五省区 4000 例样品中的农药侦测中,共侦测出农药 216 种,这些农药的每日允许最大摄入量值(ADI)见表 2-4。为评价西北五省区农药残留的风险,本研究采用两种模型分别评价膳食暴露风险和预警风险,具体的风险评价模型见附录 A。

表 2-4 西北五省区水果蔬菜中侦测出农药的 ADI 值

序号	农药	ADI	序号	农药	ADI	序号	农药	ADI
1	唑嘧菌胺	10.0000	7	烯啶虫胺	0.5300	13	苯菌酮	0.3000
2	氟噻唑吡乙酮	4.0000	8	苯酰菌胺	0.5000	14	抗倒酯	0.3000
3	氯虫苯甲酰胺	2.0000	9	丁酰肼	0.5000	15	马拉硫磷	0.3000
4	灭幼脲	1.2500	10	霜霉威	0.4000	16	噻酮磺隆	0.2300
5	氯氟吡氧乙酸	1.0000	11	醚菌酯	0.4000	17	烯酰吗啉	0.2000
6	咪唑乙烟酸	0.6000	12	氟唑磺隆	0.3600	18	呋虫胺	0.2000

续表

序号	农药	ADI	序号	农药	ADI	序号	农药	ADI
19	嘧霉胺	0.2000	53	灭蝇胺	0.0600	87	噻螨酮	0.0300
20	氰霜唑	0.2000	54	吡虫啉	0.0600	88	三氟甲吡醚	0.0300
21	嘧菌酯	0.2000	55	异菌脲	0.0600	89	咪唑菌酮	0.0300
22	双炔酰菌胺	0.2000	56	吡唑萘菌胺	0.0600	90	苯嗪草酮	0.0300
23	仲丁灵	0.2000	57	仲丁威	0.0600	91	苄呋菊酯	0.0300
24	增效醚	0.2000	58	苯氧威	0.0530	92	抑霉唑	0.0300
25	喹氧灵	0.2000	59	乙螨唑	0.0500	93	胺鲜酯	0.0230
26	调环酸	0.2000	60	乙嘧酚磺酸酯	0.0500	94	氨唑草酮	0.0230
27	氟吗啉	0.1600	61	螺虫乙酯	0.0500	95	氟唑菌酰胺	0.0200
28	吡丙醚	0.1000	62	矮壮素	0.0500	96	莠去津	0.0200
29	噻虫胺	0.1000	63	喹螨醚	0.0500	97	氟环唑	0.0200
30	多效唑	0.1000	64	苯并烯氟菌唑	0.0500	98	四螨嗪	0.0200
31	丁氟螨酯	0.1000	65	乙基多杀菌素	0.0500	99	抗蚜威	0.0200
32	噻菌灵	0.1000	66	氟啶虫胺腈	0.0500	100	除虫脲	0.0200
33	二甲戊灵	0.1000	67	环氟菌胺	0.0440	101	联苯吡菌胺	0.0200
34	吡噻菌胺	0.1000	68	啶酰菌胺	0.0400	102	伏杀硫磷	0.0200
35	甲氧虫酰肼	0.1000	69	扑草净	0.0400	103	烯效唑	0.0200
36	啶菌噁唑	0.1000	70	肟菌酯	0.0400	104	虫酰肼	0.0200
37	吲唑磺菌胺	0.1000	71	三环唑	0.0400	105	噻霉酮	0.0170
38	异丙甲草胺	0.1000	72	氟菌唑	0.0400	106	环丙嘧磺隆	0.0150
39	苦参碱	0.1000	73	乙嘧酚	0.0350	107	氟嘧菌酯	0.0150
40	稻瘟灵	0.1000	74	多菌灵	0.0300	108	种菌唑	0.0150
41	杀螟丹	0.1000	75	吡唑醚菌酯	0.0300	109	噻呋酰胺	0.0140
42	氰氟虫腙	0.1000	76	丙溴磷	0.0300	110	螺螨酯	0.0100
43	啶氧菌酯	0.0900	77	戊唑醇	0.0300	111	茚虫威	0.0100
44	噻虫嗪	0.0800	78	嘧菌环胺	0.0300	112	哒螨灵	0.0100
45	甲霜灵	0.0800	79	三唑醇	0.0300	113	苯醚甲环唑	0.0100
46	氟吡菌胺	0.0800	80	腈菌唑	0.0300	114	咪鲜胺	0.0100
47	莠灭净	0.0720	81	吡蚜酮	0.0300	115	毒死蜱	0.0100
48	啶虫脒	0.0700	82	溴氰虫酰胺	0.0300	116	联苯肼酯	0.0100
49	丙环唑	0.0700	83	腈苯唑	0.0300	117	噁霜灵	0.0100
50	氟啶虫酰胺	0.0700	84	戊菌唑	0.0300	118	敌草腈	0.0100
51	氯吡脲	0.0700	85	三唑酮	0.0300	119	氟吡菌酰胺	0.0100
52	烯肟菌胺	0.0690	86	乙酰甲胺磷	0.0300	120	炔螨特	0.0100

续表

序号	农药	ADI	序号	农药	ADI	序号	农药	ADI
121	唑螨酯	0.0100	153	噁草酮	0.0036	185	甲基硫环磷	—
122	噻虫啉	0.0100	154	水胺硫磷	0.0030	186	扑灭津	—
123	粉唑醇	0.0100	155	特丁津	0.0030	187	伐虫脒	—
124	双草醚	0.0100	156	丁醚脲	0.0030	188	咯喹酮	—
125	双甲脒	0.0100	157	甲基异柳磷	0.0030	189	缬霉威	—
126	烯草酮	0.0100	158	敌百虫	0.0020	190	双硫磷	—
127	乙草胺	0.0100	159	乙硫磷	0.0020	191	脱叶磷	—
128	氟酰脲	0.0100	160	异丙威	0.0020	192	氟吡酰草胺	—
129	丙硫菌唑	0.0100	161	唑菌酯	0.0013	193	噻嗯菊酯	—
130	亚胺唑	0.0098	162	三唑磷	0.0010	194	丁酮威	—
131	杀线威	0.0090	163	阿维菌素	0.0010	195	苄氯三唑醇	—
132	噻嗪酮	0.0090	164	克百威	0.0010	196	噁喹酸	—
133	喹禾灵	0.0090	165	依维菌素	0.0010	197	麦穗宁	—
134	蚜灭磷	0.0080	166	治螟磷	0.0010	198	萘草胺	—
135	氟硅唑	0.0070	167	苯线磷	0.0008	199	酯菌胺	—
136	倍硫磷	0.0070	168	甲拌磷	0.0007	200	茵草敌	—
137	稻瘟酰胺	0.0070	169	氟吡甲禾灵	0.0007	201	环氧嘧磺隆	—
138	唑虫酰胺	0.0060	170	氟吡禾灵	0.0007	202	吲哚乙酸	—
139	己唑醇	0.0050	171	喹硫磷	0.0005	203	嘧菌腙	—
140	乙氧喹啉	0.0050	172	硫线磷	0.0005	204	磺酰磺隆	—
141	氟啶脲	0.0050	173	氧乐果	0.0003	205	灭害威	—
142	烯唑醇	0.0050	174	氯唑磷	0.0001	206	特草灵	—
143	三甲苯草酮	0.0050	175	双苯基脲	—	207	硅氟唑	—
144	二嗪磷	0.0050	176	解草酯	—	208	嘧螨酯	—
145	乙虫腈	0.0050	177	氟佐隆	—	209	灰黄霉素	—
146	乙霉威	0.0040	178	百治磷	—	210	仲丁通	—
147	四氟醚唑	0.0040	179	灭瘟素	—	211	苯噻菌胺	—
148	噻唑磷	0.0040	180	环虫腈	—	212	苄氨基嘌呤	—
149	甲胺磷	0.0040	181	甲哌	—	213	炔丙菊酯	—
150	敌敌畏	0.0040	182	二甲嘧酚	—	214	牧草胺	—
151	辛硫磷	0.0040	183	腈吡螨酯	—	215	咪草酸	—
152	苯唑草酮	0.0040	184	异戊烯腺嘌呤	—	216	茵多酸	—

注："—"表示国家标准中无 ADI 值规定；ADI 值单位为 mg/kg bw

2.2 农药残留膳食暴露风险评估

2.2.1 每例水果蔬菜样品中农药残留安全指数分析

基于农药残留侦测数据,发现在 4000 例样品中侦测出农药 19524 频次,计算样品中每种残留农药的安全指数 IFS$_c$,并分析农药对样品安全的影响程度,农药残留对水果蔬菜样品安全的影响程度频次分布情况如图 2-2 所示。

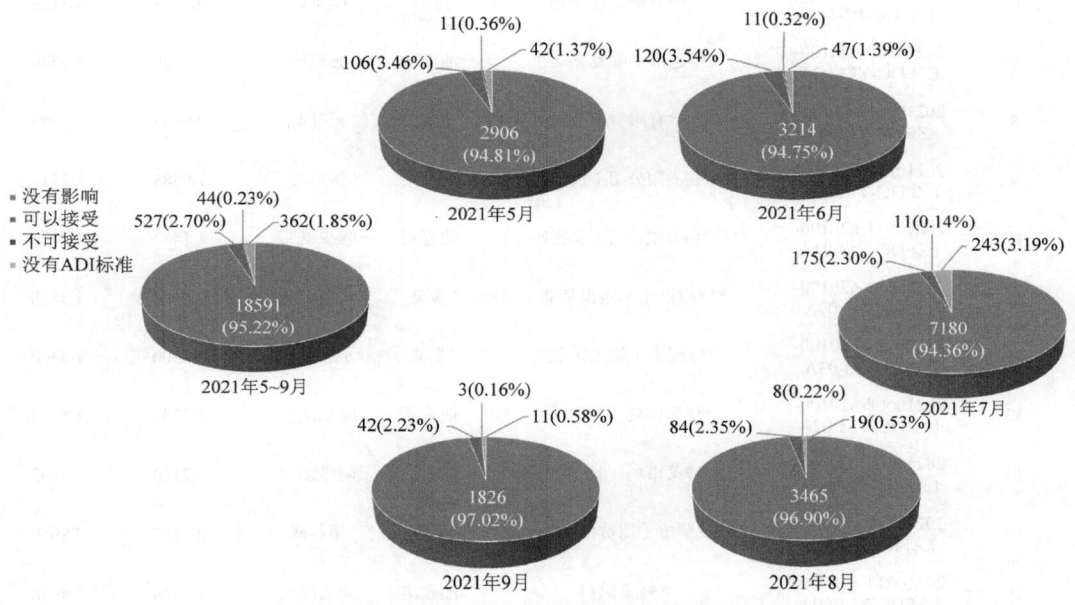

图 2-2 农药残留对水果蔬菜样品安全的影响程度频次分布图

由图 2-2 可以看出,农药残留对样品安全的影响不可接受的频次为 44,占 0.23%;农药残留对样品安全的影响可以接受的频次为 527,占 2.70%;农药残留对样品安全没有影响的频次为 18591,占 95.22%。分析发现,农药残留对水果蔬菜样品安全的影响程度频次 2021 年 9 月(1882)< 2021 年 5 月(3065)< 2021 年 6 月(3392)< 2021 年 8 月(3576)< 2021 年 7 月(7609);2021 年 5 月的农药残留对样品安全存在不可接受的影响,频次为 11,占 0.36%;2021 年 6 月的农药残留对样品安全存在不可接受的影响,频次为 11,占 0.32%;2021 年 7 月的农药残留对样品安全存在不可接受的影响,频次为 11,占 0.14%;2021 年 8 月的农药残留对样品安全存在不可接受的影响,频次为 8,占 0.22%;2021 年 9 月的农药残留对样品安全存在不可接受的影响,频次为 3,占 0.16%。表 2-5 为对水果蔬菜样品中安全影响不可接受的农药残留列表。

表 2-5　水果蔬菜样品中安全影响不可接受的农药残留列表

序号	样品编号	采样点	基质	农药	含量（mg/kg）	IFS$_c$
1	20210721-620400-LZFDC-YM-02A	***超市（白银店）	油麦菜	唑虫酰胺	1.2505	1.3200
2	20210602-620100-LZFDC-BO-01A	***有限公司（红古区店）	菠菜	阿维菌素	0.1891	1.1976
3	20210509-620100-LZFDC-YM-08A	***配送中心	油麦菜	唑虫酰胺	1.0954	1.1563
4	20210510-620100-LZFDC-BO-14A	***超市	菠菜	氟啶脲	1.8237	2.3100
5	20210619-620100-LZFDC-YM-04A	***超市（西固区店）	油麦菜	唑虫酰胺	0.9899	1.0449
6	20210628-620100-LZFDC-JD-11A	***有限责任公司	豇豆	喹硫磷	0.3408	4.3168
7	20210530-620100-LZFDC-YM-02A	***超市（临夏路店）	油麦菜	氟硅唑	1.4729	1.3326
8	20210531-620100-LZFDC-YM-05A	***有限责任公司	油麦菜	氟啶脲	0.9943	1.2594
9	20210531-620100-LZFDC-YM-04A	***股份有限公司（永登县店）	油麦菜	氟硅唑	1.9583	1.7718
10	20210531-620100-LZFDC-YM-04A	***股份有限公司（永登县店）	油麦菜	唑虫酰胺	1.1482	1.2120
11	20210510-620100-LZFDC-JC-09A	***超市（东瓯世贸店）	韭菜	水胺硫磷	0.6408	1.3528
12	20210520-620100-LZFDC-JC-03A	***超市（城关区店）	韭菜	水胺硫磷	0.6300	1.3300
13	20210608-620100-LZFDC-YM-02A	***菜市场（190号）	油麦菜	唑虫酰胺	2.3782	2.5103
14	20210608-620100-LZFDC-YM-02A	***菜市场（190号）	油麦菜	阿维菌素	0.2110	1.3363
15	20210612-620100-LZFDC-DJ-02A	***早市（周英梅摊位）	菜豆	甲拌磷	0.8727	7.8959
16	20210614-620100-LZFDC-YM-09A	***火锅村	油麦菜	唑虫酰胺	1.3879	1.4650
17	20210613-620100-LZFDC-JD-05A	***蔬菜经销店	豇豆	克百威	0.3174	2.0102
18	20210620-620100-LZFDC-YM-58A	***火锅店	油麦菜	唑虫酰胺	1.6791	1.7724
19	20210622-620100-LZFDC-YM-04A	***便利商店	油麦菜	氟硅唑	2.4547	2.2209
20	20210622-620100-LZFDC-YM-04A	***便利商店	油麦菜	唑虫酰胺	1.9164	2.0229
21	20210512-620100-LZFDC-CL-13A	***粮油经销部	小油菜	氟啶脲	1.3039	1.6516
22	20210519-620100-LZFDC-JD-11A	***蔬菜配送店	豇豆	氧乐果	0.1463	3.0886
23	20210714-620700-LZFDC-CL-02A	***蔬菜果品批发市场（燕滦果蔬店）	小油菜	甲拌磷	0.1547	1.3997
24	20210715-620700-LZFDC-CE-12A	***批发市场（绿农生态果蔬批发）	芹菜	甲拌磷	0.1359	1.2296

续表

序号	样品编号	采样点	基质	农药	含量（mg/kg）	IFS_c
25	20210518-620100-LZFDC-ST-07A	***超市（西固区店）	草莓	氧乐果	0.1708	3.6058
26	20210811-640400-LZFDC-GP-07A	***蔬菜店	葡萄	苯醚甲环唑	2.7985	1.7724
27	20210811-640400-LZFDC-GP-05A	***蔬菜批发销售点	葡萄	苯醚甲环唑	3.3115	2.0973
28	20210827-640200-LZFDC-PB-05A	***超市（大武口店）	小白菜	氧乐果	0.2862	6.0420
29	20210827-640200-LZFDC-PB-12A	***超市	小白菜	氧乐果	0.2097	4.4270
30	20210827-640200-LZFDC-PB-06A	***超市（康泰隆店）	小白菜	氧乐果	0.2435	5.1406
31	20210906-640100-LZFDC-YM-10A	***农贸市场	油麦菜	氧乐果	0.0600	1.2667
32	20210715-630100-LZFDC-CL-08A	***市场	小油菜	甲拌磷	0.1604	1.4512
33	20210717-632300-LZFDC-CE-06A	***水果蔬菜批发部	芹菜	苯醚甲环唑	2.1362	1.3529
34	20210726-610100-LZFDC-ST-26A	***网（***水果）	草莓	联苯肼酯	1.9713	1.2485
35	20210812-610100-LZFDC-PB-03A	***菜场	小白菜	氟吡禾灵	0.1345	1.2169
36	20210812-610100-LZFDC-PB-04A	***市场	小白菜	氟吡禾灵	0.1298	1.1744
37	20210811-610500-LZFDC-GP-02A	***乐家	葡萄	苯醚甲环唑	2.0916	1.3247
38	20210902-610200-LZFDC-YM-02A	***蔬菜店	油麦菜	己唑醇	1.3997	1.7730
39	20210902-610200-LZFDC-PB-08A	***菜市场	小白菜	哒螨灵	1.8497	1.1715
40	20210722-652200-LZFDC-YM-41A	***市场（海清果蔬批发店）	油麦菜	烯唑醇	1.2721	1.6113
41	20210722-652200-LZFDC-YM-08A	***超市	油麦菜	烯唑醇	0.9234	1.1696
42	20210723-650100-LZFDC-YM-02A	***市场（便民蔬菜店）	油麦菜	烯唑醇	1.3269	1.6807
43	20210724-650100-LZFDC-YM-02A	***市场（新鲜果蔬店）	油麦菜	烯唑醇	1.0296	1.3042
44	20210725-650100-LZFDC-YM-01A	***市场（老李蔬菜批发配送）	油麦菜	烯唑醇	1.1119	1.4084

部分样品侦测出禁用农药 15 种 363 频次，为了明确残留的禁用农药对样品安全的影响，分析侦测出禁用农药残留的样品安全指数，禁用农药残留对水果蔬菜样品安全的影响程度频次分布情况如图 2-3 所示，农药残留对样品安全的影响不可接受的频次为 13，占 3.58%；农药残留对样品安全的影响可以接受的频次为 74，占 20.39%；农药残留对样品安全没有影响的频次为 275，占 75.76%。由图中可以看出 5 个月份的水果蔬菜样品中均侦测出禁用农药残留。

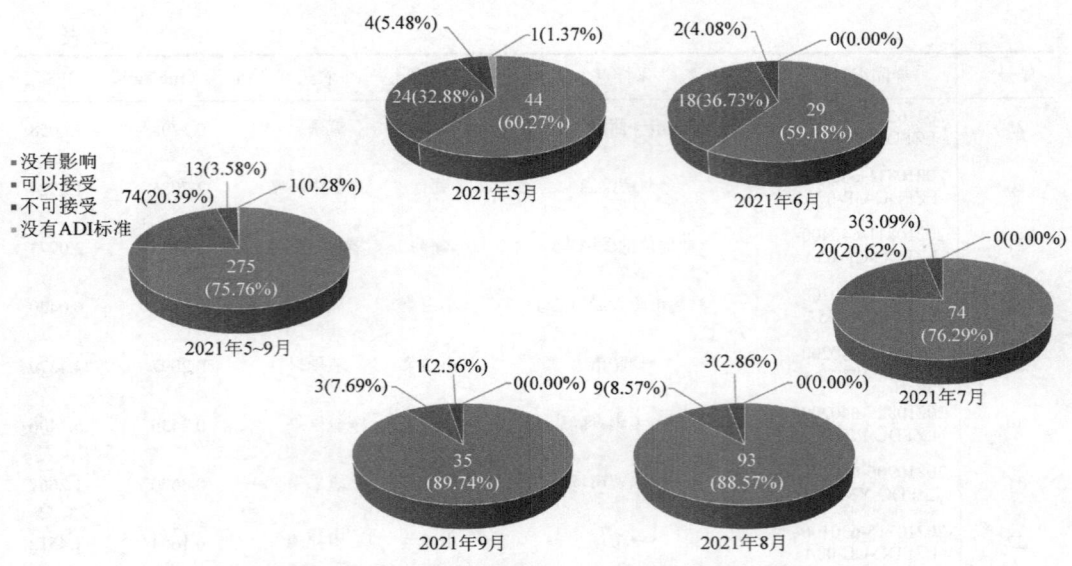

图 2-3　禁用农药对水果蔬菜样品安全影响程度的频次分布图

此外，本次侦测发现部分样品中非禁用农药残留量超过了 MRL 中国国家标准和欧盟标准，为了明确超标的非禁用农药对样品安全的影响，分析了非禁用农药残留超标的样品安全指数。

水果蔬菜残留量超过 MRL 中国国家标准的非禁用农药对水果蔬菜样品安全的影响程度频次分布情况如图 2-4 所示。可以看出侦测出超过 MRL 中国国家标准的非禁用农药共 97 频次，其中农药残留对样品安全的影响不可接受的频次为 5，占 5.15%；农药残留对样品安全的影响可以接受的频次为 34，占 35.05%；农药残留对样品安全没有影响的频次为 58，占 59.79%。表 2-6 为水果蔬菜样品中侦测出的非禁用农药安全指数表。

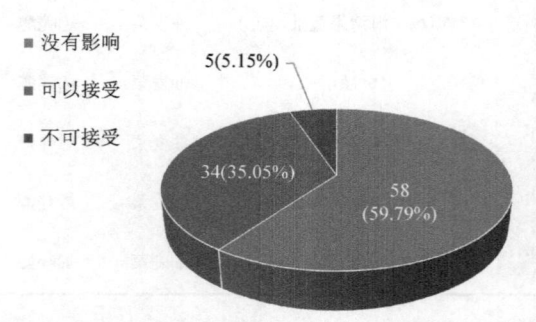

图 2-4　残留超标的非禁用农药对水果蔬菜样品安全的影响程度频次分布图（MRL 中国国家标准）

表 2-6　水果蔬菜样品中侦测出的非禁用农药残留安全指数表（MRL 中国国家标准）

序号	样品编号	采样点	基质	农药	含量（mg/kg）	中国国家标准	超标倍数	IFS$_c$	影响程度
1	20210721-620400-LZFDC-CU-03A	***超市（公园路店）	黄瓜	乙螨唑	0.0353	0.02	0.77	0.0045	没有影响

续表

序号	样品编号	采样点	基质	农药	含量（mg/kg）	中国国家标准	超标倍数	IFS$_c$	影响程度
2	20210504-620100-LZFDC-DJ-01A	***有限公司（红古区店）	菜豆	噻虫胺	0.0537	0.01	4.37	0.0034	没有影响
3	20210602-620100-LZFDC-BO-01A	***有限公司（红古区店）	菠菜	阿维菌素	0.1891	0.05	2.78	1.1976	不可接受
4	20210510-620100-LZFDC-JD-01A	***菜市场（21至23号）	豇豆	倍硫磷	0.1027	0.05	1.05	0.0929	没有影响
5	20210510-620100-LZFDC-JD-01A	***菜市场（21至23号）	豇豆	噻虫胺	0.0493	0.01	3.93	0.0031	没有影响
6	20210510-620100-LZFDC-DJ-07A	***超市（红古区店）	菜豆	噻虫胺	0.1307	0.01	12.07	0.0083	没有影响
7	20210607-620100-LZFDC-ST-03A	***菜市场（中东南12号）	草莓	吡虫啉	0.8412	0.5	0.68	0.0888	没有影响
8	20210515-620100-LZFDC-ST-04A	***菜市场（王宝国摊位）	草莓	噻虫胺	0.1632	0.07	1.33	0.0103	没有影响
9	20210524-620100-LZFDC-ST-05A	***水果店	草莓	噻虫胺	0.1957	0.07	1.8	0.0124	没有影响
10	20210523-620100-LZFDC-ST-03A	***市场（财神庙门口摊位）	草莓	噻虫胺	0.2019	0.07	1.88	0.0128	没有影响
11	20210524-620100-LZFDC-ST-01A	***超市（第二十九佳园店）	草莓	噻虫胺	0.2741	0.07	2.92	0.0174	没有影响
12	20210529-620100-LZFDC-LJ-01A	***有限公司	辣椒	噻虫胺	0.0853	0.05	0.71	0.0054	没有影响
13	20210531-620100-LZFDC-JD-03A	***超市（城关区店）	豇豆	倍硫磷	0.1646	0.05	2.29	0.1489	可以接受
14	20210530-620100-LZFDC-CU-07A	***超市（新世界百货店）	黄瓜	乙螨唑	0.0558	0.02	1.79	0.0071	没有影响
15	20210531-620100-LZFDC-EP-04B	***股份有限公司（永登县店）	茄子	噻虫胺	0.1590	0.05	2.18	0.0101	没有影响
16	20210525-620100-LZFDC-ST-13A	***有限公司（永登县店）	草莓	噻虫胺	0.0930	0.07	0.33	0.0059	没有影响
17	20210525-620100-LZFDC-ST-11A	***超市	草莓	噻虫胺	0.1281	0.07	0.83	0.0081	没有影响
18	20210530-620100-LZFDC-EP-09A	***超市	茄子	螺螨酯	0.3101	0.1	2.1	0.1964	可以接受
19	20210601-620100-LZFDC-EP-08A	***商行	茄子	螺螨酯	0.2054	0.1	1.05	0.1301	可以接受
20	20210601-620100-LZFDC-EP-09A	***水果蔬菜店	茄子	霜霉威	0.3139	0.3	0.05	0.0050	没有影响
21	20210608-620100-LZFDC-YM-02A	***菜市场（190号）	油麦菜	阿维菌素	0.2110	0.05	3.22	1.3363	不可接受

续表

序号	样品编号	采样点	基质	农药	含量（mg/kg）	中国国家标准	超标倍数	IFS$_c$	影响程度
22	20210612-620100-LZFDC-DJ-02A	***早市（周英梅摊位）	菜豆	噻虫胺	0.0518	0.01	4.18	0.0033	没有影响
23	20210612-620100-LZFDC-EP-06A	***蔬菜销售部	茄子	螺螨酯	0.3636	0.1	2.64	0.2303	可以接受
24	20210613-620100-LZFDC-LJ-08A	***有限责任公司	辣椒	噻虫胺	0.0605	0.05	0.21	0.0038	没有影响
25	20210613-620100-LZFDC-JD-07A	***有限责任公司	豇豆	噻虫胺	0.0465	0.01	3.65	0.0029	没有影响
26	20210613-620100-LZFDC-LJ-06A	***超市（城关金城珑园店）	辣椒	噻虫胺	0.1624	0.05	2.25	0.0103	没有影响
27	20210613-620100-LZFDC-CU-10A	***餐饮店	黄瓜	敌草腈	0.0166	0.01	0.66	0.0105	没有影响
28	20210612-620100-LZFDC-YM-10A	***餐饮店（第一店）	油麦菜	阿维菌素	0.0670	0.05	0.34	0.4243	可以接受
29	20210613-620100-LZFDC-JD-05A	***蔬菜经销店	豇豆	倍硫磷	0.1172	0.05	1.34	0.1060	可以接受
30	20210516-620100-LZFDC-LJ-10A	***蔬菜店	辣椒	啶虫脒	0.4670	0.2	1.34	0.0423	没有影响
31	20210615-620100-LZFDC-EP-07A	***有限公司	茄子	螺螨酯	0.1932	0.1	0.93	0.1224	可以接受
32	20210613-620100-LZFDC-EP-01A	***便利店	茄子	双甲脒	0.5116	0.5	0.02	0.3240	可以接受
33	20210613-620100-LZFDC-LJ-01A	***便利店	辣椒	啶虫脒	0.3872	0.2	0.94	0.0350	没有影响
34	20210620-620100-LZFDC-DJ-04A	***超市（城关区店）	菜豆	噻虫胺	0.0601	0.01	5.01	0.0038	没有影响
35	20210619-620100-LZFDC-LJ-02A	***蔬菜调料店	辣椒	啶虫脒	0.2058	0.2	0.03	0.0186	没有影响
36	20210620-620100-LZFDC-YM-58A	***火锅店	油麦菜	阿维菌素	0.1426	0.05	1.85	0.9031	可以接受
37	20210506-620100-LZFDC-JD-01A	***配送中心	豇豆	阿维菌素	0.0825	0.05	0.65	0.5225	可以接受
38	20210511-620100-LZFDC-JD-09A	***菜市场（290号）	豇豆	倍硫磷	0.9982	0.05	18.96	0.9031	可以接受
39	20210510-620100-LZFDC-YM-10A	***有限公司	油麦菜	阿维菌素	0.1061	0.05	1.12	0.6720	可以接受
40	20210601-620100-LZFDC-ST-03A	***有限公司	草莓	噻虫胺	0.7564	0.07	9.81	0.0479	没有影响
41	20210614-620100-LZFDC-YM-03A	***蔬菜经销部	油麦菜	阿维菌素	0.0977	0.05	0.95	0.6188	可以接受

续表

序号	样品编号	采样点	基质	农药	含量(mg/kg)	中国国家标准	超标倍数	IFS_c	影响程度
42	20210620-620100-LZFDC-ST-42A	***果店	草莓	阿维菌素	0.0741	0.02	2.71	0.4693	可以接受
43	20210620-620100-LZFDC-ST-15A	***水果店	草莓	阿维菌素	0.0215	0.02	0.07	0.1362	可以接受
44	20210603-620100-LZFDC-PB-04A	***生鲜超市	小白菜	腈菌唑	0.1013	0.05	1.03	0.0214	没有影响
45	20210622-620100-LZFDC-DJ-03A	***饭店	菜豆	噻虫胺	0.0969	0.01	8.69	0.0061	没有影响
46	20210714-620700-LZFDC-CA-02A	***蔬菜果品批发市场（燕萍果蔬店）	结球甘蓝	烯啶虫胺	0.2109	0.2	0.05	0.0025	没有影响
47	20210714-620700-LZFDC-DJ-02A	***蔬菜果品批发市场（燕萍果蔬店）	菜豆	噻虫胺	0.0107	0.01	0.07	0.0007	没有影响
48	20210722-620400-LZFDC-LJ-23A	***蔬菜摊位	辣椒	啶虫脒	1.4199	0.2	6.1	0.1285	可以接受
49	20210722-620400-LZFDC-GP-17A	***水果摊位	葡萄	苯醚甲环唑	0.6130	0.5	0.23	0.3882	可以接受
50	20210723-620400-LZFDC-JD-03A	***蔬菜	豇豆	啶虫脒	0.6563	0.4	0.64	0.0594	没有影响
51	20210723-620400-LZFDC-GP-06A	***菜店	葡萄	苯醚甲环唑	0.5117	0.5	0.02	0.3241	可以接受
52	20210521-620100-LZFDC-ST-04A	***有限公司（七里河区店）	草莓	噻虫胺	0.1466	0.07	1.09	0.0093	没有影响
53	20210727-621100-LZFDC-EP-06A	***超市（福台店）	茄子	螺螨酯	0.2083	0.1	1.08	0.1319	可以接受
54	20210811-640400-LZFDC-GP-07A	***蔬菜店	葡萄	苯醚甲环唑	2.7985	0.5	4.6	1.7724	不可接受
55	20210811-640400-LZFDC-GP-05A	***蔬菜批发销售点	葡萄	苯醚甲环唑	3.3115	0.5	5.62	2.0973	不可接受
56	20210811-640400-LZFDC-GS-05A	***蔬菜批发销售点	蒜薹	腈菌唑	0.0794	0.06	0.32	0.0168	没有影响
57	20210811-640400-LZFDC-JD-05A	***蔬菜批发销售点	豇豆	灭蝇胺	0.5103	0.5	0.02	0.0539	没有影响
58	20210811-640400-LZFDC-JD-11B	***蔬菜水果批零店	豇豆	灭蝇胺	1.9316	0.5	2.86	0.2039	可以接受
59	20210827-640200-LZFDC-BO-12A	***超市	菠菜	阿维菌素	0.1351	0.05	1.7	0.8556	可以接受
60	20210827-640200-LZFDC-CE-07A	***超市（新格瑞拉店）	芹菜	辛硫磷	0.1837	0.05	2.67	0.2909	可以接受

续表

序号	样品编号	采样点	基质	农药	含量（mg/kg）	中国国家标准	超标倍数	IFS$_c$	影响程度
61	20210827-640200-LZFDC-BO-07A	***超市（新格瑞拉店）	菠菜	阿维菌素	0.0607	0.05	0.21	0.3844	可以接受
62	20210827-640200-LZFDC-CL-11A	***蔬菜市场	小油菜	啶虫脒	1.2669	1	0.27	0.1146	可以接受
63	20210827-640200-LZFDC-BO-02A	***菜市场	菠菜	阿维菌素	0.0838	0.05	0.68	0.5307	可以接受
64	20210827-640200-LZFDC-JD-04A	***市场	豇豆	噻虫胺	0.0329	0.01	2.29	0.0021	没有影响
65	20210906-640100-LZFDC-LJ-11A	***超市（西塔市场店）	辣椒	噻虫胺	0.060	0.05	0.2	0.0038	没有影响
66	20210716-630100-LZFDC-CU-08A	***农贸市场	黄瓜	敌草腈	0.0113	0.01	0.13	0.0072	没有影响
67	20210715-630100-LZFDC-CE-03A	***农贸市场	芹菜	腈菌唑	0.7611	0.05	14.22	0.1607	可以接受
68	20210715-630100-LZFDC-JD-03A	***农贸市场	豇豆	噻虫胺	0.0404	0.01	3.04	0.0026	没有影响
69	20210717-632300-LZFDC-JD-01A	***农贸市场	豇豆	噻虫胺	0.0106	0.01	0.06	0.0007	没有影响
70	20210717-632300-LZFDC-CE-06A	***水果蔬菜批发部	芹菜	噻虫胺	0.0659	0.04	0.65	0.0042	没有影响
71	20210717-632300-LZFDC-JD-06A	***水果蔬菜批发部	豇豆	噻虫胺	0.0195	0.01	0.95	0.0012	没有影响
72	20210717-632300-LZFDC-LJ-06A	***水果蔬菜批发部	辣椒	吡唑醚菌酯	0.9099	0.5	0.82	0.1921	可以接受
73	20210718-632300-LZFDC-CE-01A	***果蔬店	芹菜	噻虫胺	0.0463	0.04	0.16	0.0029	没有影响
74	20210718-632300-LZFDC-JD-01A	***果蔬店	豇豆	噻虫胺	0.0135	0.01	0.35	0.0009	没有影响
75	20210719-632200-LZFDC-BC-02A	***批发市场	大白菜	吡虫啉	0.7810	0.2	2.91	0.0824	没有影响
76	20210719-632200-LZFDC-ST-02A	***批发市场	草莓	噻虫胺	0.3373	0.07	3.82	0.0214	没有影响
77	20210719-632200-LZFDC-ST-01A	***农贸市场	草莓	噻虫胺	0.2740	0.07	2.91	0.0174	没有影响
78	20210719-632200-LZFDC-LJ-01A	***农贸市场	辣椒	吡唑醚菌酯	0.7398	0.5	0.48	0.1562	可以接受
79	20210719-632200-LZFDC-BC-03A	***果蔬菜店	大白菜	吡虫啉	1.1423	0.2	4.71	0.1206	可以接受
80	20210719-632200-LZFDC-BC-05A	***蔬菜瓜果门市部	大白菜	吡虫啉	1.2602	0.2	5.3	0.1330	可以接受

续表

序号	样品编号	采样点	基质	农药	含量（mg/kg）	中国国家标准	超标倍数	IFS$_c$	影响程度
81	20210721-632200-LZFDC-ST-01A	***蔬菜瓜果门市部	草莓	噻虫胺	0.2246	0.07	2.21	0.0142	没有影响
82	20210721-632200-LZFDC-DJ-05A	***瓜果蔬菜直销店	菜豆	噻虫胺	0.0112	0.01	0.12	0.0007	没有影响
83	20210721-632200-LZFDC-LJ-05A	***瓜果蔬菜直销店	辣椒	噻虫胺	0.0875	0.05	0.75	0.0055	没有影响
84	20210810-610100-LZFDC-JD-02A	***超市	豇豆	灭蝇胺	1.6160	0.5	2.23	0.1706	可以接受
85	20210811-610100-LZFDC-CL-13A	***菜市场	小油菜	吡虫啉	0.7836	0.5	0.57	0.0827	没有影响
86	20210811-610500-LZFDC-JD-01A	***超市	豇豆	灭蝇胺	1.4468	0.5	1.89	0.1527	可以接受
87	20210811-610500-LZFDC-GP-02A	***乐家	葡萄	苯醚甲环唑	2.0916	0.5	3.18	1.3247	不可接受
88	20210812-610500-LZFDC-JD-02A	***超市	豇豆	灭蝇胺	1.6553	0.5	2.31	0.1747	可以接受
89	20210812-610500-LZFDC-JD-01A	***购物中心	豇豆	灭蝇胺	2.3493	0.5	3.7	0.2480	可以接受
90	20210902-610200-LZFDC-YM-08A	***菜市场	油麦菜	辛硫磷	0.0531	0.05	0.06	0.0841	没有影响
91	20210721-652200-LZFDC-JD-06A	***市场（运堂果蔬）	豇豆	啶虫脒	0.6586	0.4	0.65	0.0596	没有影响
92	20210722-652200-LZFDC-JD-41A	***市场（海清果蔬批发店）	豇豆	啶虫脒	0.6635	0.4	0.66	0.0600	没有影响
93	20210722-652200-LZFDC-JD-08A	***超市	豇豆	啶虫脒	0.9847	0.4	1.46	0.0891	没有影响
94	20210722-652200-LZFDC-JD-12A	***市场（运疆蔬菜店）	豇豆	啶虫脒	0.9007	0.4	1.25	0.0815	没有影响
95	20210723-650100-LZFDC-CU-02A	***市场（便民蔬菜店）	黄瓜	乙螨唑	0.0225	0.02	0.13	0.0029	没有影响
96	20210724-650100-LZFDC-JD-01A	***市场（小黄果品批发部）	豇豆	噻虫胺	0.0174	0.01	0.74	0.0011	没有影响
97	20210725-650100-LZFDC-JD-01A	***市场（老李蔬菜批发配送）	豇豆	噻虫胺	0.0107	0.01	0.07	0.0007	没有影响

残留量超过 MRL 欧盟标准的非禁用农药对水果蔬菜样品安全的影响程度频次分布情况如图 2-5 所示。可以看出超过 MRL 欧盟标准的非禁用农药共 2437 频次，其中农药没有 ADI 的频次为 87，占 3.57%；农药残留对样品安全的影响不可接受的频次为 27，占 1.11%；农药残留对样品安全的影响可以接受的频次为 280，占 11.49%；农药残留对样品安全没有影响的频次为 2043，占 83.83%。表 2-7 为水果蔬菜样品中安全指数排名前 10 的残留超标非禁用农药列表。

图 2-5 残留超标的非禁用农药对水果蔬菜样品安全的影响程度频次分布图（MRL 欧盟标准）

表 2-7 水果蔬菜样品中安全指数排名前 10 的残留超标非禁用农药列表（MRL 欧盟标准）

序号	样品编号	采样点	基质	农药	含量（mg/kg）	欧盟标准	超标倍数	IFS$_c$	影响程度
1	20210628-620100-LZFDC-JD-11A	***有限责任公司	豇豆	喹硫磷	0.3408	0.01	33.08	4.3168	不可接受
2	20210608-620100-LZFDC-YM-02A	***菜市场（190号）	油麦菜	唑虫酰胺	2.3782	0.01	236.82	2.5103	不可接受
3	20210510-620100-LZFDC-BO-14A	***超市	菠菜	氟啶脲	1.8237	0.01	181.37	2.3100	不可接受
4	20210622-620100-LZFDC-YM-04A	***便利商店	油麦菜	氟硅唑	2.4547	0.01	244.47	2.2209	不可接受
5	20210811-640400-LZFDC-GP-05A	***蔬菜批发销售点	葡萄	苯醚甲环唑	3.3115	3	0.1	2.0973	不可接受
6	20210622-620100-LZFDC-YM-04A	***便利商店	油麦菜	唑虫酰胺	1.9164	0.01	190.64	2.0229	不可接受
7	20210902-610200-LZFDC-YM-02A	***蔬菜店	油麦菜	己唑醇	1.3997	0.01	138.97	1.7730	不可接受
8	20210620-620100-LZFDC-YM-58A	***火锅店	油麦菜	唑虫酰胺	1.6791	0.01	166.91	1.7724	不可接受
9	20210531-620100-LZFDC-YM-04A	***股份有限公司（永登县店）	油麦菜	氟硅唑	1.9583	0.01	194.83	1.7718	不可接受
10	20210723-650100-LZFDC-YM-02A	***市场（便民蔬菜店）	油麦菜	烯唑醇	1.3269	0.01	131.69	1.6807	不可接受

2.2.2 单种水果蔬菜中农药残留安全指数分析

本次 20 种水果蔬菜侦测出 216 种农药，所有水果蔬菜均侦测出农药残留，检出频次为 19846 次，其中 42 种农药没有 ADI 标准，174 种农药存在 ADI 标准。对 20 种水果蔬菜按不同种类分别计算侦测出的具有 ADI 标准的各种农药的 IFS$_c$ 值，农药残留对水果蔬菜的安全指数分布图如图 2-6 所示。

本次侦测中，20 种水果蔬菜和 216 种残留农药（包括没有 ADI 标准）共涉及 3680 个分析样本，农药对单种水果蔬菜安全的影响程度分布情况如图 2-7 所示。可以看出，

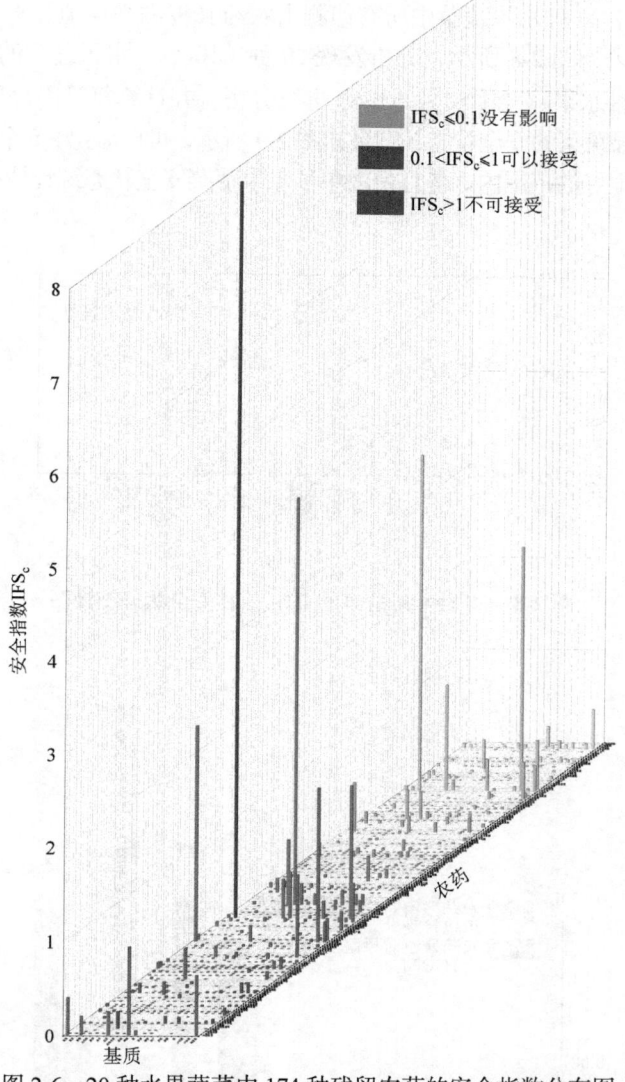

图 2-6　20 种水果蔬菜中 174 种残留农药的安全指数分布图

90.52%的样本中农药对水果蔬菜安全没有影响，1.09%的样本中农药对水果蔬菜安全的影响可以接受，0.11%的样本中农药对水果蔬菜安全的影响不可接受。

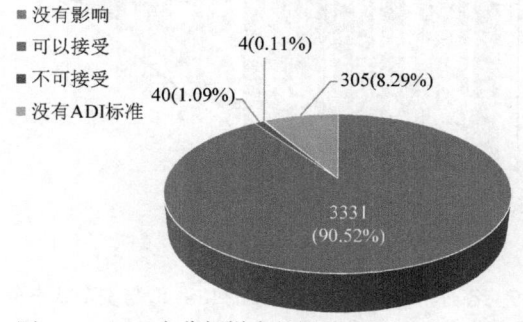

图 2-7　3680 个分析样本的影响程度频次分布图

此外，分别计算 20 种水果蔬菜中所有侦测出农药 IFS_c 的平均值 $\overline{IFS_c}$，分析每种水果蔬菜的安全状态，结果如图 2-8 所示，分析发现 20 种（100%）水果蔬菜的安全状态很好。

对每个月内每种水果蔬菜中农药的 $\overline{IFS_c}$ 进行分析，并计算每月内每种水果蔬菜的 $\overline{IFS_c}$ 值，以评价每种水果蔬菜的安全状态，结果如图 2-9 所示，可以看出，5 个月份所有水果蔬菜的安全状态均处于很好的范围内，各月份内单种水果蔬菜安全状态统计情况如图 2-10 所示。

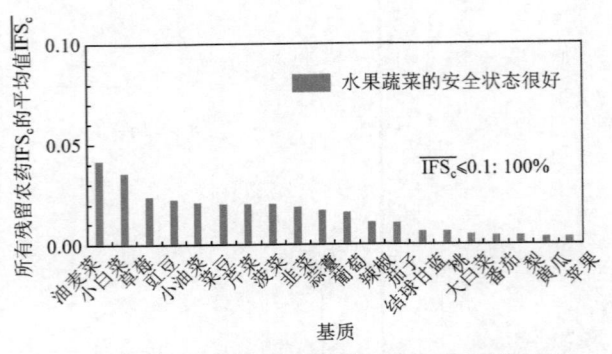

图 2-8　20 种水果蔬菜的 $\overline{IFS_c}$ 值和安全状态统计图

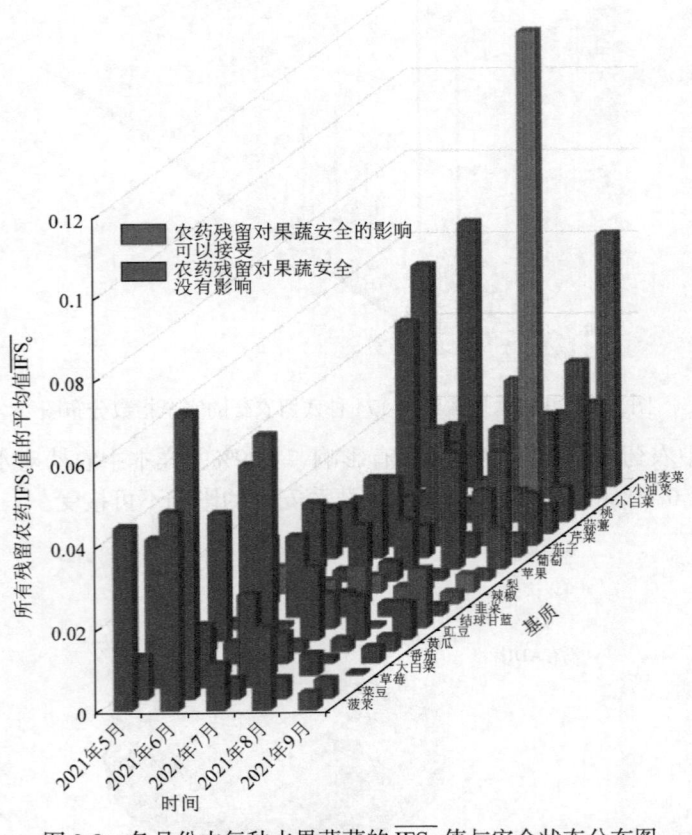

图 2-9　各月份内每种水果蔬菜的 $\overline{IFS_c}$ 值与安全状态分布图

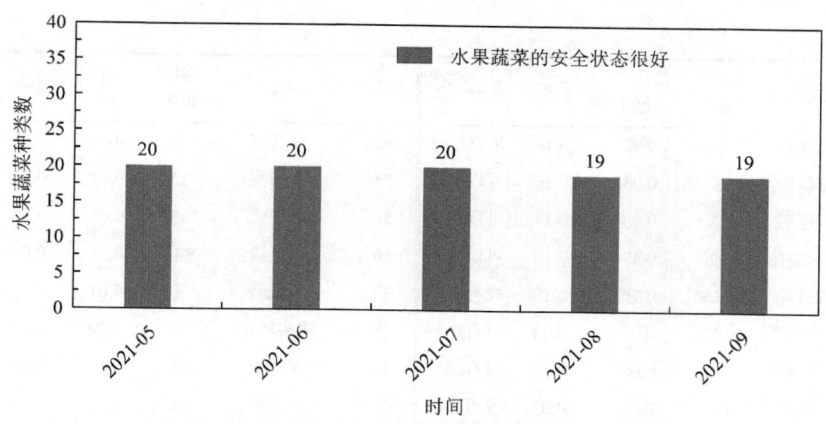

图 2-10 各月份内单种水果蔬菜安全状态统计图

2.2.3 所有水果蔬菜中农药残留安全指数分析

计算所有水果蔬菜中 174 种农药的 $\overline{IFS_c}$ 值，结果如图 2-11 及表 2-8 所示。

分析发现，其中 0.57% 的农药对水果蔬菜安全的影响不可接受，其中 9.77% 的农药对水果蔬菜安全的影响可以接受，89.66% 的农药对水果蔬菜安全没有影响。

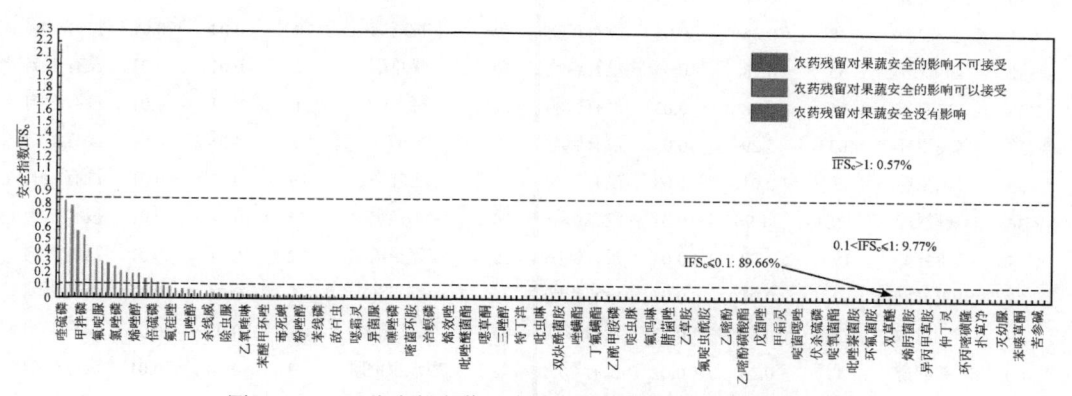

图 2-11 174 种残留农药对水果蔬菜的安全影响程度统计图

表 2-8 水果蔬菜中 174 种农药残留的安全指数表

序号	农药	检出频次	检出率（%）	$\overline{IFS_c}$	影响程度	序号	农药	检出频次	检出率（%）	$\overline{IFS_c}$	影响程度
1	喹硫磷	2	0.01	2.18	不可接受	8	异丙威	2	0.01	0.31	可以接受
2	氟吡禾灵	4	0.02	0.83	可以接受	9	水胺硫磷	21	0.11	0.29	可以接受
3	氧乐果	34	0.17	0.78	可以接受	10	氯唑磷	8	0.04	0.26	可以接受
4	甲拌磷	34	0.17	0.56	可以接受	11	唑菌酯	4	0.02	0.22	可以接受
5	依维菌素	3	0.02	0.52	可以接受	12	克百威	28	0.14	0.21	可以接受
6	阿维菌素	26	0.13	0.42	可以接受	13	烯唑醇	57	0.29	0.21	可以接受
7	氟啶脲	21	0.11	0.32	可以接受	14	氟酰脲	1	0.01	0.20	可以接受

续表

序号	农药	检出频次	检出率（%）	$\overline{IFS_c}$	影响程度	序号	农药	检出频次	检出率（%）	$\overline{IFS_c}$	影响程度
15	唑虫酰胺	161	0.82	0.16	可以接受	53	虫酰肼	7	0.04	0.01	没有影响
16	倍硫磷	8	0.04	0.16	可以接受	54	四螨嗪	15	0.08	0.01	没有影响
17	三唑磷	12	0.06	0.13	可以接受	55	噻唑磷	13	0.07	0.01	没有影响
18	联苯肼酯	92	0.47	0.10	可以接受	56	丙溴磷	143	0.73	0.01	没有影响
19	氟硅唑	146	0.75	0.10	没有影响	57	硫线磷	1	0.01	0.01	没有影响
20	苯唑草酮	3	0.02	0.08	没有影响	58	嘧菌环胺	40	0.20	0.01	没有影响
21	噻呋酰胺	10	0.05	0.08	没有影响	59	噻螨酮	2	0.01	0.01	没有影响
22	己唑醇	120	0.61	0.07	没有影响	60	戊唑醇	482	2.47	0.01	没有影响
23	双甲脒	17	0.09	0.06	没有影响	61	治螟磷	2	0.01	0.01	没有影响
24	炔螨特	78	0.40	0.06	没有影响	62	啶酰菌胺	444	2.27	0.01	没有影响
25	杀线威	4	0.02	0.06	没有影响	63	氟环唑	49	0.25	0.01	没有影响
26	咪鲜胺	330	1.69	0.04	没有影响	64	烯效唑	16	0.08	0.01	没有影响
27	哒螨灵	333	1.71	0.04	没有影响	65	乙硫磷	1	0.01	0.01	没有影响
28	除虫脲	4	0.02	0.04	没有影响	66	灭蝇胺	444	2.27	0.01	没有影响
29	辛硫磷	14	0.07	0.04	没有影响	67	吡唑醚菌酯	1149	5.89	0.01	没有影响
30	丁醚脲	34	0.17	0.04	没有影响	68	噻嗪酮	40	0.20	0.01	没有影响
31	乙氧喹啉	48	0.25	0.03	没有影响	69	抗蚜威	8	0.04	0.01	没有影响
32	四氟醚唑	55	0.28	0.03	没有影响	70	噁草酮	2	0.01	0.01	没有影响
33	二嗪磷	16	0.08	0.03	没有影响	71	烯草酮	1	0.01	0.01	没有影响
34	苯醚甲环唑	1033	5.29	0.03	没有影响	72	多菌灵	909	4.66	0.01	没有影响
35	乙虫腈	2	0.01	0.03	没有影响	73	三唑醇	84	0.43	0.01	没有影响
36	螺螨酯	383	1.96	0.03	没有影响	74	噻菌灵	75	0.38	0.01	没有影响
37	毒死蜱	195	1.00	0.03	没有影响	75	溴氰虫酰胺	22	0.11	0.01	没有影响
38	甲基异柳磷	2	0.01	0.03	没有影响	76	特丁津	7	0.04	0.01	没有影响
39	乙霉威	22	0.11	0.03	没有影响	77	氟嘧菌酯	6	0.03	0.01	没有影响
40	粉唑醇	47	0.24	0.02	没有影响	78	甲氧虫酰肼	93	0.48	0.01	没有影响
41	敌敌畏	2	0.01	0.02	没有影响	79	吡虫啉	654	3.35	0.01	没有影响
42	氟吡菌酰胺	289	1.48	0.02	没有影响	80	稻瘟酰胺	1	0.01	0.01	没有影响
43	苯线磷	1	0.01	0.02	没有影响	81	甲胺磷	12	0.06	0.01	没有影响
44	腈苯唑	9	0.05	0.02	没有影响	82	双炔酰菌胺	30	0.15	0.01	没有影响
45	茚虫威	195	1.00	0.02	没有影响	83	丙硫菌唑	5	0.03	0.01	没有影响
46	敌百虫	23	0.12	0.02	没有影响	84	仲丁威	8	0.04	0.01	没有影响
47	抑霉唑	34	0.17	0.02	没有影响	85	唑螨酯	14	0.07	0.01	没有影响
48	噻虫啉	16	0.08	0.02	没有影响	86	三环唑	33	0.17	0.01	没有影响
49	噁霜灵	130	0.67	0.02	没有影响	87	苄呋菊酯	1	0.01	0.01	没有影响
50	氟吡甲禾灵	7	0.04	0.02	没有影响	88	丁氟螨酯	2	0.01	0.00	没有影响
51	氟唑菌酰胺	176	0.90	0.02	没有影响	89	肟菌酯	226	1.16	0.00	没有影响
52	异菌脲	139	0.71	0.02	没有影响	90	螺虫乙酯	293	1.50	0.00	没有影响

续表

序号	农药	检出频次	检出率（%）	$\overline{IFS_c}$	影响程度	序号	农药	检出频次	检出率（%）	$\overline{IFS_c}$	影响程度
91	乙酰甲胺磷	10	0.05	0.00	没有影响	129	二甲戊灵	51	0.26	0.00	没有影响
92	丙环唑	206	1.06	0.00	没有影响	130	吡唑萘菌胺	19	0.10	0.00	没有影响
93	喹禾灵	6	0.03	0.00	没有影响	131	种菌唑	1	0.01	0.00	没有影响
94	啶虫脒	1329	6.81	0.00	没有影响	132	多效唑	222	1.14	0.00	没有影响
95	敌草腈	103	0.53	0.00	没有影响	133	环氟菌胺	5	0.03	0.00	没有影响
96	吡丙醚	141	0.72	0.00	没有影响	134	霜霉威	743	3.81	0.00	没有影响
97	氟吗啉	97	0.50	0.00	没有影响	135	嘧菌酯	334	1.71	0.00	没有影响
98	吲唑磺菌胺	5	0.03	0.00	没有影响	136	双草醚	1	0.01	0.00	没有影响
99	氰霜唑	140	0.72	0.00	没有影响	137	氟菌唑	1	0.01	0.00	没有影响
100	腈菌唑	201	1.03	0.00	没有影响	138	苯氧威	10	0.05	0.00	没有影响
101	噻虫嗪	924	4.73	0.00	没有影响	139	烯肟菌胺	7	0.04	0.00	没有影响
102	氨唑草酮	1	0.01	0.00	没有影响	140	亚胺唑	1	0.01	0.00	没有影响
103	乙草胺	21	0.11	0.00	没有影响	141	增效醚	5	0.03	0.00	没有影响
104	稻瘟灵	36	0.18	0.00	没有影响	142	异丙甲草胺	8	0.04	0.00	没有影响
105	三唑酮	41	0.21	0.00	没有影响	143	喹螨醚	2	0.01	0.00	没有影响
106	氟啶虫酰胺	58	0.30	0.00	没有影响	144	杀螟丹	4	0.02	0.00	没有影响
107	氟吡菌胺	281	1.44	0.00	没有影响	145	仲丁灵	34	0.18	0.00	没有影响
108	嘧霉胺	184	0.94	0.00	没有影响	146	噻霉酮	2	0.01	0.00	没有影响
109	乙嘧酚	43	0.22	0.00	没有影响	147	醚菌酯	34	0.18	0.00	没有影响
110	胺鲜酯	25	0.13	0.00	没有影响	148	环丙嘧磺隆	1	0.01	0.00	没有影响
111	矮壮素	113	0.58	0.00	没有影响	149	调环酸	16	0.08	0.00	没有影响
112	乙嘧酚磺酸酯	47	0.24	0.00	没有影响	150	三氟甲吡醚	1	0.01	0.00	没有影响
113	三甲苯草酮	3	0.02	0.00	没有影响	151	扑草净	43	0.22	0.00	没有影响
114	马拉硫磷	8	0.04	0.00	没有影响	152	烯啶虫胺	115	0.60	0.00	没有影响
115	戊菌唑	21	0.11	0.00	没有影响	153	联苯吡菌胺	1	0.01	0.00	没有影响
116	噻虫胺	770	3.94	0.00	没有影响	154	灭幼脲	67	0.35	0.00	没有影响
117	氰氟虫腙	1	0.01	0.00	没有影响	155	吡噻菌胺	6	0.03	0.00	没有影响
118	甲霜灵	359	1.84	0.00	没有影响	156	氯吡脲	1	0.01	0.00	没有影响
119	莠去津	294	1.51	0.00	没有影响	157	苯嗪草酮	10	0.05	0.00	没有影响
120	呋虫胺	195	1.00	0.00	没有影响	158	苯菌酮	13	0.07	0.00	没有影响
121	啶菌噁唑	6	0.03	0.00	没有影响	159	咪唑菌酮	1	0.01	0.00	没有影响
122	抗倒酯	4	0.02	0.00	没有影响	160	苦参碱	5	0.03	0.00	没有影响
123	乙螨唑	296	1.52	0.00	没有影响	161	氟啶虫胺腈	1	0.01	0.00	没有影响
124	伏杀硫磷	1	0.01	0.00	没有影响	162	莠灭净	8	0.04	0.00	没有影响
125	吡蚜酮	56	0.29	0.00	没有影响	163	苯并烯氟菌唑	1	0.01	0.00	没有影响
126	蚜灭磷	1	0.01	0.00	没有影响	164	乙基多杀菌素	1	0.01	0.00	没有影响
127	啶氧菌酯	9	0.05	0.00	没有影响	165	氟噻唑吡乙酮	14	0.07	0.00	没有影响
128	烯酰吗啉	1365	6.99	0.00	没有影响	166	丁酰肼	2	0.01	0.00	没有影响

续表

序号	农药	检出频次	检出率（%）	$\overline{IFS_c}$	影响程度	序号	农药	检出频次	检出率（%）	$\overline{IFS_c}$	影响程度
167	苯酰菌胺	9	0.05	0.00	没有影响	171	喹氧灵	1	0.01	0.00	没有影响
168	咪唑乙烟酸	1	0.01	0.00	没有影响	172	噻酮磺隆	1	0.01	0.00	没有影响
169	氟唑磺隆	2	0.01	0.00	没有影响	173	唑嘧菌胺	7	0.04	0.00	没有影响
170	氯虫苯甲酰胺	176	0.92	0.00	没有影响	174	氯氟吡氧乙酸	4	0.02	0.00	没有影响

对每个月内所有水果蔬菜中残留农药的 $\overline{IFS_c}$ 进行分析，结果如图 2-12 所示。分析发

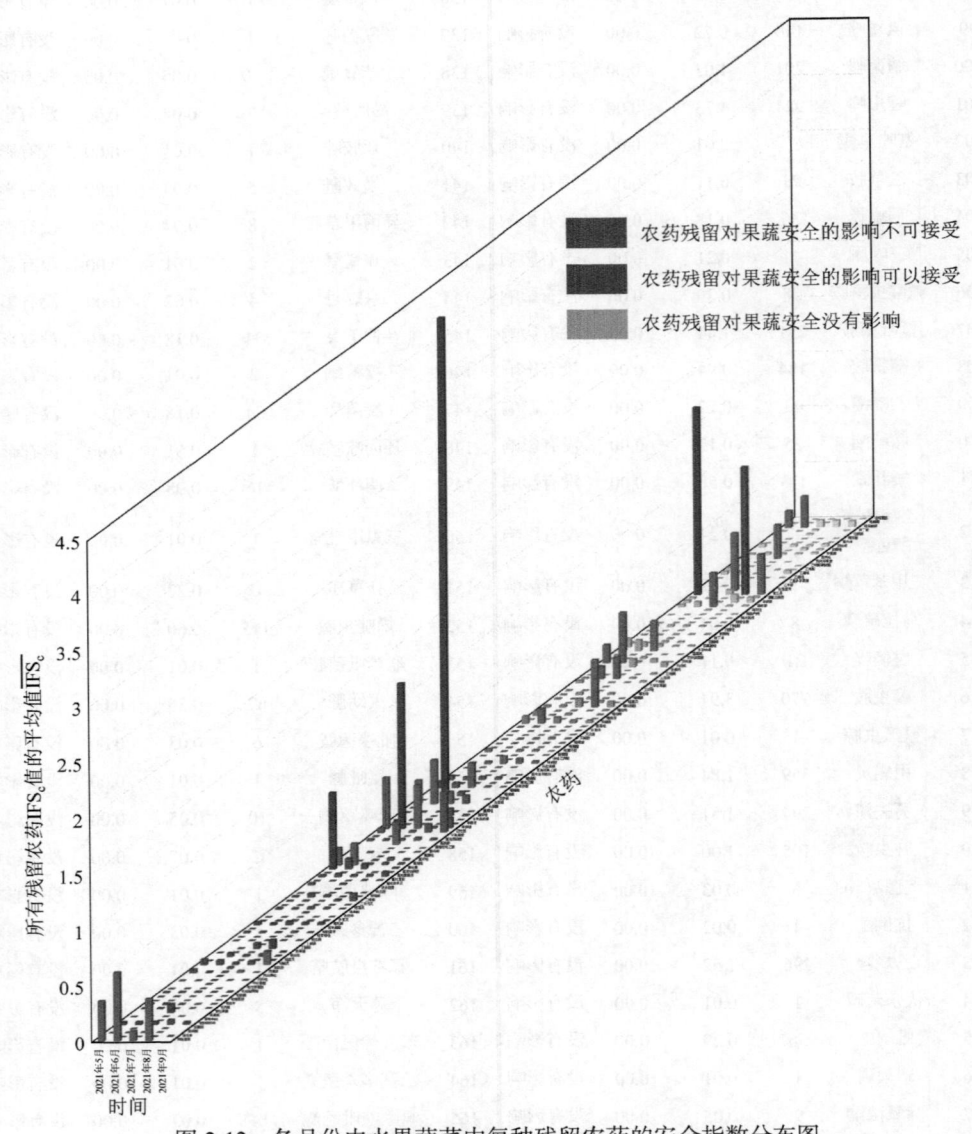

图 2-12 各月份内水果蔬菜中每种残留农药的安全指数分布图

现，7、9 两个月份所有农药对水果蔬菜安全的影响均处于没有影响和可以接受的范围内，5、6、8 三个月份所有农药对水果蔬菜安全的影响均处于不可接受的范围内。每月内不同农药对水果蔬菜安全影响程度的统计如图 2-13 所示。

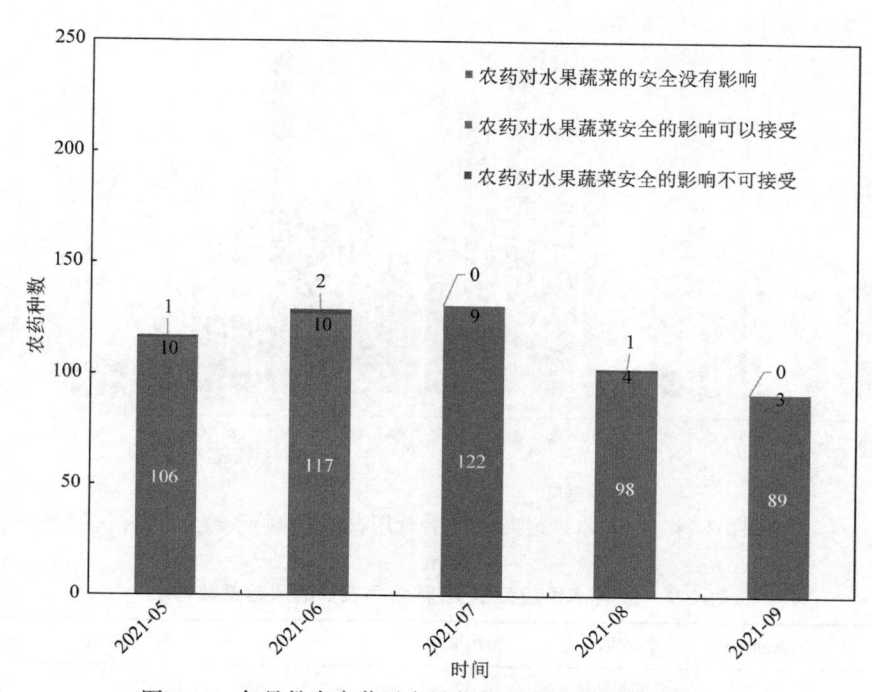

图 2-13　各月份内农药对水果蔬菜安全影响程度的统计图

2.3　农药残留预警风险评估

基于西北五省区水果蔬菜样品中农药残留 LC-Q-TOF/MS 侦测数据，分析禁用农药的检出率，同时参照中华人民共和国国家标准 GB 2763—2021 和欧盟农药最大残留限量（MRL）标准分析非禁用农药残留的超标率，并计算农药残留风险系数。分析单种水果蔬菜中农药残留以及所有水果蔬菜中农药残留的风险程度。

2.3.1　单种水果蔬菜中农药残留风险系数分析

2.3.1.1　单种水果蔬菜中禁用农药残留风险系数分析

侦测出的 216 种残留农药中有 15 种为禁用农药，且它们分布在 19 种水果蔬菜中，计算 19 种水果蔬菜中禁用农药的检出率，根据检出率计算风险系数 R，进而分析水果蔬菜中禁用农药的风险程度，结果如图 2-14 与表 2-9 所示。分析发现 3 种禁用农药在 6 种水果蔬菜中的残留均处于高度风险，7 种禁用农药在 12 种水果蔬菜中的残留均处于中度风险，14 种禁用农药在 14 种水果蔬菜中的残留均处于低度风险。

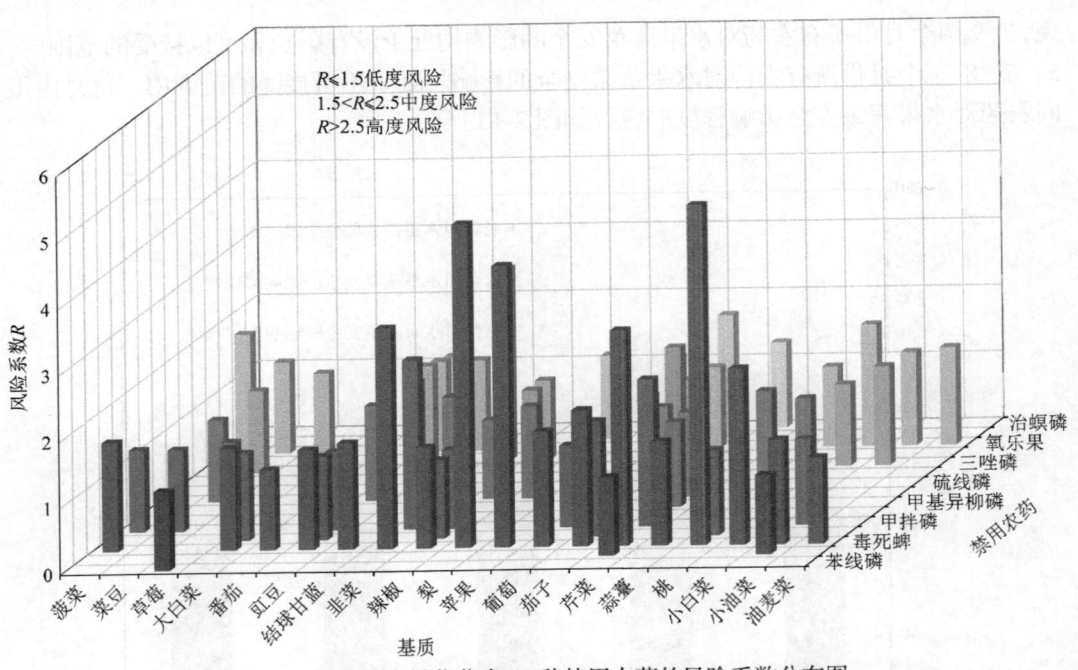

图 2-14　19 种水果蔬菜中 15 种禁用农药的风险系数分布图

表 2-9　19 种水果蔬菜中 15 种禁用农药的风险系数列表

序号	基质	农药	检出频次	检出率（%）	风险系数 R	风险程度
1	桃	毒死蜱	42	4.00	5.10	高度风险
2	梨	毒死蜱	26	3.77	4.87	高度风险
3	苹果	毒死蜱	17	3.14	4.24	高度风险
4	韭菜	毒死蜱	20	2.22	3.32	高度风险
5	芹菜	毒死蜱	25	2.14	3.24	高度风险
6	韭菜	水胺硫磷	16	1.78	2.88	高度风险
7	小白菜	毒死蜱	13	1.55	2.65	高度风险
8	韭菜	甲拌磷	13	1.44	2.54	高度风险
9	芹菜	甲拌磷	13	1.11	2.21	中度风险
10	茄子	毒死蜱	9	0.95	2.05	中度风险
11	茄子	氯唑磷	8	0.84	1.94	中度风险
12	茄子	乙酰甲胺磷	7	0.74	1.84	中度风险
13	小白菜	氧乐果	6	0.72	1.82	中度风险
14	菠菜	氧乐果	5	0.69	1.79	中度风险
15	葡萄	毒死蜱	10	0.64	1.74	中度风险
16	茄子	甲胺磷	6	0.63	1.73	中度风险
17	菠菜	毒死蜱	4	0.55	1.65	中度风险

续表

序号	基质	农药	检出频次	检出率（%）	风险系数 R	风险程度
18	结球甘蓝	毒死蜱	2	0.51	1.61	中度风险
19	结球甘蓝	克百威	2	0.51	1.61	中度风险
20	小油菜	毒死蜱	5	0.48	1.58	中度风险
21	桃	克百威	5	0.48	1.58	中度风险
22	蒜薹	毒死蜱	5	0.47	1.57	中度风险
23	韭菜	克百威	4	0.44	1.54	中度风险
24	辣椒	毒死蜱	5	0.43	1.53	中度风险
25	茄子	克百威	4	0.42	1.52	中度风险
26	豇豆	毒死蜱	5	0.41	1.51	中度风险
27	小油菜	三唑磷	4	0.39	1.49	低度风险
28	油麦菜	氧乐果	7	0.36	1.46	低度风险
29	小白菜	克百威	3	0.36	1.46	低度风险
30	豇豆	克百威	4	0.33	1.43	低度风险
31	豇豆	水胺硫磷	4	0.33	1.43	低度风险
32	梨	克百威	2	0.29	1.39	低度风险
33	小油菜	氧乐果	3	0.29	1.39	低度风险
34	菠菜	氧乐果	2	0.27	1.37	低度风险
35	葡萄	氧乐果	4	0.26	1.36	低度风险
36	结球甘蓝	氧乐果	1	0.25	1.35	低度风险
37	豇豆	三唑磷	3	0.24	1.34	低度风险
38	豇豆	氧乐果	3	0.24	1.34	低度风险
39	茄子	三唑磷	2	0.21	1.31	低度风险
40	油麦菜	毒死蜱	4	0.21	1.31	低度风险
41	小油菜	甲拌磷	2	0.19	1.29	低度风险
42	桃	甲胺磷	2	0.19	1.29	低度风险
43	草莓	毒死蜱	2	0.18	1.28	低度风险
44	芹菜	甲基异柳磷	2	0.17	1.27	低度风险
45	芹菜	克百威	2	0.17	1.27	低度风险
46	芹菜	治螟磷	2	0.17	1.27	低度风险
47	豇豆	甲胺磷	2	0.16	1.26	低度风险
48	豇豆	乙酰甲胺磷	2	0.16	1.26	低度风险
49	梨	乙酰甲胺磷	1	0.14	1.24	低度风险
50	菠菜	甲拌磷	1	0.14	1.24	低度风险
51	菠菜	甲拌磷	1	0.14	1.24	低度风险

续表

序号	基质	农药	检出频次	检出率（%）	风险系数 R	风险程度
52	菠菜	克百威	1	0.14	1.24	低度风险
53	菠菜	三唑磷	1	0.14	1.24	低度风险
54	葡萄	甲拌磷	2	0.13	1.23	低度风险
55	小白菜	三唑磷	1	0.12	1.22	低度风险
56	番茄	毒死蜱	1	0.11	1.21	低度风险
57	茄子	硫线磷	1	0.11	1.21	低度风险
58	茄子	氧乐果	1	0.11	1.21	低度风险
59	小油菜	丁酰肼	1	0.10	1.20	低度风险
60	桃	氧乐果	1	0.10	1.20	低度风险
61	草莓	苯线磷	1	0.09	1.19	低度风险
62	草莓	甲基硫环磷	1	0.09	1.19	低度风险
63	草莓	氧乐果	1	0.09	1.19	低度风险
64	草莓	甲胺磷	1	0.09	1.19	低度风险
65	辣椒	甲胺磷	1	0.09	1.19	低度风险
66	辣椒	甲拌磷	1	0.09	1.19	低度风险
67	辣椒	克百威	1	0.09	1.19	低度风险
68	辣椒	三唑磷	1	0.09	1.19	低度风险
69	辣椒	水胺硫磷	1	0.09	1.19	低度风险
70	芹菜	丁酰肼	1	0.09	1.19	低度风险
71	豇豆	甲拌磷	1	0.08	1.18	低度风险

2.3.1.2 基于MRL中国国家标准的单种水果蔬菜中非禁用农药残留风险系数分析

参照中华人民共和国国家标准GB 2763—2021中农药残留限量计算每种水果蔬菜中每种非禁用农药的超标率，进而计算其风险系数，根据风险系数大小判断残留农药的预警风险程度，水果蔬菜中非禁用农药残留风险程度分布情况如图2-15所示。

本次分析中，发现在20种水果蔬菜侦测出201种残留非禁用农药，涉及4000个样本，19161检出频次，0.18%处于高度风险，0.18%处于中度风险，34.70%处于低度风险。此外发现涉及2598个样本的7167频次的数据没有MRL中国国家标准值，无法判断其风险程度，有MRL中国国家标准值的1402个样本涉及20种水果蔬菜中的96种非禁用农药，其风险系数R值如图2-16所示。

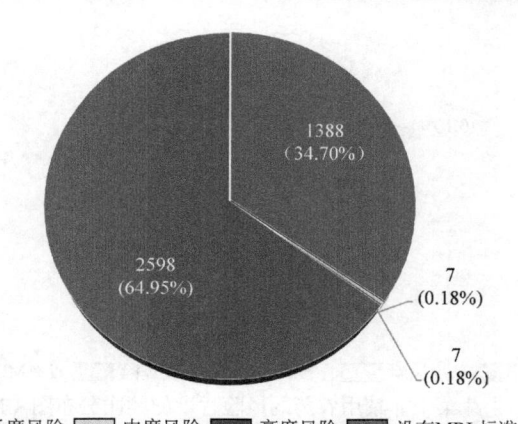

图 2-15 水果蔬菜中非禁用农药风险程度的频次分布图（MRL 中国国家标准）

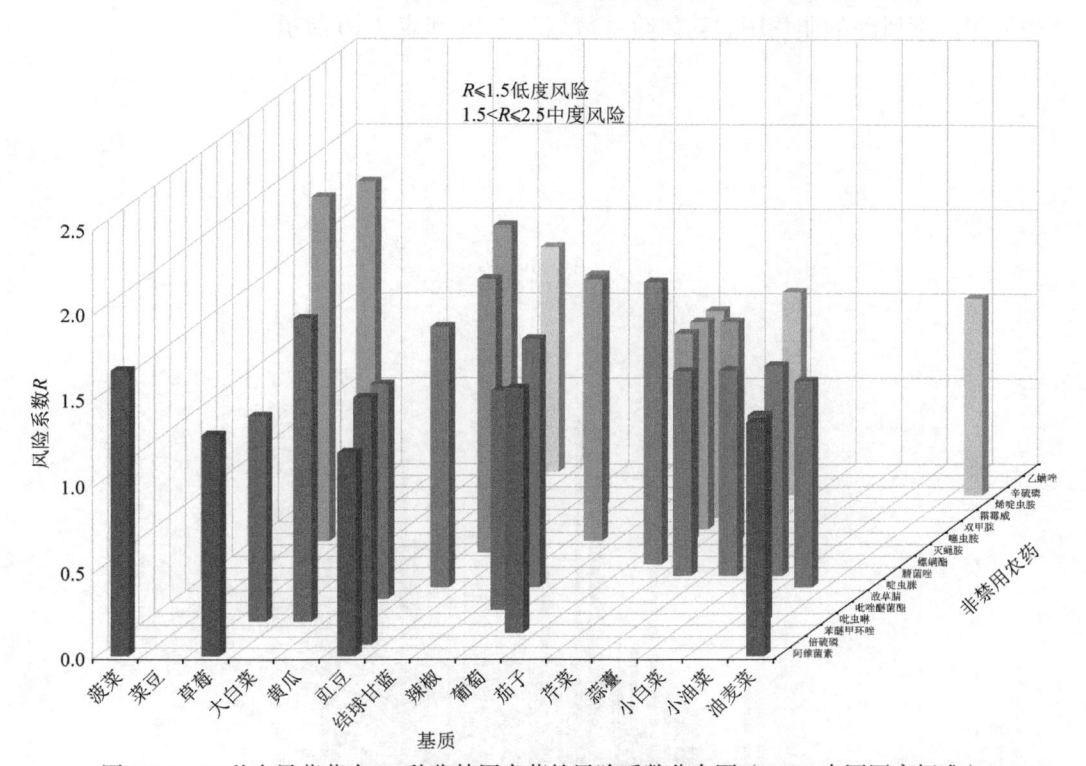

图 2-16 20 种水果蔬菜中 96 种非禁用农药的风险系数分布图（MRL 中国国家标准）

2.3.1.3 基于 MRL 欧盟标准的单种水果蔬菜中非禁用农药残留风险系数分析

参照 MRL 欧盟标准计算每种水果蔬菜中每种非禁用农药的超标率，进而计算其风险系数，根据风险系数大小判断农药残留的预警风险程度，水果蔬菜中非禁用农药残留风险程度分布情况如图 2-17 所示。

本次分析中，20 种水果蔬菜侦测出 201 种残留非禁用农药，涉及 4000 个样本，19161 检出频次，2.95%处于高度风险，涉及 14 种水果蔬菜和 23 种农药；0.10%处于中度风险，涉及 19 种水果蔬菜和 62 种农药，还有 8.07%的数据没有 MRL 欧盟标准值，无法判断

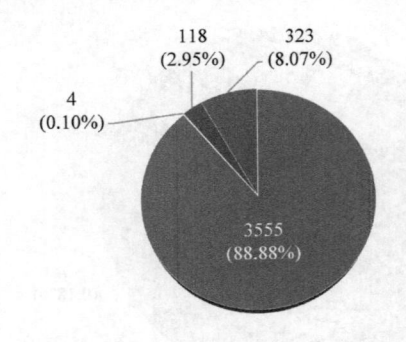

图 2-17 水果蔬菜中非禁用农药的风险程度的频次分布图（MRL 欧盟标准）

其风险程度。单种水果蔬菜中的非禁用农药风险系数分布图如图 2-18 所示。单种水果蔬菜中处于高度风险的非禁用农药风险系数如图 2-19 和表 2-10 所示。

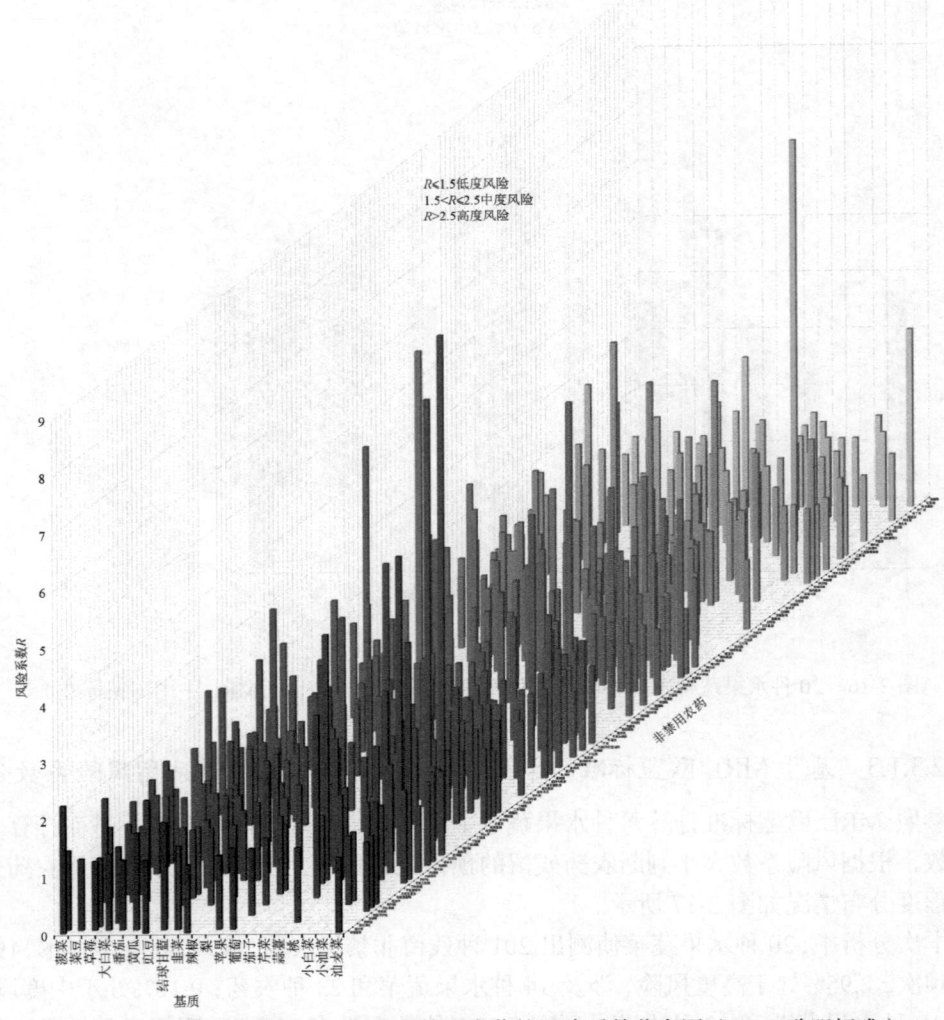

图 2-18　20 种水果蔬菜中 201 种非禁用农药的风险系数分布图（MRL 欧盟标准）

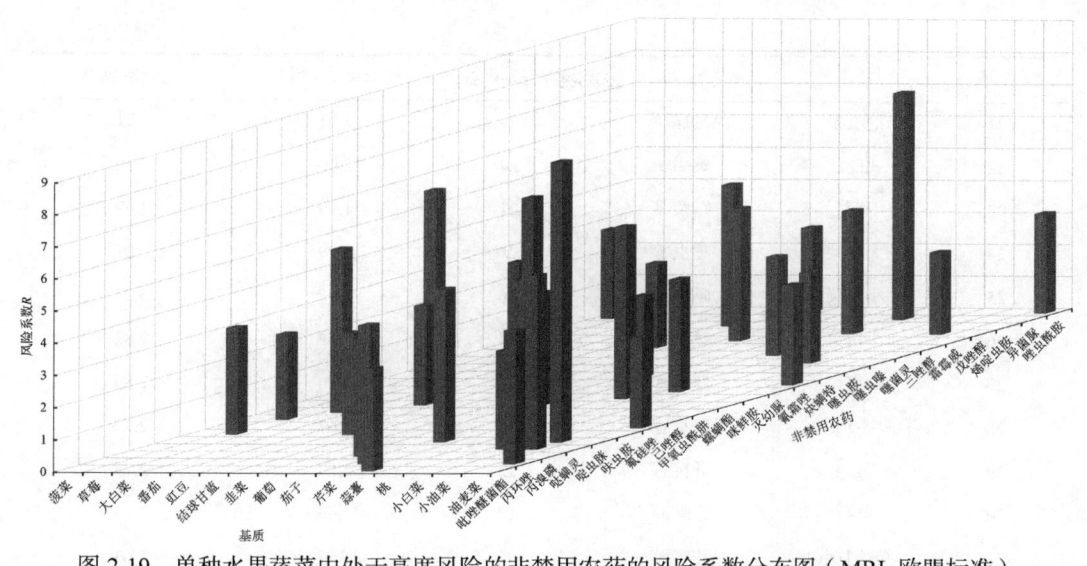

图 2-19　单种水果蔬菜中处于高度风险的非禁用农药的风险系数分布图（MRL 欧盟标准）

表 2-10　单种水果蔬菜中处于高度风险的非禁用农药的风险系数表（MRL 欧盟标准）

序号	基质	农药	超标频次	超标率 P（%）	风险系数 R
1	小油菜	啶虫脒	78	7.64	8.74
2	小白菜	啶虫脒	53	6.51	7.61
3	蒜薹	异菌脲	63	5.98	7.08
4	菠菜	噻虫胺	32	4.46	5.56
5	小油菜	哒螨灵	44	4.31	5.41
6	蒜薹	咪鲜胺	45	4.27	5.37
7	大白菜	甲氧虫酰肼	18	3.98	5.08
8	芹菜	啶虫脒	41	3.64	4.74
9	结球甘蓝	烯啶虫胺	13	3.32	4.42
10	芹菜	丙环唑	36	3.20	4.30
11	油麦菜	丙环唑	59	3.05	4.15
12	葡萄	霜霉威	47	3.04	4.14
13	蒜薹	戊唑醇	29	2.75	3.85
14	茄子	丙溴磷	23	2.53	3.63
15	茄子	螺螨酯	22	2.42	3.52
16	桃	灭幼脲	24	2.40	3.50
17	草莓	呋虫胺	24	2.20	3.30
18	蒜薹	吡唑醚菌酯	22	2.09	3.19
19	结球甘蓝	呋虫胺	8	2.05	3.15
20	油麦菜	氰霜唑	39	2.01	3.11

续表

序号	基质	农药	超标频次	超标率 P(%)	风险系数 R
21	油麦菜	唑虫酰胺	39	2.01	3.11
22	豇豆	螺螨酯	24	2.00	3.10
23	蒜薹	噻菌灵	21	1.99	3.09
24	大白菜	噻虫嗪	9	1.99	3.09
25	小白菜	哒螨灵	16	1.97	3.07
26	小白菜	噻虫嗪	14	1.72	2.82
27	油麦菜	氟硅唑	33	1.70	2.80
28	番茄	噻虫胺	15	1.67	2.77
29	菠菜	异菌脲	12	1.67	2.77
30	草莓	己唑醇	17	1.56	2.66
31	结球甘蓝	三唑醇	6	1.53	2.63
32	韭菜	唑虫酰胺	13	1.53	2.63
33	小油菜	戊唑醇	15	1.47	2.57
34	茄子	炔螨特	13	1.43	2.53

2.3.2 所有水果蔬菜中农药残留风险系数分析

2.3.2.1 所有水果蔬菜中禁用农药残留风险系数分析

在侦测出的 216 种农药中有 15 种为禁用农药，计算所有水果蔬菜中禁用农药的风险系数，结果如表 2-11 所示。禁用农药毒死蜱处于高度风险。

表 2-11 水果蔬菜中 15 种禁用农药的风险系数表

序号	农药	检出频次	检出率 P(%)	风险系数 R	风险程度
1	毒死蜱	195	4.87	5.97	高度风险
2	甲拌磷	34	0.85	1.95	中度风险
3	氧乐果	34	0.85	1.95	中度风险
4	克百威	28	0.70	1.80	中度风险
5	水胺硫磷	21	0.52	1.62	中度风险
6	甲胺磷	12	0.30	1.40	低度风险
7	三唑磷	12	0.30	1.40	低度风险
8	乙酰甲胺磷	10	0.25	1.35	低度风险
9	氯唑磷	8	0.20	1.30	低度风险
10	丁酰肼	2	0.05	1.15	低度风险

续表

序号	农药	检出频次	检出率 P（%）	风险系数 R	风险程度
11	甲基异柳磷	2	0.05	1.15	低度风险
12	治螟磷	2	0.05	1.15	低度风险
13	苯线磷	1	0.02	1.12	低度风险
14	甲基硫环磷	1	0.02	1.12	低度风险
15	硫线磷	1	0.02	1.12	低度风险

对每个月的禁用农药的风险系数进行分析，结果如图 2-20 和表 2-12 所示。

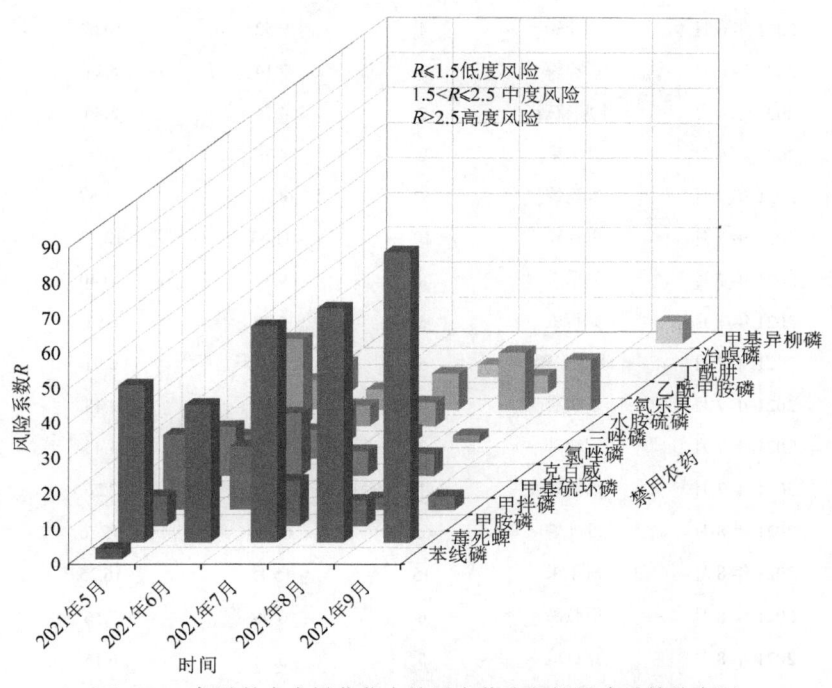

图 2-20　各月份内水果蔬菜中禁用农药残留的风险系数分布图

表 2-12　各月份内水果蔬菜中禁用农药残留的风险系数表

序号	年月	农药	检出频次	检出率 P（%）	风险系数 R	风险程度
1	2021 年 5 月	毒死蜱	24	43.64	44.74	高度风险
2	2021 年 5 月	水胺硫磷	13	23.64	24.74	高度风险
3	2021 年 5 月	甲拌磷	11	20.00	21.10	高度风险
4	2021 年 5 月	克百威	7	12.73	13.83	高度风险
5	2021 年 5 月	甲胺磷	4	7.27	8.37	高度风险
6	2021 年 5 月	氧乐果	4	7.27	8.37	高度风险

续表

序号	年月	农药	检出频次	检出率 P（%）	风险系数 R	风险程度
7	2021年5月	乙酰甲胺磷	4	7.27	8.37	高度风险
8	2021年5月	氯唑磷	3	5.45	6.55	高度风险
9	2021年5月	苯线磷	1	1.82	2.92	高度风险
10	2021年5月	甲基硫环磷	1	1.82	2.92	高度风险
11	2021年5月	三唑磷	1	1.82	2.92	高度风险
12	2021年6月	毒死蜱	16	38.10	39.20	高度风险
13	2021年6月	甲拌磷	7	16.67	17.77	高度风险
14	2021年6月	克百威	7	16.67	17.77	高度风险
15	2021年6月	三唑磷	4	9.52	10.62	高度风险
16	2021年6月	氯唑磷	3	7.14	8.24	高度风险
17	2021年6月	水胺硫磷	2	4.76	5.86	高度风险
18	2021年6月	氧乐果	2	4.76	5.86	高度风险
19	2021年7月	毒死蜱	52	60.47	61.57	高度风险
20	2021年7月	甲拌磷	10	11.63	12.73	高度风险
21	2021年7月	氧乐果	8	9.30	10.40	高度风险
22	2021年7月	克百威	5	5.81	6.91	高度风险
23	2021年7月	水胺硫磷	5	5.81	6.91	高度风险
24	2021年7月	丁酰肼	2	2.33	3.43	高度风险
25	2021年7月	三唑磷	2	2.33	3.43	高度风险
26	2021年7月	治螟磷	1	1.16	2.26	中度风险
27	2021年8月	毒死蜱	65	65.66	66.76	高度风险
28	2021年8月	氧乐果	15	15.15	16.25	高度风险
29	2021年8月	甲胺磷	6	6.06	7.16	高度风险
30	2021年8月	克百威	5	5.05	6.15	高度风险
31	2021年8月	乙酰甲胺磷	4	4.04	5.14	高度风险
32	2021年8月	甲拌磷	2	2.02	3.12	高度风险
33	2021年8月	三唑磷	1	1.01	2.11	中度风险
34	2021年9月	毒死蜱	31	81.58	82.68	高度风险
35	2021年9月	氧乐果	5	13.16	14.26	高度风险
36	2021年9月	甲基异柳磷	2	5.26	6.36	高度风险
37	2021年9月	甲拌磷	1	2.63	3.73	高度风险

2.3.2.2 所有水果蔬菜中非禁用农药残留风险系数分析

参照 MRL 欧盟标准计算所有水果蔬菜中每种非禁用农药残留的风险系数，如图 2-21 与表 2-13 所示。在侦测出的 124 种非禁用农药中，15 种农药（12.10%）残留处于高度风险，20 种农药（16.13%）残留处于中度风险，89 种农药（71.77%）残留处于低度风险。

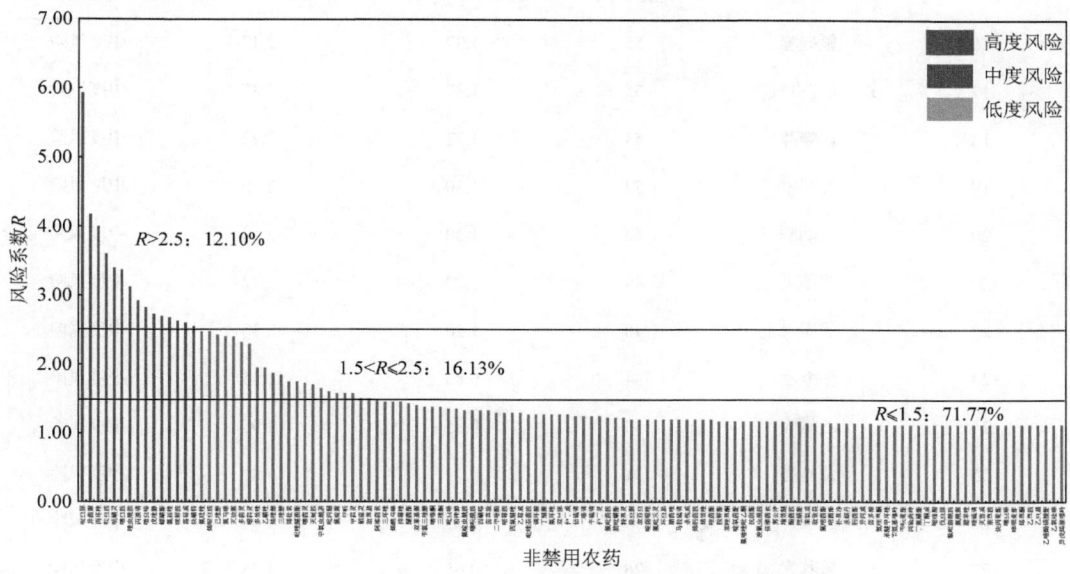

图 2-21　水果蔬菜中 124 种非禁用农药的风险程度统计图

表 2-13　水果蔬菜中 124 种非禁用农药的风险系数表

序号	农药	超标频次	超标率 P（%）	风险系数 R	风险程度
1	啶虫脒	193	4.82	5.92	高度风险
2	异菌脲	123	3.07	4.17	高度风险
3	丙环唑	116	2.90	4.00	高度风险
4	呋虫胺	100	2.50	3.60	高度风险
5	哒螨灵	92	2.30	3.40	高度风险
6	噻虫胺	91	2.27	3.37	高度风险
7	唑虫酰胺	81	2.02	3.12	高度风险
8	丙溴磷	73	1.82	2.92	高度风险
9	噻虫嗪	69	1.72	2.82	高度风险
10	戊唑醇	65	1.62	2.72	高度风险
11	螺螨酯	64	1.60	2.70	高度风险
12	氰霜唑	63	1.57	2.67	高度风险
13	咪鲜胺	61	1.52	2.62	高度风险
14	霜霉威	60	1.50	2.60	高度风险
15	炔螨特	58	1.45	2.55	高度风险

续表

序号	农药	超标频次	超标率 P（%）	风险系数 R	风险程度
16	氟硅唑	55	1.37	2.47	中度风险
17	烯啶虫胺	55	1.37	2.47	中度风险
18	己唑醇	53	1.32	2.42	中度风险
19	氟吗啉	52	1.30	2.40	中度风险
20	灭幼脲	52	1.30	2.40	中度风险
21	多菌灵	49	1.22	2.32	中度风险
22	噁霜灵	48	1.20	2.30	中度风险
23	多效唑	34	0.85	1.95	中度风险
24	乙螨唑	34	0.85	1.95	中度风险
25	烯唑醇	31	0.77	1.87	中度风险
26	三唑醇	30	0.75	1.85	中度风险
27	矮壮素	26	0.65	1.75	中度风险
28	吡唑醚菌酯	26	0.65	1.75	中度风险
29	噻菌灵	25	0.62	1.72	中度风险
30	灭蝇胺	24	0.60	1.70	中度风险
31	甲氧虫酰肼	22	0.55	1.65	中度风险
32	吡丙醚	20	0.50	1.60	中度风险
33	氟啶脲	19	0.47	1.57	中度风险
34	甲哌	19	0.47	1.57	中度风险
35	甲霜灵	19	0.47	1.57	中度风险
36	稻瘟灵	16	0.40	1.50	低度风险
37	敌草腈	16	0.40	1.50	低度风险
38	阿维菌素	15	0.37	1.47	低度风险
39	三环唑	14	0.35	1.45	低度风险
40	烯酰吗啉	14	0.35	1.45	低度风险
41	抑霉唑	14	0.35	1.45	低度风险
42	醚菌酯	13	0.32	1.42	低度风险
43	双苯基脲	12	0.30	1.40	低度风险
44	苄氯三唑醇	11	0.27	1.37	低度风险
45	噻嗪酮	11	0.27	1.37	低度风险

续表

序号	农药	超标频次	超标率 P（%）	风险系数 R	风险程度
46	三唑酮	11	0.27	1.37	低度风险
47	吡虫啉	10	0.25	1.35	低度风险
48	粉唑醇	10	0.25	1.35	低度风险
49	氟啶虫酰胺	9	0.22	1.32	低度风险
50	噻呋酰胺	9	0.22	1.32	低度风险
51	四螨嗪	9	0.22	1.32	低度风险
52	茵草敌	9	0.22	1.32	低度风险
53	二甲嘧酚	8	0.20	1.30	低度风险
54	嘧霉胺	8	0.20	1.30	低度风险
55	四氟醚唑	8	0.20	1.30	低度风险
56	乙霉威	8	0.20	1.30	低度风险
57	吡唑萘菌胺	7	0.17	1.27	低度风险
58	调环酸	7	0.17	1.27	低度风险
59	丁醚脲	7	0.17	1.27	低度风险
60	氟环唑	7	0.17	1.27	低度风险
61	双甲脒	7	0.17	1.27	低度风险
62	仲丁威	7	0.17	1.27	低度风险
63	倍硫磷	6	0.15	1.25	低度风险
64	二嗪磷	6	0.15	1.25	低度风险
65	辛硫磷	6	0.15	1.25	低度风险
66	仲丁灵	6	0.15	1.25	低度风险
67	氟吡菌胺	5	0.12	1.22	低度风险
68	腈吡螨酯	5	0.12	1.22	低度风险
69	特草灵	5	0.12	1.22	低度风险
70	除虫脲	4	0.10	1.20	低度风险
71	敌百虫	4	0.10	1.20	低度风险
72	啶菌噁唑	4	0.10	1.20	低度风险
73	氟吡禾灵	4	0.10	1.20	低度风险
74	环虫腈	4	0.10	1.20	低度风险
75	腈菌唑	4	0.10	1.20	低度风险

续表

序号	农药	超标频次	超标率 P（%）	风险系数 R	风险程度
76	马拉硫磷	4	0.10	1.20	低度风险
77	杀线威	4	0.10	1.20	低度风险
78	烯肟菌胺	4	0.10	1.20	低度风险
79	烯效唑	4	0.10	1.20	低度风险
80	唑菌酯	4	0.10	1.20	低度风险
81	胺鲜酯	3	0.07	1.17	低度风险
82	苯唑草酮	3	0.07	1.17	低度风险
83	啶氧菌酯	3	0.07	1.17	低度风险
84	氟噻唑吡乙酮	3	0.07	1.17	低度风险
85	抗倒酯	3	0.07	1.17	低度风险
86	溴氰虫酰胺	3	0.07	1.17	低度风险
87	依维菌素	3	0.07	1.17	低度风险
88	莠去津	3	0.07	1.17	低度风险
89	增效醚	3	0.07	1.17	低度风险
90	酯菌胺	3	0.07	1.17	低度风险
91	唑螨酯	3	0.07	1.17	低度风险
92	苯氧威	2	0.05	1.15	低度风险
93	敌敌畏	2	0.05	1.15	低度风险
94	氟嘧菌酯	2	0.05	1.15	低度风险
95	嘧菌酯	2	0.05	1.15	低度风险
96	扑草净	2	0.05	1.15	低度风险
97	杀螟丹	2	0.05	1.15	低度风险
98	肟菌酯	2	0.05	1.15	低度风险
99	异丙威	2	0.05	1.15	低度风险
100	茚多酸	2	0.05	1.15	低度风险
101	氨唑草酮	1	0.02	1.12	低度风险
102	苯醚甲环唑	1	0.02	1.12	低度风险
103	苄氨基嘌呤	1	0.02	1.12	低度风险
104	苄呋菊酯	1	0.02	1.12	低度风险
105	丙硫菌唑	1	0.02	1.12	低度风险
106	丁氟螨酯	1	0.02	1.12	低度风险
107	丁酮威	1	0.02	1.12	低度风险
108	噁喹酸	1	0.02	1.12	低度风险

续表

序号	农药	超标频次	超标率 P（%）	风险系数 R	风险程度
109	伐虫脒	1	0.02	1.12	低度风险
110	氟吡菌酰胺	1	0.02	1.12	低度风险
111	氟酰脲	1	0.02	1.12	低度风险
112	腈苯唑	1	0.02	1.12	低度风险
113	喹硫磷	1	0.02	1.12	低度风险
114	灭害威	1	0.02	1.12	低度风险
115	萘草胺	1	0.02	1.12	低度风险
116	炔丙菊酯	1	0.02	1.12	低度风险
117	噻虫啉	1	0.02	1.12	低度风险
118	噻嗯菊酯	1	0.02	1.12	低度风险
119	烯草酮	1	0.02	1.12	低度风险
120	乙草胺	1	0.02	1.12	低度风险
121	乙虫腈	1	0.02	1.12	低度风险
122	乙嘧酚磺酸酯	1	0.02	1.12	低度风险
123	乙氧喹啉	1	0.02	1.12	低度风险
124	异戊烯腺嘌呤	1	0.02	1.12	低度风险

对每个月份内的非禁用农药的风险系数进行分析，每月内非禁用农药风险程度分布图如图 2-22 所示。这 5 个月份内处于高度风险的农药数排序为 2021 年 5 月（58）＞2021 年 6 月（56）＞2021 年 7 月（55）＞2021 年 8 月（53）＞2021 年 9 月（52）。

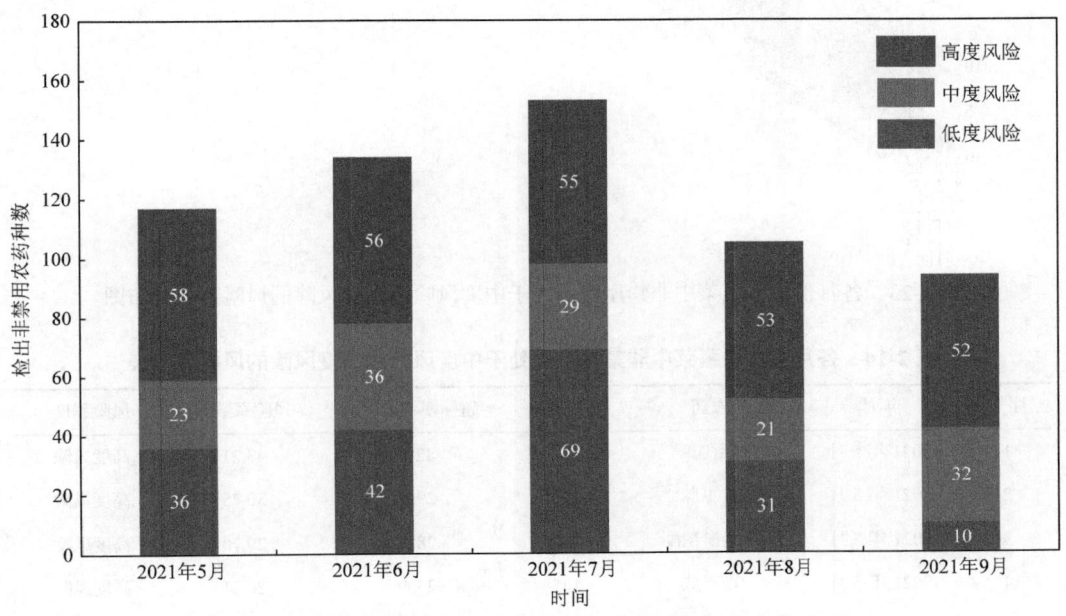

图 2-22 各月份水果蔬菜中非禁用农残留的风险程度分布图

5个月份内水果蔬菜中非禁用农药处于中度风险和高度风险的风险系数如图 2-23 和表 2-14 所示。

图 2-23 各月份水果蔬菜中非禁用农药处于中度风险和高度风险的风险系数分布图

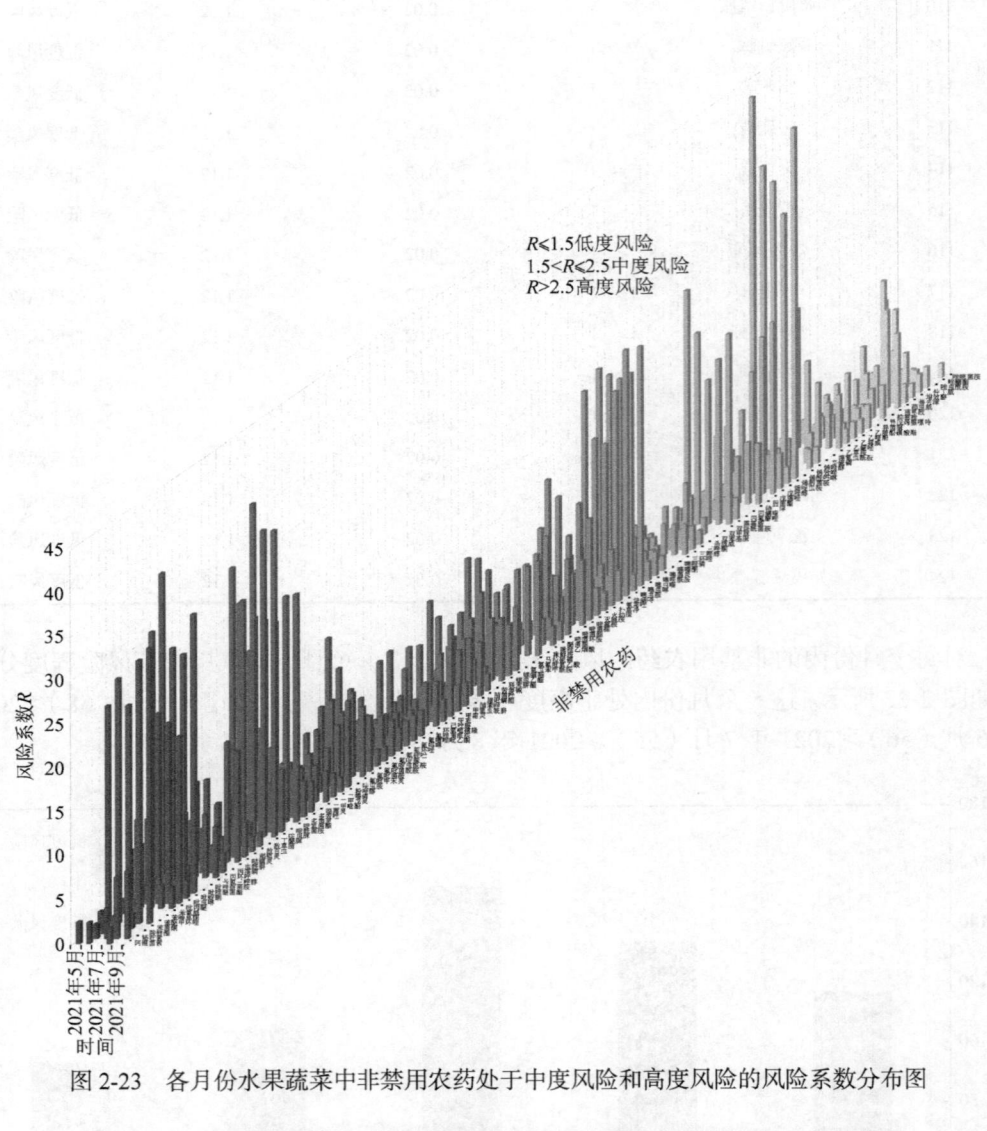

表 2-14 各月份水果蔬菜中非禁用农药处于中度风险和高度风险的风险系数表

序号	年月	农药	超标频次	超标率 P(%)	风险系数 R	风险程度
1	2021 年 5 月	烯酰吗啉	240	42.11	43.21	高度风险
2	2021 年 5 月	啶虫脒	169	29.65	30.75	高度风险
3	2021 年 5 月	吡唑醚菌酯	163	28.60	29.70	高度风险
4	2021 年 5 月	霜霉威	145	25.44	26.54	高度风险
5	2021 年 5 月	啶酰菌胺	143	25.09	26.19	高度风险

续表

序号	年月	农药	超标频次	超标率 P（%）	风险系数 R	风险程度
6	2021年5月	苯醚甲环唑	135	23.68	24.78	高度风险
7	2021年5月	噻虫嗪	134	23.51	24.61	高度风险
8	2021年5月	多菌灵	127	22.28	23.38	高度风险
9	2021年5月	噻虫胺	126	22.11	23.21	高度风险
10	2021年5月	灭蝇胺	85	14.91	16.01	高度风险
11	2021年5月	乙螨唑	84	14.74	15.84	高度风险
12	2021年5月	氟吡菌酰胺	80	14.04	15.14	高度风险
13	2021年5月	螺螨酯	70	12.28	13.38	高度风险
14	2021年5月	嘧霉胺	57	10.00	11.10	高度风险
15	2021年5月	多效唑	52	9.12	10.22	高度风险
16	2021年5月	唑虫酰胺	50	8.77	9.87	高度风险
17	2021年5月	吡虫啉	48	8.42	9.52	高度风险
18	2021年5月	哒螨灵	46	8.07	9.17	高度风险
19	2021年5月	腈菌唑	45	7.89	8.99	高度风险
20	2021年5月	氟唑菌酰胺	42	7.37	8.47	高度风险
21	2021年5月	丙环唑	40	7.02	8.12	高度风险
22	2021年5月	嘧菌酯	40	7.02	8.12	高度风险
23	2021年5月	氟吡菌胺	39	6.84	7.94	高度风险
24	2021年5月	甲霜灵	38	6.67	7.77	高度风险
25	2021年5月	螺虫乙酯	38	6.67	7.77	高度风险
26	2021年5月	肟菌酯	38	6.67	7.77	高度风险
27	2021年5月	氟硅唑	37	6.49	7.59	高度风险
28	2021年5月	咪鲜胺	35	6.14	7.24	高度风险
29	2021年5月	吡丙醚	31	5.44	6.54	高度风险
30	2021年5月	乙氧喹啉	30	5.26	6.36	高度风险
31	2021年5月	莠去津	30	5.26	6.36	高度风险
32	2021年5月	丙溴磷	28	4.91	6.01	高度风险
33	2021年5月	呋虫胺	28	4.91	6.01	高度风险
34	2021年5月	氰霜唑	26	4.56	5.66	高度风险
35	2021年5月	联苯肼酯	25	4.39	5.49	高度风险
36	2021年5月	敌草腈	23	4.04	5.14	高度风险
37	2021年5月	戊唑醇	22	3.86	4.96	高度风险
38	2021年5月	灭幼脲	16	2.81	3.91	高度风险
39	2021年5月	三环唑	16	2.81	3.91	高度风险

续表

序号	年月	农药	超标频次	超标率 P（%）	风险系数 R	风险程度
40	2021年5月	仲丁灵	16	2.81	3.91	高度风险
41	2021年5月	双苯基脲	15	2.63	3.73	高度风险
42	2021年5月	异菌脲	15	2.63	3.73	高度风险
43	2021年5月	氟啶虫酰胺	14	2.46	3.56	高度风险
44	2021年5月	氟吗啉	14	2.46	3.56	高度风险
45	2021年5月	炔螨特	14	2.46	3.56	高度风险
46	2021年5月	三唑醇	12	2.11	3.21	高度风险
47	2021年5月	烯啶虫胺	12	2.11	3.21	高度风险
48	2021年5月	茚虫威	12	2.11	3.21	高度风险
49	2021年5月	粉唑醇	10	1.75	2.85	高度风险
50	2021年5月	噻嗪酮	10	1.75	2.85	高度风险
51	2021年5月	噁霜灵	9	1.58	2.68	高度风险
52	2021年5月	氟啶脲	9	1.58	2.68	高度风险
53	2021年5月	己唑醇	9	1.58	2.68	高度风险
54	2021年5月	腈吡螨酯	9	1.58	2.68	高度风险
55	2021年5月	乙霉威	9	1.58	2.68	高度风险
56	2021年5月	阿维菌素	8	1.40	2.50	高度风险
57	2021年5月	二甲嘧酚	8	1.40	2.50	高度风险
58	2021年5月	醚菌酯	8	1.40	2.50	高度风险
59	2021年5月	苯酰菌胺	7	1.23	2.33	中度风险
60	2021年5月	氯虫苯甲酰胺	7	1.23	2.33	中度风险
61	2021年5月	双炔酰菌胺	7	1.23	2.33	中度风险
62	2021年5月	四氟醚唑	7	1.23	2.33	中度风险
63	2021年5月	溴氰虫酰胺	7	1.23	2.33	中度风险
64	2021年5月	乙嘧酚磺酸酯	6	1.05	2.15	中度风险
65	2021年5月	倍硫磷	5	0.88	1.98	中度风险
66	2021年5月	苯菌酮	5	0.88	1.98	中度风险
67	2021年5月	氟吡甲禾灵	5	0.88	1.98	中度风险
68	2021年5月	抗蚜威	5	0.88	1.98	中度风险
69	2021年5月	嘧菌环胺	5	0.88	1.98	中度风险
70	2021年5月	噻虫啉	5	0.88	1.98	中度风险
71	2021年5月	噻唑磷	5	0.88	1.98	中度风险
72	2021年5月	烯唑醇	5	0.88	1.98	中度风险
73	2021年5月	吡唑萘菌胺	4	0.70	1.80	中度风险

续表

序号	年月	农药	超标频次	超标率 P（%）	风险系数 R	风险程度
74	2021年5月	二嗪磷	4	0.70	1.80	中度风险
75	2021年5月	三唑酮	4	0.70	1.80	中度风险
76	2021年5月	苯氧威	3	0.53	1.63	中度风险
77	2021年5月	吡蚜酮	3	0.53	1.63	中度风险
78	2021年5月	四螨嗪	3	0.53	1.63	中度风险
79	2021年5月	戊菌唑	3	0.53	1.63	中度风险
80	2021年5月	莠灭净	3	0.53	1.63	中度风险
81	2021年5月	唑螨酯	3	0.53	1.63	中度风险
82	2021年6月	吡唑醚菌酯	237	35.37	36.47	高度风险
83	2021年6月	烯酰吗啉	230	34.33	35.43	高度风险
84	2021年6月	苯醚甲环唑	179	26.72	27.82	高度风险
85	2021年6月	啶虫脒	174	25.97	27.07	高度风险
86	2021年6月	噻虫嗪	153	22.84	23.94	高度风险
87	2021年6月	多菌灵	147	21.94	23.04	高度风险
88	2021年6月	霜霉威	138	20.60	21.70	高度风险
89	2021年6月	啶酰菌胺	131	19.55	20.65	高度风险
90	2021年6月	噻虫胺	112	16.72	17.82	高度风险
91	2021年6月	灭蝇胺	87	12.99	14.09	高度风险
92	2021年6月	螺螨酯	82	12.24	13.34	高度风险
93	2021年6月	氟吡菌酰胺	71	10.60	11.70	高度风险
94	2021年6月	乙螨唑	59	8.81	9.91	高度风险
95	2021年6月	吡虫啉	57	8.51	9.61	高度风险
96	2021年6月	氟唑菌酰胺	57	8.51	9.61	高度风险
97	2021年6月	哒螨灵	56	8.36	9.46	高度风险
98	2021年6月	戊唑醇	56	8.36	9.46	高度风险
99	2021年6月	嘧菌酯	55	8.21	9.31	高度风险
100	2021年6月	肟菌酯	52	7.76	8.86	高度风险
101	2021年6月	唑虫酰胺	52	7.76	8.86	高度风险
102	2021年6月	氟吡菌胺	51	7.61	8.71	高度风险
103	2021年6月	咪鲜胺	47	7.01	8.11	高度风险
104	2021年6月	多效唑	46	6.87	7.97	高度风险
105	2021年6月	甲霜灵	46	6.87	7.97	高度风险
106	2021年6月	丙环唑	42	6.27	7.37	高度风险
107	2021年6月	吡丙醚	41	6.12	7.22	高度风险

续表

序号	年月	农药	超标频次	超标率 P（%）	风险系数 R	风险程度
108	2021年6月	螺虫乙酯	40	5.97	7.07	高度风险
109	2021年6月	氟硅唑	37	5.52	6.62	高度风险
110	2021年6月	呋虫胺	36	5.37	6.47	高度风险
111	2021年6月	己唑醇	36	5.37	6.47	高度风险
112	2021年6月	氰霜唑	36	5.37	6.47	高度风险
113	2021年6月	丙溴磷	33	4.93	6.03	高度风险
114	2021年6月	嘧霉胺	31	4.63	5.73	高度风险
115	2021年6月	敌草腈	30	4.48	5.58	高度风险
116	2021年6月	腈菌唑	30	4.48	5.58	高度风险
117	2021年6月	联苯肼酯	28	4.18	5.28	高度风险
118	2021年6月	异菌脲	26	3.88	4.98	高度风险
119	2021年6月	粉唑醇	21	3.13	4.23	高度风险
120	2021年6月	茚虫威	19	2.84	3.94	高度风险
121	2021年6月	双炔酰菌胺	18	2.69	3.79	高度风险
122	2021年6月	乙氧喹啉	18	2.69	3.79	高度风险
123	2021年6月	吡蚜酮	17	2.54	3.64	高度风险
124	2021年6月	双苯基脲	17	2.54	3.64	高度风险
125	2021年6月	莠去津	16	2.39	3.49	高度风险
126	2021年6月	四氟醚唑	14	2.09	3.19	高度风险
127	2021年6月	烯啶虫胺	14	2.09	3.19	高度风险
128	2021年6月	乙嘧酚磺酸酯	14	2.09	3.19	高度风险
129	2021年6月	氟吗啉	13	1.94	3.04	高度风险
130	2021年6月	甲氧虫酰肼	13	1.94	3.04	高度风险
131	2021年6月	氯虫苯甲酰胺	13	1.94	3.04	高度风险
132	2021年6月	灭幼脲	13	1.94	3.04	高度风险
133	2021年6月	炔螨特	13	1.94	3.04	高度风险
134	2021年6月	戊菌唑	13	1.94	3.04	高度风险
135	2021年6月	氟啶虫酰胺	12	1.79	2.89	高度风险
136	2021年6月	丁醚脲	11	1.64	2.74	高度风险
137	2021年6月	噁霜灵	11	1.64	2.74	高度风险
138	2021年6月	阿维菌素	9	1.34	2.44	中度风险
139	2021年6月	三环唑	9	1.34	2.44	中度风险
140	2021年6月	乙嘧酚	9	1.34	2.44	中度风险
141	2021年6月	二甲嘧酚	8	1.19	2.29	中度风险

续表

序号	年月	农药	超标频次	超标率 P（%）	风险系数 R	风险程度
142	2021年6月	扑草净	8	1.19	2.29	中度风险
143	2021年6月	烯唑醇	8	1.19	2.29	中度风险
144	2021年6月	仲丁灵	8	1.19	2.29	中度风险
145	2021年6月	胺鲜酯	7	1.04	2.14	中度风险
146	2021年6月	嘧菌环胺	7	1.04	2.14	中度风险
147	2021年6月	噻嗪酮	7	1.04	2.14	中度风险
148	2021年6月	溴氰虫酰胺	7	1.04	2.14	中度风险
149	2021年6月	乙霉威	7	1.04	2.14	中度风险
150	2021年6月	吡唑萘菌胺	6	0.90	2.00	中度风险
151	2021年6月	腈吡螨酯	6	0.90	2.00	中度风险
152	2021年6月	三唑醇	6	0.90	2.00	中度风险
153	2021年6月	氟环唑	5	0.75	1.85	中度风险
154	2021年6月	噻虫啉	5	0.75	1.85	中度风险
155	2021年6月	噻菌灵	5	0.75	1.85	中度风险
156	2021年6月	吲唑磺菌胺	5	0.75	1.85	中度风险
157	2021年6月	矮壮素	4	0.60	1.70	中度风险
158	2021年6月	敌百虫	4	0.60	1.70	中度风险
159	2021年6月	氟嘧菌酯	4	0.60	1.70	中度风险
160	2021年6月	醚菌酯	4	0.60	1.70	中度风险
161	2021年6月	噻唑磷	4	0.60	1.70	中度风险
162	2021年6月	缬霉威	4	0.60	1.70	中度风险
163	2021年6月	倍硫磷	3	0.45	1.55	中度风险
164	2021年6月	苯氧威	3	0.45	1.55	中度风险
165	2021年6月	二甲戊灵	3	0.45	1.55	中度风险
166	2021年6月	氟啶脲	3	0.45	1.55	中度风险
167	2021年6月	甲哌	3	0.45	1.55	中度风险
168	2021年6月	抗蚜威	3	0.45	1.55	中度风险
169	2021年6月	喹禾灵	3	0.45	1.55	中度风险
170	2021年6月	马拉硫磷	3	0.45	1.55	中度风险
171	2021年6月	双甲脒	3	0.45	1.55	中度风险
172	2021年6月	莠灭净	3	0.45	1.55	中度风险
173	2021年6月	唑螨酯	3	0.45	1.55	中度风险
174	2021年7月	啶虫脒	599	36.91	38.01	高度风险
175	2021年7月	烯酰吗啉	528	32.53	33.63	高度风险

续表

序号	年月	农药	超标频次	超标率 P（%）	风险系数 R	风险程度
176	2021年7月	吡唑醚菌酯	434	26.74	27.84	高度风险
177	2021年7月	苯醚甲环唑	385	23.72	24.82	高度风险
178	2021年7月	噻虫嗪	363	22.37	23.47	高度风险
179	2021年7月	多菌灵	352	21.69	22.79	高度风险
180	2021年7月	吡虫啉	333	20.52	21.62	高度风险
181	2021年7月	噻虫胺	262	16.14	17.24	高度风险
182	2021年7月	霜霉威	248	15.28	16.38	高度风险
183	2021年7月	戊唑醇	207	12.75	13.85	高度风险
184	2021年7月	莠去津	207	12.75	13.85	高度风险
185	2021年7月	甲霜灵	195	12.01	13.11	高度风险
186	2021年7月	螺螨酯	178	10.97	12.07	高度风险
187	2021年7月	嘧菌酯	166	10.23	11.33	高度风险
188	2021年7月	螺虫乙酯	146	9.00	10.10	高度风险
189	2021年7月	咪鲜胺	142	8.75	9.85	高度风险
190	2021年7月	灭蝇胺	139	8.56	9.66	高度风险
191	2021年7月	啶酰菌胺	113	6.96	8.06	高度风险
192	2021年7月	乙螨唑	103	6.35	7.45	高度风险
193	2021年7月	氟吡菌胺	101	6.22	7.32	高度风险
194	2021年7月	哒螨灵	91	5.61	6.71	高度风险
195	2021年7月	双苯基脲	86	5.30	6.40	高度风险
196	2021年7月	异菌脲	83	5.11	6.21	高度风险
197	2021年7月	多效唑	81	4.99	6.09	高度风险
198	2021年7月	氟吡菌酰胺	81	4.99	6.09	高度风险
199	2021年7月	噁霜灵	72	4.44	5.54	高度风险
200	2021年7月	氯虫苯甲酰胺	69	4.25	5.35	高度风险
201	2021年7月	肟菌酯	69	4.25	5.35	高度风险
202	2021年7月	腈菌唑	66	4.07	5.17	高度风险
203	2021年7月	丙溴磷	63	3.88	4.98	高度风险
204	2021年7月	茚虫威	60	3.70	4.80	高度风险
205	2021年7月	丙环唑	59	3.64	4.74	高度风险
206	2021年7月	甲氧虫酰肼	58	3.57	4.67	高度风险
207	2021年7月	烯啶虫胺	57	3.51	4.61	高度风险
208	2021年7月	氟唑菌酰胺	56	3.45	4.55	高度风险
209	2021年7月	呋虫胺	53	3.27	4.37	高度风险

续表

序号	年月	农药	超标频次	超标率 P（%）	风险系数 R	风险程度
210	2021年7月	吡丙醚	52	3.20	4.30	高度风险
211	2021年7月	噻菌灵	52	3.20	4.30	高度风险
212	2021年7月	唑虫酰胺	47	2.90	4.00	高度风险
213	2021年7月	甲哌	45	2.77	3.87	高度风险
214	2021年7月	氟吗啉	42	2.59	3.69	高度风险
215	2021年7月	矮壮素	39	2.40	3.50	高度风险
216	2021年7月	三唑醇	39	2.40	3.50	高度风险
217	2021年7月	烯唑醇	37	2.28	3.38	高度风险
218	2021年7月	敌草腈	36	2.22	3.32	高度风险
219	2021年7月	嘧霉胺	35	2.16	3.26	高度风险
220	2021年7月	氟硅唑	33	2.03	3.13	高度风险
221	2021年7月	氟环唑	33	2.03	3.13	高度风险
222	2021年7月	己唑醇	31	1.91	3.01	高度风险
223	2021年7月	氰霜唑	31	1.91	3.01	高度风险
224	2021年7月	联苯肼酯	30	1.85	2.95	高度风险
225	2021年7月	炔螨特	28	1.73	2.83	高度风险
226	2021年7月	吡蚜酮	26	1.60	2.70	高度风险
227	2021年7月	乙嘧酚	25	1.54	2.64	高度风险
228	2021年7月	乙嘧酚磺酸酯	25	1.54	2.64	高度风险
229	2021年7月	丁醚脲	21	1.29	2.39	中度风险
230	2021年7月	氟啶虫酰胺	21	1.29	2.39	中度风险
231	2021年7月	三唑酮	20	1.23	2.33	中度风险
232	2021年7月	乙草胺	20	1.23	2.33	中度风险
233	2021年7月	扑草净	18	1.11	2.21	中度风险
234	2021年7月	四氟醚唑	18	1.11	2.21	中度风险
235	2021年7月	胺鲜酯	15	0.92	2.02	中度风险
236	2021年7月	烯效唑	15	0.92	2.02	中度风险
237	2021年7月	异戊烯腺嘌呤	15	0.92	2.02	中度风险
238	2021年7月	苯氯三唑醇	14	0.86	1.96	中度风险
239	2021年7月	敌百虫	14	0.86	1.96	中度风险
240	2021年7月	二甲戊灵	14	0.86	1.96	中度风险
241	2021年7月	嘧菌环胺	13	0.80	1.90	中度风险
242	2021年7月	灭幼脲	13	0.80	1.90	中度风险
243	2021年7月	粉唑醇	12	0.74	1.84	中度风险

续表

序号	年月	农药	超标频次	超标率 P（%）	风险系数 R	风险程度
244	2021年7月	噻嗪酮	12	0.74	1.84	中度风险
245	2021年7月	苯嗪草酮	10	0.62	1.72	中度风险
246	2021年7月	环氧嘧磺隆	10	0.62	1.72	中度风险
247	2021年7月	二甲嘧酚	9	0.55	1.65	中度风险
248	2021年7月	茵草敌	9	0.55	1.65	中度风险
249	2021年7月	嘧菌腙	8	0.49	1.59	中度风险
250	2021年7月	三环唑	8	0.49	1.59	中度风险
251	2021年7月	四螨嗪	8	0.49	1.59	中度风险
252	2021年7月	唑螨酯	8	0.49	1.59	中度风险
253	2021年7月	吡唑萘菌胺	7	0.43	1.53	中度风险
254	2021年7月	虫酰肼	7	0.43	1.53	中度风险
255	2021年7月	氟啶脲	7	0.43	1.53	中度风险
256	2021年7月	特丁津	7	0.43	1.53	中度风险
257	2021年7月	抑霉唑	7	0.43	1.53	中度风险
258	2021年8月	啶虫脒	258	33.90	35.00	高度风险
259	2021年8月	烯酰吗啉	220	28.91	30.01	高度风险
260	2021年8月	苯醚甲环唑	219	28.78	29.88	高度风险
261	2021年8月	吡唑醚菌酯	198	26.02	27.12	高度风险
262	2021年8月	多菌灵	188	24.70	25.80	高度风险
263	2021年8月	噻虫嗪	175	23.00	24.10	高度风险
264	2021年8月	噻虫胺	168	22.08	23.18	高度风险
265	2021年8月	吡虫啉	148	19.45	20.55	高度风险
266	2021年8月	霜霉威	134	17.61	18.71	高度风险
267	2021年8月	戊唑醇	127	16.69	17.79	高度风险
268	2021年8月	哒螨灵	96	12.61	13.71	高度风险
269	2021年8月	灭蝇胺	93	12.22	13.32	高度风险
270	2021年8月	茚虫威	76	9.99	11.09	高度风险
271	2021年8月	咪鲜胺	69	9.07	10.17	高度风险
272	2021年8月	氟吡菌胺	64	8.41	9.51	高度风险
273	2021年8月	氯虫苯甲酰胺	63	8.28	9.38	高度风险
274	2021年8月	丙环唑	47	6.18	7.28	高度风险
275	2021年8月	螺虫乙酯	46	6.04	7.14	高度风险
276	2021年8月	矮壮素	45	5.91	7.01	高度风险
277	2021年8月	呋虫胺	45	5.91	7.01	高度风险

续表

序号	年月	农药	超标频次	超标率 P（%）	风险系数 R	风险程度
278	2021年8月	甲霜灵	45	5.91	7.01	高度风险
279	2021年8月	肟菌酯	45	5.91	7.01	高度风险
280	2021年8月	嘧菌酯	44	5.78	6.88	高度风险
281	2021年8月	腈菌唑	41	5.39	6.49	高度风险
282	2021年8月	氟吡菌酰胺	37	4.86	5.96	高度风险
283	2021年8月	嘧霉胺	37	4.86	5.96	高度风险
284	2021年8月	莠去津	37	4.86	5.96	高度风险
285	2021年8月	螺螨酯	35	4.60	5.70	高度风险
286	2021年8月	啶酰菌胺	34	4.47	5.57	高度风险
287	2021年8月	多效唑	32	4.20	5.30	高度风险
288	2021年8月	乙螨唑	31	4.07	5.17	高度风险
289	2021年8月	噁霜灵	29	3.81	4.91	高度风险
290	2021年8月	己唑醇	29	3.81	4.91	高度风险
291	2021年8月	氟硅唑	27	3.55	4.65	高度风险
292	2021年8月	氰霜唑	27	3.55	4.65	高度风险
293	2021年8月	二甲戊灵	23	3.02	4.12	高度风险
294	2021年8月	氟吗啉	21	2.76	3.86	高度风险
295	2021年8月	烯啶虫胺	21	2.76	3.86	高度风险
296	2021年8月	稻瘟灵	18	2.37	3.47	高度风险
297	2021年8月	三唑醇	18	2.37	3.47	高度风险
298	2021年8月	灭幼脲	17	2.23	3.33	高度风险
299	2021年8月	抑霉唑	17	2.23	3.33	高度风险
300	2021年8月	丙溴磷	15	1.97	3.07	高度风险
301	2021年8月	醚菌酯	15	1.97	3.07	高度风险
302	2021年8月	氟唑菌酰胺	14	1.84	2.94	高度风险
303	2021年8月	炔螨特	14	1.84	2.94	高度风险
304	2021年8月	甲氧虫酰肼	13	1.71	2.81	高度风险
305	2021年8月	吡丙醚	12	1.58	2.68	高度风险
306	2021年8月	敌草腈	12	1.58	2.68	高度风险
307	2021年8月	噻菌灵	12	1.58	2.68	高度风险
308	2021年8月	嘧菌环胺	11	1.45	2.55	高度风险
309	2021年8月	扑草净	11	1.45	2.55	高度风险
310	2021年8月	四氟醚唑	11	1.45	2.55	高度风险
311	2021年8月	调环酸	9	1.18	2.28	中度风险

续表

序号	年月	农药	超标频次	超标率 P（%）	风险系数 R	风险程度
312	2021年8月	噻嗪酮	9	1.18	2.28	中度风险
313	2021年8月	三唑酮	9	1.18	2.28	中度风险
314	2021年8月	异菌脲	9	1.18	2.28	中度风险
315	2021年8月	氟啶虫酰胺	8	1.05	2.15	中度风险
316	2021年8月	联苯肼酯	8	1.05	2.15	中度风险
317	2021年8月	吡蚜酮	7	0.92	2.02	中度风险
318	2021年8月	唑虫酰胺	7	0.92	2.02	中度风险
319	2021年8月	阿维菌素	6	0.79	1.89	中度风险
320	2021年8月	啶氧菌酯	6	0.79	1.89	中度风险
321	2021年8月	双甲脒	6	0.79	1.89	中度风险
322	2021年8月	异戊烯腺嘌呤	6	0.79	1.89	中度风险
323	2021年8月	仲丁灵	6	0.79	1.89	中度风险
324	2021年8月	苯菌酮	5	0.66	1.76	中度风险
325	2021年8月	氟环唑	5	0.66	1.76	中度风险
326	2021年8月	氟噻唑吡乙酮	5	0.66	1.76	中度风险
327	2021年8月	甲哌	5	0.66	1.76	中度风险
328	2021年8月	辛硫磷	5	0.66	1.76	中度风险
329	2021年8月	乙嘧酚	5	0.66	1.76	中度风险
330	2021年8月	氟吡禾灵	4	0.53	1.63	中度风险
331	2021年8月	唑菌酯	4	0.53	1.63	中度风险
332	2021年9月	烯酰吗啉	147	38.58	39.68	高度风险
333	2021年9月	啶虫脒	129	33.86	34.96	高度风险
334	2021年9月	吡唑醚菌酯	117	30.71	31.81	高度风险
335	2021年9月	苯醚甲环唑	115	30.18	31.28	高度风险
336	2021年9月	噻虫胺	102	26.77	27.87	高度风险
337	2021年9月	噻虫嗪	99	25.98	27.08	高度风险
338	2021年9月	多菌灵	95	24.93	26.03	高度风险
339	2021年9月	霜霉威	78	20.47	21.57	高度风险
340	2021年9月	戊唑醇	70	18.37	19.47	高度风险
341	2021年9月	吡虫啉	68	17.85	18.95	高度风险
342	2021年9月	哒螨灵	44	11.55	12.65	高度风险
343	2021年9月	灭蝇胺	40	10.50	11.60	高度风险
344	2021年9月	咪鲜胺	37	9.71	10.81	高度风险
345	2021年9月	甲霜灵	35	9.19	10.29	高度风险

续表

序号	年月	农药	超标频次	超标率 P（%）	风险系数 R	风险程度
346	2021年9月	呋虫胺	33	8.66	9.76	高度风险
347	2021年9月	嘧菌酯	29	7.61	8.71	高度风险
348	2021年9月	茚虫威	28	7.35	8.45	高度风险
349	2021年9月	氟吡菌胺	26	6.82	7.92	高度风险
350	2021年9月	矮壮素	25	6.56	7.66	高度风险
351	2021年9月	氯虫苯甲酰胺	24	6.30	7.40	高度风险
352	2021年9月	嘧霉胺	24	6.30	7.40	高度风险
353	2021年9月	啶酰菌胺	23	6.04	7.14	高度风险
354	2021年9月	螺虫乙酯	23	6.04	7.14	高度风险
355	2021年9月	肟菌酯	22	5.77	6.87	高度风险
356	2021年9月	氟吡菌酰胺	20	5.25	6.35	高度风险
357	2021年9月	氰霜唑	20	5.25	6.35	高度风险
358	2021年9月	腈菌唑	19	4.99	6.09	高度风险
359	2021年9月	乙螨唑	19	4.99	6.09	高度风险
360	2021年9月	丙环唑	18	4.72	5.82	高度风险
361	2021年9月	螺螨酯	18	4.72	5.82	高度风险
362	2021年9月	己唑醇	15	3.94	5.04	高度风险
363	2021年9月	氟硅唑	12	3.15	4.25	高度风险
364	2021年9月	稻瘟灵	11	2.89	3.99	高度风险
365	2021年9月	多效唑	11	2.89	3.99	高度风险
366	2021年9月	烯啶虫胺	11	2.89	3.99	高度风险
367	2021年9月	抑霉唑	10	2.62	3.72	高度风险
368	2021年9月	噁霜灵	9	2.36	3.46	高度风险
369	2021年9月	二甲戊灵	9	2.36	3.46	高度风险
370	2021年9月	炔螨特	9	2.36	3.46	高度风险
371	2021年9月	三唑醇	9	2.36	3.46	高度风险
372	2021年9月	灭幼脲	8	2.10	3.20	高度风险
373	2021年9月	调环酸	7	1.84	2.94	高度风险
374	2021年9月	氟吗啉	7	1.84	2.94	高度风险
375	2021年9月	氟噻唑吡乙酮	7	1.84	2.94	高度风险
376	2021年9月	氟唑菌酰胺	7	1.84	2.94	高度风险
377	2021年9月	甲氧虫酰肼	7	1.84	2.94	高度风险
378	2021年9月	二嗪磷	6	1.57	2.67	高度风险
379	2021年9月	氟环唑	6	1.57	2.67	高度风险

续表

序号	年月	农药	超标频次	超标率 P（%）	风险系数 R	风险程度
380	2021年9月	腈苯唑	6	1.57	2.67	高度风险
381	2021年9月	噻菌灵	6	1.57	2.67	高度风险
382	2021年9月	三唑酮	6	1.57	2.67	高度风险
383	2021年9月	异菌脲	6	1.57	2.67	高度风险
384	2021年9月	吡丙醚	5	1.31	2.41	中度风险
385	2021年9月	甲哌	5	1.31	2.41	中度风险
386	2021年9月	四氟醚唑	5	1.31	2.41	中度风险
387	2021年9月	唑虫酰胺	5	1.31	2.41	中度风险
388	2021年9月	丙溴磷	4	1.05	2.15	中度风险
389	2021年9月	醚菌酯	4	1.05	2.15	中度风险
390	2021年9月	嘧菌环胺	4	1.05	2.15	中度风险
391	2021年9月	扑草净	4	1.05	2.15	中度风险
392	2021年9月	噻呋酰胺	4	1.05	2.15	中度风险
393	2021年9月	烯唑醇	4	1.05	2.15	中度风险
394	2021年9月	莠去津	4	1.05	2.15	中度风险
395	2021年9月	仲丁灵	4	1.05	2.15	中度风险
396	2021年9月	仲丁威	4	1.05	2.15	中度风险
397	2021年9月	吡蚜酮	3	0.79	1.89	中度风险
398	2021年9月	氟啶虫酰胺	3	0.79	1.89	中度风险
399	2021年9月	苦参碱	3	0.79	1.89	中度风险
400	2021年9月	噻虫啉	3	0.79	1.89	中度风险
401	2021年9月	烯肟菌胺	3	0.79	1.89	中度风险
402	2021年9月	辛硫磷	3	0.79	1.89	中度风险
403	2021年9月	乙嘧酚	3	0.79	1.89	中度风险
404	2021年9月	敌百虫	2	0.52	1.62	中度风险
405	2021年9月	敌草腈	2	0.52	1.62	中度风险
406	2021年9月	粉唑醇	2	0.52	1.62	中度风险
407	2021年9月	氟啶脲	2	0.52	1.62	中度风险
408	2021年9月	噻嗪酮	2	0.52	1.62	中度风险
409	2021年9月	杀线威	2	0.52	1.62	中度风险
410	2021年9月	缢霉威	2	0.52	1.62	中度风险
411	2021年9月	乙霉威	2	0.52	1.62	中度风险
412	2021年9月	乙嘧酚磺酸酯	2	0.52	1.62	中度风险
413	2021年9月	莠灭净	2	0.52	1.62	中度风险

续表

序号	年月	农药	超标频次	超标率 P（%）	风险系数 R	风险程度
414	2021年9月	增效醚	2	0.52	1.62	中度风险
415	2021年9月	唑嘧菌胺	2	0.52	1.62	中度风险

2.4 农药残留风险评估结论与建议

农药残留是影响水果蔬菜安全和质量的主要因素，也是我国食品安全领域备受关注的敏感话题和亟待解决的重大问题之一。各种水果蔬菜均存在不同程度的农药残留现象，本研究主要针对西北五省区各类水果蔬菜存在的农药残留问题，基于2021年5月至2021年9月期间对西北五省区4000例水果蔬菜样品中农药残留侦测得出的19524个侦测结果，分别采用食品安全指数模型和风险系数模型，开展水果蔬菜中农药残留的膳食暴露风险和预警风险评估。水果蔬菜样品取自超市和农贸市场，符合大众的膳食来源，风险评价时更具有代表性和可信度。

本研究力求通用简单地反映食品安全中的主要问题，且为管理部门和大众容易接受，为政府及相关管理机构建立科学的食品安全信息发布和预警体系提供科学的规律与方法，加强对农药残留的预警和食品安全重大事件的预防，控制食品风险。

2.4.1 西北五省区水果蔬菜中农药残留膳食暴露风险评价结论

1）水果蔬菜样品中农药残留安全状态评价结论

采用食品安全指数模型，对2021年5月至2021年9月期间西北五省区水果蔬菜食品农药残留膳食暴露风险进行评价，根据IFS_c的计算结果发现，水果蔬菜中农药的IFS为0.0566，说明西北五省区水果蔬菜总体处于很好的安全状态，但部分禁用农药、高残留农药在蔬菜、水果中仍有侦测出，导致膳食暴露风险的存在，成为不安全因素。

2）单种水果蔬菜中农药膳食暴露风险不可接受情况评价结论

单种水果蔬菜中农药残留安全指数分析结果显示，农药对单种水果蔬菜安全影响不可接受（$IFS_c>1$）的样本数共4个，占总样本数的0.11%，样本为菜豆中的乙硫磷，小白菜中的氯虫苯甲酰胺、扑草净和氧乐果，说明菜豆中的乙硫磷，小白菜中的氯虫苯甲酰胺、扑草净和氧乐果会对消费者身体健康造成较大的膳食暴露风险。菜豆和小白菜均为较常见的水果蔬菜，百姓日常食用量较大，长期食用大量残留乙硫磷的菜豆或大量残留氯虫苯甲酰胺、扑草净和氧乐果的小白菜会对人体造成不可接受的影响，氧乐果更是禁用农药，这些农药的检出是未严格实施农业良好管理规范（GAP），抑或是农药滥用，这应该引起相关管理部门的警惕，应加强对菜豆中乙硫磷，小白菜中氯虫苯甲酰胺、扑草净和氧乐果的严格管控。

2.4.2 西北五省区水果蔬菜中农药残留预警风险评价结论

1）单种水果蔬菜中禁用农药残留的预警风险评价结论

本次侦测过程中，在19种水果蔬菜中侦测出15种禁用农药，禁用农药为苯线磷、丁酰肼、毒死蜱、甲胺磷、甲拌磷、甲基硫环磷、甲基异柳磷、克百威、硫线磷、氯唑磷、三唑磷、水胺硫磷、氧乐果、乙酰甲胺磷、治螟磷，涉及水果蔬菜为菠菜、菜豆、草莓、大白菜、番茄、豇豆、结球甘蓝、韭菜、辣椒、梨、苹果、葡萄、茄子、芹菜、蒜薹、桃、小白菜、小油菜、油麦菜，水果蔬菜中禁用农药的风险系数分析结果显示，15种禁用农药在19种水果蔬菜中的残留11.27%处于高度风险、25.35%处于中度风险，说明在单种水果蔬菜中禁用农药的残留会导致较高的预警风险。

2）单种水果蔬菜中非禁用农药残留的预警风险评价结论

本次侦测过程中，在20种水果蔬菜侦测出201种残留非禁用农药，涉及3671个样本，19161检出频次。以MRL中国国家标准为标准，计算水果蔬菜中非禁用农药风险系数，0.05%处于中度风险，63.84%处于低度风险，37.40%的数据没有MRL中国国家标准值，无法判断其风险程度；以MRL欧盟标准为标准，计算水果蔬菜中非禁用农药风险系数，发现有0.18%处于高度风险，0.63%处于中度风险，74.68%处于低度风险，1.68%的数据没有MRL欧盟标准值，无法判断其风险程度。基于两种MRL标准，评价的结果差异显著，可以看出MRL欧盟标准比中国国家标准更加严格和完善，过于宽松的MRL中国国家标准值能否有效保障人体的健康有待研究。

2.4.3 加强西北五省区水果蔬菜食品安全建议

我国食品安全风险评价体系仍不够健全，相关制度不够完善，多年来，由于农药用药次数多、用药量大或用药间隔时间短，产品残留量大，农药残留所造成的食品安全问题日益严峻，给人体健康带来了直接或间接的危害。据估计，美国与农药有关的癌症患者数约占全国癌症患者总数的50%，中国更高。同样，农药对其他生物也会形成直接杀伤和慢性危害，植物中的农药可经过食物链逐级传递并不断蓄积，对人和动物构成潜在威胁，并影响生态系统。

基于本次农药残留侦测数据的风险评价结果，提出以下几点建议：

1）加快食品安全标准制定步伐

我国食品标准中对农药每日允许最大摄入量ADI的数据严重缺乏，在本次西北五省区水果蔬菜农药现有评价所涉及的216种农药中，仅有80.6%的农药具有ADI值，而19.4%的农药中国尚未规定相应的ADI值，亟待完善。

我国食品中农药最大残留限量值的规定严重缺乏，对评估涉及的不同水果蔬菜中不同农药1310个MRL限值进行统计来看，我国仅制定出618个标准，标准整率仅为47.2%，欧盟的完整率达到100%（表2-15）。因此，中国更应加快MRL的制定步伐。

表2-15 我国国家食品标准农药的ADI、MRL值与欧盟标准的数量差异

分类		中国ADI	MRL中国国家标准	MRL欧盟标准
标准限值（个）	有	174	618	1310
	无	42	692	0
总数（个）		216	1310	1310
无标准限值比例（%）		19.4	52.8	0.0

此外，MRL 中国国家标准限值普遍高于欧盟标准限值，这些标准中共有 398 个高于欧盟。过高的 MRL 值难以保障人体健康，建议继续加强对限值基准和标准的科学研究，将农产品中的危险性减少到尽可能低的水平。

2）加强农药的源头控制和分类监管

在西北五省区某些水果蔬菜中仍有禁用农药残留，利用 LC-Q-TOF/MS 侦测出 15 种禁用农药，检出频次为 363 次，残留禁用农药均存在较大的膳食暴露风险和预警风险。早已列入黑名单的禁用农药在我国并未真正退出，有些药物由于价格便宜、工艺简单，此类高毒农药一直生产和使用。建议在我国采取严格有效的控制措施，从源头控制禁用农药。

对于非禁用农药，在我国作为"田间地头"最典型单位的县级蔬果产地中，农药残留的侦测几乎缺失。建议根据农药的毒性，对高毒、剧毒、中毒农药实现分类管理，减少使用高毒和剧毒高残留农药，进行分类监管。

3）加强残留农药的生物修复及降解新技术

市售果蔬中残留农药的品种多、频次高、禁用农药多次检出这一现状，说明了我国的田间土壤和水体因农药长期、频繁、不合理的使用而遭到严重污染。为此，建议中国相关部门出台相关政策，鼓励高校及科研院所积极开展分子生物学、酶学等研究，加强土壤、水体中残留农药的生物修复及降解新技术研究，切实加大农药监管力度，以控制农药的面源污染问题。

综上所述，在本工作基础上，根据蔬菜残留危害，可进一步针对其成因提出和采取严格管理、大力推广无公害蔬菜种植与生产、健全食品安全控制技术体系、加强蔬菜食品质量侦测体系建设和积极推行蔬菜食品质量追溯制度等相应对策。建立和完善食品安全综合评价指数与风险监测预警系统，对食品安全进行实时、全面的监控与分析，为我国的食品安全科学监管与决策提供新的技术支持，可实现各类检验数据的信息化系统管理，降低食品安全事故的发生。

第3章 GC-Q-TOF/MS 侦测西北五省区市售水果蔬菜农药残留报告

从西北五省区随机采集了4000例水果蔬菜样品,使用气相色谱-飞行时间质谱(GC-Q-TOF/MS),进行了691种农药化学污染物的全面侦测。

3.1 样品概况

为了真实反映百姓餐桌上水果蔬菜中农药残留污染状况,本次所有检测样品均由检验人员于2021年5月至9月期间,从西北五省区16个城市的668个采样点,包括71个农贸市场、60个电商平台、36个公司、390个个体商户、72个超市和39个餐饮酒店,以随机购买方式采集,总计746批4000例样品,从中检出农药221种,19566频次。样品信息及西北五省区分布情况见表3-1。

表3-1 采样信息简表

采样地区	西北五省区16个城市
采样点	668
水果样品种数	5
蔬菜样品种数	15
样品总数	4000

3.1.1 样品种类和数量

本次侦测所采集的4000例样品涵盖水果和蔬菜2个大类,其中水果5种1000例,蔬菜15种3000例。样品种类及数量明细详见表3-2。

表3-2 样品分类及数量

样品分类	样品名称(数量)	数量小计
1. 水果		1000
1)核果类水果	桃(200)	200
2)浆果和其他小型水果	葡萄(200),草莓(200)	400
3)仁果类水果	苹果(200),梨(200)	400
2. 蔬菜		3000
1)豆类蔬菜	豇豆(200),菜豆(200)	400

续表

样品分类	样品名称（数量）	数量小计
2）叶菜类蔬菜	小白菜（200），油麦菜（200），芹菜（200），大白菜（200），小油菜（200），菠菜（200）	1200
3）鳞茎类蔬菜	蒜薹（200），韭菜（200）	400
4）芸薹属类蔬菜	结球甘蓝（200）	200
5）茄果类蔬菜	辣椒（200），番茄（200），茄子（200）	600
6）瓜类蔬菜	黄瓜（200）	200
合计	1. 水果 5 种 2. 蔬菜 15 种	4000

3.1.2 采样点数量与分布

本次侦测的 668 个采样点分布于西北 5 个省级行政区的 16 个城市，包括 5 个省会城市，11 个果蔬主产区城市。各地采样点数量分布情况见表 3-3。

表 3-3 西北五省区采样点数量

城市编号	省级	地级	采样点个数
农贸市场（71）			
1	甘肃省	武威市	8
2	甘肃省	兰州市	27
3	陕西省	西安市	6
4	陕西省	铜川市	5
5	宁夏回族自治区	银川市	1
6	青海省	黄南藏族自治州	5
7	宁夏回族自治区	石嘴山市	3
8	陕西省	渭南市	1
9	青海省	西宁市	10
10	甘肃省	定西市	3
11	青海省	海北藏族自治州	2
总计			71
电商平台（60）			
1	甘肃省	兰州市	20
2	陕西省	西安市	30
3	新疆维吾尔自治区	乌鲁木齐市	10
总计			60

续表

城市编号	省级	地级	采样点个数
公司（36）			
1	甘肃省	兰州市	36
总计			36
个体商户（390）			
1	宁夏回族自治区	固原市	10
2	甘肃省	武威市	7
3	甘肃省	兰州市	262
4	陕西省	西安市	4
5	陕西省	铜川市	5
6	青海省	黄南藏族自治州	5
7	新疆维吾尔自治区	乌鲁木齐市	5
8	宁夏回族自治区	银川市	4
9	陕西省	渭南市	7
10	宁夏回族自治区	石嘴山市	3
11	甘肃省	白银市	51
12	甘肃省	定西市	1
13	甘肃省	张掖市	13
14	青海省	海北藏族自治州	8
15	新疆维吾尔自治区	哈密地区	5
总计			390
超市（72）			
1	宁夏回族自治区	固原市	3
2	甘肃省	兰州市	43
3	宁夏回族自治区	银川市	10
4	宁夏回族自治区	石嘴山市	6
5	陕西省	渭南市	2
6	甘肃省	白银市	2
7	甘肃省	定西市	6
总计			72
餐饮酒店（39）			
1	甘肃省	兰州市	39
总计			39

3.2 样品中农药残留检出情况

3.2.1 农药残留监测总体概况

这次使用的检测方法是庞国芳院士团队最新研发的不需使用标准品对照,而以高分辨精确质量数(0.0001 m/z)为基准的GC-Q-TOF/MS检测技术,对于4000例样品,每例样品均侦测了691种农药化学污染物的残留现状。通过本次侦测,在4000例样品中共计检出农药化学污染物221种,检出19566频次。

3.2.1.1 16个城市样品检出情况

统计分析发现,16个采样城市中被测样品的农药检出率范围为81.6%～98.9%,均超过了80.0%。哈密地区的检出率最高,为98.9%。武威市的检出率最低,为81.6%。详细结果见图3-1。

3.2.1.2 检出农药品种总数与频次

统计分析发现,对于4000例样品中691种农药化学污染物的侦测,共检出农药19566频次,涉及农药221种,结果如图3-2所示。其中烯酰吗啉检出频次最高,共检出1179次,检出频次排名前10的农药如下:①烯酰吗啉(1179),②氯氟氰菊酯(1138),③乙氧喹啉(1109),④腐霉利(1065),⑤虫螨腈(1008),⑥二苯胺(785),⑦毒死蜱(672),⑧苯醚甲环唑(663),⑨异菌脲(654),⑩戊唑醇(645)。

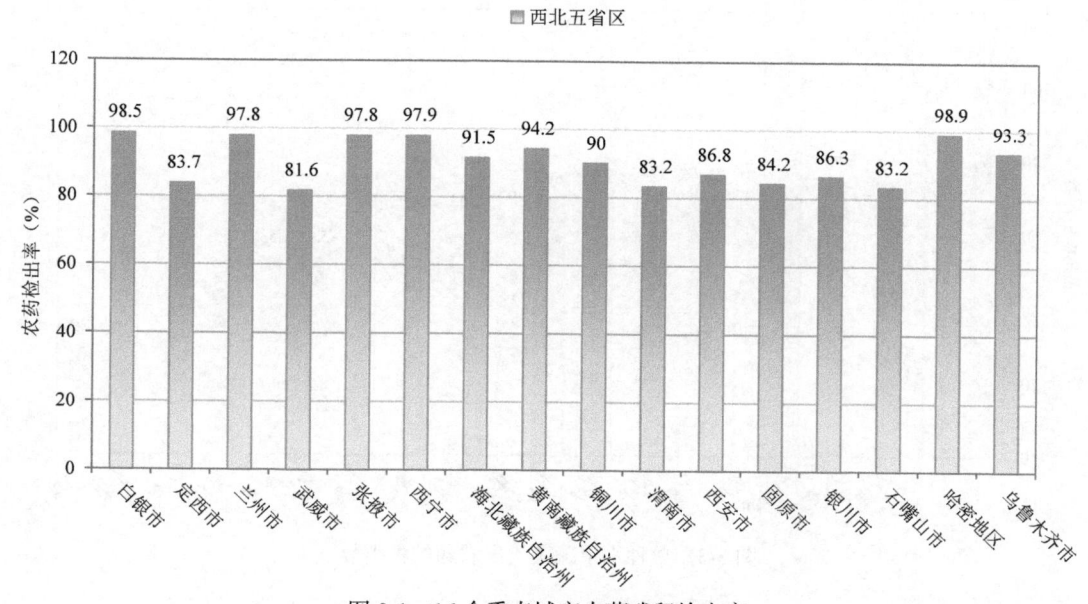

图3-1 16个重点城市农药残留检出率

由图 3-3 可见，芹菜、豇豆、辣椒、油麦菜、小油菜、黄瓜、葡萄、茄子、菜豆、小白菜、桃、菠菜和番茄这 13 种果蔬样品中检出的农药品种数较高，均超过 60 种，其中，芹菜检出农药品种最多，为 103 种。

由图 3-4 可见，油麦菜、葡萄、蒜薹、芹菜、桃、豇豆、小油菜和黄瓜这 8 种果蔬样品中农药检出频次均超过 1000 次，其中，油麦菜检出农药频次最高，为 1757 次。

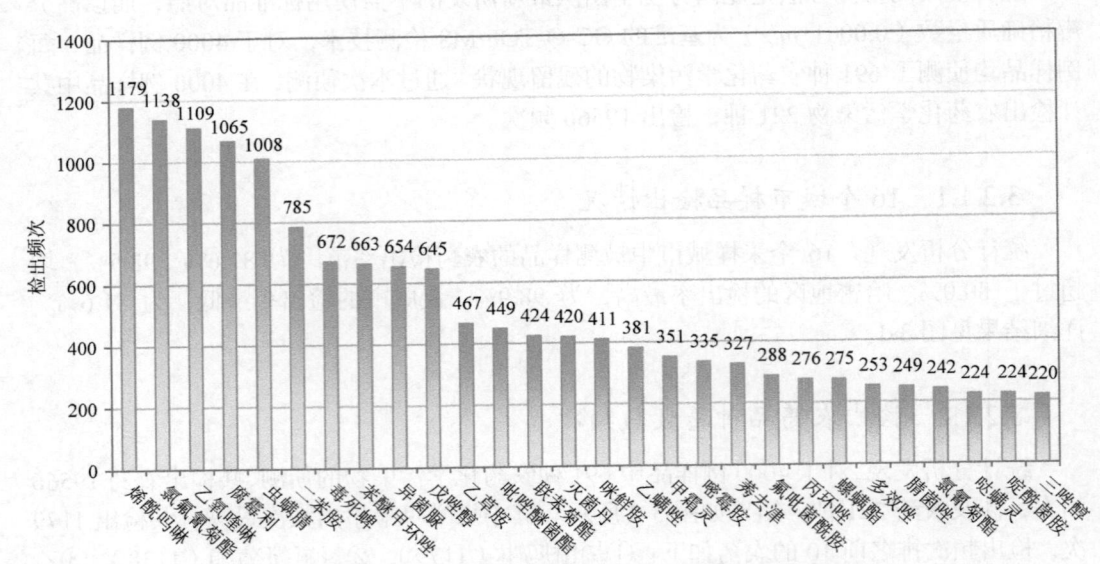

图 3-2　检出农药 221 种 19566 频次（仅列频次最高的 28 种农药）

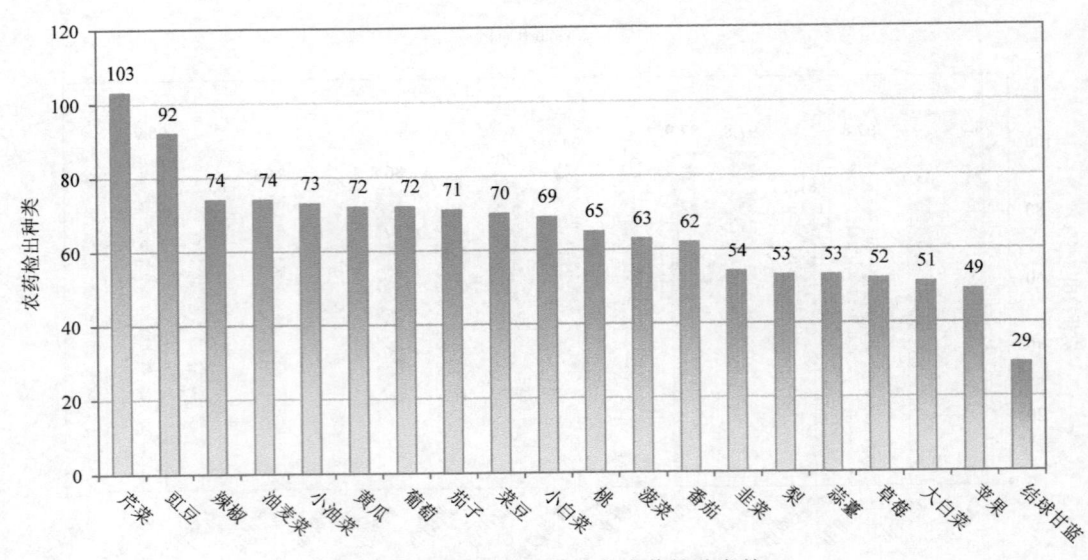

图 3-3　单种水果蔬菜检出农药的种类数

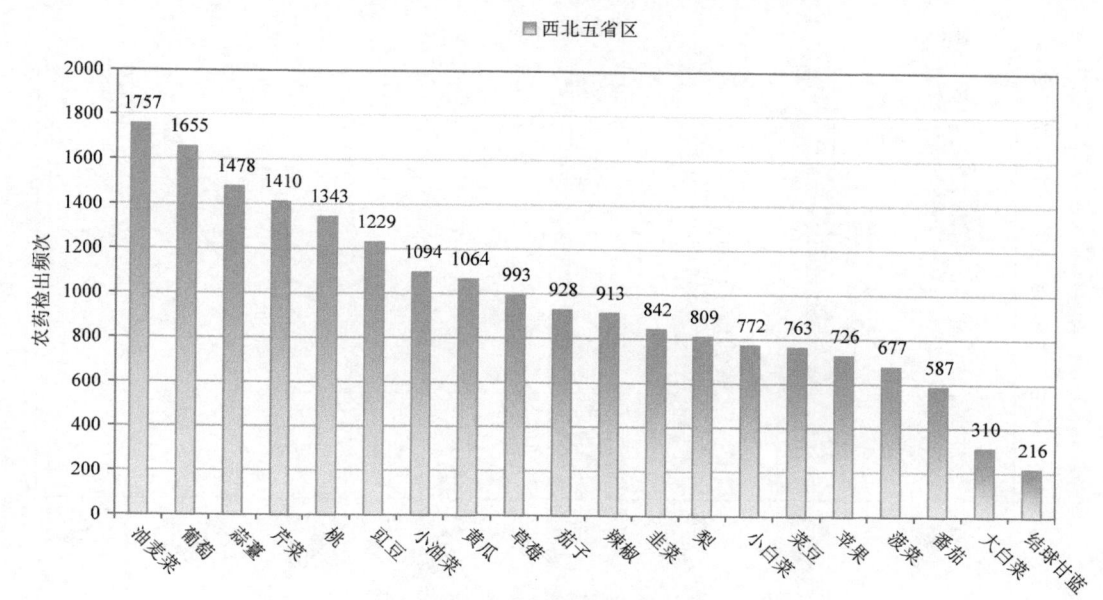

图 3-4 单种水果蔬菜检出农药频次

3.2.1.3 单例样品农药检出种类与占比

对单例样品检出农药种类和频次进行统计发现，未检出农药的样品占总样品数的 7.7%，检出 1 种农药的样品占总样品数的 11.9%，检出 2～5 种农药的样品占总样品数的 45.5%，检出 6～10 种农药的样品占总样品数的 25.7%，检出大于 10 种农药的样品占总样品数的 9.3%。每例样品中平均检出农药为 4.9 种，数据见图 3-5。

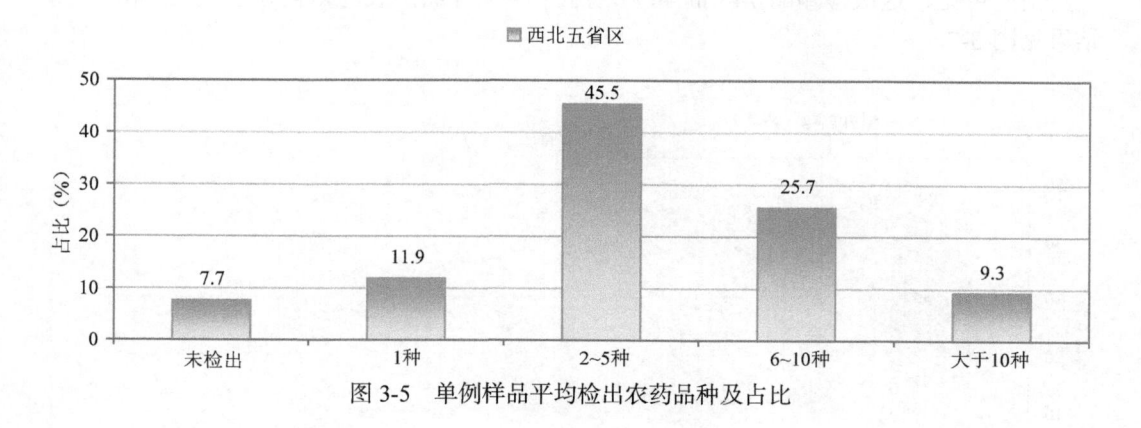

图 3-5 单例样品平均检出农药品种及占比

3.2.1.4 检出农药类别与占比

所有检出农药按功能分类，包括杀菌剂、杀虫剂、除草剂、杀螨剂、植物生长调节剂、杀线虫剂、增效剂和其他共 8 类。其中杀菌剂与杀虫剂为主要检出的农药类别，分别占总数的 36.2% 和 31.2%，见图 3-6。

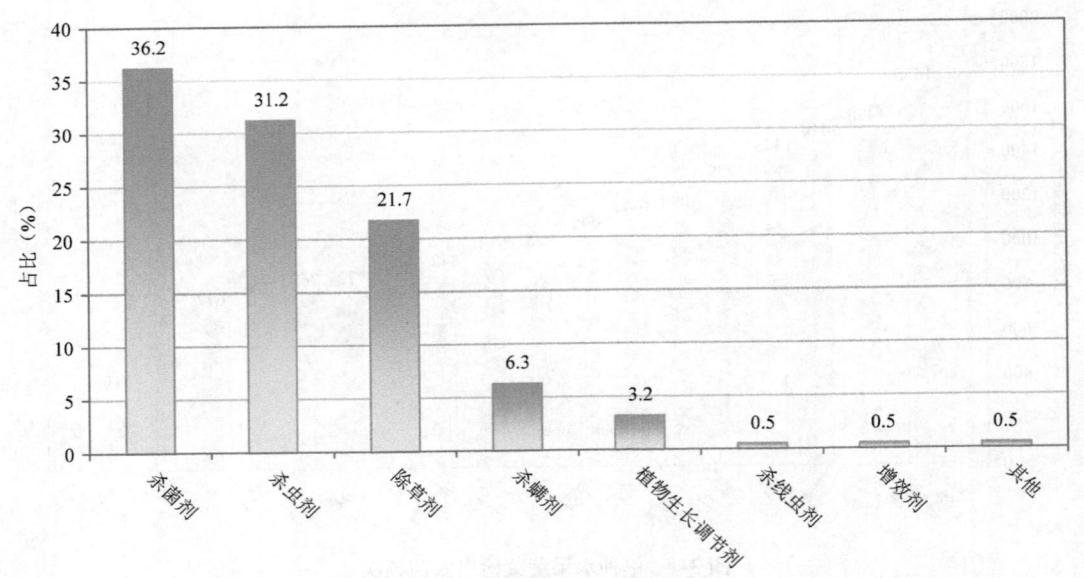

图 3-6 检出 221 种农药所属类别和占比

3.2.1.5 检出农药的残留水平

按检出农药残留水平进行统计，残留水平在 1～5 μg/kg（含）的农药占总数的 46.9%，在 5～10 μg/kg（含）的农药占总数的 12.4%，在 10～100 μg/kg（含）的农药占总数的 28.5%，在 100～1000 μg/kg（含）的农药占总数的 10.8%，在>1000 μg/kg 的农药占总数的 1.4%。

由此可见，这次检测的 746 批 4000 例水果蔬菜样品中农药多数处于较低残留水平。结果见图 3-7。

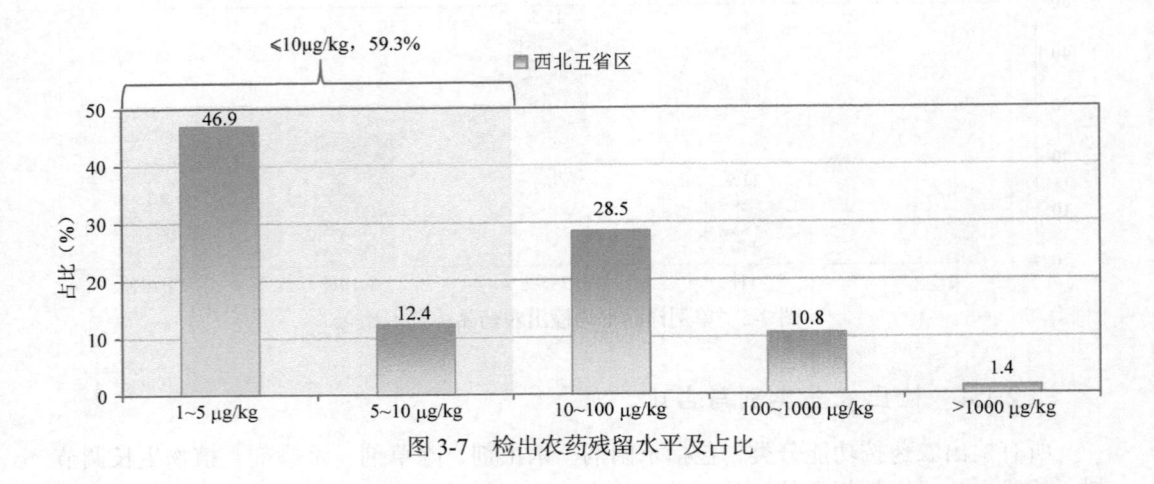

图 3-7 检出农药残留水平及占比

3.2.1.6 检出农药的毒性类别、检出频次和超标频次及占比

对这次检出的 221 种 19566 频次的农药，按剧毒、高毒、中毒、低毒和微毒这五个

毒性类别进行分类，从中可以看出，西北五省区目前普遍使用的农药为中低微毒农药，品种占 90.5%，频次占 98.8%。结果见图 3-8。

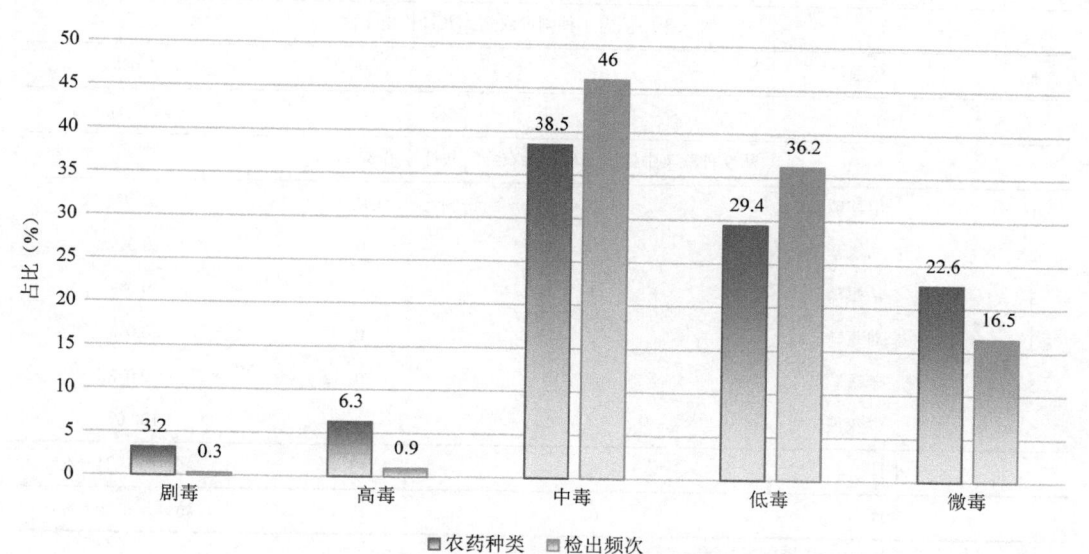

图 3-8 检出农药的毒性分类和占比

3.2.1.7 检出剧毒/高毒类农药的品种和频次

值得特别关注的是，在此次侦测的 4000 例样品中有 15 种蔬菜 5 种水果的 224 例样品检出了 21 种 232 频次的剧毒和高毒农药，占样品总量的 5.6%，详见图 3-9、表 3-4 及表 3-5。

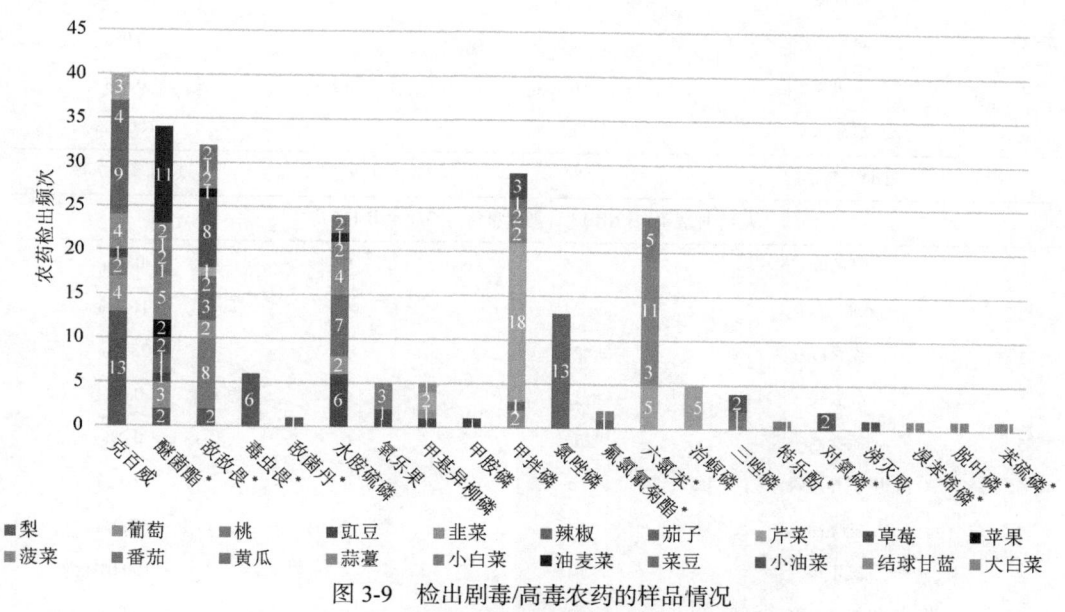

图 3-9 检出剧毒/高毒农药的样品情况
*表示允许在水果和蔬菜上使用的农药

表 3-4　水果和蔬菜中检出剧毒农药的情况

序号	农药名称	检出频次	超标频次	超标率
从 1 种水果中检出 1 种剧毒农药，共计检出 1 次					
1	敌菌丹*	1	0	0.0%
	小计	1	0	超标率：0.0%
从 9 种蔬菜中检出 6 种剧毒农药，共计检出 62 次					
1	甲拌磷*	29	12	41.4%
2	六氯苯*	24	0	0.0%
3	治螟磷*	5	0	0.0%
4	对氧磷*	2	0	0.0%
5	苯硫膦*	1	0	0.0%
6	涕灭威*	1	1	100.0%
	小计	62	13	超标率：21.0%
	合计	63	13	超标率：20.6%

注：超标结果参考 MRL 中国国家标准
　　*表示剧毒农药

表 3-5　高毒农药检出情况

序号	农药名称	检出频次	超标频次	超标率
从 5 种水果中检出 5 种高毒农药，共计检出 54 次					
1	敌敌畏	19	1	5.3%
2	克百威	19	2	10.5%
3	醚菌酯	9	0	0.0%
4	毒虫畏	6	0	0.0%
5	氧乐果	1	1	100.0%
	小计	54	4	超标率：7.4%
从 15 种蔬菜中检出 13 种高毒农药，共计检出 115 次					
1	醚菌酯	25	0	0.0%
2	水胺硫磷	24	4	16.7%
3	克百威	21	5	23.8%
4	敌敌畏	13	0	0.0%
5	氯唑磷	13	0	0.0%
6	甲基异柳磷	5	3	60.0%
7	三唑磷	4	3	75.0%
8	氧乐果	4	4	100.0%
9	氟氯氰菊酯	2	0	0.0%

续表

序号	农药名称	检出频次	超标频次	超标率
10	甲胺磷	1	0	0.0%
11	特乐酚	1	0	0.0%
12	脱叶磷	1	0	0.0%
13	溴苯烯磷	1	0	0.0%
	小计	115	19	超标率：16.5%
	合计	169	23	超标率：13.6%

注：超标结果参考 MRL 中国国家标准

在检出的剧毒和高毒农药中，有 10 种是我国早已禁止在果树和蔬菜上使用的，分别是：克百威、甲拌磷、甲基异柳磷、治螟磷、三唑磷、氯唑磷、甲胺磷、氧乐果、水胺硫磷和涕灭威。

禁用农药的检出情况见表 3-6。

表 3-6 禁用农药检出情况

序号	农药名称	检出频次	超标频次	超标率
从 5 种水果中检出 6 种禁用农药，共计检出 370 次				
1	毒死蜱	338	0	0.0%
2	克百威	19	2	10.5%
3	氰戊菊酯	7	0	0.0%
4	硫丹	4	0	0.0%
5	氟虫腈	1	0	0.0%
6	氧乐果	1	1	100.0%
	小计	370	3	超标率：0.8%
从 15 种蔬菜中检出 20 种禁用农药，共计检出 578 次				
1	毒死蜱	334	45	13.5%
2	氟虫腈	43	10	23.3%
3	甲拌磷*	29	12	41.4%
4	水胺硫磷	24	4	16.7%
5	滴滴涕	21	0	0.0%
6	克百威	21	5	23.8%
7	硫丹	21	1	4.8%
8	六六六	20	0	0.0%
9	氰戊菊酯	16	0	0.0%
10	氯唑磷	13	0	0.0%

续表

序号	农药名称	检出频次	超标频次	超标率
11	林丹	10	0	0.0%
12	甲基异柳磷	5	3	60.0%
13	治螟磷*	5	0	0.0%
14	三唑磷	4	3	75.0%
15	杀虫脒	4	4	100.0%
16	氧乐果	4	4	100.0%
17	甲胺磷	1	0	0.0%
18	三氯杀螨醇	1	1	100.0%
19	涕灭威*	1	1	100.0%
20	乙酰甲胺磷	1	1	100.0%
	小计	578	94	超标率:16.3%
	合计	948	97	超标率:10.2%

注：*表示剧毒农药，超标结果参考 MRL 中国国家标准计算

此次抽检的果蔬样品中，有 1 种水果 9 种蔬菜检出了剧毒农药，分别是：梨中检出敌菌丹 1 次；白菜中检出苯硫膦 1 次；小油菜中检出涕灭威 1 次，检出对氧磷 2 次，检出甲拌磷 3 次；小白菜中检出甲拌磷 2 次，检出六氯苯 5 次；芹菜中检出六氯苯 5 次，检出治螟磷 5 次，检出甲拌磷 18 次；菜豆中检出甲拌磷 1 次；菠菜中检出甲拌磷 2 次，检出六氯苯 3 次；蒜薹中检出六氯苯 11 次；辣椒中检出甲拌磷 1 次；韭菜中检出甲拌磷 2 次。

样品中检出剧毒和高毒农药残留水平超过 MRL 中国国家标准的频次为 36 次，其中：桃检出敌敌畏超标 1 次，检出克百威超标 1 次；梨检出克百威超标 1 次；草莓检出氧乐果超标 1 次；小油菜检出三唑磷超标 2 次，检出甲拌磷超标 2 次，检出涕灭威超标 1 次；小白菜检出氧乐果超标 3 次；芹菜检出克百威超标 2 次，检出甲基异柳磷超标 2 次，检出甲拌磷超标 6 次；菜豆检出水胺硫磷超标 1 次，检出三唑磷超标 1 次，检出甲拌磷超标 1 次；菠菜检出甲拌磷超标 2 次；豇豆检出水胺硫磷超标 3 次，检出克百威超标 1 次，检出氧乐果超标 1 次；辣椒检出甲拌磷超标 1 次；韭菜检出克百威超标 2 次，检出甲基异柳磷超标 1 次。本次检出结果表明，高毒、剧毒农药的使用现象依旧存在。详见表 3-7。

表 3-7　各样本中检出剧毒/高毒农药情况

样品名称	农药名称	检出频次	超标频次	检出浓度（μg/kg）
水果 5 种				
桃	敌敌畏	8	1	16.9, 13.9, 34.9, 1.1, 1.5, 35.5, 5.7, 117.7[a]
桃	克百威▲	2	1	6.2, 21.7[a]
梨	克百威▲	13	1	1.2, 1.1, 1.2, 1.7, 1.9, 1.1, 1.1, 1.0, 1.8, 39.9[a], 1.4, 1.2, 2.0

续表

样品名称	农药名称	检出频次	超标频次	检出浓度（μg/kg）
梨	毒虫畏	6	0	1.0, 1.0, 1.1, 1.1, 1.0, 1.1
梨	敌敌畏	2	0	87.3, 20.8
梨	醚菌酯	2	0	1.3, 1.3
梨	敌菌丹*	1	0	46.7
苹果	醚菌酯	2	0	3.2, 9.2
苹果	敌敌畏	1	0	3.6
草莓	敌敌畏	8	0	4.1, 1.3, 2.5, 3.2, 3.7, 1.0, 1.5, 1.3
草莓	醚菌酯	2	0	51.2, 36.9
草莓	氧乐果▲	1	1	396.9[a]
葡萄	克百威▲	4	0	1.8, 1.7, 2.2, 2.4
葡萄	醚菌酯	3	0	7.2, 2.8, 2.3
小计		55	4	超标率：7.3%
蔬菜 15 种				
大白菜	氟氯氰菊酯	1	0	80.5
大白菜	脱叶磷	1	0	2.4
大白菜	苯硫膦*	1	0	1.1
小油菜	三唑磷▲	2	2	139.5[a], 139.2[a]
小油菜	甲拌磷*▲	3	2	445.6[a], 408.9[a], 1.5
小油菜	对氧磷*	2	0	7.9, 4.5
小油菜	涕灭威*▲	1	1	953.0[a]
小白菜	氧乐果▲	3	3	1094.9[a], 1114.7[a], 1281.6[a]
小白菜	水胺硫磷▲	2	0	2.6, 1.9
小白菜	醚菌酯	2	0	1.3, 4.0
小白菜	三唑磷▲	1	0	5.8
小白菜	特乐酚	1	0	1.2
小白菜	六氯苯*	5	0	2.3, 3.2, 1.2, 5.7, 3.3
小白菜	甲拌磷*▲	2	0	1.1, 3.0
油麦菜	醚菌酯	11	0	2.3, 1.8, 119.6, 243.9, 2.0, 3.1, 217.4, 82.5, 125.7, 2.2, 197.1
油麦菜	水胺硫磷▲	1	0	1.4
番茄	醚菌酯	1	0	4.3
结球甘蓝	溴苯烯磷	1	0	1.4
结球甘蓝	甲基异柳磷▲	1	0	4.8
芹菜	克百威▲	3	2	2.0, 45.8[a], 102.9[a]

续表

样品名称	农药名称	检出频次	超标频次	检出浓度（µg/kg）
芹菜	甲基异柳磷▲	2	2	26.7[a], 10.7[a]
芹菜	敌敌畏	1	0	1.2
芹菜	甲拌磷*▲	18	6	10.4[a], 1.2, 1.2, 3.5, 25.3[a], 1.1, 231.6[a], 34.4[a], 18.4[a], 53.0[a], 1.1, 1.2, 5.3, 4.5, 1.4, 9.5, 2.0, 1.5
芹菜	六氯苯*	5	0	20.4, 2.6, 1.8, 2.3, 91.8
芹菜	治螟磷*▲	5	0	1.1, 1.8, 1.9, 1.7, 2.0
茄子	氯唑磷▲	13	0	1.4, 3.9, 3.9, 4.4, 3.6, 2.0, 3.0, 2.2, 1.1, 1.1, 1.2, 3.4, 4.0
茄子	克百威▲	4	0	18.1, 6.6, 4.2, 13.4
茄子	敌敌畏	2	0	181.9, 6.1
茄子	氟氯氰菊酯	1	0	42.4
茄子	醚菌酯	1	0	6.8
菜豆	水胺硫磷▲	2	1	8.2, 150.8[a]
菜豆	敌敌畏	2	0	3.5, 5.7
菜豆	三唑磷▲	1	1	127.0[a]
菜豆	甲拌磷*▲	1	1	697.4[a]
菠菜	醚菌酯	5	0	31.9, 66.6, 65.4, 16.8, 38.3
菠菜	敌敌畏	2	0	1.1, 48.5
菠菜	六氯苯*	3	0	31.3, 1.1, 1.0
菠菜	甲拌磷*▲	2	2	24.8[a], 30.0[a]
蒜薹	水胺硫磷▲	4	0	1.7, 6.4, 14.0, 3.6
蒜薹	醚菌酯	1	0	61.5
蒜薹	六氯苯*	11	0	1.3, 1.2, 3.7, 3.3, 1.7, 2.6, 1.7, 2.5, 1.8, 3.3, 1.7
豇豆	水胺硫磷▲	6	3	185.8[a], 13.8, 62.1[a], 36.7, 62.5[a], 44.3
豇豆	克百威▲	1	1	338.7[a]
豇豆	氧乐果▲	1	1	289.5[a]
豇豆	甲基异柳磷▲	1	0	8.8
豇豆	甲胺磷▲	1	0	33.4
豇豆	醚菌酯	1	0	43.0
辣椒	克百威▲	9	0	3.1, 1.4, 1.3, 10.9, 1.0, 3.7, 3.6, 1.7, 1.3
辣椒	水胺硫磷▲	7	0	20.8, 3.7, 43.9, 1.2, 3.4, 4.2, 3.7
辣椒	敌敌畏	3	0	3.7, 5.2, 1.5
辣椒	醚菌酯	1	0	2.7
辣椒	甲拌磷*▲	1	1	37.7[a]

续表

样品名称	农药名称	检出频次	超标频次	检出浓度（µg/kg）
韭菜	克百威▲	4	2	28.3a, 12.5, 10.1, 116.5a
韭菜	敌敌畏	2	0	1.7, 7.4
韭菜	水胺硫磷▲	2	0	16.3, 3.7
韭菜	甲基异柳磷▲	1	1	24.4a
韭菜	甲拌磷*▲	2	0	1.5, 2.5
黄瓜	醚菌酯	2	0	8.9, 1.4
黄瓜	敌敌畏	1	0	3.1
	小计	177	32	超标率：18.1%
	合计	232	36	超标率：15.5%

注：*表示剧毒农药；▲表示禁用农药；a表示超标结果（参考MRL中国国家标准）

3.2.2 西北五省区检出农药残留情况汇总

对侦测取得西北5个省级行政区的16个主要城市市售水果蔬菜的农药残留检出情况，课题组分别从检出的农药品种和检出残留农药的样品这两个方面进行归纳汇总，取各项排名前10的数据汇总得到表3-8、表3-9和表3-10，以展示西北五省区农药残留检测的总体概况。

3.2.2.1 检出频次排名前10的农药

表3-8 西北五省区各地检出频次排名前10的农药情况汇总

序号	地区	行政区域代码	统计结果
1	西北五省区汇总		①烯酰吗啉（1179），②氯氟氰菊酯（1138），③乙氧喹啉（1109），④腐霉利（1065），⑤虫螨腈（1008），⑥二苯胺（785），⑦毒死蜱（672），⑧苯醚甲环唑（663），⑨异菌脲（654），⑩戊唑醇（645）
2	武威市	620600	①氯氟氰菊酯（59），②腐霉利（38），③灭菌丹（38），④莠去津（37），⑤虫螨腈（36），⑥毒死蜱（34），⑦甲霜灵（34），⑧苯醚甲环唑（33），⑨烯酰吗啉（29），⑩嘧菌酯（27）
3	固原市	640400	①氯氟氰菊酯（65），②虫螨腈（51），③戊唑醇（35），④烯酰吗啉（35），⑤苯醚甲环唑（34），⑥腐霉利（33），⑦毒死蜱（28），⑧异菌脲（22），⑨丙环唑（21），⑩咪鲜胺（21）
4	兰州市	620100	①乙氧喹啉（686），②腐霉利（534），③烯酰吗啉（442），④二苯胺（328），⑤氯氟氰菊酯（295），⑥虫螨腈（278），⑦乙草胺（257），⑧异菌脲（202），⑨乙螨唑（198），⑩毒死蜱（192）
5	西安市	610100	①氯氟氰菊酯（64），②虫螨腈（58），③烯酰吗啉（57），④戊唑醇（39），⑤毒死蜱（38），⑥苯醚甲环唑（35），⑦联苯菊酯（33），⑧腐霉利（30），⑨己唑醇（30），⑩咪鲜胺（25）
6	铜川市	610200	①虫螨腈（71），②氯氟氰菊酯（69），③烯酰吗啉（55），④联苯菊酯（43），⑤咪鲜胺（37），⑥戊唑醇（37），⑦毒死蜱（36），⑧腐霉利（36），⑨苯醚甲环唑（33），⑩甲霜灵（20）

续表

序号	地区	行政区域代码	统计结果
7	黄南藏族自治州	632300	①异菌脲（90），②二苯胺（64），③氯氟氰菊酯（55），④乙氧喹啉（55），⑤吡唑醚菌酯（52），⑥腐霉利（50），⑦虫螨腈（46），⑧苯醚甲环唑（45），⑨灭菌丹（44），⑩烯酰吗啉（41）
8	银川市	640100	①氯氟氰菊酯（58），②烯酰吗啉（46），③毒死蜱（41），④虫螨腈（39），⑤苯醚甲环唑（28），⑥戊唑醇（24），⑦腐霉利（23），⑧联苯菊酯（22），⑨吡唑醚菌酯（17），⑩咪鲜胺（17）
9	乌鲁木齐市	650100	①异菌脲（38），②氯氟氰菊酯（35），③乙氧喹啉（35），④二苯胺（31），⑤灭菌丹（23），⑥烯酰吗啉（23），⑦虫螨腈（22），⑧吡唑醚菌酯（16），⑨毒死蜱（16），⑩腐霉利（15）
10	渭南市	610500	①虫螨腈（73），②氯氟氰菊酯（56），③戊唑醇（33），④苯醚甲环唑（32），⑤毒死蜱（30），⑥腐霉利（23），⑦多效唑（22），⑧咪鲜胺（21），⑨烯酰吗啉（20），⑩莠去津（17）
11	石嘴山市	640200	①氯氟氰菊酯（42），②烯酰吗啉（41），③戊唑醇（34），④毒死蜱（31），⑤虫螨腈（29），⑥苯醚甲环唑（22），⑦腐霉利（21），⑧联苯菊酯（17），⑨丙环唑（15），⑩稻瘟灵（15）
12	白银市	620400	①乙氧喹啉（91），②氯氟氰菊酯（82），③烯酰吗啉（79），④虫螨腈（71），⑤腐霉利（69），⑥二苯胺（60），⑦毒死蜱（49），⑧莠去津（44），⑨灭菌丹（43），⑩异菌脲（43）
13	定西市	621100	①氯氟氰菊酯（54），②虫螨腈（40），③烯酰吗啉（38），④苯醚甲环唑（32），⑤腐霉利（31），⑥氯氰菊酯（30），⑦戊唑醇（30），⑧嘧霉胺（27），⑨毒死蜱（24），⑩甲霜灵（21）
14	张掖市	620700	①烯酰吗啉（80），②乙氧喹啉（74），③异菌脲（67），④氯氟氰菊酯（65），⑤二苯胺（62），⑥莠去津（57），⑦虫螨腈（56），⑧灭菌丹（45），⑨苯醚甲环唑（44），⑩戊唑醇（43）
15	西宁市	630100	①乙氧喹啉（70），②二苯胺（63），③烯酰吗啉（63），④腐霉利（57），⑤氯氟氰菊酯（57），⑥吡唑醚菌酯（54），⑦虫螨腈（50），⑧灭菌丹（46），⑨苯醚甲环唑（44），⑩毒死蜱（44）
16	海北藏族自治州	632200	①烯酰吗啉（90），②腐霉利（59），③吡唑醚菌酯（53），④二苯胺（53），⑤氯氟氰菊酯（51），⑥乙氧喹啉（51），⑦虫螨腈（50），⑧苯醚甲环唑（46），⑨灭菌丹（43），⑩乙草胺（32）
17	哈密地区	652200	①二苯胺（56），②异菌脲（42），③烯酰吗啉（40），④虫螨腈（38），⑤乙氧喹啉（37），⑥氯氟氰菊酯（31），⑦戊唑醇（25），⑧灭菌丹（23），⑨吡唑醚菌酯（22），⑩乙草胺（21）

3.2.2.2 检出农药品种排名前10的水果蔬菜

表3-9 西北五省区各地检出农药品种排名前10的果蔬情况汇总

序号	地区	行政区域代码	分类	统计结果
1	西北五省区汇总		水果	①葡萄（72），②桃（65），③梨（53），④草莓（52），⑤苹果（49）
			蔬菜	①芹菜（103），②豇豆（92），③辣椒（74），④油麦菜（74），⑤小油菜（73），⑥黄瓜（72），⑦茄子（71），⑧菜豆（70），⑨小白菜（69），⑩菠菜（63）

续表

序号	地区	行政区域代码	分类	统计结果
2	武威市	620600	水果	①葡萄（21），②桃（18），③苹果（16），④梨（14）
			蔬菜	①黄瓜（16），②豇豆（16），③辣椒（14），④蒜薹（13），⑤小白菜（12），⑥小油菜（12），⑦芹菜（11），⑧油麦菜（10），⑨菜豆（7），⑩番茄（7）
3	固原市	640400	水果	①葡萄（32），②梨（19），③苹果（17），④桃（14）
			蔬菜	①油麦菜（30），②蒜薹（21），③黄瓜（20），④豇豆（18），⑤芹菜（18），⑥番茄（17），⑦小白菜（15），⑧小油菜（15），⑨黄瓜（14），⑩辣椒（13）
4	兰州市	620100	水果	①草莓（52），②桃（50），③葡萄（43），④梨（31），⑤苹果（25）
			蔬菜	①芹菜（74），②豇豆（68），③茄子（59），④菜豆（56），⑤辣椒（50），⑥黄瓜（48），⑦大白菜（45），⑧油麦菜（44），⑨小油菜（40），⑩韭菜（39）
5	西安市	610100	水果	①葡萄（22），②桃（18），③草莓（17），④苹果（13），⑤梨（10）
			蔬菜	①蒜薹（21），②小白菜（21），③小油菜（20），④油麦菜（16），⑤芹菜（15），⑥豇豆（13），⑦茄子（12），⑧菜豆（11），⑨番茄（10），⑩黄瓜（10）
6	铜川市	610200	水果	①葡萄（25），②桃（17），③梨（14），④苹果（9）
			蔬菜	①油麦菜（23），②茄子（21），③小白菜（21），④小油菜（19），⑤芹菜（18），⑥豇豆（17），⑦韭菜（13），⑧番茄（12），⑨蒜薹（11），⑩辣椒（10）
7	黄南藏族自治州	632300	水果	①葡萄（23），②桃（17），③苹果（16），④梨（9）
			蔬菜	①油麦菜（25），②芹菜（23），③蒜薹（21），④黄瓜（20），⑤小油菜（18），⑥茄子（17），⑦菜豆（16），⑧豇豆（15），⑨韭菜（15），⑩小白菜（15）
8	银川市	640100	水果	①桃（19），②葡萄（17），③苹果（13），④梨（8）
			蔬菜	①芹菜（17），②辣椒（16），③蒜薹（15），④油麦菜（15），⑤菜豆（14），⑥番茄（14），⑦茄子（13），⑧小油菜（13），⑨豇豆（12），⑩小白菜（12）
9	乌鲁木齐市	650100	水果	①桃（15），②苹果（12），③梨（11），④草莓（10），⑤葡萄（1）
			蔬菜	①油麦菜（25），②蒜薹（21），③芹菜（17），④豇豆（11），⑤小白菜（11），⑥小油菜（11），⑦黄瓜（8），⑧韭菜（8），⑨辣椒（8），⑩菠菜（6）
10	渭南市	610500	水果	①葡萄（22），②桃（13），③梨（12），④苹果（9）
			蔬菜	①油麦菜（19），②蒜薹（15），③小白菜（14），④豇豆（13），⑤芹菜（13），⑥黄瓜（11），⑦辣椒（9），⑧小油菜（8），⑨菠菜（7），⑩菜豆（7）
11	石嘴山市	640200	水果	①桃（18），②葡萄（16），③梨（9），④苹果（9）
			蔬菜	①蒜薹（22），②菜豆（15），③番茄（15），④茄子（15），⑤小白菜（14），⑥豇豆（13），⑦芹菜（12），⑧小油菜（11），⑨油麦菜（11），⑩黄瓜（10）
12	白银市	620400	水果	①葡萄（37），②苹果（25），③桃（23），④梨（21）
			蔬菜	①油麦菜（38），②黄瓜（31），③芹菜（28），④蒜薹（28），⑤小白菜（24），⑥菠菜（23），⑦小油菜（23），⑧韭菜（22），⑨辣椒（22），⑩豇豆（21）
13	定西市	621100	水果	①葡萄（32），②桃（22），③梨（17），④苹果（12）
			蔬菜	①油麦菜（30），②芹菜（22），③黄瓜（17），④蒜薹（17），⑤小油菜（17），⑥菠菜（14），⑦辣椒（13），⑧番茄（11），⑨茄子（10），⑩小白菜（10）

序号	地区	行政区域代码	分类	统计结果
14	张掖市	620700	水果	①葡萄（31），②桃（26），③梨（19），④苹果（14）
			蔬菜	①芹菜（41），②小油菜（28），③蒜薹（25），④油麦菜（25），⑤辣椒（24），⑥番茄（22），⑦黄瓜（21），⑧豇豆（21），⑨菠菜（16），⑩菜豆（13）
15	西宁市	630100	水果	①葡萄（26），②苹果（20），③桃（15），④梨（14）
			蔬菜	①油麦菜（30），②黄瓜（29），③豇豆（29），④芹菜（27），⑤蒜薹（24），⑥小油菜（23），⑦小白菜（22），⑧菜豆（19），⑨辣椒（18），⑩番茄（17）
16	海北藏族自治州	632200	水果	①葡萄（29），②桃（23），③苹果（20），④草莓（19），⑤梨（15）
			蔬菜	①油麦菜（24），②小油菜（21），③豇豆（20），④黄瓜（19），⑤番茄（18），⑥芹菜（18），⑦茄子（13），⑧小白菜（13），⑨韭菜（12），⑩辣椒（12）
17	哈密地区	652200	水果	①葡萄（22），②桃（16），③梨（14），④苹果（9）
			蔬菜	①油麦菜（24），②芹菜（16），③蒜薹（15），④菠菜（13），⑤菜豆（9），⑥豇豆（9），⑦小白菜（9），⑧小油菜（9），⑨韭菜（8），⑩辣椒（8）

3.2.2.3 检出农药频次排名前 10 的水果蔬菜

表 3-10　西北五省区各地检出农药频次排名前 10 的果蔬情况汇总

序号	地区	行政区域代码	分类	统计结果
1	西北五省区汇总		水果	①葡萄（1655），②桃（1343），③草莓（993），④梨（809），⑤苹果（726）
			蔬菜	①油麦菜（1757），②蒜薹（1478），③芹菜（1410），④豇豆（1229），⑤小油菜（1094），⑥黄瓜（1064），⑦茄子（928），⑧辣椒（913），⑨韭菜（842），⑩小白菜（772）
2	武威市	620600	水果	①葡萄（127），②桃（107），③梨（67），④苹果（49）
			蔬菜	①小油菜（61），②黄瓜（44），③豇豆（40），④油麦菜（39），⑤蒜薹（36），⑥番茄（35），⑦芹菜（28），⑧菠菜（23），⑨辣椒（23），⑩小白菜（22）
3	固原市	640400	水果	①葡萄（124），②梨（54），③桃（45），④苹果（41）
			蔬菜	①蒜薹（68），②油麦菜（62），③芹菜（48），④黄瓜（36），⑤番茄（33），⑥菠菜（32），⑦小白菜（31），⑧小油菜（30），⑨豇豆（26），⑩韭菜（26）
4	兰州市	620100	水果	①草莓（822），②桃（454），③葡萄（333），④梨（211），⑤苹果（164）
			蔬菜	①豇豆（607），②油麦菜（573），③茄子（523），④辣椒（470），⑤黄瓜（469），⑥芹菜（436），⑦菜豆（401），⑧蒜薹（371），⑨韭菜（316），⑩小油菜（279）
5	西安市	610100	水果	①草莓（103），②葡萄（62），③桃（57），④梨（25），⑤苹果（25）
			蔬菜	①蒜薹（78），②小油菜（78），③小白菜（65），④油麦菜（54），⑤芹菜（52），⑥韭菜（38），⑦豇豆（31），⑧菠菜（27），⑨番茄（24），⑩茄子（21）
6	铜川市	610200	水果	①葡萄（114），②桃（48），③梨（34），④苹果（28）
			蔬菜	①油麦菜（86），②小油菜（72），③韭菜（58），④小白菜（54），⑤茄子（42），⑥豇豆（41），⑦芹菜（41），⑧蒜薹（40），⑨菠菜（33），⑩番茄（23）

续表

序号	地区	行政区域代码	分类	统计结果
7	黄南藏族自治州	632300	水果	①葡萄（106），②桃（72），③苹果（52），④梨（37）
			蔬菜	①蒜薹（122），②油麦菜（109），③芹菜（105），④豇豆（65），⑤茄子（56），⑥菜豆（55），⑦黄瓜（54），⑧韭菜（52），⑨小白菜（42），⑩辣椒（37）
8	银川市	640100	水果	①桃（49），②葡萄（36），③苹果（30），④梨（19）
			蔬菜	①蒜薹（59），②芹菜（51），③油麦菜（43），④小油菜（39），⑤辣椒（37），⑥小白菜（36），⑦茄子（31），⑧番茄（30），⑨菜豆（29），⑩菠菜（28）
9	乌鲁木齐市	650100	水果	①梨（38），②桃（30），③苹果（24），④草莓（22），⑤葡萄（1）
			蔬菜	①油麦菜（91），②蒜薹（64），③芹菜（37），④小油菜（33），⑤豇豆（28），⑥小白菜（28），⑦辣椒（22），⑧黄瓜（20），⑨菠菜（15），⑩韭菜（14）
10	渭南市	610500	水果	①葡萄（115），②桃（73），③梨（45），④苹果（24）
			蔬菜	①蒜薹（85），②豇豆（40），③芹菜（38），④辣椒（32），⑤菠菜（30），⑥油麦菜（28），⑦韭菜（25），⑧小白菜（23），⑨黄瓜（21），⑩番茄（17）
11	石嘴山市	640200	水果	①桃（62），②葡萄（45），③梨（22），④苹果（16）
			蔬菜	①蒜薹（89），②小油菜（56），③油麦菜（37），④茄子（34），⑤豇豆（33），⑥芹菜（28），⑦菜豆（26），⑧小白菜（23），⑨番茄（22），⑩菠菜（20）
12	白银市	620400	水果	①葡萄（120），②苹果（69），③桃（66），④梨（54）
			蔬菜	①油麦菜（135），②蒜薹（97），③芹菜（91），④小白菜（88），⑤黄瓜（80），⑥韭菜（75），⑦小油菜（74），⑧菠菜（55），⑨豇豆（50），⑩辣椒（48）
13	定西市	621100	水果	①葡萄（90），②桃（59），③梨（36），④苹果（24）
			蔬菜	①油麦菜（76），②芹菜（67），③蒜薹（58），④小油菜（48），⑤黄瓜（41），⑥韭菜（34），⑦小白菜（34），⑧辣椒（29），⑨茄子（24），⑩菠菜（22）
14	张掖市	620700	水果	①葡萄（78），②桃（75），③梨（48），④苹果（47）
			蔬菜	①芹菜（156），②小油菜（114），③油麦菜（103），④蒜薹（100），⑤黄瓜（74），⑥韭菜（63），⑦辣椒（55），⑧豇豆（53），⑨菠菜（35），⑩番茄（35）
15	西宁市	630100	水果	①葡萄（110），②苹果（67），③梨（53），④桃（38）
			蔬菜	①油麦菜（114），②蒜薹（111），③芹菜（96），④黄瓜（75），⑤豇豆（64），⑥小油菜（64），⑦小白菜（52），⑧韭菜（48），⑨茄子（47），⑩番茄（44）
16	海北藏族自治州	632200	水果	①葡萄（96），②桃（64），③梨（47），④草莓（46），⑤苹果（45）
			蔬菜	①油麦菜（131），②黄瓜（79），③豇豆（78），④芹菜（67），⑤小白菜（64），⑥小油菜（64），⑦蒜薹（50），⑧番茄（45），⑨辣椒（35），⑩茄子（34）
17	哈密地区	652200	水果	①葡萄（98），②桃（44），③苹果（21），④梨（19）
			蔬菜	①油麦菜（76），②芹菜（69），③菠菜（51），④蒜薹（50），⑤小油菜（31），⑥豇豆（30），⑦小白菜（28），⑧菜豆（25），⑨韭菜（25），⑩番茄（20）

3.3 农药残留检出水平与最大残留限量标准对比分析

我国于 2021 年 3 月 3 日正式颁布并于 2021 年 9 月 3 日正式实施食品农药残留限量国家标准《食品中农药最大残留限量》（GB 2763—2021），该标准包括 548 个农药条目，涉及最大残留限量（MRL）标准10092项。将19566频次检出结果的浓度水平与10092项国家MRL标准进行核对，其中有9812频次的结果找到了对应的MRL，占50.1%，还有9754频次的结果则无相关MRL标准供参考，占49.9%。

将此次侦测结果与国际上现行MRL对比发现，在19566频次的检出结果中有19566频次的结果找到了对应的MRL欧盟标准，占100.0%；其中，18686频次的结果有明确对应的MRL，占95.5%，其余880频次按照欧盟一律标准判定，占4.5%；有19566频次的结果找到了对应的MRL日本标准，占100.0%；其中，13130频次的结果有明确对应的MRL，占67.1%，其余6435频次按照日本一律标准判定，占32.9%；有8116频次的结果找到了对应的MRL中国香港标准，占41.5%；有8303频次的结果找到了对应的MRL美国标准，占42.4%；有6322频次的结果找到了对应的MRL CAC标准，占32.3%。见图3-10。

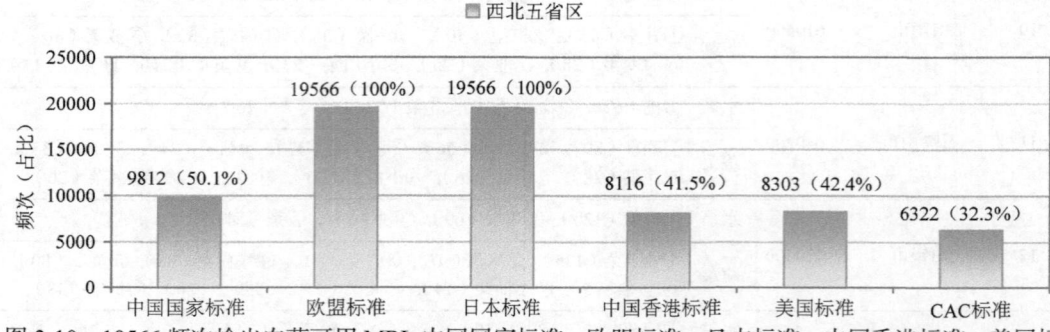

图3-10 19566频次检出农药可用MRL中国国家标准、欧盟标准、日本标准、中国香港标准、美国标准、CAC标准判定衡量的数量及占比

3.3.1 检出残留水平超标的样品分析

本次侦测的4000例样品中，309例样品未检出任何残留农药，占样品总量的7.7%，3691例样品检出不同水平、不同种类的残留农药，占样品总量的92.3%。在此，我们将本次侦测的农残检出情况与中国国家标准、欧盟标准、日本标准、中国香港标准、美国标准和CAC标准这6大国际主流MRL标准进行对比分析，样品农残检出与超标情况见表3-11、图3-11，样品中检出农残超过各MRL标准的分布情况见表3-12。

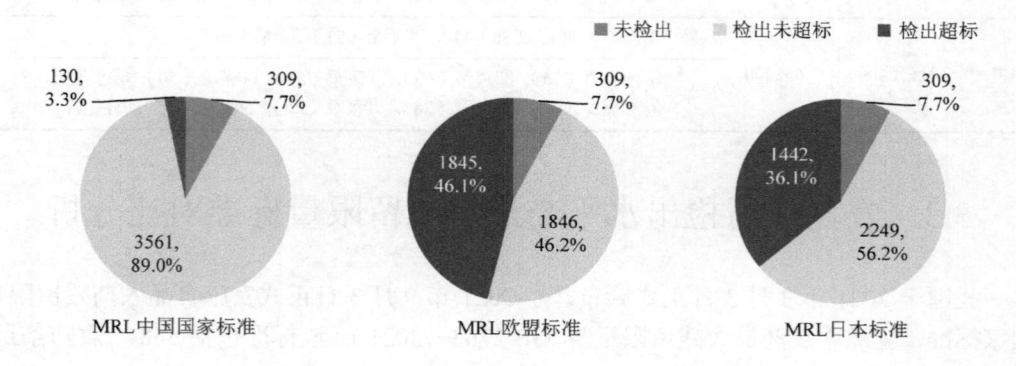

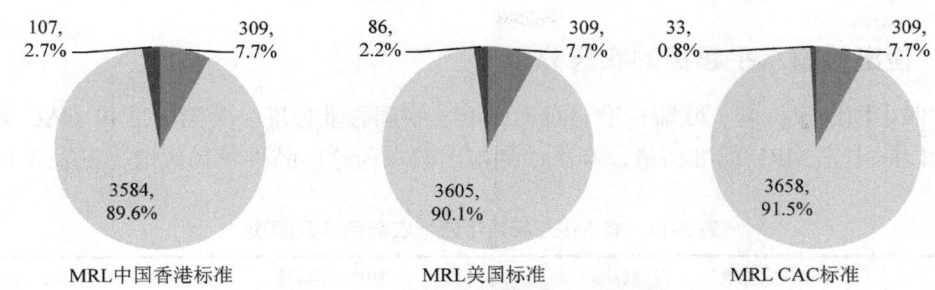

第 3 章 GC-Q-TOF/MS 侦测西北五省区市售水果蔬菜农药残留报告

图 3-11 检出和超标样品比例情况

表 3-11 各 MRL 标准下样品农残检出与超标数量及占比

	中国国家标准 数量/占比（%）	欧盟标准 数量/占比（%）	日本标准 数量/占比（%）	中国香港标准 数量/占比（%）	美国标准 数量/占比（%）	CAC 标准 数量/占比（%）
未检出	309/7.7	309/7.7	309/7.7	309/7.7	309/7.7	309/7.7
检出未超标	3561/89.0	1846/46.1	2249/56.2	3584/89.6	3605/90.1	3658/91.5
检出超标	130/3.2	1845/46.1	1442/36.0	107/2.7	86/2.1	33/0.8

表 3-12 样品中检出农残超过各 MRL 标准的频次分布情况

序号	样品名称	中国国家标准	欧盟标准	日本标准	中国香港标准	美国标准	CAC 标准
1	小油菜	13	273	275	17	1	2
2	小白菜	22	208	122	20	2	1
3	桃	4	155	138	3	20	6
4	梨	2	102	13	0	8	1
5	番茄	1	87	19	1	1	1
6	芹菜	17	268	181	6	0	0
7	苹果	4	64	22	4	25	4
8	茄子	8	176	85	4	6	4
9	草莓	2	80	85	0	0	1
10	菜豆	4	142	259	1	0	1
11	菠菜	10	116	90	10	1	0
12	葡萄	3	219	141	4	10	2
13	蒜薹	14	555	263	0	1	0
14	豇豆	12	279	443	18	9	0
15	辣椒	3	178	52	3	1	1
16	韭菜	20	106	96	4	0	3
17	黄瓜	3	152	21	6	6	6
18	大白菜	0	17	9	0	0	0
19	油麦菜	0	497	257	12	0	0
20	结球甘蓝	0	10	10	0	0	0

3.3.2 检出残留水平超标的农药分析

按照中国国家标准、欧盟标准、日本标准、中国香港标准、美国标准和 CAC 标准这 6 大国际主流 MRL 标准衡量，本次侦测检出的农药超标品种及频次情况见表 3-13。

表 3-13 各 MRL 标准下超标农药品种及频次

	中国国家标准	欧盟标准	日本标准	中国香港标准	美国标准	CAC 标准
超标农药品种	32	125	131	18	12	14
超标农药频次	142	3684	2581	113	91	33

3.3.2.1 按 MRL 中国国家标准衡量

按 MRL 中国国家标准衡量，共有 32 种农药超标，检出 142 频次，分别为剧毒农药甲拌磷和涕灭威，高毒农药三唑磷、敌敌畏、甲基异柳磷、克百威、水胺硫磷和氧乐果，中毒农药溴氰菊酯、乙酰甲胺磷、氟虫腈、戊唑醇、甲氰菊酯、虫螨腈、氟啶胺、三氯杀螨醇、杀虫脒、倍硫磷、腈菌唑、氯氟氰菊酯、硫丹、吡唑醚菌酯、联苯菊酯、毒死蜱和苯醚甲环唑，低毒农药氟吡菌酰胺、戊菌唑、乙酯杀螨醇和螺螨酯，微毒农药乙螨唑、腐霉利和霜霉威。检测结果见图 3-12。

按超标程度比较，小白菜中毒死蜱超标 84.5 倍，菜豆中甲拌磷超标 68.7 倍，小白菜中氧乐果超标 63.1 倍，小油菜中甲拌磷超标 43.6 倍，小油菜中涕灭威超标 30.8 倍。

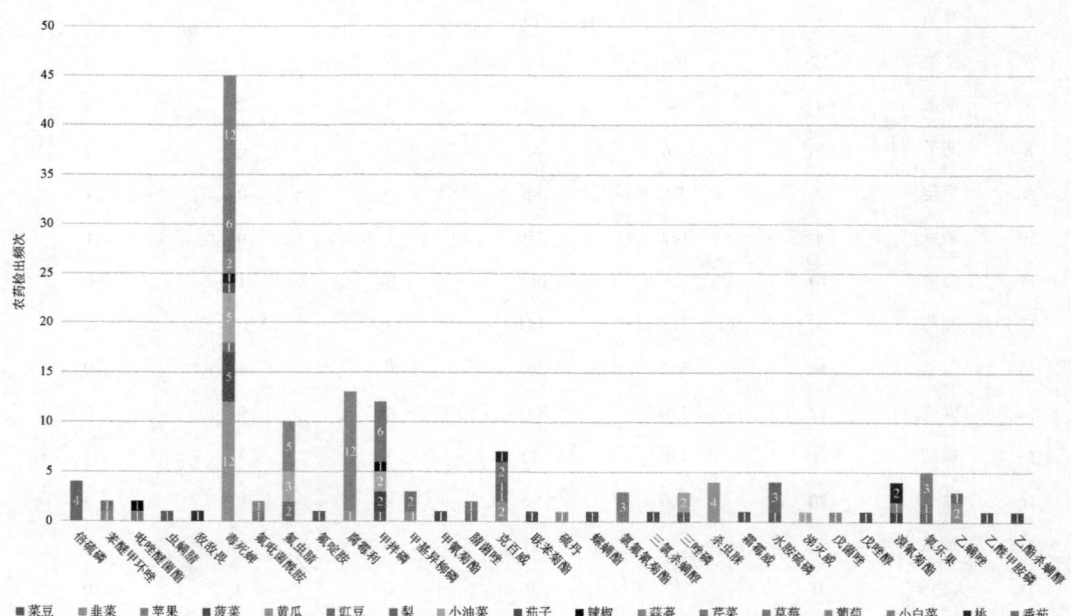

图 3-12 超过 MRL 中国国家标准农药品种及频次

3.3.2.2 按 MRL 欧盟标准衡量

按 MRL 欧盟标准衡量，共有 125 种农药超标，检出 3684 频次，分别为剧毒农药六氯苯、甲拌磷、涕灭威和敌菌丹，高毒农药三唑磷、敌敌畏、甲胺磷、甲基异柳磷、水胺硫磷、克百威、氧乐果和醚菌酯，中毒农药戊唑醇、多效唑、异丙隆、甲氰菊酯、溴氰菊酯、乙酰甲胺磷、莠灭净、氟虫腈、丁噻隆、三苯锡、咪鲜胺、噁霜灵、甲霜灵、哌草丹、烯效唑、二嗪磷、噻唑磷、菌核净、稻瘟灵、氟啶虫酰胺、虫螨腈、杀螟丹、喹硫磷、抑霉唑、仲丁灵、双苯酰草胺、烯唑醇、氟啶胺、三唑酮、丙环唑、氟硅唑、氯氰菊酯、氰戊菊酯、三氯杀螨醇、四氟醚唑、氯氟氰菊酯、杀虫脒、倍硫磷、腈菌唑、氯菊酯、硫丹、唑虫酰胺、吡唑醚菌酯、联苯菊酯、异丙威、仲丁威、粉唑醇、烯丙菊酯、灭除威、三唑醇、哒螨灵、丙溴磷、毒死蜱和西草净，低毒农药五氯苯、己唑醇、8-羟基喹啉、四氢吩胺、酰嘧磺隆、肟醚菌胺、乙氧喹啉、1,4-二甲基萘、戊菌唑、氟吡菌酰胺、萘乙酸、吡唑萘菌胺、五氯苯甲腈、扑草净、乙酯杀螨醇、敌草腈、溴氰虫酰胺、螺螨酯、烯酰吗啉、威杀灵、氯硝胺、灭幼脲、2,3,4,5-四氯苯胺、异菌脲、乙草胺、环丙腈津、二苯胺、莠去津、噻嗪酮、马拉硫磷、噻菌灵、苄呋菊酯、嘧霉胺、炔螨特、腈吡螨酯、麦草氟异丙酯、唑胺菌酯和腈苯唑，微毒农药乙霉威、氟环唑、霜霉威、腐霉利、灭菌丹、乙螨唑、氟酰脲、五氯硝基苯、联苯三唑醇、四氯硝基苯、乙烯菌核利、嘧菌酯、增效醚、丙硫菌唑、噻呋酰胺、仲草丹、四氟苯菊酯、苄氯三唑醇、百菌清、吡丙醚和啶氧菌酯。检测结果见图 3-13。

按超标程度比较，油麦菜中虫螨腈超标 481.6 倍，小油菜中哒螨灵超标 467.2 倍，菠菜中 8-羟基喹啉超标 428.6 倍，蒜薹中腐霉利超标 375.4 倍，小白菜中哒螨灵超标 291.6 倍。

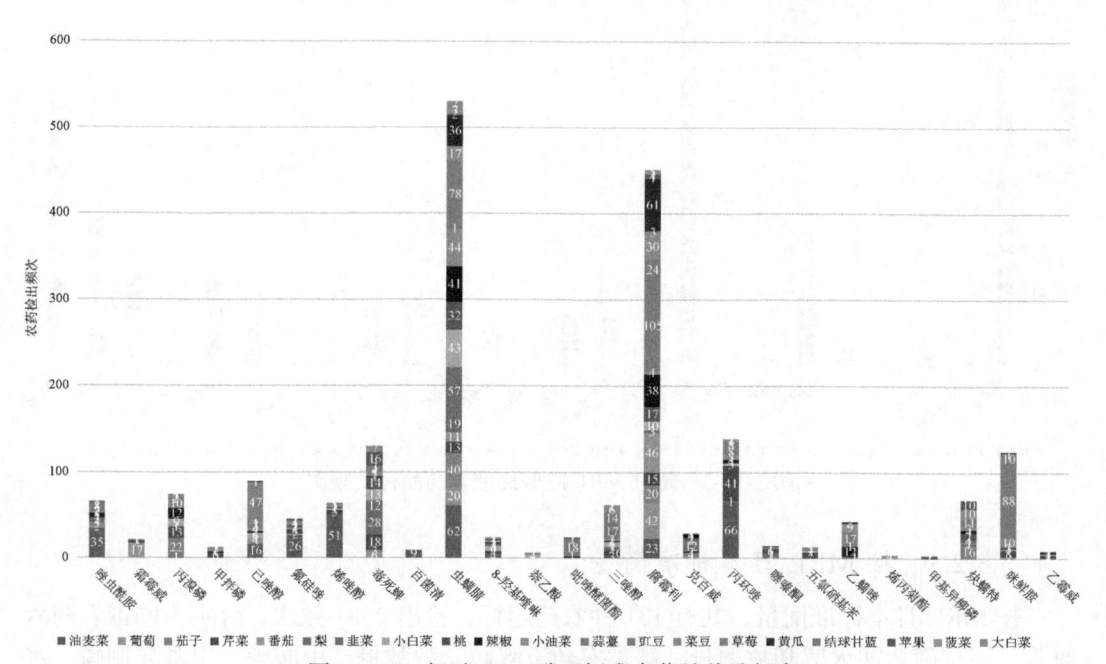

图 3-13-1　超过 MRL 欧盟标准农药品种及频次

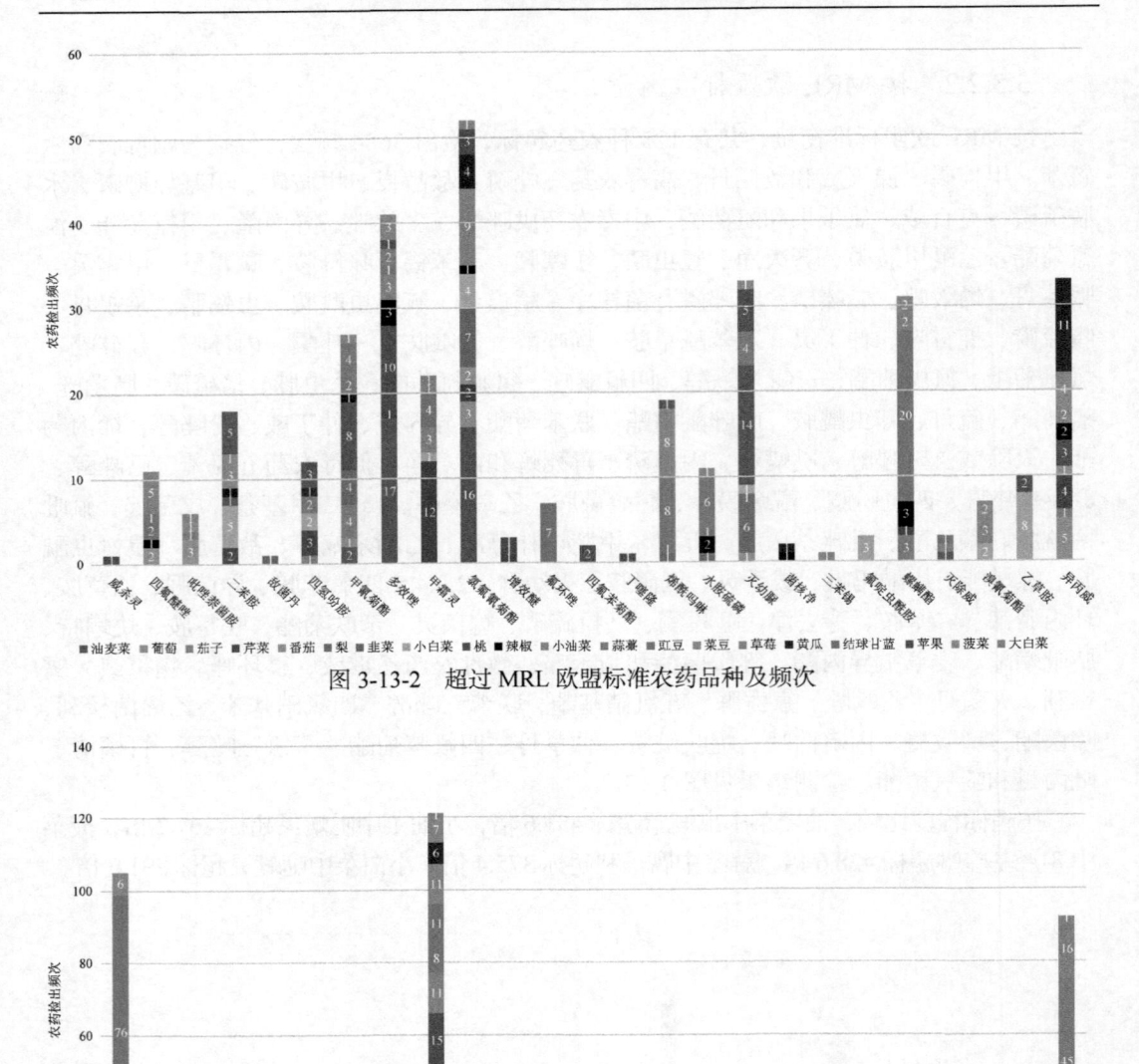

图 3-13-2 超过 MRL 欧盟标准农药品种及频次

图 3-13-3 超过 MRL 欧盟标准农药品种及频次

3.3.2.3 按 MRL 日本标准衡量

按 MRL 日本标准衡量，共有 131 种农药超标，检出 2581 频次，分别为剧毒农药六氯苯、甲拌磷、涕灭威和敌菌丹，高毒农药三唑磷、敌敌畏、甲胺磷、甲基异柳磷、水胺硫磷、克百威、氧乐果和醚菌酯，中毒农药戊唑醇、多效唑、异丙隆、溴氰菊酯、乙

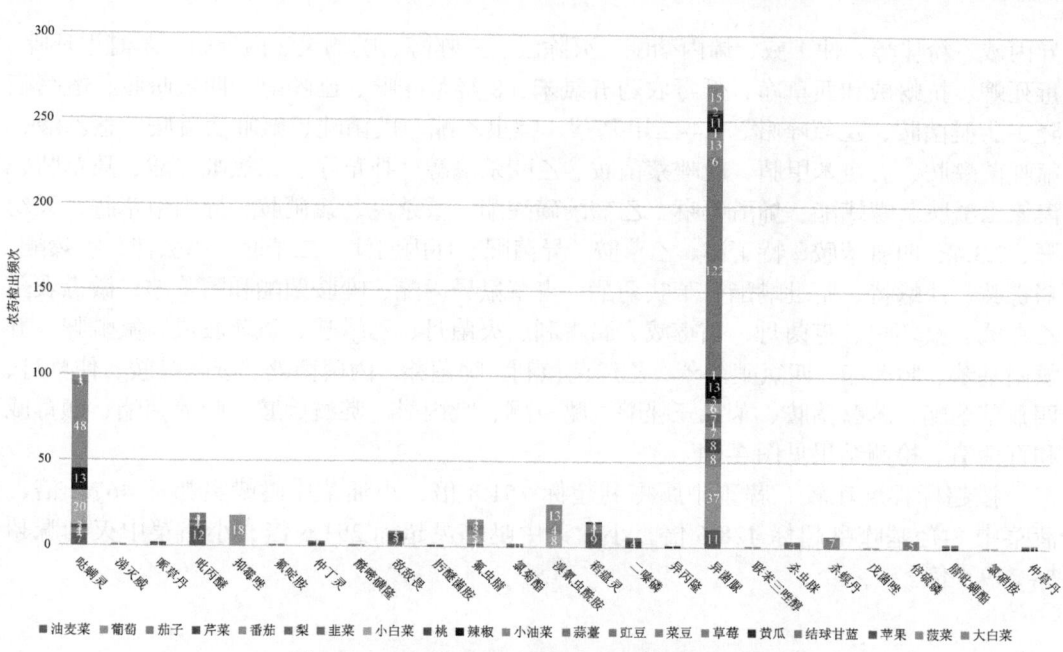

第3章 GC-Q-TOF/MS 侦测西北五省区市售水果蔬菜农药残留报告

图 3-13-4 超过 MRL 欧盟标准农药品种及频次

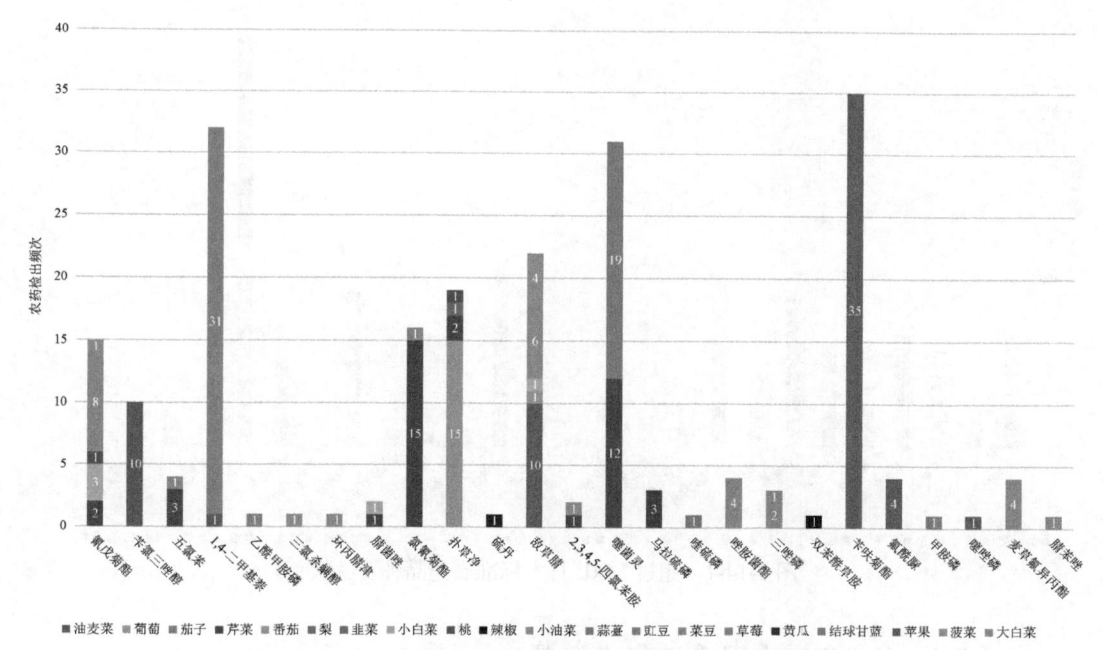

图 3-13-5 超过 MRL 欧盟标准农药品种及频次

酰甲胺磷、莠灭净、氟虫腈、甲氰菊酯、丁噻隆、咪鲜胺、甲霜灵、哌草丹、烯效唑、二嗪磷、噻唑磷、菌核净、稻瘟灵、抑霉唑、虫螨腈、喹硫磷、仲丁灵、双苯酰草胺、烯唑醇、二甲戊灵、茚虫威、氟啶胺、滴滴涕、三唑酮、丙环唑、氟硅唑、氯氰菊酯、四氟醚唑、腈菌唑、氯氟氰菊酯、杀虫脒、倍硫磷、唑虫酰胺、吡唑醚菌酯、联苯菊酯、异丙威、粉唑醇、仲丁威、烯丙菊酯、灭除威、三唑醇、哒螨灵、丙溴磷、苯醚甲环唑、毒死蜱、抗蚜威和西草净，低毒农药五氯苯、8-羟基喹啉、己唑醇、四氢吩胺、酰嘧磺隆、肟醚菌胺、乙氧喹啉、1,4-二甲基萘、螺虫乙酯、戊菌唑、氟吡菌酰胺、萘乙酸、氟唑菌酰胺、五氯苯甲腈、吡唑萘菌胺、乙酯杀螨醇、扑草净、二氯吡啶酸、敌草腈、溴氰虫酰胺、螺螨酯、烯酰吗啉、乙嘧酚磺酸酯、威杀灵、氯硝胺、异丙甲草胺、灭幼脲、2,3,4,5-四氯苯胺、特丁津、乙草胺、异菌脲、环丙腈津、二苯胺、莠去津、噻嗪酮、嘧霉胺、炔螨特、腈吡螨酯、苄呋菊酯、麦草氟异丙酯、唑胺菌酯和腈苯唑，微毒农药乙霉威、氟环唑、克菌丹、霜霉威、腐霉利、灭菌丹、乙螨唑、氯苯胺灵、氟酰脲、五氯硝基苯、肟菌酯、四氯硝基苯、乙烯菌核利、嘧菌酯、丙硫菌唑、噻呋酰胺、仲草丹、四氟苯菊酯、苯酰菌胺、苄氯三唑醇、噁草酮、吡丙醚、啶酰菌胺、啶氧菌酯、缬霉威和百菌清。检测结果见图3-14。

按超标程度比较，蒜薹中腐霉利超标751.8倍，小油菜中哒螨灵超标467.2倍，菠菜中8-羟基喹啉超标428.6倍，小白菜中哒螨灵超标291.6倍，小白菜中灭幼脲超标249.4倍。

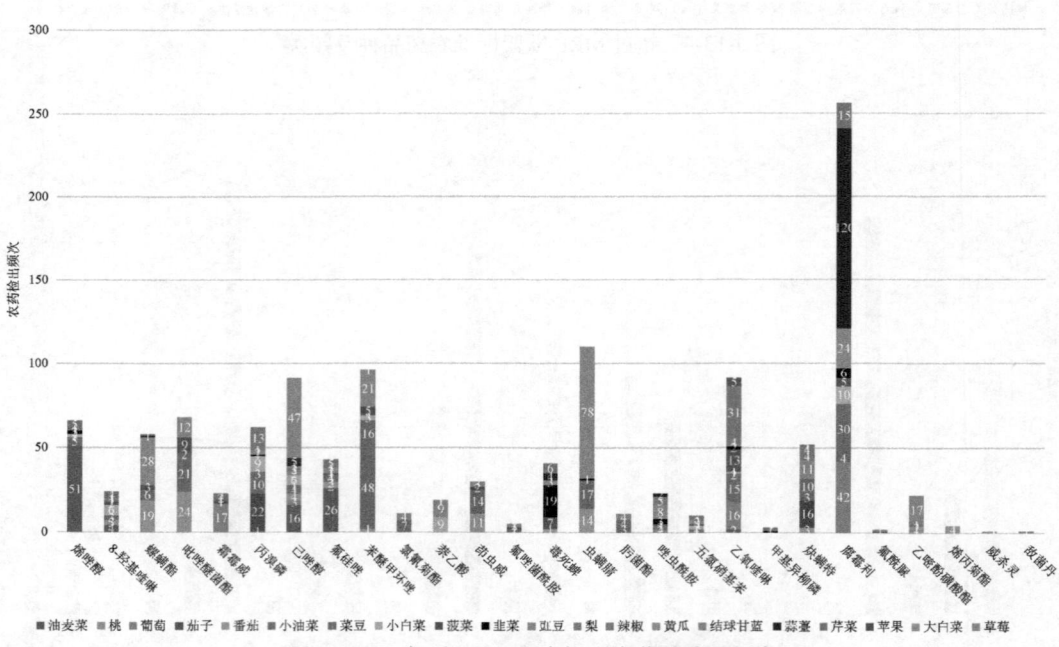

图3-14-1 超过MRL日本标准农药品种及频次

3.3.2.4 按MRL中国香港标准衡量

按MRL中国香港标准衡量，共有18种农药超标，检出113频次，分别为剧毒农药甲拌磷，中毒农药溴氰菊酯、甲氰菊酯、氰戊菊酯、氯氟氰菊酯、四氟醚唑、倍硫磷、吡唑醚菌酯、联苯菊酯、毒死蜱和苯醚甲环唑，低毒农药戊菌唑和氟吡菌酰胺，微毒农药乙螨唑、腐霉利、霜霉威、吡丙醚和咯菌腈。检测结果见图3-15。

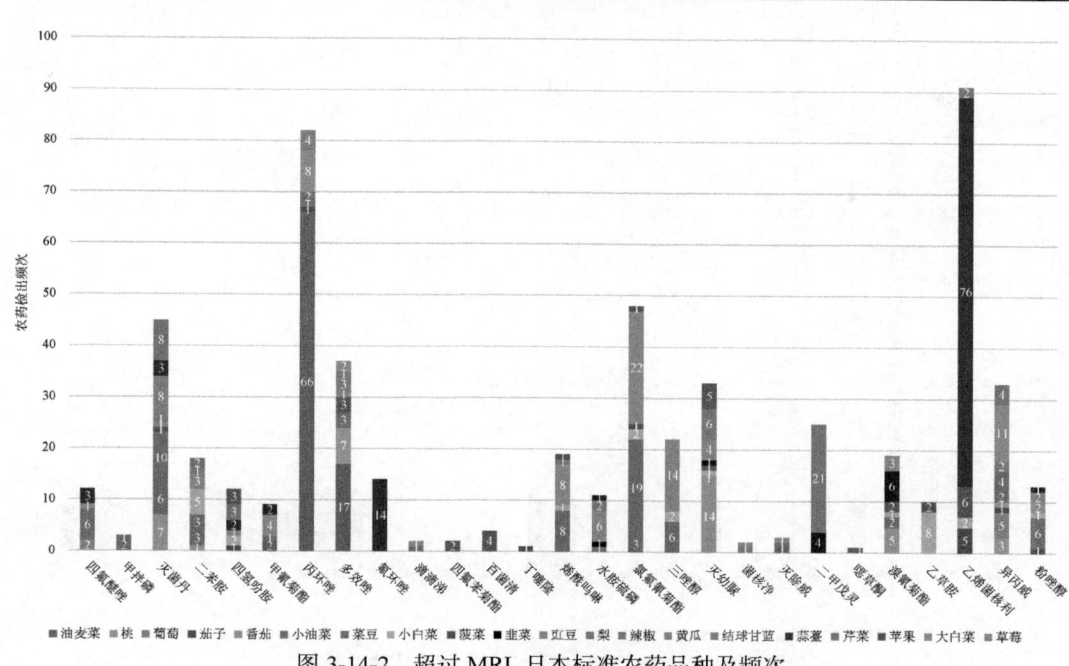

图 3-14-2 超过 MRL 日本标准农药品种及频次

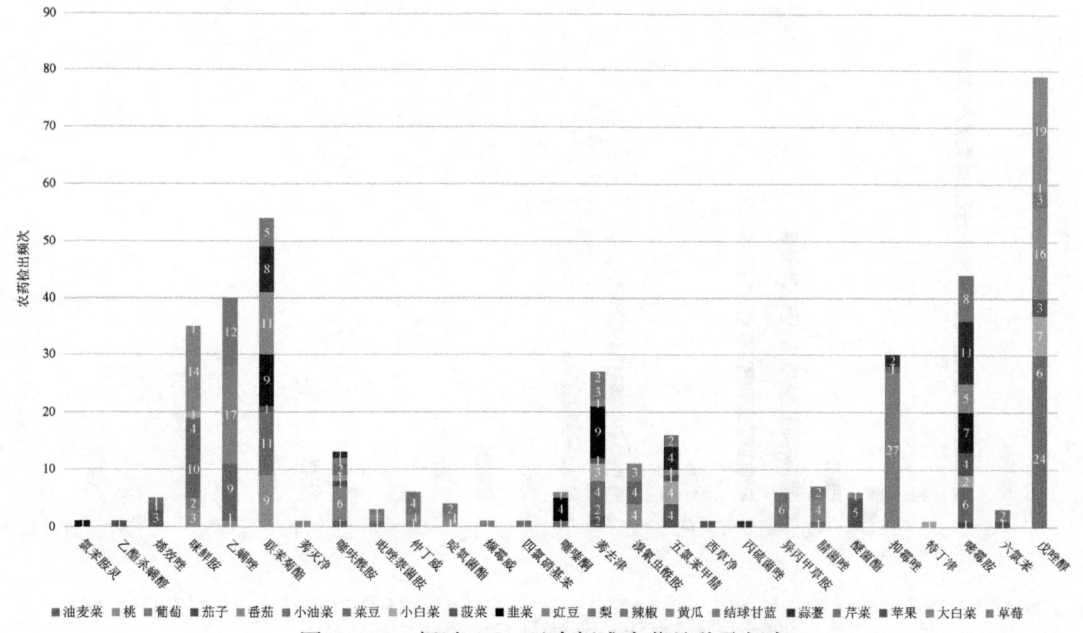

图 3-14-3 超过 MRL 日本标准农药品种及频次

按超标程度比较，豇豆中吡唑醚菌酯超标 66.3 倍，豇豆中倍硫磷超标 30.1 倍，小白菜中毒死蜱超标 16.1 倍，菜豆中甲拌磷超标 12.9 倍，豇豆中毒死蜱超标 11.3 倍。

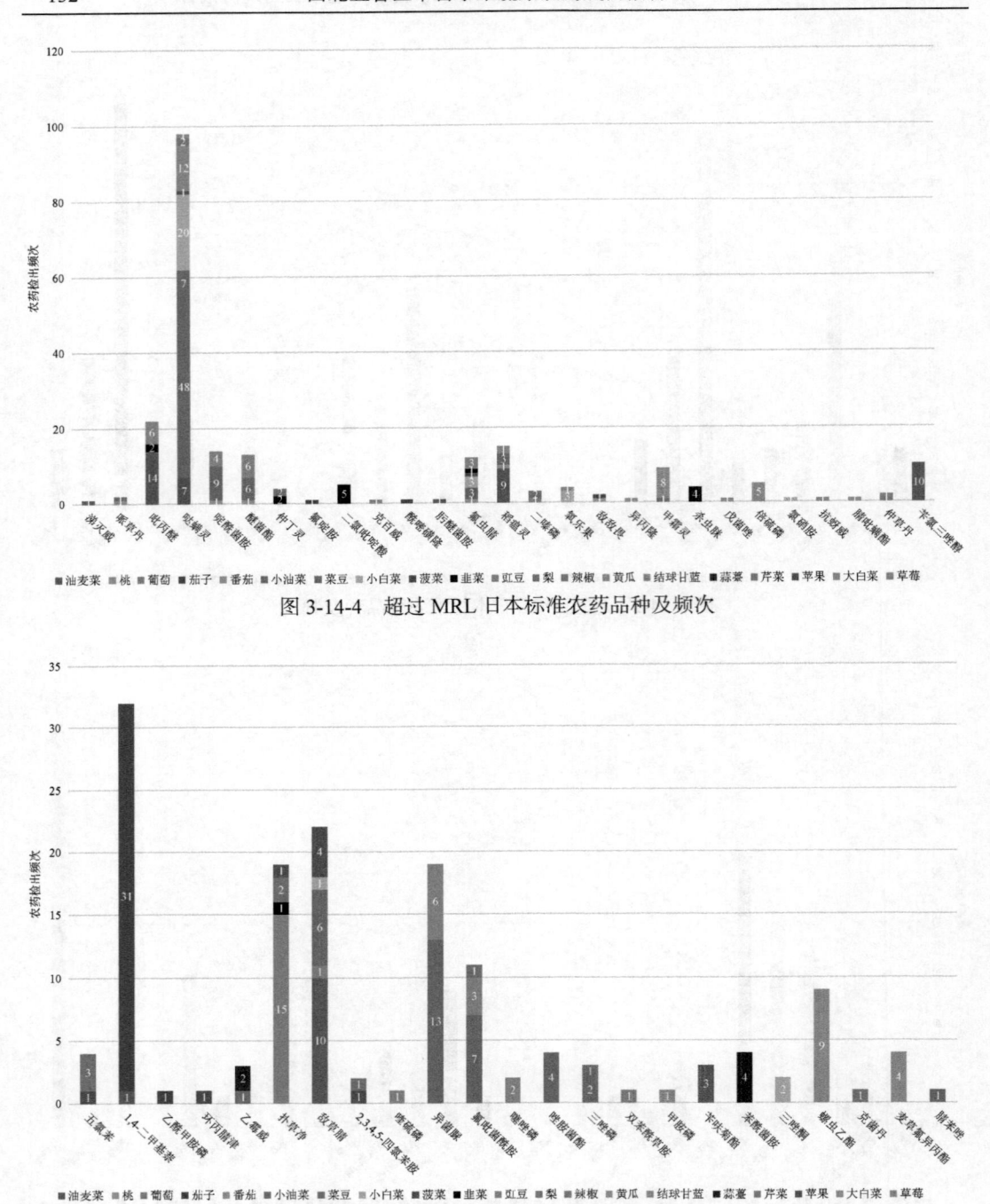

图 3-14-4　超过 MRL 日本标准农药品种及频次

图 3-14-5　超过 MRL 日本标准农药品种及频次

3.3.2.5　按 MRL 美国标准衡量

按 MRL 美国标准衡量，共有 12 种农药超标，检出 91 频次，分别为中毒农药戊唑醇、甲霜灵、氟啶胺、氯氟氰菊酯、四氟醚唑、腈菌唑、联苯菊酯、吡唑醚菌酯、毒死蜱和苯醚甲环唑，低毒农药氟吡菌酰胺，微毒农药乙螨唑。检测结果见图 3-16。

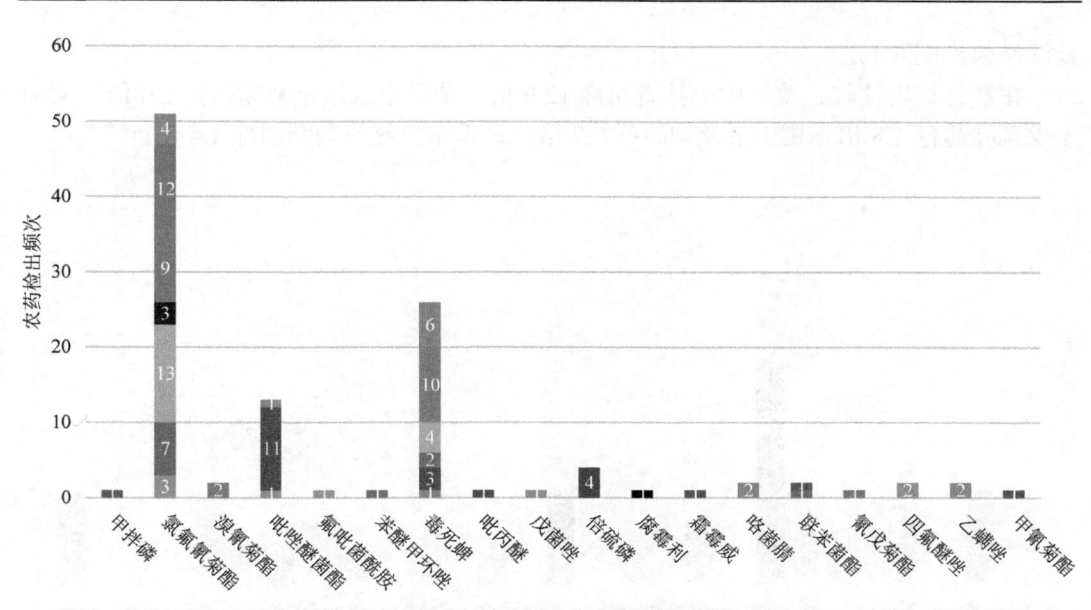

图 3-15 超过 MRL 中国香港标准农药品种及频次

按超标程度比较，苹果中毒死蜱超标 43.3 倍，桃中毒死蜱超标 26.1 倍，葡萄中四氟醚唑超标 7.1 倍，梨中毒死蜱超标 6.3 倍，茄子中联苯菊酯超标 5.9 倍。

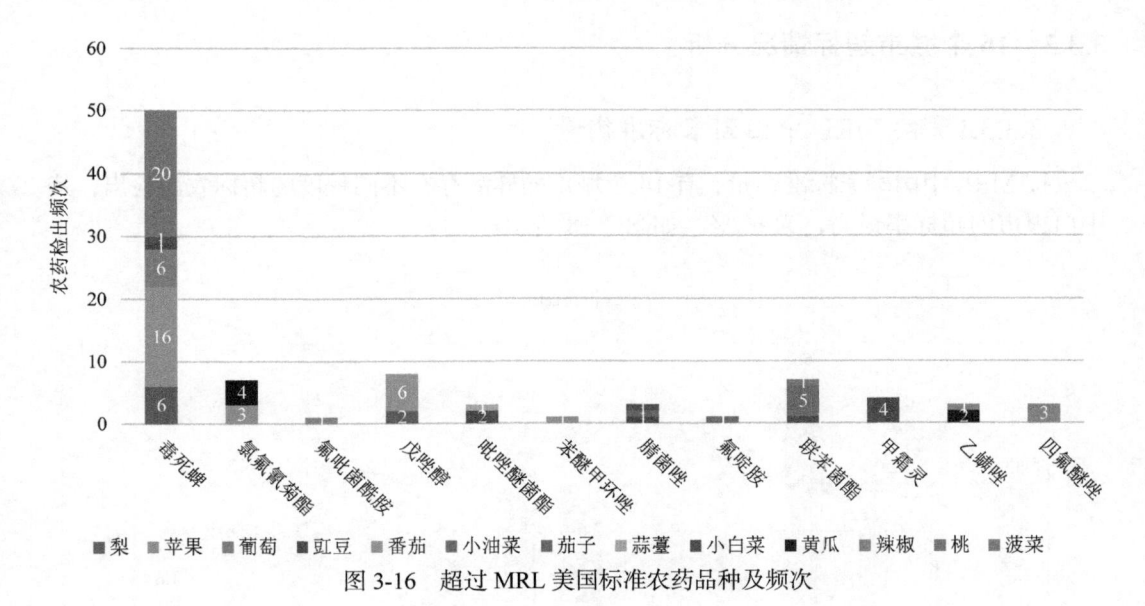

图 3-16 超过 MRL 美国标准农药品种及频次

3.3.2.6 按 MRL CAC 标准衡量

按 MRL CAC 标准衡量，共有 14 种农药超标，检出 33 频次，分别为剧毒农药甲拌磷，中毒农药溴氰菊酯、戊唑醇、氯氰菊酯、氯氟氰菊酯、腈菌唑、吡唑醚菌酯、联苯菊酯、毒死蜱和苯醚甲环唑，低毒农药氟吡菌酰胺和戊菌唑，微毒农药乙螨唑和霜霉威。

检测结果见图 3-17。

按超标程度比较，菜豆中甲拌磷超标 12.9 倍，苹果中氯氟氰菊酯超标 2.0 倍，葡萄中戊菌唑超标 1.8 倍，桃中毒死蜱超标 1.7 倍，黄瓜中氯氟氰菊酯超标 1.4 倍。

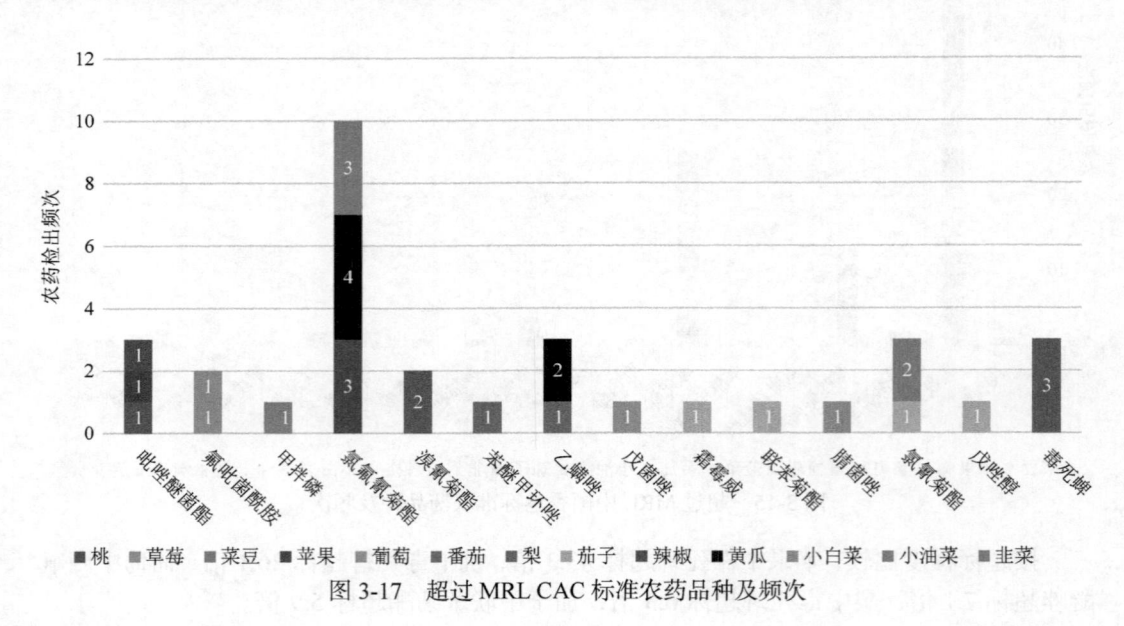

图 3-17　超过 MRL CAC 标准农药品种及频次

3.3.3　16 个城市超标情况分析

3.3.3.1　按 MRL 中国国家标准衡量

按 MRL 中国国家标准衡量，有 14 个城市的样品存在不同程度的超标农药检出，其中白银市的超标率最高，为 6.2%，如图 3-18 所示。

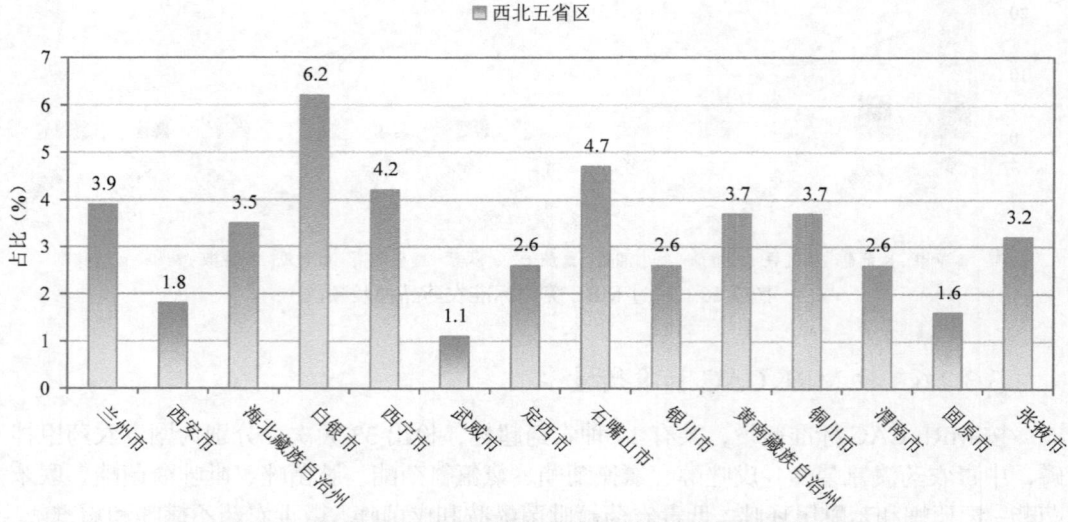

图 3-18　超过 MRL 中国国家标准水果蔬菜在不同采样点分布

3.3.3.2 按 MRL 欧盟标准衡量

按 MRL 欧盟标准衡量，有 16 个城市的样品存在不同程度的超标农药检出，其中兰州市的超标率最高，为 55.7%，如图 3-19 所示。

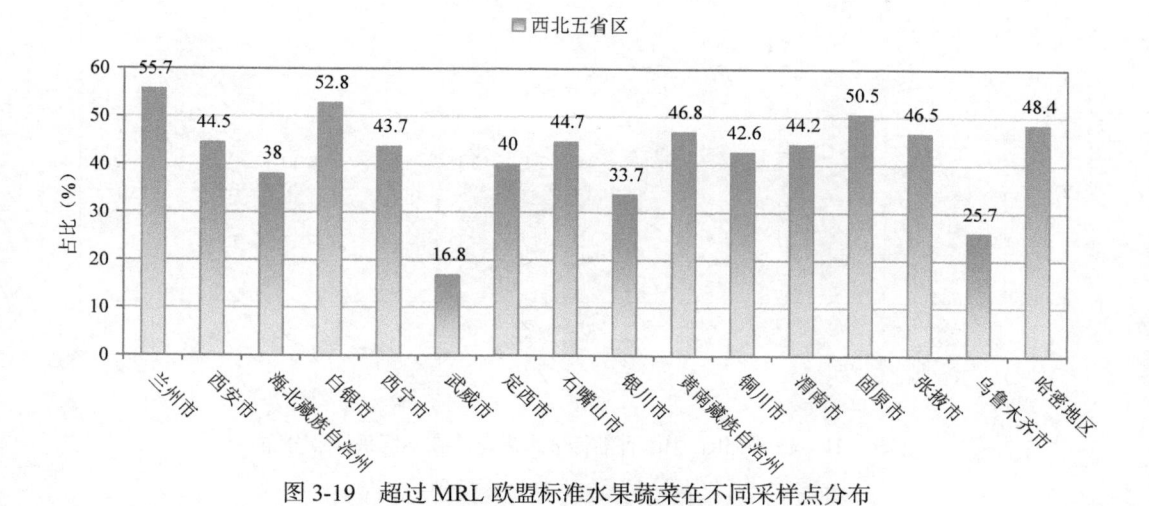

图 3-19 超过 MRL 欧盟标准水果蔬菜在不同采样点分布

3.3.3.3 按 MRL 日本标准衡量

按 MRL 日本标准衡量，有 16 个城市的样品存在不同程度的超标农药检出，其中哈密地区的超标率最高，为 46.3%，如图 3-20 所示。

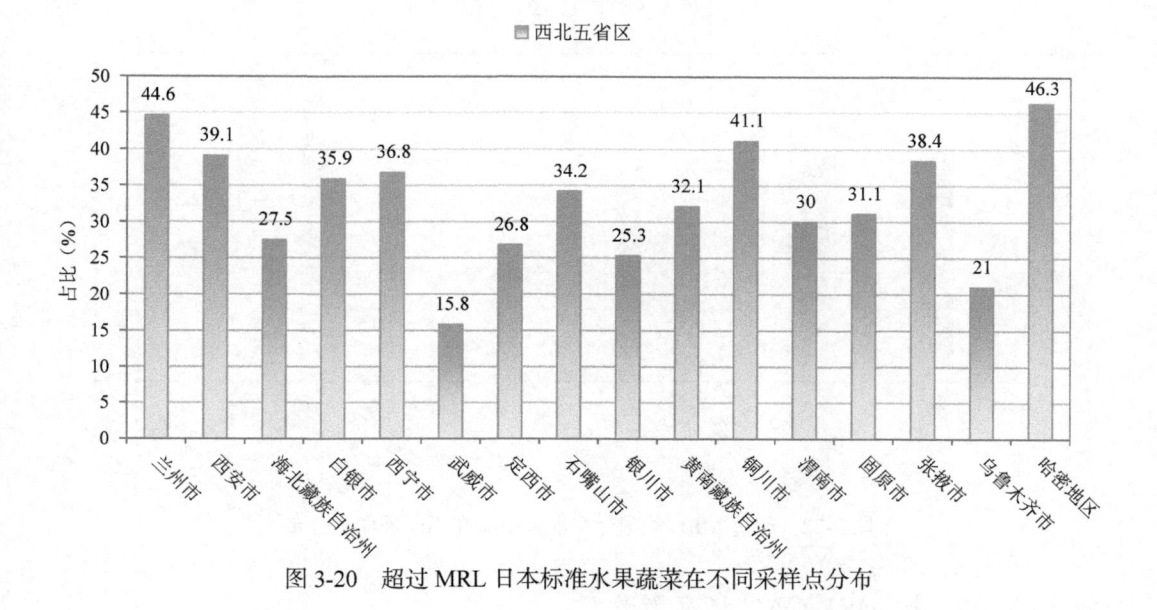

图 3-20 超过 MRL 日本标准水果蔬菜在不同采样点分布

3.3.3.4 按 MRL 中国香港标准衡量

按 MRL 中国香港标准衡量，有 16 个城市的样品存在不同程度的超标农药检出，其中乌鲁木齐市的超标率最高，为 4.8%，如图 3-21 所示。

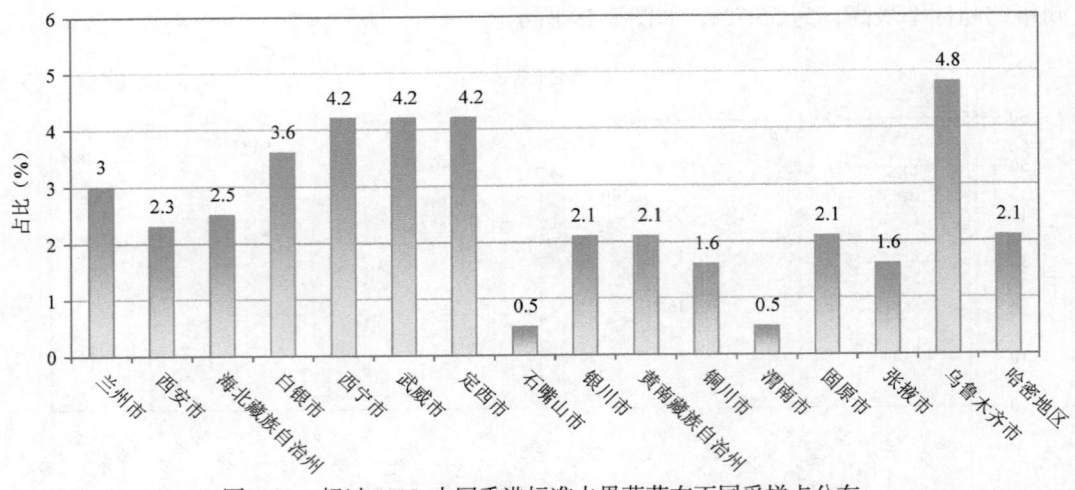

图 3-21 超过 MRL 中国香港标准水果蔬菜在不同采样点分布

3.3.3.5 按 MRL 美国标准衡量

按 MRL 美国标准衡量，有 15 个城市的样品存在不同程度的超标农药检出，其中渭南市和固原市的超标率最高，为 4.2%，如图 3-22 所示。

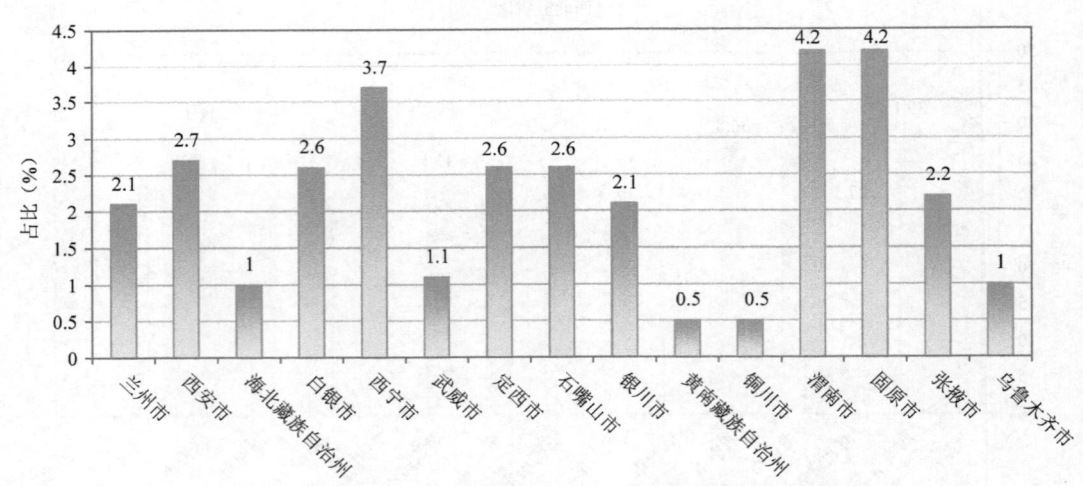

图 3-22 超过 MRL 美国标准水果蔬菜在不同采样点分布

3.3.3.6 按 MRL CAC 标准衡量

按 MRL CAC 标准衡量有 10 个城市的样品存在不同程度的超标农药检出，其中武威市、银川市、黄南藏族自治州和固原市的超标率最高，为 1.6%，如图 3-23 所示。

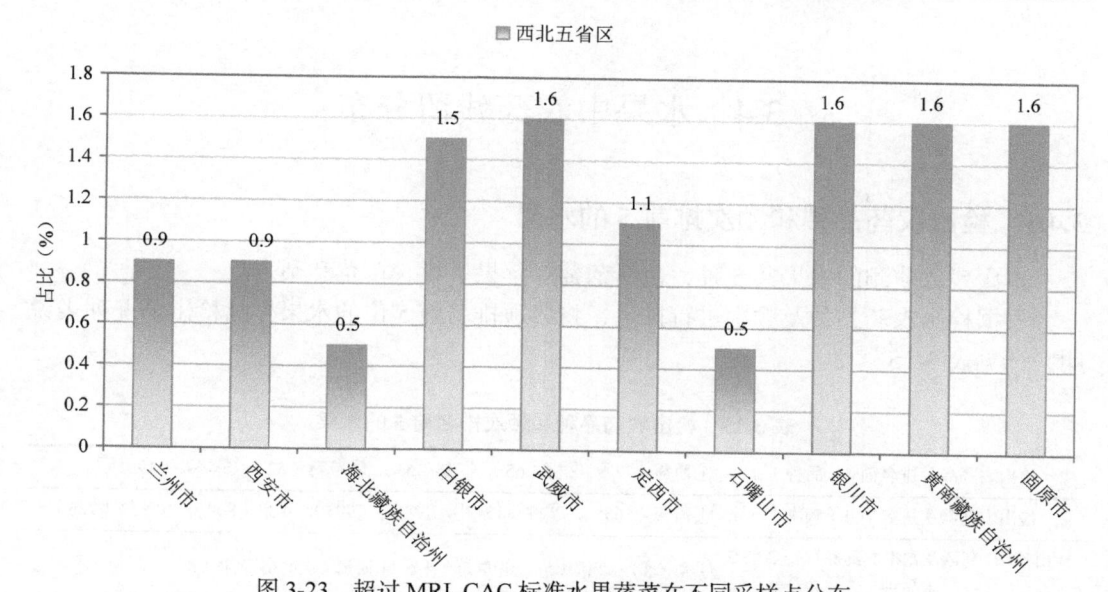

图 3-23 超过 MRL CAC 标准水果蔬菜在不同采样点分布

3.3.3.7 西北五省区 16 个城市超标农药检出率

将 16 个城市的侦测结果分别按 MRL 中国国家标准、欧盟标准、日本标准、中国香港标准、美国标准和 CAC 标准进行分析，见表 3-14。

表 3-14 16 个城市的超标农药检出率（%）

序号	城市	中国国家标准	欧盟标准	日本标准	中国香港标准	美国标准	CAC 标准
1	白银市	1.0	15.4	9.0	0.6	0.4	0.2
2	定西市	0.7	20.9	11.3	1.2	0.7	0.3
3	兰州市	0.7	20.5	15.5	0.6	0.4	0.2
4	武威市	0.3	6.8	6.7	1.1	0.5	0.4
5	张掖市	0.6	15.6	11.6	0.3	0.3	0.0
6	西宁市	0.9	13.8	9.0	0.7	0.6	0.0
7	海北藏族自治州	1.2	13.8	9.0	0.5	0.3	0.1
8	黄南藏族自治州	0.7	18.3	11.6	0.4	0.2	0.3
9	铜川市	0.9	22.2	16.9	0.4	0.1	0.0
10	渭南市	0.8	22.3	12.4	0.2	1.2	0.0
11	西安市	0.5	22.7	16.5	0.6	0.7	0.2
12	固原市	0.4	24.1	13.6	0.6	1.2	0.4
13	银川市	0.9	19.7	15.4	0.7	0.7	0.5
14	石嘴山市	1.6	28.9	19.6	0.2	0.9	0.2
15	哈密地区	0.0	15.4	10.9	0.3	0.0	0.0
16	乌鲁木齐市	0.0	16.9	10.7	1.0	0.2	0.0

3.4 水果中农药残留分布

3.4.1 检出农药品种和频次排前 5 的水果

本次残留侦测的水果共 5 种,包括葡萄、苹果、桃、草莓和梨。

根据检出农药品种及频次进行排名,将各项排名前 5 位的水果样品检出情况列表说明,详见表 3-15。

表 3-15 检出农药品种和频次排名前 5 的水果

检出农药品种排名前 5(品种)	①葡萄(72),②桃(65),③梨(53),④草莓(52),⑤苹果(49)
检出农药频次排名前 5(频次)	①葡萄(1655),②桃(1343),③草莓(993),④梨(809),⑤苹果(726)
检出禁用、高毒及剧毒农药品种排名前 5(品种)	①梨(8),②桃(5),③草莓(4),④葡萄(4),⑤苹果(3)
检出禁用、高毒及剧毒农药频次排名前 5(频次)	①桃(147),②梨(114),③苹果(100),④葡萄(31),⑤草莓(13)

3.4.2 超标农药品种和频次排前 5 的水果

鉴于欧盟和日本的 MRL 标准制定比较全面且覆盖率较高,我们参照 MRL 中国国家标准、欧盟标准和日本标准衡量水果样品中农残检出情况,将超标农药品种及频次排名前 5 的水果列表说明,详见表 3-16。

表 3-16 超标农药品种和频次排名前 5 的水果

超标农药品种排名前 5(农药品种数)	MRL 中国国家标准	①葡萄(3),②桃(3),③草莓(2),④梨(2),⑤苹果(2)
	MRL 欧盟标准	①葡萄(27),②桃(24),③苹果(19),④梨(18),⑤草莓(10)
	MRL 日本标准	①桃(25),②葡萄(15),③苹果(10),④梨(5),⑤草莓(4)
超标农药频次排名前 5(农药频次数)	MRL 中国国家标准	①苹果(4),②桃(4),③葡萄(3),④草莓(2),⑤梨(2)
	MRL 欧盟标准	①葡萄(219),②桃(155),③梨(102),④草莓(80),⑤苹果(64)
	MRL 日本标准	①葡萄(141),②桃(138),③草莓(85),④苹果(22),⑤梨(13)

通过对各品种水果样本总数及检出率进行综合分析发现,桃、草莓和葡萄的残留污染最为严重,在此,我们参照 MRL 中国国家标准、欧盟标准和日本标准对这 3 种水果的农残检出情况进行进一步分析。

3.4.3 农药残留检出率较高的水果样品分析

3.4.3.1 桃

这次共检测 200 例桃样品,全部检出了农药残留,检出率为 100.0%,检出农药共计

65种。其中毒死蜱、苯醚甲环唑、多效唑、氯氟氰菊酯和虫螨腈检出频次较高，分别检出了132、125、98、98和77次。桃中农药检出品种和频次见图3-24，检出农残超标情况见表3-17和图3-25。

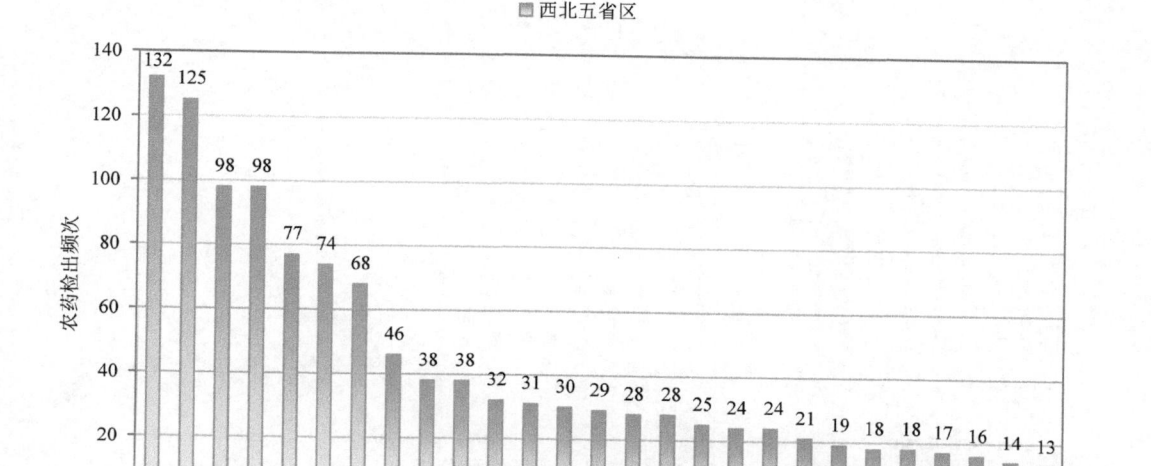

图3-24 桃样品检出农药品种和频次分析（仅列出13频次及以上的数据）

表3-17 桃中农药残留超标情况明细表

样品总数 200		检出农药样品数 200	样品检出率（%） 100	检出农药品种总数 65
	超标农药品种	超标农药频次	按照MRL中国国家标准、欧盟标准和日本标准衡量超标农药名称及频次	
中国国家标准	3	4	溴氰菊酯（2），敌敌畏（1），克百威（1）	
欧盟标准	24	155	虫螨腈（32），腐霉利（17），联苯菊酯（15），毒死蜱（14），灭幼脲（14），多效唑（10），甲氰菊酯（8），炔螨特（7），噻嗪酮（6），敌敌畏（5），灭菌丹（4），8-羟基喹啉（3），咪鲜胺（3），异丙威（3），异菌脲（3），氟硅唑（2），克百威（2），吡唑醚菌酯（1），二苯胺（1），哌草丹（1），氰戊菊酯（1），威杀灵（1），增效醚（1），唑虫酰胺（1）	
日本标准	25	138	吡唑醚菌酯（24），螺螨酯（19），虫螨腈（14），灭幼脲（14），茚虫威（11），联苯菊酯（9），多效唑（7），灭菌丹（7），溴氰菊酯（5），溴氰虫酰胺（4），8-羟基喹啉（3），咪鲜胺（3），炔螨特（3），异丙威（3），氟硅唑（2），苯醚甲环唑（1），敌敌畏（1），啶酰菌胺（1），毒死蜱（1），二苯胺（1），嘧菌酯（1），哌草丹（1），威杀灵（1），乙螨唑（1），乙嘧酚磺酸酯（1）	

3.4.3.2 草莓

这次共检测200例草莓样品，199例样品中检出了农药残留，检出率为99.5%，检

图 3-25 桃样品中超标农药分析

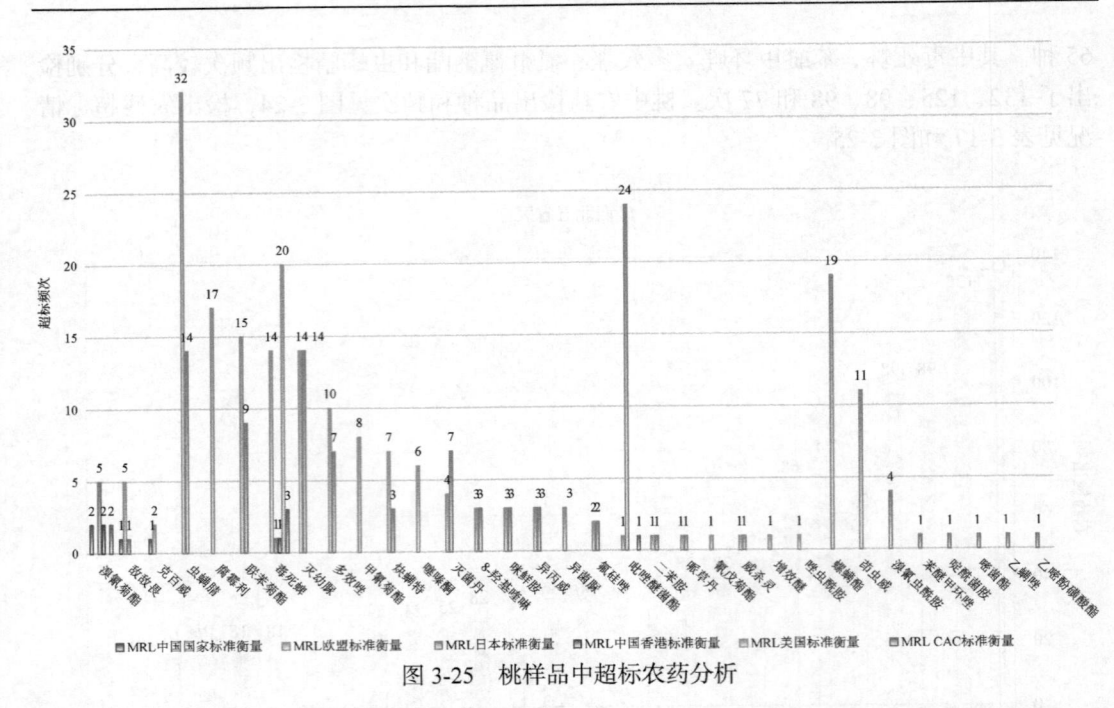

出农药共计 52 种。其中乙螨唑、乙嘧酚磺酸酯、腈菌唑、己唑醇和乙氧喹啉检出频次较高，分别检出了 98、93、92、88 和 88 次。草莓中农药检出品种和频次见图 3-26，检出农残超标情况见表 3-18 和图 3-27。

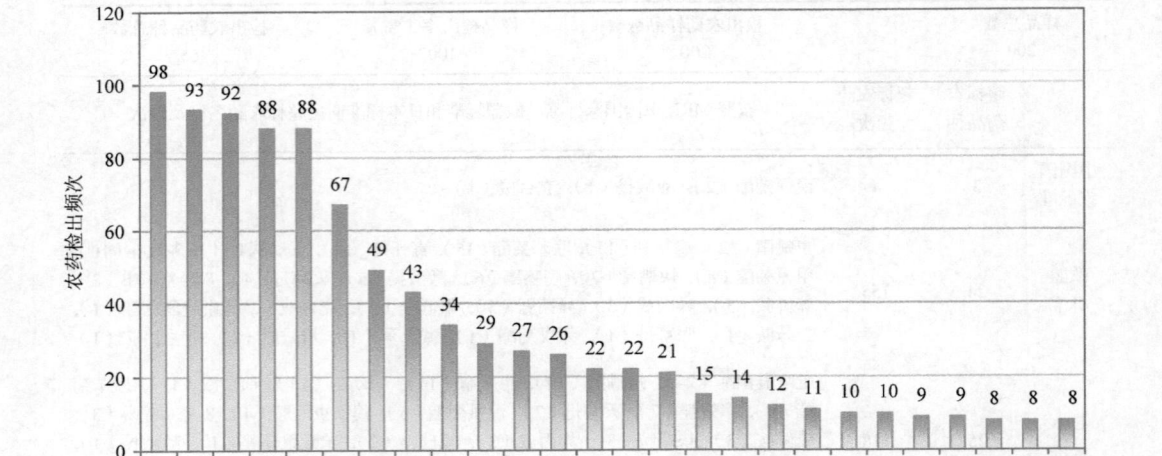

图 3-26 草莓样品检出农药品种和频次分析（仅列出 8 频次及以上的数据）

表 3-18 草莓中农药残留超标情况明细表

样品总数 200		检出农药样品数 199	样品检出率（%） 99.5	检出农药品种总数 52
	超标农药品种	超标农药频次	按照 MRL 中国国家标准、欧盟标准和日本标准衡量超标农药名称及频次	
中国国家标准	2	2	氟吡菌酰胺（1），氧乐果（1）	
欧盟标准	10	80	己唑醇（47），戊唑醇（16），杀螟丹（7），腐霉利（3），多效唑（2），吡唑萘菌胺（1），噁霜灵（1），腈吡螨酯（1），氧乐果（1），异菌脲（1）	
日本标准	4	85	己唑醇（47），戊唑醇（19），乙嘧酚磺酸酯（17），多效唑（2）	

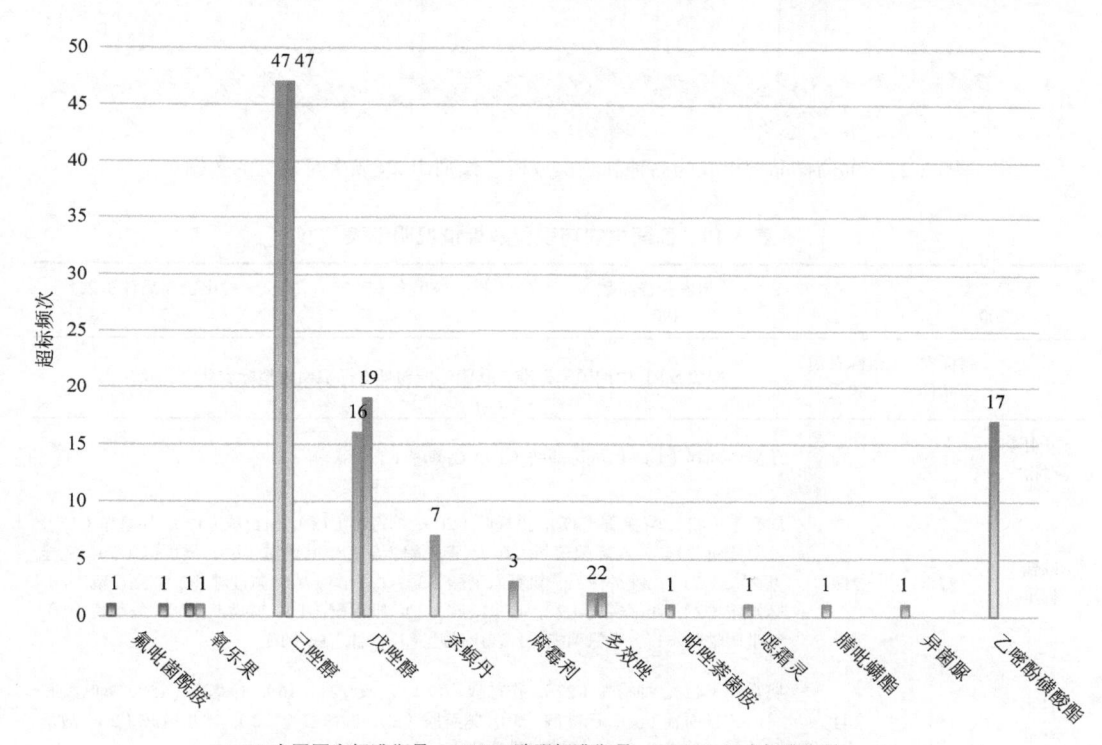

图 3-27 草莓样品中超标农药分析

3.4.3.3 葡萄

这次共检测 200 例葡萄样品，192 例样品中检出了农药残留，检出率为 96.0%，检出农药共计 72 种。其中嘧霉胺、烯酰吗啉、苯醚甲环唑、腐霉利和氟吡菌酰胺检出频次较高，分别检出了 106、106、105、97 和 78 次。葡萄中农药检出品种和频次见图 3-28，检出农残超标情况见表 3-19 和图 3-29。

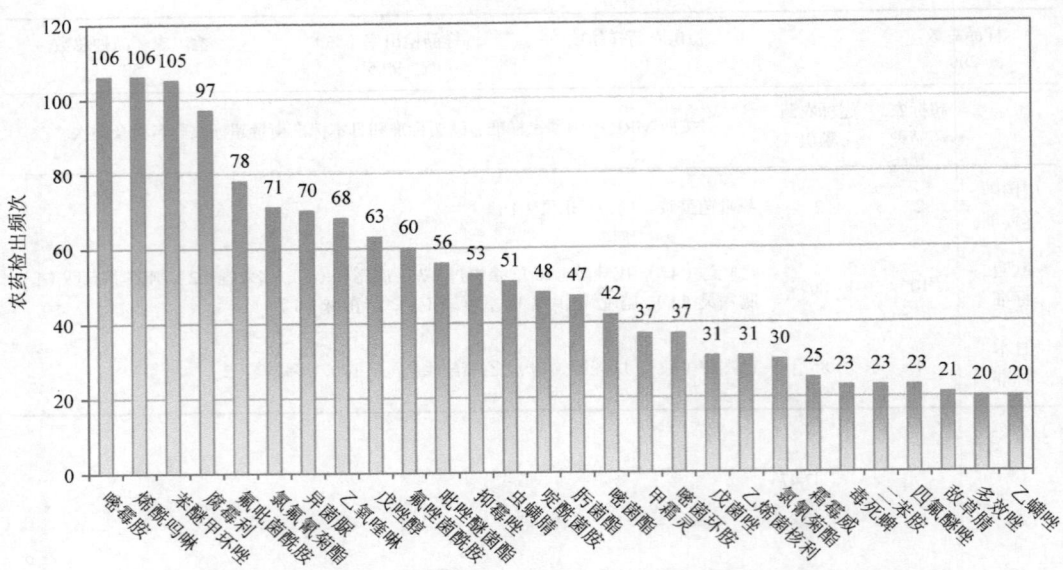

图 3-28 葡萄样品检出农药品种和频次分析（仅列出 20 频次及以上的数据）

表 3-19 葡萄中农药残留超标情况明细表

样品总数 200		检出农药样品数 192	样品检出率（%） 96	检出农药品种总数 72
	超标农药品种	超标农药频次	按照 MRL 中国国家标准、欧盟标准和日本标准衡量超标农药名称及频次	
中国国家标准	3	3	苯醚甲环唑（1），氟吡菌酰胺（1），戊菌唑（1）	
欧盟标准	27	219	腐霉利（42），异菌脲（37），虫螨腈（20），抑霉唑（18），霜霉威（17），扑草净（15），乙氧喹啉（14），乙烯菌核利（10），毒死蜱（6），噻呋酰胺（6），异丙威（5），吡唑萘菌胺（3），己唑醇（3），氯氟氰菊酯（3），戊唑醇（3），氟硅唑（2），克百威（2），咪鲜胺（2），四氟醚唑（2），唑虫酰胺（2），吡丙醚（1），哒螨灵（1），敌草腈（1），氟吡菌酰胺（1），甲氰菊酯（1），戊菌唑（1），仲丁威（1）	
日本标准	15	141	腐霉利（42），抑霉唑（27），霜霉威（17），乙氧喹啉（16），扑草净（15），噻呋酰胺（6），异丙威（5），己唑醇（3），咪鲜胺（2），四氟醚唑（2），唑虫酰胺（2），敌草腈（1），戊菌唑（1），乙嘧酚磺酸酯（1），仲丁威（1）	

3.5 蔬菜中农药残留分布

3.5.1 检出农药品种和频次排前 10 的蔬菜

本次残留侦测的蔬菜共 15 种，包括结球甘蓝、辣椒、韭菜、蒜薹、小白菜、油麦菜、芹菜、小油菜、大白菜、番茄、茄子、黄瓜、菠菜、豇豆和菜豆。

第 3 章 GC-Q-TOF/MS 侦测西北五省区市售水果蔬菜农药残留报告

图 3-29 葡萄样品中超标农药分析

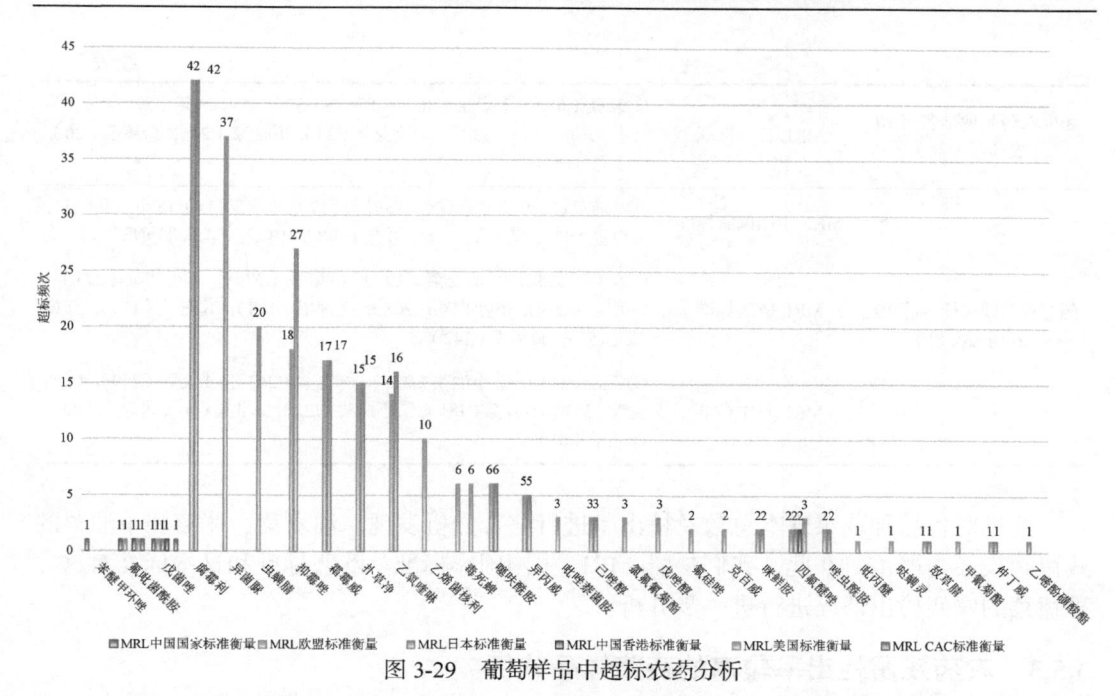

根据检出农药品种及频次进行排名，将各项排名前 10 位的蔬菜样品检出情况列表说明，详见表 3-20。

表 3-20 检出农药品种和频次排名前 10 的蔬菜

检出农药品种排名前 10（品种）	①芹菜（103），②豇豆（92），③辣椒（74），④油麦菜（74），⑤小油菜（73），⑥黄瓜（72），⑦茄子（71），⑧菜豆（70），⑨小白菜（69），⑩菠菜（63）
检出农药频次排名前 10（频次）	①油麦菜（1757），②蒜薹（1478），③芹菜（1410），④豇豆（1229），⑤小油菜（1094），⑥黄瓜（1064），⑦茄子（928），⑧辣椒（913），⑨韭菜（842），⑩小白菜（772）
检出禁用、高毒及剧毒农药品种排名前 10（品种）	①芹菜（13），②小白菜（12），③茄子（10），④豇豆（9），⑤菠菜（8），⑥韭菜（8），⑦小油菜（8），⑧菜豆（7），⑨黄瓜（6），⑩辣椒（6）
检出禁用、高毒及剧毒农药频次排名前 10（频次）	①芹菜（126），②韭菜（75），③茄子（73），④菠菜（63），⑤蒜薹（53），⑥小白菜（48），⑦辣椒（41），⑧油麦菜（37），⑨豇豆（35），⑩小油菜（33）

3.5.2 超标农药品种和频次排前 10 的蔬菜

鉴于欧盟和日本的 MRL 标准制定比较全面且覆盖率较高，我们参照 MRL 中国国家标准、欧盟标准和日本标准衡量蔬菜样品中农残检出情况，将超标农药品种及频次排名前 10 的蔬菜列表说明，详见表 3-21。

表 3-21 超标农药品种和频次排名前 10 的蔬菜

超标农药品种排名前 10（农药品种数）	MRL 中国国家标准	①茄子（8），②豇豆（6），③菠菜（5），④韭菜（5），⑤芹菜（5），⑥小白菜（5），⑦小油菜（5），⑧菜豆（4），⑨辣椒（3），⑩黄瓜（2）
	MRL 欧盟标准	①芹菜（53），②小油菜（48），③豇豆（44），④菠菜（38），⑤油麦菜（38），⑥小白菜（37），⑦辣椒（34），⑧菜豆（30），⑨蒜薹（28），⑩茄子（26）

续表

超标农药品种排名前 10（农药品种数）	MRL 日本标准	①豇豆（65），②菜豆（46），③芹菜（39），④小油菜（39），⑤菠菜（32），⑥小白菜（32），⑦油麦菜（25），⑧韭菜（24），⑨辣椒（20），⑩蒜薹（20）
超标农药频次排名前 10（农药频次数）	MRL 中国国家标准	①小白菜（22），②韭菜（20），③芹菜（17），④蒜薹（14），⑤小油菜（13），⑥豇豆（12），⑦菠菜（10），⑧茄子（8），⑨菜豆（4），⑩黄瓜（3）
	MRL 欧盟标准	①蒜薹（555），②油麦菜（497），③豇豆（279），④小油菜（273），⑤芹菜（268），⑥小白菜（208），⑦辣椒（178），⑧茄子（176），⑨黄瓜（152），⑩菜豆（142）
	MRL 日本标准	①豇豆（443），②小油菜（275），③蒜薹（263），④菜豆（259），⑤油麦菜（257），⑥芹菜（181），⑦小白菜（122），⑧韭菜（96），⑨菠菜（90），⑩茄子（85）

通过对各品种蔬菜样本总数及检出率进行综合分析发现，油麦菜、芹菜和小油菜的残留污染最为严重，在此，我们参照 MRL 中国国家标准、欧盟标准和日本标准对这 3 种蔬菜的农残检出情况进行进一步分析。

3.5.3　农药残留检出率较高的蔬菜样品分析

3.5.3.1　油麦菜

这次共检测 200 例油麦菜样品，197 例样品中检出了农药残留，检出率为 98.5%，检出农药共计 74 种。其中烯酰吗啉、腐霉利、丙环唑、虫螨腈和甲霜灵检出频次较高，分别检出了 143、108、80、76 和 74 次。油麦菜中农药检出品种和频次见图 3-30，检出农残超标情况见表 3-22 和图 3-31。

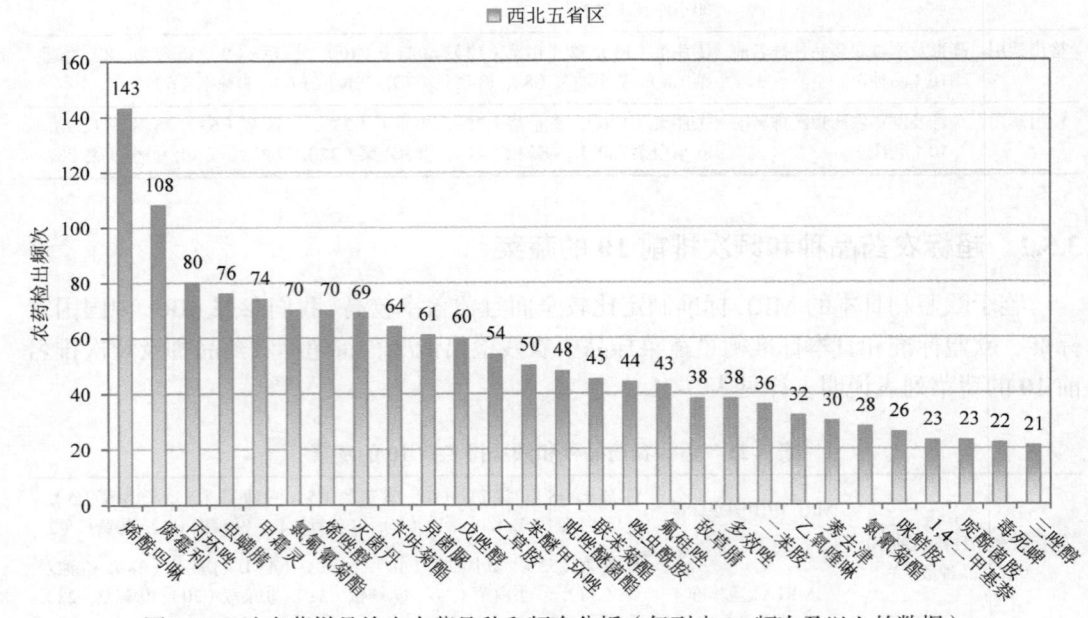

图 3-30　油麦菜样品检出农药品种和频次分析（仅列出 21 频次及以上的数据）

表 3-22　油麦菜中农药残留超标情况明细表

样品总数 200		检出农药样品数 197	样品检出率（%） 98.5	检出农药品种总数 74
	超标农药品种	超标农药频次	按照 MRL 中国国家标准、欧盟标准和日本标准衡量超标农药名称及频次	
中国国家标准	0	0		
欧盟标准	38	497	丙环唑（66），虫螨腈（62），烯唑醇（51），苄呋菊酯（35），唑虫酰胺（35），联苯菊酯（31），氟硅唑（26），腐霉利（23），多效唑（17），己唑醇（16），氯氟氰菊酯（16），吡丙醚（12），异菌脲（11），苄氯三唑醇（10），敌草腈（10），百菌清（9），稻瘟灵（9），噁霜灵（8），哒螨灵（7），醚菌酯（6），8-羟基喹啉（4），氟酰脲（4），五氯苯甲腈（4），灭菌丹（3），三唑醇（3），烯效唑（3），甲氰菊酯（2），戊唑醇（2），乙霉威（2），乙烯菌核利（2），1,4-二甲基萘（1），丙溴磷（1），氯菊酯（1），灭除威（1），噻呋酰胺（1），噻唑磷（1），肟醚菌胺（1），莠去津（1）	
日本标准	25	257	丙环唑（66），烯唑醇（51），氟硅唑（26），多效唑（17），己唑醇（16），吡丙醚（14），苄氯三唑醇（10），敌草腈（10），稻瘟灵（9），哒螨灵（7），8-羟基喹啉（4），百菌清（4），五氯苯甲腈（4），苄呋菊酯（3），烯效唑（3），甲氰菊酯（2），乙氧喹啉（2），莠去津（2），1,4-二甲基萘（1），丙溴磷（1），噁草酮（1），氟酰脲（1），灭除威（1），噻呋酰胺（1），肟醚菌胺（1）	

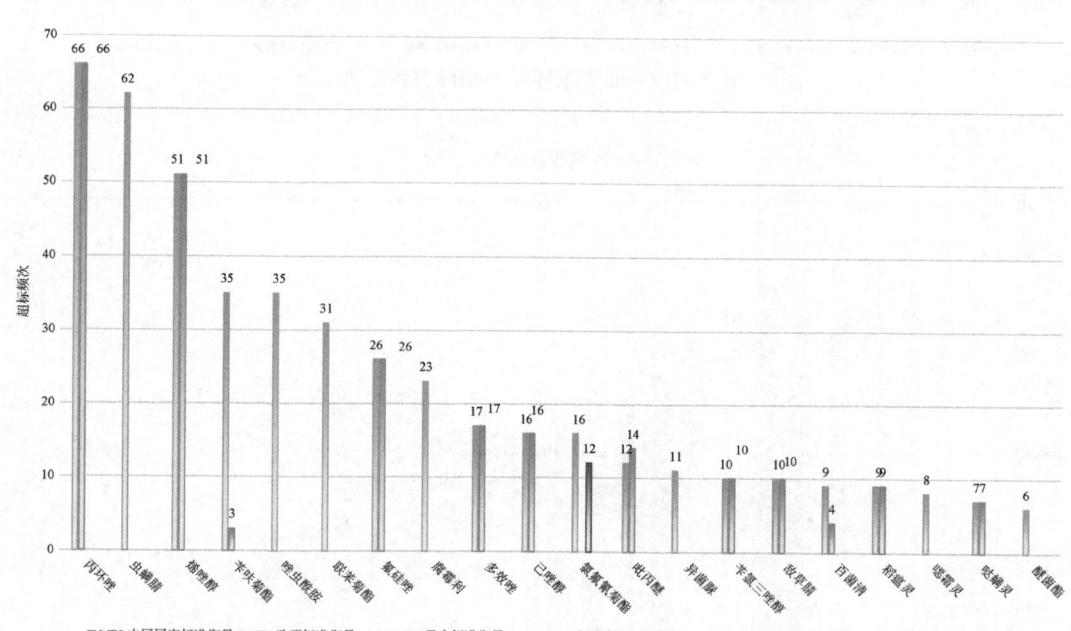

图 3-31-1　油麦菜样品中超标农药分析

3.5.3.2　芹菜

这次共检测 200 例芹菜样品，196 例样品中检出了农药残留，检出率为 98.0%，检出农药共计 103 种。其中二甲戊灵、乙草胺、烯酰吗啉、苯醚甲环唑和毒死蜱检出频次较高，分别检出了 84、84、83、73 和 71 次。芹菜中农药检出品种和频次见图 3-32，检出农残超标情况见表 3-23 和图 3-33。

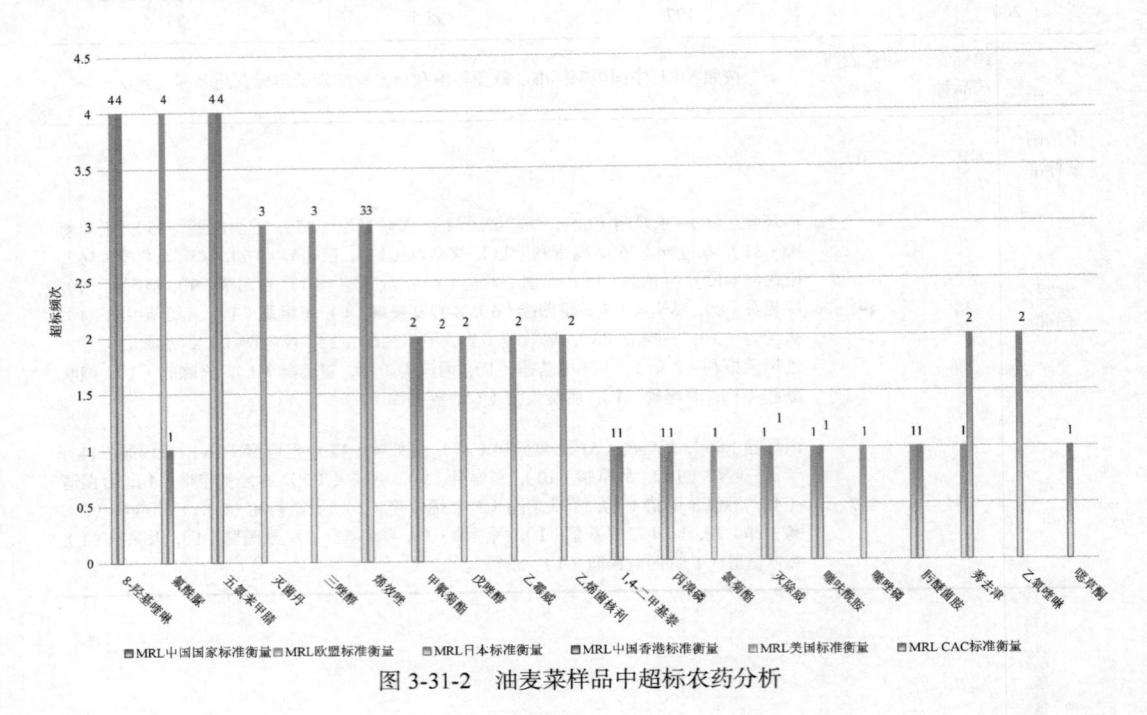

图 3-31-2　油麦菜样品中超标农药分析

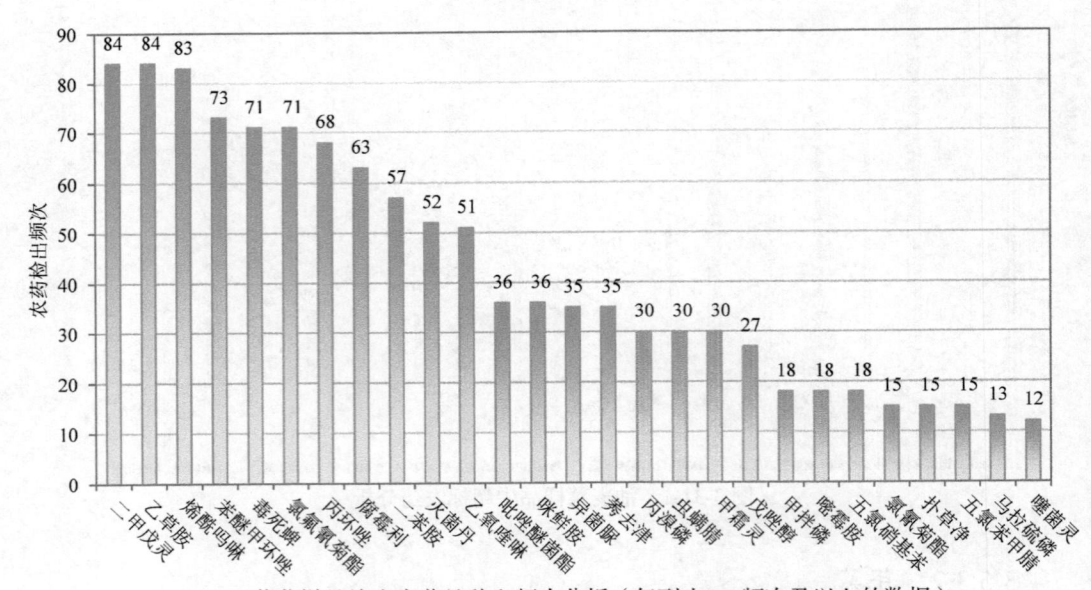

图 3-32　芹菜样品检出农药品种和频次分析（仅列出 12 频次及以上的数据）

表 3-23 芹菜中农药残留超标情况明细表

样品总数 200			检出农药样品数 196	样品检出率（%） 98	检出农药品种总数 103
	超标农药品种	超标农药频次	按照 MRL 中国国家标准、欧盟标准和日本标准衡量超标农药名称及频次		
中国国家标准	5	17	毒死蜱（6）、甲拌磷（6）、甲基异柳磷（2）、克百威（2）、腈菌唑（1）		
欧盟标准	53	268	丙环唑（41）、毒死蜱（18）、腐霉利（15）、氯氰菊酯（15）、丙溴磷（13）、虫螨腈（13）、甲霜灵（12）、噻菌灵（12）、咪鲜胺（8）、嘧霉胺（8）、异菌脲（8）、五氯硝基苯（7）、甲拌磷（6）、三唑醇（6）、氟硅唑（5）、联苯菊酯（5）、烯唑醇（5）、8-羟基喹啉（4）、二嗪磷（4）、异丙威（4）、仲丁威（4）、马拉硫磷（3）、霜霉威（3）、四氢吩胺（3）、五氯苯（3）、哒螨灵（2）、啶氧菌酯（2）、二苯胺（2）、甲基异柳磷（2）、克百威（2）、六氯苯（2）、氯氟氰菊酯（2）、灭菌丹（2）、扑草净（2）、氰戊菊酯（2）、三唑酮（2）、四氯硝基苯（2）、五氯苯甲腈（2）、乙烯菌核利（2）、仲丁灵（2）、2,3,4,5-四氯苯胺（1）、多效唑（1）、噁霜灵（1）、氟吡菌酰胺（1）、腈菌唑（1）、螺螨酯（1）、炔螨特（1）、戊唑醇（1）、烯效唑（1）、乙氧喹啉（1）、莠去津（1）、增效醚（1）、唑虫酰胺（1）		
日本标准	39	181	乙氧喹啉（31）、二甲戊灵（21）、腐霉利（15）、丙溴磷（13）、嘧霉胺（8）、灭菌丹（8）、毒死蜱（6）、异丙甲草胺（6）、氟硅唑（5）、联苯菊酯（5）、烯唑醇（5）、8-羟基喹啉（4）、异丙威（4）、仲丁威（4）、四氢吩胺（3）、五氯苯（3）、五氯硝基苯（3）、戊唑醇（3）、哒螨灵（2）、啶氧菌酯（2）、二苯胺（2）、二嗪磷（2）、甲基异柳磷（2）、腈菌唑（2）、六氯苯（2）、扑草净（2）、霜霉威（2）、五氯苯甲腈（2）、乙烯菌核利（2）、莠去津（2）、仲丁灵（2）、2,3,4,5-四氯苯胺（1）、多效唑（1）、氟吡菌酰胺（1）、克菌丹（1）、螺螨酯（1）、炔螨特（1）、四氯硝基苯（1）、烯效唑（1）		

图 3-33-1 芹菜样品中超标农药分析

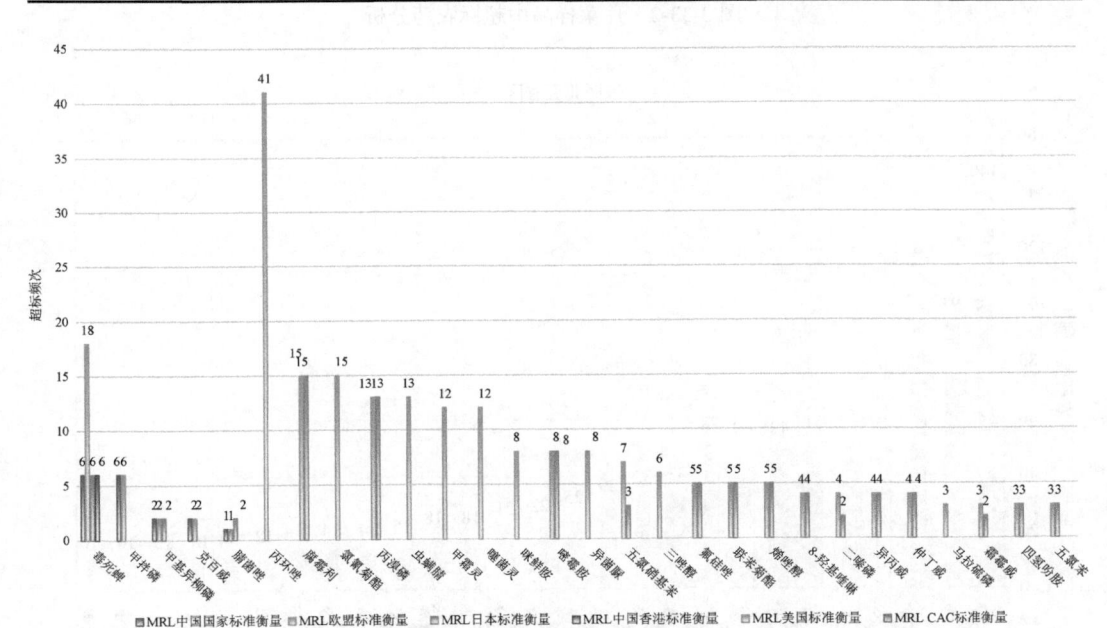

3.5.3.3 小油菜

这次共检测 200 例小油菜样品，196 例样品中检出了农药残留，检出率为 98.0%，检出农药共计 73 种。其中烯酰吗啉、乙氧喹啉、氯氟氰菊酯、虫螨腈和二苯胺检出频次较高，分别检出了 140、93、85、69 和 53 次。小油菜中农药检出品种和频次见图 3-34，检出农残超标情况见表 3-24 和图 3-35。

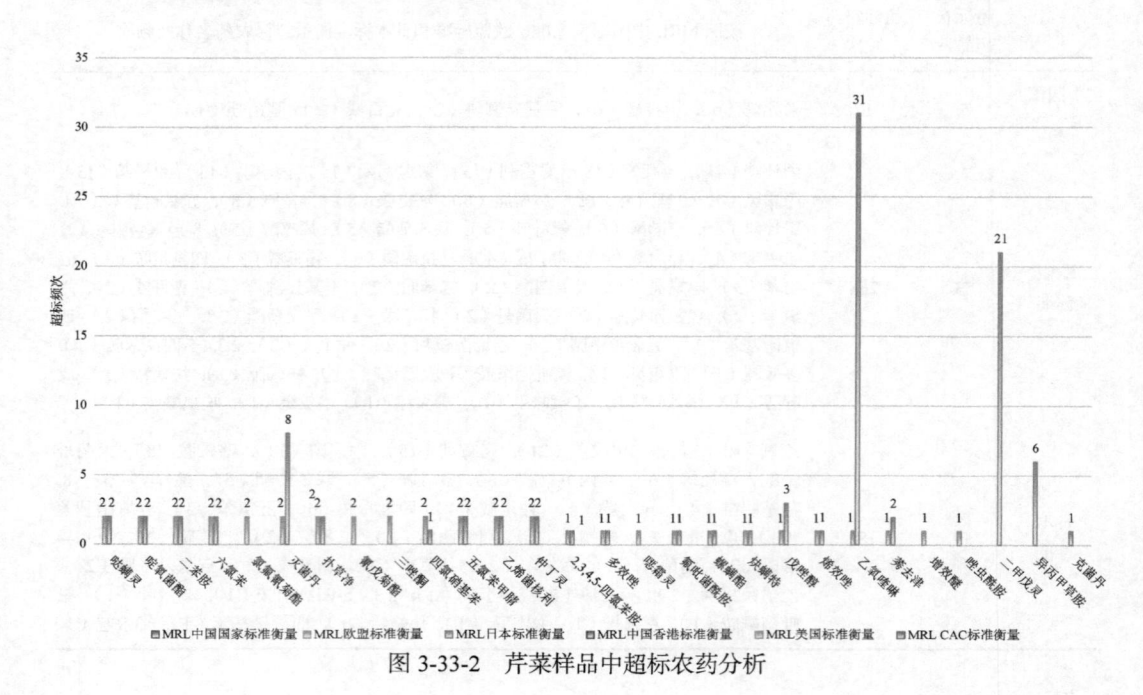

图 3-33-2 芹菜样品中超标农药分析

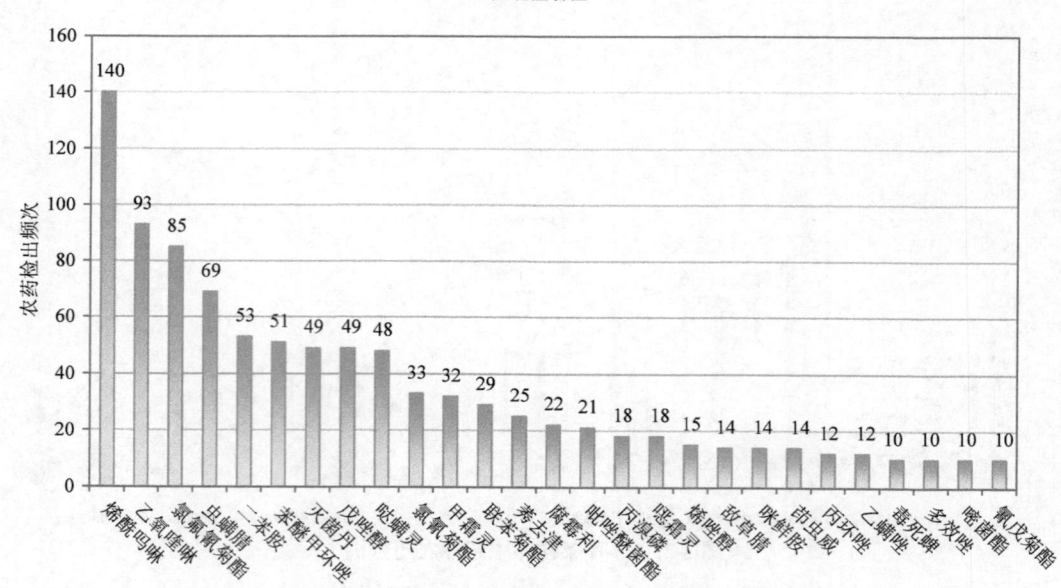

图 3-34 小油菜样品检出农药品种和频次分析（仅列出 10 频次及以上的数据）

第3章 GC-Q-TOF/MS 侦测西北五省区市售水果蔬菜农药残留报告

表 3-24 小油菜中农药残留超标情况明细表

样品总数 200		检出农药样品数 196	样品检出率（%） 98	检出农药品种总数 73
	超标农药品种	超标农药频次	按照 MRL 中国国家标准、欧盟标准和日本标准衡量超标农药名称及频次	
中国国家标准	5	13	毒死蜱（5），氟虫腈（3），甲拌磷（2），三唑磷（2），涕灭威（1）	
欧盟标准	48	273	哒螨灵（48），虫螨腈（44），戊唑醇（19），噁霜灵（13），联苯菊酯（11），丙溴磷（10），咪鲜胺（10），氯氟氰菊酯（9），氰戊菊酯（8），敌草腈（6），粉唑醇（6），丙环唑（5），毒死蜱（5），灭菌丹（5），烯唑醇（5），氟硅唑（4），腐霉利（4），己唑醇（4），溴氰虫酰胺（4），唑胺菌酯（4），8-羟基喹啉（3），多效唑（3），二苯胺（3），氟虫腈（3），甲霜灵（3），炔螨特（3），三唑醇（3），溴氰菊酯（3），甲拌磷（2），噻呋酰胺（2），三唑磷（2），异丙威（2），唑虫酰胺（2），吡丙醚（1），吡唑醚菌酯（1），腈苯唑（1），联苯三唑醇（1），氯氰菊酯（1），灭除威（1），三苯锡（1），三唑酮（1），涕灭威（1），五氯硝基苯（1），烯效唑（1），乙螨唑（1），乙氧喹啉（1），异菌脲（1），莠去津（1）	
日本标准	39	275	苯醚甲环唑（48），哒螨灵（48），戊唑醇（24），吡唑醚菌酯（21），乙氧喹啉（15），茚虫威（14），丙溴磷（10），咪鲜胺（10），敌草腈（6），粉唑醇（6），灭菌丹（6），烯唑醇（5），氟硅唑（4），腐霉利（4），己唑醇（4），溴氰虫酰胺（4），唑胺菌酯（4），8-羟基喹啉（3），多效唑（3），二苯胺（3），氟虫腈（3），氯氟氰菊酯（3），炔螨特（3），肟菌酯（3），甲拌磷（2），噻呋酰胺（2），三唑磷（2），异丙威（2），莠去津（2），唑虫酰胺（2），丙环唑（1），腈苯唑（1），灭除威（1），霜霉威（1），涕灭威（1），五氯硝基苯（1），烯效唑（1），乙螨唑（1），抑霉唑（1）	

图 3-35-1 小油菜样品中超标农药分析

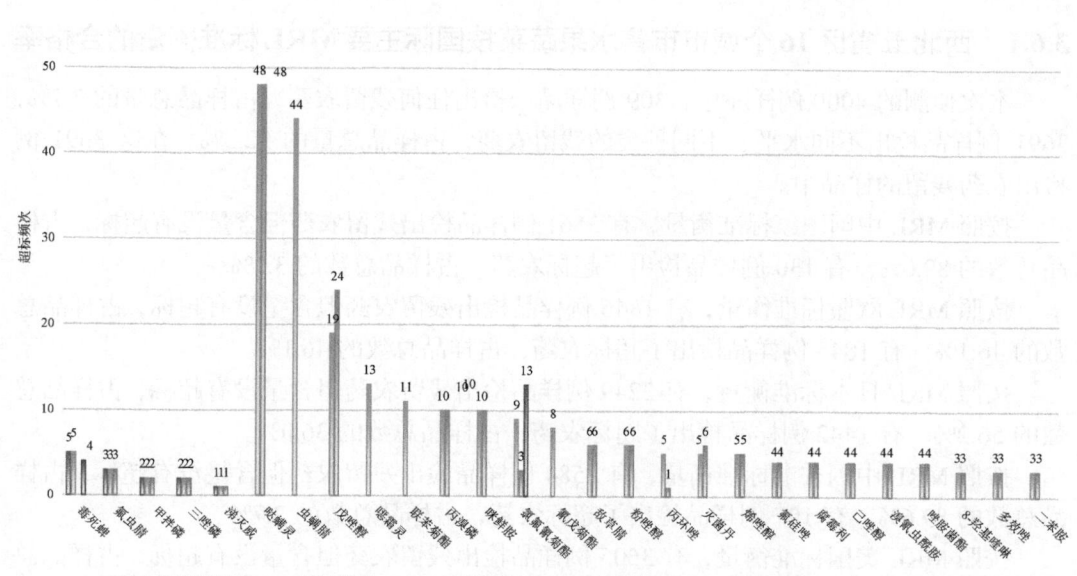

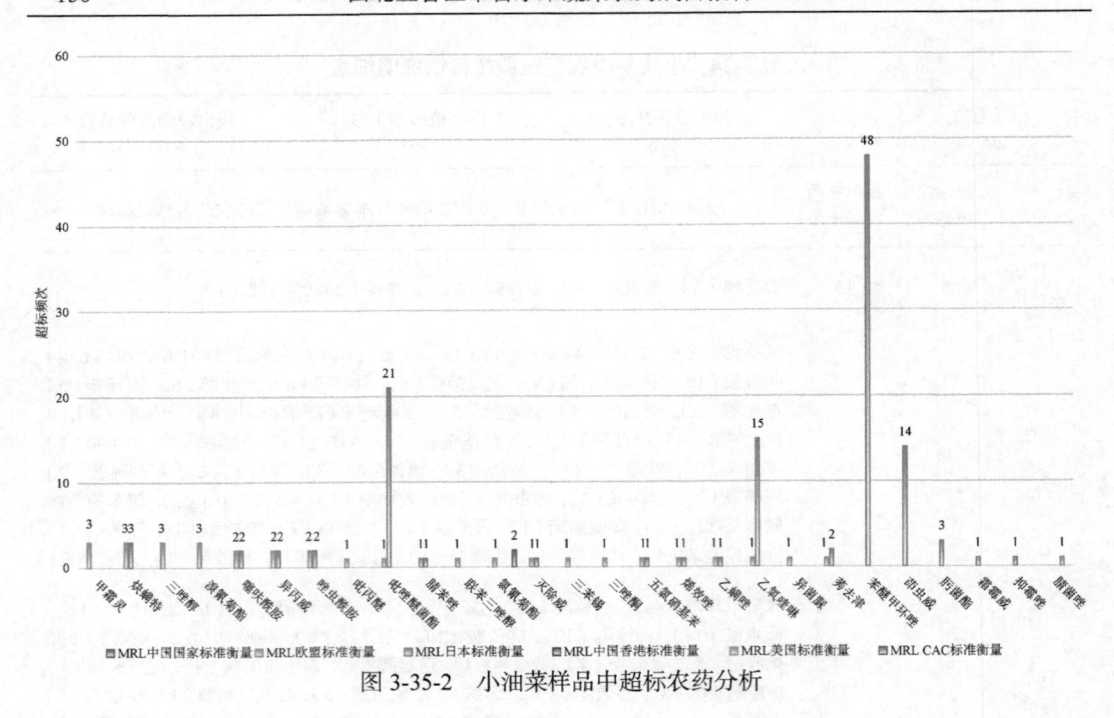

图 3-35-2 小油菜样品中超标农药分析

3.6 初 步 结 论

3.6.1 西北五省区 16 个城市市售水果蔬菜按国际主要 MRL 标准衡量的合格率

本次侦测的 4000 例样品中，309 例样品未检出任何残留农药，占样品总量的 7.7%，3691 例样品检出不同水平、不同种类的残留农药，占样品总量的 92.3%。在这 3691 例检出农药残留的样品中。

按照 MRL 中国国家标准衡量，有 3561 例样品检出残留农药但含量没有超标，占样品总数的 89.0%，有 130 例样品检出了超标农药，占样品总数的 3.2%。

按照 MRL 欧盟标准衡量，有 1846 例样品检出残留农药但含量没有超标，占样品总数的 46.1%，有 1845 例样品检出了超标农药，占样品总数的 46.1%。

按照 MRL 日本标准衡量，有 2249 例样品检出残留农药但含量没有超标，占样品总数的 56.2%，有 1442 例样品检出了超标农药，占样品总数的 36.0%。

按照 MRL 中国香港标准衡量，有 3584 例样品检出残留农药但含量没有超标，占样品总数的 89.6%，有 107 例样品检出了超标农药，占样品总数的 2.7%。

按照 MRL 美国标准衡量，有 3605 例样品检出残留农药但含量没有超标，占样品总数的 90.1%，有 86 例样品检出了超标农药，占样品总数的 2.1%。

按照 MRL CAC 标准衡量，有 3658 例样品检出残留农药但含量没有超标，占样品总数的 91.5%，有 33 例样品检出了超标农药，占样品总数的 0.8%。

3.6.2 水果蔬菜中检出农药以中低微毒农药为主，占市场主体的 90.5%

这次侦测的 4000 例样品包括水果 5 种 1000 例，蔬菜 15 种 3000 例，共检出了 221 种农药，检出农药的毒性以中低微毒为主，详见表 3-25。

表 3-25 市场主体农药毒性分布

毒性	检出品种	占比（%）	检出频次	占比（%）
剧毒农药	7	3.2	63	0.3
高毒农药	14	6.3	169	0.9
中毒农药	85	38.5	9007	46.0
低毒农药	65	29.4	7092	36.2
微毒农药	50	22.6	3235	16.5
中低微毒农药，品种占比 90.5%，频次占比 98.8%				

3.6.3 检出剧毒、高毒和禁用农药现象应该警醒

在此次侦测的 4000 例样品中有 15 种蔬菜和 5 种水果的 899 例样品检出了 31 种 1053 频次的剧毒、高毒或禁用农药，占样品总量的 22.5%。其中剧毒农药甲拌磷、六氯苯和治螟磷以及高毒农药克百威、醚菌酯和敌敌畏检出频次较高。

按 MRL 中国国家标准衡量，剧毒农药甲拌磷，检出 29 次，超标 12 次；高毒农药克百威，检出 40 次，超标 7 次；敌敌畏，检出 32 次，超标 1 次；按超标程度比较，菜豆中甲拌磷超标 68.7 倍，小白菜中氧乐果超标 63.1 倍，小油菜中甲拌磷超标 43.6 倍，小油菜中涕灭威超标 30.8 倍，芹菜中甲拌磷超标 22.2 倍。

剧毒、高毒或禁用农药的检出情况及按照 MRL 中国国家标准衡量的超标情况见表 3-26。

表 3-26 剧毒、高毒或禁用农药的检出及超标明细

序号	农药名称	样品名称	检出频次	超标频次	最大超标倍数	超标率(%)
1.1	六氯苯*	蒜薹	11	0	0	0.0
1.2	六氯苯*	小白菜	5	0	0	0.0
1.3	六氯苯*	芹菜	5	0	0	0.0
1.4	六氯苯*	菠菜	3	0	0	0.0
2.1	对氧磷*	小油菜	2	0	0	0.0
3.1	敌菌丹*	梨	1	0	0	0.0
4.1	治螟磷*▲	芹菜	5	0	0	0.0
5.1	涕灭威*▲	小油菜	1	1	30.767	100.0
6.1	甲拌磷*▲	芹菜	18	6	22.16	33.3

续表

序号	农药名称	样品名称	检出频次	超标频次	最大超标倍数	超标率(%)
6.2	甲拌磷*▲	小油菜	3	2	43.56	66.7
6.3	甲拌磷*▲	菠菜	2	2	2	100.0
6.4	甲拌磷*▲	小白菜	2	0	0	0.0
6.5	甲拌磷*▲	韭菜	2	0	0	0.0
6.6	甲拌磷*▲	菜豆	1	1	68.74	100.0
6.7	甲拌磷*▲	辣椒	1	1	2.77	100.0
7.1	苯硫膦*	大白菜	1	0	0	0.0
8.1	三唑磷°▲	小油菜	2	2	1.79	100.0
8.2	三唑磷°▲	菜豆	1	1	1.54	100.0
8.3	三唑磷°▲	小白菜	1	0	0	0.0
9.1	克百威°▲	梨	13	1	0.995	7.7
9.2	克百威°▲	辣椒	9	0	0	0.0
9.3	克百威°▲	韭菜	4	2	4.825	50.0
9.4	克百威°▲	茄子	4	0	0	0.0
9.5	克百威°▲	葡萄	4	0	0	0.0
9.6	克百威°▲	芹菜	3	2	4.145	66.7
9.7	克百威°▲	桃	2	1	0.085	50.0
9.8	克百威°▲	豇豆	1	1	15.935	100.0
10.1	敌敌畏°	桃	8	1	0.177	12.5
10.2	敌敌畏°	草莓	8	0	0	0.0
10.3	敌敌畏°	辣椒	3	0	0	0.0
10.4	敌敌畏°	梨	2	0	0	0.0
10.5	敌敌畏°	茄子	2	0	0	0.0
10.6	敌敌畏°	菜豆	2	0	0	0.0
10.7	敌敌畏°	菠菜	2	0	0	0.0
10.8	敌敌畏°	韭菜	2	0	0	0.0
10.9	敌敌畏°	芹菜	1	0	0	0.0
10.10	敌敌畏°	苹果	1	0	0	0.0
10.11	敌敌畏°	黄瓜	1	0	0	0.0
11.1	毒虫畏°	梨	6	0	0	0.0
12.1	氟氯氰菊酯°	大白菜	1	0	0	0.0
12.2	氟氯氰菊酯°	茄子	1	0	0	0.0
13.1	氧乐果°▲	小白菜	3	3	63.08	100.0
13.2	氧乐果°▲	草莓	1	1	18.845	100.0

续表

序号	农药名称	样品名称	检出频次	超标频次	最大超标倍数	超标率(%)
13.3	氧乐果◦▲	豇豆	1	1	13.475	100.0
14.1	氯唑磷◦▲	茄子	13	0	0	0.0
15.1	水胺硫磷◦▲	辣椒	7	0	0	0.0
15.2	水胺硫磷◦▲	豇豆	6	3	2.716	50.0
15.3	水胺硫磷◦▲	蒜薹	4	0	0	0.0
15.4	水胺硫磷◦▲	菜豆	2	1	2.016	50.0
15.5	水胺硫磷◦▲	小白菜	2	0	0	0.0
15.6	水胺硫磷◦▲	韭菜	2	0	0	0.0
15.7	水胺硫磷◦▲	油麦菜	1	0	0	0.0
16.1	溴苯烯磷◦	结球甘蓝	1	0	0	0.0
17.1	特乐酚◦	小白菜	1	0	0	0.0
18.1	甲基异柳磷◦	芹菜	2	2	1.67	100.0
18.2	甲基异柳磷◦▲	韭菜	1	1	1.44	100.0
18.3	甲基异柳磷◦▲	结球甘蓝	1	0	0	0.0
18.4	甲基异柳磷◦▲	豇豆	1	0	0	0.0
19.1	甲胺磷◦▲	豇豆	1	0	0	0.0
20.1	脱叶磷◦	大白菜	1	0	0	0.0
21.1	醚菌酯◦	油麦菜	11	0	0	0.0
21.2	醚菌酯◦	菠菜	5	0	0	0.0
21.3	醚菌酯◦	葡萄	3	0	0	0.0
21.4	醚菌酯◦	小白菜	2	0	0	0.0
21.5	醚菌酯◦	梨	2	0	0	0.0
21.6	醚菌酯◦	苹果	2	0	0	0.0
21.7	醚菌酯◦	草莓	2	0	0	0.0
21.8	醚菌酯◦	黄瓜	2	0	0	0.0
21.9	醚菌酯◦	番茄	1	0	0	0.0
21.10	醚菌酯◦	茄子	1	0	0	0.0
21.11	醚菌酯◦	蒜薹	1	0	0	0.0
21.12	醚菌酯◦	豇豆	1	0	0	0.0
21.13	醚菌酯◦	辣椒	1	0	0	0.0
22.1	三氯杀螨醇▲	菠菜	1	1	2.24	100.0
23.1	乙酰甲胺磷▲	茄子	1	1	7	100.0
24.1	六六六▲	茄子	12	0	0	0.0
24.2	六六六▲	芹菜	7	0	0	0.0

续表

序号	农药名称	样品名称	检出频次	超标频次	最大超标倍数	超标率（%）
24.3	六六六▲	黄瓜	1	0	0	0.0
25.1	杀虫脒▲	韭菜	4	4	4.02	100.0
26.1	林丹▲	芹菜	7	0	0	0.0
26.2	林丹▲	小白菜	2	0	0	0.0
26.3	林丹▲	黄瓜	1	0	0	0.0
27.1	毒死蜱▲	桃	132	0	0	0.0
27.2	毒死蜱▲	苹果	97	0	0	0.0
27.3	毒死蜱▲	梨	86	0	0	0.0
27.4	毒死蜱▲	芹菜	71	6	11.128	8.5
27.5	毒死蜱▲	韭菜	56	12	8.595	21.4
27.6	毒死蜱▲	菠菜	40	5	17.685	12.5
27.7	毒死蜱▲	蒜薹	37	2	6.19	5.4
27.8	毒死蜱▲	葡萄	23	0	0	0.0
27.9	毒死蜱▲	油麦菜	22	0	0	0.0
27.10	毒死蜱▲	茄子	21	1	1.08	4.8
27.11	毒死蜱▲	辣椒	20	1	0.435	5.0
27.12	毒死蜱▲	小白菜	17	12	84.54	70.6
27.13	毒死蜱▲	豇豆	15	1	5.165	6.7
27.14	毒死蜱▲	番茄	11	0	0	0.0
27.15	毒死蜱▲	小油菜	10	5	27.405	50.0
27.16	毒死蜱▲	黄瓜	7	0	0	0.0
27.17	毒死蜱▲	大白菜	4	0	0	0.0
27.18	毒死蜱▲	结球甘蓝	2	0	0	0.0
27.19	毒死蜱▲	菜豆	1	0	0	0.0
28.1	氟虫腈▲	茄子	10	0	0	0.0
28.2	氟虫腈▲	菠菜	9	0	0	0.0
28.3	氟虫腈▲	小白菜	5	5	15.955	100.0
28.4	氟虫腈▲	豇豆	5	2	3.525	40.0
28.5	氟虫腈▲	韭菜	4	0	0	0.0
28.6	氟虫腈▲	小油菜	3	3	11.7	100.0
28.7	氟虫腈▲	油麦菜	3	0	0	0.0
28.8	氟虫腈▲	大白菜	1	0	0	0.0
28.9	氟虫腈▲	梨	1	0	0	0.0
28.10	氟虫腈▲	番茄	1	0	0	0.0

续表

序号	农药名称	样品名称	检出频次	超标频次	最大超标倍数	超标率（%）
28.11	氟虫腈▲	芹菜	1	0	0	0.0
28.12	氟虫腈▲	菜豆	1	0	0	0.0
29.1	氰戊菊酯▲	小油菜	10	0	0	0.0
29.2	氰戊菊酯▲	小白菜	3	0	0	0.0
29.3	氰戊菊酯▲	桃	3	0	0	0.0
29.4	氰戊菊酯▲	梨	3	0	0	0.0
29.5	氰戊菊酯▲	芹菜	2	0	0	0.0
29.6	氰戊菊酯▲	菠菜	1	0	0	0.0
29.7	氰戊菊酯▲	葡萄	1	0	0	0.0
30.1	滴滴涕▲	茄子	8	0	0	0.0
30.2	滴滴涕▲	小白菜	5	0	0	0.0
30.3	滴滴涕▲	豇豆	4	0	0	0.0
30.4	滴滴涕▲	小油菜	2	0	0	0.0
30.5	滴滴涕▲	芹菜	1	0	0	0.0
30.6	滴滴涕▲	菜豆	1	0	0	0.0
31.1	硫丹▲	黄瓜	18	1	0.198	5.6
31.2	硫丹▲	芹菜	3	0	0	0.0
31.3	硫丹▲	桃	2	0	0	0.0
31.4	硫丹▲	草莓	2	0	0	0.0
合计			1053	98		9.3

注：超标倍数参照 MRL 中国国家标准衡量

*表示剧毒农药；◇表示高毒农药；▲表示禁用农药

这些超标的高剧毒或禁用农药都是中国政府早有规定禁止在水果蔬菜中使用的，为什么还屡次被检出，应该引起警惕。

3.6.4 残留限量标准与先进国家或地区差距较大

19566 频次的检出结果与我国公布的《食品中农药最大残留限量》（GB 2763—2021）对比，有 9812 频次能找到对应的 MRL 中国国家标准，占 50.1%；还有 9754 频次的侦测数据无相关 MRL 标准供参考，占 49.9%。

与国际上现行 MRL 对比发现：

有 19566 频次能找到对应的 MRL 欧盟标准，占 100.0%；

有 19566 频次能找到对应的 MRL 日本标准，占 100.0%；

有 8116 频次能找到对应的 MRL 中国香港标准，占 41.5%；

有 8303 频次能找到对应的 MRL 美国标准，占 42.4%；

有 6322 频次能找到对应的 MRL CAC 标准，占 32.3%。

由上可见，MRL 中国国家标准与先进国家或地区标准还有很大差距，我们无标准，境外有标准，这就会导致我国在国际贸易中，处于受制于人的被动地位。

3.6.5 水果蔬菜单种样品检出 53～103 种农药残留，拷问农药使用的科学性

通过此次监测发现，葡萄、桃和梨是检出农药品种最多的 3 种水果，芹菜、豇豆和辣椒是检出农药品种最多的 3 种蔬菜，从中检出农药品种及频次详见表 3-27。

表 3-27　单种样品检出农药品种及频次

样品名称	样品总数	检出率（%）	检出农药品种数	检出农药（频次）
芹菜	200	98.0	103	二甲戊灵（84），乙草胺（84），烯酰吗啉（83），苯醚甲环唑（73），毒死蜱（71），氯氟氰菊酯（71），丙环唑（68），腐霉利（63），二苯胺（57），灭菌丹（52），乙氧喹啉（51），吡唑醚菌酯（36），咪鲜胺（36），异菌脲（35），莠去津（35），丙溴磷（30），虫螨腈（30），甲霜灵（30），戊唑醇（27），甲拌磷（18），嘧霉胺（18），五氯硝基苯（18），氯氰菊酯（15），扑草净（15），五氯苯甲腈（15），马拉硫磷（13），噻菌灵（12），氟吡菌酰胺（11），氟乐灵（11），三唑醇（11），多效唑（9），异丙甲草胺（9），氟硅唑（8），腈菌唑（8），茚虫威（8），仲丁灵（8），林丹（7），六六六（7），嘧菌酯（7），异丙威（7），敌草腈（6），二嗪磷（6），联苯菊酯（6），烯唑醇（6），8-羟基喹啉（5），啶酰菌胺（5），六氯苯（5），三唑酮（5），肟菌酯（5），乙烯菌核利（5），治螟磷（5），仲丁威（5），哒螨灵（4），啶氧菌酯（4），己唑醇（4），四氯硝基苯（4），五氯苯（4），野麦畏（4），百菌清（3），甲基立枯磷（3），克百威（3），硫丹（3），霜霉威（3），四氢吩胺（3），烯效唑（3），乙螨唑（3），增效醚（3），苄氯三唑醇（2），噁霜灵（2），禾草敌（2），甲基异柳磷（2），嘧菌环胺（2），氰戊菊酯（2），去乙基异丁津（2），三氯甲基吡啶（2），2,3,4,5-四氯苯胺（1），2甲4氯吡丙醚（1），丙炔氟草胺（1），草除灵（1），稻瘟灵（1），滴滴涕（1），敌敌畏（1），毒草胺（1），噁草酮（1），氟吡酰草胺（1），氟虫腈（1），氟啶虫酰胺（1），克菌丹（1），螺螨酯（1），氯氟吡氧乙酸（1），氯酞酸甲酯（1），氯硝胺（1），嘧菌腙（1），扑灭津（1），炔螨特（1），噻呋酰胺（1），三氟苯唑（1），特丁津（1），五氯甲氧基苯（1），溴氰虫酰胺（1），异噁唑草酮（1），唑虫酰胺（1）
豇豆	200	95.0	92	虫螨腈（109），烯酰吗啉（88），二苯胺（74），腐霉利（74），乙氧喹啉（59），氯氟氰菊酯（58），戊唑醇（50），联苯菊酯（44），乙螨唑（40），螺螨酯（38），乙草胺（32），异菌脲（32），三唑醇（29），苯醚甲环唑（28），甲霜灵（28），唑虫酰胺（27），丙环唑（25），腈菌唑（24），咪鲜胺（23），莠去津（23），嘧霉胺（22），吡唑醚菌酯（15），丙溴磷（15），毒死蜱（15），哒螨灵（14），氟吡菌酰胺（13），灭幼脲（13），螺虫乙酯

续表

样品名称	样品总数	检出率（%）	检出农药品种数	检出农药（频次）
豇豆	200	95.0	92	（12），吡丙醚（11），己唑醇（11），嘧菌酯（11），炔螨特（11），多效唑（10），稻瘟灵（9），萘乙酸（9），倍硫磷（7），氟硅唑（7），啶酰菌胺（6），水胺硫磷（6），莠灭净（6），氟虫腈（5），吡唑萘菌胺（4），滴滴涕（4），氟唑菌酰胺（4），甲氰菊酯（4），氯氰菊酯（4），噻嗪酮（4），霜霉威（4），肟菌酯（4），溴氰菊酯（4），茚虫威（4），粉唑醇（3），灭除威（3），五氯硝基苯（3），溴氰虫酰胺（3），8-羟基喹啉（2），啶氧菌酯（2），二嗪磷（2），苦参碱（2），噻呋酰胺（2），噻唑磷（2），四氟醚唑（2），苯醚菊酯（1），苯酰菌胺（1），吡螨胺（1），吡噻菌胺（1），丙硫菌唑（1），丁二酸二丁酯（1），多氟脲（1），二甲戊灵（1），氟吡酰草胺（1），氟酰脲（1），甲胺磷（1），甲基异柳磷（1），解草噁唑（1），抗蚜威（1），克百威（1），喹硫磷（1），喹氧灵（1），氯氟吡氧乙酸（1），氯菊酯（1），醚菌酯（1），嘧菌环胺（1），灭菌丹（1），扑草净（1），三氟苯唑（1），三唑酮（1），戊菌唑（1），烯唑醇（1），氧乐果（1），抑芽唑（1），仲丁威（1）
辣椒	200	91.0	74	虫螨腈（98），腐霉利（88），二苯胺（58），氯氟氰菊酯（54），烯酰吗啉（44），联苯菊酯（41），异菌脲（32），双苯酰草胺（28），乙氧喹啉（27），啶酰菌胺（26），苯醚甲环唑（25），乙螨唑（24），螺螨酯（23），氟吡菌酰胺（22），毒死蜱（20），丙溴磷（19），三唑醇（19），哒螨灵（17），嘧霉胺（14），吡唑醚菌酯（13），四氟醚唑（13），多效唑（11），戊唑醇（11），克百威（9），氯氰菊酯（9），唑虫酰胺（9），联苯肼酯（8），莠去津（8），仲丁灵（8），炔螨特（7），水胺硫磷（7），肟菌酯（7），乙烯菌核利（7），咪鲜胺（6），抑芽唑（6），氟唑菌酰胺（5），甲氰菊酯（5），甲霜灵（5），丙环唑（4），氟硅唑（4），霜霉威（4），乙霉威（4），异丙威（4），敌敌畏（3），粉唑醇（3），己唑醇（3），腈菌唑（3），咯菌腈（3），灭菌丹（3），烯唑醇（3），溴氰菊酯（3），乙草胺（3），乙嘧酚磺酸酯（3），8-羟基喹啉（2），苯酰菌胺（2），吡唑萘菌胺（2），噁霜灵（2），二甲戊灵（2），嘧菌环胺（2），噻嗪酮（2），戊菌唑（2），茚虫威（2），丙硫菌唑（1），二嗪磷（1），伏杀硫磷（1），甲拌磷（1），腈吡螨酯（1），菌核净（1），喹螨醚（1），醚菌酯（1），扑草净（1），噻呋酰胺（1），三唑酮（1），仲草丹（1）
葡萄	200	96.0	72	嘧霉胺（106），烯酰吗啉（106），苯醚甲环唑（105），腐霉利（97），氟吡菌酰胺（78），氯氟氰菊酯（71），异菌脲（70），乙氧喹啉（68），戊唑醇（63），氟唑菌酰胺（60），吡唑醚菌酯（56），抑霉唑（53），虫螨腈（51），啶酰菌胺（48），肟菌酯（47），嘧菌酯（42），甲霜灵（37），嘧菌环胺（37），戊菌唑（31），乙烯菌核利（31），氯氰菊酯（30），霜霉威（25），毒死蜱（23），二苯胺（23），四氟醚唑（23），敌草腈（21），多效唑（20），乙螨唑（20），联苯菊酯（19），扑草净（15），腈菌唑（14），唑胺菌酯（14），螺虫乙酯（12），螺螨

续表

样品名称	样品总数	检出率（%）	检出农药品种数	检出农药（频次）
葡萄	200	96.0	72	酯（12），咪鲜胺（11），吡唑萘菌胺（10），噻呋酰胺（9），氟硅唑（7），异丙威（7），苯菌酮（5），仲丁灵（5），哒螨灵（4），己唑醇（4），克百威（4），氯菊酯（4），灭菌丹（4），8-羟基喹啉（3），吡丙醚（3），吡噻菌胺（3），甲氰菊酯（3），腈苯唑（3），苦参碱（3），醚菊酯（3），溴氰菊酯（3），唑虫酰胺（3），二甲戊灵（2），粉唑醇（2），联苯肼酯（2），醚菊酯（2），三唑醇（2），四氟苯菊酯（2），威杀灵（2），缬霉威（2），茚虫威（2），啶氧菌酯（1），氟环唑（1），环戊噁草酮（1），螺环菌胺（1），氰戊菊酯（1），乙草胺（1），乙嘧酚磺酸酯（1），仲丁威（1）
桃	200	100.0	65	毒死蜱（132），苯醚甲环唑（125），多效唑（98），氯氟氰菊酯（98），虫螨腈（77），乙氧喹啉（74），吡唑醚菌酯（68），戊唑醇（46），二苯胺（38），联苯菊酯（38），腐霉利（32），螺螨酯（31），异菌脲（30），灭幼脲（29），氯氰菊酯（28），乙草胺（28），螺虫乙酯（25），咪鲜胺（24），噻嗪酮（24），溴氰虫酰胺（21），乙螨唑（19），炔螨特（18），茚虫威（18），嘧菌酯（17），灭菌丹（16），腈菌唑（14），烯酰吗啉（13），氟硅唑（11），甲氰菊酯（11），8-羟基喹啉（10），哒螨灵（10），氟啶虫酰胺（10），溴氰菊酯（10），敌敌畏（8），二甲戊灵（8），嘧霉胺（8），抑霉唑（8），丙环唑（7），吡丙醚（5），腈苯唑（5），肟菌酯（5），联苯肼酯（4），哌草丹（4），异丙威（4），啶酰菌胺（3），咯菌腈（3），萘乙酸（3），氰戊菊酯（3），己唑醇（2），克百威（2），硫丹（2），氯菊酯（2），仲丁灵（2），敌草腈（1），粉唑醇（1），氟吡菌酰胺（1），氟乐灵（1），甲霜灵（1），嘧菌环胺（1），三唑醇（1），威杀灵（1），戊菌唑（1），乙嘧酚磺酸酯（1），增效醚（1），唑虫酰胺（1）
梨	200	95.5	53	氯氟氰菊酯（115），毒死蜱（86），虫螨腈（59），螺虫乙酯（55），乙氧喹啉（54），乙螨唑（48），戊唑醇（30），螺螨酯（29），吡唑醚菌酯（28），异菌脲（20），氯氰菊酯（19），腈菌唑（18），联苯菊酯（17），溴氰虫酰胺（16），二苯胺（15），嘧菌酯（14），甲氰菊酯（13），克百威（13），联苯肼酯（13），苯醚甲环唑（12），多效唑（12），灭幼脲（11），吡丙醚（10），氟硅唑（9），哌草丹（8），噻嗪酮（8），烯酰吗啉（7），毒虫畏（6），腐霉利（5），氯菊酯（5），炔螨特（5），四氟苯菊酯（5），哒螨灵（4），乙草胺（4），己唑醇（3），氰戊菊酯（3），三唑醇（3），茚虫威（3），丙环唑（2），敌敌畏（2），啶酰菌胺（2），氯硝胺（2），咪鲜胺（2），醚菊酯（2），烯唑醇（2），抑霉唑（2），莠去津（2），丙溴磷（1），敌菌丹（1），氟虫腈（1），苦参碱（1），嘧霉胺（1），灭除威（1）

上述 6 种水果蔬菜，检出农药 53～103 种，是多种农药综合防治，还是未严格实施

农业良好管理规范（GAP），抑或根本就是乱施药，值得我们思考。

3.7 小　　结

3.7.1 初步摸清了西北五省区 16 个城市市售水果蔬菜农药残留"家底"

本研究采用 GC-Q-TOF/MS 技术，对西北五省区 16 个城市（5 个省会城市、11 个果蔬主产区城市），668 个采样点，20 种蔬菜水果，共计 4000 例样品进行了非靶向目标物农药残留筛查，得到检测数据 2764000 个，初步查清了以下 8 个方面的本底水平：①16 个城市果蔬农药残留"家底"；②20 种果蔬农药残留"家底"；③检出 221 种农药化学污染物的种类分布、残留水平分布和毒性分布；④按地域统计检出农药品种及频次并排序；⑤按样品种类统计检出农药品种及频次并排序；⑥检出的高毒、剧毒和禁用农药分布；⑦与先进国家和地区比对发现差距；⑧发现风险评估新资源。

3.7.2 初步找到了西北五省区水果蔬菜安全监管要思考的问题

新技术大数据示范结果显示，蔬菜水果农药残留不容忽视，预防为主、监管前移是十分必要的，也是当务之急。这次西北五省区市售农产品（水果蔬菜）农药残留本底水平侦测报告，引出了以下几个亟待解决和落实的问题，望监督管理部门重点考虑：①农药科学管理与使用；②农业良好规范的执行；③危害分析及关键控制点（HACCP）体系的落实；④食品安全隐患所在；⑤预警召回提供依据；⑥如何运用科学发现的数据。

3.7.3 新技术大数据示范结果构建了农药残留数据库雏形，初显了八方面功能

（1）执法根基：
① 发出预警；
② 问题溯源；
③ 问题追责；
④ 问题产品召回。
（2）科研依据：
⑤ 研究暴露评估；
⑥ 制定 MRL 标准；
⑦ 对修改制定法规提供科学数据；
⑧ 开展深层次研究与国际交流。

新技术大数据充分显示了：有测量，才能管理；有管理，才能改进；有改进，才能提高食品安全水平，确保民众舌尖上的安全。本次的示范证明，这项技术将有广阔的应用前景。

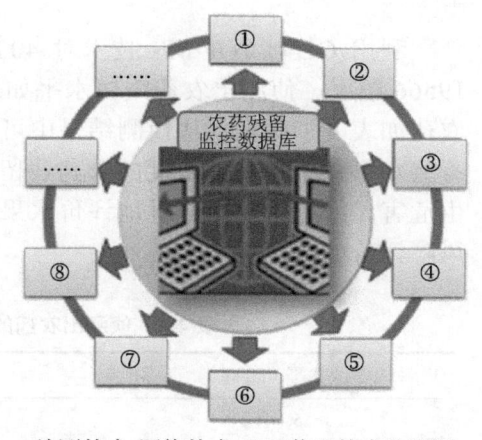

检测技术-网络技术-地理信息技术监测调查平台为各食品安全监管与研究部门提供农药残留数据支持和咨询服务

第 4 章　GC-Q-TOF/MS 侦测西北五省区市售水果蔬菜农药残留膳食暴露风险与预警风险评估

4.1　农药残留侦测数据分析与统计

庞国芳院士科研团队建立的农药残留高通量侦测技术以高分辨精确质量数（0.0001 m/z 为基准）为识别标准，采用 GC-Q-TOF/MS 技术对 691 种农药化学污染物进行侦测。

科研团队于 2021 年 5 月至 2021 年 9 月在西北五省区 16 个城市的 668 个采样点，随机采集了 4000 例水果蔬菜样品，采样点分布在超市、农贸市场和个体商户，各月内水果蔬菜样品采集数量如表 4-1 所示。

表 4-1　西北五省各月内采集水果蔬菜样品数列表

时间	样品数（例）
2021 年 5 月	569
2021 年 6 月	669
2021 年 7 月	1622
2021 年 8 月	760
2021 年 9 月	380

利用 GC-Q-TOF/MS 技术对 4000 例样品中的农药进行侦测，侦测出残留农药 19566 频次。侦测出农药残留水平如表 4-2 和图 4-1 所示。检出频次最高的前 10 种农药如表 4-3 所示。从侦测结果中可以看出，在水果蔬菜中农药残留普遍存在，且有些水果蔬菜存在高浓度的农药残留，这些可能存在膳食暴露风险，对人体健康产生危害，因此，为了定量地评价水果蔬菜中农药残留的风险程度，有必要对其进行风险评价。

表 4-2　侦测出农药的不同残留水平及其所占比例列表

残留水平（μg/kg）	检出频次	占比（%）
1~5（含）	9183	46.9
5~10（含）	2420	12.4
10~100（含）	5581	28.5
100~1000（含）	2107	10.8
>1000	275	1.4

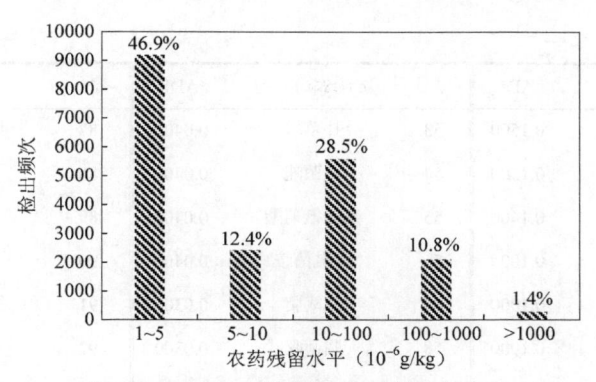

图 4-1 残留农药侦测出浓度频数分布图

表 4-3 检出频次最高的前 10 种农药列表

序号	农药	检出频次
1	烯酰吗啉	1179
2	氯氟氰菊酯	1138
3	乙氧喹啉	1109
4	腐霉利	1065
5	虫螨腈	1008
6	二苯胺	785
7	毒死蜱	672
8	苯醚甲环唑	663
9	异菌脲	654
10	戊唑醇	645

本研究使用 GC-Q-TOF/MS 技术对西北五省区 4000 例样品中的农药侦测中，共侦测出农药 221 种，这些农药的每日允许最大摄入量值（ADI）见表 4-4。为评价西北五省区农药残留的风险，本研究采用两种模型分别评价膳食暴露风险和预警风险，具体的风险评价模型见附录 A。

表 4-4 西北五省区水果蔬菜中侦测出农药的 ADI 值

序号	农药	ADI	序号	农药	ADI	序号	农药	ADI
1	灭幼脲	1.2500	7	霜霉威	0.4000	13	喹氧灵	0.2000
2	氯氟吡氧乙酸	1.0000	8	苯菌酮	0.3000	14	酰嘧磺隆	0.2000
3	毒草胺	0.5400	9	马拉硫磷	0.3000	15	嘧菌酯	0.2000
4	苯酰菌胺	0.5000	10	环戊噁草酮	0.2300	16	增效醚	0.2000
5	醚菌酯	0.4000	11	嘧霉胺	0.2000	17	烯酰吗啉	0.2000
6	咯菌腈	0.4000	12	仲丁灵	0.2000	18	萘乙酸	0.1500

续表

序号	农药	ADI	序号	农药	ADI	序号	农药	ADI
19	二氯吡啶酸	0.1500	53	扑草净	0.0400	87	异噁唑草酮	0.0200
20	四氯苯酞	0.1500	54	氟菌唑	0.0400	88	烯效唑	0.0200
21	丁噻隆	0.1400	55	氟氯氰菊酯	0.0400	89	氯氰菊酯	0.0200
22	灭菌丹	0.1000	56	啶酰菌胺	0.0400	90	莠去津	0.0200
23	多效唑	0.1000	57	虫螨腈	0.0300	91	氯氟氰菊酯	0.0200
24	稻瘟灵	0.1000	58	腈菌唑	0.0300	92	异丙隆	0.0150
25	噻菌灵	0.1000	59	三唑醇	0.0300	93	噻呋酰胺	0.0140
26	2甲4氯	0.1000	60	苄呋菊酯	0.0300	94	氯苯甲醚	0.0130
27	克菌丹	0.1000	61	甲氰菊酯	0.0300	95	敌草腈	0.0100
28	吲唑磺菌胺	0.1000	62	三唑酮	0.0300	96	炔螨特	0.0100
29	吡噻菌胺	0.1000	63	戊菌唑	0.0300	97	乙烯菌核利	0.0100
30	苦参碱	0.1000	64	抑霉唑	0.0300	98	噁霜灵	0.0100
31	杀螟丹	0.1000	65	腈苯唑	0.0300	99	粉唑醇	0.0100
32	异丙甲草胺	0.1000	66	醚菊酯	0.0300	100	联苯肼酯	0.0100
33	吡丙醚	0.1000	67	溴螨酯	0.0300	101	五氯硝基苯	0.0100
34	二甲戊灵	0.1000	68	溴氰虫酰胺	0.0300	102	溴氰菊酯	0.0100
35	腐霉利	0.1000	69	乙酰甲胺磷	0.0300	103	茚虫威	0.0100
36	啶氧菌酯	0.0900	70	乙氧氟草醚	0.0300	104	滴滴涕	0.0100
37	甲霜灵	0.0800	71	嘧菌环胺	0.0300	105	2,4-滴异辛酯	0.0100
38	二苯胺	0.0800	72	丙溴磷	0.0300	106	丙硫菌唑	0.0100
39	莠灭净	0.0720	73	戊唑醇	0.0300	107	氟啶胺	0.0100
40	丙环唑	0.0700	74	吡唑醚菌酯	0.0300	108	联苯三唑醇	0.0100
41	氟啶虫酰胺	0.0700	75	氟乐灵	0.0250	109	氯酞酸甲酯	0.0100
42	甲基立枯磷	0.0700	76	西草净	0.0250	110	氯硝胺	0.0100
43	吡唑萘菌胺	0.0600	77	野麦畏	0.0250	111	氰氟草酯	0.0100
44	仲丁威	0.0600	78	氟唑菌酰胺	0.0200	112	氟酰脲	0.0100
45	异菌脲	0.0600	79	百菌清	0.0200	113	哒螨灵	0.0100
46	乙螨唑	0.0500	80	氟环唑	0.0200	114	螺螨酯	0.0100
47	氯菊酯	0.0500	81	氰戊菊酯	0.0200	115	氟吡菌酰胺	0.0100
48	喹螨醚	0.0500	82	抗蚜威	0.0200	116	咪鲜胺	0.0100
49	氯苯胺灵	0.0500	83	丙炔氟草胺	0.0200	117	联苯菊酯	0.0100
50	螺虫乙酯	0.0500	84	伏杀硫磷	0.0200	118	乙草胺	0.0100
51	乙嘧酚磺酸酯	0.0500	85	四氯硝基苯	0.0200	119	苯醚甲环唑	0.0100
52	肟菌酯	0.0400	86	乙酯杀螨醇	0.0200	120	毒死蜱	0.0100

续表

序号	农药	ADI	序号	农药	ADI	序号	农药	ADI
121	喹禾灵	0.0090	155	三唑磷	0.0010	189	六氯苯	—
122	噻嗪酮	0.0090	156	杀虫脒	0.0010	190	螺环菌胺	—
123	氟硅唑	0.0070	157	治螟磷	0.0010	191	氯硫酰草胺	—
124	倍硫磷	0.0070	158	氟吡禾灵	0.0007	192	麦草氟异丙酯	—
125	禾草丹	0.0070	159	氟吡甲禾灵	0.0007	193	嘧菌腙	—
126	唑虫酰胺	0.0060	160	甲拌磷	0.0007	194	嘧螨酯	—
127	硫丹	0.0060	161	毒虫畏	0.0005	195	灭除威	—
128	草除灵	0.0060	162	喹硫磷	0.0005	196	扑灭津	—
129	己唑醇	0.0050	163	氧乐果	0.0003	197	去乙基另丁津	—
130	烯唑醇	0.0050	164	氟虫腈	0.0002	198	三苯锡	—
131	六六六	0.0050	165	氯唑磷	0.0001	199	三氟苯唑	—
132	二嗪磷	0.0050	166	1,4-二甲基萘	—	200	三氯甲基吡啶	—
133	林丹	0.0050	167	2,3,4,5-四氯苯胺	—	201	杀螨好	—
134	乙氧喹啉	0.0050	168	8-羟基喹啉	—	202	杀螨特	—
135	敌敌畏	0.0040	169	o,p'-滴滴滴	—	203	十二环吗啉	—
136	四氟醚唑	0.0040	170	o,p'-滴滴伊	—	204	双苯酰草胺	—
137	乙霉威	0.0040	171	八氯苯乙烯	—	205	四氟苯菊酯	—
138	唑胺菌酯	0.0040	172	苯硫膦	—	206	四氢吩胺	—
139	噻唑磷	0.0040	173	苯醚菊酯	—	207	特乐酚	—
140	吡氟禾草灵	0.0040	174	吡螨胺	—	208	脱叶磷	—
141	丁苯吗啉	0.0040	175	吡喃酮	—	209	威杀灵	—
142	甲胺磷	0.0040	176	苄氯三唑醇	—	210	肟醚菌胺	—
143	噁草酮	0.0036	177	残杀威	—	211	五氯苯	—
144	水胺硫磷	0.0030	178	敌菌丹	—	212	五氯苯甲腈	—
145	甲基异柳磷	0.0030	179	丁二酸二丁酯	—	213	五氯甲氧基苯	—
146	特丁津	0.0030	180	对氧磷	—	214	烯丙菊酯	—
147	涕灭威	0.0030	181	多氟脲	—	215	烯虫炔酯	—
148	异丙威	0.0020	182	氟吡酰草胺	—	216	消螨通	—
149	三氯杀螨醇	0.0020	183	庚酰草胺	—	217	缬霉威	—
150	乙硫磷	0.0020	184	硅氟唑	—	218	溴苯烯磷	—
151	菌核净	0.0013	185	环丙腈津	—	219	溴丁酰草胺	—
152	克百威	0.0010	186	灰黄霉素	—	220	抑芽唑	—
153	哌草丹	0.0010	187	解草噁唑	—	221	仲草丹	—
154	禾草敌	0.0010	188	腈吡螨酯	—			

注："—"表示国家标准中无 ADI 值规定；ADI 值单位为 mg/kg bw

4.2 农药残留膳食暴露风险评估

4.2.1 每例水果蔬菜样品中农药残留安全指数分析

基于农药残留侦测数据，发现在 4000 例样品中侦测出农药 19566 频次，计算样品中每种残留农药的安全指数 IFS_c，并分析农药对样品安全的影响程度，农药残留对水果蔬菜样品安全的影响程度频次分布情况如图 4-2 所示。

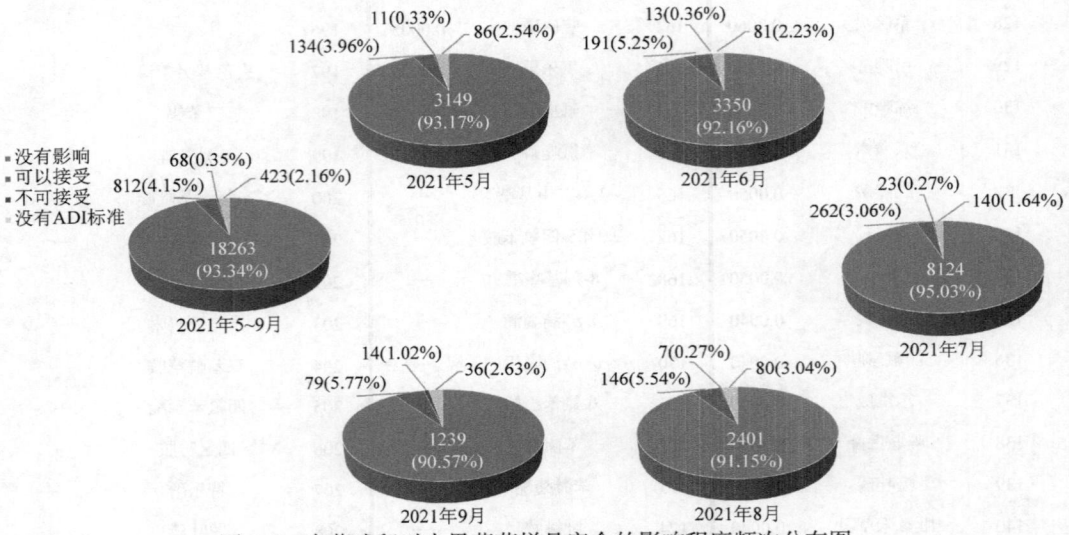

图 4-2 农药残留对水果蔬菜样品安全的影响程度频次分布图

由图 4-2 可以看出，农药残留对样品安全的影响不可接受的频次为 68，占 0.35%；农药残留对样品安全的影响可以接受的频次为 812，占 4.15%；农药残留对样品安全没有影响的频次为 18263，占 93.34%。分析发现，农药残留对水果蔬菜样品安全的影响程度频次 2021 年 9 月（1318）＜2021 年 8 月（2547）＜2021 年 5 月（3283）＜2021 年 6 月（3541）＜2021 年 7 月（8386），2021 年 5 月的农药残留对样品安全存在不可接受的影响，频次为 11，占 0.33%；2021 年 6 月的农药残留对样品安全存在不可接受的影响，频次为 13，占 0.36%；2021 年 7 月的农药残留对样品安全存在不可接受的影响，频次为 23，占 0.27%；2021 年 8 月的农药残留对样品安全存在不可接受的影响，频次为 7，占 0.27%；2021 年 9 月的农药残留对样品安全存在不可接受的影响，频次为 14，占 1.02%。表 4-5 为对水果蔬菜样品中安全影响不可接受的农药残留列表。

表 4-5 水果蔬菜样品中安全影响不可接受的农药残留列表

序号	样品编号	采样点	基质	农药	含量（mg/kg）	IFS_c
1	20210827-640200-LZFDC-PB-06A	***超市（康泰隆店）	小白菜	氧乐果	1.2816	27.0560
2	20210827-640200-LZFDC-PB-12A	***超市	小白菜	氧乐果	1.1147	23.5326

续表

序号	样品编号	采样点	基质	农药	含量（mg/kg）	IFS$_c$
3	20210827-640200-LZFDC-PB-05A	***超市（大武口店）	小白菜	氧乐果	1.0949	23.1146
4	20210719-632200-LZFDC-PB-05A	***蔬菜瓜果门市部	小白菜	氟虫腈	0.3391	10.7382
5	20210518-620100-LZFDC-ST-07A	***超市（西固区店）	草莓	氧乐果	0.3969	8.3790
6	20210715-620700-LZFDC-CL-07A	***综合市场（陈记蔬菜）	小油菜	氟虫腈	0.2540	8.0433
7	20210718-632300-LZFDC-CL-03A	***蔬菜水果店	小油菜	氟虫腈	0.2238	7.0870
8	20210715-620700-LZFDC-CL-05A	***综合市场（李虎果蔬）	小油菜	氟虫腈	0.2233	7.0712
9	20210612-620100-LZFDC-DJ-02A	***早市（周英梅摊位）	菜豆	甲拌磷	0.6974	6.3098
10	20210519-620100-LZFDC-JD-11A	***蔬菜配送店	豇豆	氧乐果	0.2895	6.1117
11	20210628-620100-LZFDC-JD-11A	***有限责任公司	豇豆	喹硫磷	0.3498	4.4308
12	20210714-620700-LZFDC-CL-02A	***蔬菜果品批发市场（燕萍果蔬店）	小油菜	甲拌磷	0.4456	4.0316
13	20210719-632200-LZFDC-PB-03A	***果蔬菜店	小白菜	氟虫腈	0.1214	3.8443
14	20210715-630100-LZFDC-CL-08A	***市场	小油菜	甲拌磷	0.4089	3.6996
15	20210719-632200-LZFDC-PB-01A	***农贸市场	小白菜	氟虫腈	0.1039	3.2902
16	20210811-610100-LZFDC-CL-04A	***超市	小油菜	哒螨灵	4.6820	2.9653
17	20210902-610200-LZFDC-YM-02A	***蔬菜店	油麦菜	己唑醇	2.3317	2.9535
18	20210511-620100-LZFDC-JD-09A	***菜市场（290号）	豇豆	氟虫腈	0.0905	2.8658
19	20210527-620100-LZFDC-GP-06A	***有限公司	葡萄	四氟醚唑	1.6105	2.5500
20	20210721-652200-LZFDC-YM-04A	***市场（红亮蔬菜批发）	油麦菜	烯唑醇	1.9706	2.4961
21	20210902-610200-LZFDC-CL-04A	***菜市场	小油菜	哒螨灵	3.8860	2.4611
22	20210622-620100-LZFDC-YM-04A	***便利商店	油麦菜	唑虫酰胺	2.3303	2.4598
23	20210721-652200-LZFDC-YM-06A	***市场（运堂果蔬）	油麦菜	烯唑醇	1.9416	2.4594
24	20210613-620100-LZFDC-YM-11A	***水产部	油麦菜	唑虫酰胺	2.2768	2.4033
25	20210620-620100-LZFDC-YM-58A	***火锅店	油麦菜	唑虫酰胺	2.1382	2.2570
26	20210902-610200-LZFDC-CL-01A	***菜市场	小油菜	哒螨灵	3.5485	2.2474

续表

序号	样品编号	采样点	基质	农药	含量（mg/kg）	IFS$_c$
27	20210715-630100-LZFDC-PB-15A	***农贸市场	小白菜	氟虫腈	0.0691	2.1882
28	20210613-620100-LZFDC-JD-05A	***蔬菜经销店	豇豆	克百威	0.3387	2.1451
29	20210715-620700-LZFDC-CE-12A	***批发市场（绿农生态果蔬批发）	芹菜	甲拌磷	0.2316	2.0954
30	20210811-610500-LZFDC-JD-03A	***超市	豇豆	氟虫腈	0.0654	2.0710
31	20210525-620100-LZFDC-CL-01A	***超市（安宁区店）	小油菜	涕灭威	0.9530	2.0119
32	20210902-610200-LZFDC-PB-08A	***菜市场	小白菜	哒螨灵	2.9260	1.8531
33	20210510-620100-LZFDC-YM-04A	***超市	油麦菜	唑虫酰胺	1.6938	1.7879
34	20210902-610200-LZFDC-YM-03A	***粮油干货店	油麦菜	己唑醇	1.3917	1.7628
35	20210620-620100-LZFDC-YM-57A	***火锅店	油麦菜	联苯菊酯	2.4102	1.5265
36	20210622-620100-LZFDC-YM-05A	***蔬菜店	油麦菜	联苯菊酯	2.4087	1.5255
37	20210815-610100-LZFDC-YM-01A	***蔬菜	油麦菜	己唑醇	1.2029	1.5237
38	20210714-620700-LZFDC-CE-01A	***蔬菜果品批发市场（万佳果蔬）	芹菜	咪鲜胺	2.3807	1.5078
39	20210723-650100-LZFDC-YM-02A	***市场（便民蔬菜店）	油麦菜	烯唑醇	1.1688	1.4805
40	20210719-632200-LZFDC-PB-04A	***蔬菜瓜果超市	小白菜	氟虫腈	0.0463	1.4662
41	20210722-652200-LZFDC-YM-08A	***超市	油麦菜	烯唑醇	1.1539	1.4616
42	20210715-620700-LZFDC-CL-07A	***综合市场（陈记蔬菜）	小油菜	咪鲜胺	2.2483	1.4239
43	20210724-650100-LZFDC-YM-02A	***市场（新鲜果蔬店）	油麦菜	烯唑醇	1.1157	1.4132
44	20210725-650100-LZFDC-YM-01A	***市场（老李蔬菜批发配送）	油麦菜	烯唑醇	1.1152	1.4126
45	20210620-620100-LZFDC-GP-38C	***菜市场	葡萄	四氟醚唑	0.8908	1.4104
46	20210511-620100-LZFDC-JD-09A	***菜市场（290号）	豇豆	倍硫磷	1.5555	1.4074
47	20210621-620100-LZFDC-YM-05A	***小吃店	油麦菜	唑虫酰胺	1.3076	1.3802
48	20210902-610200-LZFDC-YM-07A	***蔬菜店	油麦菜	己唑醇	1.0873	1.3772
49	20210620-620100-LZFDC-GP-36A	***菜市场（孟潘子摊位）	葡萄	氟吡菌酰胺	2.1666	1.3722

续表

序号	样品编号	采样点	基质	农药	含量（mg/kg）	IFS_c
50	20210509-620100-LZFDC-CL-03A	***有限公司（红古区店）	小油菜	联苯菊酯	2.0831	1.3193
51	20210902-610200-LZFDC-YM-05A	***生鲜配送部	油麦菜	己唑醇	1.0285	1.3028
52	20210902-610200-LZFDC-YM-01A	***菜市场	油麦菜	己唑醇	1.0173	1.2886
53	20210902-610200-LZFDC-YM-08A	***菜市场	油麦菜	己唑醇	0.9969	1.2627
54	20210718-632300-LZFDC-CE-04A	***蔬菜水果	芹菜	苯醚甲环唑	1.9677	1.2462
55	20210530-620100-LZFDC-ST-07A	***超市（新世界百货店）	草莓	螺螨酯	1.9062	1.2073
56	20210531-620100-LZFDC-YM-05A	***有限责任公司	油麦菜	联苯菊酯	1.8938	1.1994
57	20210902-610200-LZFDC-YM-04A	***菜市场	油麦菜	己唑醇	0.9168	1.1613
58	20210902-610200-LZFDC-YM-03A	***粮油干货店	油麦菜	苯醚甲环唑	1.8293	1.1586
59	20210902-610200-LZFDC-YM-02A	***蔬菜店	油麦菜	联苯菊酯	1.8244	1.1555
60	20210619-620100-LZFDC-YM-04A	***超市（西固区店）	油麦菜	唑虫酰胺	1.0600	1.1189
61	20210721-652200-LZFDC-GS-06A	***市场（运堂果蔬）	蒜薹	咪鲜胺	1.7323	1.0971
62	20210722-652200-LZFDC-YM-12A	***市场（运疆蔬菜店）	油麦菜	烯唑醇	0.8557	1.0839
63	20210722-620400-LZFDC-PB-18A	***蔬菜摊位	小白菜	毒死蜱	1.7108	1.0835
64	20210601-620100-LZFDC-DJ-05A	***超市（雁北路店）	菜豆	咪鲜胺	1.7019	1.0779
65	20210902-610200-LZFDC-PB-10A	***蔬菜行	小白菜	哒螨灵	1.6302	1.0325
66	20210531-620100-LZFDC-YM-05A	***有限责任公司	油麦菜	氟硅唑	1.1407	1.0321
67	20210902-610200-LZFDC-YM-02A	***蔬菜店	油麦菜	虫螨腈	4.8255	1.0187
68	20210827-640200-LZFDC-GS-05A	***超市（大武口店）	蒜薹	咪鲜胺	1.5977	1.0119

部分样品侦测出禁用农药 20 种 948 频次，为了明确残留的禁用农药对样品安全的影响，分析侦测出禁用农药残留的样品安全指数，禁用农药残留对水果蔬菜样品安全的影响程度频次分布情况如图 4-3 所示，农药残留对样品安全的影响不可接受的频次为 22，占 2.32%；农药残留对样品安全的影响可以接受的频次为 87，占 9.18%；农药残留对样品安全没有影响的频次为 839，占 88.50%。由图中可以看出 5 个月份的水果蔬菜样品中均侦测出禁用农药残留，分析发现，在该 5 个月份内，2021 年 5~8 月均有禁用农药对样品安全影响不可接受，2021 年 9 月禁用农药对样品安全的影响在可以接

受和没有影响的范围内。表 4-6 列出了水果蔬菜样品中侦测出的禁用农药残留不可接受的安全指数表。

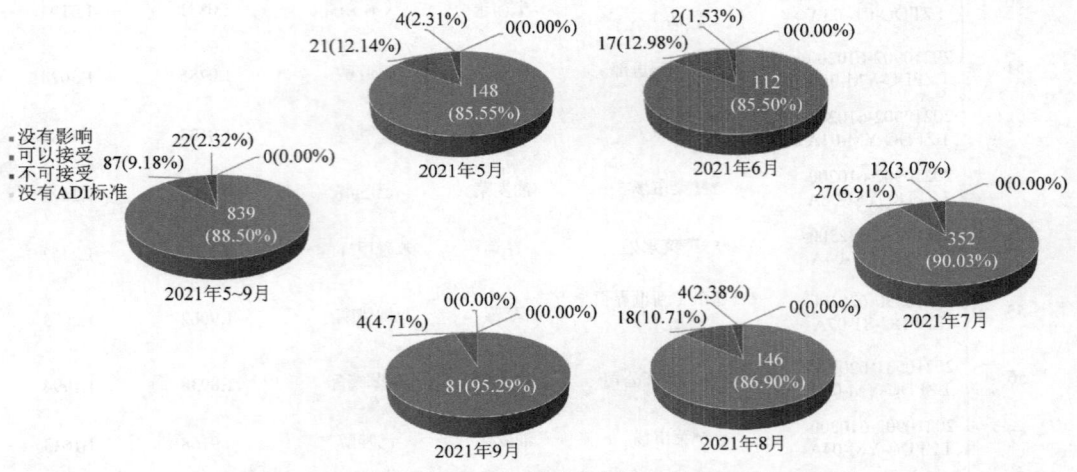

图 4-3 禁用农药对水果蔬菜样品安全影响程度的频次分布图

表 4-6 水果蔬菜样品中侦测出的禁用农药不可接受的安全指数表

序号	样品编号	采样点	基质	农药	含量（mg/kg）	IFS$_c$
1	20210827-640200-LZFDC-PB-06A	***超市（康泰隆店）	小白菜	氧乐果	1.2816	27.0560
2	20210827-640200-LZFDC-PB-12A	***超市	小白菜	氧乐果	1.1147	23.5326
3	20210827-640200-LZFDC-PB-05A	***超市（大武口店）	小白菜	氧乐果	1.0949	23.1146
4	20210719-632200-LZFDC-PB-05A	***蔬菜瓜果门市部	小白菜	氟虫腈	0.3391	10.7382
5	20210518-620100-LZFDC-ST-07A	***超市（西固区店）	草莓	氧乐果	0.3969	8.3790
6	20210715-620700-LZFDC-CL-07A	***综合市场（陈记蔬菜）	小油菜	氟虫腈	0.2540	8.0433
7	20210718-632300-LZFDC-CL-03A	***蔬菜水果店	小油菜	氟虫腈	0.2238	7.0870
8	20210715-620700-LZFDC-CL-05A	***综合市场（李虎果蔬）	小油菜	氟虫腈	0.2233	7.0712
9	20210612-620100-LZFDC-DJ-02A	***早市（周英梅摊位）	菜豆	甲拌磷	0.6974	6.3098
10	20210519-620100-LZFDC-JD-11A	***蔬菜配送店	豇豆	氧乐果	0.2895	6.1117
11	20210714-620700-LZFDC-CL-02A	***蔬菜果品批发市场（燕滩果蔬店）	小油菜	甲拌磷	0.4456	4.0316

第 4 章 GC-Q-TOF/MS 侦测西北五省区市售水果蔬菜农药残留膳食暴露风险与预警风险评估 · 169 ·

续表

序号	样品编号	采样点	基质	农药	含量（mg/kg）	IFS$_c$
12	20210719-632200-LZFDC-PB-03A	***果蔬菜店	小白菜	氟虫腈	0.1214	3.8443
13	20210715-630100-LZFDC-CL-08A	***市场	小油菜	甲拌磷	0.4089	3.6996
14	20210719-632200-LZFDC-PB-01A	***农贸市场	小白菜	氟虫腈	0.1039	3.2902
15	20210511-620100-LZFDC-JD-09A	***菜市场（290号）	豇豆	氟虫腈	0.0905	2.8658
16	20210715-630100-LZFDC-PB-15A	***农贸市场	小白菜	氟虫腈	0.0691	2.1882
17	20210613-620100-LZFDC-JD-05A	***蔬菜经销店	豇豆	克百威	0.3387	2.1451
18	20210715-620700-LZFDC-CE-12A	***批发市场（绿农生态果蔬批发）	芹菜	甲拌磷	0.2316	2.0954
19	20210811-610500-LZFDC-JD-03A	***超市	豇豆	氟虫腈	0.0654	2.0710
20	20210525-620100-LZFDC-CL-01A	***超市（安宁区店）	小油菜	涕灭威	0.9530	2.0119
21	20210719-632200-LZFDC-PB-04A	***蔬菜瓜果超市	小白菜	氟虫腈	0.0463	1.4662
22	20210722-620400-LZFDC-PB-18A	***蔬菜摊位	小白菜	毒死蜱	1.7108	1.0835

此外，本次侦测发现部分样品中非禁用农药残留量超过了 MRL 中国国家标准和欧盟标准，为了明确超标的非禁用农药对样品安全的影响，分析了非禁用农药残留超标的样品安全指数。

水果蔬菜残留量超过 MRL 中国国家标准的非禁用农药对水果蔬菜样品安全的影响程度频次分布情况如图 4-4 所示。可以看出侦测出超过 MRL 中国国家标准的非禁用农药共 45 频次，其中农药残留对样品安全的影响可以接受的频次为 32 频次，占 71.11%；农药残留对样品安全没有影响的频次为 11，占 24.44%。表 4-7 为水果蔬菜样品中侦测出的非禁用农药残留安全指数表。

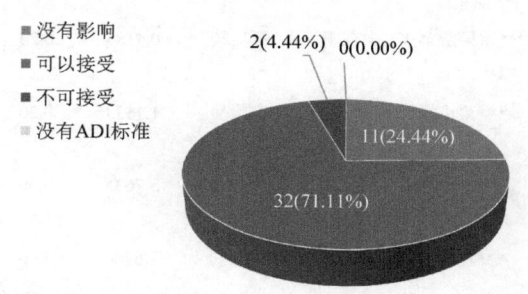

图 4-4 残留超标的非禁用农药对水果蔬菜样品安全的影响程度频次分布图（MRL 中国国家标准）

表 4-7 水果蔬菜样品中侦测出的非禁用农药残留安全指数表（MRL 中国国家标准）

序号	样品编号	采样点	基质	农药	含量（mg/kg）	中国国家标准	超标倍数	IFS$_c$	影响程度
1	20210511-620100-LZFDC-JD-09A	***菜市场（290号）	豇豆	倍硫磷	1.5555	0.05	30.11	1.4074	不可接受
2	20210620-620100-LZFDC-GP-36A	***菜市场（孟潘子摊位）	葡萄	氟吡菌酰胺	2.1666	2.00	0.08	1.3722	不可接受
3	20210719-632200-LZFDC-PB-05A	***蔬菜瓜果门市部	小白菜	溴氰菊酯	0.9390	0.50	0.88	0.5947	可以接受
4	20210721-620400-LZFDC-BO-03A	***超市（公园路店）	菠菜	溴氰菊酯	0.8001	0.50	0.60	0.5067	可以接受
5	20210906-640100-LZFDC-TO-12A	***超市（西塔市场店）	番茄	苯醚甲环唑	0.7803	0.50	0.56	0.4942	可以接受
6	20210902-610200-LZFDC-GS-06A	***菜市场	蒜薹	腐霉利	7.5282	3.00	1.51	0.4768	可以接受
7	20210727-621100-LZFDC-EP-06A	***超市（福台店）	茄子	螺螨酯	0.7288	0.10	6.29	0.4616	可以接受
8	20210722-620400-LZFDC-GP-17A	***水果摊位	葡萄	苯醚甲环唑	0.6888	0.50	0.38	0.4362	可以接受
9	20210721-632200-LZFDC-DJ-08A	***蔬菜瓜果批发部	菜豆	虫螨腈	2.0466	1.00	1.05	0.4321	可以接受
10	20210511-620100-LZFDC-ST-05A	***水果店	草莓	氟吡菌酰胺	0.6742	0.40	0.69	0.4270	可以接受
11	20210811-610100-LZFDC-GS-04A	***超市	蒜薹	腐霉利	6.1315	3.00	1.04	0.3883	可以接受
12	20210811-640400-LZFDC-GS-07A	***蔬菜店	蒜薹	腐霉利	5.1745	3.00	0.72	0.3277	可以接受
13	20210902-610200-LZFDC-GS-05A	***生鲜配送部	蒜薹	腐霉利	4.7075	3.00	0.57	0.2981	可以接受
14	20210827-640200-LZFDC-GS-06A	***超市（康泰隆店）	蒜薹	腐霉利	4.6250	3.00	0.54	0.2929	可以接受
15	20210811-610100-LZFDC-GS-13A	***菜市场	蒜薹	腐霉利	4.2445	3.00	0.41	0.2688	可以接受
16	20210512-620100-LZFDC-EP-05A	***水果蔬菜店	茄子	氟啶胺	0.4186	0.20	1.09	0.2651	可以接受
17	20210620-620100-LZFDC-GP-38B	***菜市场	葡萄	戊菌唑	1.1333	0.20	4.67	0.2393	可以接受
18	20210727-620600-LZFDC-GS-03A	***市场	蒜薹	腐霉利	3.7635	3.00	0.25	0.2384	可以接受
19	20210902-610200-LZFDC-GS-02A	***蔬菜店	蒜薹	腐霉利	3.6780	3.00	0.23	0.2329	可以接受
20	20210906-640100-LZFDC-GS-07A	***超市（阳澄巷店）	蒜薹	腐霉利	3.5895	3.00	0.20	0.2273	可以接受

续表

序号	样品编号	采样点	基质	农药	含量（mg/kg）	中国国家标准	超标倍数	IFS$_c$	影响程度
21	20210827-640200-LZFDC-GS-08A	***超市（凯旋城店）	蒜薹	腐霉利	3.4350	3.00	0.15	0.2176	可以接受
22	20210902-610200-LZFDC-GS-09A	***鲜菜豆制品店	蒜薹	腐霉利	3.4350	3.00	0.15	0.2176	可以接受
23	20210531-620100-LZFDC-EP-04A	***股份有限公司（永登县店）	茄子	联苯菊酯	0.3431	0.30	0.14	0.2173	可以接受
24	20210811-610500-LZFDC-GS-01A	***超市	蒜薹	腐霉利	3.3355	3.00	0.11	0.2112	可以接受
25	20210531-620100-LZFDC-JD-03A	***超市（城关区店）	豇豆	倍硫磷	0.2321	0.05	3.64	0.2100	可以接受
26	20210718-632300-LZFDC-AP-02A	***瓜果蔬菜店	苹果	氯氟氰菊酯	0.6011	0.20	2.01	0.1903	可以接受
27	20210827-640200-LZFDC-PH-02A	***菜市场	桃	敌敌畏	0.1177	0.10	0.18	0.1864	可以接受
28	20210613-620100-LZFDC-JD-05A	***蔬菜经销店	豇豆	倍硫磷	0.1648	0.05	2.30	0.1491	可以接受
29	20210717-632300-LZFDC-LJ-06A	***水果蔬菜批发部	辣椒	吡唑醚菌酯	0.6574	0.50	0.31	0.1388	可以接受
30	20210715-630100-LZFDC-CE-03A	***农贸市场	芹菜	腈菌唑	0.6098	0.05	11.20	0.1287	可以接受
31	20210726-620600-LZFDC-AP-04A	***菜市场	苹果	氯氟氰菊酯	0.3656	0.20	0.83	0.1158	可以接受
32	20210721-620400-LZFDC-AP-02A	***超市（白银店）	苹果	吡唑醚菌酯	0.5388	0.50	0.08	0.1137	可以接受
33	20210527-620100-LZFDC-JC-01A	***超市（皋兰店）	韭菜	腐霉利	1.7527	0.20	7.76	0.1110	可以接受
34	20210721-632200-LZFDC-AP-01A	***蔬菜瓜果门市部	苹果	氯氟氰菊酯	0.3338	0.20	0.67	0.1057	可以接受
35	20210717-632300-LZFDC-EP-02A	***农贸市场	茄子	甲氰菊酯	0.3517	0.20	0.76	0.0742	没有影响
36	20210510-620100-LZFDC-JD-01A	***菜市场（21至23号）	豇豆	倍硫磷	0.0676	0.05	0.35	0.0612	没有影响
37	20210723-620400-LZFDC-PH-06A	***菜店	桃	溴氰菊酯	0.0937	0.05	0.87	0.0593	没有影响
38	20210629-620100-LZFDC-PH-09B	***副食商店	桃	溴氰菊酯	0.0736	0.05	0.47	0.0466	没有影响
39	20210607-620100-LZFDC-EP-06A	***经营部	茄子	戊唑醇	0.1927	0.10	0.93	0.0407	没有影响
40	20210520-620100-LZFDC-BO-02A	***超市	菠菜	乙酯杀螨醇	0.1048	0.01	9.48	0.0332	没有影响

续表

序号	样品编号	采样点	基质	农药	含量（mg/kg）	中国国家标准	超标倍数	IFS_c	影响程度
41	20210603-620100-LZFDC-PB-04A	***生鲜超市	小白菜	腈菌唑	0.0747	0.05	0.49	0.0158	没有影响
42	20210809-640400-LZFDC-PE-05A	***之源	梨	乙螨唑	0.0812	0.07	0.16	0.0103	没有影响
43	20210601-620100-LZFDC-EP-09A	***水果蔬菜店	茄子	霜霉威	0.5305	0.30	0.77	0.0084	没有影响
44	20210530-620100-LZFDC-CU-07A	***超市（新世界百货店）	黄瓜	乙螨唑	0.0394	0.02	0.97	0.0050	没有影响
45	20210721-620400-LZFDC-CU-03A	***超市（公园路店）	黄瓜	乙螨唑	0.0304	0.02	0.52	0.0039	没有影响

残留量超过 MRL 欧盟标准的非禁用农药对水果蔬菜样品安全的影响程度频次分布情况如图 4-5 所示。可以看出超过 MRL 欧盟标准的非禁用农药共 3451 频次，其中农药没有 ADI 的频次为 127，占 3.68%；农药残留对样品安全的影响不可接受的频次为 43，占 1.25%；农药残留对样品安全的影响可以接受的频次为 534，占 15.47%；农药残留对样品安全没有影响的频次为 2747，占 79.60%。表 4-8 为水果蔬菜样品中安全指数排名前 10 的残留超标非禁用农药列表。

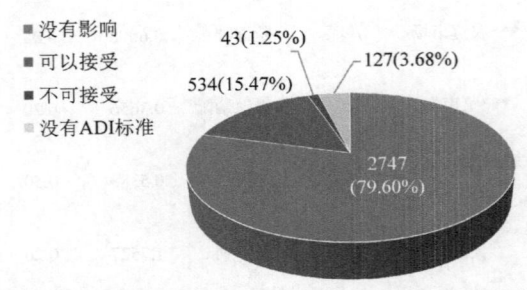

图 4-5 残留超标的非禁用农药对水果蔬菜样品安全的影响程度频次分布图（MRL 欧盟标准）

表 4-8 水果蔬菜样品中安全指数排名前 10 的残留超标非禁用农药列表（MRL 欧盟标准）

序号	样品编号	采样点	基质	农药	含量（mg/kg）	欧盟标准	超标倍数	IFS_c	影响程度
1	20210628-620100-LZFDC-JD-11A	***有限责任公司	豇豆	喹硫磷	0.3498	0.01	33.98	4.4308	不可接受
2	20210811-610100-LZFDC-CL-04A	***超市	小油菜	哒螨灵	4.6820	0.01	467.20	2.9653	不可接受
3	20210902-610200-LZFDC-YM-02A	***蔬菜店	油麦菜	己唑醇	2.3317	0.01	232.17	2.9535	不可接受
4	20210527-620100-LZFDC-GP-06A	***有限公司	葡萄	四氟醚唑	1.6105	0.50	2.22	2.5500	不可接受
5	20210721-652200-LZFDC-YM-04A	***市场（红亮蔬菜批发）	油麦菜	烯唑醇	1.9706	0.01	196.06	2.4961	不可接受

续表

序号	样品编号	采样点	基质	农药	含量（mg/kg）	欧盟标准	超标倍数	IFS$_c$	影响程度
6	20210902-610200-LZFDC-CL-04A	***菜市场	小油菜	哒螨灵	3.8860	0.01	387.60	2.4611	不可接受
7	20210622-620100-LZFDC-YM-04A	***便利商店	油麦菜	唑虫酰胺	2.3303	0.01	232.03	2.4598	不可接受
8	20210721-652200-LZFDC-YM-06A	***市场（运堂果蔬）	油麦菜	烯唑醇	1.9416	0.01	193.16	2.4594	不可接受
9	20210613-620100-LZFDC-YM-11A	***水产部	油麦菜	唑虫酰胺	2.2768	0.01	226.68	2.4033	不可接受
10	20210620-620100-LZFDC-YM-58A	***火锅店	油麦菜	唑虫酰胺	2.1382	0.01	212.82	2.2570	不可接受

4.2.2 单种水果蔬菜中农药残留安全指数分析

本次 20 种水果蔬菜侦测出 221 种农药，所有水果蔬菜均侦测出农药残留，检出频次为 19875 次，其中 56 种农药没有 ADI 标准，165 种农药存在 ADI 标准。对 20 种水果蔬菜按不同种类分别计算侦测出的具有 ADI 标准的各种农药的 IFS$_c$ 值，农药残留对水果蔬菜的安全指数分布图如图 4-6 所示。

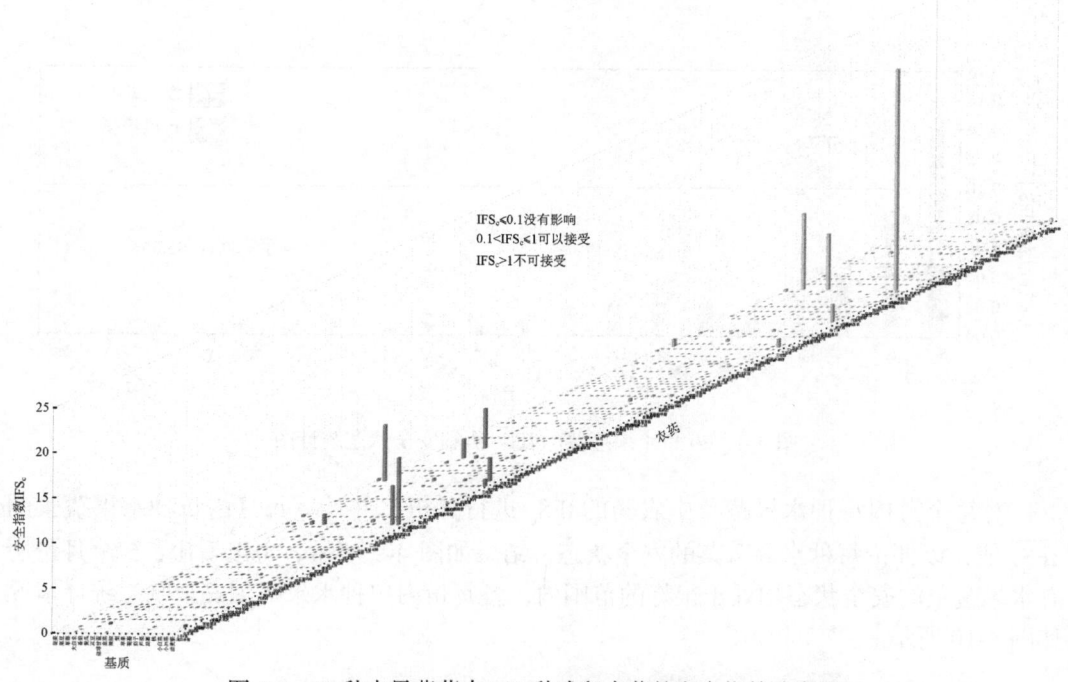

图 4-6　20 种水果蔬菜中 165 种残留农药的安全指数分布图

本次侦测中，20 种水果蔬菜和 221 种残留农药（包括没有 ADI 标准）共涉及 4000 个分析样本，农药对单种水果蔬菜安全的影响程度分布情况如图 4-7 所示。可以看出，

67.43%的样本中农药对水果蔬菜安全没有影响，20.30%的样本中农药对水果蔬菜安全的影响可以接受，1.70%的样本中农药对水果蔬菜安全的影响不可接受。

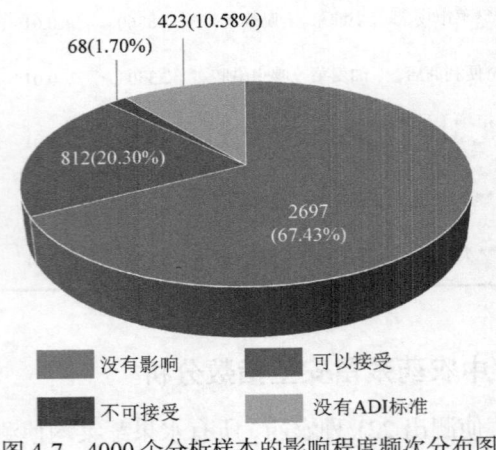

图 4-7　4000 个分析样本的影响程度频次分布图

此外，分别计算 20 种水果蔬菜中所有侦测出农药 IFS_c 的平均值 $\overline{IFS_c}$，分析每种水果蔬菜的安全状态，结果如图 4-8 所示，分析发现 20 种（100%）水果蔬菜的安全状态很好。

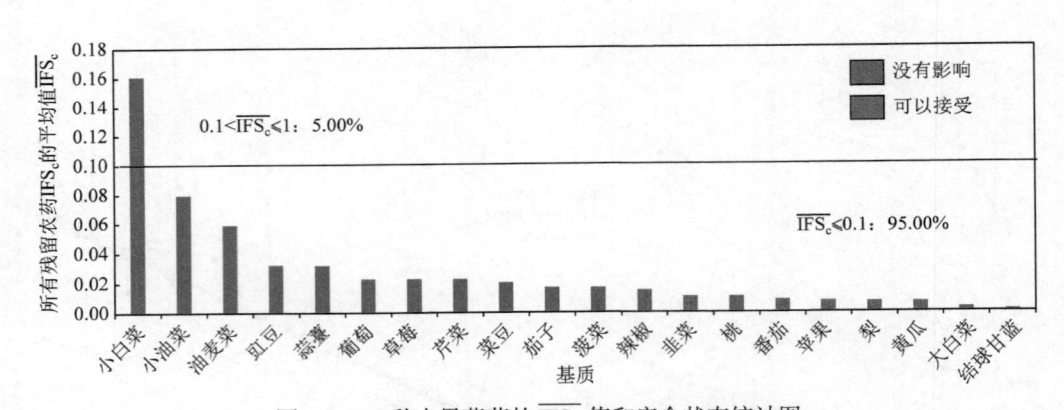

图 4-8　20 种水果蔬菜的 $\overline{IFS_c}$ 值和安全状态统计图

对每个月内每种水果蔬菜中农药的 $\overline{IFS_c}$ 进行分析，并计算每月内每种水果蔬菜的 $\overline{IFS_c}$ 值，以评价每种水果蔬菜的安全状态，结果如图 4-9 所示，可以看出，5 个月份所有水果蔬菜的安全状态均处于很好的范围内，各月份内单种水果蔬菜安全状态统计情况如图 4-10 所示。

4.2.3　所有水果蔬菜中农药残留安全指数分析

计算所有水果蔬菜中 165 种农药的 $\overline{IFS_c}$ 值，结果如图 4-11 及表 4-9 所示。

第 4 章 GC-Q-TOF/MS 侦测西北五省区市售水果蔬菜农药残留膳食暴露风险与预警风险评估 ·175·

分析发现，其中 2.42%的农药对水果蔬菜安全的影响不可接受，其中 8.48%的农药对水果蔬菜安全的影响可以接受，89.09%的农药对水果蔬菜安全没有影响。

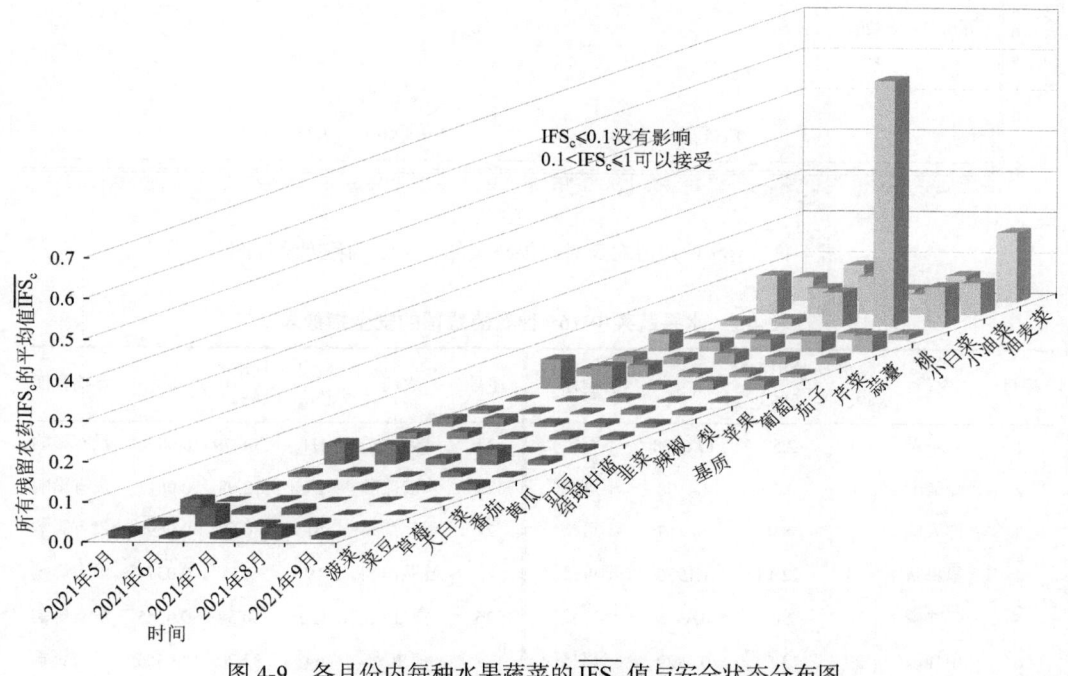

图 4-9 各月份内每种水果蔬菜的 $\overline{IFS_c}$ 值与安全状态分布图

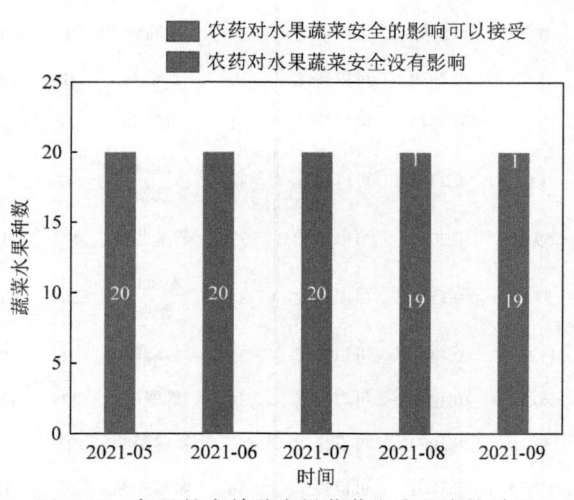

图 4-10 各月份内单种水果蔬菜安全状态统计图

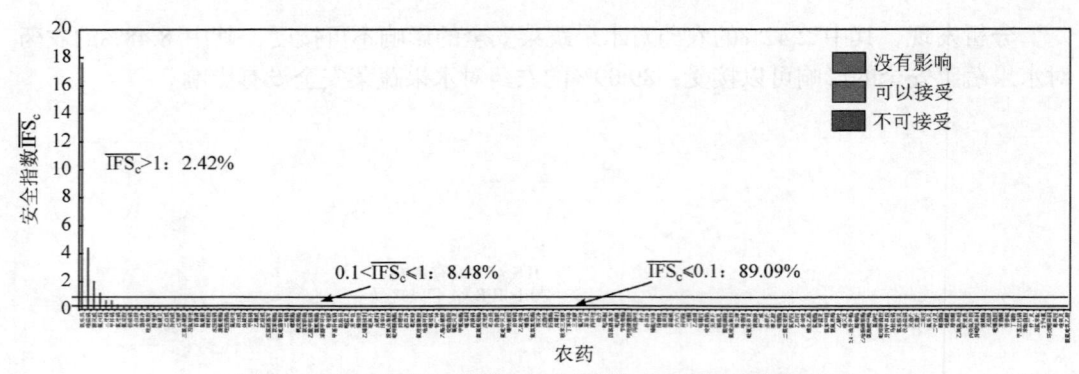

图 4-11 165种残留农药对水果蔬菜的安全影响程度统计图

表 4-9 水果蔬菜中 165 种农药残留的安全指数表

序号	农药	检出频次	检出率（%）	$\overline{IFS_c}$	影响程度	序号	农药	检出频次	检出率（%）	$\overline{IFS_c}$	影响程度
1	氧乐果	5	2.52	17.6388	不可接受	22	咪鲜胺	411	206.79	0.0856	没有影响
2	喹硫磷	1	0.50	4.4308	不可接受	23	水胺硫磷	24	12.08	0.0613	没有影响
3	涕灭威	1	0.50	2.0119	不可接受	24	溴氰菊酯	61	30.69	0.0596	没有影响
4	氟虫腈	44	22.14	1.1956	不可接受	25	唑胺菌酯	19	9.56	0.0574	没有影响
5	三唑磷	4	2.01	0.6515	可以接受	26	氟硅唑	120	60.38	0.0565	没有影响
6	甲拌磷	29	14.59	0.6429	可以接受	27	茚虫威	64	32.20	0.0550	没有影响
7	氯唑磷	13	6.54	0.3430	可以接受	28	炔螨特	101	50.82	0.0530	没有影响
8	氟啶胺	1	0.50	0.2651	可以接受	29	甲胺磷	1	0.50	0.0529	没有影响
9	倍硫磷	7	3.52	0.2639	可以接受	30	乙霉威	18	9.06	0.0513	没有影响
10	杀虫脒	4	2.01	0.2544	可以接受	31	抗蚜威	21	10.57	0.0501	没有影响
11	菌核净	2	1.01	0.2304	可以接受	32	五氯硝基苯	42	21.13	0.0426	没有影响
12	唑虫酰胺	118	59.37	0.2037	可以接受	33	联苯菊酯	424	213.33	0.0406	没有影响
13	烯唑醇	115	57.86	0.1537	可以接受	34	氟吡菌酰胺	288	144.91	0.0382	没有影响
14	哒螨灵	224	112.70	0.1447	可以接受	35	二嗪磷	16	8.05	0.0379	没有影响
15	克百威	40	20.13	0.1298	可以接受	36	螺螨酯	275	138.36	0.0361	没有影响
16	异丙威	64	32.20	0.1074	可以接受	37	氰戊菊酯	23	11.57	0.0359	没有影响
17	己唑醇	174	87.55	0.1061	可以接受	38	联苯肼酯	83	41.76	0.0338	没有影响
18	三氯杀螨醇	1	0.50	0.1026	可以接受	39	乙酰甲胺磷	1	0.50	0.0338	没有影响
19	四氟醚唑	73	36.73	0.0959	没有影响	40	氯氰菊酯	242	121.76	0.0336	没有影响
20	百菌清	43	21.64	0.0911	没有影响	41	苯醚甲环唑	663	333.58	0.0325	没有影响
21	氟酰脲	14	7.04	0.0907	没有影响	42	粉唑醇	53	26.67	0.0319	没有影响

续表

序号	农药	检出频次	检出率(%)	$\overline{IFS_c}$	影响程度	序号	农药	检出频次	检出率(%)	$\overline{IFS_c}$	影响程度
43	甲基异柳磷	5	2.52	0.0318	没有影响	73	治螟磷	5	2.52	0.0108	没有影响
44	敌敌畏	32	16.10	0.0311	没有影响	74	乙氧喹啉	1109	557.99	0.0103	没有影响
45	噁霜灵	83	41.76	0.0290	没有影响	75	噻菌灵	38	19.12	0.0103	没有影响
46	禾草敌	2	1.01	0.0282	没有影响	76	氟氯氰菊酯	2	1.01	0.0097	没有影响
47	烯效唑	10	5.03	0.0269	没有影响	77	莠灭净	9	4.53	0.0096	没有影响
48	乙烯菌核利	182	91.57	0.0261	没有影响	78	戊菌唑	39	19.62	0.0094	没有影响
49	哌草丹	13	6.54	0.0254	没有影响	79	肟菌酯	140	70.44	0.0092	没有影响
50	虫螨腈	1008	507.17	0.0253	没有影响	80	腐霉利	1065	535.85	0.0091	没有影响
51	腈苯唑	9	4.53	0.0233	没有影响	81	联苯三唑醇	1	0.50	0.0089	没有影响
52	溴氰虫酰胺	75	37.74	0.0220	没有影响	82	丁苯吗啉	6	3.02	0.0078	没有影响
53	吡唑醚菌酯	449	225.91	0.0215	没有影响	83	三唑醇	220	110.69	0.0071	没有影响
54	抑霉唑	72	36.23	0.0214	没有影响	84	氟环唑	54	27.17	0.0068	没有影响
55	西草净	1	0.50	0.0202	没有影响	85	草除灵	1	0.50	0.0068	没有影响
56	毒死蜱	672	338.11	0.0195	没有影响	86	丙环唑	276	138.87	0.0067	没有影响
57	氟唑菌酰胺	118	59.37	0.0194	没有影响	87	硫丹	25	12.58	0.0065	没有影响
58	嘧菌环胺	88	44.28	0.0186	没有影响	88	噁草酮	6	3.02	0.0065	没有影响
59	噻唑磷	10	5.03	0.0181	没有影响	89	四氯硝基苯	4	2.01	0.0062	没有影响
60	特丁津	2	1.01	0.0181	没有影响	90	吡丙醚	95	47.80	0.0054	没有影响
61	乙酯杀螨醇	2	1.01	0.0180	没有影响	91	苄呋菊酯	64	32.20	0.0051	没有影响
62	啶酰菌胺	224	112.70	0.0177	没有影响	92	呋唑磺菌胺	4	2.01	0.0050	没有影响
63	氟吡禾灵	5	2.52	0.0159	没有影响	93	丙硫菌唑	4	2.01	0.0049	没有影响
64	甲氰菊酯	51	25.66	0.0154	没有影响	94	林丹	10	5.03	0.0048	没有影响
65	噻嗪酮	57	28.68	0.0152	没有影响	95	扑草净	55	27.67	0.0046	没有影响
66	丙溴磷	159	80.00	0.0145	没有影响	96	烯酰吗啉	1179	593.21	0.0046	没有影响
67	氯氟氰菊酯	1138	572.58	0.0145	没有影响	97	腈菌唑	249	125.28	0.0042	没有影响
68	戊唑醇	645	324.53	0.0141	没有影响	98	敌草腈	136	68.43	0.0042	没有影响
69	毒虫畏	6	3.02	0.0133	没有影响	99	霜霉威	83	41.76	0.0041	没有影响
70	异菌脲	654	329.06	0.0129	没有影响	100	六六六	20	10.06	0.0038	没有影响
71	氟吡甲禾灵	5	2.52	0.0123	没有影响	101	异丙隆	2	1.01	0.0038	没有影响
72	噻呋酰胺	40	20.13	0.0121	没有影响	102	三唑酮	46	23.14	0.0036	没有影响

续表

序号	农药	检出频次	检出率（%）	$\overline{IFS_c}$	影响程度	序号	农药	检出频次	检出率（%）	$\overline{IFS_c}$	影响程度
103	乙硫磷	1	0.50	0.0035	没有影响	133	氟菌唑	2	1.01	0.0012	没有影响
104	嘧霉胺	335	168.55	0.0033	没有影响	134	吡唑萘菌胺	23	11.57	0.0011	没有影响
105	啶氧菌酯	14	7.04	0.0032	没有影响	135	异丙甲草胺	9	4.53	0.0010	没有影响
106	禾草丹	2	1.01	0.0031	没有影响	136	马拉硫磷	17	8.55	0.0010	没有影响
107	稻瘟灵	33	16.60	0.0029	没有影响	137	氯苯胺灵	2	1.01	0.0010	没有影响
108	酰嘧磺隆	1	0.50	0.0029	没有影响	138	伏杀硫磷	1	0.50	0.0010	没有影响
109	氟啶虫酰胺	17	8.55	0.0029	没有影响	139	灭菌丹	420	211.32	0.0008	没有影响
110	莠去津	327	164.53	0.0028	没有影响	140	克菌丹	2	1.01	0.0008	没有影响
111	咯菌腈	13	6.54	0.0028	没有影响	141	二苯胺	785	394.97	0.0007	没有影响
112	吡氟禾草灵	1	0.50	0.0027	没有影响	142	氟乐灵	18	9.06	0.0007	没有影响
113	滴滴涕	21	10.57	0.0027	没有影响	143	二甲戊灵	162	81.51	0.0007	没有影响
114	仲丁威	12	6.04	0.0027	没有影响	144	醚菌酯	34	17.11	0.0007	没有影响
115	杀螟丹	8	4.03	0.0025	没有影响	145	喹螨醚	2	1.01	0.0006	没有影响
116	萘乙酸	36	18.11	0.0025	没有影响	146	增效醚	8	4.03	0.0006	没有影响
117	嘧菌酯	188	94.59	0.0025	没有影响	147	乙氧氟草醚	7	3.52	0.0006	没有影响
118	二氯吡啶酸	5	2.52	0.0024	没有影响	148	野麦畏	4	2.01	0.0006	没有影响
119	氯硝胺	8	4.03	0.0024	没有影响	149	丙炔氟草胺	1	0.50	0.0005	没有影响
120	乙草胺	467	234.97	0.0024	没有影响	150	异噁唑草酮	1	0.50	0.0005	没有影响
121	多效唑	253	127.30	0.0024	没有影响	151	溴螨酯	2	1.01	0.0004	没有影响
122	螺虫乙酯	104	52.33	0.0023	没有影响	152	灭幼脲	82	41.26	0.0003	没有影响
123	氯菊酯	21	10.57	0.0022	没有影响	153	吡噻菌胺	6	3.02	0.0003	没有影响
124	甲霜灵	351	176.60	0.0020	没有影响	154	苯菌酮	7	3.52	0.0003	没有影响
125	氯苯甲醚	2	1.01	0.0019	没有影响	155	苦参碱	9	4.53	0.0003	没有影响
126	氰氟草酯	1	0.50	0.0018	没有影响	156	丁噻隆	5	2.52	0.0002	没有影响
127	乙螨唑	381	191.70	0.0017	没有影响	157	甲基立枯磷	3	1.51	0.0002	没有影响
128	喹禾灵	63	31.70	0.0014	没有影响	158	苯酰菌胺	20	10.06	0.0002	没有影响
129	2,4-滴异辛酯	3	1.51	0.0014	没有影响	159	仲丁灵	34	17.11	0.0002	没有影响
130	醚菊酯	2	1.01	0.0014	没有影响	160	四氯苯酞	1	0.50	0.0002	没有影响
131	乙嘧酚磺酸酯	104	52.33	0.0013	没有影响	161	2甲4氯	2	1.01	0.0001	没有影响
132	氯酞酸甲酯	1	0.50	0.0012	没有影响	162	环戊噁草酮	2	1.01	0.0001	没有影响

第 4 章　GC-Q-TOF/MS 侦测西北五省区市售水果蔬菜农药残留膳食暴露风险与预警风险评估　·179·

续表

序号	农药	检出频次	检出率（%）	$\overline{IFS_c}$	影响程度	序号	农药	检出频次	检出率（%）	$\overline{IFS_c}$	影响程度
163	毒草胺	1	0.50	0.0001	没有影响	165	氯氟吡氧乙酸	3	1.51	0.0000	没有影响
164	喹氧灵	2	1.01	0.0001	没有影响						

对每个月内所有水果蔬菜中残留农药的 $\overline{IFS_c}$ 进行分析，结果如图 4-12 所示。分析发现，5、6、7、8 四个月份所有农药对水果蔬菜安全的影响均处于没有影响、可以接受和不可接受的范围内，9 月份所有农药对水果蔬菜安全的影响处于没有影响和可以接受的范围内。每月内不同农药对水果蔬菜安全影响程度的统计如图 4-13 所示。

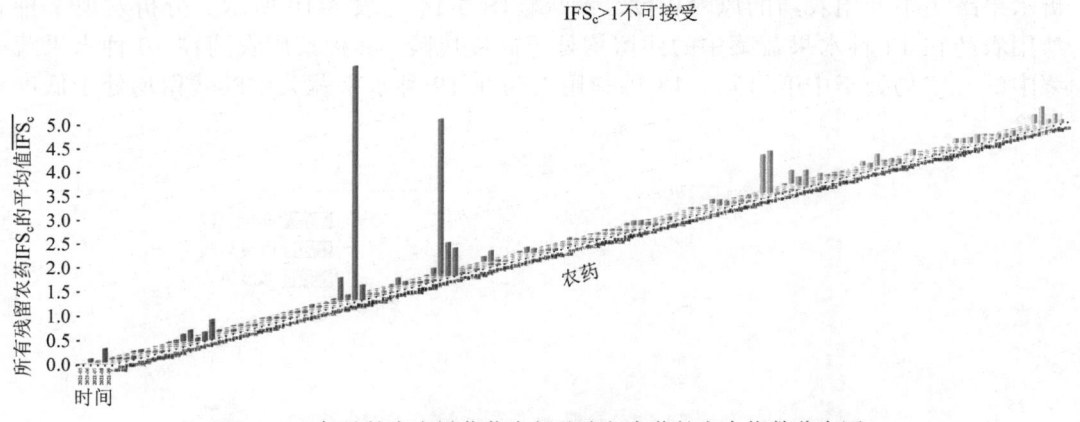

图 4-12　各月份内水果蔬菜中每种残留农药的安全指数分布图

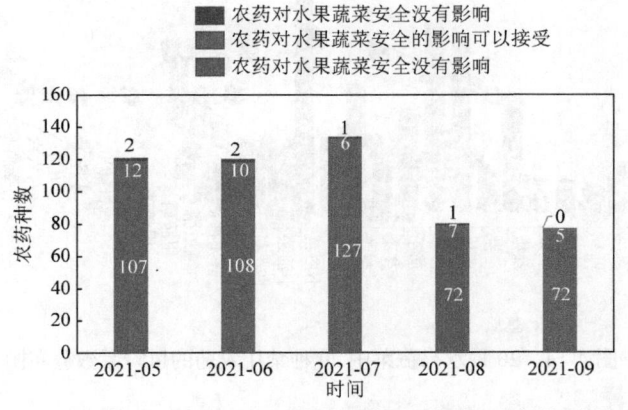

图 4-13　各月份内农药对水果蔬菜安全影响程度的统计图

4.3 农药残留预警风险评估

基于西北五省区水果蔬菜样品中农药残留 LC-Q-TOF/MS 侦测数据，分析禁用农药的检出率，同时参照中华人民共和国国家标准 GB 2763—2021 和欧盟农药最大残留限量（MRL）标准分析非禁用农药残留的超标率，并计算农药残留风险系数。分析单种水果蔬菜中农药残留以及所有水果蔬菜中农药残留的风险程度。

4.3.1 单种水果蔬菜中农药残留风险系数分析

4.3.1.1 单种水果蔬菜中禁用农药残留风险系数分析

侦测出的 221 种残留农药中有 20 种为禁用农药，且它们分布在 20 种水果蔬菜中，计算 20 种水果蔬菜中禁用农药的检出率，根据检出率计算风险系数 R，进而分析水果蔬菜中禁用农药的风险程度，结果如图 4-14 与表 4-10 所示。分析发现 7 种禁用农药在 14 种水果蔬菜中的残留均处于高度风险，9 种禁用农药在 10 种水果蔬菜中的残留均处于中度风险，18 种禁用农药在 19 种水果蔬菜中的残留均处于低度风险。

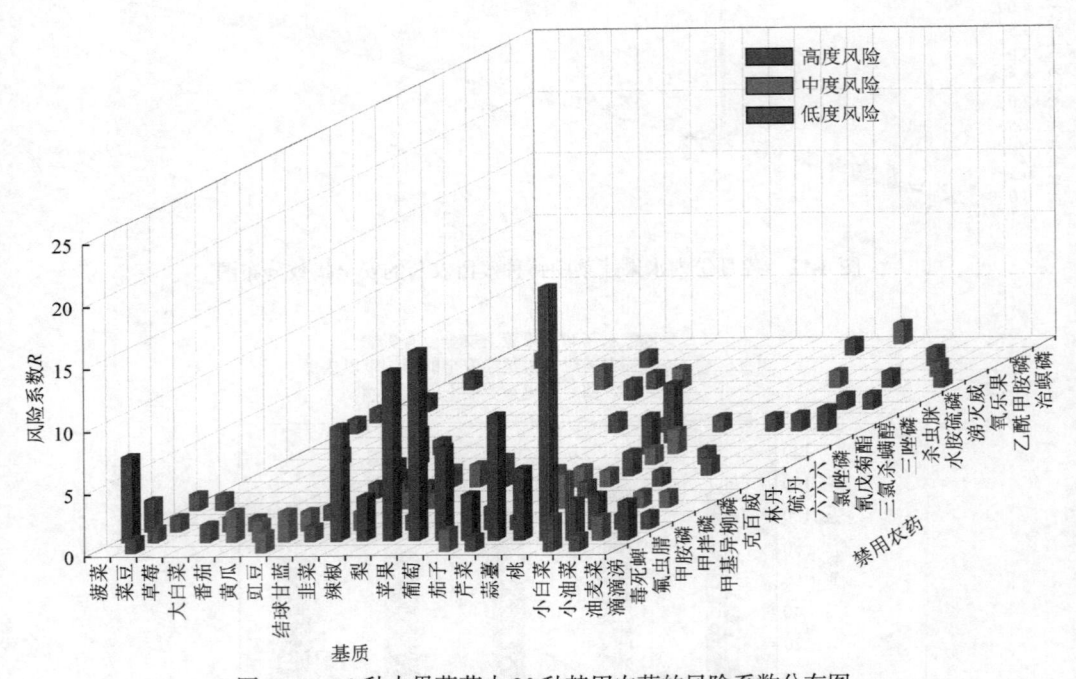

图 4-14 20 种水果蔬菜中 20 种禁用农药的风险系数分布图

表 4-10　20 种水果蔬菜中 20 种禁用农药的风险系数列表

序号	基质	农药	检出频次	检出率（%）	风险系数 R	风险程度
1	苹果	毒死蜱	97	14.10	15.20	高度风险
2	梨	毒死蜱	86	12.50	13.60	高度风险
3	桃	毒死蜱	132	19.19	20.29	高度风险
4	韭菜	毒死蜱	56	8.14	9.24	高度风险
5	菠菜	毒死蜱	40	5.81	6.91	高度风险
6	芹菜	毒死蜱	71	8.95	10.05	高度风险
7	蒜薹	毒死蜱	37	4.67	5.77	高度风险
8	茄子	毒死蜱	21	2.65	3.75	高度风险
9	小白菜	毒死蜱	17	2.14	3.24	高度风险
10	辣椒	毒死蜱	20	2.52	3.62	高度风险
11	番茄	毒死蜱	11	1.39	2.49	高度风险
12	黄瓜	硫丹	18	1.81	2.91	高度风险
13	梨	克百威	13	1.31	2.41	高度风险
14	葡萄	毒死蜱	23	6.42	7.52	高度风险
15	茄子	氯唑磷	13	3.63	4.73	高度风险
16	菠菜	氟虫腈	9	1.49	2.59	高度风险
17	茄子	六六六	12	1.99	3.09	高度风险
18	芹菜	甲拌磷	18	1.66	2.76	高度风险
19	油麦菜	毒死蜱	22	2.03	3.13	高度风险
20	豇豆	毒死蜱	15	1.38	2.48	中度风险
21	大白菜	毒死蜱	4	0.37	1.47	中度风险
22	茄子	氟虫腈	10	0.81	1.91	中度风险
23	辣椒	克百威	9	0.73	1.83	中度风险
24	小油菜	毒死蜱	10	0.81	1.91	中度风险
25	小油菜	氰戊菊酯	10	0.81	1.91	中度风险
26	茄子	滴滴涕	8	0.65	1.75	中度风险
27	辣椒	水胺硫磷	7	0.56	1.66	中度风险
28	结球甘蓝	毒死蜱	2	0.16	1.26	中度风险
29	黄瓜	毒死蜱	7	0.56	1.66	中度风险
30	小白菜	滴滴涕	5	1.72	2.82	中度风险
31	小白菜	氟虫腈	5	1.72	2.82	中度风险
32	芹菜	林丹	7	0.82	1.92	中度风险
33	芹菜	六六六	7	0.82	1.92	中度风险
34	豇豆	水胺硫磷	6	0.70	1.80	中度风险

续表

序号	基质	农药	检出频次	检出率（%）	风险系数 R	风险程度
35	韭菜	氟虫腈	4	0.47	1.57	中度风险
36	韭菜	克百威	4	0.47	1.57	中度风险
37	韭菜	杀虫脒	4	0.47	1.57	中度风险
38	茄子	克百威	4	0.47	1.57	中度风险
39	豇豆	氟虫腈	5	0.54	1.64	中度风险
40	小白菜	氰戊菊酯	3	0.32	1.42	低度风险
41	小白菜	氧乐果	3	0.32	1.42	低度风险
42	梨	氰戊菊酯	3	0.32	1.42	低度风险
43	芹菜	治螟磷	5	0.61	1.71	低度风险
44	结球甘蓝	甲基异柳磷	1	0.12	1.22	低度风险
45	豇豆	滴滴涕	4	0.49	1.59	低度风险
46	菠菜	甲拌磷	2	0.24	1.34	低度风险
47	大白菜	氟虫腈	1	0.14	1.24	低度风险
48	小油菜	氟虫腈	3	0.18	1.28	低度风险
49	小油菜	甲拌磷	3	0.18	1.28	低度风险
50	蒜薹	水胺硫磷	4	0.24	1.34	低度风险
51	小白菜	甲拌磷	2	0.21	1.31	低度风险
52	小白菜	林丹	2	0.21	1.31	低度风险
53	小白菜	水胺硫磷	2	0.21	1.31	低度风险
54	菜豆	水胺硫磷	2	0.21	1.31	低度风险
55	葡萄	克百威	4	0.42	1.52	低度风险
56	韭菜	甲拌磷	2	0.21	1.31	低度风险
57	韭菜	水胺硫磷	2	0.21	1.31	低度风险
58	桃	氰戊菊酯	3	0.21	1.31	低度风险
59	芹菜	克百威	3	0.21	1.31	低度风险
60	芹菜	硫丹	3	0.21	1.31	低度风险
61	草莓	硫丹	2	0.14	1.24	低度风险
62	小油菜	滴滴涕	2	0.14	1.24	低度风险
63	小油菜	三唑磷	2	0.14	1.24	低度风险
64	油麦菜	氟虫腈	3	0.21	1.31	低度风险
65	番茄	氟虫腈	1	0.07	1.17	低度风险
66	桃	克百威	2	0.14	1.24	低度风险
67	桃	硫丹	2	0.14	1.24	低度风险
68	菠菜	氰戊菊酯	1	0.07	1.17	低度风险

续表

序号	基质	农药	检出频次	检出率（%）	风险系数 R	风险程度
69	菠菜	三氯杀螨醇	1	0.07	1.17	低度风险
70	芹菜	甲基异柳磷	2	0.14	1.24	低度风险
71	芹菜	氰戊菊酯	2	0.15	1.25	低度风险
72	小白菜	三唑磷	1	0.07	1.17	低度风险
73	菜豆	滴滴涕	1	0.07	1.17	低度风险
74	菜豆	毒死蜱	1	0.07	1.17	低度风险
75	菜豆	氟虫腈	1	0.13	1.23	低度风险
76	菜豆	甲拌磷	1	0.13	1.23	低度风险
77	菜豆	三唑磷	1	0.13	1.23	低度风险
78	梨	氟虫腈	1	0.13	1.23	低度风险
79	韭菜	甲基异柳磷	1	0.13	1.23	低度风险
80	辣椒	甲拌磷	1	0.13	1.23	低度风险
81	茄子	乙酰甲胺磷	1	0.13	1.23	低度风险
82	草莓	氧乐果	1	0.13	1.23	低度风险
83	黄瓜	林丹	1	0.13	1.23	低度风险
84	黄瓜	六六六	1	0.09	1.19	低度风险
85	小油菜	涕灭威	1	0.09	1.19	低度风险
86	豇豆	甲胺磷	1	0.09	1.19	低度风险
87	豇豆	甲基异柳磷	1	0.09	1.19	低度风险
88	豇豆	克百威	1	0.09	1.19	低度风险
89	豇豆	氧乐果	1	0.09	1.19	低度风险
90	芹菜	滴滴涕	1	0.09	1.19	低度风险
91	芹菜	氟虫腈	1	0.06	1.16	低度风险
92	葡萄	氰戊菊酯	1	0.06	1.16	低度风险
93	油麦菜	水胺硫磷	1	0.06	1.16	低度风险

4.3.1.2 基于 MRL 中国国家标准的单种水果蔬菜中非禁用农药残留风险系数分析

参照中华人民共和国国家标准 GB 2763—2021 中农药残留限量计算每种水果蔬菜中每种非禁用农药的超标率，进而计算其风险系数，根据风险系数大小判断残留农药的预警风险程度，水果蔬菜中非禁用农药残留风险程度分布情况如图 4-15 所示。

本次分析中，发现在 16 种水果蔬菜侦测出 19 种残留非禁用农药，涉及样本 3978 个，18927 检出频次。在 3978 个样本中，21.69%处于低度风险，0.15%处于中度风险。此外发现有 3102 个样本没有 MRL 中国国家标准值，无法判断其风险程度，有 MRL 中国国家标准值的 876 个样本涉及 16 种水果蔬菜中的 19 种非禁用农药，其风险系数 R 值如图 4-16 所示。

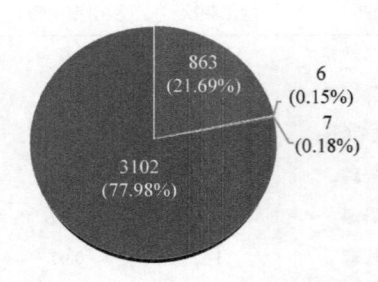

图 4-15 水果蔬菜中非禁用农药风险程度的频次分布图（MRL 中国国家标准）

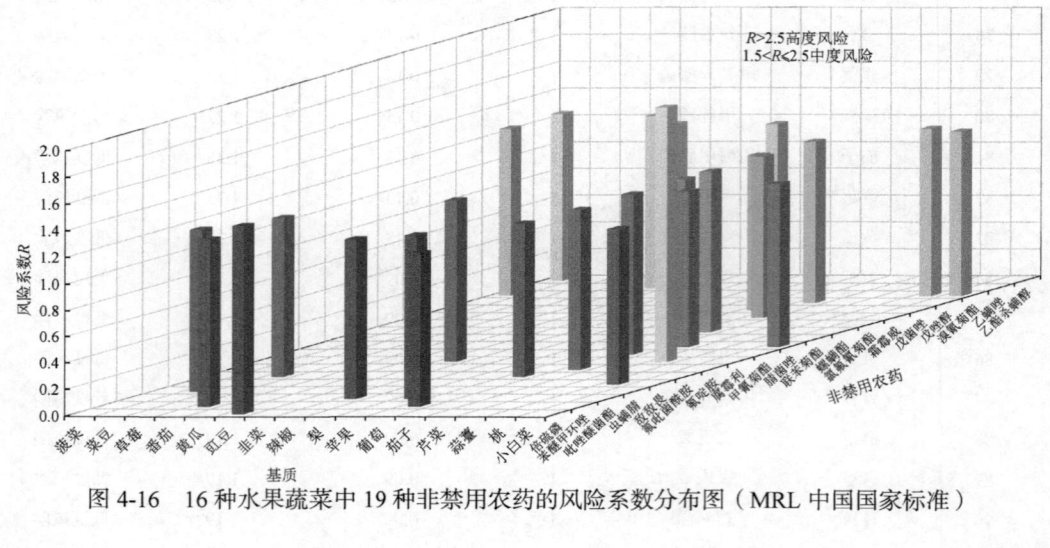

图 4-16 16 种水果蔬菜中 19 种非禁用农药的风险系数分布图（MRL 中国国家标准）

4.3.1.3 基于 MRL 欧盟标准的单种水果蔬菜中非禁用农药残留风险系数分析

参照 MRL 欧盟标准计算每种水果蔬菜中每种非禁用农药的超标率，进而计算其风险系数，根据风险系数大小判断农药残留的预警风险程度，水果蔬菜中非禁用农药残留风险程度分布情况如图 4-17 所示。

图 4-17 水果蔬菜中非禁用农药的风险程度的频次分布图（MRL 欧盟标准）

本次分析中，发现在 20 种水果蔬菜侦测出 201 种残留非禁用农药，涉及样本 3978 个，18927 检出频次。在 3978 个样本中，87.15%处于低度风险，0.00%处于中度风险。此外发现有 310 个样本没有 MRL 欧盟标准值，无法判断其风险程度，有 MRL 欧盟标准值的 3668 个样本涉及 20 种水果蔬菜中的 110 种非禁用农药，单种水果蔬菜中的非禁用农药风险系数分布图如图 4-18 所示。单种水果蔬菜中处于高度风险的非禁用农药风险系数如图 4-19 和表 4-11 所示。

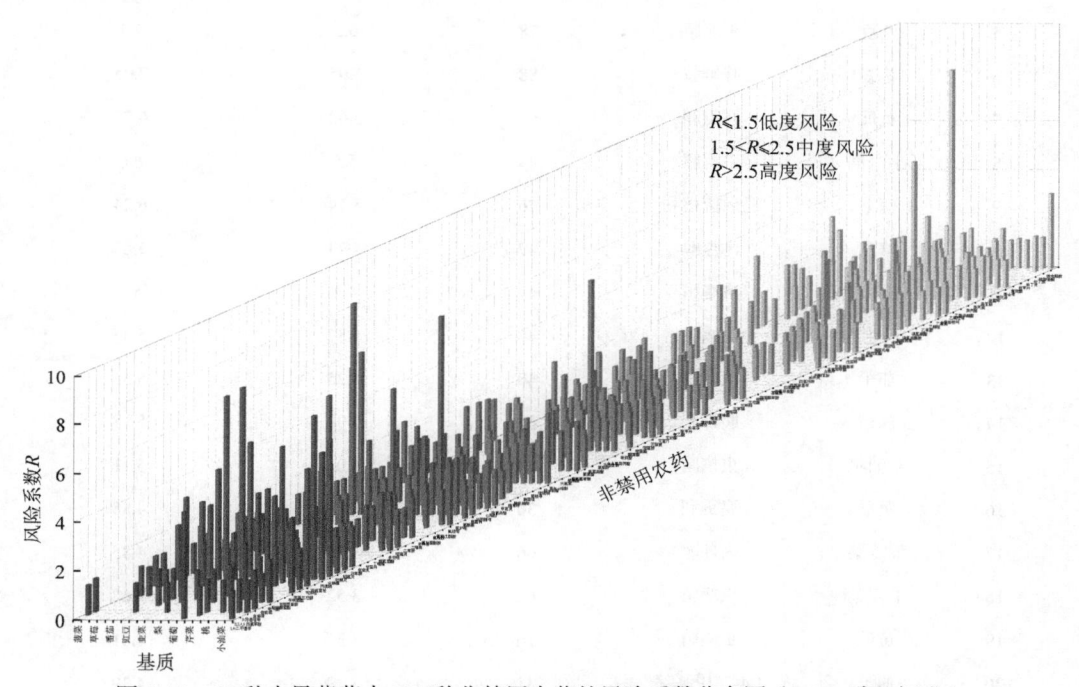

图 4-18　20 种水果蔬菜中 201 种非禁用农药的风险系数分布图（MRL 欧盟标准）

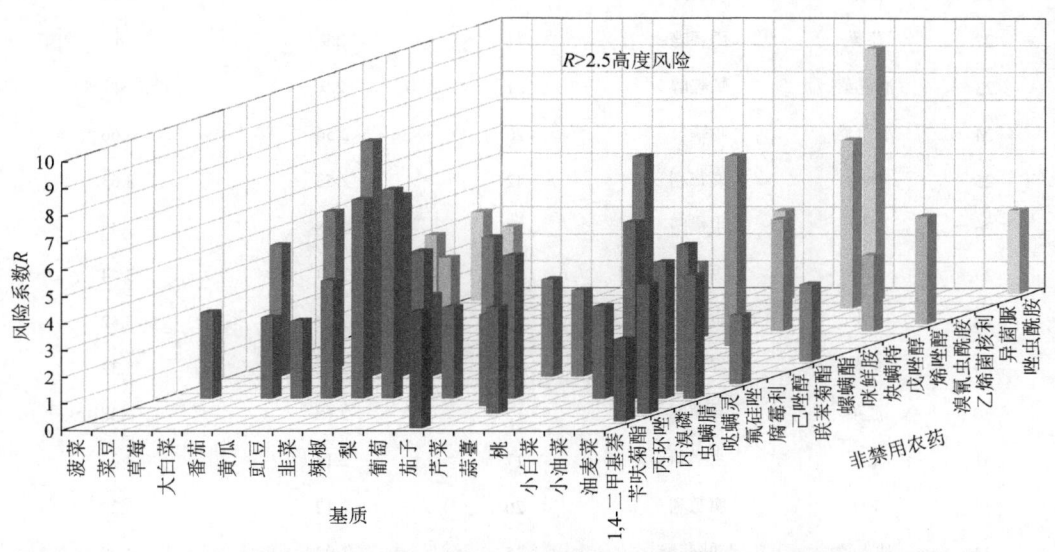

图 4-19　单种水果蔬菜中处于高度风险的非禁用农药的风险系数分布图（MRL 欧盟标准）

表 4-11 单种水果蔬菜中处于高度风险的非禁用农药的风险系数表（MRL 欧盟标准）

序号	基质	农药	超标频次	超标率 P（%）	风险系数 R
1	蒜薹	异菌脲	122	8.25	9.35
2	番茄	腐霉利	46	7.62	8.72
3	蒜薹	腐霉利	105	7.1	8.2
4	韭菜	虫螨腈	57	6.67	7.77
5	豇豆	虫螨腈	78	6.3	7.4
6	蒜薹	咪鲜胺	88	5.95	7.05
7	黄瓜	腐霉利	61	5.62	6.72
8	小白菜	虫螨腈	43	5.5	6.6
9	蒜薹	乙烯菌核利	76	5.14	6.24
10	草莓	己唑醇	47	4.73	5.83
11	辣椒	虫螨腈	41	4.4	5.5
12	小油菜	哒螨灵	48	4.37	5.47
13	茄子	虫螨腈	40	4.25	5.35
14	辣椒	腐霉利	38	4.08	5.18
15	小油菜	虫螨腈	44	4.01	5.11
16	菜豆	腐霉利	30	3.78	4.88
17	油麦菜	丙环唑	66	3.75	4.85
18	油麦菜	虫螨腈	62	3.52	4.62
19	黄瓜	虫螨腈	36	3.31	4.41
20	茄子	1,4-二甲基萘	31	3.29	4.39
21	蒜薹	戊唑醇	45	3.04	4.14
22	芹菜	丙环唑	41	2.9	4
23	油麦菜	烯唑醇	51	2.9	4
24	小白菜	哒螨灵	20	2.56	3.66
25	葡萄	腐霉利	42	2.53	3.63
26	桃	虫螨腈	32	2.38	3.48
27	茄子	丙溴磷	22	2.34	3.44
28	梨	虫螨腈	19	2.32	3.42
29	葡萄	异菌脲	37	2.22	3.32
30	菠菜	异菌脲	15	2.18	3.28
31	菜豆	虫螨腈	17	2.14	3.24
32	茄子	腐霉利	20	2.12	3.22
33	油麦菜	苄呋菊酯	35	1.99	3.09

续表

序号	基质	农药	超标频次	超标率 P（%）	风险系数 R
34	油麦菜	唑虫酰胺	35	1.99	3.09
35	大白菜	虫螨腈	7	1.96	3.06
36	豇豆	腐霉利	24	1.94	3.04
37	菠菜	溴氰虫酰胺	13	1.89	2.99
38	番茄	虫螨腈	11	1.82	2.92
39	油麦菜	联苯菊酯	31	1.76	2.86
40	小油菜	戊唑醇	19	1.73	2.83
41	茄子	炔螨特	16	1.7	2.8
42	菜豆	异菌脲	13	1.64	2.74
43	草莓	戊唑醇	16	1.61	2.71
44	豇豆	螺螨酯	20	1.61	2.71
45	油麦菜	氟硅唑	26	1.48	2.58

4.3.2 所有水果蔬菜中农药残留风险系数分析

4.3.2.1 所有水果蔬菜中禁用农药残留风险系数分析

在侦测出的221种农药中有20种为禁用农药，计算所有水果蔬菜中禁用农药的风险系数，结果如表4-12所示。禁用农药毒死蜱处于高度风险。

表4-12 水果蔬菜中20种禁用农药的风险系数表

序号	农药	检出频次	检出率 P（%）	风险系数 R	风险程度
1	毒死蜱	672	16.80	17.90	高度风险
2	氟虫腈	44	1.10	2.20	中度风险
3	克百威	40	1.00	2.10	中度风险
4	甲拌磷	29	0.73	1.83	中度风险
5	硫丹	25	0.63	1.73	中度风险
6	水胺硫磷	24	0.60	1.70	中度风险
7	氰戊菊酯	23	0.58	1.68	中度风险
8	滴滴涕	21	0.53	1.63	中度风险
9	六六六	20	0.50	1.60	中度风险
10	氯唑磷	13	0.33	1.43	低度风险
11	林丹	10	0.25	1.35	低度风险

续表

序号	农药	检出频次	检出率 P（%）	风险系数 R	风险程度
12	甲基异柳磷	5	0.13	1.23	低度风险
13	氧乐果	5	0.13	1.23	低度风险
14	治螟磷	5	0.13	1.23	低度风险
15	三唑磷	4	0.10	1.20	低度风险
16	杀虫脒	4	0.10	1.20	低度风险
17	甲胺磷	1	0.03	1.13	低度风险
18	三氯杀螨醇	1	0.03	1.13	低度风险
19	涕灭威	1	0.03	1.13	低度风险
20	乙酰甲胺磷	1	0.03	1.13	低度风险

对每个月内的禁用农药的风险系数进行分析，结果如图4-20和表4-13所示。

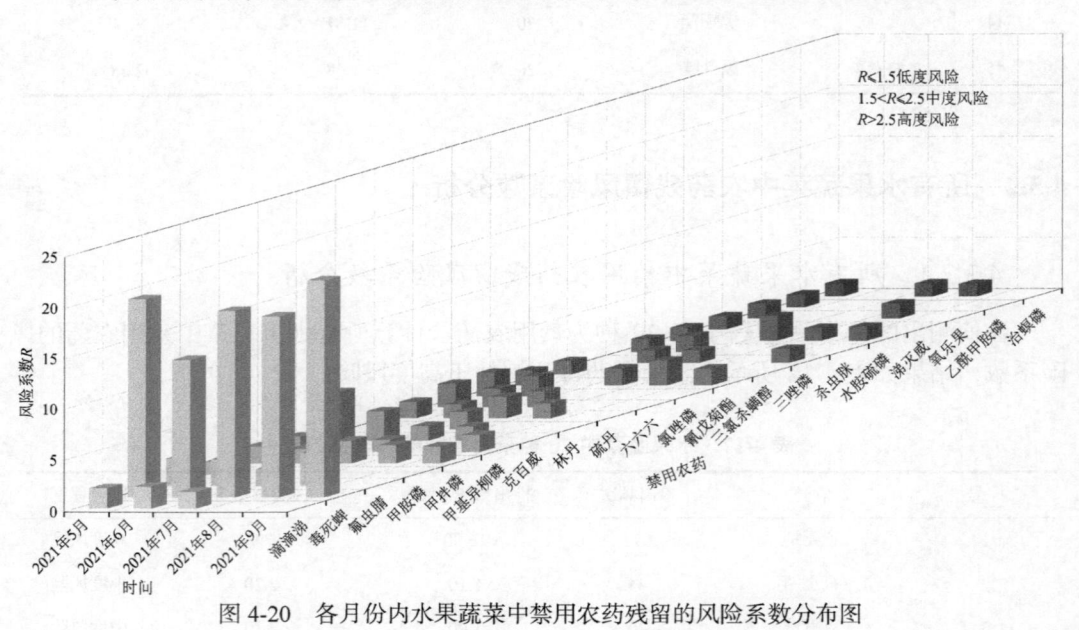

图4-20　各月份内水果蔬菜中禁用农药残留的风险系数分布图

表4-13　各月份内水果蔬菜中禁用农药残留的风险系数表

序号	年月	农药	检出频次	检出率 P（%）	风险系数 R	风险程度
1	2021年5月	毒死蜱	105	18.42	19.52	高度风险
2	2021年5月	克百威	21	3.68	4.78	高度风险
3	2021年5月	氟虫腈	9	1.58	2.68	高度风险
4	2021年5月	六六六	7	1.23	2.33	中度风险
5	2021年5月	氯唑磷	7	1.23	2.33	中度风险
6	2021年5月	滴滴涕	5	0.88	1.98	中度风险

续表

序号	年月	农药	检出频次	检出率 P（%）	风险系数 R	风险程度
7	2021年5月	甲拌磷	3	0.53	1.63	中度风险
8	2021年5月	硫丹	3	0.53	1.63	中度风险
9	2021年5月	甲基异柳磷	2	0.35	1.45	低度风险
10	2021年5月	氰戊菊酯	2	0.35	1.45	低度风险
11	2021年5月	氧乐果	2	0.35	1.45	低度风险
12	2021年5月	甲胺磷	1	0.18	1.28	低度风险
13	2021年5月	三氯杀螨醇	1	0.18	1.28	低度风险
14	2021年5月	杀虫脒	1	0.18	1.28	低度风险
15	2021年5月	水胺硫磷	1	0.18	1.28	低度风险
16	2021年5月	涕灭威	1	0.18	1.28	低度风险
17	2021年5月	乙酰甲胺磷	1	0.18	1.28	低度风险
18	2021年5月	治螟磷	1	0.18	1.28	低度风险
19	2021年6月	毒死蜱	83	12.39	13.49	高度风险
20	2021年6月	克百威	12	1.79	2.89	高度风险
21	2021年6月	氟虫腈	10	1.49	2.59	高度风险
22	2021年6月	滴滴涕	7	1.04	2.14	中度风险
23	2021年6月	氯唑磷	6	0.90	2.00	中度风险
24	2021年6月	六六六	5	0.75	1.85	中度风险
25	2021年6月	杀虫脒	3	0.45	1.55	中度风险
26	2021年6月	甲拌磷	2	0.30	1.40	低度风险
27	2021年6月	硫丹	2	0.30	1.40	低度风险
28	2021年6月	三唑磷	1	0.15	1.25	低度风险
29	2021年7月	毒死蜱	280	17.25	18.35	高度风险
30	2021年7月	水胺硫磷	21	1.29	2.39	中度风险
31	2021年7月	甲拌磷	17	1.05	2.15	中度风险
32	2021年7月	硫丹	17	1.05	2.15	中度风险
33	2021年7月	林丹	10	0.62	1.72	中度风险
34	2021年7月	滴滴涕	9	0.55	1.65	中度风险
35	2021年7月	氟虫腈	9	0.55	1.65	中度风险
36	2021年7月	氰戊菊酯	9	0.55	1.65	中度风险
37	2021年7月	六六六	8	0.49	1.59	中度风险
38	2021年7月	克百威	5	0.31	1.41	低度风险
39	2021年7月	治螟磷	3	0.18	1.28	低度风险

续表

序号	年月	农药	检出频次	检出率 P（%）	风险系数 R	风险程度
40	2021年7月	三唑磷	2	0.12	1.22	低度风险
41	2021年7月	甲基异柳磷	1	0.06	1.16	低度风险
42	2021年8月	毒死蜱	127	16.69	17.79	高度风险
43	2021年8月	氟虫腈	16	2.10	3.20	高度风险
44	2021年8月	氰戊菊酯	10	1.31	2.41	中度风险
45	2021年8月	甲拌磷	5	0.66	1.76	中度风险
46	2021年8月	硫丹	3	0.39	1.49	低度风险
47	2021年8月	氧乐果	3	0.39	1.49	低度风险
48	2021年8月	克百威	2	0.26	1.36	低度风险
49	2021年8月	水胺硫磷	1	0.13	1.23	低度风险
50	2021年8月	治螟磷	1	0.13	1.23	低度风险
51	2021年9月	毒死蜱	77	20.21	21.31	高度风险
52	2021年9月	甲拌磷	2	0.52	1.62	中度风险
53	2021年9月	甲基异柳磷	2	0.52	1.62	中度风险
54	2021年9月	氰戊菊酯	2	0.52	1.62	中度风险
55	2021年9月	三唑磷	1	0.26	1.36	低度风险
56	2021年9月	水胺硫磷	1	0.26	1.36	低度风险

4.3.2.2 所有水果蔬菜中非禁用农药残留风险系数分析

参照 MRL 欧盟标准计算所有水果蔬菜中每种非禁用农药残留的风险系数，如图 4-21 与表 4-14 所示。在侦测出的 110 种非禁用农药中，15 种农药（13.64%）残留处于高度风险，28 种农药（25.45%）残留处于中度风险，67 种农药（60.91%）残留处于低度风险。

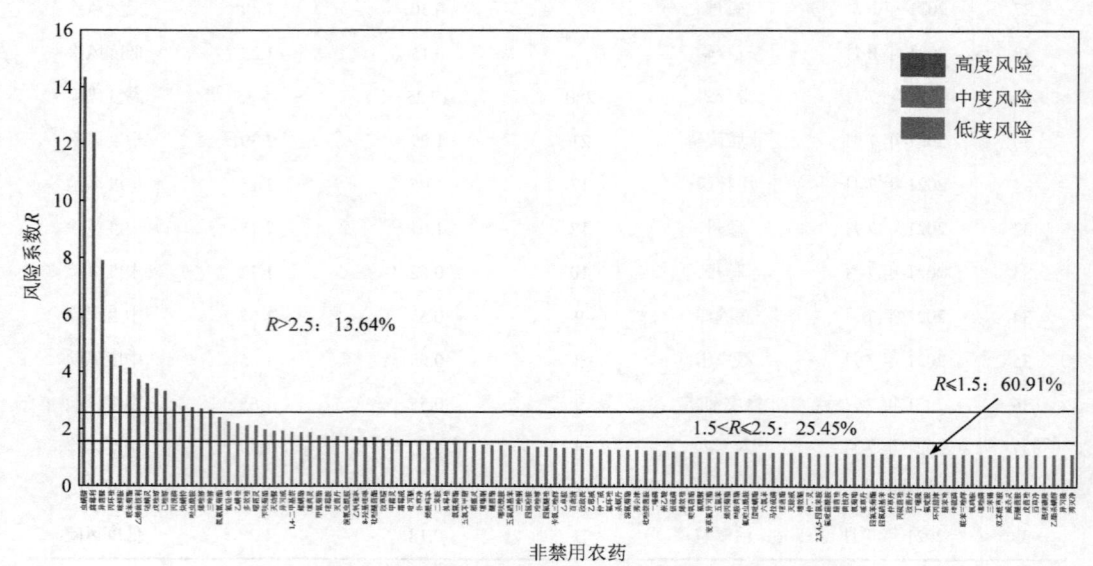

图 4-21　水果蔬菜中 110 种非禁用农药的风险程度统计图

表 4-14 水果蔬菜中 110 种非禁用农药的风险系数表

序号	农药	超标频次	超标率 P（%）	风险系数 R	风险程度
1	虫螨腈	530	13.25	14.35	高度风险
2	腐霉利	451	11.28	12.38	高度风险
3	异菌脲	272	6.80	7.90	高度风险
4	丙环唑	139	3.48	4.58	高度风险
5	咪鲜胺	124	3.10	4.20	高度风险
6	联苯菊酯	121	3.03	4.13	高度风险
7	乙烯菌核利	105	2.63	3.73	高度风险
8	哒螨灵	99	2.48	3.58	高度风险
9	戊唑醇	92	2.30	3.40	高度风险
10	己唑醇	89	2.23	3.33	高度风险
11	丙溴磷	74	1.85	2.95	高度风险
12	炔螨特	68	1.70	2.80	高度风险
13	唑虫酰胺	66	1.65	2.75	高度风险
14	烯唑醇	64	1.60	2.70	高度风险
15	三唑醇	62	1.55	2.65	高度风险
16	氯氟氰菊酯	52	1.30	2.40	中度风险
17	氟硅唑	46	1.15	2.25	中度风险
18	乙螨唑	43	1.08	2.18	中度风险
19	多效唑	41	1.03	2.13	中度风险
20	噁霜灵	41	1.03	2.13	中度风险
21	苄呋菊酯	35	0.88	1.98	中度风险
22	灭幼脲	33	0.83	1.93	中度风险
23	异丙威	33	0.83	1.93	中度风险
24	1,4-二甲基萘	32	0.80	1.90	中度风险
25	螺螨酯	31	0.78	1.88	中度风险
26	噻菌灵	31	0.78	1.88	中度风险
27	甲氰菊酯	27	0.68	1.78	中度风险
28	嘧霉胺	26	0.65	1.75	中度风险
29	灭菌丹	26	0.65	1.75	中度风险
30	溴氰虫酰胺	25	0.63	1.73	中度风险
31	乙氧喹啉	25	0.63	1.73	中度风险
32	8-羟基喹啉	24	0.60	1.70	中度风险
33	吡唑醚菌酯	24	0.60	1.70	中度风险
34	敌草腈	22	0.55	1.65	中度风险
35	甲霜灵	22	0.55	1.65	中度风险
36	霜霉威	21	0.53	1.63	中度风险

续表

序号	农药	超标频次	超标率 P（%）	风险系数 R	风险程度
37	吡丙醚	19	0.48	1.58	中度风险
38	扑草净	19	0.48	1.58	中度风险
39	烯酰吗啉	19	0.48	1.58	中度风险
40	二苯胺	18	0.45	1.55	中度风险
41	抑霉唑	18	0.45	1.55	中度风险
42	氯氰菊酯	16	0.40	1.50	中度风险
43	五氯苯甲腈	16	0.40	1.50	中度风险
44	稻瘟灵	15	0.38	1.48	低度风险
45	噻嗪酮	14	0.35	1.45	低度风险
46	醚菌酯	13	0.33	1.43	低度风险
47	噻呋酰胺	13	0.33	1.43	低度风险
48	五氯硝基苯	13	0.33	1.43	低度风险
49	三唑酮	12	0.30	1.40	低度风险
50	四氢吩胺	12	0.30	1.40	低度风险
51	粉唑醇	11	0.28	1.38	低度风险
52	四氟醚唑	11	0.28	1.38	低度风险
53	苄氯三唑醇	10	0.25	1.35	低度风险
54	乙草胺	10	0.25	1.35	低度风险
55	百菌清	9	0.23	1.33	低度风险
56	敌敌畏	9	0.23	1.33	低度风险
57	乙霉威	8	0.20	1.30	低度风险
58	仲丁威	8	0.20	1.30	低度风险
59	氟环唑	7	0.18	1.28	低度风险
60	杀螟丹	7	0.18	1.28	低度风险
61	溴氰菊酯	7	0.18	1.28	低度风险
62	莠去津	7	0.18	1.28	低度风险
63	吡唑萘菌胺	6	0.15	1.25	低度风险
64	二嗪磷	6	0.15	1.25	低度风险
65	萘乙酸	6	0.15	1.25	低度风险
66	倍硫磷	5	0.13	1.23	低度风险
67	烯效唑	5	0.13	1.23	低度风险
68	啶氧菌酯	4	0.10	1.20	低度风险
69	氟酰脲	4	0.10	1.20	低度风险
70	麦草氟异丙酯	4	0.10	1.20	低度风险
71	五氯苯	4	0.10	1.20	低度风险
72	烯丙菊酯	4	0.10	1.20	低度风险

续表

序号	农药	超标频次	超标率 P（%）	风险系数 R	风险程度
73	唑胺菌酯	4	0.10	1.20	低度风险
74	氟啶虫酰胺	3	0.08	1.18	低度风险
75	腈吡螨酯	3	0.08	1.18	低度风险
76	六氯苯	3	0.08	1.18	低度风险
77	马拉硫磷	3	0.08	1.18	低度风险
78	嘧菌酯	3	0.08	1.18	低度风险
79	灭除威	3	0.08	1.18	低度风险
80	增效醚	3	0.08	1.18	低度风险
81	仲丁灵	3	0.08	1.18	低度风险
82	2,3,4,5-四氯苯胺	2	0.05	1.15	低度风险
83	氟吡菌酰胺	2	0.05	1.15	低度风险
84	腈菌唑	2	0.05	1.15	低度风险
85	菌核净	2	0.05	1.15	低度风险
86	氯菊酯	2	0.05	1.15	低度风险
87	哌草丹	2	0.05	1.15	低度风险
88	四氟苯菊酯	2	0.05	1.15	低度风险
89	四氯硝基苯	2	0.05	1.15	低度风险
90	仲草丹	2	0.05	1.15	低度风险
91	丙硫菌唑	1	0.03	1.13	低度风险
92	敌菌丹	1	0.03	1.13	低度风险
93	丁噻隆	1	0.03	1.13	低度风险
94	氟啶胺	1	0.03	1.13	低度风险
95	环丙腈津	1	0.03	1.13	低度风险
96	腈苯唑	1	0.03	1.13	低度风险
97	喹硫磷	1	0.03	1.13	低度风险
98	联苯三唑醇	1	0.03	1.13	低度风险
99	氯硝胺	1	0.03	1.13	低度风险
100	噻唑磷	1	0.03	1.13	低度风险
101	三苯锡	1	0.03	1.13	低度风险
102	双苯酰草胺	1	0.03	1.13	低度风险
103	威杀灵	1	0.03	1.13	低度风险
104	肟醚菌胺	1	0.03	1.13	低度风险
105	戊菌唑	1	0.03	1.13	低度风险
106	西草净	1	0.03	1.13	低度风险
107	酰嘧磺隆	1	0.03	1.13	低度风险
108	乙酯杀螨醇	1	0.03	1.13	低度风险

续表

序号	农药	超标频次	超标率 P（%）	风险系数 R	风险程度
109	异丙隆	1	0.03	1.13	低度风险
110	莠灭净	1	0.03	1.13	低度风险

对每个月份内的非禁用农药的风险系数分析，每月内非禁用农药风险程度分布图如图 4-22 所示。这 5 个月份内处于高度风险的农药数排序为 2021 年 5 月（18）= 2021 年 6 月（18）> 2021 年 7 月（16）= 2021 年 8 月（16）> 2021 年 9 月（11）。

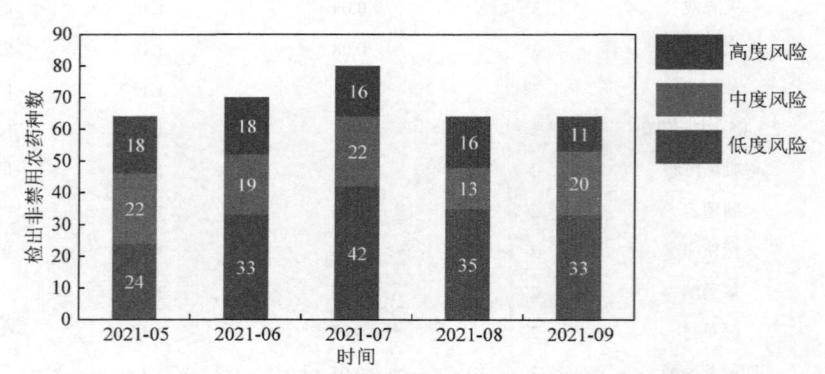

图 4-22　各月份水果蔬菜中非禁用农残留的风险程度分布图

5 个月份内水果蔬菜中非禁用农药处于中度风险和高度风险的风险系数如图 4-23 和表 4-15 所示。

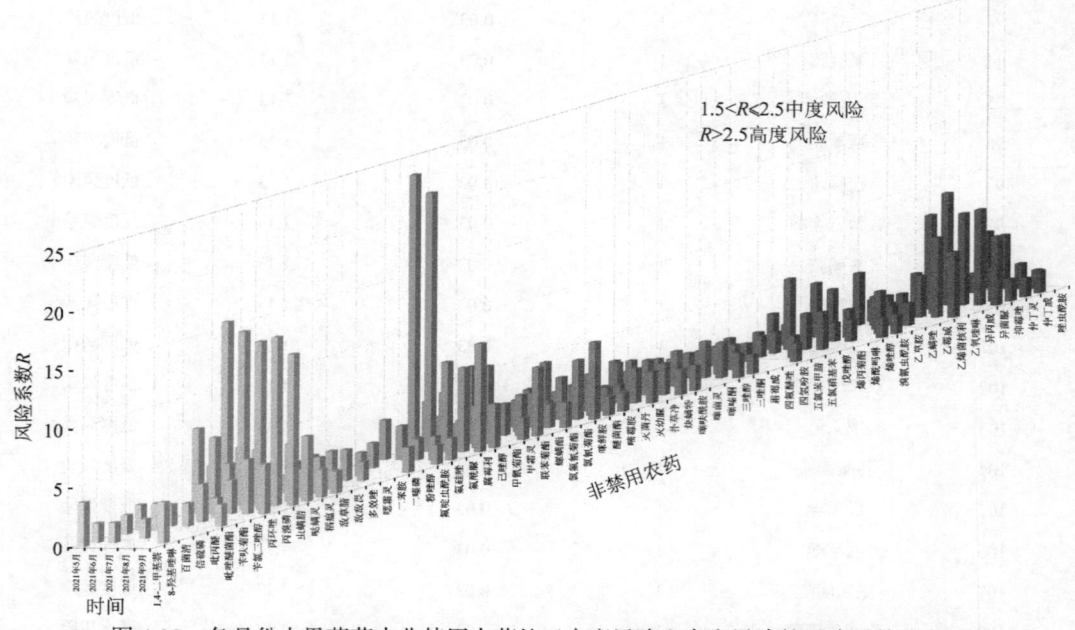

图 4-23　各月份水果蔬菜中非禁用农药处于中度风险和高度风险的风险系数分布图

表 4-15 各月份水果蔬菜中非禁用农药处于中度风险和高度风险的风险系数表

序号	年月	农药	超标频次	超标率 P（%）	风险系数 R	风险程度
1	2021年5月	腐霉利	128	22.46	23.56	高度风险
2	2021年5月	虫螨腈	83	14.56	15.66	高度风险
3	2021年5月	异菌脲	37	6.49	7.59	高度风险
4	2021年5月	丙环唑	35	6.14	7.24	高度风险
5	2021年5月	联苯菊酯	27	4.74	5.84	高度风险
6	2021年5月	唑虫酰胺	21	3.68	4.78	高度风险
7	2021年5月	哒螨灵	20	3.51	4.61	高度风险
8	2021年5月	烯唑醇	20	3.51	4.61	高度风险
9	2021年5月	乙螨唑	19	3.33	4.43	高度风险
10	2021年5月	己唑醇	16	2.81	3.91	高度风险
11	2021年5月	1,4-二甲基萘	15	2.63	3.73	高度风险
12	2021年5月	丙溴磷	15	2.63	3.73	高度风险
13	2021年5月	氟硅唑	13	2.28	3.38	高度风险
14	2021年5月	戊唑醇	11	1.93	3.03	高度风险
15	2021年5月	异丙威	11	1.93	3.03	高度风险
16	2021年5月	炔螨特	10	1.75	2.85	高度风险
17	2021年5月	螺螨酯	8	1.40	2.50	高度风险
18	2021年5月	咪鲜胺	8	1.40	2.50	高度风险
19	2021年5月	甲氰菊酯	7	1.23	2.33	中度风险
20	2021年5月	吡丙醚	6	1.05	2.15	中度风险
21	2021年5月	噁霜灵	6	1.05	2.15	中度风险
22	2021年5月	多效唑	5	0.88	1.98	中度风险
23	2021年5月	噻嗪酮	5	0.88	1.98	中度风险
24	2021年5月	四氢吩胺	5	0.88	1.98	中度风险
25	2021年5月	氯氟氰菊酯	4	0.70	1.80	中度风险
26	2021年5月	灭菌丹	4	0.70	1.80	中度风险
27	2021年5月	灭幼脲	4	0.70	1.80	中度风险
28	2021年5月	五氯硝基苯	4	0.70	1.80	中度风险
29	2021年5月	烯丙菊酯	4	0.70	1.80	中度风险
30	2021年5月	乙霉威	4	0.70	1.80	中度风险
31	2021年5月	乙烯菌核利	4	0.70	1.80	中度风险
32	2021年5月	8-羟基喹啉	3	0.53	1.63	中度风险
33	2021年5月	倍硫磷	3	0.53	1.63	中度风险
34	2021年5月	嘧霉胺	3	0.53	1.63	中度风险

续表

序号	年月	农药	超标频次	超标率 P(%)	风险系数 R	风险程度
35	2021年5月	噻呋酰胺	3	0.53	1.63	中度风险
36	2021年5月	三唑醇	3	0.53	1.63	中度风险
37	2021年5月	霜霉威	3	0.53	1.63	中度风险
38	2021年5月	四氟醚唑	3	0.53	1.63	中度风险
39	2021年5月	乙氧喹啉	3	0.53	1.63	中度风险
40	2021年5月	仲丁威	3	0.53	1.63	中度风险
41	2021年6月	腐霉利	140	20.90	22.00	高度风险
42	2021年6月	虫螨腈	92	13.73	14.83	高度风险
43	2021年6月	异菌脲	56	8.36	9.46	高度风险
44	2021年6月	丙环唑	36	5.37	6.47	高度风险
45	2021年6月	戊唑醇	33	4.93	6.03	高度风险
46	2021年6月	联苯菊酯	32	4.78	5.88	高度风险
47	2021年6月	咪鲜胺	25	3.73	4.83	高度风险
48	2021年6月	己唑醇	24	3.58	4.68	高度风险
49	2021年6月	唑虫酰胺	23	3.43	4.53	高度风险
50	2021年6月	哒螨灵	22	3.28	4.38	高度风险
51	2021年6月	烯唑醇	20	2.99	4.09	高度风险
52	2021年6月	丙溴磷	19	2.84	3.94	高度风险
53	2021年6月	扑草净	13	1.94	3.04	高度风险
54	2021年6月	乙氧喹啉	13	1.94	3.04	高度风险
55	2021年6月	异丙威	13	1.94	3.04	高度风险
56	2021年6月	氟硅唑	12	1.79	2.89	高度风险
57	2021年6月	炔螨特	12	1.79	2.89	高度风险
58	2021年6月	灭菌丹	11	1.64	2.74	高度风险
59	2021年6月	乙螨唑	9	1.34	2.44	中度风险
60	2021年6月	吡丙醚	8	1.19	2.29	中度风险
61	2021年6月	氯氟氰菊酯	8	1.19	2.29	中度风险
62	2021年6月	粉唑醇	7	1.04	2.14	中度风险
63	2021年6月	三唑醇	7	1.04	2.14	中度风险
64	2021年6月	多效唑	6	0.90	2.00	中度风险
65	2021年6月	噁霜灵	6	0.90	2.00	中度风险
66	2021年6月	嘧霉胺	6	0.90	2.00	中度风险
67	2021年6月	吡唑醚菌酯	5	0.75	1.85	中度风险
68	2021年6月	五氯苯甲腈	5	0.75	1.85	中度风险

续表

序号	年月	农药	超标频次	超标率 P（%）	风险系数 R	风险程度
69	2021年6月	五氯硝基苯	5	0.75	1.85	中度风险
70	2021年6月	8-羟基喹啉	4	0.60	1.70	中度风险
71	2021年6月	敌敌畏	4	0.60	1.70	中度风险
72	2021年6月	甲氰菊酯	4	0.60	1.70	中度风险
73	2021年6月	甲霜灵	4	0.60	1.70	中度风险
74	2021年6月	敌草腈	3	0.45	1.55	中度风险
75	2021年6月	氟酰脲	3	0.45	1.55	中度风险
76	2021年6月	四氢吩胺	3	0.45	1.55	中度风险
77	2021年6月	乙霉威	3	0.45	1.55	中度风险
78	2021年7月	虫螨腈	209	12.88	13.98	高度风险
79	2021年7月	异菌脲	108	6.65	7.75	高度风险
80	2021年7月	腐霉利	106	6.53	7.63	高度风险
81	2021年7月	咪鲜胺	40	2.46	3.56	高度风险
82	2021年7月	乙烯菌核利	40	2.46	3.56	高度风险
83	2021年7月	苄呋菊酯	35	2.16	3.26	高度风险
84	2021年7月	三唑醇	33	2.03	3.13	高度风险
85	2021年7月	戊唑醇	32	1.97	3.07	高度风险
86	2021年7月	噻菌灵	31	1.91	3.01	高度风险
87	2021年7月	炔螨特	30	1.85	2.95	高度风险
88	2021年7月	丙环唑	29	1.79	2.89	高度风险
89	2021年7月	丙溴磷	29	1.79	2.89	高度风险
90	2021年7月	多效唑	29	1.79	2.89	高度风险
91	2021年7月	氯氟氰菊酯	29	1.79	2.89	高度风险
92	2021年7月	联苯菊酯	26	1.60	2.70	高度风险
93	2021年7月	噁霜灵	25	1.54	2.64	高度风险
94	2021年7月	烯唑醇	21	1.29	2.39	中度风险
95	2021年7月	己唑醇	20	1.23	2.33	中度风险
96	2021年7月	螺螨酯	20	1.23	2.33	中度风险
97	2021年7月	霜霉威	17	1.05	2.15	中度风险
98	2021年7月	唑虫酰胺	17	1.05	2.15	中度风险
99	2021年7月	二苯胺	15	0.92	2.02	中度风险
100	2021年7月	吡唑醚菌酯	14	0.86	1.96	中度风险
101	2021年7月	甲霜灵	13	0.80	1.90	中度风险
102	2021年7月	氯氰菊酯	13	0.80	1.90	中度风险

续表

序号	年月	农药	超标频次	超标率 P (%)	风险系数 R	风险程度
103	2021年7月	哒螨灵	11	0.68	1.78	中度风险
104	2021年7月	氟硅唑	11	0.68	1.78	中度风险
105	2021年7月	灭菌丹	11	0.68	1.78	中度风险
106	2021年7月	苄氯三唑醇	10	0.62	1.72	中度风险
107	2021年7月	甲氰菊酯	10	0.62	1.72	中度风险
108	2021年7月	乙草胺	10	0.62	1.72	中度风险
109	2021年7月	百菌清	9	0.55	1.65	中度风险
110	2021年7月	乙螨唑	9	0.55	1.65	中度风险
111	2021年7月	嘧霉胺	8	0.49	1.59	中度风险
112	2021年7月	烯酰吗啉	8	0.49	1.59	中度风险
113	2021年7月	乙氧喹啉	8	0.49	1.59	中度风险
114	2021年7月	灭幼脲	7	0.43	1.53	中度风险
115	2021年7月	三唑酮	7	0.43	1.53	中度风险
116	2021年8月	虫螨腈	101	13.27	14.37	高度风险
117	2021年8月	异菌脲	53	6.96	8.06	高度风险
118	2021年8月	腐霉利	46	6.04	7.14	高度风险
119	2021年8月	乙烯菌核利	43	5.65	6.75	高度风险
120	2021年8月	咪鲜胺	30	3.94	5.04	高度风险
121	2021年8月	哒螨灵	29	3.81	4.91	高度风险
122	2021年8月	丙环唑	27	3.55	4.65	高度风险
123	2021年8月	己唑醇	19	2.50	3.60	高度风险
124	2021年8月	溴氰虫酰胺	19	2.50	3.60	高度风险
125	2021年8月	联苯菊酯	18	2.37	3.47	高度风险
126	2021年8月	戊唑醇	16	2.10	3.20	高度风险
127	2021年8月	敌草腈	15	1.97	3.07	高度风险
128	2021年8月	三唑醇	15	1.97	3.07	高度风险
129	2021年8月	灭幼脲	14	1.84	2.94	高度风险
130	2021年8月	抑霉唑	13	1.71	2.81	高度风险
131	2021年8月	炔螨特	12	1.58	2.68	高度风险
132	2021年8月	丙溴磷	10	1.31	2.41	中度风险
133	2021年8月	稻瘟灵	10	1.31	2.41	中度风险
134	2021年8月	醚菌酯	10	1.31	2.41	中度风险
135	2021年8月	氟硅唑	7	0.92	2.02	中度风险
136	2021年8月	氯氟氰菊酯	7	0.92	2.02	中度风险

续表

序号	年月	农药	超标频次	超标率 P（%）	风险系数 R	风险程度
137	2021年8月	嘧霉胺	7	0.92	2.02	中度风险
138	2021年8月	甲氰菊酯	6	0.79	1.89	中度风险
139	2021年8月	五氯苯甲腈	6	0.79	1.89	中度风险
140	2021年8月	烯酰吗啉	6	0.79	1.89	中度风险
141	2021年8月	乙螨唑	6	0.79	1.89	中度风险
142	2021年8月	敌敌畏	4	0.53	1.63	中度风险
143	2021年8月	噁霜灵	4	0.53	1.63	中度风险
144	2021年8月	唑虫酰胺	4	0.53	1.63	中度风险
145	2021年9月	虫螨腈	45	11.81	12.91	高度风险
146	2021年9月	腐霉利	31	8.14	9.24	高度风险
147	2021年9月	咪鲜胺	21	5.51	6.61	高度风险
148	2021年9月	联苯菊酯	18	4.72	5.82	高度风险
149	2021年9月	异菌脲	18	4.72	5.82	高度风险
150	2021年9月	哒螨灵	17	4.46	5.56	高度风险
151	2021年9月	乙烯菌核利	17	4.46	5.56	高度风险
152	2021年9月	丙环唑	12	3.15	4.25	高度风险
153	2021年9月	己唑醇	10	2.62	3.72	高度风险
154	2021年9月	8-羟基喹啉	9	2.36	3.46	高度风险
155	2021年9月	灭幼脲	6	1.57	2.67	高度风险
156	2021年9月	稻瘟灵	5	1.31	2.41	中度风险
157	2021年9月	二嗪磷	4	1.05	2.15	中度风险
158	2021年9月	氯氟氰菊酯	4	1.05	2.15	中度风险
159	2021年9月	炔螨特	4	1.05	2.15	中度风险
160	2021年9月	噻呋酰胺	4	1.05	2.15	中度风险
161	2021年9月	三唑醇	4	1.05	2.15	中度风险
162	2021年9月	吡唑醚菌酯	3	0.79	1.89	中度风险
163	2021年9月	敌草腈	3	0.79	1.89	中度风险
164	2021年9月	氟硅唑	3	0.79	1.89	中度风险
165	2021年9月	甲霜灵	3	0.79	1.89	中度风险
166	2021年9月	抑霉唑	3	0.79	1.89	中度风险
167	2021年9月	仲丁威	3	0.79	1.89	中度风险
168	2021年9月	氟啶虫酰胺	2	0.52	1.62	中度风险
169	2021年9月	醚菌酯	2	0.52	1.62	中度风险
170	2021年9月	嘧霉胺	2	0.52	1.62	中度风险

续表

序号	年月	农药	超标频次	超标率 P（%）	风险系数 R	风险程度
171	2021年9月	三唑酮	2	0.52	1.62	中度风险
172	2021年9月	四氢吩胺	2	0.52	1.62	中度风险
173	2021年9月	烯唑醇	2	0.52	1.62	中度风险
174	2021年9月	溴氰虫酰胺	2	0.52	1.62	中度风险
175	2021年9月	仲丁灵	2	0.52	1.62	中度风险

4.4 农药残留风险评估结论与建议

农药残留是影响水果蔬菜安全和质量的主要因素，也是我国食品安全领域备受关注的敏感话题和亟待解决的重大问题之一。各种水果蔬菜均存在不同程度的农药残留现象，本研究主要针对西北五省区各类水果蔬菜存在的农药残留问题，基于2021年5月至2021年9月期间对西北五省区4000例水果蔬菜样品中农药残留侦测得出的19566个侦测结果，分别采用食品安全指数模型和风险系数模型，开展水果蔬菜中农药残留的膳食暴露风险和预警风险评估。水果蔬菜样品取自超市和农贸市场，符合大众的膳食来源，风险评价时更具有代表性和可信度。

本研究力求通用简单地反映食品安全中的主要问题，且为管理部门和大众容易接受，为政府及相关管理机构建立科学的食品安全信息发布和预警体系提供科学的规律与方法，加强对农药残留的预警和食品安全重大事件的预防，控制食品风险。

4.4.1 西北五省区水果蔬菜中农药残留膳食暴露风险评价结论

1）水果蔬菜样品中农药残留安全状态评价结论

采用食品安全指数模型，对2021年5月至2021年9月期间西北五省区水果蔬菜食品农药残留膳食暴露风险进行评价，根据 IFS_c 的计算结果发现，水果蔬菜中农药的 $\overline{IFS_c}$ 为0.0303，说明西北五省区水果蔬菜总体处于很好的安全状态，但部分禁用农药、高残留农药在蔬菜、水果中仍有侦测出，导致膳食暴露风险的存在，成为不安全因素。

2）单种水果蔬菜中农药膳食暴露风险不可接受情况评价结论

单种水果蔬菜中农药残留安全指数分析结果显示，农药对单种水果蔬菜安全影响不可接受（$IFS_c > 1$）的样本数共62个，占总样本数的1.55%，样本分别为菜豆中的咪鲜胺、甲拌磷，草莓中的螺螨酯、氧乐果，豇豆中的倍硫磷、氟虫腈、克百威、喹硫磷、氧乐果，葡萄中的氟吡菌酰胺、四氟醚唑，芹菜中的苯醚甲环唑、甲拌磷、咪鲜胺，蒜薹中的咪鲜胺，小白菜中的哒螨灵、毒死蜱、氟虫腈、氧乐果，小油菜中的哒螨灵、氟虫腈、甲拌磷、联苯菊酯、咪鲜胺、涕灭威，油麦菜中的苯醚甲环唑、虫螨腈、氟硅唑、己唑醇、联苯菊酯、烯唑醇、唑虫酰胺。说明菜豆中的咪鲜胺、甲拌磷，草莓中的螺螨酯、氧乐果，豇豆中的倍硫磷、氟虫腈、克百威、喹硫磷、氧乐果，葡萄中的氟吡菌酰胺、四氟醚唑，芹菜中的苯醚甲环唑、甲拌磷、咪鲜胺，蒜薹中的咪鲜胺，小白菜中的哒螨灵、毒死蜱、氟虫腈、氧乐果，小油菜中的哒螨灵、氟虫腈、甲拌磷、联苯菊酯、咪鲜胺、涕灭威，油麦菜中的苯醚甲环唑、虫螨腈、氟硅唑、己唑醇、联苯菊酯、烯唑醇、唑虫酰胺会对消费者身体健康造成较大的膳食暴露风险。菜豆、草莓、豇豆、葡萄、芹菜、蒜薹、小白菜、小油菜、油麦菜均为较常见的水果蔬菜，百姓日常食用量较大，长期食用大量残留农药的蔬菜会对人体造成不可接受的影响，本次侦测发现农药在蔬菜样品中多次并大量侦测出，是未严格实施农业良好管理规范（GAP），抑或是农药滥用，这应该引起相关管理部门的警惕，应加强对蔬菜中农药的严格管控。

3）禁用农药膳食暴露风险评价

本次侦测发现部分水果蔬菜样品中有禁用农药侦测出，侦测出禁用农药20种，检出频次为948，水果蔬菜样品中的禁用农药IFS。计算结果表明，禁用农药残留膳食暴露风险不可接受的频次为22，占2.32%；可以接受的频次为87，占9.18%；没有影响的频次为839，占88.50%。对于水果蔬菜样品中所有农药而言，膳食暴露风险不可接受的频次为68，仅占总体频次的0.35%。可以看出，禁用农药的膳食暴露风险不可接受的比例远高于总体水平，这在一定程度上说明禁用农药更容易导致严重的膳食暴露风险。此外，膳食暴露风险不可接受的残留禁用农药为毒死蜱、氟虫腈、甲拌磷、克百威、涕灭威、氧乐果，因此，应该加强对禁用农药毒死蜱、氟虫腈、甲拌磷、克百威、涕灭威、氧乐果的管控力度。为何在国家明令禁止禁用农药喷洒的情况下，还能在多种水果蔬菜中多次侦测出禁用农药残留并造成不可接受的膳食暴露风险，这应该引起相关部门的高度警惕，应该在禁止禁用农药喷洒的同时，严格管控禁用农药的生产和售卖，从根本上杜绝安全隐患。

4.4.2 西北五省区水果蔬菜中农药残留预警风险评价结论

1）单种水果蔬菜中禁用农药残留的预警风险评价结论

本次侦测过程中，在20种水果蔬菜中侦测出20种禁用农药，禁用农药为：毒死蜱、克百威、特丁硫磷、水胺硫磷、治螟磷、甲拌磷、硫丹、氯磺隆，水果蔬菜为：大白菜、小油菜、小白菜、梨、番茄、花椰菜、芹菜、苹果、茄子、菜豆、菠菜、葡萄、豇豆、辣椒、马铃薯、黄瓜，水果蔬菜中禁用农药的风险系数分析结果显示，6种禁用农药在6种水果蔬菜中的残留处于高度风险，说明在单种水果蔬菜中禁用农药的残留会导致较高的预警风险。

2）单种水果蔬菜中非禁用农药残留的预警风险评价结论

本次侦测过程中，以MRL中国国家标准为标准，在16种水果蔬菜侦测出19种残留非禁用农药，涉及3978个样本，18927检出频次。计算水果蔬菜中非禁用农药风险系数，21.69%处于低度风险，0.15%处于中度风险，0.18%处于高度风险，77.98%的数据没有MRL中国国家标准值，无法判断其风险程度；以MRL欧盟标准为标准，在20种水果蔬菜侦测出110种残留非禁用农药，涉及3978个样本，18927检出频次。计算水果蔬菜中非禁用农药风险系数，发现有5.05%处于高度风险，0.00%处于中度风险，87.15%处于低度风险，7.79%的数据没有 MRL 欧盟标准值，无法判断其风险程度。基于两种 MRL 标准，评价的结果差异显著，可以看出 MRL 欧盟标准比中国国家标准更加严格和完善，过于宽松的 MRL 中国国家标准值能否有效保障人体的健康有待研究。

4.4.3 加强西北五省区水果蔬菜食品安全建议

我国食品安全风险评价体系仍不够健全，相关制度不够完善，多年来，由于农药用药次数多、用药量大或用药间隔时间短，产品残留量大，农药残留所造成的食品安全问题日益严峻，给人体健康带来了直接或间接的危害。据估计，美国与农药有关的癌症患者数约占全国癌症患者总数的 50%，中国更高。同样，农药对其他生物也会形成直接杀伤和慢性危害，植物中的农药可经过食物链逐级传递并不断蓄积，对人和动物构成潜在威胁，并影响生态系统。

基于本次农药残留侦测数据的风险评价结果，提出以下几点建议：

1）加快食品安全标准制定步伐

我国食品标准中对农药每日允许最大摄入量 ADI 的数据严重缺乏，在本次新疆维吾尔自治区水果蔬菜农药残留评价所涉及的 221 种农药中，仅有 74.66%的农药具有 ADI 值，而 25.34%的农药中国尚未规定相应的 ADI 值，亟待完善。

我国食品中农药最大残留限量值的规定严重缺乏，对评估涉及的不同水果蔬菜中不同农药 1303 个 MRL 限值进行统计来看，我国仅制定出 545 个标准，标准完整率仅为 41.83%，欧盟的完整率达到 100%（表 4-16）。因此，中国更应加快 MRL 的制定步伐。

表 4-16 我国国家食品标准农药的 ADI、MRL 值与欧盟标准的数量差异

分类		中国 ADI	MRL 中国国家标准	MRL 欧盟标准
标准限值（个）	有	165	545	1302
	无	56	758	0
总数（个）		221	1303	1302
无标准限值比例（%）		25.34	58.57	0.00

此外，MRL 中国国家标准限值普遍高于欧盟标准限值，这些标准中共有 320 个高于欧盟。过高的 MRL 值难以保障人体健康，建议继续加强对限值基准和标准的科学研究，将农产品中的危险性减少到尽可能低的水平。

2）加强农药的源头控制和分类监管

在西北五省区某些水果蔬菜中仍有禁用农药残留，利用 GC-Q-TOF/MS 侦测出 20 种禁用农药，检出频次为 948 次，残留禁用农药均存在较大的膳食暴露风险和预警风险。早已列入黑名单的禁用农药在我国并未真正退出，有些药物由于价格便宜、工艺简单，此类高毒农药一直生产和使用。建议在我国采取严格有效的控制措施，从源头控制禁用农药。

对于非禁用农药，在我国作为"田间地头"最典型单位的县级蔬果产地中，农药残

留的侦测几乎缺失。建议根据农药的毒性，对高毒、剧毒、中毒农药实现分类管理，减少使用高毒和剧毒高残留农药，进行分类监管。

3）加强残留农药的生物修复及降解新技术

市售果蔬中残留农药的品种多、频次高、禁用农药多次检出这一现状，说明了我国的田间土壤和水体因农药长期、频繁、不合理的使用而遭到严重污染。为此，建议中国相关部门出台相关政策，鼓励高校及科研院所积极开展分子生物学、酶学等研究，加强土壤、水体中残留农药的生物修复及降解新技术研究，切实加大农药监管力度，以控制农药的面源污染问题。

综上所述，在本工作基础上，根据蔬菜残留危害，可进一步针对其成因提出和采取严格管理、大力推广无公害蔬菜种植与生产、健全食品安全控制技术体系、加强蔬菜食品质量侦测体系建设和积极推行蔬菜食品质量追溯制度等相应对策。建立和完善食品安全综合评价指数与风险监测预警系统，对食品安全进行实时、全面的监控与分析，为我国的食品安全科学监管与决策提供新的技术支持，可实现各类检验数据的信息化系统管理，降低食品安全事故的发生。

第 5 章　LC-Q-TOF/MS 侦测甘肃省市售水果蔬菜农药残留报告

从甘肃省随机采集了 2050 例水果蔬菜样品，使用液相色谱-飞行时间质谱（LC-Q-TOF/MS），进行了 871 种农药化学污染物的全面侦测。

5.1　样品种类、数量与来源

5.1.1　样品采集与检测

为了真实反映百姓餐桌上水果蔬菜中农药残留污染状况，本次所有检测样品均由检验人员于 2021 年 5 月至 7 月期间，从甘肃省 518 个采样点，包括 38 个农贸市场、20 个电商平台、36 个公司、334 个个体商户、51 个超市和 39 个餐饮酒店，以随机购买方式采集，总计 595 批 2050 例样品，从中检出农药 194 种，10277 频次。采样及监测概况见表 5-1，样品明细见表 5-2。

表 5-1　农药残留监测总体概况

采样地区	甘肃省 12 个区县
采样点	518
样本总数	2050
检出农药品种/频次	194/10277
各采样点样本农药残留检出率范围	0.0%～100.0%

表 5-2　样品分类及数量

样品分类	样品名称（数量）	数量小计
1. 水果		550
1）核果类水果	桃（100）	100
2）浆果和其他小型水果	葡萄（100），草莓（150）	250
3）仁果类水果	苹果（100），梨（100）	200
2. 蔬菜		1500
1）豆类蔬菜	豇豆（100），菜豆（100）	200
2）鳞茎类蔬菜	韭菜（100），蒜薹（100）	200
3）叶菜类蔬菜	小白菜（100），油麦菜（100），芹菜（100），小油菜（100），大白菜（100），菠菜（100）	600

续表

样品分类	样品名称（数量）	数量小计
4）芸薹属类蔬菜	结球甘蓝（100）	100
5）茄果类蔬菜	辣椒（100），番茄（100），茄子（100）	300
6）瓜类蔬菜	黄瓜（100）	100
合计	1. 水果 5 种 2. 蔬菜 15 种	2050

5.1.2 检测结果

这次使用的检测方法是庞国芳院士团队最新研发的不需使用标准品对照，而以高分辨精确质量数（0.0001 m/z）为基准的 LC-Q-TOF/MS 检测技术，对于 2050 例样品，每个样品均侦测了 871 种农药化学污染物的残留现状。通过本次侦测，在 2050 例样品中共计检出农药化学污染物 194 种，检出 10277 频次。

5.1.2.1 各采样点样品检出情况

统计分析发现 518 个采样点中，被测样品的农药检出率范围为 0.0%～100.0%。其中，有 391 个采样点样品的检出率最高，达到了 100.0%，见表 5-3。

表 5-3 甘肃省采样点信息

采样点序号	行政区域	检出率（%）	采样点序号	行政区域	检出率（%）
	个体商户(334)		15	兰州市 七里河区	100.0
1	兰州市 七里河区	100.0	16	兰州市 七里河区	100.0
2	兰州市 七里河区	50.0	17	兰州市 七里河区	100.0
3	兰州市 七里河区	100.0	18	兰州市 七里河区	100.0
4	兰州市 七里河区	100.0	19	兰州市 七里河区	100.0
5	兰州市 七里河区	0.0	20	兰州市 七里河区	85.7
6	兰州市 七里河区	100.0	21	兰州市 七里河区	100.0
7	兰州市 七里河区	100.0	22	兰州市 七里河区	60.0
8	兰州市 七里河区	100.0	23	兰州市 七里河区	66.7
9	兰州市 七里河区	100.0	24	兰州市 七里河区	100.0
10	兰州市 七里河区	100.0	25	兰州市 七里河区	100.0
11	兰州市 七里河区	100.0	26	兰州市 七里河区	100.0
12	兰州市 七里河区	85.7	27	兰州市 七里河区	100.0
13	兰州市 七里河区	100.0	28	兰州市 七里河区	66.7
14	兰州市 七里河区	100.0	29	兰州市 七里河区	50.0

续表

采样点序号	行政区域	检出率（%）	采样点序号	行政区域	检出率（%）
30	兰州市 七里河区	100.0	63	兰州市 七里河区	83.3
31	兰州市 七里河区	100.0	64	兰州市 七里河区	100.0
32	兰州市 七里河区	100.0	65	兰州市 七里河区	100.0
33	兰州市 七里河区	100.0	66	兰州市 七里河区	100.0
34	兰州市 七里河区	100.0	67	兰州市 七里河区	100.0
35	兰州市 七里河区	100.0	68	兰州市 七里河区	100.0
36	兰州市 七里河区	100.0	69	兰州市 七里河区	80.0
37	兰州市 七里河区	100.0	70	兰州市 七里河区	83.3
38	兰州市 七里河区	100.0	71	兰州市 七里河区	100.0
39	兰州市 七里河区	100.0	72	兰州市 七里河区	100.0
40	兰州市 七里河区	100.0	73	兰州市 七里河区	66.7
41	兰州市 七里河区	100.0	74	兰州市 七里河区	100.0
42	兰州市 七里河区	85.7	75	兰州市 七里河区	100.0
43	兰州市 七里河区	100.0	76	兰州市 七里河区	66.7
44	兰州市 七里河区	100.0	77	兰州市 七里河区	100.0
45	兰州市 七里河区	100.0	78	兰州市 七里河区	100.0
46	兰州市 七里河区	100.0	79	兰州市 七里河区	100.0
47	兰州市 七里河区	100.0	80	兰州市 七里河区	100.0
48	兰州市 七里河区	100.0	81	兰州市 七里河区	100.0
49	兰州市 七里河区	100.0	82	兰州市 七里河区	75.0
50	兰州市 七里河区	100.0	83	兰州市 七里河区	100.0
51	兰州市 七里河区	100.0	84	兰州市 七里河区	100.0
52	兰州市 七里河区	100.0	85	兰州市 七里河区	100.0
53	兰州市 七里河区	85.7	86	兰州市 七里河区	100.0
54	兰州市 七里河区	100.0	87	兰州市 城关区	100.0
55	兰州市 七里河区	100.0	88	兰州市 城关区	100.0
56	兰州市 七里河区	100.0	89	兰州市 城关区	100.0
57	兰州市 七里河区	100.0	90	兰州市 城关区	100.0
58	兰州市 七里河区	100.0	91	兰州市 城关区	50.0
59	兰州市 七里河区	100.0	92	兰州市 城关区	100.0
60	兰州市 七里河区	100.0	93	兰州市 城关区	66.7
61	兰州市 七里河区	100.0	94	兰州市 城关区	100.0
62	兰州市 七里河区	100.0	95	兰州市 城关区	100.0

续表

采样点序号	行政区域	检出率（%）	采样点序号	行政区域	检出率（%）
96	兰州市 城关区	100.0	130	兰州市 榆中县	80.0
97	兰州市 城关区	100.0	131	兰州市 榆中县	100.0
98	兰州市 城关区	100.0	132	兰州市 榆中县	100.0
99	兰州市 城关区	100.0	133	兰州市 榆中县	50.0
100	兰州市 城关区	100.0	134	兰州市 榆中县	66.7
101	兰州市 城关区	75.0	135	兰州市 榆中县	87.5
102	兰州市 城关区	100.0	136	兰州市 榆中县	100.0
103	兰州市 城关区	50.0	137	兰州市 榆中县	100.0
104	兰州市 城关区	100.0	138	兰州市 榆中县	100.0
105	兰州市 城关区	100.0	139	兰州市 榆中县	100.0
106	兰州市 城关区	100.0	140	兰州市 榆中县	100.0
107	兰州市 城关区	66.7	141	兰州市 榆中县	66.7
108	兰州市 城关区	100.0	142	兰州市 榆中县	100.0
109	兰州市 城关区	100.0	143	兰州市 榆中县	100.0
110	兰州市 城关区	100.0	144	兰州市 榆中县	100.0
111	兰州市 城关区	100.0	145	兰州市 榆中县	100.0
112	兰州市 城关区	50.0	146	兰州市 榆中县	100.0
113	兰州市 城关区	100.0	147	兰州市 榆中县	100.0
114	兰州市 城关区	33.3	148	兰州市 榆中县	87.5
115	兰州市 城关区	100.0	149	兰州市 榆中县	100.0
116	兰州市 城关区	100.0	150	兰州市 榆中县	66.7
117	兰州市 城关区	100.0	151	兰州市 榆中县	75.0
118	兰州市 安宁区	100.0	152	兰州市 榆中县	100.0
119	兰州市 安宁区	100.0	153	兰州市 榆中县	50.0
120	兰州市 安宁区	100.0	154	兰州市 榆中县	0.0
121	兰州市 安宁区	100.0	155	兰州市 榆中县	100.0
122	兰州市 安宁区	100.0	156	兰州市 榆中县	100.0
123	兰州市 安宁区	100.0	157	兰州市 榆中县	100.0
124	兰州市 安宁区	100.0	158	兰州市 榆中县	100.0
125	兰州市 安宁区	100.0	159	兰州市 榆中县	0.0
126	兰州市 安宁区	100.0	160	兰州市 榆中县	100.0
127	兰州市 安宁区	0.0	161	兰州市 榆中县	100.0
128	兰州市 安宁区	100.0	162	兰州市 榆中县	0.0
129	兰州市 安宁区	100.0	163	兰州市 榆中县	100.0

续表

采样点序号	行政区域	检出率（%）	采样点序号	行政区域	检出率（%）
164	兰州市 榆中县	100.0	197	兰州市 红古区	100.0
165	兰州市 榆中县	80.0	198	兰州市 红古区	100.0
166	兰州市 榆中县	80.0	199	兰州市 红古区	100.0
167	兰州市 榆中县	100.0	200	兰州市 红古区	100.0
168	兰州市 榆中县	100.0	201	兰州市 红古区	100.0
169	兰州市 榆中县	80.0	202	兰州市 红古区	100.0
170	兰州市 榆中县	100.0	203	兰州市 红古区	100.0
171	兰州市 榆中县	100.0	204	兰州市 红古区	100.0
172	兰州市 榆中县	100.0	205	兰州市 红古区	100.0
173	兰州市 榆中县	100.0	206	兰州市 红古区	100.0
174	兰州市 榆中县	100.0	207	兰州市 红古区	100.0
175	兰州市 榆中县	50.0	208	兰州市 红古区	100.0
176	兰州市 永登县	90.9	209	兰州市 红古区	100.0
177	兰州市 永登县	76.9	210	兰州市 红古区	100.0
178	兰州市 永登县	0.0	211	兰州市 红古区	100.0
179	兰州市 皋兰县	100.0	212	兰州市 红古区	100.0
180	兰州市 皋兰县	100.0	213	兰州市 红古区	100.0
181	兰州市 皋兰县	66.7	214	兰州市 红古区	100.0
182	兰州市 皋兰县	50.0	215	兰州市 红古区	100.0
183	兰州市 皋兰县	100.0	216	兰州市 红古区	100.0
184	兰州市 皋兰县	100.0	217	兰州市 红古区	100.0
185	兰州市 皋兰县	100.0	218	兰州市 红古区	100.0
186	兰州市 皋兰县	100.0	219	兰州市 红古区	100.0
187	兰州市 皋兰县	100.0	220	兰州市 红古区	100.0
188	兰州市 皋兰县	100.0	221	兰州市 红古区	0.0
189	兰州市 皋兰县	100.0	222	兰州市 红古区	83.3
190	兰州市 皋兰县	100.0	223	兰州市 红古区	100.0
191	兰州市 皋兰县	100.0	224	兰州市 红古区	100.0
192	兰州市 皋兰县	100.0	225	兰州市 红古区	0.0
193	兰州市 皋兰县	75.0	226	兰州市 红古区	60.0
194	兰州市 皋兰县	85.7	227	兰州市 红古区	66.7
195	兰州市 红古区	100.0	228	兰州市 红古区	100.0
196	兰州市 红古区	100.0	229	兰州市 红古区	100.0

续表

采样点序号	行政区域	检出率（%）	采样点序号	行政区域	检出率（%）
230	兰州市 红古区	100.0	263	定西市 安定区	89.5
231	兰州市 红古区	100.0	264	张掖市 甘州区	89.5
232	兰州市 红古区	100.0	265	张掖市 甘州区	100.0
233	兰州市 红古区	100.0	266	张掖市 甘州区	94.4
234	兰州市 红古区	100.0	267	张掖市 甘州区	88.9
235	兰州市 红古区	100.0	268	张掖市 甘州区	100.0
236	兰州市 红古区	100.0	269	张掖市 甘州区	100.0
237	兰州市 红古区	100.0	270	张掖市 甘州区	93.3
238	兰州市 红古区	100.0	271	张掖市 甘州区	100.0
239	兰州市 红古区	100.0	272	张掖市 甘州区	100.0
240	兰州市 红古区	100.0	273	张掖市 甘州区	100.0
241	兰州市 西固区	100.0	274	张掖市 甘州区	88.9
242	兰州市 西固区	100.0	275	张掖市 甘州区	50.0
243	兰州市 西固区	100.0	276	张掖市 甘州区	100.0
244	兰州市 西固区	100.0	277	武威市 凉州区	80.0
245	兰州市 西固区	100.0	278	武威市 凉州区	100.0
246	兰州市 西固区	100.0	279	武威市 凉州区	100.0
247	兰州市 西固区	100.0	280	武威市 凉州区	100.0
248	兰州市 西固区	66.7	281	武威市 凉州区	100.0
249	兰州市 西固区	100.0	282	武威市 凉州区	100.0
250	兰州市 西固区	85.7	283	武威市 凉州区	66.7
251	兰州市 西固区	100.0	284	白银市 白银区	100.0
252	兰州市 西固区	100.0	285	白银市 白银区	100.0
253	兰州市 西固区	0.0	286	白银市 白银区	100.0
254	兰州市 西固区	100.0	287	白银市 白银区	100.0
255	兰州市 西固区	100.0	288	白银市 白银区	100.0
256	兰州市 西固区	100.0	289	白银市 白银区	100.0
257	兰州市 西固区	100.0	290	白银市 白银区	100.0
258	兰州市 西固区	100.0	291	白银市 白银区	100.0
259	兰州市 西固区	100.0	292	白银市 白银区	83.3
260	兰州市 西固区	100.0	293	白银市 白银区	100.0
261	兰州市 西固区	100.0	294	白银市 白银区	100.0
262	兰州市 西固区	100.0	295	白银市 白银区	100.0

续表

采样点序号	行政区域	检出率（%）	采样点序号	行政区域	检出率（%）
296	白银市 白银区	100.0	329	白银市 白银区	100.0
297	白银市 白银区	100.0	330	白银市 白银区	100.0
298	白银市 白银区	100.0	331	白银市 白银区	75.0
299	白银市 白银区	100.0	332	白银市 白银区	100.0
300	白银市 白银区	100.0	333	白银市 白银区	100.0
301	白银市 白银区	100.0	334	白银市 白银区	100.0
302	白银市 白银区	100.0		公司(36)	
303	白银市 白银区	100.0	1	兰州市 七里河区	100.0
304	白银市 白银区	50.0	2	兰州市 七里河区	100.0
305	白银市 白银区	66.7	3	兰州市 七里河区	100.0
306	白银市 白银区	100.0	4	兰州市 城关区	100.0
307	白银市 白银区	100.0	5	兰州市 城关区	100.0
308	白银市 白银区	100.0	6	兰州市 城关区	100.0
309	白银市 白银区	66.7	7	兰州市 城关区	100.0
310	白银市 白银区	100.0	8	兰州市 城关区	100.0
311	白银市 白银区	100.0	9	兰州市 城关区	100.0
312	白银市 白银区	100.0	10	兰州市 城关区	100.0
313	白银市 白银区	100.0	11	兰州市 城关区	100.0
314	白银市 白银区	100.0	12	兰州市 城关区	100.0
315	白银市 白银区	75.0	13	兰州市 城关区	100.0
316	白银市 白银区	100.0	14	兰州市 城关区	100.0
317	白银市 白银区	100.0	15	兰州市 城关区	100.0
318	白银市 白银区	100.0	16	兰州市 城关区	100.0
319	白银市 白银区	100.0	17	兰州市 安宁区	100.0
320	白银市 白银区	100.0	18	兰州市 安宁区	100.0
321	白银市 白银区	100.0	19	兰州市 榆中县	100.0
322	白银市 白银区	100.0	20	兰州市 榆中县	100.0
323	白银市 白银区	80.0	21	兰州市 榆中县	100.0
324	白银市 白银区	100.0	22	兰州市 永登县	92.3
325	白银市 白银区	100.0	23	兰州市 永登县	84.6
326	白银市 白银区	83.3	24	兰州市 永登县	100.0
327	白银市 白银区	50.0	25	兰州市 皋兰县	100.0
328	白银市 白银区	83.3	26	兰州市 皋兰县	100.0

续表

采样点序号	行政区域	检出率（%）	采样点序号	行政区域	检出率（%）
27	兰州市 皋兰县	75.0	23	兰州市 西固区	100.0
28	兰州市 红古区	100.0	24	兰州市 西固区	100.0
29	兰州市 红古区	50.0	25	兰州市 西固区	80.0
30	兰州市 红古区	90.0	26	兰州市 西固区	100.0
31	兰州市 红古区	90.0	27	兰州市 西固区	100.0
32	兰州市 西固区	100.0	28	定西市 安定区	89.5
33	兰州市 西固区	100.0	29	定西市 安定区	100.0
34	兰州市 西固区	75.0	30	定西市 安定区	94.7
35	兰州市 西固区	50.0	31	武威市 凉州区	60.0
36	兰州市 西固区	0.0	32	武威市 凉州区	94.7
农贸市场(38)			33	武威市 凉州区	60.0
1	兰州市 七里河区	83.3	34	武威市 凉州区	94.7
2	兰州市 七里河区	85.7	35	武威市 凉州区	80.0
3	兰州市 七里河区	100.0	36	武威市 凉州区	94.7
4	兰州市 城关区	100.0	37	武威市 凉州区	89.5
5	兰州市 城关区	66.7	38	武威市 凉州区	84.2
6	兰州市 安宁区	100.0	电商平台(20)		
7	兰州市 西固区	100.0	1	兰州市 城关区	100.0
8	兰州市 西固区	75.0	2	兰州市 城关区	100.0
9	兰州市 西固区	100.0	3	兰州市 城关区	100.0
10	兰州市 西固区	100.0	4	兰州市 城关区	100.0
11	兰州市 西固区	66.7	5	兰州市 城关区	100.0
12	兰州市 西固区	100.0	6	兰州市 城关区	100.0
13	兰州市 西固区	100.0	7	兰州市 城关区	100.0
14	兰州市 西固区	100.0	8	兰州市 城关区	100.0
15	兰州市 西固区	100.0	9	兰州市 城关区	100.0
16	兰州市 西固区	100.0	10	兰州市 城关区	100.0
17	兰州市 西固区	100.0	11	兰州市 城关区	100.0
18	兰州市 西固区	100.0	12	兰州市 城关区	100.0
19	兰州市 西固区	100.0	13	兰州市 城关区	100.0
20	兰州市 西固区	100.0	14	兰州市 城关区	100.0
21	兰州市 西固区	100.0	15	兰州市 城关区	100.0
22	兰州市 西固区	66.7	16	兰州市 城关区	100.0

采样点序号	行政区域	检出率（%）	采样点序号	行政区域	检出率（%）
17	兰州市 城关区	100.0	30	兰州市 榆中县	50.0
18	兰州市 城关区	100.0	31	兰州市 榆中县	100.0
19	兰州市 城关区	100.0	32	兰州市 永登县	90.9
20	兰州市 城关区	100.0	33	兰州市 皋兰县	66.7
超市(51)			34	兰州市 红古区	100.0
1	兰州市 七里河区	100	35	兰州市 红古区	100.0
2	兰州市 七里河区	100.0	36	兰州市 红古区	85.7
3	兰州市 城关区	100.0	37	兰州市 红古区	90.0
4	兰州市 城关区	75.0	38	兰州市 红古区	100.0
5	兰州市 城关区	100.0	39	兰州市 西固区	100.0
6	兰州市 城关区	100.0	40	兰州市 西固区	66.7
7	兰州市 城关区	100.0	41	兰州市 西固区	100.0
8	兰州市 城关区	90.9	42	兰州市 西固区	100.0
9	兰州市 城关区	60.0	43	兰州市 西固区	100.0
10	兰州市 城关区	100.0	44	定西市 安定区	89.5
11	兰州市 城关区	100.0	45	定西市 安定区	68.4
12	兰州市 城关区	100.0	46	定西市 安定区	84.2
13	兰州市 城关区	100.0	47	定西市 安定区	84.2
14	兰州市 城关区	100.0	48	定西市 安定区	94.7
15	兰州市 城关区	100.0	49	定西市 安定区	100.0
16	兰州市 城关区	75.0	50	白银市 白银区	100.0
17	兰州市 城关区	66.7	51	白银市 白银区	100.0
18	兰州市 城关区	100.0	餐饮酒店(39)		
19	兰州市 城关区	100.0	1	兰州市 城关区	66.7
20	兰州市 城关区	100.0	2	兰州市 城关区	100.0
21	兰州市 城关区	100.0	3	兰州市 安宁区	100.0
22	兰州市 城关区	100.0	4	兰州市 安宁区	100.0
23	兰州市 城关区	75.0	5	兰州市 安宁县	100.0
24	兰州市 城关区	100.0	6	兰州市 安宁区	100.0
25	兰州市 城关区	81.8	7	兰州市 安宁区	100.0
26	兰州市 安宁区	100.0	8	兰州市 安宁区	100.0
27	兰州市 安宁区	100.0	9	兰州市 安宁区	100.0
28	兰州市 安宁区	100.0	10	兰州市 榆中县	50.0
29	兰州市 安宁区	100.0	11	兰州市 永登县	100.0

续表

采样点序号	行政区域	检出率（%）	采样点序号	行政区域	检出率（%）
12	兰州市 永登县	100.0	26	兰州市 永登县	50.0
13	兰州市 永登县	100.0	27	兰州市 永登县	100.0
14	兰州市 永登县	100.0	28	兰州市 永登县	100.0
15	兰州市 永登县	80.0	29	兰州市 永登县	100.0
16	兰州市 永登县	100.0	30	兰州市 永登县	100.0
17	兰州市 永登县	100.0	31	兰州市 永登县	0.0
18	兰州市 永登县	100.0	32	兰州市 永登县	100.0
19	兰州市 永登县	0.0	33	兰州市 永登县	80.0
20	兰州市 永登县	0.0	34	兰州市 永登县	100.0
21	兰州市 永登县	100.0	35	兰州市 永登县	100.0
22	兰州市 永登县	100.0	36	兰州市 永登县	100.0
23	兰州市 永登县	100.0	37	兰州市 皋兰县	100.0
24	兰州市 永登县	100.0	38	兰州市 皋兰县	100.0
25	兰州市 永登县	100.0	39	兰州市 西固区	50.0

5.1.2.2 检出农药的品种总数与频次

统计分析发现，对于 2050 例样品中 871 种农药化学污染物的侦测，共检出农药 10277 频次，涉及农药 194 种，结果如图 5-1 所示。其中烯酰吗啉检出频次最高，共检出 718 次。检出频次排名前 10 的农药如下：①烯酰吗啉（718），②啶虫脒（628），③吡唑醚菌酯（604），④苯醚甲环唑（514），⑤多菌灵（463），⑥噻虫嗪（436），⑦霜霉威（429），⑧噻虫胺（366），⑨啶酰菌胺（336），⑩吡虫啉（277）。

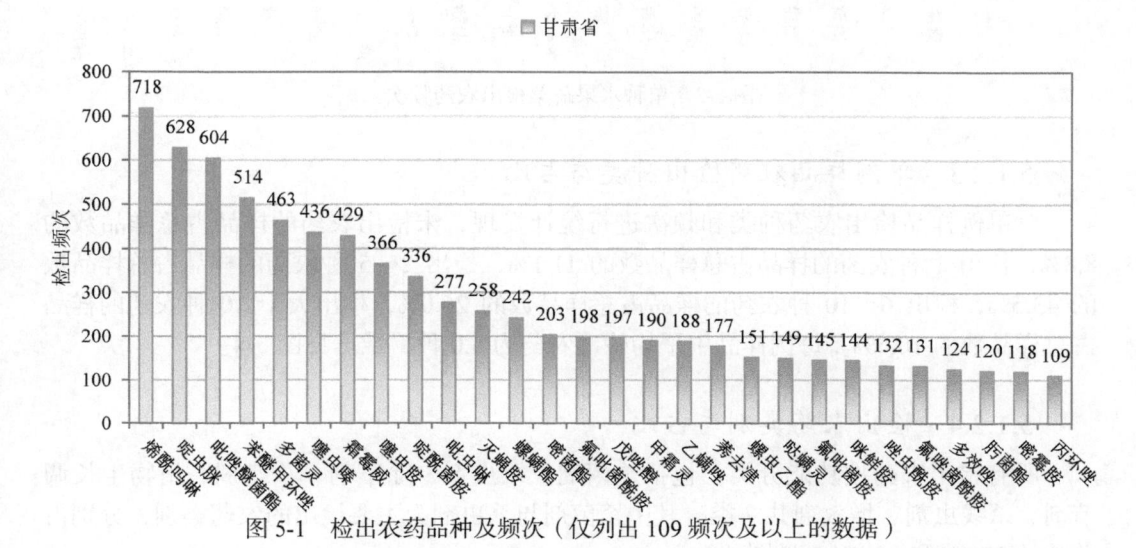

图 5-1 检出农药品种及频次（仅列出 109 频次及以上的数据）

由图 5-2 可见，豇豆、葡萄、辣椒、芹菜、油麦菜、黄瓜、菜豆、草莓、茄子、韭菜、桃、小油菜、菠菜、大白菜、蒜薹、番茄、小白菜、结球甘蓝、梨和苹果这 20 种果蔬样品中检出的农药品种数较高，均超过 30 种，其中，豇豆检出农药品种最多，为 84 种。由图 5-3 可见，油麦菜、辣椒、黄瓜、草莓、葡萄、豇豆、韭菜、茄子、桃、小油菜、芹菜、蒜薹、菜豆、小白菜、番茄、梨、菠菜、苹果、结球甘蓝和大白菜这 20 种果蔬样品中的农药检出频次较高，均超过 100 次，其中，油麦菜检出农药频次最高，为 1099 次。

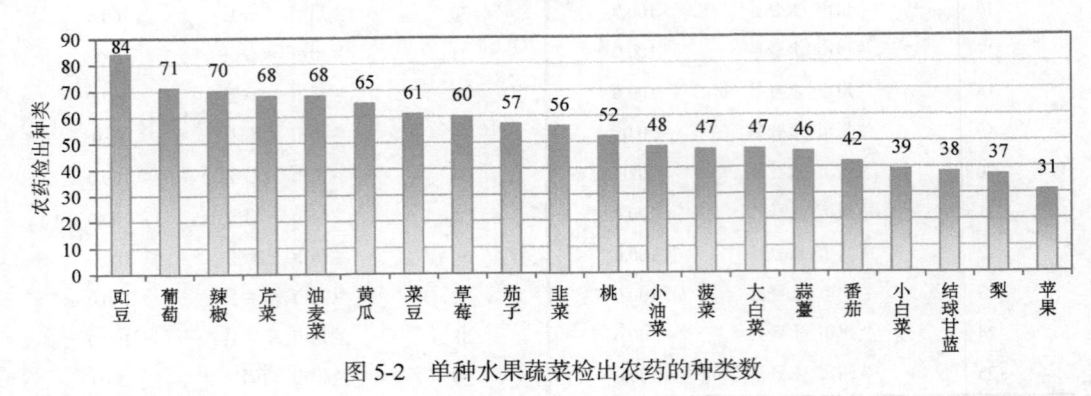

图 5-2　单种水果蔬菜检出农药的种类数

图 5-3　单种水果蔬菜检出农药频次

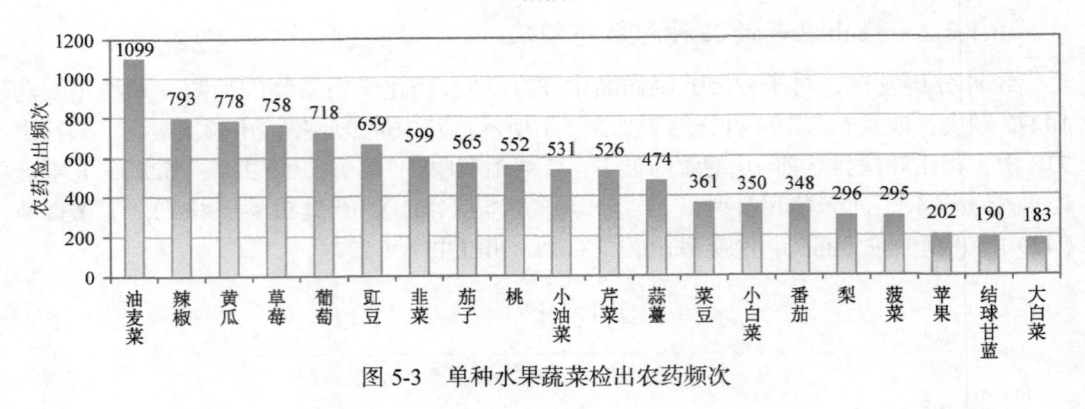

5.1.2.3　单例样品农药检出种类与占比

对单例样品检出农药种类和频次进行统计发现，未检出农药的样品占总样品数的 8.8%，检出 1 种农药的样品占总样品数的 11.1%，检出 2～5 种农药的样品占总样品数的 43.5%，检出 6～10 种农药的样品占总样品数的 26.0%，检出大于 10 种农药的样品占总样品数的 10.6%。每例样品中平均检出农药为 5.0 种，数据见图 5-4。

5.1.2.4　检出农药类别与占比

所有检出农药按功能分类，包括杀菌剂、杀虫剂、除草剂、杀螨剂、植物生长调节剂、杀线虫剂、增效剂共 7 类。其中杀菌剂与杀虫剂为主要检出的农药类别，分别占总数的 37.6% 和 33.0%，见图 5-5。

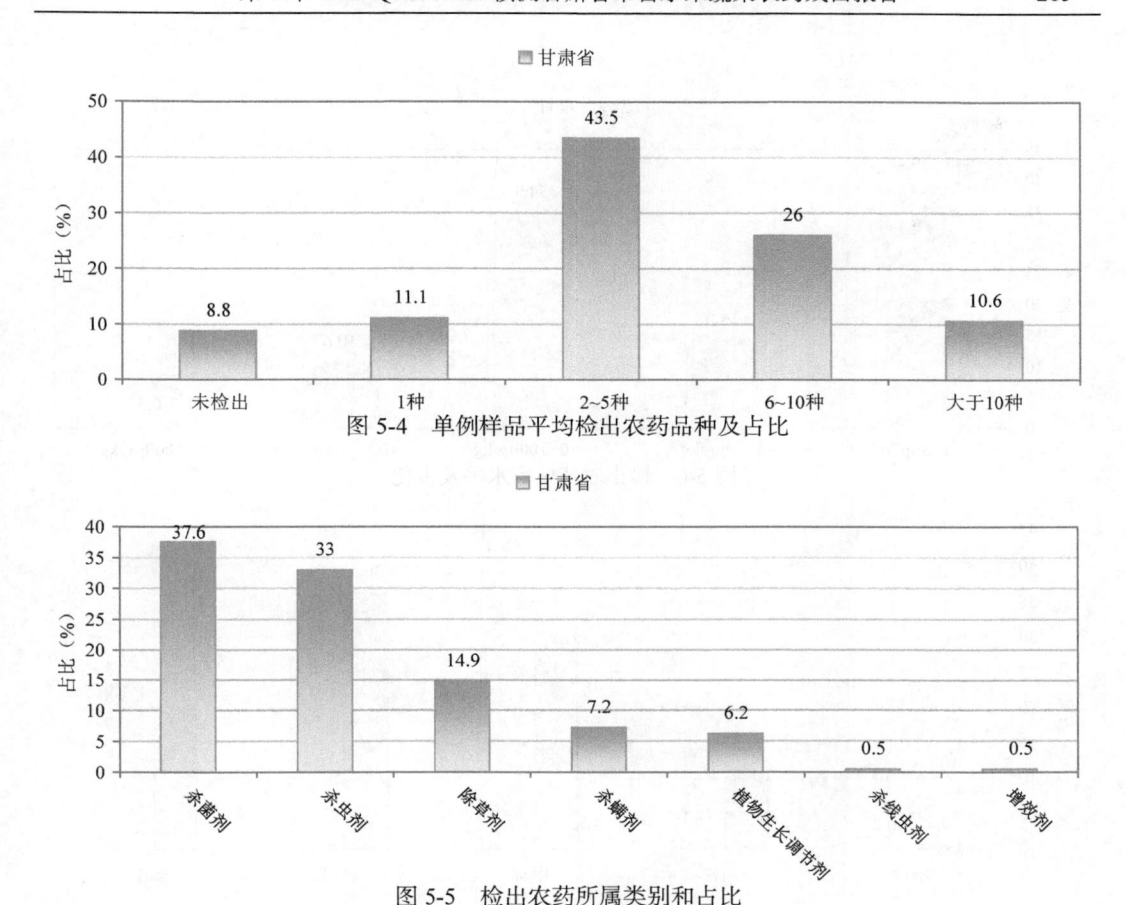

图 5-4 单例样品平均检出农药品种及占比

图 5-5 检出农药所属类别和占比

5.1.2.5 检出农药的残留水平

按检出农药残留水平进行统计，残留水平在 1~5 μg/kg（含）的农药占总数的 39.4%，在 5~10 μg/kg（含）的农药占总数的 14.6%，在 10~100 μg/kg（含）的农药占总数的 34.9%，在 100~1000 μg/kg（含）的农药占总数的 10.6%，>1000 μg/kg 的农药占总数的 0.5%。

由此可见，这次检测的 595 批 2050 例水果蔬菜样品中农药多数处于较低残留水平。结果见图 5-6。

5.1.2.6 检出农药的毒性类别、检出频次和超标频次及占比

对这次检出的 194 种 10277 频次的农药，按剧毒、高毒、中毒、低毒和微毒这五个毒性类别进行分类，从中可以看出，甘肃省目前普遍使用的农药为中低微毒农药，品种占 89.2%，频次占 98.7%。结果见图 5-7。

5.1.2.7 检出剧毒/高毒类农药的品种和频次

值得特别关注的是，在此次侦测的 2050 例样品中有 12 种蔬菜 5 种水果的 121 例样品检出了 21 种 137 频次的剧毒和高毒农药，占样品总量的 5.9%，详见表 5-4、表 5-5 和图 5-8。

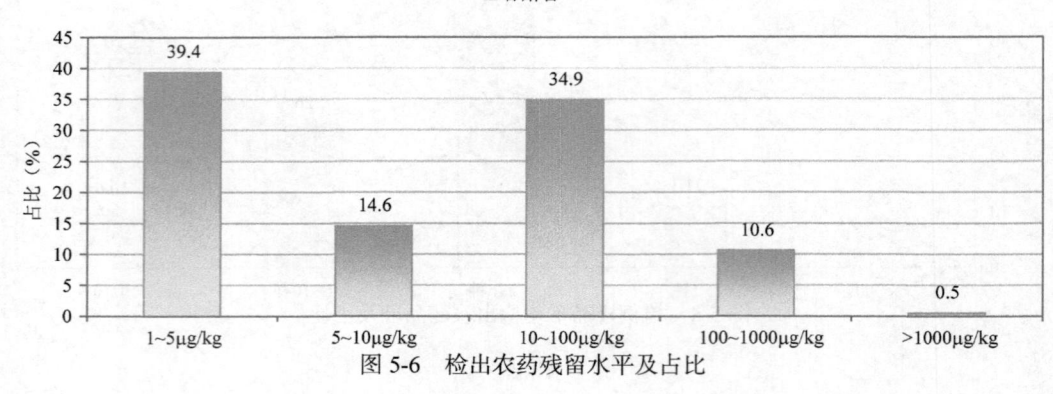

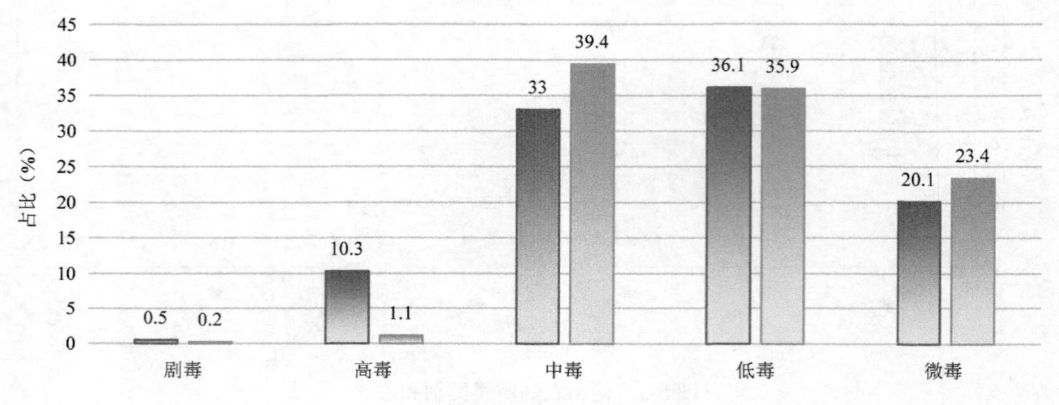

图 5-6 检出农药残留水平及占比

图 5-7 检出农药的毒性分类和占比

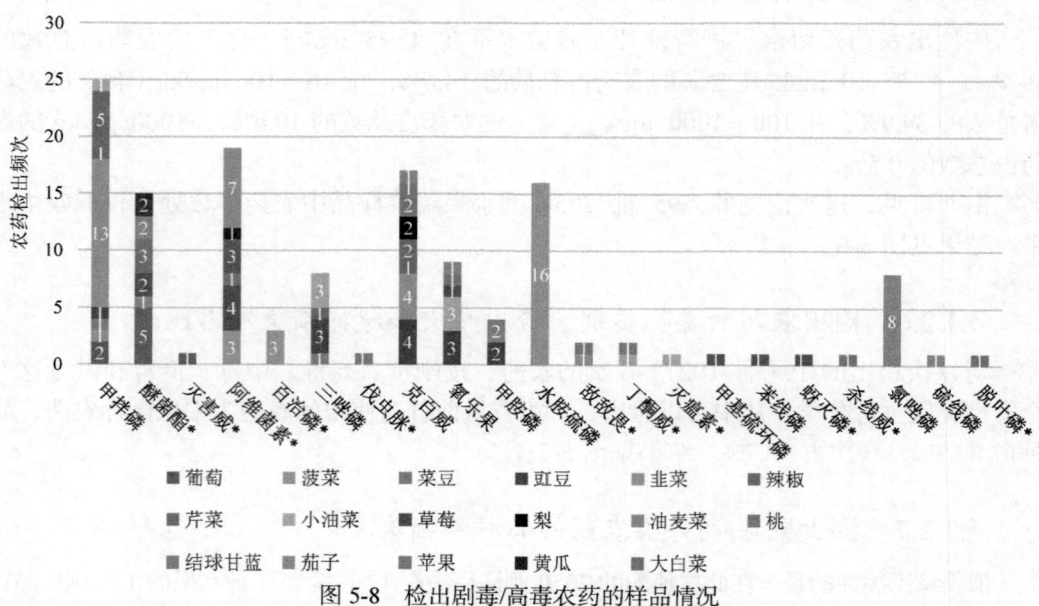

图 5-8 检出剧毒/高毒农药的样品情况
*表示允许在水果和蔬菜上使用的农药

表 5-4　剧毒农药检出情况

序号	农药名称	检出频次	超标频次	超标率
从 1 种水果中检出 1 种剧毒农药，共计检出 2 次					
1	甲拌磷*	2	0	0.0%
	小计	2	0	超标率：0.0%
从 7 种蔬菜中检出 1 种剧毒农药，共计检出 23 次					
1	甲拌磷*	23	19	82.6%
	小计	23	19	超标率：82.6%
	合计	25	19	超标率：76.0%

注：*表示剧毒农药

表 5-5　高毒农药检出情况

序号	农药名称	检出频次	超标频次	超标率
从 5 种水果中检出 9 种高毒农药，共计检出 22 次					
1	醚菌酯	7	0	0.0%
2	阿维菌素	4	2	50.0%
3	克百威	4	2	50.0%
4	氧乐果	2	1	50.0%
5	苯线磷	1	0	0.0%
6	敌敌畏	1	0	0.0%
7	甲基硫环磷	1	0	0.0%
8	灭害威	1	0	0.0%
9	蚜灭磷	1	0	0.0%
	小计	22	5	超标率：22.7%
从 12 种蔬菜中检出 16 种高毒农药，共计检出 90 次					
1	水胺硫磷	16	8	50.0%
2	阿维菌素	15	7	46.7%
3	克百威	13	6	46.2%
4	氯唑磷	8	0	0.0%
5	醚菌酯	8	0	0.0%
6	三唑磷	8	1	12.5%
7	氧乐果	7	1	14.3%
8	甲胺磷	4	0	0.0%
9	百治磷	3	0	0.0%
10	丁酮威	2	0	0.0%
11	敌敌畏	1	0	0.0%
12	伐虫脒	1	0	0.0%
13	硫线磷	1	0	0.0%

续表

序号	农药名称	检出频次	超标频次	超标率
14	灭瘟素	1	0	0.0%
15	杀线威	1	0	0.0%
16	脱叶磷	1	0	0.0%
	小计	90	23	超标率：25.6%
	合计	112	28	超标率：25.0%

在检出的剧毒和高毒农药中，有 10 种是我国早已禁止在果树和蔬菜上使用的，分别是：克百威、甲拌磷、三唑磷、氯唑磷、甲胺磷、氧乐果、苯线磷、水胺硫磷、硫线磷和甲基硫环磷。禁用农药的检出情况见表 5-6。

表 5-6 禁用农药检出情况

序号	农药名称	检出频次	超标频次	超标率
从 5 种水果中检出 7 种禁用农药，共计检出 31 次				
1	毒死蜱	20	0	0.0%
2	克百威	4	2	50.0%
3	甲拌磷*	2	0	0.0%
4	氧乐果	2	1	50.0%
5	苯线磷	1	0	0.0%
6	甲基硫环磷	1	0	0.0%
7	乙酰甲胺磷	1	0	0.0%
	小计	31	3	超标率：9.7%
从 13 种蔬菜中检出 10 种禁用农药，共计检出 143 次				
1	毒死蜱	60	18	30.0%
2	甲拌磷*	23	19	82.6%
3	水胺硫磷	16	8	50.0%
4	克百威	13	6	46.2%
5	氯唑磷	8	0	0.0%
6	三唑磷	8	1	12.5%
7	氧乐果	7	1	14.3%
8	甲胺磷	4	0	0.0%
9	乙酰甲胺磷	3	2	66.7%
10	硫线磷	1	0	0.0%
	小计	143	55	超标率：38.5%
	合计	174	58	超标率：33.3%

注：*表示剧毒农药；超标结果参考 MRL 中国国家标准计算

此次抽检的果蔬样品中，有 1 种水果 7 种蔬菜检出了剧毒农药，分别是：葡萄中检出甲拌磷 2 次小油菜中检出甲拌磷 1 次；芹菜中检出甲拌磷 5 次；菜豆中检出甲拌磷 1 次；菠菜中检出甲拌磷 1 次；豇豆中检出甲拌磷 1 次；辣椒中检出甲拌磷 1 次；韭菜中检出甲拌磷 13 次。

样品中检出剧毒和高毒农药残留水平超过 MRL 中国国家标准的频次为 47 次，其中：桃检出克百威超标 1 次；梨检出克百威超标 1 次；草莓检出阿维菌素超标 2 次，检出氧乐果超标 1 次；小油菜检出甲拌磷超标 1 次；油麦菜检出阿维菌素超标 5 次；结球甘蓝检出克百威超标 1 次；芹菜检出克百威超标 1 次，检出甲拌磷超标 3 次；菜豆检出三唑磷超标 1 次，检出甲拌磷超标 1 次；菠菜检出阿维菌素超标 1 次；豇豆检出克百威超标 3 次，检出阿维菌素超标 1 次，检出氧乐果超标 1 次；辣椒检出甲拌磷超标 1 次；韭菜检出水胺硫磷超标 8 次，检出克百威超标 1 次，检出甲拌磷超标 13 次。本次检出结果表明，高毒、剧毒农药的使用现象依旧存在。详见表 5-7。

表 5-7　各样本中检出剧毒/高毒农药情况

样品名称	农药名称	检出频次	超标频次	检出浓度（μg/kg）
水果 5 种				
桃	克百威▲	2	1	8.2, 61.0[a]
桃	敌敌畏	1	0	12.2
桃	氧乐果▲	1	0	2.2
梨	克百威▲	2	1	8.1, 28.7[a]
梨	阿维菌素	1	0	8.1
苹果	醚菌酯	2	0	4.0, 1.3
草莓	阿维菌素	3	2	17.5, 21.5[a], 74.1[a]
草莓	氧乐果▲	1	1	170.8[a]
草莓	甲基硫环磷▲	1	0	1.2
草莓	苯线磷▲	1	0	2.8
草莓	蚜灭磷	1	0	1.9
葡萄	醚菌酯	5	0	25.1, 14.4, 58.1, 40.6, 2.8
葡萄	灭害威	1	0	6.2
葡萄	甲拌磷*▲	2	0	2.4, 4.2
小计		24	5	超标率：20.8%
蔬菜 12 种				
大白菜	脱叶磷	1	0	1.2
小油菜	三唑磷▲	3	0	2.0, 3.3, 46.7
小油菜	氧乐果▲	3	0	1.0, 1.2, 1.2
小油菜	丁酮威	1	0	241.7
小油菜	灭瘟素	1	0	3.3

续表

样品名称	农药名称	检出频次	超标频次	检出浓度（μg/kg）
小油菜	甲拌磷*▲	1	1	154.7a
油麦菜	阿维菌素	7	5	106.1a, 97.7a, 211.0a, 67.0a, 142.6a, 41.4, 39.9
结球甘蓝	克百威▲	1	1	34.5a
结球甘蓝	丁酮威	1	0	4.4
结球甘蓝	杀线威	1	0	92.2
芹菜	克百威▲	2	1	2.8, 44.7a
芹菜	甲拌磷*▲	5	3	4.0, 24.4a, 135.9a, 17.9a, 8.9
茄子	氯唑磷	8	0	2.5, 2.9, 2.6, 1.0, 1.4, 1.2, 2.5, 2.6
茄子	甲胺磷▲	2	0	11.0, 1.1
茄子	克百威▲	1	0	4.8
茄子	氧乐果▲	1	0	1.1
茄子	硫线磷▲	1	0	1.1
菜豆	三唑磷▲	1	1	83.6a
菜豆	伐虫脒	1	0	22.5
菜豆	醚菌酯	1	0	8.6
菜豆	甲拌磷*▲	1	1	872.7a
菠菜	阿维菌素	3	1	6.8, 189.1a, 22.3
菠菜	百治磷	3	0	4.2, 3.9, 1.3
菠菜	甲拌磷*▲	1	0	4.1
豇豆	克百威▲	4	3	1.6, 40.7a, 317.4a, 74.2a
豇豆	阿维菌素	4	1	29.5, 17.1, 82.5a, 31.4
豇豆	氧乐果▲	3	1	11.3, 3.1, 146.3a
豇豆	三唑磷▲	3	0	1.1, 1.5, 2.0
豇豆	甲胺磷▲	2	0	5.5, 6.0
豇豆	醚菌酯	2	0	3.5, 28.5
豇豆	甲拌磷*▲	1	0	1.5
辣椒	醚菌酯	3	0	2.9, 9.7, 6.9
辣椒	三唑磷▲	1	0	27.0
辣椒	克百威▲	1	0	4.4
辣椒	阿维菌素	1	0	148.4
辣椒	甲拌磷*▲	1	1	54.2a
韭菜	水胺硫磷▲	16	8	36.5, 640.8a, 630.0a, 123.5a, 22.2, 10.4, 55.6a, 50.4a, 21.6, 47.4, 45.3, 173.8a, 57.7a, 38.0, 266.3a, 46.9

续表

样品名称	农药名称	检出频次	超标频次	检出浓度（μg/kg）
韭菜	克百威▲	4	1	16.3, 19.3, 10.6, 94.9[a]
韭菜	敌敌畏	1	0	17.8
韭菜	甲拌磷*▲	13	13	11.6[a], 107.4[a], 61.9[a], 102.4[a], 38.4[a], 16.6[a], 40.9[a], 29.3[a], 56.7[a], 45.2[a], 34.0[a], 27.3[a], 27.3[a]
黄瓜	醚菌酯	2	0	6.5, 1.3
	小计	113	42	超标率：37.2%
	合计	137	47	超标率：34.3%

注：*表示剧毒农药；▲表示禁用农药；a 表示超标结果（参考 MRL 中国国家标准）

5.2 农药残留检出水平与最大残留限量标准对比分析

我国于 2021 年 3 月 3 日正式颁布并于 2021 年 9 月 3 日正式实施食品农药残留限量国家标准《食品中农药最大残留限量》（GB 2763—2021），该标准包括 548 个农药条目，涉及最大残留限量（MRL）标准 10092 项。将 10277 频次检出结果的浓度水平与 10092 项国家 MRL 标准进行核对，其中有 6355 频次的结果找到了对应的 MRL，占 61.8%，还有 3922 频次的侦测数据则无相关 MRL 标准供参考，占 38.2%。

将此次侦测结果与国际上现行 MRL 对比发现，在 10277 频次的检出结果中有 10277 频次的结果找到了对应的 MRL 欧盟标准，占 100.0%；其中，9658 频次的结果有明确对应的 MRL，占 94.0%，其余 619 频次按照欧盟一律标准判定，占 6.0%；有 10277 频次的结果找到了对应的 MRL 日本标准，占 100.0%；其中，7631 频次的结果有明确对应的 MRL，占 74.3%，其余 2646 频次按照日本一律标准判定，占 25.7%；有 5559 频次的结果找到了对应的 MRL 中国香港标准，占 54.1%；有 6513 频次的结果找到了对应的 MRL 美国标准，占 63.4%；有 5071 频次的结果找到了对应的 MRL CAC 标准，占 49.3%。见图 5-9。

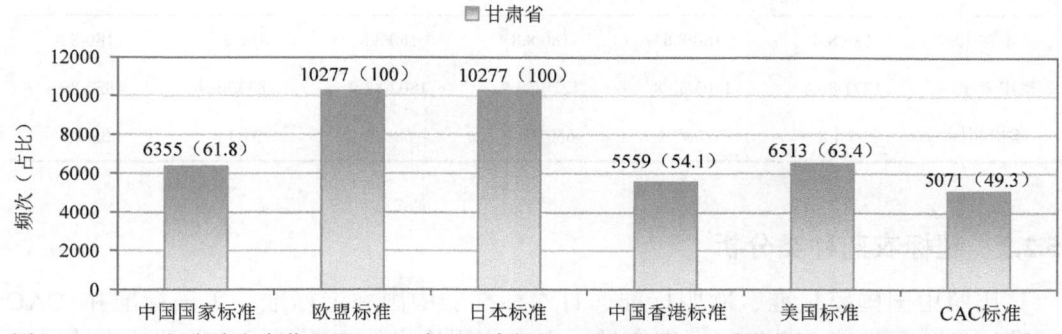

图 5-9 10277 频次检出农药可用 MRL 中国国家标准、欧盟标准、日本标准、中国香港标准、美国标准、CAC 标准判定衡量的数量及占比（%）

5.2.1 超标农药样品分析

本次侦测的 2050 例样品中，180 例样品未检出任何残留农药，占样品总量的 8.8%，1870 例样品检出不同水平、不同种类的残留农药，占样品总量的 91.2%。在此，我们将本次侦测的农残检出情况与中国国家标准、欧盟标准、日本标准、中国香港标准、美国标准和 CAC 标准这 6 大国际主流 MRL 标准进行对比分析，样品农残检出与超标情况见表 5-8、图 5-10 和图 5-11。

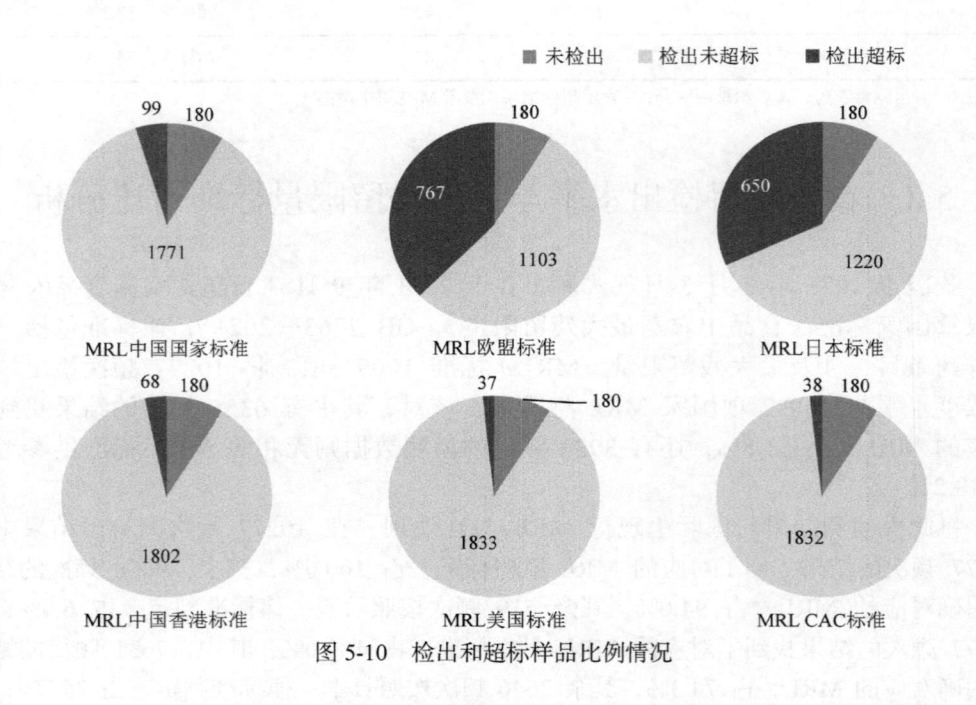

图 5-10 检出和超标样品比例情况

表 5-8 各 MRL 标准下样本农残检出与超标数量及占比

	中国国家标准 数量/占比（%）	欧盟标准 数量/占比（%）	日本标准 数量/占比（%）	中国香港标准 数量/占比（%）	美国标准 数量/占比（%）	CAC 标准 数量/占比（%）
未检出	180/8.8	180/8.8	180/8.8	180/8.8	180/8.8	180/8.8
检出未超标	1771/86.4	1103/53.8	1220/59.5	1802/87.9	1833/89.4	1832/89.4
检出超标	99/4.8	767/37.4	650/31.7	68/3.3	37/1.8	38/1.9

5.2.2 超标农药种类分析

按照中国国家标准、欧盟标准、日本标准、中国香港标准、美国标准和 CAC 标准这 6 大国际主流 MRL 标准衡量，本次侦测检出的农药超标品种及频次情况见表 5-9。

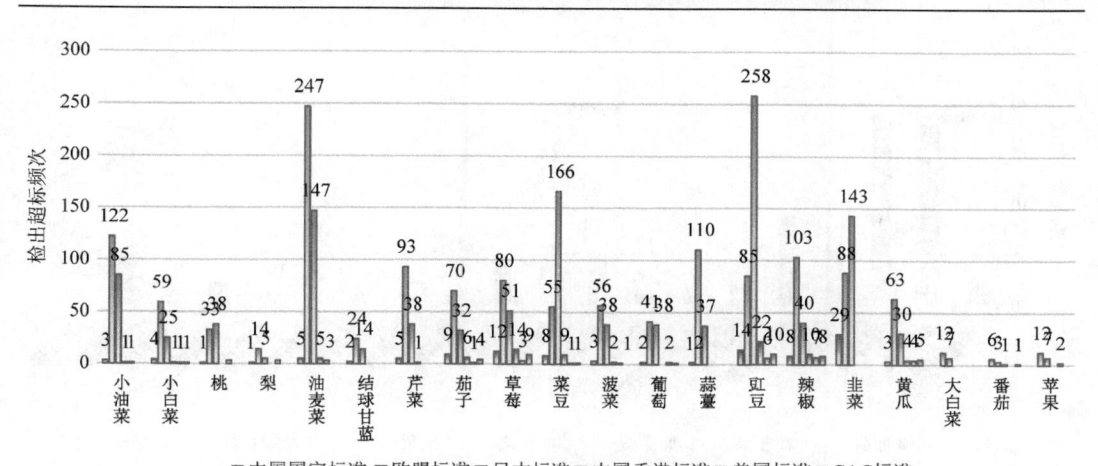

图 5-11 超过 MRL 中国国家标准、欧盟标准、日本标准、中国香港标准、美国标准和 CAC 标准结果在水果蔬菜中的分布

表 5-9 各 MRL 标准下超标农药品种及频次

	中国国家标准	欧盟标准	日本标准	中国香港标准	美国标准	CAC 标准
超标农药品种	20	111	117	15	11	11
超标农药频次	111	1373	1202	76	38	40

5.2.2.1 按 MRL 中国国家标准衡量

按 MRL 中国国家标准衡量，共有 20 种农药超标，检出 111 频次，分别为剧毒农药甲拌磷，高毒农药三唑磷、阿维菌素、水胺硫磷、克百威和氧乐果，中毒农药乙酰甲胺磷、吡虫啉、啶虫脒、双甲脒、倍硫磷、腈菌唑、毒死蜱和苯醚甲环唑，低毒农药敌草腈、螺螨酯、烯啶虫胺和噻虫胺，微毒农药乙螨唑和霜霉威。

按超标程度比较，菜豆中甲拌磷超标 86.3 倍，小白菜中毒死蜱超标 21.1 倍，豇豆中倍硫磷超标 19.0 倍，豇豆中克百威超标 14.9 倍，小油菜中甲拌磷超标 14.5 倍。检测结果见图 5-12。

5.2.2.2 按 MRL 欧盟标准衡量

按 MRL 欧盟标准衡量，共有 111 种农药超标，检出 1373 频次，分别为剧毒农药甲拌磷，高毒农药杀线威、三唑磷、敌敌畏、甲胺磷、阿维菌素、克百威、水胺硫磷、伐虫脒、氧乐果、丁酮威和醚菌酯，中毒农药双苯基脲、噻虫啉、戊唑醇、多效唑、甲哌、乙酰甲胺磷、噁喹酸、咪鲜胺、噁霜灵、甲霜灵、氟啶虫酰胺、二嗪磷、三环唑、吡虫啉、喹硫磷、杀螟丹、仲丁灵、茵草敌、烯唑醇、啶虫脒、矮壮素、三唑酮、酯菌胺、丙环唑、氟硅唑、双甲脒、四氟醚唑、倍硫磷、腈菌唑、唑虫酰胺、吡唑醚菌酯、敌百虫、粉唑醇、仲丁威、哒螨灵、丙溴磷、毒死蜱、烯草酮、三唑醇和辛硫磷，低毒农药烯肟菌胺、抗倒酯、己唑醇、氟嘧菌酯、乙虫腈、乙氧喹啉、丁氟螨酯、四螨嗪、氨唑草酮、氟吡菌酰胺、除虫脲、特草灵、溴氰虫酰胺、吡唑萘菌胺、敌草腈、噻虫

图 5-12 超过 MRL 中国国家标准农药品种及频次

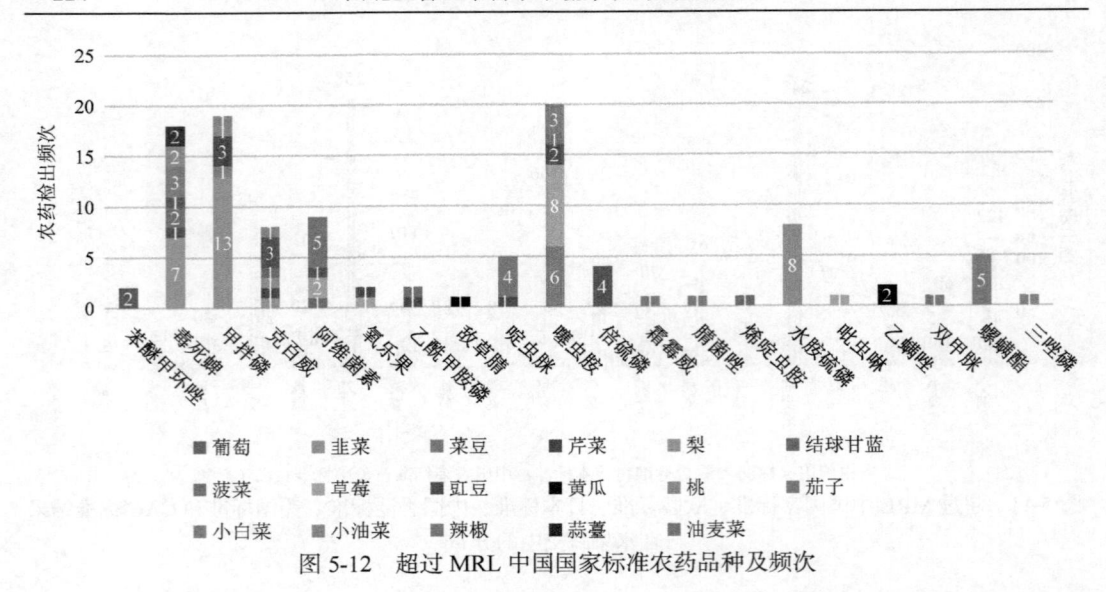

嗪、螺螨酯、烯酰吗啉、啶菌噁唑、乙嘧酚磺酸酯、灭幼脲、氟吗啉、异菌脲、呋虫胺、依维菌素、烯啶虫胺、胺鲜酯、丁醚脲、环虫腈、灭蝇胺、莠去津、噻嗪酮、二甲嘧酚、马拉硫磷、苄呋菊酯、炔螨特、噻虫胺、嘧霉胺、腈吡螨酯和噻菌灵，微毒农药乙霉威、萘草胺、氟环唑、霜霉威、乙螨唑、氰霜唑、氟酰脲、氟啶脲、甲氧虫酰肼、氟吡菌胺、肟菌酯、苯氧威、嘧菌酯、增效醚、噻呋酰胺、苄氯三唑醇、多菌灵、吡丙醚和啶氧菌酯。

按超标程度比较，油麦菜中氟硅唑超标 244.5 倍，油麦菜中唑虫酰胺超标 236.8 倍，芹菜中氟吗啉超标 187.1 倍，菠菜中氟啶脲超标 181.4 倍，蒜薹中异菌脲超标 175.2 倍。检测结果见图 5-13。

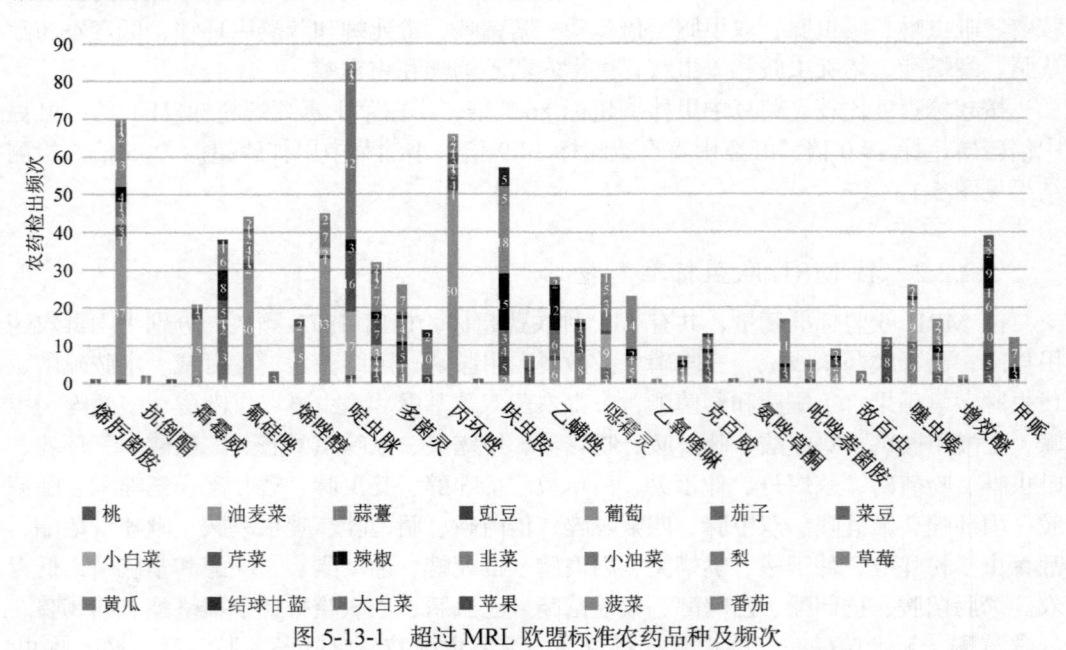

图 5-13-1 超过 MRL 欧盟标准农药品种及频次

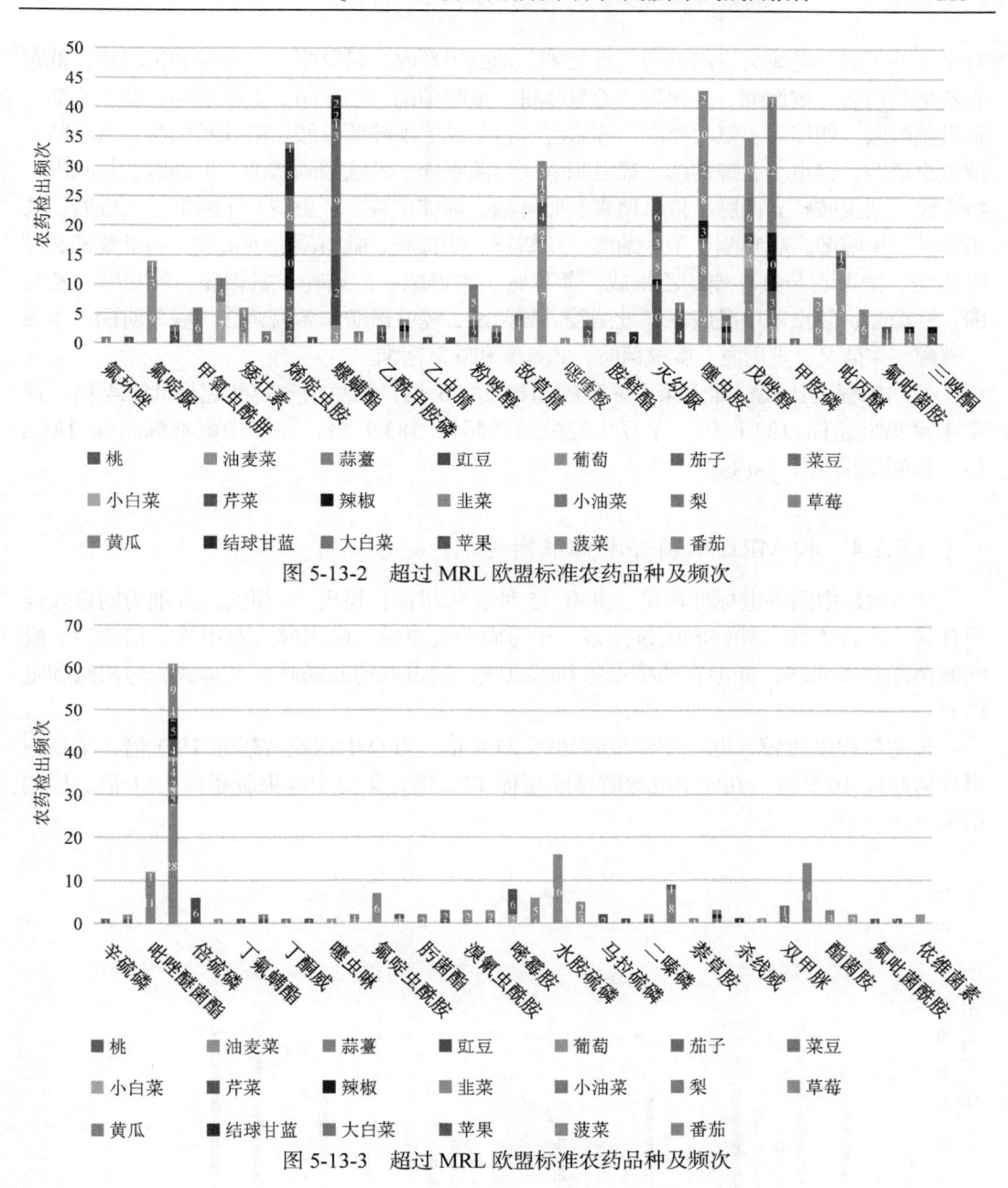

图 5-13-2 超过 MRL 欧盟标准农药品种及频次

图 5-13-3 超过 MRL 欧盟标准农药品种及频次

5.2.2.3 按 MRL 日本标准衡量

按 MRL 日本标准衡量，共有 117 种农药超标，检出 1202 频次，分别为剧毒农药甲拌磷，高毒农药杀线威、三唑磷、阿维菌素、水胺硫磷、伐虫脒、克百威、氧乐果、丁酮威和醚菌酯，中毒农药双苯基脲、戊唑醇、多效唑、乙酰甲胺磷、噻虫啉、甲哌、咪鲜胺、甲霜灵、二嗪磷、三环唑、噁霜灵、噻唑磷、氟啶虫酰胺、仲丁灵、喹硫磷、吡虫啉、抑霉唑、烯唑醇、茚虫威、茵草敌、啶虫脒、矮壮素、二甲戊灵、酯菌胺、丙环唑、氟硅唑、双甲脒、四氟醚唑、倍硫磷、腈菌唑、喹禾灵、唑虫酰胺、吡唑醚菌酯、粉唑醇、敌百虫、仲丁威、哒螨灵、丙溴磷、毒死蜱、苯醚甲环唑、烯草酮、三唑醇和抗蚜威，低毒农药烯肟菌胺、抗倒酯、己唑醇、乙氧喹啉、氟嘧菌酯、乙虫腈、丁氟螨酯、螺虫乙酯、氟吡菌酰胺、四螨嗪、氨唑草酮、除虫脲、特草灵、氟唑菌酰胺、吡唑萘菌胺、敌草腈、溴氰虫酰胺、噻虫嗪、螺螨酯、烯酰吗啉、啶菌噁唑、乙嘧酚磺酸酯、灭幼脲、氟吗啉、特丁津、呋虫胺、异菌脲、依维菌素、胺鲜酯、烯啶虫胺、环虫腈、丁醚脲、灭蝇胺、莠去津、二甲嘧酚、噻嗪酮、苄呋菊酯、炔螨特、嘧霉胺、吡蚜酮、噻虫胺、腈吡螨酯和吲哚乙酸，微毒农药氟环唑、乙霉威、萘草胺、霜霉威、乙螨唑、氰霜唑、氟啶脲、乙嘧酚、肟菌酯、氯虫苯甲酰胺、氟吡菌胺、嘧菌酯、噻呋酰胺、苯酰菌胺、联苯肼酯、苄氯三唑醇、多菌灵、吡丙醚、啶酰菌胺、噻螨酮和啶氧菌酯。

按超标程度比较，油麦菜中氟硅唑超标 244.5 倍，菜豆中嘧霉胺超标 187.4 倍，芹菜中氟吗啉超标 187.1 倍，菜豆中啶酰菌胺超标 183.9 倍，菠菜中氟啶脲超标 181.4 倍。检测结果见图 5-14。

5.2.2.4 按 MRL 中国香港标准衡量

按 MRL 中国香港标准衡量，共有 15 种农药超标，检出 76 频次，分别为剧毒农药甲拌磷，高毒农药三唑磷和阿维菌素，中毒农药吡虫啉、啶虫脒、双甲脒、倍硫磷、吡唑醚菌酯和毒死蜱，低毒农药噻虫嗪和噻虫胺，微毒农药乙螨唑、霜霉威、肟菌酯和吡丙醚。

按超标程度比较，豇豆中噻虫嗪超标 23.8 倍，豇豆中倍硫磷超标 19.0 倍，菜豆中甲拌磷超标 16.5 倍，豇豆中吡唑醚菌酯超标 13.2 倍，菜豆中噻虫胺超标 12.1 倍。检测结果见图 5-15。

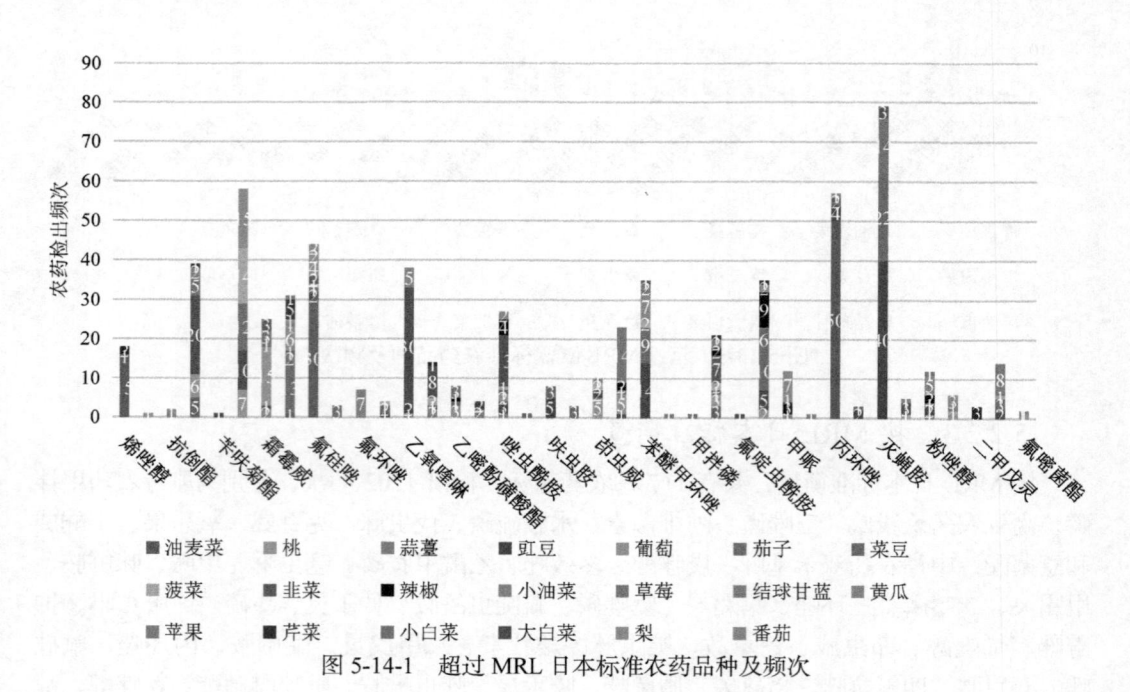

图 5-14-1 超过 MRL 日本标准农药品种及频次

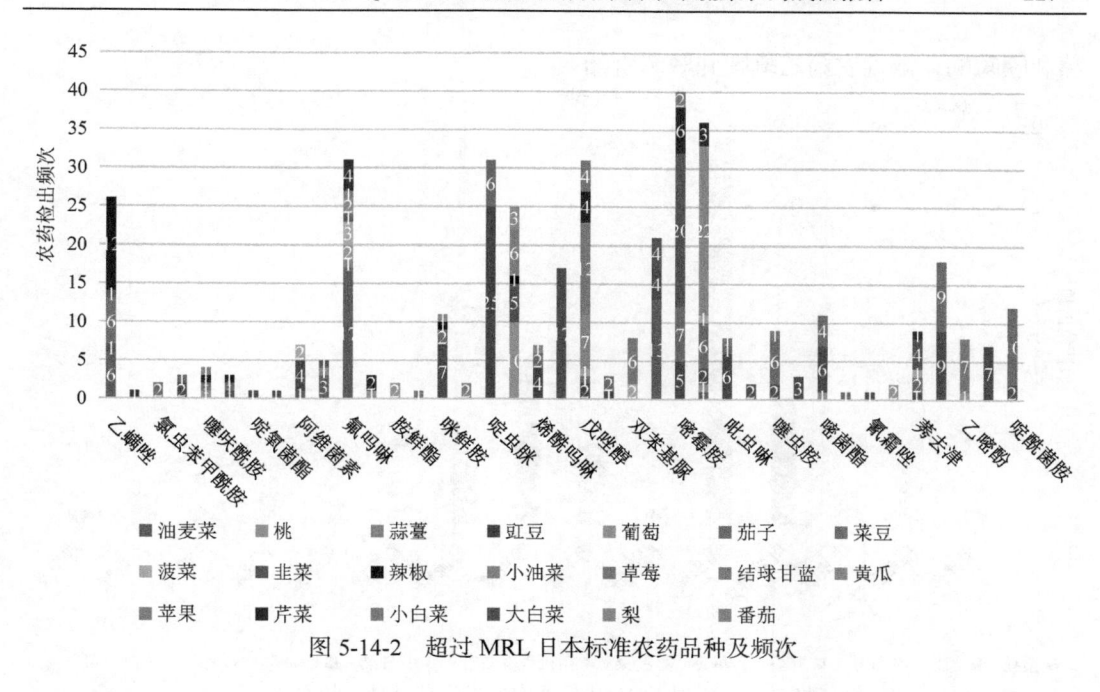

图 5-14-2　超过 MRL 日本标准农药品种及频次

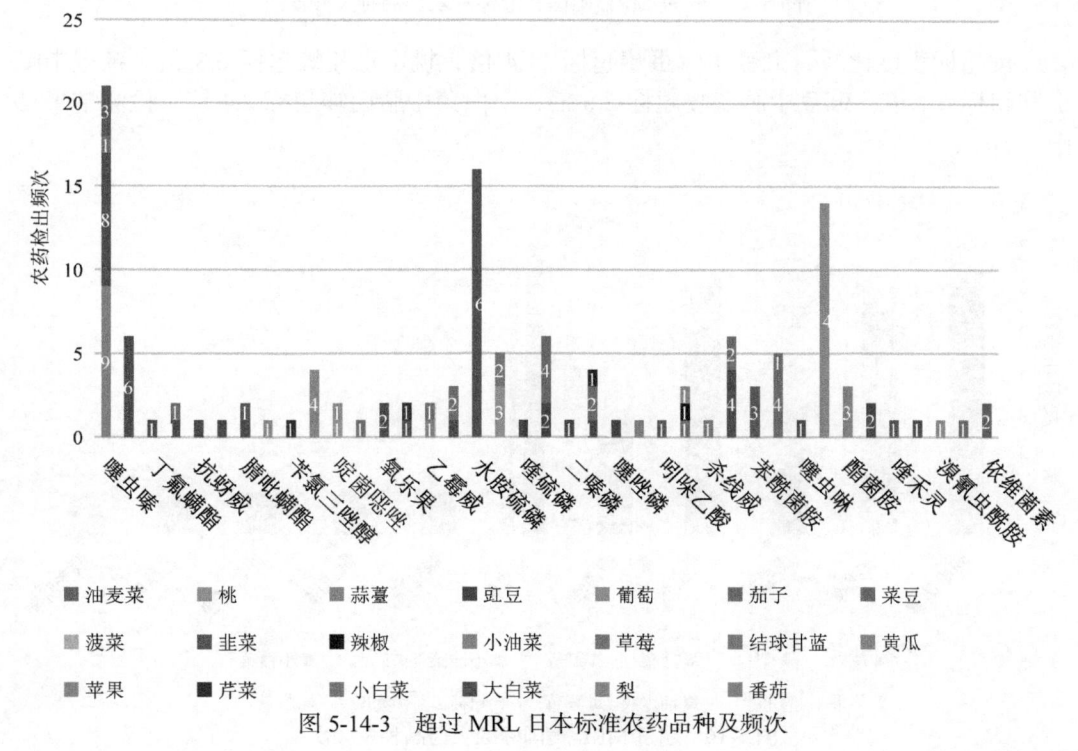

图 5-14-3　超过 MRL 日本标准农药品种及频次

5.2.2.5　按 MRL 美国标准衡量

按 MRL 美国标准衡量，共有 11 种农药超标，检出 38 频次，分别为高毒农药阿维菌素，中毒农药戊唑醇、吡虫啉、啶虫脒、腈菌唑、四氟醚唑和毒死蜱，低毒农药噻虫嗪和噻嗪酮，微毒农药乙螨唑和联苯肼酯。

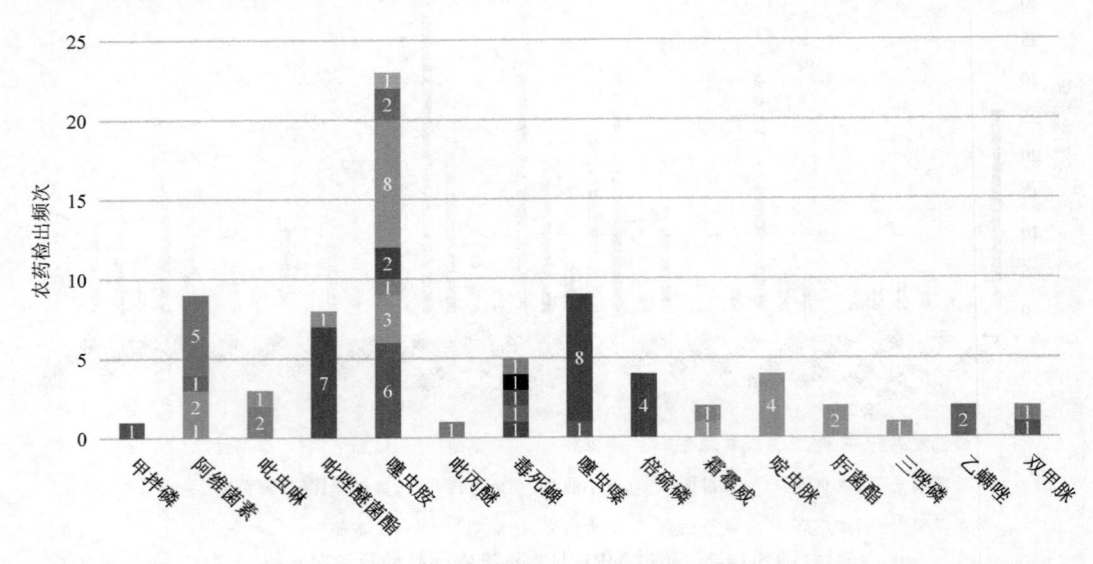

图 5-15 超过 MRL 中国香港标准农药品种及频次

按超标程度比较，豇豆中噻虫嗪超标 11.4 倍，桃中毒死蜱超标 6.3 倍，辣椒中啶虫脒超标 6.1 倍，豇豆中腈菌唑超标 2.6 倍，小白菜中腈菌唑超标 2.4 倍。检测结果见图 5-16。

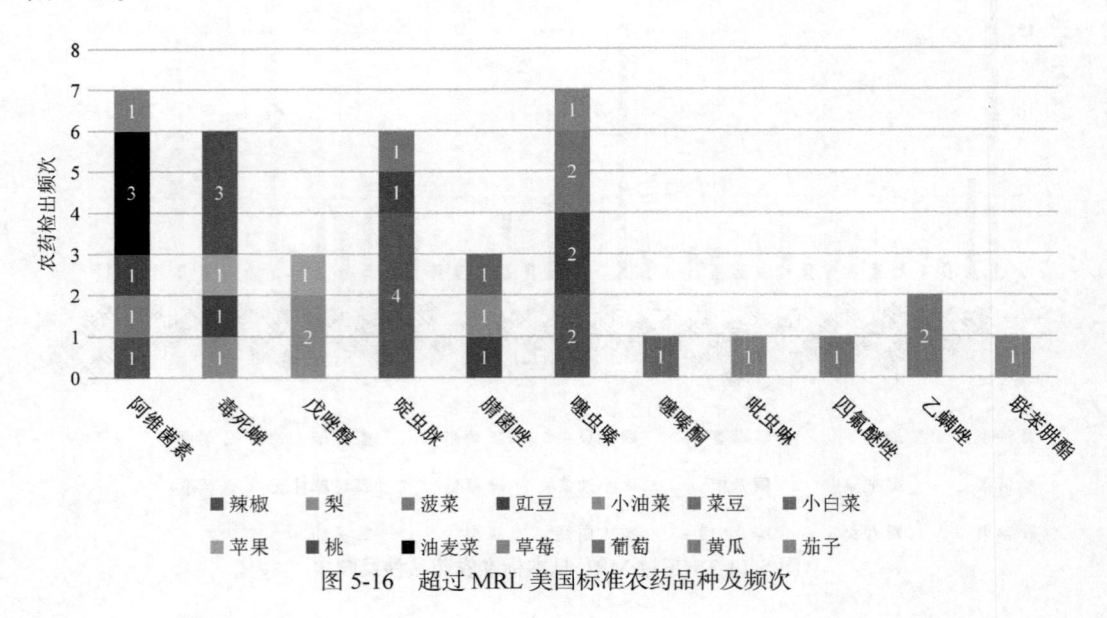

图 5-16 超过 MRL 美国标准农药品种及频次

5.2.2.6 按 MRL CAC 标准衡量

按 MRL CAC 标准衡量，共有 11 种农药超标，检出 40 频次，分别为剧毒农药甲拌磷，高毒农药阿维菌素，中毒农药吡虫啉、啶虫脒、矮壮素和腈菌唑，低毒农药敌草腈、噻虫嗪和噻虫胺，微毒农药乙螨唑和霜霉威。

按超标程度比较，辣椒中阿维菌素超标 28.7 倍，豇豆中噻虫嗪超标 23.8 倍，菜豆中甲拌磷超标 16.5 倍，草莓中噻虫胺超标 9.8 倍，辣椒中啶虫脒超标 6.1 倍。检测结果见图 5-17。

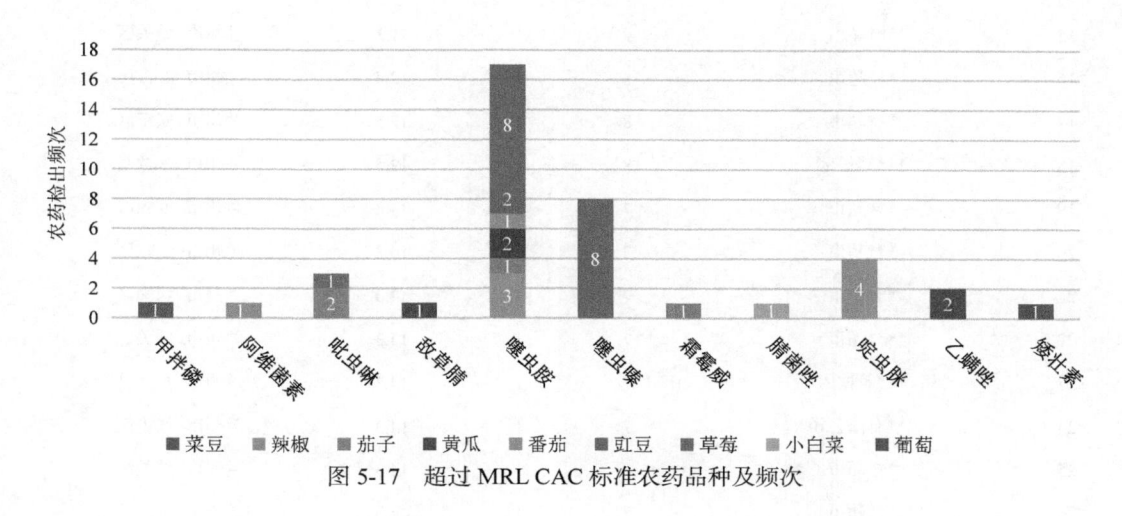

图 5-17　超过 MRL CAC 标准农药品种及频次

5.2.3　518 个采样点超标情况分析

5.2.3.1　按 MRL 中国国家标准衡量

按 MRL 中国国家标准衡量，有 91 个采样点的样品存在不同程度的超标农药检出，如表 5-10 所示。

表 5-10　超过 MRL 中国国家标准水果蔬菜在不同采样点分布

	采样点	样品总数	超标数量	超标率（%）	行政区域
1	***批发市场	19	3	15.8	张掖市 甘州区
2	***超市	19	2	10.5	定西市 安定区
3	***超市	19	1	5.3	白银市 白银区
4	***批发市场	18	1	5.6	张掖市 甘州区
5	***市场	18	1	5.6	张掖市 甘州区
6	***市场	15	1	6.7	张掖市 甘州区
7	***超市	13	1	7.7	兰州市 永登县
8	***有限公司	13	1	7.7	兰州市 永登县
9	***有限公司	13	1	7.7	兰州市 永登县
10	***有限责任公司	13	2	15.4	兰州市 永登县
11	***超市	11	2	18.2	兰州市 永登县
12	***生活超市	11	1	9.1	兰州市 城关区

续表

	采样点	样品总数	超标数量	超标率（%）	行政区域
13	***有限公司	10	2	20.0	兰州市 红古区
14	***有限公司	10	1	10.0	兰州市 红古区
15	***超市	9	1	11.1	兰州市 城关区
16	***超市	8	1	12.5	兰州市 红古区
17	***超市	8	1	12.5	兰州市 安宁区
18	***销售部	8	1	12.5	兰州市 皋兰县
19	***超市	7	1	14.3	兰州市 西固区
20	***超市	7	1	14.3	兰州市 红古区
21	***超市	7	1	14.3	兰州市 西固区
22	***超市	7	1	14.3	兰州市 城关区
23	***餐饮店	7	1	14.3	兰州市 永登县
24	***有限公司	7	1	14.3	兰州市 红古区
25	***超市	7	1	14.3	兰州市 城关区
26	***超市	7	1	14.3	兰州市 皋兰县
27	***蔬菜	7	1	14.3	白银市 白银区
28	***蔬菜调料店	6	1	16.7	兰州市 皋兰县
29	***蔬菜摊位	6	1	16.7	白银市 白银区
30	***蔬菜摊位	5	1	20.0	白银市 白银区
31	***商行	5	1	20.0	兰州市 榆中县
32	***有限公司	5	1	20.0	兰州市 皋兰县
33	***超市	5	1	20.0	兰州市 城关区
34	***串串香	5	1	20.0	兰州市 永登县
35	***配送中心	5	1	20.0	兰州市 皋兰县
36	***蔬菜调味部	5	1	20.0	兰州市 榆中县
37	***超市	4	1	25.0	兰州市 城关区
38	***有限公司	4	1	25.0	兰州市 榆中县
39	***超市	4	1	25.0	兰州市 城关区
40	***水果蔬菜店	4	1	25.0	兰州市 榆中县
41	***有限责任公司	4	1	25.0	兰州市 皋兰县
42	***餐饮店	4	1	25.0	兰州市 永登县
43	***有限公司	4	1	25.0	兰州市 西固区
44	***经销店	4	1	25.0	兰州市 红古区
45	***火锅店	4	2	50.0	兰州市 永登县
46	***便利店	4	1	25.0	兰州市 皋兰县

续表

	采样点	样品总数	超标数量	超标率（%）	行政区域
47	***生鲜超市	4	1	25.0	兰州市 榆中县
48	***菜市场	4	1	25.0	兰州市 西固区
49	***菜店	3	1	33.3	白银市 白银区
50	***菜市场	3	1	33.3	兰州市 西固区
51	***菜市场	3	1	33.3	兰州市 西固区
52	***超市	3	1	33.3	兰州市 安宁区
53	***经营部	3	1	33.3	兰州市 七里河区
54	***有限责任公司	3	1	33.3	兰州市 城关区
55	***蔬菜店	3	1	33.3	兰州市 红古区
56	***经营部	3	1	33.3	兰州市 安宁区
57	***配送部	3	1	33.3	兰州市 七里河区
58	***蔬菜配送店	3	1	33.3	兰州市 七里河区
59	***蔬菜店	3	1	33.3	兰州市 七里河区
60	***有限责任公司	3	1	33.3	兰州市 城关区
61	***蔬菜	3	1	33.3	白银市 白银区
62	***蔬菜水果干果店	2	1	50.0	兰州市 红古区
63	***蔬菜摊位	2	1	50.0	白银市 白银区
64	***水果摊位	2	1	50.0	白银市 白银区
65	***菜店	2	1	50.0	白银市 白银区
66	***水果店	2	1	50.0	兰州市 西固区
67	***市场	2	1	50.0	兰州市 西固区
68	***超市	2	1	50.0	兰州市 城关区
69	***菜市场	2	1	50.0	兰州市 西固区
70	***超市	2	1	50.0	兰州市 城关区
71	***便利店	2	2	100.0	兰州市 安宁区
72	***菜市场	2	1	50.0	兰州市 西固区
73	***菜市场	2	1	50.0	兰州市 西固区
74	***菜市场	2	1	50.0	兰州市 西固区
75	***有限公司	2	1	50.0	兰州市 红古区
76	***鲜果店	2	1	50.0	兰州市 七里河区
77	***菜市场	1	1	100.0	兰州市 西固区
78	***早市	1	1	100.0	兰州市 西固区
79	***经营部	1	1	100.0	兰州市 红古区
80	***经营部	1	1	100.0	兰州市 红古区

续表

	采样点	样品总数	超标数量	超标率（%）	行政区域
81	***蔬菜摊位	1	1	100.0	兰州市 安宁区
82	***有限公司	1	1	100.0	兰州市 安宁区
83	***肉菜批发部	1	1	100.0	兰州市 七里河区
84	***烧烤麻辣烫店	1	1	100.0	兰州市 安宁区
85	***蔬菜店	1	1	100.0	兰州市 七里河区
86	***经销部	1	1	100.0	兰州市 红古区
87	***餐饮部	1	1	100.0	兰州市 永登县
88	***水果店	1	1	100.0	兰州市 七里河区
89	***蔬菜瓜果经营部	1	1	100.0	兰州市 红古区
90	***饭店	1	1	100.0	兰州市 城关区
91	***有限公司	1	1	100.0	兰州市 七里河区

5.2.3.2 按 MRL 欧盟标准衡量

按 MRL 欧盟标准衡量，有 367 个采样点的样品存在不同程度的超标农药检出，如表 5-11 所示。

表 5-11 超过 MRL 欧盟标准水果蔬菜在不同采样点分布

	采样点	样品总数	超标数量	超标率（%）	行政区域
1	***市场	19	4	21.1	定西市 安定区
2	***市场	19	5	26.3	定西市 安定区
3	***超市	19	5	26.3	定西市 安定区
4	***批发市场	19	7	36.8	张掖市 甘州区
5	***批发市场	19	9	47.4	张掖市 甘州区
6	***市场	19	9	47.4	张掖市 甘州区
7	***市场	19	3	15.8	武威市 凉州区
8	***菜市场	19	2	10.5	武威市 凉州区
9	***市场	19	5	26.3	武威市 凉州区
10	***市场	19	5	26.3	武威市 凉州区
11	***市场	19	4	21.1	武威市 凉州区
12	***超市	19	7	36.8	定西市 安定区
13	***超市	19	9	47.4	定西市 安定区
14	***市场	19	6	31.6	定西市 安定区
15	***超市	19	7	36.8	定西市 安定区
16	***超市	19	6	31.6	定西市 安定区

续表

	采样点	样品总数	超标数量	超标率（%）	行政区域
17	***超市	19	4	21.1	定西市 安定区
18	***超市	19	4	21.1	定西市 安定区
19	***超市	19	11	57.9	白银市 白银区
20	***超市	18	6	33.3	白银市 白银区
21	***批发市场	18	7	38.9	张掖市 甘州区
22	***便民市场	18	5	27.8	张掖市 甘州区
23	***便民市场	18	8	44.4	张掖市 甘州区
24	***市场	18	10	55.6	张掖市 甘州区
25	***合作社	15	2	13.3	武威市 凉州区
26	***合作社	15	2	13.3	武威市 凉州区
27	***市场	15	7	46.7	张掖市 甘州区
28	***市场	15	1	6.7	武威市 凉州区
29	***超市	15	2	13.3	武威市 凉州区
30	***蔬菜便民店	15	2	13.3	武威市 凉州区
31	***批发市场	15	7	46.7	张掖市 甘州区
32	***批发市场	14	7	50.0	张掖市 甘州区
33	***超市	13	3	23.1	兰州市 永登县
34	***有限公司	13	5	38.5	兰州市 永登县
35	***有限公司	13	7	53.8	兰州市 永登县
36	***有限责任公司	13	7	53.8	兰州市 永登县
37	***超市	11	4	36.4	兰州市 永登县
38	***超市	11	5	45.5	兰州市 永登县
39	***超市	11	4	36.4	兰州市 城关区
40	***生活超市	11	6	54.5	兰州市 城关区
41	***有限公司	10	3	30.0	兰州市 红古区
42	***超市	10	4	40.0	兰州市 红古区
43	***有限公司	10	6	60.0	兰州市 红古区
44	***超市	9	3	33.3	兰州市 皋兰县
45	***超市	9	3	33.3	兰州市 城关区
46	***销售部	9	3	33.3	兰州市 皋兰县
47	***配送中心	8	6	75.0	兰州市 西固区
48	***超市	8	7	87.5	兰州市 红古区
49	***有限公司	8	1	12.5	兰州市 西固区
50	***超市	8	4	50.0	兰州市 安宁区

续表

	采样点	样品总数	超标数量	超标率（%）	行政区域
51	***超市	8	4	50.0	兰州市 安宁区
52	***超市	8	2	25.0	兰州市 榆中县
53	***蔬菜	8	5	62.5	白银市 白银区
54	***有限责任公司	8	4	50.0	兰州市 城关区
55	***餐饮店	8	4	50.0	兰州市 永登县
56	***销售部	8	2	25.0	兰州市 皋兰县
57	***果蔬店	8	5	62.5	兰州市 七里河区
58	***有限公司	8	4	50.0	兰州市 皋兰县
59	***超市	8	1	12.5	兰州市 榆中县
60	***经销部	7	2	28.6	兰州市 西固区
61	***超市	7	1	14.3	兰州市 西固区
62	***超市	7	3	42.9	兰州市 红古区
63	***超市	7	2	28.6	兰州市 西固区
64	***超市	7	2	28.6	兰州市 城关区
65	***超市	7	2	28.6	兰州市 城关区
66	***餐饮店	7	5	71.4	兰州市 永登县
67	***果蔬鲜	7	2	28.6	兰州市 七里河区
68	***蔬菜店	7	3	42.9	兰州市 榆中县
69	***生鲜超市	7	3	42.9	兰州市 七里河区
70	***有限公司	7	4	57.1	兰州市 红古区
71	***超市	7	4	57.1	兰州市 城关区
72	***超市	7	2	28.6	兰州市 红古区
73	***超市	7	4	57.1	兰州市 皋兰县
74	***便利店	7	2	28.6	兰州市 七里河区
75	***蔬菜调味品店	7	2	28.6	兰州市 七里河区
76	***超市	7	2	28.6	兰州市 七里河区
77	***便民交易点	7	2	28.6	兰州市 七里河区
78	***菜市场	7	1	14.3	兰州市 城关区
79	***蔬菜	7	2	28.6	白银市 白银区
80	***蔬菜摊位	7	4	57.1	白银市 白银区
81	***蔬菜	7	3	42.9	白银市 白银区
82	***水果蔬菜店	7	1	14.3	兰州市 皋兰县
83	***超市	6	3	50.0	兰州市 红古区
84	***蔬菜店	6	2	33.3	白银市 白银区

续表

	采样点	样品总数	超标数量	超标率（%）	行政区域
85	***有限公司	6	2	33.3	兰州市 榆中县
86	***肉食调味门市部	6	2	33.3	兰州市 皋兰县
87	***蔬菜瓜果批发部	6	2	33.3	兰州市 榆中县
88	***酒店	6	3	50.0	兰州市 永登县
89	***配料店	6	1	16.7	兰州市 永登县
90	***火锅店	6	2	33.3	兰州市 永登县
91	***商行	6	1	16.7	兰州市 榆中县
92	***蔬菜调料店	6	1	16.7	兰州市 皋兰县
93	***餐饮店	6	3	50.0	兰州市 永登县
94	***蔬菜店	6	1	16.7	兰州市 七里河区
95	***菜市场	6	4	66.7	兰州市 七里河区
96	***蔬菜	6	1	16.7	白银市 白银区
97	***蔬菜摊位	6	2	33.3	白银市 白银区
98	***蔬菜直销	6	3	50.0	白银市 白银区
99	***蔬菜摊位	6	2	33.3	白银市 白银区
100	***蔬菜摊位	6	4	66.7	白银市 白银区
101	***超市	6	2	33.3	兰州市 西固区
102	***蔬菜批发部	5	1	20.0	兰州市 红古区
103	***蔬菜摊位	5	4	80.0	白银市 白银区
104	***超市	5	2	40.0	兰州市 城关区
105	***商行	5	2	40.0	兰州市 榆中县
106	***有限公司	5	3	60.0	兰州市 城关区
107	***果蔬店	5	2	40.0	兰州市 榆中县
108	***生鲜超市	5	3	60.0	兰州市 城关区
109	***餐饮店	5	3	60.0	兰州市 永登县
110	***火锅村	5	2	40.0	兰州市 永登县
111	***有限公司	5	2	40.0	兰州市 皋兰县
112	***超市	5	1	20.0	兰州市 城关区
113	***超市	5	2	40.0	兰州市 城关区
114	***小吃店	5	3	60.0	兰州市 永登县
115	***串串香	5	2	40.0	兰州市 永登县
116	***便利商店	5	2	40.0	兰州市 榆中县
117	***水果店	5	2	40.0	兰州市 七里河区
118	***配送中心	5	2	40.0	兰州市 皋兰县

续表

	采样点	样品总数	超标数量	超标率（%）	行政区域
119	***蔬菜店	5	3	60.0	兰州市 榆中县
120	***蔬菜调味部	5	3	60.0	兰州市 榆中县
121	***经营部	5	2	40.0	兰州市 红古区
122	***果蔬店	5	1	20.0	兰州市 七里河区
123	***果蔬超市	5	1	20.0	兰州市 七里河区
124	***超市	5	1	20.0	兰州市 七里河区
125	***果蔬店	5	1	20.0	兰州市 七里河区
126	***水果店	5	2	40.0	兰州市 七里河区
127	***蔬菜铺	5	2	40.0	白银市 白银区
128	***菜市场	5	1	20.0	兰州市 西固区
129	***超市	4	2	50.0	兰州市 城关区
130	***水果店	4	1	25.0	武威市 凉州区
131	***蔬菜部	4	2	50.0	兰州市 西固区
132	***菜市场	4	1	25.0	兰州市 西固区
133	***菜市场	4	1	25.0	兰州市 西固区
134	***水果干果店	4	1	25.0	兰州市 西固区
135	***有限公司	4	3	75.0	兰州市 榆中县
136	***超市	4	2	50.0	兰州市 城关区
137	***有限责任公司	4	2	50.0	兰州市 七里河区
138	***水果蔬菜店	4	2	50.0	兰州市 榆中县
139	***有限公司	4	3	75.0	兰州市 七里河区
140	***蔬菜部	4	1	25.0	兰州市 皋兰县
141	***蔬菜水果店	4	1	25.0	兰州市 榆中县
142	***有限责任公司	4	2	50.0	兰州市 皋兰县
143	***有限公司	4	1	25.0	兰州市 城关区
144	***超市	4	2	50.0	兰州市 城关区
145	***火锅店	4	2	50.0	兰州市 永登县
146	***餐饮店	4	3	75.0	兰州市 永登县
147	***有限公司	4	2	50.0	兰州市 西固区
148	***经销店	4	3	75.0	兰州市 红古区
149	***经销部	4	2	50.0	兰州市 榆中县
150	***蔬菜店	4	2	50.0	兰州市 榆中县
151	***火锅店	4	3	75.0	兰州市 永登县
152	***火锅店	4	3	75.0	兰州市 永登县

续表

	采样点	样品总数	超标数量	超标率（%）	行政区域
153	***火锅店	4	2	50.0	兰州市 永登县
154	***蔬菜店	4	2	50.0	兰州市 榆中县
155	***火锅店	4	3	75.0	兰州市 永登县
156	***餐饮店	4	1	25.0	兰州市 永登县
157	***有限公司	4	1	25.0	兰州市 城关区
158	***餐饮店	4	2	50.0	兰州市 永登县
159	***便利店	4	2	50.0	兰州市 皋兰县
160	***菜市场	4	1	25.0	兰州市 城关区
161	***生活超市	4	2	50.0	兰州市 城关区
162	***蔬菜瓜果经营部	4	1	25.0	兰州市 七里河区
163	***蔬菜店	4	1	25.0	兰州市 七里河区
164	***生鲜超市	4	1	25.0	兰州市 榆中县
165	***蔬果店	4	4	100.0	兰州市 七里河区
166	***水果店	4	1	25.0	兰州市 七里河区
167	***副食商店	4	1	25.0	兰州市 七里河区
168	***市场	4	2	50.0	张掖市 甘州区
169	***蔬菜	4	2	50.0	白银市 白银区
170	***蔬菜	4	2	50.0	白银市 白银区
171	***水果摊位	4	2	50.0	白银市 白银区
172	***果亭	4	2	50.0	白银市 白银区
173	***蔬菜	4	3	75.0	白银市 白银区
174	***水果	4	2	50.0	白银市 白银区
175	***菜市场	4	1	25.0	兰州市 西固区
176	***蔬菜店	3	2	66.7	兰州市 红古区
177	***菜店	3	1	33.3	白银市 白银区
178	***水果店	3	1	33.3	兰州市 西固区
179	***菜市场	3	1	33.3	兰州市 西固区
180	***菜市场	3	1	33.3	兰州市 西固区
181	***超市	3	2	66.7	兰州市 安宁区
182	***经营部	3	2	66.7	兰州市 七里河区
183	***超市	3	1	33.3	兰州市 城关区
184	***水产部	3	2	66.7	兰州市 榆中县
185	***菜市场	3	1	33.3	兰州市 西固区
186	***早市	3	2	66.7	兰州市 西固区

续表

	采样点	样品总数	超标数量	超标率（%）	行政区域
187	***直销店	3	1	33.3	兰州市 红古区
188	***蔬菜店	3	1	33.3	兰州市 红古区
189	***水果店	3	1	33.3	兰州市 榆中县
190	***超市	3	1	33.3	兰州市 城关区
191	***经营部	3	2	66.7	兰州市 安宁区
192	***蔬菜铺	3	1	33.3	兰州市 安宁区
193	***超市	3	2	66.7	兰州市 城关区
194	***经营部	3	3	100.0	兰州市 安宁区
195	***水果店	3	2	66.7	兰州市 安宁区
196	***蔬菜批发部	3	2	66.7	兰州市 榆中县
197	***配送部	3	1	33.3	兰州市 七里河区
198	***市场	3	1	33.3	兰州市 西固区
199	***蔬菜店	3	2	66.7	兰州市 七里河区
200	***蔬菜零售店	3	1	33.3	兰州市 七里河区
201	***蔬菜配送店	3	1	33.3	兰州市 七里河区
202	***销售店	3	1	33.3	兰州市 红古区
203	***餐饮店	3	2	66.7	兰州市 永登县
204	***蔬菜水果店	3	1	33.3	兰州市 七里河区
205	***蔬菜水果店	3	1	33.3	兰州市 七里河区
206	***直销店	3	1	33.3	兰州市 城关区
207	***蔬菜水果豆腐店	3	2	66.7	兰州市 城关区
208	***超市	3	1	33.3	兰州市 城关区
209	***批发市场	3	1	33.3	兰州市 城关区
210	***菜市场	3	2	66.7	兰州市 城关区
211	***菜市场	3	1	33.3	兰州市 城关区
212	***菜市场	3	1	33.3	兰州市 城关区
213	***果蔬店	3	1	33.3	兰州市 城关区
214	***蔬菜店	3	2	66.7	兰州市 七里河区
215	***蔬菜店	3	1	33.3	兰州市 七里河区
216	***蔬菜店	3	1	33.3	兰州市 七里河区
217	***蔬菜店	3	1	33.3	兰州市 城关区
218	***果蔬店	3	2	66.7	兰州市 城关区
219	***果蔬店	3	2	66.7	兰州市 城关区
220	***直销店	3	3	100.0	兰州市 七里河区

第 5 章　LC-Q-TOF/MS 侦测甘肃省市售水果蔬菜农药残留报告

续表

	采样点	样品总数	超标数量	超标率（%）	行政区域
221	***果蔬屋	3	2	66.7	兰州市 七里河区
222	***有限责任公司	3	3	100.0	兰州市 城关区
223	***蔬菜铺	3	1	33.3	兰州市 红古区
224	***蔬菜水果店	3	2	66.7	兰州市 红古区
225	***水果摊位	3	1	33.3	白银市 白银区
226	***蔬菜	3	1	33.3	白银市 白银区
227	***蔬菜	3	1	33.3	白银市 白银区
228	***蔬菜	3	1	33.3	白银市 白银区
229	***蔬菜	3	1	33.3	白银市 白银区
230	***酒店	3	1	33.3	兰州市 城关区
231	***果蔬鲜	2	2	100.0	兰州市 城关区
232	***水果蔬菜店	2	2	100.0	兰州市 七里河区
233	***菜市场	2	2	100.0	兰州市 城关区
234	***菜市场	2	1	50.0	兰州市 城关区
235	***菜市场	2	1	50.0	兰州市 城关区
236	***超市	2	1	50.0	兰州市 城关区
237	***蔬菜店	2	1	50.0	兰州市 七里河区
238	***果蔬批发超市	2	2	100.0	兰州市 榆中县
239	***蔬菜水果干果店	2	1	50.0	兰州市 红古区
240	***蔬菜店	2	1	50.0	兰州市 七里河区
241	***蔬菜部	2	1	50.0	兰州市 皋兰县
242	***瓜果店	2	1	50.0	兰州市 七里河区
243	***蔬菜摊位	2	2	100.0	白银市 白银区
244	***蔬菜摊位	2	2	100.0	白银市 白银区
245	***蔬菜摊位	2	2	100.0	白银市 白银区
246	***蔬菜摊位	2	1	50.0	白银市 白银区
247	***果蔬	2	1	50.0	白银市 白银区
248	***菜店	2	1	50.0	白银市 白银区
249	***蔬菜	2	1	50.0	白银市 白银区
250	***菜市场	2	1	50.0	兰州市 七里河区
251	***蔬菜店	2	1	50.0	兰州市 红古区
252	***果蔬店	2	1	50.0	兰州市 七里河区
253	***批发中心	2	2	100.0	兰州市 红古区
254	***超市	2	1	50.0	兰州市 西固区

续表

	采样点	样品总数	超标数量	超标率（%）	行政区域
255	***水果店	2	2	100.0	兰州市 西固区
256	***有限公司	2	1	50.0	兰州市 西固区
257	***市场	2	2	100.0	兰州市 西固区
258	***馋嘴猪	2	1	50.0	兰州市 安宁区
259	***超市	2	1	50.0	兰州市 城关区
260	***菜市场	2	1	50.0	兰州市 西固区
261	***菜市场	2	1	50.0	兰州市 西固区
262	***直销店	2	1	50.0	兰州市 榆中县
263	***商行	2	1	50.0	兰州市 榆中县
264	***销售店	2	1	50.0	兰州市 红古区
265	***超市	2	2	100.0	兰州市 城关区
266	***经营部	2	1	50.0	兰州市 七里河区
267	***早市	2	2	100.0	兰州市 西固区
268	***早市	2	1	50.0	兰州市 西固区
269	***蔬菜配送店	2	2	100.0	兰州市 红古区
270	***蔬菜店	2	2	100.0	兰州市 红古区
271	***水果蔬菜店	2	1	50.0	兰州市 红古区
272	***经营部	2	1	50.0	兰州市 红古区
273	***便利店	2	2	100.0	兰州市 安宁区
274	***农家乐	2	2	100.0	兰州市 皋兰县
275	***生活超市	2	1	50.0	兰州市 城关区
276	***有限公司	2	1	50.0	兰州市 城关区
277	***副食经营部	2	1	50.0	兰州市 七里河区
278	***蔬菜店	2	1	50.0	兰州市 榆中县
279	***蔬菜批发部	2	1	50.0	兰州市 安宁区
280	***蔬菜批发部	2	1	50.0	兰州市 安宁区
281	***菜市场	2	2	100.0	兰州市 西固区
282	***菜市场	2	1	50.0	兰州市 西固区
283	***菜市场	2	1	50.0	兰州市 西固区
284	***粮油店	2	1	50.0	兰州市 榆中县
285	***商行	2	1	50.0	兰州市 榆中县
286	***蔬菜店	2	2	100.0	兰州市 七里河区
287	***蔬菜零售铺	2	1	50.0	兰州市 七里河区
288	***有限公司	2	1	50.0	兰州市 红古区

续表

	采样点	样品总数	超标数量	超标率（%）	行政区域
289	***有限公司	2	1	50.0	兰州市 城关区
290	***餐饮店	2	1	50.0	兰州市 永登县
291	***蔬菜店	2	2	100.0	兰州市 榆中县
292	***蔬菜零售店	1	1	100.0	兰州市 七里河区
293	***超市	1	1	100.0	兰州市 城关区
294	***配送中心	1	1	100.0	兰州市 七里河区
295	***蔬菜店	1	1	100.0	白银市 白银区
296	***果蔬店	1	1	100.0	兰州市 红古区
297	***菜市场	1	1	100.0	兰州市 西固区
298	***早市	1	1	100.0	兰州市 西固区
299	***早市	1	1	100.0	兰州市 西固区
300	***经营部	1	1	100.0	兰州市 红古区
301	***果蔬店	1	1	100.0	兰州市 红古区
302	***超市	1	1	100.0	兰州市 红古区
303	***经营部	1	1	100.0	兰州市 红古区
304	***水果店	1	1	100.0	兰州市 榆中县
305	***生活超市	1	1	100.0	兰州市 西固区
306	***蔬菜摊位	1	1	100.0	兰州市 安宁区
307	***蔬菜店	1	1	100.0	兰州市 安宁区
308	***有限公司	1	1	100.0	兰州市 安宁区
309	***菜市场	1	1	100.0	兰州市 安宁区
310	***有限公司	1	1	100.0	兰州市 城关区
311	***菜市场	1	1	100.0	兰州市 西固区
312	***市场	1	1	100.0	兰州市 西固区
313	***经销部	1	1	100.0	兰州市 榆中县
314	***农庄	1	1	100.0	兰州市 皋兰县
315	***早市	1	1	100.0	兰州市 西固区
316	***肉菜批发部	1	1	100.0	兰州市 七里河区
317	***蔬菜店	1	1	100.0	兰州市 红古区
318	***蔬菜店	1	1	100.0	兰州市 七里河区
319	***麻辣烫店	1	1	100.0	兰州市 安宁区
320	***烧烤麻辣烫店	1	1	100.0	兰州市 安宁区
321	***水果蔬菜批发零售部	1	1	100.0	兰州市 红古区
322	***副食店	1	1	100.0	兰州市 榆中县

续表

	采样点	样品总数	超标数量	超标率（%）	行政区域
323	***有限责任公司	1	1	100.0	兰州市 城关区
324	***餐厅	1	1	100.0	兰州市 永登县
325	***蔬菜店	1	1	100.0	兰州市 皋兰县
326	***蔬菜店	1	1	100.0	兰州市 七里河区
327	***果蔬柜台	1	1	100.0	兰州市 七里河区
328	***经销部	1	1	100.0	兰州市 红古区
329	***餐饮部	1	1	100.0	兰州市 永登县
330	***果蔬店	1	1	100.0	兰州市 七里河区
331	***水果店	1	1	100.0	兰州市 七里河区
332	***便利店	1	1	100.0	兰州市 七里河区
333	***蔬果店	1	1	100.0	兰州市 七里河区
334	***生鲜	1	1	100.0	兰州市 七里河区
335	***蔬菜水果店	1	1	100.0	兰州市 七里河区
336	***水果蔬菜店	1	1	100.0	兰州市 城关区
337	***菜市场	1	1	100.0	兰州市 城关区
338	***菜市场	1	1	100.0	兰州市 城关区
339	***水果好栗子	1	1	100.0	兰州市 七里河区
340	***菜市场	1	1	100.0	兰州市 城关区
341	***水果店	1	1	100.0	兰州市 七里河区
342	***蔬菜店	1	1	100.0	兰州市 七里河区
343	***果蔬店	1	1	100.0	兰州市 榆中县
344	***蔬菜批发部	1	1	100.0	兰州市 七里河区
345	***蔬菜瓜果经营部	1	1	100.0	兰州市 红古区
346	***批发市场	1	1	100.0	兰州市 城关区
347	***批发市场	1	1	100.0	兰州市 城关区
348	***饭店	1	1	100.0	兰州市 城关区
349	***水果店	1	1	100.0	兰州市 七里河区
350	***蔬菜店	1	1	100.0	兰州市 七里河区
351	***蔬菜摊位	1	1	100.0	白银市 白银区
352	***蔬菜摊位	1	1	100.0	白银市 白银区
353	***水果	1	1	100.0	白银市 白银区
354	***蔬菜	1	1	100.0	白银市 白银区
355	***蔬菜店	1	1	100.0	白银市 白银区
356	***流动商贩	1	1	100.0	白银市 白银区

续表

	采样点	样品总数	超标数量	超标率（%）	行政区域
357	***水果店	1	1	100.0	兰州市 西固区
358	***超市	1	1	100.0	兰州市 七里河区
359	***有限公司	1	1	100.0	兰州市 七里河区
360	***网	1	1	100.0	兰州市 城关区
361	***网	1	1	100.0	兰州市 城关区
362	***网	1	1	100.0	兰州市 城关区
363	***网	1	1	100.0	兰州市 城关区
364	***网	1	1	100.0	兰州市 城关区
365	***网	1	1	100.0	兰州市 城关区
366	***网	1	1	100.0	兰州市 城关区
367	***网	1	1	100.0	兰州市 城关区

5.2.3.3 按 MRL 日本标准衡量

按 MRL 日本标准衡量，有 338 个采样点的样品存在不同程度的超标农药检出，如表 5-12 所示。

表 5-12 超过 MRL 日本标准水果蔬菜在不同采样点分布

	采样点	样品总数	超标数量	超标率（%）	行政区域
1	***市场	19	3	15.8	定西市 安定区
2	***市场	19	3	15.8	定西市 安定区
3	***超市	19	4	21.1	定西市 安定区
4	***批发市场	19	7	36.8	张掖市 甘州区
5	***批发市场	19	8	42.1	张掖市 甘州区
6	***市场	19	7	36.8	张掖市 甘州区
7	***市场	19	1	5.3	武威市 凉州区
8	***菜市场	19	3	15.8	武威市 凉州区
9	***市场	19	3	15.8	武威市 凉州区
10	***市场	19	3	15.8	武威市 凉州区
11	***市场	19	2	10.5	武威市 凉州区
12	***超市	19	7	36.8	定西市 安定区
13	***超市	19	7	36.8	定西市 安定区
14	***市场	19	6	31.6	定西市 安定区
15	***超市	19	6	31.6	定西市 安定区

续表

	采样点	样品总数	超标数量	超标率（%）	行政区域
16	***超市	19	3	15.8	定西市 安定区
17	***超市	19	3	15.8	定西市 安定区
18	***超市	19	2	10.5	定西市 安定区
19	***超市	19	9	47.4	白银市 白银区
20	***超市	18	5	27.8	白银市 白银区
21	***批发市场	18	8	44.4	张掖市 甘州区
22	***便民市场	18	7	38.9	张掖市 甘州区
23	***便民市场	18	9	50.0	张掖市 甘州区
24	***市场	18	9	50.0	张掖市 甘州区
25	***合作社	15	2	13.3	武威市 凉州区
26	***合作社	15	1	6.7	武威市 凉州区
27	***市场	15	5	33.3	张掖市 甘州区
28	***市场	15	1	6.7	武威市 凉州区
29	***超市	15	1	6.7	武威市 凉州区
30	***蔬菜便民店	15	1	6.7	武威市 凉州区
31	***批发市场	15	7	46.7	张掖市 甘州区
32	***批发市场	14	7	50.0	张掖市 甘州区
33	***超市	13	4	30.8	兰州市 永登县
34	***有限公司	13	4	30.8	兰州市 永登县
35	***有限公司	13	4	30.8	兰州市 永登县
36	***有限责任公司	13	3	23.1	兰州市 永登县
37	***超市	11	2	18.2	兰州市 永登县
38	***超市	11	6	54.5	兰州市 永登县
39	***超市	11	3	27.3	兰州市 城关区
40	***生活超市	11	7	63.6	兰州市 城关区
41	***有限公司	10	3	30.0	兰州市 红古区
42	***超市	10	3	30.0	兰州市 红古区
43	***有限公司	10	6	60.0	兰州市 红古区
44	***超市	9	2	22.2	兰州市 皋兰县
45	***超市	9	3	33.3	兰州市 城关区
46	***销售部	9	2	22.2	兰州市 皋兰县
47	***配送中心	8	6	75.0	兰州市 西固区
48	***超市	8	6	75.0	兰州市 红古区
49	***超市	8	1	12.5	兰州市 安宁区

续表

	采样点	样品总数	超标数量	超标率（%）	行政区域
50	***超市	8	2	25.0	兰州市 安宁区
51	***超市	8	1	12.5	兰州市 榆中县
52	***蔬菜	8	3	37.5	白银市 白银区
53	***有限责任公司	8	5	62.5	兰州市 城关区
54	***餐饮店	8	2	25.0	兰州市 永登县
55	***销售部	8	2	25.0	兰州市 皋兰县
56	***果蔬店	8	3	37.5	兰州市 七里河区
57	***有限公司	8	2	25.0	兰州市 皋兰县
58	***超市	8	2	25.0	兰州市 榆中县
59	***超市	7	2	28.6	兰州市 红古区
60	***超市	7	3	42.9	兰州市 西固区
61	***超市	7	2	28.6	兰州市 城关区
62	***超市	7	2	28.6	兰州市 城关区
63	***餐饮店	7	4	57.1	兰州市 永登县
64	***果蔬鲜	7	1	14.3	兰州市 七里河区
65	***蔬菜店	7	2	28.6	兰州市 榆中县
66	***生鲜超市	7	1	14.3	兰州市 七里河区
67	***有限公司	7	3	42.9	兰州市 红古区
68	***超市	7	6	85.7	兰州市 城关区
69	***超市	7	2	28.6	兰州市 红古区
70	***超市	7	2	28.6	兰州市 皋兰县
71	***便利店	7	1	14.3	兰州市 七里河区
72	***蔬菜调味品店	7	3	42.9	兰州市 七里河区
73	***超市	7	2	28.6	兰州市 七里河区
74	***便民交易点	7	2	28.6	兰州市 七里河区
75	***菜市场	7	2	28.6	兰州市 城关区
76	***蔬菜	7	1	14.3	白银市 白银区
77	***水果蔬菜店	7	2	28.6	兰州市 皋兰县
78	***超市	6	2	33.3	兰州市 红古区
79	***蔬菜店	6	1	16.7	白银市 白银区
80	***有限公司	6	2	33.3	兰州市 榆中县
81	***肉食调味门市部	6	2	33.3	兰州市 皋兰县
82	***蔬菜瓜果批发部	6	1	16.7	兰州市 榆中县
83	***酒店	6	4	66.7	兰州市 永登县

续表

	采样点	样品总数	超标数量	超标率（%）	行政区域
84	***配料店	6	1	16.7	兰州市 永登县
85	***火锅店	6	1	16.7	兰州市 永登县
86	***商行	6	1	16.7	兰州市 榆中县
87	***蔬菜调料店	6	2	33.3	兰州市 皋兰县
88	***餐饮店	6	2	33.3	兰州市 永登县
89	***蔬菜部	6	1	16.7	兰州市 皋兰县
90	***菜市场	6	3	50.0	兰州市 七里河区
91	***蔬菜	6	1	16.7	白银市 白银区
92	***蔬菜摊位	6	1	16.7	白银市 白银区
93	***蔬菜摊位	6	1	16.7	白银市 白银区
94	***蔬菜摊位	6	3	50.0	白银市 白银区
95	***超市	6	1	16.7	兰州市 西固区
96	***蔬菜批发部	5	3	60.0	兰州市 红古区
97	***超市	5	2	40.0	兰州市 城关区
98	***商行	5	3	60.0	兰州市 榆中县
99	***有限公司	5	2	40.0	兰州市 城关区
100	***果蔬店	5	2	40.0	兰州市 榆中县
101	***生鲜超市	5	4	80.0	兰州市 城关区
102	***餐饮店	5	2	40.0	兰州市 永登县
103	***火锅村	5	2	40.0	兰州市 永登县
104	***有限公司	5	1	20.0	兰州市 皋兰县
105	***超市	5	3	60.0	兰州市 城关区
106	***超市	5	2	40.0	兰州市 城关区
107	***小吃店	5	3	60.0	兰州市 永登县
108	***串串香	5	2	40.0	兰州市 永登县
109	***便利商店	5	2	40.0	兰州市 榆中县
110	***水果店	5	2	40.0	兰州市 七里河区
111	***配送中心	5	1	20.0	兰州市 皋兰县
112	***蔬菜店	5	1	20.0	兰州市 榆中县
113	***蔬菜调味部	5	3	60.0	兰州市 榆中县
114	***经营部	5	2	40.0	兰州市 红古区
115	***果蔬店	5	2	40.0	兰州市 七里河区
116	***果蔬超市	5	2	40.0	兰州市 七里河区
117	***果蔬店	5	1	20.0	兰州市 七里河区

续表

	采样点	样品总数	超标数量	超标率（%）	行政区域
118	***水果店	5	3	60.0	兰州市 七里河区
119	***蔬菜铺	5	1	20.0	白银市 白银区
120	***菜市场	5	2	40.0	兰州市 西固区
121	***超市	4	2	50.0	兰州市 城关区
122	***水果店	4	2	50.0	武威市 凉州区
123	***菜市场	4	1	25.0	兰州市 西固区
124	***蔬菜部	4	1	25.0	兰州市 西固区
125	***菜市场	4	1	25.0	兰州市 西固区
126	***菜市场	4	1	25.0	兰州市 西固区
127	***水果干果店	4	1	25.0	兰州市 西固区
128	***有限公司	4	3	75.0	兰州市 榆中县
129	***超市	4	1	25.0	兰州市 城关区
130	***有限责任公司	4	1	25.0	兰州市 七里河区
131	***水果蔬菜店	4	2	50.0	兰州市 榆中县
132	***有限公司	4	3	75.0	兰州市 七里河区
133	***蔬菜部	4	2	50.0	兰州市 皋兰县
134	***果蔬店	4	1	25.0	兰州市 榆中县
135	***有限责任公司	4	1	25.0	兰州市 皋兰县
136	***配送部	4	1	25.0	兰州市 红古区
137	***有限公司	4	1	25.0	兰州市 城关区
138	***超市	4	1	25.0	兰州市 城关区
139	***火锅店	4	2	50.0	兰州市 永登县
140	***餐饮店	4	2	50.0	兰州市 永登县
141	***有限公司	4	1	25.0	兰州市 西固区
142	***经销店	4	3	75.0	兰州市 红古区
143	***蔬菜店	4	1	25.0	兰州市 榆中县
144	***火锅店	4	3	75.0	兰州市 永登县
145	***火锅店	4	2	50.0	兰州市 永登县
146	***火锅店	4	2	50.0	兰州市 永登县
147	***蔬菜店	4	2	50.0	兰州市 榆中县
148	***有限公司	4	1	25.0	兰州市 榆中县
149	***火锅店	4	2	50.0	兰州市 永登县
150	***餐饮店	4	1	25.0	兰州市 永登县
151	***有限公司	4	1	25.0	兰州市 城关区

续表

	采样点	样品总数	超标数量	超标率（%）	行政区域
152	***餐饮店	4	2	50.0	兰州市 永登县
153	***便利店	4	2	50.0	兰州市 皋兰县
154	***生活超市	4	2	50.0	兰州市 城关区
155	***蔬菜店	4	1	25.0	兰州市 七里河区
156	***生鲜超市	4	2	50.0	兰州市 榆中县
157	***蔬果店	4	3	75.0	兰州市 七里河区
158	***水果店	4	2	50.0	兰州市 七里河区
159	***副食商店	4	1	25.0	兰州市 七里河区
160	***市场	4	1	25.0	张掖市 甘州区
161	***蔬菜	4	1	25.0	白银市 白银区
162	***蔬菜	4	2	50.0	白银市 白银区
163	***水果摊位	4	1	25.0	白银市 白银区
164	***果亭	4	1	25.0	白银市 白银区
165	***蔬菜	4	2	50.0	白银市 白银区
166	***水果	4	2	50.0	白银市 白银区
167	***水果副食店	4	2	50.0	武威市 凉州区
168	***干鲜水果	4	1	25.0	武威市 凉州区
169	***干鲜水果店	4	1	25.0	武威市 凉州区
170	***菜市场	4	1	25.0	兰州市 西固区
171	***蔬菜店	3	3	100.0	兰州市 红古区
172	***菜店	3	1	33.3	白银市 白银区
173	***菜市场	3	1	33.3	兰州市 西固区
174	***菜市场	3	1	33.3	兰州市 西固区
175	***超市	3	2	66.7	兰州市 安宁区
176	***经营部	3	1	33.3	兰州市 七里河区
177	***超市	3	1	33.3	兰州市 城关区
178	***水产部	3	1	33.3	兰州市 榆中县
179	***菜市场	3	3	100.0	兰州市 西固区
180	***早市	3	2	66.7	兰州市 西固区
181	***有限责任公司	3	1	33.3	兰州市 城关区
182	***配送部	3	1	33.3	兰州市 红古区
183	***直销店	3	2	66.7	兰州市 红古区
184	***水果店	3	1	33.3	兰州市 榆中县
185	***超市	3	1	33.3	兰州市 城关区

续表

	采样点	样品总数	超标数量	超标率（%）	行政区域
186	***经营部	3	1	33.3	兰州市 安宁区
187	***超市	3	2	66.7	兰州市 城关区
188	***经营部	3	3	100.0	兰州市 安宁区
189	***水果店	3	2	66.7	兰州市 安宁区
190	***蔬菜批发部	3	1	33.3	兰州市 榆中县
191	***配送部	3	1	33.3	兰州市 七里河区
192	***市场	3	1	33.3	兰州市 西固区
193	***蔬菜店	3	3	100.0	兰州市 七里河区
194	***蔬菜零售店	3	1	33.3	兰州市 七里河区
195	***蔬菜配送店	3	2	66.7	兰州市 七里河区
196	***餐饮店	3	1	33.3	兰州市 永登县
197	***蔬菜水果店	3	1	33.3	兰州市 七里河区
198	***蔬菜水果店	3	1	33.3	兰州市 七里河区
199	***直销店	3	1	33.3	兰州市 城关区
200	***蔬菜水果豆腐店	3	1	33.3	兰州市 城关区
201	***超市	3	1	33.3	兰州市 城关区
202	***菜市场	3	1	33.3	兰州市 城关区
203	***果蔬店	3	1	33.3	兰州市 城关区
204	***蔬菜店	3	2	66.7	兰州市 七里河区
205	***蔬菜店	3	1	33.3	兰州市 七里河区
206	***蔬菜店	3	1	33.3	兰州市 七里河区
207	***蔬菜店	3	1	33.3	兰州市 城关区
208	***果蔬店	3	2	66.7	兰州市 城关区
209	***果蔬店	3	2	66.7	兰州市 城关区
210	***直销店	3	2	66.7	兰州市 七里河区
211	***果蔬屋	3	1	33.3	兰州市 七里河区
212	***有限责任公司	3	2	66.7	兰州市 城关区
213	***蔬菜铺	3	2	66.7	兰州市 红古区
214	***蔬菜水果店	3	2	66.7	兰州市 红古区
215	***水果摊位	3	1	33.3	白银市 白银区
216	***蔬菜	3	1	33.3	白银市 白银区
217	***蔬菜	3	2	66.7	白银市 白银区
218	***蔬菜	3	2	66.7	白银市 白银区
219	***酒店	3	1	33.3	兰州市 城关区

续表

	采样点	样品总数	超标数量	超标率（%）	行政区域
220	***果蔬鲜	2	2	100.0	兰州市 城关区
221	***水果蔬菜店	2	1	50.0	兰州市 七里河区
222	***果蔬批发超市	2	2	100.0	兰州市 榆中县
223	***蔬菜水果干果店	2	1	50.0	兰州市 红古区
224	***蔬菜店	2	1	50.0	兰州市 七里河区
225	***批发市场	2	1	50.0	兰州市 城关区
226	***蔬菜部	2	2	100.0	兰州市 皋兰县
227	***瓜果店	2	1	50.0	兰州市 七里河区
228	***蔬菜摊位	2	2	100.0	白银市 白银区
229	***蔬菜摊位	2	1	50.0	白银市 白银区
230	***果蔬	2	1	50.0	白银市 白银区
231	***蔬菜	2	1	50.0	白银市 白银区
232	***菜店	2	1	50.0	白银市 白银区
233	***蔬菜	2	2	100.0	白银市 白银区
234	***蔬菜店	2	1	50.0	兰州市 红古区
235	***批发中心	2	2	100.0	兰州市 红古区
236	***超市	2	1	50.0	兰州市 西固区
237	***水果店	2	2	100.0	兰州市 西固区
238	***有限公司	2	1	50.0	兰州市 西固区
239	***市场	2	2	100.0	兰州市 西固区
240	***馋嘴猪	2	1	50.0	兰州市 安宁区
241	***超市	2	1	50.0	兰州市 城关区
242	***菜市场	2	2	100.0	兰州市 西固区
243	***菜市场	2	2	100.0	兰州市 西固区
244	***菜市场	2	1	50.0	兰州市 西固区
245	***直销店	2	1	50.0	兰州市 榆中县
246	***商行	2	1	50.0	兰州市 榆中县
247	***销售店	2	1	50.0	兰州市 红古区
248	***早市	2	1	50.0	兰州市 西固区
249	***早市	2	2	100.0	兰州市 西固区
250	***蔬菜配送店	2	2	100.0	兰州市 红古区
251	***蔬菜店	2	2	100.0	兰州市 红古区
252	***水果蔬菜店	2	1	50.0	兰州市 红古区
253	***经营部	2	1	50.0	兰州市 红古区

续表

	采样点	样品总数	超标数量	超标率（%）	行政区域
254	***便利店	2	2	100.0	兰州市 安宁区
255	***农家乐	2	2	100.0	兰州市 皋兰县
256	***蔬菜店	2	1	50.0	兰州市 榆中县
257	***蔬菜批发部	2	2	100.0	兰州市 安宁区
258	***蔬菜批发部	2	1	50.0	兰州市 安宁区
259	***菜市场	2	1	50.0	兰州市 西固区
260	***菜市场	2	1	50.0	兰州市 西固区
261	***菜市场	2	1	50.0	兰州市 西固区
262	***商行	2	1	50.0	兰州市 榆中县
263	***蔬菜店	2	2	100.0	兰州市 七里河区
264	***果蔬店	2	1	50.0	兰州市 七里河区
265	***蔬菜零售铺	2	1	50.0	兰州市 七里河区
266	***有限公司	2	1	50.0	兰州市 红古区
267	***有限公司	2	1	50.0	兰州市 城关区
268	***餐饮店	2	1	50.0	兰州市 永登县
269	***蔬菜店	2	1	50.0	兰州市 榆中县
270	***蔬果店	2	1	50.0	兰州市 七里河区
271	***蔬菜零售店	1	1	100.0	兰州市 七里河区
272	***超市	1	1	100.0	兰州市 城关区
273	***配送中心	1	1	100.0	兰州市 七里河区
274	***菜市场	1	1	100.0	兰州市 西固区
275	***菜市场	1	1	100.0	兰州市 西固区
276	***早市	1	1	100.0	兰州市 西固区
277	***早市	1	1	100.0	兰州市 西固区
278	***菜市场	1	1	100.0	兰州市 西固区
279	***经营部	1	1	100.0	兰州市 红古区
280	***果蔬店	1	1	100.0	兰州市 红古区
281	***经营部	1	1	100.0	兰州市 红古区
282	***超市	1	1	100.0	兰州市 红古区
283	***经营部	1	1	100.0	兰州市 红古区
284	***有限公司	1	1	100.0	兰州市 安宁区
285	***菜市场	1	1	100.0	兰州市 安宁区
286	***有限公司	1	1	100.0	兰州市 安宁区
287	***有限公司	1	1	100.0	兰州市 城关区

续表

	采样点	样品总数	超标数量	超标率（%）	行政区域
288	***菜市场	1	1	100.0	兰州市 西固区
289	***市场	1	1	100.0	兰州市 西固区
290	***蔬菜摊位	1	1	100.0	兰州市 西固区
291	***经销部	1	1	100.0	兰州市 榆中县
292	***农庄	1	1	100.0	兰州市 皋兰县
293	***早市	1	1	100.0	兰州市 西固区
294	***蔬菜水果店	1	1	100.0	兰州市 七里河区
295	***肉菜批发部	1	1	100.0	兰州市 七里河区
296	***蔬菜店	1	1	100.0	兰州市 七里河区
297	***蔬菜店	1	1	100.0	兰州市 红古区
298	***蔬菜店	1	1	100.0	兰州市 七里河区
299	***烧烤麻辣烫店	1	1	100.0	兰州市 安宁区
300	***商场	1	1	100.0	兰州市 红古区
301	***蔬菜店	1	1	100.0	兰州市 红古区
302	***副食店	1	1	100.0	兰州市 榆中县
303	***有限责任公司	1	1	100.0	兰州市 城关区
304	***餐厅	1	1	100.0	兰州市 永登县
305	***蔬菜店	1	1	100.0	兰州市 皋兰县
306	***蔬菜店	1	1	100.0	兰州市 七里河区
307	***果蔬柜台	1	1	100.0	兰州市 七里河区
308	***经销部	1	1	100.0	兰州市 红古区
309	***果蔬店	1	1	100.0	兰州市 七里河区
310	***生鲜	1	1	100.0	兰州市 七里河区
311	***蔬菜水果店	1	1	100.0	兰州市 七里河区
312	***水果店	1	1	100.0	兰州市 七里河区
313	***蔬菜店	1	1	100.0	兰州市 七里河区
314	***市场	1	1	100.0	兰州市 榆中县
315	***果蔬店	1	1	100.0	兰州市 榆中县
316	***蔬菜批发部	1	1	100.0	兰州市 七里河区
317	***蔬菜瓜果经营部	1	1	100.0	兰州市 红古区
318	***批发市场	1	1	100.0	兰州市 城关区
319	***批发市场	1	1	100.0	兰州市 城关区
320	***饭店	1	1	100.0	兰州市 城关区
321	***有限公司	1	1	100.0	兰州市 城关区

续表

	采样点	样品总数	超标数量	超标率（%）	行政区域
322	***有限公司	1	1	100.0	兰州市 城关区
323	***蔬菜摊位	1	1	100.0	白银市 白银区
324	***蔬菜摊位	1	1	100.0	白银市 白银区
325	***水果	1	1	100.0	白银市 白银区
326	***便民菜店	1	1	100.0	白银市 白银区
327	***蔬菜	1	1	100.0	白银市 白银区
328	***蔬菜	1	1	100.0	白银市 白银区
329	***蔬菜店	1	1	100.0	白银市 白银区
330	***水果店	1	1	100.0	兰州市 西固区
331	***超市	1	1	100.0	兰州市 七里河区
332	***有限公司	1	1	100.0	兰州市 七里河区
333	***网	1	1	100.0	兰州市 城关区
334	***网	1	1	100.0	兰州市 城关区
335	***网	1	1	100.0	兰州市 城关区
336	***网	1	1	100.0	兰州市 城关区
337	***网	1	1	100.0	兰州市 城关区
338	***网	1	1	100.0	兰州市 城关区

5.2.3.4 按 MRL 中国香港标准衡量

按 MRL 中国香港标准衡量，有 62 个采样点的样品存在不同程度的超标农药检出，如表 5-13 所示。

表 5-13 超过 MRL 中国香港标准水果蔬菜在不同采样点分布

	采样点	样品总数	超标数量	超标率（%）	行政区域
1	***批发市场	19	1	5.3	张掖市 甘州区
2	***批发市场	19	1	5.3	张掖市 甘州区
3	***超市	19	1	5.3	定西市 安定区
4	***超市	19	1	5.3	定西市 安定区
5	***超市	19	1	5.3	白银市 白银区
6	***批发市场	18	1	5.6	张掖市 甘州区
7	***便民市场	18	1	5.6	张掖市 甘州区
8	***便民市场	18	1	5.6	张掖市 甘州区
9	***市场	18	1	5.6	张掖市 甘州区

续表

	采样点	样品总数	超标数量	超标率（%）	行政区域
10	***市场	15	1	6.7	张掖市 甘州区
11	***批发市场	15	1	6.7	张掖市 甘州区
12	***超市	13	1	7.7	兰州市 永登县
13	***有限公司	13	1	7.7	兰州市 永登县
14	***有限公司	13	2	15.4	兰州市 永登县
15	***超市	11	1	9.1	兰州市 永登县
16	***有限公司	10	2	20.0	兰州市 红古区
17	***超市	9	1	11.1	兰州市 城关区
18	***超市	8	1	12.5	兰州市 红古区
19	***有限责任公司	8	1	12.5	兰州市 城关区
20	***销售部	8	2	25.0	兰州市 皋兰县
21	***果蔬店	8	1	12.5	兰州市 七里河区
22	***有限公司	7	2	28.6	兰州市 红古区
23	***蔬菜调料店	6	1	16.7	兰州市 皋兰县
24	***蔬菜摊位	6	1	16.7	白银市 白银区
25	***蔬菜直销	6	1	16.7	白银市 白银区
26	***蔬菜摊位	5	1	20.0	白银市 白银区
27	***果蔬店	5	1	20.0	兰州市 榆中县
28	***超市	5	1	20.0	兰州市 城关区
29	***蔬菜调味部	5	1	20.0	兰州市 榆中县
30	***菜市场	4	1	25.0	兰州市 西固区
31	***有限公司	4	1	25.0	兰州市 榆中县
32	***超市	4	2	50.0	兰州市 城关区
33	***水果蔬菜店	4	1	25.0	兰州市 榆中县
34	***有限责任公司	4	1	25.0	兰州市 皋兰县
35	***火锅店	4	1	25.0	兰州市 永登县
36	***餐饮店	4	1	25.0	兰州市 永登县
37	***经销店	4	1	25.0	兰州市 红古区
38	***火锅店	4	1	25.0	兰州市 永登县
39	***菜市场	4	1	25.0	兰州市 西固区
40	***菜市场	3	1	33.3	兰州市 西固区
41	***菜市场	3	1	33.3	兰州市 西固区
42	***超市	3	1	33.3	兰州市 安宁区
43	***有限责任公司	3	1	33.3	兰州市 城关区

续表

	采样点	样品总数	超标数量	超标率（%）	行政区域
44	***蔬菜店	3	1	33.3	兰州市 红古区
45	***蔬菜配送店	3	1	33.3	兰州市 七里河区
46	***有限责任公司	3	1	33.3	兰州市 城关区
47	***水果店	2	1	50.0	兰州市 西固区
48	***市场	2	1	50.0	兰州市 西固区
49	***菜市场	2	1	50.0	兰州市 西固区
50	***超市	2	1	50.0	兰州市 城关区
51	***便利店	2	2	100.0	兰州市 安宁区
52	***菜市场	2	1	50.0	兰州市 西固区
53	***粮油店	2	1	50.0	兰州市 榆中县
54	***有限公司	2	1	50.0	兰州市 红古区
55	***鲜果店	2	1	50.0	兰州市 七里河区
56	***早市	1	1	100.0	兰州市 西固区
57	***早市	1	1	100.0	兰州市 西固区
58	***蔬菜店	1	1	100.0	兰州市 皋兰县
59	***经销部	1	1	100.0	兰州市 红古区
60	***水果店	1	1	100.0	兰州市 七里河区
61	***饭店	1	1	100.0	兰州市 城关区
62	***有限公司	1	1	100.0	兰州市 七里河区

5.2.3.5 按 MRL 美国标准衡量

按 MRL 美国标准衡量，有 35 个采样点的样品存在不同程度的超标农药检出，如表 5-14 所示。

表 5-14 超过 MRL 美国标准水果蔬菜在不同采样点分布

	采样点	样品总数	超标数量	超标率（%）	行政区域
1	***市场	19	1	5.3	定西市 安定区
2	***超市	19	2	10.5	白银市 白银区
3	***市场	18	1	5.6	张掖市 甘州区
4	***有限公司	13	1	7.7	兰州市 永登县
5	***超市	11	1	9.1	兰州市 永登县
6	***有限公司	10	2	20.0	兰州市 红古区
7	***超市	9	1	11.1	兰州市 城关区

续表

	采样点	样品总数	超标数量	超标率（%）	行政区域
8	***有限公司	8	1	12.5	兰州市 皋兰县
9	***有限公司	7	1	14.3	兰州市 红古区
10	***火锅店	6	1	16.7	兰州市 永登县
11	***蔬菜调料店	6	1	16.7	兰州市 皋兰县
12	***蔬菜摊位	6	1	16.7	白银市 白银区
13	***配送中心	5	1	20.0	兰州市 皋兰县
14	***水果店	4	1	25.0	武威市 凉州区
15	***菜市场	4	1	25.0	兰州市 西固区
16	***超市	4	1	25.0	兰州市 城关区
17	***有限责任公司	4	1	25.0	兰州市 皋兰县
18	***经销店	4	1	25.0	兰州市 红古区
19	***火锅店	4	1	25.0	兰州市 永登县
20	***生鲜超市	4	1	25.0	兰州市 榆中县
21	***蔬果店	4	1	25.0	兰州市 七里河区
22	***批发市场	4	1	25.0	张掖市 甘州区
23	***菜市场	4	1	25.0	兰州市 西固区
24	***菜市场	3	1	33.3	兰州市 西固区
25	***有限责任公司	3	1	33.3	兰州市 城关区
26	***蔬菜店	3	1	33.3	兰州市 红古区
27	***水果店	3	1	33.3	兰州市 七里河区
28	***超市	3	1	33.3	兰州市 城关区
29	***蔬菜	3	1	33.3	白银市 白银区
30	***菜市场	2	1	50.0	兰州市 西固区
31	***便利店	2	1	50.0	兰州市 安宁区
32	***鲜果店	2	1	50.0	兰州市 七里河区
33	***水果	1	1	100.0	白银市 白银区
34	***流动商贩	1	1	100.0	白银市 白银区
35	***网	1	1	100.0	兰州市 城关区

5.2.3.6 按 MRL CAC 标准衡量

按 MRL CAC 标准衡量，有 36 个采样点的样品存在不同程度的超标农药检出，如表 5-15 所示。

表 5-15 超过 MRL CAC 标准水果蔬菜在不同采样点分布

	采样点	样品总数	超标数量	超标率（%）	行政区域
1	***超市	19	2	10.5	定西市 安定区
2	***超市	19	1	5.3	白银市 白银区
3	***批发市场	18	1	5.6	张掖市 甘州区
4	***便民市场	18	1	5.6	张掖市 甘州区
5	***便民市场	18	1	5.6	张掖市 甘州区
6	***市场	18	1	5.6	张掖市 甘州区
7	***批发市场	15	1	6.7	张掖市 甘州区
8	***有限公司	13	1	7.7	兰州市 永登县
9	***有限公司	13	2	15.4	兰州市 永登县
10	***超市	11	1	9.1	兰州市 永登县
11	***餐饮店	7	1	14.3	兰州市 永登县
12	***蔬菜调料店	6	1	16.7	兰州市 皋兰县
13	***蔬菜摊位	6	1	16.7	白银市 白银区
14	***蔬菜直销	6	1	16.7	白银市 白银区
15	***果蔬店	5	1	20.0	兰州市 榆中县
16	***菜市场	4	1	25.0	兰州市 西固区
17	***有限公司	4	1	25.0	兰州市 榆中县
18	***超市	4	1	25.0	兰州市 城关区
19	***水果蔬菜店	4	1	25.0	兰州市 榆中县
20	***有限责任公司	4	1	25.0	兰州市 皋兰县
21	***生鲜超市	4	1	25.0	兰州市 榆中县
22	***菜市场	4	1	25.0	兰州市 西固区
23	***菜市场	3	1	33.3	兰州市 西固区
24	***菜市场	3	1	33.3	兰州市 西固区
25	***超市	3	1	33.3	兰州市 安宁区
26	***有限责任公司	3	1	33.3	兰州市 城关区
27	***蔬菜店	3	1	33.3	兰州市 红古区
28	***水果店	2	1	50.0	兰州市 西固区
29	***市场	2	1	50.0	兰州市 西固区
30	***超市	2	1	50.0	兰州市 城关区
31	***便利店	2	1	50.0	兰州市 安宁区
32	***粮油店	2	1	50.0	兰州市 榆中县
33	***有限公司	2	1	50.0	兰州市 红古区
34	***早市	1	1	100.0	兰州市 西固区
35	***蔬菜店	1	1	100.0	兰州市 皋兰县
36	***有限公司	1	1	100.0	兰州市 七里河区

5.3 水果中农药残留分布

5.3.1 检出农药品种和频次排前 5 的水果

本次残留侦测的水果共 5 种，包括葡萄、苹果、桃、草莓和梨。

根据检出农药品种及频次进行排名，将各项排名前 5 位的水果样品检出情况列表说明，详见表 5-16。

表 5-16 检出农药品种和频次排名前 5 的水果

检出农药品种排名前 5（品种）	①葡萄（71），②草莓（60），③桃（52），④梨（37），⑤苹果（31）
检出农药频次排名前 5（频次）	①草莓（758），②葡萄（718），③桃（552），④梨（296），⑤苹果（202）
检出禁用、高毒及剧毒农药品种排名前 5（品种）	①草莓（5），②梨（4），③桃（4），④葡萄（3），⑤苹果（2）
检出禁用、高毒及剧毒农药频次排名前 5（频次）	①桃（18），②葡萄（8），③草莓（7），④梨（7），⑤苹果（5）

5.3.2 超标农药品种和频次排前 5 的水果

鉴于欧盟和日本的 MRL 标准制定比较全面且覆盖率较高，我们参照 MRL 中国国家标准、欧盟标准和日本标准衡量水果样品中农残检出情况，将超标农药品种及频次排名前 5 的水果列表说明，详见表 5-17。

表 5-17 超标农药品种和频次排名前 5 的水果

超标农药品种排名前 5（农药品种数）	MRL 中国国家标准	①草莓（4），②梨（1），③葡萄（1），④桃（1）
	MRL 欧盟标准	①草莓（19），②葡萄（16），③桃（13），④梨（9），⑤苹果（5）
	MRL 日本标准	①葡萄（13），②草莓（12），③桃（10），④梨（3），⑤苹果（2）
超标农药频次排名前 5（农药频次数）	MRL 中国国家标准	①草莓（12），②葡萄（2），③梨（1），④桃（1）
	MRL 欧盟标准	①草莓（80），②葡萄（41），③桃（33），④梨（14），⑤苹果（12）
	MRL 日本标准	①草莓（51），②葡萄（38），③桃（38），④苹果（7），⑤梨（5）

通过对各品种水果样本总数及检出率进行综合分析发现，草莓、桃和葡萄的残留污染最为严重，在此，我们参照 MRL 中国国家标准、欧盟标准和日本标准对这 3 种水果的农残检出情况进行进一步分析。

5.3.3 农药残留检出率较高的水果样品分析

5.3.3.1 草莓

这次共检测 150 例草莓样品，147 例样品中检出了农药残留，检出率为 98.0%，检出农药共计 60 种。其中吡唑醚菌酯、乙螨唑、多菌灵、联苯肼酯和啶虫脒检出频次较高，分别检出了 80、48、46、45 和 41 次。草莓中农药检出品种和频次见图 5-18，超标农药见表 5-18 和图 5-19。

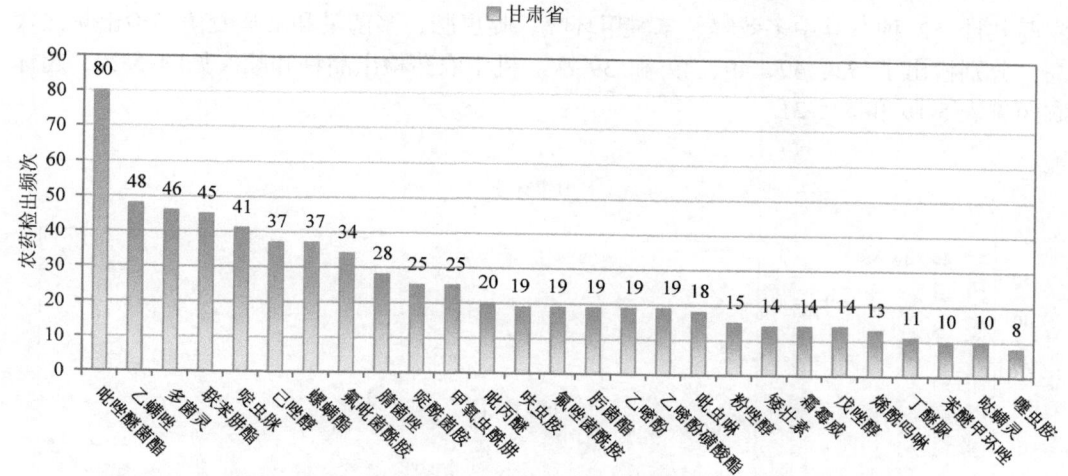

图 5-18 草莓样品检出农药品种和频次分析（仅列出 8 频次及以上的数据）

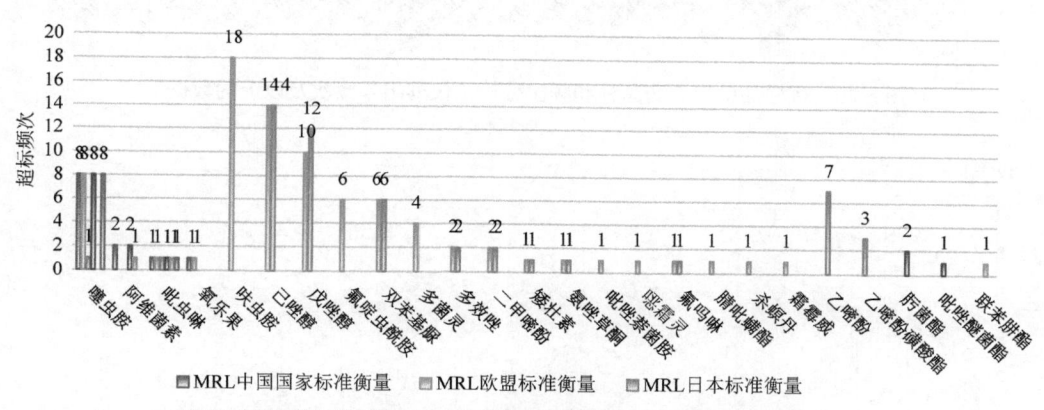

图 5-19 草莓样品中超标农药分析

表 5-18 草莓中农药残留超标情况明细表

样品总数	检出农药样品数	样品检出率（%）	检出农药品种总数
150	147	98	60

	超标农药品种	超标农药频次	按照 MRL 中国国家标准、欧盟标准和日本标准衡量超标农药名称及频次
中国国家标准	4	12	噻虫胺（8），阿维菌素（2），吡虫啉（1），氧乐果（1）
欧盟标准	19	80	呋虫胺（18），己唑醇（14），戊唑醇（10），噻虫胺（8），氟啶虫酰胺（6），双苯基脲（6），多菌灵（4），多效唑（2），二甲嘧酚（2），矮壮素（1），氨唑草酮（1），吡虫啉（1），吡唑萘菌胺（1），噁霜灵（1），氟吗啉（1），腈吡螨酯（1），杀螟丹（1），霜霉威（1），氧乐果（1）
日本标准	12	51	己唑醇（14），戊唑醇（12），乙嘧酚（7），双苯基脲（6），乙嘧酚磺酸酯（3），多效唑（2），二甲嘧酚（2），矮壮素（1），氨唑草酮（1），吡虫啉（1），氟吗啉（1），噻虫胺（1）

5.3.3.2 桃

这次共检测 100 例桃样品，97 例样品中检出了农药残留，检出率为 97.0%，检出农药共计 52 种。其中多效唑、苯醚甲环唑、啶虫脒、多菌灵和吡唑醚菌酯检出频次较高，分别检出了 52、49、49、49 和 39 次。桃中农药检出品种和频次见图 5-20，超标农药见表 5-19 和图 5-21。

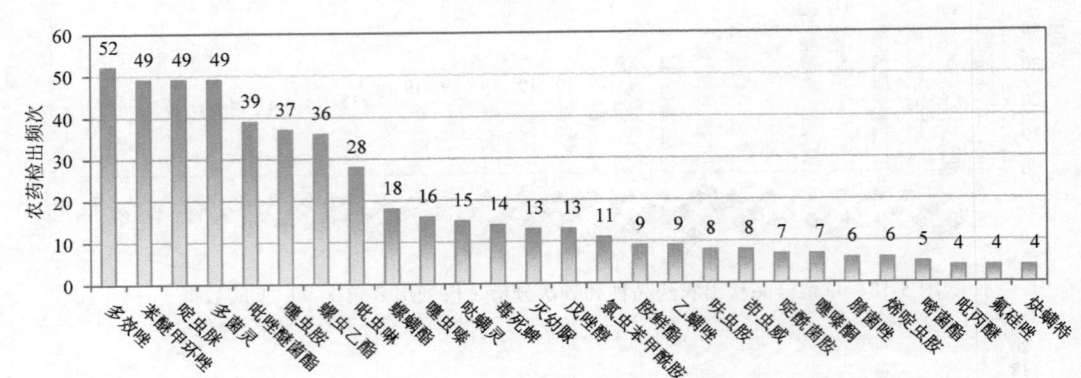

图 5-20 桃样品检出农药品种和频次分析（仅列出 4 频次及以上的数据）

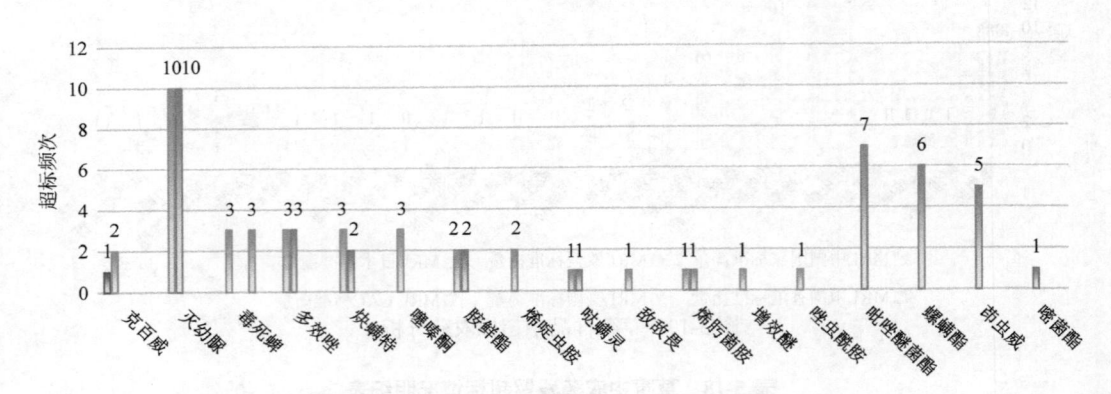

图 5-21 桃样品中超标农药分析

表 5-19 桃中农药残留超标情况明细表

样品总数		检出农药样品数	样品检出率（%）	检出农药品种总数
100		97	97	52
	超标农药品种	超标农药频次	按照 MRL 中国国家标准、欧盟标准和日本标准衡量超标农药名称及频次	
中国国家标准	1	1	克百威（1）	

续表

样品总数 100			检出农药样品数 97	样品检出率（%） 97	检出农药品种总数 52
	超标农药品种	超标农药频次	按照 MRL 中国国家标准、欧盟标准和日本标准衡量超标农药名称及频次		
欧盟标准	13	33	灭幼脲（10）、毒死蜱（3）、多效唑（3）、炔螨特（3）、噻嗪酮（3）、胺鲜酯（2）、克百威（2）、烯啶虫胺（2）、哒螨灵（1）、敌敌畏（1）、烯肟菌胺（1）、增效醚（1）、唑虫酰胺（1）		
日本标准	10	38	灭幼脲（10）、吡唑醚菌酯（7）、螺螨酯（6）、茚虫威（5）、多效唑（3）、胺鲜酯（2）、炔螨特（2）、哒螨灵（1）、嘧菌酯（1）、烯肟菌胺（1）		

5.3.3.3 葡萄

这次共检测 100 例葡萄样品，96 例样品中检出了农药残留，检出率为 96.0%，检出农药共计 71 种。其中吡唑醚菌酯、苯醚甲环唑、氟唑菌酰胺、啶酰菌胺和氟吡菌酰胺检出频次较高，分别检出了 61、47、41、39 和 38 次。葡萄中农药检出品种和频次见图 5-22，超标农药见表 5-20 和图 5-23。

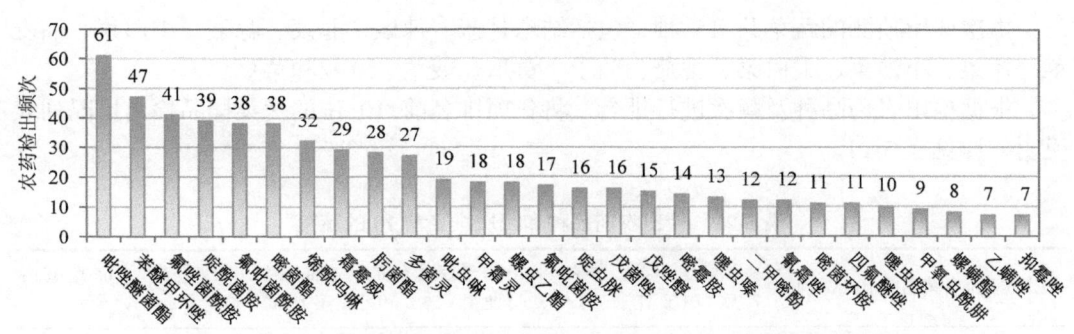

图 5-22 葡萄样品检出农药品种和频次分析（仅列出 7 频次及以上的数据）

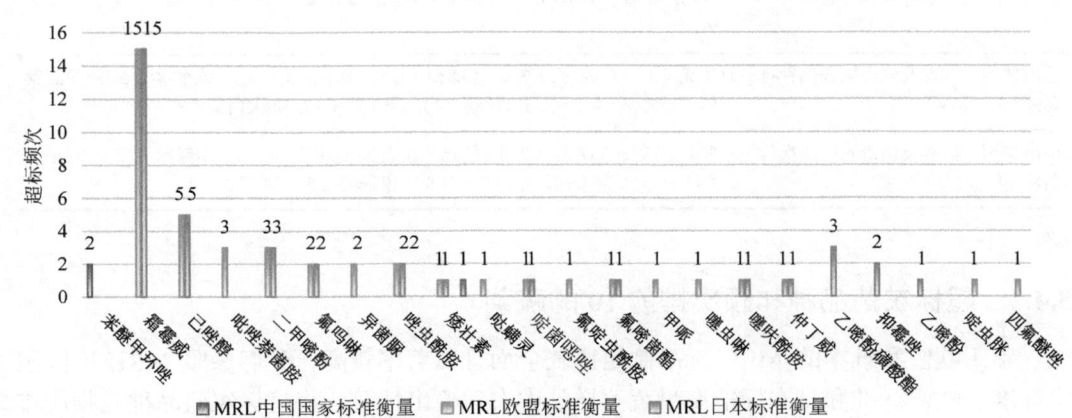

图 5-23 葡萄样品中超标农药分析

表 5-20 葡萄中农药残留超标情况明细表

样品总数 100			检出农药样品数 96	样品检出率（%） 96	检出农药品种总数 71
	超标农药品种	超标农药频次	按照 MRL 中国国家标准、欧盟标准和日本标准衡量超标农药名称及频次		
中国国家标准	1	2	苯醚甲环唑（2）		
欧盟标准	16	41	霜霉威（15），己唑醇（5），吡唑萘菌胺（3），二甲嘧酚（3），氟吗啉（2），异菌脲（2），唑虫酰胺（2），矮壮素（1），哒螨灵（1），啶菌噁唑（1），氟啶虫酰胺（1），氟嘧菌酯（1），甲哌（1），噻虫啉（1），噻呋酰胺（1），仲丁威（1）		
日本标准	13	38	霜霉威（15），己唑醇（5），二甲嘧酚（3），乙嘧酚磺酸酯（3），氟吗啉（2），抑霉唑（2），唑虫酰胺（2），矮壮素（1），啶菌噁唑（1），氟嘧菌酯（1），噻呋酰胺（1），乙嘧酚（1），仲丁威（1）		

5.4 蔬菜中农药残留分布

5.4.1 检出农药品种和频次排前 10 的蔬菜

本次残留侦测的蔬菜共 15 种，包括结球甘蓝、辣椒、韭菜、蒜薹、小白菜、油麦菜、芹菜、小油菜、大白菜、番茄、茄子、黄瓜、菠菜、豇豆和菜豆。

根据检出农药品种及频次进行排名，将各项排名前 10 位的蔬菜样品检出情况列表说明，详见表 5-21。

表 5-21 检出农药品种和频次排名前 10 的蔬菜

检出农药品种排名前 10（品种）	①豇豆（84），②辣椒（70），③芹菜（68），④油麦菜（68），⑤黄瓜（65），⑥菜豆（61），⑦茄子（57），⑧韭菜（56），⑨小油菜（48），⑩菠菜（47）
检出农药频次排名前 10（频次）	①油麦菜（1099），②辣椒（793），③黄瓜（778），④豇豆（659），⑤韭菜（599），⑥茄子（565），⑦小油菜（531），⑧芹菜（526），⑨蒜薹（474），⑩菜豆（361）
检出禁用、高毒及剧毒农药品种排名前 10（品种）	①豇豆（9），②茄子（7），③辣椒（6），④小油菜（6），⑤韭菜（5），⑥菠菜（4），⑦菜豆（4），⑧结球甘蓝（4），⑨芹菜（3），⑩大白菜（2）
检出禁用、高毒及剧毒农药频次排名前 10（频次）	①韭菜（48），②豇豆（25），③茄子（21），④芹菜（21），⑤辣椒（12），⑥小油菜（11），⑦菠菜（9），⑧油麦菜（8），⑨蒜薹（5），⑩菜豆（4）

5.4.2 超标农药品种和频次排前 10 的蔬菜

鉴于欧盟和日本的 MRL 标准制定比较全面且覆盖率较高，我们参照 MRL 中国国家标准、欧盟标准和日本标准衡量蔬菜样品中农残检出情况，将超标农药品种及频次排名前 10 的蔬菜列表说明，详见表 5-22。

表 5-22　超标农药品种和频次排名前 10 的蔬菜

超标农药品种排名前 10（农药品种数）	MRL 中国国家标准	①豇豆（8），②茄子（5），③韭菜（4），④菜豆（3），⑤辣椒（3），⑥芹菜（3），⑦菠菜（2），⑧黄瓜（2），⑨结球甘蓝（2），⑩小白菜（2）
	MRL 欧盟标准	①豇豆（38），②芹菜（30），③菜豆（28），④辣椒（27），⑤油麦菜（25），⑥小油菜（24），⑦蒜薹（23），⑧菠菜（22），⑨韭菜（20），⑩茄子（20）
	MRL 日本标准	①豇豆（65），②菜豆（47），③韭菜（20），④小油菜（19），⑤菠菜（17），⑥芹菜（17），⑦蒜薹（15），⑧辣椒（13），⑨油麦菜（13），⑩黄瓜（8）
超标农药频次排名前 10（农药频次数）	MRL 中国国家标准	①韭菜（29），②豇豆（14），③茄子（9），④菜豆（8），⑤辣椒（8），⑥芹菜（5），⑦油麦菜（5），⑧小白菜（4），⑨菠菜（3），⑩黄瓜（3）
	MRL 欧盟标准	①油麦菜（247），②小油菜（122），③蒜薹（110），④辣椒（103），⑤芹菜（93），⑥韭菜（88），⑦豇豆（85），⑧茄子（70），⑨黄瓜（63），⑩小白菜（59）
	MRL 日本标准	①豇豆（258），②菜豆（166），③油麦菜（147），④韭菜（143），⑤小油菜（85），⑥辣椒（40），⑦菠菜（38），⑧芹菜（38），⑨蒜薹（37），⑩茄子（32）

通过对各品种蔬菜样本总数及检出率进行综合分析发现，豇豆、小油菜和油麦菜的残留污染最为严重，在此，我们参照 MRL 中国国家标准、欧盟标准和日本标准对这 3 种蔬菜的农残检出情况进行进一步分析。

5.4.3　农药残留检出率较高的蔬菜样品分析

5.4.3.1　豇豆

这次共检测 100 例豇豆样品，99 例样品中检出了农药残留，检出率为 99.0%，检出农药共计 84 种。其中灭蝇胺、烯酰吗啉、啶虫脒、苯醚甲环唑和多菌灵检出频次较高，分别检出了 61、48、47、42 和 37 次。豇豆中农药检出品种和频次见图 5-24，超标农药见表 5-23 和图 5-25。

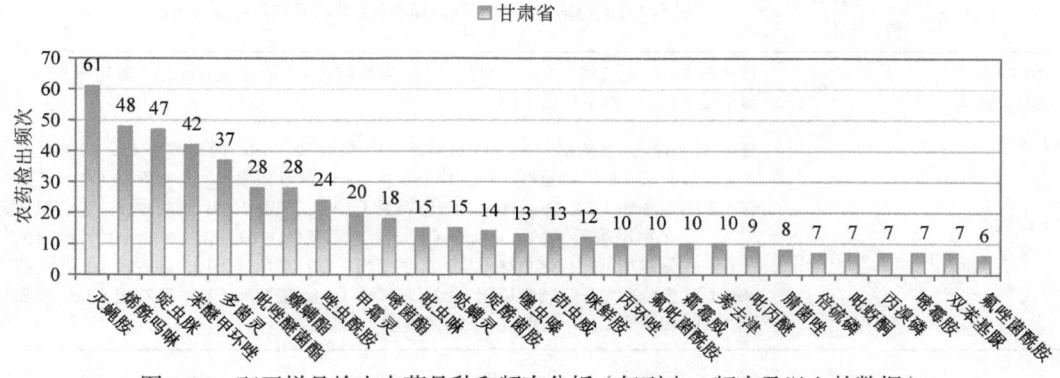

图 5-24　豇豆样品检出农药品种和频次分析（仅列出 6 频次及以上的数据）

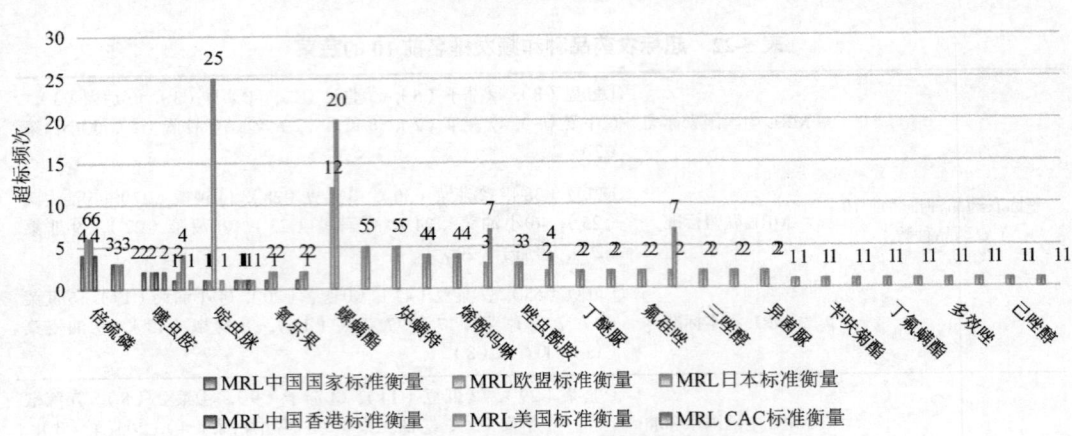

图 5-25-1 豇豆样品中超标农药分析

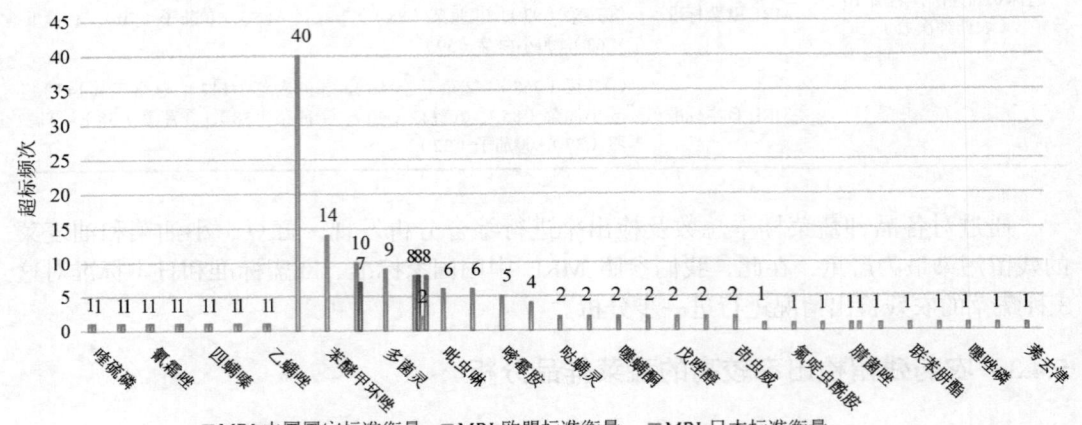

图 5-25-2 豇豆样品中超标农药分析

表 5-23 豇豆中农药残留超标情况明细表

样品总数	检出农药样品数	样品检出率（%）	检出农药品种总数
100	99	99	84

	超标农药品种	超标农药频次	按照 MRL 中国国家标准、欧盟标准和日本标准衡量超标农药名称及频次
中国国家标准	8	14	倍硫磷（4），克百威（3），噻虫胺（2），阿维菌素（1），啶虫脒（1），毒死蜱（1），氧乐果（1），乙酰甲胺磷（1）
欧盟标准	38	85	螺螨酯（12），倍硫磷（6），呋虫胺（5），炔螨特（5），丙环唑（4），烯酰吗啉（4），克百威（3），咪鲜胺（3），唑虫酰胺（3），阿维菌素（2），吡丙醚（2），丁醚脲（2），粉唑醇（2），氟硅唑（2），甲霜灵（2），三唑醇（2），烯啶虫胺（2），氧乐果（2），乙酰甲胺磷（2），异菌脲（2），吡唑萘菌胺（1），苄呋菊酯（1），除虫脲（1），丁氟螨酯（1），啶虫脒（1），啶氧菌酯（1），毒死蜱（1），多效唑（1），二嗪磷（1），己唑醇（1），腈吡螨酯（1），喹硫磷（1），醚菌酯（1），氰霜唑（1），噻嗪酮（1），四螨嗪（1），乙虫腈（1），乙螨唑（1）

续表

样品总数		检出农药样品数	样品检出率（%）	检出农药品种总数
100		99	99	84
	超标农药品种	超标农药频次	按照 MRL 中国国家标准、欧盟标准和日本标准衡量超标农药名称及频次	
日本标准	65	258	灭蝇胺（40），啶虫脒（25），螺螨酯（20），苯醚甲环唑（14），吡唑醚菌酯（10），多菌灵（9），噻虫嗪（8），甲霜灵（7），咪鲜胺（7），倍硫磷（6），吡虫啉（6），嘧菌酯（6），呋虫胺（5），嘧霉胺（5），炔螨特（5），阿维菌素（4），吡丙醚（4），吡蚜酮（4），丙环唑（4），烯酰吗啉（4），克百威（3），唑虫酰胺（3），哒螨灵（2），丁醚脲（2），啶酰菌胺（2），粉唑醇（2），氟硅唑（2），噻虫胺（2），噻螨酮（2），三唑醇（2），肟菌酯（2），戊唑醇（2），烯啶虫胺（2），氧乐果（2），乙酰甲胺磷（2），乙氧喹啉（2），异菌脲（2），茚虫威（2），吡唑萘菌胺（1），苄呋菊酯（1），除虫脲（1），丁氟螨酯（1），啶氧菌酯（1），毒死蜱（1），多效唑（1），二嗪磷（1），氟吡菌酰胺（1），氟虫酰胺（1），氟唑菌酰胺（1），己唑醇（1），腈吡螨酯（1），腈菌唑（1），抗蚜威（1），喹硫磷（1），联苯肼酯（1），醚菌酯（1），氰霜唑（1），噻虫啉（1），噻嗪酮（1），噻唑磷（1），霜霉威（1），四螨嗪（1），乙虫腈（1），乙螨唑（1），莠去津（1）

5.4.3.2 小油菜

这次共检测 100 例小油菜样品，99 例样品中检出了农药残留，检出率为 99.0%，检出农药共计 48 种。其中烯酰吗啉、啶虫脒、苯醚甲环唑、霜霉威和吡唑醚菌酯检出频次较高，分别检出了 70、59、36、35 和 26 次。小油菜中农药检出品种和频次见图 5-26，超标农药见表 5-24 和图 5-27。

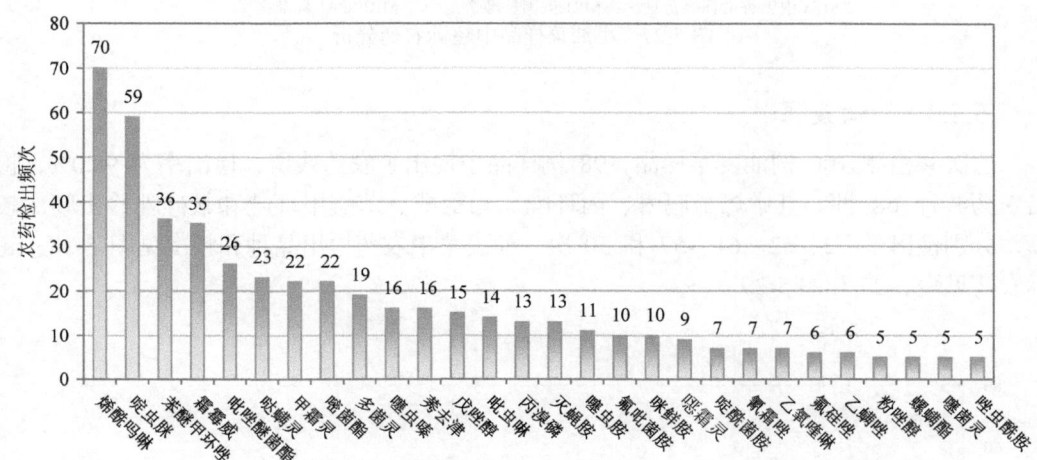

图 5-26 小油菜样品检出农药品种和频次分析（仅列出 5 频次及以上的数据）

表 5-24 小油菜中农药残留超标情况明细表

样品总数		检出农药样品数	样品检出率（%）	检出农药品种总数
100		99	99	48
	超标农药品种	超标农药频次	按照 MRL 中国国家标准、欧盟标准和日本标准衡量超标农药名称及频次	
中国国家标准	2	3	毒死蜱（2），甲拌磷（1）	

续表

样品总数 100		检出农药样品数 99	样品检出率（%） 99	检出农药品种总数 48
	超标农药品种	超标农药频次	按照 MRL 中国国家标准、欧盟标准和日本标准衡量超标农药名称及频次	
欧盟标准	24	122	啶虫脒（42），哒螨灵（22），氰霜唑（7），丙溴磷（6），戊唑醇（6），噁霜灵（5），粉唑醇（5），氟硅唑（4），灭蝇胺（4），丙环唑（2），毒死蜱（2），氟吗啉（2），甲霜灵（2），炔螨特（2），唑虫酰胺（2），吡丙醚（1），丁酮威（1），多菌灵（1），氟啶脲（1），甲拌磷（1），甲哌（1），咪鲜胺（1），三唑磷（1），溴氰虫酰胺（1）	
日本标准	19	85	哒螨灵（22），吡唑醚菌酯（15），苯醚甲环唑（7），戊唑醇（7），丙溴磷（6），粉唑醇（5），乙氧喹啉（5），氟硅唑（4），氟吗啉（2），炔螨特（2），唑虫酰胺（2），丙环唑（1），丁酮威（1），氟啶脲（1），甲哌（1），咪鲜胺（1），三唑磷（1），溴氰虫酰胺（1），茚虫威（1）	

图 5-27 小油菜样品中超标农药分析

5.4.3.3 油麦菜

这次共检测 100 例油麦菜样品，98 例样品中检出了农药残留，检出率为 98.0%，检出农药共计 68 种。其中烯酰吗啉、丙环唑、霜霉威、苯醚甲环唑和氟硅唑检出频次较高，分别检出了 72、62、61、57 和 50 次。油麦菜中农药检出品种和频次见图 5-28，超标农药见表 5-25 和图 5-29。

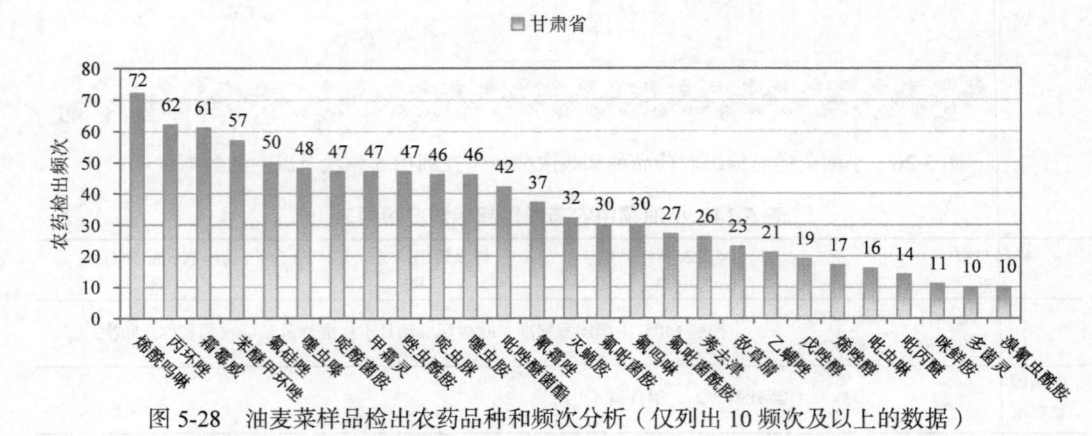

图 5-28 油麦菜样品检出农药品种和频次分析（仅列出 10 频次及以上的数据）

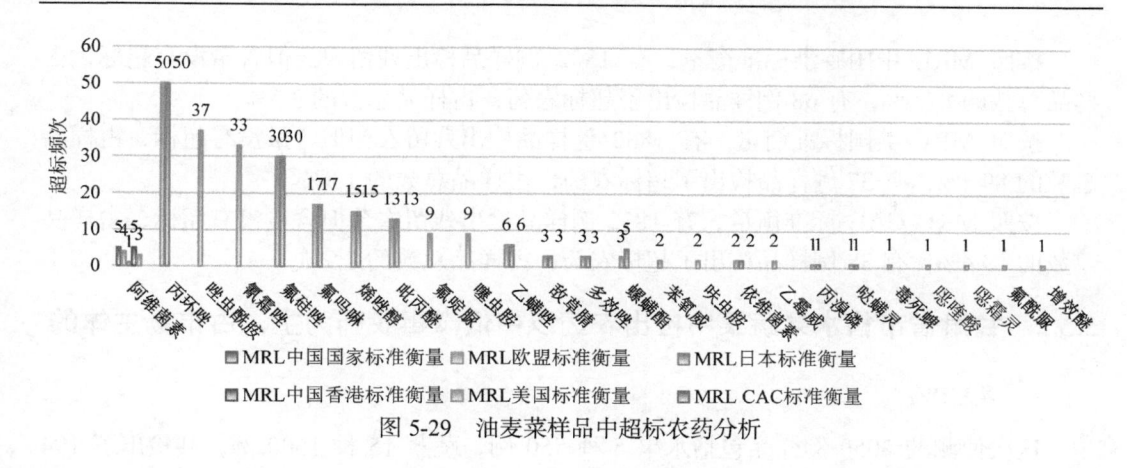

图 5-29 油麦菜样品中超标农药分析

表 5-25 油麦菜中农药残留超标情况明细表

样品总数	检出农药样品数	样品检出率（%）	检出农药品种总数
100	98	98	68

	超标农药品种	超标农药频次	按照 MRL 中国国家标准、欧盟标准和日本标准衡量超标农药名称及频次
中国国家标准	1	5	阿维菌素（5）
欧盟标准	25	247	丙环唑（50），唑虫酰胺（37），氰霜唑（33），氟硅唑（30），氟吗啉（17），烯唑醇（15），吡丙醚（13），氟啶脲（9），噻虫胺（9），乙螨唑（6），阿维菌素（4），敌草腈（3），多效唑（3），螺螨酯（3），苯氧威（2），呋虫胺（2），依维菌素（2），乙霉威（2），丙溴磷（1），哒螨灵（1），毒死蜱（1），噁喹酸（1），噁霜灵（1），氟酰脲（1），增效醚（1）
日本标准	13	147	丙环唑（50），氟硅唑（30），氟吗啉（17），烯唑醇（15），吡丙醚（13），乙螨唑（6），螺螨酯（5），敌草腈（3），多效唑（3），依维菌素（2），阿维菌素（1），丙溴磷（1），哒螨灵（1）

5.5 初步结论

5.5.1 甘肃省市售水果蔬菜按国际主要 MRL 标准衡量的合格率

本次侦测的 2050 例样品中，180 例样品未检出任何残留农药，占样品总量的 8.8%，1870 例样品检出不同水平、不同种类的残留农药，占样品总量的 91.2%。在这 1870 例检出农药残留的样品中。

按照 MRL 中国国家标准衡量，有 1771 例样品检出残留农药但含量没有超标，占样品总数的 86.4%，有 99 例样品检出了超标农药，占样品总数的 4.8%。

按照 MRL 欧盟标准衡量，有 1103 例样品检出残留农药但含量没有超标，占样品总数的 53.8%，有 767 例样品检出了超标农药，占样品总数的 37.4%。

按照 MRL 日本标准衡量，有 1220 例样品检出残留农药但含量没有超标，占样品总数的 59.5%，有 650 例样品检出了超标农药，占样品总数的 31.7%。

按照 MRL 中国香港标准衡量，有 1802 例样品检出残留农药但含量没有超标，占样品总数的 87.9%，有 68 例样品检出了超标农药，占样品总数的 3.3%。

按照 MRL 美国标准衡量，有 1833 例样品检出残留农药但含量没有超标，占样品总数的 89.4%，有 37 例样品检出了超标农药，占样品总数的 1.8%。

按照 MRL CAC 标准衡量，有 1832 例样品检出残留农药但含量没有超标，占样品总数的 89.4%，有 38 例样品检出了超标农药，占样品总数的 1.9%。

5.5.2 甘肃省市售水果蔬菜中检出农药以中低微毒农药为主，占市场主体的 89.2%

这次侦测的 2050 例样品包括水果 5 种 550 例，蔬菜 15 种 1500 例，共检出了 194 种农药，检出农药的毒性以中低微毒为主，详见表 5-26。

表 5-26 市场主体农药毒性分布

毒性	检出品种	占比（%）	检出频次	占比（%）
剧毒农药	1	0.5	25	0.2
高毒农药	20	10.3	112	1.1
中毒农药	64	33.0	4048	39.4
低毒农药	70	36.1	3685	35.9
微毒农药	39	20.1	2407	23.4

中低微毒农药，品种占比 89.2%，频次占比 98.6%

5.5.3 检出剧毒、高毒和禁用农药现象应该警醒

在此次侦测的 2050 例样品中的 183 例样品检出了 23 种 221 频次的剧毒和高毒或禁用农药，占样品总量的 8.9%。其中剧毒农药甲拌磷以及高毒农药阿维菌素、克百威和水胺硫磷检出频次较高。

按 MRL 中国国家标准衡量，剧毒农药甲拌磷，检出 25 次，超标 19 次；高毒农药阿维菌素，检出 19 次，超标 9 次；克百威，检出 17 次，超标 8 次；水胺硫磷，检出 16 次，超标 8 次；按超标程度比较，菜豆中甲拌磷超标 86.3 倍，豇豆中克百威超标 14.9 倍，小油菜中甲拌磷超标 14.5 倍，芹菜中甲拌磷超标 12.6 倍，韭菜中水胺硫磷超标 11.8 倍。

剧毒、高毒或禁用农药的检出情况及按照 MRL 中国国家标准衡量的超标情况见表 5-27。

表 5-27 剧毒、高毒或禁用农药的检出及超标明细

序号	农药名称	样品名称	检出频次	超标频次	最大超标倍数	超标率（%）
1.1	甲拌磷*▲	韭菜	13	13	9.74	100.0
1.2	甲拌磷*▲	芹菜	5	3	12.59	60.0

续表

序号	农药名称	样品名称	检出频次	超标频次	最大超标倍数	超标率（%）
1.3	甲拌磷*▲	葡萄	2	0	0	0.0
1.4	甲拌磷*▲	菜豆	1	1	86.27	100.0
1.5	甲拌磷*▲	小油菜	1	1	14.47	100.0
1.6	甲拌磷*▲	辣椒	1	1	4.42	100.0
1.7	甲拌磷*▲	菠菜	1	0	0	0.0
1.8	甲拌磷*▲	豇豆	1	0	0	0.0
2.1	丁酮威°	小油菜	1	0	0	0.0
2.2	丁酮威°	结球甘蓝	1	0	0	0.0
3.1	三唑磷°▲	小油菜	3	0	0	0.0
3.2	三唑磷°▲	豇豆	3	0	0	0.0
3.3	三唑磷°▲	菜豆	1	1	0.672	100.0
3.4	三唑磷°▲	辣椒	1	0	0	0.0
4.1	伐虫脒°	菜豆	1	0	0	0.0
5.1	克百威°▲	豇豆	4	3	14.87	75.0
5.2	克百威°▲	韭菜	4	1	3.745	25.0
5.3	克百威°▲	桃	2	1	2.05	50.0
5.4	克百威°▲	芹菜	2	1	1.235	50.0
5.5	克百威°▲	梨	2	1	0.435	50.0
5.6	克百威°▲	结球甘蓝	1	1	0.725	100.0
5.7	克百威°▲	茄子	1	0	0	0.0
5.8	克百威°▲	辣椒	1	0	0	0.0
6.1	敌敌畏°	桃	1	0	0	0.0
6.2	敌敌畏°	韭菜	1	0	0	0.0
7.1	杀线威°	结球甘蓝	1	0	0	0.0
8.1	氧乐果°▲	豇豆	3	1	6.315	33.3
8.2	氧乐果°▲	小油菜	3	0	0	0.0
8.3	氧乐果°▲	草莓	1	1	7.54	100.0
8.4	氧乐果°▲	桃	1	0	0	0.0
8.5	氧乐果°▲	茄子	1	0	0	0.0
9.1	氯唑磷°▲	茄子	8	0	0	0.0
10.1	水胺硫磷°▲	韭菜	16	8	11.816	50.0
11.1	灭害威°	葡萄	1	0	0	0.0
12.1	灭瘟素°	小油菜	1	0	0	0.0
13.1	甲基硫环磷°▲	草莓	1	0	0	0.0

续表

序号	农药名称	样品名称	检出频次	超标频次	最大超标倍数	超标率（%）
14.1	甲胺磷°▲	茄子	2	0	0	0.0
14.2	甲胺磷°▲	豇豆	2	0	0	0.0
15.1	百治磷°	菠菜	3	0	0	0.0
16.1	硫线磷°▲	茄子	1	0	0	0.0
17.1	脱叶磷°	大白菜	1	0	0	0.0
18.1	苯线磷°▲	草莓	1	0	0	0.0
19.1	蚜灭磷°	草莓	1	0	0	0.0
20.1	醚菌酯°	葡萄	5	0	0	0.0
20.2	醚菌酯°	辣椒	3	0	0	0.0
20.3	醚菌酯°	苹果	2	0	0	0.0
20.4	醚菌酯°	豇豆	2	0	0	0.0
20.5	醚菌酯°	黄瓜	2	0	0	0.0
20.6	醚菌酯°	菜豆	1	0	0	0.0
21.1	阿维菌素°	油麦菜	7	5	3.22	71.4
21.2	阿维菌素°	豇豆	4	1	0.65	25.0
21.3	阿维菌素°	草莓	3	2	2.705	66.7
21.4	阿维菌素°	菠菜	3	1	2.782	33.3
21.5	阿维菌素°	梨	1	0	0	0.0
21.6	阿维菌素°	辣椒	1	0	0	0.0
22.1	乙酰甲胺磷▲	豇豆	2	1	0.145	50.0
22.2	乙酰甲胺磷▲	茄子	1	1	2.46	100.0
22.3	乙酰甲胺磷▲	梨	1	0	0	0.0
23.1	毒死蜱▲	韭菜	14	7	4.225	50.0
23.2	毒死蜱▲	芹菜	14	1	0.14	7.1
23.3	毒死蜱▲	桃	14	0	0	0.0
23.4	毒死蜱▲	茄子	7	0	0	0.0
23.5	毒死蜱▲	蒜薹	5	2	0.825	40.0
23.6	毒死蜱▲	辣椒	5	0	0	0.0
23.7	毒死蜱▲	小白菜	4	3	21.055	75.0
23.8	毒死蜱▲	豇豆	4	1	1.935	25.0
23.9	毒死蜱▲	梨	3	0	0	0.0
23.10	毒死蜱▲	苹果	3	0	0	0.0
23.11	毒死蜱▲	小油菜	2	2	8.85	100.0
23.12	毒死蜱▲	菠菜	2	2	6.75	100.0

续表

序号	农药名称	样品名称	检出频次	超标频次	最大超标倍数	超标率（%）
23.13	毒死蜱▲	大白菜	1	0	0	0.0
23.14	毒死蜱▲	油麦菜	1	0	0	0.0
23.15	毒死蜱▲	结球甘蓝	1	0	0	0.0
合计			221	67		30.3

注：超标倍数参照 MRL 中国国家标准衡量
　　*表示剧毒农药；◇表示高毒农药；▲表示禁用农药

这些超标的高剧毒或禁用农药都是中国政府早有规定禁止在水果蔬菜中使用的，为什么还屡次被检出，应该引起警惕。

5.5.4　残留限量标准与先进国家或地区差距较大

10277 频次的检出结果与我国公布的《食品中农药最大残留限量》（GB 2763—2021）对比，有 6355 频次能找到对应的 MRL 中国国家标准，占 61.8%；还有 3922 频次的侦测数据无相关 MRL 标准供参考，占 38.2%。

与国际上现行 MRL 对比发现：

有 10277 频次能找到对应的 MRL 欧盟标准，占 100.0%；

有 10277 频次能找到对应的 MRL 日本标准，占 100.0%；

有 5559 频次能找到对应的 MRL 中国香港标准，占 54.1%；

有 6513 频次能找到对应的 MRL 美国标准，占 63.4%；

有 5071 频次能找到对应的 MRL CAC 标准，占 49.3%。

由上可见，MRL 中国国家标准与先进国家或地区标准还有很大差距，我们无标准，境外有标准，这就会导致我国在国际贸易中，处于受制于人的被动地位。

5.5.5　水果蔬菜单种样品检出 52～84 种农药残留，拷问农药使用的科学性

通过此次监测发现，葡萄、草莓和桃是检出农药品种最多的 3 种水果，豇豆、辣椒和芹菜是检出农药品种最多的 3 种蔬菜，从中检出农药品种及频次详见表 5-28。

表 5-28　单种样品检出农药品种及频次

样品名称	样品总数	检出率（%）	检出农药品种数	检出农药（频次）
豇豆	100	99.0	84	灭蝇胺（61），烯酰吗啉（48），啶虫脒（47），苯醚甲环唑（42），多菌灵（37），吡唑醚菌酯（28），螺螨酯（28），唑虫酰胺（24），甲霜灵（20），嘧菌酯（18），吡虫啉（15），哒螨灵（15），啶酰菌胺（14），噻虫嗪（13），茚虫威（13），咪鲜胺（12），丙环唑（10），氟吡菌酰胺（10），霜霉威（10），莠去津（10），吡丙醚（9），腈菌唑（8），倍硫磷（7），吡蚜酮（7），丙溴磷（7），嘧霉胺（7），双苯基脲（7），氟唑菌酰胺（6），呋虫胺（5），氰霜唑（5），炔螨特（5），噻虫胺（5），肟菌酯（5），莠灭净（5），阿维菌素（4），毒死蜱（4），克百威（4），三唑醇（4），粉唑醇（3），氟硅唑（3），腈吡螨酯（3），螺虫乙酯（3），噻虫啉

续表

样品名称	样品总数	检出率（%）	检出农药品种数	检出农药（频次）
豇豆	100	99.0	84	（3），噻嗪酮（3），三唑磷（3），烯啶虫胺（3），氧乐果（3），丁醚脲（2），多效唑（2），二嗪磷（2），氟吡菌胺（2），氟嘧菌酯（2），甲胺磷（2），醚菌酯（2），灭幼脲（2），噻螨酮（2），噻唑磷（2），三甲苯草酮（2），戊唑醇（2），乙螨唑（2），乙酰甲胺磷（2），乙氧喹啉（2），异菌脲（2），吡唑萘菌胺（1），苄呋菊酯（1），除虫脲（1），丁氟螨酯（1），啶氧菌酯（1），噁霜灵（1），氟啶虫酰胺（1），氟吗啉（1），己唑醇（1），甲拌磷（1），抗蚜威（1），苦参碱（1），喹硫磷（1），联苯肼酯（1），氯虫苯甲酰胺（1），三唑酮（1），双炔酰菌胺（1），四螨嗪（1），烯肟菌胺（1），溴氰虫酰胺（1），乙虫腈（1）
辣椒	100	95.0	70	啶虫脒（60），噻虫嗪（57），噻虫胺（52），烯酰吗啉（41），吡唑醚菌酯（37），螺螨酯（36），吡虫啉（35），苯醚甲环唑（32），螺虫乙酯（32），哒螨灵（24），多菌灵（23），啶酰菌胺（22），乙螨唑（21），呋虫胺（20），氟吡菌酰胺（17），丙溴磷（15），霜霉威（15），吡丙醚（13），嘧菌酯（13），烯啶虫胺（13），联苯肼酯（12），肟菌酯（12），戊唑醇（12），氟啶虫酰胺（11），甲霜灵（11），炔螨特（11），嘧霉胺（10），唑虫酰胺（9），氟唑菌酰胺（8），咪鲜胺（8），四氟醚唑（7），多效唑（6），粉唑醇（6），双苯基脲（6），毒死蜱（5），氟吡菌胺（5），腈菌唑（5），乙霉威（5），异菌脲（5），茚虫威（5），吡蚜酮（4），氯虫苯甲酰胺（4），灭蝇胺（4），噻虫啉（4），三唑醇（4），吡唑萘菌胺（3），敌草腈（3），甲哌（3），醚菌酯（3），己唑醇（2），腈吡螨酯（2），戊菌唑（2），阿维菌素（1），丁醚脲（1），噁霜灵（1），二甲嘧酚（1），伏杀硫磷（1），氟硅唑（1），甲拌磷（1），克百威（1），喹螨醚（1），灭幼脲（1），噻呋酰胺（1），噻嗪酮（1），三唑磷（1），三唑酮（1），烯唑醇（1），乙嘧酚（1），乙嘧酚磺酸酯（1），莠去津（1）
芹菜	100	96.0	68	苯醚甲环唑（51），烯酰吗啉（39），吡唑醚菌酯（37），灭蝇胺（33），噻虫嗪（30），啶虫脒（27），嘧菌酯（21），吡虫啉（20），甲霜灵（19），丙溴磷（17），多菌灵（16），戊唑醇（16），毒死蜱（14），啶酰菌胺（10），呋虫胺（10），莠去津（10），噻虫胺（9），霜霉威（9），二甲戊灵（7），氟吡菌酰胺（7），氯虫苯甲酰胺（7），咪鲜胺（7），嘧霉胺（7），丙环唑（6），扑草净（6），氟吡菌胺（5），氟硅唑（5），氟吗啉（5），甲拌磷（5），肟菌酯（5），螺螨酯（4），马拉硫磷（4），异菌脲（4），哒螨灵（3），氟啶虫酰胺（3），三唑醇（3），特丁津（3），茚虫威（3），吡丙醚（2），苄氯三唑醇（2），噁霜灵（2），氟唑菌酰胺（2），克百威（2），噻菌灵（2），双苯基脲（2），烯唑醇（2），仲丁威（2），苯菌酮（1），稻瘟灵（1），啶氧菌酯（1），多效唑（1），氟佐隆（1），甲哌（1），腈菌唑（1），抗蚜威（1），喹禾灵（1），螺虫乙酯（1），扑灭津（1），氰霜唑（1），炔螨特（1），噻呋酰胺（1），双炔酰菌胺（1），烯草酮（1），辛硫磷（1），溴氰虫酰胺（1），异丙甲草胺（1），仲丁灵（1），唑虫酰胺（1）
葡萄	100	96.0	71	吡唑醚菌酯（61），苯醚甲环唑（47），氟吡菌酰胺（41），啶酰菌胺（39），氟吡菌胺（38），嘧菌酯（38），烯酰吗啉（32），霜霉威（29），肟菌酯（28），多菌灵（27），吡虫啉（19），甲霜灵（18），螺虫乙酯（18），氟吡菌胺（17），啶虫脒（16），戊菌唑（16），戊唑醇（15），嘧霉胺（14），噻虫嗪（13），二甲嘧酚（12），氰霜唑（12），嘧菌环胺（11），四氟醚唑（11），噻虫胺（10），甲氧虫酰肼（9），螺螨酯（8），乙螨唑（7），抑霉唑（7），哒螨灵（6），苯菌酮（5），己唑醇（5），咪鲜胺（5），醚菌酯（5），茚虫威（5），矮壮素（4），吡唑萘菌胺（4），敌草腈（4），氟吗啉（4），缬霉威（4），乙嘧酚磺酸酯（4），吡噻

续表

样品名称	样品总数	检出率（%）	检出农药品种数	检出农药（频次）
葡萄	100	96.0	71	菌胺（3），氯虫苯甲酰胺（3），乙嘧酚（3），唑虫酰胺（3），吡丙醚（2），丙环唑（2），多效唑（2），呋虫胺（2），氟啶虫酰胺（2），氟硅唑（2），甲拌磷（2），腈菌唑（2），噻虫啉（2），异菌脲（2），唑嘧菌胺（2），胺鲜酯（1），啶菌噁唑（1），粉唑醇（1），氟嘧菌酯（1），环氟菌胺（1），甲哌（1），腈苯唑（1），喹螨醚（1），联苯肼酯（1），氯吡脲（1），灭害威（1），噻呋酰胺（1），噻嗪酮（1），双苯基脲（1），溴氰虫酰胺（1），仲丁威（1）
草莓	150	98.0	60	吡唑醚菌酯（80），乙螨唑（48），多菌灵（46），联苯肼酯（45），啶虫脒（41），己唑醇（37），螺螨酯（37），氟吡菌酰胺（34），腈菌唑（28），啶酰菌胺（25），甲氧虫酰肼（25），吡丙醚（20），呋虫胺（19），氟唑菌酰胺（19），肟菌酯（19），乙嘧酚（19），乙嘧酚磺酸酯（19），吡虫啉（18），粉唑醇（15），矮壮素（14），霜霉威（14），戊唑醇（14），烯酰吗啉（13），丁醚脲（11），苯醚甲环唑（10），哒螨灵（10），噻虫胺（8），多效唑（7），氟啶虫酰胺（7），敌百虫（6），双苯基脲（6），腈吡螨酯（4），阿维菌素（3），二甲嘧酚（3），螺虫乙酯（3），咪鲜胺（3），嘧菌酯（3），噻虫嗪（2），杀螟丹（2），氨唑草酮（1），苯菌酮（1），苯线磷（1），吡唑萘菌胺（1），丁氟螨酯（1），噁霜灵（1），氟吡菌胺（1），氟吗啉（1），氟唑磺隆（1），甲基硫环磷（1），抗蚜威（1），炔螨特（1），噻酮磺隆（1），三唑醇（1），三唑酮（1），双草醚（1），戊菌唑（1），烯效唑（1），蚜灭磷（1），氧乐果（1），异戊烯腺嘌呤（1）
桃	100	97.0	52	多效唑（52），苯醚甲环唑（49），啶虫脒（49），多菌灵（49），吡唑醚菌酯（39），噻虫胺（37），螺虫乙酯（36），吡虫啉（28），螺螨酯（18），噻虫嗪（16），哒螨灵（15），毒死蜱（14），灭幼脲（13），戊唑醇（13），氯虫苯甲酰胺（11），胺鲜酯（9），乙螨唑（9），呋虫胺（8），茚虫威（8），啶酰菌胺（7），噻嗪酮（7），腈菌唑（6），烯啶虫胺（6），嘧菌酯（5），吡丙醚（4），氟硅唑（4），炔螨特（4），氟啶虫酰胺（3），咪鲜胺（3），二甲戊灵（2），粉唑醇（2），克百威（2），联苯肼酯（2），噻虫啉（2），四螨嗪（2），烯酰吗啉（2），丙环唑（1），虫酰肼（1），敌敌畏（1），氟吡菌酰胺（1），氟唑菌酰胺（1），甲氧虫酰肼（1），腈吡螨酯（1），氰霜唑（1），噻唑磷（1），霜霉威（1），戊菌唑（1），烯肟菌胺（1），氧乐果（1），乙嘧酚磺酸酯（1），增效醚（1），唑虫酰胺（1）

上述6种水果蔬菜，检出农药52~84种，是多种农药综合防治，还是未严格实施农业良好管理规范（GAP），抑或根本就是乱施药，值得我们思考。

第6章 LC-Q-TOF/MS 侦测甘肃省市售水果蔬菜农药残留膳食暴露风险与预警风险评估

6.1 农药残留侦测数据分析与统计

庞国芳院士科研团队建立的农药残留高通量侦测技术以高分辨精确质量数（0.0001 m/z 为基准）为识别标准，采用 LC-Q-TOF/MS 技术对 871 种农药化学污染物进行侦测。

科研团队于 2021 年 5 月至 7 月在甘肃省 12 个区县的 518 个采样点，随机采集了 2050 例水果蔬菜样品，采样点分布在餐饮酒店、超市、电商平台、个体商户、公司和农贸市场，各月内水果蔬菜样品采集数量如表 6-1 所示。

表 6-1 甘肃省各月内采集水果蔬菜样品数列表

时间	样品数（例）
2021 年 5 月	569
2021 年 6 月	669
2021 年 7 月	812

利用 LC-Q-TOF/MS 技术对 2050 例样品中的农药进行侦测，共侦测出残留农药 10277 频次。侦测出农药残留水平如表 6-2 和图 6-1 所示。检出频次最高的前 10 种农药如表 6-3 所示。从侦测结果中可以看出，在水果蔬菜中农药残留普遍存在，且有些水果蔬菜存在高浓度的农药残留，这些可能存在膳食暴露风险，对人体健康产生危害，因此，为了定量地评价水果蔬菜中农药残留的风险程度，有必要对其进行风险评价。

表 6-2 侦测出农药的不同残留水平及其所占比例列表

残留水平（μg/kg）	检出频次	占比（%）
1～5（含）	4050	39.4
5～10（含）	1504	14.6
10～100（含）	3583	34.9
100～1000（含）	1085	10.6
>1000	55	0.5

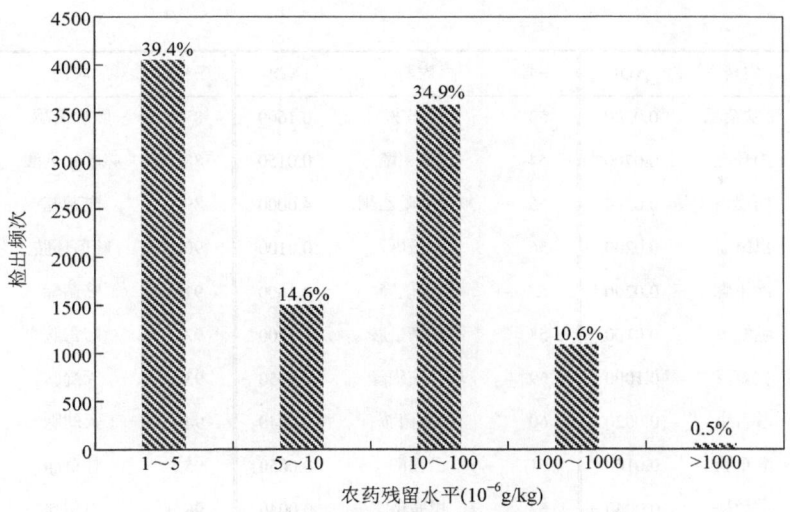

图 6-1 残留农药侦测出浓度频数分布图

表 6-3 检出频次最高的前 10 种农药列表

序号	农药	检出频次
1	烯酰吗啉	718
2	啶虫脒	628
3	吡唑醚菌酯	604
4	苯醚甲环唑	514
5	多菌灵	463
6	噻虫嗪	436
7	霜霉威	429
8	噻虫胺	366
9	啶酰菌胺	336
10	吡虫啉	277

本研究使用 LC-Q-TOF/MS 技术对甘肃省 2050 例样品中的农药侦测中,共侦测出农药 194 种,这些农药的每日允许最大摄入量值(ADI)见表 6-4。为评价甘肃省农药残留的风险,本研究采用两种模型分别评价膳食暴露风险和预警风险,具体的风险评价模型见附录 A。

表 6-4 甘肃省水果蔬菜中侦测出农药的 ADI 值

序号	农药	ADI	序号	农药	ADI	序号	农药	ADI
1	阿维菌素	0.0010	7	苯菌酮	0.3000	13	吡丙醚	0.1000
2	矮壮素	0.0500	8	苯醚甲环唑	0.0100	14	吡虫啉	0.0600
3	氨唑草酮	0.0230	9	苯嗪草酮	0.0300	15	吡噻菌胺	0.1000
4	胺鲜酯	0.0230	10	苯酰菌胺	0.5000	16	吡蚜酮	0.0300
5	倍硫磷	0.0070	11	苯线磷	0.0008	17	吡唑醚菌酯	0.0300
6	苯并烯氟菌唑	0.0500	12	苯氧威	0.0530	18	吡唑萘菌胺	0.0600

续表

序号	农药	ADI	序号	农药	ADI	序号	农药	ADI
19	苄呋菊酯	0.0300	53	氟吗啉	0.1600	87	咪唑菌酮	0.0300
20	丙环唑	0.0700	54	氟嘧菌酯	0.0150	88	咪唑乙烟酸	0.6000
21	丙溴磷	0.0300	55	氟噻唑吡乙酮	4.0000	89	醚菌酯	0.4000
22	虫酰肼	0.0200	56	氟酰脲	0.0100	90	嘧菌环胺	0.0300
23	除虫脲	0.0200	57	氟唑磺隆	0.3600	91	嘧菌酯	0.2000
24	哒螨灵	0.0100	58	氟唑菌酰胺	0.0200	92	嘧霉胺	0.2000
25	稻瘟灵	0.1000	59	环丙嘧磺隆	0.0150	93	灭蝇胺	0.0600
26	敌百虫	0.0020	60	环氟菌胺	0.0440	94	灭幼脲	1.2500
27	敌草腈	0.0100	61	己唑醇	0.0050	95	扑草净	0.0400
28	敌敌畏	0.0040	62	甲胺磷	0.0040	96	氰霜唑	0.2000
29	丁氟螨酯	0.1000	63	甲拌磷	0.0007	97	炔螨特	0.0100
30	丁醚脲	0.0030	64	甲霜灵	0.0800	98	噻虫胺	0.1000
31	啶虫脒	0.0700	65	甲氧虫酰肼	0.1000	99	噻虫啉	0.0100
32	啶菌噁唑	0.1000	66	腈苯唑	0.0300	100	噻虫嗪	0.0800
33	啶酰菌胺	0.0400	67	腈菌唑	0.0300	101	噻呋酰胺	0.0140
34	啶氧菌酯	0.0900	68	抗倒酯	0.3000	102	噻菌灵	0.1000
35	毒死蜱	0.0100	69	抗蚜威	0.0200	103	噻螨酮	0.0300
36	多菌灵	0.0300	70	克百威	0.0010	104	噻霉酮	0.0170
37	多效唑	0.1000	71	苦参碱	0.1000	105	噻嗪酮	0.0090
38	噁草酮	0.0036	72	喹禾灵	0.0090	106	噻酮磺隆	0.2300
39	噁霜灵	0.0100	73	喹硫磷	0.0005	107	噻唑磷	0.0040
40	二甲戊灵	0.1000	74	喹螨醚	0.0500	108	三氟甲吡醚	0.0300
41	二嗪磷	0.0050	75	喹氧灵	0.2000	109	三环唑	0.0400
42	粉唑醇	0.0100	76	联苯吡菌胺	0.0200	110	三甲苯草酮	0.0050
43	呋虫胺	0.2000	77	联苯肼酯	0.0100	111	三唑醇	0.0300
44	伏杀硫磷	0.0200	78	硫线磷	0.0005	112	三唑磷	0.001
45	氟吡甲禾灵	0.0007	79	螺虫乙酯	0.0500	113	三唑酮	0.03
46	氟吡菌胺	0.0800	80	螺螨酯	0.0100	114	杀螟丹	0.1
47	氟吡菌酰胺	0.0100	81	氯吡脲	0.0700	115	杀线威	0.009
48	氟啶虫酰胺	0.0700	82	氯虫苯甲酰胺	2.0000	116	双草醚	0.01
49	氟啶脲	0.0050	83	氯氟吡氧乙酸	1.0000	117	双甲脒	0.01
50	氟硅唑	0.0070	84	氯唑磷	0.0001	118	双炔酰菌胺	0.2
51	氟环唑	0.0200	85	马拉硫磷	0.3000	119	霜霉威	0.4
52	氟菌唑	0.0400	86	咪鲜胺	0.0100	120	水胺硫磷	0.003

续表

序号	农药	ADI	序号	农药	ADI	序号	农药	ADI
121	四氟醚唑	0.004	146	乙嘧酚磺酸酯	0.05	171	咯喹酮	—
122	四螨嗪	0.02	147	乙酰甲胺磷	0.03	172	环虫腈	—
123	特丁津	0.003	148	乙氧喹啉	0.005	173	环氧嘧磺隆	—
124	肟菌酯	0.04	149	异丙甲草胺	0.1	174	磺酰磺隆	—
125	戊菌唑	0.03	150	异菌脲	0.06	175	甲基硫环磷	—
126	戊唑醇	0.03	151	抑霉唑	0.03	176	甲哌	—
127	烯草酮	0.01	152	吲唑磺菌胺	0.1	177	解草酯	—
128	烯啶虫胺	0.53	153	茚虫威	0.01	178	腈吡螨酯	—
129	烯肟菌胺	0.069	154	莠灭净	0.072	179	麦穗宁	—
130	烯酰吗啉	0.2	155	莠去津	0.02	180	嘧菌腙	—
131	烯效唑	0.02	156	增效醚	0.2	181	灭害威	—
132	烯唑醇	0.005	157	种菌唑	0.015	182	灭瘟素	—
133	辛硫磷	0.004	158	仲丁灵	0.2	183	萘草胺	—
134	溴氰虫酰胺	0.03	159	仲丁威	0.06	184	扑灭津	—
135	蚜灭磷	0.008	160	唑虫酰胺	0.006	185	噻嗯菊酯	—
136	亚胺唑	0.0098	161	唑螨酯	0.01	186	双苯基脲	—
137	氧乐果	0.0003	162	唑嘧菌胺	10	187	双硫磷	—
138	依维菌素	0.001	163	百治磷	—	188	特草灵	—
139	乙草胺	0.01	164	苄氯三唑醇	—	189	脱叶磷	—
140	乙虫腈	0.005	165	丁酮威	—	190	缬霉威	—
141	乙基多杀菌素	0.05	166	噁喹酸	—	191	异戊烯腺嘌呤	—
142	乙硫磷	0.002	167	二甲嘧酚	—	192	茵草敌	—
143	乙螨唑	0.05	168	伐虫脒	—	193	吲哚乙酸	—
144	乙霉威	0.004	169	氟吡酰草胺	—	194	酯菌胺	—
145	乙嘧酚	0.035	170	氟佐隆	—			

注:"—"表示国家标准中无 ADI 值规定;ADI 值单位为 mg/kg bw

6.2 农药残留膳食暴露风险评估

6.2.1 每例水果蔬菜样品中农药残留安全指数分析

基于农药残留侦测数据,发现在 2050 例样品中侦测出农药 10277 频次,计算样品中每种残留农药的安全指数 IFS_c,并分析农药对样品安全的影响程度,农药残留对水果蔬菜样品安全的影响程度频次分布情况如图 6-2 所示。

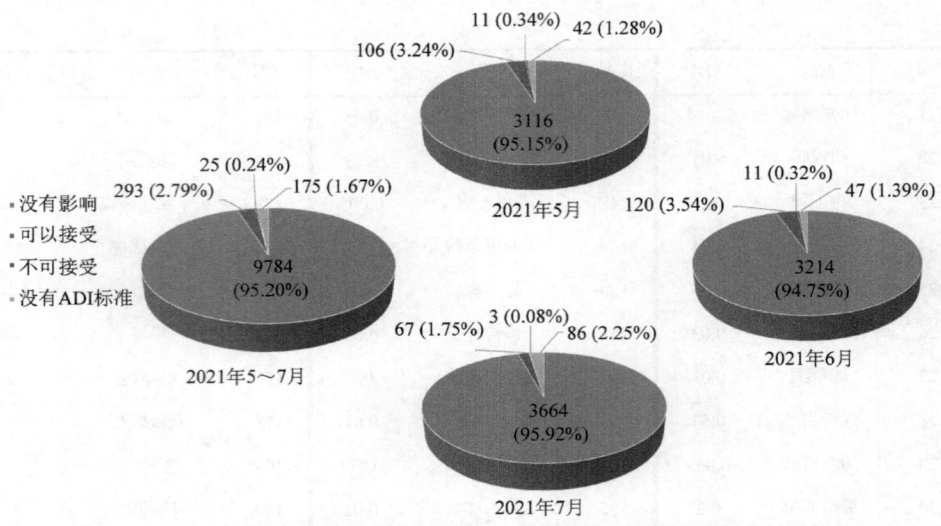

图 6-2 农药残留对水果蔬菜样品安全的影响程度频次分布图

由图 6-2 可以看出，农药残留对样品安全的影响不可接受的频次为 25，占 0.24%；农药残留对样品安全的影响可以接受的频次为 293，占 2.79%；农药残留对样品安全没有影响的频次为 9784，占 95.20%。分析发现，农药残留对水果蔬菜样品安全的影响程度频次 2021 年 5 月（3222）＜2021 年 6 月（3334）＜2021 年 7 月（3731）；2021 年 5 月的农药残留对样品安全存在不可接受的影响，频次为 11，占 0.36%；2021 年 6 月的农药残留对样品安全存在不可接受的影响，频次为 11，占 0.32%；2021 年 7 月的农药残留对样品安全存在不可接受的影响，频次为 3，占 0.08%。表 6-5 为对水果蔬菜样品中安全影响不可接受的农药残留列表。

表 6-5 水果蔬菜样品中安全影响不可接受的农药残留列表

序号	样品编号	采样点	基质	农药	含量（mg/kg）	IFS$_c$
1	20210509-620100-LZFDC-YM-08A	***配送中心	油麦菜	唑虫酰胺	1.0954	1.1563
2	20210531-620100-LZFDC-YM-04A	***有限公司（永登县店）	油麦菜	唑虫酰胺	1.1482	1.2120
3	20210531-620100-LZFDC-YM-05A	***有限责任公司	油麦菜	氟啶脲	0.9943	1.2594
4	20210520-620100-LZFDC-JC-03A	***超市（城关区店）	韭菜	水胺硫磷	0.6300	1.3300
5	20210530-620100-LZFDC-YM-02A	***超市（临夏路店）	油麦菜	氟硅唑	1.4729	1.3326
6	20210510-620100-LZFDC-JC-09A	***超市（东瓯世贸店）	韭菜	水胺硫磷	0.6408	1.3528
7	20210512-620100-LZFDC-CL-13A	***经销部	小油菜	氟啶脲	1.3039	1.6516
8	20210531-620100-LZFDC-YM-04A	***有限公司（永登县店）	油麦菜	氟硅唑	1.9583	1.7718
9	20210510-620100-LZFDC-BO-14A	***超市	菠菜	氟啶脲	1.8237	2.3100

续表

序号	样品编号	采样点	基质	农药	含量（mg/kg）	IFS_c
10	20210519-620100-LZFDC-JD-11A	***蔬菜配送店	豇豆	氧乐果	0.1463	3.0886
11	20210518-620100-LZFDC-ST-07A	***超市（西固区店）	草莓	氧乐果	0.1708	3.6058
12	20210619-620100-LZFDC-YM-04A	***超市（西固区店）	油麦菜	唑虫酰胺	0.9899	1.0449
13	20210602-620100-LZFDC-BO-01A	***有限公司（红古区店）	菠菜	阿维菌素	0.1891	1.1976
14	20210608-620100-LZFDC-YM-02A	***菜市场（190号）	油麦菜	阿维菌素	0.211	1.3363
15	20210614-620100-LZFDC-YM-09A	***火锅村	油麦菜	唑虫酰胺	1.3879	1.4650
16	20210620-620100-LZFDC-YM-58A	***火锅店	油麦菜	唑虫酰胺	1.6791	1.7724
17	20210613-620100-LZFDC-JD-05A	***经销店	豇豆	克百威	0.3174	2.0102
18	20210622-620100-LZFDC-YM-04A	***便利商店	油麦菜	唑虫酰胺	1.9164	2.0229
19	20210622-620100-LZFDC-YM-04A	***便利商店	油麦菜	氟硅唑	2.4547	2.2209
20	20210608-620100-LZFDC-YM-02A	***菜市场（190号）	油麦菜	唑虫酰胺	2.3782	2.5103
21	20210628-620100-LZFDC-JD-11A	***有限责任公司	豇豆	喹硫磷	0.3408	4.3168
22	20210612-620100-LZFDC-DJ-02A	***早市（周英梅摊位）	菜豆	甲拌磷	0.8727	7.8959
23	20210715-620700-LZFDC-CE-12A	***批发市场（绿农生态果蔬批发）	芹菜	甲拌磷	0.1359	1.2296
24	20210721-620400-LZFDC-YM-02A	***超市（白银店）	油麦菜	唑虫酰胺	1.2505	1.3200
25	20210714-620700-LZFDC-CL-02A	***批发市场（燕萍果蔬店）	小油菜	甲拌磷	0.1547	1.3997

部分样品侦测出禁用农药 12 种 174 频次，为了明确残留的禁用农药对样品安全的影响，分析侦测出禁用农药残留的样品安全指数，禁用农药残留对水果蔬菜样品安全的影响程度频次分布情况如图 6-3 所示，农药残留对样品安全的影响不可接受的频次为 8，占 0.24%；农药残留对样品安全的影响可以接受的频次为 47，占 2.79%；农药残留对样品安全没有影响的频次为 118，占 95.30%。由图中可以看出 3 个月份的水果蔬菜样品中均侦测出禁用农药残留。

此外，本次侦测发现部分样品中非禁用农药残留量超过了 MRL 中国国家标准和欧盟标准，为了明确超标的非禁用农药对样品安全的影响，分析了非禁用农药残留超标的样品安全指数。

水果蔬菜残留量超过 MRL 中国国家标准的非禁用农药对水果蔬菜样品安全的影响程度频次分布情况如图 6-4 所示。可以看出侦测出超过 MRL 中国国家标准的非禁用农

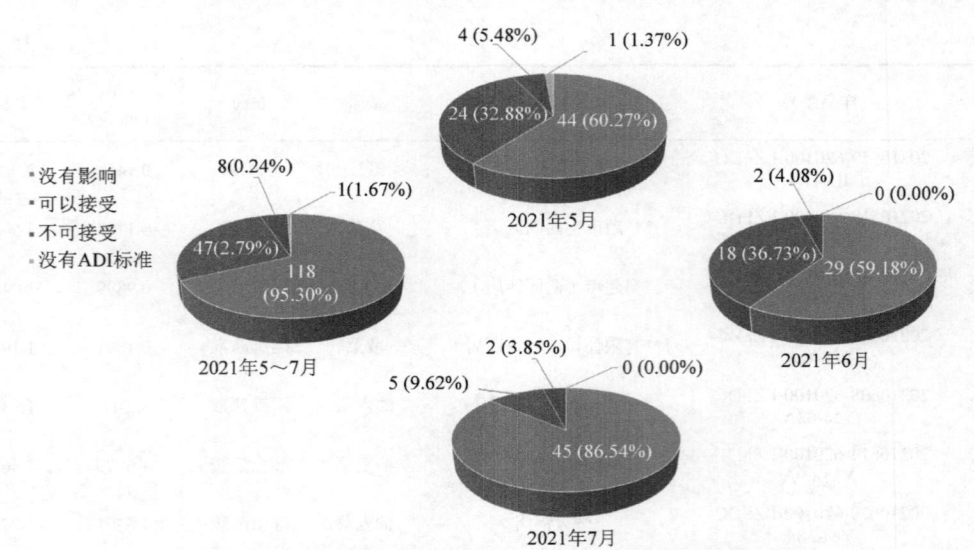

图 6-3 禁用农药对水果蔬菜样品安全影响程度的频次分布图

药共 53 频次,其中农药残留对样品安全的影响不可接受的频次为 2,占 3.77%;农药残留对样品安全的影响可以接受的频次为 19,占 35.85%;农药残留对样品安全没有影响的频次为 32,占 60.38%。表 6-6 为水果蔬菜样品中侦测出的非禁用农药安全指数表。

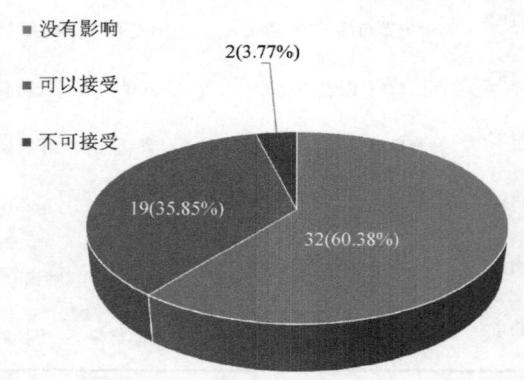

图 6-4 残留超标的非禁用农药对水果蔬菜样品安全的影响程度频次分布图(MRL 中国国家标准)

表 6-6 水果蔬菜样品中侦测出的非禁用农药残留安全指数表(MRL 中国国家标准)

序号	样品编号	采样点	基质	农药	含量(mg/kg)	中国国家标准	超标倍数	IFS$_c$	影响程度
1	20210721-620400-LZFDC-CU-03A	***超市(公园路店)	黄瓜	乙螨唑	0.0353	0.02	0.77	0.0045	没有影响
2	20210504-620100-LZFDC-DJ-01A	***有限公司(红古区店)	菜豆	噻虫胺	0.0537	0.01	4.37	0.0034	没有影响
3	20210602-620100-LZFDC-BO-01A	***有限公司(红古区店)	菠菜	阿维菌素	0.1891	0.05	2.78	1.1976	不可接受
4	20210510-620100-LZFDC-JD-01A	***菜市场(21至23号)	豇豆	倍硫磷	0.1027	0.05	1.05	0.0929	没有影响
5	20210510-620100-LZFDC-JD-01A	***菜市场(21至23号)	豇豆	噻虫胺	0.0493	0.01	3.93	0.0031	没有影响

续表

序号	样品编号	采样点	基质	农药	含量（mg/kg）	中国国家标准	超标倍数	IFS$_c$	影响程度
6	20210510-620100-LZFDC-DJ-07A	***超市（红古区店）	菜豆	噻虫胺	0.1307	0.01	12.07	0.0083	没有影响
7	20210607-620100-LZFDC-ST-03A	***菜市场（中东南13号）	草莓	吡虫啉	0.8412	0.50	0.68	0.0888	没有影响
8	20210515-620100-LZFDC-ST-04A	***菜市场（王宝国摊位）	草莓	噻虫胺	0.1632	0.07	1.33	0.0103	没有影响
9	20210524-620100-LZFDC-ST-05A	***水果店	草莓	噻虫胺	0.1957	0.07	1.80	0.0124	没有影响
10	20210523-620100-LZFDC-ST-03A	***市场（财神庙门口摊位）	草莓	噻虫胺	0.2019	0.07	1.88	0.0128	没有影响
11	20210524-620100-LZFDC-ST-01A	***超市（第二十九佳园店）	草莓	噻虫胺	0.2741	0.07	2.92	0.0174	没有影响
12	20210529-620100-LZFDC-LJ-01A	***有限公司	辣椒	噻虫胺	0.0853	0.05	0.71	0.0054	没有影响
13	20210531-620100-LZFDC-JD-03A	***超市（城关区店）	豇豆	倍硫磷	0.1646	0.05	2.29	0.1489	可以接受
14	20210530-620100-LZFDC-CU-07A	***超市（新世界百货店）	黄瓜	乙螨唑	0.0558	0.02	1.79	0.0071	没有影响
15	20210531-620100-LZFDC-EP-04B	***有限公司（永登县店）	茄子	噻虫胺	0.1590	0.05	2.18	0.0101	没有影响
16	20210525-620100-LZFDC-ST-13A	采样点	草莓	噻虫胺	0.0930	0.07	0.33	0.0059	没有影响
17	20210525-620100-LZFDC-ST-11A	***超市	草莓	噻虫胺	0.1281	0.07	0.83	0.0081	没有影响
18	20210530-620100-LZFDC-EP-09A	***超市	茄子	螺螨酯	0.3101	0.10	2.10	0.1964	可以接受
19	20210601-620100-LZFDC-EP-08A	***商行	茄子	螺螨酯	0.2054	0.10	1.05	0.1301	可以接受
20	20210601-620100-LZFDC-EP-09A	***水果蔬菜店	茄子	霜霉威	0.3139	0.30	0.05	0.0050	没有影响
21	20210608-620100-LZFDC-YM-02A	***菜市场（190号）	油麦菜	阿维菌素	0.2110	0.05	3.22	1.3363	不可接受
22	20210612-620100-LZFDC-DJ-02A	***早市（周英梅摊位）	菜豆	噻虫胺	0.0518	0.01	4.18	0.0033	没有影响
23	20210612-620100-LZFDC-EP-06A	***销售部	茄子	螺螨酯	0.3636	0.10	2.64	0.2303	可以接受
24	20210613-620100-LZFDC-LJ-08A	***有限责任公司	辣椒	噻虫胺	0.0605	0.05	0.21	0.0038	没有影响
25	20210613-620100-LZFDC-JD-07A	***有限责任公司	豇豆	噻虫胺	0.0465	0.01	3.65	0.0029	没有影响

续表

序号	样品编号	采样点	基质	农药	含量（mg/kg）	中国国家标准	超标倍数	IFS$_c$	影响程度
26	20210613-620100-LZFDC-LJ-06A	***超市（城关金城珑园店）	辣椒	噻虫胺	0.1624	0.05	2.25	0.0103	没有影响
27	20210613-620100-LZFDC-CU-10A	***餐饮店	黄瓜	敌草腈	0.0166	0.01	0.66	0.0105	没有影响
28	20210612-620100-LZFDC-YM-10A	***餐饮店（第一店）	油麦菜	阿维菌素	0.0670	0.05	0.34	0.4243	可以接受
29	20210613-620100-LZFDC-JD-05A	***经销店	豇豆	倍硫磷	0.1172	0.05	1.34	0.1060	可以接受
30	20210516-620100-LZFDC-LJ-10A	***蔬菜店	辣椒	啶虫脒	0.4670	0.20	1.34	0.0423	没有影响
31	20210615-620100-LZFDC-EP-07A	***有限公司	茄子	螺螨酯	0.1932	0.10	0.93	0.1224	可以接受
32	20210613-620100-LZFDC-EP-01A	***便利店	茄子	双甲脒	0.5116	0.50	0.02	0.3240	可以接受
33	20210613-620100-LZFDC-LJ-01A	***便利店	辣椒	啶虫脒	0.3872	0.20	0.94	0.0350	没有影响
34	20210620-620100-LZFDC-DJ-04A	***超市（城关区店）	菜豆	噻虫胺	0.0601	0.01	5.01	0.0038	没有影响
35	20210619-620100-LZFDC-LJ-02A	***蔬菜调料店	辣椒	啶虫脒	0.2058	0.20	0.03	0.0186	没有影响
36	20210620-620100-LZFDC-YM-58A	***火锅店	油麦菜	阿维菌素	0.1426	0.05	1.85	0.9031	可以接受
37	20210506-620100-LZFDC-JD-01A	***配送中心	豇豆	阿维菌素	0.0825	0.05	0.65	0.5225	可以接受
38	20210511-620100-LZFDC-JD-09A	***菜市场（290号）	豇豆	倍硫磷	0.9982	0.05	18.96	0.9031	可以接受
39	20210510-620100-LZFDC-YM-10A	***有限公司	油麦菜	阿维菌素	0.1061	0.05	1.12	0.6720	可以接受
40	20210601-620100-LZFDC-ST-03A	***有限公司	草莓	噻虫胺	0.7564	0.07	9.81	0.0479	没有影响
41	20210614-620100-LZFDC-YM-03A	***经销部	油麦菜	阿维菌素	0.0977	0.05	0.95	0.6188	可以接受
42	20210620-620100-LZFDC-ST-42A	***鲜果店	草莓	阿维菌素	0.0741	0.02	2.71	0.4693	可以接受
43	20210620-620100-LZFDC-ST-15A	***水果店	草莓	阿维菌素	0.0215	0.02	0.07	0.1362	可以接受

第 6 章　LC-Q-TOF/MS 侦测甘肃省市售水果蔬菜农药残留膳食暴露风险与预警风险评估　·283·

续表

序号	样品编号	采样点	基质	农药	含量（mg/kg）	中国国家标准	超标倍数	IFS$_c$	影响程度
44	20210603-620100-LZFDC-PB-04A	***生鲜超市	小白菜	腈菌唑	0.1013	0.05	1.03	0.0214	没有影响
45	20210622-620100-LZFDC-DJ-03A	***饭店	菜豆	噻虫胺	0.0969	0.01	8.69	0.0061	没有影响
46	20210714-620700-LZFDC-CA-02A	***批发市场（燕萍果蔬店）	结球甘蓝	烯啶虫胺	0.2109	0.20	0.05	0.0025	没有影响
47	20210714-620700-LZFDC-DJ-02A	***批发市场（燕萍果蔬店）	菜豆	噻虫胺	0.0107	0.01	0.07	0.0007	没有影响
48	20210722-620400-LZFDC-LJ-23A	***蔬菜摊位	辣椒	啶虫脒	1.4199	0.20	6.10	0.1285	可以接受
49	20210722-620400-LZFDC-GP-17A	***水果摊位	葡萄	苯醚甲环唑	0.6130	0.50	0.23	0.3882	可以接受
50	20210723-620400-LZFDC-JD-03A	***蔬菜	豇豆	啶虫脒	0.6563	0.40	0.64	0.0594	没有影响
51	20210723-620400-LZFDC-GP-06A	***菜店	葡萄	苯醚甲环唑	0.5117	0.50	0.02	0.3241	可以接受
52	20210521-620100-LZFDC-ST-04A	***有限公司（七里河区店）	草莓	噻虫胺	0.1466	0.07	1.09	0.0093	没有影响
53	20210727-621100-LZFDC-EP-06A	***超市（福台店）	茄子	螺螨酯	0.2083	0.10	1.08	0.1319	可以接受

残留量超过 MRL 欧盟标准的非禁用农药对水果蔬菜样品安全的影响程度频次分布情况如图 6-5 所示。可以看出超过 MRL 欧盟标准的非禁用农药共 1295 频次，其中农药没有 ADI 的频次为 44，占 3.42%；农药残留对样品安全的影响不可接受的频次为 17，占 1.32%；农药残留对样品安全的影响可以接受的频次为 151，占 11.75%；农药残留对样品安全没有影响的频次为 1073，占 83.50%。表 6-7 为水果蔬菜样品中安全指数排名前 10 的残留超标非禁用农药列表。

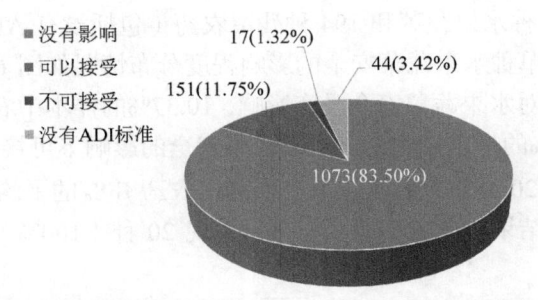

图 6-5　残留超标的非禁用农药对水果蔬菜样品安全的影响程度频次分布图（MRL 欧盟标准）

表 6-7 水果蔬菜样品中安全指数排名前 10 的残留超标非禁用农药列表（MRL 欧盟标准）

序号	样品编号	采样点	基质	农药	含量（mg/kg）	欧盟标准	超标倍数	IFS$_c$	影响程度
1	20210628-620100-LZFDC-JD-11A	***有限责任公司	豇豆	喹硫磷	0.3408	0.01	33.08	4.3168	不可接受
2	20210608-620100-LZFDC-YM-02A	***菜市场（190 号）	油麦菜	唑虫酰胺	2.3782	0.01	236.82	2.5103	不可接受
3	20210510-620100-LZFDC-BO-14A	***超市	菠菜	氟啶脲	1.8237	0.01	181.37	2.3100	不可接受
4	20210622-620100-LZFDC-YM-04A	***便利商店	油麦菜	氟硅唑	2.4547	0.01	244.47	2.2209	不可接受
5	20210622-620100-LZFDC-YM-04A	***便利商店	油麦菜	唑虫酰胺	1.9164	0.01	190.64	2.0229	不可接受
6	20210620-620100-LZFDC-YM-58A	***火锅店	油麦菜	唑虫酰胺	1.6791	0.01	166.91	1.7724	不可接受
7	20210531-620100-LZFDC-YM-04A	***有限公司（永登县店）	油麦菜	氟硅唑	1.9583	0.01	194.83	1.7718	不可接受
8	20210512-620100-LZFDC-CL-13A	***经销部	小油菜	氟啶脲	1.3039	0.01	129.39	1.6516	不可接受
9	20210614-620100-LZFDC-YM-09A	***火锅村	油麦菜	唑虫酰胺	1.3879	0.01	137.79	1.4650	不可接受
10	20210608-620100-LZFDC-YM-02A	***菜市场（190 号）	油麦菜	阿维菌素	0.2110	0.09	1.34	1.3363	不可接受

6.2.2 单种水果蔬菜中农药残留安全指数分析

本次 20 种水果蔬菜侦测出 194 种农药，所有水果蔬菜均侦测出农药残留，检出频次为 10277 次，其中 32 种农药没有 ADI 标准，162 种农药存在 ADI 标准。对 20 种水果蔬菜按不同种类分别计算侦测出的具有 ADI 标准的各种农药的 IFS$_c$ 值，农药残留对水果蔬菜的安全指数分布图如图 6-6 所示。

本次侦测中，20 种水果蔬菜和 194 种残留农药（包括没有 ADI 标准）共涉及 1866 个分析样本，农药对单种水果蔬菜安全的影响程度分布情况如图 6-7 所示。可以看出，79.69%的样本中农药对水果蔬菜安全没有影响，10.37%的样本中农药对水果蔬菜安全的影响可以接受，1.02%的样本中农药对水果蔬菜安全的影响不可接受。

此外，分别计算 20 种水果蔬菜中所有侦测出农药 IFS$_c$ 的平均值 $\overline{IFS_c}$，分析每种水果蔬菜的安全状态，结果如图 6-8 所示，分析发现 20 种（100%）水果蔬菜的安全状态很好。

对每个月内每种水果蔬菜中农药的 $\overline{IFS_c}$ 进行分析，并计算每月内每种水果蔬菜的 $\overline{IFS_c}$ 值，以评价每种水果蔬菜的安全状态，结果如图 6-9 所示，可以看出，3 个月份所有水果蔬菜的安全状态均处于很好的范围内,各月份内单种水果蔬菜安全状态统计情况如图 6-10 所示。

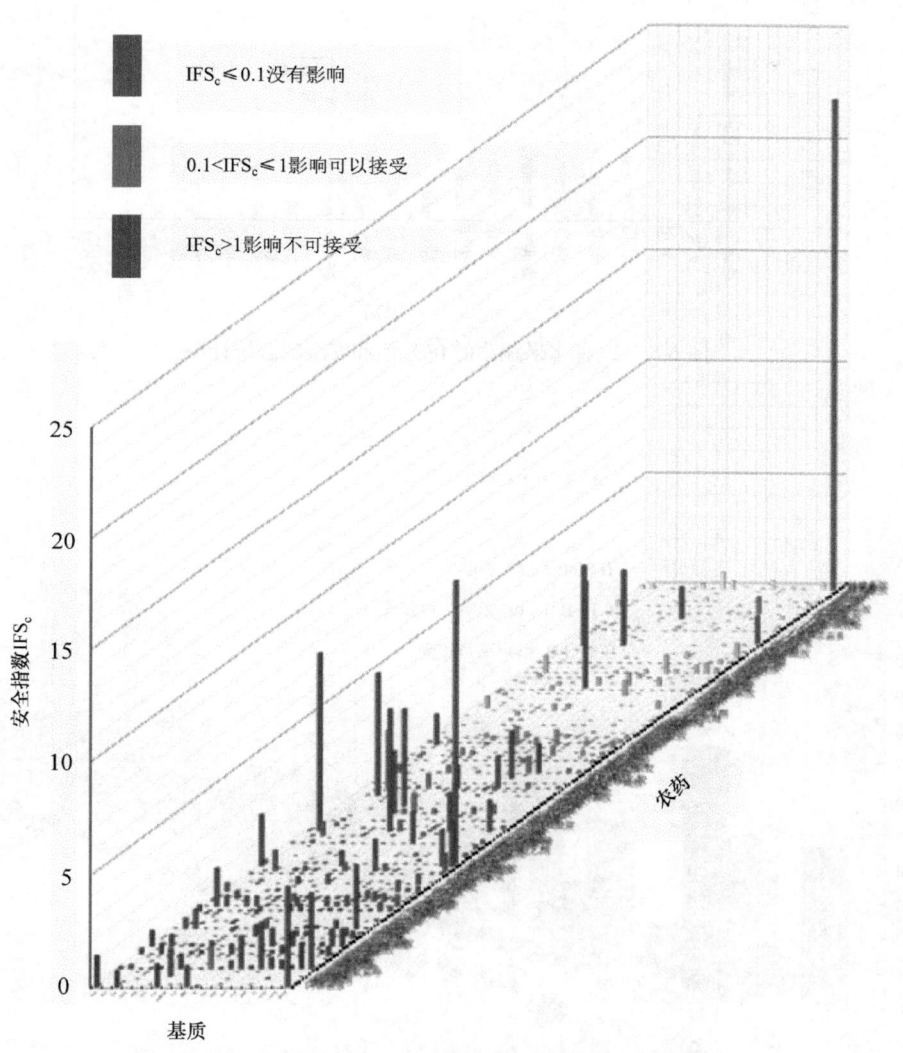

图 6-6 20 种水果蔬菜中 162 种残留农药的安全指数分布图

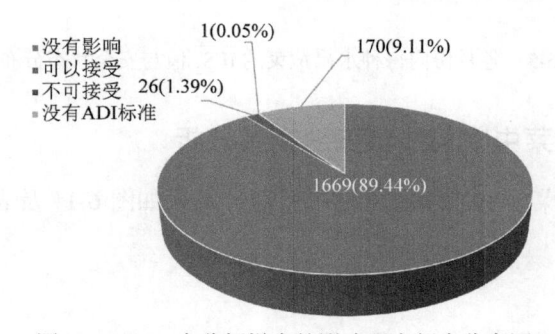

图 6-7 1866 个分析样本的影响程度频次分布图

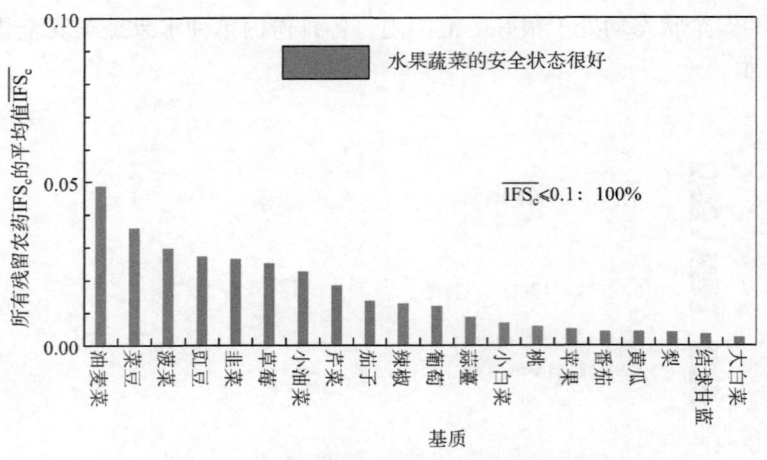

图 6-8　20 种水果蔬菜的 $\overline{IFS_c}$ 值和安全状态统计图

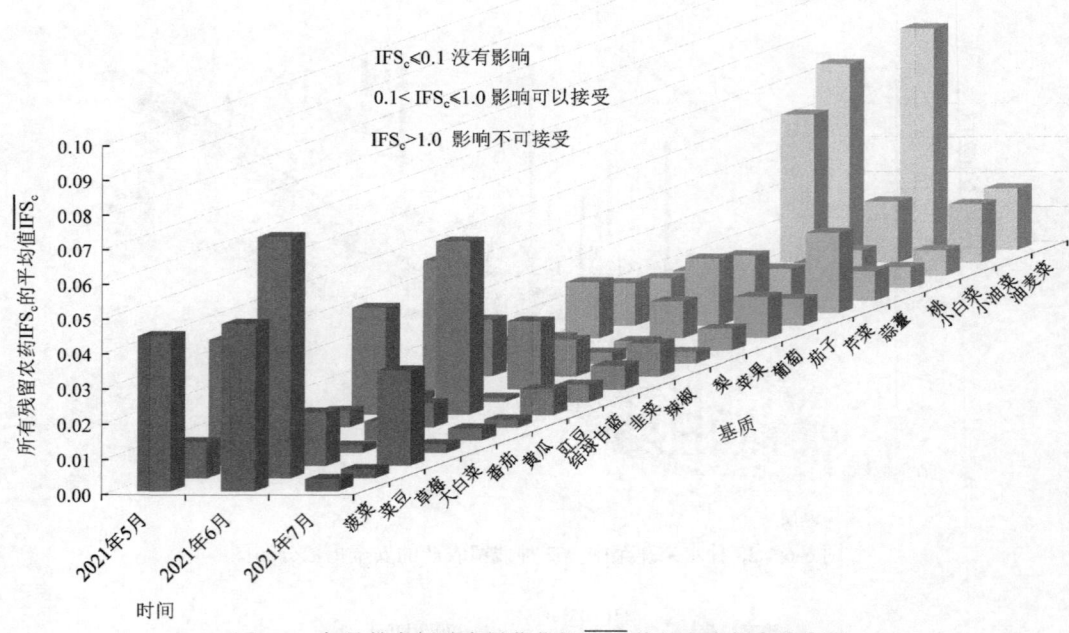

图 6-9　各月份内每种水果蔬菜的 $\overline{IFS_c}$ 值与安全状态分布图

6.2.3　所有水果蔬菜中农药残留安全指数分析

计算所有水果蔬菜中 162 种农药的 $\overline{IFS_c}$ 值，结果如图 6-11 及表 6-8 所示。

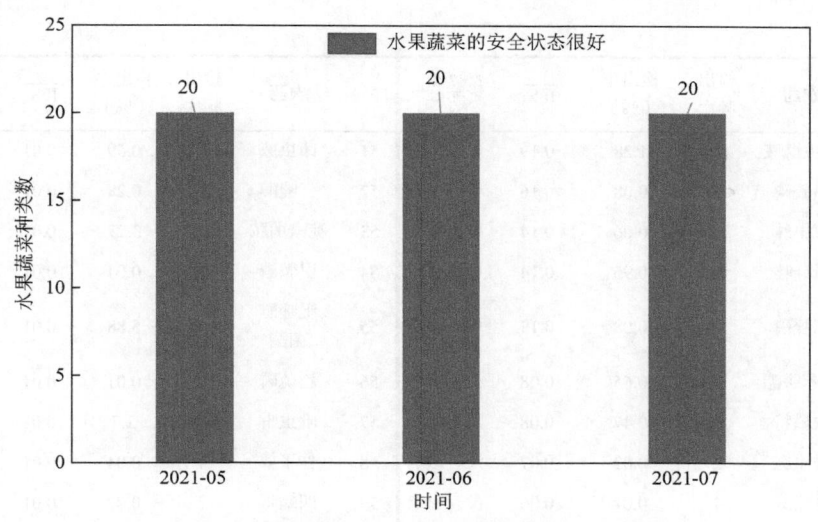

第6章 LC-Q-TOF/MS 侦测甘肃省市售水果蔬菜农药残留膳食暴露风险与预警风险评估

图 6-10 各月份内单种水果蔬菜安全状态统计图

分析发现，其中 0.62% 的农药对水果蔬菜安全的影响不可接受，其中 8.64% 的农药对水果蔬菜安全的影响可以接受，90.74% 的农药对水果蔬菜安全没有影响。

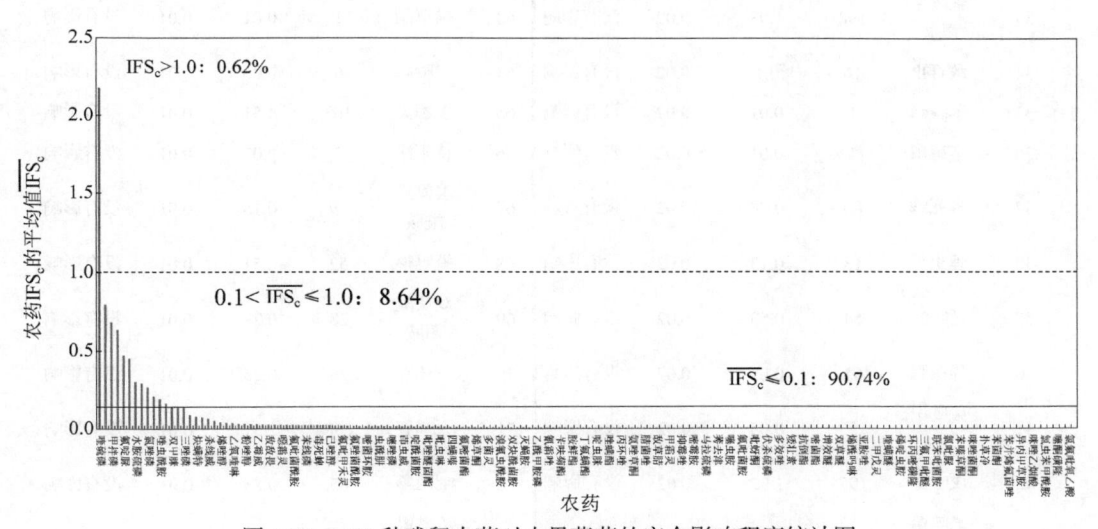

图 6-11 162 种残留农药对水果蔬菜的安全影响程度统计图

表 6-8 水果蔬菜中 162 种农药残留的安全指数表

序号	农药	检出频次	检出率（%）	$\overline{IFS_c}$	影响程度	序号	农药	检出频次	检出率（%）	$\overline{IFS_c}$	影响程度
1	喹硫磷	2	0.02	2.18	不可接受	6	阿维菌素	19	0.18	0.45	可以接受
2	氧乐果	9	0.09	0.79	可以接受	7	水胺硫磷	16	0.16	0.30	可以接受
3	甲拌磷	25	0.24	0.68	可以接受	8	克百威	17	0.17	0.29	可以接受
4	依维菌素	2	0.02	0.63	可以接受	9	氟唑磷	8	0.08	0.26	可以接受
5	氟啶脲	14	0.14	0.47	可以接受	10	氟酰脲	1	0.01	0.20	可以接受

续表

序号	农药	检出频次	检出率（%）	$\overline{IFS_c}$	影响程度	序号	农药	检出频次	检出率（%）	$\overline{IFS_c}$	影响程度
11	唑虫酰胺	132	1.28	0.19	可以接受	51	茚虫威	61	0.59	0.01	没有影响
12	倍硫磷	8	0.08	0.16	可以接受	52	三唑醇	29	0.28	0.01	没有影响
13	双甲脒	6	0.06	0.14	可以接受	53	啶酰菌胺	336	3.27	0.01	没有影响
14	氟硅唑	98	0.95	0.14	可以接受	54	甲胺磷	4	0.04	0.01	没有影响
15	三唑磷	8	0.08	0.13	可以接受	55	吡唑醚菌酯	604	5.88	0.01	没有影响
16	联苯肼酯	67	0.65	0.08	没有影响	56	乙硫磷	1	0.01	0.01	没有影响
17	炔螨特	48	0.47	0.08	没有影响	57	吡虫啉	277	2.7	0.01	没有影响
18	除虫脲	2	0.02	0.07	没有影响	58	仲丁威	4	0.04	0.01	没有影响
19	杀线威	1	0.01	0.06	没有影响	59	四螨嗪	7	0.07	0.01	没有影响
20	四氟醚唑	29	0.28	0.05	没有影响	60	抗蚜威	8	0.08	0.01	没有影响
31	噁霜灵	66	0.64	0.02	没有影响	61	氟嘧菌酯	5	0.05	0.01	没有影响
32	咪鲜胺	144	1.4	0.02	没有影响	62	噁草酮	2	0.02	0.01	没有影响
33	氟吡菌酰胺	198	1.93	0.02	没有影响	63	烯草酮	1	0.01	0.01	没有影响
34	敌百虫	10	0.1	0.02	没有影响	64	二嗪磷	6	0.06	0.01	没有影响
35	苯线磷	1	0.01	0.02	没有影响	65	多菌灵	463	4.51	0.01	没有影响
36	辛硫磷	1	0.01	0.02	没有影响	66	特丁津	7	0.07	0.01	没有影响
37	毒死蜱	80	0.78	0.02	没有影响	67	溴氰虫酰胺	19	0.18	0.01	没有影响
38	噻虫啉	13	0.13	0.02	没有影响	68	氟吗啉	52	0.51	0.01	没有影响
39	己唑醇	54	0.53	0.02	没有影响	69	双炔酰菌胺	28	0.27	0.01	没有影响
40	异菌脲	65	0.63	0.02	没有影响	70	三环唑	26	0.25	0.01	没有影响
41	氟吡甲禾灵	5	0.05	0.02	没有影响	71	灭蝇胺	258	2.51	0.01	没有影响
42	戊唑醇	197	1.92	0.02	没有影响	72	吡丙醚	85	0.83	0.01	没有影响
43	氟唑菌酰胺	131	1.27	0.02	没有影响	73	乙酰甲胺磷	4	0.04	0.01	没有影响
44	丁醚脲	18	0.18	0.02	没有影响	74	噻嗪酮	21	0.2	0.01	没有影响
45	嘧菌环胺	24	0.23	0.02	没有影响	75	氰霜唑	81	0.79	0.01	没有影响
46	丙溴磷	92	0.9	0.01	没有影响	76	螺虫乙酯	151	1.47	0.01	没有影响
47	虫酰肼	3	0.03	0.01	没有影响	77	苄呋菊酯	1	0.01	0.01	没有影响
48	硫线磷	1	0.01	0.01	没有影响	78	甲氧虫酰肼	48	0.47	0.01	没有影响
49	噻唑磷	10	0.1	0.01	没有影响	79	胺鲜酯	11	0.11	0.01	没有影响
50	噻螨酮	2	0.02	0.01	没有影响	80	喹禾灵	5	0.05	0	没有影响

续表

序号	农药	检出频次	检出率（%）	$\overline{IFS_c}$	影响程度	序号	农药	检出频次	检出率（%）	$\overline{IFS_c}$	影响程度
81	丁氟螨酯	2	0.02	0	没有影响	112	蚜灭磷	1	0.01	0	没有影响
82	肟菌酯	120	1.17	0	没有影响	113	多效唑	124	1.21	0	没有影响
83	啶虫脒	628	6.11	0	没有影响	114	啶氧菌酯	2	0.02	0	没有影响
84	吲唑磺菌胺	5	0.05	0	没有影响	115	矮壮素	29	0.28	0	没有影响
85	唑螨酯	7	0.07	0	没有影响	116	吡唑萘菌胺	13	0.13	0	没有影响
86	乙嘧酚磺酸酯	26	0.25	0	没有影响	117	抗倒酯	3	0.03	0	没有影响
87	丙环唑	109	1.06	0	没有影响	118	霜霉威	429	4.17	0	没有影响
88	乙嘧酚	23	0.22	0	没有影响	119	嘧菌酯	203	1.98	0	没有影响
89	氨唑草酮	1	0.01	0	没有影响	120	烯效唑	3	0.03	0	没有影响
90	氟环唑	24	0.23	0	没有影响	121	增效醚	2	0.02	0	没有影响
91	腈菌唑	100	0.97	0	没有影响	122	种菌唑	1	0.01	0	没有影响
92	氟啶虫酰胺	34	0.33	0	没有影响	123	双草醚	1	0.01	0	没有影响
93	敌草腈	68	0.66	0	没有影响	124	氟菌唑	1	0.01	0	没有影响
94	三唑酮	12	0.12	0	没有影响	125	烯酰吗啉	718	6.99	0	没有影响
95	甲霜灵	190	1.85	0	没有影响	126	苯氧威	8	0.08	0	没有影响
96	呋虫胺	89	0.87	0	没有影响	127	亚胺唑	1	0.01	0	没有影响
97	抑霉唑	7	0.07	0	没有影响	128	仲丁灵	24	0.23	0	没有影响
98	三甲苯草酮	2	0.02	0	没有影响	129	二甲戊灵	10	0.1	0	没有影响
99	嘧霉胺	118	1.15	0	没有影响	130	烯肟菌胺	2	0.02	0	没有影响
100	噻虫嗪	436	4.24	0	没有影响	131	喹螨醚	2	0.02	0	没有影响
101	马拉硫磷	4	0.04	0	没有影响	132	杀螟丹	2	0.02	0	没有影响
102	环氟菌胺	2	0.02	0	没有影响	133	烯啶虫胺	57	0.55	0	没有影响
103	莠去津	177	1.72	0	没有影响	134	噻霉酮	2	0.02	0	没有影响
104	戊菌唑	20	0.19	0	没有影响	135	环丙嘧磺隆	1	0.01	0	没有影响
105	噻虫胺	366	3.56	0	没有影响	136	啶菌噁唑	4	0.04	0	没有影响
106	乙螨唑	188	1.83	0	没有影响	137	三氟甲吡醚	1	0.01	0	没有影响
107	氟吡菌胺	145	1.41	0	没有影响	138	稻瘟灵	1	0.01	0	没有影响
108	噻菌灵	27	0.26	0	没有影响	139	联苯吡菌胺	1	0.01	0	没有影响
109	吡蚜酮	43	0.42	0	没有影响	140	吡噻菌胺	4	0.04	0	没有影响
110	乙草胺	13	0.13	0	没有影响	141	氯吡脲	1	0.01	0	没有影响
111	伏杀硫磷	1	0.01	0	没有影响	142	苦参碱	2	0.02	0	没有影响

续表

序号	农药	检出频次	检出率（%）	$\overline{IFS_c}$	影响程度	序号	农药	检出频次	检出率（%）	$\overline{IFS_c}$	影响程度
143	苯嗪草酮	6	0.06	0	没有影响	153	异丙甲草胺	1	0.01	0	没有影响
144	腈苯唑	1	0.01	0	没有影响	154	苯酰菌胺	9	0.09	0	没有影响
145	咪唑菌酮	1	0.01	0	没有影响	155	咪唑乙烟酸	1	0.01	0	没有影响
146	莠灭净	6	0.06	0	没有影响	156	氟唑磺隆	2	0.02	0	没有影响
147	扑草净	15	0.15	0	没有影响	157	氯虫苯甲酰胺	74	0.72	0	没有影响
148	醚菌酯	15	0.15	0	没有影响	158	喹氧灵	1	0.01	0	没有影响
149	苯菌酮	8	0.08	0	没有影响	159	氟噻唑吡乙酮	2	0.02	0	没有影响
150	灭幼脲	37	0.36	0	没有影响	160	噻酮磺隆	1	0.01	0	没有影响
151	苯并烯氟菌唑	1	0.01	0	没有影响	161	氯氟吡氧乙酸	3	0.03	0	没有影响
152	乙基多杀菌素	1	0.01	0	没有影响	162	唑嘧菌胺	2	0.02	0	没有影响

对每个月内所有水果蔬菜中残留农药的$\overline{IFS_c}$进行分析，结果如图6-12所示。分析发现，3个月份所有农药对水果蔬菜安全的影响均处于没有影响和可以接受的范围内。每月内不同农药对水果蔬菜安全影响程度的统计如图6-13所示。

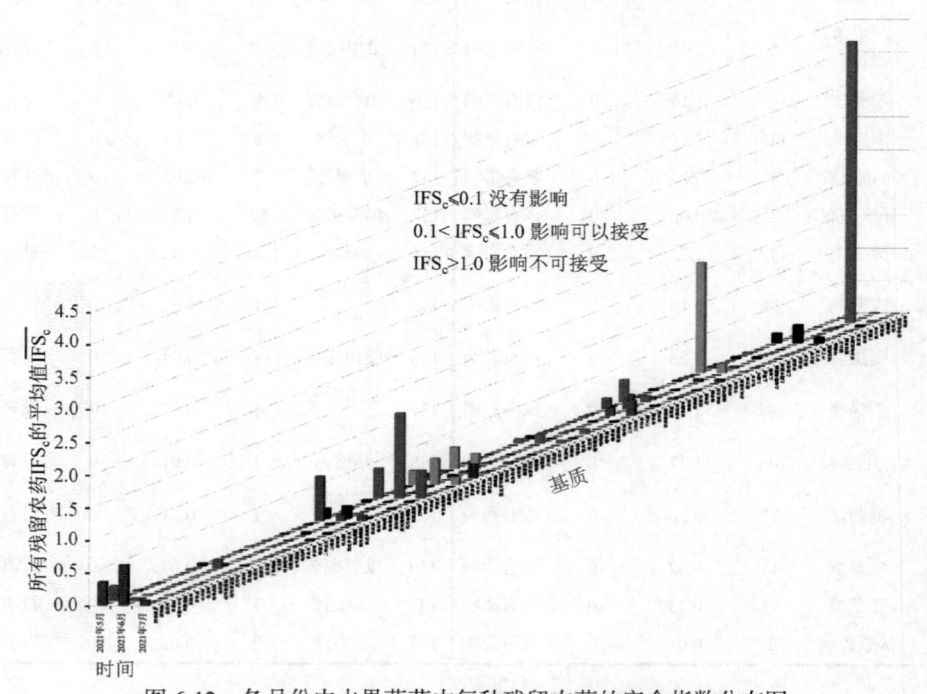

图6-12 各月份内水果蔬菜中每种残留农药的安全指数分布图

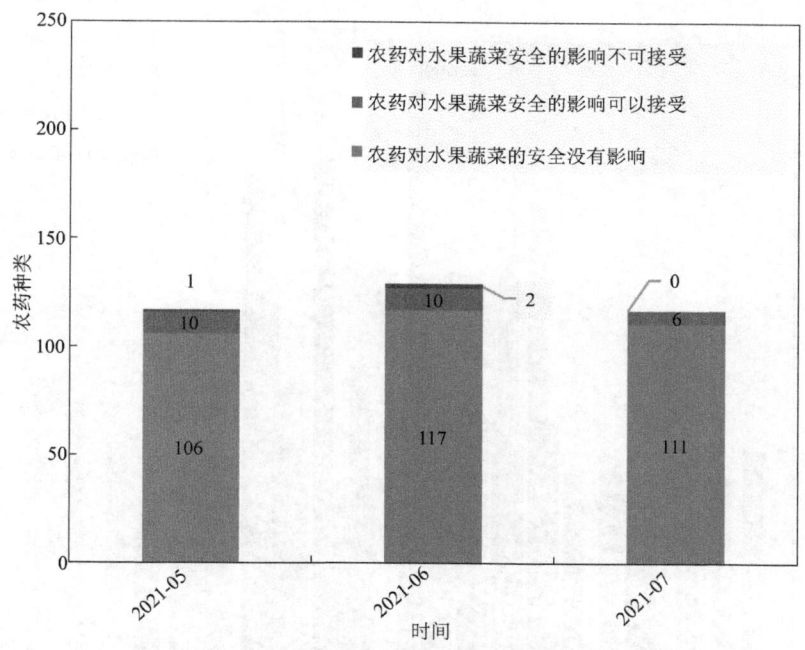

图 6-13　各月份内农药对水果蔬菜安全影响程度的统计图

6.3　农药残留预警风险评估

基于甘肃省水果蔬菜样品中农药残留 LC-Q-TOF/MS 侦测数据，分析禁用农药的检出率，同时参照中华人民共和国国家标准 GB 2763—2021 和欧盟农药最大残留限量（MRL）标准分析非禁用农药残留的超标率，并计算农药残留风险系数。分析单种水果蔬菜中农药残留以及所有水果蔬菜中农药残留的风险程度。

6.3.1　单种水果蔬菜中农药残留风险系数分析

6.3.1.1　单种水果蔬菜中禁用农药残留风险系数分析

侦测出的 194 种残留农药中有 12 种为禁用农药，且它们分布在 18 种水果蔬菜中，计算 12 种水果蔬菜中禁用农药的检出率，根据检出率计算风险系数 R，进而分析水果蔬菜中禁用农药的风险程度，结果如图 6-14 与表 6-9 所示。分析发现 3 种禁用农药在 3 种水果蔬菜中的残留均处于高度风险，6 种禁用农药在 13 种水果蔬菜中的残留均处于中度风险，10 种禁用农药在 12 种水果蔬菜中的残留均处于低度风险。

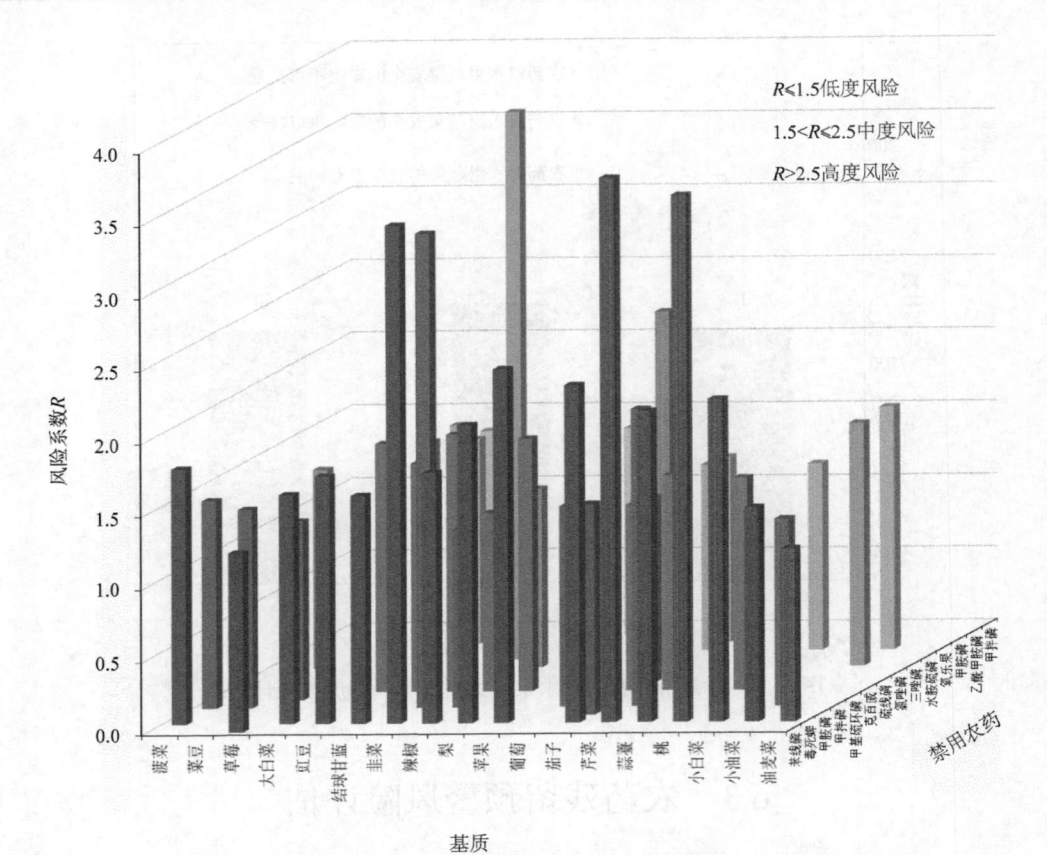

图 6-14　18 种水果蔬菜中 12 种禁用农药的风险系数分布图

表 6-9　18 种水果蔬菜中 12 种禁用农药的风险系数列表

序号	基质	农药	检出频次	检出率（%）	风险系数 R	风险程度
1	韭菜	水胺硫磷	16	2.66	3.76	高度风险
2	芹菜	毒死蜱	14	2.64	3.74	高度风险
3	桃	毒死蜱	14	2.52	3.62	高度风险
4	韭菜	毒死蜱	14	2.33	3.43	高度风险
5	韭菜	甲拌磷	13	2.16	3.26	高度风险
6	茄子	氯唑磷	8	1.39	2.49	中度风险
7	苹果	毒死蜱	3	1.33	2.43	中度风险
8	茄子	毒死蜱	7	1.22	2.32	中度风险
9	小白菜	毒死蜱	4	1.12	2.22	中度风险
10	蒜薹	毒死蜱	5	1.04	2.14	中度风险
11	梨	毒死蜱	3	0.95	2.05	中度风险

续表

序号	基质	农药	检出频次	检出率（%）	风险系数 R	风险程度
12	芹菜	甲拌磷	5	0.94	2.04	中度风险
13	韭菜	克百威	4	0.66	1.76	中度风险
14	菠菜	毒死蜱	2	0.66	1.76	中度风险
15	梨	克百威	2	0.63	1.73	中度风险
16	辣椒	毒死蜱	5	0.63	1.73	中度风险
17	豇豆	毒死蜱	4	0.61	1.71	中度风险
18	豇豆	克百威	4	0.61	1.71	中度风险
19	小油菜	三唑磷	3	0.56	1.66	中度风险
20	小油菜	氧乐果	3	0.56	1.66	中度风险
21	大白菜	毒死蜱	1	0.48	1.58	中度风险
22	结球甘蓝	毒死蜱	1	0.47	1.57	中度风险
23	结球甘蓝	克百威	1	0.47	1.57	中度风险
24	豇豆	三唑磷	3	0.45	1.55	中度风险
25	豇豆	氧乐果	3	0.45	1.55	中度风险
26	芹菜	克百威	2	0.38	1.48	低度风险
27	小油菜	毒死蜱	2	0.38	1.48	低度风险
28	桃	克百威	2	0.36	1.46	低度风险
29	茄子	甲胺磷	2	0.35	1.45	低度风险
30	菠菜	甲拌磷	1	0.33	1.43	低度风险
31	梨	乙酰甲胺磷	1	0.32	1.42	低度风险
32	豇豆	甲胺磷	2	0.30	1.40	低度风险
33	豇豆	乙酰甲胺磷	2	0.30	1.40	低度风险
34	葡萄	甲拌磷	2	0.28	1.38	低度风险
35	菜豆	甲拌磷	1	0.27	1.37	低度风险
36	菜豆	三唑磷	1	0.27	1.37	低度风险
37	小油菜	甲拌磷	1	0.19	1.29	低度风险
38	桃	氧乐果	1	0.18	1.28	低度风险
39	茄子	克百威	1	0.17	1.27	低度风险
40	茄子	硫线磷	1	0.17	1.27	低度风险
41	茄子	氧乐果	1	0.17	1.27	低度风险
42	茄子	乙酰甲胺磷	1	0.17	1.27	低度风险

续表

序号	基质	农药	检出频次	检出率（%）	风险系数 R	风险程度
43	豇豆	甲拌磷	1	0.15	1.25	低度风险
44	草莓	苯线磷	1	0.13	1.23	低度风险
45	草莓	甲基硫环磷	1	0.13	1.23	低度风险
46	草莓	氧乐果	1	0.13	1.23	低度风险
47	辣椒	甲拌磷	1	0.13	1.23	低度风险
48	辣椒	克百威	1	0.13	1.23	低度风险
49	辣椒	三唑磷	1	0.13	1.23	低度风险
50	油麦菜	毒死蜱	1	0.09	1.19	低度风险

6.3.1.2 基于 MRL 中国国家标准的单种水果蔬菜中非禁用农药残留风险系数分析

参照中华人民共和国国家标准 GB 2763—2021 中农药残留限量计算每种水果蔬菜中每种非禁用农药的超标率，进而算其风险系数，根据风险系数大小判断残留农药的预警风险程度，水果蔬菜中非禁用农药残留风险程度分布情况如图 6-15 所示。

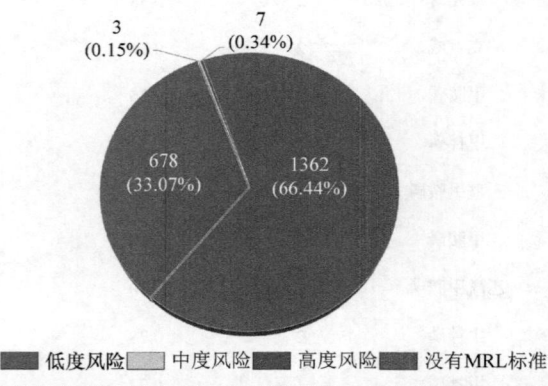

图 6-15 水果蔬菜中非禁用农药风险程度的频次分布图（MRL 中国国家标准）

本次分析中，发现在 20 种水果蔬菜侦测出 194 种残留非禁用农药，涉及 2050 个样本，10283 检出频次，0.34%处于高度风险，0.15%处于中度风险，33.07%处于低度风险。此外发现涉及 1362 个样本的 3922 频次的数据没有 MRL 中国国家标准值，无法判断其风险程度，有 MRL 中国国家标准值的 689 个样本中的 11 种水果蔬菜中的 13 种非禁用农药，其风险系数 R 值如图 6-16 所示。表 6-10 为非禁用农药残留处于高度风险的水果蔬菜列表。

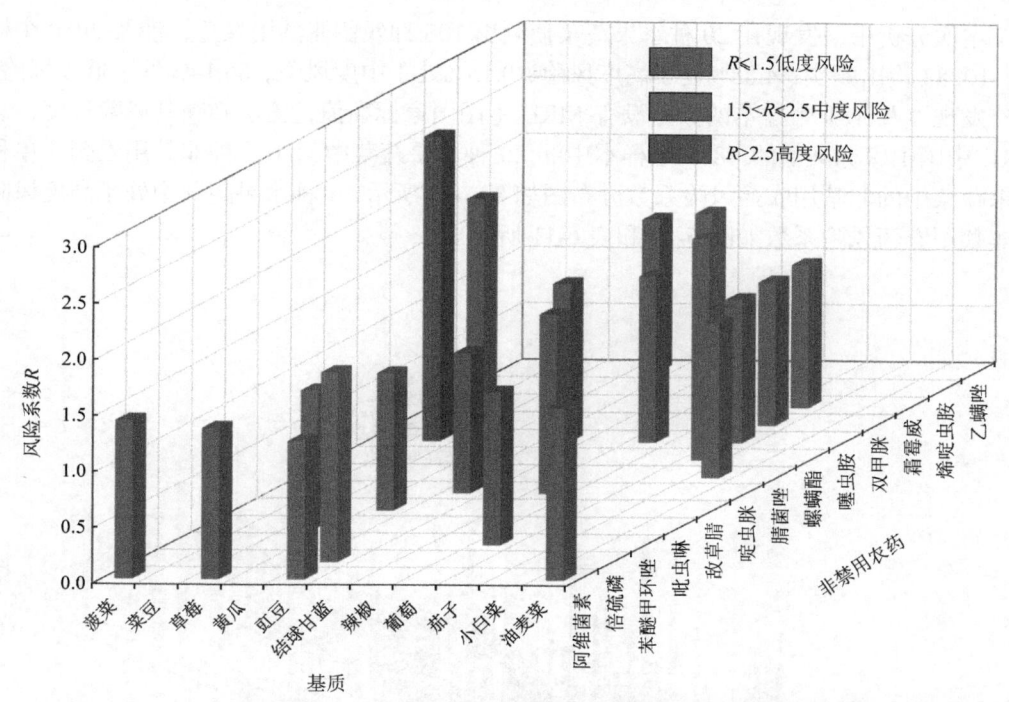

图 6-16　11 种水果蔬菜中 13 种非禁用农药的风险系数分布图（MRL 中国国家标准）

表 6-10　单种水果蔬菜中处于高度风险的非禁用农药风险系数表（MRL 中国国家标准）

序号	基质	农药	检出频次	超标率（%）	风险系数 R
1	菜豆	噻虫胺	6	1.6	2.70

6.3.1.3　基于 MRL 欧盟标准的单种水果蔬菜中非禁用农药残留风险系数分析

参照 MRL 欧盟标准计算每种水果蔬菜中每种非禁用农药的超标率，进而计算其风险系数，根据风险系数大小判断农药残留的预警风险程度，水果蔬菜中非禁用农药残留风险程度分布情况如图 6-17 所示。

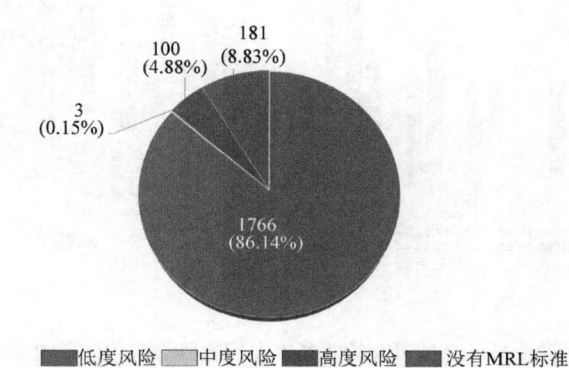

图 6-17　水果蔬菜中非禁用农药的风险程度的频次分布图（MRL 欧盟标准）

本次分析中，发现在 20 种水果蔬菜侦测出 103 种残留非禁用农药，涉及 2050 个样本，10283 检出频次，4.88%处于高度风险，0.15%处于中度风险，86.14%处于低度风险。此外发现涉及 181 个样本的数据没有 MRL 中国国家标准值，无法判断其风险程度，有 MRL 中国国家标准值的 1869 个样本中的 20 种水果蔬菜中的 103 种非禁用农药，单种水果蔬菜中的非禁用农药风险系数分布图如图 6-18 所示。单种水果蔬菜中处于高度风险的非禁用农药风险系数如图 6-19 和表 6-11 所示。

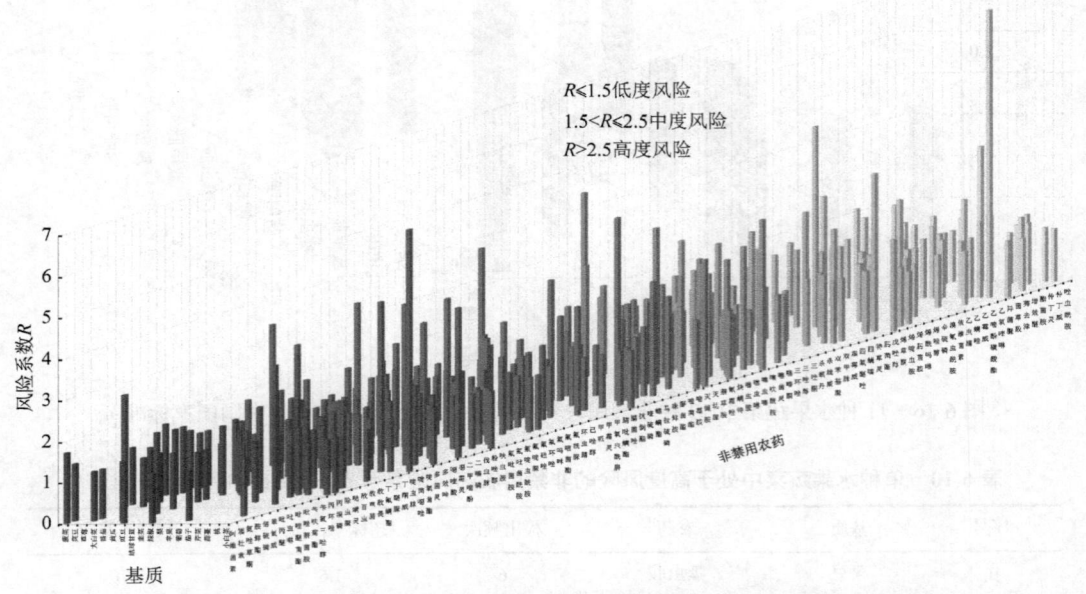

图 6-18　20 种水果蔬菜中 103 种非禁用农药的风险系数分布图（MRL 欧盟标准）

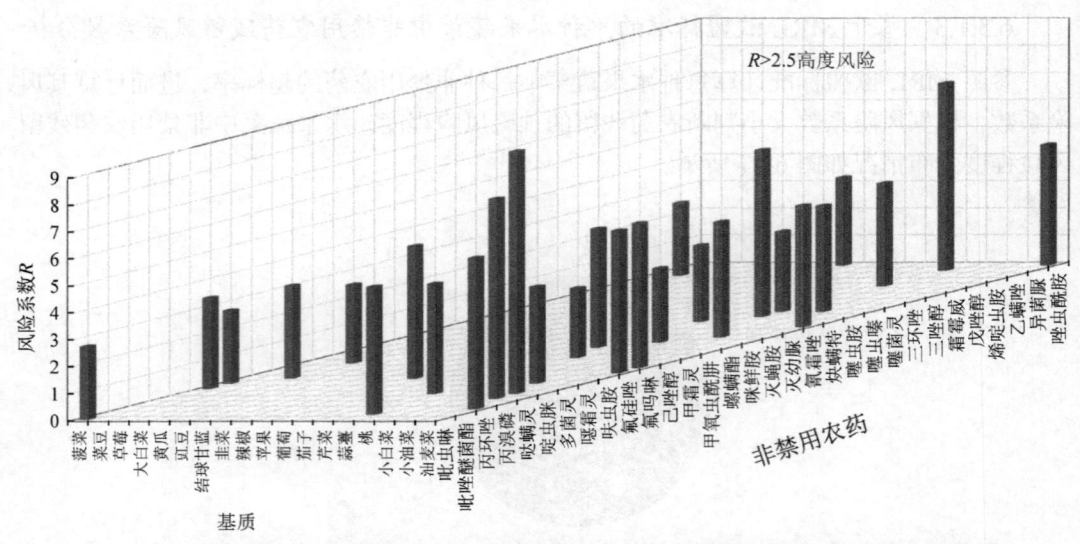

图 6-19　单种水果蔬菜中处于高度风险的非禁用农药的风险系数分布图（MRL 欧盟标准）

表 6-11　单种水果蔬菜中处于高度风险的非禁用农药的风险系数表（MRL 欧盟标准）

序号	基质	农药	检出频次	超标率 P（%）	风险系数 R
1	小油菜	啶虫脒	42	7.89	8.99
2	蒜薹	异菌脲	28	5.83	6.93
3	小白菜	啶虫脒	17	4.76	5.86
4	油麦菜	丙环唑	50	4.54	5.64
5	小油菜	哒螨灵	22	4.14	5.24
6	结球甘蓝	烯啶虫胺	8	3.74	4.84
7	油麦菜	唑虫酰胺	37	3.36	4.46
8	茄子	螺螨酯	19	3.31	4.41
9	菠菜	噻虫胺	10	3.29	4.39
10	芹菜	啶虫脒	16	3.02	4.12
11	油麦菜	氰霜唑	33	3.00	4.10
12	大白菜	甲氧虫酰肼	6	2.87	3.97
13	油麦菜	氟硅唑	30	2.72	3.82
14	蒜薹	戊唑醇	13	2.71	3.81
15	苹果	灭幼脲	6	2.67	3.77
16	小白菜	噁霜灵	9	2.52	3.62
17	小白菜	噻虫嗪	9	2.52	3.62
18	草莓	呋虫胺	18	2.37	3.47
19	结球甘蓝	呋虫胺	5	2.34	3.44
20	菠菜	多菌灵	7	2.30	3.40
21	蒜薹	吡唑醚菌酯	11	2.29	3.39
22	茄子	丙溴磷	13	2.26	3.36
23	韭菜	唑虫酰胺	13	2.16	3.26
24	葡萄	霜霉威	15	2.08	3.18
25	小白菜	灭蝇胺	7	1.96	3.06
26	辣椒	呋虫胺	15	1.88	2.98
27	蒜薹	噻虫嗪	9	1.88	2.98
28	草莓	己唑醇	14	1.84	2.94
29	豇豆	螺螨酯	12	1.82	2.92
30	桃	灭幼脲	10	1.80	2.90
31	黄瓜	三环唑	14	1.79	2.89
32	茄子	炔螨特	10	1.74	2.84
33	蒜薹	咪鲜胺	8	1.67	2.77
34	蒜薹	噻虫胺	8	1.67	2.77

续表

序号	基质	农药	检出频次	超标率 P（%）	风险系数 R
35	蒜薹	噻菌灵	8	1.67	2.77
36	韭菜	三唑醇	10	1.66	2.76
37	菠菜	吡虫啉	5	1.64	2.74
38	菠菜	噁霜灵	5	1.64	2.74
39	菜豆	炔螨特	6	1.60	2.70
40	菜豆	乙螨唑	6	1.60	2.70
41	油麦菜	氟吗啉	17	1.54	2.64
42	芹菜	甲霜灵	8	1.51	2.61
43	辣椒	乙螨唑	12	1.50	2.60

6.3.2 所有水果蔬菜中农药残留风险系数分析

6.3.2.1 所有水果蔬菜中禁用农药残留风险系数分析

在侦测出的 194 种农药中有 12 种为禁用农药，计算所有水果蔬菜中禁用农药的风险系数，结果如表 6-12 所示。禁用农药毒死蜱处于高度风险。

表 6-12 水果蔬菜中 12 种禁用农药的风险系数表

序号	农药	检出频次	超标率 P（%）	风险系数 R	风险程度
1	毒死蜱	80	3.90	5.00	高度风险
2	甲拌磷	25	1.22	2.32	中度风险
3	克百威	17	0.83	1.93	中度风险
4	水胺硫磷	16	0.78	1.88	中度风险
5	氧乐果	9	0.44	1.54	中度风险
6	氯唑磷	8	0.39	1.49	低度风险
7	三唑磷	8	0.39	1.49	低度风险
8	甲胺磷	4	0.20	1.30	低度风险
9	乙酰甲胺磷	4	0.20	1.30	低度风险
10	苯线磷	1	0.05	1.15	低度风险
11	甲基硫环磷	1	0.05	1.15	低度风险
12	硫线磷	1	0.05	1.15	低度风险

对每个月的禁用农药的风险系数进行分析，结果如图 6-20 和表 6-13 所示。

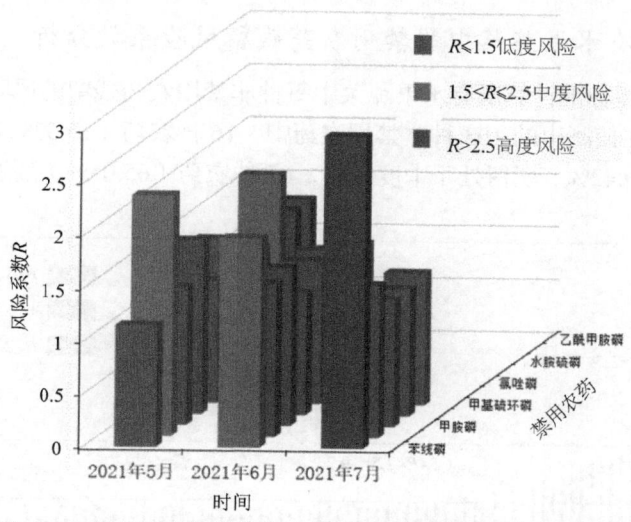

第6章 LC-Q-TOF/MS 侦测甘肃省市售水果蔬菜农药残留膳食暴露风险与预警风险评估

图 6-20 各月份内水果蔬菜中禁用农药残留的风险系数分布图

表 6-13 各月份内水果蔬菜中禁用农药残留的风险系数表

序号	年月	农药	检出频次	检出率 P（%）	风险系数 R
1	2021年5月	毒死蜱	24	1.17	2.27
2	2021年5月	水胺硫磷	13	0.63	1.73
3	2021年5月	甲拌磷	11	0.54	1.64
4	2021年5月	克百威	7	0.34	1.44
5	2021年5月	甲胺磷	4	0.20	1.30
6	2021年5月	氧乐果	4	0.20	1.30
7	2021年5月	乙酰甲胺磷	4	0.20	1.30
8	2021年5月	氯唑磷	3	0.15	1.25
9	2021年6月	毒死蜱	18	0.05	1.15
10	2021年6月	克百威	8	0.05	1.15
11	2021年6月	甲拌磷	7	0.05	1.15
12	2021年6月	氯唑磷	5	0.88	1.98
13	2021年6月	三唑磷	5	0.39	1.49
14	2021年6月	水胺硫磷	3	0.34	1.44
15	2021年6月	氧乐果	2	0.24	1.34
16	2021年7月	毒死蜱	27	0.24	1.34
17	2021年7月	甲拌磷	7	0.15	1.25
18	2021年7月	氧乐果	3	0.10	1.20
19	2021年7月	克百威	2	0.05	1.15
20	2021年7月	三唑磷	2	1.85	2.95

6.3.2.2 所有水果蔬菜中非禁用农药残留风险系数分析

参照 MRL 欧盟标准计算所有水果蔬菜中每种非禁用农药残留的风险系数，如图 6-21 与表 6-14 所示。在侦测出的 103 种非禁用农药中，16 种农药（15.53%）残留处于高度风险，20 种农药（19.42%）残留处于中度风险，67 种农药（65.05%）残留处于低度风险。

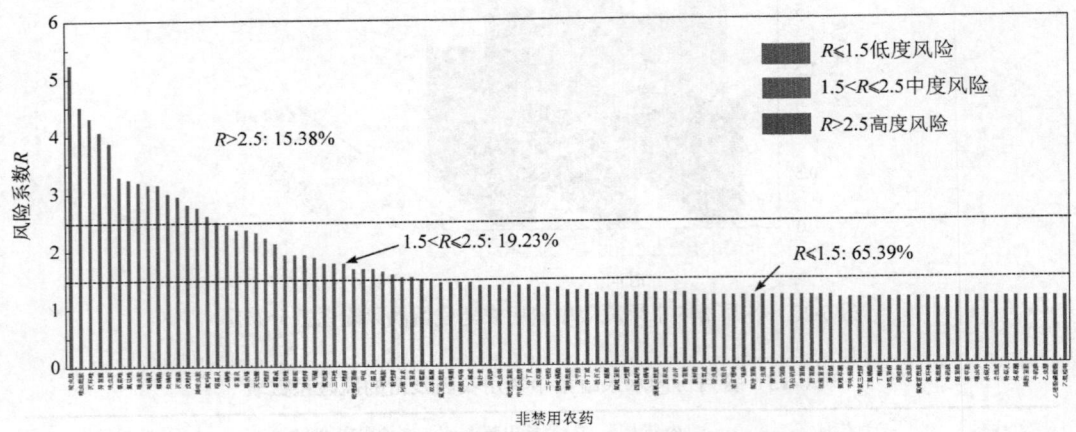

图 6-21 水果蔬菜中 103 种非禁用农药的风险程度统计图

表 6-14 水果蔬菜中 103 种非禁用农药的风险系数表

序号	农药	超标频次	超标率 P（%）	风险系数 R	风险程度
1	啶虫脒	85	4.15	5.25	高度风险
2	唑虫酰胺	70	3.41	4.51	高度风险
3	丙环唑	66	3.22	4.32	高度风险
4	异菌脲	61	2.98	4.08	高度风险
5	呋虫胺	57	2.78	3.88	高度风险
6	氰霜唑	45	2.20	3.30	高度风险
7	氟硅唑	44	2.15	3.25	高度风险
8	噻虫胺	43	2.10	3.20	高度风险
9	哒螨灵	42	2.05	3.15	高度风险
10	螺螨酯	42	2.05	3.15	高度风险
11	炔螨特	39	1.90	3.00	高度风险
12	丙溴磷	38	1.85	2.95	高度风险
13	戊唑醇	35	1.71	2.81	高度风险
14	烯啶虫胺	34	1.66	2.76	高度风险
15	氟吗啉	31	1.51	2.61	高度风险
16	噁霜灵	29	1.41	2.51	高度风险
17	乙螨唑	28	1.37	2.47	中度风险

续表

序号	农药	超标频次	超标率 P (%)	风险系数 R	风险程度
18	多菌灵	26	1.27	2.37	中度风险
19	噻虫嗪	26	1.27	2.37	中度风险
20	灭幼脲	25	1.22	2.32	中度风险
21	己唑醇	23	1.12	2.22	中度风险
22	霜霉威	21	1.02	2.12	中度风险
23	多效唑	17	0.83	1.93	中度风险
24	咪鲜胺	17	0.83	1.93	中度风险
25	烯唑醇	17	0.83	1.93	中度风险
26	吡丙醚	16	0.78	1.88	中度风险
27	氟啶脲	14	0.68	1.78	中度风险
28	三环唑	14	0.68	1.78	中度风险
29	三唑醇	14	0.68	1.78	中度风险
30	吡唑醚菌酯	12	0.59	1.69	中度风险
31	甲哌	12	0.59	1.69	中度风险
32	甲霜灵	12	0.59	1.69	中度风险
33	灭蝇胺	11	0.54	1.64	中度风险
34	粉唑醇	10	0.49	1.59	中度风险
35	阿维菌素	9	0.44	1.54	中度风险
36	噻菌灵	9	0.44	1.54	中度风险
37	嘧霉胺	8	0.39	1.49	低度风险
38	双苯基脲	8	0.39	1.49	低度风险
39	氟啶虫酰胺	7	0.34	1.44	低度风险
40	噻嗪酮	7	0.34	1.44	低度风险
41	烯酰吗啉	7	0.34	1.44	低度风险
42	乙霉威	7	0.34	1.44	低度风险
43	矮壮素	6	0.29	1.39	低度风险
44	倍硫磷	6	0.29	1.39	低度风险
45	吡虫啉	6	0.29	1.39	低度风险
46	吡唑萘菌胺	6	0.29	1.39	低度风险
47	甲氧虫酰肼	6	0.29	1.39	低度风险
48	仲丁灵	6	0.29	1.39	低度风险
49	敌草腈	5	0.24	1.34	低度风险
50	二甲嘧酚	5	0.24	1.34	低度风险
51	腈吡螨酯	5	0.24	1.34	低度风险

续表

序号	农药	超标频次	超标率 P（%）	风险系数 R	风险程度
52	噻呋酰胺	4	0.20	1.30	低度风险
53	双甲脒	4	0.20	1.30	低度风险
54	仲丁威	4	0.20	1.30	低度风险
55	敌百虫	3	0.15	1.25	低度风险
56	丁醚脲	3	0.15	1.25	低度风险
57	氟吡菌胺	3	0.15	1.25	低度风险
58	三唑酮	3	0.15	1.25	低度风险
59	四氟醚唑	3	0.15	1.25	低度风险
60	四螨嗪	3	0.15	1.25	低度风险
61	溴氰虫酰胺	3	0.15	1.25	低度风险
62	茵草敌	3	0.15	1.25	低度风险
63	莠去津	3	0.15	1.25	低度风险
64	酯菌胺	3	0.15	1.25	低度风险
65	胺鲜酯	2	0.10	1.20	低度风险
66	苯氧威	2	0.10	1.20	低度风险
67	除虫脲	2	0.10	1.20	低度风险
68	敌敌畏	2	0.10	1.20	低度风险
69	啶菌噁唑	2	0.10	1.20	低度风险
70	二嗪磷	2	0.10	1.20	低度风险
71	氟嘧菌酯	2	0.10	1.20	低度风险
72	环虫腈	2	0.10	1.20	低度风险
73	腈菌唑	2	0.10	1.20	低度风险
74	抗倒酯	2	0.10	1.20	低度风险
75	马拉硫磷	2	0.10	1.20	低度风险
76	嘧菌酯	2	0.10	1.20	低度风险
77	肟菌酯	2	0.10	1.20	低度风险
78	依维菌素	2	0.10	1.20	低度风险
79	增效醚	2	0.10	1.20	低度风险
80	氨唑草酮	1	0.05	1.15	低度风险
81	苄呋菊酯	1	0.05	1.15	低度风险
82	苄氯三唑醇	1	0.05	1.15	低度风险
83	丁氟螨酯	1	0.05	1.15	低度风险
84	丁酮威	1	0.05	1.15	低度风险
85	啶氧菌酯	1	0.05	1.15	低度风险

续表

序号	农药	超标频次	超标率 P（%）	风险系数 R	风险程度
86	噁喹酸	1	0.05	1.15	低度风险
87	伐虫脒	1	0.05	1.15	低度风险
88	氟吡菌酰胺	1	0.05	1.15	低度风险
89	氟环唑	1	0.05	1.15	低度风险
90	氟酰脲	1	0.05	1.15	低度风险
91	喹硫磷	1	0.05	1.15	低度风险
92	醚菌酯	1	0.05	1.15	低度风险
93	萘草胺	1	0.05	1.15	低度风险
94	噻虫啉	1	0.05	1.15	低度风险
95	杀螟丹	1	0.05	1.15	低度风险
96	杀线威	1	0.05	1.15	低度风险
97	特草灵	1	0.05	1.15	低度风险
98	烯草酮	1	0.05	1.15	低度风险
99	烯肟菌胺	1	0.05	1.15	低度风险
100	辛硫磷	1	0.05	1.15	低度风险
101	乙虫腈	1	0.05	1.15	低度风险
102	乙嘧酚磺酸酯	1	0.05	1.15	低度风险
103	乙氧喹啉	1	0.05	1.15	低度风险

对每个月份内的非禁用农药的风险系数进行分析，每月内非禁用农药风险程度分布图如图 6-22 所示。这 3 个月份内处于高度风险的农药数排序为 2021 年 5 月（21）> 2021 年 6 月（18）> 2021 年 7 月（10）。

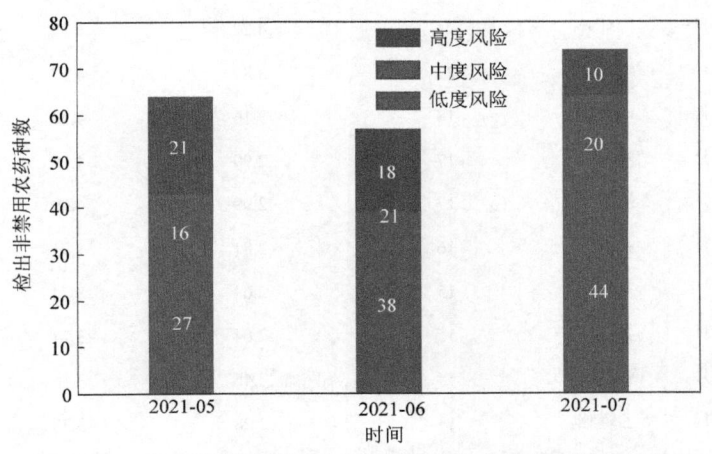

图 6-22 各月份水果蔬菜中非禁用农残留的风险程度分布图

3个月份内水果蔬菜中非禁用农药处于中度风险和高度风险的风险系数如图 6-23 和表 6-15 所示。

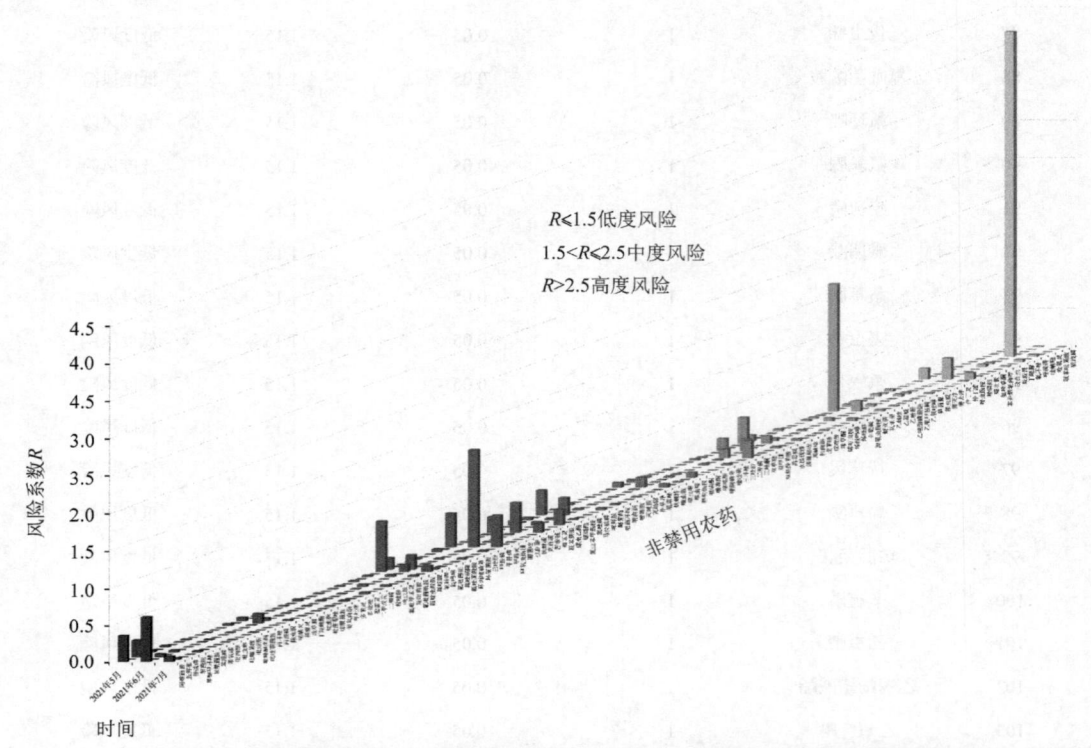

图 6-23　各月份水果蔬菜中非禁用农药处于中度风险和高度风险的风险系数分布图

表 6-15　各月份水果蔬菜中非禁用农药处于中度风险和高度风险的风险系数表

序号	年月	农药	超标频次	超标率 P（%）	风险系数 R	风险程度
1	2021 年 5 月	唑虫酰胺	25	4.39	5.49	高度风险
2	2021 年 5 月	丙环唑	24	4.22	5.32	高度风险
3	2021 年 5 月	噻虫胺	22	3.87	4.97	高度风险
4	2021 年 5 月	呋虫胺	18	3.16	4.26	高度风险
5	2021 年 5 月	哒螨灵	17	2.99	4.09	高度风险
6	2021 年 5 月	螺螨酯	17	2.99	4.09	高度风险
7	2021 年 5 月	氟硅唑	16	2.81	3.91	高度风险
8	2021 年 5 月	氰霜唑	15	2.64	3.74	高度风险
9	2021 年 5 月	异菌脲	15	2.64	3.74	高度风险
10	2021 年 5 月	丙溴磷	14	2.46	3.56	高度风险
11	2021 年 5 月	乙螨唑	13	2.28	3.38	高度风险
12	2021 年 5 月	啶虫脒	10	1.76	2.86	高度风险

续表

序号	年月	农药	超标频次	超标率 P（%）	风险系数 R	风险程度
13	2021年5月	灭幼脲	10	1.76	2.86	高度风险
14	2021年5月	炔螨特	10	1.76	2.86	高度风险
15	2021年5月	氟啶脲	9	1.58	2.68	高度风险
16	2021年5月	三环唑	9	1.58	2.68	高度风险
17	2021年5月	三唑醇	9	1.58	2.68	高度风险
18	2021年5月	氟吗啉	8	1.41	2.51	高度风险
19	2021年5月	己唑醇	8	1.41	2.51	高度风险
20	2021年5月	戊唑醇	8	1.41	2.51	高度风险
21	2021年5月	烯啶虫胺	8	1.41	2.51	高度风险
22	2021年5月	多菌灵	7	1.23	2.33	中度风险
23	2021年5月	多效唑	7	1.23	2.33	中度风险
24	2021年5月	噁霜灵	7	1.23	2.33	中度风险
25	2021年5月	吡丙醚	6	1.05	2.15	中度风险
26	2021年5月	霜霉威	6	1.05	2.15	中度风险
27	2021年5月	噻虫嗪	5	0.88	1.98	中度风险
28	2021年5月	噻嗪酮	5	0.88	1.98	中度风险
29	2021年5月	双苯基脲	5	0.88	1.98	中度风险
30	2021年5月	乙霉威	5	0.88	1.98	中度风险
31	2021年5月	阿维菌素	4	0.70	1.80	中度风险
32	2021年5月	仲丁灵	4	0.70	1.80	中度风险
33	2021年5月	倍硫磷	3	0.53	1.63	中度风险
34	2021年5月	二甲嘧酚	3	0.53	1.63	中度风险
35	2021年5月	氟啶虫酰胺	3	0.53	1.63	中度风险
36	2021年5月	咪鲜胺	3	0.53	1.63	中度风险
37	2021年5月	烯唑醇	3	0.53	1.63	中度风险
38	2021年6月	唑虫酰胺	32	4.78	5.88	高度风险
39	2021年6月	丙环唑	30	4.48	5.58	高度风险
40	2021年6月	呋虫胺	28	4.19	5.29	高度风险
41	2021年6月	氰霜唑	26	3.89	4.99	高度风险
42	2021年6月	异菌脲	25	3.74	4.84	高度风险
43	2021年6月	啶虫脒	23	3.44	4.54	高度风险
44	2021年6月	氟硅唑	19	2.84	3.94	高度风险
45	2021年6月	哒螨灵	18	2.69	3.79	高度风险
46	2021年6月	丙溴磷	17	2.54	3.64	高度风险

续表

序号	年月	农药	超标频次	超标率 P（%）	风险系数 R	风险程度
47	2021年6月	噻虫嗪	16	2.39	3.49	高度风险
48	2021年6月	噻虫胺	14	2.09	3.19	高度风险
49	2021年6月	戊唑醇	14	2.09	3.19	高度风险
50	2021年6月	螺螨酯	13	1.94	3.04	高度风险
51	2021年6月	氟吗啉	12	1.79	2.89	高度风险
52	2021年6月	己唑醇	12	1.79	2.89	高度风险
53	2021年6月	乙螨唑	12	1.79	2.89	高度风险
54	2021年6月	炔螨特	11	1.64	2.74	高度风险
55	2021年6月	烯啶虫胺	11	1.64	2.74	高度风险
56	2021年6月	吡丙醚	9	1.35	2.45	中度风险
57	2021年6月	烯唑醇	8	1.20	2.30	中度风险
58	2021年6月	吡唑醚菌酯	7	1.05	2.15	中度风险
59	2021年6月	多菌灵	7	1.05	2.15	中度风险
60	2021年6月	粉唑醇	7	1.05	2.15	中度风险
61	2021年6月	灭蝇胺	7	1.05	2.15	中度风险
62	2021年6月	灭幼脲	7	1.05	2.15	中度风险
63	2021年6月	多效唑	6	0.90	2.00	中度风险
64	2021年6月	阿维菌素	5	0.75	1.85	中度风险
65	2021年6月	敌草腈	5	0.75	1.85	中度风险
66	2021年6月	嘧霉胺	5	0.75	1.85	中度风险
67	2021年6月	三环唑	5	0.75	1.85	中度风险
68	2021年6月	霜霉威	5	0.75	1.85	中度风险
69	2021年6月	噁霜灵	4	0.60	1.70	中度风险
70	2021年6月	咪鲜胺	4	0.60	1.70	中度风险
71	2021年6月	倍硫磷	3	0.45	1.55	中度风险
72	2021年6月	敌百虫	3	0.45	1.55	中度风险
73	2021年6月	氟啶虫酰胺	3	0.45	1.55	中度风险
74	2021年6月	氟啶脲	3	0.45	1.55	中度风险
75	2021年6月	甲霜灵	3	0.45	1.55	中度风险
76	2021年6月	腈吡螨酯	3	0.45	1.55	中度风险
77	2021年7月	啶虫脒	52	6.40	7.50	高度风险
78	2021年7月	异菌脲	21	2.59	3.69	高度风险
79	2021年7月	噁霜灵	18	2.22	3.32	高度风险
80	2021年7月	炔螨特	18	2.22	3.32	高度风险

续表

序号	年月	农药	超标频次	超标率 P (%)	风险系数 R	风险程度
81	2021年7月	烯啶虫胺	15	1.85	2.95	高度风险
82	2021年7月	戊唑醇	13	1.60	2.70	高度风险
83	2021年7月	唑虫酰胺	13	1.60	2.70	高度风险
84	2021年7月	丙环唑	12	1.48	2.58	高度风险
85	2021年7月	多菌灵	12	1.48	2.58	高度风险
86	2021年7月	螺螨酯	12	1.48	2.58	高度风险
87	2021年7月	呋虫胺	11	1.35	2.45	中度风险
88	2021年7月	氟吗啉	11	1.35	2.45	中度风险
89	2021年7月	咪鲜胺	10	1.23	2.33	中度风险
90	2021年7月	霜霉威	10	1.23	2.33	中度风险
91	2021年7月	氟硅唑	9	1.11	2.21	中度风险
92	2021年7月	甲哌	9	1.11	2.21	中度风险
93	2021年7月	甲霜灵	8	0.99	2.09	中度风险
94	2021年7月	灭幼脲	8	0.99	2.09	中度风险
95	2021年7月	噻菌灵	8	0.99	2.09	中度风险
96	2021年7月	丙溴磷	7	0.86	1.96	中度风险
97	2021年7月	哒螨灵	7	0.86	1.96	中度风险
98	2021年7月	噻虫胺	7	0.86	1.96	中度风险
99	2021年7月	矮壮素	6	0.74	1.84	中度风险
100	2021年7月	烯唑醇	6	0.74	1.84	中度风险
101	2021年7月	吡唑醚菌酯	5	0.62	1.72	中度风险
102	2021年7月	甲氧虫酰肼	5	0.62	1.72	中度风险
103	2021年7月	噻虫嗪	5	0.62	1.72	中度风险
104	2021年7月	多效唑	4	0.49	1.59	中度风险
105	2021年7月	氰霜唑	4	0.49	1.59	中度风险
106	2021年7月	烯酰吗啉	4	0.49	1.59	中度风险
107	2021年7月	啶虫脒	52	6.40	7.50	高度风险

6.4 农药残留风险评估结论与建议

农药残留是影响水果蔬菜安全和质量的主要因素，也是我国食品安全领域备受关注的敏感话题和亟待解决的重大问题之一。各种水果蔬菜均存在不同程度的农药残留现象，本研究主要针对甘肃省各类水果蔬菜存在的农药残留问题，基于2021年5月至2021年

7月期间对甘肃省2050例水果蔬菜样品中农药残留侦测得出的10277个侦测结果，分别采用食品安全指数模型和风险系数模型，开展水果蔬菜中农药残留的膳食暴露风险和预警风险评估。水果蔬菜样品取自超市和农贸市场，符合大众的膳食来源，风险评价时更具有代表性和可信度。

本研究力求通用简单地反映食品安全中的主要问题，且为管理部门和大众容易接受，为政府及相关管理机构建立科学的食品安全信息发布和预警体系提供科学的规律与方法，加强对农药残留的预警和食品安全重大事件的预防，控制食品风险。

6.4.1 甘肃省水果蔬菜中农药残留膳食暴露风险评价结论

1）水果蔬菜样品中农药残留安全状态评价结论

采用食品安全指数模型，对2021年5月至2021年7月期间甘肃省水果蔬菜食品农药残留膳食暴露风险进行评价，根据IFS_c的计算结果发现，水果蔬菜中农药的IFS_c为0.0035，说明甘肃省水果蔬菜总体处于很好的安全状态，但部分禁用农药、高残留农药在蔬菜、水果中仍有侦测出，导致膳食暴露风险的存在，成为不安全因素。

2）单种水果蔬菜中农药膳食暴露风险不可接受情况评价结论

单种水果蔬菜中农药残留安全指数分析结果显示，农药对单种水果蔬菜安全影响不可接受（$IFS_c>1$）的样本数共25个，占总样本数的0.24%，样本为菠菜中的阿维菌素、氟啶脲，菜豆中的甲拌磷，草莓中的氧乐果，豇豆中的克百威、喹硫磷、氧乐果，韭菜中的水胺硫磷，芹菜中的甲拌磷，小油菜中的氟啶脲、甲拌磷，油麦菜中的阿维菌素、氟啶脲、氟硅唑、唑虫酰胺，说明菠菜中的阿维菌素、氟啶脲，菜豆中的甲拌磷，草莓中的氧乐果，豇豆中的克百威、喹硫磷、氧乐果，韭菜中的水胺硫磷，芹菜中的甲拌磷，小油菜中的氟啶脲、甲拌磷，油麦菜中的阿维菌素、氟啶脲、氟硅唑、唑虫酰胺的确会对消费者身体健康造成较大的膳食暴露风险。菠菜、菜豆、草莓、豇豆、韭菜、芹菜、小油菜和油麦菜均为较常见的水果蔬菜，百姓日常食用量较大，长期食用大量残留阿维菌素、氟啶脲的菠菜，残留甲拌磷的菜豆，残留氧乐果的草莓，残留氟啶脲、甲拌磷的小油菜，残留阿维菌素、氟啶脲、氟硅唑、唑虫酰胺的油麦菜会对人体造成不可接受的影响，本次侦测发现阿维菌素、氟啶脲、氟硅唑、甲拌磷、克百威、喹硫磷、水胺硫磷、氧乐果和唑虫酰胺在菠菜、菜豆、草莓、豇豆、韭菜、芹菜、小油菜和油麦菜样品中多次且大量侦测出，是未严格实施农业良好管理规范（GAP），抑或是农药滥用，这应该引起相关管理部门的警惕，应加强对菠菜中的阿维菌素、氟啶脲，菜豆中的甲拌磷，草莓中的氧乐果，豇豆中的克百威、喹硫磷、氧乐果，韭菜中的水胺硫磷，芹菜中的甲拌磷，小油菜中的氟啶脲、甲拌磷，油麦菜中的阿维菌素、氟啶脲、氟硅唑、唑虫酰胺的严格管控。

6.4.2 甘肃省水果蔬菜中农药残留预警风险评价结论

1）单种水果蔬菜中禁用农药残留的预警风险评价结论

本次侦测过程中，在种水果蔬菜中侦测出12种禁用农药，禁用农药为三唑磷、毒死蜱、水胺硫磷、甲胺磷、乙酰甲胺磷、克百威、甲拌磷、氧乐果、甲基硫环磷、苯线磷、氯唑磷、硫线磷，水果蔬菜为：菠菜、菜豆、草莓、大白菜、豇豆、结球甘蓝、韭菜、辣椒、梨、苹果、葡萄、茄子、芹菜、蒜薹、桃、小白菜、小油菜、油麦菜，水果蔬菜中禁用农药的风险系数分析结果显示，12种禁用农药在18种水果蔬菜中的残留中10%处于高度风险，40%处于中度风险，50%处于低度风险，说明在单种水果蔬菜中禁用农药的残留会导致较高的预警风险。

2）单种水果蔬菜中非禁用农药残留的预警风险评价结论

本次侦测过程中，在20种水果蔬菜侦测出201种残留非禁用农药，涉及2048个样本，10283检出频次。以MRL中国国家标准为标准，计算水果蔬菜中非禁用农药风险系数，0.03%处于高度风险，0.07%处于中度风险，61.76%处于低度风险，38.14%的数据没有MRL中国国家标准值，无法判断其风险程度；以MRL欧盟标准为标准，计算水果蔬菜中非禁用农药风险系数，发现有0.42%处于高度风险，0.63%处于中度风险，98.57%处于低度风险。基于两种MRL标准，评价的结果差异显著，可以看出MRL欧盟标准比中国国家标准更加严格和完善，过于宽松的MRL中国国家标准值能否有效保障人体的健康有待研究。

6.4.3 加强甘肃省水果蔬菜食品安全建议

我国食品安全风险评价体系仍不够健全，相关制度不够完善，多年来，由于农药用药次数多、用药量大或用药间隔时间短，产品残留量大，农药残留所造成的食品安全问题日益严峻，给人体健康带来了直接或间接的危害。据估计，美国与农药有关的癌症患者数约占全国癌症患者总数的50%，中国更高。同样，农药对其他生物也会形成直接杀伤和慢性危害，植物中的农药可经过食物链逐级传递并不断蓄积，对人和动物构成潜在威胁，并影响生态系统。

基于本次农药残留侦测数据的风险评价结果，提出以下几点建议：

1）加快食品安全标准制定步伐

我国食品标准中对农药每日允许最大摄入量ADI的数据严重缺乏，在本次甘肃省水果蔬菜农药现有评价所涉及的194种农药中，仅有83.5%的农药具有ADI值，而16.5%的农药中国尚未规定相应的ADI值，亟待完善。

我国食品中农药最大残留限量值的规定严重缺乏，对评估涉及的不同水果蔬菜中不同农药1087个MRL限值进行统计来看，我国仅制定出531个标准，标准完整率仅为48.9%，欧盟的完整率达到100%（表6-16）。因此，中国更应加快MRL的制定步伐。

表6-16 我国国家食品标准农药的ADI、MRL值与盟标准的数量差异

分类		中国ADI	MRL中国国家标准	MRL欧盟标准
标准限值（个）	有	162	531	1087
	无	32	556	0
总数（个）		194	1087	1087
无标准限值比例（%）		16.5	51.1	0.0

此外，MRL 中国国家标准限值普遍高于欧盟标准限值，这些标准中共有 349 个高于欧盟。过高的 MRL 值难以保障人体健康，建议继续加强对限值基准和标准的科学研究，将农产品中的危险性减少到尽可能低的水平。

2）加强农药的源头控制和分类监管

在甘肃省某些水果蔬菜中仍有禁用农药残留，利用 LC-Q-TOF/MS 侦测出 12 种禁用农药，检出频次为 174 次，残留禁用农药均存在较大的膳食暴露风险和预警风险。早已列入黑名单的禁用农药在我国并未真正退出，有些药物由于价格便宜、工艺简单，此类高毒农药一直生产和使用。建议在我国采取严格有效的控制措施，从源头控制禁用农药。

对于非禁用农药，在我国作为"田间地头"最典型单位的县级蔬果产地中，农药残留的侦测几乎缺失。建议根据农药的毒性，对高毒、剧毒、中毒农药实现分类管理，减少使用高毒和剧毒高残留农药，进行分类监管。

3）加强残留农药的生物修复及降解新技术

市售果蔬中残留农药的品种多、频次高、禁用农药多次检出这一现状，说明了我国的田间土壤和水体因农药长期、频繁、不合理的使用而遭到严重污染。为此，建议中国相关部门出台相关政策，鼓励高校及科研院所积极开展分子生物学、酶学等研究，加强土壤、水体中残留农药的生物修复及降解新技术研究，切实加大农药监管力度，以控制农药的面源污染问题。

综上所述，在本工作基础上，根据蔬菜残留危害，可进一步针对其成因提出和采取严格管理、大力推广无公害蔬菜种植与生产、健全食品安全控制技术体系、加强蔬菜食品质量侦测体系建设和积极推行蔬菜食品质量追溯制度等相应对策。建立和完善食品安全综合评价指数与风险监测预警系统，对食品安全进行实时、全面的监控与分析，为我国的食品安全科学监管与决策提供新的技术支持，可实现各类检验数据的信息化系统管理，降低食品安全事故的发生。

第7章 GC-Q-TOF/MS 侦测甘肃省市售水果蔬菜农药残留报告

从甘肃省随机采集了 2050 例水果蔬菜样品，使用气相色谱-飞行时间质谱（GC-Q-TOF/MS），进行了 691 种农药化学污染物的全面侦测。

7.1 样品种类、数量与来源

7.1.1 样品采集与检测

为了真实反映百姓餐桌上水果蔬菜中农药残留污染状况，本次所有检测样品均由检验人员于 2021 年 5 月至 7 月期间，从甘肃省 518 个采样点，包括 38 个农贸市场、20 个电商平台、36 个公司、334 个个体商户、51 个超市、39 个餐饮酒店，以随机购买方式采集，总计 595 批 2050 例样品，从中检出农药 204 种，11071 频次。采样及监测概况见表 7-1，样品明细见表 7-2。

表 7-1 农药残留监测总体概况

采样地区	甘肃省 12 个区县
采样点（超市+农贸市场）	518
样本总数	2050
检出农药品种/频次	204/11071
各采样点样本农药残留检出率范围	0.0%～100.0%

表 7-2 样品分类及数量

样品分类	样品名称（数量）	数量小计
1. 水果		550
1）核果类水果	桃（100）	100
2）浆果和其他小型水果	葡萄（100），草莓（150）	250
3）仁果类水果	苹果（100），梨（100）	200
2. 蔬菜		1500
1）豆类蔬菜	豇豆（100），菜豆（100）	200
2）鳞茎类蔬菜	韭菜（100），蒜薹（100）	200
3）叶菜类蔬菜	小白菜（100），油麦菜（100），芹菜（100），小油菜（100），大白菜（100），菠菜（100）	600

续表

样品分类	样品名称（数量）	数量小计
4）芸薹属类蔬菜	结球甘蓝（100）	100
5）茄果类蔬菜	辣椒（100），番茄（100），茄子（100）	300
6）瓜类蔬菜	黄瓜（100）	100
合计	1. 水果 5 种 2. 蔬菜 15 种	2050

7.1.2 检测结果

这次使用的检测方法是庞国芳院士团队最新研发的不需使用标准品对照，而以高分辨精确质量数（0.0001 m/z）为基准的 GC-Q-TOF/MS 检测技术，对于 2050 例样品，每个样品均侦测了 691 种农药化学污染物的残留现状。通过本次侦测，在 2050 例样品中共计检出农药化学污染物 204 种，检出 11071 频次。

7.1.2.1 各采样点样品检出情况

统计分析发现 518 个采样点中，被测样品的农药检出率范围为 0.0%～100.0%。其中，有 465 个采样点样品的检出率最高，达到了 100.0%，见表 7-3。

表 7-3 甘肃省采样点信息

采样点序号	行政区域	检出率（%）	采样点序号	行政区域	检出率（%）
个体商户(334)			15	兰州市 七里河区	100.0
1	兰州市 七里河区	100.0	16	兰州市 七里河区	100.0
2	兰州市 七里河区	100.0	17	兰州市 七里河区	100.0
3	兰州市 七里河区	100.0	18	兰州市 七里河区	66.7
4	兰州市 七里河区	100.0	19	兰州市 七里河区	100.0
5	兰州市 七里河区	100.0	20	兰州市 七里河区	100.0
6	兰州市 七里河区	100.0	21	兰州市 七里河区	100.0
7	兰州市 七里河区	100.0	22	兰州市 七里河区	100.0
8	兰州市 七里河区	100.0	23	兰州市 七里河区	100.0
9	兰州市 七里河区	100.0	24	兰州市 七里河区	85.7
10	兰州市 七里河区	100.0	25	兰州市 七里河区	100.0
11	兰州市 七里河区	100.0	26	兰州市 七里河区	80.0
12	兰州市 七里河区	100.0	27	兰州市 七里河区	100.0
13	兰州市 七里河区	100.0	28	兰州市 七里河区	100.0
14	兰州市 七里河区	100.0	29	兰州市 七里河区	100.0

第 7 章 GC-Q-TOF/MS 侦测甘肃省市售水果蔬菜农药残留报告

续表

采样点序号	行政区域	检出率（%）	采样点序号	行政区域	检出率（%）
30	兰州市 七里河区	83.3	63	兰州市 七里河区	100.0
31	兰州市 七里河区	100.0	64	兰州市 七里河区	100.0
32	兰州市 七里河区	100.0	65	兰州市 七里河区	100.0
33	兰州市 七里河区	66.7	66	兰州市 七里河区	100.0
34	兰州市 七里河区	100.0	67	兰州市 七里河区	100.0
35	兰州市 七里河区	100.0	68	兰州市 七里河区	0
36	兰州市 七里河区	100.0	69	兰州市 七里河区	100.0
37	兰州市 七里河区	100.0	70	兰州市 七里河区	100.0
38	兰州市 七里河区	100.0	71	兰州市 七里河区	100.0
39	兰州市 七里河区	100.0	72	兰州市 七里河区	100.0
40	兰州市 七里河区	100.0	73	兰州市 七里河区	100.0
41	兰州市 七里河区	100.0	74	兰州市 七里河区	100.0
42	兰州市 七里河区	100.0	75	兰州市 七里河区	100.0
43	兰州市 七里河区	100.0	76	兰州市 七里河区	100.0
44	兰州市 七里河区	100.0	77	兰州市 七里河区	100.0
45	兰州市 七里河区	100.0	78	兰州市 七里河区	100.0
46	兰州市 七里河区	100.0	79	兰州市 七里河区	100.0
47	兰州市 七里河区	100.0	80	兰州市 七里河区	100.0
48	兰州市 七里河区	100.0	81	兰州市 七里河区	100.0
49	兰州市 七里河区	100.0	82	兰州市 七里河区	100.0
50	兰州市 七里河区	100.0	83	兰州市 七里河区	100.0
51	兰州市 七里河区	100.0	84	兰州市 七里河区	100.0
52	兰州市 七里河区	100.0	85	兰州市 七里河区	100.0
53	兰州市 七里河区	100.0	86	兰州市 七里河区	100.0
54	兰州市 七里河区	100.0	87	兰州市 城关区	100.0
55	兰州市 七里河区	100.0	88	兰州市 城关区	100.0
56	兰州市 七里河区	100.0	89	兰州市 城关区	100.0
57	兰州市 七里河区	66.7	90	兰州市 城关区	100.0
58	兰州市 七里河区	100.0	91	兰州市 城关区	100.0
59	兰州市 七里河区	100.0	92	兰州市 城关区	100.0
60	兰州市 七里河区	100.0	93	兰州市 城关区	100.0
61	兰州市 七里河区	100.0	94	兰州市 城关区	100.0
62	兰州市 七里河区	100.0	95	兰州市 城关区	100.0

续表

采样点序号	行政区域	检出率（%）	采样点序号	行政区域	检出率（%）
96	兰州市 城关区	100.0	129	兰州市 安宁区	100.0
97	兰州市 城关区	100.0	130	兰州市 榆中县	100.0
98	兰州市 城关区	100.0	131	兰州市 榆中县	100.0
99	兰州市 城关区	100.0	132	兰州市 榆中县	100.0
100	兰州市 城关区	100.0	133	兰州市 榆中县	100.0
101	兰州市 城关区	100.0	134	兰州市 榆中县	100.0
102	兰州市 城关区	100.0	135	兰州市 榆中县	100.0
103	兰州市 城关区	100.0	136	兰州市 榆中县	100.0
104	兰州市 城关区	100.0	137	兰州市 榆中县	100.0
105	兰州市 城关区	100.0	138	兰州市 榆中县	66.7
106	兰州市 城关区	100.0	139	兰州市 榆中县	100.0
107	兰州市 城关区	100.0	140	兰州市 榆中县	100.0
108	兰州市 城关区	100.0	141	兰州市 榆中县	100.0
109	兰州市 城关区	100.0	142	兰州市 榆中县	100.0
110	兰州市 城关区	100.0	143	兰州市 榆中县	100.0
111	兰州市 城关区	100.0	144	兰州市 榆中县	100.0
112	兰州市 城关区	100.0	145	兰州市 榆中县	100.0
113	兰州市 城关区	100.0	146	兰州市 榆中县	100.0
114	兰州市 城关区	100.0	147	兰州市 榆中县	100.0
115	兰州市 城关区	100.0	148	兰州市 榆中县	100.0
116	兰州市 城关区	100.0	149	兰州市 榆中县	100.0
117	兰州市 城关区	100.0	150	兰州市 榆中县	100.0
118	兰州市 安宁区	100.0	151	兰州市 榆中县	100.0
119	兰州市 安宁区	100.0	152	兰州市 榆中县	100.0
120	兰州市 安宁区	100.0	153	兰州市 榆中县	100.0
121	兰州市 安宁区	100.0	154	兰州市 榆中县	100.0
122	兰州市 安宁区	100.0	155	兰州市 榆中县	100.0
123	兰州市 安宁区	100.0	156	兰州市 榆中县	100.0
124	兰州市 安宁区	100.0	157	兰州市 榆中县	100.0
125	兰州市 安宁区	100.0	158	兰州市 榆中县	100.0
126	兰州市 安宁区	100.0	159	兰州市 榆中县	100.0
127	兰州市 安宁区	100.0	160	兰州市 榆中县	100.0
128	兰州市 安宁区	100.0	161	兰州市 榆中县	100.0

续表

采样点序号	行政区域	检出率（%）	采样点序号	行政区域	检出率（%）
162	兰州市 榆中县	100.0	195	兰州市 红古区	100.0
163	兰州市 榆中县	100.0	196	兰州市 红古区	100.0
164	兰州市 榆中县	100.0	197	兰州市 红古区	100.0
165	兰州市 榆中县	100.0	198	兰州市 红古区	100.0
166	兰州市 榆中县	100.0	199	兰州市 红古区	100.0
167	兰州市 榆中县	100.0	200	兰州市 红古区	100.0
168	兰州市 榆中县	100.0	201	兰州市 红古区	100.0
169	兰州市 榆中县	100.0	202	兰州市 红古区	100.0
170	兰州市 榆中县	100.0	203	兰州市 红古区	100.0
171	兰州市 榆中县	100.0	204	兰州市 红古区	100.0
172	兰州市 榆中县	100.0	205	兰州市 红古区	100.0
173	兰州市 榆中县	100.0	206	兰州市 红古区	100.0
174	兰州市 榆中县	100.0	207	兰州市 红古区	100.0
175	兰州市 榆中县	100.0	208	兰州市 红古区	100.0
176	兰州市 永登县	100.0	209	兰州市 红古区	100.0
177	兰州市 永登县	100.0	210	兰州市 红古区	100.0
178	兰州市 永登县	100.0	211	兰州市 红古区	100.0
179	兰州市 皋兰县	100.0	212	兰州市 红古区	66.7
180	兰州市 皋兰县	100.0	213	兰州市 红古区	100.0
181	兰州市 皋兰县	100.0	214	兰州市 红古区	100.0
182	兰州市 皋兰县	100.0	215	兰州市 红古区	100.0
183	兰州市 皋兰县	100.0	216	兰州市 红古区	100.0
184	兰州市 皋兰县	100.0	217	兰州市 红古区	100.0
185	兰州市 皋兰县	100.0	218	兰州市 红古区	87.5
186	兰州市 皋兰县	100.0	219	兰州市 红古区	100.0
187	兰州市 皋兰县	100.0	220	兰州市 红古区	100.0
188	兰州市 皋兰县	100.0	221	兰州市 红古区	100.0
189	兰州市 皋兰县	100.0	222	兰州市 红古区	100.0
190	兰州市 皋兰县	100.0	223	兰州市 红古区	100.0
191	兰州市 皋兰县	100.0	224	兰州市 红古区	100.0
192	兰州市 皋兰县	100.0	225	兰州市 红古区	100.0
193	兰州市 皋兰县	100.0	226	兰州市 红古区	100.0
194	兰州市 皋兰县	50.0	227	兰州市 红古区	100.0

续表

采样点序号	行政区域	检出率（%）	采样点序号	行政区域	检出率（%）
228	兰州市 红古区	100.0	261	兰州市 西固区	100.0
229	兰州市 红古区	100.0	262	兰州市 西固区	100.0
230	兰州市 红古区	100.0	263	定西市 安定区	100.0
231	兰州市 红古区	100.0	264	张掖市 甘州区	100.0
232	兰州市 红古区	100.0	265	张掖市 甘州区	100.0
233	兰州市 红古区	100.0	266	张掖市 甘州区	100.0
234	兰州市 红古区	100.0	267	张掖市 甘州区	92.3
235	兰州市 红古区	100.0	268	张掖市 甘州区	100.0
236	兰州市 红古区	100.0	269	张掖市 甘州区	85.7
237	兰州市 红古区	100.0	270	张掖市 甘州区	100.0
238	兰州市 红古区	100.0	271	张掖市 甘州区	87.5
239	兰州市 红古区	100.0	272	张掖市 甘州区	100.0
240	兰州市 红古区	100.0	273	张掖市 甘州区	100.0
241	兰州市 西固区	100.0	274	张掖市 甘州区	100.0
242	兰州市 西固区	100.0	275	张掖市 甘州区	100.0
243	兰州市 西固区	100.0	276	张掖市 甘州区	100.0
244	兰州市 西固区	100.0	277	武威市 凉州区	100.0
245	兰州市 西固区	100.0	278	武威市 凉州区	100.0
246	兰州市 西固区	100.0	279	武威市 凉州区	100.0
247	兰州市 西固区	100.0	280	武威市 凉州区	100.0
248	兰州市 西固区	100.0	281	武威市 凉州区	100.0
249	兰州市 西固区	100.0	282	武威市 凉州区	100.0
250	兰州市 西固区	100.0	283	武威市 凉州区	100.0
251	兰州市 西固区	100.0	284	白银市 白银区	100.0
252	兰州市 西固区	100.0	285	白银市 白银区	100.0
253	兰州市 西固区	100.0	286	白银市 白银区	75.0
254	兰州市 西固区	100.0	287	白银市 白银区	100.0
255	兰州市 西固区	100.0	288	白银市 白银区	90.9
256	兰州市 西固区	100.0	289	白银市 白银区	100.0
257	兰州市 西固区	100.0	290	白银市 白银区	100.0
258	兰州市 西固区	50.0	291	白银市 白银区	92.3
259	兰州市 西固区	100.0	292	白银市 白银区	100.0
260	兰州市 西固区	100.0	293	白银市 白银区	75.0

采样点序号	行政区域	检出率（%）	采样点序号	行政区域	检出率（%）
294	白银市 白银区	100.0	327	白银市 白银区	100.0
295	白银市 白银区	100.0	328	白银市 白银区	100.0
296	白银市 白银区	100.0	329	白银市 白银区	100.0
297	白银市 白银区	100.0	330	白银市 白银区	100.0
298	白银市 白银区	100.0	331	白银市 白银区	100.0
299	白银市 白银区	100.0	332	白银市 白银区	100.0
300	白银市 白银区	100.0	333	白银市 白银区	100.0
301	白银市 白银区	66.7	334	白银市 白银区	100.0
302	白银市 白银区	88.9		公司(36)	
303	白银市 白银区	100.0	1	兰州市 七里河区	100.0
304	白银市 白银区	100.0	2	兰州市 七里河区	100.0
305	白银市 白银区	100.0	3	兰州市 七里河区	100.0
306	白银市 白银区	100.0	4	兰州市 城关区	100.0
307	白银市 白银区	100.0	5	兰州市 城关区	100.0
308	白银市 白银区	88.9	6	兰州市 城关区	100.0
309	白银市 白银区	100.0	7	兰州市 城关区	100.0
310	白银市 白银区	100.0	8	兰州市 城关区	100.0
311	白银市 白银区	100.0	9	兰州市 城关区	100.0
312	白银市 白银区	66.7	10	兰州市 城关区	100.0
313	白银市 白银区	100.0	11	兰州市 城关区	100.0
314	白银市 白银区	100.0	12	兰州市 城关区	100.0
315	白银市 白银区	100.0	13	兰州市 城关区	100.0
316	白银市 白银区	100.0	14	兰州市 城关区	100.0
317	白银市 白银区	100.0	15	兰州市 城关区	100.0
318	白银市 白银区	100.0	16	兰州市 城关区	100.0
319	白银市 白银区	100.0	17	兰州市 安宁区	100.0
320	白银市 白银区	100.0	18	兰州市 安宁区	100.0
321	白银市 白银区	100.0	19	兰州市 榆中县	100.0
322	白银市 白银区	100.0	20	兰州市 榆中县	100.0
323	白银市 白银区	100.0	21	兰州市 榆中县	100.0
324	白银市 白银区	100.0	22	兰州市 永登县	100.0
325	白银市 白银区	100.0	23	兰州市 永登县	100.0
326	白银市 白银区	100.0	24	兰州市 永登县	100.0

续表

采样点序号	行政区域	检出率（%）	采样点序号	行政区域	检出率（%）
25	兰州市 皋兰县	100.0	23	兰州市 西固区	100.0
26	兰州市 皋兰县	100.0	24	兰州市 西固区	83.3
27	兰州市 皋兰县	100.0	25	兰州市 西固区	100.0
28	兰州市 红古区	100.0	26	兰州市 西固区	100.0
29	兰州市 红古区	100.0	27	兰州市 西固区	85.7
30	兰州市 红古区	100.0	28	定西市 安定区	100.0
31	兰州市 红古区	100.0	29	定西市 安定区	100.0
32	兰州市 西固区	100.0	30	定西市 安定区	100.0
33	兰州市 西固区	100.0	31	武威市 凉州区	100.0
34	兰州市 西固区	100.0	32	武威市 凉州区	100.0
35	兰州市 西固区	100.0	33	武威市 凉州区	100.0
36	兰州市 西固区	100.0	34	武威市 凉州区	100.0
农贸市场(38)			35	武威市 凉州区	100.0
1	兰州市 七里河区	100.0	36	武威市 凉州区	100.0
2	兰州市 七里河区	100.0	37	武威市 凉州区	100.0
3	兰州市 七里河区	100.0	38	武威市 凉州区	100.0
4	兰州市 城关区	100.0	电商平台(20)		
5	兰州市 城关区	100.0	1	兰州市 城关区	66.7
6	兰州市 安宁区	100.0	2	兰州市 城关区	100.0
7	兰州市 西固区	100.0	3	兰州市 城关区	100.0
8	兰州市 西固区	100.0	4	兰州市 城关区	100.0
9	兰州市 西固区	100.0	5	兰州市 城关区	100.0
10	兰州市 西固区	100.0	6	兰州市 城关区	100.0
11	兰州市 西固区	100.0	7	兰州市 城关区	100.0
12	兰州市 西固区	100.0	8	兰州市 城关区	100.0
13	兰州市 西固区	100.0	9	兰州市 城关区	100.0
14	兰州市 西固区	100.0	10	兰州市 城关区	100.0
15	兰州市 西固区	100.0	11	兰州市 城关区	100.0
16	兰州市 西固区	100.0	12	兰州市 城关区	100.0
17	兰州市 西固区	100.0	13	兰州市 城关区	100.0
18	兰州市 西固区	100.0	14	兰州市 城关区	100.0
19	兰州市 西固区	50.0	15	兰州市 城关区	100.0
20	兰州市 西固区	100.0	16	兰州市 城关区	100.0
21	兰州市 西固区	100.0	17	兰州市 城关区	100.0
22	兰州市 西固区	100.0	18	兰州市 城关区	100.0

第7章 GC-Q-TOF/MS 侦测甘肃省市售水果蔬菜农药残留报告

续表

采样点序号	行政区域	检出率(%)	采样点序号	行政区域	检出率(%)
19	兰州市 城关区	100.0	33	兰州市 皋兰县	84.2
20	兰州市 城关区	84.2	34	兰州市 红古区	100.0
超市(51)			35	兰州市 红古区	100.0
1	兰州市 七里河区	84.2	36	兰州市 红古区	84.2
2	兰州市 七里河区	84.2	37	兰州市 红古区	73.3
3	兰州市 城关区	78.9	38	兰州市 红古区	100.0
4	兰州市 城关区	89.5	39	兰州市 西固区	100.0
5	兰州市 城关区	73.7	40	兰州市 西固区	0
6	兰州市 城关区	89.5	41	兰州市 西固区	83.3
7	兰州市 城关区	89.5	42	兰州市 西固区	100.0
8	兰州市 城关区	78.9	43	兰州市 西固区	100.0
9	兰州市 城关区	84.2	44	定西市 安定区	100.0
10	兰州市 城关区	89.5	45	定西市 安定区	100.0
11	兰州市 城关区	100.0	46	定西市 安定区	100.0
12	兰州市 城关区	94.4	47	定西市 安定区	
13	兰州市 城关区	94.4	48	定西市 安定区	100.0
14	兰州市 城关区	100.0	49	定西市 安定区	100.0
15	兰州市 城关区	100.0	50	白银市 白银区	100.0
16	兰州市 城关区	100.0	51	白银市 白银区	100.0
17	兰州市 城关区	100.0	餐饮酒店(39)		
18	兰州市 城关区	100.0	1	兰州市 城关区	100.0
19	兰州市 城关区	100.0	2	兰州市 城关区	100.0
20	兰州市 城关区	100.0	3	兰州市 安宁区	100.0
21	兰州市 城关区	100.0	4	兰州市 安宁区	100.0
22	兰州市 城关区	100.0	5	兰州市 安宁区	100.0
23	兰州市 城关区	66.7	6	兰州市 安宁区	100.0
24	兰州市 城关区	66.7	7	兰州市 安宁区	100.0
25	兰州市 城关区	89.5	8	兰州市 安宁区	100.0
26	兰州市 安宁区	73.3	9	兰州市 安宁区	100.0
27	兰州市 安宁区	94.7	10	兰州市 榆中县	100.0
28	兰州市 安宁区	100.0	11	兰州市 永登县	100.0
29	兰州市 安宁区	66.7	12	兰州市 永登县	100.0
30	兰州市 榆中县	100.0	13	兰州市 永登县	100.0
31	兰州市 榆中县	100.0	14	兰州市 永登县	100.0
32	兰州市 永登县	84.2	15	兰州市 永登县	100.0

续表

采样点序号	行政区域	检出率（%）	采样点序号	行政区域	检出率（%）
16	兰州市　永登县	100.0	28	兰州市　永登县	100.0
17	兰州市　永登县	100.0	29	兰州市　永登县	100.0
18	兰州市　永登县	100.0	30	兰州市　永登县	100.0
19	兰州市　永登县	100.0	31	兰州市　永登县	83.3
20	兰州市　永登县	100.0	32	兰州市　永登县	100.0
21	兰州市　永登县	100.0	33	兰州市　永登县	100.0
22	兰州市　永登县	100.0	34	兰州市　永登县	100.0
23	兰州市　永登县	100.0	35	兰州市　永登县	100.0
24	兰州市　永登县	100.0	36	兰州市　永登县	100.0
25	兰州市　永登县	100.0	37	兰州市　皋兰县	100.0
26	兰州市　永登县	100.0	38	兰州市　皋兰县	100.0
27	兰州市　永登县	100.0	39	兰州市　西固区	100.0

7.1.2.2　检出农药的品种总数与频次

统计分析发现，对于2050例样品中691种农药化学污染物的侦测，共检出农药11071频次，涉及农药204种，结果如图7-1所示。其中乙氧喹啉检出频次最高，共检出856次。检出频次排名前10的农药如下：①乙氧喹啉（856），②腐霉利（707），③烯酰吗啉（668），④氯氟氰菊酯（555），⑤二苯胺（484），⑥虫螨腈（481），⑦乙草胺（336），⑧异菌脲（336），⑨毒死蜱（332），⑩苯醚甲环唑（323）。

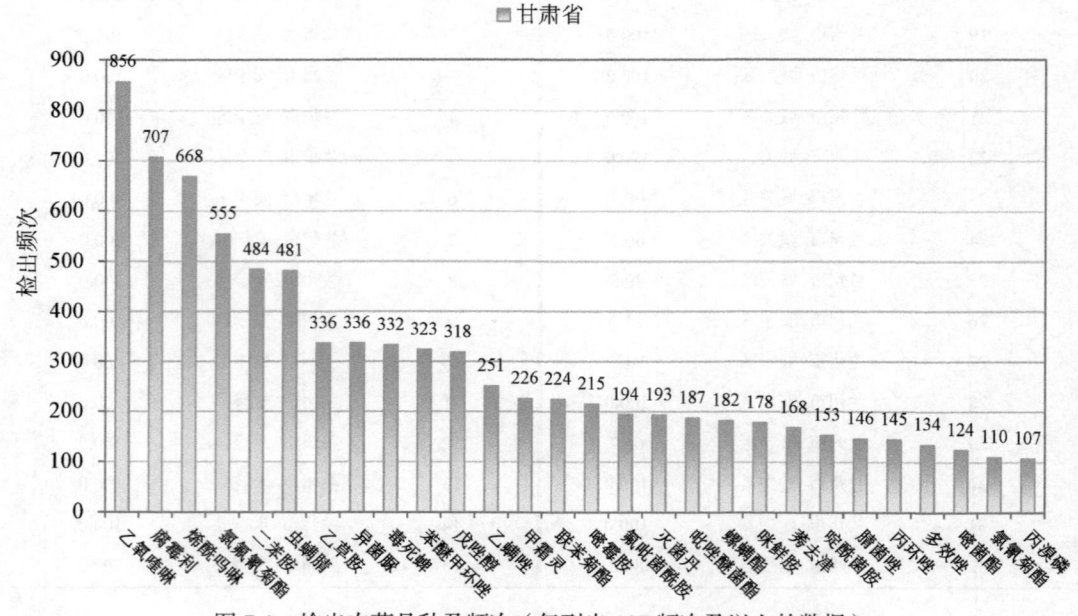

图7-1　检出农药品种及频次（仅列出107频次及以上的数据）

由图 7-2 可见，芹菜、豇豆、黄瓜、辣椒、葡萄、油麦菜、菜豆、茄子、桃、小油菜、菠菜、草莓、番茄、大白菜、韭菜、梨、小白菜、蒜薹和苹果这 19 种果蔬样品中检出的农药品种数较高，均超过 30 种，其中，芹菜检出农药品种最多，为 95 种。由图 7-3 可见，油麦菜、草莓、芹菜、豇豆、桃、葡萄、黄瓜、蒜薹、辣椒、茄子、小油菜、韭菜、菜豆、梨、菠菜、苹果、小白菜、番茄、大白菜和结球甘蓝这 20 种果蔬样品中的农药检出频次较高，均超过 100 次，其中，油麦菜检出农药频次最高，为 926 次。

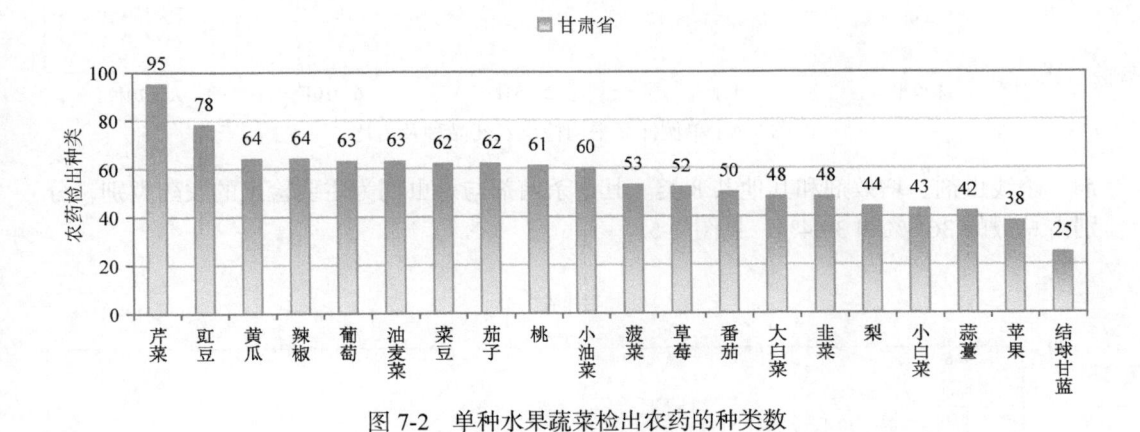

图 7-2 单种水果蔬菜检出农药的种类数

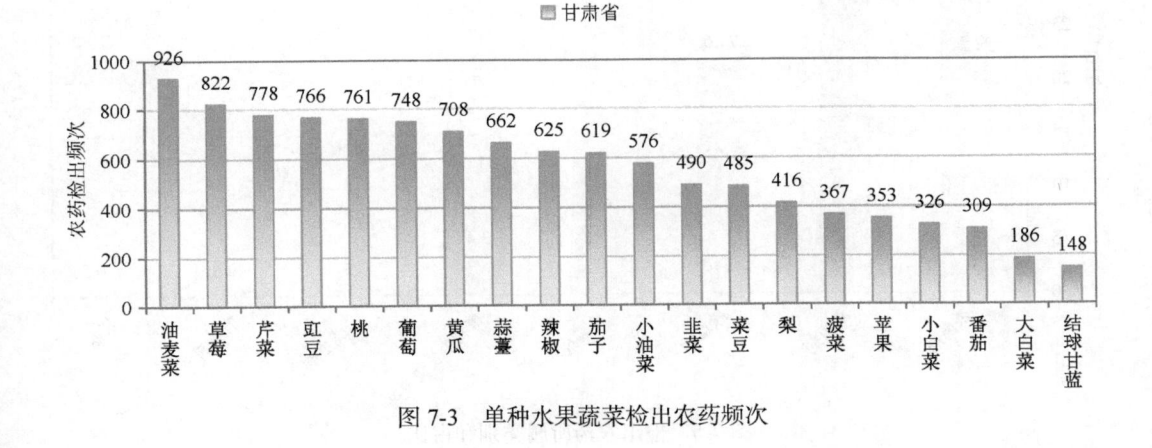

图 7-3 单种水果蔬菜检出农药频次

7.1.2.3 单例样品农药检出种类与占比

对单例样品检出农药种类和频次进行统计发现，未检出农药的样品占总样品数的 4.9%，检出 1 种农药的样品占总样品数的 10.7%，检出 2~5 种农药的样品占总样品数的 44.4%，检出 6~10 种农药的样品占总样品数的 28.6%，检出大于 10 种农药的样品占总样品数的 11.4%。每例样品中平均检出农药为 5.4 种，数据见图 7-4。

7.1.2.4 检出农药类别与占比

所有检出农药按功能分类，包括杀菌剂、杀虫剂、除草剂、杀螨剂、植物生长调节

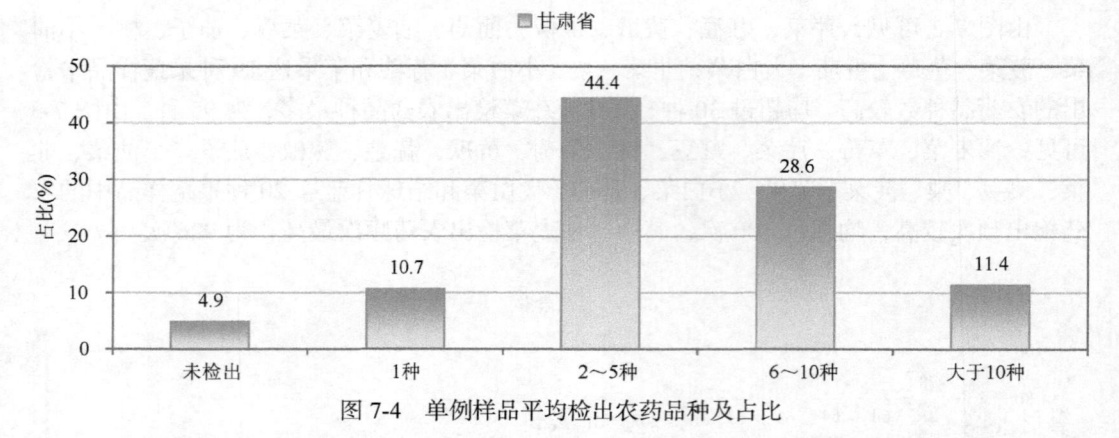

图 7-4 单例样品平均检出农药品种及占比

剂、杀线虫剂、增效剂和其他共 8 类。其中杀菌剂与杀虫剂为主要检出的农药类别，分别占总数的 36.8%和 30.4%，见图 7-5。

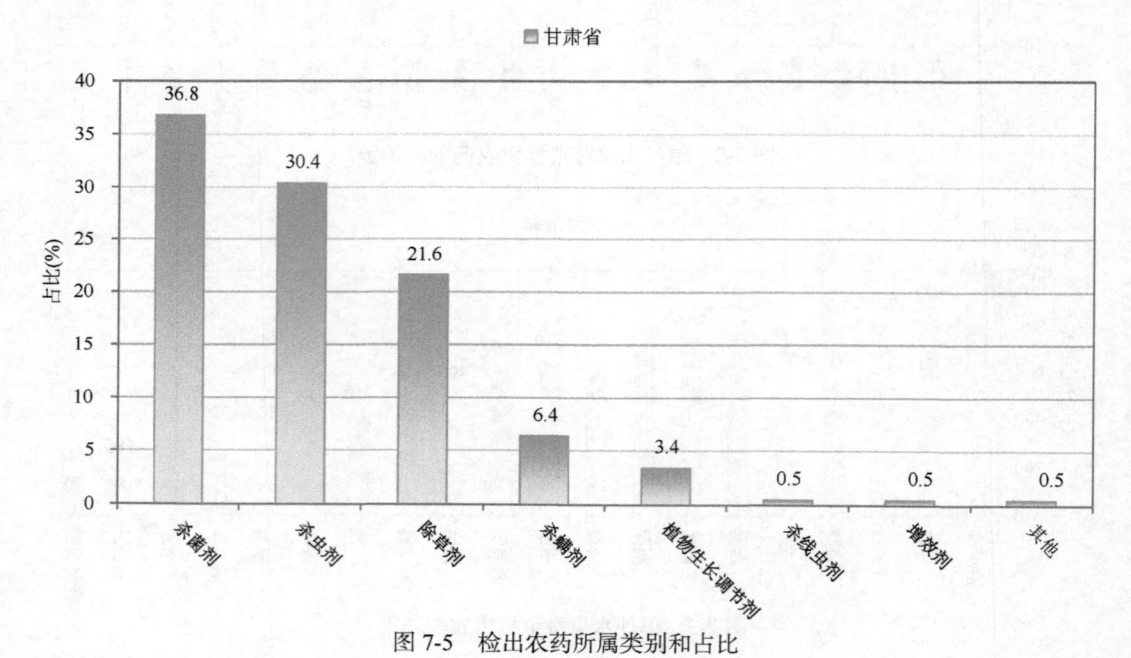

图 7-5 检出农药所属类别和占比

7.1.2.5 检出农药的残留水平

按检出农药残留水平进行统计，残留水平在 1~5 μg/kg（含）的农药占总数的 47.9%，在 5~10 μg/kg（含）的农药占总数的 11.8%，在 10~100 μg/kg（含）的农药占总数的 28.9%，在 100~1000 μg/kg（含）的农药占总数的 10.3%，在>1000 μg/kg 的农药占总数的 1.0%。

由此可见，这次检测的 595 批 2050 例水果蔬菜样品中农药多数处于较低残留水平。结果见图 7-6。

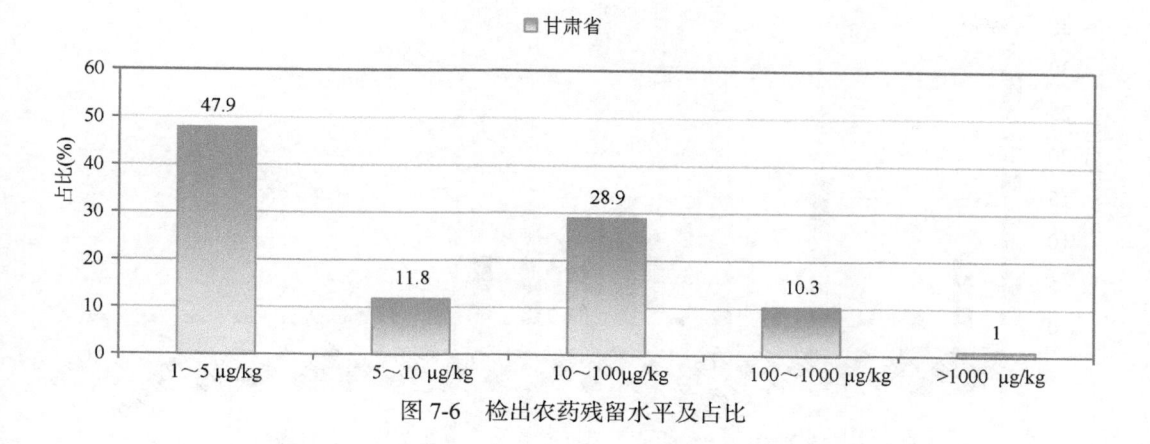

图 7-6　检出农药残留水平及占比

7.1.2.6　检出农药的毒性类别、检出频次和超标频次及占比

对这次检出的 204 种 11071 频次的农药，按剧毒、高毒、中毒、低毒和微毒这五个毒性类别进行分类，从中可以看出，甘肃省目前普遍使用的农药为中低微毒农药，品种占 90.2%，频次占 98.9%。结果见图 7-7。

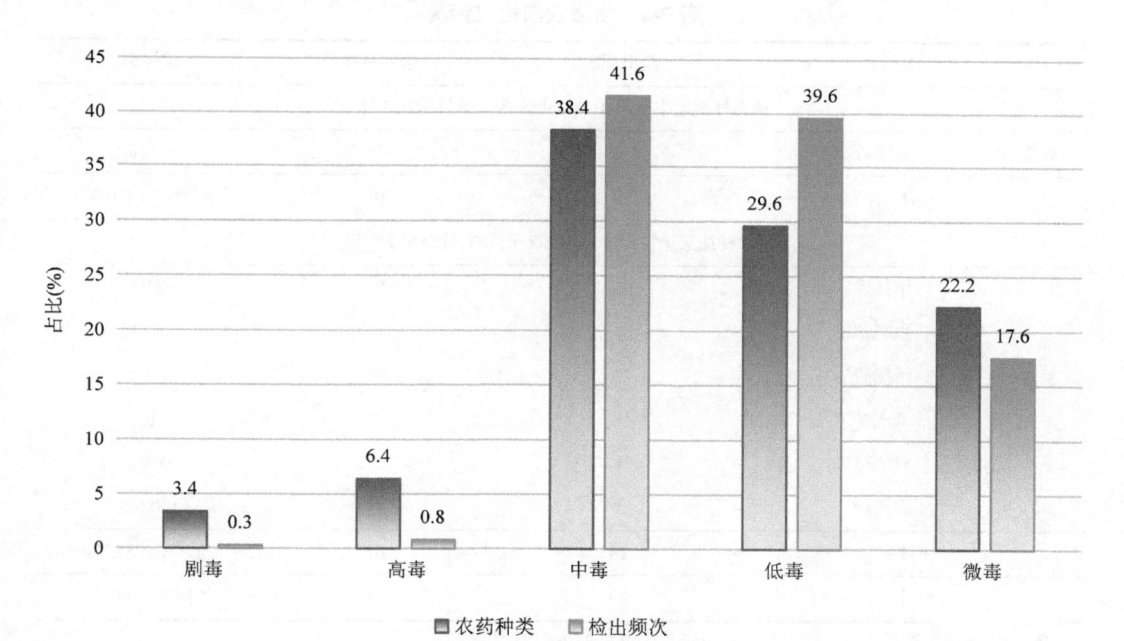

图 7-7　检出农药的毒性分类和占比

7.1.2.7　检出剧毒/高毒类农药的品种和频次

值得特别关注的是，在此次侦测的 2050 例样品中有 13 种蔬菜 5 种水果的 116 例样品检出了 20 种 123 频次的剧毒和高毒农药，占样品总量的 5.7%，详见表 7-4、表 7-5 及图 7-8。

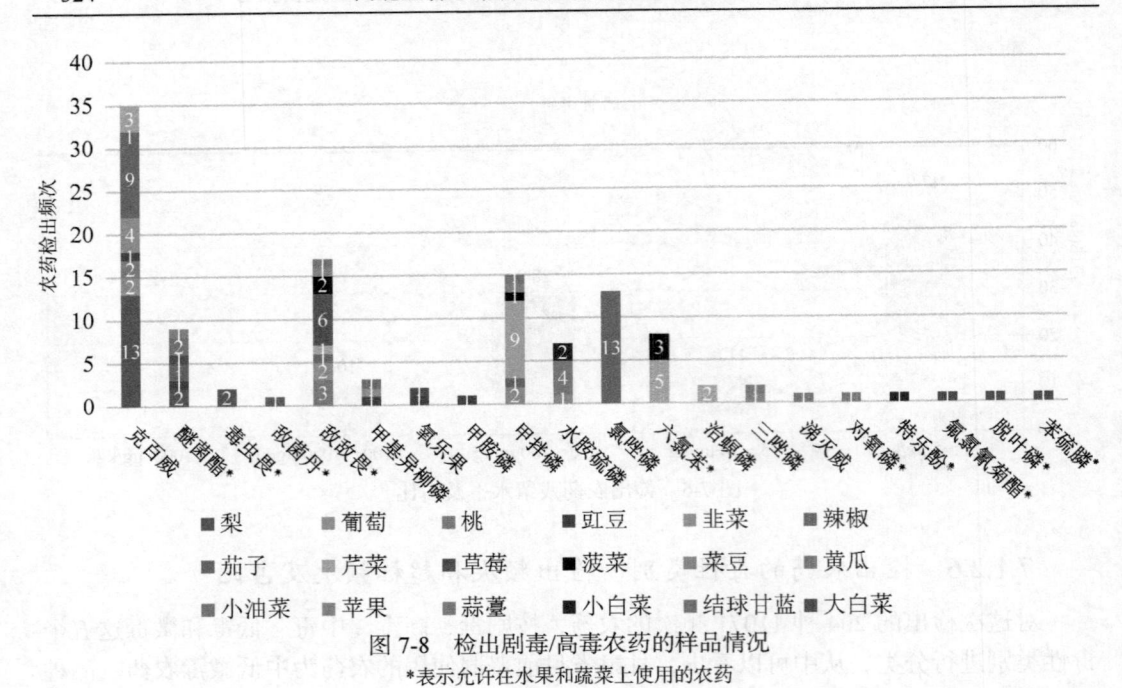

图 7-8　检出剧毒/高毒农药的样品情况
*表示允许在水果和蔬菜上使用的农药

表 7-4　剧毒农药检出情况

序号	农药名称	检出频次	超标频次	超标率
从 1 种水果中检出 1 种剧毒农药，共计检出 1 次					
1	敌菌丹*	1	0	0.0%
	小计	1	0	超标率：0.0%
从 7 种蔬菜中检出 6 种剧毒农药，共计检出 28 次					
1	甲拌磷*	15	9	60.0%
2	六氯苯*	8	0	0.0%
3	治螟磷*	2	0	0.0%
4	苯硫膦*	1	0	0.0%
5	对氧磷*	1	0	0.0%
6	涕灭威*	1	1	100.0%
	小计	28	10	超标率：35.7%
	合计	29	10	超标率：34.5%

注：*表示剧毒农药

表 7-5　高毒农药检出情况

序号	农药名称	检出频次	超标频次	超标率
从 5 种水果中检出 5 种高毒农药，共计检出 33 次					
1	克百威	17	2	11.8%
2	敌敌畏	9	0	0.0%

续表

序号	农药名称	检出频次	超标频次	超标率
3	醚菌酯	4	0	0.0%
4	毒虫畏	2	0	0.0%
5	氧乐果	1	1	100.0%
	小计	33	3	超标率：9.1%
	从 13 种蔬菜中检出 12 种高毒农药，共计检出 61 次			
1	克百威	18	5	27.8%
2	氯唑磷	13	0	0.0%
3	敌敌畏	8	0	0.0%
4	水胺硫磷	7	0	0.0%
5	醚菌酯	5	0	0.0%
6	甲基异柳磷	3	1	33.3%
7	三唑磷	2	2	100.0%
8	氟氯氰菊酯	1	0	0.0%
9	甲胺磷	1	0	0.0%
10	特乐酚	1	0	0.0%
11	脱叶磷	1	0	0.0%
12	氧乐果	1	1	100.0%
	小计	61	9	超标率：14.8%
	合计	94	12	超标率：12.8%

在检出的剧毒和高毒农药中，有 20 种是我国早已禁止在果树和蔬菜上使用的，分别是：毒死蜱、克百威、氰戊菊酯、硫丹、氟虫腈、氧乐果、滴滴涕、甲拌磷、六六六、氯唑磷、水胺硫磷、杀虫脒、甲基异柳磷、林丹、三唑磷、治螟磷、甲胺磷、三氯杀螨醇、涕灭威和乙酰甲胺磷。禁用农药的检出情况见表 7-6。

表 7-6 禁用农药检出情况

序号	农药名称	检出频次	超标频次	超标率
	从 5 种水果中检出 6 种禁用农药，共计检出 179 次			
1	毒死蜱	154	0	0.0%
2	克百威	17	2	11.8%
3	氰戊菊酯	4	0	0.0%
4	硫丹	2	0	0.0%
5	氟虫腈	1	0	0.0%
6	氧乐果	1	1	100.0%
	小计	179	3	超标率：1.7%

续表

序号	农药名称	检出频次	超标频次	超标率
从 15 种蔬菜中检出 20 种禁用农药，共计检出 324 次				
1	毒死蜱	178	25	14.0%
2	滴滴涕	21	0	0.0%
3	氟虫腈	21	3	14.3%
4	克百威	18	5	27.8%
5	甲拌磷*	15	9	60.0%
6	硫丹	14	0	0.0%
7	六六六	13	0	0.0%
8	氯唑磷	13	0	0.0%
9	水胺硫磷	7	0	0.0%
10	氰戊菊酯	6	0	0.0%
11	杀虫脒	4	4	100.0%
12	甲基异柳磷	3	1	33.3%
13	林丹	2	0	0.0%
14	三唑磷	2	2	100.0%
15	治螟磷*	2	0	0.0%
16	甲胺磷	1	0	0.0%
17	三氯杀螨醇	1	1	100.0%
18	涕灭威*	1	1	100.0%
19	氧乐果	1	1	100.0%
20	乙酰甲胺磷	1	1	100.0%
	小计	324	53	超标率：16.4%
	合计	503	56	超标率：11.1%

注：*表示剧毒农药，超标结果参考 MRL 中国国家标准计算

此次抽检的果蔬样品中，有 1 种水果 7 种蔬菜检出了剧毒农药，分别是：梨中检出敌菌丹 1 次；大白菜中检出苯硫膦 1 次；小油菜中检出对氧磷 1 次，检出涕灭威 1 次，检出甲拌磷 1 次；芹菜中检出治螟磷 2 次，检出六氯苯 5 次，检出甲拌磷 9 次；菜豆中检出甲拌磷 1 次；菠菜中检出甲拌磷 1 次，检出六氯苯 3 次；辣椒中检出甲拌磷 1 次；韭菜中检出甲拌磷 2 次。

样品中检出剧毒和高毒农药残留水平超过 MRL 中国国家标准的频次为 22 次，其中：桃检出克百威超标 1 次；梨检出克百威超标 1 次；草莓检出氧乐果超标 1 次；小油菜检出三唑磷超标 1 次，检出涕灭威超标 1 次，检出甲拌磷超标 1 次；芹菜检出克百威超标 2 次，检出甲拌磷超标 5 次；菜豆检出三唑磷超标 1 次，检出甲拌磷超标 1 次；菠菜检出甲拌磷超标 1 次；豇豆检出克百威超标 1 次，检出氧乐果超标 1 次；辣椒检出甲拌磷超标 1 次；韭菜检出克百威超标 2 次，检出甲基异柳磷超标 1 次。本次检出结果表明，

高毒、剧毒农药的使用现象依旧存在。详见表7-7。

表7-7 各样本中检出剧毒/高毒农药情况

样品名称	农药名称	检出频次	超标频次	检出浓度（μg/kg）
水果 5 种				
桃	敌敌畏	3	0	16.9, 13.9, 34.9
桃	克百威▲	2	1	6.2, 21.7[a]
梨	克百威▲	13	1	1.2, 1.1, 1.2, 1.7, 1.9, 1.1, 1.1, 1.0, 1.8, 39.9[a], 1.4, 1.2, 2.0
梨	毒虫畏	2	0	1.0, 1.0
梨	醚菌酯	2	0	1.3, 1.3
梨	敌菌丹*	1	0	46.7
苹果	醚菌酯	1	0	3.2
草莓	敌敌畏	6	0	4.1, 1.3, 2.5, 3.2, 3.7, 1.0
草莓	氧乐果▲	1	1	396.9[a]
草莓	醚菌酯	1	0	51.2
葡萄	克百威▲	2	0	1.8, 1.7
	小计	34	3	超标率：8.8%
蔬菜 13 种				
大白菜	氟氯氰菊酯	1	0	80.5
大白菜	脱叶磷	1	0	2.4
大白菜	苯硫膦*	1	0	1.1
小油菜	三唑磷▲	1	1	139.5[a]
小油菜	涕灭威*▲	1	1	953.0[a]
小油菜	甲拌磷*▲	1	1	445.6[a]
小油菜	对氧磷*	1	0	7.9
小白菜	水胺硫磷▲	2	0	2.6, 1.9
小白菜	特乐酚	1	0	1.2
结球甘蓝	甲基异柳磷▲	1	0	4.8
芹菜	克百威▲	3	2	2.0, 45.8[a], 102.9[a]
芹菜	敌敌畏	1	0	1.2
芹菜	甲拌磷*▲	9	5	10.4[a], 1.2, 1.2, 3.5, 25.3[a], 1.1, 231.6[a], 34.4[a], 18.4[a]
芹菜	六氯苯*	5	0	20.4, 2.6, 1.8, 2.3, 91.8
芹菜	治螟磷*▲	2	0	1.1, 1.8
茄子	氯唑磷▲	13	0	1.4, 3.9, 3.9, 4.4, 3.6, 2.0, 3.0, 2.2, 1.1, 1.1, 1.2, 3.4, 4.0
茄子	克百威▲	1	0	18.1

续表

样品名称	农药名称	检出频次	超标频次	检出浓度（µg/kg）
茄子	敌敌畏	1	0	181.9
茄子	醚菌酯	1	0	6.8
菜豆	三唑磷▲	1	1	127.0ᵃ
菜豆	敌敌畏	1	0	3.5
菜豆	甲拌磷*▲	1	1	697.4ᵃ
菠菜	敌敌畏	2	0	1.1, 48.5
菠菜	六氯苯*	3	0	31.3, 1.1, 1.0
菠菜	甲拌磷*▲	1	1	24.8ᵃ
蒜薹	水胺硫磷▲	4	0	1.7, 6.4, 14.0, 3.6
豇豆	克百威▲	1	1	338.7ᵃ
豇豆	氧乐果▲	1	1	289.5ᵃ
豇豆	甲基异柳磷▲	1	0	8.8
豇豆	甲胺磷▲	1	0	33.4
豇豆	醚菌酯	1	0	43.0
辣椒	克百威▲	9	0	3.1, 1.4, 1.3, 10.9, 1.0, 3.7, 3.6, 1.7, 1.3
辣椒	醚菌酯	1	0	2.7
辣椒	甲拌磷*▲	1	1	37.7ᵃ
韭菜	克百威▲	4	2	28.3ᵃ, 12.5, 10.1, 116.5ᵃ
韭菜	敌敌畏	2	0	1.7, 7.4
韭菜	甲基异柳磷▲	1	1	24.4ᵃ
韭菜	水胺硫磷▲	1	0	16.3
韭菜	甲拌磷*▲	2	0	1.5, 2.5
黄瓜	醚菌酯	2	0	8.9, 1.4
黄瓜	敌敌畏	1	0	3.1
小计		89	19	超标率：21.3%
合计		123	22	超标率：17.9%

注：*表示剧毒农药；▲表示禁用农药；a表示超标结果（参考MRL中国国家标准）

7.2 农药残留检出水平与最大残留限量标准对比分析

我国于2021年3月3日正式颁布并于2021年9月3日正式实施食品农药残留限量国家标准《食品中农药最大残留限量》（GB 2763—2021），该标准包括548个农药条目，涉及最大残留限量（MRL）标准10092项。将11071频次检出结果的浓度水平与10092项国家MRL标准进行核对，其中有5280频次的结果找到了对应的MRL，占47.7%，还有 5791 频次的侦测数据则无相关 MRL 标准供参考，占 52.3%。

将此次侦测结果与国际上现行 MRL 对比发现，在 11071 频次的检出结果中有 11071 频次的结果找到了对应的 MRL 欧盟标准，占 100.0%；其中，10513 频次的结果有明确对应的 MRL，占 95.0%，其余 558 频次按照欧盟一律标准判定，占 5.0%；有 11071 频次的结果找到了对应的 MRL 日本标准，占 100.0%；其中，7099 频次的结果有明确对应的 MRL，占 64.1%，其余 3971 频次按照日本一律标准判定，占 35.9%；有 4486 频次的结果找到了对应的 MRL 中国香港标准，占 40.5%；有 4507 频次的结果找到了对应的 MRL 美国标准，占 40.7%；有 3455 频次的结果找到了对应的 MRL CAC 标准，占 31.2%。见图 7-9。

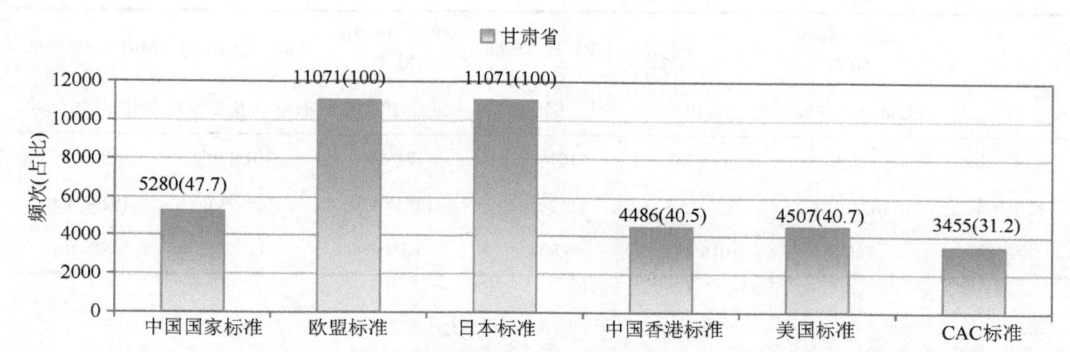

图 7-9 11071 频次检出农药可用 MRL 中国国家标准、欧盟标准、日本标准、中国香港标准、美国标准、CAC 标准判定衡量的数量及占比（%）

7.2.1 超标农药样品分析

本次侦测的 2050 例样品中，101 例样品未检出任何残留农药，占样品总量的 4.9%，1949 例样品检出不同水平、不同种类的残留农药，占样品总量的 95.1%。在此，我们将本次侦测的农残检出情况与中国、欧盟、日本、中国香港、美国和 CAC 这 6 大国际主流 MRL 标准进行对比分析，样品农残检出与超标情况见表 7-8、图 7-10 和图 7-11。

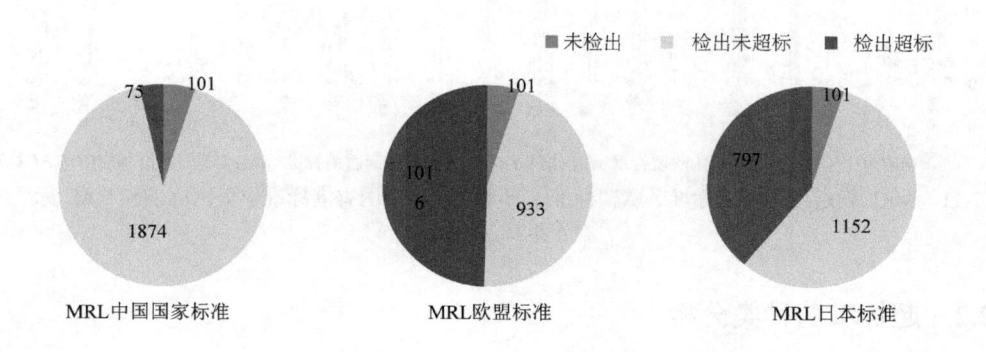

图 7-10 检出和超标样品比例情况

表 7-8 各 MRL 标准下样本农残检出与超标数量及占比

	MRL 中国国家标准 数量/占比（%）	MRL 欧盟标准 数量/占比（%）	MRL 日本标准 数量/占比（%）	MRL 中国香港标准 数量/占比（%）	MRL 美国标准 数量/占比（%）	MRL CAC 标准 数量/占比（%）
未检出	101/4.9	101/4.9	101/4.9	101/4.9	101/4.9	101/4.9
检出未超标	1874/91.4	933/45.5	1152/56.2	1884/91.9	1906/93.0	1929/94.1
检出超标	75/3.7	1016/49.6	797/38.9	65/3.2	43/2.1	20/1.0

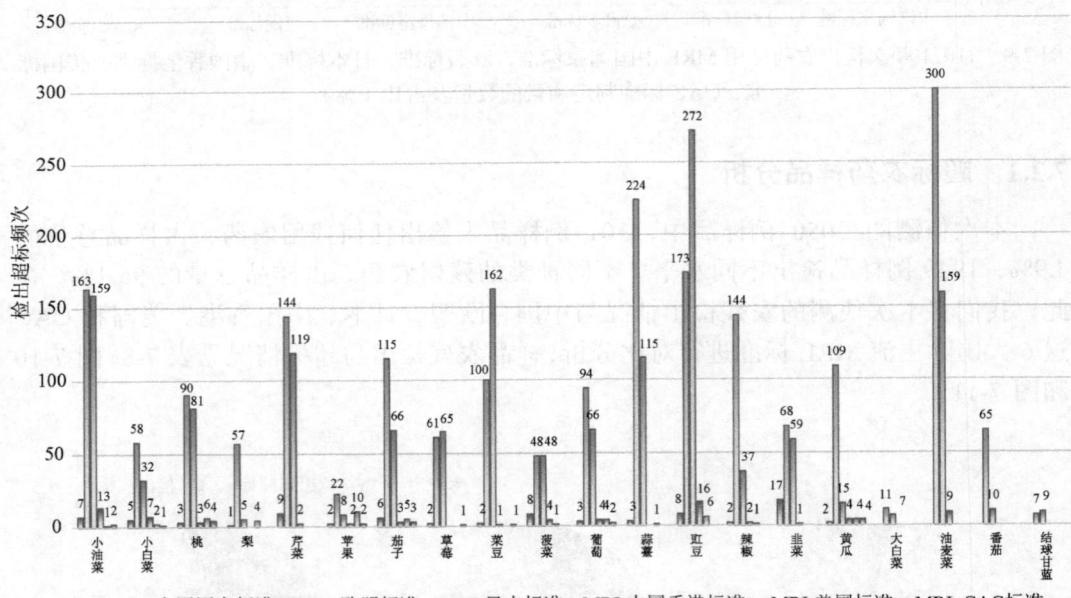

图 7-11 MRL 超过中国国家标准、欧盟标准、日本标准、中国香港标准、美国标准和 CAC 标准结果在水果蔬菜中的分布

7.2.2 超标农药种类分析

按照中国国家标准、欧盟标准、日本标准、中国香港标准、美国标准和 CAC 标准这 6 大国际主流 MRL 标准衡量，本次侦测检出的农药超标品种及频次情况见

表 7-9。

表 7-9　各 MRL 标准下超标农药品种及频次

	中国国家标准	欧盟标准	日本标准	中国香港标准	美国标准	CAC 标准
超标农药品种	27	112	118	16	11	13
超标农药频次	80	2053	1494	71	45	20

7.2.2.1　按 MRL 中国国家标准衡量

按 MRL 中国国家标准衡量，共有 27 种农药超标，检出 80 频次，分别为剧毒农药甲拌磷和涕灭威，高毒农药三唑磷、甲基异柳磷、克百威和氧乐果，中毒农药溴氰菊酯、乙酰甲胺磷、氟虫腈、戊唑醇、氟啶胺、三氯杀螨醇、杀虫脒、倍硫磷、腈菌唑、氯氟氰菊酯、吡唑醚菌酯、联苯菊酯、毒死蜱和苯醚甲环唑，低毒农药氟吡菌酰胺、戊菌唑、乙酯杀螨醇和螺螨酯，微毒农药乙螨唑、腐霉利和霜霉威。

按超标程度比较，小白菜中毒死蜱超标 84.5 倍，菜豆中甲拌磷超标 68.7 倍，小油菜中甲拌磷超标 43.6 倍，小油菜中涕灭威超标 30.8 倍，豇豆中倍硫磷超标 30.1 倍。检测结果见图 7-12。

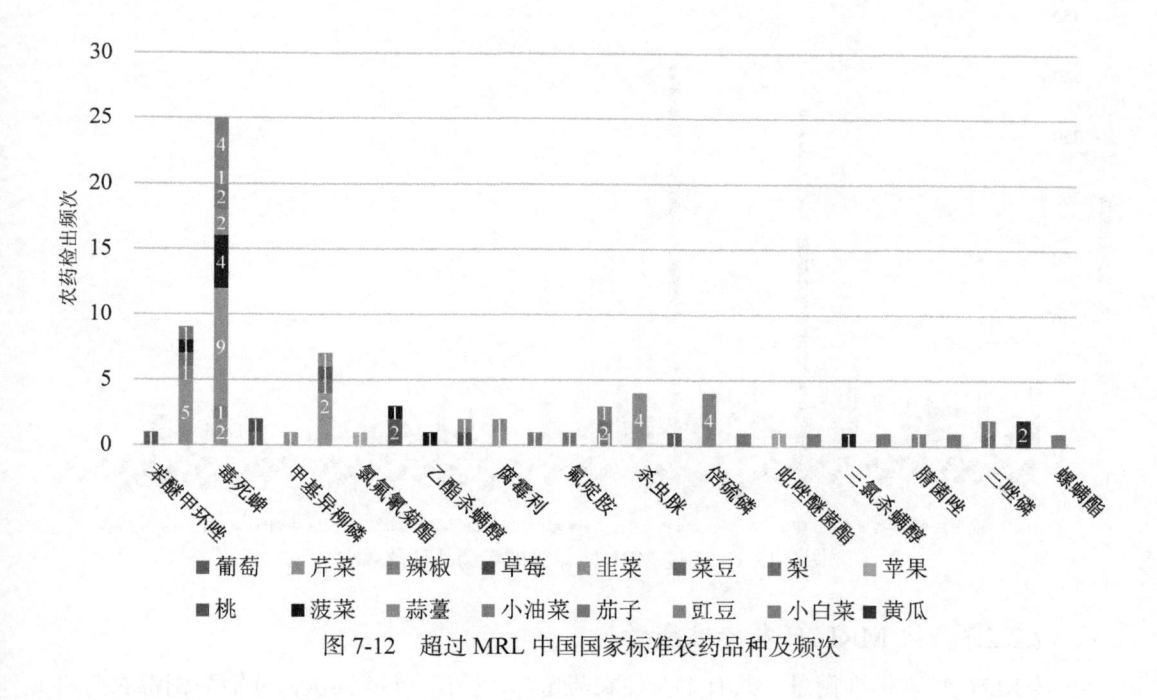

图 7-12　超过 MRL 中国国家标准农药品种及频次

7.2.2.2　按 MRL 欧盟标准衡量

按 MRL 欧盟标准衡量，共有 112 种农药超标，检出 2053 频次，分别为剧毒农药六氯苯、甲拌磷、涕灭威和敌菌丹，高毒农药三唑磷、敌敌畏、甲胺磷、甲基异柳磷、水胺硫磷、克百威、氧乐果和醚菌酯，中毒农药戊唑醇、多效唑、异丙隆、甲氰菊酯、溴氰菊酯、乙酰甲胺磷、莠灭净、氟虫腈、咪鲜胺、噁霜灵、甲霜灵、哌草丹、烯效唑、二嗪磷、噻唑磷、虫螨腈、杀螟丹、喹硫磷、抑霉唑、仲丁灵、烯唑醇、氟啶胺、三唑酮、丙环唑、氟硅唑、氯氰菊酯、氰戊菊酯、三氯杀螨醇、四氟醚唑、氯氟氰菊酯、杀虫脒、倍硫磷、腈菌唑、唑虫酰胺、吡唑醚菌酯、联苯菊酯、异丙威、仲丁威、粉唑醇、烯丙菊酯、灭除威、三唑醇、哒螨灵、丙溴磷和毒死蜱，低毒农药五氯苯、己唑醇、8-羟基喹啉、四氢吩胺、酰嘧磺隆、肟醚菌胺、乙氧喹啉、1,4-二甲基萘、戊菌唑、氟吡菌酰胺、萘乙酸、吡唑萘菌胺、五氯苯甲腈、扑草净、乙酯杀螨醇、敌草腈、溴氰虫酰胺、螺螨酯、烯酰吗啉、威杀灵、氯硝胺、灭幼脲、2,3,4,5-四氯苯胺、异菌脲、乙草胺、环丙腈津、二苯胺、莠去津、噻嗪酮、马拉硫磷、噻菌灵、苄呋菊酯、嘧霉胺、炔螨特、腈吡螨酯、麦草氟异丙酯和唑胺菌酯，微毒农药乙霉威、氟环唑、霜霉威、腐霉利、灭菌丹、乙螨唑、氟酰脲、五氯硝基苯、联苯三唑醇、四氯硝基苯、乙烯菌核利、嘧菌酯、增效醚、噻呋酰胺、仲草丹、百菌清、吡丙醚和啶氧菌酯。

按超标程度比较，菠菜中 8-羟基喹啉超标 295.9 倍，蒜薹中异菌脲超标 247.2 倍，葡萄中异菌脲超标 245.2 倍，油麦菜中联苯菊酯超标 240.0 倍，油麦菜中唑虫酰胺超标 232.0 倍。检测结果见图 7-13。

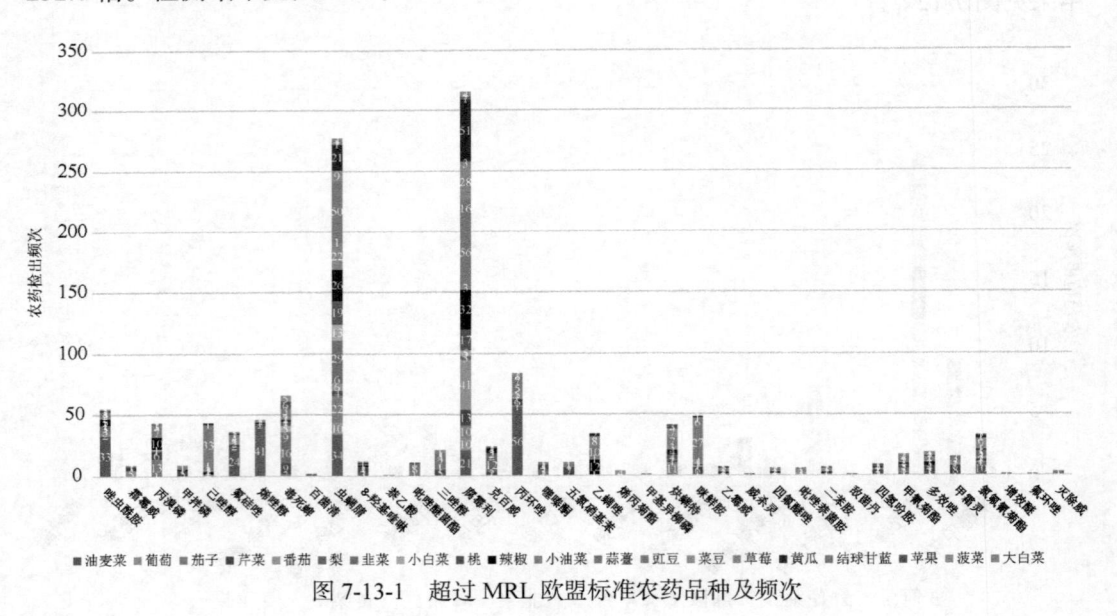

图 7-13-1 超过 MRL 欧盟标准农药品种及频次

7.2.2.3 按 MRL 日本标准衡量

按 MRL 日本标准衡量，共有 118 种农药超标，检出 1494 频次，分别为剧毒农药六氯苯、甲拌磷、涕灭威和敌菌丹，高毒农药三唑磷、敌敌畏、甲胺磷、甲基异柳磷、水胺硫磷、克百威、氧乐果和醚菌酯，中毒农药戊唑醇、多效唑、异丙隆、溴氰菊酯、乙酰甲胺磷、莠灭净、氟虫腈、甲氰菊酯、咪鲜胺、甲霜灵、哌草丹、烯效唑、二嗪磷、噻唑磷、抑霉唑、虫螨腈、喹硫磷、仲丁灵、烯唑醇、二甲戊灵、茚虫威、氟啶胺、滴滴涕、丙环唑、氟硅唑、氯氰菊酯、四氟醚唑、腈菌唑、氯氟氰菊酯、杀虫脒、倍硫磷、唑虫酰胺、吡唑醚菌酯、联苯菊酯、异丙威、粉唑醇、仲丁威、烯丙菊酯、灭除威、三唑醇、哒螨灵、丙溴磷、苯醚甲环唑、毒死蜱和抗蚜威,低毒农药五氯苯、8-羟基喹啉、己唑醇、四氢吩胺、酰嘧磺隆、肟醚菌胺、乙氧喹啉、1,4-二甲基萘、螺虫乙酯、戊菌唑、氟吡菌酰胺、萘乙酸、氟唑菌酰胺、五氯苯甲腈、吡唑萘菌胺、乙酯杀螨醇、扑草净、二氯吡啶酸、敌草腈、溴氰虫酰胺、螺螨酯、烯酰吗啉、乙嘧酚磺酸酯、威杀灵、氯硝胺、灭幼脲、2,3,4,5-四氯苯胺、特丁津、乙草胺、异菌脲、环丙腈津、二苯胺、莠去津、噻嗪酮、嘧霉胺、炔螨特、腈吡螨酯、苄呋菊酯、麦草氟异丙酯和唑胺菌酯,微毒农药乙霉威、氟环唑、克菌丹、霜霉威、腐霉利、灭菌丹、乙螨唑、氯苯胺灵、氟酰

图 7-13-2 超过 MRL 欧盟标准农药品种及频次

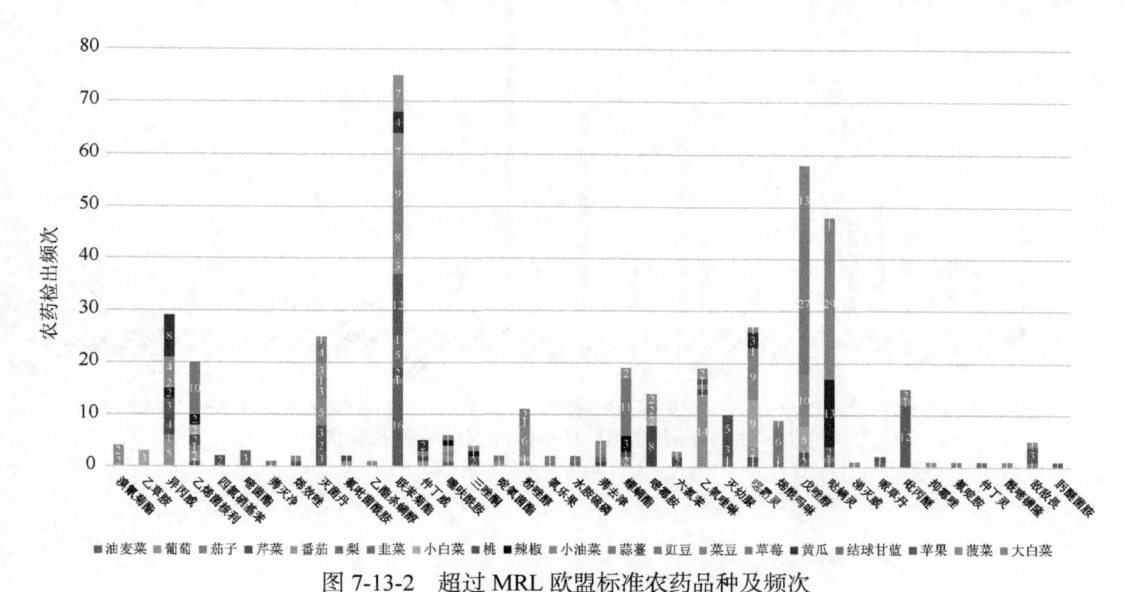

图 7-13-3 超过 MRL 欧盟标准农药品种及频次

脲、五氯硝基苯、肟菌酯、四氯硝基苯、乙烯菌核利、嘧菌酯、噻呋酰胺、仲草丹、噁草酮、吡丙醚、啶酰菌胺、啶氧菌酯和缬霉威。

按超标程度比较，蒜薹中腐霉利超标375.4倍，菠菜中8-羟基喹啉超标295.9倍，小油菜中戊唑醇超标204.9倍，韭菜中腐霉利超标174.3倍，菜豆中咪鲜胺超标169.2倍。检测结果见图7-14。

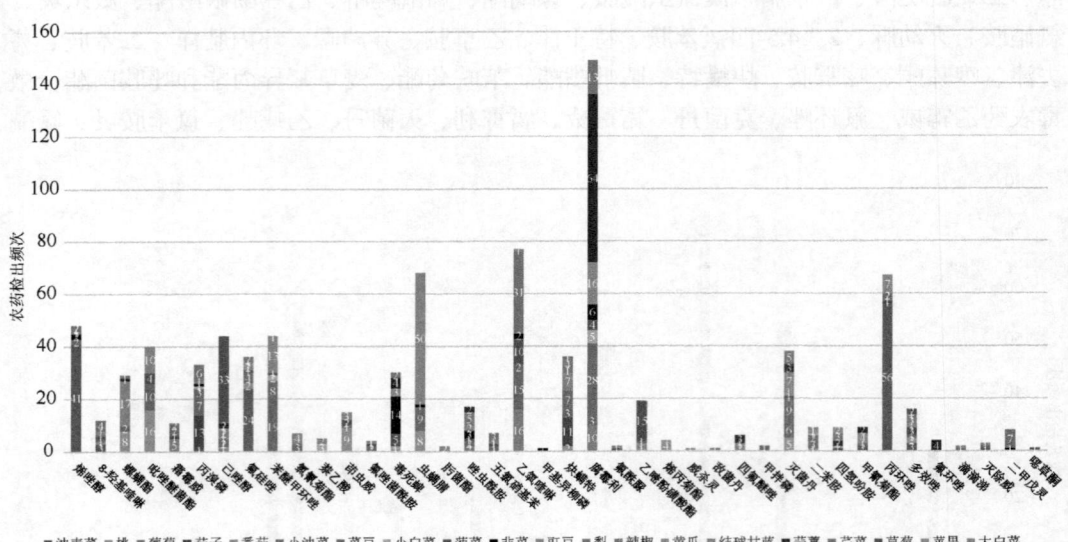

图 7-14-1 超过 MRL 日本标准农药品种及频次

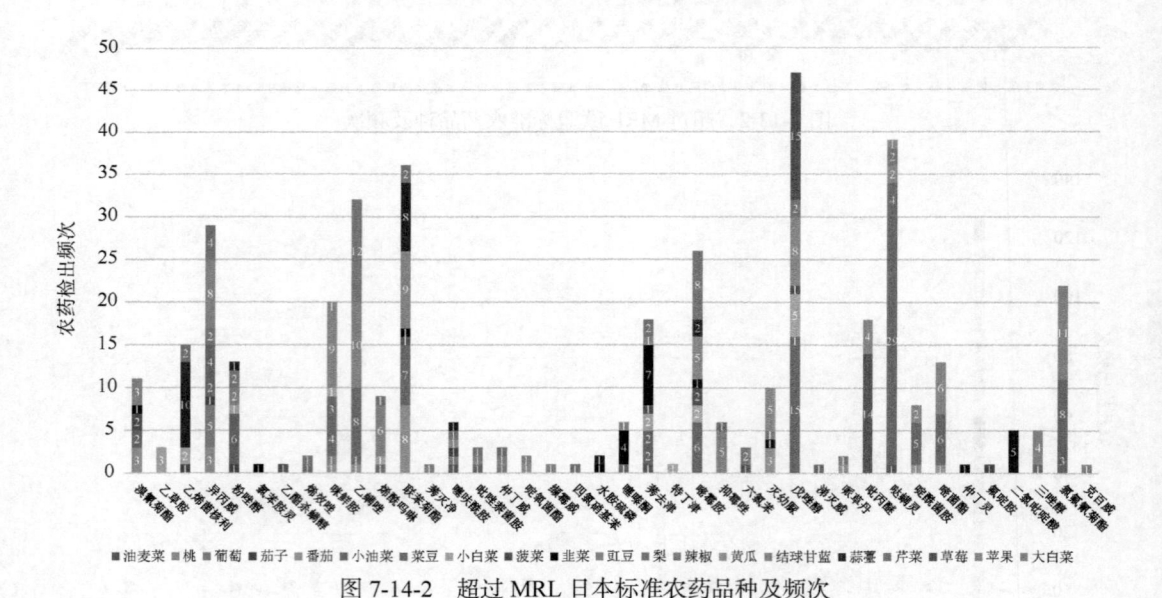

图 7-14-2 超过 MRL 日本标准农药品种及频次

7.2.2.4 按 MRL 中国香港标准衡量

按 MRL 中国香港标准衡量，共有16种农药超标，检出71频次，分别为剧毒农药甲拌磷，中毒农药溴氰菊酯、氰戊菊酯、氯氟氰菊酯、四氟醚唑、倍硫磷、吡唑醚菌酯、联苯菊酯和毒死蜱，低毒农药戊菌唑和氟吡菌酰胺，微毒农药乙螨唑、腐霉利、霜霉威、吡丙醚和咯菌腈。

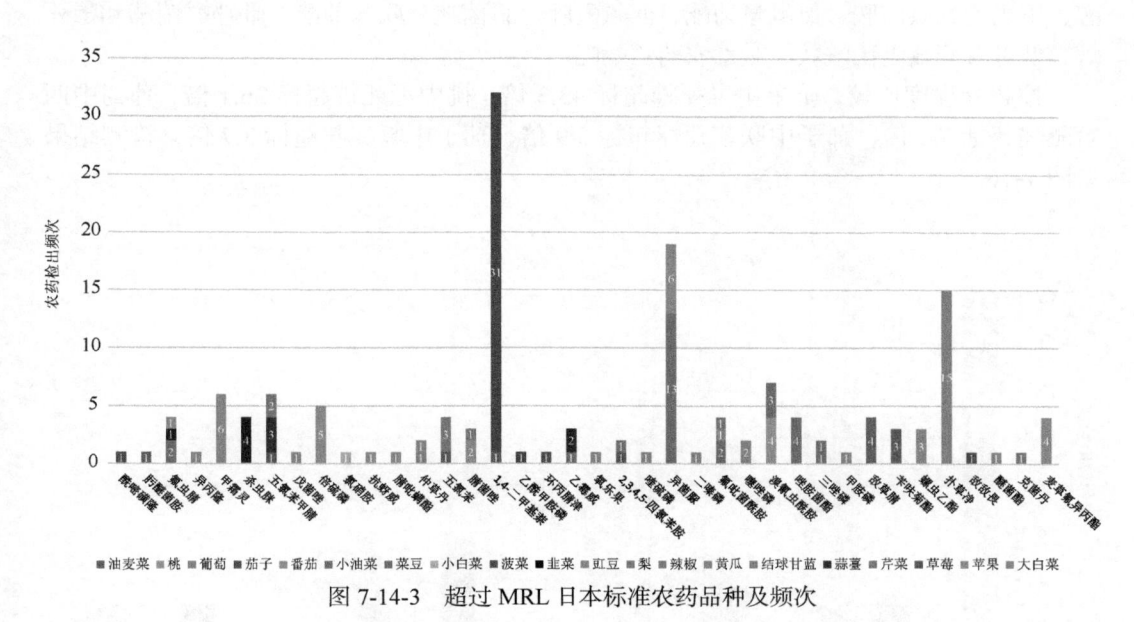

图 7-14-3　超过 MRL 日本标准农药品种及频次

按超标程度比较，豇豆中倍硫磷超标 30.1 倍，豇豆中吡唑醚菌酯超标 17.2 倍，小白菜中毒死蜱超标 16.1 倍，菜豆中甲拌磷超标 12.9 倍，豇豆中毒死蜱超标 11.3 倍。检测结果见图 7-15。

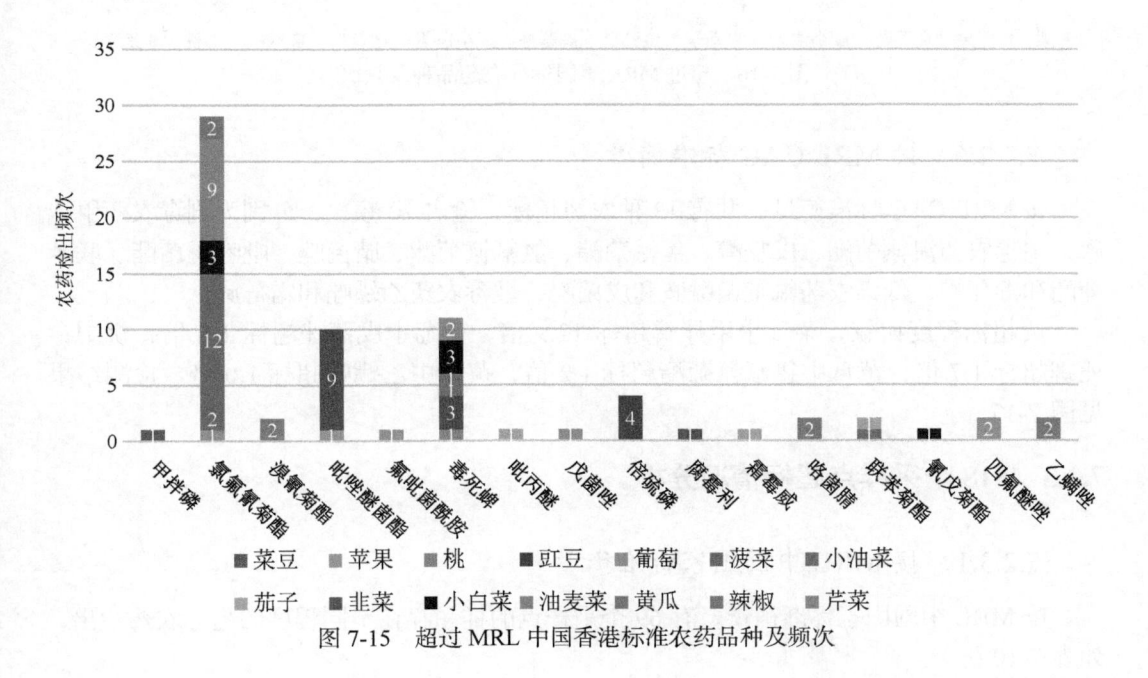

图 7-15　超过 MRL 中国香港标准农药品种及频次

7.2.2.5 按 MRL 美国标准衡量

按 MRL 美国标准衡量，共有 11 种农药超标，检出 45 频次，分别为中毒农药戊唑醇、甲霜灵、氟啶胺、氯氟氰菊酯、四氟醚唑、腈菌唑、联苯菊酯、吡唑醚菌酯和毒死蜱，低毒农药氟吡菌酰胺，微毒农药乙螨唑。

按超标程度比较，苹果中毒死蜱超标 43.3 倍，桃中毒死蜱超标 26.1 倍，葡萄中四氟醚唑超标 7.1 倍，茄子中联苯菊酯超标 5.9 倍，茄子中氟啶胺超标 3.7 倍。检测结果见图 7-16。

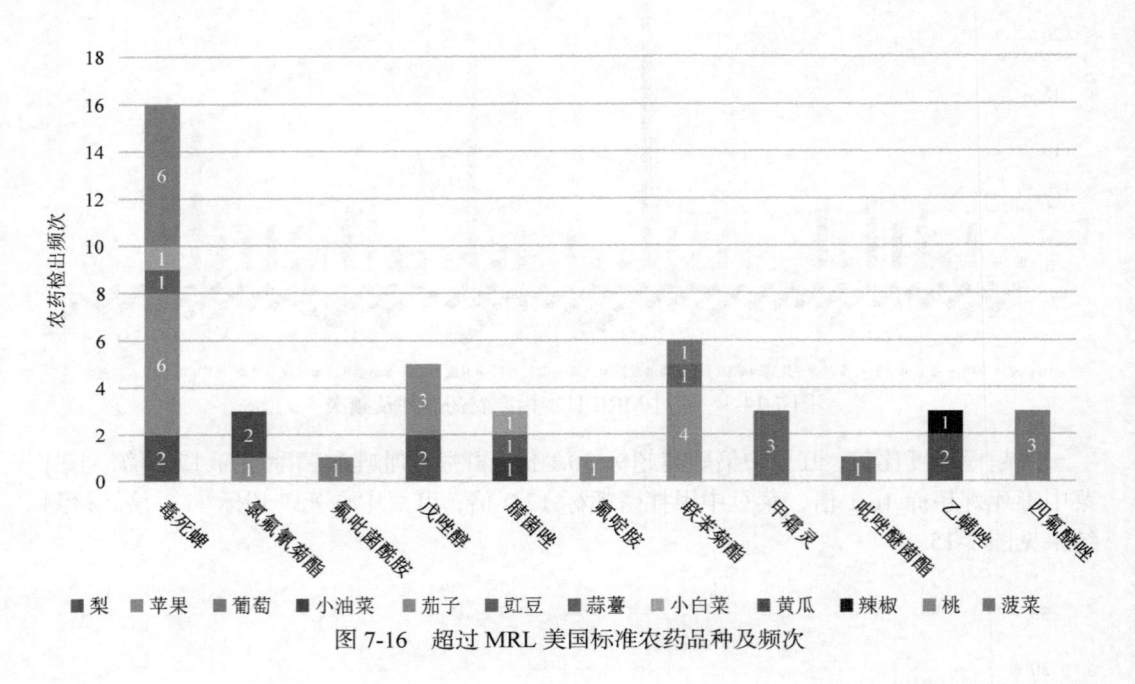

图 7-16 超过 MRL 美国标准农药品种及频次

7.2.2.6 按 MRL CAC 标准衡量

按 MRL CAC 标准衡量，共有 13 种农药超标，检出 20 频次，分别为剧毒农药甲拌磷，中毒农药溴氰菊酯、戊唑醇、氯氰菊酯、氯氟氰菊酯、腈菌唑、吡唑醚菌酯、联苯菊酯和毒死蜱，低毒农药氟吡菌酰胺和戊菌唑，微毒农药乙螨唑和霜霉威。

按超标程度比较，菜豆中甲拌磷超标 12.9 倍，葡萄中戊菌唑超标 1.8 倍，桃中毒死蜱超标 1.7 倍，黄瓜中氯氟氰菊酯超标 1.2 倍，黄瓜中乙螨唑超标 1.0 倍。检测结果见图 7-17。

7.2.3 518 个采样点超标情况分析

7.2.3.1 按 MRL 中国国家标准衡量

按 MRL 中国国家标准衡量，有 69 个采样点的样品存在不同程度的超标农药检出，如表 7-10 所示。

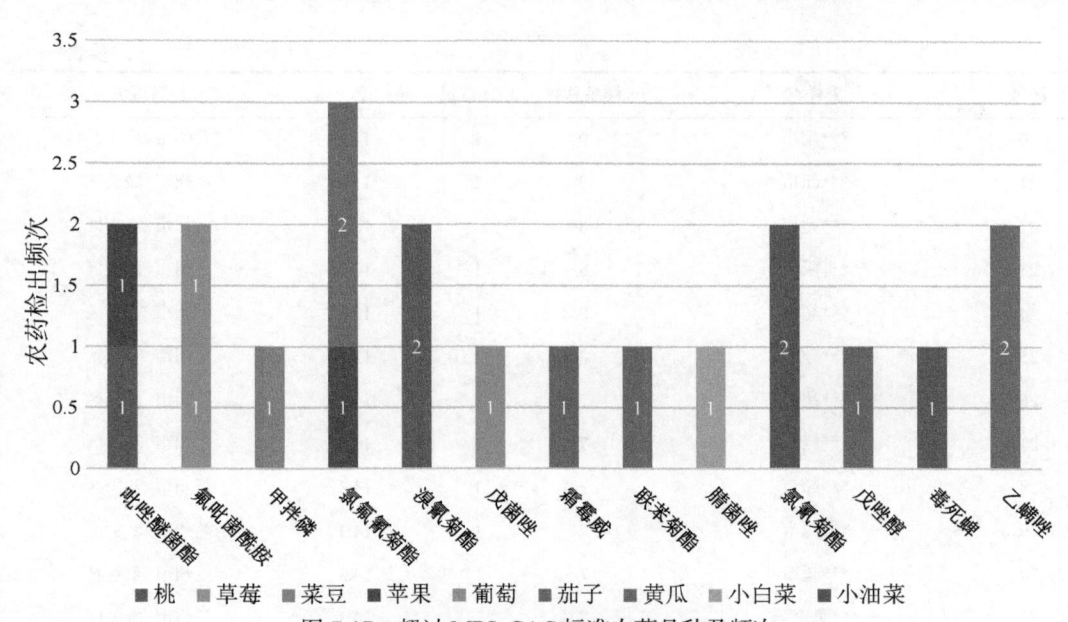

第7章 GC-Q-TOF/MS 侦测甘肃省市售水果蔬菜农药残留报告

图 7-17 超过 MRL CAC 标准农药品种及频次

表 7-10 超过 MRL 中国国家标准水果蔬菜在不同采样点分布

序号	采样点	样品总数	超标数量	超标率（%）	行政区域
1	***批发市场	19	1	5.3	张掖市 甘州区
2	***市场	19	1	5.3	张掖市 甘州区
3	***菜市场	19	1	5.3	武威市 凉州区
4	***超市	19	2	10.5	定西市 安定区
5	***超市	19	2	10.5	定西市 安定区
6	***超市	19	1	5.3	定西市 安定区
7	***超市	19	2	10.5	白银市 白银区
8	***超	18	1	5.6	白银市 白银区
9	***批发市	18	1	5.6	张掖市 甘州区
10	***便民市场	18	1	5.6	张掖市 甘州区
11	***市场	18	1	5.6	张掖市 甘州区
12	***市	15	1	6.7	张掖市 甘州区
13	***市场	15	1	6.7	武威市 凉州区
14	***超市	13	1	7.7	兰州市 永登县
15	***有限公司	13	1	7.7	兰州市 永登县
16	***有限责任公司	13	1	7.7	兰州市 永登县
17	***生活超市	11	1	9.1	兰州市 城关区
18	***超市	10	2	20.0	兰州市 红古区
19	***有限公司	10	1	10.0	兰州市 红古区

续表

序号	采样点	样品总数	超标数量	超标率（%）	行政区域
20	***超市	9	1	11.1	兰州市 皋兰县
21	***超市	9	1	11.1	兰州市 城关区
22	***超市	8	1	12.5	兰州市 红古区
23	***有限公司	8	1	12.5	兰州市 西固区
24	***超市	8	1	12.5	兰州市 安宁区
25	***超市	8	1	12.5	兰州市 安宁区
26	***超市	7	1	14.3	兰州市 西固区
27	***超	7	1	14.3	兰州市 红古区
28	***超市	7	1	14.3	兰州市 西固区
29	***超市	7	1	14.3	兰州市 城关区
30	***超市	7	1	14.3	兰州市 皋兰县
31	***菜市场	7	1	14.3	兰州市 城关区
32	***蔬菜	7	2	28.6	白银市 白银区
33	***水果蔬菜店	7	1	14.3	兰州市 皋兰县
34	***经营部	6	1	16.7	兰州市 七里河区
35	***蔬菜摊位	5	1	20.0	白银市 白银区
36	***超市	4	1	25.0	兰州市 城关区
37	***超市	4	1	25.0	兰州市 城关区
38	***水果蔬菜店	4	1	25.0	兰州市 榆中县
39	***有限公司	4	1	25.0	兰州市 西固区
40	***经销店	4	1	25.0	兰州市 红古区
41	***生鲜超市	4	1	25.0	兰州市 榆中县
42	***副食商店	4	1	25.0	兰州市 七里河区
43	***蔬菜	4	1	25.0	白银市 白银区
44	***菜市	4	1	25.0	兰州市 西固区
45	***菜店	3	1	33.3	白银市 白银区
46	***经营部	3	1	33.3	兰州市 七里河区
47	***经营部	3	1	33.3	兰州市 安宁区
48	***水果店	3	1	33.3	兰州市 安宁区
49	***蔬菜配送店	3	1	33.3	兰州市 七里河区
50	***菜市场	3	1	33.3	兰州市 城关区
51	***蔬菜店	3	1	33.3	兰州市 七里河区
52	***蔬菜水果干果店	2	1	50.0	兰州市 红古区
53	***蔬菜摊位	2	1	50.0	白银市 白银区

续表

序号	采样点	样品总数	超标数量	超标率（%）	行政区域
54	***蔬菜摊位	2	1	50.0	白银市 白银区
55	***水果摊位	2	1	50.0	白银市 白银区
56	***菜店	2	1	50.0	白银市 白银区
57	***菜市场	2	1	50.0	兰州市 西固区
58	***菜市场	2	1	50.0	兰州市 西固区
59	***菜市场	2	1	50.0	兰州市 西固区
60	***餐饮店	2	2	100.0	兰州市 永登县
61	***菜市场	1	1	100.0	兰州市 西固区
62	***早市	1	1	100.0	兰州市 西固区
63	***经营部	1	1	100.0	兰州市 红古区
64	***有限公司	1	1	100.0	兰州市 安宁区
65	***有限公司	1	1	100.0	兰州市 安宁区
66	***蔬菜水果店	1	1	100.0	兰州市 七里河区
67	***肉菜批发部	1	1	100.0	兰州市 七里河区
68	***烧烤麻辣烫店	1	1	100.0	兰州市 安宁区
69	***餐饮部	1	1	100.0	兰州市 永登县

7.2.3.2 按 MRL 欧盟标准衡量

按 MRL 欧盟标准衡量，有 404 个采样点的样品存在不同程度的超标农药检出，如表 7-11 所示。

表 7-11　超过 MRL 欧盟标准水果蔬菜在不同采样点分布

序号	采样点	样品总数	超标数量	超标率（%）	行政区域
1	***市场	19	10	52.6	定西市 安定区
2	***市场	19	9	47.4	定西市 安定区
3	***超市	19	5	26.3	定西市 安定区
4	***批发市	19	12	63.2	张掖市 甘州区
5	***批发市场	19	7	36.8	张掖市 甘州区
6	***市场	19	9	47.4	张掖市 甘州区
7	***市场	19	4	21.1	武威市 凉州区
8	***菜市场	19	5	26.3	武威市 凉州区
9	***市场	19	2	10.5	武威市 凉州区
10	***市场	19	3	15.8	武威市 凉州区

续表

	采样点	样品总数	超标数量	超标率（%）	行政区域
11	***市场	19	5	26.3	武威市 凉州区
12	***超市	19	10	52.6	定西市 安定区
13	***超市	19	9	47.4	定西市 安定区
14	***市场	19	6	31.6	定西市 安定区
15	***超市	19	6	31.6	定西市 安定区
16	***超市	19	9	47.4	定西市 安定区
17	***超市	19	7	36.8	定西市 安定区
18	***超市	19	5	26.3	定西市 安定区
19	***超市	19	12	63.2	白银市 白银区
20	***超市	18	11	61.1	白银市 白银区
21	***批发市场	18	7	38.9	张掖市 甘州区
22	***便民市场	18	6	33.3	张掖市 甘州区
23	***便民市场	18	8	44.4	张掖市 甘州区
24	***市场	18	8	44.4	张掖市 甘州区
25	***合作社	15	2	13.3	武威市 凉州区
26	***合作社	15	1	6.7	武威市 凉州区
27	***市场	15	7	46.7	张掖市 甘州区
28	***市场	15	2	13.3	武威市 凉州区
29	***超市	15	2	13.3	武威市 凉州区
30	***蔬菜便民店	15	1	6.7	武威市 凉州区
31	***批发市场	15	10	66.7	张掖市 甘州区
32	***批发市场	14	7	50.0	张掖市 甘州区
33	***超市	13	6	46.2	兰州市 永登县
34	***有限公司	13	9	69.2	兰州市 永登县
35	***有限公	13	10	76.9	兰州市 永登县
36	***有限责任公司	13	4	30.8	兰州市 永登县
37	***超市	11	4	36.4	兰州市 永登县
38	***超市	11	6	54.5	兰州市 永登县
39	***超市	11	6	54.5	兰州市 城关区
40	***生活超市	11	6	54.5	兰州市 城关区
41	***有限公司	10	6	60.0	兰州市 红古区
42	***超市	10	6	60.0	兰州市 红古区
43	***有限公司	10	8	80.0	兰州市 红古区
44	***超市	9	5	55.6	兰州市 皋兰县

续表

	采样点	样品总数	超标数量	超标率（%）	行政区域
45	***超市	9	7	77.8	兰州市 城关区
46	***销售部	9	3	33.3	兰州市 皋兰县
47	***配送中心	8	6	75.0	兰州市 西固区
48	***超市	8	7	87.5	兰州市 红古区
49	***有限公司	8	7	87.5	兰州市 西固区
50	***超市	8	6	75.0	兰州市 安宁区
51	***超市	8	5	62.5	兰州市 安宁区
52	***超市	8	6	75.0	兰州市 榆中县
53	***蔬菜	8	5	62.5	白银市 白银区
54	***有限责任公司	8	7	87.5	兰州市 城关区
55	***餐饮店	8	4	50.0	兰州市 永登县
56	***销售部	8	6	75.0	兰州市 皋兰县
57	***果蔬店	8	7	87.5	兰州市 七里河区
58	***有限公司	8	4	50.0	兰州市 皋兰县
59	***超市	8	3	37.5	兰州市 榆中县
60	***经销部	7	1	14.3	兰州市 西固区
61	***超市	7	2	28.6	兰州市 西固区
62	***超市	7	5	71.4	兰州市 红古区
63	***超市	7	3	42.9	兰州市 西固区
64	***超市	7	3	42.9	兰州市 城关区
65	***超市	7	5	71.4	兰州市 城关区
66	***餐饮店	7	5	71.4	兰州市 永登县
67	***果蔬鲜	7	4	57.1	兰州市 七里河区
68	***蔬菜店	7	4	57.1	兰州市 榆中县
69	***生鲜超市	7	3	42.9	兰州市 七里河区
70	***有限公司	7	3	42.9	兰州市 红古区
71	***超市	7	5	71.4	兰州市 城关区
72	***超市	7	3	42.9	兰州市 红古区
73	***超市	7	3	42.9	兰州市 皋兰县
74	***便利店	7	4	57.1	兰州市 七里河区
75	***蔬菜调味品店	7	3	42.9	兰州市 七里河区
76	******超市	7	3	42.9	兰州市 七里河区
77	***便民交易点	7	4	57.1	兰州市 七里河区
78	***菜市场	7	4	57.1	兰州市 城关区

续表

	采样点	样品总数	超标数量	超标率（%）	行政区域
79	***蔬菜	7	4	57.1	白银市 白银区
80	***蔬菜摊位	7	3	42.9	白银市 白银区
81	***蔬菜	7	4	57.1	白银市 白银区
82	***水果蔬菜店	7	4	57.1	兰州市 皋兰县
83	***超市	6	3	50.0	兰州市 红古区
84	***蔬菜店	6	4	66.7	白银市 白银区
85	***有限公司	6	3	50.0	兰州市 榆中县
86	***肉食调味门市部	6	2	33.3	兰州市 皋兰县
87	***蔬菜瓜果批发部	6	1	16.7	兰州市 榆中县
88	***酒店	6	3	50.0	兰州市 永登县
89	***配料店	6	3	50.0	兰州市 永登县
90	***火锅店	6	5	83.3	兰州市 永登县
91	***商行	6	4	66.7	兰州市 榆中县
92	***蔬菜调料店	6	4	66.7	兰州市 皋兰县
93	***餐饮店	6	4	66.7	兰州市 永登县
94	***蔬菜店	6	4	66.7	兰州市 七里河区
95	***蔬菜部	6	4	66.7	兰州市 皋兰县
96	***菜市场	6	3	50.0	兰州市 七里河区
97	***经营部	6	3	50.0	兰州市 七里河区
98	***蔬菜	6	2	33.3	白银市 白银区
99	***蔬菜摊位	6	1	16.7	白银市 白银区
100	***蔬菜直销	6	3	50.0	白银市 白银区
101	***蔬菜摊位	6	3	50.0	白银市 白银区
102	***蔬菜摊位	6	2	33.3	白银市 白银区
103	***超市	6	3	50.0	兰州市 西固区
104	***蔬菜摊位	5	2	40.0	白银市 白银区
105	***超市	5	3	60.0	兰州市 城关区
106	***商行	5	2	40.0	兰州市 榆中县
107	***有限公司	5	3	60.0	兰州市 城关区
108	***果蔬店	5	4	80.0	兰州市 榆中县
109	***生鲜超市	5	4	80.0	兰州市 城关区
110	***餐饮店	5	4	80.0	兰州市 永登县
111	***火锅村	5	4	80.0	兰州市 永登县
112	***有限公司	5	3	60.0	兰州市 皋兰县

续表

	采样点	样品总数	超标数量	超标率（%）	行政区域
113	***超市	5	4	80.0	兰州市 城关区
114	***超	5	4	80.0	兰州市 城关区
115	***小吃店	5	2	40.0	兰州市 永登县
116	***串串香	5	3	60.0	兰州市 永登县
117	***便利商店	5	3	60.0	兰州市 榆中县
118	***水果店	5	2	40.0	兰州市 七里河区
119	***配送中心	5	2	40.0	兰州市 皋兰县
120	***蔬菜店	5	3	60.0	兰州市 榆中县
121	***蔬菜门市部	5	3	60.0	兰州市 榆中县
122	***超市	5	2	40.0	兰州市 榆中县
123	***蔬菜调味部	5	3	60.0	兰州市 榆中县
124	***经营部	5	4	80.0	兰州市 红古区
125	***果蔬店	5	2	40.0	兰州市 七里河区
126	***果蔬超市	5	3	60.0	兰州市 七里河区
127	***超市	5	2	40.0	兰州市 七里河区
128	***果蔬店	5	2	40.0	兰州市 七里河区
129	***水果店	5	4	80.0	兰州市 七里河区
130	***蔬菜铺	5	2	40.0	白银市 白银区
131	***菜市场	5	2	40.0	兰州市 西固区
132	***超市	4	2	50.0	兰州市 城关区
133	***水果店	4	1	25.0	武威市 凉州区
134	***菜市	4	2	50.0	兰州市 西固区
135	***蔬菜部	4	3	75.0	兰州市 西固区
136	***菜市场	4	3	75.0	兰州市 西固区
137	***菜市场	4	3	75.0	兰州市 西固区
138	***水果干果店	4	2	50.0	兰州市 西固区
139	***有限公司	4	2	50.0	兰州市 榆中县
140	***超市	4	2	50.0	兰州市 城关区
141	***有限责任公司	4	3	75.0	兰州市 七里河区
142	***水果蔬菜店	4	3	75.0	兰州市 榆中县
143	***有限公司	4	3	75.0	兰州市 七里河区
144	***蔬菜部	4	3	75.0	兰州市 皋兰县
145	***果蔬店	4	2	50.0	兰州市 榆中县
146	***蔬菜水果店	4	2	50.0	兰州市 榆中县

续表

	采样点	样品总数	超标数量	超标率（%）	行政区域
147	***有限责任公司	4	2	50.0	兰州市 皋兰县
148	***配送部	4	1	25.0	兰州市 红古区
149	***有限公司	4	2	50.0	兰州市 城关区
150	***超市	4	2	50.0	兰州市 城关区
151	***火锅店	4	3	75.0	兰州市 永登县
152	***餐饮	4	2	50.0	兰州市 永登县
153	***有限公司	4	3	75.0	兰州市 西固区
154	***经销店	4	4	100.0	兰州市 红古区
155	***经销部	4	2	50.0	兰州市 榆中县
156	***蔬菜店	4	3	75.0	兰州市 榆中县
157	***火锅店	4	4	100.0	兰州市 永登县
158	***火锅店	4	3	75.0	兰州市 永登县
159	***火锅店	4	2	50.0	兰州市 永登县
160	***蔬菜店	4	3	75.0	兰州市 榆中县
161	***熟食店	4	2	50.0	兰州市 榆中县
162	***火锅店	4	4	100.0	兰州市 永登县
163	***餐饮店	4	2	50.0	兰州市 永登县
164	***有限公司	4	3	75.0	兰州市 城关区
165	***餐饮店	4	3	75.0	兰州市 永登县
166	***便利店	4	2	50.0	兰州市 皋兰县
167	***菜市场	4	2	50.0	兰州市 城关区
168	***生活超市	4	2	50.0	兰州市 城关区
169	***蔬菜瓜果经营部	4	1	25.0	兰州市 七里河区
170	***蔬菜店	4	3	75.0	兰州市 七里河区
171	***生鲜超市	4	2	50.0	兰州市 榆中县
172	***蔬果店	4	4	100.0	兰州市 七里河区
173	***副食商店	4	4	100.0	兰州市 七里河区
174	***市	4	2	50.0	张掖市 甘州区
175	***批发市场	4	3	75.0	张掖市 甘州区
176	***蔬菜	4	3	75.0	白银市 白银区
177	***蔬菜	4	2	50.0	白银市 白银区
178	***蔬菜摊位	4	1	25.0	白银市 白银区
179	***水果摊位	4	2	50.0	白银市 白银区
180	***果亭	4	1	25.0	白银市 白银区

续表

	采样点	样品总数	超标数量	超标率（%）	行政区域
181	***蔬菜	4	3	75.0	白银市 白银区
182	***水果	4	3	75.0	白银市 白银区
183	***水果副食店	4	2	50.0	武威市 凉州区
184	***干鲜水果	4	1	25.0	武威市 凉州区
185	***干鲜水果店	4	1	25.0	武威市 凉州区
186	***菜市场	4	3	75.0	兰州市 西固区
187	***蔬菜店	3	2	66.7	兰州市 红古区
188	***菜店	3	3	100.0	白银市 白银区
189	***水果店	3	1	33.3	兰州市 西固区
190	***菜市场	3	1	33.3	兰州市 西固区
191	***菜市场	3	2	66.7	兰州市 西固区
192	***菜市场	3	2	66.7	兰州市 西固区
193	***超市	3	3	100.0	兰州市 安宁区
194	***经营部	3	1	33.3	兰州市 七里河区
195	***超市	3	2	66.7	兰州市 城关区
196	***水产部	3	3	100.0	兰州市 榆中县
197	***菜市场	3	1	33.3	兰州市 西固区
198	***早市	3	2	66.7	兰州市 西固区
199	***有限责任公司	3	2	66.7	兰州市 城关区
200	***配送部	3	1	33.3	兰州市 红古区
201	***直销店	3	2	66.7	兰州市 红古区
202	***蔬菜店	3	2	66.7	兰州市 红古区
203	***水果店	3	1	33.3	兰州市 榆中县
204	***超市	3	2	66.7	兰州市 城关区
205	***经营部	3	2	66.7	兰州市 安宁区
206	***蔬菜铺	3	2	66.7	兰州市 安宁区
207	***超市	3	1	33.3	兰州市 城关区
208	***水果店	3	2	66.7	兰州市 七里河区
209	***经营部	3	3	100.0	兰州市 安宁区
210	***水果店	3	1	33.3	兰州市 安宁区
211	***蔬菜批发部	3	1	33.3	兰州市 榆中县
212	***配送部	3	1	33.3	兰州市 七里河区
213	***市场	3	1	33.3	兰州市 西固区
214	***蔬菜店	3	2	66.7	兰州市 七里河区

续表

	采样点	样品总数	超标数量	超标率（%）	行政区域
215	***水果店	3	1	33.3	兰州市 七里河区
216	***蔬菜零售店	3	2	66.7	兰州市 七里河区
217	***蔬菜配送店	3	1	33.3	兰州市 七里河区
218	***销售店	3	1	33.3	兰州市 红古区
219	***配送部	3	1	33.3	兰州市 皋兰县
220	***餐饮店	3	2	66.7	兰州市 永登县
221	***蔬菜水果店	3	2	66.7	兰州市 七里河区
222	***蔬菜水果店	3	1	33.3	兰州市 七里河区
223	***直销店	3	2	66.7	兰州市 城关区
224	***蔬菜水果豆腐店	3	1	33.3	兰州市 城关区
225	***蔬菜店	3	1	33.3	兰州市 城关区
226	***超市	3	2	66.7	兰州市 城关区
227	***批发市场	3	1	33.3	兰州市 城关区
228	***菜市场	3	2	66.7	兰州市 城关区
229	***菜市场	3	2	66.7	兰州市 城关区
230	***销售店	3	3	100.0	兰州市 七里河区
231	***蔬菜市场	3	1	33.3	兰州市 城关区
232	***果蔬店	3	1	33.3	兰州市 城关区
233	***蔬菜店	3	2	66.7	兰州市 七里河区
234	***蔬菜店	3	1	33.3	兰州市 七里河区
235	***蔬菜店	3	1	33.3	兰州市 七里河区
236	***蔬菜店	3	1	33.3	兰州市 城关区
237	***果蔬店	3	1	33.3	兰州市 城关区
238	***果蔬店	3	2	66.7	兰州市 城关区
239	***直销店	3	3	100.0	兰州市 七里河区
240	***有限责任公司	3	2	66.7	兰州市 城关区
241	***蔬菜铺	3	2	66.7	兰州市 红古区
242	***蔬菜水果店	3	2	66.7	兰州市 红古区
243	***水果摊位	3	2	66.7	白银市 白银区
244	***蔬菜	3	1	33.3	白银市 白银区
245	***蔬菜	3	2	66.7	白银市 白银区
246	***蔬菜	3	1	33.3	白银市 白银区
247	***酒店	3	2	66.7	兰州市 城关区
248	***果蔬鲜	2	2	100.0	兰州市 城关区

续表

	采样点	样品总数	超标数量	超标率（%）	行政区域
249	***水果蔬菜店	2	2	100.0	兰州市 七里河区
250	***菜市场	2	1	50.0	兰州市 城关区
251	***菜市场	2	1	50.0	兰州市 城关区
252	***超市	2	1	50.0	兰州市 城关区
253	***水果店	2	1	50.0	兰州市 城关区
254	***菜市场	2	1	50.0	兰州市 城关区
255	***菜市场	2	1	50.0	兰州市 城关区
256	***超市	2	1	50.0	兰州市 城关区
257	***蔬菜店	2	1	50.0	兰州市 七里河区
258	***果蔬批发超市	2	2	100.0	兰州市 榆中县
259	***蔬菜水果干果店	2	2	100.0	兰州市 红古区
260	***瓜果店	2	1	50.0	兰州市 安宁区
261	***蔬菜店	2	1	50.0	兰州市 七里河区
262	***便利店	2	1	50.0	兰州市 城关区
263	***蔬菜部	2	1	50.0	兰州市 皋兰县
264	***瓜果店	2	1	50.0	兰州市 七里河区
265	***蔬菜摊位	2	2	100.0	白银市 白银区
266	***蔬菜摊位	2	2	100.0	白银市 白银区
267	***蔬菜摊位	2	2	100.0	白银市 白银区
268	***蔬菜摊位	2	2	100.0	白银市 白银区
269	***果蔬	2	2	100.0	白银市 白银区
270	***蔬菜	2	1	50.0	白银市 白银区
271	***菜店	2	1	50.0	白银市 白银区
272	***蔬菜	2	2	100.0	白银市 白银区
273	***炒货	2	1	50.0	白银市 白银区
274	***菜市场	2	1	50.0	兰州市 七里河区
275	***蔬菜店	2	2	100.0	兰州市 红古区
276	***果蔬店	2	1	50.0	兰州市 七里河区
277	***批发中心	2	2	100.0	兰州市 红古区
278	***菜市场	2	1	50.0	兰州市 西固区
279	***超市	2	2	100.0	兰州市 西固区
280	***水果店	2	2	100.0	兰州市 西固区
281	***有限公司	2	1	50.0	兰州市 西固区
282	***市场	2	1	50.0	兰州市 西固区

续表

	采样点	样品总数	超标数量	超标率（%）	行政区域
283	***馋嘴猪	2	2	100.0	兰州市 安宁区
284	***商店	2	1	50.0	兰州市 七里河区
285	***菜市场	2	2	100.0	兰州市 西固区
286	***菜市场	2	2	100.0	兰州市 西固区
287	***经销店	2	1	50.0	兰州市 榆中县
288	***直销店	2	2	100.0	兰州市 榆中县
289	***商行	2	1	50.0	兰州市 榆中县
290	***销售店	2	1	50.0	兰州市 红古区
291	***超市	2	2	100.0	兰州市 城关区
292	***经营部	2	2	100.0	兰州市 七里河区
293	***水果店	2	1	50.0	兰州市 七里河区
294	***早市	2	2	100.0	兰州市 西固区
295	***早市	2	1	50.0	兰州市 西固区
296	***直销店	2	2	100.0	兰州市 红古区
297	***蔬菜配送店	2	1	50.0	兰州市 红古区
298	***蔬菜店	2	1	50.0	兰州市 红古区
299	***水果蔬菜店	2	1	50.0	兰州市 红古区
300	***经营部	2	1	50.0	兰州市 红古区
301	***便利店	2	2	100.0	兰州市 安宁区
302	***农家乐	2	2	100.0	兰州市 皋兰县
303	***生活超市	2	2	100.0	兰州市 城关区
304	***有限公司	2	1	50.0	兰州市 城关区
305	***副食经营部	2	1	50.0	兰州市 七里河区
306	***蔬菜店	2	2	100.0	兰州市 榆中县
307	***蔬菜批发部	2	2	100.0	兰州市 安宁区
308	***蔬菜批发部	2	1	50.0	兰州市 安宁区
309	***菜市场	2	2	100.0	兰州市 西固区
310	***菜市场	2	1	50.0	兰州市 西固区
311	***菜市场	2	1	50.0	兰州市 西固区
312	***菜市场	2	1	50.0	兰州市 西固区
313	***粮油店	2	2	100.0	兰州市 榆中县
314	***商行	2	2	100.0	兰州市 榆中县
315	***蔬菜店	2	1	50.0	兰州市 七里河区
316	***果蔬店	2	1	50.0	兰州市 七里河区

续表

	采样点	样品总数	超标数量	超标率（%）	行政区域
317	***蔬菜零售铺	2	1	50.0	兰州市 七里河区
318	***有限公司	2	1	50.0	兰州市 红古区
319	***有限公司	2	1	50.0	兰州市 城关区
320	***餐饮店	2	2	100.0	兰州市 永登县
321	***蔬菜店	2	1	50.0	兰州市 榆中县
322	***蔬果店	2	2	100.0	兰州市 七里河区
323	***蔬菜零售店	1	1	100.0	兰州市 七里河区
324	***配送中心	1	1	100.0	兰州市 七里河区
325	***有限公	1	1	100.0	兰州市 西固区
326	***果蔬店	1	1	100.0	兰州市 七里河区
327	***果蔬店	1	1	100.0	兰州市 红古区
328	***菜市场	1	1	100.0	兰州市 西固区
329	***菜市场	1	1	100.0	兰州市 西固区
330	***早市	1	1	100.0	兰州市 西固区
331	***早市	1	1	100.0	兰州市 西固区
332	***有限公司	1	1	100.0	兰州市 西固区
333	***经营部	1	1	100.0	兰州市 红古区
334	***水果店	1	1	100.0	兰州市 榆中县
335	***生活超市	1	1	100.0	兰州市 西固区
336	***蔬菜摊位	1	1	100.0	兰州市 安宁区
337	***经营部	1	1	100.0	兰州市 安宁区
338	***蔬菜摊位	1	1	100.0	兰州市 安宁区
339	***蔬菜店	1	1	100.0	兰州市 安宁区
340	***有限公司	1	1	100.0	兰州市 安宁区
341	***菜市场	1	1	100.0	兰州市 安宁区
342	***有限公司	1	1	100.0	兰州市 安宁区
343	***有限公司	1	1	100.0	兰州市 城关区
344	***菜市场	1	1	100.0	兰州市 西固区
345	***市场	1	1	100.0	兰州市 西固区
346	***经销部	1	1	100.0	兰州市 榆中县
347	***农庄	1	1	100.0	兰州市 皋兰县
348	***菜市场	1	1	100.0	兰州市 西固区
349	***早市	1	1	100.0	兰州市 西固区
350	***超市	1	1	100.0	兰州市 城关区

续表

	采样点	样品总数	超标数量	超标率（%）	行政区域
351	***蔬菜水果店	1	1	100.0	兰州市 七里河区
352	***肉菜批发部	1	1	100.0	兰州市 七里河区
353	***蔬菜店	1	1	100.0	兰州市 七里河区
354	***蔬菜店	1	1	100.0	兰州市 七里河区
355	***蔬菜店	1	1	100.0	兰州市 红古区
356	***蔬菜店	1	1	100.0	兰州市 七里河区
357	***烧烤麻辣烫店	1	1	100.0	兰州市 安宁区
358	***水果蔬菜批发零售部	1	1	100.0	兰州市 红古区
359	***商场	1	1	100.0	兰州市 红古区
360	***超市	1	1	100.0	兰州市 榆中县
361	***副食店	1	1	100.0	兰州市 榆中县
362	***有限公司	1	1	100.0	兰州市 城关区
363	***有限责任公司	1	1	100.0	兰州市 城关区
364	***蔬菜店	1	1	100.0	兰州市 皋兰县
365	***蔬菜店	1	1	100.0	兰州市 皋兰县
366	***蔬菜店	1	1	100.0	兰州市 七里河区
367	***柜台102号	1	1	100.0	兰州市 七里河区
368	***果蔬柜台	1	1	100.0	兰州市 七里河区
369	***经销部	1	1	100.0	兰州市 红古区
370	***超市	1	1	100.0	兰州市 红古区
371	***餐饮部	1	1	100.0	兰州市 永登县
372	***水果店	1	1	100.0	兰州市 七里河区
373	***便利店	1	1	100.0	兰州市 七里河区
374	***蔬菜店	1	1	100.0	兰州市 七里河区
375	***生鲜	1	1	100.0	兰州市 七里河区
376	***蔬菜水果店	1	1	100.0	兰州市 七里河区
377	***水果蔬菜店	1	1	100.0	兰州市 城关区
378	***水果好栗子	1	1	100.0	兰州市 七里河区
379	***菜市场	1	1	100.0	兰州市 城关区
380	***水果店	1	1	100.0	兰州市 七里河区
381	***蔬菜店	1	1	100.0	兰州市 七里河区
382	***市场	1	1	100.0	兰州市 榆中县
383	***果蔬店	1	1	100.0	兰州市 榆中县
384	***果蔬店	1	1	100.0	兰州市 榆中县

续表

	采样点	样品总数	超标数量	超标率（%）	行政区域
385	***蔬菜批发部	1	1	100.0	兰州市 七里河区
386	***蔬菜店	1	1	100.0	兰州市 七里河区
387	***有限公司	1	1	100.0	兰州市 城关区
388	***蔬菜副食经销部	1	1	100.0	兰州市 七里河区
389	***果蔬店	1	1	100.0	兰州市 七里河区
390	***水果店	1	1	100.0	兰州市 七里河区
391	***蔬菜店	1	1	100.0	兰州市 七里河区
392	***蔬菜店	1	1	100.0	兰州市 七里河区
393	***蔬菜摊位	1	1	100.0	白银市 白银区
394	***水果	1	1	100.0	白银市 白银区
395	***蔬菜	1	1	100.0	白银市 白银区
396	***蔬菜	1	1	100.0	白银市 白银区
397	***蔬菜店	1	1	100.0	白银市 白银区
398	***流动商贩	1	1	100.0	白银市 白银区
399	***水果店	1	1	100.0	兰州市 西固区
400	***有限公司	1	1	100.0	兰州市 七里河区
401	***网	1	1	100.0	兰州市 城关区
402	***网	1	1	100.0	兰州市 城关区
403	***网	1	1	100.0	兰州市 城关区
404	***网	1	1	100.0	兰州市 城关区

7.2.3.3 按 MRL 日本标准衡量

按 MRL 日本标准衡量，有 390 个采样点的样品存在不同程度的超标农药检出，如表 7-12 所示。

表 7-12 超过 MRL 日本标准水果蔬菜在不同采样点分布

	采样点	样品总数	超标数量	超标率（%）	行政区域
1	***市场	19	7	36.8	定西市 安定区
2	***市场	19	5	26.3	定西市 安定区
3	***超市	19	5	26.3	定西市 安定区
4	***批发市场	19	8	42.1	张掖市 甘州区
5	***批发市	19	6	31.6	张掖市 甘州区
6	***市场	19	8	42.1	张掖市 甘州区

续表

	采样点	样品总数	超标数量	超标率（%）	行政区域
7	***市场	19	3	15.8	武威市 凉州区
8	***菜市场	19	4	21.1	武威市 凉州区
9	***市场	19	5	26.3	武威市 凉州区
10	***市场	19	6	31.6	武威市 凉州区
11	***市场	19	3	15.8	武威市 凉州区
12	***超市	19	8	42.1	定西市 安定区
13	***超市	19	6	31.6	定西市 安定区
14	***市场	19	6	31.6	定西市 安定区
15	***超市	19	5	26.3	定西市 安定区
16	***超市	19	3	15.8	定西市 安定区
17	***超市	19	4	21.1	定西市 安定区
18	***超市	19	2	10.5	定西市 安定区
19	***超市	19	10	52.6	白银市 白银区
20	***超	18	8	44.4	白银市 白银区
21	***批发市场	18	6	33.3	张掖市 甘州区
22	***便民市场	18	5	27.8	张掖市 甘州区
23	***便民市场	18	7	38.9	张掖市 甘州区
24	***市场	18	6	33.3	张掖市 甘州区
25	***合作社	15	1	6.7	武威市 凉州区
26	***合作社	15	1	6.7	武威市 凉州区
27	***市场	15	7	46.7	张掖市 甘州区
28	***市场	15	1	6.7	武威市 凉州区
29	***超市	15	1	6.7	武威市 凉州区
30	***蔬菜便民店	15	1	6.7	武威市 凉州区
31	***批发市场	15	9	60.0	张掖市 甘州区
32	***批发市场	14	6	42.9	张掖市 甘州区
33	***超市	13	6	46.2	兰州市 永登县
34	***有限公司	13	8	61.5	兰州市 永登县
35	***有限公司	13	5	38.5	兰州市 永登县
36	***有限责任公司	13	3	23.1	兰州市 永登县
37	***超市	11	2	18.2	兰州市 永登县
38	***超市	11	3	27.3	兰州市 永登县
39	***超市	11	7	63.6	兰州市 城关区
40	***生活超市	11	8	72.7	兰州市 城关区

续表

	采样点	样品总数	超标数量	超标率（%）	行政区域
41	***有限公司	10	5	50.0	兰州市 红古区
42	***超市	10	5	50.0	兰州市 红古区
43	***有限公司	10	6	60.0	兰州市 红古区
44	***超市	9	5	55.6	兰州市 皋兰县
45	***超市	9	3	33.3	兰州市 城关区
46	***销售部	9	2	22.2	兰州市 皋兰县
47	***配送中心	8	5	62.5	兰州市 西固区
48	***超市	8	5	62.5	兰州市 红古区
49	***有限公司	8	5	62.5	兰州市 西固区
50	***超市	8	3	37.5	兰州市 安宁区
51	***超市	8	3	37.5	兰州市 安宁区
52	***超市	8	4	50.0	兰州市 榆中县
53	***蔬菜	8	4	50.0	白银市 白银区
54	***有限责任公司	8	6	75.0	兰州市 城关区
55	***餐饮店	8	2	25.0	兰州市 永登县
56	***销售部	8	5	62.5	兰州市 皋兰县
57	***果蔬店	8	4	50.0	兰州市 七里河区
58	***有限公司	8	3	37.5	兰州市 皋兰县
59	***超市	8	2	25.0	兰州市 榆中县
60	***经销部	7	2	28.6	兰州市 西固区
61	***超市	7	1	14.3	兰州市 西固区
62	***超市	7	2	28.6	兰州市 红古区
63	***超市	7	3	42.9	兰州市 西固区
64	***超市	7	3	42.9	兰州市 城关区
65	***超市	7	1	14.3	兰州市 城关区
66	***餐饮店	7	4	57.1	兰州市 永登县
67	***果蔬鲜	7	2	28.6	兰州市 七里河区
68	***蔬菜店	7	2	28.6	兰州市 榆中县
69	***生鲜超市	7	3	42.9	兰州市 七里河区
70	***有限公司	7	2	28.6	兰州市 红古区
71	***超市	7	4	57.1	兰州市 城关区
72	***超市	7	2	28.6	兰州市 红古区
73	***超市	7	3	42.9	兰州市 皋兰县
74	***便利店	7	3	42.9	兰州市 七里河区

续表

	采样点	样品总数	超标数量	超标率（%）	行政区域
75	***蔬菜调味品店	7	3	42.9	兰州市 七里河区
76	******超市	7	3	42.9	兰州市 七里河区
77	***便民交易点	7	4	57.1	兰州市 七里河区
78	***菜市场	7	3	42.9	兰州市 城关区
79	***蔬菜	7	2	28.6	白银市 白银区
80	***蔬菜摊位	7	2	28.6	白银市 白银区
81	***蔬菜	7	1	14.3	白银市 白银区
82	***水果蔬菜店	7	3	42.9	兰州市 皋兰县
83	***超市	6	3	50.0	兰州市 红古区
84	***蔬菜店	6	2	33.3	白银市 白银区
85	***有限公司	6	3	50.0	兰州市 榆中县
86	***肉食调味门市部	6	2	33.3	兰州市 皋兰县
87	***酒店	6	4	66.7	兰州市 永登县
88	***配料店	6	2	33.3	兰州市 永登县
89	***火锅店	6	2	33.3	兰州市 永登县
90	***商行	6	1	16.7	兰州市 榆中县
91	***蔬菜调料店	6	3	50.0	兰州市 皋兰县
92	***餐饮店	6	3	50.0	兰州市 永登县
93	***蔬菜店	6	3	50.0	兰州市 七里河区
94	***蔬菜部	6	3	50.0	兰州市 皋兰县
95	***菜市场	6	3	50.0	兰州市 七里河区
96	***经营部	6	3	50.0	兰州市 七里河区
97	***蔬菜	6	1	16.7	白银市 白银区
98	***蔬菜直销	6	1	16.7	白银市 白银区
99	***蔬菜摊位	6	1	16.7	白银市 白银区
100	***蔬菜摊位	6	3	50.0	白银市 白银区
101	***超市	6	2	33.3	兰州市 西固区
102	***蔬菜批发部	5	1	20.0	兰州市 红古区
103	***蔬菜摊位	5	2	40.0	白银市 白银区
104	***超市	5	3	60.0	兰州市 城关区
105	***商行	5	2	40.0	兰州市 榆中县
106	***有限公司	5	4	80.0	兰州市 城关区
107	***果蔬店	5	3	60.0	兰州市 榆中县
108	***生鲜超市	5	3	60.0	兰州市 城关区

	采样点	样品总数	超标数量	超标率(%)	行政区域
109	***餐饮店	5	1	20.0	兰州市 永登县
110	***火锅村	5	1	20.0	兰州市 永登县
111	***有限公司	5	2	40.0	兰州市 皋兰县
112	***超市	5	4	80.0	兰州市 城关区
113	***超市	5	1	20.0	兰州市 城关区
114	***小吃店	5	2	40.0	兰州市 永登县
115	***串串香	5	1	20.0	兰州市 永登县
116	***便利商店	5	2	40.0	兰州市 榆中县
117	***水果店	5	1	20.0	兰州市 七里河区
118	***配送中心	5	1	20.0	兰州市 皋兰县
119	***蔬菜店	5	1	20.0	兰州市 榆中县
120	***蔬菜门市部	5	1	20.0	兰州市 榆中县
121	***超市	5	1	20.0	兰州市 榆中县
122	***蔬菜调味部	5	4	80.0	兰州市 榆中县
123	***经营部	5	3	60.0	兰州市 红古区
124	***果蔬店	5	2	40.0	兰州市 七里河区
125	***果蔬超市	5	2	40.0	兰州市 七里河区
126	***超市	5	2	40.0	兰州市 七里河区
127	***果蔬店	5	2	40.0	兰州市 七里河区
128	***水果店	5	3	60.0	兰州市 七里河区
129	***菜市场	5	3	60.0	兰州市 西固区
130	***超市	4	2	50.0	兰州市 城关区
131	***水果店	4	1	25.0	武威市 凉州区
132	***蔬菜部	4	2	50.0	兰州市 西固区
133	***菜市场	4	2	50.0	兰州市 西固区
134	***菜市	4	2	50.0	兰州市 西固区
135	***水果干果店	4	2	50.0	兰州市 西固区
136	***有限公司	4	2	50.0	兰州市 榆中县
137	***超市	4	2	50.0	兰州市 城关区
138	***有限责任公司	4	2	50.0	兰州市 七里河区
139	***水果蔬菜店	4	2	50.0	兰州市 榆中县
140	***有限公司	4	3	75.0	兰州市 七里河区
141	***蔬菜部	4	1	25.0	兰州市 皋兰县
142	***果蔬店	4	2	50.0	兰州市 榆中县

续表

	采样点	样品总数	超标数量	超标率（%）	行政区域
143	***蔬菜水果店	4	2	50.0	兰州市 榆中县
144	***有限责任公司	4	1	25.0	兰州市 皋兰县
145	***配送部	4	2	50.0	兰州市 红古区
146	***有限公司	4	1	25.0	兰州市 城关区
147	***超市	4	1	25.0	兰州市 城关区
148	***火锅店	4	2	50.0	兰州市 永登县
149	***餐饮店	4	2	50.0	兰州市 永登县
150	***有限公司	4	2	50.0	兰州市 西固区
151	***经销店	4	3	75.0	兰州市 红古区
152	***经销部	4	1	25.0	兰州市 榆中县
153	***蔬菜店	4	2	50.0	兰州市 榆中县
154	***火锅店	4	2	50.0	兰州市 永登县
155	***火锅店	4	2	50.0	兰州市 永登县
156	***火锅店	4	2	50.0	兰州市 永登县
157	***蔬菜店	4	1	25.0	兰州市 榆中县
158	***熟食店	4	2	50.0	兰州市 榆中县
159	***火锅店	4	2	50.0	兰州市 永登县
160	***餐饮店	4	1	25.0	兰州市 永登县
161	***有限公司	4	2	50.0	兰州市 城关区
162	***餐饮店	4	2	50.0	兰州市 永登县
163	***便利店	4	2	50.0	兰州市 皋兰县
164	***菜市场	4	2	50.0	兰州市 城关区
165	***生活超市	4	3	75.0	兰州市 城关区
166	***蔬菜店	4	3	75.0	兰州市 七里河区
167	***生鲜超市	4	2	50.0	兰州市 榆中县
168	***蔬果店	4	3	75.0	兰州市 七里河区
169	***水果店	4	1	25.0	兰州市 七里河区
170	***副食商店	4	4	100.0	兰州市 七里河区
171	***市场	4	2	50.0	张掖市 甘州区
172	***批发市场	4	1	25.0	张掖市 甘州区
173	***蔬菜	4	1	25.0	白银市 白银区
174	***蔬菜	4	2	50.0	白银市 白银区
175	***水果摊位	4	1	25.0	白银市 白银区
176	***果亭	4	1	25.0	白银市 白银区

	采样点	样品总数	超标数量	超标率（%）	行政区域
177	***蔬菜	4	2	50.0	白银市 白银区
178	***水果	4	2	50.0	白银市 白银区
179	***水果副食店	4	1	25.0	武威市 凉州区
180	***干鲜水果	4	1	25.0	武威市 凉州区
181	***干鲜水果店	4	1	25.0	武威市 凉州区
182	***菜市场	4	1	25.0	兰州市 西固区
183	***蔬菜店	3	1	33.3	兰州市 红古区
184	***菜店	3	1	33.3	白银市 白银区
185	***菜市	3	2	66.7	兰州市 西固区
186	***菜市场	3	2	66.7	兰州市 西固区
187	***超市	3	2	66.7	兰州市 安宁区
188	***经营部	3	1	33.3	兰州市 七里河区
189	***超市	3	1	33.3	兰州市 城关区
190	***水产部	3	2	66.7	兰州市 榆中县
191	***菜市场	3	1	33.3	兰州市 西固区
192	***早市	3	1	33.3	兰州市 西固区
193	***有限责任公司	3	2	66.7	兰州市 城关区
194	***配送部	3	2	66.7	兰州市 红古区
195	***直销店	3	2	66.7	兰州市 红古区
196	***水果店	3	1	33.3	兰州市 榆中县
197	***超市	3	1	33.3	兰州市 城关区
198	***经营部	3	2	66.7	兰州市 安宁区
199	***蔬菜铺	3	1	33.3	兰州市 安宁区
200	***超市	3	1	33.3	兰州市 城关区
201	***水果店	3	1	33.3	兰州市 七里河区
202	***经营部	3	3	100.0	兰州市 安宁区
203	***水果店	3	1	33.3	兰州市 安宁区
204	***配送部	3	1	33.3	兰州市 七里河区
205	***市场	3	1	33.3	兰州市 西固区
206	***蔬菜店	3	3	100.0	兰州市 七里河区
207	***蔬菜零售店	3	2	66.7	兰州市 七里河区
208	***蔬菜配送店	3	1	33.3	兰州市 七里河区
209	***销售店	3	1	33.3	兰州市 红古区
210	***配送部	3	1	33.3	兰州市 皋兰县

续表

	采样点	样品总数	超标数量	超标率（%）	行政区域
211	***餐饮店	3	2	66.7	兰州市 永登县
212	***蔬菜水果店	3	2	66.7	兰州市 七里河区
213	***蔬菜水果店	3	1	33.3	兰州市 七里河区
214	***直销店	3	1	33.3	兰州市 城关区
215	***蔬菜水果豆腐店	3	1	33.3	兰州市 城关区
216	***蔬菜店	3	1	33.3	兰州市 城关区
217	***超市	3	1	33.3	兰州市 城关区
218	***批发市场	3	1	33.3	兰州市 城关区
219	***菜市场	3	2	66.7	兰州市 城关区
220	***菜市场	3	2	66.7	兰州市 城关区
221	***销售店	3	3	100.0	兰州市 七里河区
222	***蔬菜市场	3	1	33.3	兰州市 城关区
223	***果蔬店	3	1	33.3	兰州市 城关区
224	***蔬菜店	3	1	33.3	兰州市 七里河区
225	***蔬菜店	3	1	33.3	兰州市 七里河区
226	***蔬菜店	3	1	33.3	兰州市 七里河区
227	***蔬菜店	3	1	33.3	兰州市 城关区
228	***果蔬店	3	1	33.3	兰州市 城关区
229	***果蔬店	3	1	33.3	兰州市 城关区
230	***直销店	3	3	100.0	兰州市 七里河区
231	***有限责任公司	3	2	66.7	兰州市 城关区
232	***蔬菜铺	3	3	100.0	兰州市 红古区
233	***蔬菜水果店	3	1	33.3	兰州市 红古区
234	***水果摊位	3	1	33.3	白银市 白银区
235	***蔬菜	3	1	33.3	白银市 白银区
236	***蔬菜	3	2	66.7	白银市 白银区
237	***蔬菜	3	1	33.3	白银市 白银区
238	***酒店	3	1	33.3	兰州市 城关区
239	***果蔬鲜	2	2	100.0	兰州市 城关区
240	***水果蔬菜店	2	2	100.0	兰州市 七里河区
241	***菜市场	2	1	50.0	兰州市 城关区
242	***菜市	2	1	50.0	兰州市 城关区
243	***超市	2	1	50.0	兰州市 城关区
244	***水果店	2	1	50.0	兰州市 城关区

续表

	采样点	样品总数	超标数量	超标率（%）	行政区域
245	***菜市场	2	1	50.0	兰州市 城关区
246	***蔬菜店	2	1	50.0	兰州市 七里河区
247	***果蔬批发超市	2	2	100.0	兰州市 榆中县
248	***蔬菜水果干果店	2	1	50.0	兰州市 红古区
249	***瓜果店	2	1	50.0	兰州市 安宁区
250	***蔬菜店	2	1	50.0	兰州市 七里河区
251	***便利店	2	1	50.0	兰州市 城关区
252	***蔬菜部	2	1	50.0	兰州市 皋兰县
253	***瓜果店	2	1	50.0	兰州市 七里河区
254	***蔬菜摊位	2	2	100.0	白银市 白银区
255	***蔬菜摊位	2	1	50.0	白银市 白银区
256	***蔬菜摊位	2	2	100.0	白银市 白银区
257	***蔬菜摊位	2	2	100.0	白银市 白银区
258	***果蔬	2	1	50.0	白银市 白银区
259	***蔬菜	2	1	50.0	白银市 白银区
260	***菜店	2	1	50.0	白银市 白银区
261	***蔬菜	2	2	100.0	白银市 白银区
262	***菜市场	2	1	50.0	兰州市 七里河区
263	***蔬菜店	2	2	100.0	兰州市 红古区
264	***果蔬店	2	1	50.0	兰州市 七里河区
265	***批发中心	2	2	100.0	兰州市 红古区
266	***超市	2	1	50.0	兰州市 西固区
267	***水果店	2	2	100.0	兰州市 西固区
268	***有限公司	2	1	50.0	兰州市 西固区
269	***市场	2	1	50.0	兰州市 西固区
270	***馋嘴猪	2	2	100.0	兰州市 安宁区
271	***商店	2	1	50.0	兰州市 七里河区
272	***菜市场	2	2	100.0	兰州市 西固区
273	***菜市场	2	1	50.0	兰州市 西固区
274	***菜市场	2	2	100.0	兰州市 西固区
275	***经销店	2	1	50.0	兰州市 榆中县
276	***直销店	2	1	50.0	兰州市 榆中县
277	***商行	2	1	50.0	兰州市 榆中县
278	***销售店	2	2	100.0	兰州市 红古区

续表

	采样点	样品总数	超标数量	超标率（%）	行政区域
279	***经营部	2	1	50.0	兰州市 七里河区
280	***早市	2	2	100.0	兰州市 西固区
281	***早市	2	2	100.0	兰州市 西固区
282	***直销店	2	1	50.0	兰州市 红古区
283	***蔬菜配送店	2	2	100.0	兰州市 红古区
284	***蔬菜店	2	1	50.0	兰州市 红古区
285	***水果蔬菜店	2	1	50.0	兰州市 红古区
286	***经营部	2	1	50.0	兰州市 红古区
287	***便利店	2	2	100.0	兰州市 安宁区
288	***农家乐	2	2	100.0	兰州市 皋兰县
289	***有限公司	2	1	50.0	兰州市 城关区
290	***副食经营部	2	1	50.0	兰州市 七里河区
291	***蔬菜店	2	2	100.0	兰州市 榆中县
292	***蔬菜批发部	2	1	50.0	兰州市 安宁区
293	***蔬菜批发部	2	1	50.0	兰州市 安宁区
294	***菜市场	2	1	50.0	兰州市 西固区
295	***菜市场	2	1	50.0	兰州市 西固区
296	***菜市场	2	2	100.0	兰州市 西固区
297	***菜市场	2	2	100.0	兰州市 西固区
298	***商行	2	1	50.0	兰州市 榆中县
299	***蔬菜店	2	2	100.0	兰州市 七里河区
300	***果蔬店	2	1	50.0	兰州市 七里河区
301	***蔬菜零售铺	2	1	50.0	兰州市 七里河区
302	***有限公司	2	1	50.0	兰州市 红古区
303	***有限公司	2	1	50.0	兰州市 城关区
304	***餐饮店	2	2	100.0	兰州市 永登县
305	***蔬菜店	2	1	50.0	兰州市 榆中县
306	***蔬果店	2	2	100.0	兰州市 七里河区
307	***蔬菜零售店	1	1	100.0	兰州市 七里河区
308	***超市	1	1	100.0	兰州市 城关区
309	***配送中心	1	1	100.0	兰州市 七里河区
310	***有限公司	1	1	100.0	兰州市 西固区
311	***果蔬店	1	1	100.0	兰州市 七里河区
312	***果蔬店	1	1	100.0	兰州市 红古区

续表

	采样点	样品总数	超标数量	超标率（%）	行政区域
313	***菜市	1	1	100.0	兰州市 西固区
314	***菜市	1	1	100.0	兰州市 西固区
315	***早市	1	1	100.0	兰州市 西固区
316	***早市	1	1	100.0	兰州市 西固区
317	***菜市场	1	1	100.0	兰州市 西固区
318	****水果店	1	1	100.0	兰州市 红古区
319	***经营部	1	1	100.0	兰州市 红古区
320	****果蔬店	1	1	100.0	兰州市 红古区
321	***生活超市	1	1	100.0	兰州市 西固区
322	***蔬菜摊位	1	1	100.0	兰州市 安宁区
323	***经营部	1	1	100.0	兰州市 安宁区
324	***有限公司	1	1	100.0	兰州市 安宁区
325	***有限公司	1	1	100.0	兰州市 安宁区
326	***有限公司	1	1	100.0	兰州市 城关区
327	***菜市场	1	1	100.0	兰州市 西固区
328	***市场	1	1	100.0	兰州市 西固区
329	***经销部	1	1	100.0	兰州市 榆中县
330	***农庄	1	1	100.0	兰州市 皋兰县
331	***菜市场	1	1	100.0	兰州市 西固区
332	***早市	1	1	100.0	兰州市 西固区
333	***超市	1	1	100.0	兰州市 城关区
334	***蔬菜水果店	1	1	100.0	兰州市 七里河区
335	***肉菜批发部	1	1	100.0	兰州市 七里河区
336	***蔬菜店	1	1	100.0	兰州市 七里河区
337	***蔬菜店	1	1	100.0	兰州市 七里河区
338	***蔬菜店	1	1	100.0	兰州市 红古区
339	***蔬菜店	1	1	100.0	兰州市 七里河区
340	***烧烤麻辣烫店	1	1	100.0	兰州市 安宁区
341	***水果蔬菜批发零售部	1	1	100.0	兰州市 红古区
342	***商场	1	1	100.0	兰州市 红古区
343	***蔬菜店	1	1	100.0	兰州市 红古区
344	***超市	1	1	100.0	兰州市 榆中县
345	***副食店	1	1	100.0	兰州市 榆中县
346	***有限公司	1	1	100.0	兰州市 城关区

续表

	采样点	样品总数	超标数量	超标率（%）	行政区域
347	***有限责任公司	1	1	100.0	兰州市 城关区
348	***蔬菜店	1	1	100.0	兰州市 皋兰县
349	***蔬菜店	1	1	100.0	兰州市 皋兰县
350	***蔬菜店	1	1	100.0	兰州市 七里河区
351	***柜台102号	1	1	100.0	兰州市 七里河区
352	***果蔬柜台	1	1	100.0	兰州市 七里河区
353	***经销部	1	1	100.0	兰州市 红古区
354	***超市	1	1	100.0	兰州市 红古区
355	***餐饮部	1	1	100.0	兰州市 永登县
356	***果蔬店	1	1	100.0	兰州市 七里河区
357	***便利店	1	1	100.0	兰州市 七里河区
358	***蔬果店	1	1	100.0	兰州市 七里河区
359	***生鲜	1	1	100.0	兰州市 七里河区
360	***蔬菜水果店	1	1	100.0	兰州市 七里河区
361	***水果蔬菜店	1	1	100.0	兰州市 城关区
362	***菜市场	1	1	100.0	兰州市 城关区
363	***水果店	1	1	100.0	兰州市 七里河区
364	***蔬菜店	1	1	100.0	兰州市 七里河区
365	***市场	1	1	100.0	兰州市 榆中县
366	***果蔬店	1	1	100.0	兰州市 榆中县
367	***果蔬店	1	1	100.0	兰州市 榆中县
368	***蔬菜批发部	1	1	100.0	兰州市 七里河区
369	***蔬菜部	1	1	100.0	兰州市 七里河区
370	***蔬菜店	1	1	100.0	兰州市 七里河区
371	***批发市场	1	1	100.0	兰州市 城关区
372	***饭店	1	1	100.0	兰州市 城关区
373	***有限公司	1	1	100.0	兰州市 城关区
374	***蔬菜副食经销部	1	1	100.0	兰州市 七里河区
375	***果蔬店	1	1	100.0	兰州市 红古区
376	***果蔬店	1	1	100.0	兰州市 七里河区
377	***蔬菜店	1	1	100.0	兰州市 七里河区
378	***蔬菜店	1	1	100.0	兰州市 七里河区
379	***蔬菜摊位	1	1	100.0	白银市 白银区
380	***水果摊位	1	1	100.0	白银市 白银区

续表

	采样点	样品总数	超标数量	超标率（%）	行政区域
381	***水果	1	1	100.0	白银市 白银区
382	***蔬菜	1	1	100.0	白银市 白银区
383	***蔬菜	1	1	100.0	白银市 白银区
384	***蔬菜店	1	1	100.0	白银市 白银区
385	***水果店	1	1	100.0	兰州市 西固区
386	***有限公司	1	1	100.0	兰州市 七里河区
387	***网	1	1	100.0	兰州市 城关区
388	***网	1	1	100.0	兰州市 城关区
389	***网	1	1	100.0	兰州市 城关区
390	***网	1	1	100.0	兰州市 城关区

7.2.3.4 按 MRL 中国香港标准衡量

按 MRL 中国香港标准衡量，有 58 个采样点的样品存在不同程度的超标农药检出，如表 7-13 所示。

表 7-13 超过 MRL 中国香港标准水果蔬菜在不同采样点分布

	采样点	样品总数	超标数量	超标率（%）	行政区域
1	***市场	19	1	5.3	定西市 安定区
2	***超市	19	1	5.3	定西市 安定区
3	***市场	19	1	5.3	武威市 凉州区
4	***菜市场	19	2	10.5	武威市 凉州区
5	***市场	19	1	5.3	武威市 凉州区
6	***市场	19	1	5.3	武威市 凉州区
7	***市场	19	1	5.3	武威市 凉州区
8	***超市	19	1	5.3	定西市 安定区
9	***超市	19	1	5.3	定西市 安定区
10	***超市	19	1	5.3	定西市 安定区
11	***超市	19	2	10.5	定西市 安定区
12	***超市	19	1	5.3	定西市 安定区
13	***超市	19	1	5.3	白银市 白银区
14	***超市	18	2	11.1	白银市 白银区
15	***市场	15	2	13.3	张掖市 甘州区
16	***市场	15	1	6.7	武威市 凉州区

续表

	采样点	样品总数	超标数量	超标率（%）	行政区域
17	***超市	15	1	6.7	武威市 凉州区
18	***批发市场	15	1	6.7	张掖市 甘州区
19	***有限公司	13	1	7.7	兰州市 永登县
20	***有限公司	13	2	15.4	兰州市 永登县
21	***超市	10	1	10.0	兰州市 红古区
22	***有限公司	10	1	10.0	兰州市 红古区
23	***超市	9	1	11.1	兰州市 皋兰县
24	***超市	9	1	11.1	兰州市 城关区
25	***配送中心	8	1	12.5	兰州市 西固区
26	***超市	8	1	12.5	兰州市 安宁区
27	***有限责任公司	8	2	25.0	兰州市 城关区
28	***销售部	8	1	12.5	兰州市 皋兰县
29	***果蔬店	8	1	12.5	兰州市 七里河区
30	***有限公司	8	1	12.5	兰州市 皋兰县
31	***菜市场	7	2	28.6	兰州市 城关区
32	***蔬菜	7	1	14.3	白银市 白银区
33	***火锅店	6	1	16.7	兰州市 永登县
34	***蔬菜摊位	5	1	20.0	白银市 白银区
35	***便利商店	5	1	20.0	兰州市 榆中县
36	***超市	4	1	25.0	兰州市 城关区
37	***水果蔬菜店	4	1	25.0	兰州市 榆中县
38	***餐饮店	4	1	25.0	兰州市 永登县
39	***经销店	4	1	25.0	兰州市 红古区
40	***火锅店	4	1	25.0	兰州市 永登县
41	***火锅店	4	1	25.0	兰州市 永登县
42	***火锅店	4	1	25.0	兰州市 永登县
43	***生鲜超市	4	1	25.0	兰州市 榆中县
44	***蔬果店	4	1	25.0	兰州市 七里河区
45	***副食商店	4	1	25.0	兰州市 七里河区
46	***菜市场	4	1	25.0	兰州市 西固区
47	***菜店	3	1	33.3	白银市 白银区
48	***水产部	3	1	33.3	兰州市 榆中县
49	***蔬菜配送店	3	1	33.3	兰州市 七里河区
50	***菜市场	3	1	33.3	兰州市 城关区

续表

	采样点	样品总数	超标数量	超标率（%）	行政区域
51	***有限责任公司	3	1	33.3	兰州市 城关区
52	***蔬菜摊位	2	1	50.0	白银市 白银区
53	***菜市场	2	1	50.0	兰州市 西固区
54	***菜市场	2	1	50.0	兰州市 西固区
55	***早市	1	1	100.0	兰州市 西固区
56	***早市	1	1	100.0	兰州市 西固区
57	***烧烤麻辣烫店	1	1	100.0	兰州市 安宁区
58	***批发市场	1	1	100.0	兰州市 城关区

7.2.3.5 按 MRL 美国标准衡量

按 MRL 美国标准衡量，有 38 个采样点的样品存在不同程度的超标农药检出，如表 7-14 所示。

表 7-14 超过 MRL 美国标准水果蔬菜在不同采样点分布

	采样点	样品总数	超标数量	超标率（%）	行政区域
1	***市场	19	1	5.3	定西市 安定区
2	***超市	19	1	5.3	定西市 安定区
3	***批发市场	19	1	5.3	张掖市 甘州区
4	***菜市场	19	1	5.3	武威市 凉州区
5	***超市	19	1	5.3	定西市 安定区
6	***市场	19	1	5.3	定西市 安定区
7	***超市	19	1	5.3	定西市 安定区
8	***超市	19	2	10.5	白银市 白银区
9	***市场	18	1	5.6	张掖市 甘州区
10	***超市	13	1	7.7	兰州市 永登县
11	***有限公司	13	1	7.7	兰州市 永登县
12	***有限公司	13	4	30.8	兰州市 永登县
13	***超市	9	1	11.1	兰州市 皋兰县
14	***超市	9	1	11.1	兰州市 城关区
15	***超市	8	1	12.5	兰州市 安宁区
16	***有限公司	8	2	25.0	兰州市 皋兰县
17	***餐饮店	7	1	14.3	兰州市 永登县
18	***菜市场	7	1	14.3	兰州市 城关区

续表

	采样点	样品总数	超标数量	超标率（%）	行政区域
19	***水果蔬菜店	7	1	14.3	兰州市 皋兰县
20	***菜市场	6	1	16.7	兰州市 七里河区
21	***蔬菜摊位	5	1	20.0	白银市 白银区
22	***水果店	4	1	25.0	武威市 凉州区
23	***超市	4	1	25.0	兰州市 城关区
24	***经销店	4	1	25.0	兰州市 红古区
25	***经销部	4	1	25.0	兰州市 榆中县
26	***生鲜超市	4	1	25.0	兰州市 榆中县
27	***蔬果店	4	1	25.0	兰州市 七里河区
28	***副食商店	4	1	25.0	兰州市 七里河区
29	***市场	4	1	25.0	张掖市 甘州区
30	***批发市	4	1	25.0	张掖市 甘州区
31	***水产部	3	1	33.3	兰州市 榆中县
32	***水果店	3	1	33.3	兰州市 七里河区
33	***菜市场	3	1	33.3	兰州市 城关区
34	***菜市场	2	1	50.0	兰州市 西固区
35	***菜市场	2	1	50.0	兰州市 西固区
36	***生鲜	1	1	100.0	兰州市 七里河区
37	***水果	1	1	100.0	白银市 白银区
38	***流动商贩	1	1	100.0	白银市 白银区

7.2.3.6 按 MRL CAC 标准衡量

按 MRL CAC 标准衡量，有 19 个采样点的样品存在不同程度的超标农药检出，如表 7-15 所示。

表 7-15 超过 MRL CAC 标准水果蔬菜在不同采样点分布

	采样点	样品总数	超标数量	超标率（%）	行政区域
1	***市场	19	1	5.3	定西市 安定区
2	***市场	19	1	5.3	武威市 凉州区
3	***菜市场	19	2	10.5	武威市 凉州区
4	***超市	19	1	5.3	定西市 安定区
5	***超市	19	1	5.3	白银市 白银区
6	***超市	18	1	5.6	白银市 白银区

续表

	采样点	样品总数	超标数量	超标率（%）	行政区域
7	***有限公司	13	1	7.7	兰州市 永登县
8	***菜市场	7	1	14.3	兰州市 城关区
9	***超市	4	1	25.0	兰州市 城关区
10	***水果蔬菜店	4	1	25.0	兰州市 榆中县
11	***生鲜超市	4	1	25.0	兰州市 榆中县
12	***蔬果店	4	1	25.0	兰州市 七里河区
13	***副食商店	4	1	25.0	兰州市 七里河区
14	***菜店	3	1	33.3	白银市 白银区
15	***经营部	3	1	33.3	兰州市 七里河区
16	***水产部	3	1	33.3	兰州市 榆中县
17	***水果店	3	1	33.3	兰州市 安宁区
18	***菜市场	3	1	33.3	兰州市 城关区
19	***早市	1	1	100.0	兰州市 西固区

7.3 水果中农药残留分布

7.3.1 检出农药品种和频次排前 5 的水果

本次残留侦测的水果共 5 种，包括葡萄、苹果、桃、草莓和梨。

根据检出农药品种及频次进行排名，将各项排名前 5 位的水果样品检出情况列表说明，详见表 7-16。

表 7-16 检出农药品种和频次排名前 5 的水果

检出农药品种排名前 5（品种）	①葡萄（63），②桃（61），③草莓（52），④梨（44），⑤苹果（38）
检出农药频次排名前 5（频次）	①草莓（822），②桃（761），③葡萄（748），④梨（416），⑤苹果（353）
检出禁用、高毒及剧毒农药品种排名前 5（品种）	①梨（7），②草莓（4），③桃（4），④苹果（2），⑤葡萄（2）
检出禁用、高毒及剧毒农药频次排名前 5（频次）	①桃（64），②梨（59），③苹果（53），④草莓（10），⑤葡萄（9）

7.3.2 超标农药品种和频次排前 5 的水果

鉴于欧盟和日本的 MRL 标准制定比较全面且覆盖率较高，我们参照 MRL 中国国家标准、欧盟标准和日本标准衡量水果样品中农残检出情况，将超标农药品种及频次排名前 5 的水果列表说明，详见表 7-17。

表 7-17 超标农药品种和频次排名前 5 的水果

超标农药品种排名前 5（农药品种数）	MRL 中国国家标准	①葡萄（3），②草莓（2），③苹果（2），④桃（2），⑤梨（1）
	MRL 欧盟标准	①桃（22），②葡萄（20），③梨（14），④草莓（10），⑤苹果（10）
	MRL 日本标准	①桃（22），②葡萄（14），③梨（5），④草莓（4），⑤苹果（3）
超标农药频次排名前 5（农药频次数）	MRL 中国国家标准	①葡萄（3），②桃（3），③草莓（2），④苹果（2），⑤梨（1）
	MRL 欧盟标准	①葡萄（94），②桃（90），③草莓（61），④梨（57），⑤苹果（22）
	MRL 日本标准	①桃（81），②葡萄（66），③草莓（65），④苹果（8），⑤梨（5）

通过对各品种水果样本总数及检出率进行综合分析发现，桃、草莓和葡萄的残留污染最为严重，在此，我们参照 MRL 中国国家标准、欧盟标准和日本标准对这 3 种水果的农残检出情况进行进一步分析。

7.3.3 农药残留检出率较高的水果样品分析

7.3.3.1 桃

这次共检测 100 例桃样品，全部检出了农药残留，检出率为 100.0%，检出农药共计 61 种。其中多效唑、毒死蜱、苯醚甲环唑、乙氧喹啉和虫螨腈检出频次较高，分别检出了 68、58、55、55 和 44 次。桃中农药检出品种和频次见图 7-18，超标农药见表 7-18 和图 7-19。

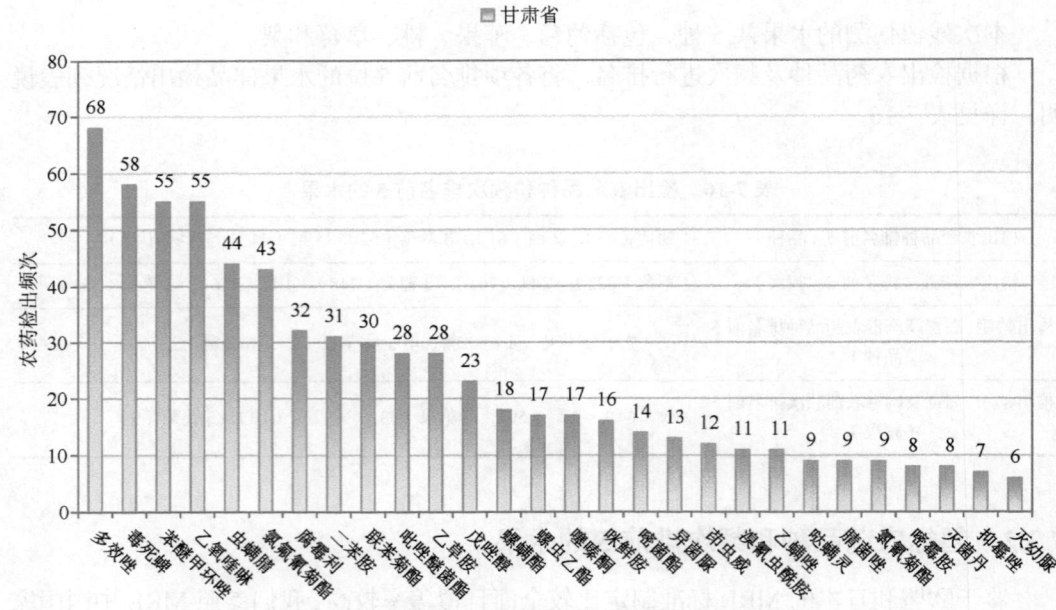

图 7-18 桃样品检出农药品种和频次分析（仅列出 6 频次及以上的数据）

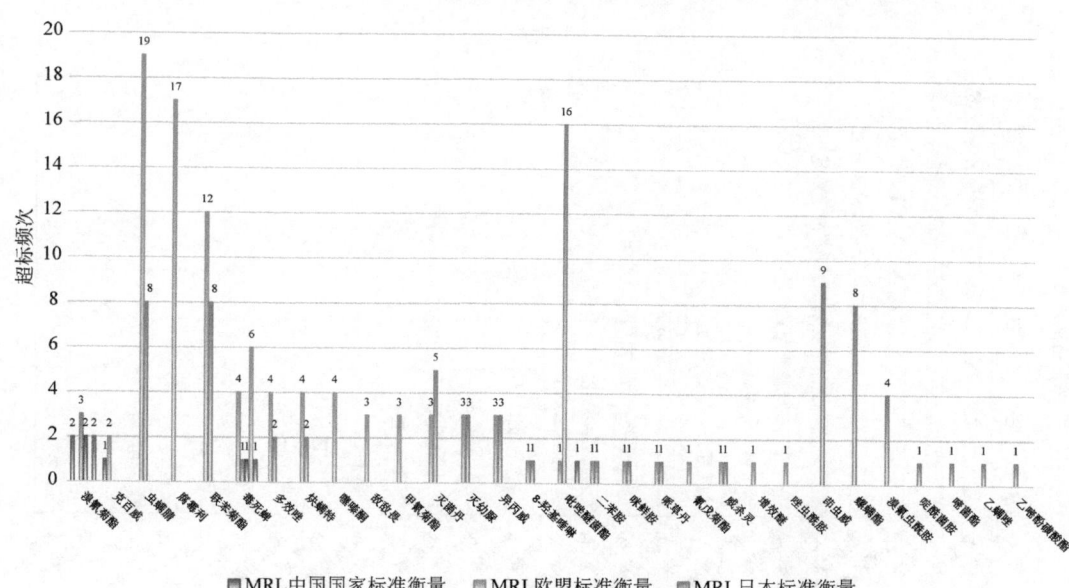

图 7-19 桃样品中超标农药分析

表 7-18 桃中农药残留超标情况明细表

样品总数 100			检出农药样品数 100	样品检出率（%） 100	检出农药品种总数 61
	超标农药品种	超标农药频次	按照 MRL 中国国家标准、欧盟标准和日本标准衡量超标农药名称及频次		
中国国家标准	2	3	溴氰菊酯（2），克百威（1）		
欧盟标准	22	90	虫螨腈（19），腐霉利（17），联苯菊酯（12），毒死蜱（4），多效唑（4），炔螨特（4），噻嗪酮（4），敌敌畏（3），甲氰菊酯（3），灭菌丹（3），灭幼脲（3），异丙威（3），克百威（2），8-羟基喹啉（1），吡唑醚菌酯（1），二苯胺（1），咪鲜胺（1），哌草丹（1），氰戊菊酯（1），威杀灵（1），增效醚（1），唑虫酰胺（1）		
日本标准	22	81	吡唑醚菌酯（16），茚虫威（9），虫螨腈（8），联苯菊酯（8），螺螨酯（8），灭菌丹（5），溴氰虫酰胺（4），灭幼脲（3），溴氰菊酯（3），异丙威（3），多效唑（2），炔螨特（2），8-羟基喹啉（1），啶酰菌胺（1），毒死蜱（1），二苯胺（1），咪鲜胺（1），嘧菌酯（1），哌草丹（1），威杀灵（1），乙螨唑（1），乙嘧酚磺酸酯（1）		

7.3.3.2 草莓

这次共检测 150 例草莓样品，全部检出了农药残留，检出率为 100.0%，检出农药共计 52 种。其中乙氧喹啉、乙螨唑、乙嘧酚磺酸酯、腈菌唑和己唑醇检出频次较高，分别检出了 83、76、75、74 和 69 次。草莓中农药检出品种和频次见图 7-20，超标农药见表 7-19 和图 7-21。

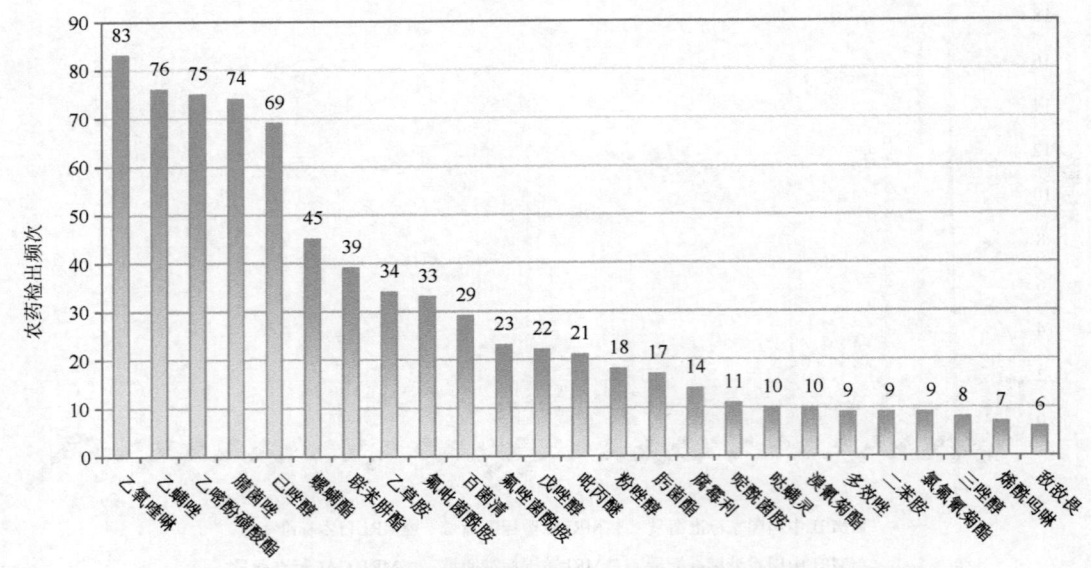

图 7-20 草莓样品检出农药品种和频次分析（仅列出 6 频次及以上的数据）

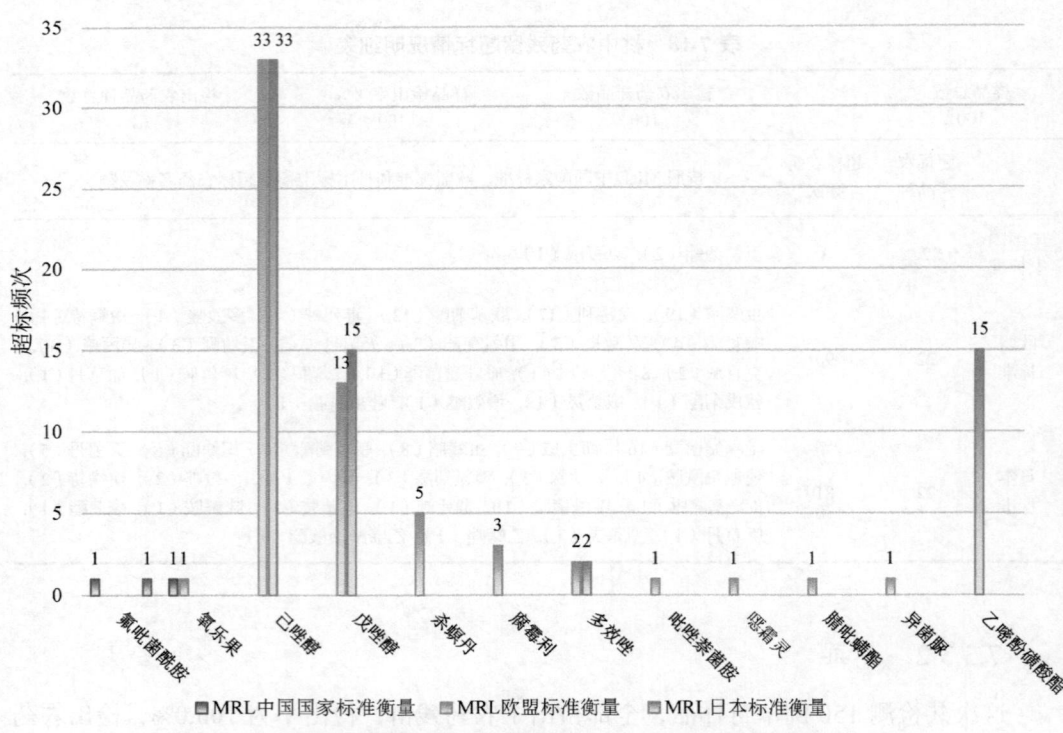

图 7-21 草莓样品中超标农药分析

表 7-19　草莓中农药残留超标情况明细表

样品总数 150			检出农药样品数 150	样品检出率（%） 100	检出农药品种总数 52
	超标农药品种	超标农药频次	按照 MRL 中国国家标准、欧盟标准和日本标准衡量超标农药名称及频次		
中国国家标准	2	2	氟吡菌酰胺（1），氧乐果（1）		
欧盟标准	10	61	己唑醇（33），戊唑醇（13），杀螟丹（5），腐霉利（3），多效唑（2），吡唑萘菌胺（1），噁霜灵（1），腈吡螨酯（1），氧乐果（1），异菌脲（1）		
日本标准	4	65	己唑醇（33），戊唑醇（15），乙嘧酚磺酸酯（15），多效唑（2）		

7.3.3.3　葡萄

这次共检测 100 例葡萄样品，99 例样品中检出了农药残留，检出率为 99.0%，检出农药共计 63 种。其中苯醚甲环唑、乙氧喹啉、嘧霉胺、烯酰吗啉和氟吡菌酰胺检出频次较高，分别检出了 60、54、50、45 和 41 次。葡萄中农药检出品种和频次见图 7-22，超标农药见表 7-20 和图 7-23。

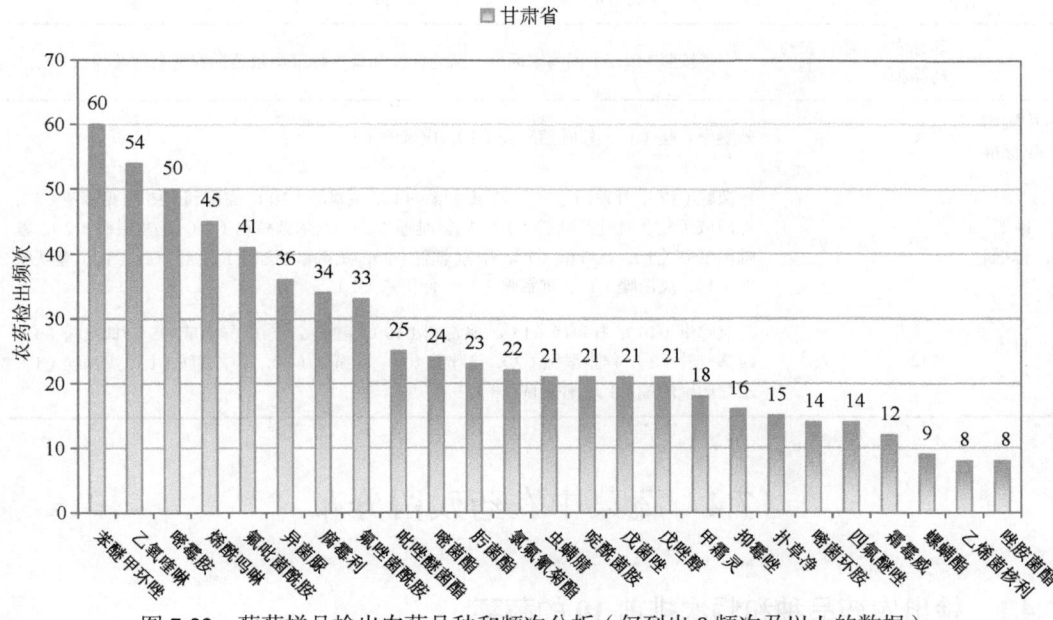

图 7-22　葡萄样品检出农药品种和频次分析（仅列出 8 频次及以上的数据）

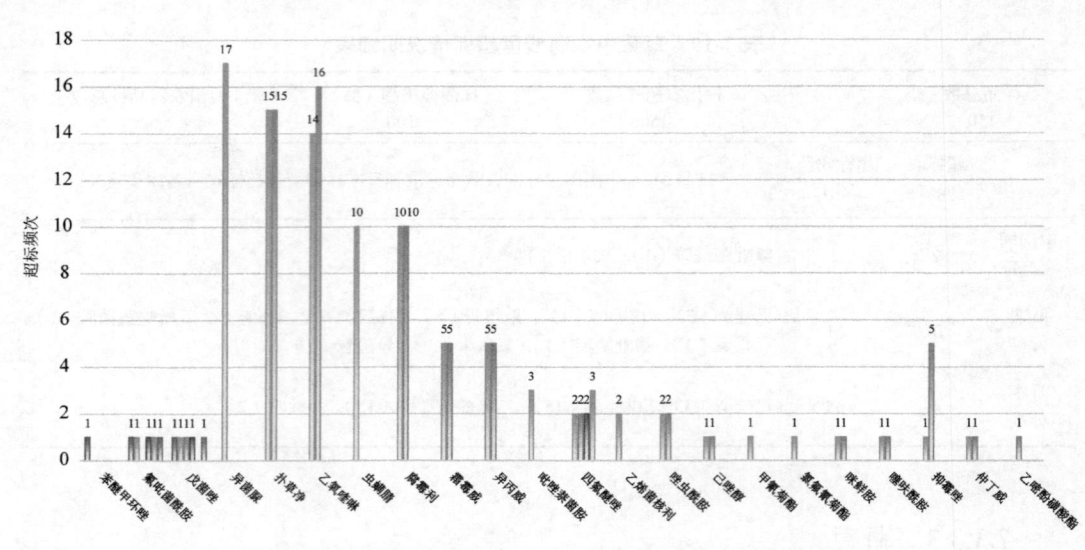

图 7-23 葡萄样品中超标农药分析

表 7-20 葡萄中农药残留超标情况明细表

样品总数		检出农药样品数	样品检出率（%）	检出农药品种总数
100		99	99	63

	超标农药品种	超标农药频次	按照 MRL 中国国家标准、欧盟标准和日本标准衡量超标农药名称及频次
中国国家标准	3	3	苯醚甲环唑（1），氟吡菌酰胺（1），戊菌唑（1）
欧盟标准	20	94	异菌脲（17），扑草净（15），乙氧喹啉（14），虫螨腈（10），腐霉利（10），霜霉威（5），异丙威（5），吡唑萘菌胺（3），四氟醚唑（2），乙烯菌核利（2），唑虫酰胺（2），氟吡菌酰胺（1），己唑醇（1），甲氰菊酯（1），氯氟氰菊酯（1），咪鲜胺（1），噻呋酰胺（1），戊菌唑（1），抑霉唑（1），仲丁威（1）
日本标准	14	66	乙氧喹啉（16），扑草净（15），腐霉利（10），霜霉威（5），异丙威（5），抑霉唑（5），四氟醚唑（2），唑虫酰胺（2），己唑醇（1），咪鲜胺（1），噻呋酰胺（1），戊菌唑（1），乙嘧酚磺酸酯（1），仲丁威（1）

7.4 蔬菜中农药残留分布

7.4.1 检出农药品种和频次排前 10 的蔬菜

本次残留侦测的蔬菜共 15 种，包括结球甘蓝、辣椒、韭菜、蒜薹、小白菜、油麦菜、芹菜、小油菜、大白菜、番茄、茄子、黄瓜、菠菜、豇豆和菜豆。

根据检出农药品种及频次进行排名，将各项排名前 10 位的蔬菜样品检出情况列表说明，详见表 7-21。

表 7-21　检出农药品种和频次排名前 10 的蔬菜

检出农药品种排名 10（品种）	①芹菜（95），②豇豆（78），③黄瓜（64），④辣椒（64），⑤油麦菜（63），⑥菜豆（62），⑦茄子（62），⑧小油菜（60），⑨菠菜（53），⑩番茄（50）
检出农药频次排名 10（频次）	①油麦菜（926），②芹菜（778），③豇豆（766），④黄瓜（708），⑤蒜薹（662），⑥辣椒（625），⑦茄子（619），⑧小油菜（576），⑨韭菜（490），⑩菜豆（485）
检出禁用、高毒及剧毒农药品种排名前 10（品种）	①芹菜（10），②茄子（9），③豇豆（8），④韭菜（8），⑤小油菜（8），⑥菠菜（6），⑦黄瓜（6），⑧小白菜（6），⑨菜豆（5），⑩大白菜（5）
检出禁用、高毒及剧毒农药频次排名前 10（频次）	①茄子（65），②芹菜（60），③韭菜（46），④菠菜（33），⑤蒜薹（26），⑥黄瓜（22），⑦豇豆（22），⑧小白菜（17），⑨辣椒（15），⑩小油菜（15）

7.4.2　超标农药品种和频次排前 10 的蔬菜

鉴于欧盟和日本的 MRL 标准制定比较全面且覆盖率较高，我们参照 MRL 中国国家标准、欧盟标准和日本标准衡量蔬菜样品中农残检出情况，将超标农药品种及频次排名前 10 的蔬菜列表说明，详见表 7-22。

表 7-22　超标农药品种和频次排名前 10 的蔬菜

超标农药品种排名前 10（农药品种数）	中国国家标准	①茄子（6），②菠菜（5），③豇豆（5），④韭菜（5），⑤小油菜（5），⑥芹菜（3），⑦菜豆（2），⑧辣椒（2），⑨蒜薹（2），⑩小白菜（2）
	欧盟标准	①芹菜（44），②小油菜（42），③豇豆（37），④菠菜（29），⑤油麦菜（29），⑥辣椒（27），⑦蒜薹（26），⑧菜豆（25），⑨茄子（24），⑩小白菜（19）
	日本标准	①豇豆（60），②菜豆（39），③小油菜（35），④芹菜（32），⑤菠菜（24），⑥韭菜（21），⑦蒜薹（18），⑧油麦菜（18），⑨小白菜（16），⑩辣椒（14）
超标农药频次排名前 10（农药频次数）	中国国家标准	①韭菜（17），②芹菜（9），③菠菜（8），④豇豆（8），⑤小油菜（7），⑥茄子（6），⑦小白菜（5），⑧蒜薹（3），⑨菜豆（2），⑩黄瓜（2）
	欧盟标准	①油麦菜（300），②蒜薹（224），③豇豆（173），④小油菜（163），⑤辣椒（144），⑥芹菜（144），⑦茄子（115），⑧黄瓜（109），⑨菜豆（100），⑩韭菜（68）
	日本标准	①豇豆（272），②菜豆（162），③小油菜（159），④油麦菜（159），⑤芹菜（119），⑥蒜薹（115），⑦茄子（66），⑧韭菜（59），⑨菠菜（48），⑩辣椒（37）

通过对各品种蔬菜样本总数及检出率进行综合分析发现，小油菜、芹菜和油麦菜的残留污染最为严重，在此，我们参照 MRL 中国国家标准、欧盟标准和日本标准对这 3 种蔬菜的农残检出情况进行进一步分析。

7.4.3　农药残留检出率较高的蔬菜样品分析

7.4.3.1　小油菜

这次共检测 100 例小油菜样品，全部检出了农药残留，检出率为 100.0%，检出农药共计 60 种。其中乙氧喹啉、烯酰吗啉、氯氟氰菊酯、虫螨腈和二苯胺检出频次较高，分别检出了 73、65、40、30 和 30 次。小油菜中农药检出品种和频次见图 7-24，超标农药见表 7-23 和图 7-25。

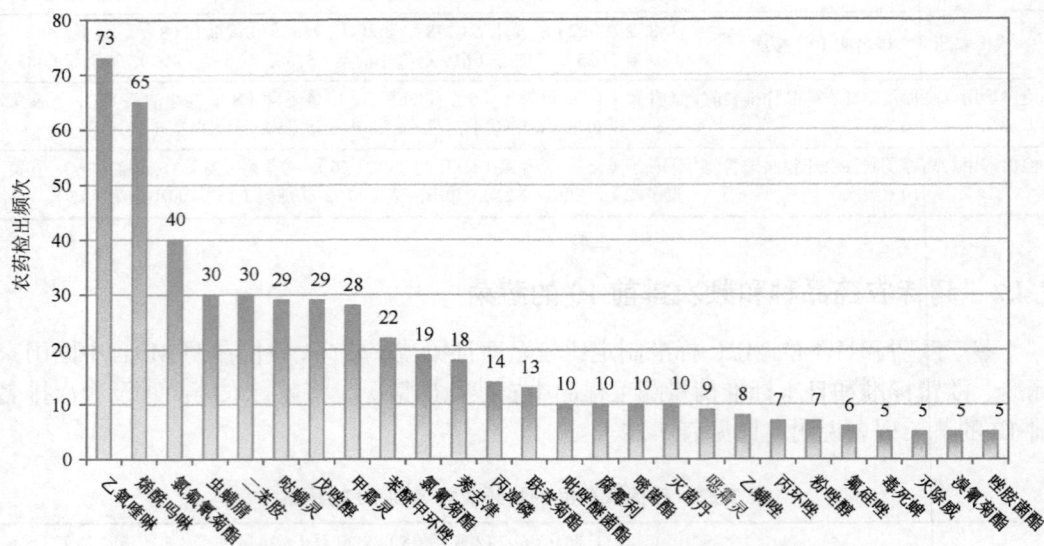

图 7-24 小油菜样品检出农药品种和频次分析（仅列出 5 频次及以上的数据）

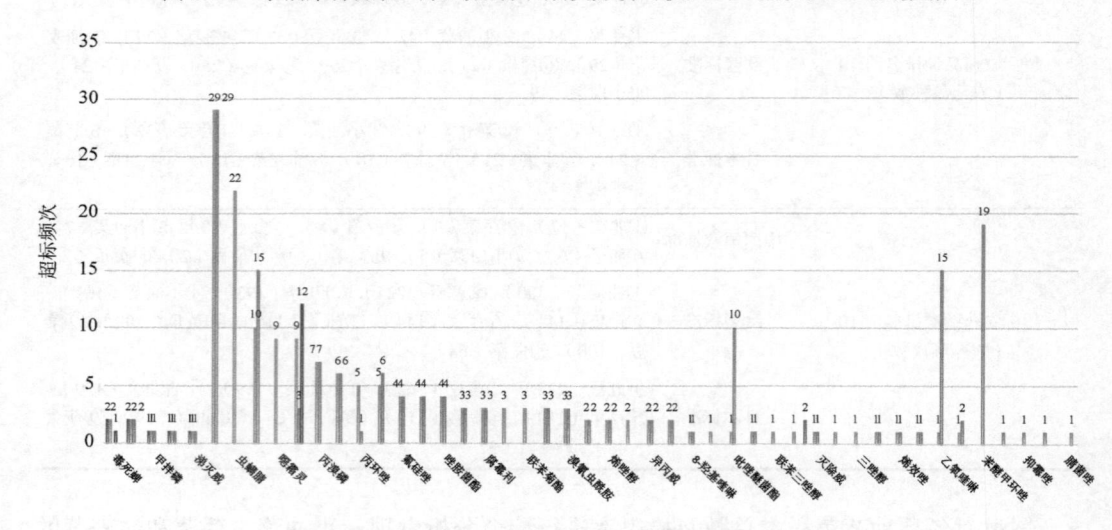

图 7-25 小油菜样品中超标农药分析

表 7-23 小油菜中农药残留超标情况明细表

样品总数 100		检出农药样品数 100	样品检出率（%） 100	检出农药品种总数 60
	超标农药品种	超标农药频次	按照 MRL 中国国家标准、欧盟标准和日本标准衡量超标农药名称及频次	
中国国家标准	5	7	毒死蜱（2），氟虫腈（2），甲拌磷（1），三唑磷（1），涕灭威（1）	

续表

样品总数 100		检出农药样品数 100	样品检出率(%) 100	检出农药品种总数 60
	超标农药品种	超标农药频次	按照 MRL 中国国家标准、欧盟标准和日本标准衡量超标农药名称及频次	
欧盟标准	42	163	哒螨灵(29), 虫螨腈(22), 戊唑醇(10), 噁霜灵(9), 氯氟氰菊酯(9), 丙溴磷(7), 粉唑醇(6), 丙环唑(5), 灭菌丹(5), 氟硅唑(4), 咪鲜胺(4), 唑胺菌酯(4), 二苯胺(3), 腐霉利(3), 甲霜灵(3), 联苯菊酯(3), 炔螨特(3), 溴氰虫酰胺(3), 毒死蜱(2), 氟虫腈(2), 己唑醇(2), 烯唑醇(2), 溴氰菊酯(2), 异丙威(2), 唑虫酰胺(2), 8-羟基喹啉(1), 吡丙醚(1), 吡唑醚菌酯(1), 多效唑(1), 甲拌磷(1), 联苯三唑醇(1), 氯氰菊酯(1), 灭除威(1), 氰戊菊酯(1), 三唑醇(1), 三唑磷(1), 涕灭威(1), 五氯硝基苯(1), 烯效唑(1), 乙螨唑(1), 乙氧喹啉(1), 莠去津(1)	
日本标准	35	159	哒螨灵(29), 苯醚甲环唑(19), 戊唑醇(15), 乙氧喹啉(15), 吡唑醚菌酯(10), 丙溴磷(7), 粉唑醇(6), 灭菌丹(6), 氟硅唑(4), 咪鲜胺(4), 唑胺菌酯(4), 二苯胺(3), 腐霉利(3), 氯氟氰菊酯(3), 炔螨特(3), 溴氰虫酰胺(3), 氟虫腈(2), 己唑醇(2), 烯唑醇(2), 异丙威(2), 莠去津(2), 唑虫酰胺(2), 8-羟基喹啉(1), 丙环唑(1), 多效唑(1), 甲拌磷(1), 灭除威(1), 三唑磷(1), 霜霉威(1), 涕灭威(1), 五氯硝基苯(1), 烯效唑(1), 乙螨唑(1), 抑霉唑(1), 茚虫威(1)	

7.4.3.2 芹菜

这次共检测 100 例芹菜样品，99 例样品中检出了农药残留，检出率为 99.0%，检出农药共计 95 种。其中腐霉利、烯酰吗啉、乙草胺、乙氧喹啉和二苯胺检出频次较高，分别检出了 53、53、53、45 和 36 次。芹菜中农药检出品种和频次见图 7-26，超标农药见表 7-24 和图 7-27。

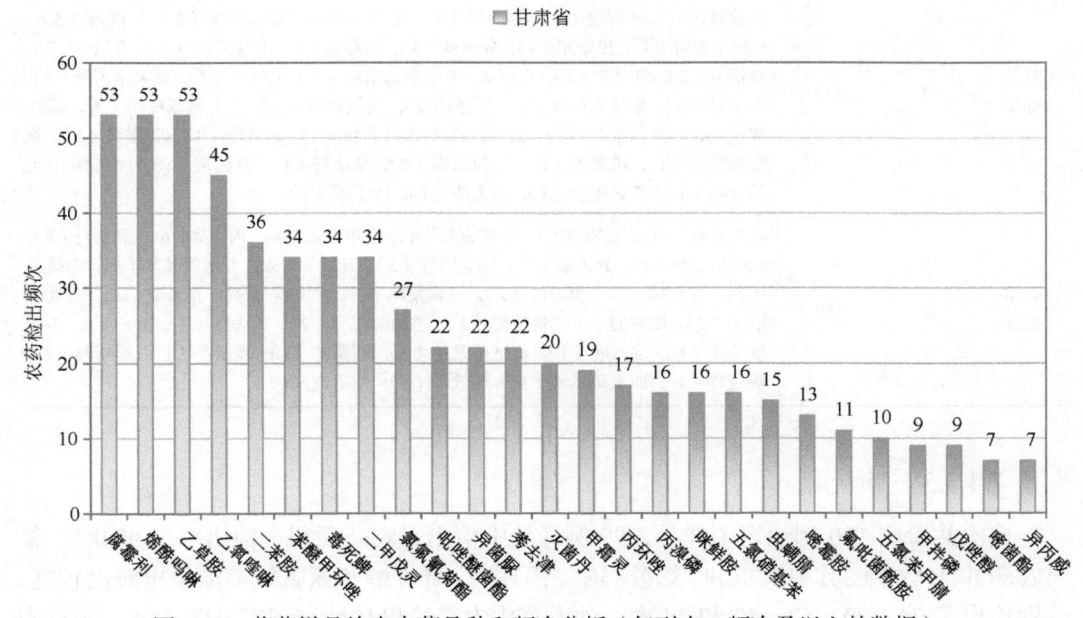

图 7-26 芹菜样品检出农药品种和频次分析（仅列出 7 频次及以上的数据）

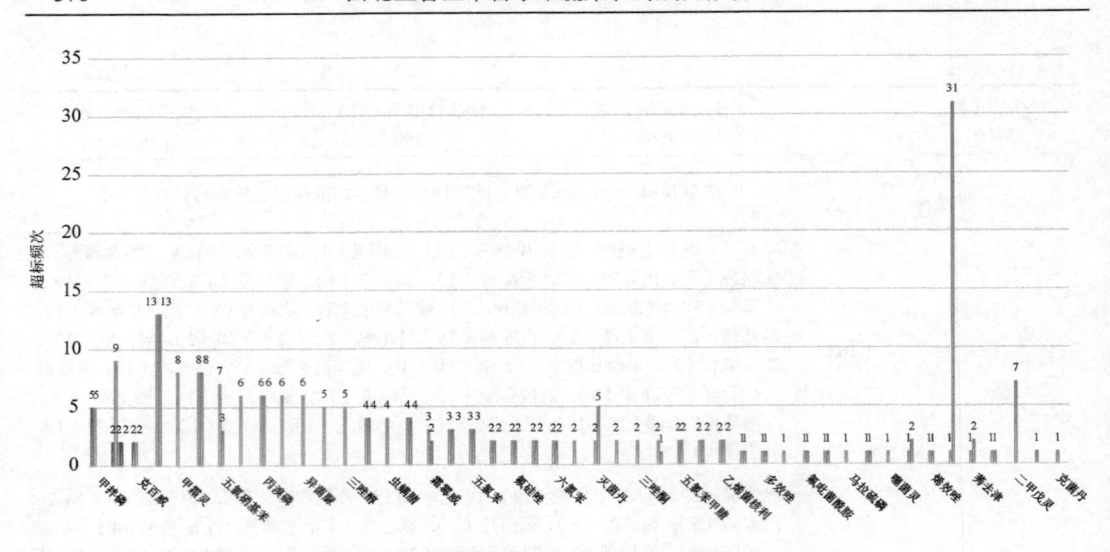

图 7-27 芹菜样品中超标农药分析

表 7-24 芹菜中农药残留超标情况明细表

样品总数 100		检出农药样品数 99	样品检出率（%） 99	检出农药品种总数 95
	超标农药品种	超标农药频次	按照 MRL 中国国家标准、欧盟标准和日本标准衡量超标农药名称及频次	
中国国家标准	3	9	甲拌磷（5），毒死蜱（2），克百威（2）	
欧盟标准	44	144	腐霉利（13），毒死蜱（9），甲霜灵（8），嘧霉胺（8），五氯硝基苯（7），丙环唑（6），丙溴磷（6），咪鲜胺（6），异菌脲（6），甲拌磷（5），氯氰菊酯（5），三唑醇（5），8-羟基喹啉（4），虫螨腈（4），异丙威（4），霜霉威（3），四氢吩胺（3），五氯苯（3），哒螨灵（2），氟硅唑（2），克百威（2），联苯菊酯（2），六氯苯（2），氯氟氰菊酯（2），灭菌丹（2），氰戊菊酯（2），三唑酮（2），四氯硝基苯（2），五氯苯甲腈（2），烯唑醇（2），乙烯菌核利（2），2，3，4，5-四氯苯胺（1），多效唑（1），噁霜灵（1），氟吡菌酰胺（1），螺螨酯（1），马拉硫磷（1），炔螨特（1），噻菌灵（1），戊唑醇（1），烯效唑（1），乙氧喹啉（1），莠去津（1），仲丁威（1）	
日本标准	32	119	乙氧喹啉（31），腐霉利（13），嘧霉胺（8），二甲戊灵（7），丙溴磷（6），灭菌丹（5），8-羟基喹啉（4），异丙威（4），四氢吩胺（3），五氯苯（3），五氯硝基苯（3），哒螨灵（2），毒死蜱（2），氟硅唑（2），联苯菊酯（2），六氯苯（2），霜霉威（2），五氯苯甲腈（2），戊唑醇（2），烯唑醇（2），乙烯菌核利（2），莠去津（2），2，3，4，5-四氯苯胺（1），多效唑（1），氟吡菌酰胺（1），腈菌唑（1），克菌丹（1），螺螨酯（1），炔螨特（1），四氯硝基苯（1），烯效唑（1），仲丁威（1）	

7.4.3.3 油麦菜

这次共检测 100 例油麦菜样品，99 例样品中检出了农药残留，检出率为 99.0%，检出农药共计 63 种。其中腐霉利、烯酰吗啉、丙环唑、烯唑醇和氯氟氰菊酯检出频次较高，分别检出了 74、70、62、52 和 44 次。油麦菜中农药检出品种和频次见图 7-28，超标农药见表 7-25 和图 7-29。

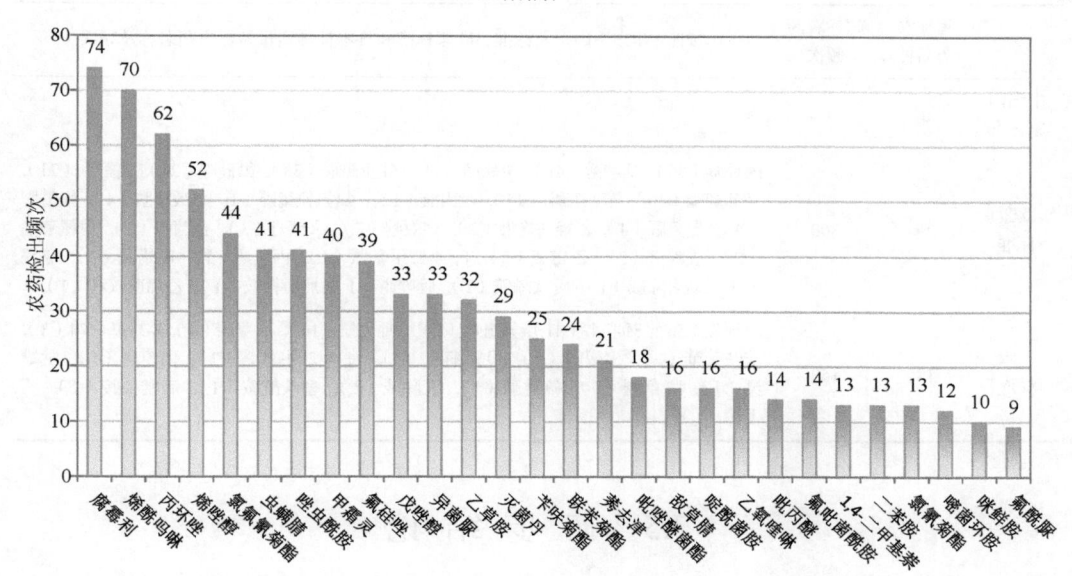

图 7-28 油麦菜样品检出农药品种和频次分析（仅列出 9 频次及以上的数据）

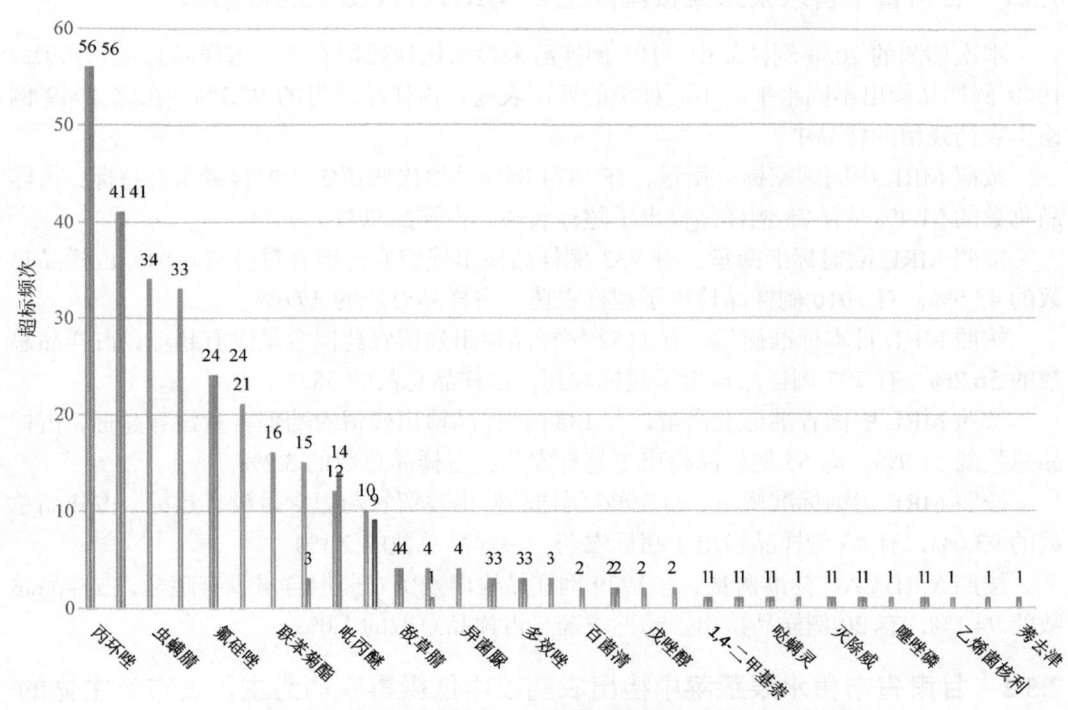

图 7-29 油麦菜样品中超标农药分析

表 7-25　油麦菜中农药残留超标情况明细表

样品总数 100		检出农药样品数 99	样品检出率（%） 99	检出农药品种总数 63
	超标农药品种	超标农药频次	按照 MRL 中国国家标准、欧盟标准和日本标准衡量超标农药名称及频次	
中国国家标准	0	0		
欧盟标准	29	300	丙环唑（56），烯唑醇（41），虫螨腈（34），唑虫酰胺（33），氟硅唑（24），腐霉利（21），联苯菊酯（16），苄呋菊酯（15），吡丙醚（12），氯氟氰菊酯（10），敌草腈（4），氟酰脲（4），异菌脲（4），8-羟基喹啉（3），多效唑（3），灭菌丹（3），百菌清（2），甲氰菊酯（2），戊唑醇（2），乙霉威（2），1,4-二甲基萘（1），丙溴磷（1），哒螨灵（1），噁霜灵（1），灭除威（1），噻呋酰胺（1），噁唑磷（1），肟醚菌胺（1），乙烯菌核利（1）	
日本标准	18	159	丙环唑（56），烯唑醇（41），氟硅唑（24），吡丙醚（14），敌草腈（4），8-羟基喹啉（3），苄呋菊酯（3），多效唑（3），甲氰菊酯（2），1,4-二甲基萘（1），丙溴磷（1），哒螨灵（1），噁草酮（1），氟酰脲（1），灭除威（1），噻呋酰胺（1），肟醚菌胺（1），莠去津（1）	

7.5　初 步 结 论

7.5.1　甘肃省市售水果蔬菜按国际主要 MRL 标准衡量的合格率

本次侦测的 2050 例样品中，101 例样品未检出任何残留农药，占样品总量的 4.9%，1949 例样品检出不同水平、不同种类的残留农药，占样品总量的 95.1%。在这 1949 例检出农药残留的样品中。

按照 MRL 中国国家标准衡量，有 1874 例样品检出残留农药但含量没有超标，占样品总数的 91.4%，有 75 例样品检出了超标农药，占样品总数的 3.7%。

按照 MRL 欧盟标准衡量，有 933 例样品检出残留农药但含量没有超标，占样品总数的 45.5%，有 1016 例样品检出了超标农药，占样品总数的 49.6%。

按照 MRL 日本标准衡量，有 1152 例样品检出残留农药但含量没有超标，占样品总数的 56.2%，有 797 例样品检出了超标农药，占样品总数的 38.9%。

按照 MRL 中国香港标准衡量，有 1884 例样品检出残留农药但含量没有超标，占样品总数的 91.9%，有 65 例样品检出了超标农药，占样品总数的 3.2%。

按照 MRL 美国标准衡量，有 1906 例样品检出残留农药但含量没有超标，占样品总数的 93.0%，有 43 例样品检出了超标农药，占样品总数的 2.1%。

按照 MRL CAC 标准衡量，有 1929 例样品检出残留农药但含量没有超标，占样品总数的 94.1%，有 20 例样品检出了超标农药，占样品总数的 1.0%。

7.5.2　甘肃省市售水果蔬菜中检出农药以中低微毒农药为主，占市场主体的 90.2%

这次侦测的 2050 例样品包括水果 5 种 550 例，蔬菜 15 种 1500 例，共检出了 204

种农药，检出农药的毒性以中低微毒为主，详见表 7-26。

表 7-26 市场主体农药毒性分布

毒性	检出品种	占比（%）	检出频次	占比（%）
剧毒农药	7	3.4	29	0.3
高毒农药	13	6.4	94	0.8
中毒农药	79	38.7	4611	41.6
低毒农药	60	29.4	4384	39.6
微毒农药	45	22.1	1953	17.6
	中低微毒农药，品种占比 90.2%，频次占比 98.9%			

7.5.3 检出剧毒、高毒和禁用农药现象应该警醒

在此次侦测的 2050 例样品中的 442 例样品检出了 30 种 545 频次的剧毒和高毒或禁用农药，占样品总量的 21.6%。其中剧毒农药甲拌磷、六氯苯和治螟磷以及高毒农药克百威、敌敌畏和氯唑磷检出频次较高。

按 MRL 中国国家标准衡量，剧毒农药甲拌磷，检出 15 次，超标 9 次；高毒农药克百威，检出 35 次，超标 7 次；按超标程度比较，菜豆中甲拌磷超标 68.7 倍，小油菜中甲拌磷超标 43.6 倍，小油菜中涕灭威超标 30.8 倍，芹菜中甲拌磷超标 22.2 倍，草莓中氧乐果超标 18.8 倍。

剧毒、高毒或禁用农药的检出情况及按照 MRL 中国国家标准衡量的超标情况见表 7-27。

表 7-27 剧毒、高毒或禁用农药的检出及超标明细

序号	农药名称	样品名称	检出频次	超标频次	最大超标倍数	超标率（%）
1.1	六氯苯*	芹菜	5	0	0	0.0
1.2	六氯苯*	菠菜	3	0	0	0.0
2.1	对氧磷*	小油菜	1	0	0	0.0
3.1	敌菌丹*	梨	1	0	0	0.0
4.1	治螟磷*▲	芹菜	2	0	0	0.0
5.1	涕灭威*▲	小油菜	1	1	30.7667	100.0
6.1	甲拌磷*▲	芹菜	9	5	22.16	55.6
6.2	甲拌磷*▲	韭菜	2	0	0	0.0
6.3	甲拌磷*▲	菜豆	1	1	68.74	100.0
6.4	甲拌磷*▲	小油菜	1	1	43.56	100.0
6.5	甲拌磷*▲	辣椒	1	1	2.77	100.0
6.6	甲拌磷*▲	菠菜	1	1	1.48	100.0

续表

序号	农药名称	样品名称	检出频次	超标频次	最大超标倍数	超标率（%）
7.1	苯硫膦*	大白菜	1	0	0	0.0
8.1	三唑磷°▲	小油菜	1	1	1.79	100.0
8.2	三唑磷°▲	菜豆	1	1	1.54	100.0
9.1	克百威°▲	梨	13	1	0.995	7.7
9.2	克百威°▲	辣椒	9	0	0	0.0
9.3	克百威°▲	韭菜	4	2	4.825	50.0
9.4	克百威°▲	芹菜	3	2	4.145	66.7
9.5	克百威°▲	桃	2	1	0.085	50.0
9.6	克百威°▲	葡萄	2	0	0	0.0
9.7	克百威°▲	豇豆	1	1	15.935	100.0
9.8	克百威°▲	茄子	1	0	0	0.0
10.1	敌敌畏°	草莓	6	0	0	0.0
10.2	敌敌畏°	桃	3	0	0	0.0
10.3	敌敌畏°	菠菜	2	0	0	0.0
10.4	敌敌畏°	韭菜	2	0	0	0.0
10.5	敌敌畏°	芹菜	1	0	0	0.0
10.6	敌敌畏°	茄子	1	0	0	0.0
10.7	敌敌畏°	菜豆	1	0	0	0.0
10.8	敌敌畏°	黄瓜	1	0	0	0.0
11.1	毒虫畏°	梨	2	0	0	0.0
12.1	氟氯氰菊酯°	大白菜	1	0	0	0.0
13.1	氧乐果°▲	草莓	1	1	18.845	100.0
13.2	氧乐果°▲	豇豆	1	1	13.475	100.0
14.1	氯唑磷°▲	茄子	13	0	0	0.0
15.1	水胺硫磷°▲	蒜薹	4	0	0	0.0
15.2	水胺硫磷°▲	小白菜	2	0	0	0.0
15.3	水胺硫磷°▲	韭菜	1	0	0	0.0
16.1	特乐酚°	小白菜	1	0	0	0.0
17.1	甲基异柳磷°▲	韭菜	1	1	1.44	100.0
17.2	甲基异柳磷°▲	结球甘蓝	1	0	0	0.0
17.3	甲基异柳磷°▲	豇豆	1	0	0	0.0
18.1	甲胺磷°▲	豇豆	1	0	0	0.0
19.1	脱叶磷°	大白菜	1	0	0	0.0
20.1	醚菌酯°	梨	2	0	0	0.0

续表

序号	农药名称	样品名称	检出频次	超标频次	最大超标倍数	超标率（%）
20.2	醚菌酯◦	黄瓜	2	0	0	0.0
20.3	醚菌酯◦	苹果	1	0	0	0.0
20.4	醚菌酯◦	茄子	1	0	0	0.0
20.5	醚菌酯◦	草莓	1	0	0	0.0
20.6	醚菌酯◦	豇豆	1	0	0	0.0
20.7	醚菌酯◦	辣椒	1	0	0	0.0
21.1	三氯杀螨醇▲	菠菜	1	1	2.24	100.0
22.1	乙酰甲胺磷▲	茄子	1	1	7	100.0
23.1	六六六▲	茄子	12	0	0	0.0
23.2	六六六▲	黄瓜	1	0	0	0.0
24.1	杀虫脒▲	韭菜	4	4	4.02	100.0
25.1	林丹▲	小白菜	1	0	0	0.0
25.2	林丹▲	黄瓜	1	0	0	0.0
26.1	毒死蜱▲	桃	58	0	0	0.0
26.2	毒死蜱▲	苹果	52	0	0	0.0
26.3	毒死蜱▲	梨	37	0	0	0.0
26.4	毒死蜱▲	芹菜	34	2	4.574	5.9
26.5	毒死蜱▲	韭菜	31	9	8.595	29.0
26.6	毒死蜱▲	菠菜	25	4	17.685	16.0
26.7	毒死蜱▲	蒜薹	22	2	6.19	9.1
26.8	毒死蜱▲	茄子	18	0	0	0.0
26.9	毒死蜱▲	豇豆	11	1	5.165	9.1
26.10	毒死蜱▲	小白菜	7	4	84.54	57.1
26.11	毒死蜱▲	葡萄	7	0	0	0.0
26.12	毒死蜱▲	油麦菜	6	0	0	0.0
26.13	毒死蜱▲	番茄	6	0	0	0.0
26.14	毒死蜱▲	小油菜	5	2	8.39	40.0
26.15	毒死蜱▲	黄瓜	5	0	0	0.0
26.16	毒死蜱▲	辣椒	4	1	0.435	25.0
26.17	毒死蜱▲	大白菜	2	0	0	0.0
26.18	毒死蜱▲	结球甘蓝	2	0	0	0.0
27.1	氟虫腈▲	茄子	10	0	0	0.0
27.2	氟虫腈▲	油麦菜	3	0	0	0.0
27.3	氟虫腈▲	小油菜	2	2	11.7	100.0

续表

序号	农药名称	样品名称	检出频次	超标频次	最大超标倍数	超标率（%）
27.4	氟虫腈▲	豇豆	2	1	3.525	50.0
27.5	氟虫腈▲	大白菜	1	0	0	0.0
27.6	氟虫腈▲	梨	1	0	0	0.0
27.7	氟虫腈▲	芹菜	1	0	0	0.0
27.8	氟虫腈▲	菜豆	1	0	0	0.0
27.9	氟虫腈▲	韭菜	1	0	0	0.0
28.1	氰戊菊酯▲	梨	3	0	0	0.0
28.2	氰戊菊酯▲	小油菜	2	0	0	0.0
28.3	氰戊菊酯▲	芹菜	2	0	0	0.0
28.4	氰戊菊酯▲	小白菜	1	0	0	0.0
28.5	氰戊菊酯▲	桃	1	0	0	0.0
28.6	氰戊菊酯▲	菠菜	1	0	0	0.0
29.1	滴滴涕▲	茄子	8	0	0	0.0
29.2	滴滴涕▲	小白菜	5	0	0	0.0
29.3	滴滴涕▲	豇豆	4	0	0	0.0
29.4	滴滴涕▲	小油菜	2	0	0	0.0
29.5	滴滴涕▲	芹菜	1	0	0	0.0
29.6	滴滴涕▲	菜豆	1	0	0	0.0
30.1	硫丹▲	黄瓜	12	0	0	0.0
30.2	硫丹▲	芹菜	2	0	0	0.0
30.3	硫丹▲	草莓	2	0	0	0.0
合计			545	56		10.3

注：超标倍数参照 MRL 中国国家标准衡量
*表示剧毒农药；◇表示高毒农药；▲表示禁用农药

这些超标的高剧毒或禁用农药都是中国政府早有规定禁止在水果蔬菜中使用的，为什么还屡次被检出，应该引起警惕。

7.5.4 残留限量标准与先进国家或地区差距较大

11071 频次的检出结果与我国公布的《食品中农药最大残留限量》（GB 2763—2021）对比，有 5280 频次能找到对应的 MRL 中国国家标准，占 47.7%；还有 5791 频次的侦测数据无相关 MRL 标准供参考，占 52.3%。

与国际上现行 MRL 对比发现：

有 11071 频次能找到对应的 MRL 欧盟标准，占 100.0%；

有 11071 频次能找到对应的 MRL 日本标准，占 100.0%；

有 4486 频次能找到对应的 MRL 中国香港标准，占 40.5%；

有 4507 频次能找到对应的 MRL 美国标准，占 40.7%；

有 3455 频次能找到对应的 MRL CAC 标准，占 31.2%。

由上可见，MRL 中国国家标准与先进国家或地区标准还有很大差距，我们无标准，境外有标准，这就会导致我国在国际贸易中，处于受制于人的被动地位。

7.5.5 水果蔬菜单种样品检出 52～95 种农药残留，拷问农药使用的科学性

通过此次监测发现，葡萄、桃和草莓是检出农药品种最多的 3 种水果，芹菜、豇豆和黄瓜是检出农药品种最多的 3 种蔬菜，从中检出农药品种及频次详见表 7-28。

表 7-28 单种样品检出农药品种及频次

样品名称	样品总数	检出率（%）	检出农药品种数	检出农药（频次）
芹菜	100	99.0	95	腐霉利（53），烯酰吗啉（53），乙草胺（53），乙氧喹啉（45），二苯胺（36），苯醚甲环唑（34），毒死蜱（34），二甲戊灵（34），氯氟氰菊酯（27），吡唑醚菌酯（22），异菌脲（22），莠去津（22），灭菌丹（20），甲霜灵（19），丙环唑（17），丙溴磷（16），咪鲜胺（16），五氯硝基苯（16），虫螨腈（15），嘧霉胺（13），氟吡菌酰胺（11），五氯苯甲腈（10），甲拌磷（9），戊唑醇（9），嘧菌酯（7），异丙威（7），多效唑（6），马拉硫磷（6），三唑醇（6），8-羟基喹啉（5），氟硅唑（5），腈菌唑（5），六氯苯（5），氯氰菊酯（5），三唑酮（5），乙烯菌核利（5），仲丁灵（5），哒螨灵（4），啶酰菌胺（4），己唑醇（4），四氯硝基苯（4），五氯苯（4），百菌清（3），甲基立枯磷（3），克百威（3），扑草净（3），霜霉威（3），四氢吩胺（3），烯效唑（3），苄氯三唑醇（2），噁霜灵（2），禾草敌（2），联苯菊酯（2），硫丹（2），嘧菌环胺（2），氰戊菊酯（2），去乙基另丁津（2），三氯甲基吡啶（2），肟菌酯（2），烯唑醇（2），野麦畏（2），治螟磷（2），2, 3, 4, 5-四氯苯胺（1），2 甲 4 氯（1），吡丙醚（1），丙炔氟草胺（1），草除灵（1），稻瘟灵（1），滴滴涕（1），敌草腈（1），敌敌畏（1），啶氧菌酯（1），毒草胺（1），噁草酮（1），氟吡酰草胺（1），氟虫腈（1），克菌丹（1），螺螨酯（1），氯氟吡氧乙酸（1），氯酞酸甲酯（1），氯硝胺（1），嘧菌腙（1），扑灭津（1），炔螨特（1），噻呋酰胺（1），噻菌灵（1），三氟苯唑（1），特丁津（1），五氯甲氧基苯（1），溴氰虫酰胺（1），乙螨唑（1），异丙甲草胺（1），异噁唑草酮（1），增效醚（1），仲丁威（1）
豇豆	100	95.0	78	腐霉利（58），烯酰吗啉（58），虫螨腈（52），二苯胺（52），乙氧喹啉（42），氯氟氰菊酯（38），乙草胺（32），戊唑醇（26），联苯菊酯（25），螺螨酯（24），甲霜灵（22），乙螨唑（21），唑虫酰胺（21），苯醚甲环唑（19），咪鲜胺（16），异菌脲（16），丙环唑（15），莠去津（15），吡唑醚菌酯（13），嘧霉胺（13），毒死蜱（11），氟吡菌酰胺（11），丙溴磷（10），嘧菌酯（10），吡丙醚（8），腈菌唑（8），三唑醇（8），倍硫磷（7），炔螨特（7），

续表

样品名称	样品总数	检出率（%）	检出农药品种数	检出农药（频次）
豇豆	100	95.0	78	螺虫乙酯（6），莠灭净（6），吡唑萘菌胺（4），滴滴涕（4），啶酰菌胺（4），氟硅唑（4），己唑醇（4），甲氰菊酯（4），氯氰菊酯（4），霜霉威（4），溴氰菊酯（4），茚虫威（4），哒螨灵（3），多效唑（3），粉唑醇（3），氟唑菌酰胺（3），灭除威（3），噻嗪酮（3），二嗪磷（2），氟虫腈（2），萘乙酸（2），噻呋酰胺（2），噻唑磷（2），肟菌酯（2），五氯硝基苯（2），苯酰菌胺（1），吡螨胺（1），丙硫菌唑（1），啶氧菌酯（1），多氟脲（1），氟吡菌草胺（1），氟酰脲（1），甲胺磷（1），甲基异柳磷（1），抗蚜威（1），克百威（1），苦参碱（1），喹硫磷（1），喹氧灵（1），氯氟吡氧乙酸（1），醚菌酯（1），嘧菌胺（1），灭菌丹（1），三氟苯唑（1），三唑酮（1），四氟醚唑（1），戊菌唑（1），氧乐果（1），仲丁威（1）
黄瓜	100	95.0	64	腐霉利（77），甲霜灵（47），烯酰吗啉（43），虫螨腈（42），嘧霉胺（35），乙氧喹啉（33），敌草腈（31），二苯胺（28），异菌脲（26），啶酰菌胺（25），灭菌丹（25），苯醚甲环唑（24），氯氟氰菊酯（24），氟吡菌酰胺（21），咪鲜胺（21），乙草胺（21），硫丹（12），联苯菊酯（11），螺螨酯（11），异丙威（11），氟唑菌酰胺（8），嘧菌环胺（8），戊唑醇（8），莠去津（8），氟硅唑（6），三唑醇（6），五氯苯甲腈（6），唑虫酰胺（6），毒死蜱（5），噁霜灵（5），嘧菌酯（5），噻唑磷（5），肟菌酯（5），乙螨唑（5），腈菌唑（4），扑草净（4），四氟醚唑（4），吡唑醚菌酯（3），多效唑（3），三唑酮（3），仲丁威（3），8-羟基喹啉（2），百菌清（2），苯酰菌胺（2），醚菌酯（2），五氯硝基苯（2），乙霉威（2），异丙隆（2），吡丙醚（1），吡噻菌胺（1），丙溴磷（1），敌敌畏（1），二甲戊灵（1），粉唑醇（1），己唑醇（1），林丹（1），六六六（1），咯菌腈（1），嘧菌腙（1），噻嗪酮（1），四氢吩胺（1），五氯苯（1），缬霉威（1），乙烯菌核利（1）
葡萄	100	99.0	63	苯醚甲环唑（60），乙氧喹啉（54），嘧霉胺（50），烯酰吗啉（45），氟吡菌酰胺（41），异菌脲（36），腐霉利（34），氟唑菌酰胺（33），吡唑醚菌酯（25），嘧菌酯（24），肟菌酯（23），氯氟氰菊酯（22），虫螨腈（21），啶酰菌胺（21），戊菌唑（21），戊唑醇（21），甲霜灵（18），抑霉唑（16），扑草净（15），嘧菌环胺（14），四氟醚唑（14），霜霉威（12），螺螨酯（9），乙烯菌核利（8），唑胺菌酯（8），毒死蜱（7），二苯胺（7），乙螨唑（7），异丙威（7），腈菌唑（6），吡唑萘菌胺（5），敌草腈（5），联苯菊酯（5），多效唑（4），吡噻菌胺（3），哒螨灵（3），甲氰菊酯（3），螺虫乙酯（3），氯氰菊酯（3），灭菌丹（3），唑虫酰胺（3），粉唑醇（2），氟硅唑（2），克百威（2），联苯肼酯（2），咪鲜胺（2），茚虫威（2），仲丁灵（2），苯菌酮（1），啶氧菌酯（1），环戊噁草酮（1），己唑醇（1），腈苯唑（1），苦参碱（1），螺环菌胺（1），醚菊酯（1），噻呋酰胺（1），三唑醇（1），缬霉威（1），溴氰菊酯（1），乙草胺（1），乙嘧酚磺酸酯（1），仲丁威（1）

续表

样品名称	样品总数	检出率（%）	检出农药品种数	检出农药（频次）
桃	100	100.0	61	多效唑（68），毒死蜱（58），苯醚甲环唑（55），乙氧喹啉（55），虫螨腈（44），氯氟氰菊酯（43），腐霉利（32），二苯胺（31），联苯菊酯（30），吡唑醚菌酯（28），乙草胺（28），戊唑醇（23），螺螨酯（18），螺虫乙酯（17），噻嗪酮（17），咪鲜胺（16），嘧菌酯（14），异菌脲（13），茚虫威（12），溴氰虫酰胺（11），乙螨唑（11），哒螨灵（9），腈菌唑（9），氯氰菊酯（9），嘧霉胺（8），灭菌丹（8），抑霉唑（7），灭幼脲（6），吡丙醚（5），二甲戊灵（5），氟硅唑（5），炔螨特（5），溴氰菊酯（5），8-羟基喹啉（4），丙环唑（4），甲氰菊酯（4），联苯肼酯（4），哌草丹（4），异丙威（4），敌敌畏（3），啶酰菌胺（3），咯菌腈（3），己唑醇（2），腈苯唑（2），克百威（2），烯酰吗啉（2），敌草胺（1），粉唑醇（1），氟吡菌酰胺（1），氟啶虫酰胺（1），氟乐灵（1），甲霜灵（1），嘧菌环胺（1），萘乙酸（1），氰戊菊酯（1），三唑醇（1），威杀灵（1），戊菌唑（1），乙嘧酚磺酸酯（1），增效醚（1），唑虫酰胺（1）
草莓	150	100.0	52	乙氧喹啉（83），乙螨唑（76），乙嘧酚磺酸酯（75），腈菌唑（74），己唑醇（69），螺螨酯（45），联苯肼酯（39），乙草胺（34），氟吡菌酰胺（33），百菌清（29），氟唑菌酰胺（23），戊唑醇（22），吡丙醚（21），粉唑醇（18），肟菌酯（17），腐霉利（14），啶酰菌胺（11），哒螨灵（10），溴氰菊酯（10），多效唑（9），二苯胺（9），氯氟氰菊酯（9），三唑醇（8），烯酰吗啉（7），敌敌畏（6），联苯菊酯（5），嘧菌酯（5），杀螟丹（5），异菌脲（5），虫螨腈（4），氟酰脲（4），甲霜灵（4），戊菌唑（4），1,4-二甲基萘（3），腈吡螨酯（3），咯菌腈（3），嘧霉胺（3），四氟醚唑（3），氟啶虫酰胺（2），硫丹（2），咪鲜胺（2），嘧菌环胺（2），三唑酮（2），五氯苯甲腈（2），苯醚甲环唑（1），吡唑萘菌胺（1），敌草胺（1），噁霜灵（1），醚菌酯（1），炔螨特（1），烯效唑（1），氧乐果（1）

上述 6 种水果蔬菜，检出农药 52~95 种，是多种农药综合防治，还是未严格实施农业良好管理规范（GAP），抑或根本就是乱施药，值得我们思考。

第8章　GC-Q-TOF/MS侦测甘肃省市售水果蔬菜农药残留膳食暴露风险与预警风险评估

8.1　农药残留侦测数据分析与统计

庞国芳院士科研团队建立的农药残留高通量侦测技术以高分辨精确质量数（0.0001 m/z 为基准）为识别标准，采用GC-Q-TOF/MS技术对691种农药化学污染物进行侦测。

科研团队于2021年5月至2021年7月在甘肃省12个区县的518个采样点，随机采集了2050例水果蔬菜样品，采样点分布在餐饮酒店、超市、电商平台、个体商户、公司和农贸市场，各月内水果蔬菜样品采集数量如表8-1所示。

表8-1　甘肃省各月内采集水果蔬菜样品数列表

时间	样品数（例）
2021年5月	569
2021年6月	669
2021年7月	812

利用GC-Q-TOF/MS技术对2050例样品中的农药进行侦测，侦测出残留农药11071频次。侦测出农药残留水平如表8-2和图8-1所示。检出频次最高的前10种农药如表8-3所示。从侦测结果中可以看出，在水果蔬菜中农药残留普遍存在，且有些水果蔬菜存在高浓度的农药残留，这些可能存在膳食暴露风险，对人体健康产生危害，因此，为了定量地评价水果蔬菜中农药残留的风险程度，有必要对其进行风险评价。

表8-2　侦测出农药的不同残留水平及其所占比例列表

残留水平（μg/kg）	检出频次	占比（%）
1～5（含）	5306	47.9
5～10（含）	1311	11.8
10～100（含）	3199	28.9
100～1000（含）	1141	10.3
>1000	114	1.0

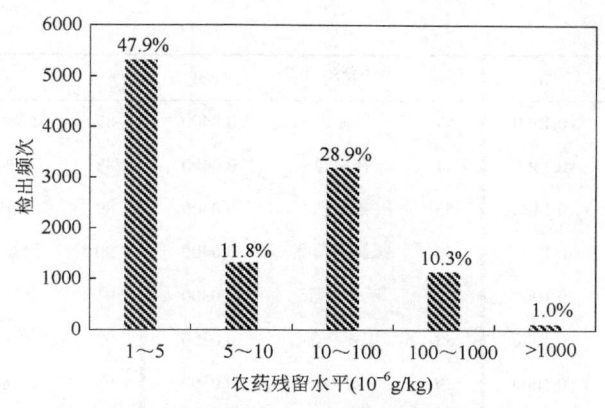

图 8-1 残留农药侦测出浓度频数分布图

表 8-3 检出频次最高的前 10 种农药列表

序号	农药	检出频次
1	乙氧喹啉	856
2	腐霉利	707
3	烯酰吗啉	668
4	氯氟氰菊酯	555
5	二苯胺	484
6	虫螨腈	481
7	乙草胺	336
8	异菌脲	336
9	毒死蜱	332
10	苯醚甲环唑	323

本研究使用 GC-Q-TOF/MS 技术对甘肃省 2050 例样品中的农药侦测中,共侦测出农药 204 种,这些农药的每日允许最大摄入量值(ADI)见表 8-4。为评价甘肃省农药残留的风险,本研究采用两种模型分别评价膳食暴露风险和预警风险,具体的风险评价模型见附录 A。

表 8-4 甘肃省水果蔬菜中侦测出农药的 ADI 值

序号	农药	ADI	序号	农药	ADI	序号	农药	ADI
1	灭幼脲	1.2500	7	霜霉威	0.4000	13	喹氧灵	0.2000
2	氯氟吡氧乙酸	1.0000	8	苯菌酮	0.3000	14	酰嘧磺隆	0.2000
3	毒草胺	0.5400	9	马拉硫磷	0.3000	15	增效醚	0.2000
4	苯酰菌胺	0.5000	10	环戊噁草酮	0.2300	16	仲丁灵	0.2000
5	咯菌腈	0.4000	11	烯酰吗啉	0.2000	17	嘧菌酯	0.2000
6	醚菌酯	0.4000	12	嘧霉胺	0.2000	18	二氯吡啶酸	0.1500

续表

序号	农药	ADI	序号	农药	ADI	序号	农药	ADI
19	四氯苯酞	0.1500	53	肟菌酯	0.0400	87	乙酯杀螨醇	0.0200
20	萘乙酸	0.1500	54	扑草净	0.0400	88	异噁唑草酮	0.0200
21	丁噻隆	0.1400	55	氟菌唑	0.0400	89	氰戊菊酯	0.0200
22	腐霉利	0.1000	56	氟氯氰菊酯	0.0400	90	氯氟氰菊酯	0.0200
23	灭菌丹	0.1000	57	嘧菌环胺	0.0300	91	异丙隆	0.0150
24	2甲4氯	0.1000	58	甲氰菊酯	0.0300	92	噻呋酰胺	0.0140
25	吡噻菌胺	0.1000	59	戊菌唑	0.0300	93	哒螨灵	0.0100
26	稻瘟灵	0.1000	60	溴氰虫酰胺	0.0300	94	氟吡菌酰胺	0.0100
27	克菌丹	0.1000	61	抑霉唑	0.0300	95	螺螨酯	0.0100
28	苦参碱	0.1000	62	苄呋菊酯	0.0300	96	咪鲜胺	0.0100
29	噻菌灵	0.1000	63	三唑酮	0.0300	97	敌草腈	0.0100
30	杀螟丹	0.1000	64	吡唑醚菌酯	0.0300	98	噁霜灵	0.0100
31	异丙甲草胺	0.1000	65	腈苯唑	0.0300	99	粉唑醇	0.0100
32	吲唑磺菌胺	0.1000	66	醚菊酯	0.0300	100	联苯肼酯	0.0100
33	吡丙醚	0.1000	67	溴螨酯	0.0300	101	炔螨特	0.0100
34	二甲戊灵	0.1000	68	乙酰甲胺磷	0.0300	102	乙烯菌核利	0.0100
35	多效唑	0.1000	69	乙氧氟草醚	0.0300	103	五氯硝基苯	0.0100
36	啶氧菌酯	0.0900	70	戊唑醇	0.0300	104	溴氰菊酯	0.0100
37	甲霜灵	0.0800	71	三唑醇	0.0300	105	滴滴涕	0.0100
38	二苯胺	0.0800	72	腈菌唑	0.0300	106	茚虫威	0.0100
39	莠灭净	0.0720	73	丙溴磷	0.0300	107	2,4-滴异辛酯	0.0100
40	丙环唑	0.0700	74	虫螨腈	0.0300	108	丙硫菌唑	0.0100
41	氟啶虫酰胺	0.0700	75	氟乐灵	0.0250	109	氟啶胺	0.0100
42	甲基立枯磷	0.0700	76	野麦畏	0.0250	110	联苯三唑醇	0.0100
43	吡唑萘菌胺	0.0600	77	氯氰菊酯	0.0200	111	氯酞酸甲酯	0.0100
44	仲丁威	0.0600	78	莠去津	0.0200	112	氯硝胺	0.0100
45	异菌脲	0.0600	79	氟唑菌酰胺	0.0200	113	氰氟草酯	0.0100
46	乙螨唑	0.0500	80	百菌清	0.0200	114	氟酰脲	0.0100
47	氯菊酯	0.0500	81	氟环唑	0.0200	115	联苯菊酯	0.0100
48	喹螨醚	0.0500	82	抗蚜威	0.0200	116	苯醚甲环唑	0.0100
49	氯苯胺灵	0.0500	83	丙炔氟草胺	0.0200	117	毒死蜱	0.0100
50	螺虫乙酯	0.0500	84	伏杀硫磷	0.0200	118	乙草胺	0.0100
51	乙嘧酚磺酸酯	0.0500	85	四氯硝基苯	0.0200	119	噻嗪酮	0.0090
52	啶酰菌胺	0.0400	86	烯效唑	0.0200	120	喹禾灵	0.0090

续表

序号	农药	ADI	序号	农药	ADI	序号	农药	ADI
121	氟硅唑	0.0070	149	禾草敌	0.0010	177	腈吡螨酯	—
122	倍硫磷	0.0070	150	三唑磷	0.0010	178	六氯苯	—
123	唑虫酰胺	0.0060	151	杀虫脒	0.0010	179	螺环菌胺	—
124	硫丹	0.0060	152	治螟磷	0.0010	180	氯硫酰草胺	—
125	草除灵	0.0060	153	氟吡禾灵	0.0007	181	麦草氟异丙酯	—
126	己唑醇	0.0050	154	氟吡甲禾灵	0.0007	182	嘧菌腙	—
127	烯唑醇	0.0050	155	甲拌磷	0.0007	183	灭除威	—
128	二嗪磷	0.0050	156	毒虫畏	0.0005	184	扑灭津	—
129	林丹	0.0050	157	喹硫磷	0.0005	185	去乙基另丁津	—
130	六六六	0.0050	158	氧乐果	0.0003	186	三氟苯唑	—
131	乙氧喹啉	0.0050	159	氟虫腈	0.0002	187	三氯甲基吡啶	—
132	四氟醚唑	0.0040	160	氯唑磷	0.0001	188	杀螨好	—
133	敌敌畏	0.0040	161	1,4-二甲基萘	—	189	十二环吗啉	—
134	乙霉威	0.0040	162	2,3,4,5-四氯苯胺	—	190	双苯酰草胺	—
135	唑胺菌酯	0.0040	163	8-羟基喹啉	—	191	四氢吩胺	—
136	吡氟禾草灵	0.0040	164	o,p'-滴滴滴	—	192	特乐酚	—
137	甲胺磷	0.0040	165	o,p'-滴滴伊	—	193	脱叶磷	—
138	噻唑磷	0.0040	166	苯硫膦	—	194	威杀灵	—
139	噁草酮	0.0036	167	吡螨胺	—	195	肟醚菌胺	—
140	甲基异柳磷	0.0030	168	吡喃酮	—	196	五氯苯	—
141	特丁津	0.0030	169	苄氯三唑醇	—	197	五氯苯甲腈	—
142	涕灭威	0.0030	170	残杀威	—	198	五氯甲氧基苯	—
143	水胺硫磷	0.0030	171	敌菌丹	—	199	烯丙菊酯	—
144	异丙威	0.0020	172	对氧磷	—	200	烯虫炔酯	—
145	三氯杀螨醇	0.0020	173	多氟脲	—	201	消螨通	—
146	乙硫磷	0.0020	174	氟吡酰草胺	—	202	缬霉威	—
147	克百威	0.0010	175	庚酰草胺	—	203	抑芽唑	—
148	哌草丹	0.0010	176	环丙腈津	—	204	仲草丹	—

注："—"表示国家标准中无 ADI 值规定；ADI 值单位为 mg/kg bw

8.2 农药残留膳食暴露风险评估

8.2.1 每例水果蔬菜样品中农药残留安全指数分析

基于农药残留侦测数据，发现在 2050 例样品中侦测出农药 11071 频次，计算样品中每种残留农药的安全指数 IFS$_c$，并分析农药对样品安全的影响程度，农药残留对水果蔬菜样品安全的影响程度频次分布情况如图 8-2 所示。

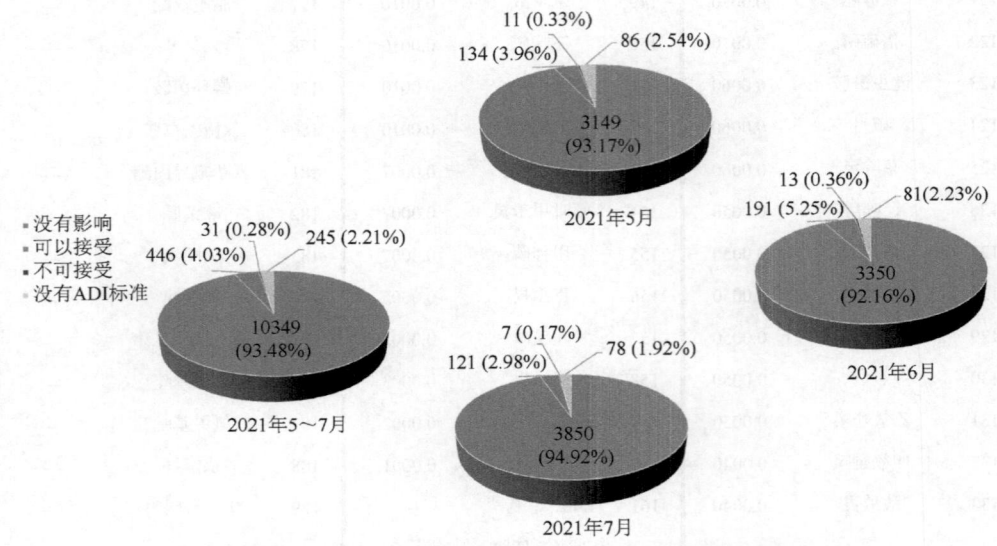

图 8-2 农药残留对水果蔬菜样品安全的影响程度频次分布图

由图 8-2 可以看出，农药残留对样品安全的影响不可接受的频次为 31，占 0.28%；农药残留对样品安全的影响可以接受的频次为 446，占 4.03%；农药残留对样品安全没有影响的频次为 10349，占 93.48%。分析发现，农药残留对水果蔬菜样品安全的影响程度频次 2021 年 5 月（3283）＜2021 年 6 月（3541）＜2021 年 7 月（3971），2021 年 5 月的农药残留对样品安全存在不可接受的影响，频次为 11，占 0.33%；2021 年 6 月的农药残留对样品安全存在不可接受的影响，频次为 13，占 0.36%；2021 年 7 月的农药残留对样品安全存在不可接受的影响，频次为 7，占 0.17%。表 8-5 为对水果蔬菜样品中安全影响不可接受的农药残留列表。

表 8-5　水果蔬菜样品中安全影响不可接受的农药残留列表

序号	样品编号	采样点	基质	农药	含量（mg/kg）	IFS$_c$
1	20210518-620100-LZFDC-ST-07A	***超市（西固区店）	草莓	氧乐果	0.3969	8.3790
2	20210715-620700-LZFDC-CL-07A	***市场（陈记蔬菜）	小油菜	氟虫腈	0.2540	8.0433
3	20210715-620700-LZFDC-CL-05A	***市场（李虎果蔬）	小油菜	氟虫腈	0.2233	7.0712
4	20210612-620100-LZFDC-DJ-02A	***早市（周英梅摊位）	菜豆	甲拌磷	0.6974	6.3098
5	20210519-620100-LZFDC-JD-11A	***蔬菜配送店	豇豆	氧乐果	0.2895	6.1117
6	20210628-620100-LZFDC-JD-11A	***有限责任公司	豇豆	喹硫磷	0.3498	4.4308
7	20210714-620700-LZFDC-CL-02A	***批发市场（燕萍果蔬店）	小油菜	甲拌磷	0.4456	4.0316

序号	样品编号	采样点	基质	农药	含量（mg/kg）	IFS$_c$
8	20210511-620100-LZFDC-JD-09A	***菜市场（290号）	豇豆	氟虫腈	0.0905	2.8658
9	20210527-620100-LZFDC-GP-06A	***有限公司	葡萄	四氟醚唑	1.6105	2.5500
10	20210622-620100-LZFDC-YM-04A	***便利商店	油麦菜	唑虫酰胺	2.3303	2.4598
11	20210613-620100-LZFDC-YM-11A	***水产部	油麦菜	唑虫酰胺	2.2768	2.4033
12	20210620-620100-LZFDC-YM-58A	***火锅店	油麦菜	唑虫酰胺	2.1382	2.2570
13	20210613-620100-LZFDC-JD-05A	***经销店	豇豆	克百威	0.3387	2.1451
14	20210715-620700-LZFDC-CE-12A	***批发市场（绿农生态果蔬批发）	芹菜	甲拌磷	0.2316	2.0954
15	20210525-620100-LZFDC-CL-01A	***超市（安宁区店）	小油菜	涕灭威	0.9530	2.0119
16	20210510-620100-LZFDC-YM-04A	***超市	油麦菜	唑虫酰胺	1.6938	1.7879
17	20210620-620100-LZFDC-YM-57A	***火锅店	油麦菜	联苯菊酯	2.4102	1.5265
18	20210622-620100-LZFDC-YM-05A	***蔬菜店	油麦菜	联苯菊酯	2.4087	1.5255
19	20210714-620700-LZFDC-CE-01A	***批发市场（万佳果蔬）	芹菜	咪鲜胺	2.3807	1.5078
20	20210715-620700-LZFDC-CL-07A	***市场（陈记蔬菜）	小油菜	咪鲜胺	2.2483	1.4239
21	20210620-620100-LZFDC-GP-38C	***菜市场	葡萄	四氟醚唑	0.8908	1.4104
22	20210511-620100-LZFDC-JD-09A	***菜市场（290号）	豇豆	倍硫磷	1.5555	1.4074
23	20210621-620100-LZFDC-YM-05A	***小吃店	油麦菜	唑虫酰胺	1.3076	1.3802
24	20210620-620100-LZFDC-GP-36A	***菜市场（孟潘子摊位）	葡萄	氟吡菌酰胺	2.1666	1.3722
25	20210509-620100-LZFDC-CL-03A	***有限公司（红古区店）	小油菜	联苯菊酯	2.0831	1.3193
26	20210530-620100-LZFDC-ST-07A	***超市（新世界百货）	草莓	螺螨酯	1.9062	1.2073
27	20210531-620100-LZFDC-YM-05A	***有限责任公司	油麦菜	联苯菊酯	1.8938	1.1994
28	20210619-620100-LZFDC-YM-04A	***超市（西固区店）	油麦菜	唑虫酰胺	1.0600	1.1189
29	20210722-620400-LZFDC-PB-18A	***蔬菜摊位	小白菜	毒死蜱	1.7108	1.0835
30	20210601-620100-LZFDC-DJ-05A	***超市（雁北路店）	菜豆	咪鲜胺	1.7019	1.0779
31	20210531-620100-LZFDC-YM-05A	***有限责任公司	油麦菜	氟硅唑	1.1407	1.0321

部分样品侦测出禁用农药 20 种 503 频次，为了明确残留的禁用农药对样品安全的影响，分析侦测出禁用农药残留的样品安全指数，禁用农药残留对水果蔬菜样品安全的影响程度频次分布情况如图 8-3 所示，农药残留对样品安全的影响不可接受的频次为 11，占 2.19%；农药残留对样品安全的影响可以接受的频次为 48，占 9.54%；农药残留对样品安全没有影响的频次为 444，占 88.27%。由图中可以看出有 3 个月份的水果蔬菜样品中均侦测出禁用农药残留。表 8-6 列出了水果蔬菜样品中侦测出的禁用农药残留不可接受的安全指数表。

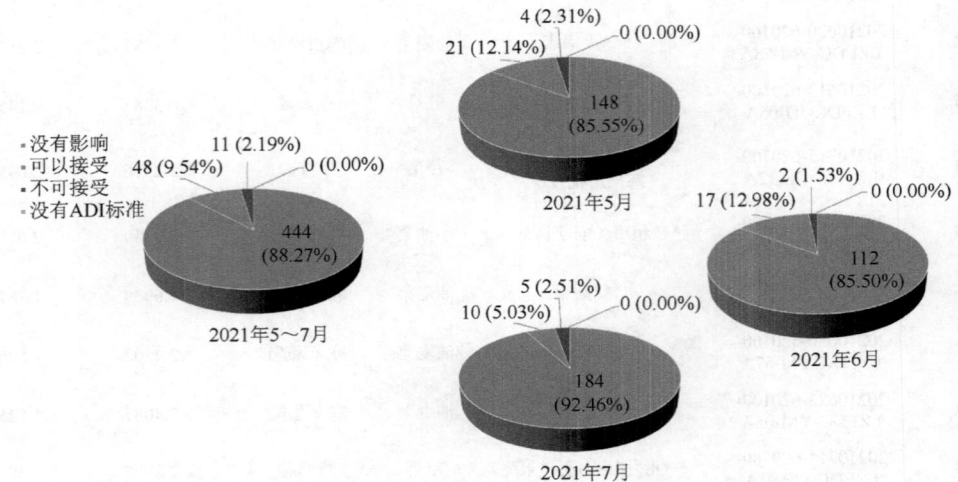

图 8-3 禁用农药对水果蔬菜样品安全影响程度的频次分布图

表 8-6 水果蔬菜样品中侦测出的禁用农药残留不可接受的安全指数表

序号	样品编号	采样点	基质	农药	含量（mg/kg）	IFS$_c$
1	20210518-620100-LZFDC-ST-07A	***超市（西固区店）	草莓	氧乐果	0.3969	8.3790
2	20210715-620700-LZFDC-CL-07A	***市场（陈记蔬菜）	小油菜	氟虫腈	0.2540	8.0433
3	20210715-620700-LZFDC-CL-05A	***市场（李虎果蔬）	小油菜	氟虫腈	0.2233	7.0712
4	20210612-620100-LZFDC-DJ-02A	***早市（周英梅摊位）	菜豆	甲拌磷	0.6974	6.3098
5	20210519-620100-LZFDC-JD-11A	***蔬菜配送店	豇豆	氧乐果	0.2895	6.1117
6	20210714-620700-LZFDC-CL-02A	***批发市场（燕萍果蔬店）	小油菜	甲拌磷	0.4456	4.0316
7	20210511-620100-LZFDC-JD-09A	***菜市场（290 号）	豇豆	氟虫腈	0.0905	2.8658
8	20210613-620100-LZFDC-JD-05A	***经销店	豇豆	克百威	0.3387	2.1451
9	20210715-620700-LZFDC-CE-12A	***批发市场（绿农生态果蔬批发）	芹菜	甲拌磷	0.2316	2.0954

续表

序号	样品编号	采样点	基质	农药	含量（mg/kg）	IFS$_c$
10	20210525-620100-LZFDC-CL-01A	***超市（安宁区店）	小油菜	涕灭威	0.9530	2.0119
11	20210722-620400-LZFDC-PB-18A	***蔬菜摊位	小白菜	毒死蜱	1.7108	1.0835

此外，本次侦测发现部分样品中非禁用农药残留量超过了 MRL 中国国家标准和欧盟标准，为了明确超标的非禁用农药对样品安全的影响，分析了非禁用农药残留超标的样品安全指数。

水果蔬菜残留量超过 MRL 中国国家标准的非禁用农药对水果蔬菜样品安全的影响程度频次分布情况如图 8-4 所示。可以看出侦测出超过 MRL 中国国家标准的非禁用农药共 24 频次，其中农药残留对样品安全的影响可以接受的频次为 13 频次，占 54.17%；农药残留对样品安全没有影响的频次为 9，占 37.5%，农药残留对样品安全的影响不可接受的频次为 2，占 8.33%。表 8-7 为水果蔬菜样品中侦测出的非禁用农药残留安全指数表。

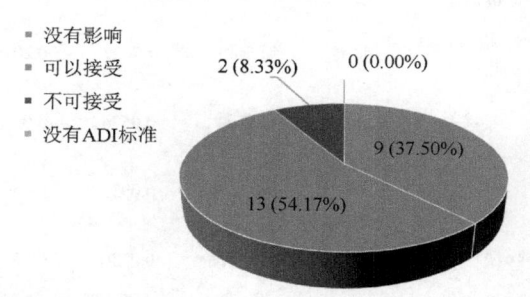

图 8-4 残留超标的非禁用农药对水果蔬菜样品安全的影响程度频次分布图（MRL 中国国家标准）

表 8-7 水果蔬菜样品中侦测出的非禁用农药残留安全指数表（MRL 中国国家标准）

序号	样品编号	采样点	基质	农药	含量（mg/kg）	中国国家标准	超标倍数	IFS$_c$	影响程度
1	20210511-620100-LZFDC-JD-09A	***菜市场（290 号）	豇豆	倍硫磷	1.5555	0.05	30.11	1.4074	可以接受
2	20210620-620100-LZFDC-GP-36A	***菜市场（孟潘子摊位）	葡萄	氟吡菌酰胺	2.1666	2.00	0.08	1.3722	可以接受
3	20210721-620400-LZFDC-BO-03A	***超市（公园路店）	菠菜	溴氰菊酯	0.8001	0.50	0.6	0.5067	没有影响
4	20210727-621100-LZFDC-EP-06A	***超市（福台店）	茄子	螺螨酯	0.7288	0.10	6.29	0.4616	没有影响
5	20210722-620400-LZFDC-GP-17A	***水果摊位	葡萄	苯醚甲环唑	0.6888	0.50	0.38	0.4362	没有影响
6	20210511-620100-LZFDC-ST-05A	***水果店	草莓	氟吡菌酰胺	0.6742	0.40	0.69	0.4270	没有影响
7	20210512-620100-LZFDC-EP-05A	***水果蔬菜店	茄子	氟啶胺	0.4186	0.20	1.09	0.2651	没有影响

续表

序号	样品编号	采样点	基质	农药	含量（mg/kg）	中国国家标准	超标倍数	IFS$_c$	影响程度
8	20210620-620100-LZFDC-GP-38B	***菜市场	葡萄	戊菌唑	1.1333	0.20	4.67	0.2393	没有影响
9	20210727-620600-LZFDC-GS-03A	***市场	蒜薹	腐霉利	3.7635	3.00	0.25	0.2384	没有影响
10	20210531-620100-LZFDC-EP-04A	***有限公司（永登县店）	茄子	联苯菊酯	0.3431	0.30	0.14	0.2173	没有影响
11	20210531-620100-LZFDC-JD-03A	***超市（城关区店）	豇豆	倍硫磷	0.2321	0.05	3.64	0.2100	没有影响
12	20210613-620100-LZFDC-JD-05A	***经销店	豇豆	倍硫磷	0.1648	0.05	2.3	0.1491	没有影响
13	20210726-620600-LZFDC-AP-04A	***菜市场	苹果	氯氟氰菊酯	0.3656	0.20	0.83	0.1158	没有影响
14	20210721-620400-LZFDC-AP-02A	***超市（白银店）	苹果	吡唑醚菌酯	0.5388	0.50	0.08	0.1137	没有影响
15	20210527-620100-LZFDC-JC-01A	***超市（皋兰店）	韭菜	腐霉利	1.7527	0.20	7.76	0.1110	没有影响
16	20210510-620100-LZFDC-JD-01A	采样点	豇豆	倍硫磷	0.0676	0.05	0.35	0.0612	没有影响
17	20210723-620400-LZFDC-PH-06A	***菜店	桃	溴氰菊酯	0.0937	0.05	0.87	0.0593	没有影响
18	20210629-620100-LZFDC-PH-09B	***副食商店	桃	溴氰菊酯	0.0736	0.05	0.47	0.0466	没有影响
19	20210607-620100-LZFDC-EP-06A	***经营部	茄子	戊唑醇	0.1927	0.10	0.93	0.0407	没有影响
20	20210520-620100-LZFDC-BO-02A	***超市	菠菜	乙酯杀螨醇	0.1048	0.01	9.48	0.0332	没有影响
21	20210603-620100-LZFDC-PB-04A	***生鲜超市	小白菜	腈菌唑	0.0747	0.05	0.49	0.0158	没有影响
22	20210601-620100-LZFDC-EP-09A	***水果蔬菜店	茄子	霜霉威	0.5305	0.30	0.77	0.0084	没有影响
23	20210530-620100-LZFDC-CU-07A	***超市（新世界百货店）	黄瓜	乙螨唑	0.0394	0.02	0.97	0.0050	没有影响
24	20210721-620400-LZFDC-CU-03A	***超市（公园路店）	黄瓜	乙螨唑	0.0304	0.02	0.52	0.0039	没有影响

残留量超过MRL欧盟标准的非禁用农药对水果蔬菜样品安全的影响程度频次分布情况如图8-5所示。可以看出超过MRL欧盟标准的非禁用农药共1929频次，其中农药没有ADI的频次为88，占4.56%；农药残留对样品安全的影响不可接受的频次为19，占0.98%；农药残留对样品安全的影响可以接受的频次为291，占15.09%；农药残留对样品安全没有影响的频次为1531，占79.37%。表8-8为水果蔬菜样品中安全指数排名前10的残留超标非禁用农药列表。

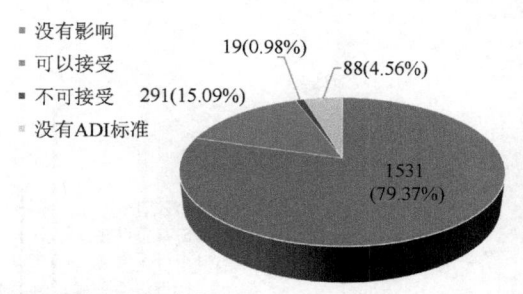

图 8-5　残留超标的非禁用农药对水果蔬菜样品安全的影响程度频次分布图（MRL 欧盟标准）

表 8-8　水果蔬菜样品中安全指数排名前 10 的残留超标非禁用农药列表（MRL 欧盟标准）

序号	样品编号	采样点	基质	农药	含量（mg/kg）	欧盟标准	超标倍数	IFS$_c$	影响程度
1	20210628-620100-LZFDC-JD-11A	***有限责任公司	豇豆	喹硫磷	0.3498	0.01	33.98	4.4308	不可接受
2	20210527-620100-LZFDC-GP-06A	***有限公司	葡萄	四氟醚唑	1.6105	0.50	2.22	2.5500	不可接受
3	20210622-620100-LZFDC-YM-04A	***便利商店	油麦菜	唑虫酰胺	2.3303	0.01	232.03	2.4598	不可接受
4	20210613-620100-LZFDC-YM-11A	***水产部	油麦菜	唑虫酰胺	2.2768	0.01	226.68	2.4033	不可接受
5	20210620-620100-LZFDC-YM-58A	***火锅店	油麦菜	唑虫酰胺	2.1382	0.01	212.82	2.2570	不可接受
6	20210510-620100-LZFDC-YM-04A	***超市	油麦菜	唑虫酰胺	1.6938	0.01	168.38	1.7879	不可接受
7	20210620-620100-LZFDC-YM-57A	***火锅店	油麦菜	联苯菊酯	2.4102	0.01	240.02	1.5265	不可接受
8	20210622-620100-LZFDC-YM-05A	***蔬菜店	油麦菜	联苯菊酯	2.4087	0.01	239.87	1.5255	不可接受
9	20210714-620700-LZFDC-CE-01A	***批发市场（万佳果蔬）	芹菜	咪鲜胺	2.3807	0.05	46.61	1.5078	不可接受
10	20210715-620700-LZFDC-CL-07A	***市场（陈记蔬菜）	小油菜	咪鲜胺	2.2483	0.05	43.97	1.4239	不可接受

8.2.2　单种水果蔬菜中农药残留安全指数分析

本次 20 种水果蔬菜侦测出 204 种农药，所有水果蔬菜均侦测出农药残留，涉及样本数为 2050，检出频次为 11071 次，其中 44 种农药没有 ADI 标准，160 种农药存在 ADI 标准。对 20 种水果蔬菜按不同种类分别计算侦测出的具有 ADI 标准的各种农药的 IFS$_c$ 值，农药残留对水果蔬菜的安全指数分布图如图 8-6 所示。

本次侦测中，20 种水果蔬菜和 204 种残留农药（包括没有 ADI 标准）共涉及 2050 个分析样本，农药对单种水果蔬菜安全的影响程度分布情况如图 8-7 所示。可以看出，87.46%的样本中农药对水果蔬菜安全没有影响，2.73%的样本中农药对水果蔬菜安全的影响可以接受，0.05%的样本中农药对水果蔬菜安全的影响不可接受。

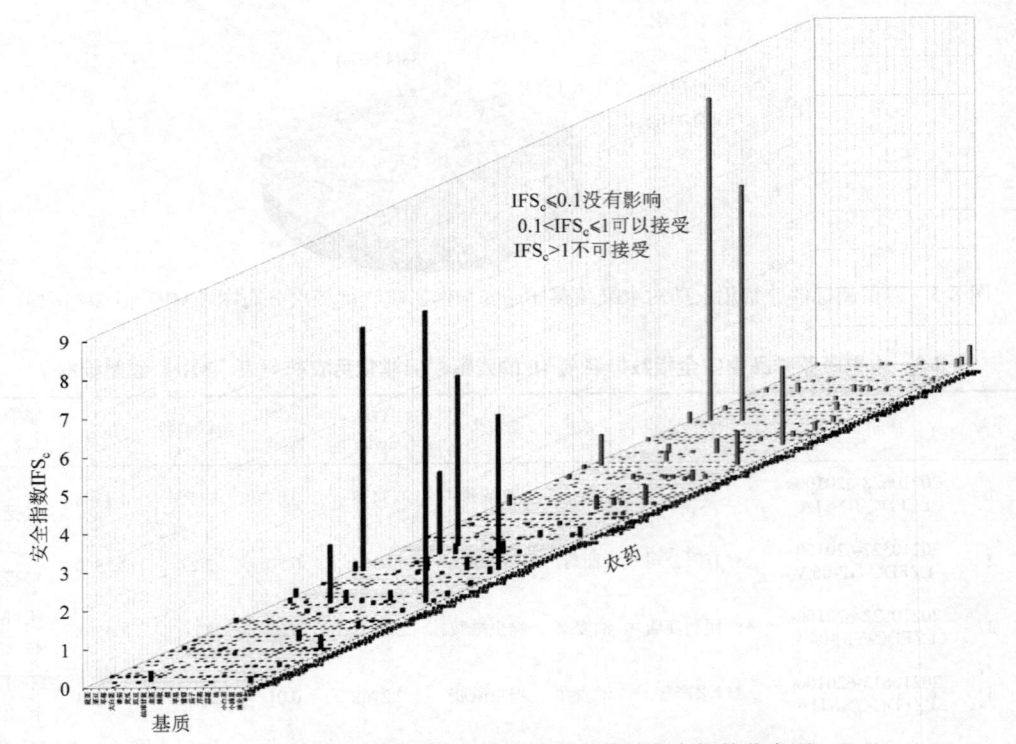

图 8-6 20 种水果蔬菜中 160 种残留农药的安全指数分布图

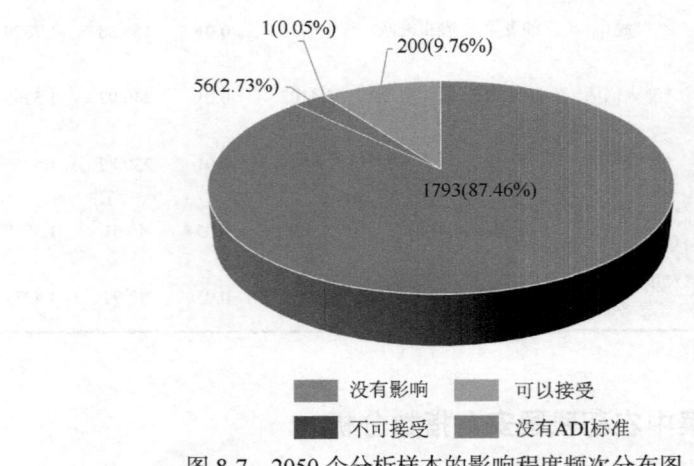

图 8-7 2050 个分析样本的影响程度频次分布图

此外,分别计算 20 种水果蔬菜中所有侦测出农药 IFS_c 的平均值 $\overline{IFS_c}$,分析每种水果蔬菜的安全状态,结果如图 8-8 所示,分析发现 20 种(100%)水果蔬菜的安全状态很好。

对每个月内每种水果蔬菜中农药的 IFS_c 进行分析,并计算每月内每种水果蔬菜的 $\overline{IFS_c}$ 值,以评价每种水果蔬菜的安全状态,结果如图 8-9 所示,可以看出,3 个月份所有水果蔬菜的安全状态均处于没有影响、可以接受和不可接受的范围内,各月份内单种水果蔬菜安全状态统计情况如图 8-10 所示。

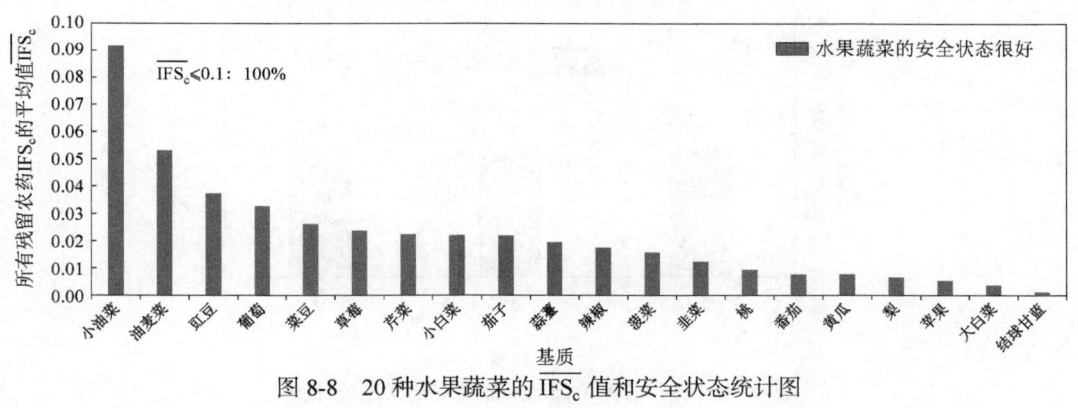

图 8-8　20 种水果蔬菜的 $\overline{IFS_c}$ 值和安全状态统计图

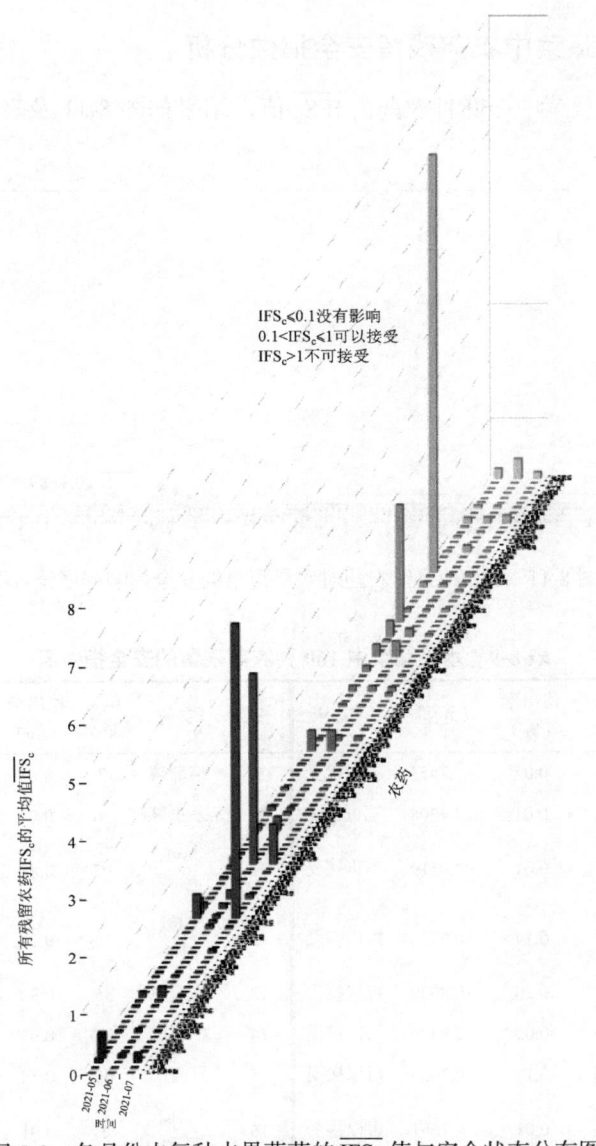

图 8-9　各月份内每种水果蔬菜的 $\overline{IFS_c}$ 值与安全状态分布图

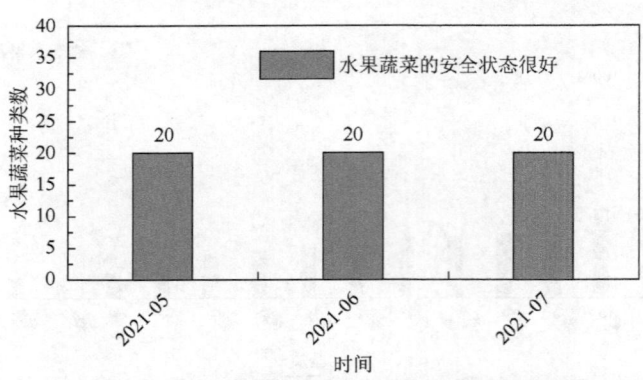

图 8-10 各月份内单种水果蔬菜安全状态统计图

8.2.3 所有水果蔬菜中农药残留安全指数分析

计算所有水果蔬菜中 160 种农药的 $\overline{IFS_c}$ 值，结果如图 8-11 及表 8-9 所示。

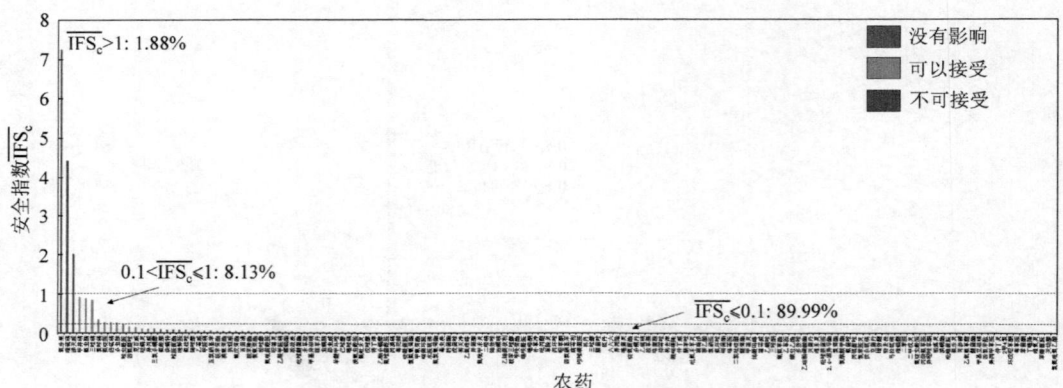

图 8-11 160 种残留农药对水果蔬菜的安全影响程度统计图

表 8-9 水果蔬菜中 160 种农药残留的安全指数表

序号	农药	检出频次	检出率（%）	$\overline{IFS_c}$	影响程度	序号	农药	检出频次	检出率（%）	$\overline{IFS_c}$	影响程度
1	氧乐果	2	0.02	7.2453	不可接受	9	倍硫磷	7	0.06	0.2639	可以接受
2	喹硫磷	1	0.01	4.4308	不可接受	10	杀虫脒	4	0.04	0.2544	可以接受
3	涕灭威	1	0.01	2.0119	不可接受	11	唑虫酰胺	97	0.88	0.2294	可以接受
4	甲拌磷	15	0.14	0.9268	可以接受	12	四氟醚唑	38	0.34	0.1716	可以接受
5	氟虫腈	22	0.20	0.8939	可以接受	13	克百威	35	0.32	0.1431	可以接受
6	三唑磷	2	0.02	0.8439	可以接受	14	哒螨灵	103	0.93	0.1143	可以接受
7	氯唑磷	13	0.12	0.3430	可以接受	15	异丙威	60	0.54	0.1044	可以接受
8	氟啶胺	1	0.01	0.2651	可以接受	16	三氯杀螨醇	1	0.01	0.1026	可以接受

续表

序号	农药	检出频次	检出率（%）	$\overline{IFS}_c$	影响程度	序号	农药	检出频次	检出率（%）	$\overline{IFS}_c$	影响程度
17	氟酰脲	14	0.13	0.0907	没有影响	48	溴氰虫酰胺	30	0.27	0.0197	没有影响
18	炔螨特	53	0.48	0.0807	没有影响	49	氟吡禾灵	2	0.02	0.0195	没有影响
19	唑胺菌酯	13	0.12	0.0805	没有影响	50	戊唑醇	318	2.87	0.0188	没有影响
20	咪鲜胺	178	1.61	0.0776	没有影响	51	特丁津	2	0.02	0.0181	没有影响
21	氟硅唑	83	0.75	0.0761	没有影响	52	乙酯杀螨醇	2	0.02	0.0180	没有影响
22	烯唑醇	70	0.63	0.0625	没有影响	53	氟唑菌酰胺	83	0.75	0.0179	没有影响
23	乙霉威	16	0.14	0.0551	没有影响	54	丙溴磷	107	0.97	0.0174	没有影响
24	甲胺磷	1	0.01	0.0529	没有影响	55	毒死蜱	332	3.00	0.0167	没有影响
25	五氯硝基苯	31	0.28	0.0525	没有影响	56	啶酰菌胺	153	1.38	0.0163	没有影响
26	联苯菊酯	224	2.02	0.0521	没有影响	57	氯氟氰菊酯	555	5.01	0.0161	没有影响
27	溴氰菊酯	37	0.33	0.0508	没有影响	58	甲氰菊酯	36	0.33	0.0160	没有影响
28	抗蚜威	21	0.19	0.0501	没有影响	59	嘧菌环胺	57	0.51	0.0151	没有影响
29	氰戊菊酯	10	0.09	0.0488	没有影响	60	水胺硫磷	7	0.06	0.0140	没有影响
30	百菌清	36	0.33	0.0417	没有影响	61	氟氯氰菊酯	1	0.01	0.0127	没有影响
31	联苯肼酯	59	0.53	0.0415	没有影响	62	毒虫畏	2	0.02	0.0127	没有影响
32	氯氰菊酯	110	0.99	0.0405	没有影响	63	肟菌酯	66	0.60	0.0126	没有影响
33	粉唑醇	43	0.39	0.0389	没有影响	64	戊菌唑	29	0.26	0.0124	没有影响
34	氟吡菌酰胺	194	1.75	0.0368	没有影响	65	莠灭净	7	0.06	0.0123	没有影响
35	噁霜灵	54	0.49	0.0349	没有影响	66	乙氧喹啉	856	7.73	0.0114	没有影响
36	乙酰甲胺磷	1	0.01	0.0338	没有影响	67	异菌脲	336	3.03	0.0110	没有影响
37	螺螨酯	182	1.64	0.0337	没有影响	68	氟吡甲禾灵	2	0.02	0.0104	没有影响
38	敌敌畏	17	0.15	0.0307	没有影响	69	二嗪磷	7	0.06	0.0102	没有影响
39	吡唑醚菌酯	187	1.69	0.0283	没有影响	70	烯效唑	5	0.05	0.0094	没有影响
40	禾草敌	2	0.02	0.0282	没有影响	71	治螟磷	2	0.02	0.0092	没有影响
41	甲基异柳磷	3	0.03	0.0267	没有影响	72	乙烯菌核利	62	0.56	0.0090	没有影响
42	哌草丹	13	0.12	0.0254	没有影响	73	联苯三唑醇	1	0.01	0.0089	没有影响
43	虫螨腈	481	4.34	0.0240	没有影响	74	苄呋菊酯	25	0.23	0.0085	没有影响
44	茚虫威	27	0.24	0.0239	没有影响	75	噻呋酰胺	24	0.22	0.0076	没有影响
45	苯醚甲环唑	323	2.92	0.0231	没有影响	76	噻嗪酮	42	0.38	0.0073	没有影响
46	己唑醇	92	0.83	0.0215	没有影响	77	扑草净	33	0.30	0.0071	没有影响
47	噻唑磷	9	0.08	0.0199	没有影响	78	吡丙醚	67	0.61	0.0070	没有影响

续表

序号	农药	检出频次	检出率（%）	$\overline{IFS_c}$	影响程度	序号	农药	检出频次	检出率（%）	$\overline{IFS_c}$	影响程度
79	草除灵	1	0.01	0.0068	没有影响	112	烯酰吗啉	668	6.03	0.0022	没有影响
80	丙环唑	145	1.31	0.0065	没有影响	113	霜霉威	46	0.42	0.0022	没有影响
81	噁草酮	6	0.05	0.0065	没有影响	114	乙螨唑	251	2.27	0.0021	没有影响
82	四氯硝基苯	4	0.04	0.0062	没有影响	115	三唑酮	22	0.20	0.0018	没有影响
83	腐霉利	707	6.39	0.0053	没有影响	116	氰氟草酯	1	0.01	0.0018	没有影响
84	吲唑磺菌胺	4	0.04	0.0050	没有影响	117	乙草胺	336	3.03	0.0018	没有影响
85	林丹	2	0.02	0.0047	没有影响	118	螺虫乙酯	51	0.46	0.0017	没有影响
86	三唑醇	99	0.89	0.0044	没有影响	119	多效唑	134	1.21	0.0017	没有影响
87	腈菌唑	146	1.32	0.0042	没有影响	120	乙嘧酚磺酸酯	79	0.71	0.0015	没有影响
88	硫丹	16	0.14	0.0040	没有影响	121	灭菌丹	193	1.74	0.0015	没有影响
89	六六六	13	0.12	0.0039	没有影响	122	喹禾灵	24	0.22	0.0014	没有影响
90	异丙隆	2	0.02	0.0038	没有影响	123	吡唑萘菌胺	15	0.14	0.0014	没有影响
91	噻菌灵	13	0.12	0.0038	没有影响	124	2,4-滴异辛酯	3	0.03	0.0014	没有影响
92	啶氧菌酯	5	0.05	0.0036	没有影响	125	氯菊酯	3	0.03	0.0012	没有影响
93	杀螟丹	5	0.05	0.0035	没有影响	126	氯酞酸甲酯	1	0.01	0.0012	没有影响
94	乙硫磷	1	0.01	0.0035	没有影响	127	氟菌唑	2	0.02	0.0010	没有影响
95	敌草腈	58	0.52	0.0034	没有影响	128	丙硫菌唑	2	0.02	0.0010	没有影响
96	咯菌腈	11	0.10	0.0032	没有影响	129	氯苯胺灵	2	0.02	0.0010	没有影响
97	抑霉唑	30	0.27	0.0032	没有影响	130	伏杀硫磷	1	0.01	0.0010	没有影响
98	莠去津	168	1.52	0.0031	没有影响	131	克菌丹	2	0.02	0.0008	没有影响
99	酰嘧磺隆	1	0.01	0.0029	没有影响	132	增效醚	4	0.04	0.0008	没有影响
100	仲丁威	8	0.07	0.0028	没有影响	133	野麦畏	2	0.02	0.0008	没有影响
101	腈苯唑	3	0.03	0.0028	没有影响	134	马拉硫磷	10	0.09	0.0007	没有影响
102	吡氟禾草灵	1	0.01	0.0027	没有影响	135	喹螨醚	2	0.02	0.0006	没有影响
103	滴滴涕	21	0.19	0.0027	没有影响	136	二苯胺	484	4.37	0.0006	没有影响
104	萘乙酸	14	0.13	0.0027	没有影响	137	二甲戊灵	69	0.62	0.0006	没有影响
105	氯硝胺	7	0.06	0.0027	没有影响	138	氟啶虫酰胺	3	0.03	0.0006	没有影响
106	氟环唑	24	0.22	0.0026	没有影响	139	丙炔氟草胺	1	0.01	0.0005	没有影响
107	嘧菌酯	124	1.12	0.0026	没有影响	140	异噁唑草酮	1	0.01	0.0005	没有影响
108	嘧霉胺	215	1.94	0.0025	没有影响	141	稻瘟灵	1	0.01	0.0005	没有影响
109	二氯吡啶酸	5	0.05	0.0024	没有影响	142	溴螨酯	2	0.02	0.0004	没有影响
110	醚菊酯	1	0.01	0.0024	没有影响	143	吡噻菌胺	4	0.04	0.0003	没有影响
111	甲霜灵	226	2.04	0.0023	没有影响	144	氟乐灵	1	0.01	0.0003	没有影响

序号	农药	检出频次	检出率（%）	$\overline{IFS_c}$	影响程度	序号	农药	检出频次	检出率（%）	$\overline{IFS_c}$	影响程度
145	苦参碱	4	0.04	0.0003	没有影响	153	环戊噁草酮	2	0.02	0.0001	没有影响
146	乙氧氟草醚	1	0.01	0.0002	没有影响	154	毒草胺	1	0.01	0.0001	没有影响
147	醚菌酯	9	0.08	0.0002	没有影响	155	苯菌酮	1	0.01	0.0001	没有影响
148	甲基立枯磷	3	0.03	0.0002	没有影响	156	丁噻隆	2	0.02	0.0001	没有影响
149	四氯苯酞	1	0.01	0.0002	没有影响	157	喹氧灵	2	0.02	0.0001	没有影响
150	异丙甲草胺	1	0.01	0.0001	没有影响	158	苯酰菌胺	11	0.10	0.0000	没有影响
151	仲丁灵	13	0.12	0.0001	没有影响	159	灭幼脲	27	0.24	0.0000	没有影响
152	2甲4氯	2	0.02	0.0001	没有影响	160	氯氟吡氧乙酸	3	0.03	0.0000	没有影响

分析发现，160种农药对水果蔬菜安全的影响在没有影响、可以接受和不可接受的范围内，其中1.88%的农药对水果蔬菜安全的影响不可接受，8.13%的农药对水果蔬菜安全的影响可以接受，90.00%的农药对水果蔬菜安全没有影响。

对每个月内所有水果蔬菜中残留农药的$\overline{IFS_c}$进行分析，结果如图8-12所示。分析发

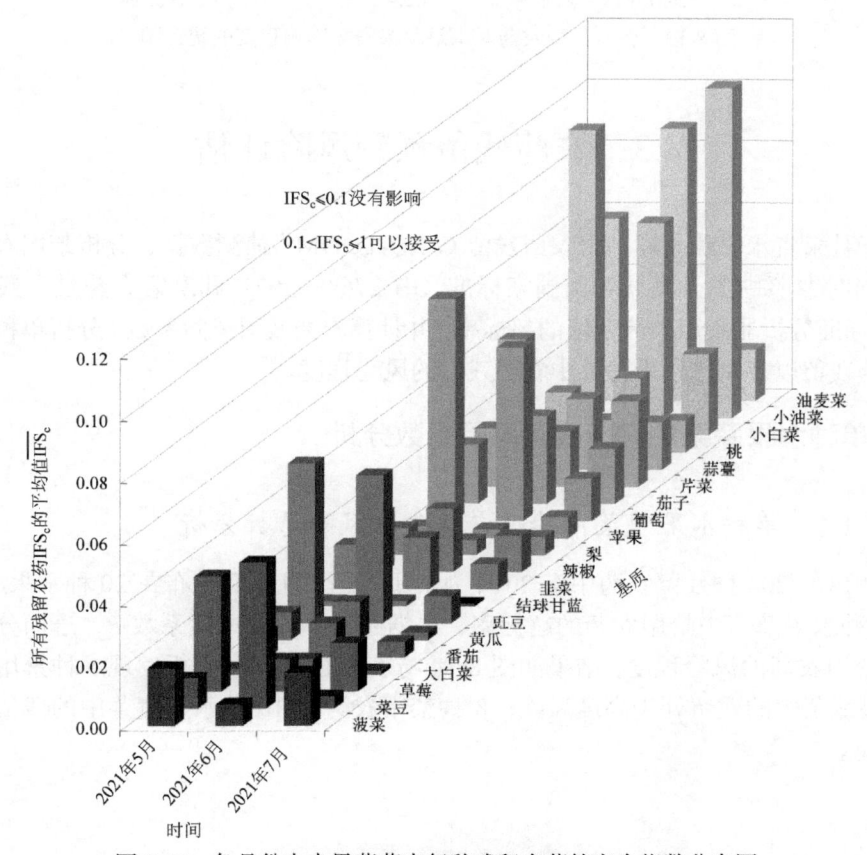

图8-12 各月份内水果蔬菜中每种残留农药的安全指数分布图

现，3个月份所有农药对水果蔬菜安全的影响均处于没有影响和可以接受的范围内。每月内不同农药对水果蔬菜安全影响程度的统计如图8-13所示。

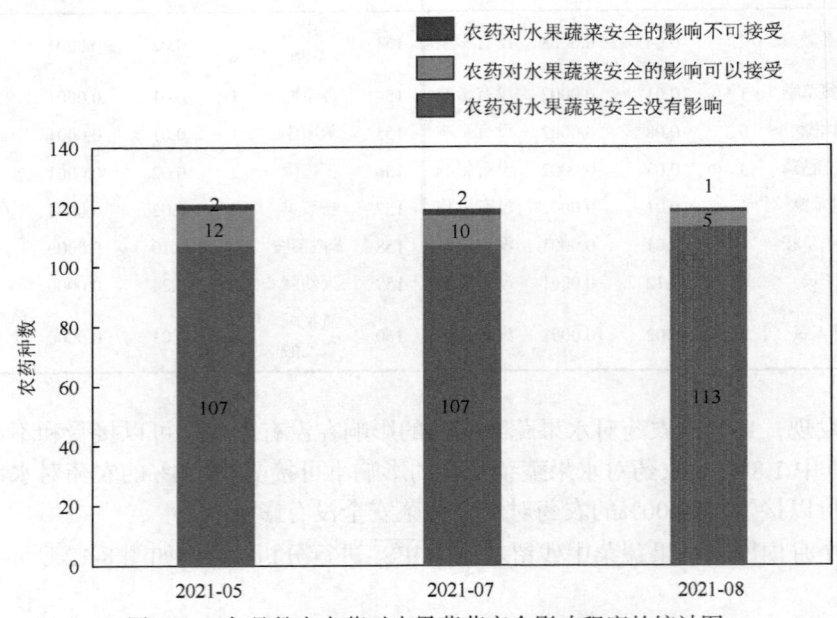

图8-13 各月份内农药对水果蔬菜安全影响程度的统计图

8.3 农药残留预警风险评估

基于甘肃省水果蔬菜样品中农药残留 GC-Q-TOF/MS 侦测数据，分析禁用农药的检出率，同时参照中华人民共和国国家标准 GB 2763—2021 和欧盟农药最大残留限量（MRL）标准分析非禁用农药残留的超标率，并计算农药残留风险系数。分析单种水果蔬菜中农药残留以及所有水果蔬菜中农药残留的风险程度。

8.3.1 单种水果蔬菜中农药残留风险系数分析

8.3.1.1 单种水果蔬菜中禁用农药残留风险系数分析

侦测出的 204 种残留农药中有 20 种为禁用农药，且它们分布在 20 种水果蔬菜中，计算 20 种水果蔬菜中禁用农药的超标率，根据超标率计算风险系数 R，进而分析水果蔬菜中禁用农药的风险程度，结果如图 8-14 与表 8-10 所示。分析发现 5 种禁用农药在 8 种水果蔬菜中的残留处于高度风险；8 种禁用农药在 16 种水果蔬菜中的残留均处于中度风险。

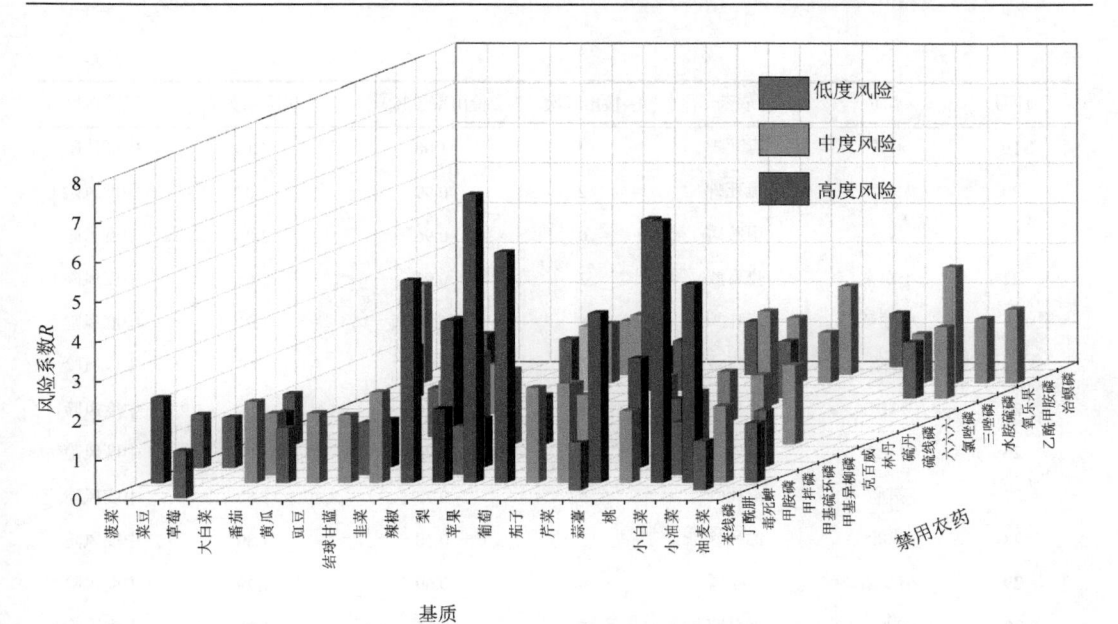

图 8-14 20 种水果蔬菜中 20 种禁用农药的风险系数分布图

表 8-10 20 种水果蔬菜中 20 种禁用农药的风险系数列表

序号	基质	农药	检出频次	检出率（%）	风险系数 R	风险程度
1	梨	毒死蜱	26	6.18	7.28	高度风险
2	桃	毒死蜱	42	5.52	6.62	高度风险
3	苹果	毒死蜱	17	4.74	5.84	高度风险
4	韭菜	毒死蜱	20	4.02	5.12	高度风险
5	小白菜	毒死蜱	13	3.93	5.03	高度风险
6	韭菜	水胺硫磷	16	3.21	4.31	高度风险
7	芹菜	毒死蜱	25	3.21	4.31	高度风险
8	韭菜	甲拌磷	13	2.61	3.71	高度风险
9	小白菜	氧乐果	6	1.81	2.91	高度风险
10	黄瓜	硫丹	12	1.68	2.78	高度风险
11	芹菜	甲拌磷	13	1.67	2.77	高度风险
12	茄子	毒死蜱	9	1.44	2.54	高度风险
13	菠菜	氧乐果	5	1.36	2.46	中度风险
14	葡萄	毒死蜱	10	1.34	2.44	中度风险
15	茄子	氯唑磷	8	1.28	2.38	中度风险
16	结球甘蓝	毒死蜱	2	1.22	2.32	中度风险
17	结球甘蓝	克百威	2	1.22	2.32	中度风险
18	茄子	乙酰甲胺磷	7	1.12	2.22	中度风险

续表

序号	基质	农药	检出频次	检出率（%）	风险系数 R	风险程度
19	菠菜	毒死蜱	4	1.08	2.18	中度风险
20	大白菜	毒死蜱	2	0.99	2.09	中度风险
21	茄子	甲胺磷	6	0.96	2.06	中度风险
22	小白菜	克百威	3	0.91	2.01	中度风险
23	小油菜	毒死蜱	5	0.87	1.97	中度风险
24	韭菜	克百威	4	0.80	1.90	中度风险
25	辣椒	毒死蜱	5	0.79	1.89	中度风险
26	油麦菜	氧乐果	7	0.76	1.86	中度风险
27	蒜薹	毒死蜱	5	0.75	1.85	中度风险
28	黄瓜	毒死蜱	5	0.70	1.80	中度风险
29	小油菜	三唑磷	4	0.69	1.79	中度风险
30	桃	克百威	5	0.66	1.76	中度风险
31	豇豆	毒死蜱	5	0.65	1.75	中度风险
32	茄子	克百威	4	0.64	1.74	中度风险
33	结球甘蓝	氧乐果	1	0.61	1.71	中度风险
34	葡萄	氧乐果	4	0.53	1.63	中度风险
35	小油菜	氧乐果	3	0.52	1.62	中度风险
36	豇豆	克百威	4	0.52	1.62	中度风险
37	豇豆	水胺硫磷	4	0.52	1.62	中度风险
38	大白菜	甲胺磷	1	0.50	1.60	中度风险
39	梨	克百威	2	0.48	1.58	中度风险
40	油麦菜	毒死蜱	4	0.43	1.53	中度风险
41	菜豆	氧乐果	2	0.40	1.50	中度风险
42	豇豆	三唑磷	3	0.39	1.49	低度风险
43	豇豆	氧乐果	3	0.39	1.49	低度风险
44	小油菜	甲拌磷	2	0.35	1.45	低度风险
45	茄子	三唑磷	2	0.32	1.42	低度风险
46	番茄	毒死蜱	1	0.32	1.42	低度风险
47	小白菜	三唑磷	1	0.30	1.40	低度风险
48	菠菜	甲拌磷	1	0.27	1.37	低度风险
49	葡萄	甲拌磷	2	0.27	1.37	低度风险
50	桃	甲胺磷	1	0.26	1.36	低度风险
51	豇豆	甲胺磷	2	0.26	1.36	低度风险
52	豇豆	乙酰甲胺磷	2	0.26	1.36	低度风险

续表

序号	基质	农药	检出频次	检出率（%）	风险系数 R	风险程度
53	芹菜	甲基异柳磷	2	0.26	1.36	低度风险
54	芹菜	克百威	2	0.26	1.36	低度风险
55	芹菜	治螟磷	2	0.26	1.36	低度风险
56	梨	乙酰甲胺磷	1	0.24	1.34	低度风险
57	菜豆	甲拌磷	1	0.20	1.30	低度风险
58	菜豆	克百威	1	0.20	1.30	低度风险
59	菜豆	三唑磷	1	0.20	1.30	低度风险
60	小油菜	丁酰肼	1	0.17	1.27	低度风险
61	茄子	硫线磷	1	0.16	1.26	低度风险
62	茄子	氧乐果	1	0.16	1.26	低度风险
63	辣椒	甲胺磷	1	0.16	1.26	低度风险
64	辣椒	甲拌磷	1	0.16	1.26	低度风险
65	辣椒	克百威	1	0.16	1.26	低度风险
66	辣椒	三唑磷	1	0.16	1.26	低度风险
67	辣椒	水胺硫磷	1	0.16	1.26	低度风险
68	黄瓜	林丹	1	0.14	1.24	低度风险
69	黄瓜	六六六	1	0.14	1.24	低度风险
70	桃	氧乐果	1	0.13	1.23	低度风险
71	豇豆	甲拌磷	1	0.13	1.23	低度风险
72	芹菜	丁酰肼	1	0.13	1.23	低度风险
73	草莓	苯线磷	1	0.12	1.22	低度风险
74	草莓	甲基硫环磷	1	0.12	1.22	低度风险
75	草莓	氧乐果	1	0.12	1.22	低度风险

8.3.1.2 基于MRL中国国家标准的单种水果蔬菜中非禁用农药残留风险系数分析

参照中华人民共和国国家标准 GB 2763—2021 中农药残留限量计算每种水果蔬菜中每种非禁用农药的超标率，进而计算其风险系数，根据风险系数大小判断残留农药的预警风险程度，水果蔬菜中非禁用农药残留风险程度分布情况如图 8-15 所示。

本次分析中，发现在 11 种水果蔬菜侦测出 16 种残留非禁用农药，涉及样本 1943 个，10568 检出频次。在 1943 个样本中，0.31%处于中度风险，10.65%处于低度风险。此外发现有 1724 个样本没有 MRL 中国国家标准值，无法判断其风险程度，有 MRL 中国国家标准值的 493 个样本涉及种水果蔬菜中的 16 种非禁用农药，其风险系数 R 值如图 8-16 所示。表 8-11 为非禁用农药残留处于高度风险的水果蔬菜列表。

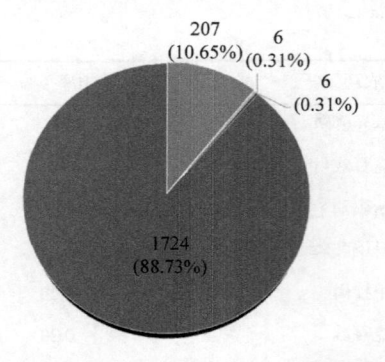

图 8-15 水果蔬菜中非禁用农药风险程度的频次分布图（MRL 中国国家标准）

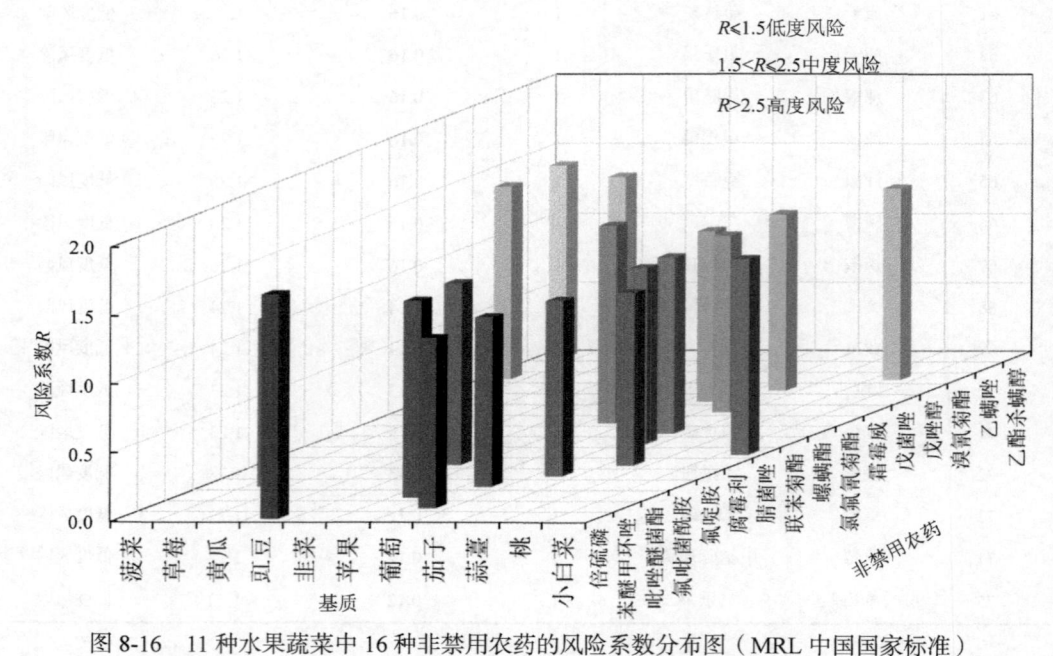

图 8-16 11 种水果蔬菜中 16 种非禁用农药的风险系数分布图（MRL 中国国家标准）

表 8-11 单种水果蔬菜中处于高度风险的非禁用农药风险系数表（MRL 中国国家标准）

序号	基质	农药	检出频次	检出率（%）	风险系数 R	风险程度
1	梨	毒死蜱	26	6.18	7.28	高度风险
2	桃	毒死蜱	42	5.52	6.62	高度风险
3	苹果	毒死蜱	17	4.74	5.84	高度风险
4	韭菜	毒死蜱	20	4.02	5.12	高度风险
5	小白菜	毒死蜱	13	3.93	5.03	高度风险
6	韭菜	水胺硫磷	16	3.21	4.31	高度风险
7	芹菜	毒死蜱	25	3.21	4.31	高度风险

续表

序号	基质	农药	检出频次	检出率（%）	风险系数 R	风险程度
8	韭菜	甲拌磷	13	2.61	3.71	高度风险
9	小白菜	氧乐果	6	1.81	2.91	高度风险
10	黄瓜	硫丹	12	1.68	2.78	高度风险
11	芹菜	甲拌磷	13	1.67	2.77	高度风险
12	茄子	毒死蜱	9	1.44	2.54	高度风险
13	菠菜	氧乐果	5	1.36	2.46	中度风险
14	葡萄	毒死蜱	10	1.34	2.44	中度风险
15	茄子	氯唑磷	8	1.28	2.38	中度风险
16	结球甘蓝	毒死蜱	2	1.22	2.32	中度风险
17	结球甘蓝	克百威	2	1.22	2.32	中度风险
18	茄子	乙酰甲胺磷	7	1.12	2.22	中度风险
19	菠菜	毒死蜱	4	1.08	2.18	中度风险
20	大白菜	毒死蜱	2	0.99	2.09	中度风险
21	茄子	甲胺磷	6	0.96	2.06	中度风险
22	小白菜	克百威	3	0.91	2.01	中度风险
23	小油菜	毒死蜱	5	0.87	1.97	中度风险
24	韭菜	克百威	4	0.80	1.90	中度风险
25	辣椒	毒死蜱	5	0.79	1.89	中度风险
26	油麦菜	氧乐果	7	0.76	1.86	中度风险
27	蒜薹	毒死蜱	5	0.75	1.85	中度风险
28	黄瓜	毒死蜱	5	0.70	1.80	中度风险
29	小油菜	三唑磷	4	0.69	1.79	中度风险
30	桃	克百威	5	0.66	1.76	中度风险
31	豇豆	毒死蜱	5	0.65	1.75	中度风险
32	茄子	克百威	4	0.64	1.74	中度风险
33	结球甘蓝	氧乐果	1	0.61	1.71	中度风险
34	葡萄	氧乐果	4	0.53	1.63	中度风险
35	小油菜	氧乐果	3	0.52	1.62	中度风险
36	豇豆	克百威	4	0.52	1.62	中度风险
37	豇豆	水胺硫磷	4	0.52	1.62	中度风险
38	大白菜	甲胺磷	1	0.50	1.60	中度风险
39	梨	克百威	2	0.48	1.58	中度风险
40	油麦菜	毒死蜱	4	0.43	1.53	中度风险
41	菜豆	氧乐果	2	0.40	1.50	中度风险

续表

序号	基质	农药	检出频次	检出率（%）	风险系数 R	风险程度
42	豇豆	三唑磷	3	0.39	1.49	低度风险
43	豇豆	氧乐果	3	0.39	1.49	低度风险
44	小油菜	甲拌磷	2	0.35	1.45	低度风险
45	茄子	三唑磷	2	0.32	1.42	低度风险
46	番茄	毒死蜱	1	0.32	1.42	低度风险
47	小白菜	三唑磷	1	0.30	1.40	低度风险
48	菠菜	甲拌磷	1	0.27	1.37	低度风险
49	葡萄	甲拌磷	2	0.27	1.37	低度风险
50	桃	甲胺磷	2	0.26	1.36	低度风险
51	豇豆	甲胺磷	2	0.26	1.36	低度风险
52	豇豆	乙酰甲胺磷	2	0.26	1.36	低度风险
53	芹菜	甲基异柳磷	2	0.26	1.36	低度风险
54	芹菜	克百威	2	0.26	1.36	低度风险
55	芹菜	治螟磷	2	0.26	1.36	低度风险
56	梨	乙酰甲胺磷	1	0.24	1.34	低度风险
57	菜豆	甲拌磷	1	0.20	1.30	低度风险
58	菜豆	克百威	1	0.20	1.30	低度风险
59	菜豆	三唑磷	1	0.20	1.30	低度风险
60	小油菜	丁酰肼	1	0.17	1.27	低度风险
61	茄子	硫线磷	1	0.16	1.26	低度风险
62	茄子	氧乐果	1	0.16	1.26	低度风险
63	辣椒	甲胺磷	1	0.16	1.26	低度风险
64	辣椒	甲拌磷	1	0.16	1.26	低度风险
65	辣椒	克百威	1	0.16	1.26	低度风险
66	辣椒	三唑磷	1	0.16	1.26	低度风险
67	辣椒	水胺硫磷	1	0.16	1.26	低度风险
68	黄瓜	林丹	1	0.14	1.24	低度风险
69	黄瓜	六六六	1	0.14	1.24	低度风险
70	桃	氧乐果	1	0.13	1.23	低度风险
71	豇豆	甲拌磷	1	0.13	1.23	低度风险
72	芹菜	丁酰肼	1	0.13	1.23	低度风险
73	草莓	苯线磷	1	0.12	1.22	低度风险
74	草莓	甲基硫环磷	1	0.12	1.22	低度风险
75	草莓	氧乐果	1	0.12	1.22	低度风险

8.3.1.3 基于 MRL 欧盟标准的单种水果蔬菜中非禁用农药残留风险系数分析

参照 MRL 欧盟标准计算每种水果蔬菜中每种非禁用农药的超标率，进而计算其风险系数，根据风险系数大小判断农药残留的预警风险程度，水果蔬菜中非禁用农药残留风险程度分布情况如图 8-17 所示。

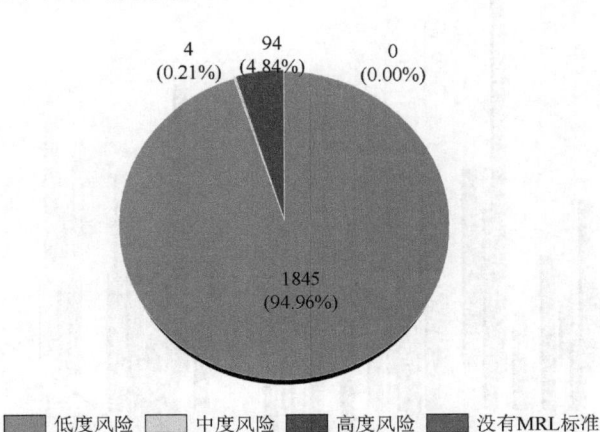

图 8-17 水果蔬菜中非禁用农药的风险程度的频次分布图（MRL 欧盟标准）

本次分析中，发现在 20 种水果蔬菜中共侦测出种 94 非禁用农药，涉及样本 1943 个，10568 检出频次。在 1943 个样本中，0.21%处于中度风险，94.96%处于低度风险。此外发现有 1724 个样本没有 MRL 中国国家标准值，无法判断其风险程度，有 MRL 欧盟标准值的 1943 个样本涉及 20 种水果蔬菜中的 94 种非禁用农药，单种水果蔬菜中的非禁用农药风险系数分布图如图 8-18 所示。单种水果蔬菜中处于高度风险的非禁用农药风险系数如图 8-19 和表 8-12 所示。

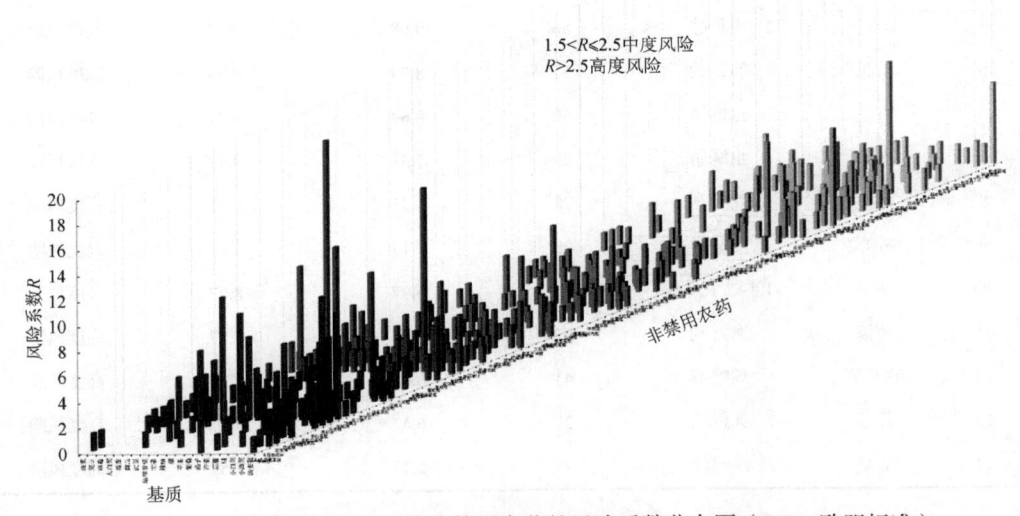

图 8-18 20 种水果蔬菜中 94 种非禁用农药的风险系数分布图（MRL 欧盟标准）

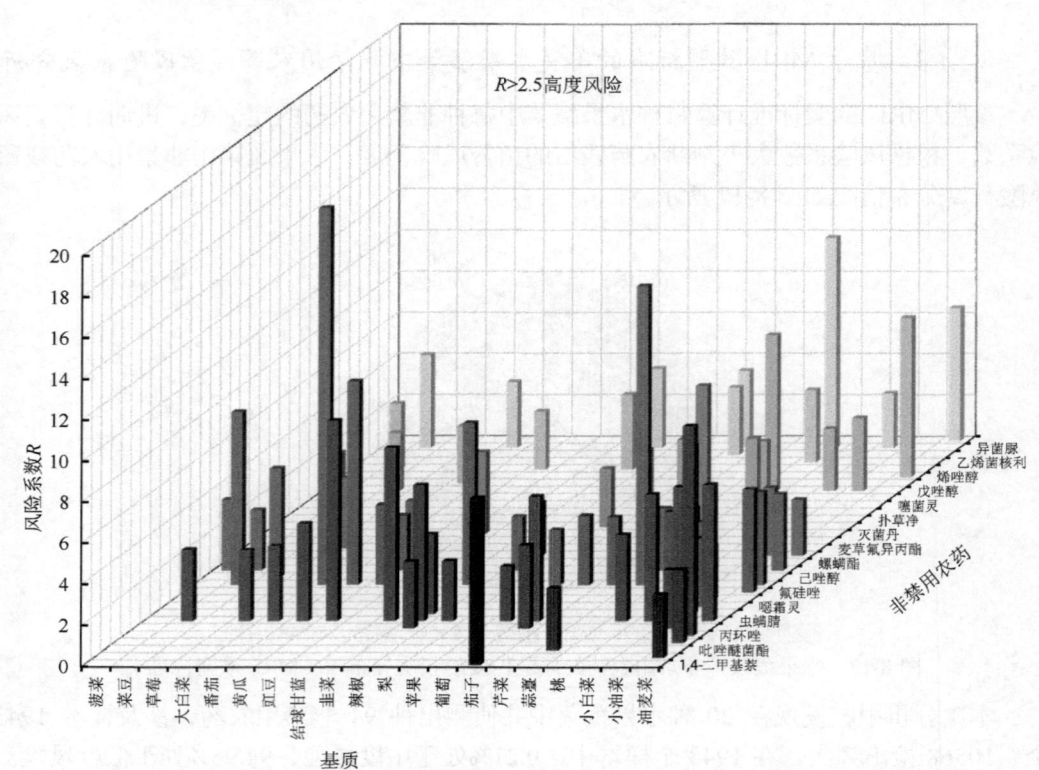

图 8-19 单种水果蔬菜中处于高度风险的非禁用农药的风险系数分布图（MRL 欧盟标准）

表 8-12 单种水果蔬菜中处于高度风险的非禁用农药的风险系数表（MRL 欧盟标准）

序号	基质	农药	超标频次	超标率（%）	风险系数 R	风险程度
1	番茄	腐霉利	41	17.23	18.33	高度风险
2	蒜薹	腐霉利	56	13.43	14.53	高度风险
3	蒜薹	异菌脲	38	9.11	10.21	高度风险
4	油麦菜	丙环唑	56	9.08	10.18	高度风险
5	黄瓜	腐霉利	51	8.79	9.89	高度风险
6	豇豆	虫螨腈	50	8.64	9.74	高度风险
7	韭菜	虫螨腈	29	7.32	8.42	高度风险
8	菜豆	腐霉利	28	7.31	8.41	高度风险
9	小油菜	哒螨灵	29	7.13	8.23	高度风险
10	茄子	1,4-二甲基萘	31	6.97	8.07	高度风险
11	辣椒	腐霉利	32	6.77	7.87	高度风险
12	油麦菜	烯唑醇	41	6.65	7.75	高度风险
13	蒜薹	咪鲜胺	27	6.47	7.57	高度风险
14	蒜薹	戊唑醇	27	6.47	7.57	高度风险

续表

序号	基质	农药	超标频次	超标率（%）	风险系数 R	风险程度
15	油麦菜	虫螨腈	34	5.51	6.61	高度风险
16	辣椒	虫螨腈	26	5.50	6.60	高度风险
17	小油菜	虫螨腈	22	5.41	6.51	高度风险
18	油麦菜	唑虫酰胺	33	5.35	6.45	高度风险
19	小白菜	虫螨腈	13	5.04	6.14	高度风险
20	茄子	虫螨腈	22	4.94	6.04	高度风险
21	草莓	己唑醇	32	4.22	5.32	高度风险
22	油麦菜	氟硅唑	24	3.89	4.99	高度风险
23	黄瓜	虫螨腈	21	3.62	4.72	高度风险
24	小白菜	噁霜灵	9	3.49	4.59	高度风险
25	油麦菜	腐霉利	21	3.40	4.50	高度风险
26	菜豆	异菌脲	13	3.39	4.49	高度风险
27	桃	虫螨腈	19	3.08	4.18	高度风险
28	茄子	丙溴磷	13	2.92	4.02	高度风险
29	结球甘蓝	灭菌丹	4	2.90	4.00	高度风险
30	豇豆	腐霉利	16	2.76	3.86	高度风险
31	辣椒	哒螨灵	13	2.75	3.85	高度风险
32	辣椒	异菌脲	13	2.75	3.85	高度风险
33	葡萄	异菌脲	17	2.64	3.74	高度风险
34	桃	腐霉利	16	2.59	3.69	高度风险
35	油麦菜	联苯菊酯	16	2.59	3.69	高度风险
36	辣椒	乙螨唑	12	2.54	3.64	高度风险
37	番茄	虫螨腈	6	2.52	3.62	高度风险
38	茄子	炔螨特	11	2.47	3.57	高度风险
39	小油菜	戊唑醇	10	2.46	3.56	高度风险
40	油麦菜	苄呋菊酯	15	2.43	3.53	高度风险
41	蒜薹	乙烯菌核利	10	2.40	3.50	高度风险
42	菜豆	虫螨腈	9	2.35	3.45	高度风险
43	菠菜	联苯菊酯	7	2.34	3.44	高度风险
44	大白菜	虫螨腈	4	2.33	3.43	高度风险
45	大白菜	麦草氟异丙酯	4	2.33	3.43	高度风险
46	葡萄	扑草净	15	2.33	3.43	高度风险
47	茄子	腐霉利	10	2.25	3.35	高度风险
48	小油菜	噁霜灵	9	2.21	3.31	高度风险

续表

序号	基质	农药	超标频次	超标率（%）	风险系数 R	风险程度
49	小油菜	氯氟氰菊酯	9	2.21	3.31	高度风险
50	芹菜	腐霉利	13	2.17	3.27	高度风险
51	葡萄	乙氧喹啉	14	2.17	3.27	高度风险
52	蒜薹	噻菌灵	9	2.16	3.26	高度风险
53	辣椒	丙溴磷	10	2.11	3.21	高度风险
54	番茄	异菌脲	5	2.10	3.20	高度风险
55	菜豆	乙螨唑	8	2.09	3.19	高度风险
56	桃	联苯菊酯	12	1.94	3.04	高度风险
57	油麦菜	吡丙醚	12	1.94	3.04	高度风险
58	小白菜	腐霉利	5	1.94	3.04	高度风险
59	小白菜	戊唑醇	5	1.94	3.04	高度风险
60	蒜薹	吡唑醚菌酯	8	1.92	3.02	高度风险
61	蒜薹	联苯菊酯	8	1.92	3.02	高度风险
62	豇豆	螺螨酯	11	1.90	3.00	高度风险
63	菜豆	联苯菊酯	7	1.83	2.93	高度风险
64	菜豆	炔螨特	7	1.83	2.93	高度风险
65	梨	虫螨腈	6	1.80	2.90	高度风险
66	苹果	灭幼脲	5	1.75	2.85	高度风险
67	豇豆	乙螨唑	10	1.73	2.83	高度风险
68	小油菜	丙溴磷	7	1.72	2.82	高度风险
69	草莓	戊唑醇	13	1.71	2.81	高度风险
70	番茄	烯丙菊酯	4	1.68	2.78	高度风险
71	蒜薹	三唑醇	7	1.68	2.78	高度风险
72	油麦菜	氯氟氰菊酯	10	1.62	2.72	高度风险
73	豇豆	联苯菊酯	9	1.55	2.65	高度风险
74	葡萄	虫螨腈	10	1.55	2.65	高度风险
75	葡萄	腐霉利	10	1.55	2.65	高度风险
76	小白菜	异菌脲	4	1.55	2.65	高度风险
77	梨	联苯菊酯	5	1.50	2.60	高度风险
78	梨	氯氟氰菊酯	5	1.50	2.60	高度风险
79	小油菜	粉唑醇	6	1.47	2.57	高度风险
80	黄瓜	异丙威	8	1.38	2.48	中度风险
81	黄瓜	异菌脲	8	1.38	2.48	中度风险
82	茄子	异菌脲	6	1.35	2.45	中度风险

续表

序号	基质	农药	超标频次	超标率（%）	风险系数 R	风险程度
83	菠菜	腐霉利	4	1.34	2.44	中度风险
84	芹菜	甲霜灵	8	1.34	2.44	中度风险
85	芹菜	嘧霉胺	8	1.34	2.44	中度风险
86	韭菜	异菌脲	5	1.26	2.36	中度风险
87	小油菜	丙环唑	5	1.23	2.33	中度风险
88	小油菜	灭菌丹	5	1.23	2.33	中度风险
89	豇豆	丙环唑	7	1.21	2.31	中度风险
90	豇豆	炔螨特	7	1.21	2.31	中度风险
91	蒜薹	丙环唑	5	1.20	2.30	中度风险
92	小白菜	乙草胺	3	1.16	2.26	中度风险
93	辣椒	唑虫酰胺	5	1.06	2.16	中度风险
94	苹果	炔螨特	3	1.05	2.15	中度风险
95	菜豆	异丙威	4	1.04	2.14	中度风险
96	豇豆	咪鲜胺	6	1.04	2.14	中度风险
97	豇豆	烯酰吗啉	6	1.04	2.14	中度风险
98	豇豆	异菌脲	6	1.04	2.14	中度风险
99	菠菜	多效唑	3	1.00	2.10	中度风险
100	芹菜	丙环唑	6	1.00	2.10	中度风险
101	芹菜	丙溴磷	6	1.00	2.10	中度风险
102	芹菜	五氯硝基苯	6	1.00	2.10	中度风险
103	芹菜	异菌脲	6	1.00	2.10	中度风险
104	小油菜	氟硅唑	4	0.98	2.08	中度风险
105	小油菜	咪鲜胺	4	0.98	2.08	中度风险
106	小油菜	唑胺菌酯	4	0.98	2.08	中度风险
107	梨	甲氰菊酯	3	0.90	2.00	中度风险
108	梨	嘧菌酯	3	0.90	2.00	中度风险
109	豇豆	倍硫磷	5	0.86	1.96	中度风险
110	辣椒	炔螨特	4	0.85	1.95	中度风险
111	番茄	噁霜灵	2	0.84	1.94	中度风险
112	番茄	氟硅唑	2	0.84	1.94	中度风险
113	番茄	氯氟氰菊酯	2	0.84	1.94	中度风险
114	芹菜	氯氰菊酯	5	0.84	1.94	中度风险
115	芹菜	咪鲜胺	5	0.84	1.94	中度风险
116	芹菜	三唑醇	5	0.84	1.94	中度风险

续表

序号	基质	农药	超标频次	超标率（%）	风险系数 R	风险程度
117	菜豆	丙溴磷	3	0.78	1.88	中度风险
118	菜豆	灭菌丹	3	0.78	1.88	中度风险
119	葡萄	霜霉威	5	0.78	1.88	中度风险
120	葡萄	异丙威	5	0.78	1.88	中度风险
121	小白菜	嘧霉胺	2	0.78	1.88	中度风险
122	小白菜	乙烯菌核利	2	0.78	1.88	中度风险
123	韭菜	腐霉利	3	0.76	1.86	中度风险
124	韭菜	噻嗪酮	3	0.76	1.86	中度风险
125	韭菜	唑虫酰胺	3	0.76	1.86	中度风险
126	小油菜	二苯胺	3	0.74	1.84	中度风险
127	小油菜	腐霉利	3	0.74	1.84	中度风险
128	小油菜	甲霜灵	3	0.74	1.84	中度风险
129	小油菜	联苯菊酯	3	0.74	1.84	中度风险
130	小油菜	炔螨特	3	0.74	1.84	中度风险
131	小油菜	溴氰虫酰胺	3	0.74	1.84	中度风险
132	结球甘蓝	丙溴磷	1	0.72	1.82	中度风险
133	结球甘蓝	腐霉利	1	0.72	1.82	中度风险
134	结球甘蓝	仲草丹	1	0.72	1.82	中度风险
135	蒜薹	灭菌丹	3	0.72	1.82	中度风险
136	蒜薹	五氯苯甲腈	3	0.72	1.82	中度风险
137	苹果	四氢吩胺	2	0.70	1.80	中度风险
138	豇豆	甲氰菊酯	4	0.69	1.79	中度风险
139	豇豆	三唑醇	4	0.69	1.79	中度风险
140	黄瓜	联苯菊酯	4	0.69	1.79	中度风险
141	茄子	唑虫酰胺	3	0.67	1.77	中度风险
142	菠菜	嘧霉胺	2	0.67	1.77	中度风险
143	菠菜	溴氰菊酯	2	0.67	1.77	中度风险
144	菠菜	乙氧喹啉	2	0.67	1.77	中度风险
145	菠菜	异菌脲	2	0.67	1.77	中度风险
146	芹菜	8-羟基喹啉	4	0.67	1.77	中度风险
147	芹菜	虫螨腈	4	0.67	1.77	中度风险
148	芹菜	异丙威	4	0.67	1.77	中度风险
149	草莓	杀螟丹	5	0.66	1.76	中度风险
150	桃	多效唑	4	0.65	1.75	中度风险

续表

序号	基质	农药	超标频次	超标率（%）	风险系数 R	风险程度
151	桃	炔螨特	4	0.65	1.75	中度风险
152	桃	噻嗪酮	4	0.65	1.75	中度风险
153	油麦菜	敌草腈	4	0.65	1.75	中度风险
154	油麦菜	氟酰脲	4	0.65	1.75	中度风险
155	油麦菜	异菌脲	4	0.65	1.75	中度风险
156	辣椒	多效唑	3	0.63	1.73	中度风险
157	辣椒	螺螨酯	3	0.63	1.73	中度风险
158	大白菜	哒螨灵	1	0.58	1.68	中度风险
159	大白菜	腈吡螨酯	1	0.58	1.68	中度风险
160	大白菜	三唑醇	1	0.58	1.68	中度风险
161	菜豆	丙环唑	2	0.52	1.62	中度风险
162	菜豆	螺螨酯	2	0.52	1.62	中度风险
163	豇豆	甲霜灵	3	0.52	1.62	中度风险
164	黄瓜	噁霜灵	3	0.52	1.62	中度风险
165	芹菜	霜霉威	3	0.50	1.60	中度风险
166	芹菜	四氢吩胺	3	0.50	1.60	中度风险
167	芹菜	五氯苯	3	0.50	1.60	中度风险
168	小油菜	己唑醇	2	0.49	1.59	中度风险
169	小油菜	烯唑醇	2	0.49	1.59	中度风险
170	小油菜	溴氰菊酯	2	0.49	1.59	中度风险
171	小油菜	异丙威	2	0.49	1.59	中度风险
172	小油菜	唑虫酰胺	2	0.49	1.59	中度风险
173	桃	敌敌畏	3	0.49	1.59	中度风险
174	桃	甲氰菊酯	3	0.49	1.59	中度风险
175	桃	灭菌丹	3	0.49	1.59	中度风险
176	桃	灭幼脲	3	0.49	1.59	中度风险
177	桃	异丙威	3	0.49	1.59	中度风险
178	油麦菜	8-羟基喹啉	3	0.49	1.59	中度风险
179	油麦菜	多效唑	3	0.49	1.59	中度风险
180	油麦菜	灭菌丹	3	0.49	1.59	中度风险
181	蒜薹	甲氰菊酯	2	0.48	1.58	中度风险
182	蒜薹	嘧霉胺	2	0.48	1.58	中度风险
183	蒜薹	四氟醚唑	2	0.48	1.58	中度风险
184	蒜薹	四氢吩胺	2	0.48	1.58	中度风险

续表

序号	基质	农药	超标频次	超标率（%）	风险系数 R	风险程度
185	蒜薹	乙霉威	2	0.48	1.58	中度风险
186	蒜薹	唑虫酰胺	2	0.48	1.58	中度风险
187	葡萄	吡唑萘菌胺	3	0.47	1.57	中度风险
188	茄子	螺螨酯	2	0.45	1.55	中度风险
189	辣椒	己唑醇	2	0.42	1.52	中度风险
190	辣椒	乙烯菌核利	2	0.42	1.52	中度风险
191	辣椒	异丙威	2	0.42	1.52	中度风险
192	番茄	啶氧菌酯	1	0.42	1.52	中度风险
193	番茄	己唑醇	1	0.42	1.52	中度风险
194	番茄	噻呋酰胺	1	0.42	1.52	中度风险

8.3.2 所有水果蔬菜中农药残留风险系数分析

8.3.2.1 所有水果蔬菜中禁用农药残留风险系数分析

在侦测出的 204 种农药中有 20 种为禁用农药，计算所有水果蔬菜中禁用农药的风险系数，结果如表 8-13 所示。禁用农药毒死蜱和克百威处于高度风险。

表 8-13 水果蔬菜中 20 种禁用农药的风险系数表

序号	农药	检出频次	检出率 P（%）	风险系数 R	风险程度
1	毒死蜱	332	16.20	17.30	高度风险
2	克百威	35	1.71	2.81	高度风险
3	氟虫腈	22	1.07	2.17	中度风险
4	滴滴涕	21	1.02	2.12	中度风险
5	硫丹	16	0.78	1.88	中度风险
6	甲拌磷	15	0.73	1.83	中度风险
7	六六六	13	0.63	1.73	中度风险
8	氯唑磷	13	0.63	1.73	中度风险
9	氰戊菊酯	10	0.49	1.59	中度风险
10	水胺硫磷	7	0.34	1.44	低度风险
11	杀虫脒	4	0.20	1.30	低度风险
12	甲基异柳磷	3	0.15	1.25	低度风险
13	林丹	2	0.10	1.20	低度风险
14	三唑磷	2	0.10	1.20	低度风险
15	氧乐果	2	0.10	1.20	低度风险

序号	农药	检出频次	检出率 P（%）	风险系数 R	风险程度
16	治螟磷	2	0.10	1.20	低度风险
17	甲胺磷	1	0.05	1.15	低度风险
18	三氯杀螨醇	1	0.05	1.15	低度风险
19	涕灭威	1	0.05	1.15	低度风险
20	乙酰甲胺磷	1	0.05	1.15	低度风险

对每个月内的禁用农药的风险系数进行分析，结果如图 8-20 和表 8-14 所示。

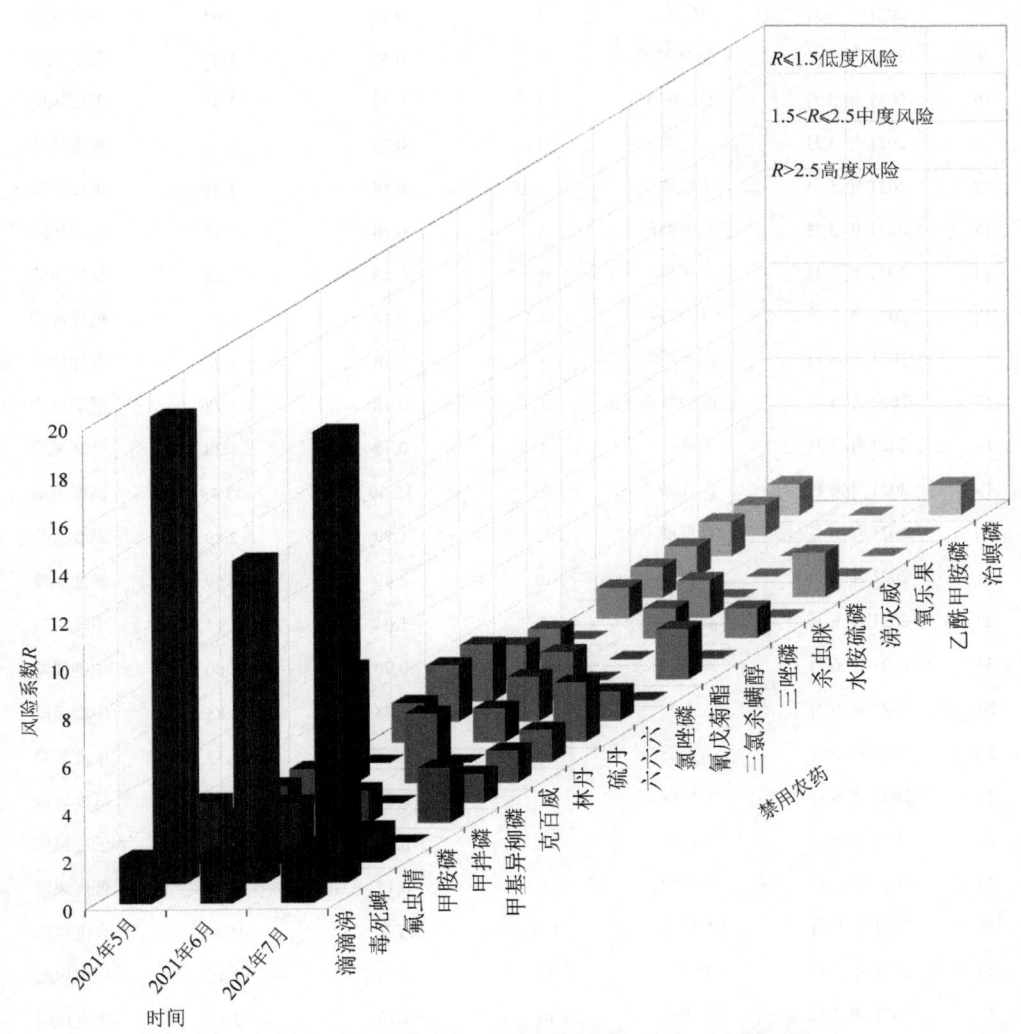

图 8-20　各月份内水果蔬菜中禁用农药残留的风险系数分布图

表 8-14 各月份内水果蔬菜中禁用农药残留的风险系数表

序号	年月	农药	检出频次	检出率 P（%）	风险系数 R	风险程度
1	2021 年 5 月	毒死蜱	105	18.42	19.52	高度风险
2	2021 年 5 月	克百威	21	3.68	4.78	高度风险
3	2021 年 5 月	氟虫腈	9	1.58	2.68	高度风险
4	2021 年 5 月	六六六	7	1.23	2.33	中度风险
5	2021 年 5 月	氯唑磷	7	1.23	2.33	中度风险
6	2021 年 5 月	滴滴涕	5	0.88	1.98	中度风险
7	2021 年 5 月	甲拌磷	3	0.53	1.63	中度风险
8	2021 年 5 月	硫丹	3	0.53	1.63	中度风险
9	2021 年 5 月	甲基异柳磷	2	0.35	1.45	低度风险
10	2021 年 5 月	氰戊菊酯	2	0.35	1.45	低度风险
11	2021 年 5 月	氧乐果	2	0.35	1.45	低度风险
12	2021 年 5 月	甲胺磷	1	0.18	1.28	低度风险
13	2021 年 5 月	三氯杀螨醇	1	0.18	1.28	低度风险
14	2021 年 5 月	杀虫脒	1	0.18	1.28	低度风险
15	2021 年 5 月	水胺硫磷	1	0.18	1.28	低度风险
16	2021 年 5 月	涕灭威	1	0.18	1.28	低度风险
17	2021 年 5 月	乙酰甲胺磷	1	0.18	1.28	低度风险
18	2021 年 5 月	治螟磷	1	0.18	1.28	低度风险
19	2021 年 6 月	毒死蜱	83	12.39	13.49	高度风险
20	2021 年 6 月	克百威	12	1.79	2.89	高度风险
21	2021 年 6 月	氟虫腈	10	1.49	2.59	高度风险
22	2021 年 6 月	滴滴涕	7	1.04	2.14	中度风险
23	2021 年 6 月	氯唑磷	6	0.90	2.00	中度风险
24	2021 年 6 月	六六六	5	0.75	1.85	中度风险
25	2021 年 6 月	杀虫脒	3	0.45	1.55	中度风险
26	2021 年 6 月	甲拌磷	2	0.30	1.40	低度风险
27	2021 年 6 月	硫丹	2	0.30	1.40	低度风险
28	2021 年 6 月	三唑磷	1	0.15	1.25	低度风险
29	2021 年 7 月	毒死蜱	144	17.71	18.81	高度风险
30	2021 年 7 月	硫丹	11	1.35	2.45	中度风险
31	2021 年 7 月	甲拌磷	10	1.23	2.33	中度风险
32	2021 年 7 月	滴滴涕	9	1.11	2.21	中度风险
33	2021 年 7 月	氰戊菊酯	8	0.98	2.08	中度风险
34	2021 年 7 月	水胺硫磷	6	0.74	1.84	中度风险

续表

序号	年月	农药	检出频次	检出率 P（%）	风险系数 R	风险程度
35	2021年7月	氟虫腈	3	0.37	1.47	低度风险
36	2021年7月	克百威	2	0.25	1.35	低度风险
37	2021年7月	林丹	2	0.25	1.35	低度风险
38	2021年7月	甲基异柳磷	1	0.12	1.22	低度风险
39	2021年7月	六六六	1	0.12	1.22	低度风险
40	2021年7月	三唑磷	1	0.12	1.22	低度风险
41	2021年7月	治螟磷	1	0.12	1.22	低度风险

8.3.2.2 所有水果蔬菜中非禁用农药残留风险系数分析

参照 MRL 欧盟标准计算所有水果蔬菜中每种非禁用农药残留的风险系数，如图 8-21 与表 8-15 所示。在侦测出的 98 种非禁用农药中，57 种农药（58.16%）残留处于高度风险，23 种农药（23.47%）残留处于中度风险，18 种农药（18.37%）残留处于低度风险。

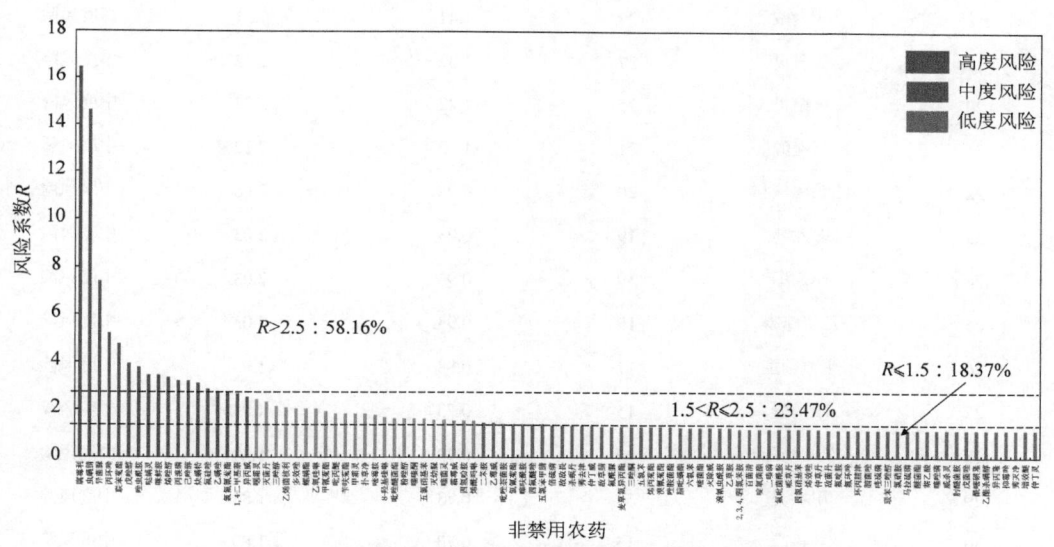

图 8-21 水果蔬菜中 98 种非禁用农药的风险程度统计图

表 8-15 水果蔬菜中 98 种非禁用农药的风险系数表

序号	农药	超标频次	超标率 P（%）	风险系数 R	风险程度
1	腐霉利	315	15.37	16.47	高度风险
2	虫螨腈	277	13.51	14.61	高度风险
3	异菌脲	129	6.29	7.39	高度风险
4	丙环唑	84	4.10	5.20	高度风险

续表

序号	农药	超标频次	超标率 P（%）	风险系数 R	风险程度
5	联苯菊酯	75	3.66	4.76	高度风险
6	戊唑醇	58	2.83	3.93	高度风险
7	唑虫酰胺	55	2.68	3.78	高度风险
8	哒螨灵	48	2.34	3.44	高度风险
9	咪鲜胺	48	2.34	3.44	高度风险
10	烯唑醇	46	2.24	3.34	高度风险
11	丙溴磷	43	2.10	3.20	高度风险
12	己唑醇	43	2.10	3.20	高度风险
13	炔螨特	41	2.00	3.10	高度风险
14	氟硅唑	36	1.76	2.86	高度风险
15	乙螨唑	34	1.66	2.76	高度风险
16	氯氟氰菊酯	33	1.61	2.71	高度风险
17	1,4-二甲基萘	32	1.56	2.66	高度风险
18	异丙威	29	1.41	2.51	高度风险
19	噁霜灵	27	1.32	2.42	中度风险
20	灭菌丹	25	1.22	2.32	中度风险
21	三唑醇	21	1.02	2.12	中度风险
22	乙烯菌核利	20	0.98	2.08	中度风险
23	多效唑	19	0.93	2.03	中度风险
24	螺螨酯	19	0.93	2.03	中度风险
25	乙氧喹啉	19	0.93	2.03	中度风险
26	甲氰菊酯	17	0.83	1.93	中度风险
27	吡丙醚	15	0.73	1.83	中度风险
28	苄呋菊酯	15	0.73	1.83	中度风险
29	甲霜灵	15	0.73	1.83	中度风险
30	扑草净	15	0.73	1.83	中度风险
31	嘧霉胺	14	0.68	1.78	中度风险
32	8-羟基喹啉	12	0.59	1.69	中度风险
33	吡唑醚菌酯	11	0.54	1.64	中度风险
34	粉唑醇	11	0.54	1.64	中度风险
35	噻嗪酮	11	0.54	1.64	中度风险
36	五氯硝基苯	11	0.54	1.64	中度风险
37	灭幼脲	10	0.49	1.59	中度风险
38	噻菌灵	10	0.49	1.59	中度风险

续表

序号	农药	超标频次	超标率 P(%)	风险系数 R	风险程度
39	霜霉威	9	0.44	1.54	中度风险
40	四氢吩胺	9	0.44	1.54	中度风险
41	烯酰吗啉	9	0.44	1.54	中度风险
42	二苯胺	7	0.34	1.44	低度风险
43	乙霉威	7	0.34	1.44	低度风险
44	吡唑萘菌胺	6	0.29	1.39	低度风险
45	氯氰菊酯	6	0.29	1.39	低度风险
46	噻呋酰胺	6	0.29	1.39	低度风险
47	四氟醚唑	6	0.29	1.39	低度风险
48	五氯苯甲腈	6	0.29	1.39	低度风险
49	倍硫磷	5	0.24	1.34	低度风险
50	敌敌畏	5	0.24	1.34	低度风险
51	杀螟丹	5	0.24	1.34	低度风险
52	莠去津	5	0.24	1.34	低度风险
53	仲丁威	5	0.24	1.34	低度风险
54	敌草腈	4	0.20	1.30	低度风险
55	氟酰脲	4	0.20	1.30	低度风险
56	麦草氟异丙酯	4	0.20	1.30	低度风险
57	三唑酮	4	0.20	1.30	低度风险
58	五氯苯	4	0.20	1.30	低度风险
59	烯丙菊酯	4	0.20	1.30	低度风险
60	溴氰菊酯	4	0.20	1.30	低度风险
61	唑胺菌酯	4	0.20	1.30	低度风险
62	腈吡螨酯	3	0.15	1.25	低度风险
63	六氯苯	3	0.15	1.25	低度风险
64	嘧菌酯	3	0.15	1.25	低度风险
65	灭除威	3	0.15	1.25	低度风险
66	溴氰虫酰胺	3	0.15	1.25	低度风险
67	乙草胺	3	0.15	1.25	低度风险
68	2,3,4,5-四氯苯胺	2	0.10	1.20	低度风险
69	百菌清	2	0.10	1.20	低度风险
70	啶氧菌酯	2	0.10	1.20	低度风险
71	二嗪磷	2	0.10	1.20	低度风险
72	氟吡菌酰胺	2	0.10	1.20	低度风险

续表

序号	农药	超标频次	超标率 P（%）	风险系数 R	风险程度
73	哌草丹	2	0.10	1.20	低度风险
74	四氯硝基苯	2	0.10	1.20	低度风险
75	烯效唑	2	0.10	1.20	低度风险
76	仲草丹	2	0.10	1.20	低度风险
77	敌菌丹	1	0.05	1.15	低度风险
78	氟啶胺	1	0.05	1.15	低度风险
79	氟环唑	1	0.05	1.15	低度风险
80	环丙腈津	1	0.05	1.15	低度风险
81	腈菌唑	1	0.05	1.15	低度风险
82	喹硫磷	1	0.05	1.15	低度风险
83	联苯三唑醇	1	0.05	1.15	低度风险
84	氯硝胺	1	0.05	1.15	低度风险
85	马拉硫磷	1	0.05	1.15	低度风险
86	醚菌酯	1	0.05	1.15	低度风险
87	萘乙酸	1	0.05	1.15	低度风险
88	噻唑磷	1	0.05	1.15	低度风险
89	威杀灵	1	0.05	1.15	低度风险
90	肟醚菌胺	1	0.05	1.15	低度风险
91	戊菌唑	1	0.05	1.15	低度风险
92	酰嘧磺隆	1	0.05	1.15	低度风险
93	乙酯杀螨醇	1	0.05	1.15	低度风险
94	异丙隆	1	0.05	1.15	低度风险
95	抑霉唑	1	0.05	1.15	低度风险
96	莠灭净	1	0.05	1.15	低度风险
97	增效醚	1	0.05	1.15	低度风险
98	仲丁灵	1	0.05	1.15	低度风险

对每个月份内的非禁用农药的风险系数分析，每月内非禁用农药风险程度分布图如图 8-22 所示。这 3 个月份内处于高度风险的农药数排序为 2021 年 6 月（19）> 2021 年 5 月（18）> 2021 年 7 月（12）。

3 个月份内水果蔬菜中非用农药处于中度风险和高度风险的风险系数如图 8-23 和表 8-16 所示。

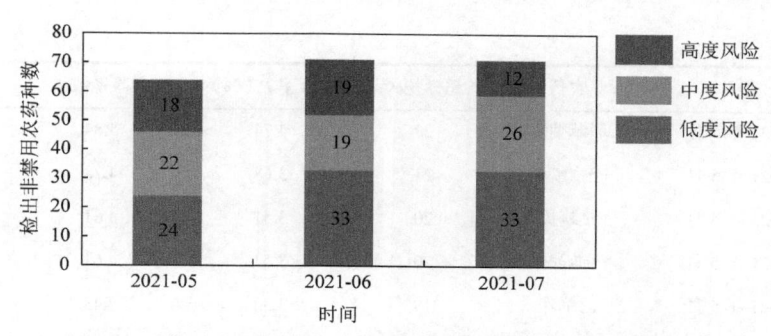

图 8-22 各月份水果蔬菜中非禁用农药残留的风险程度分布图

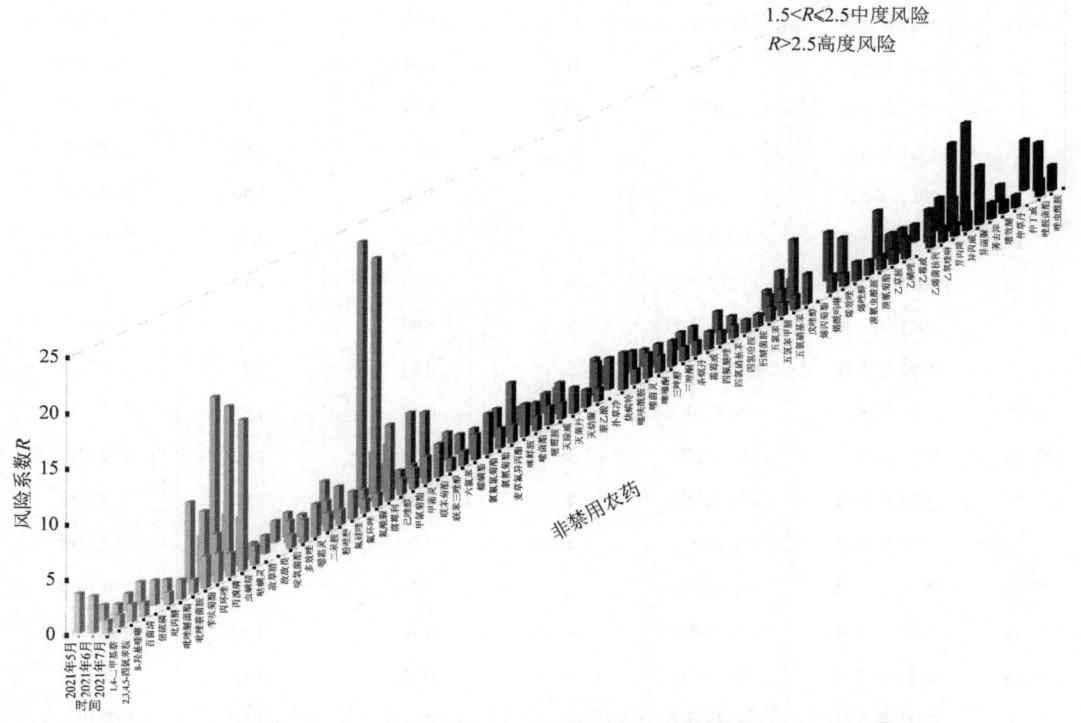

图 8-23 各月份水果蔬菜中非禁用农药处于中度风险和高度风险的风险系数分布图

表 8-16 各月份水果蔬菜中非禁用农药处于中度风险和高度风险的风险系数表

序号	年月	农药	超标频次	超标率 P（%）	风险系数 R	风险程度
1	2021 年 5 月	腐霉利	128	22.46	23.56	高度风险
2	2021 年 5 月	虫螨腈	83	14.56	15.66	高度风险
3	2021 年 5 月	异菌脲	37	6.49	7.59	高度风险
4	2021 年 5 月	丙环唑	35	6.14	7.24	高度风险

续表

序号	年月	农药	超标频次	超标率 P (%)	风险系数 R	风险程度
5	2021年5月	联苯菊酯	27	4.74	5.84	高度风险
6	2021年5月	唑虫酰胺	21	3.68	4.78	高度风险
7	2021年5月	哒螨灵	20	3.51	4.61	高度风险
8	2021年5月	烯唑醇	20	3.51	4.61	高度风险
9	2021年5月	乙螨唑	19	3.33	4.43	高度风险
10	2021年5月	己唑醇	16	2.81	3.91	高度风险
11	2021年5月	1,4-二甲基萘	15	2.63	3.73	高度风险
12	2021年5月	丙溴磷	15	2.63	3.73	高度风险
13	2021年5月	氟硅唑	13	2.28	3.38	高度风险
14	2021年5月	戊唑醇	11	1.93	3.03	高度风险
15	2021年5月	异丙威	11	1.93	3.03	高度风险
16	2021年5月	炔螨特	10	1.75	2.85	高度风险
17	2021年5月	螺螨酯	8	1.40	2.50	高度风险
18	2021年5月	咪鲜胺	8	1.40	2.50	高度风险
19	2021年5月	甲氰菊酯	7	1.23	2.33	中度风险
20	2021年5月	吡丙醚	6	1.05	2.15	中度风险
21	2021年5月	噁霜灵	6	1.05	2.15	中度风险
22	2021年5月	多效唑	5	0.88	1.98	中度风险
23	2021年5月	噻嗪酮	5	0.88	1.98	中度风险
24	2021年5月	四氢吩胺	5	0.88	1.98	中度风险
25	2021年5月	氯氟氰菊酯	4	0.70	1.80	中度风险
26	2021年5月	灭菌丹	4	0.70	1.80	中度风险
27	2021年5月	灭幼脲	4	0.70	1.80	中度风险
28	2021年5月	五氯硝基苯	4	0.70	1.80	中度风险
29	2021年5月	烯丙菊酯	4	0.70	1.80	中度风险
30	2021年5月	乙霉威	4	0.70	1.80	中度风险
31	2021年5月	乙烯菌核利	4	0.70	1.80	中度风险
32	2021年5月	8-羟基喹啉	3	0.53	1.63	中度风险
33	2021年5月	倍硫磷	3	0.53	1.63	中度风险
34	2021年5月	嘧霉胺	3	0.53	1.63	中度风险
35	2021年5月	噻呋酰胺	3	0.53	1.63	中度风险
36	2021年5月	三唑醇	3	0.53	1.63	中度风险
37	2021年5月	霜霉威	3	0.53	1.63	中度风险
38	2021年5月	四氟醚唑	3	0.53	1.63	中度风险

续表

序号	年月	农药	超标频次	超标率 P（%）	风险系数 R	风险程度
39	2021年5月	乙氧喹啉	3	0.53	1.63	中度风险
40	2021年5月	仲丁威	3	0.53	1.63	中度风险
41	2021年6月	腐霉利	140	20.90	22.00	高度风险
42	2021年6月	虫螨腈	92	13.73	14.83	高度风险
43	2021年6月	异菌脲	56	8.36	9.46	高度风险
44	2021年6月	丙环唑	36	5.37	6.47	高度风险
45	2021年6月	戊唑醇	33	4.93	6.03	高度风险
46	2021年6月	联苯菊酯	32	4.78	5.88	高度风险
47	2021年6月	咪鲜胺	25	3.73	4.83	高度风险
48	2021年6月	己唑醇	24	3.58	4.68	高度风险
49	2021年6月	唑虫酰胺	23	3.43	4.53	高度风险
50	2021年6月	哒螨灵	22	3.28	4.38	高度风险
51	2021年6月	烯唑醇	20	2.99	4.09	高度风险
52	2021年6月	丙溴磷	19	2.84	3.94	高度风险
53	2021年6月	1,4-二甲基萘	16	2.39	3.49	高度风险
54	2021年6月	扑草净	13	1.94	3.04	高度风险
55	2021年6月	乙氧喹啉	13	1.94	3.04	高度风险
56	2021年6月	异丙威	13	1.94	3.04	高度风险
57	2021年6月	氟硅唑	12	1.79	2.89	高度风险
58	2021年6月	炔螨特	12	1.79	2.89	高度风险
59	2021年6月	灭菌丹	11	1.64	2.74	高度风险
60	2021年6月	乙螨唑	9	1.34	2.44	中度风险
61	2021年6月	吡丙醚	8	1.19	2.29	中度风险
62	2021年6月	氯氟氰菊酯	8	1.19	2.29	中度风险
63	2021年6月	粉唑醇	7	1.04	2.14	中度风险
64	2021年6月	三唑醇	7	1.04	2.14	中度风险
65	2021年6月	多效唑	6	0.90	2.00	中度风险
66	2021年6月	噁霜灵	6	0.90	2.00	中度风险
67	2021年6月	嘧霉胺	6	0.90	2.00	中度风险
68	2021年6月	吡唑醚菌酯	5	0.75	1.85	中度风险
69	2021年6月	五氯苯甲腈	5	0.75	1.85	中度风险
70	2021年6月	五氯硝基苯	5	0.75	1.85	中度风险
71	2021年6月	8-羟基喹啉	4	0.60	1.70	中度风险
72	2021年6月	敌敌畏	4	0.60	1.70	中度风险

续表

序号	年月	农药	超标频次	超标率 P（%）	风险系数 R	风险程度
73	2021年6月	甲氰菊酯	4	0.60	1.70	中度风险
74	2021年6月	甲霜灵	4	0.60	1.70	中度风险
75	2021年6月	敌草腈	3	0.45	1.55	中度风险
76	2021年6月	氟酰脲	3	0.45	1.55	中度风险
77	2021年6月	四氢吩胺	3	0.45	1.55	中度风险
78	2021年6月	乙霉威	3	0.45	1.55	中度风险
79	2021年7月	虫螨腈	102	12.55	13.65	高度风险
80	2021年7月	腐霉利	47	5.78	6.88	高度风险
81	2021年7月	异菌脲	36	4.43	5.53	高度风险
82	2021年7月	氯氟氰菊酯	21	2.58	3.68	高度风险
83	2021年7月	炔螨特	19	2.34	3.44	高度风险
84	2021年7月	联苯菊酯	16	1.97	3.07	高度风险
85	2021年7月	苄呋菊酯	15	1.85	2.95	高度风险
86	2021年7月	噁霜灵	15	1.85	2.95	高度风险
87	2021年7月	咪鲜胺	15	1.85	2.95	高度风险
88	2021年7月	乙烯菌核利	15	1.85	2.95	高度风险
89	2021年7月	戊唑醇	14	1.72	2.82	高度风险
90	2021年7月	丙环唑	13	1.60	2.70	高度风险
91	2021年7月	氟硅唑	11	1.35	2.45	中度风险
92	2021年7月	甲霜灵	11	1.35	2.45	中度风险
93	2021年7月	三唑醇	11	1.35	2.45	中度风险
94	2021年7月	唑虫酰胺	11	1.35	2.45	中度风险
95	2021年7月	螺螨酯	10	1.23	2.33	中度风险
96	2021年7月	灭菌丹	10	1.23	2.33	中度风险
97	2021年7月	噻菌灵	10	1.23	2.33	中度风险
98	2021年7月	丙溴磷	9	1.11	2.21	中度风险
99	2021年7月	多效唑	8	0.98	2.08	中度风险
100	2021年7月	吡唑醚菌酯	6	0.74	1.84	中度风险
101	2021年7月	哒螨灵	6	0.74	1.84	中度风险
102	2021年7月	甲氰菊酯	6	0.74	1.84	中度风险
103	2021年7月	氯氰菊酯	6	0.74	1.84	中度风险
104	2021年7月	烯唑醇	6	0.74	1.84	中度风险
105	2021年7月	乙螨唑	6	0.74	1.84	中度风险
106	2021年7月	8-羟基喹啉	5	0.62	1.72	中度风险

续表

序号	年月	农药	超标频次	超标率 P（%）	风险系数 R	风险程度
107	2021年7月	嘧霉胺	5	0.62	1.72	中度风险
108	2021年7月	霜霉威	5	0.62	1.72	中度风险
109	2021年7月	烯酰吗啉	5	0.62	1.72	中度风险
110	2021年7月	异丙威	5	0.62	1.72	中度风险
111	2021年7月	二苯胺	4	0.49	1.59	中度风险
112	2021年7月	麦草氟异丙酯	4	0.49	1.59	中度风险
113	2021年7月	灭幼脲	4	0.49	1.59	中度风险
114	2021年7月	噻嗪酮	4	0.49	1.59	中度风险
115	2021年7月	莠去津	4	0.49	1.59	中度风险
116	2021年7月	唑胺菌酯	4	0.49	1.59	中度风险

8.4 农药残留风险评估结论与建议

农药残留是影响水果蔬菜安全和质量的主要因素，也是我国食品安全领域备受关注的敏感话题和亟待解决的重大问题之一。各种水果蔬菜均存在不同程度的农药残留现象，本研究主要针对甘肃省各类水果蔬菜存在的农药残留问题，基于2021年5月至2021年7月期间对甘肃省2050例水果蔬菜样品中农药残留侦测得出的11071个侦测结果，分别采用食品安全指数模型和风险系数模型，开展水果蔬菜中农药残留的膳食暴露风险和预警风险评估。水果蔬菜样品取自超市和农贸市场，符合大众的膳食来源，风险评价时更具有代表性和可信度。

本研究力求通用简单地反映食品安全中的主要问题，且为管理部门和大众容易接受，为政府及相关管理机构建立科学的食品安全信息发布和预警体系提供科学的规律与方法，加强对农药残留的预警和食品安全重大事件的预防，控制食品风险。

8.4.1 甘肃省水果蔬菜中农药残留膳食暴露风险评价结论

1）水果蔬菜样品中农药残留安全状态评价结论

采用食品安全指数模型，对2021年5月至2021年7月期间甘肃省水果蔬菜食品农药残留膳食暴露风险进行评价，根据 IFS_c 的计算结果发现，水果蔬菜中农药的 $\overline{IFS_c}$ 为0.0255，说明甘肃省水果蔬菜总体处于很好的安全状态，但部分禁用农药、高残留农药在蔬菜、水果中仍有侦测出，导致膳食暴露风险的存在，成为不安全因素。

2）单种水果蔬菜中农药膳食暴露风险不可接受情况评价结论

单种水果蔬菜中农药残留安全指数分析结果显示，农药对单种水果蔬菜安全影响不可接受（$IFS_c > 1$）的样本数共11个，占总样本数的2.19%，样本分别为菜豆中的咪鲜胺、甲拌磷，草莓中的螺螨酯、氧乐果，豇豆中的喹硫磷、克百威、倍硫磷、氟虫腈、氧乐果，葡萄中的四氟醚唑、氟吡菌酰胺，芹菜中的咪鲜胺、甲拌磷，小白菜中的毒死蜱、小油菜中的联苯菊酯、涕灭威、甲拌磷、氟虫腈、咪鲜胺，油麦菜中的唑虫酰胺、氟硅唑、联苯菊酯，说明菜豆中的咪鲜胺、甲拌磷，草莓中的螺螨酯、氧乐果，豇豆中的喹硫磷、克百威、倍硫磷、氟虫腈、氧乐果，葡萄中的四氟醚唑、氟吡菌酰胺，芹菜中的咪鲜胺、甲拌磷，小白菜中的毒死蜱，小油菜中的联苯菊酯、涕灭威、甲拌磷、氟虫腈、咪鲜胺，油麦菜中的唑虫酰胺、氟硅唑、联苯菊酯对消费者身体健康造成较大的膳食暴露风险。菜豆、草莓、豇豆、葡萄、芹菜、小白菜、小油菜、油麦菜均为较常见的水果蔬菜，百姓日常食用量较大，长期食用大量残留农药的蔬菜会对人体造成不可接受的影响，本次侦测发现农药在蔬菜样品中多次并大量侦测出，是未严格实施农业良好管理规范（GAP），抑或是农药滥用，这应该引起相关管理部门的警惕，应加强对蔬菜中农药的严格管控。

3）禁用农药膳食暴露风险评价

本次侦测发现部分水果蔬菜样品中有禁用农药侦测出，侦测出禁用农药20种，检出频次为503，水果蔬菜样品中的禁用农药 IFS。计算结果表明，禁用农药残留膳食暴露风险不可接受的频次为11，占2.19%；可以接受的频次为48，占9.54%；没有影响的频次为444，占88.27%。对于水果蔬菜样品中所有农药而言，膳食暴露风险不可接受的频次为31，仅占总体频次的0.28%。可以看出，禁用农药的膳食暴露风险不可接受的比例远高于总体水平，这在一定程度上说明禁用农药更容易导致严重的膳食暴露风险。此外，膳食暴露风险不可接受的残留禁用农药为甲拌磷，因此，应该加强对禁用农药甲拌磷的管控力度。为何在国家明令禁止禁用农药喷洒的情况下，还能在多种水果蔬菜中多次侦测出禁用农药残留并造成不可接受的膳食暴露风险，这应该引起相关部门的高度警惕，应该在禁止禁用农药喷洒的同时，严格管控禁用农药的生产和售卖，从根本上杜绝安全隐患。

8.4.2 甘肃省水果蔬菜中农药残留预警风险评价结论

1）单种水果蔬菜中禁用农药残留的预警风险评价结论

本次侦测过程中，在20种水果蔬菜中侦测出20种禁用农药，禁用农药为：滴滴涕、毒死蜱、氟虫腈、甲胺磷、甲拌磷、甲基异柳磷、克百威、林丹、硫丹、六六六、氯唑磷、氰戊菊酯、三氯杀螨醇、三唑磷、杀虫脒、水胺硫磷、涕灭威、氧乐果、乙酰甲胺磷、治螟磷，水果蔬菜为：菠菜、菜豆、草莓、大白菜、番茄、黄瓜、豇豆、结球甘蓝、韭菜、辣椒、梨、苹果、葡萄、茄子、芹菜、蒜薹、桃、小白菜、小油菜、油麦菜，水果蔬菜中禁用农药的风险系数分析结果显示，6种禁用农药在6种水果蔬菜中的残留处于高度风险，9种禁用农药在13种水果蔬菜中的残留处于中度风险，14种禁用农药在20种水果蔬菜中的残留处于低度风险，说明在单种水果蔬菜中禁用农药的残留会导致较高的预警风险。

2）单种水果蔬菜中非禁用农药残留的预警风险评价结论

本次侦测过程中，以MRL中国国家标准为标准，在11种水果蔬菜侦测出16种残留非禁用农药，涉及 1943 个样本，10568 检出频次，计算水果蔬菜中非禁用农药风险系数，0.31%处于中度风险，10.65%处于低度风险，88.73%的数据没有 MRL 中国国家标准值，无法判断其风险程度；以 MRL 欧盟标准为标准，在 20 种水果蔬菜中共侦测出 94 种非禁用农药，涉及 1943 个样本，10568 检出频次。计算水果蔬菜中非禁用农药风险系数，发现有 4.84%处于高度风险，0.21%处于中度风险，94.96%处于低度风险。基于两种 MRL 标准，评价的结果差异显著，可以看出 MRL 欧盟标准比中国国家标准更加严格和完善，过于宽松的 MRL 中国国家标准值能否有效保障人体的健康有待研究。

8.4.3 加强甘肃省水果蔬菜食品安全建议

我国食品安全风险评价体系仍不够健全，相关制度不够完善，多年来，由于农药用药次数多、用药量大或用药间隔时间短，产品残留量大，农药残留所造成的食品安全问题日益严峻，给人体健康带来了直接或间接的危害。据估计，美国与农药有关的癌症患者数约占全国癌症患者总数的 50%，中国更高。同样，农药对其他生物也会形成直接杀伤和慢性危害，植物中的农药可经过食物链逐级传递并不断蓄积，对人和动物构成潜在威胁，并影响生态系统。

基于本次农药残留侦测数据的风险评价结果，提出以下几点建议：

1）加快食品安全标准制定步伐

我国食品标准中对农药每日允许最大摄入量 ADI 的数据严重缺乏，在本次甘肃省水果蔬菜农药残留评价所涉及的 204 种农药中，仅有 78.43%的农药具有 ADI 值，而 21.57%的农药中国尚未规定相应的 ADI 值，亟待完善。

我国食品中农药最大残留限量值的规定严重缺乏，对评估涉及的不同水果蔬菜中不同农药 1117 个 MRL 限值进行统计来看，我国仅制定出 479 个标准，标准完整率仅为 42.88%，欧盟的完整率达到 100%（表 8-17）。因此，中国更应加快 MRL 的制定步伐。

表 8-17 我国国家食品标准农药的 ADI、MRL 值与欧盟标准的数量差异

分类		中国 ADI	MRL 中国国家标准	MRL 欧盟标准
标准限值（个）	有	160	479	1116
	无	44	638	0
总数（个）		204	1117	1116
无标准限值比例（%）		21.57	57.12	0.00

此外，MRL 中国国家标准限值普遍高于欧盟标准限值，这些标准中共有 272 个高于欧盟。过高的 MRL 值难以保障人体健康，建议继续加强对限值基准和标准的科学研究，将农产品中的危险性减少到尽可能低的水平。

2）加强农药的源头控制和分类监管

在甘肃省某些水果蔬菜中仍有禁用农药残留，利用 GC-Q-TOF/MS 侦测出 20 种禁用农药，检出频次为 503 次，残留禁用农药均存在较大的膳食暴露风险和预警风险。早已

列入黑名单的禁用农药在我国并未真正退出,有些药物由于价格便宜、工艺简单,此类高毒农药一直生产和使用。建议在我国采取严格有效的控制措施,从源头控制禁用农药。

对于非禁用农药,在我国作为"田间地头"最典型单位的县级蔬果产地中,农药残留的侦测几乎缺失。建议根据农药的毒性,对高毒、剧毒、中毒农药实现分类管理,减少使用高毒和剧毒高残留农药,进行分类监管。

3)加强残留农药的生物修复及降解新技术

市售果蔬中残留农药的品种多、频次高、禁用农药多次检出这一现状,说明了我国的田间土壤和水体因农药长期、频繁、不合理的使用而遭到严重污染。为此,建议中国相关部门出台相关政策,鼓励高校及科研院所积极开展分子生物学、酶学等研究,加强土壤、水体中残留农药的生物修复及降解新技术研究,切实加大农药监管力度,以控制农药的面源污染问题。

综上所述,在本工作基础上,根据蔬菜残留危害,可进一步针对其成因提出和采取严格管理、大力推广无公害蔬菜种植与生产、健全食品安全控制技术体系、加强蔬菜食品质量侦测体系建设和积极推行蔬菜食品质量追溯制度等相应对策。建立和完善食品安全综合评价指数与风险监测预警系统,对食品安全进行实时、全面的监控与分析,为我国的食品安全科学监管与决策提供新的技术支持,可实现各类检验数据的信息化系统管理,降低食品安全事故的发生。

第 9 章 LC-Q-TOF/MS 侦测陕西省市售水果蔬菜农药残留报告

从陕西省随机采集了 600 例水果蔬菜样品，使用液相色谱-飞行时间质谱（LC-Q-TOF/MS），进行了 871 种农药化学污染物的全面侦测。

9.1 样品种类、数量与来源

9.1.1 样品采集与检测

为了真实反映百姓餐桌上水果蔬菜中农药残留污染状况，本次所有检测样品均由检验人员于 2021 年 7 月至 9 月期间，从陕西省 60 个采样点，包括 12 个农贸市场、30 个电商平台、16 个个体商户、2 个超市，以随机购买方式采集，总计 60 批 600 例样品，从中检出农药 105 种，3087 频次。采样及监测概况见表 9-1，样品明细见表 9-2。

表 9-1 农药残留监测总体概况

采样地区	陕西省 7 个区县
采样点	60
样本总数	600
检出农药品种/频次	105/3087
各采样点样本农药残留检出率范围	73.7%～100.0%

表 9-2 样品分类及数量

样品分类	样品名称（数量）	数量小计
1. 水果		150
1）核果类水果	桃（30）	30
2）浆果和其他小型水果	葡萄（30），草莓（30）	60
3）仁果类水果	苹果（30），梨（30）	60
2. 蔬菜		450
1）豆类蔬菜	豇豆（30），菜豆（30）	60
2）鳞茎类蔬菜	韭菜（30），蒜薹（30）	60
3）叶菜类蔬菜	小白菜（30），油麦菜（30），芹菜（30），小油菜（30），大白菜（30），菠菜（30）	180

续表

样品分类	样品名称（数量）	数量小计
4）芸薹属类蔬菜	结球甘蓝（30）	30
5）茄果类蔬菜	辣椒（30），番茄（30），茄子（30）	90
6）瓜类蔬菜	黄瓜（30）	30
合计	1. 水果 5 种 2. 蔬菜 15 种	600

9.1.2 检测结果

这次使用的检测方法是庞国芳院士团队最新研发的不需使用标准品对照，而以高分辨精确质量数（0.0001 m/z）为基准的 LC-Q-TOF/MS 检测技术，对于 600 例样品，每个样品均侦测了 871 种农药化学污染物的残留现状。通过本次侦测，在 600 例样品中共计检出农药化学污染物 105 种，检出 3087 频次。

9.1.2.1 各采样点样品检出情况

统计分析发现 60 个采样点中，被测样品的农药检出率范围为 73.7%～100.0%。其中，有 35 个采样点样品的检出率最高，达到了 100.0%，见表 9-3。

表 9-3 陕西省采样点信息

采样点序号	行政区域	检出率（%）	采样点序号	行政区域	检出率（%）
个体商户(16)			1	渭南市 大荔县	73.7
1	渭南市 大荔县	94.7	2	西安市 新城区	89.5
2	渭南市 大荔县	94.7	3	西安市 未央区	94.7
3	渭南市 大荔县	84.2	4	西安市 未央区	94.7
4	渭南市 大荔县	89.5	5	西安市 碑林区	89.5
5	渭南市 大荔县	94.7	6	西安市 碑林区	84.2
6	渭南市 大荔县	89.5	7	西安市 雁塔区	100.0
7	渭南市 大荔县	84.2	8	铜川市 印台区	94.7
8	西安市 未央区	84.2	9	铜川市 印台区	94.7
9	西安市 未央区	78.9	10	铜川市 印台区	94.7
10	西安市 未央区	94.7	11	铜川市 印台区	100.0
11	西安市 未央区	100.0	12	铜川市 印台区	94.7
12	铜川市 印台区	89.5	电商平台(30)		
13	铜川市 印台区	100.0	1	西安市 新城区	100.0
14	铜川市 印台区	100.0	2	西安市 新城区	100.0
15	铜川市 王益区	89.5	3	西安市 新城区	100.0
16	铜川市 王益区	89.5	4	西安市 新城区	100.0
农贸市场(12)			5	西安市 新城区	100.0

续表

采样点序号	行政区域	检出率（%）	采样点序号	行政区域	检出率（%）
6	西安市 新城区	100.0	20	西安市 新城区	100.0
7	西安市 新城区	100.0	21	西安市 新城区	100.0
8	西安市 新城区	100.0	22	西安市 新城区	100.0
9	西安市 新城区	100.0	23	西安市 新城区	100.0
10	西安市 新城区	100.0	24	西安市 新城区	100.0
11	西安市 新城区	100.0	25	西安市 新城区	100.0
12	西安市 新城区	100.0	26	西安市 新城区	100.0
13	西安市 新城区	100.0	27	西安市 新城区	100.0
14	西安市 新城区	100.0	28	西安市 新城区	100.0
15	西安市 新城区	100.0	29	西安市 新城区	100.0
16	西安市 新城区	100.0	30	西安市 新城区	100.0
17	西安市 新城区	100.0	超市(2)		
18	西安市 新城区	100.0	1	渭南市 大荔县	89.5
19	西安市 新城区	100.0	2	渭南市 大荔县	89.5

9.1.2.2 检出农药的品种总数与频次

统计分析发现，对于 600 例样品中 871 种农药化学污染物的侦测，共检出农药 3087 频次，涉及农药 105 种，结果如图 9-1 所示。其中啶虫脒检出频次最高，共检出 232 次。检出频次排名前 10 的农药如下：①啶虫脒（232），②烯酰吗啉（198），③苯醚甲环唑（196），④吡唑醚菌酯（181），⑤多菌灵（172），⑥噻虫胺（157），⑦噻虫嗪（128），⑧霜霉威（119），⑨吡虫啉（117），⑩戊唑醇（112）。

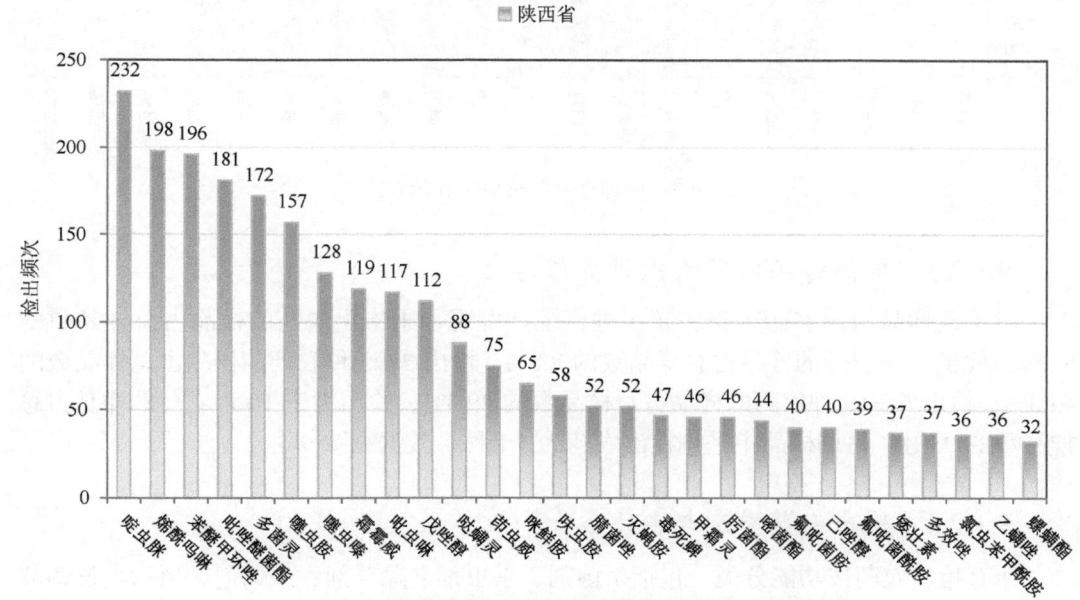

图 9-1　检出农药品种及频次（仅列出 32 频次及以上的数据）

由图 9-2 可见，葡萄、小白菜、芹菜、油麦菜、番茄、黄瓜和豇豆这 7 种果蔬样品中检出的农药品种数较高，均超过 30 种，其中，葡萄检出农药品种最多，为 44 种。由图 9-3 可见，葡萄、草莓、油麦菜、芹菜、豇豆、桃、小白菜、小油菜、黄瓜、番茄、梨、蒜薹、菠菜、韭菜、苹果和茄子这 16 种果蔬样品中的农药检出频次较高，均超过 100 次，其中，葡萄检出农药频次最高，为 381 次。

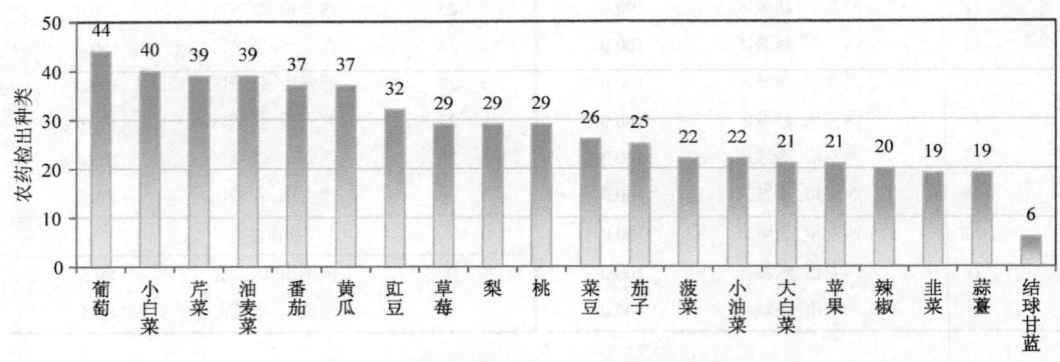

图 9-2 单种水果蔬菜检出农药的种类数

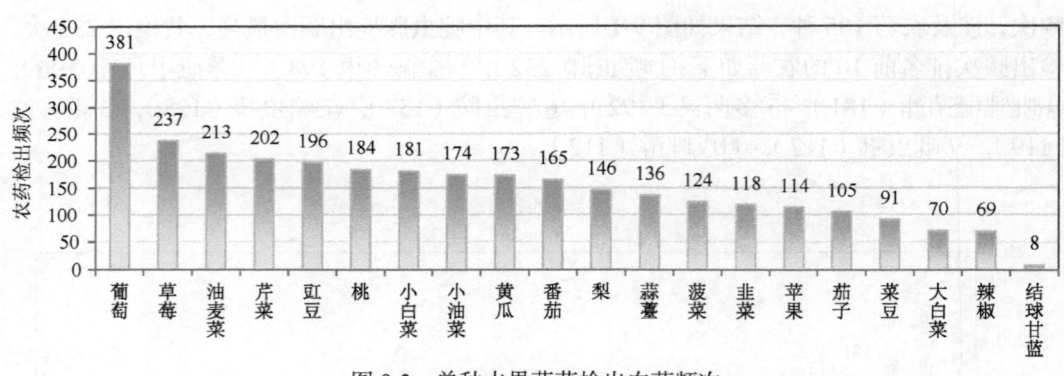

图 9-3 单种水果蔬菜检出农药频次

9.1.2.3 单例样品农药检出种类与占比

对单例样品检出农药种类和频次进行统计发现，未检出农药的样品占总样品数的 8.2%，检出 1 种农药的样品占总样品数的 8.8%，检出 2~5 种农药的样品占总样品数的 44.3%，检出 6~10 种农药的样品占总样品数的 29.3%，检出大于 10 种农药的样品占总样品数的 9.3%。每例样品中平均检出农药为 5.1 种，数据见图 9-4。

9.1.2.4 检出农药类别与占比

所有检出农药按功能分类，包括杀菌剂、杀虫剂、除草剂、杀螨剂、植物生长调节剂、杀线虫剂、增效剂共 7 类。其中杀菌剂与杀虫剂为主要检出的农药类别，分别占总数的45.7%和33.3%，见图9-5。

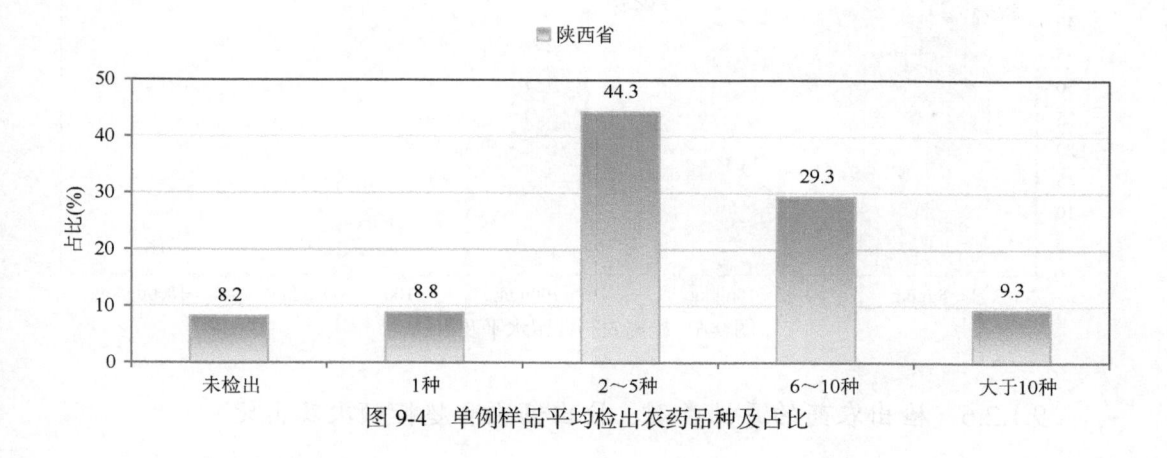

图9-4 单例样品平均检出农药品种及占比

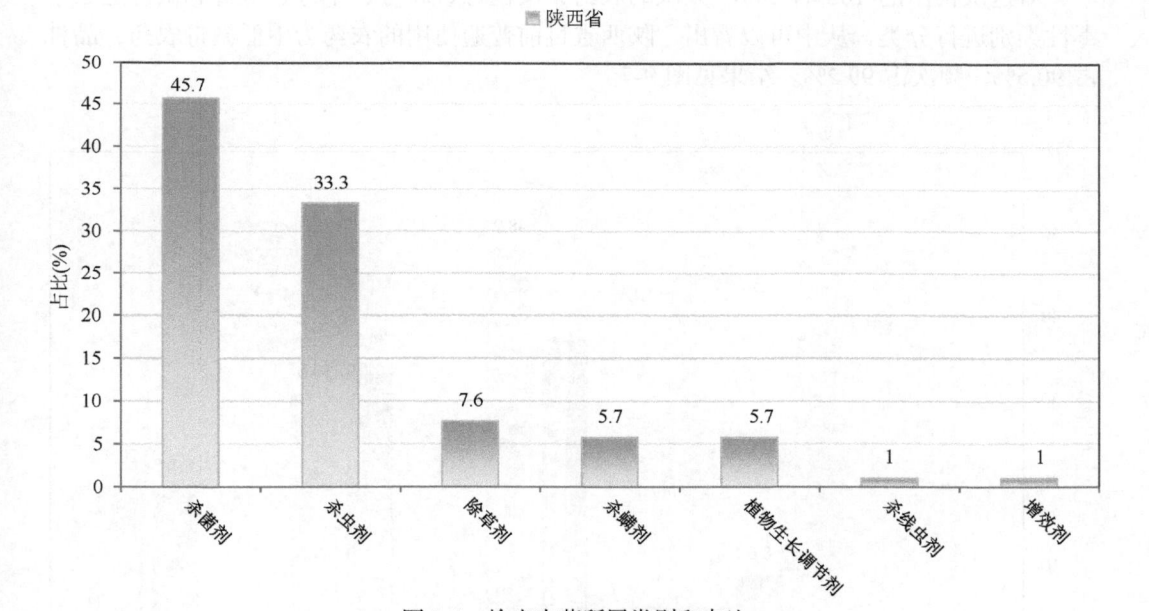

图9-5 检出农药所属类别和占比

9.1.2.5 检出农药的残留水平

按检出农药残留水平进行统计，残留水平在1~5 μg/kg（含）的农药占总数的42.0%，在5~10 μg/kg（含）的农药占总数的14.3%，在10~100 μg/kg（含）的农药占总数的32.8%，在100~1000 μg/kg（含）的农药占总数的10.3%，>1000 μg/kg的农药占总数的0.6%。

由此可见，这次检测的60批600例水果蔬菜样品中农药多数处于较低残留水平。结果见图9-6。

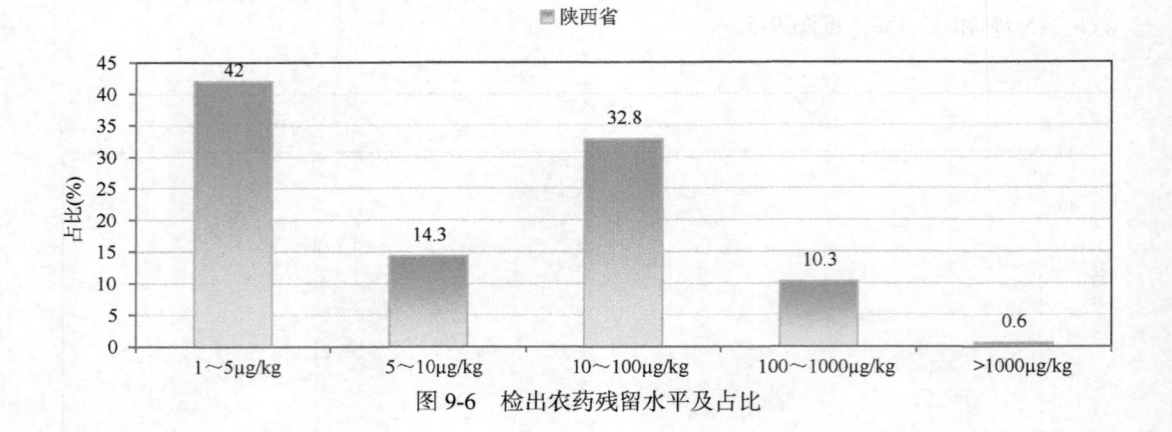

图 9-6 检出农药残留水平及占比

9.1.2.6 检出农药的毒性类别、检出频次和超标频次及占比

对这次检出的 105 种 3087 频次的农药，按剧毒、高毒、中毒、低毒和微毒这五个毒性类别进行分类，从中可以看出，陕西省目前普遍使用的农药为中低微毒农药，品种占 90.5%，频次占 99.2%。结果见图 9-7。

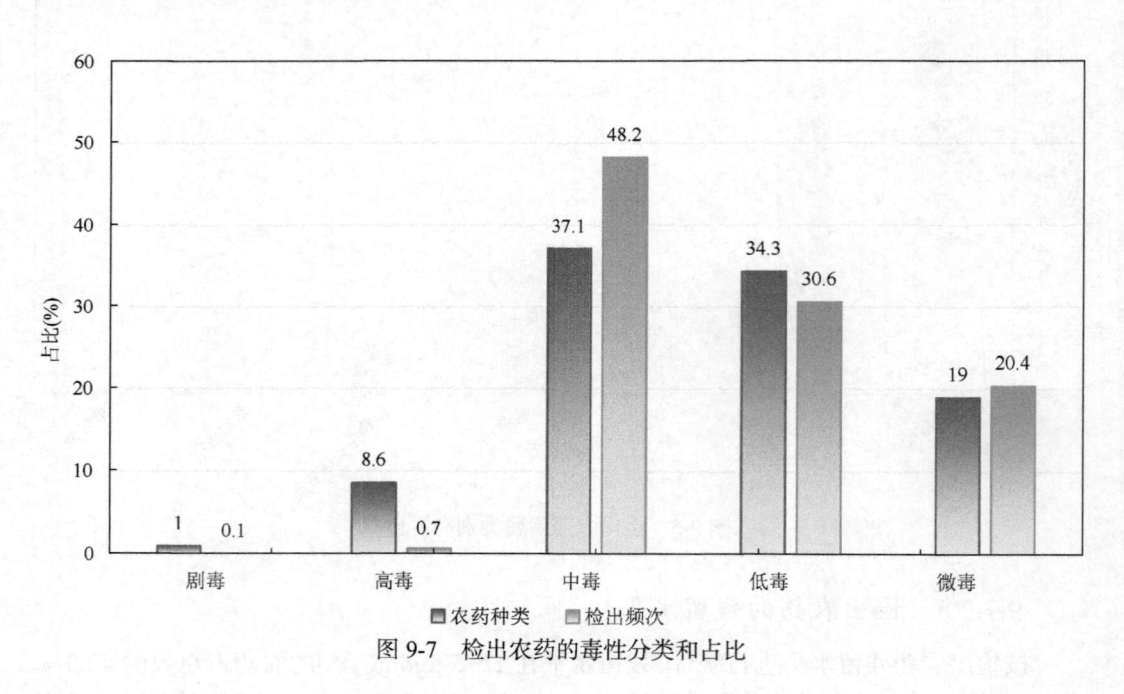

图 9-7 检出农药的毒性分类和占比

9.1.2.7 检出剧毒/高毒类农药的品种和频次

值得特别关注的是，在此次侦测的 600 例样品中有 6 种蔬菜 3 种水果的 25 例样品检出了 10 种 26 频次的剧毒和高毒农药，占样品总量的 4.2%，详见图 9-8、表 9-4 及表 9-5。

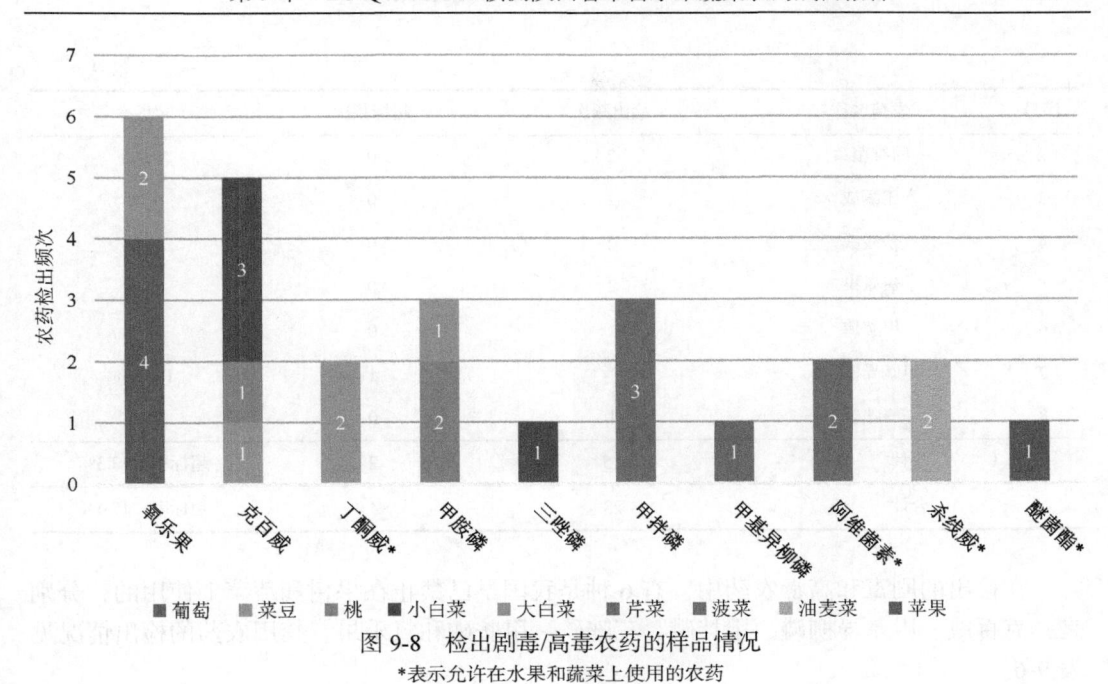

图 9-8 检出剧毒/高毒农药的样品情况
*表示允许在水果和蔬菜上使用的农药

表 9-4 剧毒农药检出情况

序号	农药名称	检出频次	超标频次	超标率
		水果中未检出剧毒农药		
	小计	0	0	超标率：0.0%
		从 1 种蔬菜中检出 1 种剧毒农药，共计检出 3 次		
1	甲拌磷*	3	1	33.3%
	小计	3	1	超标率：33.3%
	合计	3	1	超标率：33.3%

注：*表示剧毒农药

表 9-5 高毒农药检出情况

序号	农药名称	检出频次	超标频次	超标率
		从 3 种水果中检出 4 种高毒农药，共计检出 8 次		
1	氧乐果	4	2	50.0%
2	甲胺磷	2	0	0.0%
3	克百威	1	0	0.0%
4	醚菌酯	1	0	0.0%
	小计	8	2	超标率：25.0%
		从 6 种蔬菜中检出 8 种高毒农药，共计检出 15 次		
1	克百威	4	1	25.0%

续表

序号	农药名称	检出频次	超标频次	超标率
2	阿维菌素	2	0	0.0%
3	丁酮威	2	0	0.0%
4	杀线威	2	0	0.0%
5	氧乐果	2	0	0.0%
6	甲胺磷	1	0	0.0%
7	甲基异柳磷	1	1	100.0%
8	三唑磷	1	0	0.0%
	小计	15	2	超标率：13.3%
	合计	23	4	超标率：17.4%

在检出的剧毒和高毒农药中，有6种是我国早已禁止在果树和蔬菜上使用的，分别是：克百威、甲基异柳磷、甲拌磷、三唑磷、甲胺磷和氧乐果。禁用农药的检出情况见表9-6。

表9-6 禁用农药检出情况

序号	农药名称	检出频次	超标频次	超标率
\multicolumn{5}{c}{从4种水果中检出4种禁用农药，共计检出44次}
1	毒死蜱	37	0	0.0%
2	氧乐果	4	2	50.0%
3	甲胺磷	2	0	0.0%
4	克百威	1	0	0.0%
	小计	44	2	超标率：4.5%
\multicolumn{5}{c}{从6种蔬菜中检出7种禁用农药，共计检出22次}
1	毒死蜱	10	3	30.0%
2	克百威	4	1	25.0%
3	甲拌磷*	3	1	33.3%
4	氧乐果	2	0	0.0%
5	甲胺磷	1	0	0.0%
6	甲基异柳磷	1	1	100.0%
7	三唑磷	1	0	0.0%
	小计	22	6	超标率：27.3%
	合计	66	8	超标率：12.1%

注：*表示剧毒农药；超标结果参考MRL中国国家标准计算

此次抽检的果蔬样品中，有 1 种蔬菜检出了剧毒农药，是：芹菜中检出甲拌磷 3 次。

样品中检出剧毒和高毒农药残留水平超过 MRL 中国国家标准的频次为 5 次，其中：葡萄检出氧乐果超标 2 次；小白菜检出克百威超标 1 次；芹菜检出甲基异柳磷超标 1 次，检出甲拌磷超标 1 次。本次检出结果表明，高毒、剧毒农药的使用现象依旧存在。详见表 9-7。

表 9-7 各样本中检出剧毒/高毒农药情况

样品名称	农药名称	检出频次	超标频次	检出浓度（μg/kg）
水果 3 种				
桃	甲胺磷▲	2	0	1.2, 1.7
桃	克百威▲	1	0	1.6
苹果	醚菌酯	1	0	2.7
葡萄	氧乐果▲	4	2	2.5, 29.3a, 2.8, 29.5a
	小计	8	2	超标率：25.0%
蔬菜 6 种				
大白菜	甲胺磷▲	1	0	6.7
小白菜	克百威▲	3	1	24.3a, 19.9, 10.5
小白菜	三唑磷▲	1	0	1.6
油麦菜	杀线威	2	0	91.7, 20.4
芹菜	甲基异柳磷▲	1	1	16.3a
芹菜	甲拌磷*▲	3	1	10.1a, 1.8, 1.3
菜豆	丁酮威	2	0	9.9, 1.5
菜豆	氧乐果▲	2	0	1.5, 2.3
菜豆	克百威▲	1	0	4.1
菠菜	阿维菌素	2	0	22.7, 31.3
	小计	18	3	超标率：16.7%
	合计	26	5	超标率：19.2%

注：*表示剧毒农药；▲表示禁用农药；a 表示超标结果（参考 MRL 中国国家标准）

9.2 农药残留检出水平与最大残留限量标准对比分析

我国于 2021 年 3 月 3 日正式颁布并于 2021 年 9 月 3 日正式实施食品农药残留限量国家标准《食品中农药最大残留限量》（GB 2763—2021），该标准包括 548 个农药条目，涉及最大残留限量（MRL）标准 10092 项。将 3087 频次检出结果的浓度水平与 10092 项国家 MRL 标准进行核对，其中有 2064 频次的结果找到了对应的 MRL，占 66.9%，还有 1023 频次的侦测数据则无相关 MRL 标准供参考，占 33.1%。

将此次侦测结果与国际上现行 MRL 对比发现，在 3087 频次的检出结果中有 3087 频次的结果找到了对应的 MRL 欧盟标准，占 100.0%；其中，2950 频次的结果有明确对应的 MRL，占 95.6%，其余 137 频次按照欧盟一律标准判定，占 4.4%；有 3087 频次的结果找到了对应的 MRL 日本标准，占 100.0%；其中，2358 频次的结果有明确对应的 MRL，占 76.4%，其余 729 频次按照日本一律标准判定，占 23.6%；有 1787 频次的结果找到了对应的 MRL 中国香港标准，占 57.9%；有 2011 频次的结果找到了对应的 MRL 美国标准，占 65.1%；有 1589 频次的结果找到了对应的 MRL CAC 标准，占 51.5%。（见图 9-9）。

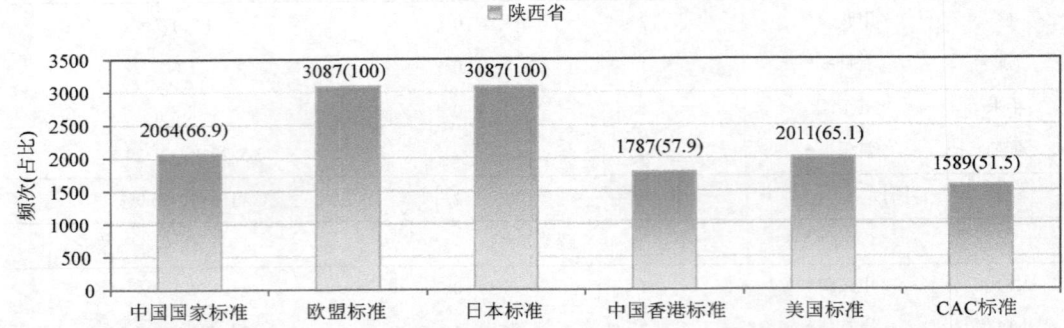

图 9-9　3087 频次检出农药可用 MRL 中国国家标准、欧盟标准、日本标准、中国香港标准、美国标准、CAC 标准判定衡量的数量及占比（%）

9.2.1　超标农药样品分析

本次侦测的 600 例样品中，49 例样品未检出任何残留农药，占样品总量的 8.2%，551 例样品检出不同水平、不同种类的残留农药，占样品总量的 91.8%。在此，我们将本次侦测的农残检出情况与中国国家标准、欧盟标准、日本标准、中国香港标准、美国标准和 CAC 标准这 6 大国际主流 MRL 标准进行对比分析，样品农残检出与超标情况见图 9-10、表 9-8 和图 9-11。

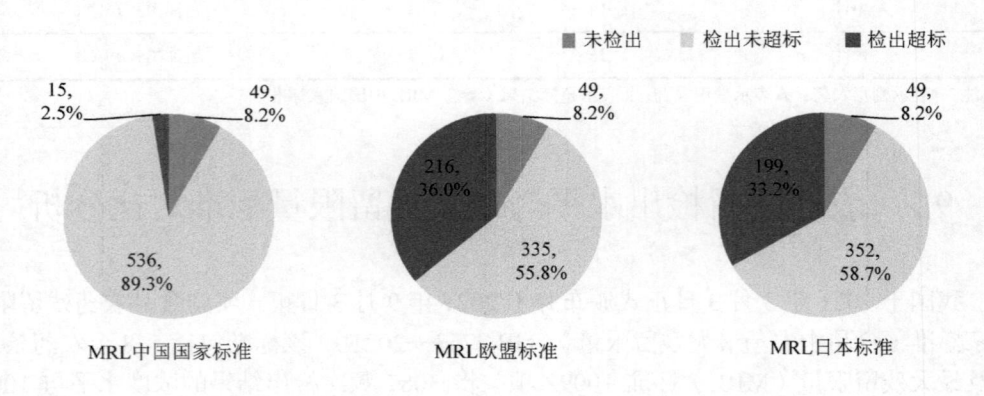

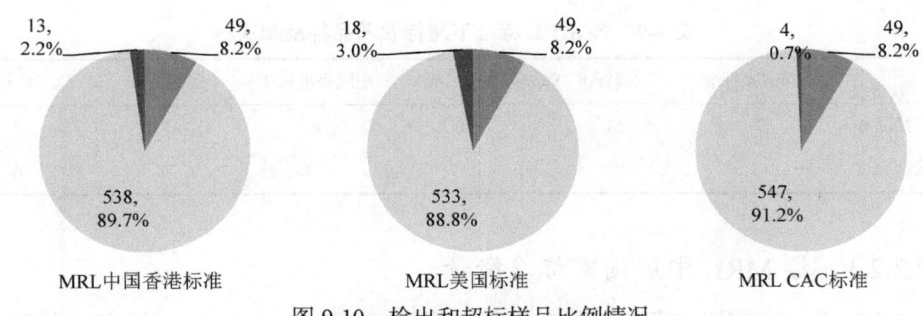

图 9-10 检出和超标样品比例情况

表 9-8 各 MRL 标准下样本农残检出与超标数量及占比

	中国国家标准	欧盟标准	日本标准	中国香港标准	美国标准	CAC 标准
	数量/占比（%）	数量/占比（%）	数量/占比（%）	数量/占比（%）	数量/占比（%）	数量/占比（%）
未检出	49/8.2	49/8.2	49/8.2	49/8.2	49/8.2	49/8.2
检出未超标	536/89.3	335/55.8	352/58.7	538/89.7	533/88.8	547/91.2
检出超标	15/2.5	216/36.0	199/33.2	13/2.2	18/3.0	4/0.7

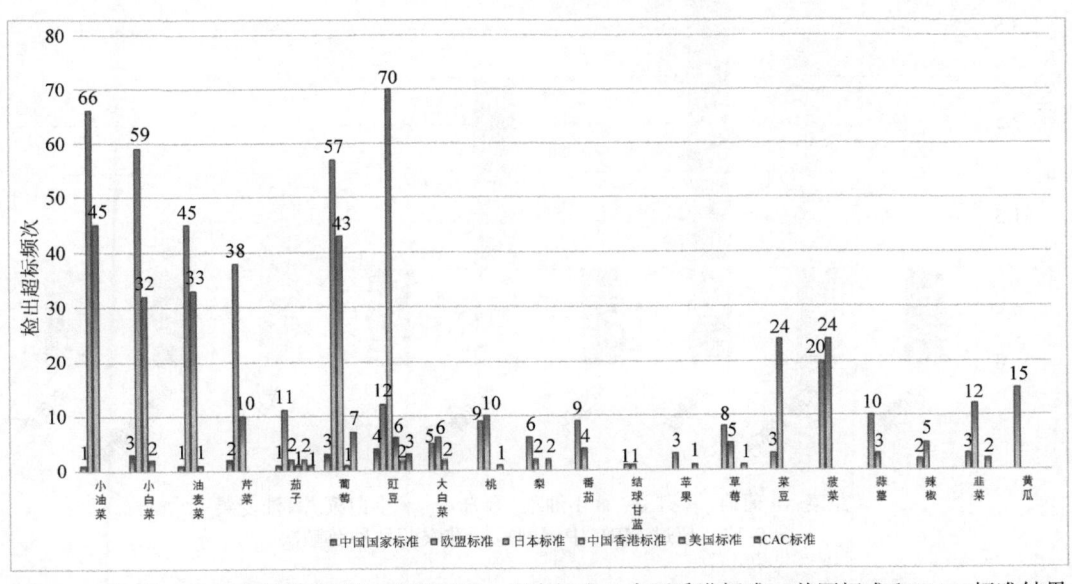

图 9-11 超过 MRL 中国国家标准、欧盟标准、日本标准、中国香港标准、美国标准和 CAC 标准结果在水果蔬菜中的分布

9.2.2 超标农药种类分析

按照中国国家标准、欧盟标准、日本标准、中国香港标准、美国标准和 CAC 标准这 6 大国际主流 MRL 标准衡量，本次侦测检出的农药超标品种及频次情况见表 9-9。

表 9-9　各 MRL 标准下超标农药品种及频次

	中国国家标准	欧盟标准	日本标准	中国香港标准	美国标准	CAC 标准
超标农药品种	9	61	56	8	5	2
超标农药频次	15	382	331	13	18	4

9.2.2.1　按 MRL 中国国家标准衡量

按 MRL 中国国家标准衡量，共有 9 种农药超标，检出 15 频次，分别为剧毒农药甲拌磷，高毒农药甲基异柳磷、克百威和氧乐果，中毒农药吡虫啉、毒死蜱、辛硫磷和苯醚甲环唑，低毒农药灭蝇胺。

按超标程度比较，小白菜中毒死蜱超标 8.6 倍，豇豆中灭蝇胺超标 3.7 倍，葡萄中苯醚甲环唑超标 3.2 倍，茄子中毒死蜱超标 1.4 倍，芹菜中甲基异柳磷超标 0.6 倍。检测结果见图 9-12。

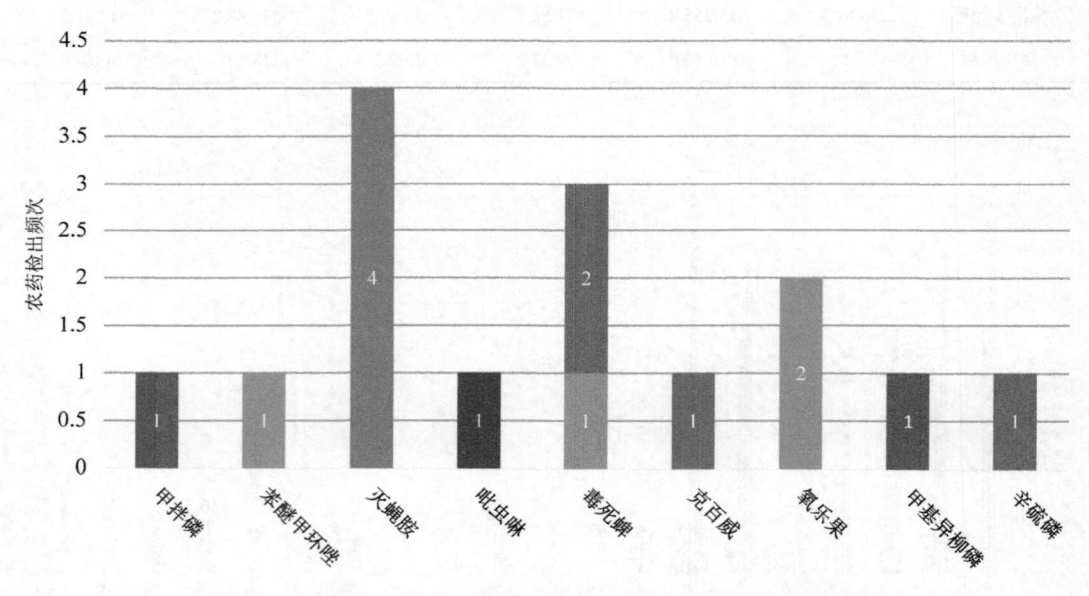

图 9-12　超过 MRL 中国国家标准农药品种及频次

9.2.2.2　按 MRL 欧盟标准衡量

按 MRL 欧盟标准衡量，共有 61 种农药超标，检出 382 频次，分别为剧毒农药甲拌磷，高毒农药杀线威、甲基异柳磷、阿维菌素、克百威和氧乐果，中毒农药多效唑、戊唑醇、甲哌、咪鲜胺、甲霜灵、噁霜灵、抑霉唑、吡虫啉、三唑酮、矮壮素、啶虫脒、烯唑醇、炔丙菊酯、丙环唑、氟硅唑、双甲脒、唑虫酰胺、吡唑醚菌酯、敌百虫、氟吡禾灵、三唑醇、哒螨灵、辛硫磷、毒死蜱和丙溴磷，低毒农药己唑醇、烯肟菌胺、调环酸、除虫脲、敌草腈、噻虫嗪、螺螨酯、啶菌噁唑、烯酰吗啉、呋虫胺、灭幼脲、氟吗啉、异菌脲、唑菌酯、烯啶虫胺、灭蝇胺、噻虫胺、炔螨特和腈苯唑，微毒农药乙霉威、氟环唑、霜霉威、氰霜唑、甲氧虫酰肼、氟吡菌胺、增效醚、噻呋酰胺、多菌灵、吡丙醚和啶氧菌酯。

按超标程度比较，小白菜中哒螨灵超标 184.0 倍，小白菜中灭幼脲超标 181.6 倍，油麦菜中己唑醇超标 139.0 倍，小油菜中哒螨灵超标 81.7 倍，小油菜中噻虫嗪超标 77.9 倍。检测结果见图 9-13。

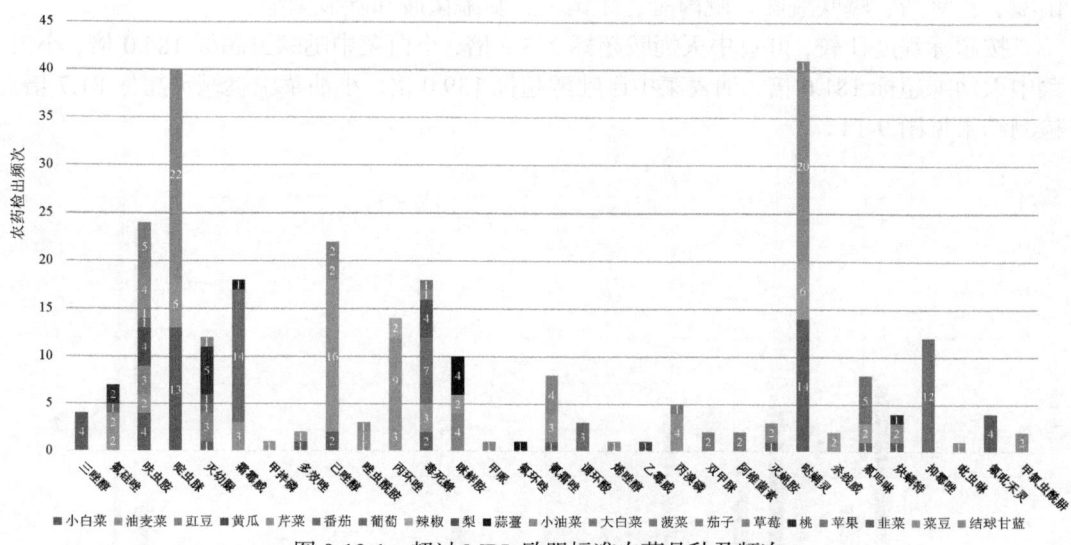

图 9-13-1 超过 MRL 欧盟标准农药品种及频次

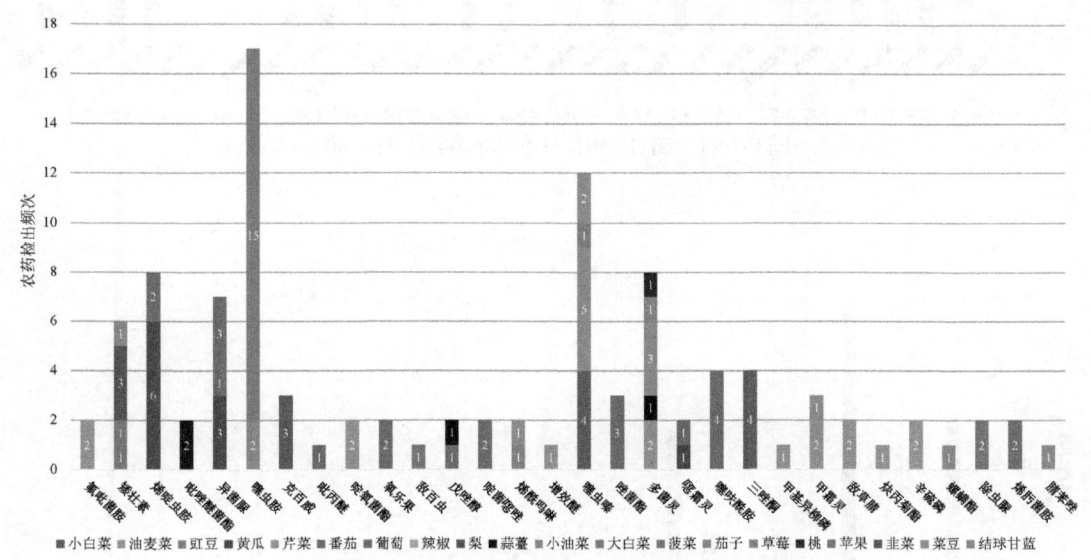

图 9-13-2 超过 MRL 欧盟标准农药品种及频次

9.2.2.3 按 MRL 日本标准衡量

按 MRL 日本标准衡量，共有 56 种农药超标，检出 331 频次，分别为高毒农药甲基异柳磷和阿维菌素，中毒农药戊唑醇、多效唑、甲哌、咪鲜胺、甲霜灵、吡虫啉、抑霉唑、三唑酮、茚虫威、矮壮素、烯唑醇、二甲戊灵、炔丙菊酯、啶虫脒、氟硅唑、丙环唑、双甲脒、腈菌唑、吡唑醚菌酯、氟吡禾灵、三唑醇、哒螨灵、苯醚甲环唑和丙溴磷，低毒农药己唑醇、烯肟菌胺、调环酸、氟吡菌酰胺、氟唑菌酰胺、敌草腈、螺螨酯、噻虫嗪、啶菌噁唑、乙嘧酚磺酸酯、烯酰吗啉、呋虫胺、灭幼脲、氟吗啉、唑菌酯、灭蝇胺、莠去津、嘧霉胺、炔螨特和腈苯唑，微毒农药氟环唑、霜霉威、氯虫苯甲酰胺、肟菌酯、乙嘧酚、噻呋酰胺、吡丙醚、多菌灵、啶酰菌胺和啶氧菌酯。

按超标程度比较，豇豆中灭蝇胺超标233.9倍，小白菜中哒螨灵超标184.0倍，小白菜中灭幼脲超标181.6倍，油麦菜中己唑醇超标139.0倍，小油菜中哒螨灵超标81.7倍。检测结果见图9-14。

图9-14-1 超过MRL日本标准农药品种及频次

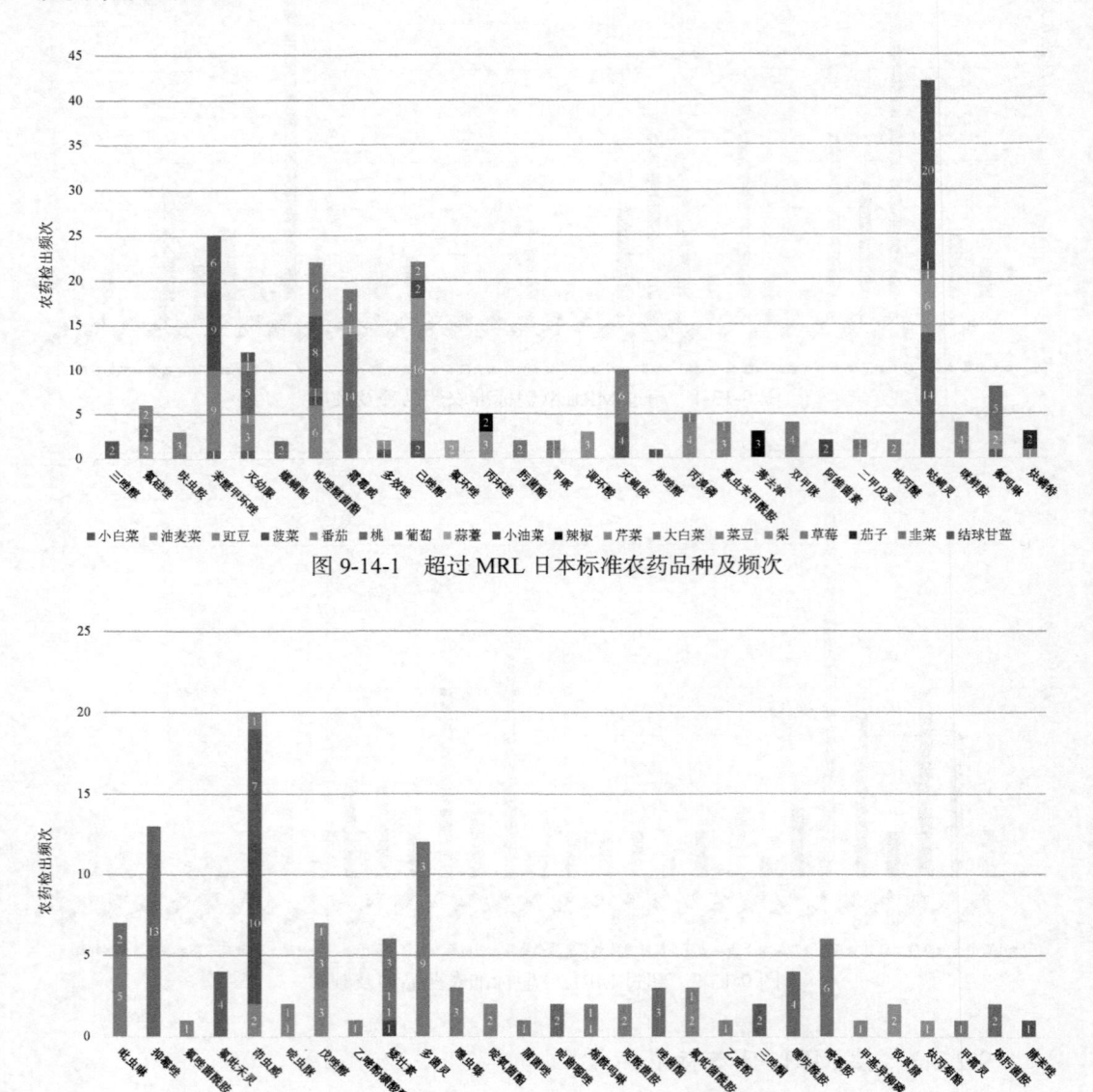

图9-14-2 超过MRL日本标准农药品种及频次

9.2.2.4 按 MRL 中国香港标准衡量

按 MRL 中国香港标准衡量,共有 8 种农药超标,检出 13 频次,分别为高毒农药克百威,中毒农药吡虫啉、双甲脒、吡唑醚菌酯、辛硫磷和毒死蜱,低毒农药噻虫嗪和噻虫胺。

按超标程度比较,豇豆中吡唑醚菌酯超标 2.8 倍,大白菜中双甲脒超标 2.1 倍,豇豆中噻虫嗪超标 1.7 倍,小白菜中毒死蜱超标 0.9 倍,小白菜中克百威超标 0.2 倍。检测结果见图 9-15。

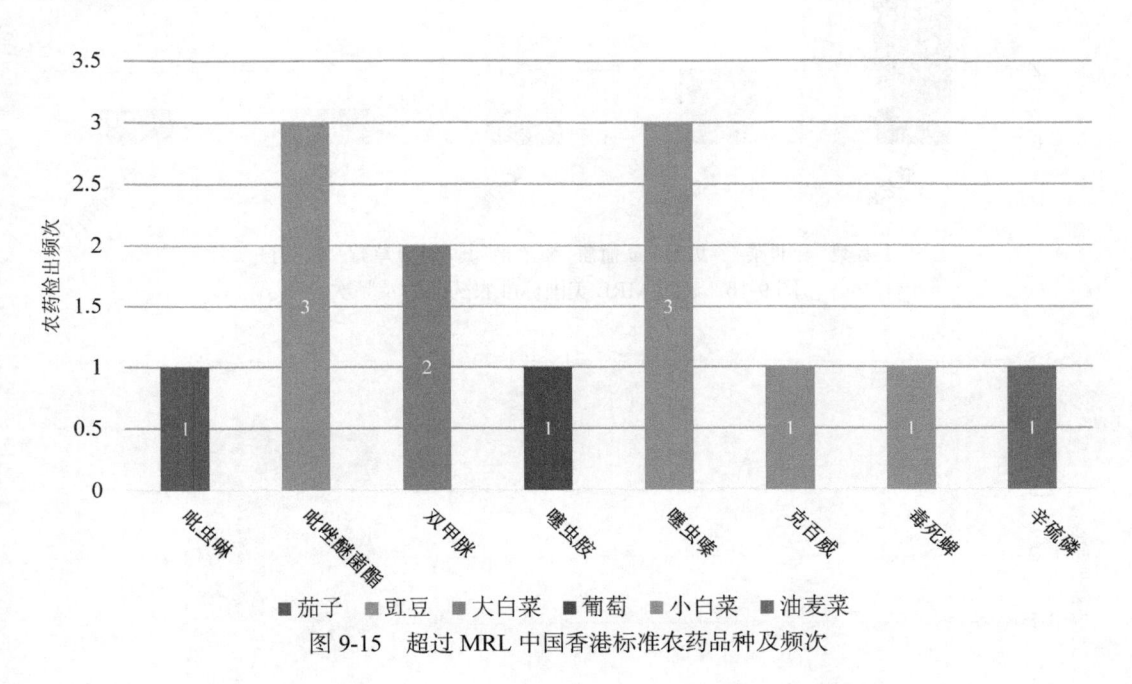

图 9-15 超过 MRL 中国香港标准农药品种及频次

9.2.2.5 按 MRL 美国标准衡量

按 MRL 美国标准衡量,共有 5 种农药超标,检出 18 频次,分别为中毒农药腈菌唑和毒死蜱,低毒农药噻虫嗪和噻虫胺,微毒农药联苯肼酯。

按超标程度比较,葡萄中毒死蜱超标 9.3 倍,梨中毒死蜱超标 2.6 倍,茄子中噻虫嗪超标 0.5 倍,韭菜中噻虫胺超标 0.5 倍,豇豆中腈菌唑超标 0.4 倍。检测结果见图 9-16。

9.2.2.6 按 MRL CAC 标准衡量

按 MRL CAC 标准衡量,共有 2 种农药超标,检出 4 频次,分别为中毒农药吡虫啉,低毒农药噻虫嗪。

按超标程度比较,豇豆中噻虫嗪超标 1.7 倍,茄子中吡虫啉超标 0.0 倍。检测结果见图 9-17。

图 9-16 超过 MRL 美国标准农药品种及频次

图 9-17 超过 MRL CAC 标准农药品种及频次

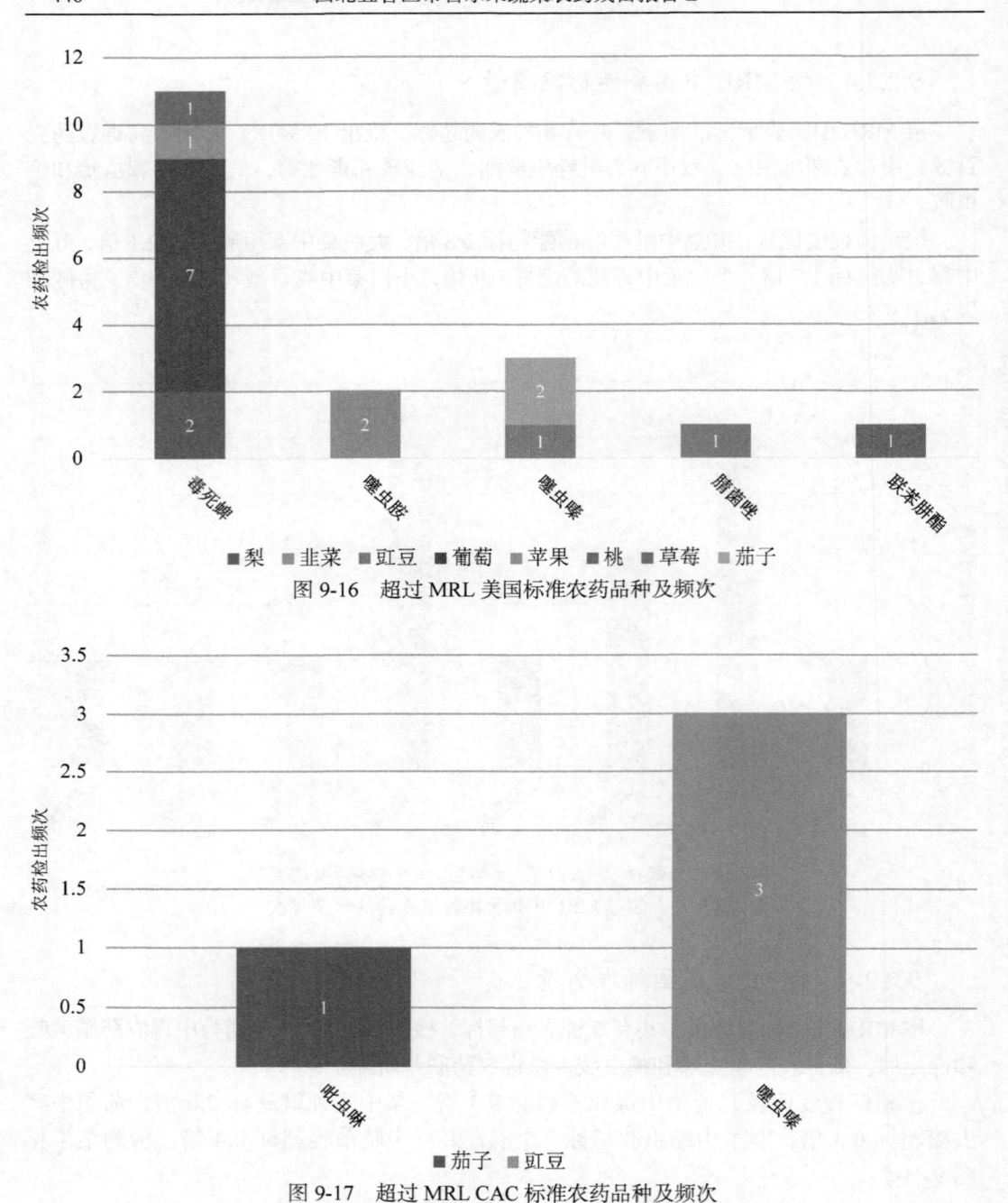

9.2.3　60 个采样点超标情况分析

9.2.3.1　按 MRL 中国国家标准衡量

按 MRL 中国国家标准衡量，有 13 个采样点的样品存在不同程度的超标农药检出，如表 9-10 所示。

表 9-10　超过 MRL 中国国家标准水果蔬菜在不同采样点分布

序号	采样点	样品总数	超标数量	超标率（%）	行政区域
1	***粮油干货店	19	1	5.3	铜川市　印台区
2	***鲜菜豆制品店	19	1	5.3	铜川市　王益区
3	***菜市场	19	1	5.3	铜川市　印台区
4	***蔬菜行	19	1	5.3	铜川市　印台区
5	***购物中心	19	1	5.3	渭南市　大荔县
6	***超市	19	2	10.5	渭南市　大荔县
7	***乐家	19	2	10.5	渭南市　大荔县
8	***超市	19	1	5.3	渭南市　大荔县
9	***市场	19	1	5.3	西安市　未央区
10	***菜市场	19	1	5.3	西安市　雁塔区
11	***菜场	19	1	5.3	西安市　碑林区
12	***菜市场	19	1	5.3	西安市　碑林区
13	***超市	19	1	5.3	西安市　未央区

9.2.3.2　按 MRL 欧盟标准衡量

按 MRL 欧盟标准衡量，有 38 个采样点的样品存在不同程度的超标农药检出，如表 9-11 所示。

表 9-11　超过 MRL 欧盟标准水果蔬菜在不同采样点分布

序号	采样点	样品总数	超标数量	超标率（%）	行政区域
1	***蔬菜店	19	6	31.6	铜川市　印台区
2	***粮油干货店	19	8	42.1	铜川市　印台区
3	***菜市场	19	7	36.8	铜川市　印台区
4	***鲜菜豆制品店	19	10	52.6	铜川市　王益区
5	***生鲜配送部	19	9	47.4	铜川市　印台区
6	***菜市场	19	6	31.6	铜川市　印台区
7	***蔬菜行	19	10	52.6	铜川市　印台区
8	***蔬菜店	19	9	47.4	铜川市　王益区
9	***菜市场	19	6	31.6	铜川市　印台区
10	***购物中心	19	9	47.4	渭南市　大荔县
11	***超市	19	5	26.3	渭南市　大荔县
12	***超市	19	6	31.6	渭南市　大荔县
13	***超市	19	7	36.8	渭南市　大荔县

续表

序号	采样点	样品总数	超标数量	超标率（%）	行政区域
14	***乐家	19	5	26.3	渭南市 大荔县
15	***超市	19	7	36.8	渭南市 大荔县
16	***超市	19	8	42.1	渭南市 大荔县
17	***超市	19	6	31.6	渭南市 大荔县
18	***市场	19	6	31.6	渭南市 大荔县
19	***超市	19	5	26.3	渭南市 大荔县
20	****蔬菜	19	4	21.1	西安市 未央区
21	***超市	19	4	21.1	西安市 未央区
22	****市场	19	9	47.4	西安市 未央区
23	***菜市场	19	10	52.6	西安市 雁塔区
24	***市场	19	6	31.6	西安市 新城区
25	***菜场	19	5	26.3	西安市 碑林区
26	***菜市场	19	6	31.6	西安市 碑林区
27	***超市	19	10	52.6	西安市 未央区
28	***超市	19	7	36.8	西安市 未央区
29	***超市	19	7	36.8	西安市 未央区
30	***菜市场	19	5	26.3	铜川市 印台区
31	***网	1	1	100.0	西安市 新城区
32	***网	1	1	100.0	西安市 新城区
33	***网	1	1	100.0	西安市 新城区
34	***网	1	1	100.0	西安市 新城区
35	***网	1	1	100.0	西安市 新城区
36	***网	1	1	100.0	西安市 新城区
37	***网	1	1	100.0	西安市 新城区
38	***网	1	1	100.0	西安市 新城区

9.2.3.3 按 MRL 日本标准衡量

按 MRL 日本标准衡量，有 34 个采样点的样品存在不同程度的超标农药检出，如表 9-12 所示。

表 9-12 超过 MRL 日本标准水果蔬菜在不同采样点分布

序号	采样点	样品总数	超标数量	超标率（%）	行政区域
1	***蔬菜店	19	7	36.8	铜川市 印台区
2	***粮油干货店	19	11	57.9	铜川市 印台区

续表

序号	采样点	样品总数	超标数量	超标率（%）	行政区域
3	***菜市场	19	5	26.3	铜川市 印台区
4	***鲜菜豆制品店	19	7	36.8	铜川市 王益区
5	***生鲜配送部	19	8	42.1	铜川市 印台区
6	***菜市场	19	8	42.1	铜川市 印台区
7	***蔬菜行	19	7	36.8	铜川市 印台区
8	***蔬菜店	19	9	47.4	铜川市 王益区
9	***菜市场	19	6	31.6	铜川市 印台区
10	***购物中心	19	8	42.1	渭南市 大荔县
11	***超市	19	6	31.6	渭南市 大荔县
12	***超市	19	7	36.8	渭南市 大荔县
13	***超市	19	5	26.3	渭南市 大荔县
14	***乐家	19	4	21.1	渭南市 大荔县
15	***超市	19	5	26.3	渭南市 大荔县
16	***超市	19	7	36.8	渭南市 大荔县
17	***超市	19	6	31.6	渭南市 大荔县
18	***市场	19	5	26.3	渭南市 大荔县
19	***超市	19	5	26.3	渭南市 大荔县
20	***蔬菜	19	4	21.1	西安市 未央区
21	***超市	19	3	15.8	西安市 未央区
22	***市场	19	6	31.6	西安市 未央区
23	***菜市场	19	8	42.1	西安市 雁塔区
24	***市场	19	8	42.1	西安市 新城区
25	***菜场	19	7	36.8	西安市 碑林区
26	***菜市场	19	6	31.6	西安市 碑林区
27	***超市	19	8	42.1	西安市 未央区
28	***超市	19	7	36.8	西安市 未央区
29	***超市	19	8	42.1	西安市 未央区
30	***菜市场	19	4	21.1	铜川市 印台区
31	***网	1	1	100.0	西安市 新城区
32	***网	1	1	100.0	西安市 新城区
33	***网	1	1	100.0	西安市 新城区
34	***网	1	1	100.0	西安市 新城区

9.2.3.4 按 MRL 中国香港标准衡量

按 MRL 中国香港标准衡量，有 10 个采样点的样品存在不同程度的超标农药检出，如表 9-13 所示。

表 9-13 超过 MRL 中国香港标准水果蔬菜在不同采样点分布

序号	采样点	样品总数	超标数量	超标率（%）	行政区域
1	***菜市场	19	2	10.5	铜川市 印台区
2	***菜市场	19	1	5.3	铜川市 印台区
3	***购物中心	19	2	10.5	渭南市 大荔县
4	***超市	19	2	10.5	渭南市 大荔县
5	***超市	19	1	5.3	渭南市 大荔县
6	***超市	19	1	5.3	渭南市 大荔县
7	***超市	19	1	5.3	西安市 未央区
8	***市场	19	1	5.3	西安市 未央区
9	***菜场	19	1	5.3	西安市 碑林区
10	***菜市场	19	1	5.3	铜川市 印台区

9.2.3.5 按 MRL 美国标准衡量

按 MRL 美国标准衡量，有 15 个采样点的样品存在不同程度的超标农药检出，如表 9-14 所示。

表 9-14 超过 MRL 美国标准水果蔬菜在不同采样点分布

序号	采样点	样品总数	超标数量	超标率（%）	行政区域
1	***蔬菜店	19	1	5.3	铜川市 印台区
2	***菜市场	19	1	5.3	铜川市 印台区
3	***蔬菜行	19	2	10.5	铜川市 印台区
4	***超市	19	1	5.3	渭南市 大荔县
5	***超市	19	1	5.3	渭南市 大荔县
6	***超市	19	1	5.3	渭南市 大荔县
7	***乐家	19	1	5.3	渭南市 大荔县
8	***超市	19	1	5.3	渭南市 大荔县
9	***超市	19	1	5.3	渭南市 大荔县
10	***超市	19	1	5.3	渭南市 大荔县
11	***超市	19	1	5.3	西安市 未央区
12	***市场	19	2	10.5	西安市 未央区

续表

序号	采样点	样品总数	超标数量	超标率（%）	行政区域
13	***菜市场	19	2	10.5	西安市 雁塔区
14	***菜市场	19	1	5.3	西安市 碑林区
15	***网	1	1	100.0	西安市 新城区

9.2.3.6 按 MRL CAC 标准衡量

按 MRL CAC 标准衡量，有 4 个采样点的样品存在不同程度的超标农药检出，如表 9-15 所示。

表 9-15 超过 MRL CAC 标准水果蔬菜在不同采样点分布

序号	采样点	样品总数	超标数量	超标率（%）	行政区域
1	***菜市场	19	1	5.3	铜川市 印台区
2	***购物中心	19	1	5.3	渭南市 大荔县
3	***超市	19	1	5.3	渭南市 大荔县
4	***超市	19	1	5.3	渭南市 大荔县

9.3 水果中农药残留分布

9.3.1 检出农药品种和频次排前 5 的水果

本次残留侦测的水果共 5 种，包括葡萄、苹果、桃、草莓和梨。

根据检出农药品种及频次进行排名，将各项排名前 5 位的水果样品检出情况列表说明，详见表 9-16。

表 9-16 检出农药品种和频次排名前 5 的水果

检出农药品种排名前 5（品种）	①葡萄（44），②草莓（29），③梨（29），④桃（29），⑤苹果（21）
检出农药频次排名前 5（频次）	①葡萄（381），②草莓（237），③桃（184），④梨（146），⑤苹果（114）
检出禁用、高毒及剧毒农药品种排名前 4（品种）	①桃（3），②苹果（2），③葡萄（2），④梨（1）
检出禁用、高毒及剧毒农药频次排名前 4（频次）	①葡萄（14），②桃（13），③梨（12），④苹果（6）

9.3.2 超标农药品种和频次排前 5 的水果

鉴于欧盟和日本的 MRL 标准制定比较全面且覆盖率较高，我们参照 MRL 中国国家标准、欧盟标准和日本标准衡量水果样品中农残检出情况,将超标农药品种及频次排名前 5 的水果列表说明,详见表 9-17。

表 9-17 超标农药品种和频次排名前 5 的水果

超标农药品种排名前 5 (农药品种数)	MRL 中国国家标准	①葡萄(2)
	MRL 欧盟标准	①葡萄(13),②桃(4),③草莓(3),④梨(3),⑤苹果(2)
	MRL 日本标准	①葡萄(7),②草莓(4),③桃(4),④梨(2)
超标农药频次排名前 5 (农药频次数)	MRL 中国国家标准	①葡萄(3)
	MRL 欧盟标准	①葡萄(57),②桃(9),③草莓(8),④梨(6),⑤苹果(3)
	MRL 日本标准	①葡萄(43),②桃(10),③草莓(5),④梨(2)

通过对各品种水果样本总数及检出率进行综合分析发现,葡萄、草莓和桃的残留污染最为严重,在此,我们参照 MRL 中国国家标准、欧盟标准和日本标准对这 3 种水果的农残检出情况进行进一步分析。

9.3.3 农药残留检出率较高的水果样品分析

9.3.3.1 葡萄

这次共检测 30 例葡萄样品,全部检出了农药残留,检出率为 100.0%,检出农药共计 44 种。其中苯醚甲环唑、烯酰吗啉、戊唑醇、吡唑醚菌酯和嘧霉胺检出频次较高,分别检出了 27、25、24、23 和 23 次。葡萄中农药检出品种和频次见图 9-18,超标农药见图 9-19 和表 9-18。

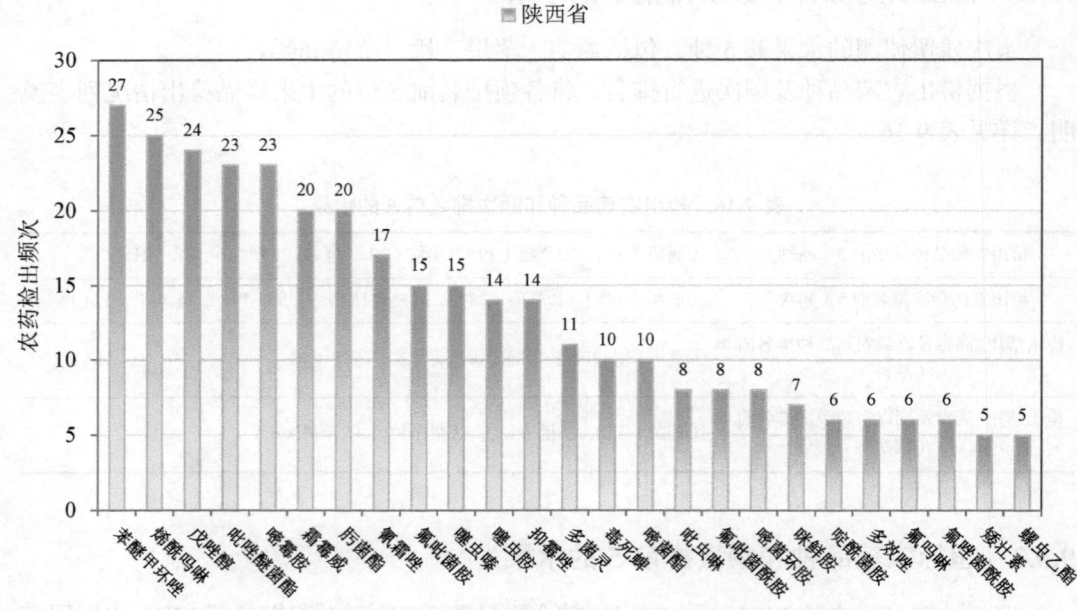

图 9-18 葡萄样品检出农药品种和频次分析(仅列出 5 频次及以上的数据)

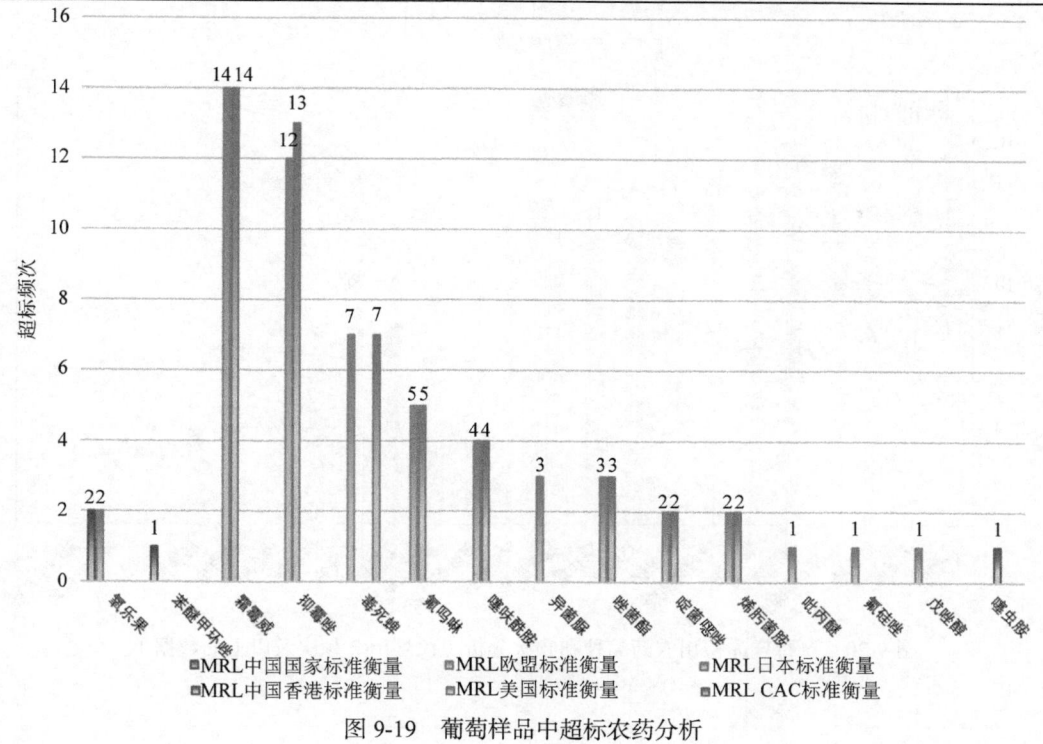

图 9-19 葡萄样品中超标农药分析

表 9-18 葡萄中农药残留超标情况明细表

样品总数 30		检出农药样品数 30	样品检出率（%） 100	检出农药品种总数 44
超标农药品种	超标农药频次	按照 MRL 中国国家标准、欧盟标准和日本标准衡量超标农药名称及频次		
中国国家标准	2	3	氧乐果（2），苯醚甲环唑（1）	
欧盟标准	13	57	霜霉威（14），抑霉唑（12），毒死蜱（7），氟吗啉（5），噻呋酰胺（4），异菌脲（3），唑菌酯（3），啶菌噁唑（2），烯肟菌胺（2），氧乐果（2），吡丙醚（1），氟硅唑（1），戊唑醇（1）		
日本标准	7	43	霜霉威（14），抑霉唑（13），氟吗啉（5），噻呋酰胺（4），唑菌酯（3），啶菌噁唑（2），烯肟菌胺（2）		

9.3.3.2 草莓

这次共检测 30 例草莓样品，全部检出了农药残留，检出率为 100.0%，检出农药共计 29 种。其中乙螨唑、多菌灵、腈菌唑、乙嘧酚磺酸酯和吡丙醚检出频次较高，分别检出了 17、16、16、15 和 14 次。草莓中农药检出品种和频次见图 9-20，超标农药见图 9-21 和表 9-19。

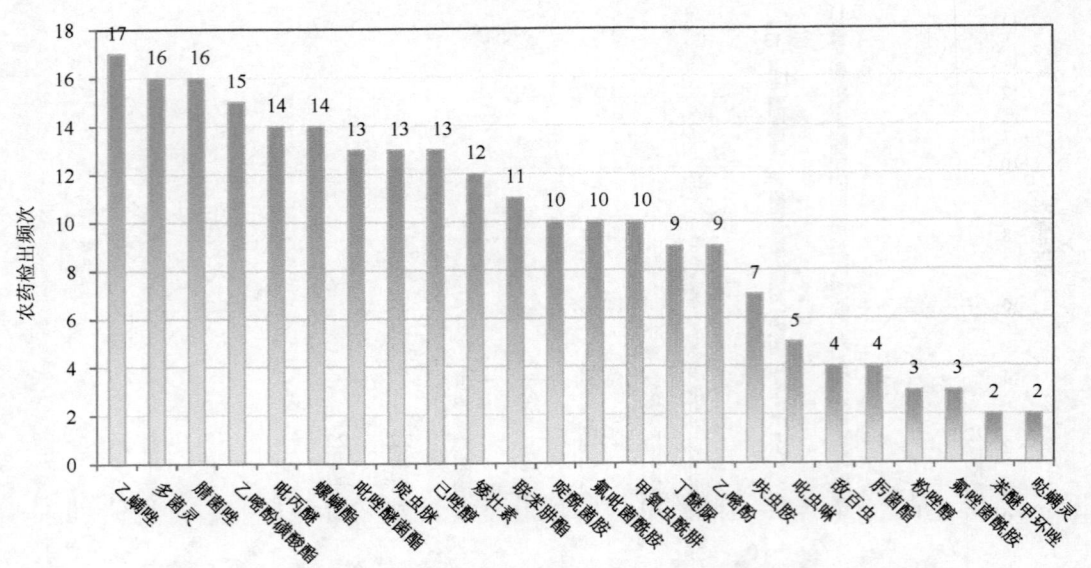

图 9-20　草莓样品检出农药品种和频次分析（仅列出 2 频次及以上的数据）

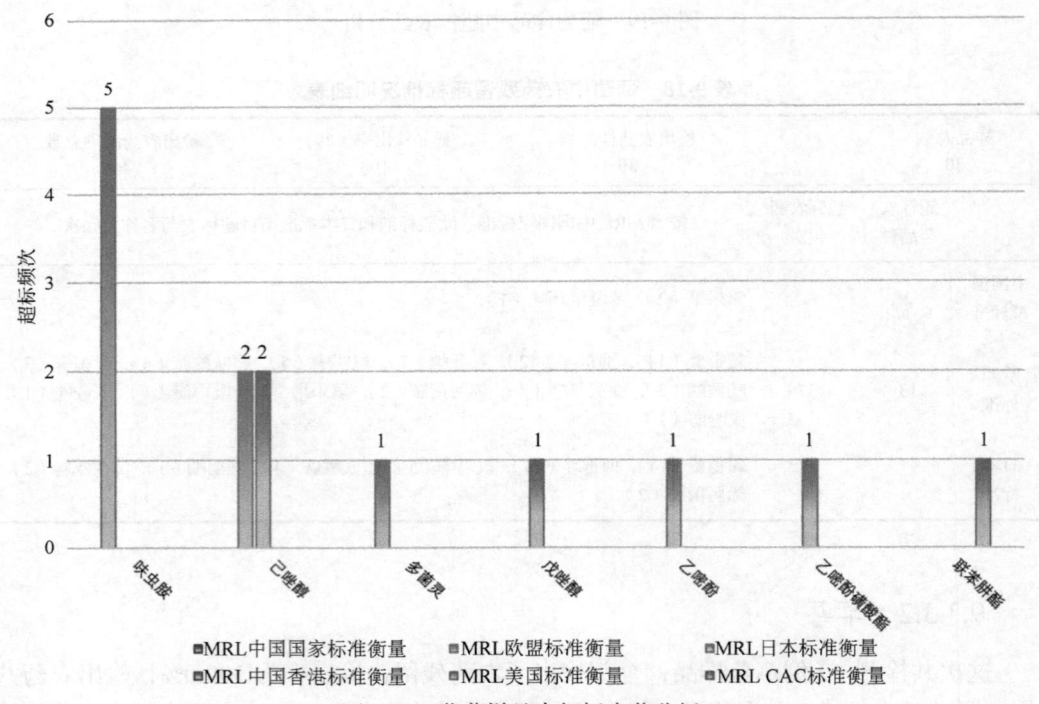

图 9-21　草莓样品中超标农药分析

表 9-19 草莓中农药残留超标情况明细表

样品总数 30		检出农药样品数 30	样品检出率(%) 100	检出农药品种总数 29
	超标农药品种	超标农药频次	按照 MRL 中国国家标准、欧盟标准和日本标准衡量超标农药名称及频次	
中国国家标准	0	0		
欧盟标准	3	8	呋虫胺（5），己唑醇（2），多菌灵（1）	
日本标准	4	5	己唑醇（2），戊唑醇（1），乙嘧酚（1），乙嘧酚磺酸酯（1）	

9.3.3.3 桃

这次共检测 30 例桃样品，全部检出了农药残留，检出率为 100.0%，检出农药共计 29 种。其中啶虫脒、吡虫啉、苯醚甲环唑、多菌灵和噻虫胺检出频次较高，分别检出了 19、17、16、14 和 12 次。桃中农药检出品种和频次见图 9-22，超标农药见图 9-23 和表 9-20。

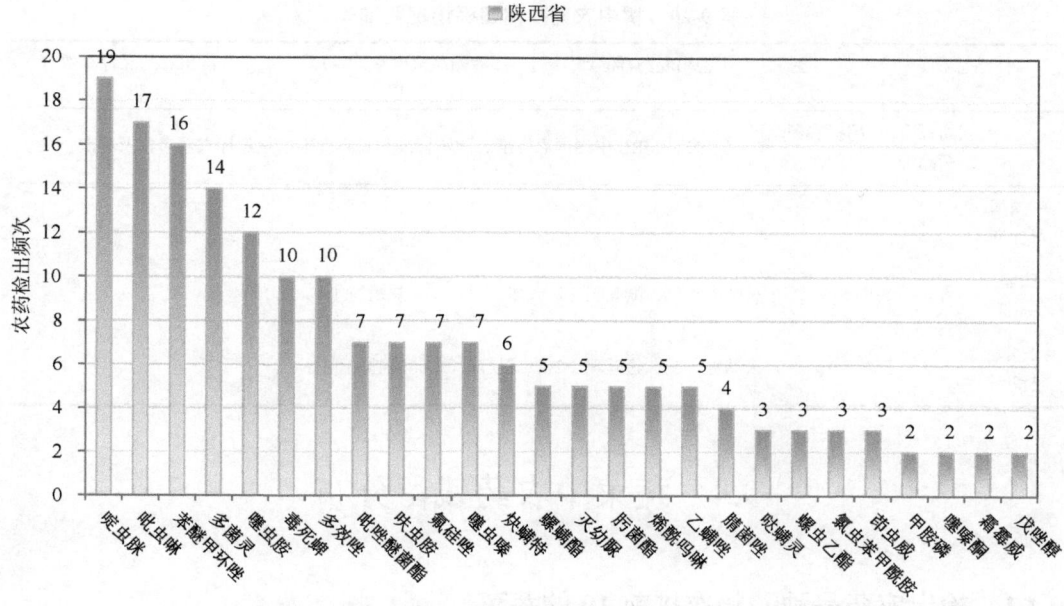

图 9-22 桃样品检出农药品种和频次分析（仅列出 2 频次及以上的数据）

图 9-23 桃样品中超标农药分析

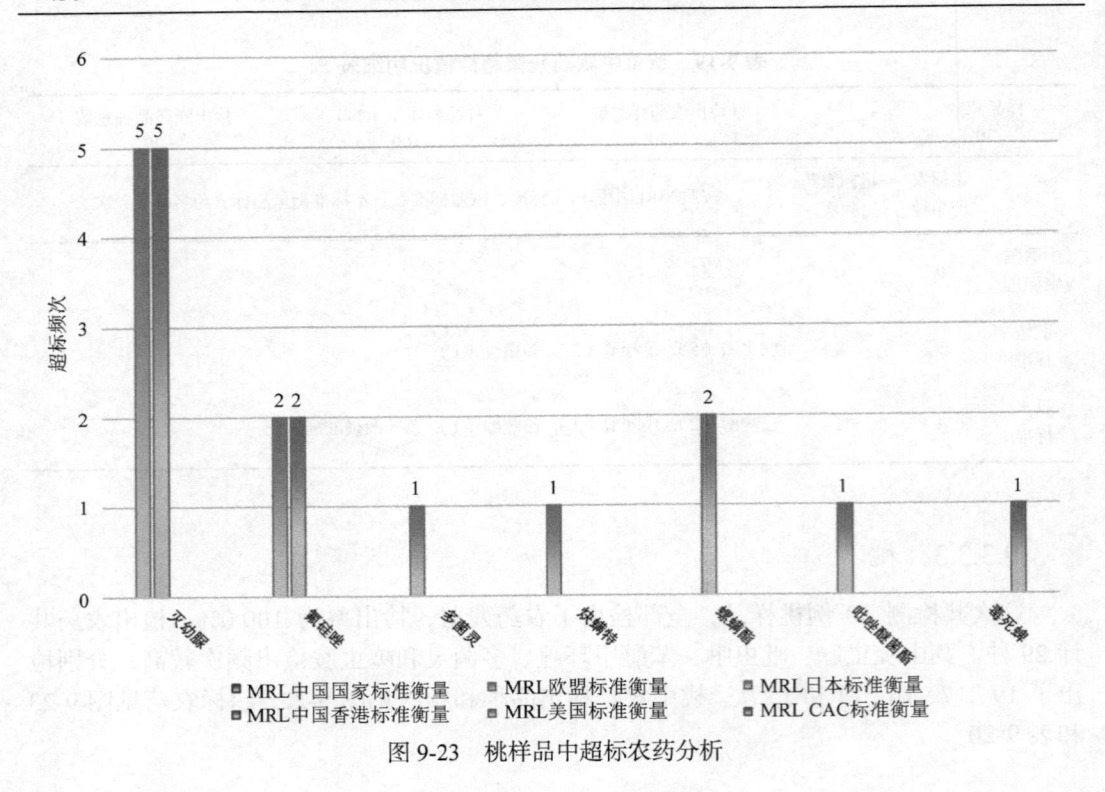

表 9-20 桃中农药残留超标情况明细表

样品总数 30		检出农药样品数 30	样品检出率（%） 100	检出农药品种总数 29
	超标农药品种	超标农药频次	按照 MRL 中国国家标准、欧盟标准和日本标准衡量超标农药名称及频次	
中国国家标准	0	0		
欧盟标准	4	9	灭幼脲（5），氟硅唑（2），多菌灵（1），炔螨特（1）	
日本标准	4	10	灭幼脲（5），氟硅唑（2），螺螨酯（2），吡唑醚菌酯（1）	

9.4 蔬菜中农药残留分布

9.4.1 检出农药品种和频次排前 10 的蔬菜

本次残留侦测的蔬菜共 15 种，包括结球甘蓝、辣椒、韭菜、蒜薹、小白菜、油麦菜、芹菜、小油菜、大白菜、番茄、茄子、黄瓜、菠菜、豇豆和菜豆。

根据检出农药品种及频次进行排名，将各项排名前 10 位的蔬菜样品检出情况列表说明，详见表 9-21。

表 9-21 检出农药品种和频次排名前 10 的蔬菜

检出农药品种排名前 10（品种）	①小白菜（40），②芹菜（39），③油麦菜（39），④番茄（37），⑤黄瓜（37），⑥豇豆（32），⑦菜豆（26），⑧茄子（25），⑨菠菜（22），⑩小油菜（22）
检出农药频次排名前 10（频次）	①油麦菜（213），②芹菜（202），③豇豆（196），④小白菜（181），⑤小油菜（174），⑥黄瓜（173），⑦番茄（165），⑧蒜薹（136），⑨菠菜（124），⑩韭菜（118）
检出禁用、高毒及剧毒农药品种排名前 10（品种）	①菜豆（3），②芹菜（3），③小白菜（3），④菠菜（1），⑤大白菜（1），⑥韭菜（1），⑦茄子（1），⑧油麦菜（1）
检出禁用、高毒及剧毒农药频次排名前 10（频次）	①芹菜（10），②小白菜（6），③菜豆（5），④菠菜（2），⑤油麦菜（2），⑥大白菜（1），⑦韭菜（1），⑧茄子（1）

9.4.2 超标农药品种和频次排前 10 的蔬菜

鉴于欧盟和日本的 MRL 标准制定比较全面且覆盖率较高，我们参照 MRL 中国国家标准、欧盟标准和日本标准衡量蔬菜样品中农残检出情况，将超标农药品种及频次排名前 10 的蔬菜列表说明，详见表 9-22。

表 9-22 超标农药品种和频次排名前 10 的蔬菜

超标农药品种排名前 10（农药品种数）	MRL 中国国家标准	①芹菜（2），②小白菜（2），③豇豆（1），④茄子（1），⑤小油菜（1），⑥油麦菜（1）
	MRL 欧盟标准	①小白菜（15），②芹菜（14），③油麦菜（14），④小油菜（13），⑤番茄（6），⑥茄子（6），⑦蒜薹（6），⑧菠菜（5），⑨黄瓜（5），⑩豇豆（5）
	MRL 日本标准	①豇豆（22），②菜豆（12），③小白菜（10），④油麦菜（8），⑤小油菜（7），⑥菠菜（6），⑦芹菜（5），⑧韭菜（4），⑨大白菜（3），⑩番茄（2）
超标农药频次排名前 10（农药频次数）	MRL 中国国家标准	①豇豆（4），②小白菜（3），③芹菜（2），④茄子（1），⑤小油菜（1），⑥油麦菜（1）
	MRL 欧盟标准	①小油菜（66），②小白菜（59），③油麦菜（45），④芹菜（38），⑤菠菜（20），⑥黄瓜（15），⑦豇豆（12），⑧茄子（11），⑨蒜薹（10），⑩番茄（9）
	MRL 日本标准	①豇豆（70），②小油菜（45），③油麦菜（33），④小白菜（32），⑤菠菜（24），⑥菜豆（24），⑦韭菜（12），⑧芹菜（10），⑨大白菜（6），⑩辣椒（5）

通过对各品种蔬菜样本总数及检出率进行综合分析发现，油麦菜、豇豆和黄瓜的残留污染最为严重，在此，我们参照中国、欧盟和日本的 MRL 标准对这 3 种蔬菜的农残检出情况进行进一步分析。

9.4.3 农药残留检出率较高的蔬菜样品分析

9.4.3.1 油麦菜

这次共检测 30 例油麦菜样品，全部检出了农药残留，检出率为 100.0%，检出农药共计 39 种。其中啶虫脒、烯酰吗啉、己唑醇、苯醚甲环唑和哒螨灵检出频次较高，分别检出了 24、22、16、13 和 12 次。油麦菜中农药检出品种和频次见图 9-24，超标农药见图 9-25 和表 9-23。

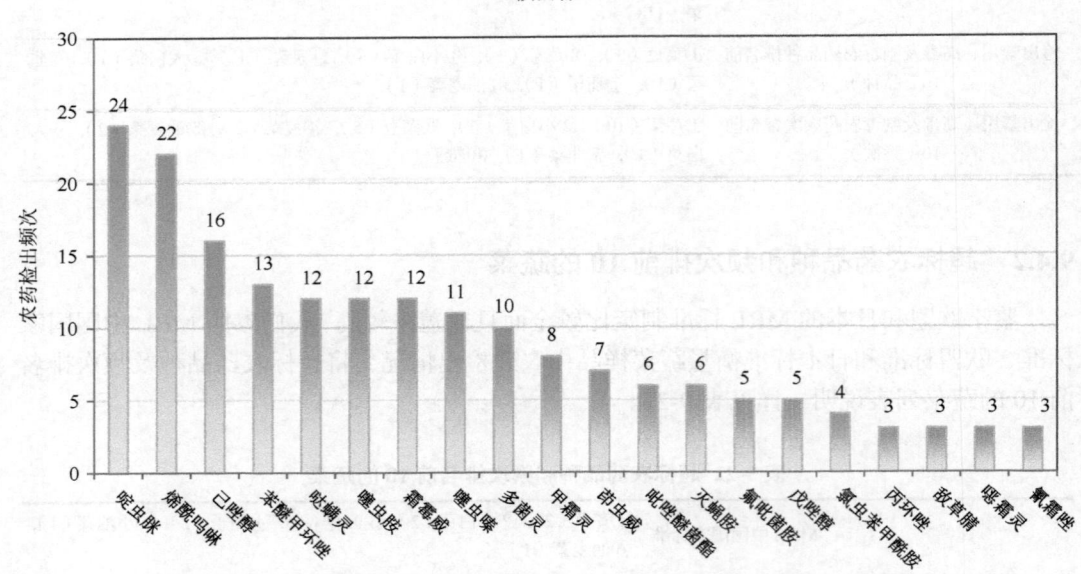

图 9-24 油麦菜样品检出农药品种和频次分析（仅列出 3 频次及以上的数据）

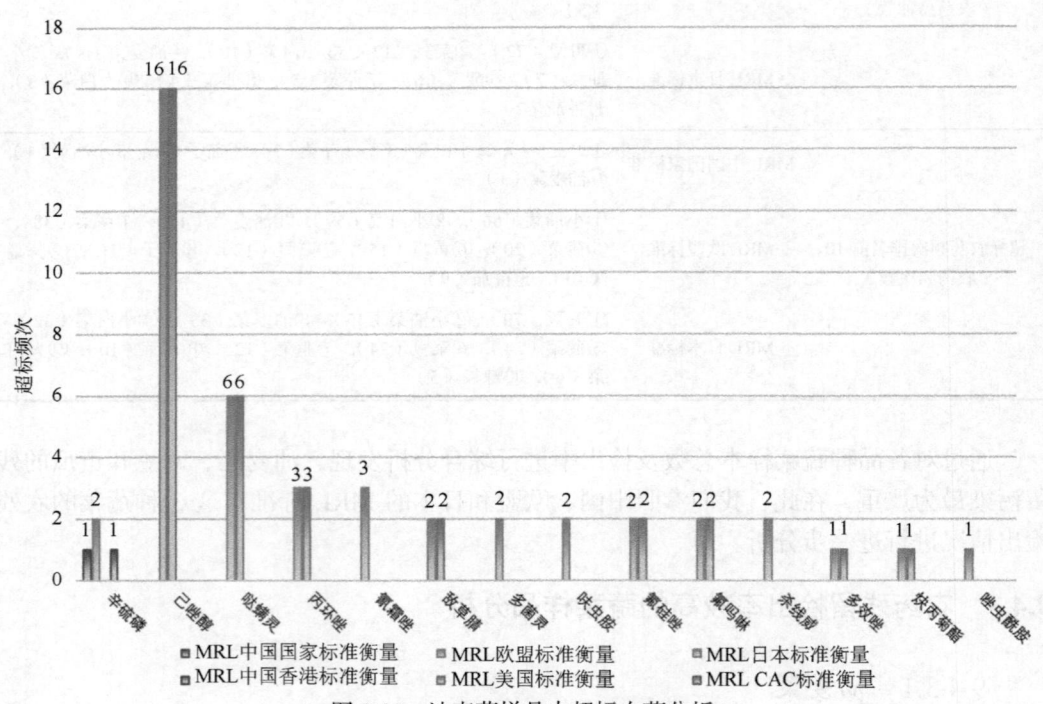

图 9-25 油麦菜样品中超标农药分析

表 9-23 油麦菜中农药残留超标情况明细表

样品总数 30			检出农药样品数 30	样品检出率（%） 100	检出农药品种总数 39
	超标农药品种	超标农药频次	按照 MRL 中国国家标准、欧盟标准和日本标准衡量超标农药名称及频次			
中国国家标准	1	1	辛硫磷（1）			
欧盟标准	14	45	己唑醇（16），哒螨灵（6），丙环唑（3），氰霜唑（3），敌草腈（2），多菌灵（2），呋虫胺（2），氟硅唑（2），氟吗啉（2），杀线威（2），辛硫磷（2），多效唑（1），炔丙菊酯（1），唑虫酰胺（1）			
日本标准	8	33	己唑醇（16），哒螨灵（6），丙环唑（3），敌草腈（2），氟硅唑（2），氟吗啉（2），多效唑（1），炔丙菊酯（1）			

9.4.3.2 豇豆

这次共检测 30 例豇豆样品，全部检出了农药残留，检出率为 100.0%，检出农药共计 32 种。其中多菌灵、苯醚甲环唑、烯酰吗啉、吡唑醚菌酯和戊唑醇检出频次较高，分别检出了 22、17、17、14 和 14 次。豇豆中农药检出品种和频次见图 9-26，超标农药见图 9-27 和表 9-24。

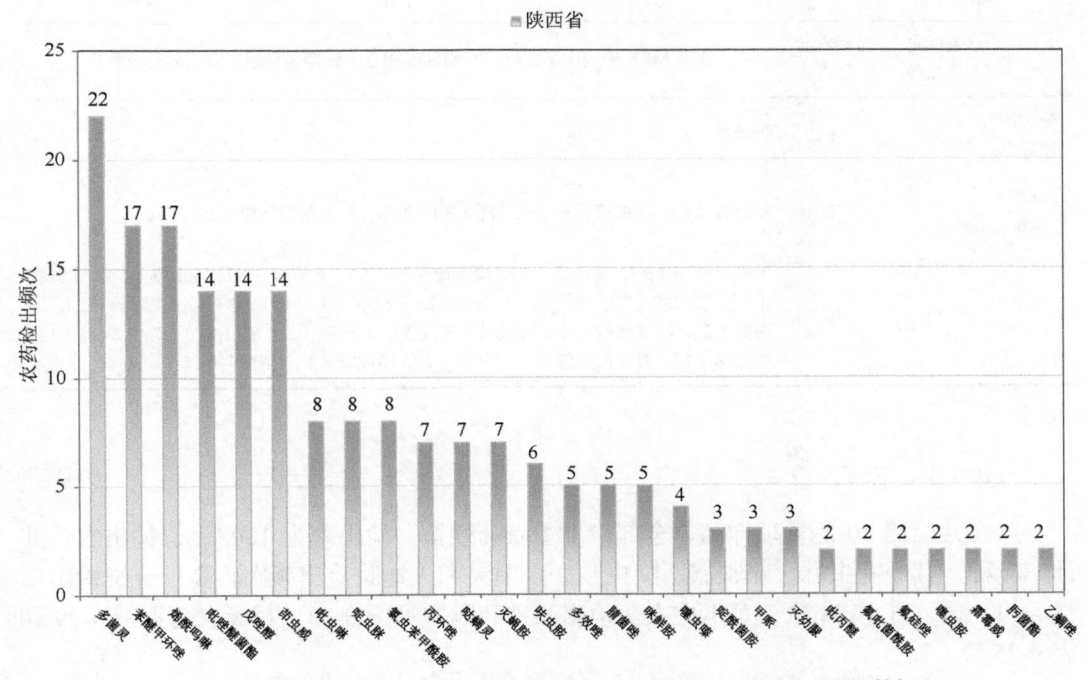

图 9-26 豇豆样品检出农药品种和频次分析（仅列出 2 频次及以上的数据）

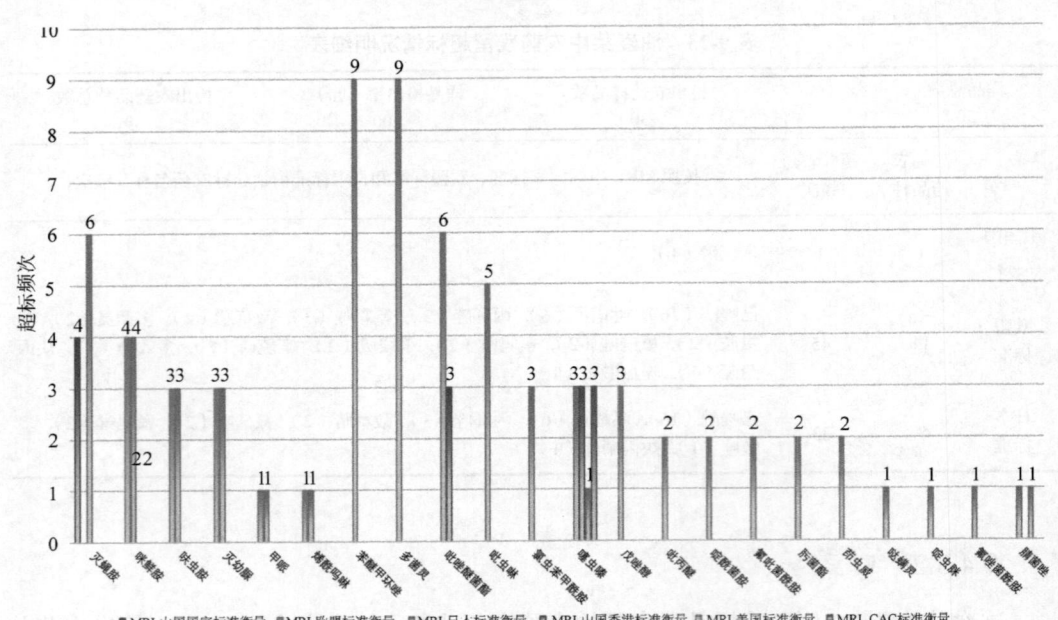

图 9-27 豇豆样品中超标农药分析

表 9-24 豇豆中农药残留超标情况明细表

样品总数 30		检出农药样品数 30	样品检出率（%） 100	检出农药品种总数 32
	超标农药品种	超标农药频次	按照 MRL 中国国家标准、欧盟标准和日本标准衡量超标农药名称及频次	
中国国家标准	1	4	灭蝇胺（4）	
欧盟标准	5	12	咪鲜胺（4），呋虫胺（3），灭幼脲（3），甲哌（1），烯酰吗啉（1）	
日本标准	22	70	苯醚甲环唑（9），多菌灵（9），吡唑醚菌酯（6），灭蝇胺（6），吡虫啉（5），咪鲜胺（4），呋虫胺（3），氯虫苯甲酰胺（3），灭幼脲（3），噻虫嗪（3），戊唑醇（3），吡丙醚（2），啶酰菌胺（2），氟吡菌酰胺（2），肟菌酯（2），茚虫威（2），哒螨灵（1），啶虫脒（1），氟唑菌酰胺（1），甲哌（1），腈菌唑（1），烯酰吗啉（1）	

9.4.3.3 黄瓜

这次共检测 30 例黄瓜样品，全部检出了农药残留，检出率为 100.0%，检出农药共计 37 种。其中啶虫脒、霜霉威、噻虫胺、多菌灵和灭蝇胺检出频次较高，分别检出了 18、14、13、11 和 11 次。黄瓜中农药检出品种和频次见图 9-28，超标农药见图 9-29 和表 9-25。

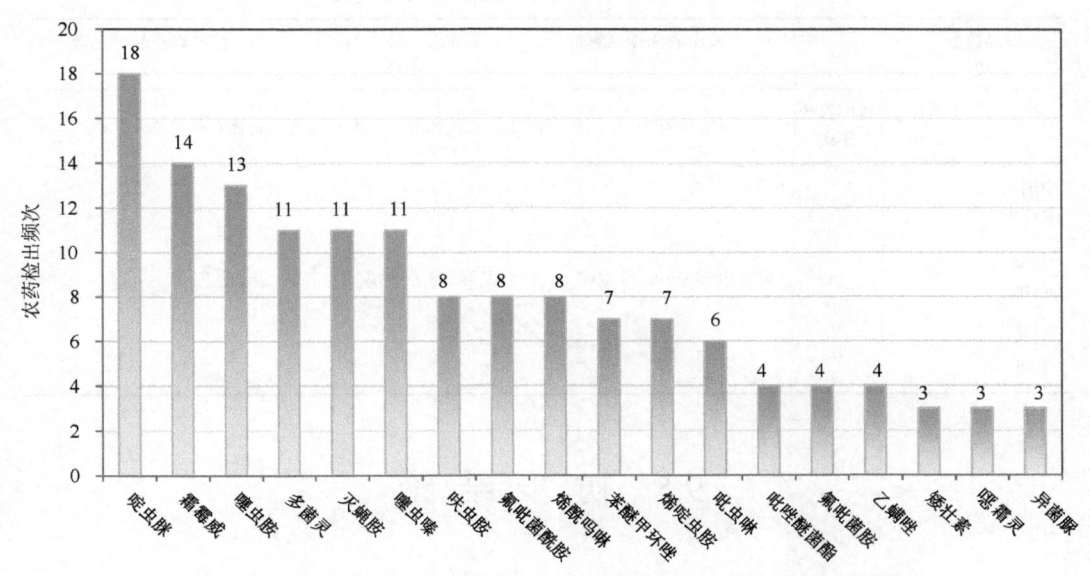

图 9-28 黄瓜样品检出农药品种和频次分析（仅列出 3 频次及以上的数据）

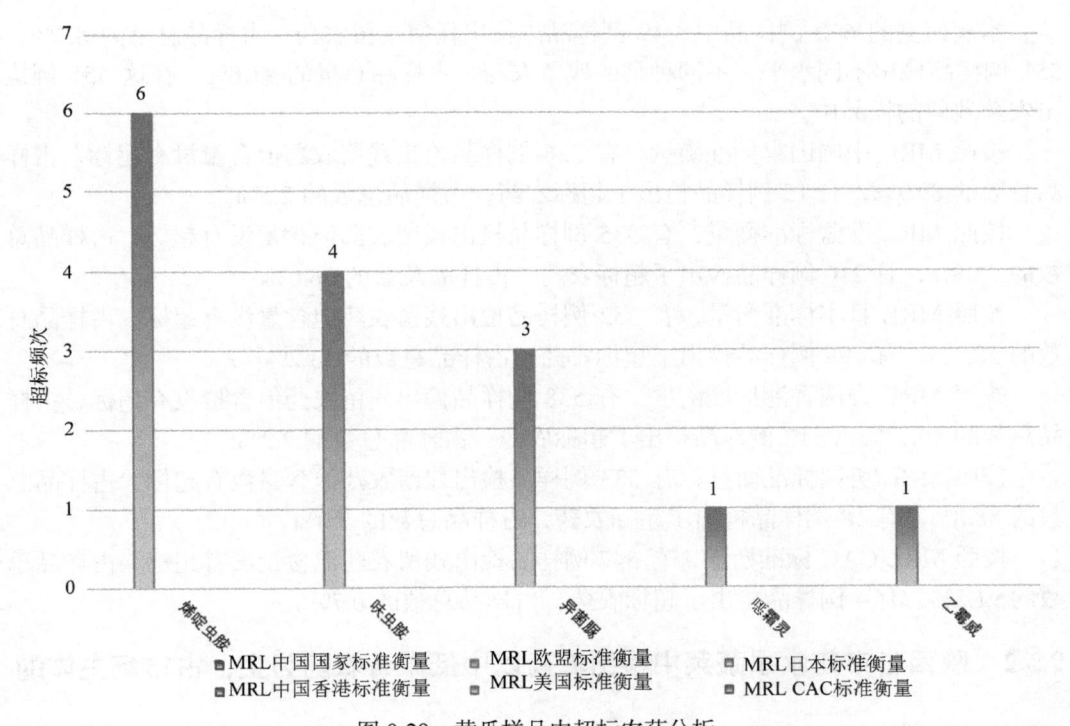

图 9-29 黄瓜样品中超标农药分析

表 9-25 黄瓜中农药残留超标情况明细表

样品总数 30		检出农药样品数 30	样品检出率（%） 100	检出农药品种总数 37
	超标农药品种	超标农药频次	按照 MRL 中国国家标准、欧盟标准和日本标准衡量超标农药名称及频次	
中国国家标准	0	0		
欧盟标准	5	15	烯啶虫胺（6），呋虫胺（4），异菌脲（3），噁霜灵（1），乙霉威（1）	
日本标准	0	0		

9.5 初步结论

9.5.1 陕西省市售水果蔬菜按国际主要 MRL 标准衡量的合格率

本次侦测的 600 例样品中，49 例样品未检出任何残留农药，占样品总量的 8.2%，551 例样品检出不同水平、不同种类的残留农药，占样品总量的 91.8%。在这 551 例检出农药残留的样品中。

按照 MRL 中国国家标准衡量，有 536 例样品检出残留农药但含量没有超标，占样品总数的 89.3%，有 15 例样品检出了超标农药，占样品总数的 2.5%。

按照 MRL 欧盟标准衡量，有 335 例样品检出残留农药但含量没有超标，占样品总数的 55.8%，有 216 例样品检出了超标农药，占样品总数的 36.0%。

按照 MRL 日本标准衡量，有 352 例样品检出残留农药但含量没有超标，占样品总数的 58.7%，有 199 例样品检出了超标农药，占样品总数的 33.2%。

按照 MRL 中国香港标准衡量，有 538 例样品检出残留农药但含量没有超标，占样品总数的 89.7%，有 13 例样品检出了超标农药，占样品总数的 2.2%。

按照 MRL 美国标准衡量，有 533 例样品检出残留农药但含量没有超标，占样品总数的 88.8%，有 18 例样品检出了超标农药，占样品总数的 3.0%。

按照 MRL CAC 标准衡量，有 547 例样品检出残留农药但含量没有超标，占样品总数的 91.2%，有 4 例样品检出了超标农药，占样品总数的 0.7%。

9.5.2 陕西省市售水果蔬菜中检出农药以中低微毒农药为主，占市场主体的 90.5%

这次侦测的 600 例样品包括水果 5 种 150 例，蔬菜 15 种 450 例，共检出了 105 种农药，检出农药的毒性以中低微毒为主，详见表 9-26。

表 9-26　市场主体农药毒性分布

毒性	检出品种	占比（%）	检出频次	占比（%）
剧毒农药	1	1.0	3	0.1
高毒农药	9	8.6	23	0.7
中毒农药	39	37.1	1488	48.2
低毒农药	36	34.3	944	30.6
微毒农药	20	19.0	629	20.4

中低微毒农药，品种占比 90.5%，频次占比 99.2%

9.5.3　检出剧毒、高毒和禁用农药现象应该警醒

在此次侦测的 600 例样品中的 70 例样品检出了 11 种 73 频次的剧毒和高毒或禁用农药，占样品总量的 11.7%。其中剧毒农药甲拌磷以及高毒农药氧乐果、克百威和甲胺磷检出频次较高。

按 MRL 中国国家标准衡量，剧毒农药甲拌磷，检出 3 次，超标 1 次；高毒农药氧乐果，检出 6 次，超标 2 次；克百威，检出 5 次，超标 1 次；按超标程度比较，芹菜中甲基异柳磷超标 0.6 倍，葡萄中氧乐果超标 0.5 倍，小白菜中克百威超标 0.2 倍，芹菜中甲拌磷超标 0.0 倍。

剧毒、高毒或禁用农药的检出情况及按照 MRL 中国国家标准衡量的超标情况见表 9-27。

表 9-27　剧毒、高毒或禁用农药的检出及超标明细

序号	农药名称	样品名称	检出频次	超标频次	最大超标倍数	超标率（%）
1.1	甲拌磷*▲	芹菜	3	1	0.01	33.3
2.1	丁酮威°	菜豆	2	0	0	0.0
3.1	三唑磷°▲	小白菜	1	0	0	0.0
4.1	克百威°▲	小白菜	3	1	0.215	33.3
4.2	克百威°▲	桃	1	0	0	0.0
4.3	克百威°▲	菜豆	1	0	0	0.0
5.1	杀线威°	油麦菜	2	0	0	0.0
6.1	氧乐果°▲	葡萄	4	2	0.475	50.0
6.2	氧乐果°▲	菜豆	2	0	0	0.0
7.1	甲基异柳磷°▲	芹菜	1	1	0.63	100.0
8.1	甲胺磷°▲	桃	2	0	0	0.0
8.2	甲胺磷°▲	大白菜	1	0	0	0.0

续表

序号	农药名称	样品名称	检出频次	超标频次	最大超标倍数	超标率（%）
9.1	醚菌酯◇	苹果	1	0	0	0.0
10.1	阿维菌素◇	菠菜	2	0	0	0.0
11.1	毒死蜱▲	梨	12	0	0	0.0
11.2	毒死蜱▲	桃	10	0	0	0.0
11.3	毒死蜱▲	葡萄	10	0	0	0.0
11.4	毒死蜱▲	芹菜	6	0	0	0.0
11.5	毒死蜱▲	苹果	5	0	0	0.0
11.6	毒死蜱▲	小白菜	2	2	8.57	100.0
11.7	毒死蜱▲	茄子	1	1	1.35	100.0
11.8	毒死蜱▲	韭菜	1	0	0	0.0
合计			73	8		11.0

注：超标倍数参照 MRL 中国国家标准衡量
＊表示剧毒农药；◇表示高毒农药；▲表示禁用农药

这些超标的高剧毒或禁用农药都是中国政府早有规定禁止在水果蔬菜中使用的，为什么还屡次被检出，应该引起警惕。

9.5.4 残留限量标准与先进国家或地区差距较大

3087 频次的检出结果与我国公布的《食品中农药最大残留限量》（GB 2763—2021）对比，有 2064 频次能找到对应的 MRL 中国国家标准，占 66.9%；还有 1023 频次的侦测数据无相关 MRL 标准供参考，占 33.1%。

与国际上现行 MRL 对比发现：

有 3087 频次能找到对应的 MRL 欧盟标准，占 100.0%；
有 3087 频次能找到对应的 MRL 日本标准，占 100.0%；
有 1787 频次能找到对应的 MRL 中国香港标准，占 57.9%；
有 2011 频次能找到对应的 MRL 美国标准，占 65.1%；
有 1589 频次能找到对应的 MRL CAC 标准，占 51.5%。

由上可见，MRL 中国国家标准与先进国家或地区标准还有很大差距，我们无标准，境外有标准，这就会导致我国在国际贸易中，处于受制于人的被动地位。

9.5.5 水果蔬菜单种样品检出 29～44 种农药残留，拷问农药使用的科学性

通过此次监测发现，葡萄、草莓和梨是检出农药品种最多的 3 种水果，小白菜、芹菜和油麦菜是检出农药品种最多的 3 种蔬菜，从中检出农药品种及频次详见表 9-28。

表 9-28　单种样品检出农药品种及频次

样品名称	样品总数	检出率（%）	检出农药品种数	检出农药（频次）
小白菜	30	93.3	40	哒螨灵（17），啶虫脒（17），噻虫嗪（11），噻虫胺（10），霜霉威（8），烯酰吗啉（8），吡虫啉（7），多效唑（7），灭蝇胺（7），茚虫威（7），苯醚甲环唑（6），多菌灵（6），三唑醇（6），三唑酮（6），吡唑醚菌酯（5），己唑醇（5），戊唑醇（5），呋虫胺（4），氟吡禾灵（4），克百威（3），异戊烯腺嘌呤（3），莠去津（3），毒死蜱（2），噁霜灵（2），氟吡菌胺（2），甲霜灵（2），腈菌唑（2），扑草净（2），氰霜唑（2），烯唑醇（2），吡蚜酮（1），丙环唑（1），氟硅唑（1），氟吗啉（1），氯虫苯甲酰胺（1），咪鲜胺（1），嘧菌酯（1），灭幼脲（1），三唑磷（1），唑虫酰胺（1）
芹菜	30	96.7	39	苯醚甲环唑（20），吡唑醚菌酯（18），啶虫脒（17），噻虫嗪（14），丙环唑（11），嘧菌酯（11），咪鲜胺（10），戊唑醇（9），二甲戊灵（8），丙溴磷（7），吡虫啉（6），毒死蜱（6），扑草净（6），烯酰吗啉（5），噻虫胺（4），茚虫威（4），莠去津（4），啶氧菌酯（3），呋虫胺（3），氟吡菌胺（3），甲拌磷（3），甲霜灵（3），霜霉威（3），啶酰菌胺（2），氟硅唑（2），灭蝇胺（2），氰霜唑（2），辛硫磷（2），增效醚（2），仲丁灵（2），唑虫酰胺（2），哒螨灵（1），多菌灵（1），二嗪磷（1），氟啶虫酰胺（1），甲基异柳磷（1），腈菌唑（1），螺螨酯（1），噻嗪酮（1）
油麦菜	30	100.0	39	啶虫脒（24），烯酰吗啉（22），己唑醇（16），苯醚甲环唑（13），哒螨灵（12），噻虫胺（12），霜霉威（12），噻虫嗪（11），多菌灵（10），甲霜灵（8），茚虫威（7），吡唑醚菌酯（6），灭蝇胺（6），氟吡菌胺（5），戊唑醇（5），氯虫苯甲酰胺（4），丙环唑（3），敌草腈（3），噁霜灵（3），氰霜唑（3），粉唑醇（2），呋虫胺（2），氟硅唑（2），氟吗啉（2），甲哌（2），腈菌唑（2），嘧菌酯（2），杀线威（2），辛硫磷（2），吡虫啉（1），稻瘟灵（1），啶酰菌胺（1），多效唑（1），氟吡菌酰胺（1），氟噻唑吡乙酮（1），咪鲜胺（1），嘧菌环胺（1），炔丙菊酯（1），唑虫酰胺（1）
葡萄	30	100.0	44	苯醚甲环唑（27），烯酰吗啉（25），戊唑醇（24），吡唑醚菌酯（23），嘧霉胺（23），霜霉威（20），肟菌酯（20），氰霜唑（17），氟吡菌胺（15），噻虫嗪（15），噻虫胺（14），抑霉唑（14），多菌灵（11），毒死蜱（10），嘧菌酯（10），吡虫啉（8），氟吡菌酰胺（8），嘧菌环胺（8），咪鲜胺（7），啶酰菌胺（6），多效唑（6），氟吗啉（6），氟唑菌酰胺（6），矮壮素（5），螺虫乙酯（5），啶虫脒（4），噻呋酰胺（4），氧乐果（4），唑嘧菌胺（4），甲霜灵（3），腈苯唑（3），氯虫苯甲酰胺（3），异菌脲（3），唑菌酯（3），吡丙醚（2），啶菌噁唑（2），呋虫胺（2），氟硅唑（2），苦参碱（2），四氟醚唑（2），烯肟菌胺（2），腈菌唑（1），乙嘧酚（1），茚虫威（1）
草莓	30	100.0	29	乙螨唑（17），多菌灵（16），腈菌唑（16），乙嘧酚磺酸酯（15），吡丙醚（14），螺螨酯（14），吡唑醚菌酯（13），啶虫脒（13），己唑醇（13），矮壮素（12），联苯肼酯（11），啶酰菌胺（10），氟吡菌酰胺（10），甲氧虫酰肼（10），丁醚脲（9），乙嘧酚（9），呋虫胺（7），吡虫啉（5），敌百虫（4），肟菌酯（4），粉唑醇（3），氟唑菌酰胺（3），苯醚甲环唑（2），哒螨灵（2），多效唑（1），氟啶虫酰胺（1），咪鲜胺（1），戊唑醇（1），烯效唑（1）

续表

样品名称	样品总数	检出率（%）	检出农药品种数	检出农药（频次）
梨	30	90.0	29	啶虫脒（18），噻虫胺（16），螺虫乙酯（13），苯醚甲环唑（12），毒死蜱（12），腈菌唑（9），吡唑醚菌酯（7），多菌灵（7），噻虫嗪（7），吡虫啉（6），氟硅唑（6），多效唑（5），茚虫威（5），乙螨唑（4），烯酰吗啉（3），氯虫苯甲酰胺（2），炔螨特（2），啶酰菌胺（1），呋虫胺（1），氟啶脲（1），联苯肼酯（1），螺螨酯（1），嘧菌酯（1），灭蝇胺（1），灭幼脲（1），氰霜唑（1），霜霉威（1），肟菌酯（1），戊唑醇（1）

上述 6 种水果蔬菜，检出农药 29~44 种，是多种农药综合防治，还是未严格实施农业良好管理规范（GAP），抑或根本就是乱施药，值得我们思考。

第10章 LC-Q-TOF/MS侦测陕西省市售水果蔬菜农药残留膳食暴露风险与预警风险评估

10.1 农药残留侦测数据分析与统计

庞国芳院士科研团队建立的农药残留高通量侦测技术以高分辨精确质量数（0.0001 m/z 为基准）为识别标准，采用LC-Q-TOF/MS技术对871种农药化学污染物进行侦测。

科研团队于2021年7月至9月在陕西省7个区县的60个采样点，随机采集了600例水果蔬菜样品，采样点分布在超市、电商平台、个体商户和农贸市场，各月内水果蔬菜样品采集数量如表10-1所示。

表10-1 陕西省各月内采集水果蔬菜样品数列表

时间	样品数（例）
2021年7月	30
2021年8月	380
2021年9月	190

利用LC-Q-TOF/MS技术对600例样品中的农药进行侦测，共侦测出残留农药3087频次。侦测出农药残留水平如表10-2和图10-1所示。检出频次最高的前10种农药如表10-3所示。从侦测结果中可以看出，在水果蔬菜中农药残留普遍存在，且有些水果蔬菜存在高浓度的农药残留，这些可能存在膳食暴露风险，对人体健康产生危害，因此，为了定量地评价水果蔬菜中农药残留的风险程度，有必要对其进行风险评价。

表10-2 侦测出农药的不同残留水平及其所占比例列表

残留水平（μg/kg）	检出频次	占比（%）
1~5（含）	1297	42.0
5~10（含）	440	14.3
10~100（含）	1014	32.8
100~1000（含）	319	10.3
>1000	17	0.6

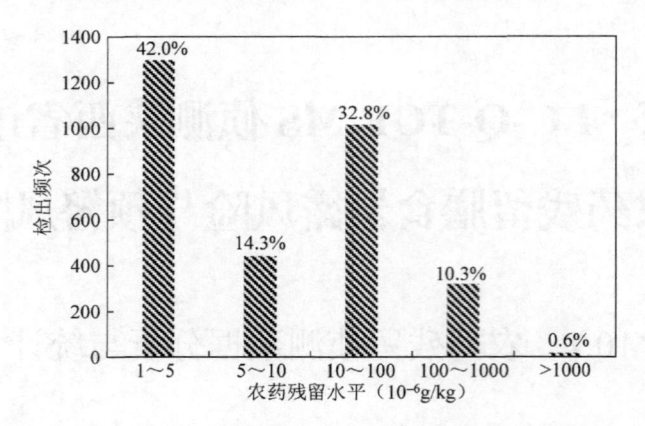

图 10-1 残留农药侦测出浓度频数分布图

表 10-3 检出频次最高的前 10 种农药列表

序号	农药	检出频次
1	啶虫脒	232
2	烯酰吗啉	198
3	苯醚甲环唑	196
4	吡唑醚菌酯	181
5	多菌灵	172
6	噻虫胺	157
7	噻虫嗪	128
8	霜霉威	119
9	吡虫啉	117
10	戊唑醇	112

本研究使用 LC-Q-TOF/MS 技术对陕西省 600 例样品中的农药侦测中，共侦测出农药 105 种，这些农药的每日允许最大摄入量值（ADI）见表 10-4。为评价陕西省农药残留的风险，本研究采用两种模型分别评价膳食暴露风险和预警风险，具体的风险评价模型见附录 A。

表 10-4 陕西省水果蔬菜中侦测出农药的 ADI 值

序号	农药	ADI	序号	农药	ADI	序号	农药	ADI
1	唑嘧菌胺	10.0000	7	霜霉威	0.4000	13	调环酸	0.2000
2	氟噻唑吡乙酮	4.0000	8	烯酰吗啉	0.2000	14	仲丁灵	0.2000
3	氯虫苯甲酰胺	2.0000	9	嘧霉胺	0.2000	15	呋虫胺	0.2000
4	灭幼脲	1.2500	10	氰霜唑	0.2000	16	氟吗啉	0.1600
5	烯啶虫胺	0.5300	11	增效醚	0.2000	17	多效唑	0.1000
6	醚菌酯	0.4000	12	嘧菌酯	0.2000	18	吡丙醚	0.1000

续表

序号	农药	ADI	序号	农药	ADI	序号	农药	ADI
19	二甲戊灵	0.1000	47	腈菌唑	0.0300	79	氟硅唑	0.0070
20	甲氧虫酰肼	0.1000	48	抑霉唑	0.0300	80	唑虫酰胺	0.0060
21	吡噻菌胺	0.1000	49	三唑醇	0.0300	81	己唑醇	0.0050
22	稻瘟灵	0.1000	50	吡唑醚菌酯	0.0300	82	二嗪磷	0.0050
23	啶菌噁唑	0.1000	51	嘧菌环胺	0.0300	83	氟啶脲	0.0050
24	苦参碱	0.1000	52	吡蚜酮	0.0300	84	烯唑醇	0.0050
25	噻菌灵	0.1000	53	丙溴磷	0.0300	85	甲胺磷	0.0040
26	异丙甲草胺	0.1000	54	腈苯唑	0.0300	86	噻唑磷	0.0040
27	噻虫胺	0.1000	55	三唑酮	0.0300	87	四氟醚唑	0.0040
28	啶氧菌酯	0.0900	56	多菌灵	0.0300	88	辛硫磷	0.0040
29	噻虫嗪	0.0800	57	戊唑醇	0.0300	89	乙霉威	0.0040
30	氟吡菌胺	0.0800	58	莠去津	0.0200	90	甲基异柳磷	0.0030
31	甲霜灵	0.0800	59	除虫脲	0.0200	91	丁醚脲	0.0030
32	啶虫脒	0.0700	60	氟环唑	0.0200	92	敌百虫	0.0020
33	丙环唑	0.0700	61	氟唑菌酰胺	0.0200	93	唑菌酯	0.0013
34	氟啶虫酰胺	0.0700	62	烯效唑	0.0200	94	阿维菌素	0.0010
35	烯肟菌胺	0.0690	63	噻呋酰胺	0.0140	95	克百威	0.0010
36	灭蝇胺	0.0600	64	苯醚甲环唑	0.0100	96	三唑磷	0.0010
37	异菌脲	0.0600	65	哒螨灵	0.0100	97	氟吡禾灵	0.0007
38	吡虫啉	0.0600	66	毒死蜱	0.0100	98	甲拌磷	0.0007
39	矮壮素	0.0500	67	氟吡菌酰胺	0.0100	99	氧乐果	0.0003
40	乙螨唑	0.0500	68	咪鲜胺	0.0100	100	丁酮威	—
41	螺虫乙酯	0.0500	69	茚虫威	0.0100	101	甲哌	—
42	乙嘧酚磺酸酯	0.0500	70	螺螨酯	0.0100	102	麦穗宁	—
43	肟菌酯	0.0400	71	敌草腈	0.0100	103	牧草胺	—
44	啶酰菌胺	0.0400	72	噁霜灵	0.0100	104	炔丙菊酯	—
45	扑草净	0.0400	73	粉唑醇	0.0100	105	异戊烯腺嘌呤	—
46	乙嘧酚	0.0350	74	双甲脒	0.0100			

注："—"表示国家标准中无 ADI 值规定；ADI 值单位为 mg/kg bw

10.2 农药残留膳食暴露风险评估

10.2.1 每例水果蔬菜样品中农药残留安全指数分析

基于农药残留侦测数据，发现在 551 例样品中侦测出农药 3087 频次，计算样品中每种残留农药的安全指数 IFS$_c$，并分析农药对样品安全的影响程度，农药残留对水果蔬菜样品安全的影响程度频次分布情况如图 10-2 所示。

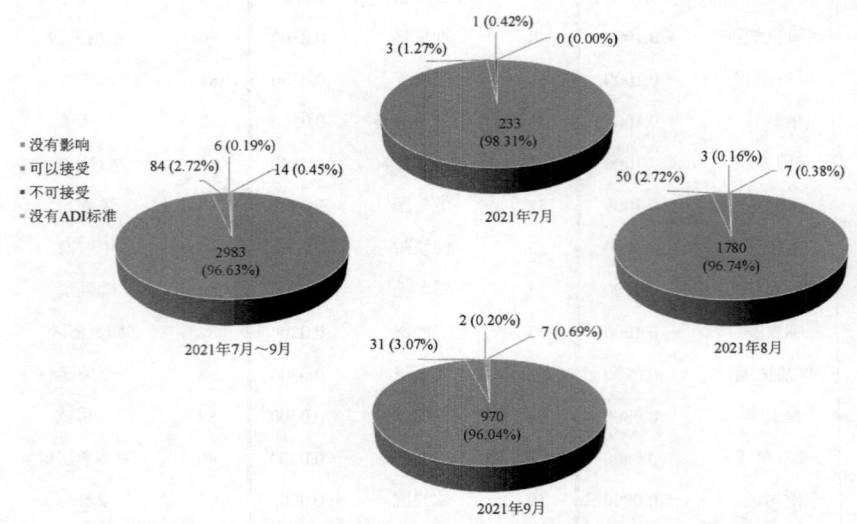

图 10-2　农药残留对水果蔬菜样品安全的影响程度频次分布图

由图 10-2 可以看出，农药残留对样品安全的影响不可接受的频次为 6，占 0.19%；农药残留对样品安全的影响可以接受的频次为 84，占 2.72%；农药残留对样品安全没有影响的频次为 2983，占 96.63%。分析发现，农药残留对水果蔬菜样品安全的影响程度频次 2021 年 7 月（236）＜ 2021 年 9 月（1001）＜ 2021 年 8 月（1830）；2021 年 7 月的农药残留对样品安全存在不可接受的影响，频次为 1，占 0.42%；2021 年 6 月的农药残留对样品安全存在不可接受的影响，频次为 3，占 0.16%；2021 年 7 月的农药残留对样品安全存在不可接受的影响，频次为 2，占 0.20%。表 10-5 为对水果蔬菜样品中安全影响不可接受的农药残留列表。

表 10-5　水果蔬菜样品中安全影响不可接受的农药残留列表

序号	样品编号	采样点	基质	农药	含量（mg/kg）	IFS$_c$
1	20210902-610200-LZFDC-YM-02A	***蔬菜店	油麦菜	己唑醇	1.3997	1.7730
2	20210811-610500-LZFDC-GP-02A	***乐家	葡萄	苯醚甲环唑	2.0916	1.3247
3	20210726-610100-LZFDC-ST-26A	淘宝网（慧芳水果）	草莓	联苯肼酯	1.9713	1.2485
4	20210812-610100-LZFDC-PB-03A	***菜场	小白菜	氟吡禾灵	0.1345	1.2169
5	20210812-610100-LZFDC-PB-04A	***市场	小白菜	氟吡禾灵	0.1298	1.1744
6	20210902-610200-LZFDC-PB-08A	***菜市场	小白菜	哒螨灵	1.8497	1.1715

部分样品侦测出禁用农药 7 种 66 频次，为了明确残留的禁用农药对样品安全的影

响，分析侦测出禁用农药残留的样品安全指数，禁用农药残留对水果蔬菜样品安全的影响程度频次分布情况如图 10-3 所示，农药残留对样品安全的影响可以接受的频次为 6，占 9.09%；农药残留对样品安全没有影响的频次为 60，占 91.91%。由图中可以看出除 7 月外，其余 2 个月份的水果蔬菜样品中均侦测出禁用农药残留。

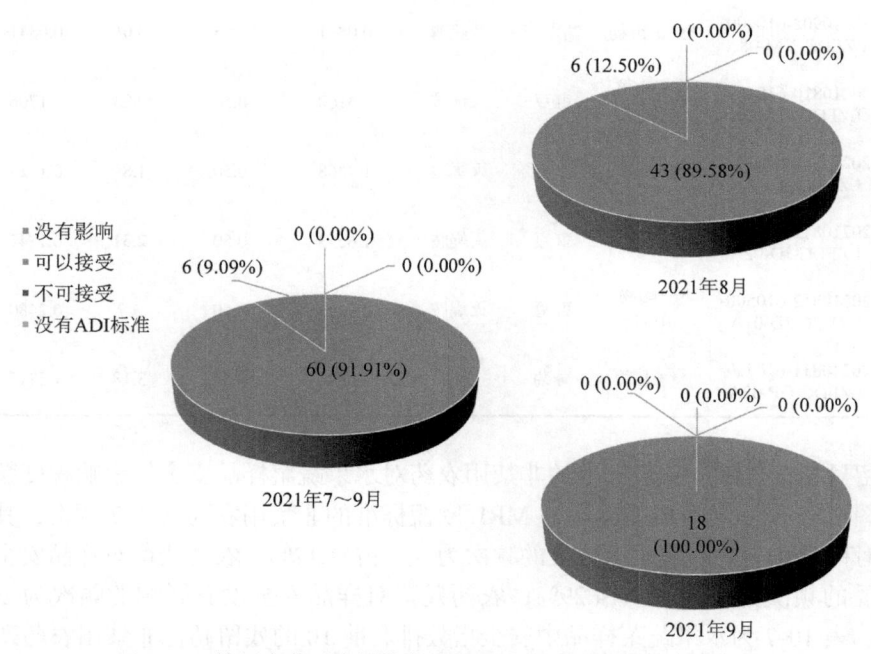

图 10-3　禁用农药对水果蔬菜样品安全影响程度的频次分布图

此外，本次侦测发现部分样品中非禁用农药残留量超过了 MRL 中国国家标准和欧盟标准，为了明确超标的非禁用农药对样品安全的影响，分析了非禁用农药残留超标的样品安全指数。

水果蔬菜残留量超过 MRL 中国国家标准的非禁用农药对水果蔬菜样品安全的影响程度频次分布情况如图 10-4 所示。可以看出侦测出超过 MRL 中国国家标准的非禁用农药共 7 频次，其中农药残留对样品安全的影响不可接受的频次为 1，占 14.29%；农药残留对样品安全的影响可以接受的频次为 4，占 57.14%；农药残留对样品安全没有影响的频次为 2，占 28.57%。表 10-6 为水果蔬菜样品中侦测出的非禁用农药安全指数表。

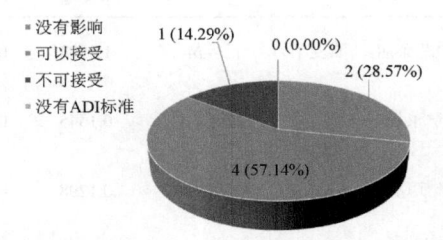

图 10-4　残留超标的非禁用农药对水果蔬菜样品安全的影响程度频次分布图（MRL 中国国家标准）

表 10-6　水果蔬菜样品中侦测出的非禁用农药残留安全指数表（MRL 中国国家标准）

序号	样品编号	采样点	基质	农药	含量（mg/kg）	中国国家标准	超标倍数	IFS_c	影响程度
1	20210811-610100-LZFDC-CL-13A	***菜市场	小油菜	吡虫啉	0.7836	0.50	0.57	0.0827	没有影响
2	20210902-610200-LZFDC-YM-08A	***菜市场	油麦菜	辛硫磷	0.0531	0.05	0.06	0.0841	没有影响
3	20210810-610100-LZFDC-JD-02A	侬家生鲜超市	豇豆	灭蝇胺	1.6160	0.50	2.23	0.1706	可以接受
4	20210811-610500-LZFDC-JD-01A	***超市	豇豆	灭蝇胺	1.4468	0.50	1.89	0.1527	可以接受
5	20210812-610500-LZFDC-JD-02A	***超市	豇豆	灭蝇胺	1.6553	0.50	2.31	0.1747	可以接受
6	20210812-610500-LZFDC-JD-01A	***购物中心	豇豆	灭蝇胺	2.3493	0.50	3.7	0.2480	可以接受
7	20210811-610500-LZFDC-GP-02A	***乐家	葡萄	苯醚甲环唑	2.0916	0.50	3.18	1.3247	不可接受

　　残留量超过 MRL 欧盟标准的非禁用农药对水果蔬菜样品安全的影响程度频次分布情况如图 10-5 所示。可以看出超过 MRL 欧盟标准的非禁用农药共 357 频次，其中，农药残留对样品安全的影响不可接受的频次为 4，占 1.12%；农药残留对样品安全的影响可以接受的频次为 51，占 14.29%；农药残留对样品安全没有影响的频次为 300，占 84.03%。表 10-7 为水果蔬菜样品中安全指数排名前 10 的残留超标非禁用农药列表。

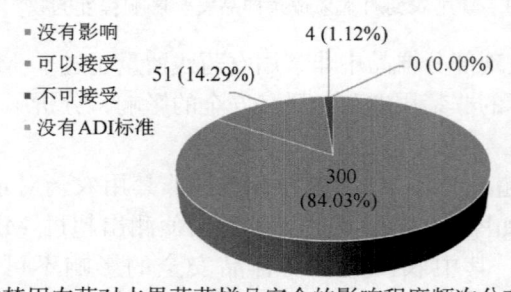

图 10-5　残留超标的非禁用农药对水果蔬菜样品安全的影响程度频次分布图（MRL 欧盟标准）

表 10-7　水果蔬菜样品中安全指数排名前 10 的残留超标非禁用农药列表（MRL 欧盟标准）

序号	样品编号	采样点	基质	农药	含量（mg/kg）	欧盟标准	超标倍数	IFS_c	影响程度
1	20210902-610200-LZFDC-YM-02A	***蔬菜店	油麦菜	己唑醇	1.3997	0.01	138.97	1.7730	不可接受
2	20210812-610100-LZFDC-PB-03A	***菜场	小白菜	氟吡禾灵	0.1345	0.01	12.45	1.2169	不可接受
3	20210812-610100-LZFDC-PB-04A	***市场	小白菜	氟吡禾灵	0.1298	0.01	11.98	1.1744	不可接受
4	20210902-610200-LZFDC-PB-08A	***菜市场	小白菜	哒螨灵	1.8497	0.01	183.97	1.1715	不可接受

续表

序号	样品编号	采样点	基质	农药	含量（mg/kg）	欧盟标准	超标倍数	IFS$_c$	影响程度
5	20210902-610200-LZFDC-YM-03A	***粮油干货店	油麦菜	己唑醇	0.5685	0.01	55.85	0.7201	可以接受
6	20210902-610200-LZFDC-PB-10A	***蔬菜行	小白菜	哒螨灵	1.0683	0.01	105.83	0.6766	可以接受
7	20210902-610200-LZFDC-YM-08A	***菜市场	油麦菜	己唑醇	0.4831	0.01	47.31	0.6119	可以接受
8	20210902-610200-LZFDC-YM-07A	***蔬菜店	油麦菜	己唑醇	0.4188	0.01	40.88	0.5305	可以接受
9	20210811-610100-LZFDC-CL-04A	***超市	小油菜	哒螨灵	0.8267	0.01	81.67	0.5236	可以接受
10	20210902-610200-LZFDC-CL-04A	***菜市场	小油菜	哒螨灵	0.8232	0.01	81.32	0.5214	可以接受

10.2.2 单种水果蔬菜中农药残留安全指数分析

本次 20 种水果蔬菜侦测出 105 种农药，所有水果蔬菜均侦测出农药残留，共涉及 552 个分析样本，其中 5 种农药没有 ADI 标准，100 种农药存在 ADI 标准。对 20 种水果蔬菜按不同种类分别计算侦测出的具有 ADI 标准的各种农药的 IFS$_c$ 值，农药残留对水果蔬菜的安全指数分布图如图 10-6 所示。

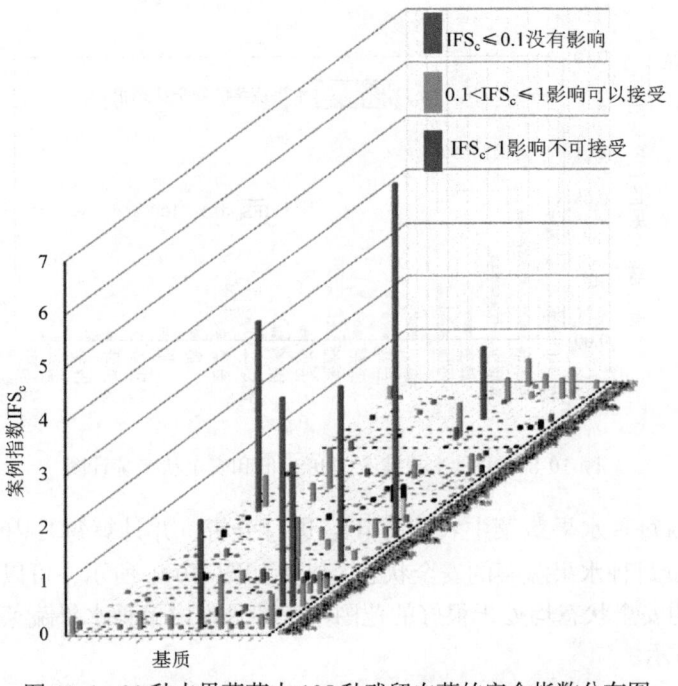

图 10-6 20 种水果蔬菜中 105 种残留农药的安全指数分布图

本次侦测中，20 种水果蔬菜和 105 种残留农药（包括没有 ADI 标准）共涉及 552 个分析样本，农药对单种水果蔬菜安全的影响程度分布情况如图 10-7 所示。可以看出，96.74%的样本中农药对水果蔬菜安全没有影响，2.54%的样本中农药对水果蔬菜安全的影响可以接受，0.72%的样本中农药对水果蔬菜安全的影响不可接受。

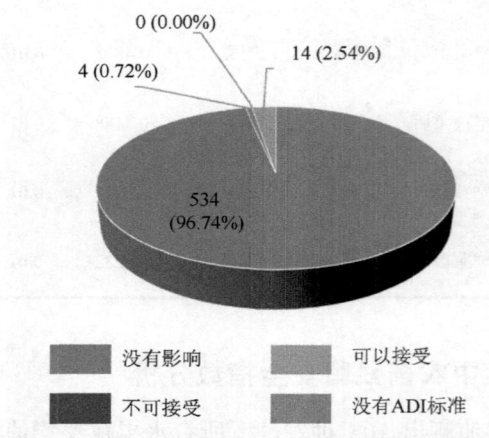

图 10-7　552 个分析样本的影响程度频次分布图

此外，分别计算 20 种水果蔬菜中所有侦测出农药 IFS_c 的平均值 $\overline{IFS_c}$，分析每种水果蔬菜的安全状态，结果如图 10-8 所示，分析发现 20 种（100%）水果蔬菜的安全状态很好。

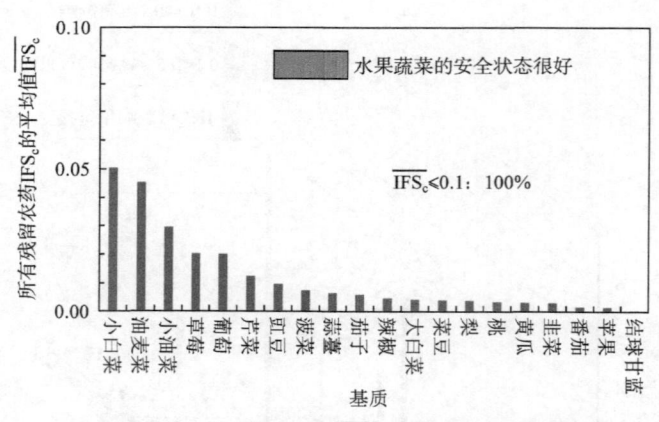

图 10-8　20 种水果蔬菜的 $\overline{IFS_c}$ 值和安全状态统计图

对每个月内每种水果蔬菜中农药的 $\overline{IFS_c}$ 进行分析，并计算每月内每种水果蔬菜的 $\overline{IFS_c}$ 值，以评价每种水果蔬菜的安全状态，结果如图 10-9 所示，可以看出，3 个月份所有水果蔬菜的安全状态均处于很好的范围内，各月份内单种水果蔬菜安全状态统计情况如图 10-10 所示。

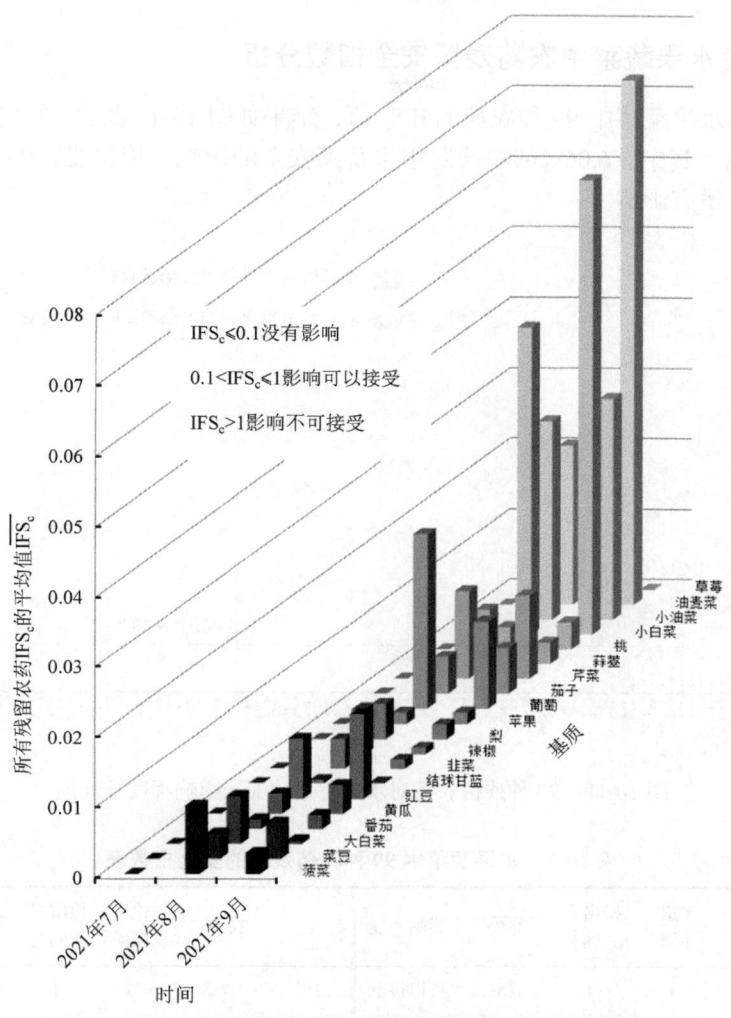

图 10-9　各月份内每种水果蔬菜的 $\overline{IFS_c}$ 值与安全状态分布图

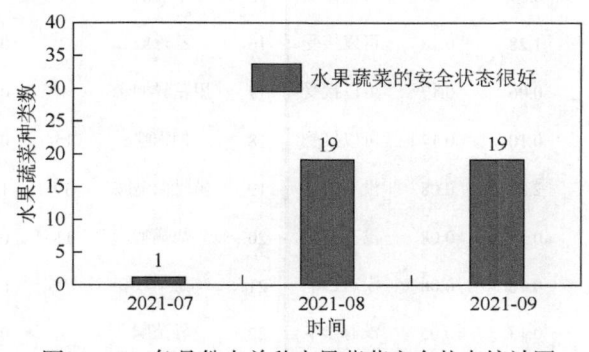

图 10-10　各月份内单种水果蔬菜安全状态统计图

10.2.3 所有水果蔬菜中农药残留安全指数分析

计算所有水果蔬菜中 99 种农药的 $\overline{\text{IFS}_c}$ 值,结果如图 10-11 及表 10-8 所示。

分析发现,其中,6.06%的农药对水果蔬菜安全的影响可以接受,93.94%的农药对水果蔬菜安全没有影响。

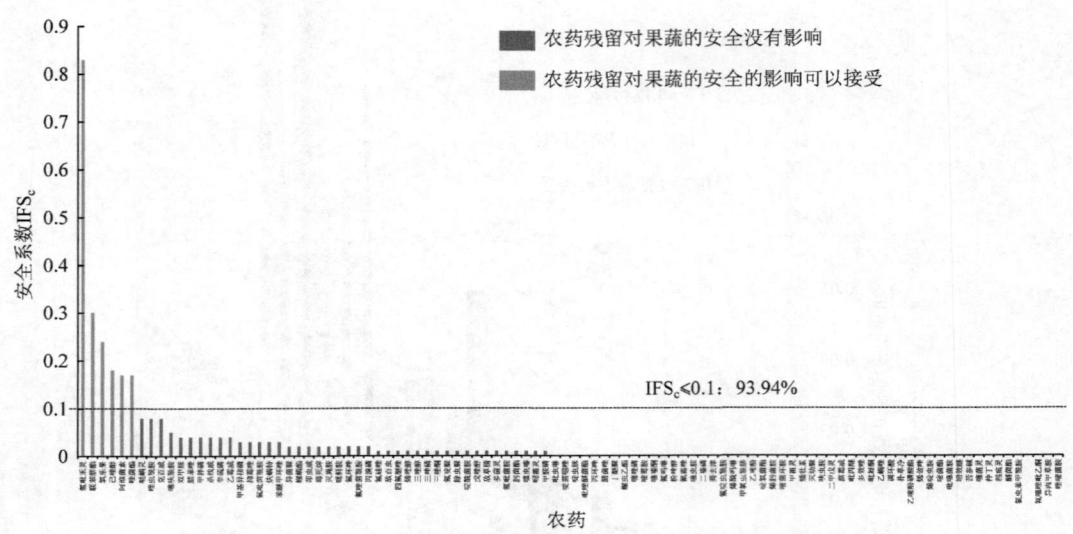

图 10-11 99 种残留农药对水果蔬菜的安全影响程度统计图

表 10-8 水果蔬菜中 99 种农药残留的安全指数表

序号	农药	检出频次	检出率(%)	$\overline{\text{IFS}_c}$	影响程度	序号	农药	检出频次	检出率(%)	$\overline{\text{IFS}_c}$	影响程度
1	氟吡禾灵	4	0.13	0.83	可以接受	13	甲拌磷	3	0.10	0.04	没有影响
2	联苯肼酯	12	0.38	0.30	可以接受	14	杀线威	2	0.06	0.04	没有影响
3	氧乐果	6	0.19	0.24	可以接受	15	辛硫磷	4	0.13	0.04	没有影响
4	己唑醇	40	1.28	0.18	可以接受	16	乙霉威	2	0.06	0.04	没有影响
5	阿维菌素	2	0.06	0.17	可以接受	17	甲基异柳磷	1	0.03	0.03	没有影响
6	唑菌酯	3	0.10	0.17	可以接受	18	抑霉唑	15	0.48	0.03	没有影响
7	哒螨灵	88	2.82	0.08	没有影响	19	氟吡菌酰胺	39	1.25	0.03	没有影响
8	唑虫酰胺	6	0.19	0.08	没有影响	20	炔螨特	11	0.35	0.03	没有影响
9	克百威	5	0.16	0.08	没有影响	21	苯醚甲环唑	196	6.28	0.03	没有影响
10	噻呋酰胺	4	0.13	0.05	没有影响	22	异菌脲	7	0.22	0.02	没有影响
11	双甲脒	4	0.13	0.04	没有影响	23	螺螨酯	32	1.02	0.02	没有影响
12	腈苯唑	4	0.13	0.04	没有影响	24	茚虫威	75	2.4	0.02	没有影响

续表

序号	农药	检出频次	检出率（%）	$\overline{IFS_c}$	影响程度	序号	农药	检出频次	检出率（%）	$\overline{IFS_c}$	影响程度
25	毒死蜱	47	1.51	0.02	没有影响	55	丁醚脲	9	0.29	0	没有影响
26	灭蝇胺	52	1.67	0.02	没有影响	56	螺虫乙酯	26	0.83	0	没有影响
27	咪鲜胺	65	2.08	0.02	没有影响	57	噻唑磷	1	0.03	0	没有影响
28	氟环唑	2	0.06	0.02	没有影响	58	嘧霉胺	31	0.99	0	没有影响
29	氟唑菌酰胺	16	0.51	0.02	没有影响	59	噻嗪酮	5	0.16	0	没有影响
30	丙溴磷	8	0.26	0.02	没有影响	60	氟吗啉	12	0.38	0	没有影响
31	氟硅唑	24	0.77	0.01	没有影响	61	粉唑醇	5	0.16	0	没有影响
32	敌百虫	7	0.22	0.01	没有影响	62	氰霜唑	31	0.99	0	没有影响
33	四氟醚唑	3	0.1	0.01	没有影响	63	噻虫胺	157	5.03	0	没有影响
34	烯唑醇	4	0.13	0.01	没有影响	64	二嗪磷	3	0.1	0	没有影响
35	三唑醇	12	0.38	0.01	没有影响	65	莠去津	18	0.58	0	没有影响
36	三唑磷	1	0.03	0.01	没有影响	66	氟啶虫酰胺	4	0.13	0	没有影响
37	三唑酮	8	0.26	0.01	没有影响	67	烯酰吗啉	198	6.34	0	没有影响
38	氟啶脲	1	0.03	0.01	没有影响	68	甲氧虫酰肼	17	0.54	0	没有影响
39	除虫脲	2	0.06	0.01	没有影响	69	乙嘧酚	10	0.32	0	没有影响
40	啶酰菌胺	29	0.93	0.01	没有影响	70	啶氧菌酯	6	0.19	0	没有影响
41	戊唑醇	112	3.59	0.01	没有影响	71	烯肟菌胺	2	0.06	0	没有影响
42	敌草腈	5	0.16	0.01	没有影响	72	嘧菌环胺	9	0.29	0	没有影响
43	多菌灵	172	5.51	0.01	没有影响	73	甲霜灵	46	1.47	0	没有影响
44	氟吡菌胺	40	1.28	0.01	没有影响	74	矮壮素	37	1.19	0	没有影响
45	肟菌酯	46	1.47	0.01	没有影响	75	灭幼脲	12	0.38	0	没有影响
46	噻虫嗪	128	4.1	0.01	没有影响	76	呋虫胺	58	1.86	0	没有影响
47	噁霜灵	16	0.51	0.01	没有影响	77	二甲戊灵	26	0.83	0	没有影响
48	甲胺磷	3	0.1	0.01	没有影响	78	霜霉威	119	3.81	0	没有影响
49	吡虫啉	117	3.75	0	没有影响	79	吡丙醚	18	0.58	0	没有影响
50	啶菌噁唑	2	0.06	0	没有影响	80	多效唑	37	1.19	0	没有影响
51	啶虫脒	232	7.43	0	没有影响	81	吡蚜酮	3	0.1	0	没有影响
52	吡唑醚菌酯	181	5.8	0	没有影响	82	乙螨唑	36	1.15	0	没有影响
53	丙环唑	29	0.93	0	没有影响	83	调环酸	6	0.19	0	没有影响
54	腈菌唑	52	1.67	0	没有影响	84	扑草净	8	0.26	0	没有影响

序号	农药	检出频次	检出率（%）	$\overline{IFS_c}$	影响程度	序号	农药	检出频次	检出率（%）	$\overline{IFS_c}$	影响程度
85	乙嘧酚磺酸酯	16	0.51	0	没有影响	93	仲丁灵	7	0.22	0	没有影响
86	烯效唑	2	0.06	0	没有影响	94	稻瘟灵	1	0.03	0	没有影响
87	烯啶虫胺	17	0.54	0	没有影响	95	醚菌酯	1	0.03	0	没有影响
88	嘧菌酯	44	1.41	0	没有影响	96	氯虫苯甲酰胺	36	1.15	0	没有影响
89	吡噻菌胺	1	0.03	0	没有影响						
90	增效醚	3	0.1	0	没有影响	97	氟噻唑吡乙酮	2	0.06	0	没有影响
91	苦参碱	2	0.06	0	没有影响	98	异丙甲草胺	1	0.03	0	没有影响
92	噻菌灵	5	0.16	0	没有影响	99	唑嘧菌胺	4	0.13	0	没有影响

对每个月内所有水果蔬菜中残留农药的 $\overline{IFS_c}$ 进行分析，结果如图10-12所示。分析发现，3个月份所有农药对水果蔬菜安全的影响均处于没有影响和可以接受的范围内。每月内不同农药对水果蔬菜安全影响程度的统计如图10-13所示。

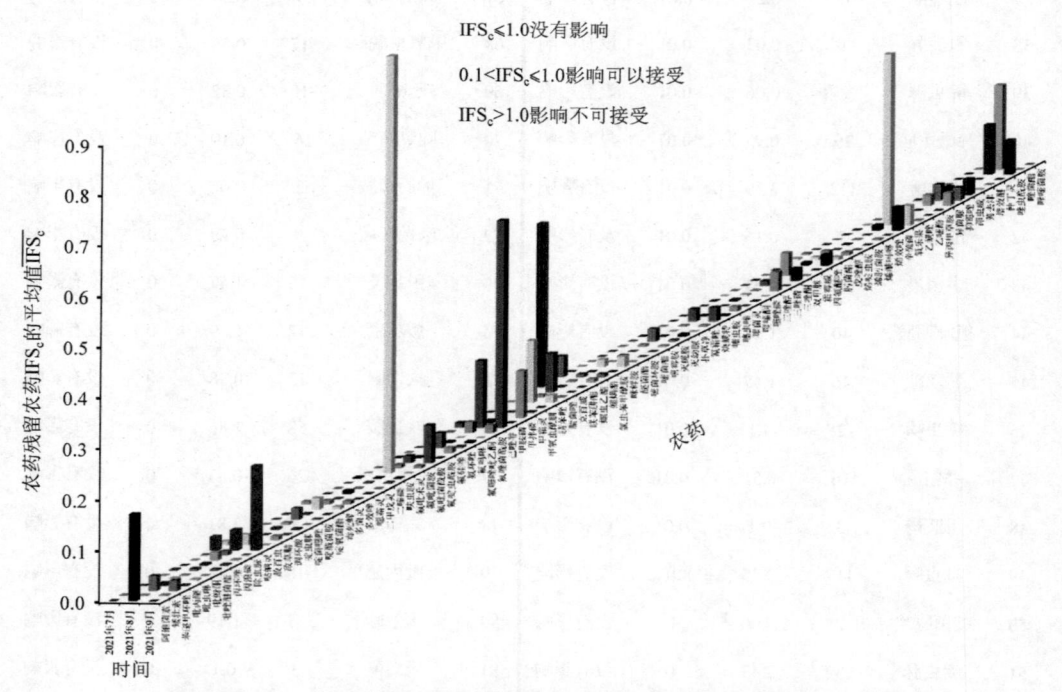

图10-12 各月份内水果蔬菜中每种残留农药的安全指数分布图

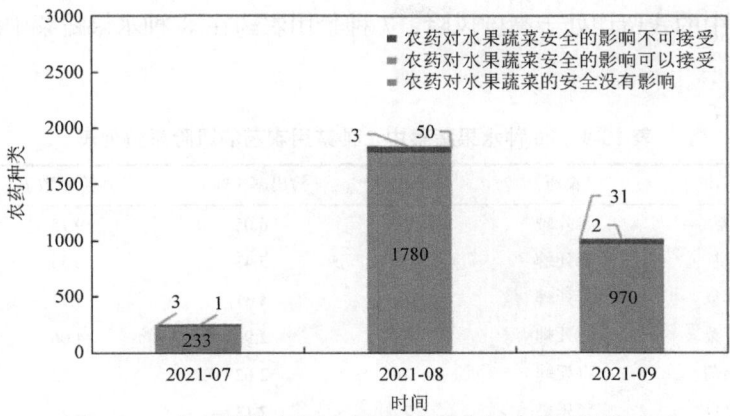

图 10-13　各月份内农药对水果蔬菜安全影响程度的统计图

10.3　农药残留预警风险评估

基于陕西省水果蔬菜样品中农药残留 LC-Q-TOF/MS 侦测数据，分析禁用农药的检出率，同时参照中华人民共和国国家标准 GB 2763—2021 和欧盟农药最大残留限量（MRL）标准分析非禁用农药残留的超标率，并计算农药残留风险系数。分析单种水果蔬菜中农药残留以及所有水果蔬菜中农药残留的风险程度。

10.3.1　单种水果蔬菜中农药残留风险系数分析

10.3.1.1　单种水果蔬菜中禁用农药残留风险系数分析

侦测出的 105 种残留农药中有 7 种为禁用农药，且它们分布在 20 种水果蔬菜中，计算 20 种水果蔬菜中禁用农药的检出率，根据检出率计算风险系数 R，进而分析水果蔬菜中禁用农药的风险程度，结果如图 10-14 与表 10-9 所示。分析发现 4 种禁用农药在

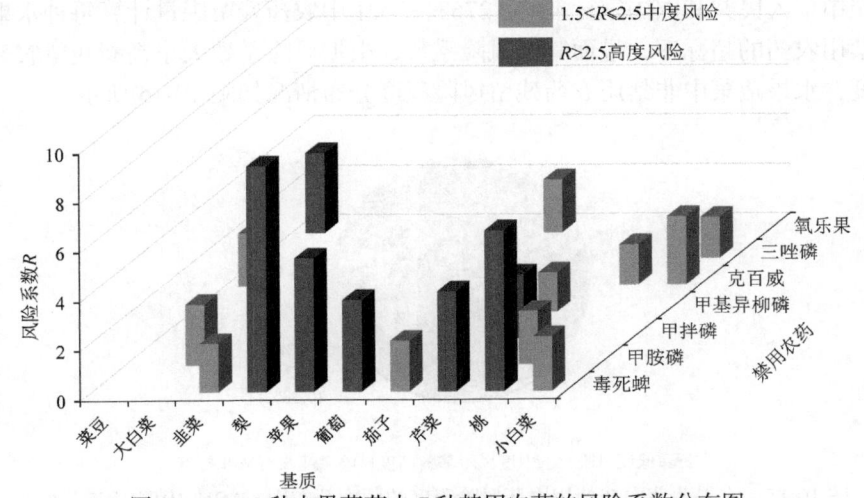

图 10-14　20 种水果蔬菜中 7 种禁用农药的风险系数分布图

7种水果蔬菜中的残留均处于高度风险，7种禁用农药在8种水果蔬菜中的残留均处于中度风险。

表 10-9　20 种水果蔬菜中 7 种禁用农药的风险系数列表

序号	基质	农药	检出频次	检出率（%）	风险系数 R	风险程度
1	梨	毒死蜱	12	8.05	9.15	高度风险
2	桃	毒死蜱	10	5.43	6.53	高度风险
3	苹果	毒死蜱	5	4.31	5.41	高度风险
4	芹菜	毒死蜱	6	2.96	4.06	高度风险
5	葡萄	毒死蜱	10	2.62	3.72	高度风险
6	菜豆	氧乐果	2	2.13	3.23	高度风险
7	小白菜	克百威	3	1.67	2.77	高度风险
8	芹菜	甲拌磷	3	1.48	2.58	高度风险
9	大白菜	甲胺磷	1	1.39	2.49	中度风险
10	小白菜	毒死蜱	2	1.11	2.21	中度风险
11	桃	甲胺磷	2	1.09	2.19	中度风险
12	菜豆	克百威	1	1.06	2.16	中度风险
13	葡萄	氧乐果	4	1.05	2.15	中度风险
14	茄子	毒死蜱	1	0.95	2.05	中度风险
15	韭菜	毒死蜱	1	0.85	1.95	中度风险
16	小白菜	三唑磷	1	0.56	1.66	中度风险
17	桃	克百威	1	0.54	1.64	中度风险
18	芹菜	甲基异柳磷	1	0.49	1.59	中度风险

10.3.1.2　基于 MRL 中国国家标准的单种水果蔬菜中非禁用农药残留风险系数分析

参照中华人民共和国国家标准 GB 2763—2021 中农药残留限量计算每种水果蔬菜中每种非禁用农药的超标率，进而算其风险系数，根据风险系数大小判断残留农药的预警风险程度，水果蔬菜中非禁用农药残留风险程度分布情况如图 10-15 所示。

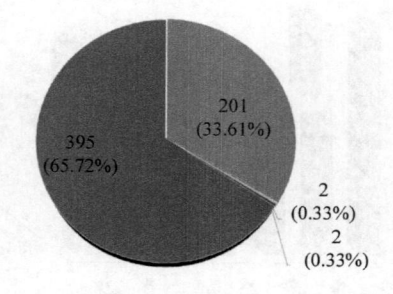

■ 低度风险　■ 中度风险　■ 高度风险　■ 没有MPL标准

图 10-15　水果蔬菜中非禁用农药风险程度的频次分布图（MRL 中国国家标准）

本次分析中，发现在 20 种水果蔬菜侦测出 92 种残留非禁用农药，涉及 600 个样本，3021 检出频次，其中，0.33%处于高度风险，0.33%处于中度风险，33.61%处于低度风险。此外发现涉及 395 个样本的数据没有 MRL 中国国家标准值，无法判断其风险程度，有 MRL 中国国家标准值的 205 个样本涉及 4 种水果蔬菜中的 4 种非禁用农药，其风险系数 R 值如图 10-16 和表 10-10 所示。

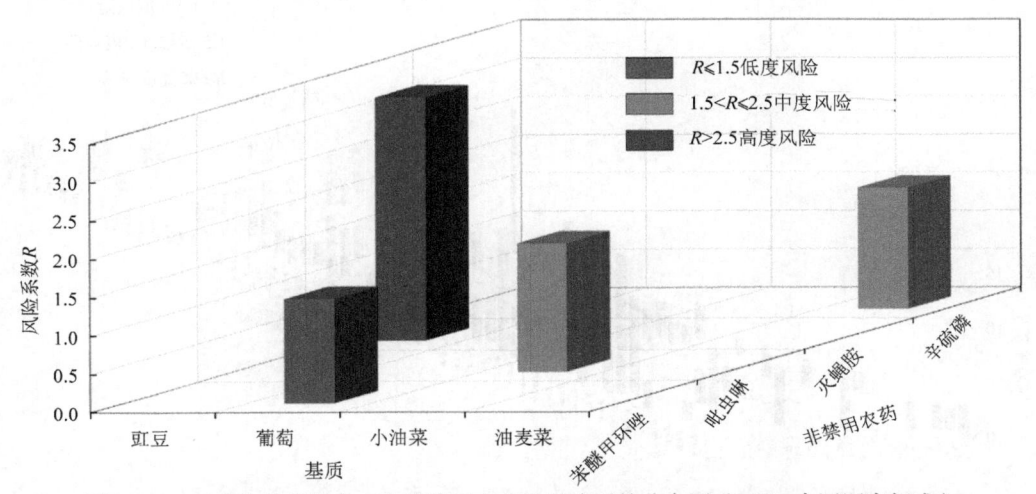

图 10-16　4 种水果蔬菜中 4 种非禁用农药的风险系数分布图（MRL 中国国家标准）

表 10-10　单种水果蔬菜中处于高度风险的非禁用农药风险系数表（**MRL 中国国家标准**）

序号	基质	农药	检出频次	检出率（%）	风险系数 R
1	豇豆	灭蝇胺	4	2.07	3.17

10.3.1.3　基于 MRL 欧盟标准的单种水果蔬菜中非禁用农药残留风险系数分析

参照 MRL 欧盟标准计算每种水果蔬菜中每种非禁用农药的超标率，进而计算其风险系数，根据风险系数大小判断农药残留的预警风险程度，水果蔬菜中非禁用农药残留风险程度分布情况如图 10-17 所示。

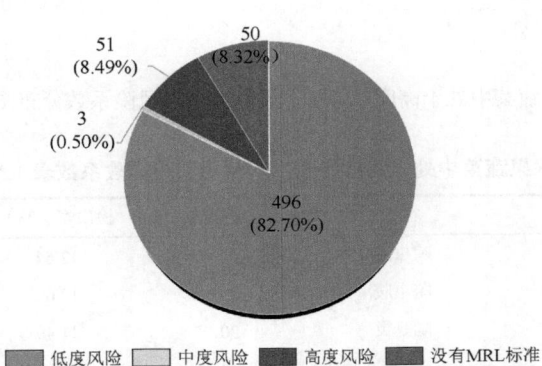

图 10-17　水果蔬菜中非禁用农药的风险程度的频次分布图（MRL 欧盟标准）

本次分析中，发现在20种水果蔬菜中共侦测出54种非禁用农药（图10-18），涉及样本600个，其中，8.49%处于高度风险，涉及20种水果蔬菜和45种农药；0.50%处于中度风险，涉及4种水果蔬菜和3种农药。单种水果蔬菜中的非禁用农药风险系数分布图如图10-19和表10-11所示。

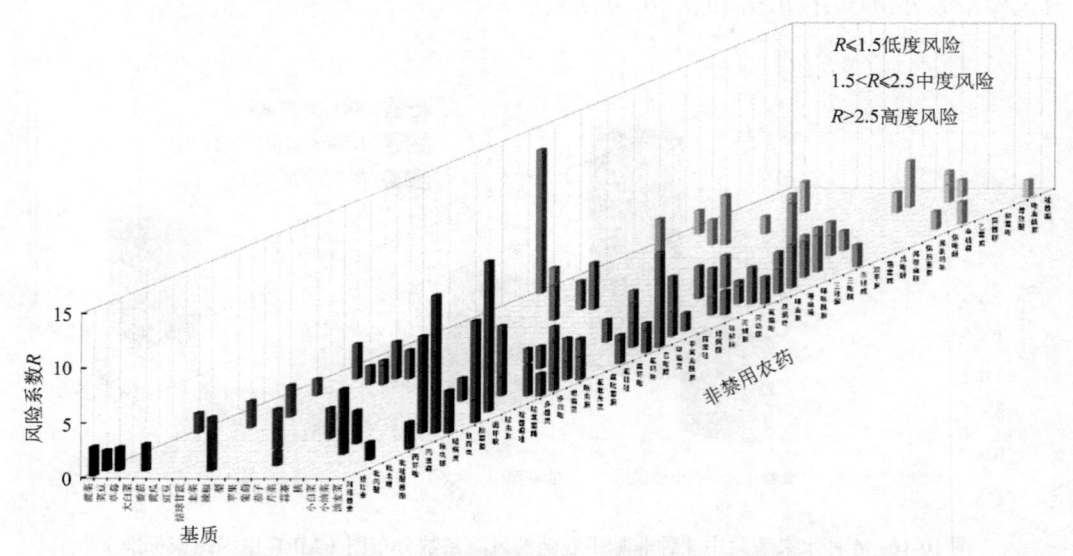

图10-18 20种水果蔬菜中54种非禁用农药的风险系数分布图（MRL欧盟标准）

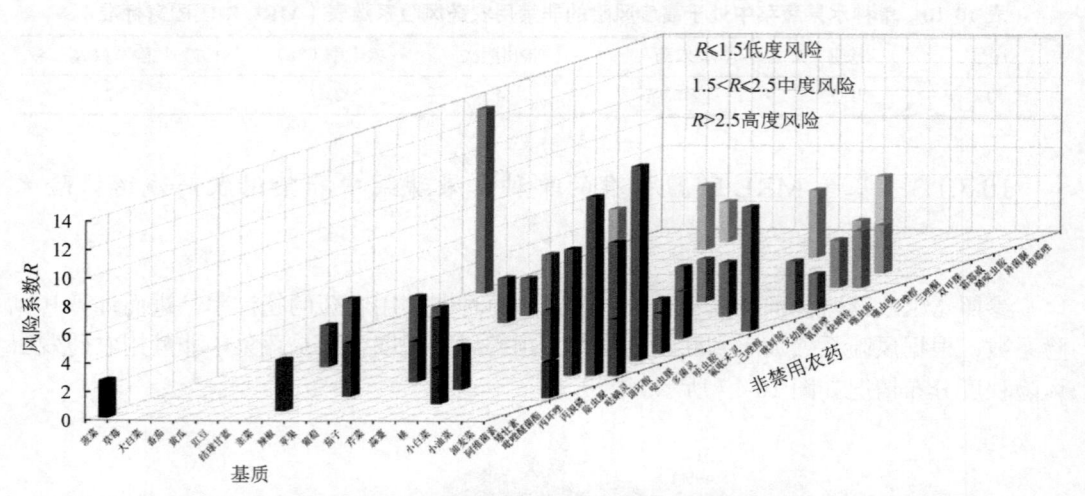

图10-19 单种水果蔬菜中处于高度风险的非禁用农药的风险系数分布图（MRL欧盟标准）

表10-11 单种水果蔬菜中处于高度风险的非禁用农药风险系数表（MRL欧盟标准）

序号	基质	农药	检出频次	检出率（%）	风险系数 R
1	小油菜	啶虫脒	22	12.64	13.74
2	菠菜	噻虫胺	15	12.00	13.10
3	小油菜	哒螨灵	20	11.49	12.59
4	小白菜	哒螨灵	14	7.78	8.88

续表

序号	基质	农药	检出频次	检出率（%）	风险系数 R
5	油麦菜	己唑醇	16	7.62	8.72
6	小白菜	啶虫脒	13	7.22	8.32
7	芹菜	丙环唑	9	4.43	5.53
8	茄子	呋虫胺	4	3.81	4.91
9	葡萄	霜霉威	14	3.67	4.77
10	黄瓜	烯啶虫胺	6	3.47	4.57
11	结球甘蓝	灭幼脲	1	3.23	4.33
12	葡萄	抑霉唑	12	3.15	4.25
13	蒜薹	咪鲜胺	4	2.94	4.04
14	小油菜	噻虫嗪	5	2.87	3.97
15	油麦菜	哒螨灵	6	2.86	3.96
16	大白菜	双甲脒	2	2.78	3.88
17	桃	灭幼脲	5	2.72	3.82
18	辣椒	丙环唑	2	2.63	3.73
19	韭菜	矮壮素	3	2.54	3.64
20	芹菜	啶虫脒	5	2.46	3.56
21	黄瓜	呋虫胺	4	2.31	3.41
22	小油菜	氰霜唑	4	2.30	3.40
23	小白菜	呋虫胺	4	2.22	3.32
24	小白菜	氟吡禾灵	4	2.22	3.32
25	小白菜	噻虫嗪	4	2.22	3.32
26	小白菜	三唑醇	4	2.22	3.32
27	小白菜	三唑酮	4	2.22	3.32
28	草莓	呋虫胺	5	2.11	3.21
29	豇豆	咪鲜胺	4	2.07	3.17
30	芹菜	丙溴磷	4	1.97	3.07
31	茄子	炔螨特	2	1.90	3.00
32	茄子	噻虫嗪	2	1.90	3.00
33	番茄	调环酸	3	1.82	2.92
34	黄瓜	异菌脲	3	1.73	2.83
35	苹果	除虫脲	2	1.72	2.82
36	小油菜	多菌灵	3	1.72	2.82
37	菠菜	阿维菌素	2	1.60	2.70
38	豇豆	呋虫胺	3	1.55	2.65
39	豇豆	灭幼脲	3	1.55	2.65
40	芹菜	霜霉威	3	1.48	2.58
41	蒜薹	吡唑醚菌酯	2	1.47	2.57
42	油麦菜	丙环唑	3	1.43	2.53
43	油麦菜	氰霜唑	3	1.43	2.53

10.3.2 所有水果蔬菜中农药残留风险系数分析

10.3.2.1 所有水果蔬菜中禁用农药残留风险系数分析

在侦测出的 105 种农药中有 7 种为禁用农药，计算所有水果蔬菜中禁用农药的风险系数，结果如表 10-12 所示。禁用农药毒死蜱处于高度风险。

表 10-12　水果蔬菜中 7 种禁用农药的风险系数表

序号	农药	检出频次	检出率（%）	风险系数 R	风险程度
1	毒死蜱	47	1.51	2.61	高度风险
2	氧乐果	6	0.19	1.29	低度风险
3	克百威	5	0.16	1.26	低度风险
4	甲胺磷	3	0.10	1.20	低度风险
5	甲拌磷	3	0.10	1.20	低度风险
6	甲基异柳磷	1	0.03	1.13	低度风险
7	三唑磷	1	0.03	1.13	低度风险

对每个月的禁用农药的风险系数进行分析，结果如图 10-20 和表 10-13 所示。

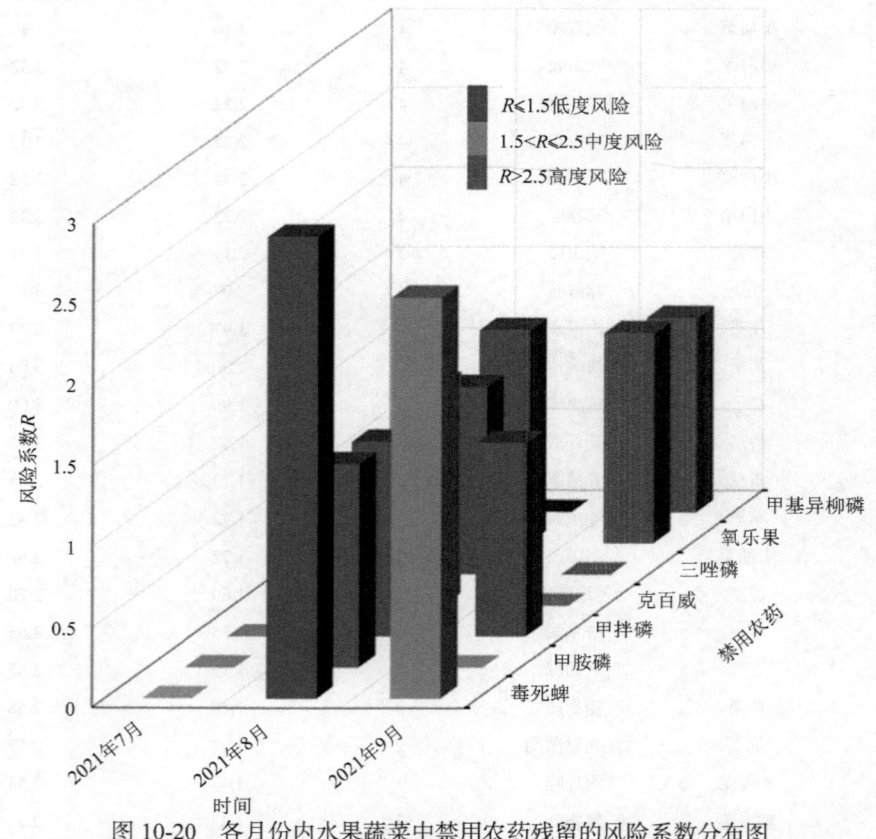

图 10-20　各月份内水果蔬菜中禁用农药残留的风险系数分布图

表 10-13　各月份内水果蔬菜中禁用农药残留的风险系数表

序号	年月	农药	检出频次	检出率（%）	风险系数 R	风险程度
1	2021 年 8 月	毒死蜱	33	1.76	2.86	高度风险
2	2021 年 8 月	克百威	5	0.27	1.37	低度风险
3	2021 年 8 月	氧乐果	4	0.21	1.31	低度风险
4	2021 年 8 月	甲胺磷	3	0.16	1.26	低度风险
5	2021 年 8 月	甲拌磷	2	0.11	1.21	低度风险
6	2021 年 8 月	三唑磷	1	0.05	1.15	低度风险
7	2021 年 9 月	毒死蜱	14	1.38	2.48	中度风险
8	2021 年 9 月	氧乐果	1	0.10	1.30	低度风险
9	2021 年 9 月	甲基异柳磷	1	0.10	1.20	低度风险
10	2021 年 9 月	甲拌磷	2	0.20	1.20	低度风险

10.3.2.2　所有水果蔬菜中非禁用农药残留风险系数分析

参照 MRL 欧盟标准计算所有水果蔬菜中每种非禁用农药残留的风险系数，如图 10-21 与表 10-14 所示。在侦测出的种非禁用农药中，11 种农药（19.64%）残留处于高度风险，18 种农药（32.14%）残留处于中度风险，27 种农药（48.21%）残留处于低度风险。

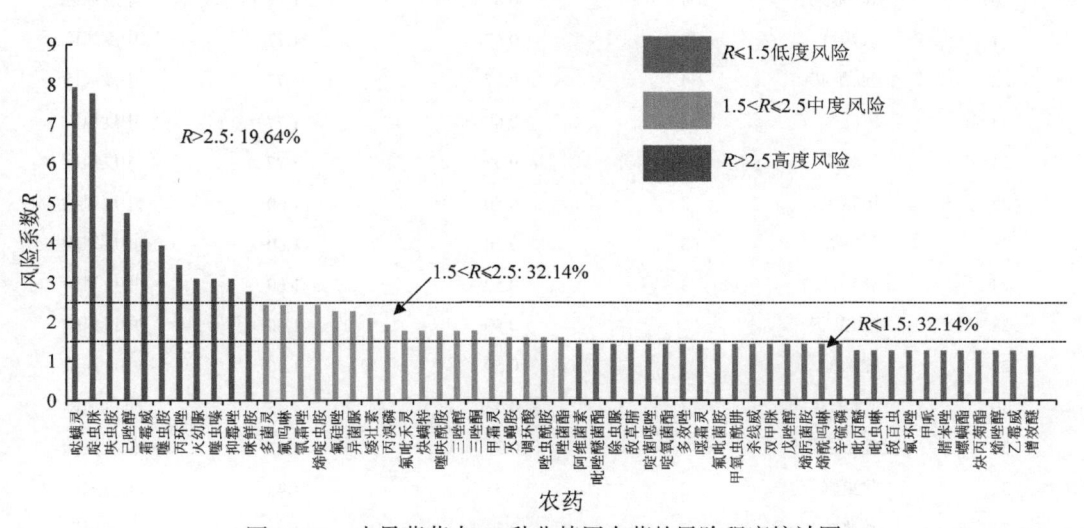

图 10-21　水果蔬菜中 56 种非禁用农药的风险程度统计图

表 10-14　水果蔬菜中 56 种非禁用农药的风险系数表

序号	农药	超标频次	超标率 P（%）	风险系数 R	风险程度
1	哒螨灵	41	6.84	7.94	高度风险
2	啶虫脒	40	6.68	7.78	高度风险

续表

序号	农药	超标频次	超标率 P（%）	风险系数 R	风险程度
3	呋虫胺	24	4.01	5.11	高度风险
4	己唑醇	22	3.67	4.77	高度风险
5	霜霉威	18	3.01	4.11	高度风险
6	噻虫胺	17	2.84	3.94	高度风险
7	丙环唑	14	2.34	3.44	高度风险
8	灭幼脲	12	2.00	3.10	高度风险
9	噻虫嗪	12	2.00	3.10	高度风险
10	抑霉唑	12	2.00	3.10	高度风险
11	咪鲜胺	10	1.67	2.77	高度风险
12	多菌灵	8	1.34	2.44	中度风险
13	氟吗啉	8	1.34	2.44	中度风险
14	氰霜唑	8	1.34	2.44	中度风险
15	烯啶虫胺	8	1.34	2.44	中度风险
16	氟硅唑	7	1.17	2.27	中度风险
17	异菌脲	7	1.17	2.27	中度风险
18	矮壮素	6	1.00	2.10	中度风险
19	丙溴磷	5	0.83	1.93	中度风险
20	氟吡禾灵	4	0.67	1.77	中度风险
21	炔螨特	4	0.67	1.77	中度风险
22	噻呋酰胺	4	0.67	1.77	中度风险
23	三唑醇	4	0.67	1.77	中度风险
24	三唑酮	4	0.67	1.77	中度风险
25	甲霜灵	3	0.50	1.60	中度风险
26	灭蝇胺	3	0.50	1.60	中度风险
27	调环酸	3	0.50	1.60	中度风险
28	唑虫酰胺	3	0.50	1.60	中度风险
29	唑菌酯	3	0.50	1.60	中度风险
30	阿维菌素	2	0.33	1.43	低度风险
31	吡唑醚菌酯	2	0.33	1.43	低度风险
32	除虫脲	2	0.33	1.43	低度风险
33	敌草腈	2	0.33	1.43	低度风险
34	啶菌噁唑	2	0.33	1.43	低度风险
35	啶氧菌酯	2	0.33	1.43	低度风险
36	多效唑	2	0.33	1.43	低度风险
37	噁霜灵	2	0.33	1.43	低度风险
38	氟吡菌胺	2	0.33	1.43	低度风险

续表

序号	农药	超标频次	超标率 P（%）	风险系数 R	风险程度
39	甲氧虫酰肼	2	0.33	1.43	低度风险
40	杀线威	2	0.33	1.43	低度风险
41	双甲脒	2	0.33	1.43	低度风险
42	戊唑醇	2	0.33	1.43	低度风险
43	烯肟菌胺	2	0.33	1.43	低度风险
44	烯酰吗啉	2	0.33	1.43	低度风险
45	辛硫磷	2	0.33	1.43	低度风险
46	吡丙醚	1	0.17	1.27	低度风险
47	吡虫啉	1	0.17	1.27	低度风险
48	敌百虫	1	0.17	1.27	低度风险
49	氟环唑	1	0.17	1.27	低度风险
50	甲哌	1	0.17	1.27	低度风险
51	腈苯唑	1	0.17	1.27	低度风险
52	螺螨酯	1	0.17	1.27	低度风险
53	炔丙菊酯	1	0.17	1.27	低度风险
54	烯唑醇	1	0.17	1.27	低度风险
55	乙霉威	1	0.17	1.27	低度风险
56	增效醚	1	0.17	1.27	低度风险

对每个月份内的非禁用农药的风险系数进行分析，每月内非禁用农药风险程度分布图如图 10-22 所示。这 3 个月份内处于高度风险的农药数排序为 2021 年 9 月（17）> 2021 年 8 月（11）> 2021 年 7 月（3）。

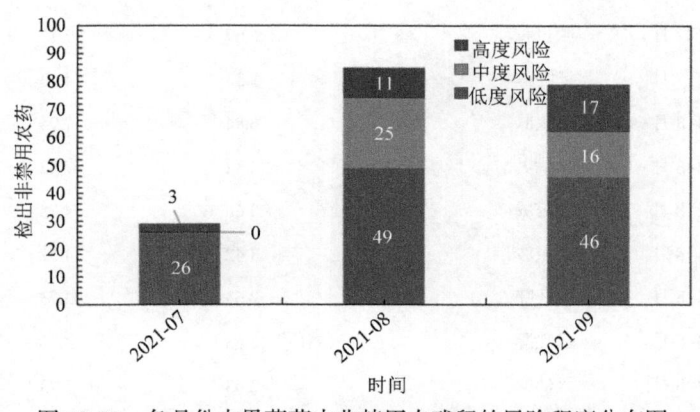

图 10-22　各月份水果蔬菜中非禁用农残留的风险程度分布图

3 个月份内水果蔬菜中非禁用农药处于中度风险和高度风险的风险系数如图 10-23 和表 10-15 所示。

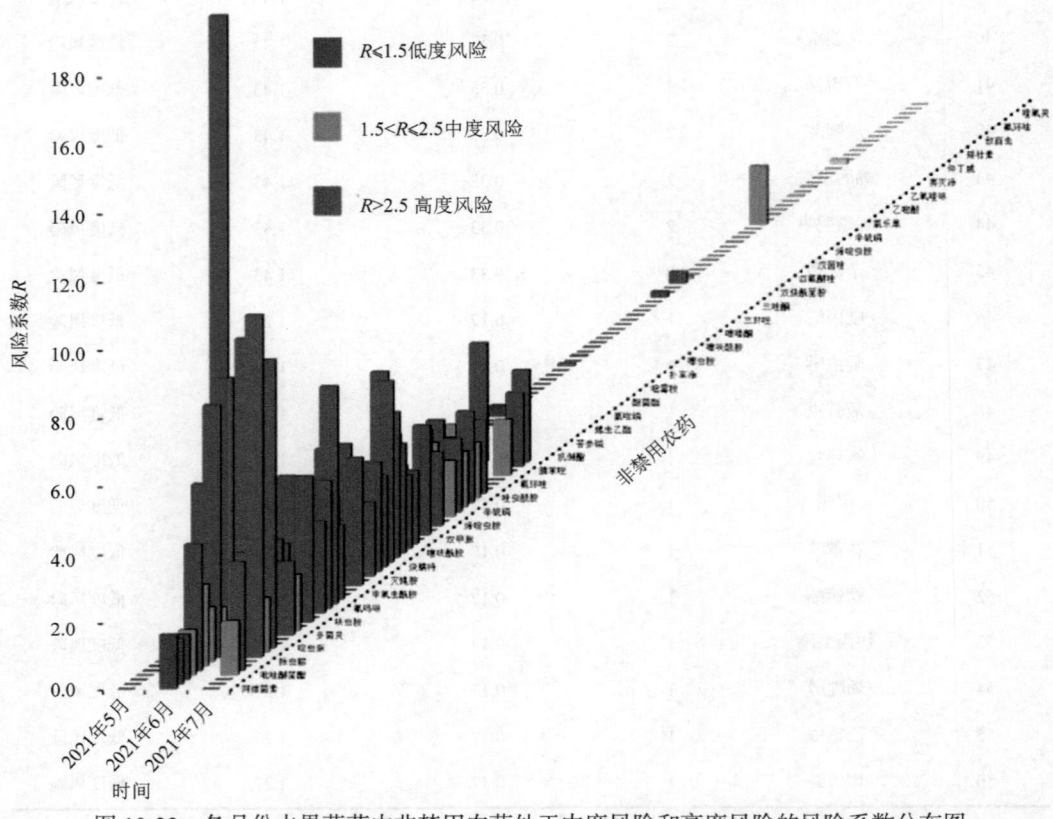

图 10-23　各月份水果蔬菜中非禁用农药处于中度风险和高度风险的风险系数分布图

表 10-15　各月份水果蔬菜中非禁用农药处于中度风险和高度风险的风险系数表

序号	年月	农药	超标频次	超标率 P（%）	风险系数 R	风险程度
1	2021 年 7 月	多菌灵	1	16.67	17.77	高度风险
2	2021 年 7 月	呋虫胺	5	6.67	7.77	高度风险
3	2021 年 7 月	己唑醇	2	3.33	4.43	高度风险
4	2021 年 8 月	啶虫脒	26	6.84	7.94	高度风险
5	2021 年 8 月	哒螨灵	24	6.32	7.42	高度风险
6	2021 年 8 月	霜霉威	14	3.68	4.78	高度风险
7	2021 年 8 月	呋虫胺	13	3.42	4.52	高度风险
8	2021 年 8 月	丙环唑	10	2.63	3.73	高度风险
9	2021 年 8 月	己唑醇	10	2.63	3.73	高度风险
10	2021 年 8 月	灭幼脲	10	2.63	3.73	高度风险
11	2021 年 8 月	噻虫胺	9	2.37	3.47	高度风险

续表

序号	年月	农药	超标频次	超标率 P（%）	风险系数 R	风险程度
12	2021年8月	抑霉唑	9	2.37	3.47	高度风险
13	2021年8月	噻虫嗪	6	1.58	2.68	高度风险
14	2021年8月	烯啶虫胺	6	1.58	2.68	高度风险
15	2021年8月	丙溴磷	5	1.32	2.42	中度风险
16	2021年8月	多菌灵	5	1.32	2.42	中度风险
17	2021年8月	咪鲜胺	5	1.32	2.42	中度风险
18	2021年8月	矮壮素	4	1.05	2.15	中度风险
19	2021年8月	氟吡禾灵	4	1.05	2.15	中度风险
20	2021年8月	氟硅唑	4	1.05	2.15	中度风险
21	2021年8月	氰霜唑	4	1.05	2.15	中度风险
22	2021年8月	异菌脲	4	1.05	2.15	中度风险
23	2021年8月	氟吗啉	3	0.79	1.89	中度风险
24	2021年8月	灭蝇胺	3	0.79	1.89	中度风险
25	2021年8月	唑菌酯	3	0.79	1.89	中度风险
26	2021年8月	阿维菌素	2	0.53	1.63	中度风险
27	2021年8月	除虫脲	2	0.53	1.63	中度风险
28	2021年8月	啶菌噁唑	2	0.53	1.63	中度风险
29	2021年8月	啶氧菌酯	2	0.53	1.63	中度风险
30	2021年8月	噁霜灵	2	0.53	1.63	中度风险
31	2021年8月	氟吡菌胺	2	0.53	1.63	中度风险
32	2021年8月	甲氧虫酰肼	2	0.53	1.63	中度风险
33	2021年8月	三唑醇	2	0.53	1.63	中度风险
34	2021年8月	三唑酮	2	0.53	1.63	中度风险
35	2021年8月	双甲脒	2	0.53	1.63	中度风险
36	2021年8月	戊唑醇	2	0.53	1.63	中度风险
37	2021年8月	烯肟菌胺	2	0.53	1.63	中度风险
38	2021年8月	烯酰吗啉	2	0.53	1.63	中度风险
39	2021年8月	唑虫酰胺	2	0.53	1.63	中度风险
40	2021年9月	哒螨灵	17	8.95	10.05	高度风险
41	2021年9月	啶虫脒	14	7.37	8.47	高度风险
42	2021年9月	己唑醇	10	5.26	6.36	高度风险
43	2021年9月	噻虫胺	8	4.21	5.31	高度风险
44	2021年9月	呋虫胺	6	3.16	4.26	高度风险
45	2021年9月	噻虫嗪	6	3.16	4.26	高度风险

续表

序号	年月	农药	超标频次	超标率 P（%）	风险系数 R	风险程度
46	2021年9月	氟吗啉	5	2.63	3.73	高度风险
47	2021年9月	咪鲜胺	5	2.63	3.73	高度风险
48	2021年9月	丙环唑	4	2.11	3.21	高度风险
49	2021年9月	氰霜唑	4	2.11	3.21	高度风险
50	2021年9月	噻呋酰胺	4	2.11	3.21	高度风险
51	2021年9月	霜霉威	4	2.11	3.21	高度风险
52	2021年9月	氟硅唑	3	1.58	2.68	高度风险
53	2021年9月	炔螨特	3	1.58	2.68	高度风险
54	2021年9月	调环酸	3	1.58	2.68	高度风险
55	2021年9月	异菌脲	3	1.58	2.68	高度风险
56	2021年9月	抑霉唑	3	1.58	2.68	高度风险
57	2021年9月	矮壮素	2	1.05	2.15	中度风险
58	2021年9月	多菌灵	2	1.05	2.15	中度风险
59	2021年9月	甲霜灵	2	1.05	2.15	中度风险
60	2021年9月	灭幼脲	2	1.05	2.15	中度风险
61	2021年9月	三唑醇	2	1.05	2.15	中度风险
62	2021年9月	三唑酮	2	1.05	2.15	中度风险
63	2021年9月	杀线威	2	1.05	2.15	中度风险
64	2021年9月	烯啶虫胺	2	1.05	2.15	中度风险
65	2021年9月	辛硫磷	2	1.05	2.15	中度风险
66	2021年9月	吡唑醚菌酯	1	0.53	1.63	中度风险
67	2021年9月	敌草腈	1	0.53	1.63	中度风险
68	2021年9月	多效唑	1	0.53	1.63	中度风险
69	2021年9月	烯唑醇	1	0.53	1.63	中度风险
70	2021年9月	乙霉威	1	0.53	1.63	中度风险
71	2021年9月	增效醚	1	0.53	1.63	中度风险
72	2021年9月	唑虫酰胺	1	0.53	1.63	中度风险

10.4 农药残留风险评估结论与建议

农药残留是影响水果蔬菜安全和质量的主要因素，也是我国食品安全领域备受关注的敏感话题和亟待解决的重大问题之一。各种水果蔬菜均存在不同程度的农药残留现象，本研究主要针对陕西省各类水果蔬菜存在的农药残留问题，基于2021年7月至2021年9月期间对陕西省600例水果蔬菜样品中农药残留侦测得出的3087个侦测结果，分别采用食品安全指数模型和风险系数模型，开展水果蔬菜中农药残留的膳食暴露风险和预警风险评估。水果蔬菜样品取自超市和农贸市场，符合大众的膳食来源，风险评价时更具有代表性和可信度。

本研究力求通用简单地反映食品安全中的主要问题，且为管理部门和大众容易接受，为政府及相关管理机构建立科学的食品安全信息发布和预警体系提供科学的规律与方法，加强对农药残留的预警和食品安全重大事件的预防，控制食品风险。

10.4.1 陕西省水果蔬菜中农药残留膳食暴露风险评价结论

1）水果蔬菜样品中农药残留安全状态评价结论

采用食品安全指数模型，对 2021 年 7 月至 2021 年 9 月期间陕西省水果蔬菜食品农药残留膳食暴露风险进行评价，根据 IFS_c 的计算结果发现，水果蔬菜中农药的 IFS_c 为 0.0143，说明陕西省水果蔬菜总体处于很好的安全状态，但部分禁用农药、高残留农药在蔬菜、水果中仍有侦测出，导致膳食暴露风险的存在，成为不安全因素。

2）单种水果蔬菜中农药膳食暴露风险不可接受情况评价结论

单种水果蔬菜中农药残留安全指数分析结果显示，农药对单种水果蔬菜安全影响不可接受（$IFS_c > 1$）的样本数共 6 个，占总样本数的 0.19%，样本为油麦菜中的己唑醇，葡萄中的苯醚甲环唑，草莓中的联苯肼酯，小白菜中的氟吡禾灵和哒螨灵，说明油麦菜中的己唑醇，葡萄中的苯醚甲环唑，草莓中的联苯肼酯，小白菜中的氟吡禾灵和哒螨灵确会对消费者身体健康造成较大的膳食暴露风险。油麦菜、小白菜和葡萄、草莓均为较常见的水果蔬菜，百姓日常食用量较大，长期食用大量残留己唑醇的油麦菜，苯醚甲环唑的葡萄，联苯肼酯的草莓，氟吡禾灵和哒螨灵的小白菜会对人体造成不可接受的影响，本次侦测发现异丙威和辛硫磷在菜豆和芹菜样品中多次并大量侦测出，是未严格实施农业良好管理规范（GAP），抑或是农药滥用，这应该引起相关管理部门的警惕，应加强对油麦菜中的己唑醇，葡萄中的苯醚甲环唑，草莓中的联苯肼酯，小白菜中的氟吡禾灵和哒螨灵的严格管控。

10.4.2 陕西省水果蔬菜中农药残留预警风险评价结论

1）单种水果蔬菜中禁用农药残留的预警风险评价结论

本次侦测过程中，在 7 种水果蔬菜中侦测出 7 种禁用农药，禁用农药为毒死蜱、氧乐果、克百威、甲拌磷，水果蔬菜为：梨、桃、苹果、芹菜、葡萄、菜豆、小白菜，水果蔬菜中禁用农药的风险系数分析结果显示，7 种禁用农药在 7 种水果蔬菜中的残留均处于高度风险，说明在单种水果蔬菜中禁用农药的残留会导致较高的预警风险。

2）单种水果蔬菜中非禁用农药残留的预警风险评价结论

本次侦测过程中，在 20 种水果蔬菜侦测出 99 种残留非禁用农药，涉及 551 个样本，3021 检出频次。以 MRL 中国国家标准为标准，计算水果蔬菜中非禁用农药风险系数，0.17%处于中度风险，86.48%处于低度风险，13.35%的数据没有 MRL 中国国家标准值，无法判断其风险程度；以 MRL 欧盟标准为标准，计算水果蔬菜中非禁用农药风险系数,发现有 5.10%处于中度风险,94.90%处于低度风险。基于两种 MRL 标准,评价的结果差异显著,可以看出 MRL 欧盟标准比中国国家标准更加严格和完善,过于宽松的 MRL 中国国家标准值能否有效保障人体的健康有待研究。

10.4.3 加强陕西省水果蔬菜食品安全建议

我国食品安全风险评价体系仍不够健全,相关制度不够完善,多年来,由于农药用药次数多、用药量大或用药间隔时间短,产品残留量大,农药残留所造成的食品安全问题日益严峻,给人体健康带来了直接或间接的危害。据估计,美国与农药有关的癌症患者数约占全国癌症患者总数的 50%,中国更高。同样,农药对其他生物也会形成直接杀伤和慢性危害,植物中的农药可经过食物链逐级传递并不断蓄积,对人和动物构成潜在威胁,并影响生态系统。

基于本次农药残留侦测数据的风险评价结果,提出以下几点建议:

1)加快食品安全标准制定步伐

我国食品标准中对农药每日允许最大摄入量 ADI 的数据严重缺乏,在本次陕西省水果蔬菜农药现有评价所涉及的 105 种农药中,仅有 95.2%的农药具有 ADI 值,而 4.8%的农药中国尚未规定相应的 ADI 值,亟待完善。

我国食品中农药最大残留限量值的规定严重缺乏,对评估涉及的不同水果蔬菜中不同农药 408 个 MRL 限值进行统计来看,我国仅制定出 221 个标准,标准完整率仅为54.2%,欧盟的完整率达到 100%(表 10-16)。因此,中国更应加快 MRL 的制定步伐。

表 10-16 我国国家食品标准农药的 ADI、MRL 值与欧盟标准的数量差异

分类		中国 ADI	MRL 中国国家标准	MRL 欧盟标准
标准限值(个)	有	100	221	408
	无	5	187	0
总数(个)		105	408	408
无标准限值比例(%)		4.8	45.8	0.0

此外,MRL 中国国家标准限值普遍高于欧盟标准限值,这些标准中共有 350 个高于欧盟。过高的 MRL 值难以保障人体健康,建议继续加强对限值基准和标准的科学研究,将农产品中的危险性减少到尽可能低的水平。

2)加强农药的源头控制和分类监管

在陕西省某些水果蔬菜中仍有禁用农药残留,利用 LC-Q-TOF/MS 侦测出 7 种禁用农药,检出频次为 66 次,残留禁用农药均存在较大的膳食暴露风险和预警风险。早已列入黑名单的禁用农药在我国并未真正退出,有些药物由于价格便宜、工艺简单,此类高毒农药一直生产和使用。建议在我国采取严格有效的控制措施,从源头控制禁用农药。

对于非禁用农药,在我国作为"田间地头"最典型单位的县级蔬果产地中,农药残留的侦测几乎缺失。建议根据农药的毒性,对高毒、剧毒、中毒农药实现分类管理,

减少使用高毒和剧毒高残留农药,进行分类监管。

3)加强残留农药的生物修复及降解新技术

市售果蔬中残留农药的品种多、频次高、禁用农药多次检出这一现状,说明了我国的田间土壤和水体因农药长期、频繁、不合理的使用而遭到严重污染。为此,建议中国相关部门出台相关政策,鼓励高校及科研院所积极开展分子生物学、酶学等研究,加强土壤、水体中残留农药的生物修复及降解新技术研究,切实加大农药监管力度,以控制农药的面源污染问题。

综上所述,在本工作基础上,根据蔬菜残留危害,可进一步针对其成因提出和采取严格管理、大力推广无公害蔬菜种植与生产、健全食品安全控制技术体系、加强蔬菜食品质量侦测体系建设和积极推行蔬菜食品质量追溯制度等相应对策。建立和完善食品安全综合评价指数与风险监测预警系统,对食品安全进行实时、全面的监控与分析,为我国的食品安全科学监管与决策提供新的技术支持,可实现各类检验数据的信息化系统管理,降低食品安全事故的发生。

第11章 GC-Q-TOF/MS侦测陕西省市售水果蔬菜农药残留报告

从陕西省随机采集了600例水果蔬菜样品,使用气相色谱-飞行时间质谱(GC-Q-TOF/MS),进行了691种农药化学污染物的全面侦测。

11.1 样品种类、数量与来源

11.1.1 样品采集与检测

为了真实反映百姓餐桌上水果蔬菜中农药残留污染状况,本次所有检测样品均由检验人员于2021年7月至9月期间,从陕西省60个采样点,包括12个农贸市场、30个电商平台、16个个体商户、2个超市,以随机购买方式采集,总计60批600例样品,从中检出农药94种,2236频次。采样及监测概况见表11-1,样品明细见表11-2。

表11-1 农药残留监测总体概况

采样地区	陕西省7个区县
采样点(超市+农贸市场)	60
样本总数	600
检出农药品种/频次	94/2236
各采样点样本农药残留检出率范围	0.0%~100.0%

表11-2 样品分类及数量

样品分类	样品名称(数量)	数量小计
1. 水果		150
1)核果类水果	桃(30)	30
2)浆果和其他小型水果	葡萄(30),草莓(30)	60
3)仁果类水果	苹果(30),梨(30)	60
2. 蔬菜		450
1)豆类蔬菜	豇豆(30),菜豆(30)	60
2)鳞茎类蔬菜	韭菜(30),蒜薹(30)	60
3)叶菜类蔬菜	小白菜(30),油麦菜(30),芹菜(30),小油菜(30),大白菜(30),菠菜(30)	180

续表

样品分类	样品名称（数量）	数量小计
4）芸薹属类蔬菜	结球甘蓝（30）	30
5）茄果类蔬菜	辣椒（30），番茄（30），茄子（30）	90
6）瓜类蔬菜	黄瓜（30）	30
合计	1. 水果 5 种 2. 蔬菜 15 种	600

11.1.2 检测结果

这次使用的检测方法是庞国芳院士团队最新研发的不需使用标准品对照，而以高分辨精确质量数（0.0001 m/z）为基准的 GC-Q-TOF/MS 检测技术，对于 600 例样品，每个样品均侦测了 691 种农药化学污染物的残留现状。通过本次侦测，在 600 例样品中共计检出农药化学污染物 94 种，检出 2236 频次。

11.1.2.1 各采样点样品检出情况

统计分析发现 60 个采样点中，被测样品的农药检出率范围为 0.0%～100.0%。其中，有 30 个采样点样品的检出率最高，达到了 100.0%，见表 11-3。

表 11-3 陕西省采样点信息

采样点序号	行政区域	检出率（%）	采样点序号	行政区域	检出率（%）
个体商户(16)			2	西安市 新城区	89.5
1	渭南市 大荔县	94.7	3	西安市 未央区	84.2
2	渭南市 大荔县	78.9	4	西安市 未央区	89.5
3	渭南市 大荔县	78.9	5	西安市 碑林区	78.9
4	渭南市 大荔县	84.2	6	西安市 碑林区	89.5
5	渭南市 大荔县	94.7	7	西安市 雁塔区	89.5
6	渭南市 大荔县	73.7	8	铜川市 印台区	84.2
7	渭南市 大荔县	78.9	9	铜川市 印台区	89.5
8	西安市 未央区	78.9	10	铜川市 印台区	89.5
9	西安市 未央区	84.2	11	铜川市 印台区	84.2
10	西安市 未央区	84.2	12	铜川市 印台区	89.5
11	西安市 未央区	84.2	电商平台(30)		
12	铜川市 印台区	84.2	1	西安市 新城区	100.0
13	铜川市 印台区	100.0	2	西安市 新城区	100.0
14	铜川市 印台区	89.5	3	西安市 新城区	100.0
15	铜川市 王益区	94.7	4	西安市 新城区	100.0
16	铜川市 王益区	94.7	5	西安市 新城区	0.0
农贸市场(12)			6	西安市 新城区	100.0
1	渭南市 大荔县	73.7	7	西安市 新城区	100.0

续表

采样点序号	行政区域	检出率（%）	采样点序号	行政区域	检出率（%）
8	西安市 新城区	100.0	21	西安市 新城区	100.0
9	西安市 新城区	100.0	22	西安市 新城区	100.0
10	西安市 新城区	100.0	23	西安市 新城区	100.0
11	西安市 新城区	100.0	24	西安市 新城区	100.0
12	西安市 新城区	100.0	25	西安市 新城区	100.0
13	西安市 新城区	100.0	26	西安市 新城区	100.0
14	西安市 新城区	100.0	27	西安市 新城区	100.0
15	西安市 新城区	100.0	28	西安市 新城区	100.0
16	西安市 新城区	100.0	29	西安市 新城区	100.0
17	西安市 新城区	100.0	30	西安市 新城区	100.0
18	西安市 新城区	100.0	超市(2)		
19	西安市 新城区	100.0	1	渭南市 大荔县	89.5
20	西安市 新城区	100.0	2	渭南市 大荔县	84.2

11.1.2.2 检出农药的品种总数与频次

统计分析发现，对于 600 例样品中 691 种农药化学污染物的侦测，共检出农药 2236 频次，涉及农药 94 种，结果如图 11-1 所示。其中虫螨腈检出频次最高，共检出 202 次。检出频次排名前 10 的农药如下：①虫螨腈（202），②氯氟氰菊酯（189），③烯酰吗啉（132），④戊唑醇（109），⑤毒死蜱（104），⑥苯醚甲环唑（100），⑦腐霉利（89），⑧联苯菊酯（87），⑨咪鲜胺（83），⑩氯氰菊酯（52）。

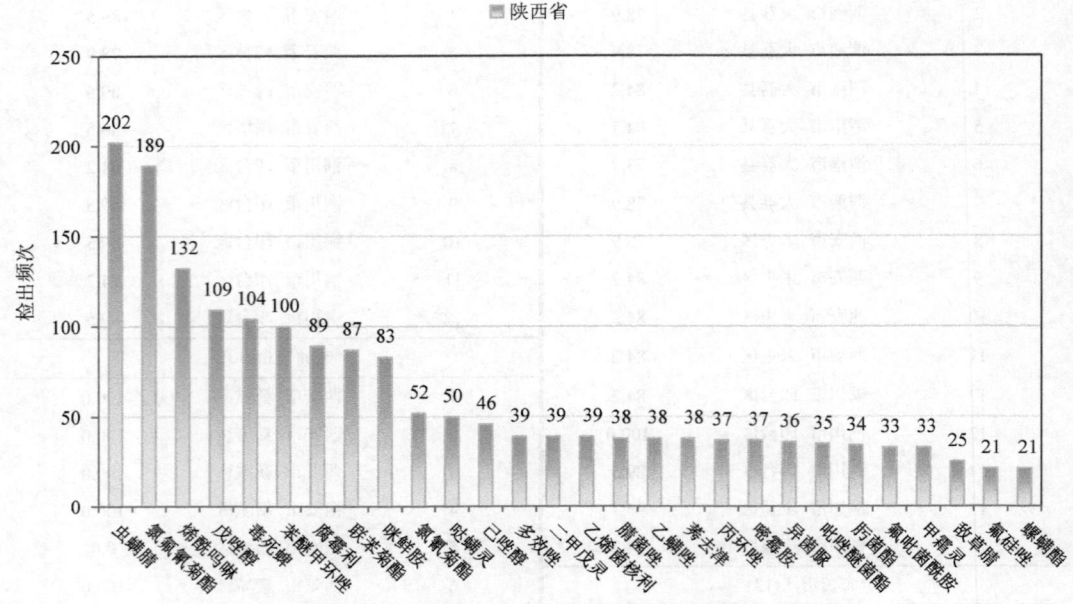

图 11-1 检出农药品种及频次（仅列出 21 频次及以上的数据）

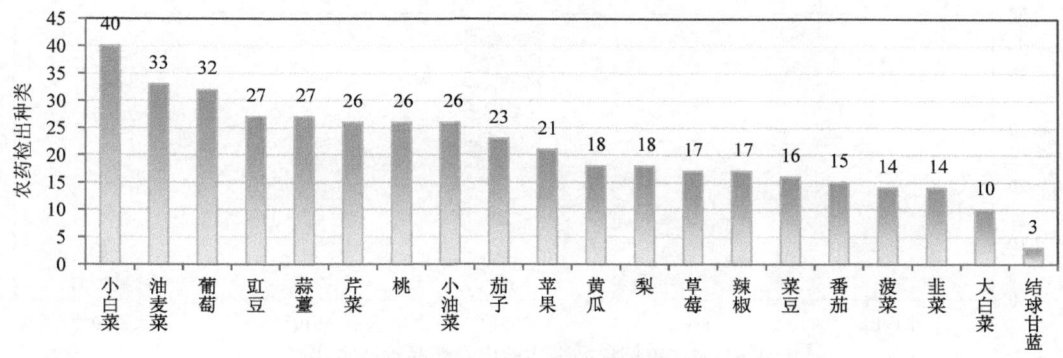

第 11 章　GC-Q-TOF/MS 侦测陕西省市售水果蔬菜农药残留报告

图 11-2　单种水果蔬菜检出农药的种类数

由图 11-2 可见，小白菜、油麦菜和葡萄这 3 种果蔬样品中检出的农药品种数较高，均超过 30 种，其中，小白菜检出农药品种最多，为 40 种。由图 11-3 可见，葡萄、蒜薹、桃、油麦菜、小油菜、小白菜、芹菜、韭菜、豇豆、梨和草莓这 11 种果蔬样品中的农药检出频次较高，均超过 100 次，其中，葡萄检出农药频次最高，为 291 次。

图 11-3　单种水果蔬菜检出农药频次

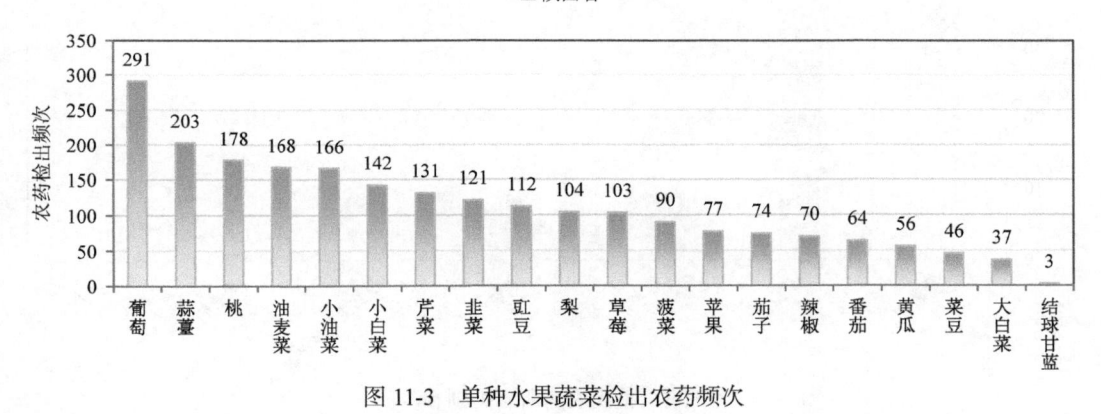

11.1.2.3　单例样品农药检出种类与占比

对单例样品检出农药种类和频次进行统计发现，未检出农药的样品占总样品数的 13.3%，检出 1 种农药的样品占总样品数的 14.7%，检出 2～5 种农药的样品占总样品数的 47.3%，检出 6～10 种农药的样品占总样品数的 20.8%，检出大于 10 种农药的样品占总样品数的 3.8%。每例样品中平均检出农药为 3.7 种，数据见图 11-4。

11.1.2.4　检出农药类别与占比

所有检出农药按功能分类，包括杀菌剂、杀虫剂、除草剂、杀螨剂、植物生长调节剂、增效剂和其他共 7 类。其中杀菌剂与杀虫剂为主要检出的农药类别，分别占总数的 47.9% 和 28.7%，见图 11-5。

图 11-4　单例样品平均检出农药品种及占比

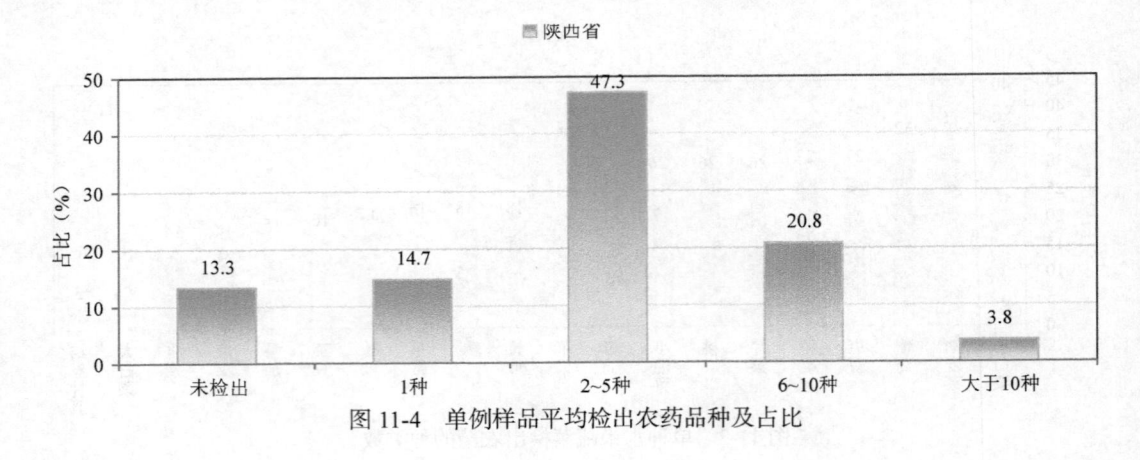

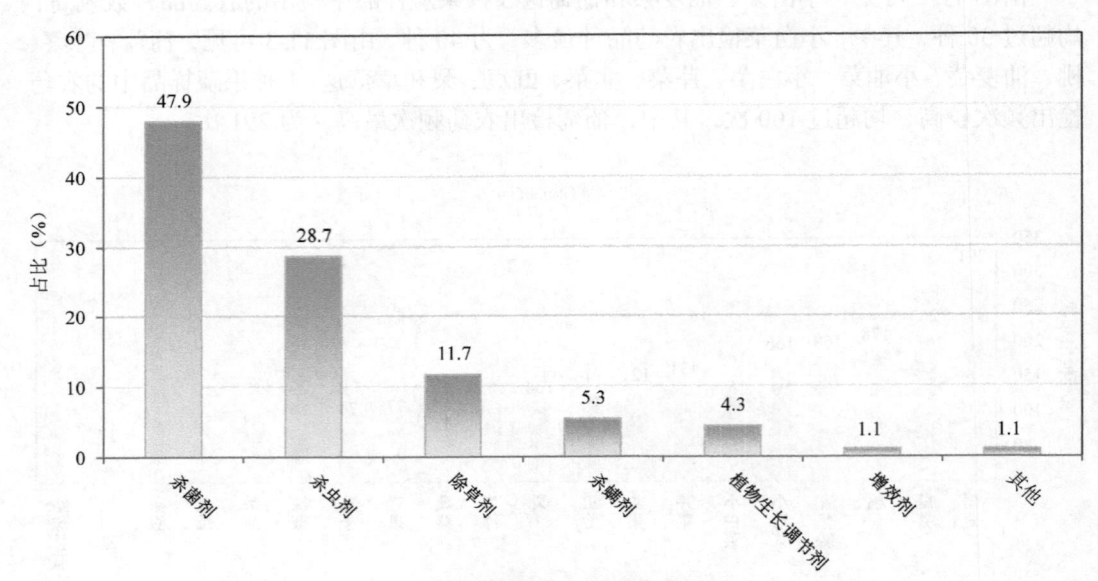

图 11-5　检出农药所属类别和占比

11.1.2.5　检出农药的残留水平

按检出农药残留水平进行统计，残留水平在 1~5 μg/kg（含）的农药占总数的 37.1%，在 5~10 μg/kg（含）的农药占总数的 13.5%，在 10~100 μg/kg（含）的农药占总数的 32.9%，在 100~1000 μg/kg（含）的农药占总数的 13.4%，>1000 μg/kg 的农药占总数的 3.1%。

由此可见，这次检测的 60 批 600 例水果蔬菜样品中农药多数处于较低残留水平。结果见图 11-6。

11.1.2.6　检出农药的毒性类别、检出频次和超标频次及占比

对这次检出的 94 种 2236 频次的农药，按剧毒、高毒、中毒、低毒和微毒这五个毒

性类别进行分类，从中可以看出，陕西省目前普遍使用的农药为中低微毒农药，品种占92.6%，频次占98.8%。结果见图11-7。

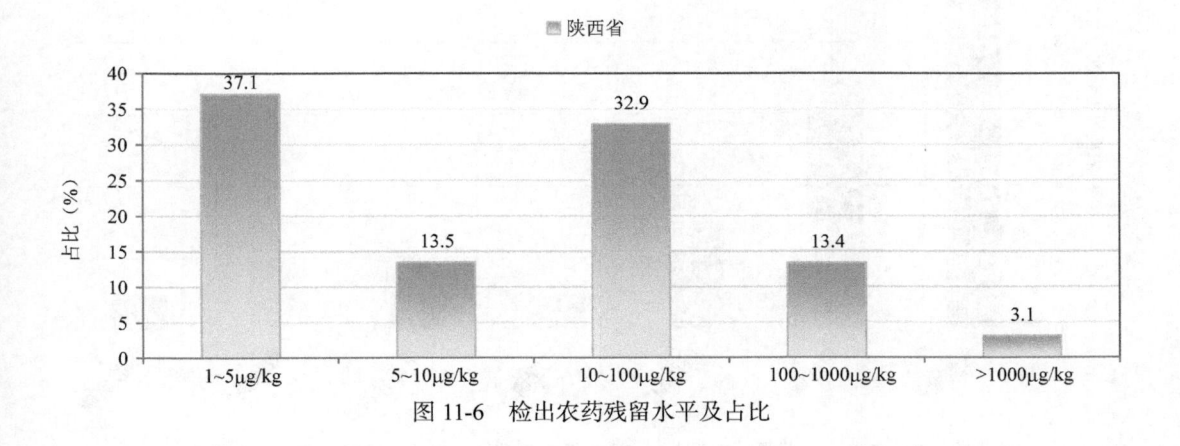

图 11-6 检出农药残留水平及占比

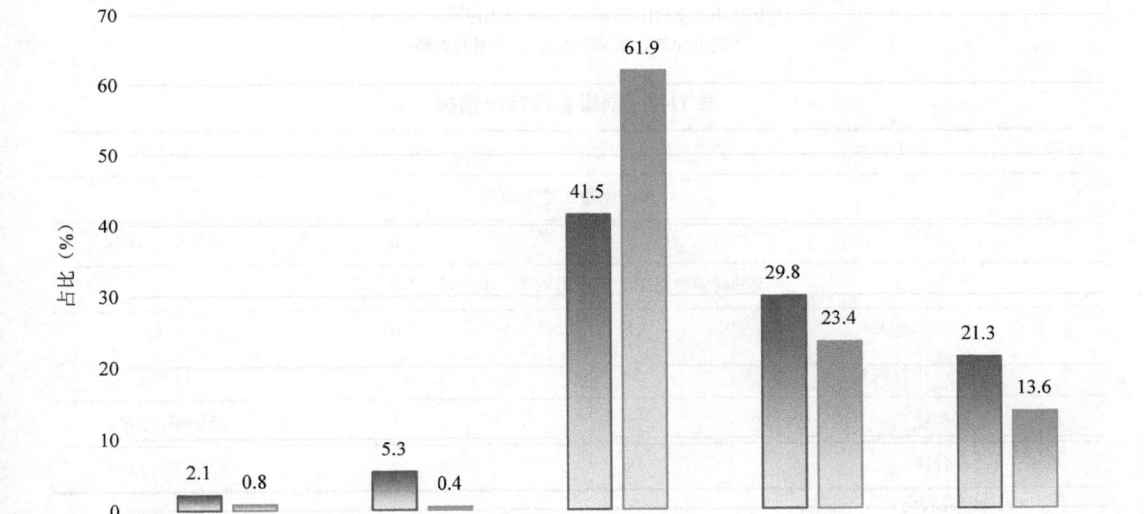

图 11-7 检出农药的毒性分类和占比

11.1.2.7 检出剧毒/高毒类农药的品种和频次

值得特别关注的是，在此次侦测的 600 例样品中有 7 种蔬菜 2 种水果的 26 例样品检出了 7 种 26 频次的剧毒和高毒农药，占样品总量的 4.3%，详见图 11-8、表 11-4 及表 11-5。

图 11-8 检出剧毒/高毒农药的样品情况
*表示允许在水果和蔬菜上使用的农药

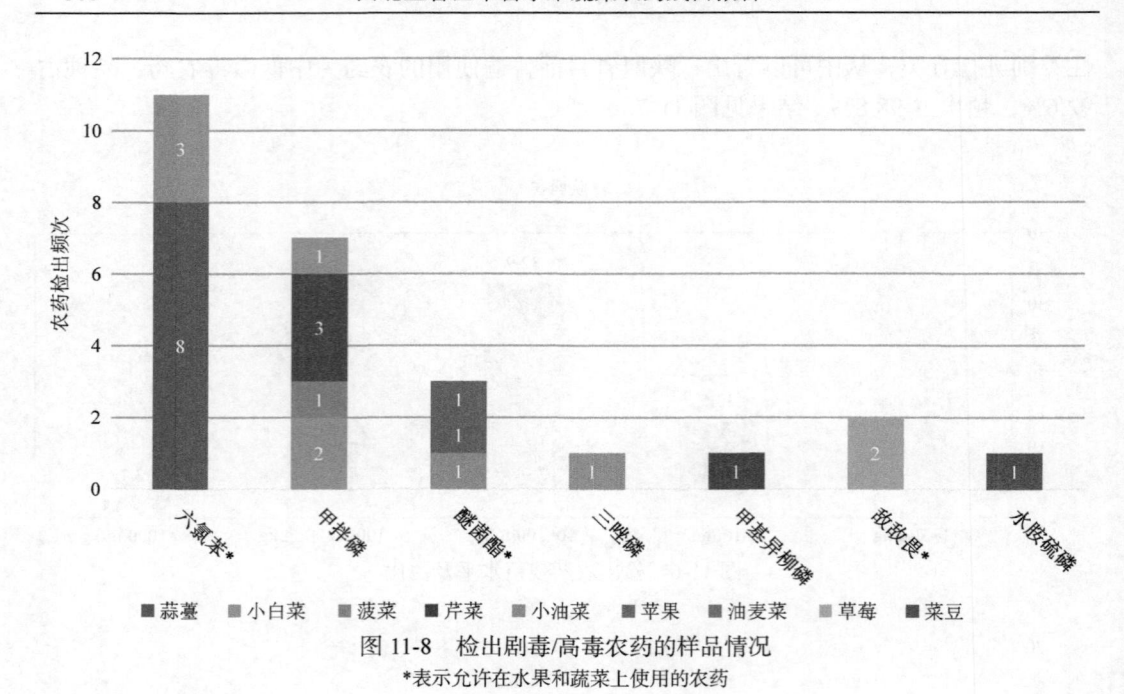

表 11-4 剧毒农药检出情况

序号	农药名称	检出频次	超标频次	超标率
	水果中未检出剧毒农药			
	小计	0	0	超标率：0.0%
	从 5 种蔬菜中检出 2 种剧毒农药，共计检出 18 次			
1	六氯苯*	11	0	0.0%
2	甲拌磷*	7	1	14.3%
	小计	18	1	超标率：5.6%
	合计	18	1	超标率：5.6%

注：*表示剧毒农药

表 11-5 高毒农药检出情况

序号	农药名称	检出频次	超标频次	超标率
	从 2 种水果中检出 2 种高毒农药，共计检出 3 次			
1	敌敌畏	2	0	0.0%
2	醚菌酯	1	0	0.0%
	小计	3	0	超标率：0.0%
	从 4 种蔬菜中检出 4 种高毒农药，共计检出 5 次			
1	醚菌酯	2	0	0.0%
2	甲基异柳磷	1	1	100.0%
3	三唑磷	1	0	0.0%

续表

序号	农药名称	检出频次	超标频次	超标率
4	水胺硫磷	1	1	100.0%
	小计	5	2	超标率：40.0%
	合计	8	2	超标率：25.0%

在检出的剧毒和高毒农药中，有4种是我国早已禁止在果树和蔬菜上使用的，分别是：甲拌磷、甲基异柳磷、三唑磷和水胺硫磷。禁用农药的检出情况见表11-6。

表11-6 禁用农药检出情况

序号	农药名称	检出频次	超标频次	超标率
	从4种水果中检出1种禁用农药，共计检出64次			
1	毒死蜱	64	0	0.0%
	小计	64	0	超标率：0.0%
	从12种蔬菜中检出7种禁用农药，共计检出69次			
1	毒死蜱	40	5	12.5%
2	氟虫腈	15	1	6.7%
3	甲拌磷*	7	1	14.3%
4	氰戊菊酯	4	0	0.0%
5	甲基异柳磷	1	1	100.0%
6	三唑磷	1	0	0.0%
7	水胺硫磷	1	1	100.0%
	小计	69	9	超标率：13.0%
	合计	133	9	超标率：6.8%

注：*表示剧毒农药，超标结果参考MRL中国国家标准计算

此次抽检的果蔬样品中，有5种蔬菜检出了剧毒农药，分别是：小油菜中检出甲拌磷1次；小白菜中检出甲拌磷2次，检出六氯苯3次；芹菜中检出甲拌磷3次；菠菜中检出甲拌磷1次；蒜薹中检出六氯苯8次。

样品中检出剧毒和高毒农药残留水平超过MRL中国国家标准的频次为3次，其中：芹菜检出甲基异柳磷超标1次；菜豆检出水胺硫磷超标1次；菠菜检出甲拌磷超标1次。本次检出结果表明，高毒、剧毒农药的使用现象依旧存在。详见表11-7。

表11-7 各样本中检出剧毒/高毒农药情况

样品名称	农药名称	检出频次	超标频次	检出浓度（μg/kg）
	水果2种			
苹果	醚菌酯	1	0	9.2
草莓	敌敌畏	2	0	1.5, 1.3
	小计	3	0	超标率：0.0%

续表

样品名称	农药名称	检出频次	超标频次	检出浓度（μg/kg）
蔬菜 7 种					
小油菜	甲拌磷*▲	1	0	1.5
小白菜	三唑磷▲	1	0	5.8
小白菜	醚菌酯	1	0	1.3
小白菜	六氯苯*	3	0	2.3, 3.2, 1.2
小白菜	甲拌磷*▲	2	0	1.1, 3.0
油麦菜	醚菌酯	1	0	2.3
芹菜	甲基异柳磷▲	1	1	26.7a
芹菜	甲拌磷*▲	3	0	9.5, 2.0, 1.5
菜豆	水胺硫磷▲	1	1	150.8a
菠菜	甲拌磷*▲	1	1	30.0a
蒜薹	六氯苯*	8	0	1.3, 1.2, 3.7, 3.3, 1.7, 2.6, 1.7, 2.5
	小计	23	3	超标率：13.0%
	合计	26	3	超标率：11.5%

注：*表示剧毒农药；▲表示禁用农药；a 表示超标结果（参考 MRL 中国国家标准）

11.2 农药残留检出水平与最大残留限量标准对比分析

我国于 2021 年 3 月 3 日正式颁布并于 2021 年 9 月 3 日正式实施食品农药残留限量国家标准《食品中农药最大残留限量》（GB 2763—2021），该标准包括 548 个农药条目，涉及最大残留限量（MRL）标准 10092 项。将 2236 频次检出结果的浓度水平与 10092 项国家 MRL 标准进行核对，其中有 1286 频次的结果找到了对应的 MRL，占 57.5%，还有 950 频次的侦测数据则无相关 MRL 标准供参考，占 42.5%。

将此次侦测结果与国际上现行 MRL 对比发现，在 2236 频次的检出结果中有 2236 频次的结果找到了对应的 MRL 欧盟标准，占 100.0%；其中，2143 频次的结果有明确对应的 MRL，占 95.8%，其余 93 频次按照欧盟一律标准判定，占 4.2%；有 2236 频次的结果找到了对应的 MRL 日本标准，占 100.0%；其中，1641 频次的结果有明确对应的 MRL，占 73.4%，其余 595 频次按照日本一律标准判定，占 26.6%；有 1016 频次的结果找到了对应的 MRL 中国香港标准，占 45.4%；有 1076 频次的结果找到了对应的 MRL 美国标准，占 48.1%；有 801 频次的结果找到了对应的 MRL CAC 标准，占 35.8%，见图 11-9。

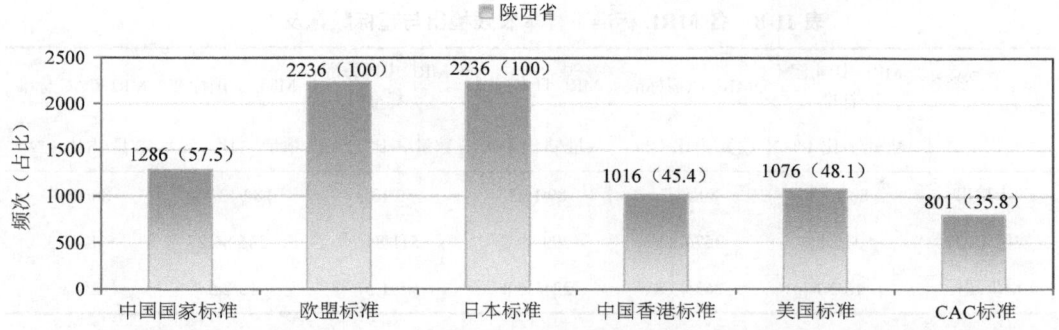

图 11-9　2236 频次检出农药可用 MRL 中国国家标准、欧盟标准、日本标准、中国香港标准、美国标准、CAC 标准判定衡量的数量及占比（%）

11.2.1　超标农药样品分析

本次侦测的 600 例样品中，80 例样品未检出任何残留农药，占样品总量的 13.3%，520 例样品检出不同水平、不同种类的残留农药，占样品总量的 86.7%。在此，我们将本次侦测的农残检出情况与中国、欧盟、日本、中国香港、美国和 CAC 这 6 大国际主流 MRL 标准进行对比分析，样品农残检出与超标情况见图 11-10、表 11-8 和图 11-11。

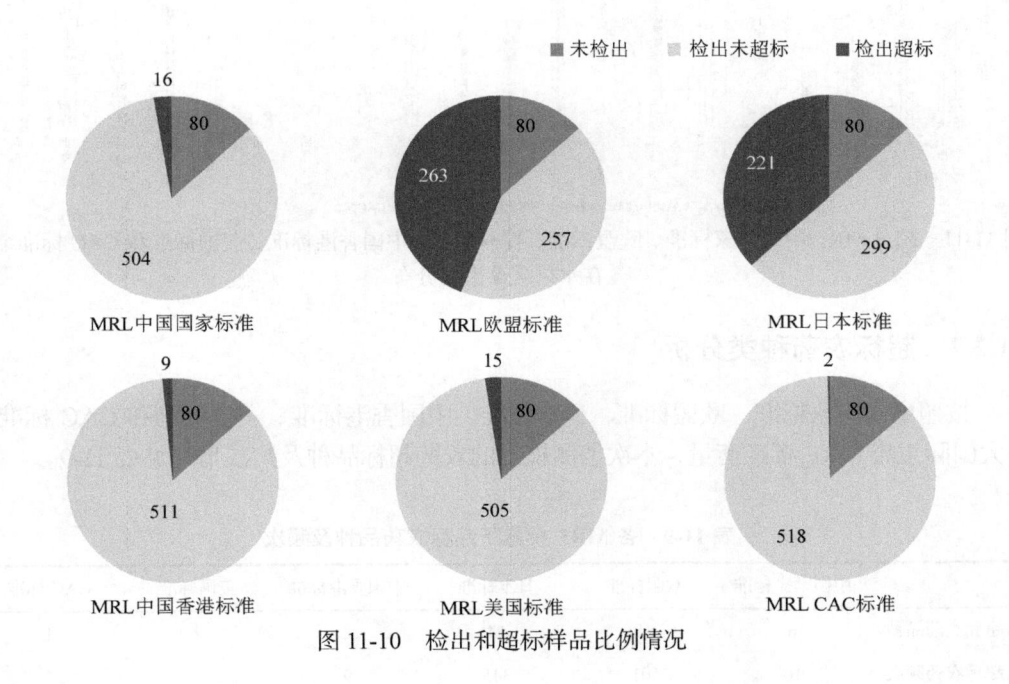

图 11-10　检出和超标样品比例情况

表 11-8 各 MRL 标准下样本农残检出与超标数量及占比

	MRL 中国国家标准	MRL 欧盟标准	MRL 日本标准	MRL 中国香港标准	MRL 美国标准	MRL CAC 标准
	数量/占比（%）	数量/占比（%）	数量/占比（%）	数量/占比（%）	数量/占比（%）	数量/占比（%）
未检出	80/13.3	80/13.3	80/13.3	80/13.3	80/13.3	80/13.3
检出未超标	504/84.0	257/42.8	299/49.8	511/85.2	505/84.2	518/86.3
检出超标	16/2.7	263/43.8	221/36.8	9/1.5	15/2.5	2/0.3

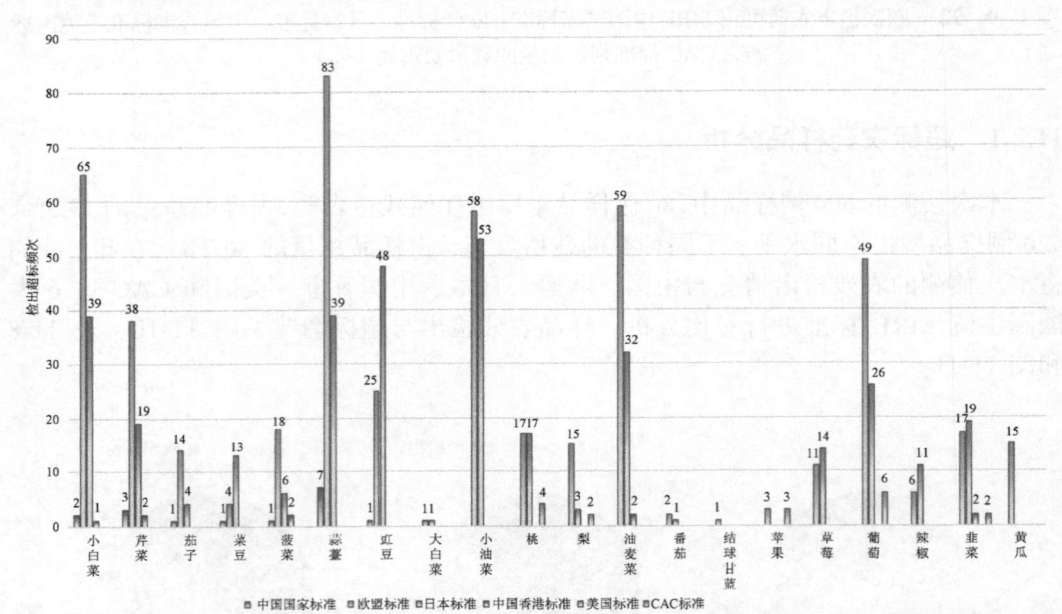

图 11-11 超过 MRL 中国国家标准、欧盟标准、日本标准、中国香港标准、美国标准和 CAC 标准结果在水果蔬菜中的分布

11.2.2 超标农药种类分析

按照中国国家标准、欧盟标准、日本标准、中国香港标准、美国标准和 CAC 标准这 6 大国际主流 MRL 标准衡量，本次侦测检出的农药超标品种及频次情况见表 11-9。

表 11-9 各 MRL 标准下超标农药品种及频次

	中国国家标准	欧盟标准	日本标准	中国香港标准	美国标准	CAC 标准
超标农药品种	6	51	54	2	2	1
超标农药频次	16	501	345	9	15	2

11.2.2.1 按 MRL 中国国家标准衡量

按 MRL 中国国家标准衡量，共有 6 种农药超标，检出 16 频次，分别为剧毒农药甲拌磷，高毒农药甲基异柳磷和水胺硫磷，中毒农药氟虫腈和毒死蜱，微毒农药腐霉利。

按超标程度比较，小白菜中毒死蜱超标 8.1 倍，豇豆中氟虫腈超标 2.3 倍，菜豆中水胺硫磷超标 2.0 倍，菠菜中甲拌磷超标 2.0 倍，芹菜中毒死蜱超标 1.7 倍。检测结果见图 11-12。

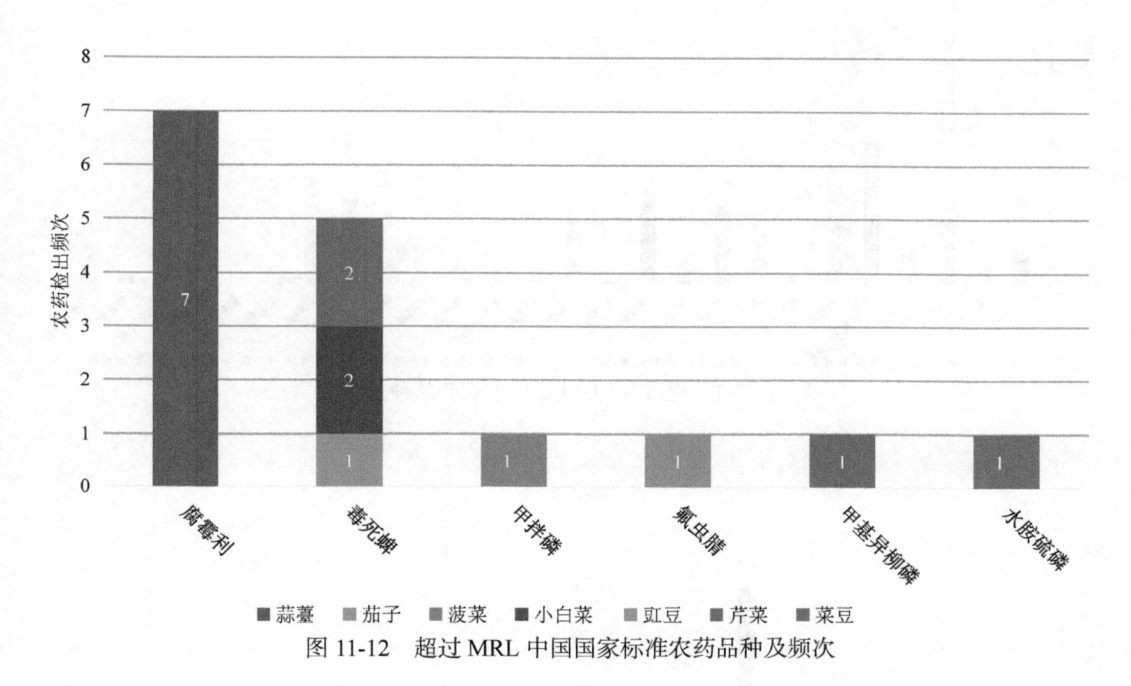

图 11-12 超过 MRL 中国国家标准农药品种及频次

11.2.2.2 按 MRL 欧盟标准衡量

按 MRL 欧盟标准衡量，共有 51 种农药超标，检出 501 频次，分别为剧毒农药甲拌磷，高毒农药甲基异柳磷和水胺硫磷，中毒农药戊唑醇、氟虫腈、甲氰菊酯、多效唑、咪鲜胺、甲霜灵、菌核净、噁霜灵、虫螨腈、仲丁灵、抑霉唑、双苯酰草胺、三唑酮、烯唑醇、丙环唑、氟硅唑、氯氰菊酯、氰戊菊酯、氯菊酯、氯氟氰菊酯、联苯菊酯、唑虫酰胺、吡唑醚菌酯、三唑醇、哒螨灵、毒死蜱和丙溴磷，低毒农药四氢吩胺、己唑醇、8-羟基喹啉、乙氧喹啉、敌草腈、溴氰虫酰胺、五氯苯甲腈、烯酰吗啉、异菌脲、灭幼脲、炔螨特、嘧霉胺和腈苯唑，微毒农药乙霉威、氟环唑、腐霉利、增效醚、乙烯菌核利、噻呋酰胺、吡丙醚和啶氧菌酯。

按超标程度比较，油麦菜中虫螨腈超标 481.6 倍，小油菜中哒螨灵超标 467.2 倍，蒜薹中腐霉利超标 375.4 倍，小白菜中哒螨灵超标 291.6 倍，小白菜中灭幼脲超标 249.4 倍。检测结果见图 11-13。

11.2.2.3 按 MRL 日本标准衡量

按 MRL 日本标准衡量，共有 54 种农药超标，检出 345 频次，分别为高毒农药甲基异柳磷和水胺硫磷，中毒农药戊唑醇、氟虫腈、溴氰菊酯、多效唑、咪鲜胺、甲霜灵、菌核净、仲丁灵、抑霉唑、虫螨腈、双苯酰草胺、三唑酮、茚虫威、烯唑醇、二甲戊灵、

图 11-13-1　超过 MRL 欧盟标准农药品种及频次

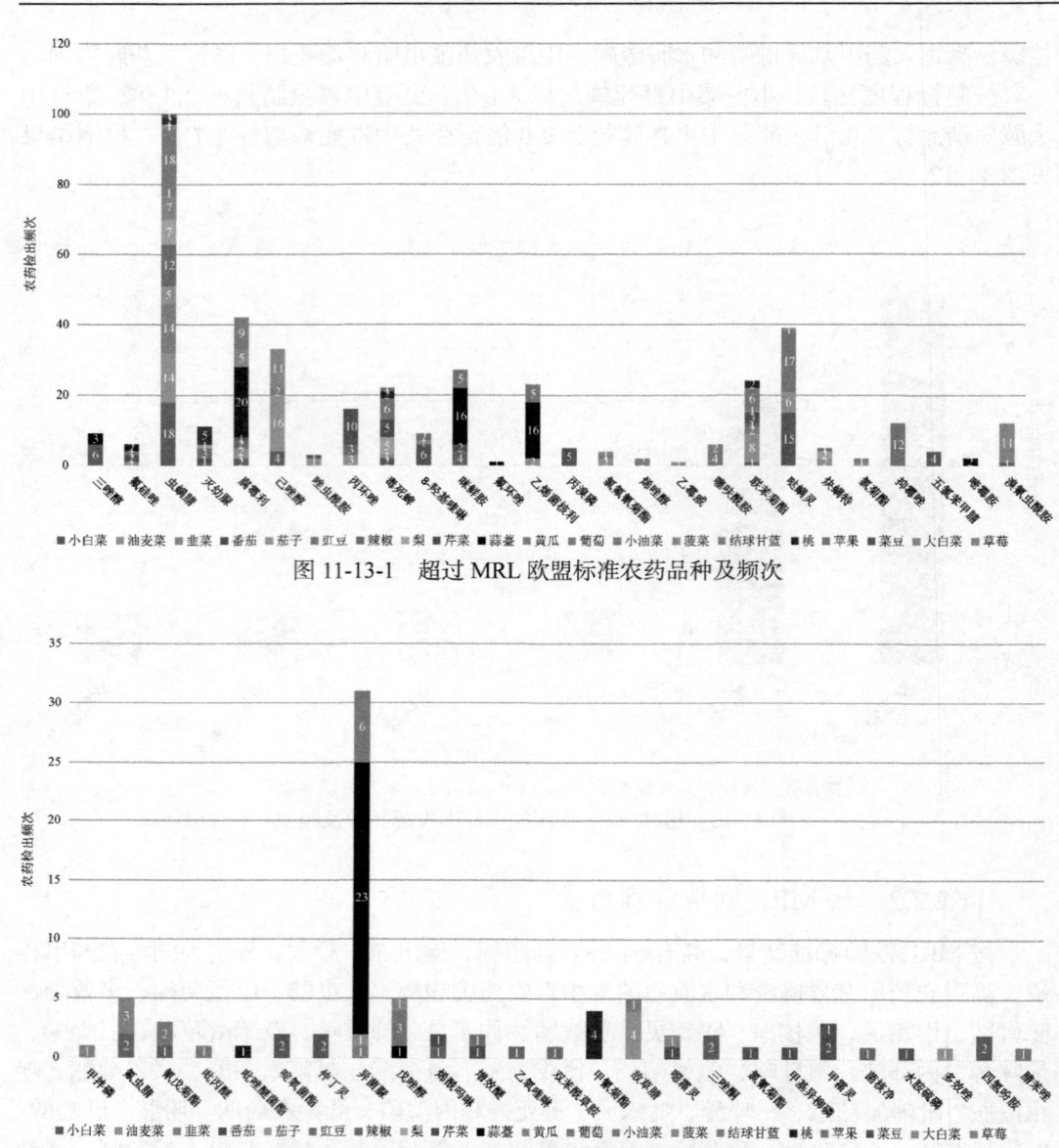

图 11-13-2　超过 MRL 欧盟标准农药品种及频次

氟硅唑、丙环唑、氯氟氰菊酯、腈菌唑、吡唑醚菌酯、联苯菊酯、三唑醇、哒螨灵、苯醚甲环唑、毒死蜱和丙溴磷，低毒农药四氢吩胺、8-羟基喹啉、己唑醇、乙氧喹啉、氟吡菌酰胺、敌草腈、氟唑菌酰胺、萘乙酸、五氯苯甲腈、螺螨酯、乙嘧酚磺酸酯、烯酰吗啉、灭幼脲、莠去津、嘧霉胺、炔螨特和腈苯唑，微毒农药氟环唑、腐霉利、肟菌酯、乙烯菌核利、苯酰菌胺、噻呋酰胺、吡丙醚、啶酰菌胺和啶氧菌酯。

按超标程度比较，蒜薹中腐霉利超标 751.8 倍，小油菜中哒螨灵超标 467.2 倍，小白菜中哒螨灵超标 291.6 倍，小白菜中灭幼脲超标 249.4 倍，油麦菜中己唑醇超标 232.2 倍。检测结果见图 11-14。

图 11-14-1 超过 MRL 日本标准农药品种及频次

图 11-14-2 超过 MRL 日本标准农药品种及频次

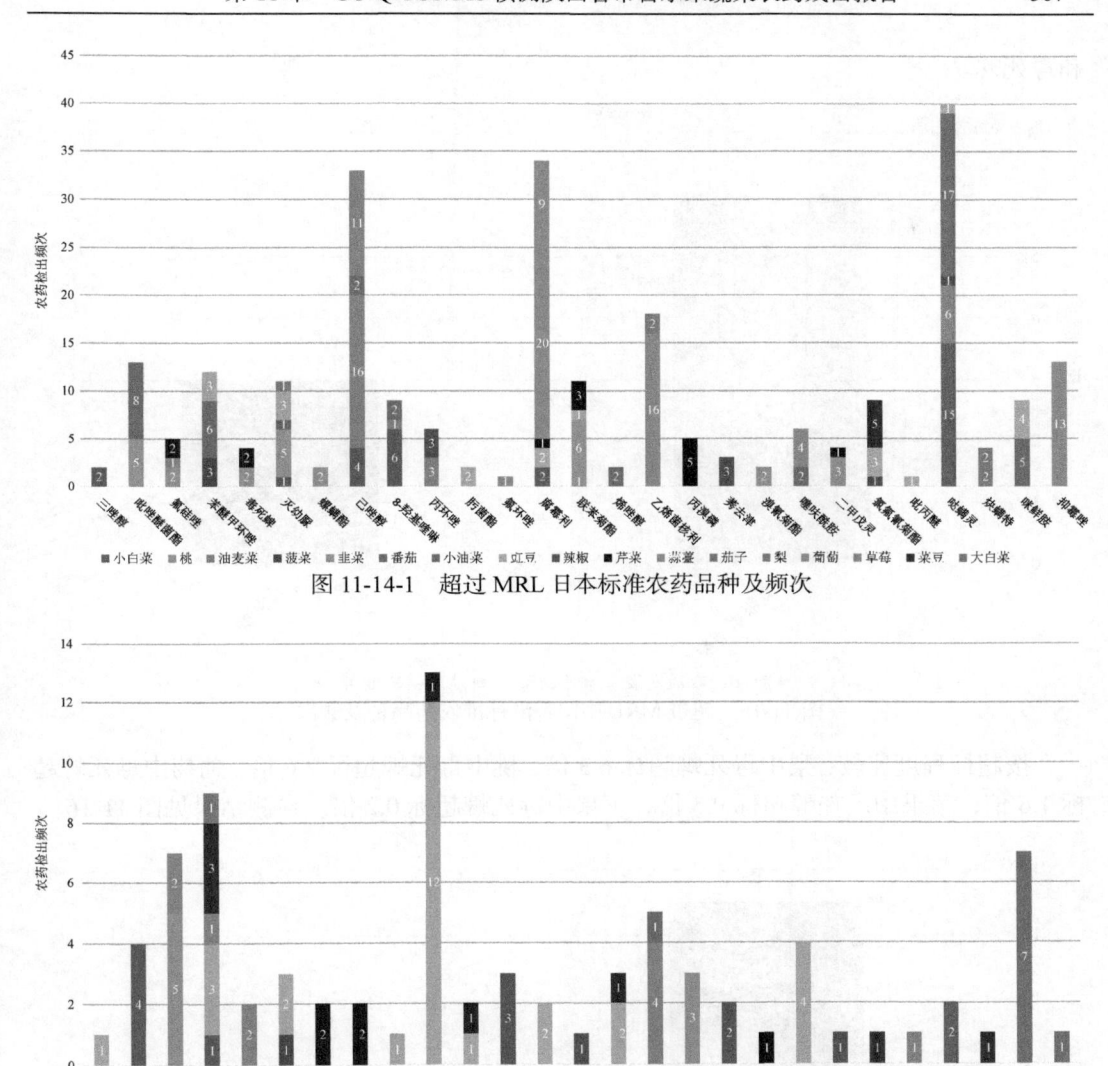

11.2.2.4 按 MRL 中国香港标准衡量

按 MRL 中国香港标准衡量，共有 2 种农药超标，检出 9 频次，分别为中毒农药氯氟氰菊酯和毒死蜱。

按超标程度比较，菠菜中氯氟氰菊酯超标 3.8 倍，芹菜中毒死蜱超标 1.7 倍，小白菜中毒死蜱超标 0.8 倍，油麦菜中氯氟氰菊酯超标 0.8 倍，韭菜中氯氟氰菊酯超标 0.8 倍。检测结果见图 11-15。

11.2.2.5 按 MRL 美国标准衡量

按 MRL 美国标准衡量，共有 2 种农药超标，检出 15 频次，分别为中毒农药戊唑醇和毒死蜱。

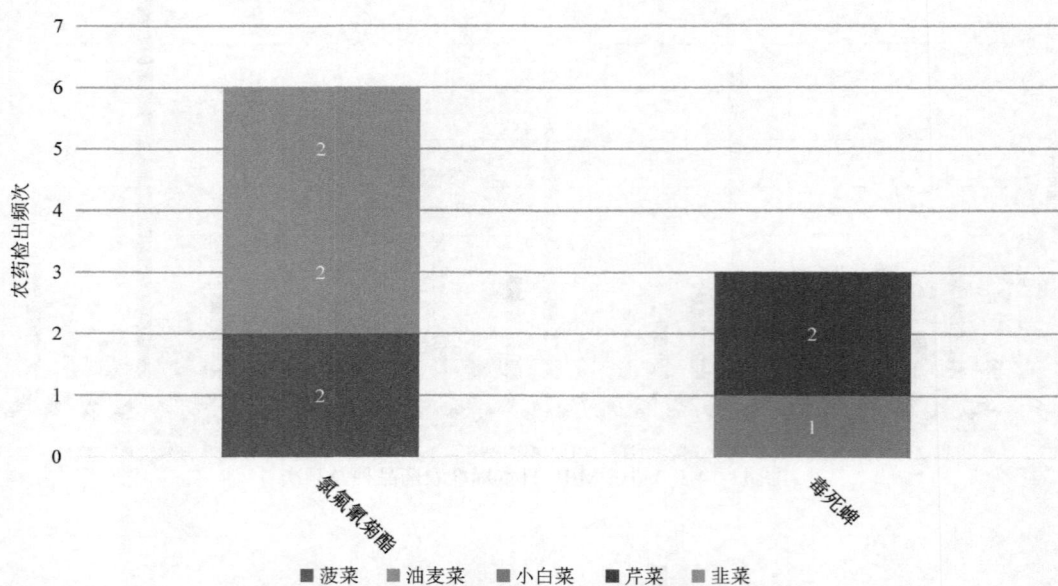

图 11-15 超过 MRL 中国香港标准农药品种及频次

按超标程度比较，梨中毒死蜱超标 6.3 倍，桃中毒死蜱超标 2.6 倍，葡萄中毒死蜱超标 1.6 倍，苹果中戊唑醇超标 0.5 倍，苹果中毒死蜱超标 0.2 倍。检测结果见图 11-16。

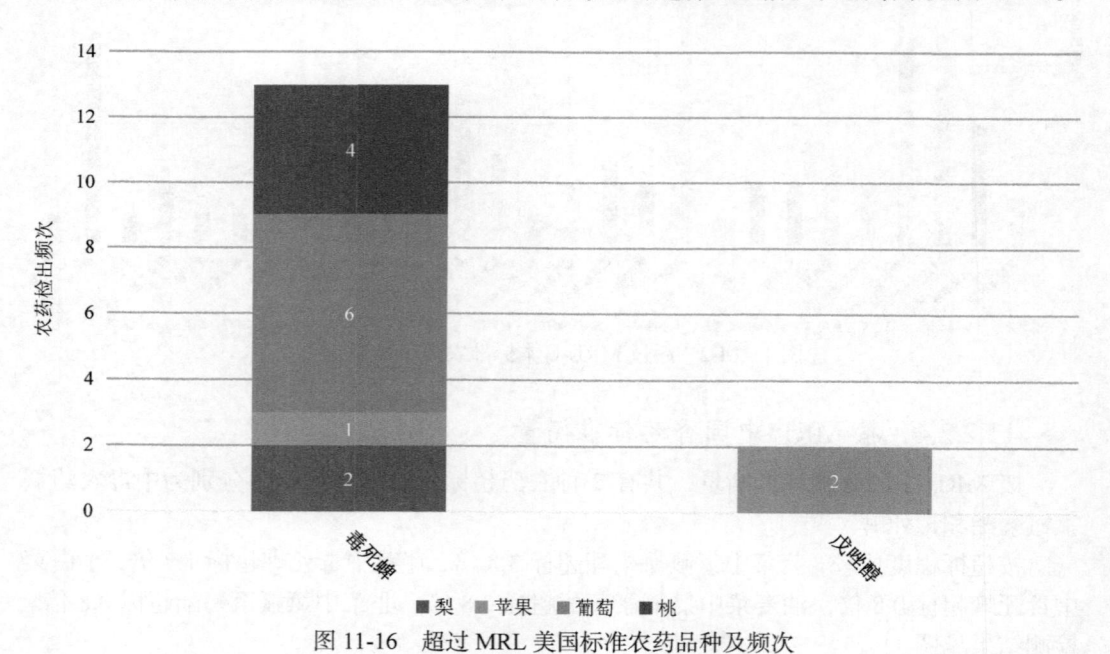

图 11-16 超过 MRL 美国标准农药品种及频次

11.2.2.6 按 MRL CAC 标准衡量

按 MRL CAC 标准衡量，有 1 种农药超标，检出 2 频次，为中毒农药氯氟氰菊酯。

按超标程度比较，韭菜中氯氟氰菊酯超标 0.8 倍。检测结果见图 11-17。

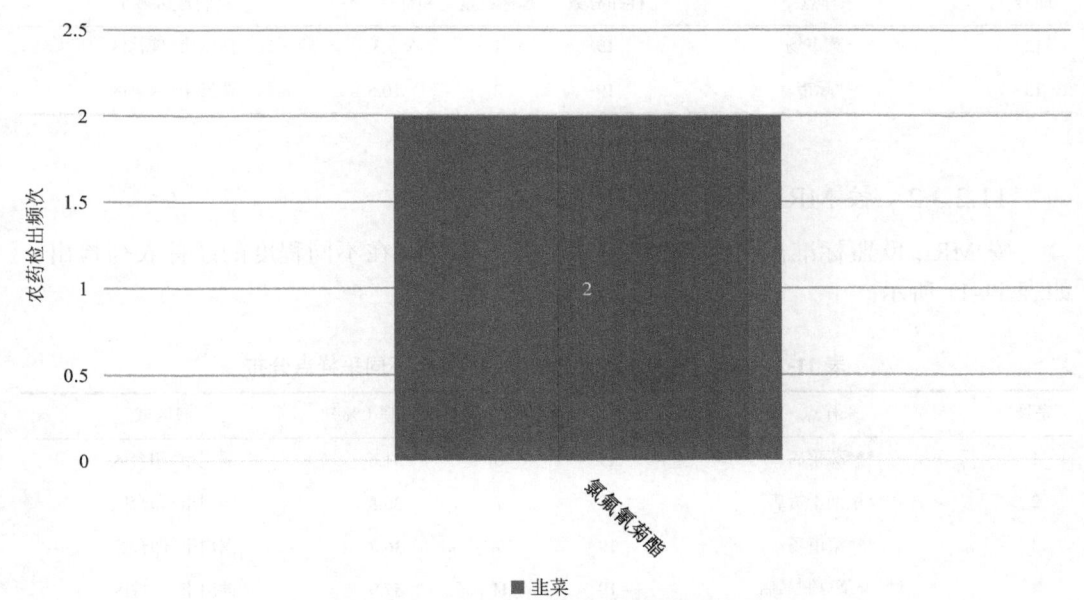

图 11-17 超过 MRL CAC 标准农药品种及频次

11.2.3 60 个采样点超标情况分析

11.2.3.1 按 MRL 中国国家标准衡量

按 MRL 中国国家标准衡量，有 13 个采样点的样品存在不同程度的超标农药检出，如表 11-10 所示。

表 11-10 超过 MRL 中国国家标准水果蔬菜在不同采样点分布

序号	采样点	样品总数	超标数量	超标率（%）	行政区域
1	***粮油干货店	19	1	5.3	铜川市 印台区
2	***菜市场	19	1	5.3	铜川市 印台区
3	***鲜菜豆制品店	19	2	10.5	铜川市 王益区
4	***生鲜配送部	19	2	10.5	铜川市 印台区
5	***蔬菜店	19	1	5.3	铜川市 王益区
6	***购物中心	19	1	5.3	渭南市 大荔县
7	***超市	19	1	5.3	渭南市 大荔县
8	***乐家	19	1	5.3	渭南市 大荔县
9	***超市	19	1	5.3	渭南市 大荔县
10	***超市	19	1	5.3	渭南市 大荔县
11	***蔬菜	19	1	5.3	西安市 未央区

续表

序号	采样点	样品总数	超标数量	超标率（%）	行政区域
12	***菜市场	19	1	5.3	西安市 碑林区
13	***超市	19	2	10.5	西安市 未央区

11.2.3.2 按 MRL 欧盟标准衡量

按 MRL 欧盟标准衡量，有 41 个采样点的样品存在不同程度的超标农药检出，如表 11-11 所示。

表 11-11 超过 MRL 欧盟标准水果蔬菜在不同采样点分布

序号	采样点	样品总数	超标数量	超标率（%）	行政区域
1	***蔬菜店	19	6	31.6	铜川市 印台区
2	***粮油干货店	19	7	36.8	铜川市 印台区
3	***菜市场	19	7	36.8	铜川市 印台区
4	***鲜菜豆制品店	19	11	57.9	铜川市 王益区
5	***生鲜配送部	19	10	52.6	铜川市 印台区
6	***菜市场	19	10	52.6	铜川市 印台区
7	***蔬菜行	19	11	57.9	铜川市 印台区
8	***蔬菜店	19	10	52.6	铜川市 王益区
9	***菜市场	19	4	21.1	铜川市 印台区
10	***购物中心	19	11	57.9	渭南市 大荔县
11	***超市	19	8	42.1	渭南市 大荔县
12	***超市	19	11	57.9	渭南市 大荔县
13	***超市	19	7	36.8	渭南市 大荔县
14	***乐家	19	7	36.8	渭南市 大荔县
15	***超市	19	7	36.8	渭南市 大荔县
16	***超市	19	10	52.6	渭南市 大荔县
17	***超市	19	8	42.1	渭南市 大荔县
18	***市场	19	8	42.1	渭南市 大荔县
19	***超市	19	7	36.8	渭南市 大荔县
20	***蔬菜	19	8	42.1	西安市 未央区
21	***超市	19	9	47.4	西安市 未央区
22	***市场	19	8	42.1	西安市 未央区
23	***菜市场	19	10	52.6	西安市 雁塔区
24	***市场	19	9	47.4	西安市 新城区

续表

序号	采样点	样品总数	超标数量	超标率（%）	行政区域
25	***菜场	19	7	36.8	西安市 碑林区
26	***菜市场	19	9	47.4	西安市 碑林区
27	***超市	19	10	52.6	西安市 未央区
28	***超市	19	9	47.4	西安市 未央区
29	***超市	19	8	42.1	西安市 未央区
30	***菜市场	19	5	26.3	铜川市 印台区
31	***网	1	1	100.0	西安市 新城区
32	***网	1	1	100.0	西安市 新城区
33	***网	1	1	100.0	西安市 新城区
34	***网	1	1	100.0	西安市 新城区
35	***网	1	1	100.0	西安市 新城区
36	***网	1	1	100.0	西安市 新城区
37	***网	1	1	100.0	西安市 新城区
38	***网	1	1	100.0	西安市 新城区
39	***网	1	1	100.0	西安市 新城区
40	***网	1	1	100.0	西安市 新城区
41	***网	1	1	100.0	西安市 新城区

11.2.3.3 按 MRL 日本标准衡量

按 MRL 日本标准衡量，有 44 个采样点的样品存在不同程度的超标农药检出，如表 11-12 所示。

表 11-12 超过 MRL 日本标准水果蔬菜在不同采样点分布

序号	采样点	样品总数	超标数量	超标率（%）	行政区域
1	***蔬菜店	19	6	31.6	铜川市 印台区
2	***粮油干货店	19	8	42.1	铜川市 印台区
3	***菜市场	19	6	31.6	铜川市 印台区
4	***鲜菜豆制品店	19	9	47.4	铜川市 王益区
5	***生鲜配送部	19	9	47.4	铜川市 印台区
6	***菜市场	19	9	47.4	铜川市 印台区
7	***蔬菜行	19	9	47.4	铜川市 印台区
8	***蔬菜店	19	9	47.4	铜川市 王益区
9	***菜市场	19	7	36.8	铜川市 印台区
10	***购物中心	19	7	36.8	渭南市 大荔县

续表

序号	采样点	样品总数	超标数量	超标率（%）	行政区域
11	***超市	19	6	31.6	渭南市 大荔县
12	***超市	19	6	31.6	渭南市 大荔县
13	***超市	19	6	31.6	渭南市 大荔县
14	***乐家	19	3	15.8	渭南市 大荔县
15	***超市	19	6	31.6	渭南市 大荔县
16	***超市	19	7	36.8	渭南市 大荔县
17	***超市	19	6	31.6	渭南市 大荔县
18	***市场	19	6	31.6	渭南市 大荔县
19	***超市	19	4	21.1	渭南市 大荔县
20	***蔬菜	19	8	42.1	西安市 未央区
21	***超市	19	7	36.8	西安市 未央区
22	***市场	19	6	31.6	西安市 未央区
23	***菜市场	19	9	47.4	西安市 雁塔区
24	***市场	19	7	36.8	西安市 新城区
25	***菜场	19	7	36.8	西安市 碑林区
26	***菜市场	19	9	47.4	西安市 碑林区
27	***超市	19	6	31.6	西安市 未央区
28	***超市	19	6	31.6	西安市 未央区
29	***超市	19	7	36.8	西安市 未央区
30	***菜市场	19	6	31.6	铜川市 印台区
31	***网	1	1	100.0	西安市 新城区
32	***网	1	1	100.0	西安市 新城区
33	***网	1	1	100.0	西安市 新城区
34	***网	1	1	100.0	西安市 新城区
35	***网	1	1	100.0	西安市 新城区
36	***网	1	1	100.0	西安市 新城区
37	***网	1	1	100.0	西安市 新城区
38	***网	1	1	100.0	西安市 新城区
39	***网	1	1	100.0	西安市 新城区
40	***网	1	1	100.0	西安市 新城区
41	***网	1	1	100.0	西安市 新城区
42	***网	1	1	100.0	西安市 新城区
43	***网	1	1	100.0	西安市 新城区
44	***网	1	1	100.0	西安市 新城区

11.2.3.4 按 MRL 中国香港标准衡量

按 MRL 中国香港标准衡量,有 9 个采样点的样品存在不同程度的超标农药检出,如表 11-13 所示。

表 11-13 超过 MRL 中国香港标准水果蔬菜在不同采样点分布

序号	采样点	样品总数	超标数量	超标率(%)	行政区域
1	***鲜菜豆制品店	19	1	5.3	铜川市 王益区
2	***生鲜配送部	19	1	5.3	铜川市 印台区
3	***菜市场	19	1	5.3	铜川市 印台区
4	***超市	19	1	5.3	渭南市 大荔县
5	***蔬菜	19	1	5.3	西安市 未央区
6	***市场	19	1	5.3	西安市 未央区
7	***菜市场	19	1	5.3	西安市 雁塔区
8	***超市	19	1	5.3	西安市 未央区
9	***超市	19	1	5.3	西安市 未央区

11.2.3.5 按 MRL 美国标准衡量

按 MRL 美国标准衡量,有 13 个采样点的样品存在不同程度的超标农药检出,如表 11-14 所示。

表 11-14 超过 MRL 美国标准水果蔬菜在不同采样点分布

序号	采样点	样品总数	超标数量	超标率(%)	行政区域
1	***蔬菜行	19	1	5.3	铜川市 印台区
2	***超市	19	1	5.3	渭南市 大荔县
3	***超市	19	1	5.3	渭南市 大荔县
4	***乐家	19	2	10.5	渭南市 大荔县
5	***超市	19	2	10.5	渭南市 大荔县
6	***超市	19	1	5.3	渭南市 大荔县
7	***超市	19	1	5.3	渭南市 大荔县
8	***超市	19	1	5.3	西安市 未央区
9	***市场	19	1	5.3	西安市 未央区
10	***菜市场	19	1	5.3	西安市 雁塔区
11	***市场	19	1	5.3	西安市 新城区

续表

序号	采样点	样品总数	超标数量	超标率（%）	行政区域
12	***菜场	19	1	5.3	西安市 碑林区
13	***超市	19	1	5.3	西安市 未央区

11.2.3.6 按 MRL CAC 标准衡量

按 MRL CAC 标准衡量，有 2 个采样点的样品存在不同程度的超标农药检出，如表 11-15 所示。

表 11-15 超过 MRL CAC 标准水果蔬菜在不同采样点分布

序号	采样点	样品总数	超标数量	超标率（%）	行政区域
1	***超市	19	1	5.3	西安市 未央区
2	***超市	19	1	5.3	西安市 未央区

11.3 水果中农药残留分布

11.3.1 检出农药品种和频次排前 5 的水果

本次残留侦测的水果共 5 种，包括葡萄、苹果、桃、草莓和梨。

根据检出农药品种及频次进行排名，将各项排名前 5 位的水果样品检出情况列表说明，详见表 11-16。

表 11-16 检出农药品种和频次排名前 5 的水果

检出农药品种排名前 5（品种）	①葡萄（32），②桃（26），③苹果（21），④梨（18），⑤草莓（17）
检出农药频次排名前 5（频次）	①葡萄（291），②桃（178），③梨（104），④草莓（103），⑤苹果（77）
检出禁用、高毒及剧毒农药品种排名前 5（品种）	①苹果（2），②草莓（1），③梨（1），④葡萄（1），⑤桃（1）
检出禁用、高毒及剧毒农药频次排名前 5（频次）	①桃（23），②梨（19），③葡萄（13），④苹果（10），⑤草莓（2）

11.3.2 超标农药品种和频次排前 5 的水果

鉴于欧盟和日本的 MRL 标准制定比较全面且覆盖率较高，我们参照 MRL 中国国家标准、欧盟标准和日本标准衡量水果样品中农残检出情况，将超标农药品种及频次排名前 5 的水果列表说明，详见表 11-17。

第 11 章　GC-Q-TOF/MS 侦测陕西省市售水果蔬菜农药残留报告

表 11-17　超标农药品种和频次排名前 5 的水果

超标农药品种排名前 5 （农药品种数）	中国国家标准	
	欧盟标准	①葡萄（11），②桃（6），③梨（4），④苹果（3），⑤草莓（1）
	日本标准	①桃（6），②草莓（3），③葡萄（3），④梨（2）
超标农药频次排名前 5 （农药频次数）	中国国家标准	
	欧盟标准	①葡萄（49），②桃（17），③梨（15），④草莓（11），⑤苹果（3）
	日本标准	①葡萄（26），②桃（17），③草莓（14），④梨（3）

通过对各品种水果样本总数及检出率进行综合分析发现，葡萄、梨和桃的残留污染最为严重，在此，我们参照 MRL 中国国家标准、欧盟标准和日本标准对这 3 种水果的农残检出情况进行进一步分析。

11.3.3　农药残留检出率较高的水果样品分析

11.3.3.1　葡萄

这次共检测 30 例葡萄样品，全部检出了农药残留，检出率为 100.0%，检出农药共计 32 种。其中烯酰吗啉、腐霉利、氯氟氰菊酯、嘧霉胺和苯醚甲环唑检出频次较高，分别检出了 25、23、23、22 和 18 次。葡萄中农药检出品种和频次见图 11-18，超标农药见图 11-19 和表 11-18。

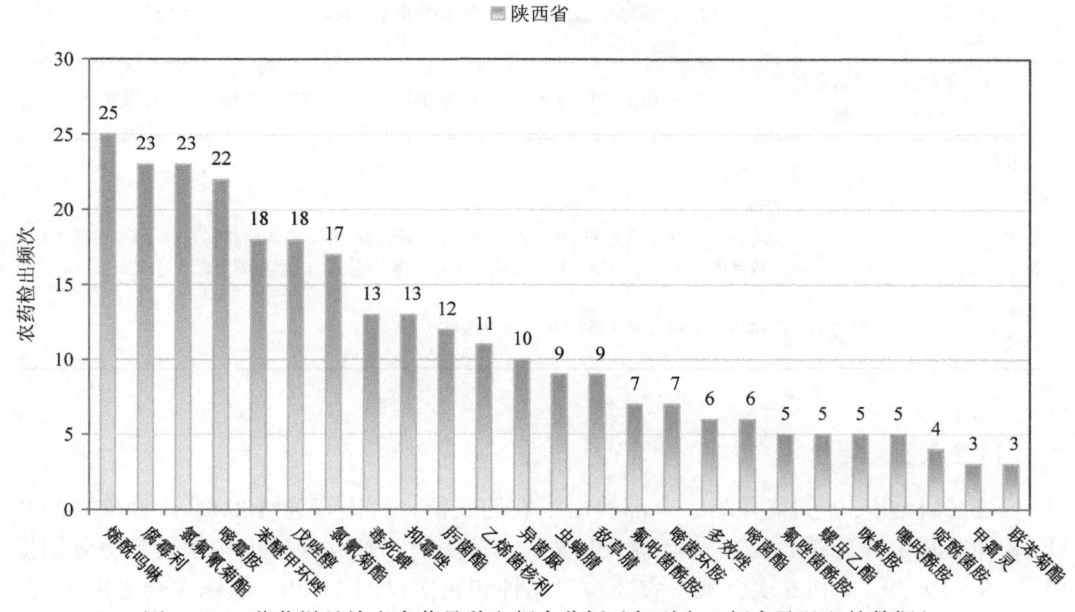

图 11-18　葡萄样品检出农药品种和频次分析（仅列出 3 频次及以上的数据）

图 11-19 葡萄样品中超标农药分析

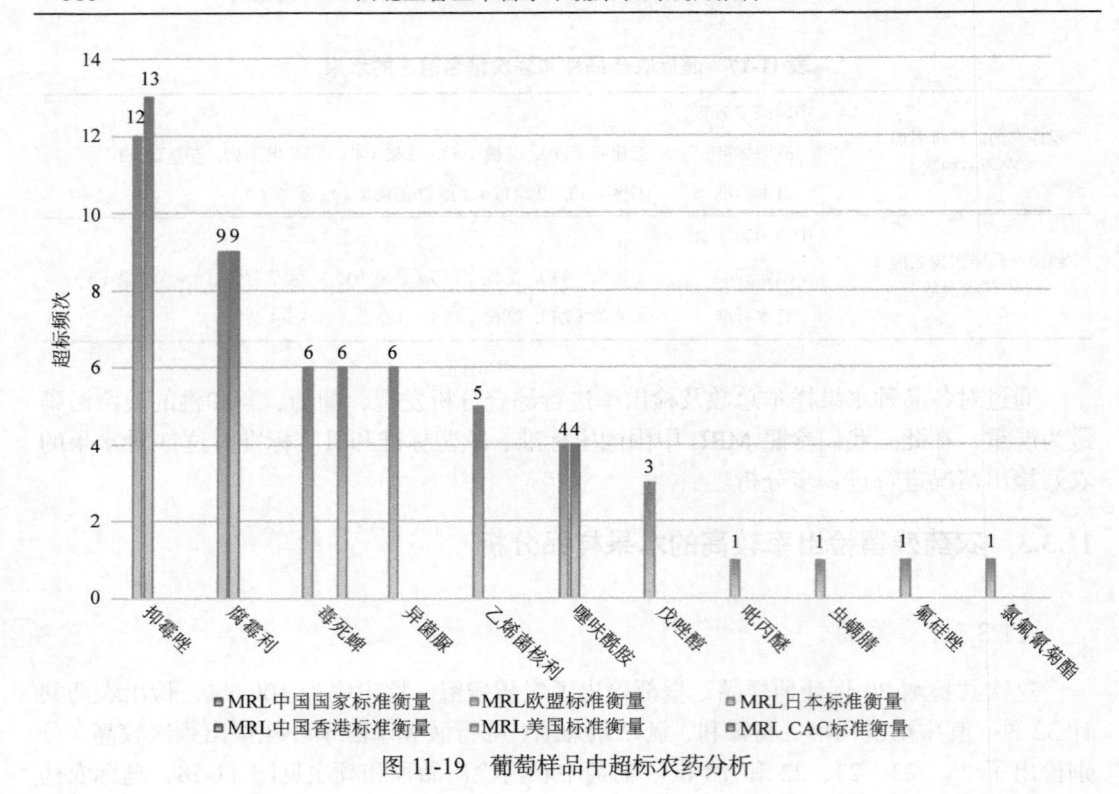

表 11-18 葡萄中农药残留超标情况明细表

样品总数 30	检出农药样品数 30	样品检出率（%） 100	检出农药品种总数 32
超标农药品种	超标农药频次	按照 MRL 中国国家标准、欧盟标准和日本标准衡量超标农药名称及频次	
中国国家标准	0	0	
欧盟标准	11	49	抑霉唑（12），腐霉利（9），毒死蜱（6），异菌脲（6），乙烯菌核利（5），噻呋酰胺（4），戊唑醇（3），吡丙醚（1），虫螨腈（1），氟硅唑（1），氯氟氰菊酯（1）
日本标准	3	26	抑霉唑（13），腐霉利（9），噻呋酰胺（4）

11.3.3.2 梨

这次共检测 30 例梨样品，全部检出了农药残留，检出率为 100.0%，检出农药共计 18 种。其中毒死蜱、氯氟氰菊酯、虫螨腈、腈菌唑和氟硅唑检出频次较高，分别检出了 19、19、9、9 和 6 次。梨中农药检出品种和频次见图 11-20，超标农药见图 11-21 和表 11-19。

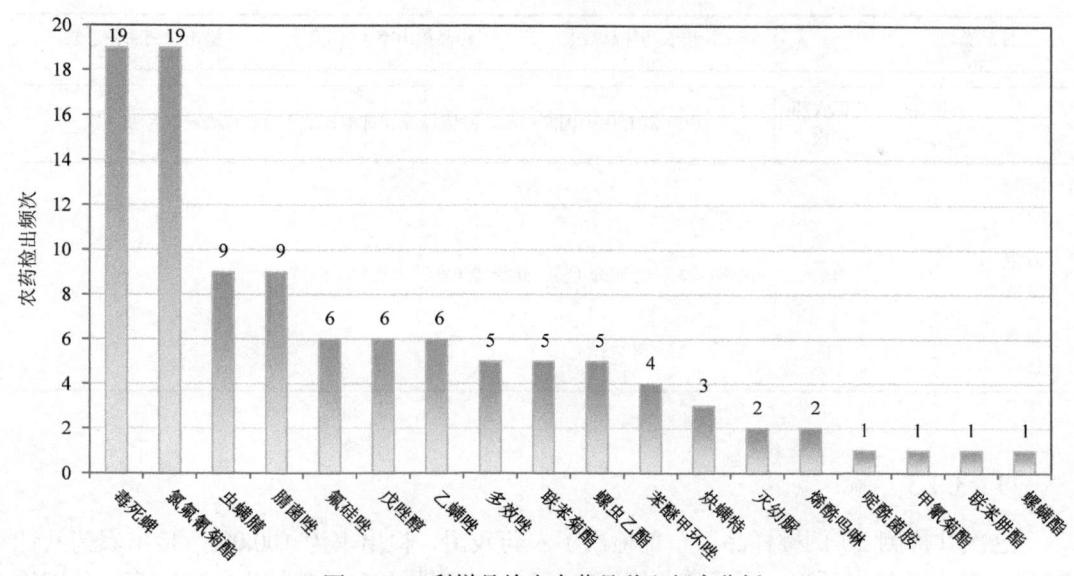

图 11-20 梨样品检出农药品种和频次分析

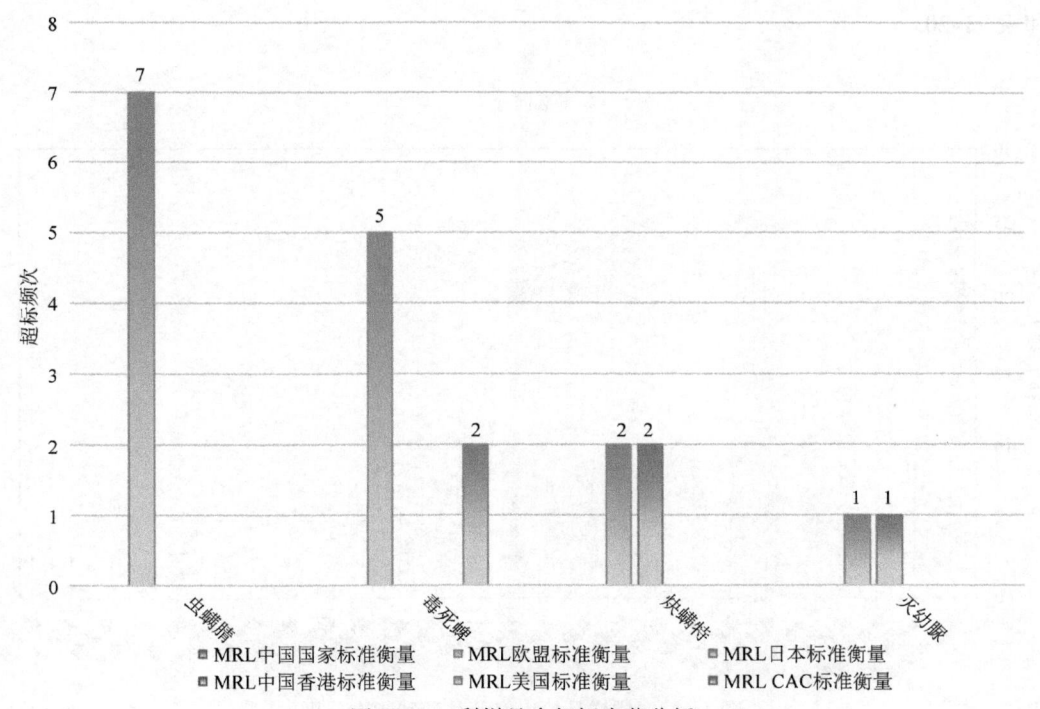

图 11-21 梨样品中超标农药分析

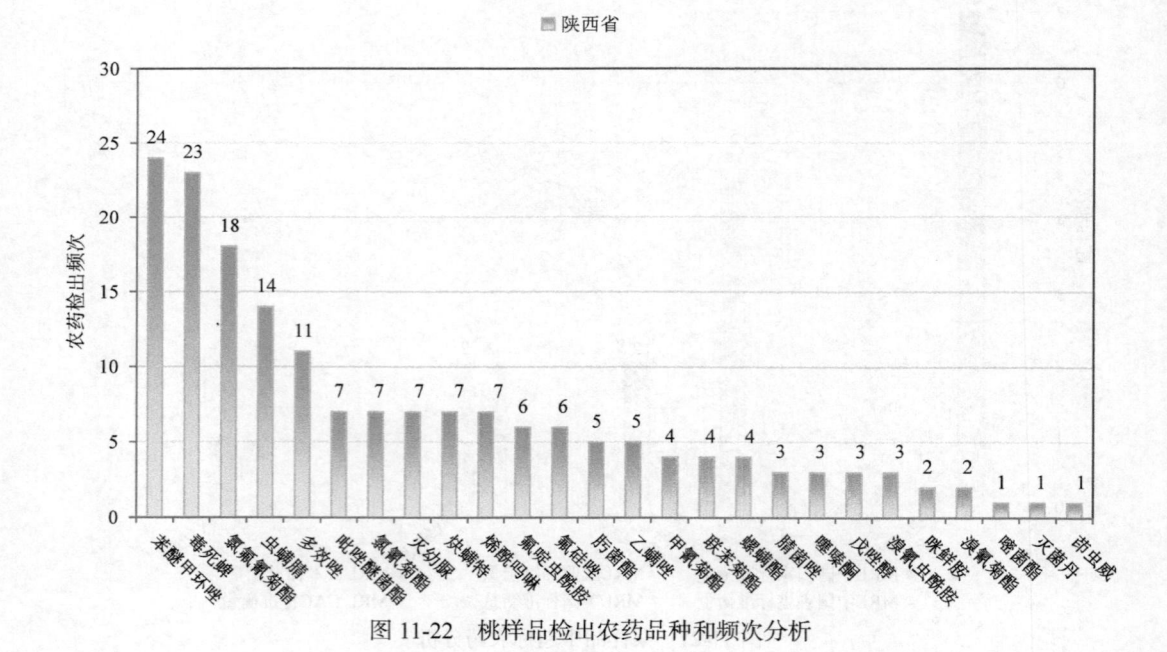

表 11-19 梨中农药残留超标情况明细表

样品总数 30			检出农药样品数 30	样品检出率（%） 100	检出农药品种总数 18
	超标农药品种	超标农药频次	按照 MRL 中国国家标准、欧盟标准和日本标准衡量超标农药名称及频次		
中国国家标准	0	0			
欧盟标准	4	15	虫螨腈（7），毒死蜱（5），炔螨特（2），灭幼脲（1）		
日本标准	2	3	炔螨特（2），灭幼脲（1）		

11.3.3.3 桃

这次共检测 30 例桃样品，全部检出了农药残留，检出率为 100.0%，检出农药共计 26 种。其中苯醚甲环唑、毒死蜱、氯氟氰菊酯、虫螨腈和多效唑检出频次较高，分别检出了 24、23、18、14 和 11 次。桃中农药检出品种和频次见图 11-22，超标农药见图 11-23 和表 11-20。

图 11-22 桃样品检出农药品种和频次分析

第 11 章　GC-Q-TOF/MS 侦测陕西省市售水果蔬菜农药残留报告

图 11-23　桃样品中超标农药分析

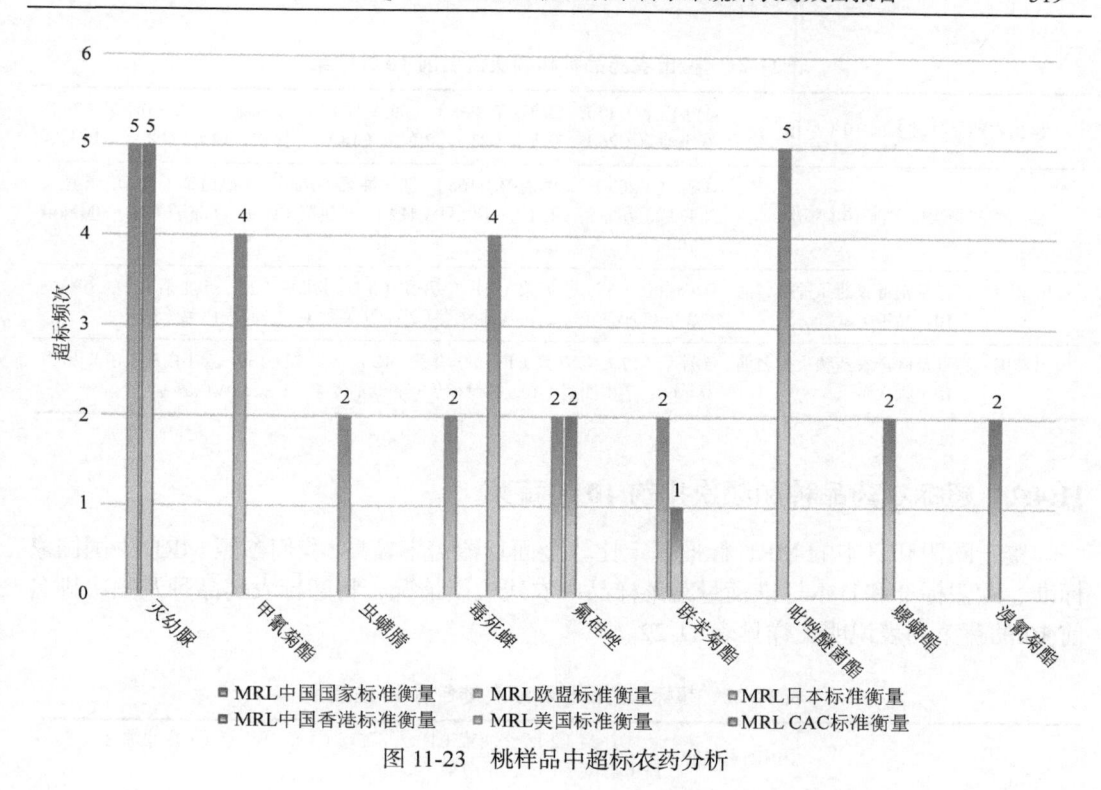

表 11-20　桃中农药残留超标情况明细表

样品总数 30		检出农药样品数 30	样品检出率（%） 100	检出农药品种总数 26
	超标农药品种	超标农药频次	按照 MRL 中国国家标准、欧盟标准和日本标准衡量超标农药名称及频次	
中国国家标准	0	0		
欧盟标准	6	17	灭幼脲（5），甲氰菊酯（4），虫螨腈（2），毒死蜱（2），氟硅唑（2），联苯菊酯（2）	
日本标准	6	17	吡唑醚菌酯（5），灭幼脲（5），氟硅唑（2），螺螨酯（2），溴氰菊酯（2），联苯菊酯（1）	

11.4　蔬菜中农药残留分布

11.4.1　检出农药品种和频次排前 10 的蔬菜

本次残留侦测的蔬菜共 15 种，包括结球甘蓝、辣椒、韭菜、蒜薹、小白菜、油麦菜、芹菜、小油菜、大白菜、番茄、茄子、黄瓜、菠菜、豇豆和菜豆。

根据检出农药品种及频次进行排名，将各项排名前 10 位的蔬菜样品检出情况列表说明，详见表 11-21。

表 11-21 检出农药品种和频次排名前 10 的蔬菜

检出农药品种排名前 10（品种）	①小白菜（40），②油麦菜（33），③豇豆（27），④蒜薹（27），⑤芹菜（26），⑥小油菜（26），⑦茄子（23），⑧黄瓜（18），⑨辣椒（17），⑩菜豆（16）
检出农药频次排名前 10（频次）	①蒜薹（203），②油麦菜（168），③小油菜（166），④小白菜（142），⑤芹菜（131），⑥韭菜（121），⑦豇豆（112），⑧菠菜（90），⑨茄子（74），⑩辣椒（70）
检出禁用、高毒及剧毒农药品种排名前 10（品种）	①小白菜（6），②菠菜（3），③芹菜（3），④豇豆（2），⑤韭菜（2），⑥蒜薹（2），⑦小油菜（2），⑧油麦菜（2），⑨菜豆（1），⑩大白菜（1）
检出禁用、高毒及剧毒农药频次排名前 10（频次）	①芹菜（17），②菠菜（13），③韭菜（12），④蒜薹（10），⑤小白菜（10），⑥豇豆（6），⑦小油菜（4），⑧辣椒（3），⑨油麦菜（3），⑩大白菜（2）

11.4.2 超标农药品种和频次排前 10 的蔬菜

鉴于欧盟和日本的 MRL 标准制定比较全面且覆盖率较高，我们参照 MRL 中国国家标准、欧盟标准和日本标准衡量蔬菜样品中农残检出情况，将超标农药品种及频次排名前 10 的蔬菜列表说明，详见表 11-22。

表 11-22 超标农药品种和频次排名前 10 的蔬菜

超标农药品种排名前 10（农药品种数）	中国国家标准	①芹菜（2），②菠菜（1），③菜豆（1），④豇豆（1），⑤茄子（1），⑥蒜薹（1），⑦小白菜（1）
	欧盟标准	①芹菜（14），②小白菜（14），③油麦菜（13），④小油菜（11），⑤蒜薹（9），⑥豇豆（7），⑦茄子（7），⑧菠菜（6），⑨黄瓜（5），⑩菜豆（4）
	日本标准	①豇豆（18），②小油菜（11），③小白菜（10），④芹菜（9），⑤菜豆（7），⑥油麦菜（7），⑦韭菜（5），⑧辣椒（5），⑨菠菜（4），⑩蒜薹（4）
超标农药频次排名前 10（农药频次数）	中国国家标准	①蒜薹（7），②芹菜（3），③小白菜（2），④菠菜（1），⑤菜豆（1），⑥豇豆（1），⑦茄子（1）
	欧盟标准	①蒜薹（83），②小白菜（65），③油麦菜（59），④小油菜（58），⑤芹菜（38），⑥豇豆（25），⑦菠菜（18），⑧韭菜（17），⑨黄瓜（15），⑩茄子（14）
	日本标准	①小油菜（53），②豇豆（48），③蒜薹（39），④小白菜（39），⑤油麦菜（32），⑥韭菜（19），⑦芹菜（19），⑧菜豆（13），⑨辣椒（11），⑩菠菜（6）

通过对各品种蔬菜样本总数及检出率进行综合分析发现，蒜薹、小白菜和油麦菜的残留污染最为严重，在此，我们参照 MRL 中国国家标准、欧盟标准和日本标准对这 3 种蔬菜的农残检出情况进行进一步分析。

11.4.3 农药残留检出率较高的蔬菜样品分析

11.4.3.1 蒜薹

这次共检测 30 例蒜薹样品，全部检出了农药残留，检出率为 100.0%，检出农药共计 27 种。其中腐霉利、咪鲜胺、乙烯菌核利、异菌脲和戊唑醇检出频次较高，分别检出了 30、29、26、23 和 18 次。蒜薹中农药检出品种和频次见图 11-24，超标农药见图 11-25 和表 11-23。

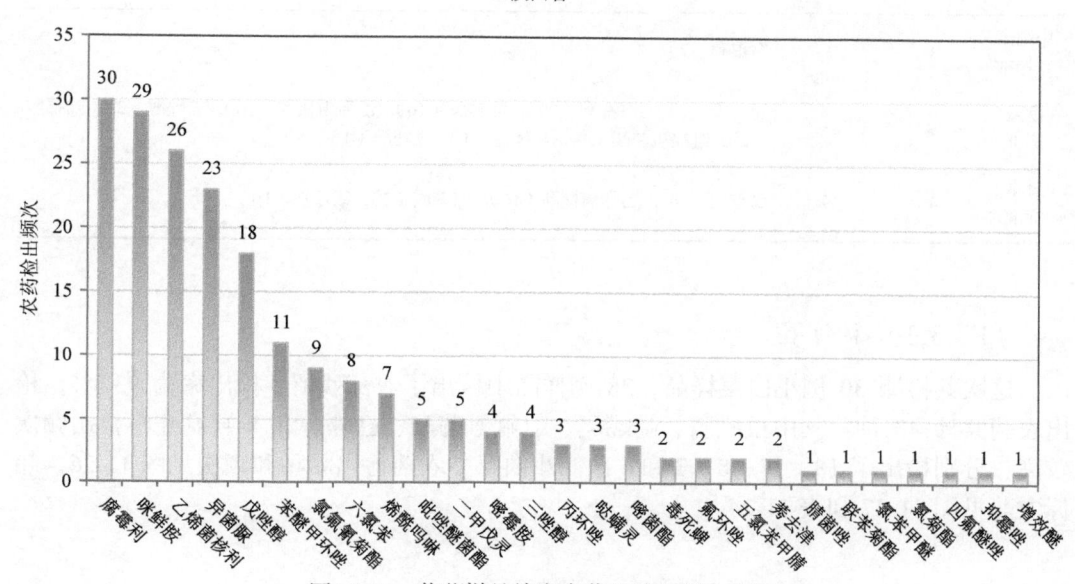

图 11-24　蒜薹样品检出农药品种和频次分析

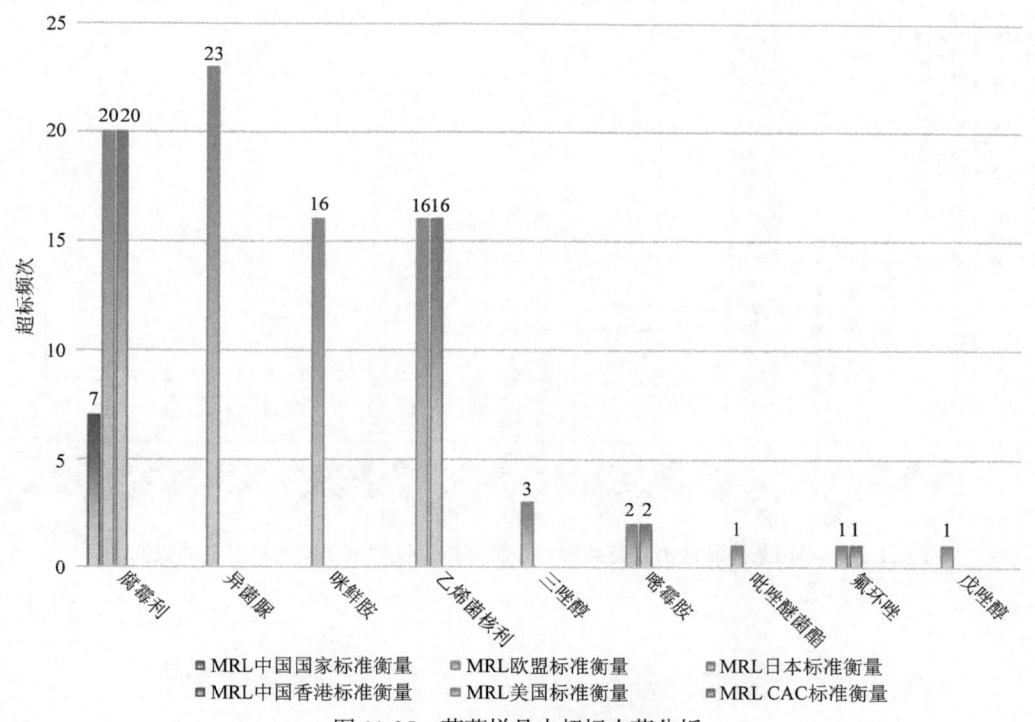

图 11-25　蒜薹样品中超标农药分析

表 11-23 蒜薹中农药残留超标情况明细表

样品总数 30		检出农药样品数 30	样品检出率（%） 100	检出农药品种总数 27
	超标农药品种	超标农药频次	按照 MRL 中国国家标准、欧盟标准和日本标准衡量超标农药名称及频次	
中国国家标准	1	7	腐霉利（7）	
欧盟标准	9	83	异菌脲（23），腐霉利（20），咪鲜胺（16），乙烯菌核利（16），三唑醇（3），嘧霉胺（2），吡唑醚菌酯（1），氟环唑（1），戊唑醇（1）	
日本标准	4	39	腐霉利（20），乙烯菌核利（16），嘧霉胺（2），氟环唑（1）	

11.4.3.2 小白菜

这次共检测 30 例小白菜样品，28 例样品中检出了农药残留，检出率为 93.3%，检出农药共计 40 种。其中虫螨腈、哒螨灵、氯氟氰菊酯、己唑醇和 8-羟基喹啉检出频次较高，分别检出了 18、17、8、7 和 6 次。小白菜中农药检出品种和频次见图 11-26，超标农药见图 11-27 和表 11-24。

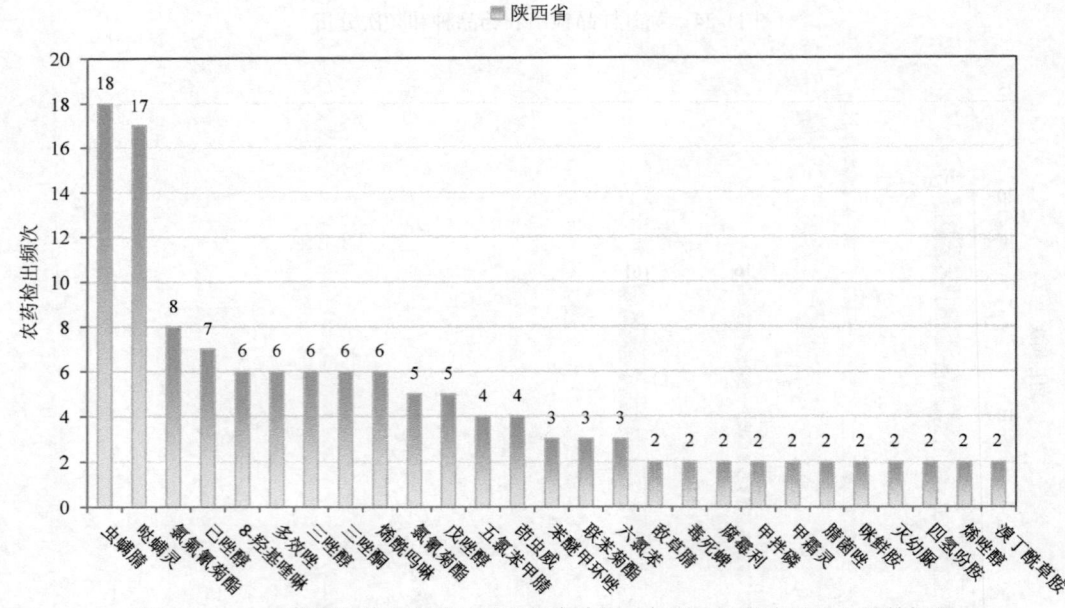

图 11-26 小白菜样品检出农药品种和频次分析（仅列出 2 频次及以上的数据）

图 11-27 小白菜样品中超标农药分析

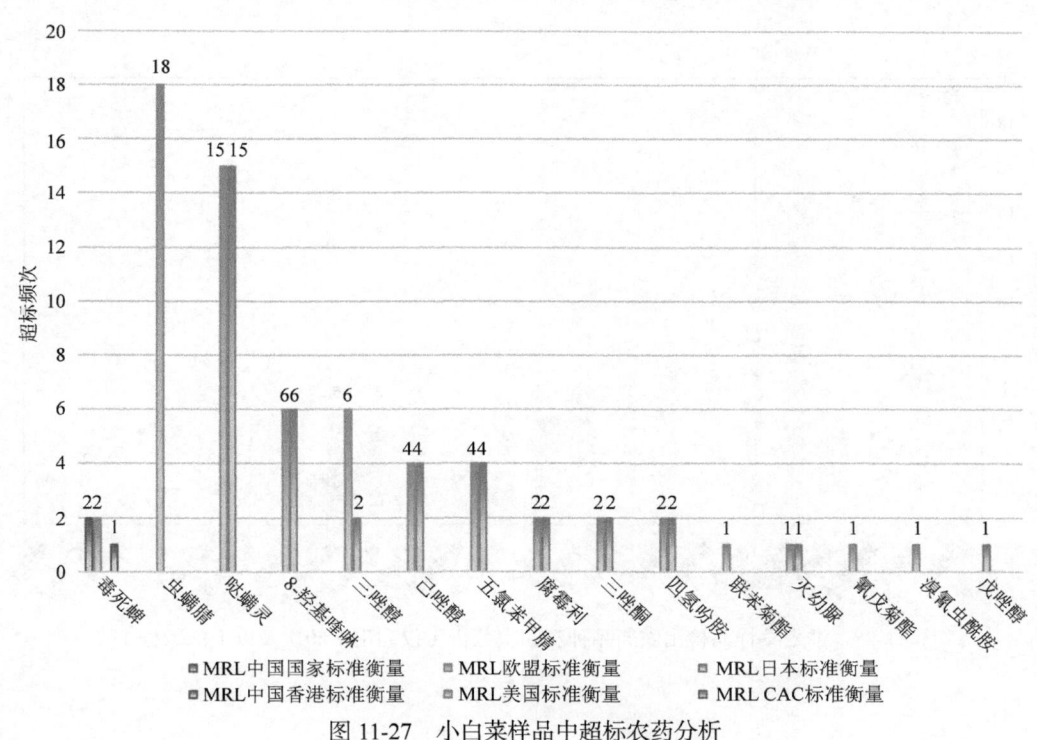

表 11-24 小白菜中农药残留超标情况明细表

样品总数 30		检出农药样品数 28	样品检出率（%） 93.9	检出农药品种总数 40
超标农药品种	超标农药频次	按照 MRL 中国国家标准、欧盟标准和日本标准衡量超标农药名称及频次		
中国国家标准	1	2	毒死蜱（2）	
欧盟标准	14	65	虫螨腈（18），哒螨灵（15），8-羟基喹啉（6），三唑醇（6），己唑醇（4），五氯苯甲腈（4），毒死蜱（2），腐霉利（2），三唑酮（2），四氢吩胺（2），联苯菊酯（1），灭幼脲（1），氰戊菊酯（1），溴氰虫酰胺（1）		
日本标准	10	39	哒螨灵（15），8-羟基喹啉（6），己唑醇（4），五氯苯甲腈（4），腐霉利（2），三唑醇（2），三唑酮（2），四氢吩胺（2），灭幼脲（1），戊唑醇（1）		

11.4.3.3 油麦菜

这次共检测 30 例油麦菜样品，28 例样品中检出了农药残留，检出率为 93.3%，检出农药共计 33 种。其中己唑醇、烯酰吗啉、苯醚甲环唑、虫螨腈和联苯菊酯检出频次较高，分别检出了 19、16、15、14 和 9 次。油麦菜中农药检出品种和频次见图 11-28，超标农药见图 11-29 和表 11-25。

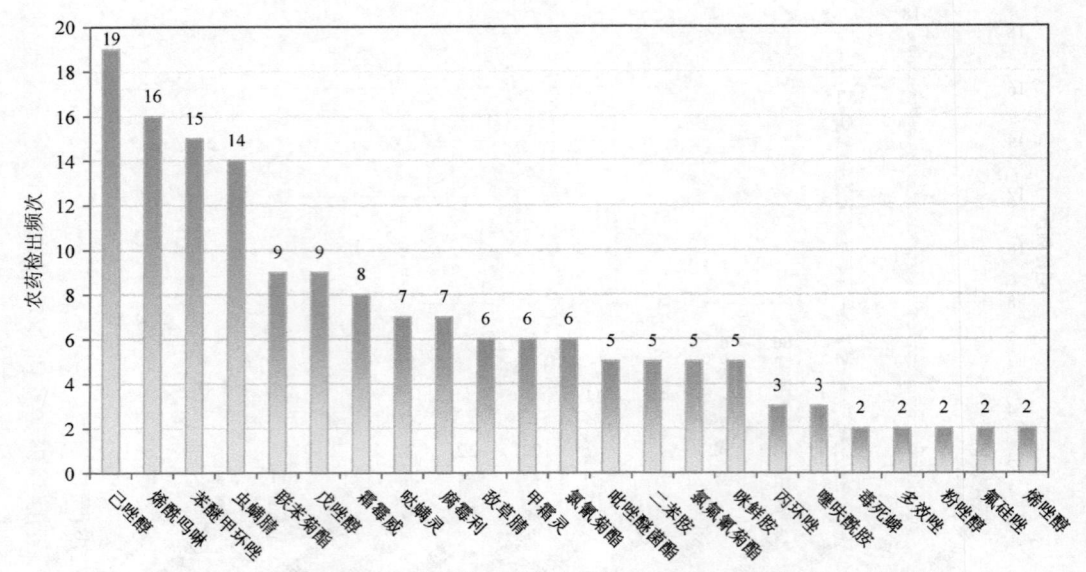

图 11-28 油麦菜样品检出农药品种和频次分析（仅列出 2 频次及以上的数据）

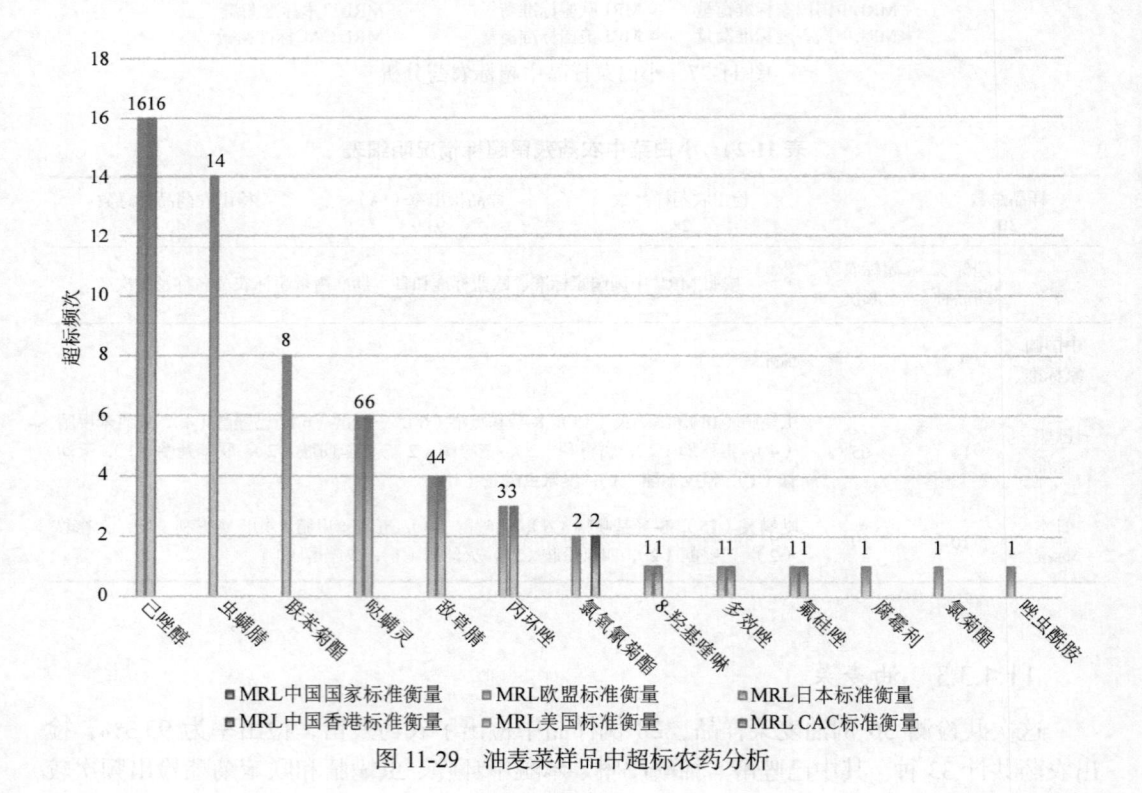

图 11-29 油麦菜样品中超标农药分析

表 11-25　油麦菜中农药残留超标情况明细表

样品总数 30		检出农药样品数 28	样品检出率（%） 93.9	检出农药品种总数 33
	超标农药品种	超标农药频次	按照 MRL 中国国家标准、欧盟标准和日本标准衡量超标农药名称及频次	
中国国家标准	0	0		
欧盟标准	13	59	己唑醇（16），虫螨腈（14），联苯菊酯（8），哒螨灵（6），敌草腈（4），丙环唑（3），氯氟氰菊酯（2），8-羟基喹啉（1），多效唑（1），氟硅唑（1），腐霉利（1），氯菊酯（1），唑虫酰胺（1）	
日本标准	7	32	己唑醇（16），哒螨灵（6），敌草腈（4），丙环唑（3），8-羟基喹啉（1），多效唑（1），氟硅唑（1）	

11.5　初步结论

11.5.1　陕西省市售水果蔬菜按国际主要 MRL 标准衡量的合格率

本次侦测的 600 例样品中，80 例样品未检出任何残留农药，占样品总量的 13.3%，520 例样品检出不同水平、不同种类的残留农药，占样品总量的 86.7%。在这 520 例检出农药残留的样品中。

按照 MRL 中国国家标准衡量，有 504 例样品检出残留农药但含量没有超标，占样品总数的 84.0%，有 16 例样品检出了超标农药，占样品总数的 2.7%。

按照 MRL 欧盟标准衡量，有 257 例样品检出残留农药但含量没有超标，占样品总数的 42.8%，有 263 例样品检出了超标农药，占样品总数的 43.8%。

按照 MRL 日本标准衡量，有 299 例样品检出残留农药但含量没有超标，占样品总数的 49.8%，有 221 例样品检出了超标农药，占样品总数的 36.8%。

按照 MRL 中国香港标准衡量，有 511 例样品检出残留农药但含量没有超标，占样品总数的 85.2%，有 9 例样品检出了超标农药，占样品总数的 1.5%。

按照 MRL 美国标准衡量，有 505 例样品检出残留农药但含量没有超标，占样品总数的 84.2%，有 15 例样品检出了超标农药，占样品总数的 2.5%。

按照 MRL CAC 标准衡量，有 518 例样品检出残留农药但含量没有超标，占样品总数的 86.3%，有 2 例样品检出了超标农药，占样品总数的 0.3%。

11.5.2　陕西省市售水果蔬菜中检出农药以中低微毒农药为主，占市场主体的 92.6%

这次侦测的 600 例样品包括水果 5 种 150 例，蔬菜 15 种 450 例，共检出了 94 种农药，检出农药的毒性以中低微毒为主，详见表 11-26。

表 11-26 市场主体农药毒性分布

毒性	检出品种	占比（%）	检出频次	占比（%）
剧毒农药	2	2.1	18	0.8
高毒农药	5	5.3	8	0.4
中毒农药	39	41.5	1383	61.9
低毒农药	28	29.8	524	23.4
微毒农药	20	21.3	303	13.6

中低微毒农药，品种占比 92.6%，频次占比 98.8%

11.5.3 检出剧毒、高毒和禁用农药现象应该警醒

在此次侦测的 600 例样品中的 146 例样品检出了 10 种 149 频次的剧毒和高毒或禁用农药，占样品总量的 24.3%。其中剧毒农药六氯苯和甲拌磷以及高毒农药醚菌酯、敌敌畏和甲基异柳磷检出频次较高。

按 MRL 中国国家标准衡量，剧毒农药甲拌磷，检出 7 次，超标 1 次；高毒农药甲基异柳磷，检出 1 次，超标 1 次；按超标程度比较，菜豆中水胺硫磷超标 2.0 倍，菠菜中甲拌磷超标 2.0 倍，芹菜中甲基异柳磷超标 1.7 倍。

剧毒、高毒或禁用农药的检出情况及按照 MRL 中国国家标准衡量的超标情况见表 11-27。

表 11-27 剧毒、高毒或禁用农药的检出及超标明细

序号	农药名称	样品名称	检出频次	超标频次	最大超标倍数	超标率（%）
1.1	六氯苯*	蒜薹	8	0	0	0.0
1.2	六氯苯*	小白菜	3	0	0	0.0
2.1	甲拌磷*▲	芹菜	3	0	0	0.0
2.2	甲拌磷*▲	小白菜	2	0	0	0.0
2.3	甲拌磷*▲	菠菜	1	1	2	100.0
2.4	甲拌磷*▲	小油菜	1	0	0	0.0
3.1	三唑磷°▲	小白菜	1	0	0	0.0
4.1	敌敌畏°	草莓	2	0	0	0.0
5.1	水胺硫磷°▲	菜豆	1	1	2.016	100.0
6.1	甲基异柳磷°▲	芹菜	1	1	1.67	100.0
7.1	醚菌酯°	小白菜	1	0	0	0.0
7.2	醚菌酯°	油麦菜	1	0	0	0.0
7.3	醚菌酯°	苹果	1	0	0	0.0
8.1	毒死蜱▲	桃	23	0	0	0.0
8.2	毒死蜱▲	梨	19	0	0	0.0

续表

序号	农药名称	样品名称	检出频次	超标频次	最大超标倍数	超标率（%）
8.3	毒死蜱▲	芹菜	13	2	1.748	15.4
8.4	毒死蜱▲	葡萄	13	0	0	0.0
8.5	毒死蜱▲	苹果	9	0	0	0.0
8.6	毒死蜱▲	韭菜	9	0	0	0.0
8.7	毒死蜱▲	菠菜	3	0	0	0.0
8.8	毒死蜱▲	豇豆	3	0	0	0.0
8.9	毒死蜱▲	辣椒	3	0	0	0.0
8.10	毒死蜱▲	小白菜	2	2	8.065	100.0
8.11	毒死蜱▲	大白菜	2	0	0	0.0
8.12	毒死蜱▲	油麦菜	2	0	0	0.0
8.13	毒死蜱▲	蒜薹	2	0	0	0.0
8.14	毒死蜱▲	茄子	1	1	1.08	100.0
9.1	氟虫腈▲	菠菜	9	0	0	0.0
9.2	氟虫腈▲	豇豆	3	1	2.27	33.3
9.3	氟虫腈▲	韭菜	3	0	0	0.0
10.1	氰戊菊酯▲	小油菜	3	0	0	0.0
10.2	氰戊菊酯▲	小白菜	1	0	0	0.0
合计			149	9		6.0

注：超标倍数参照MRL中国国家标准衡量

*表示剧毒农药；◇表示高毒农药；▲表示禁用农药

这些超标的高剧毒或禁用农药都是中国政府早有规定禁止在水果蔬菜中使用的，为什么还屡次被检出，应该引起警惕。

11.5.4 残留限量标准与先进国家或地区差距较大

2236频次的检出结果与我国公布的《食品中农药最大残留限量》（GB 2763—2021）对比，有1286频次能找到对应的MRL中国国家标准，占57.5%；还有950频次的侦测数据无相关MRL标准供参考，占42.5%。

与国际上现行MRL对比发现：

有2236频次能找到对应的MRL欧盟标准，占100.0%；

有2236频次能找到对应的MRL日本标准，占100.0%；

有1016频次能找到对应的MRL中国香港标准，占45.4%；

有1076频次能找到对应的MRL美国标准，占48.1%；

有801频次能找到对应的MRL CAC标准，占35.8%。

由上可见，MRL中国国家标准与先进国家或地区标准还有很大差距，我们无标准，境外有标准，这就会导致我国在国际贸易中，处于受制于人的被动地位。

11.5.5 水果蔬菜单种样品检出 21～40 种农药残留，拷问农药使用的科学性

通过此次监测发现，葡萄、桃和苹果是检出农药品种最多的 3 种水果，小白菜、油麦菜和豇豆是检出农药品种最多的 3 种蔬菜，从中检出农药品种及频次详见表 11-28。

表 11-28　单种样品检出农药品种及频次

样品名称	样品总数	检出率（%）	检出农药品种数	检出农药（频次）
小白菜	30	93.3	40	虫螨腈（18），哒螨灵（17），氯氟氰菊酯（8），己唑醇（7），8-羟基喹啉（6），多效唑（6），三唑醇（6），三唑酮（6），烯酰吗啉（6），氯氰菊酯（5），戊唑醇（5），五氯苯甲腈（4），茚虫威（4），苯醚甲环唑（3），联苯菊酯（3），六氯苯（3），敌草腈（2），毒死蜱（2），腐霉利（2），甲拌磷（2），甲霜灵（2），腈菌唑（2），咪鲜胺（2），灭幼脲（2），四氢邻胺（2），烯唑醇（2），溴丁酰草胺（2），吡唑醚菌酯（1），丙环唑（1），啶酰菌胺（1），氟乐灵（1），禾草丹（1），醚菌酯（1），嘧菌酯（1），氰戊菊酯（1），三唑磷（1），溴氰虫酰胺（1），乙氧氟草醚（1），莠去津（1），唑虫酰胺（1）
油麦菜	30	93.3	33	己唑醇（19），烯酰吗啉（16），苯醚甲环唑（15），虫螨腈（14），联苯菊酯（9），戊唑醇（9），霜霉威（8），哒螨灵（7），腐霉利（7），敌草腈（6），甲霜灵（6），氯氟氰菊酯（6），吡唑醚菌酯（5），二苯胺（5），氯氟氰菊酯（5），咪鲜胺（5），丙环唑（3），噻呋酰胺（3），毒死蜱（2），多效唑（2），粉唑醇（2），氟硅唑（2），烯唑醇（2），1,4-二甲基萘（1），8-羟基喹啉（1），啶酰菌胺（1），氟吡菌酰胺（1），氟乐灵（1），氯菊酯（1），醚菌酯（1），嘧菌环胺（1），嘧菌酯（1），唑虫酰胺（1）
豇豆	30	93.3	27	虫螨腈（20），戊唑醇（12），腐霉利（10），联苯菊酯（9），丙环唑（8），多效唑（5），腈菌唑（5），咪鲜胺（4），萘乙酸（4），苯醚甲环唑（3），毒死蜱（3），氟虫腈（3），氯氟氰菊酯（3），嘧霉胺（3），灭幼脲（3），吡丙醚（2），啶酰菌胺（2），氟吡菌酰胺（2），肟菌酯（2），乙螨唑（2），哒螨灵（1），氟硅唑（1），氟唑菌酰胺（1），己唑醇（1），甲霜灵（1），氯菊酯（1），烯酰吗啉（1）
葡萄	30	100.0	32	烯酰吗啉（25），腐霉利（23），氯氟氰菊酯（23），嘧霉胺（22），苯醚甲环唑（18），戊唑醇（18），氯氰菊酯（17），毒死蜱（13），抑霉唑（13），肟菌酯（12），乙烯菌核利（11），异菌脲（10），虫螨腈（9），敌草腈（9），氟吡菌酰胺（7），嘧菌环胺（7），多效唑（6），嘧菌酯（6），氟唑菌酰胺（5），螺虫乙酯（5），咪鲜胺（5），噻呋酰胺（5），啶酰菌胺（4），甲霜灵（3），联苯菊酯（3），吡丙醚（2），氟硅唑（2），腈苯唑（2），苦参碱（2），四氟醚唑（2），腈菌唑（1），螺螨酯（1）
桃	30	100.0	26	苯醚甲环唑（24），毒死蜱（23），氯氟氰菊酯（18），虫螨腈（14），多效唑（11），吡唑醚菌酯（7），氯氰菊酯（7），灭幼脲（7），炔螨特（7），烯酰吗啉（7），氟啶虫酰胺（6），氟硅唑（6），肟菌酯（5），乙螨唑（5），甲氰菊酯（4），联苯菊酯（4），螺螨酯（4），腈菌唑（3），噻嗪酮（3），戊唑醇（3），溴氰虫酰胺（3），咪鲜胺（2），溴氰菊酯（2），嘧菌酯（1），灭菌丹（1），茚虫威（1）

续表

样品名称	样品总数	检出率（%）	检出农药品种数	检出农药（频次）
苹果	30	93.3	21	氯氟氰菊酯(23), 戊唑醇(12), 吡唑醚菌酯(9), 毒死蜱(9), 三唑醇(3), 烯酰吗啉(3), 虫螨腈(2), 二嗪磷(2), 联苯菊酯(2), 丙环唑(1), 多效唑(1), 二苯胺(1), 甲氰菊酯(1), 腈菌唑(1), 螺螨酯(1), 氯菊酯(1), 咪鲜胺(1), 醚菌酯(1), 灭菌丹(1), 炔螨特(1), 增效醚(1)

上述 6 种水果蔬菜，检出农药 21~40 种，是多种农药综合防治，还是未严格实施农业良好管理规范（GAP），抑或根本就是乱施药，值得我们思考。

第 12 章　GC-Q-TOF/MS 侦测陕西省市售水果蔬菜农药残留膳食暴露风险与预警风险评估

12.1　农药残留侦测数据分析与统计

庞国芳院士科研团队建立的农药残留高通量侦测技术以高分辨精确质量数（0.0001 m/z 为基准）为识别标准，采用 GC-Q-TOF/MS 技术对 691 种农药化学污染物进行侦测。

科研团队于 2021 年 7 月至 2021 年 9 月在陕西省 7 个区县的 60 个采样点，随机采集了 600 例水果蔬菜样品，采样点分布在超市、电商平台、个体商户和农贸市场，各月内水果蔬菜样品采集数量如表 12-1 所示。

表 12-1　陕西省各月内采集水果蔬菜样品数列表

时间	样品数（例）
2021 年 7 月	30
2021 年 8 月	380
2021 年 9 月	190

利用 GC-Q-TOF/MS 技术对 600 例样品中的农药进行侦测，侦测出残留农药 2236 频次。侦测出农药残留水平如表 12-2 和图 12-1 所示。检出频次最高的前 10 种农药如表 12-3 所示。从侦测结果中可以看出，在水果蔬菜中农药残留普遍存在，且有些水果蔬菜存在高浓度的农药残留，这些可能存在膳食暴露风险，对人体健康产生危害，因此，为了定量地评价水果蔬菜中农药残留的风险程度，有必要对其进行风险评价。

表 12-2　侦测出农药的不同残留水平及其所占比例列表

残留水平（μg/kg）	检出频次	占比（%）
1~5（含）	829	37.1
5~10（含）	302	13.5
10~100（含）	736	32.9
100~1000（含）	299	13.4
>1000	70	3.1

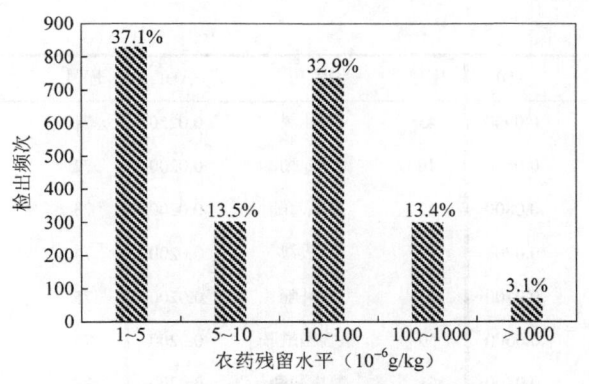

图 12-1 残留农药侦测出浓度频数分布图

表 12-3 检出频次最高的前 10 种农药列表

序号	农药	检出频次
1	虫螨腈	202
2	氯氟氰菊酯	189
3	烯酰吗啉	132
4	戊唑醇	109
5	毒死蜱	104
6	苯醚甲环唑	100
7	腐霉利	89
8	联苯菊酯	87
9	咪鲜胺	83
10	氯氰菊酯	52

本研究使用 GC-Q-TOF/MS 技术对陕西省 600 例样品中的农药侦测中，共侦测出农药 94 种，这些农药的每日允许最大摄入量值（ADI）见表 12-4。为评价甘肃省农药残留的风险，本研究采用两种模型分别评价膳食暴露风险和预警风险，具体的风险评价模型见附录 A。

表 12-4 陕西省水果蔬菜中侦测出农药的 ADI 值

序号	农药	ADI	序号	农药	ADI	序号	农药	ADI
1	灭幼脲	1.2500	7	嘧菌酯	0.2000	13	灭菌丹	0.1000
2	苯酰菌胺	0.5000	8	仲丁灵	0.2000	14	吡丙醚	0.1000
3	醚菌酯	0.4000	9	烯酰吗啉	0.2000	15	吡噻菌胺	0.1000
4	霜霉威	0.4000	10	萘乙酸	0.1500	16	苦参碱	0.1000
5	嘧霉胺	0.2000	11	多效唑	0.1000	17	异丙甲草胺	0.1000
6	增效醚	0.2000	12	二甲戊灵	0.1000	18	腐霉利	0.1000

续表

序号	农药	ADI	序号	农药	ADI	序号	农药	ADI
19	啶氧菌酯	0.0900	45	氟乐灵	0.0250	71	禾草丹	0.0070
20	甲霜灵	0.0800	46	氯氟氰菊酯	0.0200	72	唑虫酰胺	0.0060
21	二苯胺	0.0800	47	氯氰菊酯	0.0200	73	己唑醇	0.0050
22	氟啶虫酰胺	0.0700	48	莠去津	0.0200	74	二嗪磷	0.0050
23	丙环唑	0.0700	49	氟环唑	0.0200	75	烯唑醇	0.0050
24	异菌脲	0.0600	50	氟唑菌酰胺	0.0200	76	乙氧喹啉	0.0050
25	乙螨唑	0.0500	51	氰戊菊酯	0.0200	77	敌敌畏	0.0040
26	乙嘧酚磺酸酯	0.0500	52	噻呋酰胺	0.0140	78	四氟醚唑	0.0040
27	螺虫乙酯	0.0500	53	氯苯甲醚	0.0130	79	乙霉威	0.0040
28	氯菊酯	0.0500	54	苯醚甲环唑	0.0100	80	甲基异柳磷	0.0030
29	肟菌酯	0.0400	55	毒死蜱	0.0100	81	水胺硫磷	0.0030
30	啶酰菌胺	0.0400	56	联苯菊酯	0.0100	82	菌核净	0.0013
31	扑草净	0.0400	57	咪鲜胺	0.0100	83	三唑磷	0.0010
32	虫螨腈	0.0300	58	乙烯菌核利	0.0100	84	甲拌磷	0.0007
33	吡唑醚菌酯	0.0300	59	哒螨灵	0.0100	85	氟虫腈	0.0002
34	腈菌唑	0.0300	60	氟吡菌酰胺	0.0100	86	1,4-二甲基萘	—
35	三唑醇	0.0300	61	敌草腈	0.0100	87	8-羟基喹啉	—
36	溴氰虫酰胺	0.0300	62	螺螨酯	0.0100	88	六氯苯	—
37	抑霉唑	0.0300	63	噁霜灵	0.0100	89	灭除威	—
38	丙溴磷	0.0300	64	粉唑醇	0.0100	90	双苯酰草胺	—
39	甲氰菊酯	0.0300	65	联苯肼酯	0.0100	91	四氢盼胺	—
40	腈苯唑	0.0300	66	溴氰菊酯	0.0100	92	五氯苯甲腈	—
41	嘧菌环胺	0.0300	67	茚虫威	0.0100	93	溴丁酰草胺	—
42	三唑酮	0.0300	68	炔螨特	0.0100	94	抑芽唑	—
43	乙氧氟草醚	0.0300	69	噻嗪酮	0.0090			
44	戊唑醇	0.0300	70	氟硅唑	0.0070			

注："—"表示国家标准中无ADI值规定；ADI值单位为mg/kg bw

12.2 农药残留膳食暴露风险评估

12.2.1 每例水果蔬菜样品中农药残留安全指数分析

于农药残留侦测数据，发现在600例样品中侦测出农药2236频次，计算样品中每种残留农药的安全指数IFS_c，并分析农药对样品安全的影响程度，农药残留对水果蔬菜样品安全的影响程度频次分布情况如图 12-2 所示。

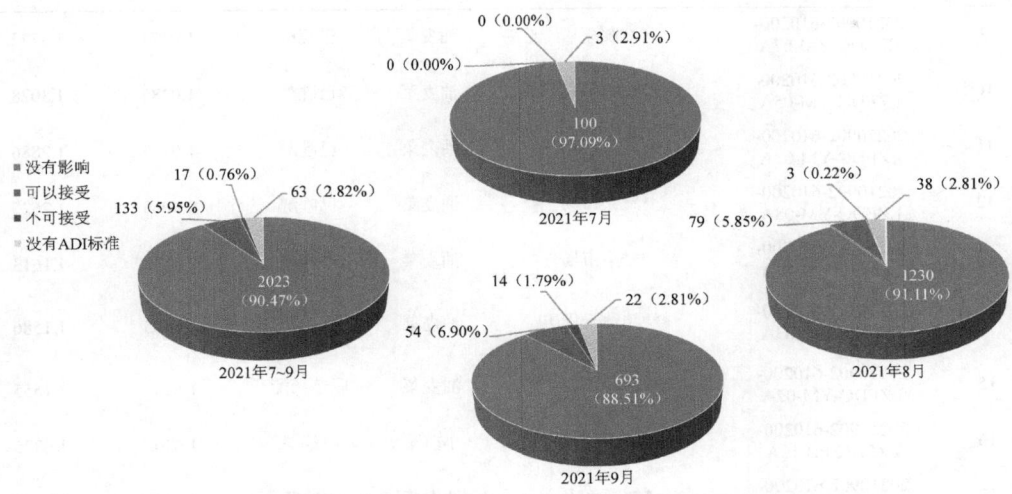

图 12-2 农药残留对水果蔬菜样品安全的影响程度频次分布图

由图 12-2 可以看出，农药残留对样品安全的影响不可接受的频次为 17，占 0.76%；农药残留对样品安全的影响可以接受的频次为 133，占 5.95%；农药残留对样品安全没有影响的频次为 2023，占 90.47%。分析发现，农药残留对水果蔬菜样品安全的影响程度频次 2021 年 7 月（100）＜2021 年 9 月（747）＜2021 年 8 月（1309），2021 年 8 月的农药残留对样品安全存在不可接受的影响，频次为 3，占 0.22%；2021 年 9 月的农药残留对样品安全存在不可接受的影响，频次为 14，占 1.79%。表 12-5 为对水果蔬菜样品中安全影响不可接受的农药残留列表。

表 12-5 水果蔬菜样品中安全影响不可接受的农药残留列表

序号	样品编号	采样点	基质	农药	含量（mg/kg）	IFS$_c$
1	20210811-610100-LZFDC-CL-04A	***超市	小油菜	哒螨灵	4.6820	2.9653
2	20210902-610200-LZFDC-YM-02A	***蔬菜店	油麦菜	己唑醇	2.3317	2.9535
3	20210902-610200-LZFDC-CL-04A	***菜市场	小油菜	哒螨灵	3.8860	2.4611
4	20210902-610200-LZFDC-CL-01A	***菜市场	小油菜	哒螨灵	3.5485	2.2474
5	20210811-610500-LZFDC-JD-03A	***超市	豇豆	氟虫腈	0.0654	2.0710
6	20210902-610200-LZFDC-PB-08A	***菜市场	小白菜	哒螨灵	2.9260	1.8531
7	20210902-610200-LZFDC-YM-03A	***粮油干货店	油麦菜	己唑醇	1.3917	1.7628
8	20210815-610100-LZFDC-YM-01A	***蔬菜	油麦菜	己唑醇	1.2029	1.5237

续表

序号	样品编号	采样点	基质	农药	含量（mg/kg）	IFS_c
9	20210902-610200-LZFDC-YM-07A	***蔬菜店	油麦菜	己唑醇	1.0873	1.3772
10	20210902-610200-LZFDC-YM-05A	***生鲜配送部	油麦菜	己唑醇	1.0285	1.3028
11	20210902-610200-LZFDC-YM-01A	***菜市场	油麦菜	己唑醇	1.0173	1.2886
12	20210902-610200-LZFDC-YM-08A	***菜市场	油麦菜	己唑醇	0.9969	1.2627
13	20210902-610200-LZFDC-YM-04A	***菜市场	油麦菜	己唑醇	0.9168	1.1613
14	20210902-610200-LZFDC-YM-03A	***粮油干货店	油麦菜	苯醚甲环唑	1.8293	1.1586
15	20210902-610200-LZFDC-YM-02A	***蔬菜店	油麦菜	联苯菊酯	1.8244	1.1555
16	20210902-610200-LZFDC-PB-10A	***蔬菜行	小白菜	哒螨灵	1.6302	1.0325
17	20210902-610200-LZFDC-YM-02A	***蔬菜店	油麦菜	虫螨腈	4.8255	1.0187

部分样品侦测出禁用农药 7 种 133 频次，为了明确残留的禁用农药对样品安全的影响，分析侦测出禁用农药残留的样品安全指数，禁用农药残留对水果蔬菜样品安全的影响程度频次分布情况如图 12-3 所示，农药残留对样品安全的影响不可接受的频次为 1，占 0.75%；农药残留对样品安全的影响可以接受的频次为 12，占 9.02%；农药残留对样

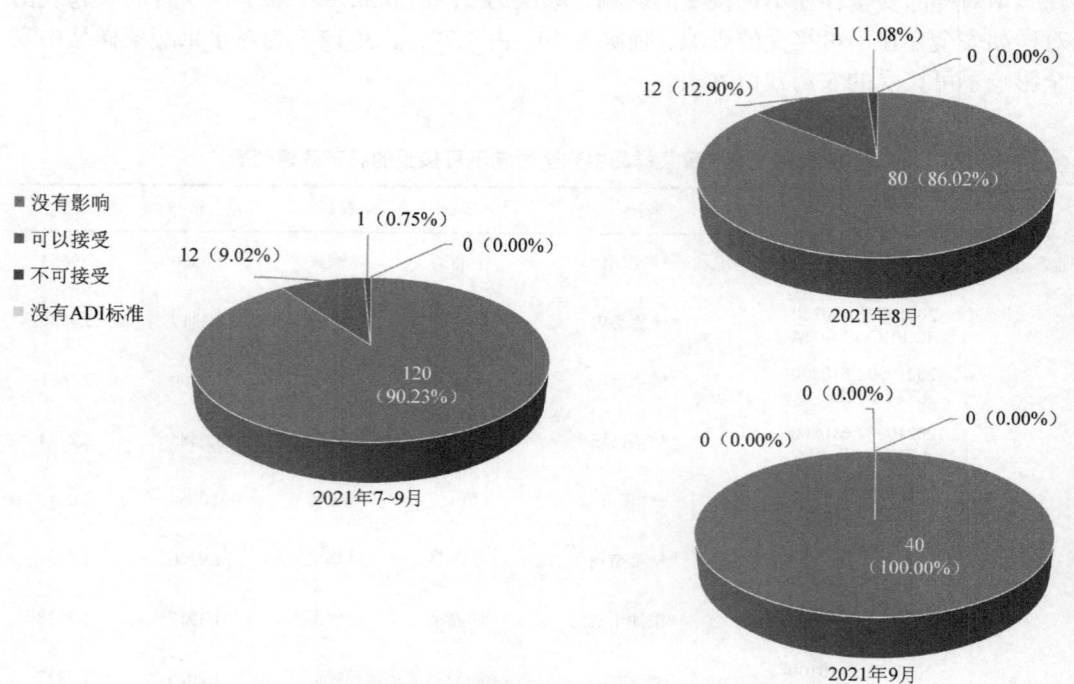

图 12-3　禁用农药对水果蔬菜样品安全影响程度的频次分布图
2021 年 7 月无禁用农药残留检出

品安全没有影响的频次为 120，占 90.23%。由图中可以看出 2021 年 8 月和 2021 年 9 月两个月份的水果蔬菜样品中均侦测出禁用农药残留，分析发现，在该 3 个月份内只有 2021 年 8 月内有 1 种禁用农药对样品安全影响不可接受，2021 年 9 月禁用农药对样品安全的影响在没有影响的范围内。表 12-6 列出了水果蔬菜样品中侦测出的禁用农药残留不可接受的安全指数表。

表 12-6　水果蔬菜样品中侦测出的禁用农药残留不可接受的安全指数表

序号	样品编号	采样点	基质	农药	含量（mg/kg）	IFS$_c$
1	20210811-610500-LZFDC-JD-03A	***超市	豇豆	氟虫腈	0.0654	2.071

此外，本次侦测发现部分样品中非禁用农药残留量超过了 MRL 中国国家标准和欧盟标准，为了明确超标的非禁用农药对样品安全的影响，分析了非禁用农药残留超标的样品安全指数。

水果蔬菜残留量超过 MRL 中国国家标准的非禁用农药对水果蔬菜样品安全的影响程度频次分布情况如图 12-4 所示。可以看出侦测出超过 MRL 中国国家标准的非禁用农药共 7 频次，其中农药残留对样品安全的影响可以接受的频次为 7 频次，占 100.00%。表 12-7 为水果蔬菜样品中侦测出的非禁用农药残留安全指数表。

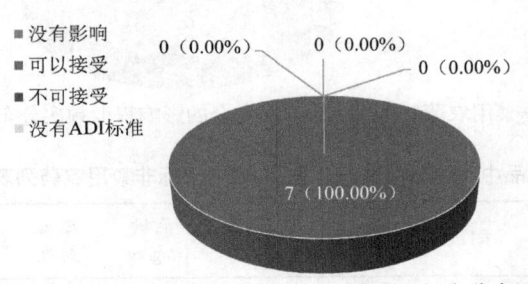

图 12-4　残留超标的非禁用农药对水果蔬菜样品安全的影响程度频次分布图（MRL 中国国家标准）

表 12-7　水果蔬菜样品中侦测出的非禁用农药残留安全指数表（MRL 中国国家标准）

序号	样品编号	采样点	基质	农药	含量（mg/kg）	中国国家标准	超标倍数	IFS$_c$	影响程度
1	20210902-610200-LZFDC-GS-06A	***菜市场	蒜薹	腐霉利	7.5282	3.00	1.51	0.4768	可以接受
2	20210811-610100-LZFDC-GS-04A	***超市	蒜薹	腐霉利	6.1315	3.00	1.04	0.3883	可以接受
3	20210902-610200-LZFDC-GS-05A	***生鲜配送部	蒜薹	腐霉利	4.7075	3.00	0.57	0.2981	可以接受
4	20210811-610100-LZFDC-GS-13A	***菜市场	蒜薹	腐霉利	4.2445	3.00	0.41	0.2688	可以接受
5	20210902-610200-LZFDC-GS-02A	***蔬菜店	蒜薹	腐霉利	3.6780	3.00	0.23	0.2329	可以接受

续表

序号	样品编号	采样点	基质	农药	含量（mg/kg）	中国国家标准	超标倍数	IFS$_c$	影响程度
6	20210902-610200-LZFDC-GS-09A	***鲜菜豆制品店	蒜薹	腐霉利	3.4350	3.00	0.15	0.2176	可以接受
7	20210811-610500-LZFDC-GS-01A	***超市	蒜薹	腐霉利	3.3355	3.00	0.11	0.2112	可以接受

残留量超过 MRL 欧盟标准的非禁用农药对水果蔬菜样品安全的影响程度频次分布情况如图 12-5 所示。可以看出超过 MRL 欧盟标准的非禁用农药 468 频次，其中农药残留对样品安全的影响可以接受的频次为 97 频次，占 20.73%；农药残留对样品安全没有影响的频次为 340，占 72.65%。表 12-8 为水果蔬菜样品中安全指数排名前 10 的残留超标非禁用农药列表。

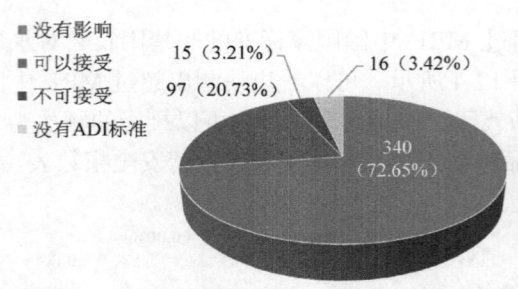

图 12-5 残留超标的非禁用农药对水果蔬菜样品安全的影响程度频次分布图（MRL 欧盟标准）

表 12-8 水果蔬菜样品中安全指数排名前 10 的残留超标非禁用农药列表（MRL 欧盟标准）

序号	样品编号	采样点	基质	农药	含量（mg/kg）	欧盟标准	超标倍数	IFS$_c$	影响程度
1	20210811-610100-LZFDC-CL-04A	***超市	小油菜	哒螨灵	4.6820	0.01	467.20	2.9653	不可接受
2	20210902-610200-LZFDC-YM-02A	***蔬菜店	油麦菜	己唑醇	2.3317	0.01	232.17	2.9535	不可接受
3	20210902-610200-LZFDC-CL-04A	***菜市场	小油菜	哒螨灵	3.8860	0.01	387.60	2.4611	不可接受
4	20210902-610200-LZFDC-CL-01A	***菜市场	小油菜	哒螨灵	3.5485	0.01	353.85	2.2474	不可接受
5	20210902-610200-LZFDC-PB-08A	***菜市场	小白菜	哒螨灵	2.9260	0.01	291.60	1.8531	不可接受
6	20210902-610200-LZFDC-YM-03A	***粮油干货店	油麦菜	己唑醇	1.3917	0.01	138.17	1.7628	不可接受
7	20210815-610100-LZFDC-YM-01A	***蔬菜	油麦菜	己唑醇	1.2029	0.01	119.29	1.5237	不可接受
8	20210902-610200-LZFDC-YM-07A	***蔬菜店	油麦菜	己唑醇	1.0873	0.01	107.73	1.3772	不可接受
9	20210902-610200-LZFDC-YM-05A	***生鲜配送部	油麦菜	己唑醇	1.0285	0.01	101.85	1.3028	不可接受

续表

序号	样品编号	采样点	基质	农药	含量（mg/kg）	欧盟标准	超标倍数	IFS$_c$	影响程度
10	20210902-610200-LZFDC-YM-01A	***菜市场	油麦菜	己唑醇	1.0173	0.01	100.73	1.2886	不可接受

12.2.2 单种水果蔬菜中农药残留安全指数分析

本次 20 种水果蔬菜侦测出 94 种农药，所有水果蔬菜均侦测出农药残留，检出频次为 2236 次，其中 9 种农药没有 ADI 标准，85 种农药存在 ADI 标准。对 20 种水果蔬菜按不同种类分别计算侦测出的具有 ADI 标准的各种农药的 IFS$_c$ 值，农药残留对水果蔬菜的安全指数分布图如图 12-6 所示。

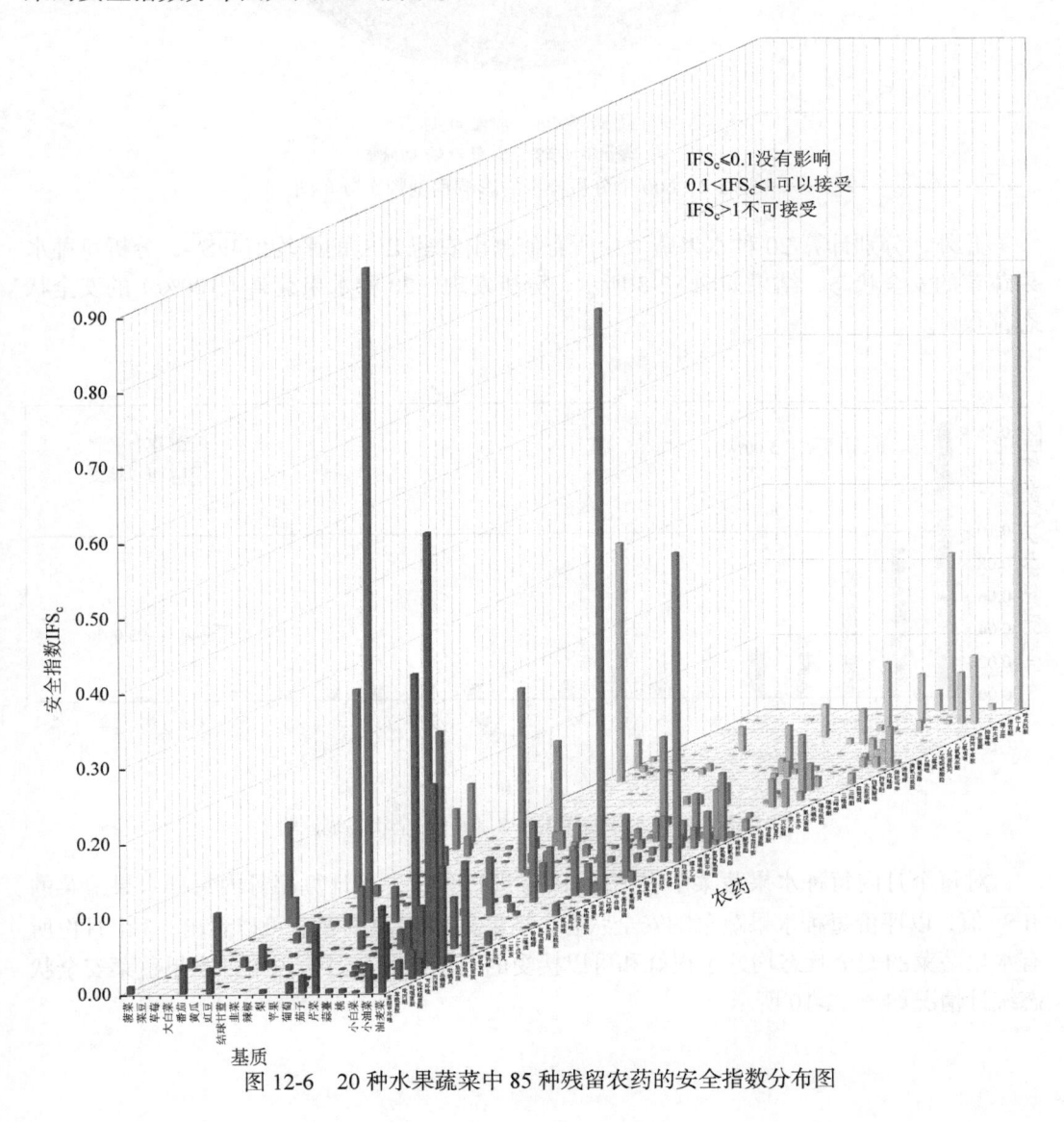

图 12-6　20 种水果蔬菜中 85 种残留农药的安全指数分布图

本次侦测中，20 种水果蔬菜和 94 种残留农药（包括没有 ADI 标准）共涉及 600 个分析样本，农药对单种水果蔬菜安全的影响程度分布情况如图 12-7 所示。可以看出，86.83%的样本中农药对水果蔬菜安全没有影响，3.67%的样本中农药对水果蔬菜安全的影响可以接受，0.00%的样本中农药对水果蔬菜安全的影响不可接受。

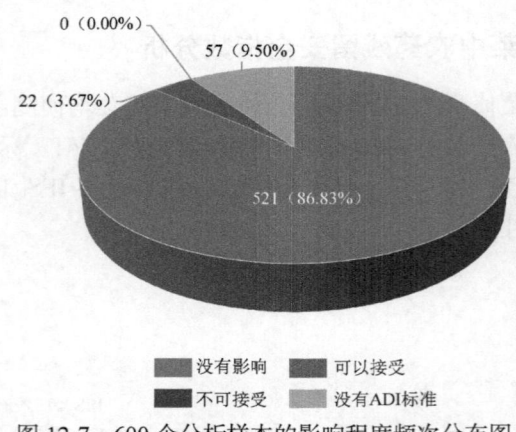

图 12-7　600 个分析样本的影响程度频次分布图

此外，分别计算 20 种水果蔬菜中所有侦测出农药 IFS_c 的平均值 $\overline{IFS_c}$，分析每种水果蔬菜的安全状态，结果如图 12-8 所示，分析发现，20 种水果蔬菜（100%）的安全状态都很好。

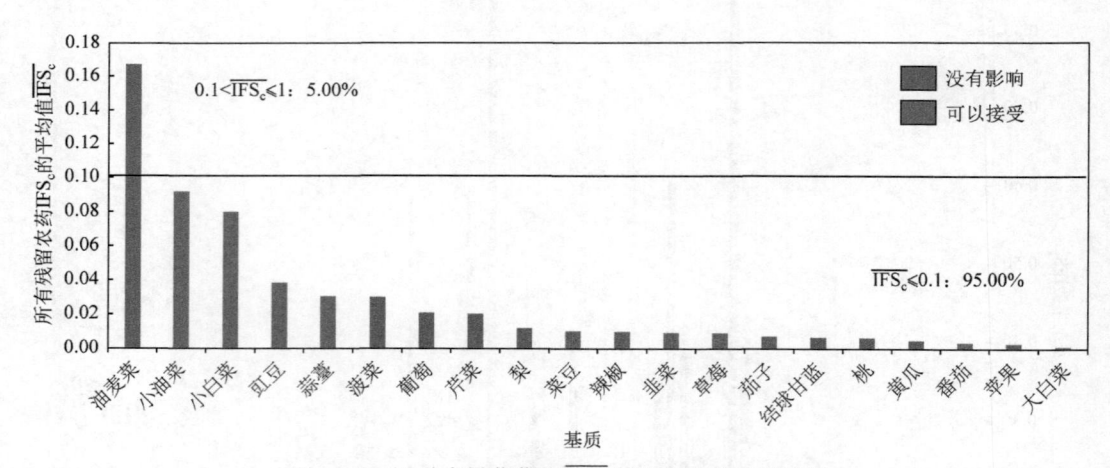

图 12-8　20 种水果蔬菜的 $\overline{IFS_c}$ 值和安全状态统计图

对每个月内每种水果蔬菜中农药的 IFS_c 进行分析，并计算每月内每种水果蔬菜的 $\overline{IFS_c}$ 值，以评价每种水果蔬菜的安全状态，结果如图 12-9 所示，可以看出，3 个月份所有水果蔬菜的安全状态均处于很好和可以接受的范围内，各月份内单种水果蔬菜安全状态统计情况如图 12-10 所示。

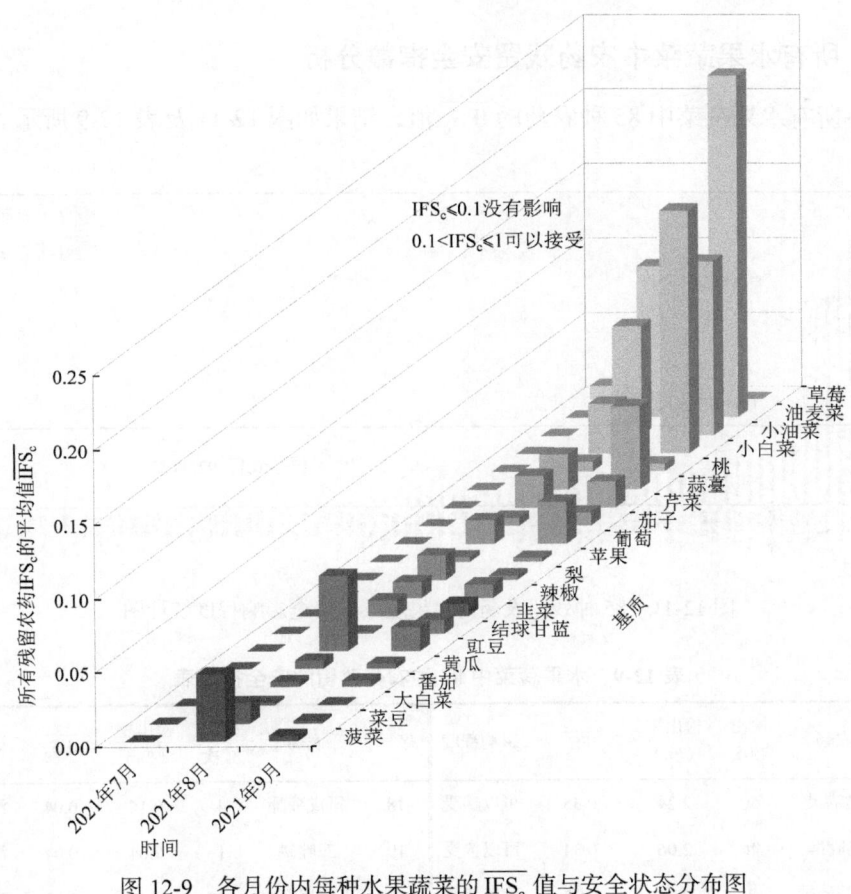

图 12-9　各月份内每种水果蔬菜的 $\overline{IFS_c}$ 值与安全状态分布图

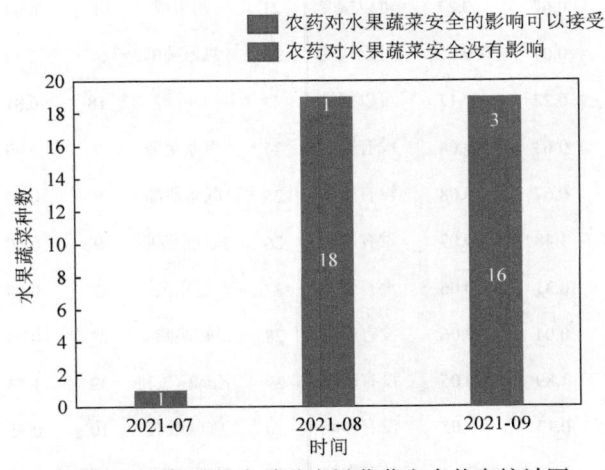

图 12-10　各月份内单种水果蔬菜安全状态统计图

12.2.3 所有水果蔬菜中农药残留安全指数分析

计算所有水果蔬菜中 85 种农药的 $\overline{IFS_c}$ 值,结果如图 12-11 及表 12-9 所示。

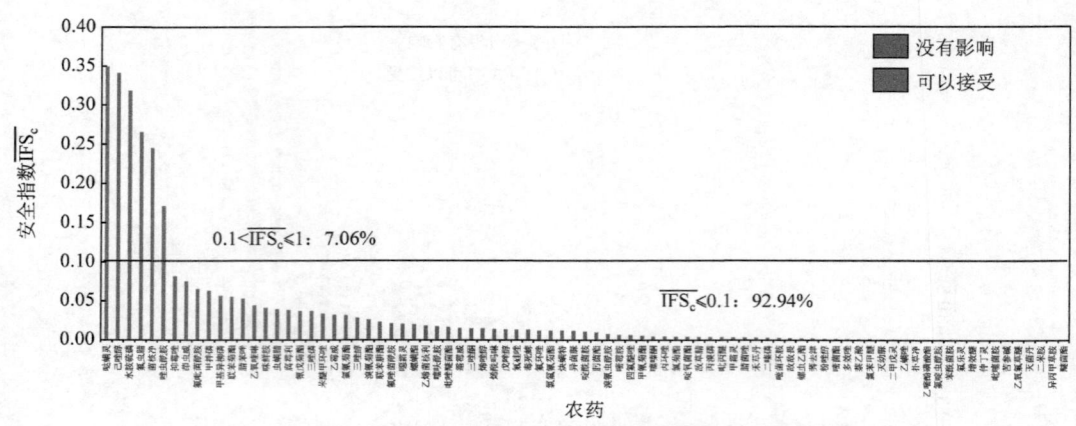

图 12-11 85 种残留农药对水果蔬菜的安全影响程度统计图

表 12-9 水果蔬菜中 85 种农药残留的安全指数表

序号	农药	检出频次	检出率(%)	$\overline{IFS_c}$	影响程度	序号	农药	检出频次	检出率(%)	$\overline{IFS_c}$	影响程度
1	哒螨灵	50	2.24	0.35	可以接受	18	氰戊菊酯	4	0.18	0.04	没有影响
2	己唑醇	46	2.06	0.34	可以接受	19	三唑磷	1	0.04	0.04	没有影响
3	水胺硫磷	1	0.04	0.32	可以接受	20	苯醚甲环唑	100	4.47	0.03	没有影响
4	氟虫腈	15	0.67	0.27	可以接受	21	乙霉威	1	0.04	0.03	没有影响
5	菌核净	1	0.04	0.25	可以接受	22	氯氰菊酯	52	2.33	0.03	没有影响
6	唑虫酰胺	5	0.22	0.17	可以接受	23	三唑醇	18	0.81	0.03	没有影响
7	抑霉唑	14	0.63	0.08	没有影响	24	溴氰菊酯	2	0.09	0.03	没有影响
8	茚虫威	15	0.67	0.08	没有影响	25	联苯肼酯	9	0.40	0.03	没有影响
9	氟吡菌酰胺	33	1.48	0.07	没有影响	26	氟唑菌酰胺	9	0.40	0.02	没有影响
10	甲拌磷	7	0.31	0.06	没有影响	27	噁霜灵	2	0.09	0.02	没有影响
11	甲基异柳磷	1	0.04	0.06	没有影响	28	螺螨酯	21	0.94	0.02	没有影响
12	联苯菊酯	87	3.89	0.05	没有影响	29	乙烯菌核利	39	1.74	0.02	没有影响
13	腈苯唑	3	0.13	0.05	没有影响	30	噻呋酰胺	10	0.45	0.02	没有影响
14	乙氧喹啉	3	0.13	0.04	没有影响	31	吡唑醚菌酯	35	1.57	0.02	没有影响
15	咪鲜胺	83	3.71	0.04	没有影响	32	霜霉威	8	0.36	0.01	没有影响
16	虫螨腈	202	9.03	0.04	没有影响	33	三唑酮	6	0.27	0.01	没有影响
17	腐霉利	89	3.98	0.04	没有影响	34	烯唑醇	6	0.27	0.01	没有影响

序号	农药	检出频次	检出率(%)	$\overline{IFS_c}$	影响程度	序号	农药	检出频次	检出率(%)	$\overline{IFS_c}$	影响程度
35	烯酰吗啉	132	5.90	0.01	没有影响	61	敌敌畏	2	0.09	0.00	没有影响
36	戊唑醇	109	4.87	0.01	没有影响	62	螺虫乙酯	10	0.45	0.00	没有影响
37	氟硅唑	21	0.94	0.01	没有影响	63	莠去津	38	1.70	0.00	没有影响
38	毒死蜱	104	4.65	0.01	没有影响	64	粉唑醇	5	0.22	0.00	没有影响
39	氟环唑	2	0.09	0.01	没有影响	65	嘧菌酯	12	0.54	0.00	没有影响
40	氯氟氰菊酯	189	8.45	0.01	没有影响	66	多效唑	39	1.74	0.00	没有影响
41	炔螨特	14	0.63	0.01	没有影响	67	萘乙酸	4	0.18	0.00	没有影响
42	异菌脲	36	1.61	0.01	没有影响	68	氯苯甲醚	1	0.04	0.00	没有影响
43	啶酰菌胺	15	0.67	0.01	没有影响	69	灭幼脲	16	0.72	0.00	没有影响
44	肟菌酯	34	1.52	0.01	没有影响	70	二甲戊灵	39	1.74	0.00	没有影响
45	溴氰虫酰胺	16	0.72	0.01	没有影响	71	乙螨唑	38	1.70	0.00	没有影响
46	嘧霉胺	37	1.65	0.01	没有影响	72	扑草净	9	0.40	0.00	没有影响
47	四氟醚唑	6	0.27	0.01	没有影响	73	乙嘧酚磺酸酯	15	0.67	0.00	没有影响
48	甲氰菊酯	6	0.27	0.01	没有影响	74	氟啶虫酰胺	8	0.36	0.00	没有影响
49	噻嗪酮	3	0.13	0.00	没有影响	75	苯酰菌胺	6	0.27	0.00	没有影响
50	丙环唑	37	1.65	0.00	没有影响	76	氟乐灵	3	0.13	0.00	没有影响
51	氯菊酯	6	0.27	0.00	没有影响	77	增效醚	4	0.18	0.00	没有影响
52	啶氧菌酯	6	0.27	0.00	没有影响	78	仲丁灵	9	0.40	0.00	没有影响
53	敌草腈	25	1.12	0.00	没有影响	79	吡噻菌胺	1	0.04	0.00	没有影响
54	丙溴磷	10	0.45	0.00	没有影响	80	苦参碱	2	0.09	0.00	没有影响
55	吡丙醚	4	0.18	0.00	没有影响	81	乙氧氟草醚	1	0.04	0.00	没有影响
56	甲霜灵	33	1.48	0.00	没有影响	82	灭菌丹	19	0.85	0.00	没有影响
57	腈菌唑	38	1.70	0.00	没有影响	83	二苯胺	14	0.63	0.00	没有影响
58	禾草丹	1	0.04	0.00	没有影响	84	异丙甲草胺	1	0.04	0.00	没有影响
59	二嗪磷	4	0.18	0.00	没有影响	85	醚菌酯	3	0.13	0.00	没有影响
60	嘧菌环胺	8	0.36	0.00	没有影响						

分析发现，所有农药的 $\overline{IFS_c}$ 均小于1，说明85种农药对水果蔬菜安全的影响均在没有影响和可以接受的范围内，其中7.06%的农药对水果蔬菜安全的影响可以接受，92.94%的农药对水果蔬菜安全没有影响。

对每个月内所有水果蔬菜中残留农药的 $\overline{IFS_c}$ 进行分析，结果如图12-12所示。分析发现，3个月份所有农药对水果蔬菜安全的影响均处于没有影响的范围内。每月内不同农药对水果蔬菜安全影响程度的统计如图12-13所示。

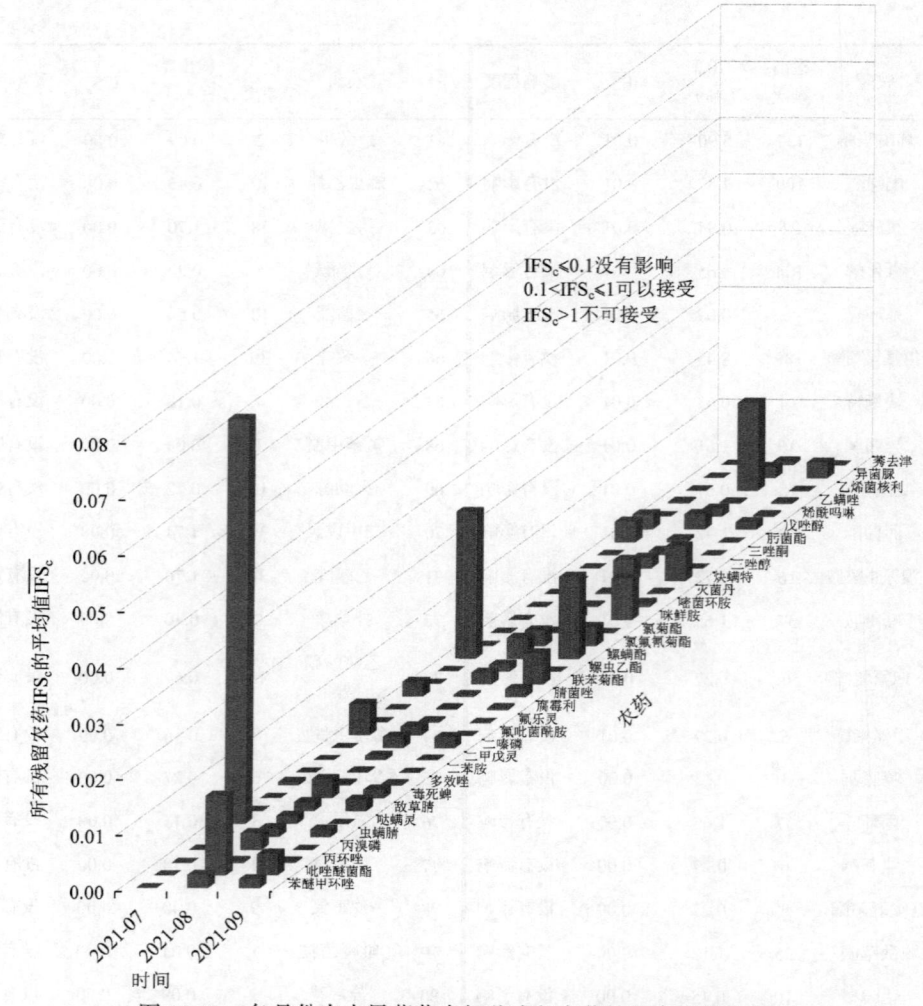

图 12-12　各月份内水果蔬菜中每种残留农药的安全指数分布图

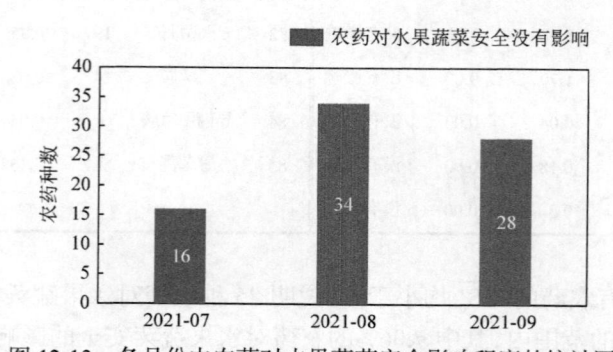

图 12-13　各月份内农药对水果蔬菜安全影响程度的统计图

12.3 农药残留预警风险评估

基于陕西省水果蔬菜样品中农药残留 GC-Q-TOF/MS 侦测数据，分析禁用农药的检出率，同时参照中华人民共和国国家标准 GB 2763—2019 和欧盟农药最大残留限量（MRL）标准分析非禁用农药残留的超标率，并计算农药残留风险系数。分析单种水果蔬菜中农药残留以及所有水果蔬菜中农药残留的风险程度。

12.3.1 单种水果蔬菜中农药残留风险系数分析

12.3.1.1 单种水果蔬菜中禁用农药残留风险系数分析

侦测出的 94 种残留农药中有 7 种为禁用农药，且它们分布在 16 种水果蔬菜中，计算 16 种水果蔬菜中禁用农药的超标率，根据超标率计算风险系数 R，进而分析水果蔬菜中禁用农药的风险程度，结果如图 12-14 与表 12-10 所示。分析发现 6 种禁用农药在 11 种水果蔬菜中的残留处于高度风险；5 种禁用农药在 7 种水果蔬菜中的残留均处于中度风险。

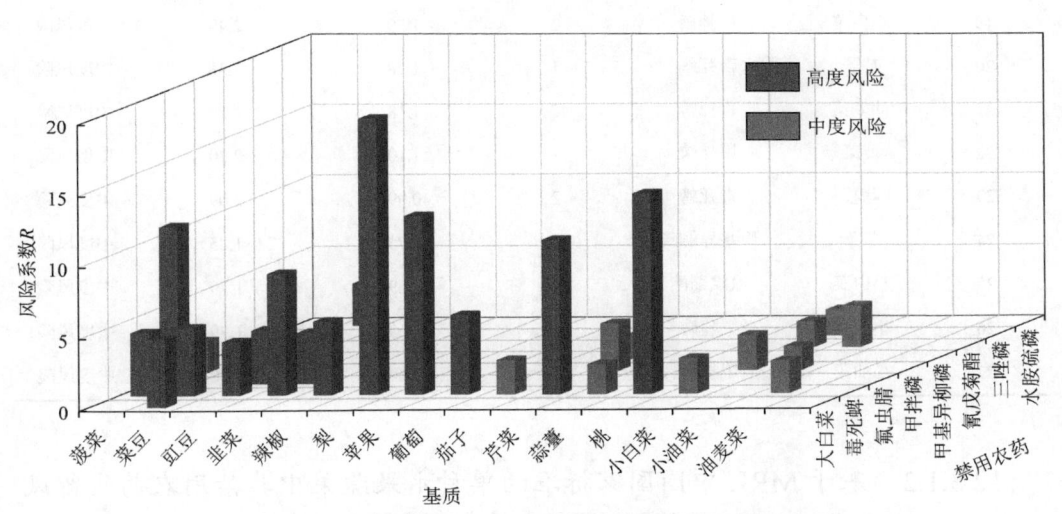

图 12-14 16 种水果蔬菜中 7 种禁用农药的风险系数分布图

表 12-10 16 种水果蔬菜中 7 种禁用农药的风险系数列表

序号	基质	农药	检出频次	检出率（%）	风险系数 R	风险程度
1	梨	毒死蜱	19	18.27	19.37	高度风险
2	桃	毒死蜱	23	12.92	14.02	高度风险
3	苹果	毒死蜱	9	11.39	12.49	高度风险
4	菠菜	氟虫腈	9	9.89	10.99	高度风险

续表

序号	基质	农药	检出频次	检出率（%）	风险系数 R	风险程度
5	芹菜	毒死蜱	13	9.70	10.80	高度风险
6	韭菜	毒死蜱	9	7.38	8.48	高度风险
7	葡萄	毒死蜱	13	4.47	5.57	高度风险
8	辣椒	毒死蜱	3	4.05	5.15	高度风险
9	菜豆	大白菜	2	3.64	4.74	高度风险
10	菜豆	毒死蜱	2	3.64	4.74	高度风险
11	菠菜	毒死蜱	3	3.30	4.40	高度风险
12	豇豆	毒死蜱	3	2.63	3.73	高度风险
13	豇豆	氟虫腈	3	2.63	3.73	高度风险
14	韭菜	氟虫腈	3	2.46	3.56	高度风险
15	芹菜	甲拌磷	3	2.24	3.34	高度风险
16	菜豆	水胺硫磷	1	1.82	2.92	高度风险
17	小油菜	氰戊菊酯	3	1.79	2.89	高度风险
18	小白菜	毒死蜱	2	1.39	2.49	中度风险
19	小白菜	甲拌磷	2	1.39	2.49	中度风险
20	茄子	毒死蜱	1	1.28	2.38	中度风险
21	油麦菜	毒死蜱	2	1.18	2.28	中度风险
22	菠菜	甲拌磷	1	1.10	2.20	中度风险
23	蒜薹	毒死蜱	1	0.99	2.09	中度风险
24	芹菜	甲基异柳磷	1	0.75	1.85	中度风险
25	小白菜	氰戊菊酯	1	0.69	1.79	中度风险
26	小白菜	三唑磷	1	0.69	1.79	中度风险
27	小油菜	甲拌磷	1	0.60	1.70	中度风险

12.3.1.2 基于 MRL 中国国家标准的单种水果蔬菜中非禁用农药残留风险系数分析

参照中华人民共和国国家标准 GB 2763—2021 中农药残留限量计算每种水果蔬菜中每种非禁用农药的超标率，进而计算其风险系数，根据风险系数大小判断残留农药的预警风险程度，水果蔬菜中非禁用农药残留风险程度分布情况如图 12-15 所示。

本次分析中，发现在 1 种水果蔬菜侦测出 1 种残留非禁用农药，涉及样本 514 个，2103 检出频次。在 514 个样本中，0.00%处于中度风险，24.32%处于低度风险。此外发现有 388 个样本没有 MRL 中国国家标准值，无法判断其风险程度，有 MRL 中国国家标准值的 126 个样本涉及 1 种水果蔬菜中的 1 种非禁用农药，其风险系数 R 值如图 12-16

所示。表 12-11 为非禁用农药残留处于高度风险的水果蔬菜列表。

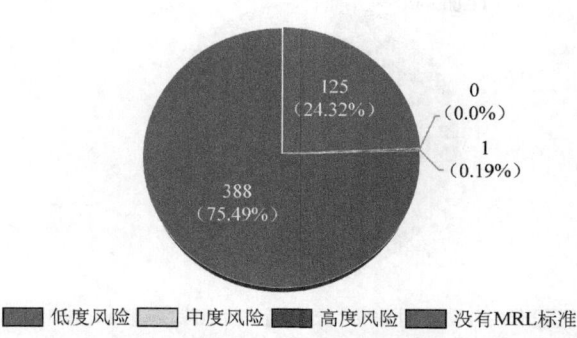

图 12-15　水果蔬菜中非禁用农药风险程度的频次分布图（MRL 中国国家标准）

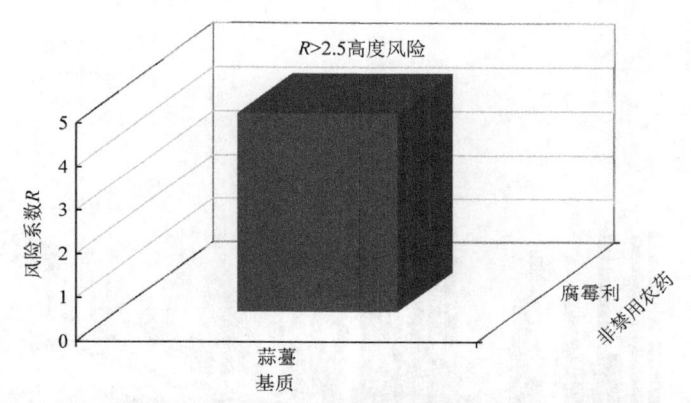

图 12-16　1 种水果蔬菜中 1 种非禁用农药的风险系数分布图（MRL 中国国家标准）

表 12-11　单种水果蔬菜中处于高度风险的非禁用农药风险系数表（MRL 中国国家标准）

序号	基质	农药	超标频次	超标率 P（%）	风险系数 R
1	蒜薹	腐霉利	7	3.45	4.55

12.3.1.3　基于 MRL 欧盟标准的单种水果蔬菜中非禁用农药残留风险系数分析

参照 MRL 欧盟标准计算每种水果蔬菜中每种非禁用农药的超标率，进而计算其风险系数，根据风险系数大小判断农药残留的预警风险程度，水果蔬菜中非禁用农药残留风险程度分布情况如图 12-17 所示。

本次分析中，发现在 20 种水果蔬菜中共侦测出 45 种非禁用农药，涉及样本 514 个，2103 检出频次。在 514 个样本中，0.00% 处于中度风险，91.25% 处于低度风险。单种水果蔬菜中的非禁用农药风险系数分布图如图 12-18 所示。单种水果蔬菜中处于高度风险的非禁用农药风险系数如图 12-19 和表 12-12 所示。

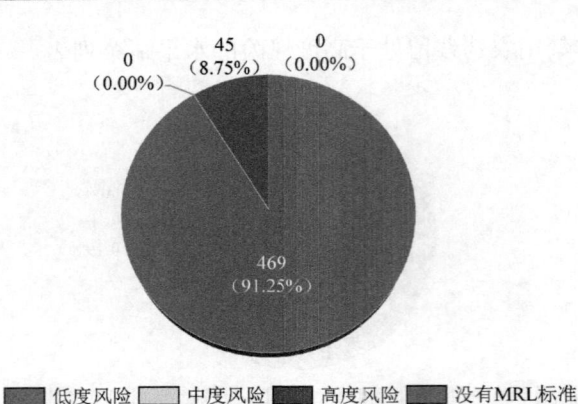

图 12-17　水果蔬菜中非禁用农药的风险程度的频次分布图（MRL 欧盟标准）

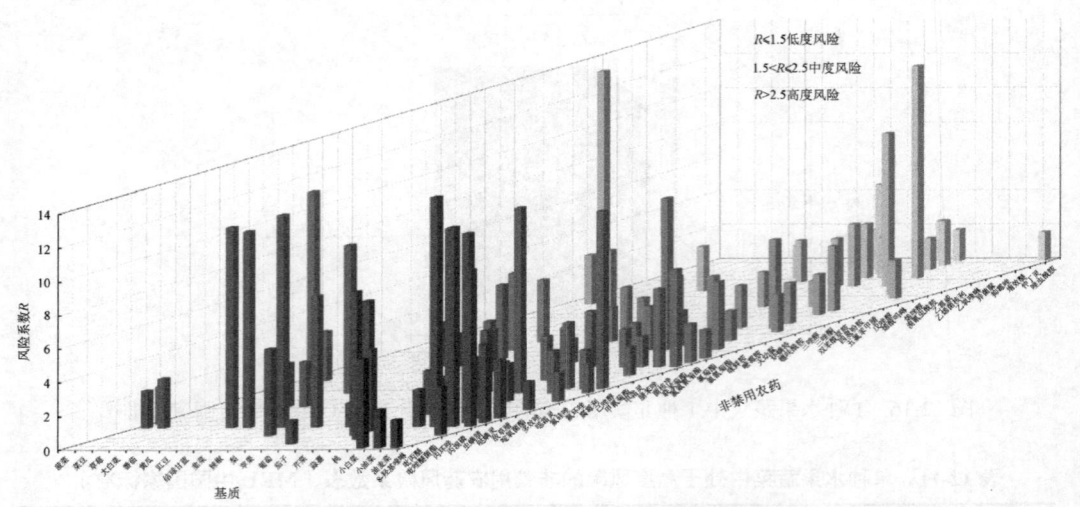

图 12-18　20 种水果蔬菜中 45 种非禁用农药的风险系数分布图（MRL 欧盟标准）

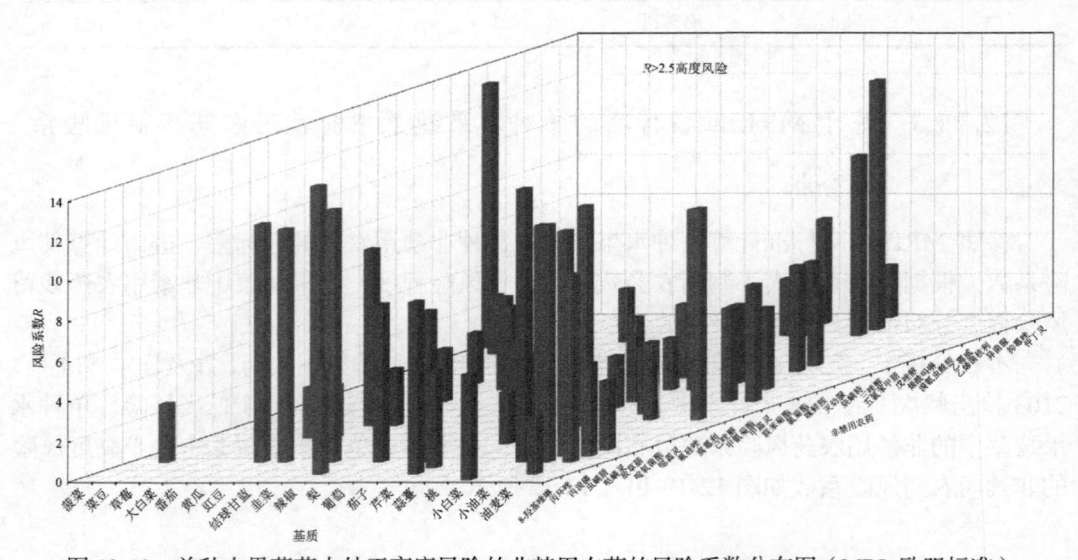

图 12-19　单种水果蔬菜中处于高度风险的非禁用农药的风险系数分布图（MRL 欧盟标准）

表 12-12　单种水果蔬菜中处于高度风险的非禁用农药的风险系数表（MRL 欧盟标准）

序号	基质	农药	超标频次	超标率（%）	风险系数 R
1	小白菜	虫螨腈	18	12.50	13.60
2	菠菜	溴氰虫酰胺	11	12.09	13.19
3	韭菜	虫螨腈	14	11.48	12.58
4	蒜薹	异菌脲	23	11.33	12.43
5	黄瓜	虫螨腈	7	10.77	11.87
6	小油菜	虫螨腈	18	10.71	11.81
7	草莓	己唑醇	11	10.58	11.68
8	豇豆	虫螨腈	12	10.53	11.63
9	小白菜	哒螨灵	15	10.42	11.52
10	小油菜	哒螨灵	17	10.12	11.22
11	蒜薹	腐霉利	20	9.85	10.95
12	油麦菜	己唑醇	16	9.41	10.51
13	油麦菜	虫螨腈	14	8.24	9.34
14	蒜薹	咪鲜胺	16	7.88	8.98
15	蒜薹	乙烯菌核利	16	7.88	8.98
16	黄瓜	腐霉利	5	7.69	8.79
17	芹菜	丙环唑	10	7.46	8.56
18	梨	虫螨腈	7	6.73	7.83
19	茄子	虫螨腈	5	6.41	7.51
20	油麦菜	联苯菊酯	8	4.71	5.81
21	小白菜	8-羟基喹啉	6	4.17	5.27
22	小白菜	三唑醇	6	4.17	5.27
23	葡萄	抑霉唑	12	4.12	5.22
24	辣椒	丙环唑	3	4.05	5.15
25	芹菜	丙溴磷	5	3.73	4.83
26	小油菜	联苯菊酯	6	3.57	4.67
27	油麦菜	哒螨灵	6	3.53	4.63
28	豇豆	咪鲜胺	4	3.51	4.61
29	结球甘蓝	氯菊酯	1	3.33	4.43
30	葡萄	腐霉利	9	3.09	4.19
31	小油菜	咪鲜胺	5	2.98	4.08
32	桃	灭幼脲	5	2.81	3.91
33	小白菜	己唑醇	4	2.78	3.88
34	小白菜	五氯苯甲腈	4	2.78	3.88

续表

序号	基质	农药	超标频次	超标率（%）	风险系数 R
35	豇豆	灭幼脲	3	2.63	3.73
36	茄子	腐霉利	2	2.56	3.66
37	茄子	炔螨特	2	2.56	3.66
38	茄子	乙烯菌核利	2	2.56	3.66
39	油麦菜	敌草腈	4	2.35	3.45
40	大白菜	戊唑醇	1	2.33	3.43
41	桃	甲氰菊酯	4	2.25	3.35
42	芹菜	联苯菊酯	3	2.24	3.34
43	葡萄	异菌脲	6	2.06	3.16
44	梨	炔螨特	2	1.92	3.02
45	菜豆	虫螨腈	1	1.82	2.92
46	菜豆	甲霜灵	1	1.82	2.92
47	菜豆	烯酰吗啉	1	1.82	2.92
48	油麦菜	丙环唑	3	1.76	2.86
49	豇豆	腐霉利	2	1.75	2.85
50	葡萄	乙烯菌核利	5	1.72	2.82
51	韭菜	联苯菊酯	2	1.64	2.74
52	黄瓜	噁霜灵	1	1.54	2.64
53	黄瓜	联苯菊酯	1	1.54	2.64
54	黄瓜	乙霉威	1	1.54	2.64
55	芹菜	啶氧菌酯	2	1.49	2.59
56	芹菜	氟硅唑	2	1.49	2.59
57	芹菜	甲霜灵	2	1.49	2.59
58	芹菜	咪鲜胺	2	1.49	2.59
59	芹菜	仲丁灵	2	1.49	2.59
60	蒜薹	三唑醇	3	1.48	2.58
61	番茄	噁霜灵	1	1.45	2.55
62	番茄	灭幼脲	1	1.45	2.55

12.3.2 所有水果蔬菜中农药残留风险系数分析

12.3.2.1 所有水果蔬菜中禁用农药残留风险系数分析

在侦测出的 94 种农药中有 7 种为禁用农药，计算所有水果蔬菜中禁用农药的风险系数,结果如表 12-13 所示。禁用农药毒死蜱处于高度风险。

表 12-13 水果蔬菜中 7 种禁用农药的风险系数表

序号	农药	检出频次	检出率 P（%）	风险系数 R	风险程度
1	毒死蜱	104	17.33	18.43	高度风险
2	氟虫腈	15	2.50	3.60	高度风险
3	甲拌磷	7	1.17	2.27	中度风险
4	氰戊菊酯	4	0.67	1.77	中度风险
5	甲基异柳磷	1	0.17	1.27	低度风险
6	三唑磷	1	0.17	1.27	低度风险
7	水胺硫磷	1	0.17	1.27	低度风险

对每个月内的禁用农药的风险系数进行分析,结果如图 12-20 和表 12-14 所示。

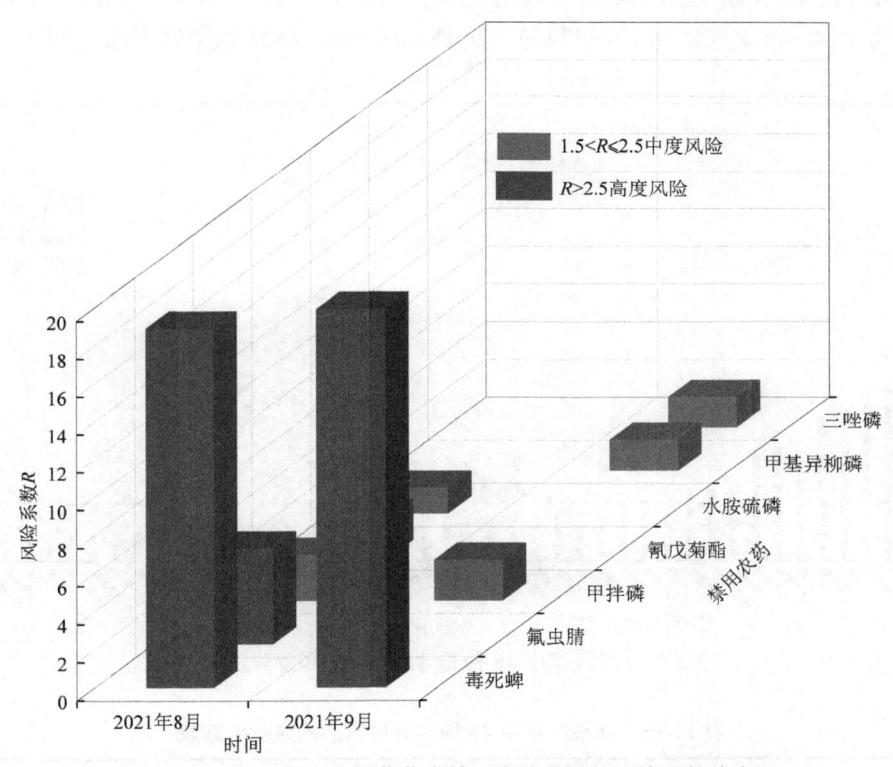

图 12-20 各月份内水果蔬菜中禁用农药残留的风险系数分布图

表 12-14 各月份内水果蔬菜中禁用农药残留的风险系数表

序号	年月	农药	检出频次	检出率 P（%）	风险系数 R	风险程度
1	2021 年 8 月	毒死蜱	68	17.85	18.95	高度风险
2	2021 年 8 月	氟虫腈	15	3.94	5.04	高度风险

续表

序号	年月	农药	检出频次	检出率 P（%）	风险系数 R	风险程度
3	2021年8月	甲拌磷	5	1.31	2.41	中度风险
4	2021年8月	氰戊菊酯	4	1.05	2.15	中度风险
5	2021年8月	水胺硫磷	1	0.26	1.36	低度风险
6	2021年9月	毒死蜱	36	18.85	19.95	高度风险
7	2021年9月	甲拌磷	2	1.05	2.15	中度风险
8	2021年9月	甲基异柳磷	1	0.52	1.62	中度风险
9	2021年9月	三唑磷	1	0.52	1.62	中度风险

12.3.2.2 所有水果蔬菜中非禁用农药残留风险系数分析

参照 MRL 欧盟标准计算所有水果蔬菜中每种非禁用农药残留的风险系数，如图 12-21 与表 12-15 所示。在侦测出的 45 种非禁用农药中，14 种农药（31.11%）残留处于高度风险，11 种农药（24.44%）残留处于中度风险，20 种农药（44.44%）残留处于低度风险。

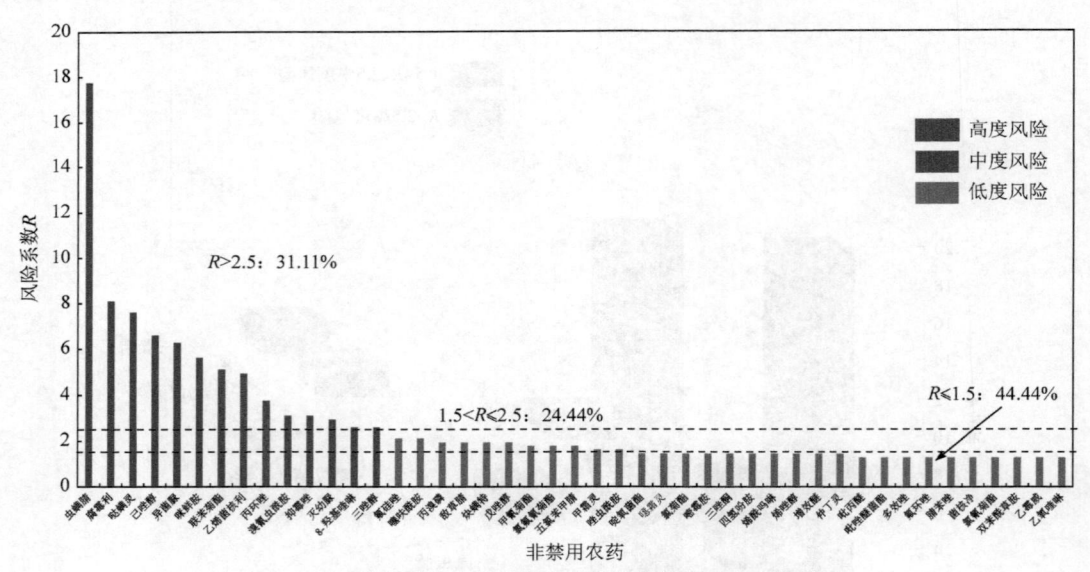

图 12-21 水果蔬菜中 45 种非禁用农药的风险程度统计图

表 12-15 水果蔬菜中 45 种非禁用农药的风险系数表

序号	农药	超标频次	超标率 P（%）	风险系数 R	风险程度
1	虫螨腈	100	16.67	17.77	高度风险
2	腐霉利	42	7.00	8.10	高度风险
3	哒螨灵	39	6.50	7.60	高度风险
4	己唑醇	33	5.50	6.60	高度风险
5	异菌脲	31	5.17	6.27	高度风险
6	咪鲜胺	27	4.50	5.60	高度风险

续表

序号	农药	超标频次	超标率 P（%）	风险系数 R	风险程度
7	联苯菊酯	24	4.00	5.10	高度风险
8	乙烯菌核利	23	3.83	4.93	高度风险
9	丙环唑	16	2.67	3.77	高度风险
10	溴氰虫酰胺	12	2.00	3.10	高度风险
11	抑霉唑	12	2.00	3.10	高度风险
12	灭幼脲	11	1.83	2.93	高度风险
13	8-羟基喹啉	9	1.50	2.60	高度风险
14	三唑醇	9	1.50	2.60	高度风险
15	氟硅唑	6	1.00	2.10	中度风险
16	噻呋酰胺	6	1.00	2.10	中度风险
17	丙溴磷	5	0.83	1.93	中度风险
18	敌草腈	5	0.83	1.93	中度风险
19	炔螨特	5	0.83	1.93	中度风险
20	戊唑醇	5	0.83	1.93	中度风险
21	甲氰菊酯	4	0.67	1.77	中度风险
22	氯氟氰菊酯	4	0.67	1.77	中度风险
23	五氯苯甲腈	4	0.67	1.77	中度风险
24	甲霜灵	3	0.50	1.60	中度风险
25	唑虫酰胺	3	0.50	1.60	中度风险
26	啶氧菌酯	2	0.33	1.43	低度风险
27	噁霜灵	2	0.33	1.43	低度风险
28	氯菊酯	2	0.33	1.43	低度风险
29	嘧霉胺	2	0.33	1.43	低度风险
30	三唑酮	2	0.33	1.43	低度风险
31	四氢盼胺	2	0.33	1.43	低度风险
32	烯酰吗啉	2	0.33	1.43	低度风险
33	烯唑醇	2	0.33	1.43	低度风险
34	增效醚	2	0.33	1.43	低度风险
35	仲丁灵	2	0.33	1.43	低度风险
36	吡丙醚	1	0.17	1.27	低度风险
37	吡唑醚菌酯	1	0.17	1.27	低度风险
38	多效唑	1	0.17	1.27	低度风险
39	氟环唑	1	0.17	1.27	低度风险
40	腈苯唑	1	0.17	1.27	低度风险
41	菌核净	1	0.17	1.27	低度风险
42	氯氰菊酯	1	0.17	1.27	低度风险
43	双苯酰草胺	1	0.17	1.27	低度风险
44	乙霉威	1	0.17	1.27	低度风险
45	乙氧喹啉	1	0.17	1.27	低度风险

对每个月份内的非禁用农药的风险系数分析，每月内非禁用农药风险程度分布图如图 12-22 所示。这 3 个月份内处于高度风险的农药数排序为 2021 年 9 月（15）> 2021 年 8 月（13）> 2021 年 7 月（1）。

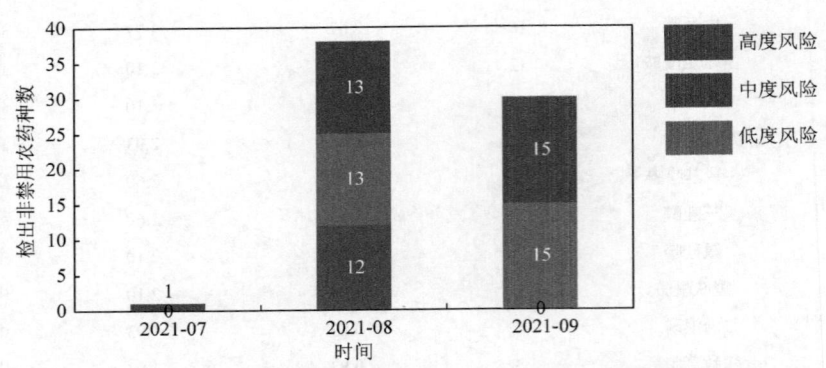

图 12-22　各月份水果蔬菜中非禁用农药残留的风险程度分布图

3 个月份内水果蔬菜中非用农药处于中度风险和高度风险的风险系数如图 12-23 和表 12-16 所示。

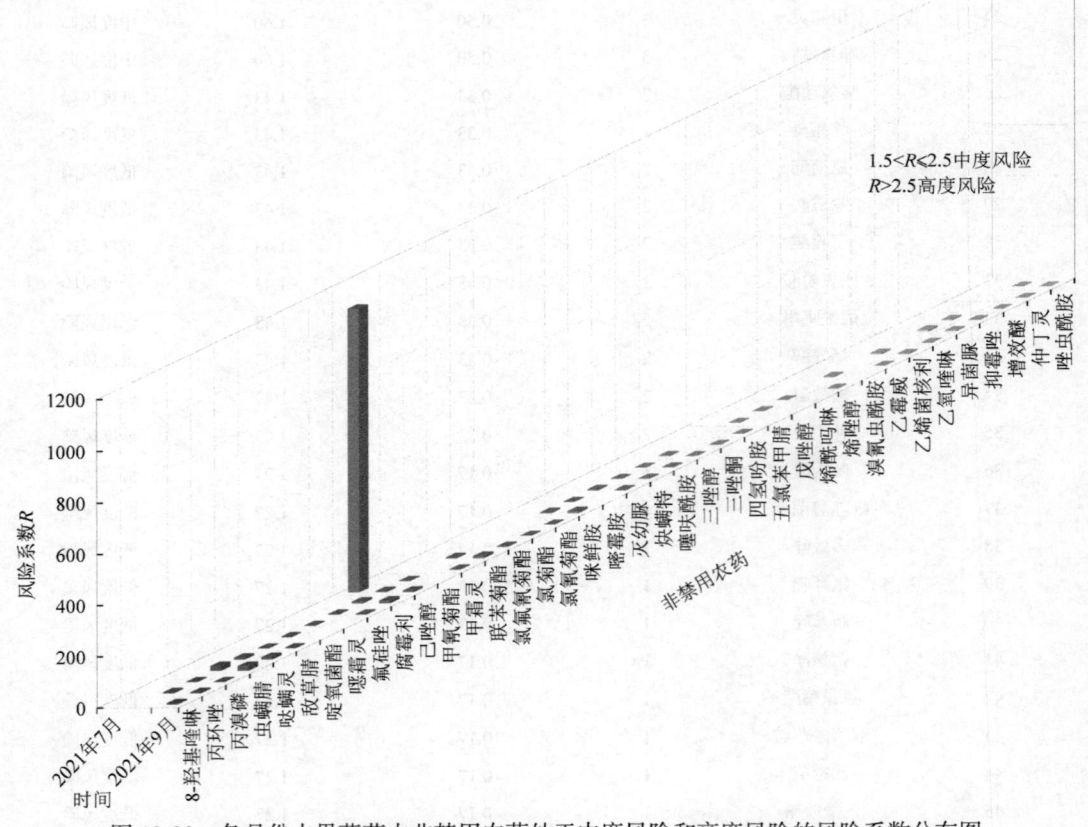

图 12-23　各月份水果蔬菜中非禁用农药处于中度风险和高度风险的风险系数分布图

表 12-16　各月份水果蔬菜中非禁用农药处于中度风险和高度风险的风险系数表

序号	年月	农药	超标频次	超标率 P（%）	风险系数 R	风险程度
1	2021年7月	己唑醇	11	1100.00	1101.10	高度风险
2	2021年8月	虫螨腈	67	17.59	18.69	高度风险
3	2021年8月	腐霉利	24	6.30	7.40	高度风险
4	2021年8月	异菌脲	24	6.30	7.40	高度风险
5	2021年8月	哒螨灵	23	6.04	7.14	高度风险
6	2021年8月	乙烯菌核利	17	4.46	5.56	高度风险
7	2021年8月	咪鲜胺	14	3.67	4.77	高度风险
8	2021年8月	己唑醇	12	3.15	4.25	高度风险
9	2021年8月	溴氰虫酰胺	12	3.15	4.25	高度风险
10	2021年8月	丙环唑	11	2.89	3.99	高度风险
11	2021年8月	联苯菊酯	10	2.62	3.72	高度风险
12	2021年8月	灭幼脲	9	2.36	3.46	高度风险
13	2021年8月	抑霉唑	9	2.36	3.46	高度风险
14	2021年8月	三唑醇	7	1.84	2.94	高度风险
15	2021年8月	戊唑醇	5	1.31	2.41	中度风险
16	2021年8月	丙溴磷	4	1.05	2.15	中度风险
17	2021年8月	氟硅唑	4	1.05	2.15	中度风险
18	2021年8月	甲氰菊酯	4	1.05	2.15	中度风险
19	2021年8月	五氯苯甲腈	4	1.05	2.15	中度风险
20	2021年8月	敌草腈	2	0.52	1.62	中度风险
21	2021年8月	啶氧菌酯	2	0.52	1.62	中度风险
22	2021年8月	噁霜灵	2	0.52	1.62	中度风险
23	2021年8月	嘧霉胺	2	0.52	1.62	中度风险
24	2021年8月	炔螨特	2	0.52	1.62	中度风险
25	2021年8月	噻呋酰胺	2	0.52	1.62	中度风险
26	2021年8月	烯酰吗啉	2	0.52	1.62	中度风险
27	2021年8月	唑虫酰胺	2	0.52	1.62	中度风险
28	2021年9月	虫螨腈	33	17.28	18.38	高度风险
29	2021年9月	腐霉利	18	9.42	10.52	高度风险
30	2021年9月	哒螨灵	16	8.38	9.48	高度风险
31	2021年9月	联苯菊酯	14	7.33	8.43	高度风险
32	2021年9月	咪鲜胺	13	6.81	7.91	高度风险
33	2021年9月	己唑醇	10	5.24	6.34	高度风险
34	2021年9月	8-羟基喹啉	8	4.19	5.29	高度风险

续表

序号	年月	农药	超标频次	超标率 P（%）	风险系数 R	风险程度
35	2021年9月	异菌脲	7	3.66	4.76	高度风险
36	2021年9月	乙烯菌核利	6	3.14	4.24	高度风险
37	2021年9月	丙环唑	5	2.62	3.72	高度风险
38	2021年9月	噻呋酰胺	4	2.09	3.19	高度风险
39	2021年9月	敌草腈	3	1.57	2.67	高度风险
40	2021年9月	氯氟氰菊酯	3	1.57	2.67	高度风险
41	2021年9月	炔螨特	3	1.57	2.67	高度风险
42	2021年9月	抑霉唑	3	1.57	2.67	高度风险
43	2021年9月	氟硅唑	2	1.05	2.15	中度风险
44	2021年9月	甲霜灵	2	1.05	2.15	中度风险
45	2021年9月	灭幼脲	2	1.05	2.15	中度风险
46	2021年9月	三唑醇	2	1.05	2.15	中度风险
47	2021年9月	三唑酮	2	1.05	2.15	中度风险
48	2021年9月	四氢吩胺	2	1.05	2.15	中度风险
49	2021年9月	烯唑醇	2	1.05	2.15	中度风险
50	2021年9月	仲丁灵	2	1.05	2.15	中度风险
51	2021年9月	丙溴磷	1	0.52	1.62	中度风险
52	2021年9月	氯菊酯	1	0.52	1.62	中度风险
53	2021年9月	氯氰菊酯	1	0.52	1.62	中度风险
54	2021年9月	乙霉威	1	0.52	1.62	中度风险
55	2021年9月	乙氧喹啉	1	0.52	1.62	中度风险
56	2021年9月	增效醚	1	0.52	1.62	中度风险
57	2021年9月	唑虫酰胺	1	0.52	1.62	中度风险

12.4 农药残留风险评估结论与建议

农药残留是影响水果蔬菜安全和质量的主要因素，也是我国食品安全领域备受关注的敏感话题和亟待解决的重大问题之一。各种水果蔬菜均存在不同程度的农药残留现象，本研究主要针对陕西省各类水果蔬菜存在的农药残留问题，基于2021年7月至2021年9月期间对陕西省600例水果蔬菜样品中农药残留侦测得出的2236个侦测结果，分别采用食品安全指数模型和风险系数模型，开展水果蔬菜中农药残留的膳食暴露风险和预警风险评估。水果蔬菜样品取自超市和农贸市场，符合大众的膳食来源，风险评价时更具有代表性和可信度。

本研究力求通用简单地反映食品安全中的主要问题，且为管理部门和大众容易接受，为政府及相关管理机构建立科学的食品安全信息发布和预警体系提供科学的规律与方法，加强对农药残留的预警和食品安全重大事件的预防，控制食品风险。

12.4.1 陕西省水果蔬菜中农药残留膳食暴露风险评价结论

1）水果蔬菜样品中农药残留安全状态评价结论

采用食品安全指数模型，对2021年7月至2021年9月期间陕西省水果蔬菜食品农药残留膳食暴露风险进行评价，根据IFS_c的计算结果发现，水果蔬菜中农药的$\overline{IFS_c}$为0.0373，说明陕西省水果蔬菜总体处于很好的安全状态，但部分禁用农药、高残留农药在蔬菜、水果中仍有侦测出，导致膳食暴露风险的存在，成为不安全因素。

2）单种水果蔬菜中农药膳食暴露风险不可接受情况评价结论

单种水果蔬菜中农药残留安全指数分析结果显示，农药对单种水果蔬菜安全影响不可接受（$IFS_c > 1$）的样本数共14个，占总样本数的0.02%，样本分别为豇豆中的氟虫腈、小白菜中的哒螨灵、小油菜中的哒螨灵、油麦菜中的苯醚甲环唑、虫螨腈、己唑醇、联苯菊酯，说明豇豆中的氟虫腈、小白菜中的哒螨灵、小油菜中的哒螨灵、油麦菜中的苯醚甲环唑、虫螨腈、己唑醇、联苯菊酯会对消费者身体健康造成较大的膳食暴露风险。豇豆、小白菜、小油菜、油麦菜均为较常见的水果蔬菜，百姓日常食用量较大，长期食用大量残留农药的蔬菜会对人体造成不可接受的影响，本次侦测发现农药在蔬菜样品中多次并大量侦测出，是未严格实施农业良好管理规范（GAP），抑或是农药滥用，这应该引起相关管理部门的警惕，应加强对蔬菜中农药的严格管控。

3）禁用农药膳食暴露风险评价

本次侦测发现部分水果蔬菜样品中有禁用农药侦测出，侦测出禁用农药7种，检出频次为133，水果蔬菜样品中的禁用农药IFS_c计算结果表明，禁用农药残留膳食暴露风险不可接受的频次为1，占0.75%；可以接受的频次为12，占9.02%；没有影响的频次为120，占90.23%。对于水果蔬菜样品中所有农药而言，膳食暴露风险不可接受的频次为17，占总体频次的0.76%。可以看出，禁用农药的膳食暴露风险不可接受的比例与总体水平相当，但禁用农药更容易导致严重的膳食暴露风险。此外，膳食暴露风险不可接受的残留禁用农药为氟虫腈，因此，应该加强对禁用农药氟虫腈的管控力度。为何在国家明令禁止禁用农药喷洒的情况下，还能在多种水果蔬菜中多次侦测出禁用农药残留并造成不可接受的膳食暴露风险，这应该引起相关部门的高度警惕，应该在禁止禁用农药喷洒的同时，严格管控禁用农药的生产和售卖，从根本上杜绝安全隐患。

12.4.2 陕西省水果蔬菜中农药残留预警风险评价结论

1）单种水果蔬菜中禁用农药残留的预警风险评价结论

本次侦测过程中，在16种水果蔬菜中侦测出7种禁用农药，禁用农药为：毒死蜱、克百威、特丁硫磷、水胺硫磷、治螟磷、甲拌磷、硫丹、氯磺隆，水果蔬菜为：大白菜、小油菜、小白菜、梨、番茄、花椰菜、芹菜、苹果、茄子、菜豆、菠菜、葡萄、豇豆、辣椒、马铃薯、黄瓜，水果蔬菜中禁用农药的风险系数分析结果显示，仅有1种禁用农药在 1 种水果蔬菜中的残留处于高度风险，说明在单种水果蔬菜中禁用农药的残留导致的预警风险普遍可以接受。

2）单种水果蔬菜中非禁用农药残留的预警风险评价结论

本次侦测过程中，以 MRL 中国国家标准为标准，在 1 种水果蔬菜侦测出 1 种残留非禁用农药，涉及 514 个样本，2103 检出频次。计算水果蔬菜中非禁用农药风险系数，0.00%处于中度风险，24.32%处于低度风险，75.49%的数据没有 MRL 中国国家标准值，无法判断其风险程度；以 MRL 欧盟标准为标准，在 20 种水果蔬菜中共侦测出 45 种非禁用农药，涉及 514 个样本，2103 检出频次。计算水果蔬菜中非禁用农药风险系数，发现有 8.75%处于高度风险，0.00%处于中度风险，91.25%处于低度风险。基于两种 MRL 标准，评价的结果差异显著，可以看出 MRL 欧盟标准比中国国家标准更加严格和完善，过于宽松的 MRL 中国国家标准值能否有效保障人体的健康有待研究。

12.4.3 加强陕西省水果蔬菜食品安全建议

我国食品安全风险评价体系仍不够健全，相关制度不够完善，多年来，由于农药用药次数多、用药量大或用药间隔时间短，产品残留量大，农药残留所造成的食品安全问题日益严峻，给人体健康带来了直接或间接的危害。据估计，美国与农药有关的癌症患者数约占全国癌症患者总数的 50%，中国更高。同样，农药对其他生物也会形成直接杀伤和慢性危害，植物中的农药可经过食物链逐级传递并不断蓄积，对人和动物构成潜在威胁，并影响生态系统。

基于本次农药残留侦测数据的风险评价结果，提出以下几点建议：

1）加快食品安全标准制定步伐

我国食品标准中对农药每日允许最大摄入量 ADI 的数据严重缺乏，在本次陕西省水果蔬菜农药残留评价所涉及的 94 种农药中，仅有 90.43%的农药具有 ADI 值，而 9.57%的农药中国尚未规定相应的 ADI 值，亟待完善。

我国食品中农药最大残留限量值的规定严重缺乏，对评估涉及的不同水果蔬菜中不同农药 425 个 MRL 限值进行统计来看，我国仅制定出 222 个标准，标准完整率仅为 52.24%，欧盟的完整率达到 100%（表 12-17）。因此，中国更应加快 MRL 的制定步伐。

表 12-17 我国国家食品标准农药的 ADI、MRL 值与欧盟标准的数量差异

分类		中国 ADI	MRL 中国国家标准	MRL 欧盟标准
标准限值（个）	有	85	222	424
	无	9	203	0
总数（个）		94	425	424
无标准限值比例（%）		9.57	47.76	0.00

此外，MRL 中国国家标准限值普遍高于欧盟标准限值，这些标准中共有 138 个高于欧盟。过高的 MRL 值难以保障人体健康，建议继续加强对限值基准和标准的科学研究，

将农产品中的危险性减少到尽可能低的水平。

2）加强农药的源头控制和分类监管

在陕西省某些水果蔬菜中仍有禁用农药残留，利用 GC-Q-TOF/MS 侦测出 7 种禁用农药，检出频次为 133 次，残留禁用农药均存在较大的膳食暴露风险和预警风险。早已列入黑名单的禁用农药在我国并未真正退出，有些药物由于价格便宜、工艺简单，此类高毒农药一直生产和使用。建议在我国采取严格有效的控制措施，从源头控制禁用农药。

对于非禁用农药，在我国作为"田间地头"最典型单位的县级蔬果产地中，农药残留的侦测几乎缺失。建议根据农药的毒性，对高毒、剧毒、中毒农药实现分类管理，减少使用高毒和剧毒高残留农药，进行分类监管。

3）加强残留农药的生物修复及降解新技术

市售果蔬中残留农药的品种多、频次高、禁用农药多次检出这一现状，说明了我国的田间土壤和水体因农药长期、频繁、不合理的使用而遭到严重污染。为此，建议中国相关部门出台相关政策，鼓励高校及科研院所积极开展分子生物学、酶学等研究，加强土壤、水体中残留农药的生物修复及降解新技术研究，切实加大农药监管力度，以控制农药的面源污染问题。

综上所述，在本工作基础上，根据蔬菜残留危害，可进一步针对其成因提出和采取严格管理、大力推广无公害蔬菜种植与生产、健全食品安全控制技术体系、加强蔬菜食品质量侦测体系建设和积极推行蔬菜食品质量追溯制度等相应对策。建立和完善食品安全综合评价指数与风险监测预警系统，对食品安全进行实时、全面的监控与分析，为我国的食品安全科学监管与决策提供新的技术支持，可实现各类检验数据的信息化系统管理，降低食品安全事故的发生。

第13章　LC-Q-TOF/MS侦测青海省市售水果蔬菜农药残留报告

从青海省随机采集了 580 例水果蔬菜样品，使用液相色谱-飞行时间质谱（LC-Q-TOF/MS），进行了 871 种农药化学污染物的全面侦测。

13.1　样品种类、数量与来源

13.1.1　样品采集与检测

为了真实反映百姓餐桌上水果蔬菜中农药残留污染状况，本次所有检测样品均由检验人员于 2021 年 7 月期间，从青海省所属 30 个采样点，包括 17 个农贸市场、13 个个体商户，以随机购买方式采集，总计 30 批 580 例样品，从中检出农药 115 种，2612 频次。采样及监测概况见表 13-1，样品明细见表 13-2。

表 13-1　农药残留监测总体概况

采样地区	青海省所属7个区县
采样点（个体商户+农贸市场）	30
样本总数	580
检出农药品种/频次	115/2612
各采样点样本农药残留检出率范围	84.2%～100.0%

表 13-2　样品分类及数量

样品分类	样品名称（数量）	数量小计
1. 水果		130
1）核果类水果	桃（30）	30
2）浆果和其他小型水果	葡萄（30），草莓（10）	40
3）仁果类水果	苹果（30），梨（30）	60
2. 蔬菜		450
1）豆类蔬菜	豇豆（30），菜豆（30）	60
2）鳞茎类蔬菜	韭菜（30），蒜薹（30）	60
3）叶菜类蔬菜	小白菜（30），油麦菜（30），芹菜（30），小油菜（30），大白菜（30），菠菜（30）	180
4）芸薹属类蔬菜	结球甘蓝（30）	30

续表

样品分类	样品名称（数量）	数量小计
5）茄果类蔬菜	辣椒（30），番茄（30），茄子（30）	90
6）瓜类蔬菜	黄瓜（30）	30
合计	1. 水果 5 种 2. 蔬菜 15 种	580

13.1.2 检测结果

这次使用的检测方法是庞国芳院士团队最新研发的不需使用标准品对照，而以高分辨精确质量数（0.0001 m/z）为基准的 LC-Q-TOF/MS 检测技术，对于 580 例样品，每个样品均侦测了 871 种农药化学污染物的残留现状。通过本次侦测，在 580 例样品中共计检出农药化学污染物 115 种，检出 2612 频次。

13.1.2.1 各采样点样品检出情况

统计分析发现 30 个采样点中，被测样品的农药检出率范围为 84.2%～100.0%。其中，有 8 个采样点样品的检出率最高，达到了 100.0%，见表 13-3。

表 13-3 青海省采样点信息

采样点序号	行政区域	检出率（%）
个体商户（13）		
1	海北藏族自治州 门源回族自治县	95.0
2	海北藏族自治州 门源回族自治县	100.0
3	海北藏族自治州 门源回族自治县	90.0
4	海北藏族自治州 门源回族自治县	90.0
5	海北藏族自治州 门源回族自治县	90.0
6	海北藏族自治州 门源回族自治县	95.0
7	海北藏族自治州 门源回族自治县	100.0
8	海北藏族自治州 门源回族自治县	100.0
9	黄南藏族自治州 同仁县	94.7
10	黄南藏族自治州 尖扎县	100.0
11	黄南藏族自治州 尖扎县	94.7
12	黄南藏族自治州 尖扎县	94.7
13	黄南藏族自治州 尖扎县	100.0
农贸市场（17）		
1	海北藏族自治州 门源回族自治县	100.0
2	海北藏族自治州 门源回族自治县	95.0
3	西宁市 城东区	90.0
4	西宁市 城东区	89.5

续表

采样点序号	行政区域	检出率（%）
5	西宁市 城中区	100.0
6	西宁市 城北区	94.7
7	西宁市 城北区	100.0
8	西宁市 城北区	94.7
9	西宁市 城西区	84.2
10	西宁市 城西区	89.5
11	西宁市 城西区	89.5
12	西宁市 城西区	94.7
13	黄南藏族自治州 同仁县	89.5
14	黄南藏族自治州 同仁县	89.5
15	黄南藏族自治州 同仁县	89.5
16	黄南藏族自治州 同仁县	94.7
17	黄南藏族自治州 尖扎县	89.5

13.1.2.2　检出农药的品种总数与频次

统计分析发现，对于 580 例样品中 871 种农药化学污染物的侦测，共检出农药 2612 频次，涉及农药 115 种，结果如图 13-1 所示。其中烯酰吗啉检出频次最高，共检出 209 次。检出频次排名前 10 的农药如下：①烯酰吗啉（209），②啶虫脒（195），③吡唑醚菌酯（176），④噻虫嗪（154），⑤苯醚甲环唑（151），⑥吡虫啉（116），⑦多菌灵（98），⑧噻虫胺（95），⑨甲霜灵（74），⑩霜霉威（74）。

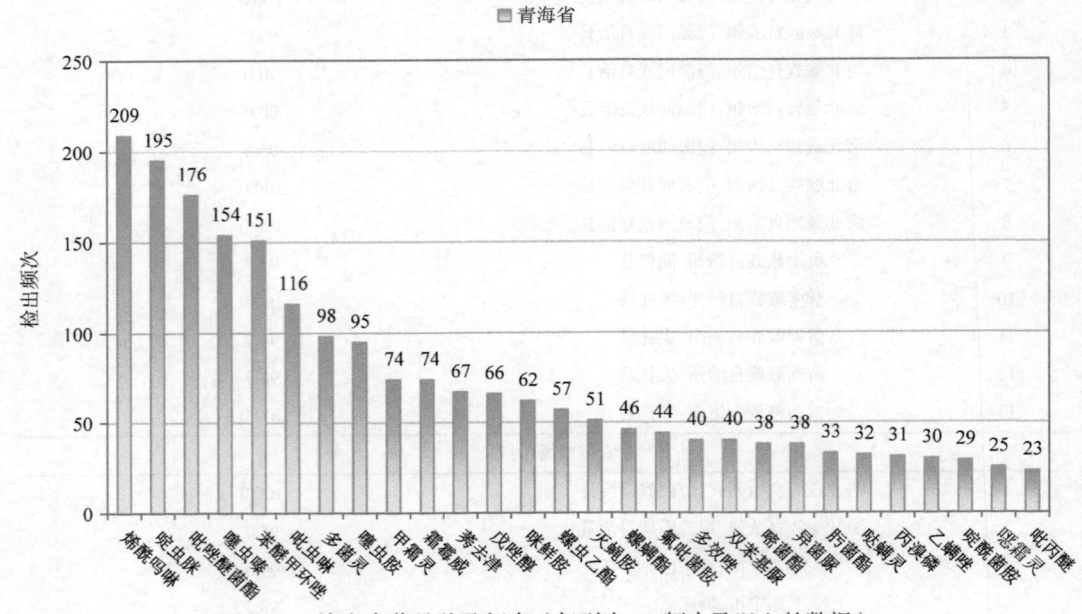

图 13-1　检出农药品种及频次（仅列出 23 频次及以上的数据）

由图 13-2 可见，豇豆、黄瓜、油麦菜、芹菜和小油菜这 5 种果蔬样品中检出的农药品种数较高，均超过 30 种，其中，豇豆检出农药品种最多，为 43 种。由图 13-3 可见，油麦菜、黄瓜、蒜薹、芹菜、豇豆、辣椒、小油菜、小白菜、葡萄、茄子、菜豆、桃和番茄这 13 种果蔬样品中的农药检出频次较高，均超过 100 次，其中，油麦菜检出农药频次最高，为 318 次。

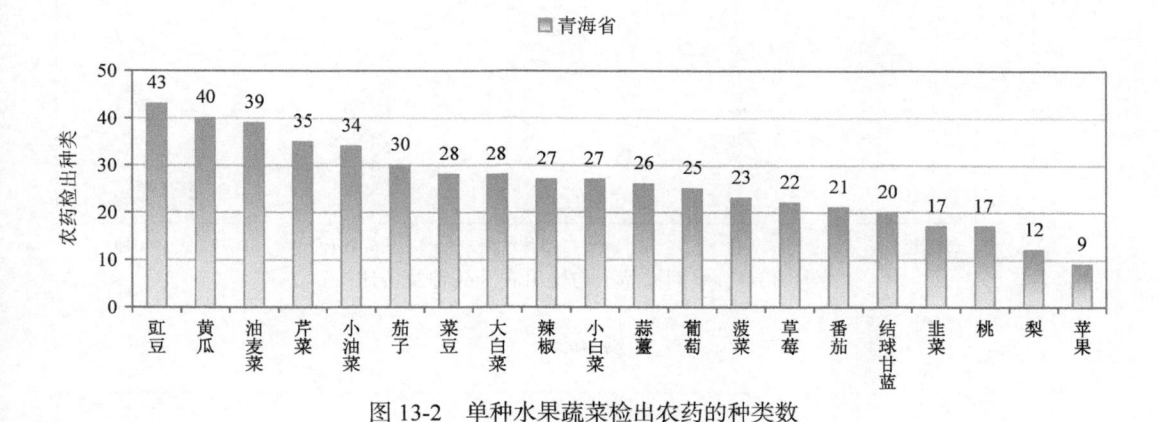

图 13-2 单种水果蔬菜检出农药的种类数

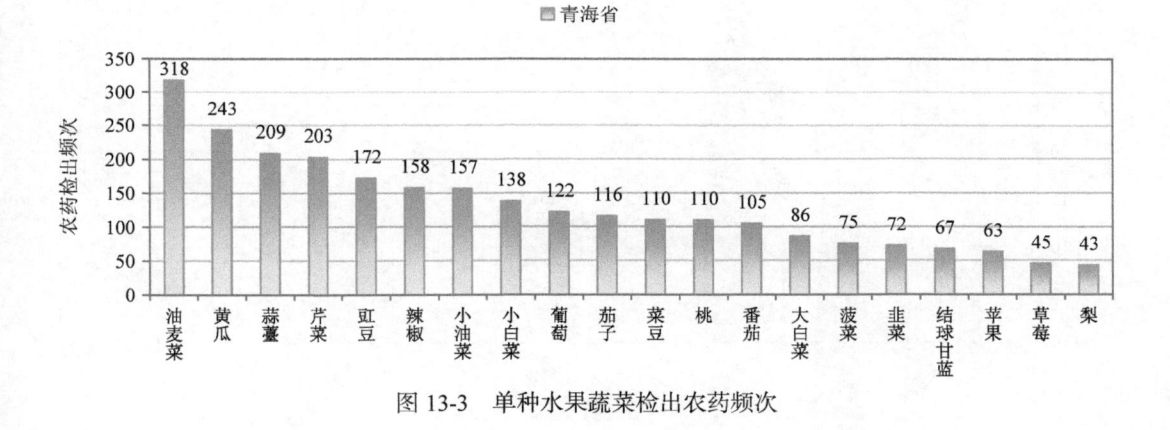

图 13-3 单种水果蔬菜检出农药频次

13.1.2.3 单例样品农药检出种类与占比

对单例样品检出农药种类和频次进行统计发现，未检出农药的样品占总样品数的 6.0%，检出 1 种农药的样品占总样品数的 16.0%，检出 2~5 种农药的样品占总样品数的 46.9%，检出 6~10 种农药的样品占总样品数的 23.6%，检出大于 10 种农药的样品占总样品数的 7.4%。每例样品中平均检出农药为 4.5 种，数据见图 13-4。

13.1.2.4 检出农药类别与占比

所有检出农药按功能分类，包括杀菌剂、杀虫剂、除草剂、植物生长调节剂、杀螨剂共 5 类。其中杀菌剂与杀虫剂为主要检出的农药类别，分别占总数的 40.9%和 29.6%，见图 13-5。

图 13-4　单例样品平均检出农药品种及占比

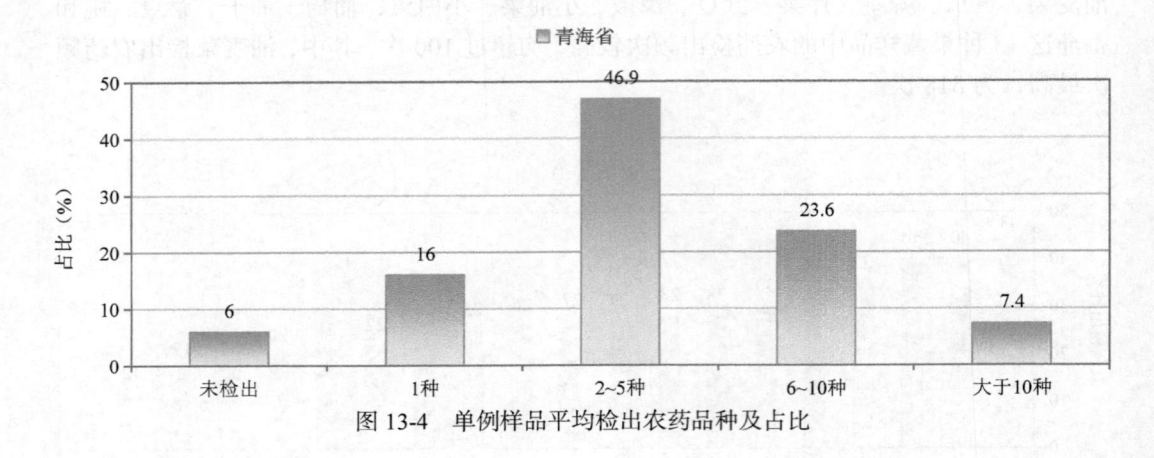

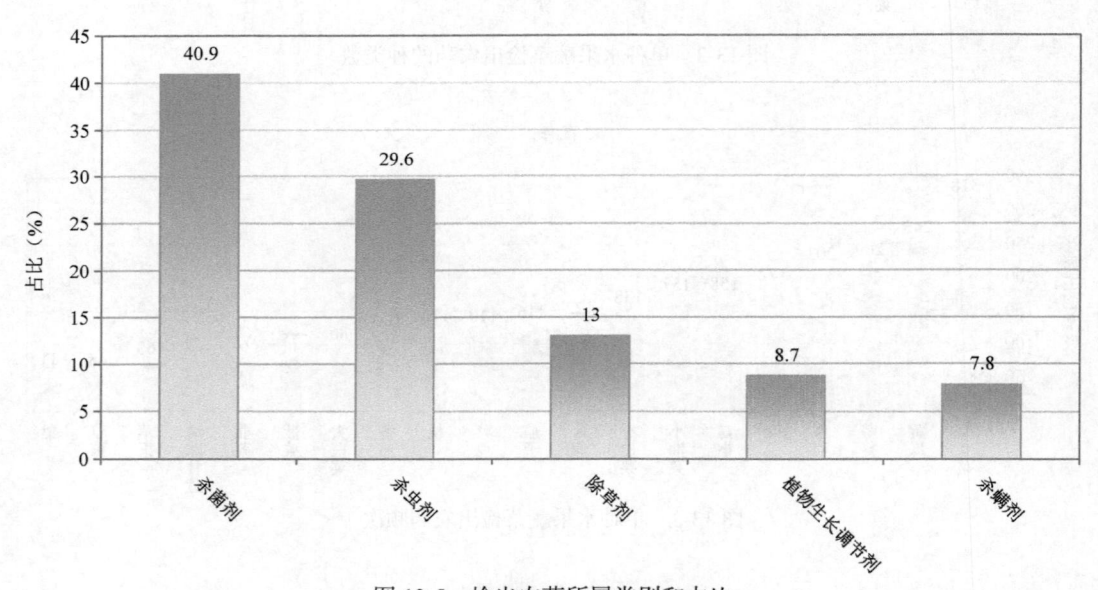

图 13-5　检出农药所属类别和占比

13.1.2.5　检出农药的残留水平

按检出农药残留水平进行统计，残留水平在 1～5 μg/kg（含）的农药占总数的 44.3%，在 5～10 μg/kg（含）的农药占总数的 13.2%，在 10～100 μg/kg（含）的农药占总数的 31.8%，在 100～1000 μg/kg（含）的农药占总数的 10.2%，在>1000 μg/kg 的农药占总数的 0.5%。

由此可见，这次检测的 30 批 580 例水果蔬菜样品中农药多数处于较低残留水平。结果见图 13-6。

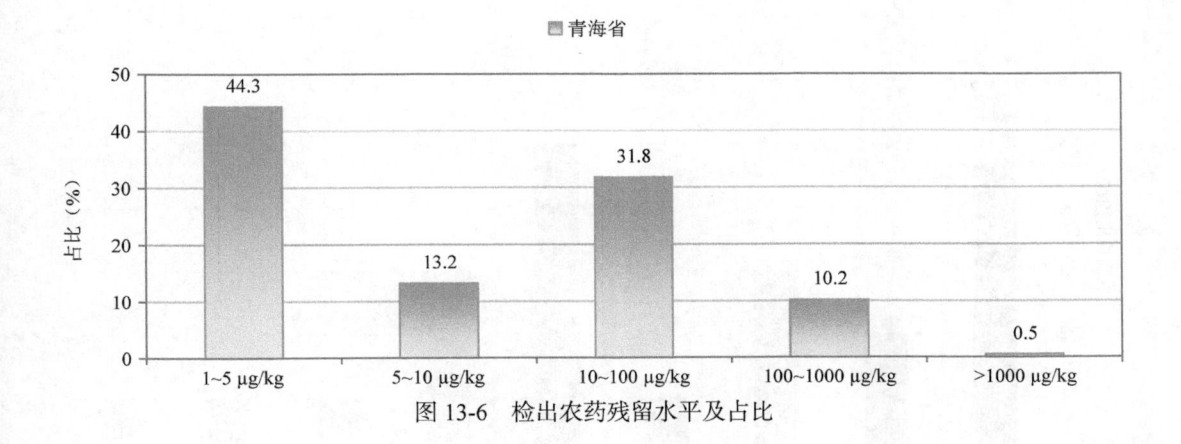

图 13-6 检出农药残留水平及占比

13.1.2.6 检出农药的毒性类别、检出频次和超标频次及占比

对这次检出的 115 种 2612 频次的农药，按剧毒、高毒、中毒、低毒和微毒这五个毒性类别进行分类，从中可以看出，青海省目前普遍使用的农药为中低微毒农药，品种占 92.2%，频次占 99.1%。结果见图 13-7。

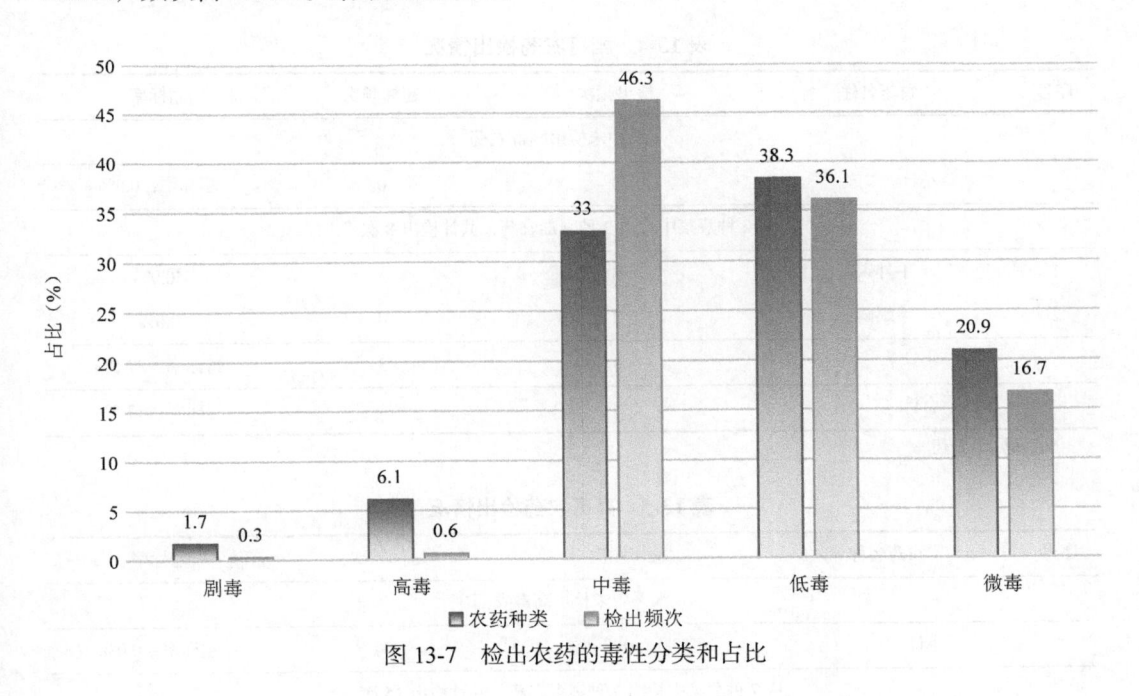

图 13-7 检出农药的毒性分类和占比

13.1.2.7 检出剧毒/高毒类农药的品种和频次

值得特别关注的是，在此次侦测的 580 例样品中有 8 种蔬菜的 22 例样品检出了 9 种 23 频次的剧毒和高毒农药，占样品总量的 3.8%，详见图 13-8、表 13-4 及表 13-5。

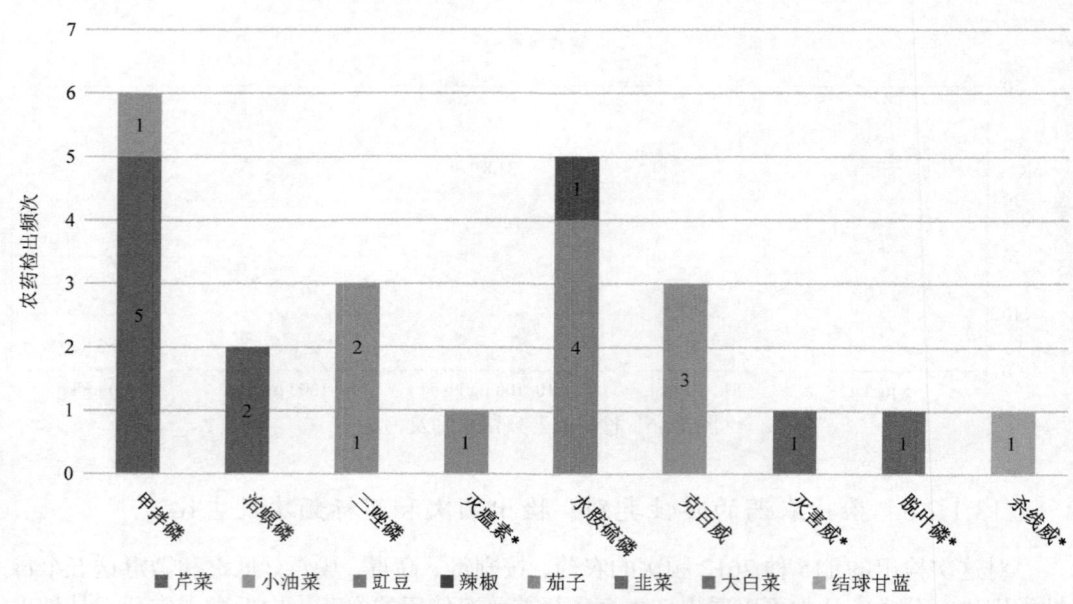

图 13-8 检出剧毒/高毒农药的样品情况

*表示允许在水果和蔬菜上使用的农药

表 13-4 剧毒农药检出情况

序号	农药名称	检出频次	超标频次	超标率
	水果中未检出剧毒农药			
	小计	0	0	超标率：0.0%
	从 2 种蔬菜中检出 2 种剧毒农药，共计检出 8 次			
1	甲拌磷*	6	3	50.0%
2	治螟磷*	2	0	0.0%
	小计	8	3	超标率：37.5%
	合计	8	3	超标率：37.5%

*表示剧毒农药

表 13-5 高毒农药检出情况

序号	农药名称	检出频次	超标频次	超标率
	水果中未检出高毒农药			
	小计	0	0	超标率：0.0%
	从 7 种蔬菜中检出 7 种高毒农药，共计检出 15 次			
1	水胺硫磷	5	4	80.0%
2	克百威	3	0	0.0%
3	三唑磷	3	0	0.0%
4	灭害威	1	0	0.0%
5	灭瘟素	1	0	0.0%

续表

序号	农药名称	检出频次	超标频次	超标率
6	杀线威	1	0	0.0%
7	脱叶磷	1	0	0.0%
	小计	15	4	超标率：26.7%
	合计	15	4	超标率：26.7%

在检出的剧毒和高毒农药中，有 5 种是我国早已禁止在果树和蔬菜上使用的，分别是：克百威、甲拌磷、三唑磷、治螟磷和水胺硫磷。禁用农药的检出情况见表 13-6。

表 13-6 禁用农药检出情况

序号	农药名称	检出频次	超标频次	超标率
	水果中未检出禁用农药			
	小计	0	0	超标率：0.0%
	从 7 种蔬菜中检出 7 种禁用农药，共计检出 35 次			
1	毒死蜱	14	11	78.6%
2	甲拌磷*	6	3	50.0%
3	水胺硫磷	5	4	80.0%
4	克百威	3	0	0.0%
5	三唑磷	3	0	0.0%
6	丁酰肼	2	0	0.0%
7	治螟磷*	2	0	0.0%
	小计	35	18	超标率：51.4%
	合计	35	18	超标率：51.4%

注：超标结果参考 MRL 中国国家标准计算
*表示剧毒农药

此次抽检的果蔬样品中，有 2 种蔬菜检出了剧毒农药，分别是：小油菜中检出甲拌磷 1 次；芹菜中检出治螟磷 2 次，检出甲拌磷 5 次。

样品中检出剧毒和高毒农药残留水平超过 MRL 中国国家标准的频次为 7 次，其中：小油菜检出甲拌磷超标 1 次；芹菜检出甲拌磷超标 2 次；豇豆检出水胺硫磷超标 4 次。本次检出结果表明，高毒、剧毒农药的使用现象依旧存在。详见表 13-7。

表 13-7 各样本中检出剧毒/高毒农药情况

样品名称	农药名称	检出频次	超标频次	检出浓度（μg/kg）
	水果 0 种			
	小计	0	0	超标率：0.0%

续表

样品名称	农药名称	检出频次	超标频次	检出浓度（µg/kg）
蔬菜 8 种				
大白菜	脱叶磷	1	0	1.1
小油菜	三唑磷▲	1	0	47.4
小油菜	灭瘟素	1	0	3.4
小油菜	甲拌磷*▲	1	1	160.4a
结球甘蓝	杀线威	1	0	115.9
芹菜	甲拌磷*▲	5	2	42.4a, 1.1, 10.9a, 5.8, 2.0
芹菜	治螟磷▲	2	0	2.5, 1.2
茄子	克百威▲	3	0	8.8, 6.2, 10.6
茄子	三唑磷▲	2	0	20.5, 13.0
豇豆	水胺硫磷▲	4	4	303.6a, 164.6a, 72.9a, 57.7a
辣椒	水胺硫磷▲	1	0	38.8
韭菜	灭害威	1	0	4.8
	小计	23	7	超标率：30.4%
	合计	23	7	超标率：30.4%

*表示剧毒农药；▲表示禁用农药；a 表示超标结果（参考 MRL 中国国家标准）

13.2 农药残留检出水平与最大残留限量标准对比分析

我国于 2021 年 3 月 3 日正式颁布并于 2021 年 9 月 3 日正式实施食品农药残留限量国家标准《食品中农药最大残留限量》（GB 2763—2021），该标准包括 548 个农药条目，涉及最大残留限量（MRL）标准 10092 项。将 2612 频次检出结果的浓度水平与 10092 项 MRL 中国国家标准进行核对，其中有 1577 频次的结果找到了对应的 MRL 标准，占 60.4%，还有 1035 频次的侦测数据则无相关 MRL 标准供参考，占 39.6%。

将此次侦测结果与国际上现行 MRL 标准对比发现，在 2612 频次的检出结果中有 2612 频次的结果找到了对应的 MRL 欧盟标准，占 100.0%；其中，2427 频次的结果有明确对应的 MRL 标准，占 92.9%，其余 185 频次按照欧盟一律标准判定，占 7.1%；有 2612 频次的结果找到了对应的 MRL 日本标准，占 100.0%；其中，1928 频次的结果有明确对应的 MRL 标准，占 73.8%，其余 682 频次按照日本一律标准判定，占 26.2%；有 1381 频次的结果找到了对应的 MRL 中国香港标准，占 52.9%；有 1592 频次的结果找到了对应的 MRL 美国标准，占 60.9%；有 1151 频次的结果找到了对应的 MRL CAC 标准，占 44.1%，见图 13-9。

图 13-9 2612 频次检出农药可用 MRL 中国国家标准、欧盟标准、日本标准、中国香港标准、美国标准、CAC 标准判定衡量的数量及占比（%）

13.2.1 超标农药样品分析

本次侦测的 580 例样品中，35 例样品未检出任何残留农药，占样品总量的 6.0%，545 例样品检出不同水平、不同种类的残留农药，占样品总量的 94.0%。在此，我们将本次侦测的农残检出情况与 MRL 中国国家标准、欧盟标准、日本标准、中国香港标准、美国标准和 CAC 标准这 6 大国际主流 MRL 标准进行对比分析，样品农残检出与超标情况见图 13-10、表 13-8 和图 13-11。

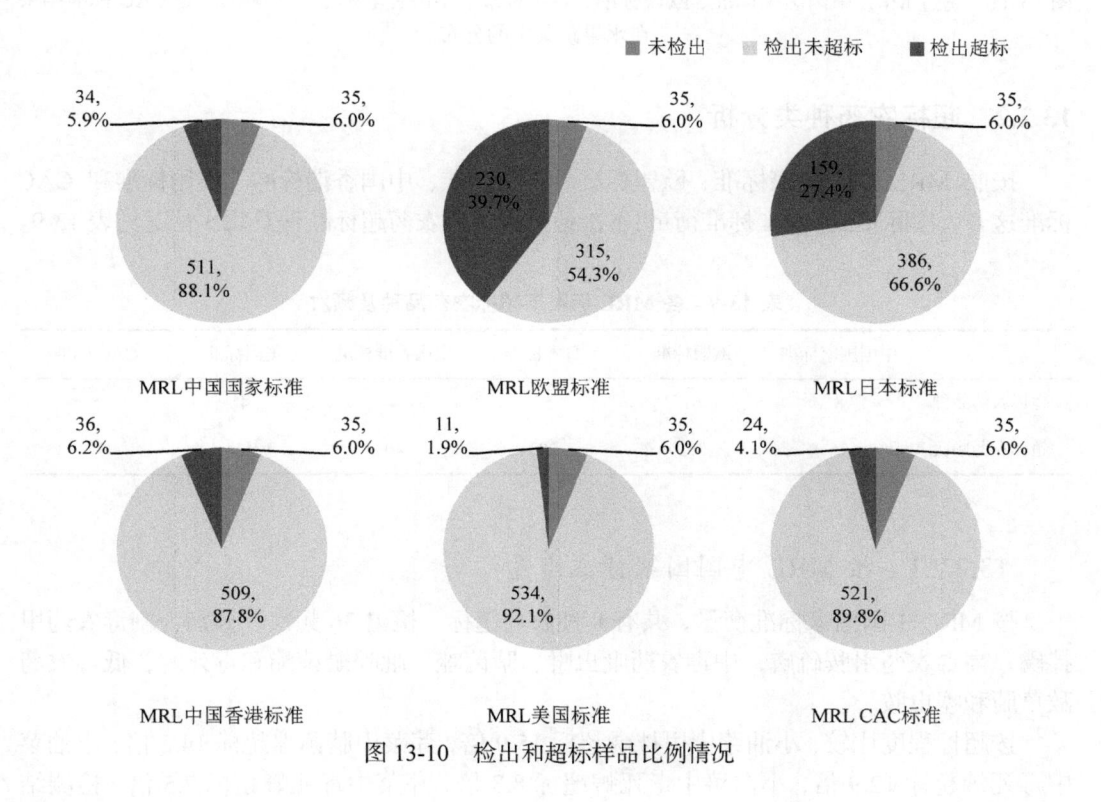

图 13-10 检出和超标样品比例情况

表 13-8 各 MRL 标准下样本农残检出与超标数量及占比

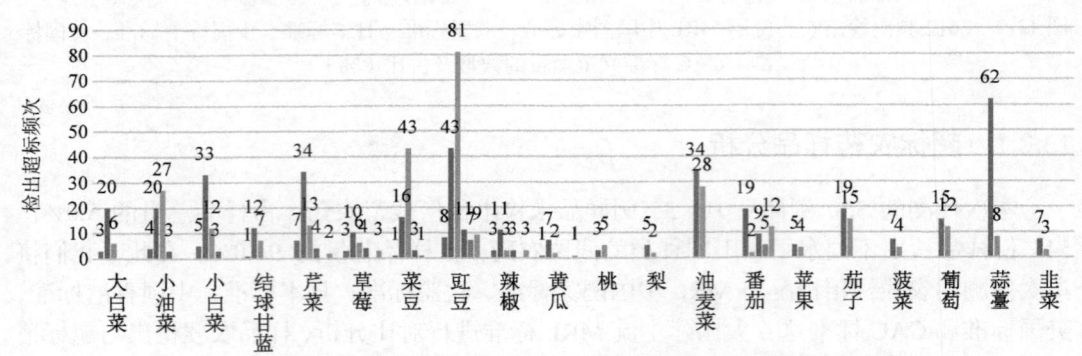

	中国国家标准 数量/占比（%）	欧盟标准 数量/占比（%）	日本标准 数量/占比（%）	中国香港标准 数量/占比（%）	美国标准 数量/占比（%）	CAC 标准 数量/占比（%）
未检出	35/6.0	35/6.0	35/6.0	35/6.0	35/6.0	35/6.0
检出未超标	511/88.1	315/54.3	386/66.6	509/87.8	534/92.1	521/89.8
检出超标	34/5.9	230/39.7	159/27.4	36/6.2	11/1.9	24/4.1

图 13-11 超过 MRL 中国国家标准、欧盟标准、日本标准、中国香港标准、美国标准和 CAC 标准结果在水果蔬菜中的分布

13.2.2 超标农药种类分析

按照 MRL 中国国家标准、欧盟标准、日本标准、中国香港标准、美国标准和 CAC 标准这 6 大国际主流 MRL 标准衡量，本次侦测检出的农药超标品种及频次情况见表 13-9。

表 13-9 各 MRL 标准下超标农药品种及频次

	中国国家标准	欧盟标准	日本标准	中国香港标准	美国标准	CAC 标准
超标农药品种	8	61	55	4	4	5
超标农药频次	36	382	283	40	13	30

13.2.2.1 按 MRL 中国国家标准衡量

按 MRL 中国国家标准衡量，共有 8 种农药超标，检出 36 频次，分别为剧毒农药甲拌磷，高毒农药水胺硫磷，中毒农药吡虫啉、腈菌唑、吡唑醚菌酯和毒死蜱，低毒农药敌草腈和噻虫胺。

按超标程度比较，小油菜中甲拌磷超标 15.0 倍，芹菜中腈菌唑超标 14.2 倍，小油菜中毒死蜱超标 12.9 倍，小白菜中毒死蜱超标 8.3 倍，芹菜中毒死蜱超标 7.5 倍。检测结果见图 13-12。

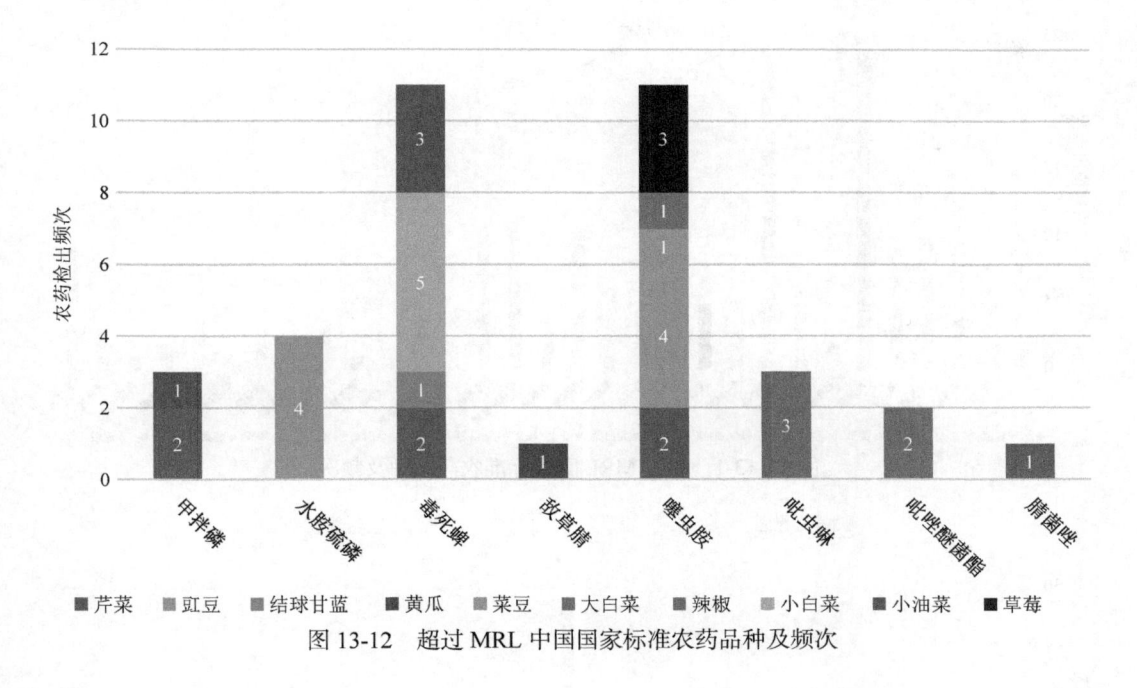

图 13-12 超过 MRL 中国国家标准农药品种及频次

13.2.2.2 按 MRL 欧盟标准衡量

按 MRL 欧盟标准衡量，共有 61 种农药超标，检出 382 频次，分别为剧毒农药甲拌磷，高毒农药三唑磷、杀线威、水胺硫磷和克百威，中毒农药双苯基脲、多效唑、甲哌、戊唑醇、噁霜灵、甲霜灵、咪鲜胺、烯效唑、吡虫啉、啶虫脒、烯唑醇、三唑酮、茵草敌、丙环唑、双甲脒、腈菌唑、四氟醚唑、吡唑醚菌酯、唑螨酯、唑虫酰胺、三唑醇、哒螨灵、丙溴磷和毒死蜱，低毒农药己唑醇、抗倒酯、苄氨基嘌呤、四螨嗪、特草灵、噻嗯菊酯、敌草腈、噻虫嗪、螺螨酯、灭幼脲、异菌脲、呋虫胺、氟吗啉、苯唑草酮、马拉硫磷、丁醚脲、烯啶虫胺、二甲嘧酚、环虫腈、灭蝇胺、噻菌灵、炔螨特和噻虫胺，微毒农药氟环唑、霜霉威、氰霜唑、乙螨唑、氟啶脲、甲氧虫酰肼、丙硫菌唑、吡丙醚和多菌灵。

按超标程度比较，大白菜中甲氧虫酰肼超标 239.9 倍，蒜薹中噻菌灵超标 90.9 倍，芹菜中丙环唑超标 79.3 倍，草莓中呋虫胺超标 74.5 倍，辣椒中丙溴磷超标 49.5 倍。检测结果见图 13-13。

13.2.2.3 按 MRL 日本标准衡量

按 MRL 日本标准衡量，共有 55 种农药超标，检出 283 频次，分别为高毒农药三唑磷、杀线威和水胺硫磷，中毒农药双苯基脲、戊唑醇、多效唑、甲哌、甲霜灵、氟啶虫酰胺、烯效唑、吡虫啉、啶虫脒、二甲戊灵、烯唑醇、茵草敌、丙环唑、双甲脒、腈菌唑、四氟醚唑、吡唑醚菌酯、唑螨酯、唑虫酰胺、三唑醇、哒螨灵、丙溴磷、苯醚甲环

图 13-13-1　超过 MRL 欧盟标准农药品种及频次

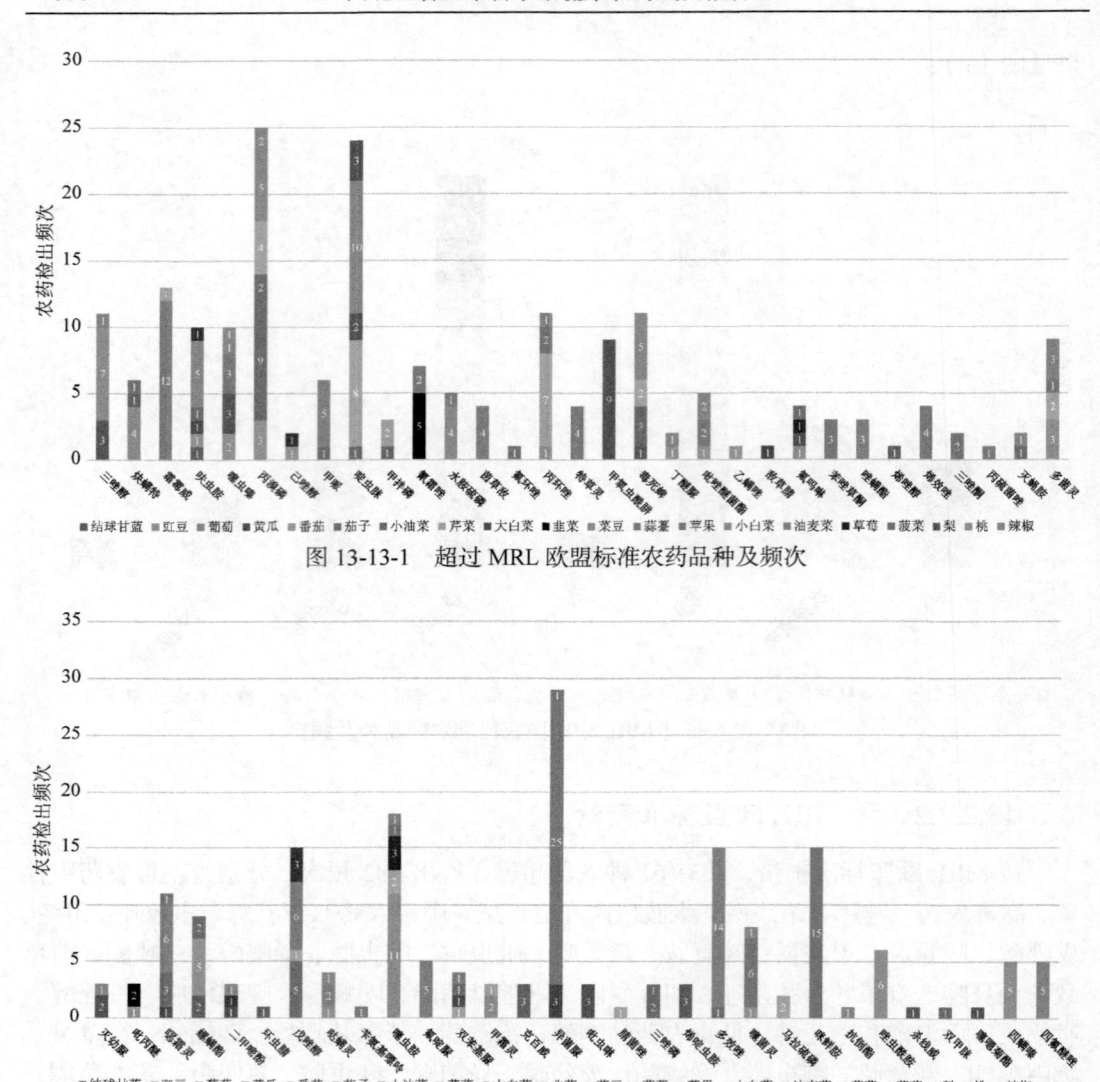

图 13-13-2　超过 MRL 欧盟标准农药品种及频次

唑和毒死蜱，低毒农药己唑醇、抗倒酯、螺虫乙酯、四螨嗪、特草灵、噻嗯菊酯、敌草腈、噻虫嗪、螺螨酯、灭幼脲、呋虫胺、苯唑草酮、氟吗啉、灭蝇胺、丁醚脲、二甲嘧酚、烯啶虫胺、环虫腈、炔螨特和噻虫胺，微毒农药氟环唑、霜霉威、乙螨唑、氯虫苯甲酰胺、肟菌酯、丙硫菌唑、吡丙醚和丁酰肼。

按超标程度比较，豇豆中吡虫啉超标 100.5 倍，豇豆中吡唑醚菌酯超标 77.8 倍，芹菜中腈菌唑超标 75.1 倍，豇豆中哒螨灵超标 47.9 倍，豇豆中炔螨特超标 47.0 倍。检测结果见图 13-14。

13.2.2.4　按 MRL 中国香港标准衡量

按 MRL 中国香港标准衡量，共有 4 种农药超标，检出 40 频次，分别为中毒农药吡

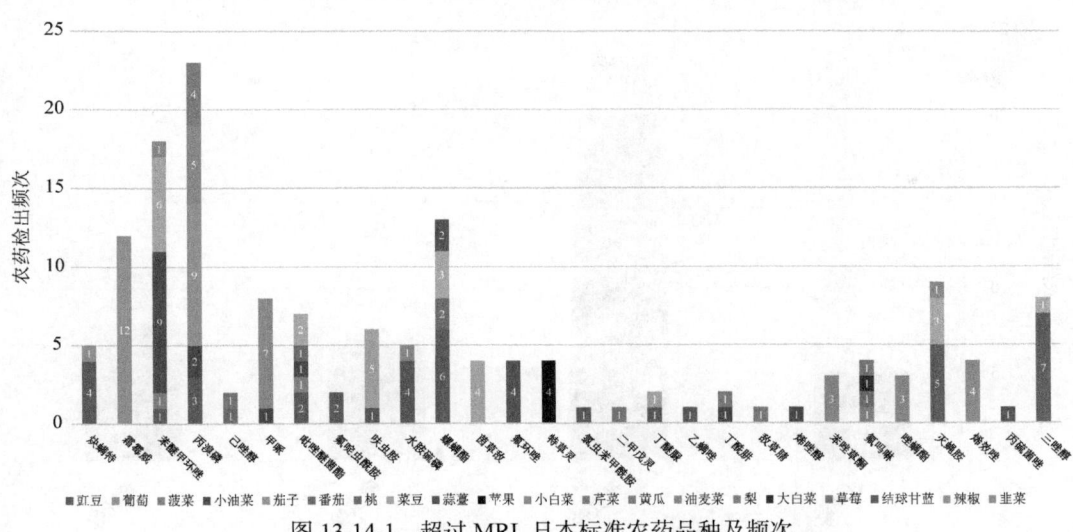

图 13-14-1　超过 MRL 日本标准农药品种及频次

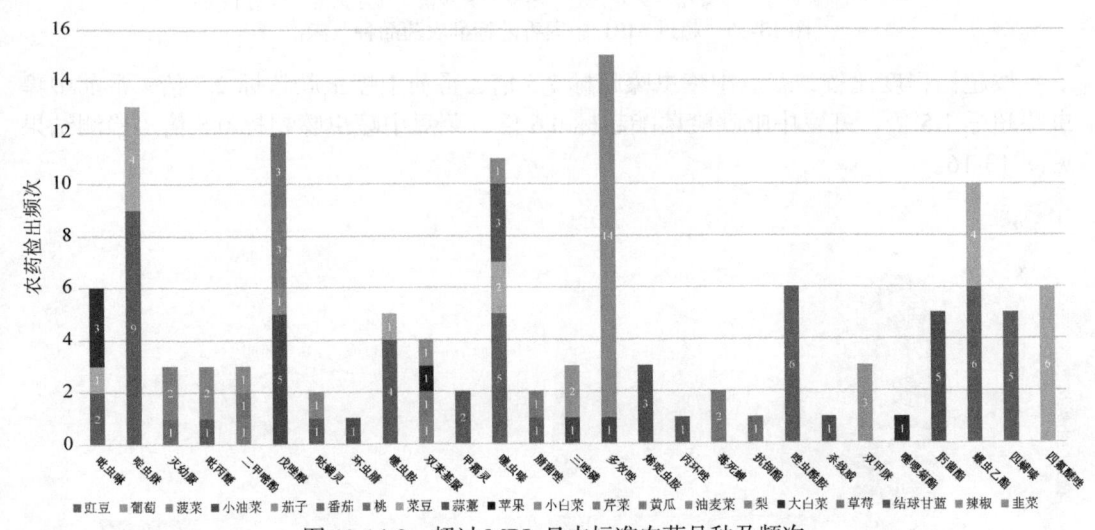

图 13-14-2　超过 MRL 日本标准农药品种及频次

唑醚菌酯和毒死蜱，低毒农药噻虫嗪和噻虫胺。

按超标程度比较，豇豆中吡唑醚菌酯超标 38.4 倍，豇豆中噻虫嗪超标 16.0 倍，番茄中噻虫胺超标 13.2 倍，芹菜中毒死蜱超标 7.5 倍，草莓中噻虫胺超标 3.8 倍。检测结果见图 13-15。

13.2.2.5　按 MRL 美国标准衡量

按 MRL 美国标准衡量，共有 4 种农药超标，检出 13 频次，分别为中毒农药甲霜灵和吡唑醚菌酯，低毒农药噻虫嗪和噻虫胺。

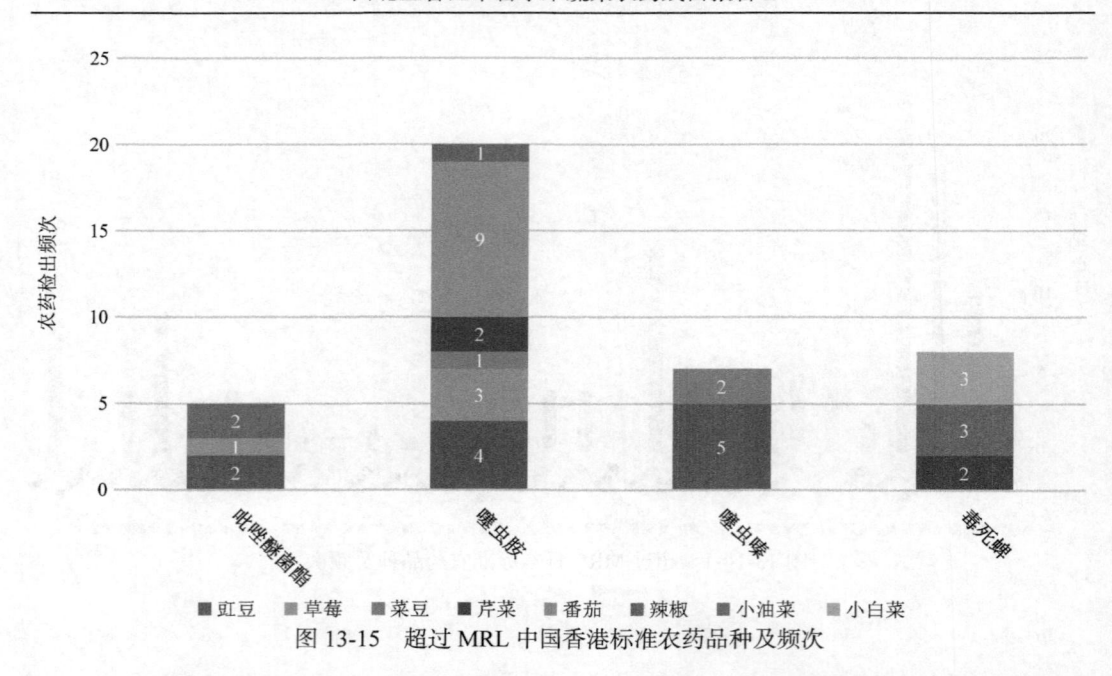

图 13-15　超过 MRL 中国香港标准农药品种及频次

按超标程度比较，豇豆中噻虫嗪超标 7.5 倍，番茄中噻虫胺超标 2.5 倍，番茄中噻虫嗪超标 1.5 倍，豇豆中吡唑醚菌酯超标 0.6 倍，菜豆中噻虫嗪超标 0.5 倍。检测结果见图 13-16。

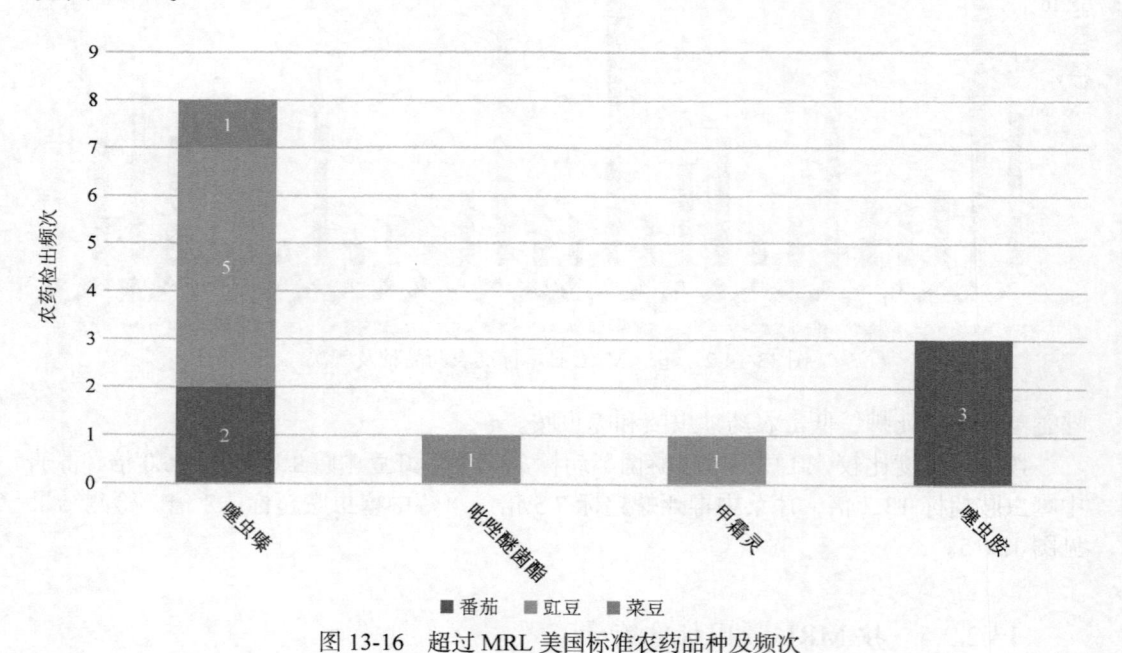

图 13-16　超过 MRL 美国标准农药品种及频次

13.2.2.6　按 MRL CAC 标准衡量

按 MRL CAC 标准衡量，共有 5 种农药超标，检出 30 频次，分别为中毒农药吡唑醚菌酯，低毒农药敌草腈、噻虫嗪和噻虫胺，微毒农药多菌灵。

按超标程度比较,豇豆中噻虫嗪超标16.0倍,番茄中噻虫胺超标13.2倍,草莓中噻虫胺超标3.8倍,豇豆中噻虫胺超标3.0倍,番茄中多菌灵超标1.5倍。检测结果见图13-17。

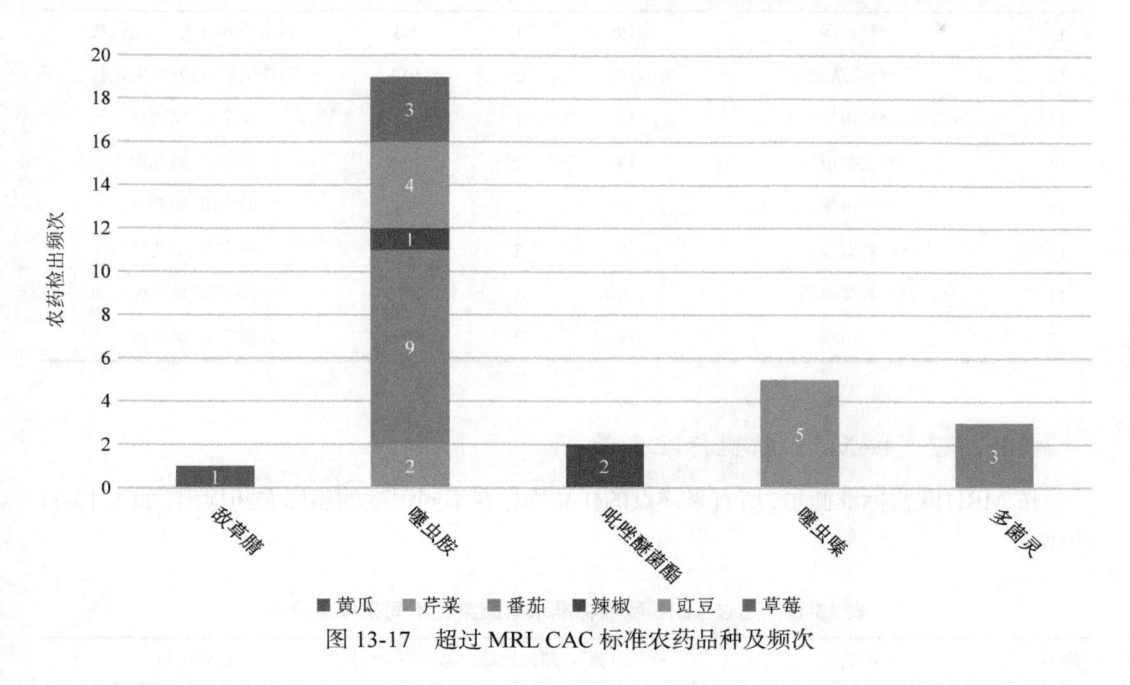

图13-17 超过MRL CAC标准农药品种及频次

13.2.3 30个采样点超标情况分析

13.2.3.1 按MRL中国国家标准衡量

按MRL中国国家标准衡量,有18个采样点的样品存在不同程度的超标农药检出,如表13-10所示。

表13-10 超过MRL中国国家标准水果蔬菜在不同采样点分布

序号	采样点	样品总数	超标数量	超标率(%)	行政区域
1	***瓜果蔬菜直销店	20	3	15.0	海北藏族自治州 门源回族自治县
2	***蔬菜瓜果门市部	20	1	5.0	海北藏族自治州 门源回族自治县
3	***蔬菜瓜果超市	20	1	5.0	海北藏族自治州 门源回族自治县
4	***果蔬菜店	20	2	10.0	海北藏族自治州 门源回族自治县
5	***农贸市场	20	3	15.0	海北藏族自治州 门源回族自治县
6	***批发市场	20	2	10.0	海北藏族自治州 门源回族自治县
7	***蔬菜瓜果门市部	20	2	10.0	海北藏族自治州 门源回族自治县
8	***市场	19	2	10.5	黄南藏族自治州 同仁县
9	***农贸市场	19	1	5.3	黄南藏族自治州 同仁县
10	***水果蔬菜批发部	19	3	15.8	黄南藏族自治州 同仁县

续表

序号	采样点	样品总数	超标数量	超标率（%）	行政区域
11	***市场	19	1	5.3	黄南藏族自治州 同仁县
12	***果蔬店	19	2	10.5	黄南藏族自治州 尖扎县
13	***市场	19	1	5.3	西宁市 城西区
14	***农贸市场	19	2	10.5	西宁市 城北区
15	***市场	19	1	5.3	西宁市 城西区
16	***农贸市场	19	2	10.5	西宁市 城北区
17	***农贸市场	19	3	15.8	西宁市 城中区
18	***市场	19	2	10.5	西宁市 城西区

13.2.3.2 按 MRL 欧盟标准衡量

按 MRL 欧盟标准衡量，所有采样点的样品均存在不同程度的超标农药检出，如表 13-11 所示。

表 13-11 超过 MRL 欧盟标准水果蔬菜在不同采样点分布

序号	采样点	样品总数	超标数量	超标率（%）	行政区域
1	***瓜果蔬菜直销店	20	10	50.0	海北藏族自治州 门源回族自治县
2	***蔬菜水果门市部	20	8	40.0	海北藏族自治州 门源回族自治县
3	***蔬菜水果	20	7	35.0	海北藏族自治州 门源回族自治县
4	***蔬菜瓜果门市部	20	7	35.0	海北藏族自治州 门源回族自治县
5	***蔬菜瓜果批发部	20	6	30.0	海北藏族自治州 门源回族自治县
6	***蔬菜瓜果超市	20	8	40.0	海北藏族自治州 门源回族自治县
7	***果蔬菜店	20	8	40.0	海北藏族自治州 门源回族自治县
8	***农贸市场	20	10	50.0	海北藏族自治州 门源回族自治县
9	***批发市场	20	8	40.0	海北藏族自治州 门源回族自治县
10	***蔬菜瓜果门市部	20	9	45.0	海北藏族自治州 门源回族自治县
11	***市场	19	5	26.3	黄南藏族自治州 同仁县
12	***农贸市场	19	5	26.3	黄南藏族自治州 同仁县
13	***水果蔬菜批发部	19	8	42.1	黄南藏族自治州 同仁县
14	***市场	19	4	21.1	黄南藏族自治州 同仁县
15	***农贸市场	19	7	36.8	黄南藏族自治州 尖扎县
16	***蔬菜水果	19	9	47.4	黄南藏族自治州 尖扎县
17	***果蔬店	19	10	52.6	黄南藏族自治州 尖扎县
18	***瓜果蔬菜店	19	8	42.1	黄南藏族自治州 尖扎县

续表

序号	采样点	样品总数	超标数量	超标率（%）	行政区域
19	***蔬菜水果店	19	4	21.1	黄南藏族自治州 尖扎县
20	***农贸市场	19	7	36.8	黄南藏族自治州 同仁县
21	***市场	19	8	42.1	西宁市 城西区
22	***市场	19	8	42.1	西宁市 城东区
23	***市场	19	7	36.8	西宁市 城东区
24	***农贸市场	19	8	42.1	西宁市 城北区
25	***市场	19	8	42.1	西宁市 城西区
26	***市场	19	9	47.4	西宁市 城西区
27	***农贸市场	19	10	52.6	西宁市 城北区
28	***农贸市场	19	8	42.1	西宁市 城中区
29	***综合市场	19	9	47.4	西宁市 城北区
30	***市场	19	7	36.8	西宁市 城西区

13.2.3.3 按 MRL 日本标准衡量

按 MRL 日本标准衡量，所有采样点的样品均存在不同程度的超标农药检出，如表 13-12 所示。

表 13-12 超过 MRL 日本标准水果蔬菜在不同采样点分布

序号	采样点	样品总数	超标数量	超标率（%）	行政区域
1	***瓜果蔬菜直销店	20	7	35.0	海北藏族自治州 门源回族自治县
2	***蔬菜水果门市部	20	6	30.0	海北藏族自治州 门源回族自治县
3	***蔬菜水果	20	6	30.0	海北藏族自治州 门源回族自治县
4	***蔬菜瓜果门市部	20	5	25.0	海北藏族自治州 门源回族自治县
5	***蔬菜瓜果批发部	20	5	25.0	海北藏族自治州 门源回族自治县
6	***蔬菜瓜果超市	20	7	35.0	海北藏族自治州 门源回族自治县
7	***果蔬菜店	20	6	30.0	海北藏族自治州 门源回族自治县
8	***农贸市场	20	7	35.0	海北藏族自治州 门源回族自治县
9	***批发市场	20	6	30.0	海北藏族自治州 门源回族自治县
10	***蔬菜瓜果门市部	20	8	40.0	海北藏族自治州 门源回族自治县
11	***市场	19	4	21.1	黄南藏族自治州 同仁县
12	***农贸市场	19	3	15.8	黄南藏族自治州 同仁县
13	***水果蔬菜批发部	19	6	31.6	黄南藏族自治州 同仁县
14	***市场	19	2	10.5	黄南藏族自治州 同仁县

续表

序号	采样点	样品总数	超标数量	超标率（%）	行政区域
15	***农贸市场	19	5	26.3	黄南藏族自治州 尖扎县
16	***蔬菜水果	19	5	26.3	黄南藏族自治州 尖扎县
17	***果蔬店	19	7	36.8	黄南藏族自治州 尖扎县
18	***瓜果蔬菜店	19	6	31.6	黄南藏族自治州 尖扎县
19	***蔬菜水果店	19	4	21.1	黄南藏族自治州 尖扎县
20	***农贸市场	19	4	21.1	黄南藏族自治州 同仁县
21	***市场	19	3	15.8	西宁市 城西区
22	***市场	19	5	26.3	西宁市 城东区
23	***市场	19	5	26.3	西宁市 城东区
24	***农贸市场	19	4	21.1	西宁市 城北区
25	***市场	19	6	31.6	西宁市 城西区
26	***市场	19	5	26.3	西宁市 城西区
27	***农贸市场	19	8	42.1	西宁市 城北区
28	***农贸市场	19	5	26.3	西宁市 城中区
29	***综合市场	19	5	26.3	西宁市 城北区
30	***市场	19	4	21.1	西宁市 城西区

13.2.3.4 按 MRL 中国香港标准衡量

按 MRL 中国香港标准衡量，有 21 个采样点的样品存在不同程度的超标农药检出，如表 13-13 所示。

表 13-13 超过 MRL 中国香港标准水果蔬菜在不同采样点分布

序号	采样点	样品总数	超标数量	超标率（%）	行政区域
1	***瓜果蔬菜直销店	20	2	10.0	海北藏族自治州 门源回族自治县
2	***蔬菜瓜果门市部	20	1	5.0	海北藏族自治州 门源回族自治县
3	***蔬菜瓜果超市	20	1	5.0	海北藏族自治州 门源回族自治县
4	***果蔬菜店	20	2	10.0	海北藏族自治州 门源回族自治县
5	***农贸市场	20	4	20.0	海北藏族自治州 门源回族自治县
6	***批发市场	20	1	5.0	海北藏族自治州 门源回族自治县
7	***蔬菜瓜果门市部	20	1	5.0	海北藏族自治州 门源回族自治县
8	***市场	19	2	10.5	黄南藏族自治州 同仁县
9	***农贸市场	19	1	5.3	黄南藏族自治州 同仁县
10	***水果蔬菜批发部	19	4	21.1	黄南藏族自治州 同仁县

续表

序号	采样点	样品总数	超标数量	超标率（%）	行政区域
11	***市场	19	1	5.3	黄南藏族自治州 同仁县
12	***农贸市场	19	1	5.3	黄南藏族自治州 尖扎县
13	***蔬菜水果	19	1	5.3	黄南藏族自治州 尖扎县
14	***果蔬店	19	3	15.8	黄南藏族自治州 尖扎县
15	***市场	19	1	5.3	西宁市 城西区
16	***市场	19	2	10.5	西宁市 城东区
17	***市场	19	2	10.5	西宁市 城东区
18	***农贸市场	19	1	5.3	西宁市 城北区
19	***农贸市场	19	2	10.5	西宁市 城中区
20	***综合市场	19	1	5.3	西宁市 城北区
21	***市场	19	2	10.5	西宁市 城西区

13.2.3.5 按MRL美国标准衡量

按MRL美国标准衡量，有9个采样点的样品存在不同程度的超标农药检出，如表13-14所示。

表 13-14 超过MRL美国标准水果蔬菜在不同采样点分布

序号	采样点	样品总数	超标数量	超标率（%）	行政区域
1	***农贸市场	20	1	5.0	海北藏族自治州 门源回族自治县
2	***市场	19	2	10.5	黄南藏族自治州 同仁县
3	***农贸市场	19	1	5.3	黄南藏族自治州 同仁县
4	***水果蔬菜批发部	19	2	10.5	黄南藏族自治州 同仁县
5	***市场	19	1	5.3	黄南藏族自治州 同仁县
6	***果蔬店	19	1	5.3	黄南藏族自治州 尖扎县
7	***市场	19	1	5.3	西宁市 城东区
8	***市场	19	1	5.3	西宁市 城东区
9	***农贸市场	19	1	5.3	西宁市 城北区

13.2.3.6 按MRL CAC标准衡量

按MRL CAC标准衡量，有17个采样点的样品存在不同程度的超标农药检出，如表13-15所示。

表 13-15 超过 MRL CAC 标准水果蔬菜在不同采样点分布

序号	采样点	样品总数	超标数量	超标率（%）	行政区域
1	***瓜果蔬菜直销店	20	1	5.0	海北藏族自治州 门源回族自治县
2	***蔬菜瓜果门市部	20	1	5.0	海北藏族自治州 门源回族自治县
3	***果蔬菜店	20	1	5.0	海北藏族自治州 门源回族自治县
4	***农贸市场	20	3	15.0	海北藏族自治州 门源回族自治县
5	***批发市场	20	1	5.0	海北藏族自治州 门源回族自治县
6	***市场	19	1	5.3	黄南藏族自治州 同仁县
7	***农贸市场	19	1	5.3	黄南藏族自治州 同仁县
8	***水果蔬菜批发部	19	4	21.1	黄南藏族自治州 同仁县
9	***市场	19	1	5.3	黄南藏族自治州 同仁县
10	***农贸市场	19	1	5.3	黄南藏族自治州 尖扎县
11	***蔬菜水果	19	1	5.3	黄南藏族自治州 尖扎县
12	***果蔬店	19	3	15.8	黄南藏族自治州 尖扎县
13	***市场	19	1	5.3	西宁市 城东区
14	***市场	19	1	5.3	西宁市 城东区
15	***农贸市场	19	1	5.3	西宁市 城北区
16	***农贸市场	19	1	5.3	西宁市 城中区
17	***综合市场	19	1	5.3	西宁市 城北区

13.3 水果中农药残留分布

13.3.1 检出农药品种和频次排前 5 的水果

本次残留侦测的水果共 5 种，包括葡萄、苹果、桃、草莓和梨。

根据检出农药品种及频次进行排名，将各项排名前 5 位的水果样品检出情况列表说明，详见表 13-16。

表 13-16 检出农药品种和频次排名前 5 的水果

检出农药品种排名前 5（品种）	①葡萄（25），②草莓（22），③桃（17），④梨（12），⑤苹果（9）
检出农药频次排名前 5（频次）	①葡萄（122），②桃（110），③苹果（63），④草莓（45），⑤梨（43）

13.3.2 超标农药品种和频次排前 5 的水果

鉴于 MRL 欧盟标准和日本标准制定比较全面且覆盖率较高，我们参照 MRL 中国国家标准、欧盟标准和日本标准衡量水果样品中农残检出情况，将超标农药品种及频次排名前 5 的水果列表说明，详见表 13-17。

表 13-17 超标农药品种和频次排名前 5 的水果

超标农药品种排名前 5（农药品种数）	MRL 中国国家标准	①草莓（1）
	MRL 欧盟标准	①草莓（6），②葡萄（3），③桃（3），④梨（2），⑤苹果（2）
	MRL 日本标准	①草莓（4），②桃（4），③梨（1），④苹果（1），⑤葡萄（1）
超标农药频次排名前 5（农药频次数）	MRL 中国国家标准	①草莓（3）
	MRL 欧盟标准	①葡萄（15），②草莓（10），③梨（5），④苹果（5），⑤桃（3）
	MRL 日本标准	①葡萄（12），②草莓（6），③桃（5），④苹果（4），⑤梨（2）

通过对各品种水果样本总数及检出率进行综合分析发现，草莓、苹果和桃的残留污染最为严重，在此，我们参照 MRL 中国国家标准、欧盟标准和日本标准对这 3 种水果的农残检出情况进行进一步分析。

13.3.3 农药残留检出率较高的水果样品分析

13.3.3.1 草莓

这次共检测 10 例草莓样品，全部检出了农药残留，检出率为 100.0%，检出农药共计 22 种。其中吡唑醚菌酯、啶虫脒、螺螨酯和乙螨唑检出频次较高，分别检出了 4、4、4 和 4 次。草莓中农药检出品种和频次见图 13-18，超标农药见图 13-19 和表 13-18。

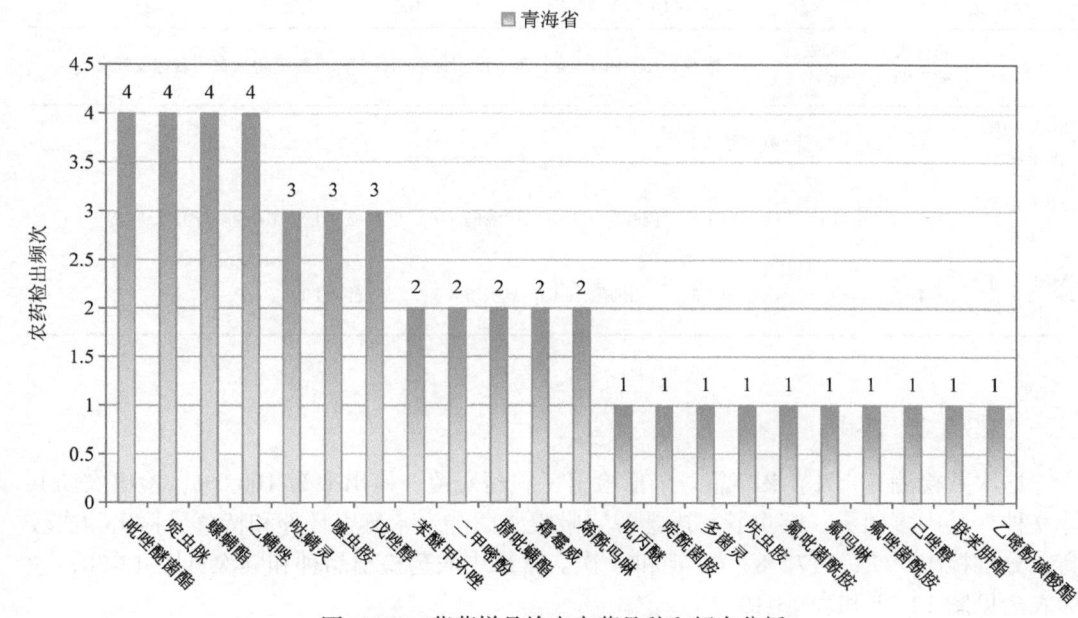

图 13-18 草莓样品检出农药品种和频次分析

图 13-19　草莓样品中超标农药分析

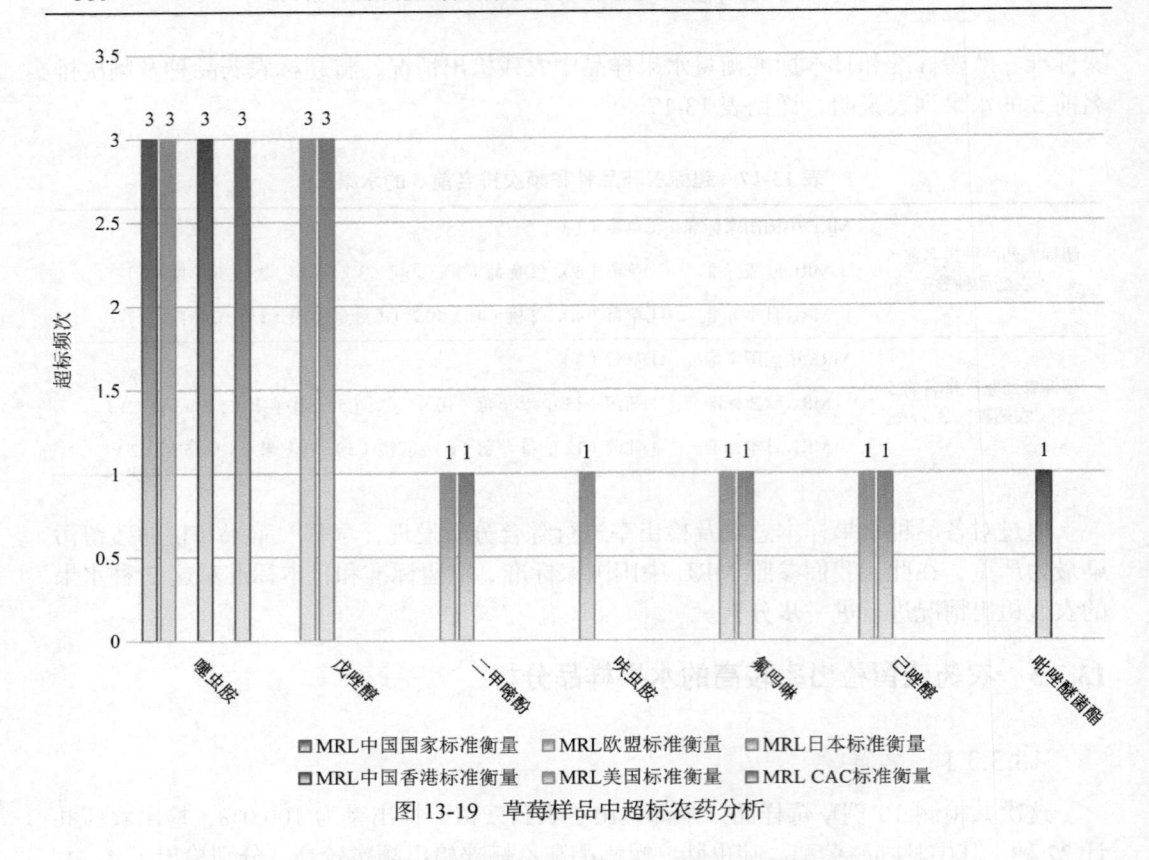

表 13-18　草莓中农药残留超标情况明细表

样品总数 10		检出农药样品数 10	样品检出率（%） 100	检出农药品种总数 22
	超标农药品种	超标农药频次	按照 MRL 中国国家标准、欧盟标准和日本标准衡量超标农药名称及频次	
MRL 中国国家标准	1	3	噻虫胺（3）	
MRL 欧盟标准	6	10	噻虫胺（3），戊唑醇（3），二甲嘧酚（1），呋虫胺（1），氟吡菌（1），己唑醇（1）	
MRL 日本标准	4	6	戊唑醇（3），二甲嘧酚（1），氟吡菌（1），己唑醇（1）	

13.3.3.2　苹果

这次共检测 30 例苹果样品，全部检出了农药残留，检出率为 100.0%，检出农药共计 9 种。其中多菌灵、啶虫脒、戊唑醇、吡唑醚菌酯、苯醚甲环唑和特草灵检出频次较高，分别检出了 21、17、8、6、4 和 4 次。苹果中农药检出品种和频次见图 13-20，超标农药见图 13-21 和表 13-19。

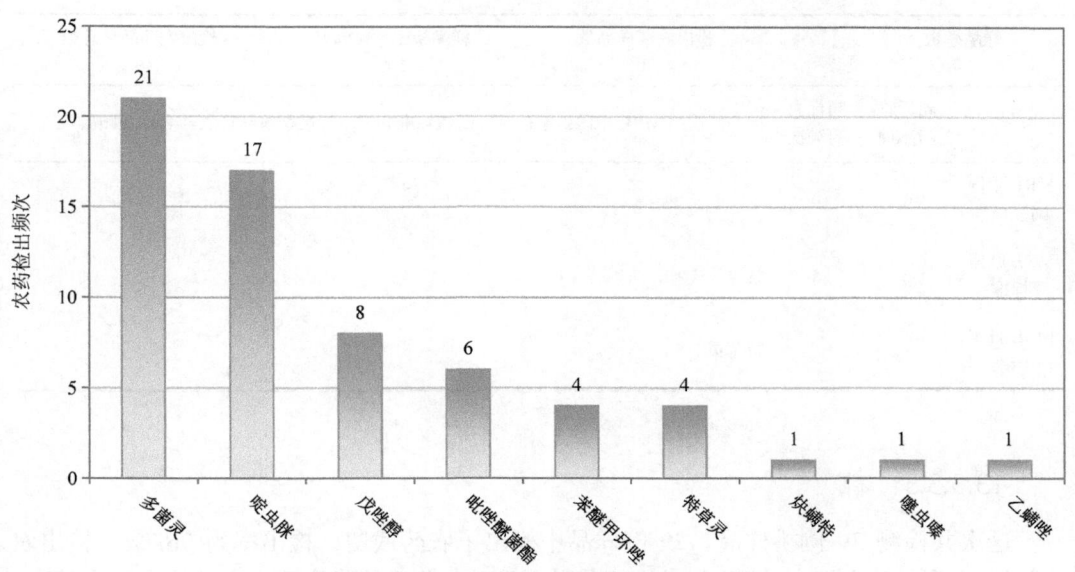

第 13 章 LC-Q-TOF/MS 侦测青海省市售水果蔬菜农药残留报告

图 13-20 苹果样品检出农药品种和频次分析

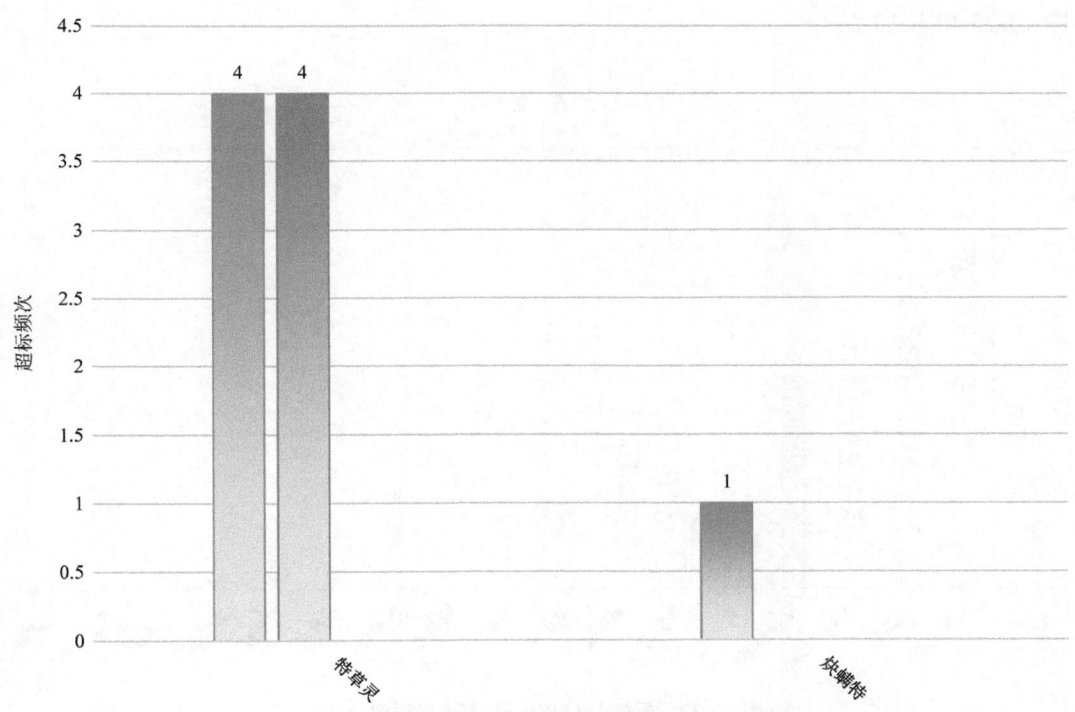

图 13-21 苹果样品中超标农药分析

表 13-19 苹果中农药残留超标情况明细表

样品总数 30		检出农药样品数 30	样品检出率（%） 100	检出农药品种总数 9
	超标农药品种	超标农药频次	按照 MRL 中国国家标准、欧盟标准和日本标准衡量超标农药名称及频次	
MRL 中国国家标准	0	0		
MRL 欧盟标准	2	5	特草灵（4），炔螨特（1）	
MRL 日本标准	1	4	特草灵（4）	

13.3.3.3 桃

这次共检测 30 例桃样品，29 例样品中检出了农药残留，检出率为 96.7%，检出农药共计 17 种。其中螺虫乙酯、啶虫脒、苯醚甲环唑、吡唑醚菌酯和噻虫胺检出频次较高，分别检出了 20、15、12、12 和 9 次。桃中农药检出品种和频次见图 13-22，超标农药见图 13-23 和表 13-20。

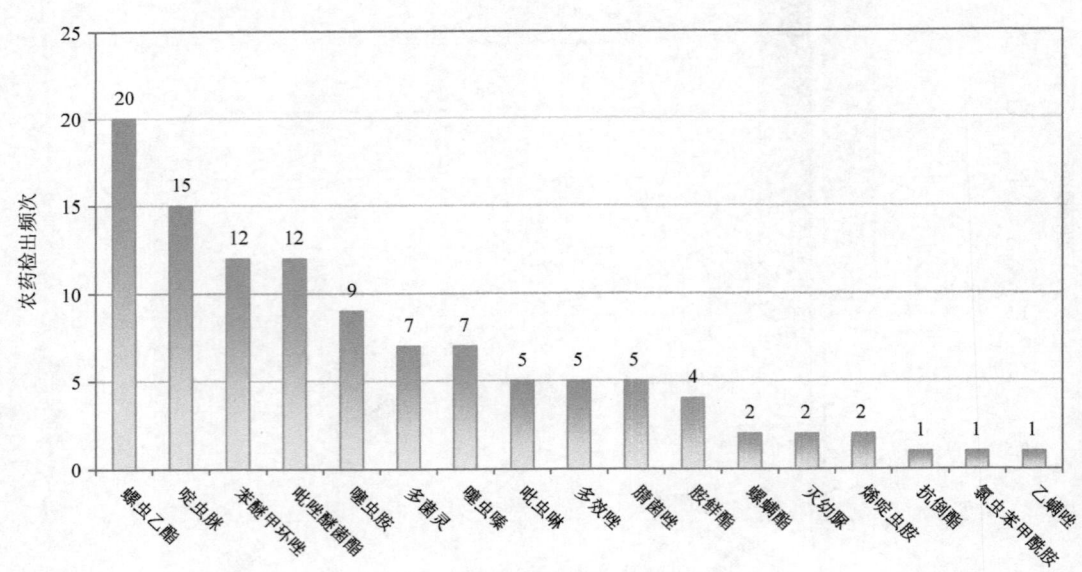

图 13-22 桃样品检出农药品种和频次分析

图 13-23　桃样品中超标农药分析

表 13-20　桃中农药残留超标情况明细表

样品总数 30			检出农药样品数 29	样品检出率（%） 96.7	检出农药品种总数 17
	超标农药品种	超标农药频次	按照 MRL 中国国家标准、欧盟标准和日本标准衡量超标农药名称及频次		
MRL 中国国家标准	0	0			
MRL 欧盟标准	3	3	抗倒酯（1），灭幼脲（1），噻虫嗪（1）		
MRL 日本标准	4	5	螺螨酯（2），吡唑醚菌酯（1），抗倒酯（1），灭幼脲（1）		

13.4　蔬菜中农药残留分布

13.4.1　检出农药品种和频次排前 10 的蔬菜

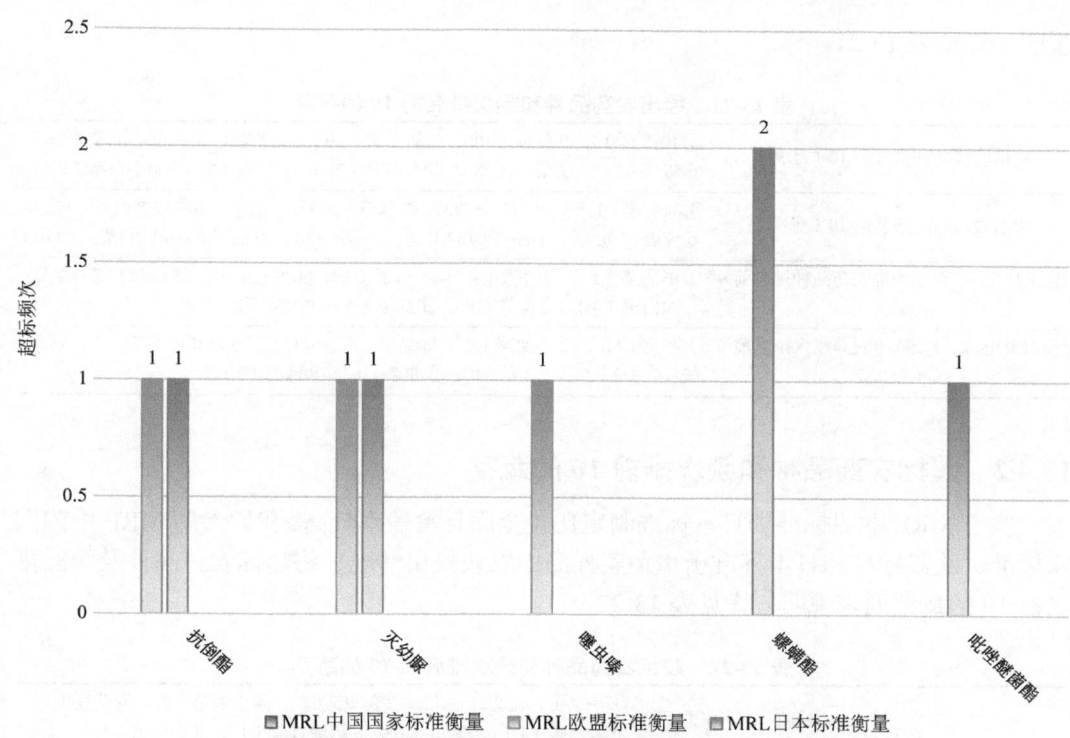

本次残留侦测的蔬菜共 15 种，包括结球甘蓝、辣椒、韭菜、蒜薹、小白菜、油麦菜、芹菜、小油菜、大白菜、番茄、茄子、黄瓜、菠菜、豇豆和菜豆。

根据检出农药品种及频次进行排名，将各项排名前 10 位的蔬菜样品检出情况列表说明，详见表13-21。

表13-21 检出农药品种和频次排名前10的蔬菜

检出农药品种排名前10（品种）	①豇豆（43），②黄瓜（40），③油麦菜（39），④芹菜（35），⑤小油菜（34），⑥茄子（30），⑦菜豆（28），⑧大白菜（28），⑨辣椒（27），⑩小白菜（27）
检出农药频次排名前10（频次）	①油麦菜（318），②黄瓜（243），③蒜薹（209），④芹菜（203），⑤豇豆（172），⑥辣椒（158），⑦小油菜（157），⑧小白菜（138），⑨茄子（116），⑩菜豆（110）
检出禁用、高毒及剧毒农药品种排名前9（品种）	①小油菜（5），②芹菜（4），③茄子（3），④豇豆（2），⑤结球甘蓝（2），⑥大白菜（1），⑦韭菜（1），⑧辣椒（1），⑨小白菜（1）
检出禁用、高毒及剧毒农药频次排名前9（频次）	①芹菜（11），②小油菜（7），③茄子（6），④豇豆（5），⑤小白菜（5），⑥结球甘蓝（2），⑦大白菜（1），⑧韭菜（1），⑨辣椒（1）

13.4.2 超标农药品种和频次排前10的蔬菜

鉴于MRL欧盟标准和日本标准制定比较全面且覆盖率较高，我们参照MRL中国国家标准、欧盟标准和日本标准衡量蔬菜样品中农残检出情况，将超标农药品种及频次排名前10的蔬菜列表说明，详见表13-22。

表13-22 超标农药品种和频次排名前10的蔬菜

超标农药品种排名前10（农药品种数）	MRL中国国家标准	①芹菜（4），②豇豆（2），③辣椒（2），④小油菜（2），⑤菜豆（1），⑥大白菜（1），⑦黄瓜（1），⑧结球甘蓝（1），⑨小白菜（1）
	MRL欧盟标准	①豇豆（15），②芹菜（13），③小油菜（11），④蒜薹（10），⑤小白菜（10），⑥大白菜（7），⑦结球甘蓝（7），⑧辣椒（7），⑨茄子（7），⑩菠菜（6）
	MRL日本标准	①豇豆（25），②菜豆（14），③小油菜（10），④芹菜（7），⑤小白菜（6），⑥菠菜（4），⑦大白菜（4），⑧结球甘蓝（4），⑨茄子（4），⑩油麦菜（4）
超标农药频次排名前10（农药频次数）	MRL中国国家标准	①豇豆（8），②芹菜（7），③小白菜（5），④小油菜（4），⑤大白菜（3），⑥辣椒（3），⑦菜豆（1），⑧黄瓜（1），⑨结球甘蓝（1）
	MRL欧盟标准	①蒜薹（62），②豇豆（43），③芹菜（34），④油麦菜（34），⑤小白菜（33），⑥大白菜（20），⑦小油菜（20），⑧番茄（19），⑨茄子（19），⑩菜豆（16）
	MRL日本标准	①豇豆（81），②菜豆（43），③油麦菜（28），④小油菜（27），⑤茄子（15），⑥芹菜（13），⑦小白菜（12），⑧蒜薹（8），⑨结球甘蓝（7），⑩大白菜（6）

通过对各品种蔬菜样本总数及检出率进行综合分析发现，黄瓜、芹菜和油麦菜的残留污染最为严重，在此，我们参照MRL中国国家标准、欧盟标准和日本标准对这3种蔬菜的农残检出情况进行进一步分析。

13.4.3 农药残留检出率较高的蔬菜样品分析

13.4.3.1 黄瓜

这次共检测30例黄瓜样品，全部检出了农药残留，检出率为100.0%，检出农药共计40种。其中噻虫嗪、甲霜灵、吡唑醚菌酯、烯酰吗啉和莠去津检出频次较高，分别检出了 22、19、18、17 和 14 次。黄瓜中农药检出品种和频次见图 13-24，超标农药见图 13-25 和表 13-23。

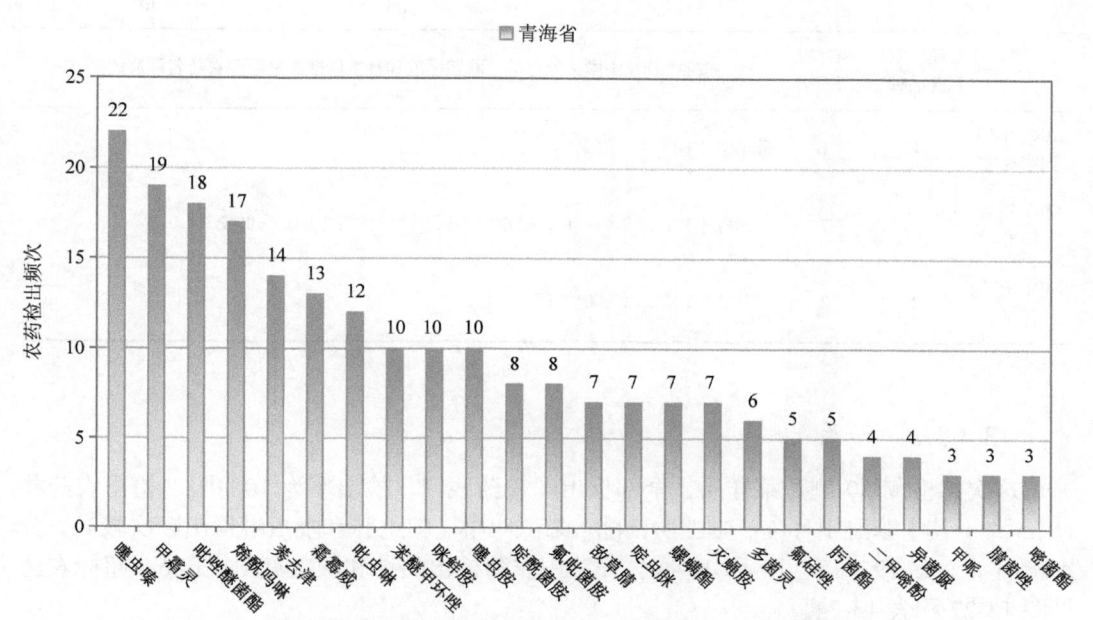

图 13-24　黄瓜样品检出农药品种和频次分析（仅列出 3 频次及以上的数据）

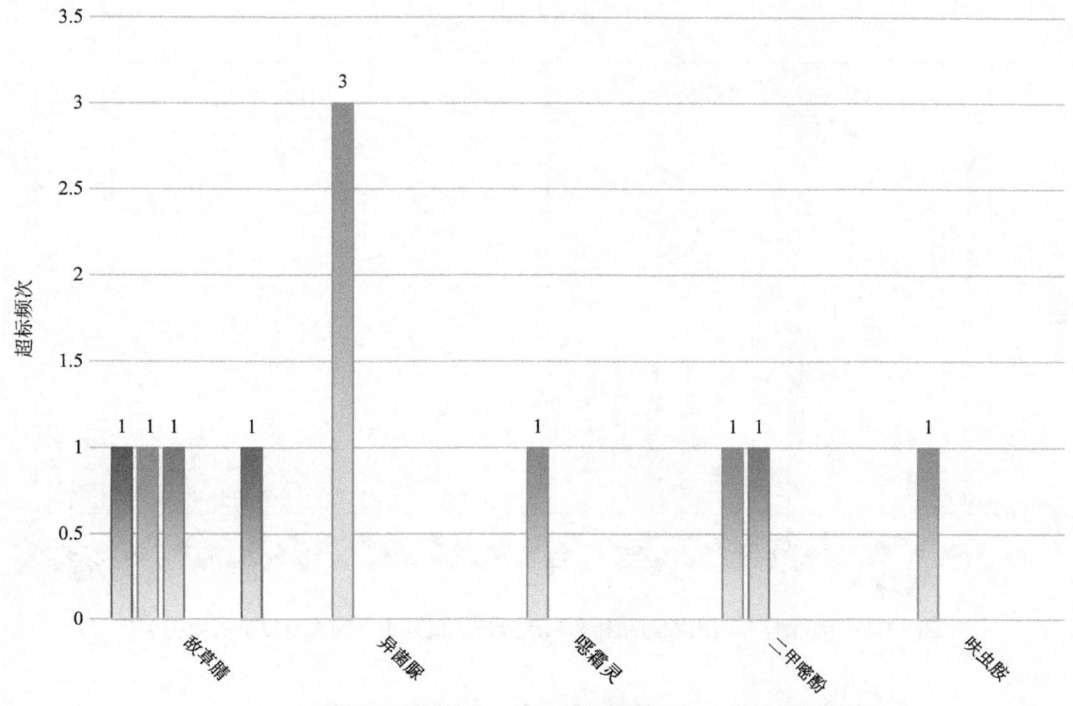

图 13-25　黄瓜样品中超标农药分析

表 13-23　黄瓜中农药残留超标情况明细表

样品总数 30		检出农药样品数 30	样品检出率（%） 100	检出农药品种总数 40
	超标农药品种	超标农药频次	按照 MRL 中国国家标准、欧盟标准和日本标准衡量超标农药名称及频次	
MRL 中国国家标准	1	1	敌草腈（1）	
MRL 欧盟标准	5	7	异菌脲（3），敌草腈（1），噁霜灵（1），二甲嘧酚（1），呋虫胺（1）	
MRL 日本标准	2	2	敌草腈（1），二甲嘧酚（1）	

13.4.3.2　芹菜

这次共检测 30 例芹菜样品，全部检出了农药残留，检出率为 100.0%，检出农药共计 35 种。其中苯醚甲环唑、吡唑醚菌酯、烯酰吗啉、啶虫脒和吡虫啉检出频次较高，分别检出了 25、19、15、13 和 12 次。芹菜中农药检出品种和频次见图 13-26，超标农药见图 13-27 和表 13-24。

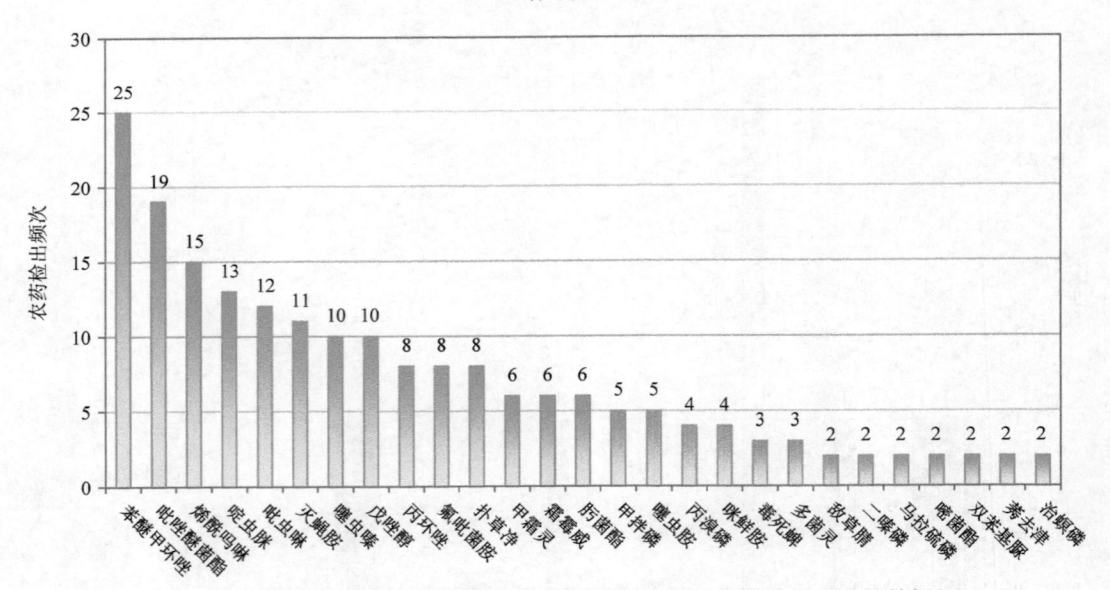

图 13-26　芹菜样品检出农药品种和频次分析（仅列出 2 频次及以上的数据）

图 13-27 芹菜样品中超标农药分析

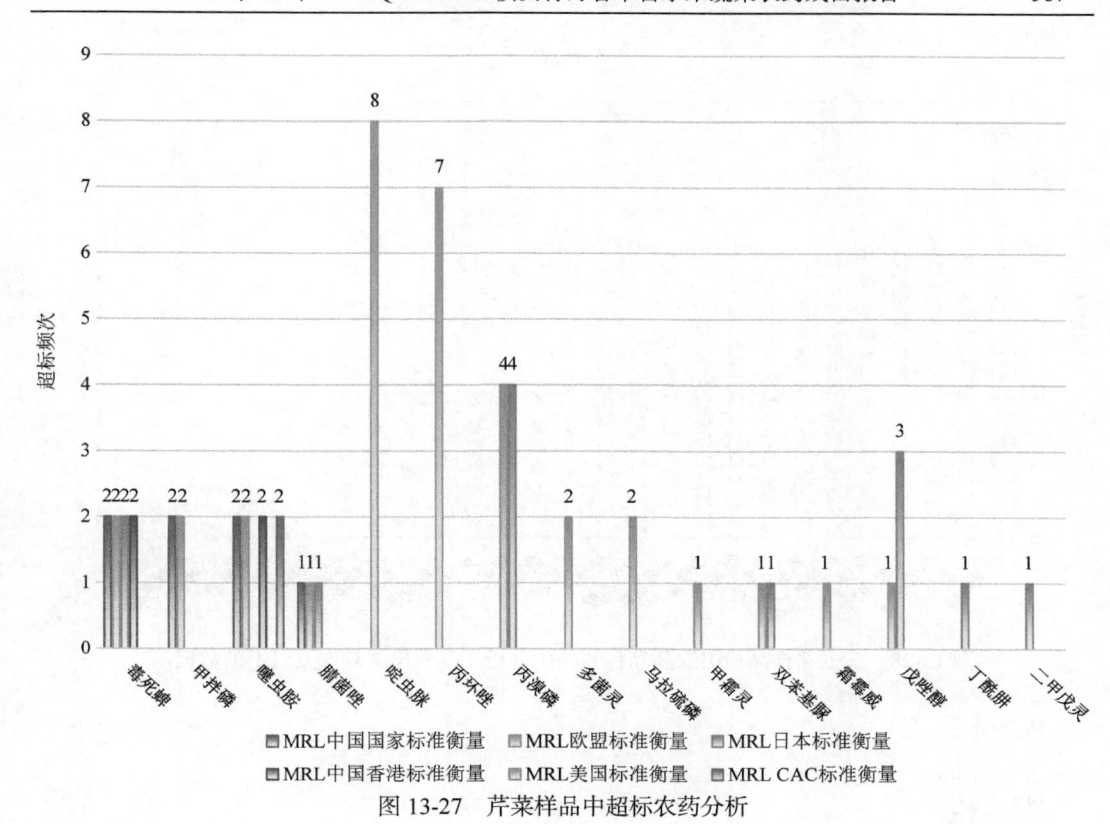

表 13-24 芹菜中农药残留超标情况明细表

样品总数			检出农药样品数	样品检出率（%）	检出农药品种总数
30			30	100	35
	超标农药品种	超标农药频次	按照 MRL 中国国家标准、欧盟标准和日本标准衡量超标农药名称及频次		
MRL 中国国家标准	4	7	毒死蜱（2），甲拌磷（2），噻虫胺（2），腈菌唑（1）		
MRL 欧盟标准	13	34	啶虫脒（8），丙环唑（7），丙溴磷（4），毒死蜱（2），多菌灵（2），甲拌磷（2），马拉硫磷（2），噻虫胺（2），甲霜灵（1），腈菌唑（1），双苯基脲（1），霜霉威（1），戊唑醇（1）		
MRL 日本标准	7	13	丙溴磷（4），戊唑醇（3），毒死蜱（2），丁酰肼（1），二甲戊灵（1），腈菌唑（1），双苯基脲（1）		

13.4.3.3 油麦菜

这次共检测 30 例油麦菜样品，全部检出了农药残留，检出率为 100.0%，检出农药共计 39 种。其中烯酰吗啉、甲霜灵、多效唑、苯醚甲环唑和吡虫啉检出频次较高，分别检出了 26、23、21、20 和 18 次。油麦菜中农药检出品种和频次见图 13-28，超标农药见图 13-29 和表 13-25。

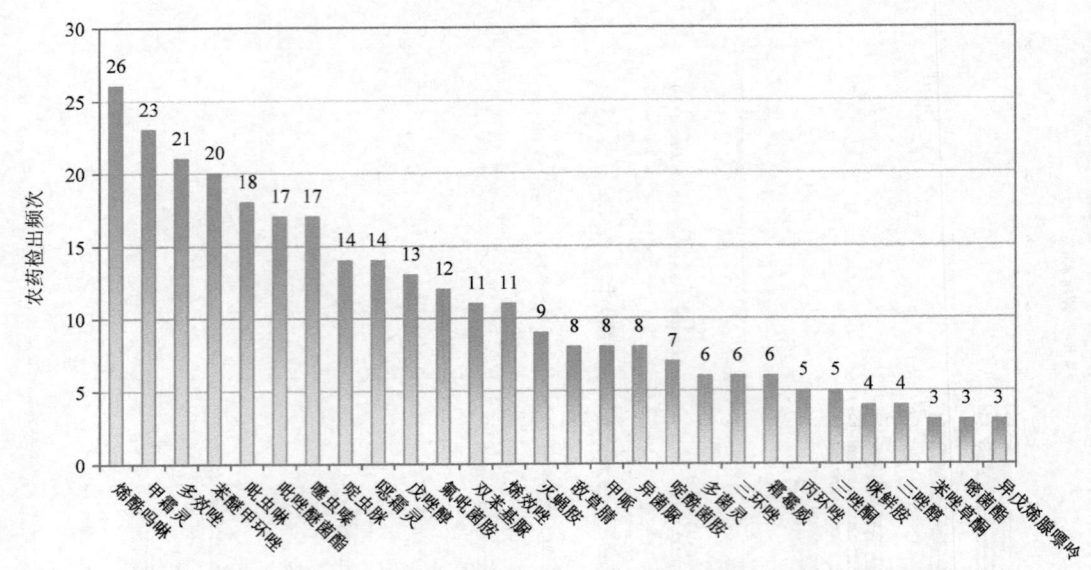

图 13-28 油麦菜样品检出农药品种和频次分析（仅列出 3 频次及以上的数据）

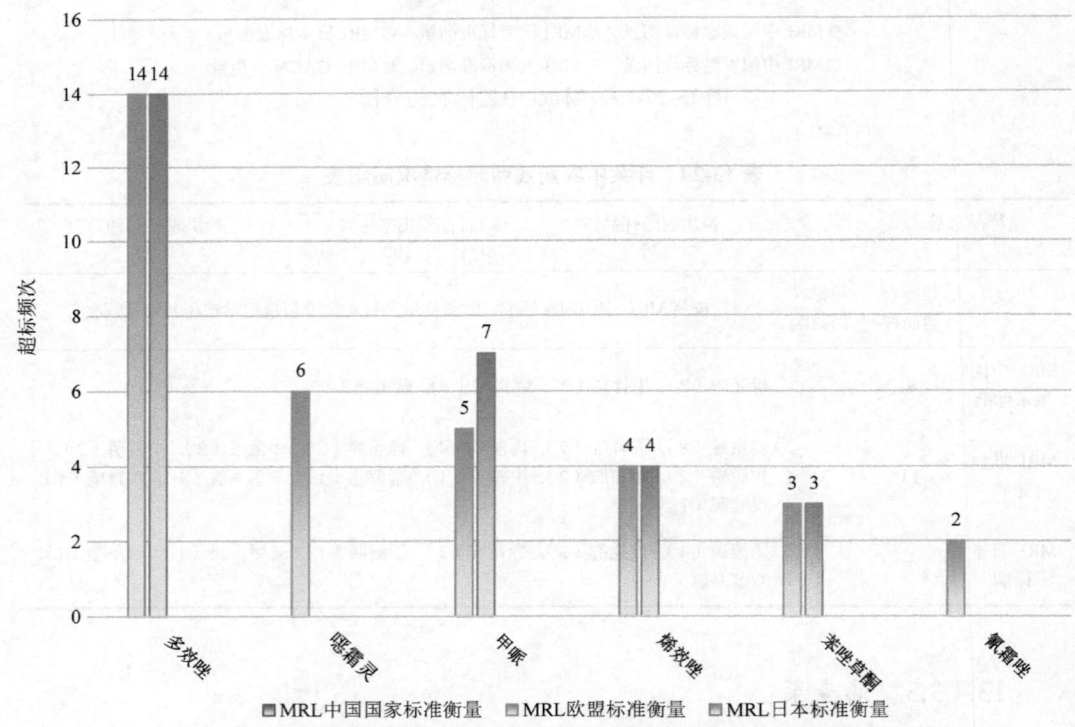

图 13-29 油麦菜样品中超标农药分析

表 13-25 油麦菜中农药残留超标情况明细表

样品总数 30		检出农药样品数 30	样品检出率（%） 100	检出农药品种总数 39
	超标农药品种	超标农药频次	按照 MRL 中国国家标准、欧盟标准和日本标准衡量超标农药名称及频次	
MRL 中国国家标准	0	0		
MRL 欧盟标准	6	34	多效唑（14），噁霜灵（6），甲哌（5），烯效唑（4），苯唑草酮（3），氰霜唑（2）	
MRL 日本标准	4	28	多效唑（14），甲哌（7），烯效唑（4），苯唑草酮（3）	

13.5 初 步 结 论

13.5.1 青海省市售水果蔬菜按国际主要 MRL 标准衡量的合格率

本次侦测的 580 例样品中，35 例样品未检出任何残留农药，占样品总量的 6.0%，545 例样品检出不同水平、不同种类的残留农药，占样品总量的 94.0%。在这 545 例检出农药残留的样品中：

按照 MRL 中国国家标准衡量，有 511 例样品检出残留农药但含量没有超标，占样品总数的 88.1%，有 34 例样品检出了超标农药，占样品总数的 5.9%。

按照 MRL 欧盟标准衡量，有 315 例样品检出残留农药但含量没有超标，占样品总数的 54.3%，有 230 例样品检出了超标农药，占样品总数的 39.7%。

按照 MRL 日本标准衡量，有 386 例样品检出残留农药但含量没有超标，占样品总数的 66.6%，有 159 例样品检出了超标农药，占样品总数的 27.4%。

按照 MRL 中国香港标准衡量，有 509 例样品检出残留农药但含量没有超标，占样品总数的 87.8%，有 36 例样品检出了超标农药，占样品总数的 6.2%。

按照 MRL 美国标准衡量，有 534 例样品检出残留农药但含量没有超标，占样品总数的 92.1%，有 11 例样品检出了超标农药，占样品总数的 1.9%。

按照 MRL CAC 标准衡量，有 521 例样品检出残留农药但含量没有超标，占样品总数的 89.8%，有 24 例样品检出了超标农药，占样品总数的 4.1%。

13.5.2 青海省市售水果蔬菜中检出农药以中低微毒农药为主，占市场主体的 92.2%

这次侦测的 580 例样品包括水果 5 种 130 例，蔬菜 15 种 450 例，共检出了 115 种农药，检出农药的毒性以中低微毒为主，详见表 13-26。

表 13-26 市场主体农药毒性分布

毒性	检出品种	占比	检出频次	占比
剧毒农药	2	1.7%	8	0.3%
高毒农药	7	6.1%	15	0.6%
中毒农药	38	33.0%	1210	46.3%
低毒农药	44	38.3%	942	36.1%
微毒农药	24	20.9%	437	16.7%

中低微毒农药，品种占比 92.2%，频次占比 99.0%

13.5.3 检出剧毒、高毒和禁用农药现象应该警醒

在此次侦测的 580 例样品中的 34 例样品检出了 11 种 39 频次的剧毒和高毒或禁用农药，占样品总量的 5.9%。其中剧毒农药甲拌磷和治螟磷以及高毒农药水胺硫磷、克百威和三唑磷检出频次较高。

按 MRL 中国国家标准衡量，剧毒农药甲拌磷，检出 6 次，超标 3 次；高毒农药水胺硫磷，检出 5 次，超标 4 次；按超标程度比较，小油菜中甲拌磷超标 15.0 倍，豇豆中水胺硫磷超标 5.1 倍，芹菜中甲拌磷超标 3.2 倍。

剧毒、高毒或禁用农药的检出情况及按照 MRL 中国国家标准衡量的超标情况见表 13-27。

表 13-27 剧毒、高毒或禁用农药的检出及超标明细

序号	农药名称	样品名称	检出频次	超标频次	最大超标倍数	超标率（%）
1.1	治螟磷*▲	芹菜	2	0	0	0.0
2.1	甲拌磷*▲	芹菜	5	2	3.24	40.0
2.2	甲拌磷*▲	小油菜	1	1	15.04	100.0
3.1	三唑磷°▲	茄子	2	0	0	0.0
3.2	三唑磷°▲	小油菜	1	0	0	0.0
4.1	克百威°▲	茄子	3	0	0	0.0
5.1	杀线威°	结球甘蓝	1	0	0	0.0
6.1	水胺硫磷°▲	豇豆	4	4	5.072	100.0
6.2	水胺硫磷°▲	辣椒	1	0	0	0.0
7.1	灭害威	韭菜	1	0	0	0.0
8.1	灭瘟素°	小油菜	1	0	0	0.0
9.1	脱叶磷°	大白菜	1	0	0	0.0
10.1	毒死蜱▲	小白菜	5	5	8.255	100.0
10.2	毒死蜱▲	小油菜	1	1	12.92	100.0
10.3	毒死蜱▲	芹菜	3	2	7.458	66.7

续表

序号	农药名称	样品名称	检出频次	超标频次	最大超标倍数	超标率（%）
10.4	毒死蜱▲	结球甘蓝	1	1	0.775	100.0
10.5	毒死蜱▲	茄子	1	0	0	0.0
10.6	毒死蜱▲	豇豆	1	0	0	0.0
11.1	丁酰肼▲	小油菜	1	0	0	0.0
11.2	丁酰肼▲	芹菜	1	0	0	0.0
合计			39	18		46.2

注：超标倍数参照 MRL 中国国家标准衡量
*表示剧毒农药；◇表示高毒农药；▲表示禁用农药

这些超标的高剧毒或禁用农药都是中国政府早有规定禁止在水果蔬菜中使用的，为什么还屡次被检出，应该引起警惕。

13.5.4 残留限量标准与先进国家或地区差距较大

2612 频次的检出结果与我国公布的《食品中农药最大残留限量》（GB 2763—2021）对比，有 1577 频次能找到对应的 MRL 中国国家标准，占 60.4%；还有 1035 频次的侦测数据无相关 MRL 标准供参考，占 39.6%。

与国际上现行 MRL 标准对比发现：

有 2612 频次能找到对应的 MRL 欧盟标准，占 100.0%；

有 2612 频次能找到对应的 MRL 日本标准，占 100.0%；

有 1381 频次能找到对应的 MRL 中国香港标准，占 52.9%；

有 1592 频次能找到对应的 MRL 美国标准，占 60.9%；

有 1151 频次能找到对应的 MRL CAC 标准，占 44.1%。

由上可见，MRL 中国国家标准与先进国家或地区标准还有很大差距，我们无标准，境外有标准，这就会导致我们在国际贸易中，处于受制于人的被动地位。

13.5.5 水果蔬菜单种样品检出 17~43 种农药残留，拷问农药使用的科学性

通过此次监测发现，葡萄、草莓和桃是检出农药品种最多的 3 种水果，豇豆、黄瓜和油麦菜是检出农药品种最多的 3 种蔬菜，从中检出农药品种及频次详见表 13-28。

表 13-28 单种样品检出农药品种及频次

样品名称	样品总数	检出率（%）	检出农药品种数	检出农药（频次）
豇豆	30	93.3	43	烯酰吗啉（16），啶虫脒（15），灭蝇胺（8），三唑醇（8），噻虫胺（7），噻虫嗪（7），乙螨唑（7），稻瘟灵（6），甲霜灵（6），螺虫乙酯（6），螺螨酯（6），唑虫酰胺（6），苯醚甲环唑（5），吡唑醚菌酯（5），腈菌唑（5），四螨嗪（5），丙溴磷（4），多菌灵（4），炔螨特（4），水胺硫磷（4），哒螨灵（3），氟啶虫酰胺（3），咪鲜胺（3），双苯基脲（3），霜霉威（3），吡虫啉（2），氯虫苯甲酰胺（2），嘧菌酯（2），噻嗪

续表

样品名称	样品总数	检出率（%）	检出农药品种数	检出农药（频次）
豇豆	30	93.3	43	酮（2），茚虫威（2），吡丙醚（1），吡噻菌胺（1），丙环唑（1），丁醚脲（1），啶氧菌酯（1），毒死蜱（1），呋虫胺（1），氟硅唑（1），嘧菌腙（1），灭幼脲（1），噻菌灵（1），三甲苯草酮（1），莠去津（1）
黄瓜	30	100.0	40	噻虫嗪（22），甲霜灵（19），吡唑醚菌酯（18），烯酰吗啉（17），莠去津（14），霜霉威（13），吡虫啉（12），苯醚甲环唑（10），咪鲜胺（10），噻虫胺（10），啶酰菌胺（8），氟吡菌胺（8），敌草腈（7），啶虫脒（7），螺螨酯（7），灭蝇胺（7），多菌灵（6），氟硅唑（5），肟菌酯（5），二甲嘧酚（4），异菌脲（4），甲哌（3），腈菌唑（3），嘧菌酯（3），吡丙醚（2），吡唑萘菌胺（2），噻菌灵（2），乙草胺（2），茚虫威（2），噁霜灵（1），呋虫胺（1），氟吡菌酰胺（1），氟啶虫酰胺（1），氟吗啉（1），氯虫苯甲酰胺（1），三环唑（1），戊唑醇（1），乙螨唑（1），乙霉威（1），乙嘧酚（1）
油麦菜	30	100.0	39	烯酰吗啉（26），甲霜灵（23），多效唑（21），苯醚甲环唑（20），吡虫啉（18），吡唑醚菌酯（17），噻虫嗪（17），啶虫脒（14），噁霜灵（14），戊唑醇（13），氟吡菌胺（12），双苯基脲（11），烯效唑（11），灭蝇胺（9），敌草腈（8），甲哌（8），异菌脲（8），啶酰菌胺（7），多菌灵（6），三环唑（6），霜霉威（6），丙环唑（5），三唑酮（5），咪鲜胺（4），三唑醇（4），苯唑草酮（3），嘧菌酯（3），异戊烯腺嘌呤（3），腈菌唑（2），嘧霉胺（2），氰霜唑（2），莠去津（2），唑虫酰胺（2），苯嗪草酮（1），氟硅唑（1），螺螨酯（1），氯虫苯甲酰胺（1），噻菌灵（1），仲丁通（1）
葡萄	30	93.3%	25	氟吡菌酰胺（13），霜霉威（13），吡唑醚菌酯（11），多菌灵（10），氟唑菌酰胺（7），噻虫嗪（7），烯酰吗啉（7），苯醚甲环唑（6），啶虫脒（6），啶酰菌胺（5），多效唑（5），螺虫乙酯（5），肟菌酯（5），戊唑醇（4），氟吡菌胺（3），嘧霉胺（3），乙螨唑（3），哒螨灵（2），苯噻菌胺（1），吡虫啉（1），苄氨基嘌呤（1），氟吗啉（1），甲霜灵（1），螺螨酯（1），戊菌唑（1）
草莓	10	100.0	22	吡唑醚菌酯（4），啶虫脒（4），螺螨酯（4），乙螨唑（4），哒螨灵（3），噻虫胺（3），戊唑醇（3），苯醚甲环唑（2），二甲嘧酚（2），腈吡螨酯（2），霜霉威（2），烯酰吗啉（2），吡丙醚（1），啶酰菌胺（1），多菌灵（1），呋虫胺（1），氟吡菌酰胺（1），氟吗啉（1），氟唑菌酰胺（1），己唑醇（1），联苯肼酯（1），乙嘧酚磺酸酯（1）
桃	30	96.7	17	螺虫乙酯（20），啶虫脒（15），苯醚甲环唑（12），吡唑醚菌酯（12），噻虫胺（9），多菌灵（7），噻虫嗪（7），吡虫啉（5），多效唑（5），腈菌唑（5），胺鲜酯（4），螺螨酯（2），灭幼脲（2），烯啶虫胺（2），抗倒酯（1），氯虫苯甲酰胺（1），乙螨唑（1）

上述 6 种水果蔬菜，检出农药 17～43 种，是多种农药综合防治，还是未严格实施农业良好管理规范（GAP），抑或根本就是乱施药，值得我们思考。

第 14 章 LC-Q-TOF/MS 侦测青海省市售水果蔬菜农药残留膳食暴露风险与预警风险评估

14.1 农药残留侦测数据分析与统计

庞国芳院士科研团队建立的农药残留高通量侦测技术以高分辨精确质量数（0.0001 m/z 为基准）为识别标准，采用 LC-Q-TOF/MS 技术对 871 种农药化学污染物进行侦测。

科研团队于 2021 年 7 月在青海省 7 个区县的 30 个采样点，随机采集了 580 例水果蔬菜样品，采样点分布在个体商户和农贸市场，7 月内水果蔬菜样品采集数量如表 14-1 所示。

表 14-1 青海省 7 月内采集水果蔬菜样品数列表

时间	样品数（例）
2021 年 7 月	580

利用 LC-Q-TOF/MS 技术对 580 例样品中的农药进行侦测，共侦测出残留农药 2647 频次。侦测出农药残留水平如表 14-2 和图 14-1 所示。检出频次最高的前 10 种农药如表 14-3 所示。从侦测结果中可以看出，在水果蔬菜中农药残留普遍存在，且有些水果蔬菜存在高浓度的农药残留，这些可能存在膳食暴露风险，对人体健康产生危害，因此，为了定量地评价水果蔬菜中农药残留的风险程度，有必要对其进行风险评价。

表 14-2 侦测出农药的不同残留水平及其所占比例列表

残留水平（μg/kg）	检出频次	占比（%）
1~5（含）	1058	41.5
5~10（含）	330	13.0
10~100（含）	807	31.7
100~1000（含）	264	10.4
>1000	12	0.5

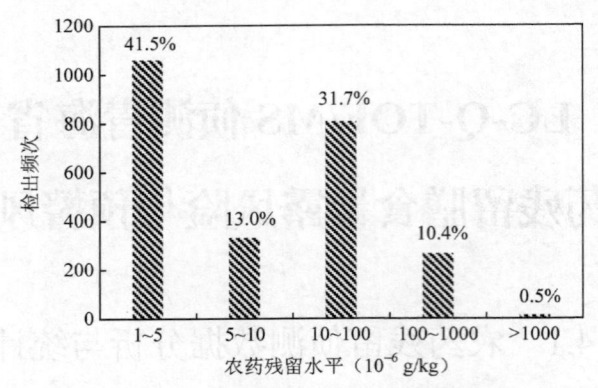

图 14-1 残留农药侦测出浓度频数分布图

表 14-3 检出频次最高的前 10 种农药列表

序号	农药	检出频次
1	烯酰吗啉	209
2	啶虫脒	195
3	吡唑醚菌酯	176
4	噻虫嗪	154
5	苯醚甲环唑	151
6	吡虫啉	116
7	多菌灵	98
8	噻虫胺	95
9	甲霜灵	74
10	霜霉威	74

本研究使用 LC-Q-TOF/MS 技术对青海省 580 例样品中的农药侦测中，共侦测出农药 115 种[其中 97 种具有每日允许最大摄入量（ADI）值]，这些农药的 ADI 值见表 14-4。为评价青海省农药残留的风险，本研究采用两种模型分别评价膳食暴露风险和预警风险，具体的风险评价模型见附录 A。

表 14-4 青海省水果蔬菜中侦测出农药的 ADI 值

序号	农药	ADI	序号	农药	ADI	序号	农药	ADI
1	甲氧虫酰肼	0.1	10	吡唑醚菌酯	0.03	19	霜霉威	0.4
2	哒螨灵	0.01	11	噻虫胺	0.10	20	噻虫嗪	0.08
3	吡虫啉	0.06	12	氟硅唑	0.01	21	嘧菌酯	0.2
4	苯醚甲环唑	0.01	13	三唑酮	0.03	22	灭蝇胺	0.06
5	噁霜灵	0.01	14	唑虫酰胺	0.01	23	三唑醇	0.03
6	啶虫脒	0.07	15	多效唑	0.1	24	扑草净	0.04
7	丙环唑	0.07	16	戊唑醇	0.03	25	氟吡菌胺	0.08
8	螺虫乙酯	0.05	17	氟吡菌胺	0.08	26	噻虫嗪	0.08
9	多菌灵	0.03	18	烯酰吗啉	0.2	27	甲霜灵	0.08

续表

序号	农药	ADI	序号	农药	ADI	序号	农药	ADI
28	啶虫脒	0.07	52	嘧菌环胺	0.03	75	唑螨酯	0.01
29	丙环唑	0.07	53	吡蚜酮	0.03	76	双甲脒	0.01
30	氟啶虫酰胺	0.07	54	苯嗪草酮	0.03	77	丙硫菌唑	0.01
31	吡虫啉	0.06	55	胺鲜酯	0.02	78	联苯肼酯	0.01
32	灭蝇胺	0.06	56	莠去津	0.02	79	杀线威	0.009
33	异菌脲	0.06	57	氟唑菌酰胺	0.02	80	噻嗪酮	0.009
34	吡唑萘菌胺	0.06	58	烯效唑	0.02	81	氟啶脲	0.005
35	螺虫乙酯	0.05	59	氟环唑	0.02	82	己唑醇	0.005
36	乙螨唑	0.05	60	虫酰肼	0.02	83	烯唑醇	0.005
37	乙嘧酚磺酸酯	0.05	61	四螨嗪	0.02	84	二嗪磷	0.005
38	环氟菌胺	0.04	62	哒螨灵	0.01	85	三甲苯草酮	0.005
39	扑草净	0.04	63	苯醚甲环唑	0.01	86	辛硫磷	0.004
40	肟菌酯	0.04	64	噁霜灵	0.01	87	四氟醚唑	0.004
41	啶酰菌胺	0.04	65	氟硅唑	0.01	88	乙霉威	0.004
42	三环唑	0.04	66	唑虫酰胺	0.01	89	苯唑草酮	0.004
43	乙嘧酚	0.04	67	氟吡菌酰胺	0.01	90	水胺硫磷	0.003
44	多菌灵	0.03	68	咪鲜胺	0.01	91	丁醚脲	0.003
45	吡唑醚菌酯	0.03	69	茚虫威	0.01	92	敌百虫	0.002
46	三唑酮	0.03	70	螺螨酯	0.01	93	治螟磷	0.001
47	戊唑醇	0.03	71	毒死蜱	0.01	94	三唑磷	0.001
48	三唑醇	0.03	72	敌草腈	0.01	95	克百威	0.001
49	戊菌唑	0.03	73	乙草胺	0.01	96	甲拌磷	0.0007
50	丙溴磷	0.03	74	炔螨特	0.01	97	氟吡甲禾灵	0.0007
51	腈菌唑	0.03						

注：ADI 值单位为 mg/kg bw

14.2 农药残留膳食暴露风险评估

14.2.1 每例水果蔬菜样品中农药残留安全指数分析

基于农药残留值测数据，发现在 580 例样品中侦测出农药 2612 频次，计算样品中每种残留农药的安全指数 IFS_c，并分析农药对样品安全的影响程度，农药残留对水果蔬菜样品安全的影响程度频次分布情况如图 14-2 所示。

由图 14-2 可以看出，农药残留对样品安全的影响不可接受的频次为 2，占 0.08%；农药残留对样品安全的影响可以接受的频次为 72，占 2.76%；农药残留对样品安全没有影响的频次为 2439，占 93.38%。表 14-5 为对水果蔬菜样品中安全影响不可接受的农药残留列表。

■ 没有影响
■ 可以接受
■ 不可接受
■ 没有ADI标准

2 (0.08%)
99 (3.79%)
72 (2.76%)
2439 (93.38%)

2021年7月

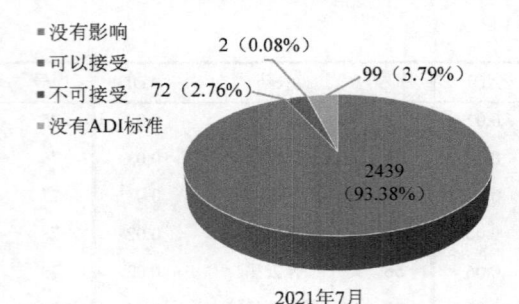

图 14-2　农药残留对水果蔬菜样品安全的影响程度频次分布图

表 14-5　水果蔬菜样品中安全影响不可接受的农药残留列表

序号	样品编号	采样点	基质	农药	含量（mg/kg）	IFS$_c$
1	20210715-630100-LZFDC-CL-08A	***市场	小油菜	甲拌磷	0.1604	1.4512
2	20210717-632300-LZFDC-CE-06A	***水果蔬菜批发部	芹菜	苯醚甲环唑	2.1362	1.3529

部分样品侦测出禁用农药 7 种 35 频次，为了明确残留的禁用农药对样品安全的影响，分析侦测出禁用农药残留的样品安全指数，禁用农药残留对水果蔬菜样品安全的影响程度频次分布情况如图 14-3 所示，农药残留对样品安全的影响不可接受的频次为 1，占 2.86%；农药残留对样品安全的影响可以接受的频次为 14，占 40.00%；农药残留对样品安全没有影响的频次为 20，占 57.14%。由图中可以看出 7 月份的水果蔬菜样品中侦测出禁用农药残留。

■ 没有影响
■ 可以接受
■ 不可接受
■ 没有ADI标准

1 (2.86%)
0 (0.00%)
14 (40.00%)
20 (57.14%)

2021年7月

图 14-3　禁用农药对水果蔬菜样品安全影响程度的频次分布图

此外，本次侦测发现部分样品中非禁用农药残留量超过了 MRL 中国国家标准和欧盟标准，为了明确超标的非禁用农药对样品安全的影响，分析了非禁用农药残留超标的样品安全指数。

水果蔬菜残留量超过 MRL 中国国家标准的非禁用农药对水果蔬菜样品安全的影响程度频次分布情况如图 14-4 所示。可以看出侦测出超过 MRL 中国国家标准的非禁用农药共 18 频次，其中农药残留对样品安全的影响不可接受的频次为 0，占 0.00%；农药残留对样品安全的影响可以接受的频次为 5，占 27.78%；农药残留对样品安全没有影响的频次为 13，占 72.22%。表 14-6 为水果蔬菜样品中侦测出的非禁用农药安全指数表。

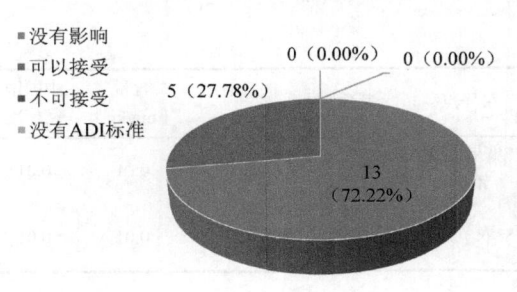

第14章 LC-Q-TOF/MS侦测青海省市售水果蔬菜农药残留膳食暴露风险与预警风险评估 ·597·

图 14-4 残留超标的非禁用农药对水果蔬菜样品安全的影响程度频次分布图（MRL 中国国家标准）

表 14-6 水果蔬菜样品中侦测出的非禁用农药残留安全指数表（MRL 中国国家标准）

序号	样品编号	采样点	基质	农药	含量（mg/kg）	中国国家标准	超标倍数	IFS$_c$	影响程度
1	20210717-632300-LZFDC-LJ-06A	***水果蔬菜批发部	辣椒	吡唑醚菌酯	0.91	0.50	0.82倍	0.1921	可以接受
2	20210715-630100-LZFDC-CE-03A	***农贸市场	芹菜	腈菌唑	0.76	0.05	14.22倍	0.1607	可以接受
3	20210719-632200-LZFDC-LJ-01A	***农贸市场	辣椒	吡唑醚菌酯	0.74	0.50	0.48倍	0.1562	可以接受
4	20210719-632200-LZFDC-BC-05A	***蔬菜瓜果门市部	大白菜	吡虫啉	1.26	0.20	5.30倍	0.1330	可以接受
5	20210719-632200-LZFDC-BC-03A	***果蔬菜店	大白菜	吡虫啉	1.14	0.20	4.71倍	0.1206	可以接受
6	20210719-632200-LZFDC-BC-02A	***批发市场	大白菜	吡虫啉	0.78	0.20	2.91倍	0.0824	没有影响
7	20210719-632200-LZFDC-ST-02A	***批发市场	草莓	噻虫胺	0.34	0.07	3.82倍	0.0214	没有影响
8	20210719-632200-LZFDC-ST-01A	***农贸市场	草莓	噻虫胺	0.27	0.07	2.91倍	0.0174	没有影响
9	20210721-632200-LZFDC-ST-01A	***蔬菜瓜果门市部	草莓	噻虫胺	0.22	0.07	2.21倍	0.0142	没有影响
10	20210716-630100-LZFDC-CU-08A	***农贸市场	黄瓜	敌草腈	0.01	0.01	0.13倍	0.0072	没有影响
11	20210721-632200-LZFDC-LJ-05A	***瓜果蔬菜直销店	辣椒	噻虫胺	0.09	0.05	0.75倍	0.0055	没有影响
12	20210717-632300-LZFDC-CE-06A	***水果蔬菜批发部	芹菜	噻虫胺	0.07	0.04	0.65倍	0.0042	没有影响
13	20210718-632300-LZFDC-CE-01A	***果蔬店	芹菜	噻虫胺	0.05	0.04	0.16倍	0.0029	没有影响
14	20210715-630100-LZFDC-JD-03A	***农贸市场	豇豆	噻虫胺	0.04	0.01	3.04倍	0.0026	没有影响
15	20210717-632300-LZFDC-JD-06A	***水果蔬菜批发部	豇豆	噻虫胺	0.02	0.01	0.95倍	0.0012	没有影响
16	20210718-632300-LZFDC-JD-01A	***果蔬店	豇豆	噻虫胺	0.01	0.01	0.35倍	0.0009	没有影响

续表

序号	样品编号	采样点	基质	农药	含量（mg/kg）	中国国家标准	超标倍数	IFS。	影响程度
17	20210721-632200-LZFDC-DJ-05A	***瓜果蔬菜直销店	菜豆	噻虫胺	0.01	0.01	0.12倍	0.0007	没有影响
18	20210717-632300-LZFDC-JD-01A	***农贸市场	豇豆	噻虫胺	0.01	0.01	0.06倍	0.0007	没有影响

残留量超过 MRL 欧盟标准的非禁用农药对水果蔬菜样品安全的影响程度频次分布情况如图 14-5 所示。可以看出超过 MRL 欧盟标准的非禁用农药共 357 频次，其中农药没有 ADI 标准的频次为 24，占 6.72%；农药残留对样品安全的影响不可接受的频次为 0，占 0.00%；农药残留对样品安全的影响可以接受的频次为 34，占 9.52%；农药残留对样品安全没有影响的频次为 299，占 83.75%。表 14-7 为水果蔬菜样品中安全指数排名前 10 的残留超标非禁用农药列表。

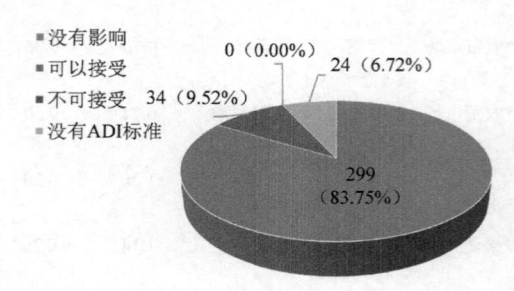

图 14-5 残留超标的非禁用农药对水果蔬菜样品安全的影响程度频次分布图（MRL 欧盟标准）

表 14-7 水果蔬菜样品中安全指数排名前 10 的残留超标非禁用农药列表（MRL 欧盟标准）

序号	样品编号	采样点	基质	农药	含量（mg/kg）	欧盟标准	超标倍数	IFS。	影响程度
1	20210715-630100-LZFDC-JD-02A	***市场	豇豆	丁醚脲	0.3839	0.01	37.39倍	0.8105	可以接受
2	20210718-632300-LZFDC-GS-01A	***果蔬店	蒜薹	咪鲜胺	1.0109	0.05	19.22倍	0.6402	可以接受
3	20210717-632300-LZFDC-GS-01A	***农贸市场	蒜薹	咪鲜胺	0.9388	0.05	17.78倍	0.5946	可以接受
4	20210718-632300-LZFDC-GS-04A	***蔬菜水果	蒜薹	咪鲜胺	0.8781	0.05	16.56倍	0.5561	可以接受
5	20210717-632300-LZFDC-GS-03A	***农贸市场	蒜薹	咪鲜胺	0.8609	0.05	16.22倍	0.5452	可以接受
6	20210718-632300-LZFDC-GS-02A	***瓜果蔬菜店	蒜薹	咪鲜胺	0.5674	0.05	10.35倍	0.3594	可以接受
7	20210717-632300-LZFDC-GS-04A	***市场	蒜薹	咪鲜胺	0.5419	0.05	9.84倍	0.3432	可以接受
8	20210718-632300-LZFDC-GS-03A	***蔬菜水果店	蒜薹	咪鲜胺	0.5372	0.05	9.74倍	0.3402	可以接受

续表

序号	样品编号	采样点	基质	农药	含量 （mg/kg）	欧盟标准	超标倍数	IFS$_c$	影响程度
9	20210721-632200-LZFDC-GS-07A	***蔬菜水果门市部	蒜薹	咪鲜胺	0.5314	0.05	9.63 倍	0.3366	可以接受
10	20210715-630100-LZFDC-JD-03A	***农贸市场	豇豆	哒螨灵	0.4888	0.20	1.44 倍	0.3096	可以接受

14.2.2 单种水果蔬菜中农药残留安全指数分析

本次 20 种水果蔬菜侦测出 115 种农药,所有水果蔬菜均侦测出农药,检出频次为 2612 次,其中 18 种农药没有 ADI 标准,97 种农药存在 ADI 标准。对 20 种水果蔬菜按不同种类分别计算侦测出的具有 ADI 标准的各种农药的 IFS$_c$ 值,农药残留对水果蔬菜的安全指数分布图如图 14-6 所示。

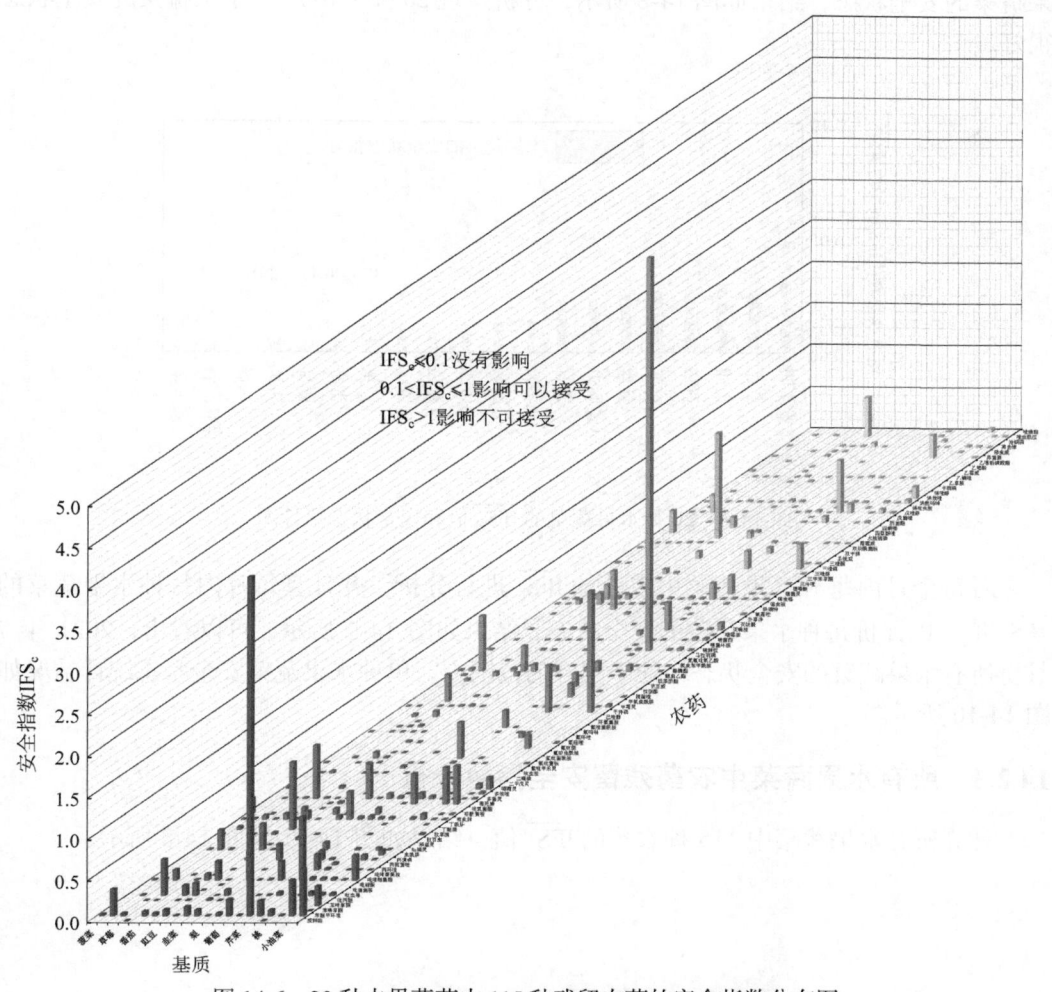

图 14-6 20 种水果蔬菜中 115 种残留农药的安全指数分布图

本次侦测中，20 种水果蔬菜和 115 种残留农药（包括没有 ADI 标准）共涉及 540 个分析样本，农药对单种水果蔬菜安全的影响程度分布情况如图 14-7 所示。可以看出，82.22%的样本中农药对水果蔬菜安全没有影响，0.56%的样本中农药对水果蔬菜安全的影响可以接受。

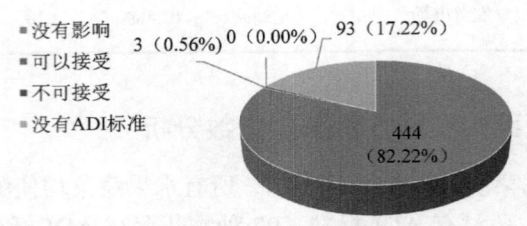

图 14-7　540 个分析样本的影响程度频次分布图

此外，分别计算 20 种水果蔬菜中所有侦测出农药 IFS_c 的平均值 $\overline{IFS_c}$，分析每种水果蔬菜的安全状态，结果如图 14-8 所示，分析发现 20 种（100%）水果蔬菜的安全状态很好。

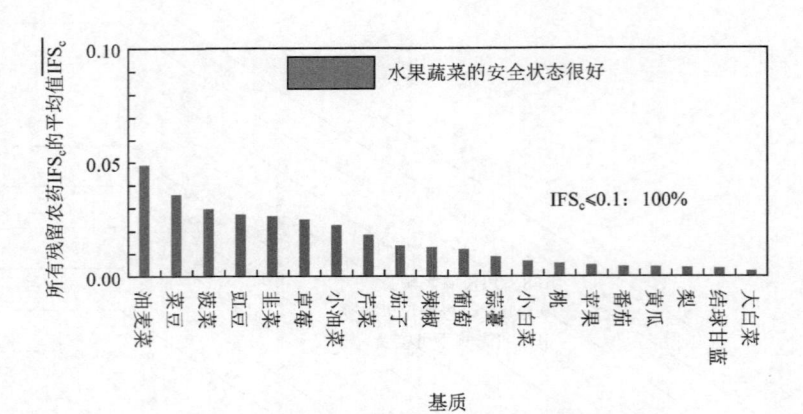

图 14-8　20 种水果蔬菜的 $\overline{IFS_c}$ 值和安全状态统计图

对每个月内每种水果蔬菜中农药的 $\overline{IFS_c}$ 进行分析，并计算每月内每种水果蔬菜的 $\overline{IFS_c}$ 值，以评价每种水果蔬菜的安全状态，结果如图 14-9 所示，可以看出，2021 年 7 月份所有水果蔬菜的安全状态均处于很好的范围内，单种水果蔬菜安全状态统计情况如图 14-10 所示。

14.2.3　所有水果蔬菜中农药残留安全指数分析

计算所有水果蔬菜中 115 种农药的 $\overline{IFS_c}$ 值，结果如图 14-11 及表 14-8 所示。

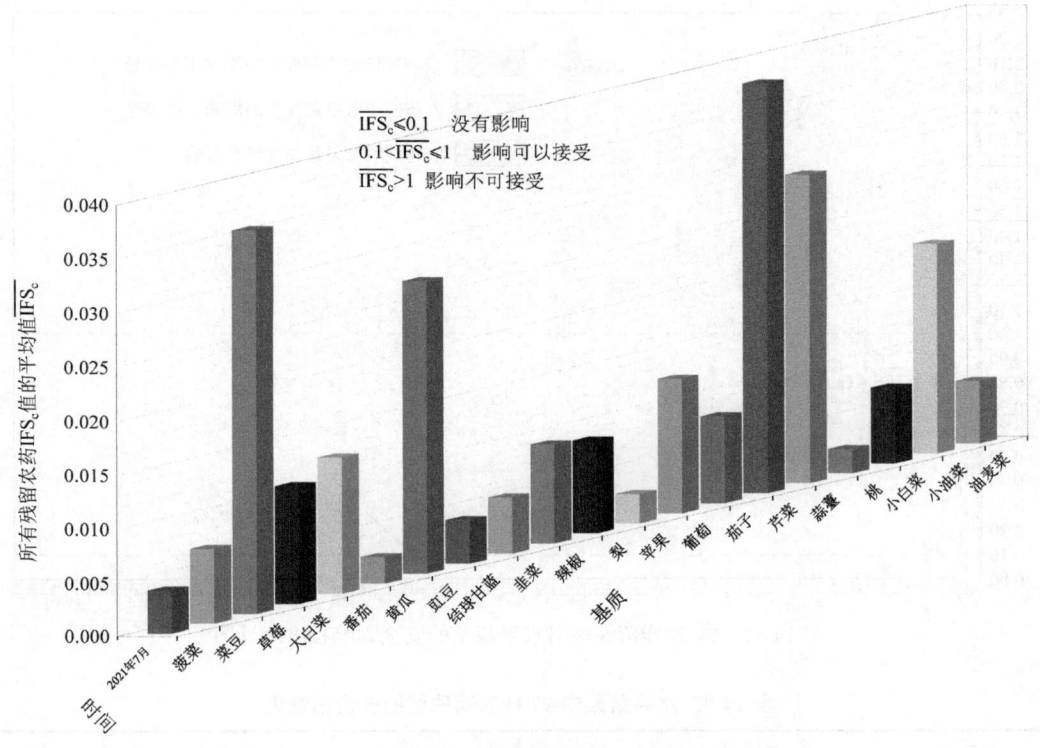

图 14-9　7 月每种水果蔬菜的 $\overline{IFS_c}$ 与安全状态分布图

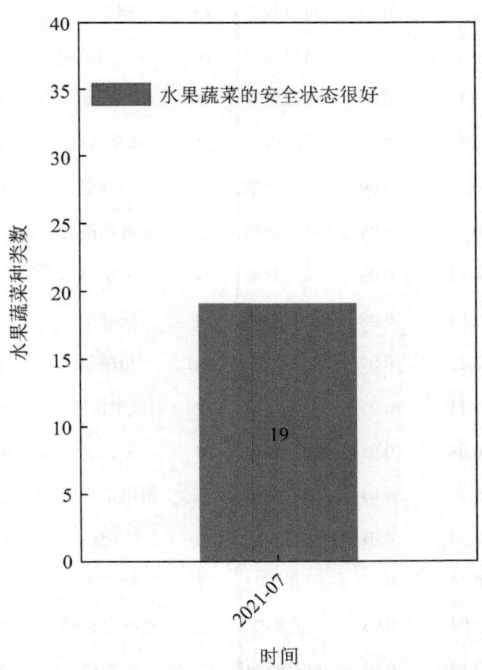

图 14-10　7 月单种水果蔬菜安全状态统计图

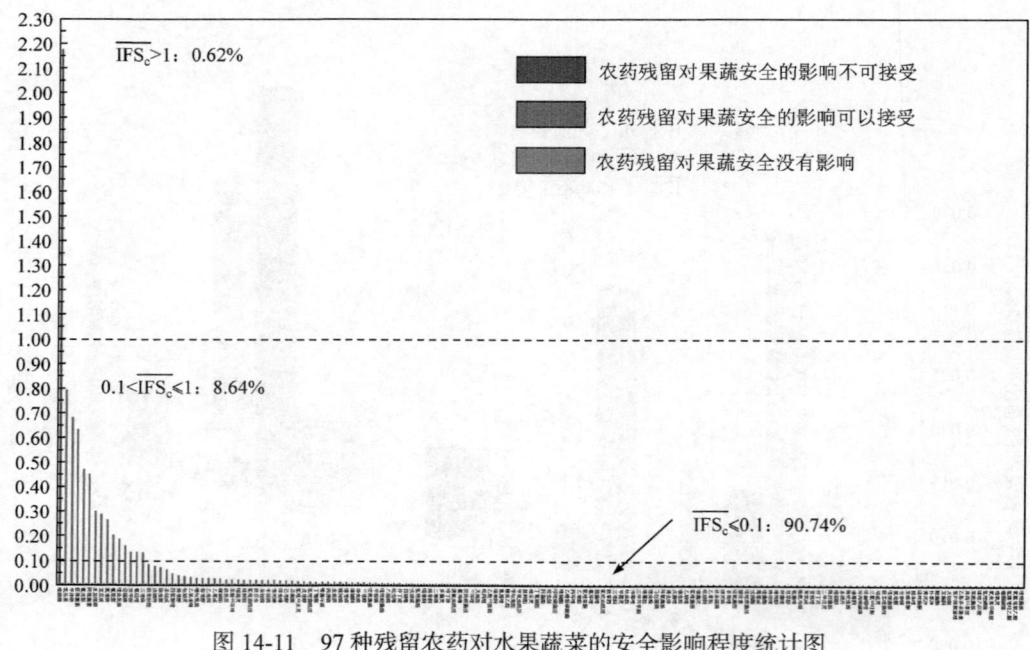

图 14-11 97 种残留农药对水果蔬菜的安全影响程度统计图

表 14-8 水果蔬菜中 97 种农药残留的安全指数表

序号	农药	检出频次	检出率（%）	$\overline{IFS_c}$	影响程度	序号	农药	检出频次	检出率（%）	$\overline{IFS_c}$	影响程度
1	丁醚脲	2	0.08	0.42	可以接受	18	螺螨酯	46	1.74	0.03	没有影响
2	甲拌磷	6	0.23	0.34	可以接受	19	氟吡菌酰胺	20	0.76	0.03	没有影响
3	水胺硫磷	5	0.19	0.27	可以接受	20	四螨嗪	5	0.19	0.03	没有影响
4	三唑磷	3	0.11	0.17	可以接受	21	联苯肼酯	1	0.04	0.02	没有影响
5	毒死蜱	14	0.53	0.09	没有影响	22	哒螨灵	32	1.21	0.02	没有影响
6	杀线威	1	0.04	0.08	没有影响	23	氟唑菌酰胺	11	0.42	0.02	没有影响
7	苯唑草酮	3	0.11	0.08	没有影响	24	双甲脒	4	0.15	0.02	没有影响
8	咪鲜胺	62	2.34	0.08	没有影响	25	戊唑醇	66	2.49	0.02	没有影响
9	炔螨特	7	0.26	0.07	没有影响	26	虫酰肼	4	0.15	0.02	没有影响
10	克百威	3	0.11	0.05	没有影响	27	啶酰菌胺	29	1.1	0.01	没有影响
11	己唑醇	2	0.08	0.05	没有影响	28	多菌灵	98	3.7	0.01	没有影响
12	苯醚甲环唑	151	5.70	0.04	没有影响	29	氟吡甲禾灵	2	0.08	0.01	没有影响
13	甲氧虫酰肼	9	0.34	0.04	没有影响	30	丙溴磷	31	1.17	0.01	没有影响
14	四氟醚唑	9	0.34	0.03	没有影响	31	烯效唑	11	0.42	0.01	没有影响
15	敌百虫	1	0.04	0.03	没有影响	32	吡唑醚菌酯	176	6.65	0.01	没有影响
16	氟啶脲	5	0.19	0.03	没有影响	33	治螟磷	2	0.08	0.01	没有影响
17	唑虫酰胺	17	0.64	0.03	没有影响	34	腈菌唑	16	0.6	0.01	没有影响

续表

序号	农药	检出频次	检出率（%）	$\overline{IFS_c}$	影响程度	序号	农药	检出频次	检出率（%）	$\overline{IFS_c}$	影响程度
35	噻菌灵	22	0.83	0.01	没有影响	67	嘧菌酯	38	1.44	0	没有影响
36	噁霜灵	25	0.94	0.01	没有影响	68	莠去津	67	2.53	0	没有影响
37	丙环唑	22	0.83	0.01	没有影响	69	吡丙醚	23	0.87	0	没有影响
38	灭蝇胺	51	1.93	0.01	没有影响	70	氟啶虫酰胺	6	0.23	0	没有影响
39	嘧霉胺	5	0.19	0.01	没有影响	71	三唑酮	12	0.45	0	没有影响
40	烯唑醇	3	0.11	0.01	没有影响	72	茚虫威	9	0.34	0	没有影响
41	吡虫啉	116	4.38	0.01	没有影响	73	乙螨唑	30	1.13	0	没有影响
42	异菌脲	38	1.44	0.01	没有影响	74	甲霜灵	74	2.8	0	没有影响
43	氟环唑	8	0.3	0.01	没有影响	75	烯酰吗啉	209	7.9	0	没有影响
44	乙霉威	3	0.11	0.01	没有影响	76	多效唑	40	1.51	0	没有影响
45	丙硫菌唑	4	0.15	0.01	没有影响	77	氟吡菌胺	44	1.66	0	没有影响
46	唑螨酯	7	0.26	0.01	没有影响	78	三环唑	7	0.26	0	没有影响
47	螺虫乙酯	57	2.15	0	没有影响	79	霜霉威	74	2.8	0	没有影响
48	三唑醇	19	0.72	0	没有影响	80	吡蚜酮	1	0.04	0	没有影响
49	啶虫脒	195	7.37	0	没有影响	81	乙嘧酚磺酸酯	3	0.11	0	没有影响
50	肟菌酯	33	1.25	0	没有影响	82	氟吗啉	11	0.42	0	没有影响
51	噻虫嗪	154	5.82	0	没有影响	83	乙嘧酚	1	0.04	0	没有影响
52	辛硫磷	1	0.04	0	没有影响	84	胺鲜酯	6	0.23	0	没有影响
53	马拉硫磷	2	0.08	0	没有影响	85	苯嗪草酮	1	0.04	0	没有影响
54	抗倒酯	1	0.04	0	没有影响	86	吡唑萘菌胺	3	0.11	0	没有影响
55	噻虫胺	95	3.59	0	没有影响	87	环氟菌胺	3	0.11	0	没有影响
56	氰霜唑	10	0.38	0	没有影响	88	吡噻菌胺	1	0.04	0	没有影响
57	二甲戊灵	5	0.19	0	没有影响	89	扑草净	8	0.3	0	没有影响
58	敌草腈	21	0.79	0	没有影响	90	稻瘟灵	6	0.23	0	没有影响
59	氟硅唑	7	0.26	0	没有影响	91	丁酰肼	2	0.08	0	没有影响
60	乙草胺	6	0.23	0	没有影响	92	啶氧菌酯	1	0.04	0	没有影响
61	三甲苯草酮	1	0.04	0	没有影响	93	双炔酰菌胺	2	0.08	0	没有影响
62	呋虫胺	19	0.72	0	没有影响	94	烯啶虫胺	18	0.68	0	没有影响
63	噻嗪酮	4	0.15	0	没有影响	95	灭幼脲	5	0.19	0	没有影响
64	嘧菌环胺	1	0.04	0	没有影响	96	氯虫苯甲酰胺	15	0.57	0	没有影响
65	二嗪磷	2	0.08	0	没有影响	97	氯氟吡氧乙酸	1	0.04	0	没有影响
66	戊菌唑	1	0.04	0	没有影响						

分析发现，其中 0.62%的农药对水果蔬菜安全的影响不可接受，8.64%的农药对水果蔬菜安全的影响可以接受，90.74%的农药对水果蔬菜安全没有影响。

对每个月内所有水果蔬菜中残留农药的$\overline{IFS_c}$进行分析，结果如图14-12所示。分析发现，2021年7月份所有农药对水果蔬菜安全的影响均处于没有影响和可以接受的范围内。不同农药对水果蔬菜安全影响程度的统计如图14-13所示。

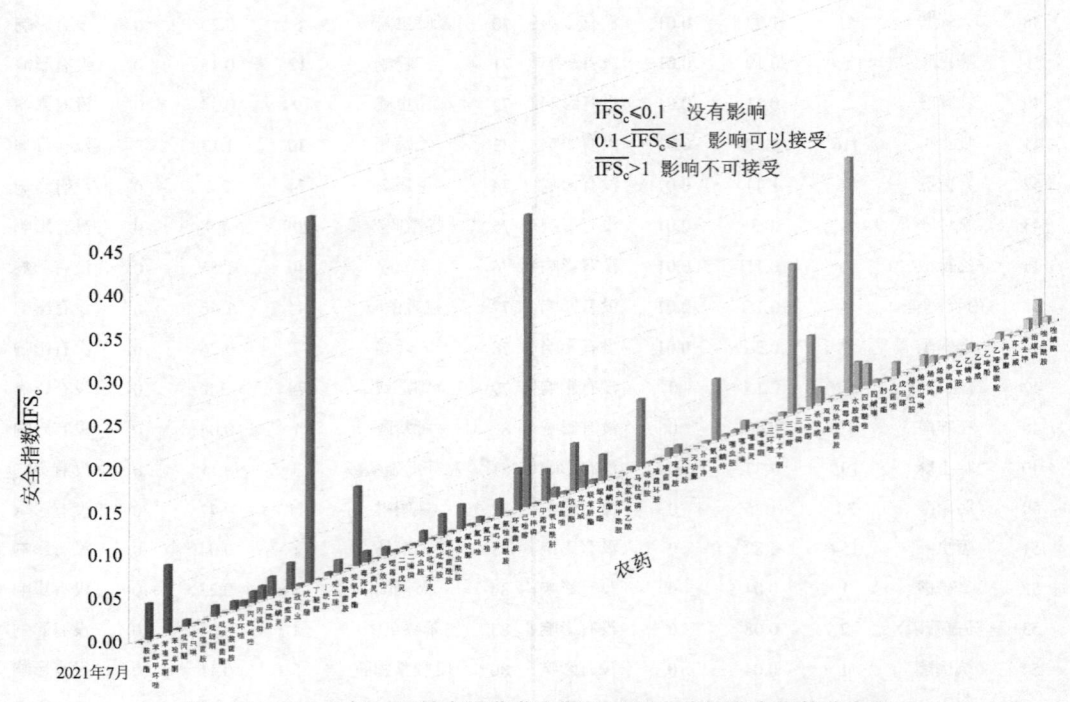

图14-12　2021年7月份水果蔬菜中每种残留农药的安全指数分布图

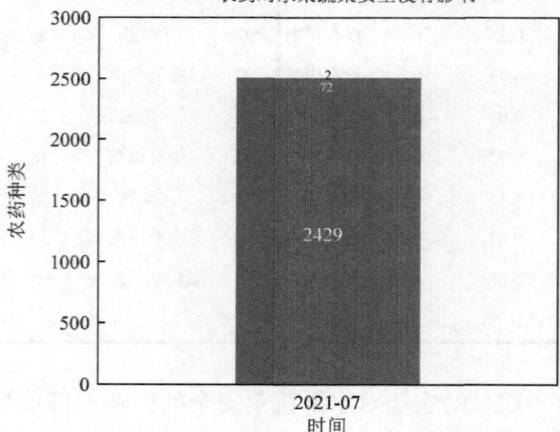

图14-13　2021年7月份农药对水果蔬菜安全影响程度的统计图

14.3 农药残留预警风险评估

基于青海省水果蔬菜样品中农药残留 LC-Q-TOF/MS 侦测数据，分析禁用农药的检出率，同时参照中华人民共和国国家标准 GB 2763—2021 和欧盟农药最大残留限量（MRL）标准分析非禁用农药残留的超标率，并计算农药残留风险系数。分析单种水果蔬菜中农药残留以及所有水果蔬菜中农药残留的风险程度。

14.3.1 单种水果蔬菜中农药残留风险系数分析

14.3.1.1 单种水果蔬菜中禁用农药残留风险系数分析

侦测出的 115 种残留农药中有 7 种为禁用农药，且它们分布在 7 种水果蔬菜中，计算 7 种水果蔬菜中禁用农药的检出率，根据检出率计算风险系数 R，进而分析水果蔬菜中禁用农药的风险程度，结果如图 14-14 与表 14-9 所示。分析发现 4 种禁用农药在 6 种水果蔬菜中的残留均处于中度风险，5 种禁用农药在 7 种水果蔬菜中的残留均处于低度风险。

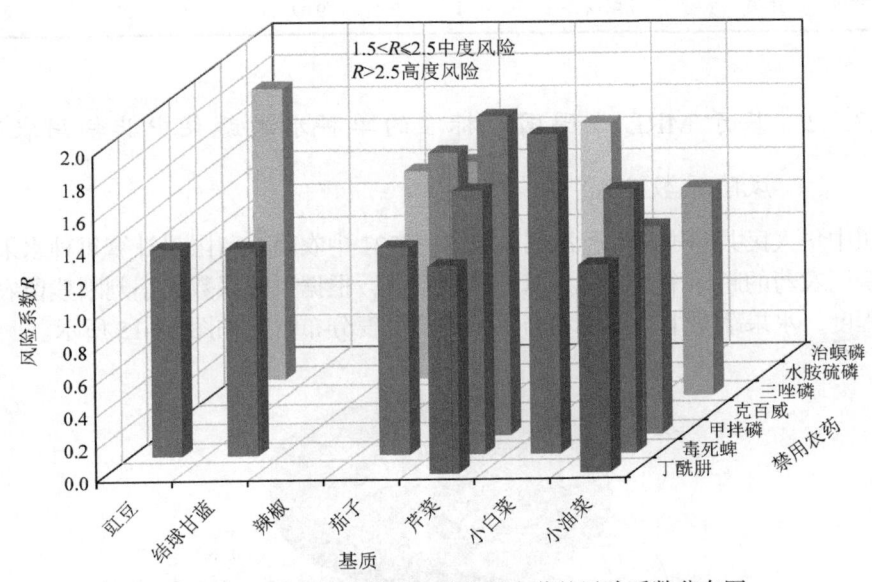

图 14-14 7 种水果蔬菜中 7 种禁用农药的风险系数分布图

表 14-9 7 种水果蔬菜中 7 种禁用农药的风险系数列表

序号	基质	农药	检出频次	检出率（%）	风险系数 R	风险程度
1	豇豆	水胺硫磷	4	80	1.79	中度风险
2	茄子	克百威	3	50	1.62	中度风险

续表

序号	基质	农药	检出频次	检出率（%）	风险系数 R	风险程度
3	芹菜	甲拌磷	5	45.45	1.96	中度风险
4	小油菜	毒死蜱	3	50	1.62	中度风险
5	小白菜	毒死蜱	5	100	1.96	中度风险
6	芹菜	毒死蜱	3	50	1.62	中度风险
7	芹菜	治螟磷	2	18.18	1.44	低度风险
8	辣椒	水胺硫磷	1	100	1.27	低度风险
9	小油菜	三唑磷	1	16.67	1.27	低度风险
10	茄子	三唑磷	2	33.33	1.44	低度风险
11	小油菜	甲拌磷	1	16.67	1.27	低度风险
12	茄子	毒死蜱	1	16.67	1.27	低度风险
13	结球甘蓝	毒死蜱	1	100	1.27	低度风险
14	豇豆	毒死蜱	1	100	1.27	低度风险
15	小油菜	丁酰肼	1	16.67	1.27	低度风险
16	芹菜	丁酰肼	1	9.09	1.27	低度风险

14.3.1.2 基于 MRL 中国国家标准的单种水果蔬菜中非禁用农药残留风险系数分析

参照中华人民共和国国家标准 GB 2763—2021 中农药残留限量计算每种水果蔬菜中每种非禁用农药的超标率，进而计算其风险系数，根据风险系数大小判断残留农药的预警风险程度，水果蔬菜中非禁用农药残留风险程度分布情况如图 14-15 所示。

图 14-15 水果蔬菜中非禁用农药风险程度的频次分布图（MRL 中国国家标准）

本次分析中，发现在 20 种水果蔬菜中侦测出 108 种残留非禁用农药，涉及样本 580 个，其中，0.52%处于高度风险，1.03%处于中度风险，36.38%处于低度风险。此外发现有 360 个样本没有 MRL 中国国家标准值，无法判断其风险程度，有

MRL 中国国家标准值的 220 个样本涉及 20 种水果蔬菜中的 67 种非禁用农药，其风险系数 R 值如图 14-16 所示。表 14-10 为非禁用农药残留处于高度风险的水果蔬菜列表。

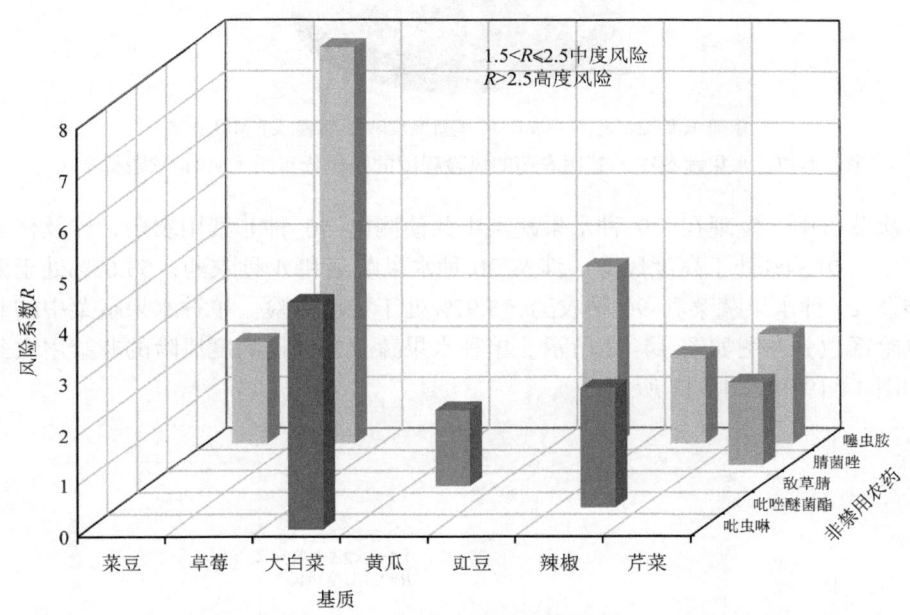

图 14-16　7 种水果蔬菜中 5 种非禁用农药的风险系数分布图（MRL 中国国家标准）

表 14-10　单种水果蔬菜中处于高度风险的非禁用农药风险系数表（MRL 中国国家标准）

序号	基质	农药	超标频次	超标率（%）	风险系数 R
1	草莓	噻虫胺	3	6.67	7.77
2	大白菜	吡虫啉	3	3.37	4.47
3	豇豆	噻虫胺	4	2.37	3.47

14.3.1.3　基于 MRL 欧盟标准的单种水果蔬菜中非禁用农药残留风险系数分析

参照 MRL 欧盟标准计算每种水果蔬菜中每种非禁用农药的超标率，进而计算其风险系数，根据风险系数大小判断农药残留的预警风险程度，水果蔬菜中非禁用农药残留风险程度分布情况如图 14-17 所示。

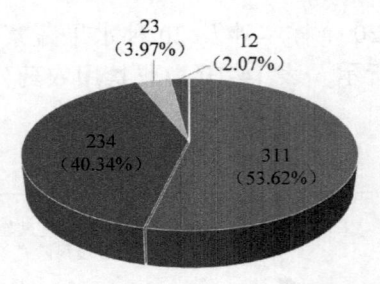

图 14-17 水果蔬菜中非禁用农药的风险程度的频次分布图（MRL 欧盟标准）

本次分析中，发现在 20 种水果蔬菜中共侦测出 56 种非禁用农药，涉及样本 580 个，其中，40.34%处于高度风险，涉及 20 种水果蔬菜和 4 种农药；53.62%处于低度风险，涉及 20 种水果蔬菜和 96 种农药；3.97%处于中度风险。单种水果蔬菜中的非禁用农药风险系数分布图如图 14-18 所示。单种水果蔬菜中处于高度风险的非禁用农药风险系数如图 14-19 和表 14-11 所示。

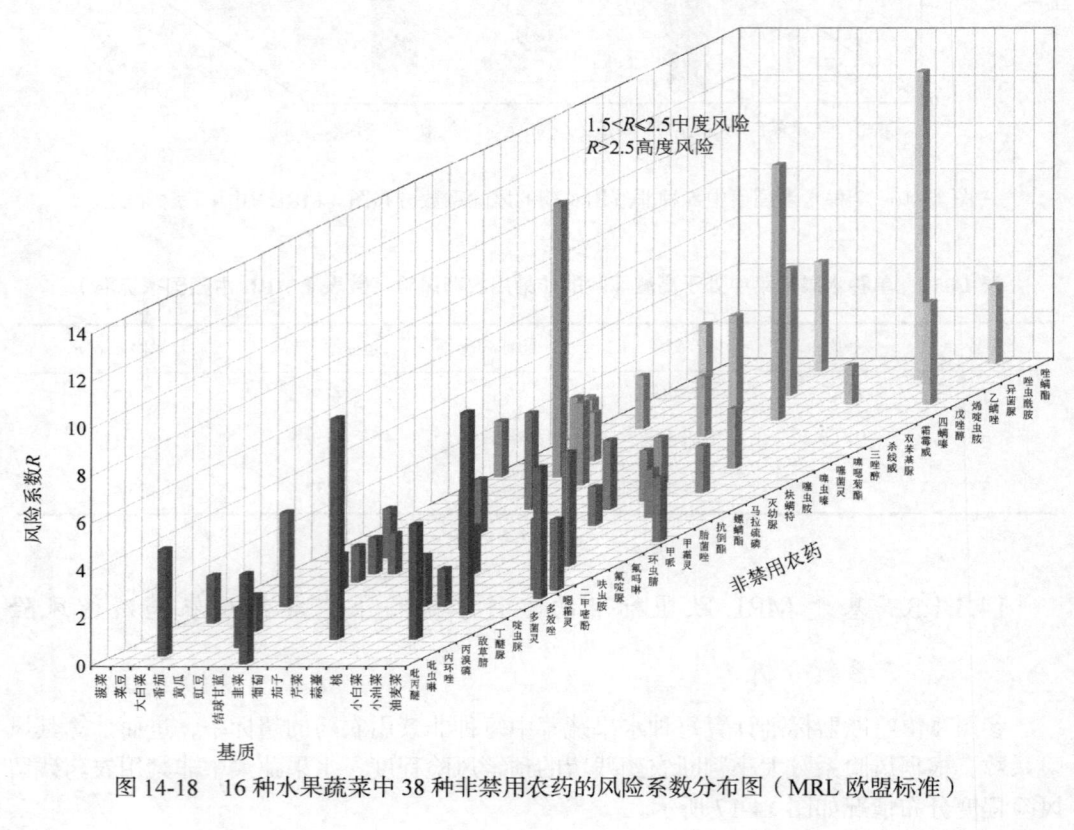

图 14-18　16 种水果蔬菜中 38 种非禁用农药的风险系数分布图（MRL 欧盟标准）

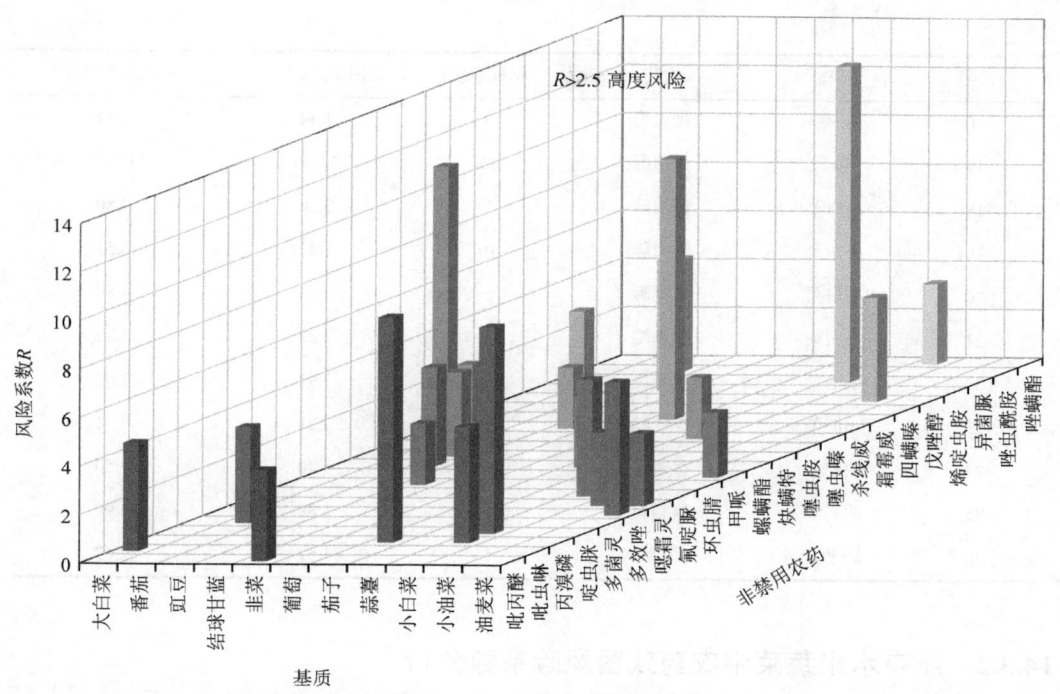

图 14-19 单种水果蔬菜中处于高度风险的非禁用农药的风险系数分布图（MRL 欧盟标准）

表 14-11 单种水果蔬菜中处于高度风险的非禁用农药的风险系数表（MRL 欧盟标准）

序号	基质	农药	超标频次	超标率（%）	风险系数 R
1	大白菜	吡虫啉	3	3.37	4.47
2	番茄	多菌灵	3	2.86	3.96
3	番茄	噻虫胺	11	10.48	11.58
4	番茄	噻虫嗪	2	1.90	3.00
5	豇豆	螺螨酯	5	2.96	4.06
6	豇豆	炔螨特	4	2.37	3.47
7	豇豆	四螨嗪	5	2.96	4.06
8	豇豆	唑虫酰胺	6	3.55	4.65
9	结球甘蓝	环虫腈	1	1.43	2.53
10	结球甘蓝	杀线威	1	1.43	2.53
11	结球甘蓝	烯啶虫胺	3	4.29	5.39
12	韭菜	吡丙醚	2	2.67	3.77
13	葡萄	霜霉威	12	9.68	10.78
14	茄子	丙溴磷	9	8.18	9.28
15	茄子	螺螨酯	2	1.82	2.92

续表

序号	基质	农药	超标频次	超标率（%）	风险系数 R
16	蒜薹	噻虫嗪	3	1.44	2.54
17	蒜薹	异菌脲	25	11.96	13.06
18	小白菜	丙溴磷	5	3.70	4.80
19	小白菜	啶虫脒	10	7.41	8.51
20	小白菜	氟啶脲	5	3.70	4.80
21	小白菜	唑螨酯	3	2.22	3.32
22	小油菜	噁霜灵	3	1.92	3.02
23	小油菜	戊唑醇	5	3.21	4.31
24	油麦菜	多效唑	14	4.40	5.50
25	油麦菜	噁霜灵	6	1.89	2.99
26	油麦菜	甲哌	5	1.57	2.67

14.3.2 所有水果蔬菜中农药残留风险系数分析

14.3.2.1 所有水果蔬菜中禁用农药残留风险系数分析

在侦测出的 115 种农药中有 7 种为禁用农药，计算所有水果蔬菜中禁用农药的风险系数，结果如表 14-12 所示。禁用农药毒死蜱处于高度风险。

表 14-12 水果蔬菜中 7 种禁用农药的风险系数表

序号	农药	检出频次	检出率（%）	风险系数 R	风险程度
1	毒死蜱	14	2.41	3.51	高度风险
2	甲拌磷	6	1.03	2.13	中度风险
3	克百威	3	0.52	1.62	中度风险
4	三唑磷	3	0.52	1.62	中度风险
5	水胺硫磷	5	0.86	1.96	中度风险
6	丁酰肼	2	0.34	1.44	低度风险
7	治螟磷	2	0.34	1.44	低度风险

对 7 月的禁用农药的风险系数进行分析，结果如图 14-20 所示。

14.3.2.2 所有水果蔬菜中非禁用农药残留风险系数分析

参照 MRL 欧盟标准计算所有水果蔬菜中每种非禁用农药残留的风险系数，如图 14-21 与表 14-13 所示。在侦测出的 56 种非禁用农药中，16 种农药（28.57%）残留处于高度风险，23 种农药（41.07%）残留处于中度风险，17 种农药（30.36%）残留处于低度风险。

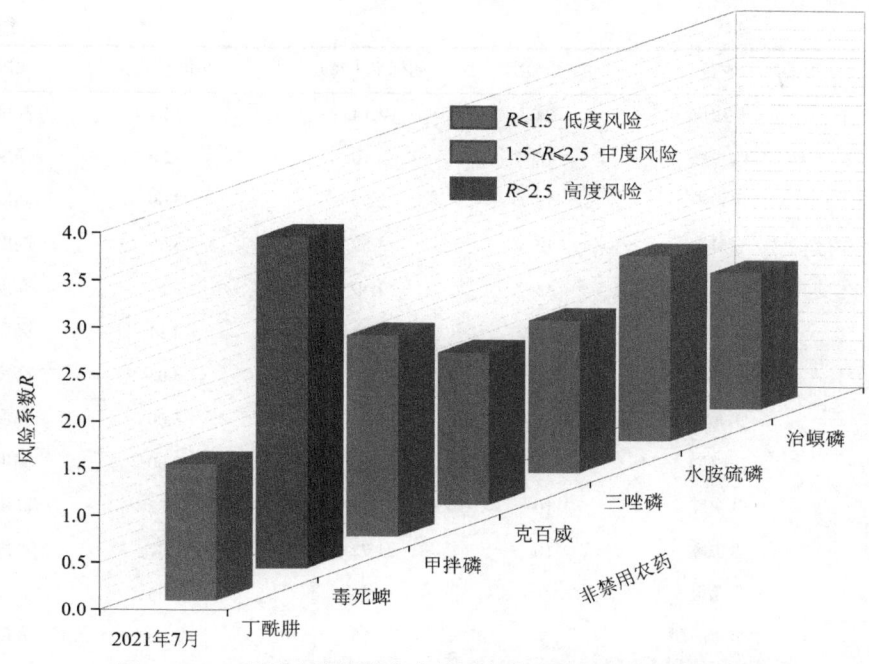

图 14-20　7 月份内水果蔬菜中禁用农药残留的风险系数分布图

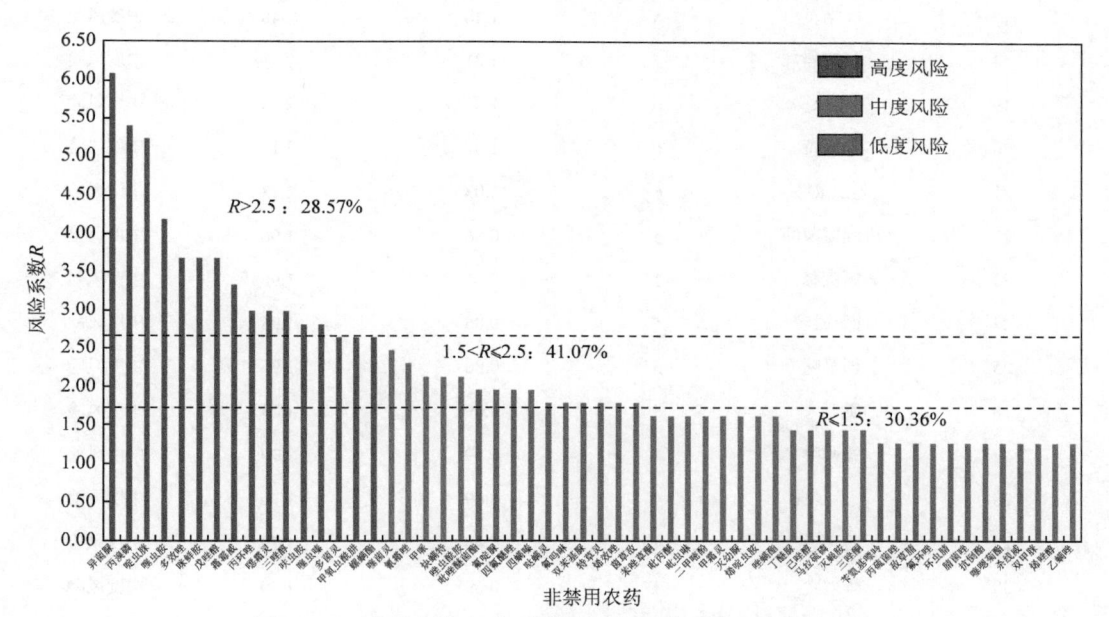

图 14-21　水果蔬菜中 56 种非禁用农药的风险程度统计图

表 14-13　水果蔬菜中 56 种非禁用农药的风险系数表

序号	农药	超标频次	超标率（%）	风险系数 R	风险程度
1	异菌脲	29	5.00	6.10	高度风险
2	丙溴磷	25	4.31	5.41	高度风险

续表

序号	农药	超标频次	超标率（%）	风险系数 R	风险程度
3	啶虫脒	24	4.14	5.24	高度风险
4	噻虫胺	18	3.10	4.20	高度风险
5	多效唑	15	2.59	3.69	高度风险
6	咪鲜胺	15	2.59	3.69	高度风险
7	戊唑醇	15	2.59	3.69	高度风险
8	霜霉威	13	2.24	3.34	高度风险
9	丙环唑	11	1.90	3.00	高度风险
10	噁霜灵	11	1.90	3.00	高度风险
11	三唑醇	11	1.90	3.00	高度风险
12	呋虫胺	10	1.72	2.82	高度风险
13	噻虫嗪	10	1.72	2.82	高度风险
14	多菌灵	9	1.55	2.65	高度风险
15	甲氧虫酰肼	9	1.55	2.65	高度风险
16	螺螨酯	9	1.55	2.65	高度风险
17	噻菌灵	8	1.38	2.48	中度风险
18	氰霜唑	7	1.21	2.31	中度风险
19	甲哌	6	1.03	2.13	中度风险
20	炔螨特	6	1.03	2.13	中度风险
21	唑虫酰胺	6	1.03	2.13	中度风险
22	吡唑醚菌酯	5	0.86	1.96	中度风险
23	氟啶脲	5	0.86	1.96	中度风险
24	四氟醚唑	5	0.86	1.96	中度风险
25	四螨嗪	5	0.86	1.96	中度风险
26	哒螨灵	4	0.69	1.79	中度风险
27	氟吗啉	4	0.69	1.79	中度风险
28	双苯基脲	4	0.69	1.79	中度风险
29	特草灵	4	0.69	1.79	中度风险
30	烯效唑	4	0.69	1.79	中度风险
31	茵草敌	4	0.69	1.79	中度风险
32	苯唑草酮	3	0.52	1.62	中度风险
33	吡丙醚	3	0.52	1.62	中度风险
34	吡虫啉	3	0.52	1.62	中度风险
35	二甲嘧酚	3	0.52	1.62	中度风险
36	甲霜灵	3	0.52	1.62	中度风险

续表

序号	农药	超标频次	超标率（%）	风险系数 R	风险程度
37	灭幼脲	3	0.52	1.62	中度风险
38	烯啶虫胺	3	0.52	1.62	中度风险
39	唑螨酯	3	0.52	1.62	中度风险
40	丁醚脲	2	0.34	1.44	低度风险
41	己唑醇	2	0.34	1.44	低度风险
42	马拉硫磷	2	0.34	1.44	低度风险
43	灭蝇胺	2	0.34	1.44	低度风险
44	三唑酮	2	0.34	1.44	低度风险
45	苄氨基嘌呤	1	0.17	1.27	低度风险
46	丙硫菌唑	1	0.17	1.27	低度风险
47	敌草腈	1	0.17	1.27	低度风险
48	氟环唑	1	0.17	1.27	低度风险
49	环虫腈	1	0.17	1.27	低度风险
50	腈菌唑	1	0.17	1.27	低度风险
51	抗倒酯	1	0.17	1.27	低度风险
52	噻嗯菊酯	1	0.17	1.27	低度风险
53	杀线威	1	0.17	1.27	低度风险
54	双甲脒	1	0.17	1.27	低度风险
55	烯唑醇	1	0.17	1.27	低度风险
56	乙螨唑	1	0.17	1.27	低度风险

对非禁用农药的风险系数分析，非禁用农药风险程度分布图如图 14-22 所示。

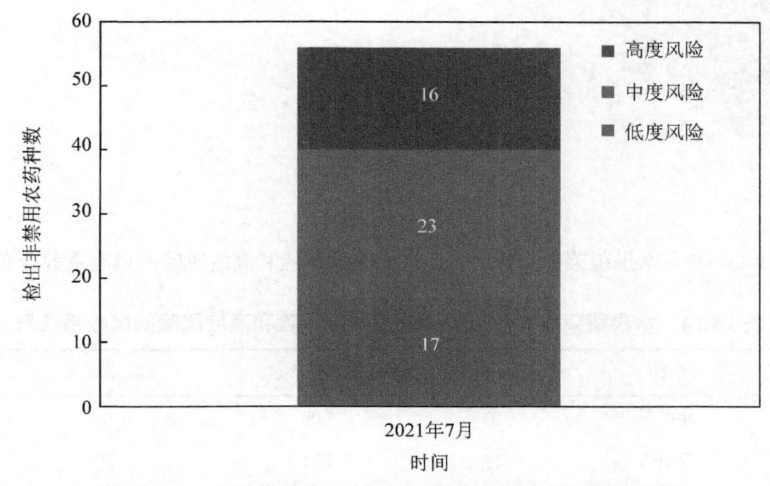

图 14-22 水果蔬菜中非禁用农药残留的风险程度分布图

水果蔬菜中非禁用农药处于中度风险和高度风险的风险系数如图 14-23 和表 14-14 所示。

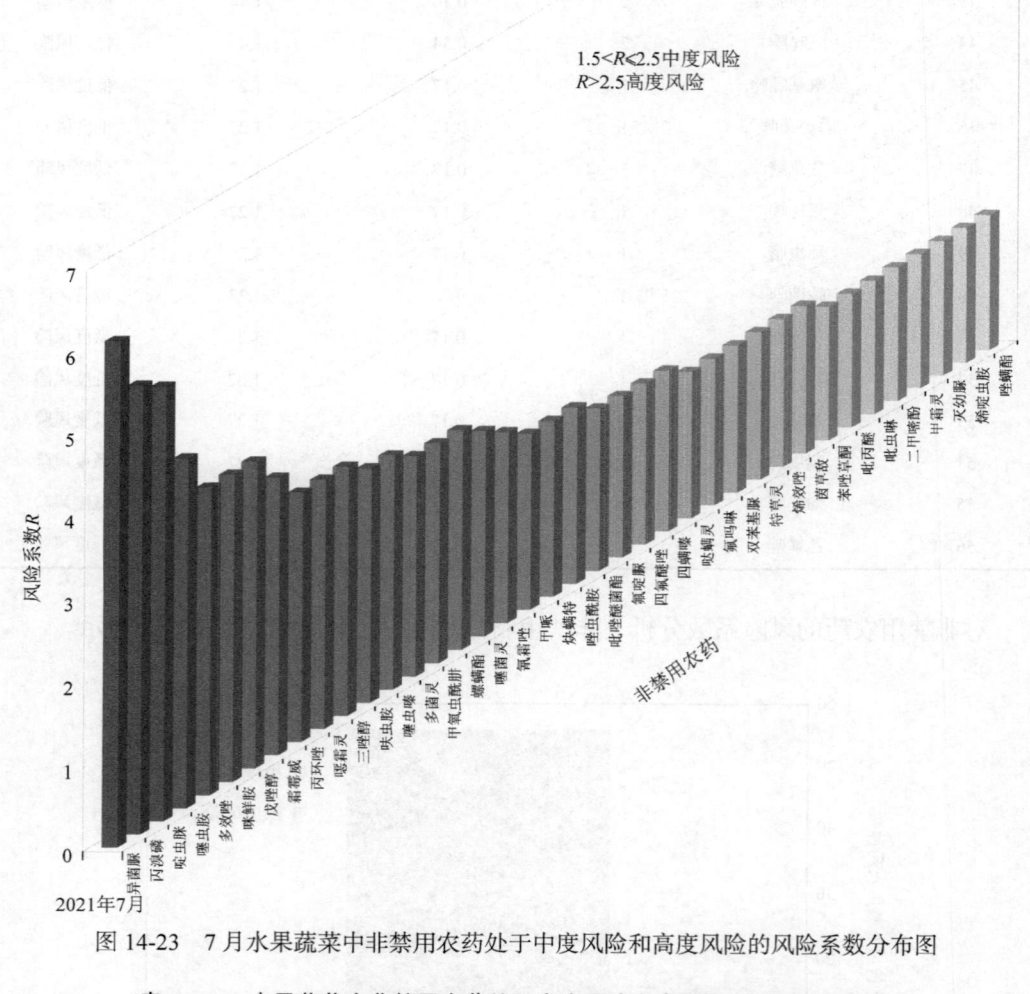

图 14-23　7 月水果蔬菜中非禁用农药处于中度风险和高度风险的风险系数分布图

表 14-14　水果蔬菜中非禁用农药处于中度风险和高度风险的风险系数表

序号	农药	超标频次	超标率（%）	风险系数 R	风险程度
1	异菌脲	29	5.00	6.10	高度风险
2	丙溴磷	25	4.31	5.41	高度风险
3	啶虫脒	24	4.14	5.24	高度风险

续表

序号	农药	超标频次	超标率(%)	风险系数 R	风险程度
4	噻虫胺	18	3.10	4.20	高度风险
5	多效唑	15	2.59	3.69	高度风险
6	咪鲜胺	15	2.59	3.69	高度风险
7	戊唑醇	15	2.59	3.69	高度风险
8	霜霉威	13	2.24	3.34	高度风险
9	丙环唑	11	1.90	3.00	高度风险
10	噁霜灵	11	1.90	3.00	高度风险
11	三唑醇	11	1.90	3.00	高度风险
12	呋虫胺	10	1.72	2.82	高度风险
13	噻虫嗪	10	1.72	2.82	高度风险
14	多菌灵	9	1.55	2.65	高度风险
15	甲氧虫酰肼	9	1.55	2.65	高度风险
16	螺螨酯	9	1.55	2.65	高度风险
17	噻菌灵	8	1.38	2.48	中度风险
18	氰霜唑	7	1.21	2.31	中度风险
19	甲哌	6	1.03	2.13	中度风险
20	炔螨特	6	1.03	2.13	中度风险
21	唑虫酰胺	6	1.03	2.13	中度风险
22	吡唑醚菌酯	5	0.86	1.96	中度风险
23	氟啶脲	5	0.86	1.96	中度风险
24	四氟醚唑	5	0.86	1.96	中度风险
25	四螨嗪	5	0.86	1.96	中度风险
26	哒螨灵	4	0.69	1.79	中度风险
27	氟吗啉	4	0.69	1.79	中度风险
28	双苯基脲	4	0.69	1.79	中度风险
29	特草灵	4	0.69	1.79	中度风险
30	烯效唑	4	0.69	1.79	中度风险
31	茵草敌	4	0.69	1.79	中度风险
32	苯唑草酮	3	0.52	1.62	中度风险
33	吡丙醚	3	0.52	1.62	中度风险
34	吡虫啉	3	0.52	1.62	中度风险
35	二甲嘧酚	3	0.52	1.62	中度风险
36	甲霜灵	3	0.52	1.62	中度风险
37	灭幼脲	3	0.52	1.62	中度风险

续表

序号	农药	超标频次	超标率（%）	风险系数 R	风险程度
38	烯啶虫胺	3	0.52	1.62	中度风险
39	唑螨酯	3	0.52	1.62	中度风险

14.4 农药残留风险评估结论与建议

农药残留是影响水果蔬菜安全和质量的主要因素，也是我国食品安全领域备受关注的敏感话题和亟待解决的重大问题之一。各种水果蔬菜均存在不同程度的农药残留现象，本研究主要针对青海省各类水果蔬菜存在的农药残留问题，基于2021年7月期间对青海省580例水果蔬菜样品中农药残留侦测得出的2612个结果，分别采用食品安全指数模型和风险系数模型，开展水果蔬菜中农药残留的膳食暴露风险和预警风险评估。水果蔬菜样品取自个体商户和农贸市场，符合大众的膳食来源，风险评价时更具有代表性和可信度。

本研究力求通用简单地反映食品安全中的主要问题，且为管理部门和大众容易接受，为政府及相关管理机构建立科学的食品安全信息发布和预警体系提供科学的规律与方法，加强对农药残留的预警和食品安全重大事件的预防，控制食品风险。

14.4.1 青海省水果蔬菜中农药残留膳食暴露风险评价结论

1）水果蔬菜样品中农药残留安全状态评价结论

采用食品安全指数模型，对2021年7月期间青海省水果蔬菜食品农药残留膳食暴露风险进行评价，根据IFS_c的计算结果发现，水果蔬菜中农药的IFS_c为0.0196，说明青海省水果蔬菜总体处于很好的安全状态，但部分禁用农药、高残留农药在蔬菜、水果中仍有侦测出，导致膳食暴露风险的存在，成为不安全因素。

2）单种水果蔬菜中农药膳食暴露风险不可接受情况评价结论

单种水果蔬菜中农药残留安全指数分析结果显示，农药对单种水果蔬菜安全影响不可接受（$IFS_c>1$）的样本数共2个，占总样本数的0.08%，样本为小油菜中的甲拌磷和芹菜中的苯醚甲环唑，说明小油菜中的甲拌磷和芹菜中的苯醚甲环唑的确会对消费者身体健康造成较大的膳食暴露风险。小油菜和芹菜均为较常见的蔬菜，百姓日常食用量较大，长期食用大量残留甲拌磷的小油菜和苯醚甲环唑的芹菜会对人体造成不可接受的影响，本次侦测发现甲拌磷和苯醚甲环唑在小油菜和芹菜样品中多次并大量侦测出，是未严格实施农业良好管理规范（GAP），抑或是农药滥用，这应该引起相关管理部门的警惕，应加强对小油菜中的甲拌磷和芹菜中的苯醚甲环唑的严格管控。

14.4.2 青海省水果蔬菜中农药残留预警风险评价结论

1）单种水果蔬菜中禁用农药残留的预警风险评价结论

本次侦测过程中，在7种水果蔬菜中侦测出7种禁用农药，禁用农药为水胺硫磷、克百威、甲拌磷、毒死蜱、治螟磷、三唑磷、丁酰肼，水果蔬菜为：豇豆、茄子、芹菜、小油菜、小白菜、辣椒、结球甘蓝，水果蔬菜中禁用农药的风险系数分析结果显示，7 种禁用农药在 7 种水果蔬菜中的残留有 37.5%处于中度风险，说明在单种水果蔬菜中禁用农药的残留会导致较高的预警风险。

2）单种水果蔬菜中非禁用农药残留的预警风险评价结论

本次分析中，发现在 20 种水果蔬菜中侦测出 108 种残留非禁用农药，涉及样本 580 个。以 MRL 中国国家标准为标准，计算水果蔬菜中非禁用农药风险系数，0.52%处于高度风险，1.03%处于中度风险，36.38%处于低度风险。此外发现有 360 个样本没有 MRL 中国国家标准值，无法判断其风险程度；以 MRL 欧盟标准为标准，计算水果蔬菜中非禁用农药风险系数，发现有 40.34%处于高度风险，3.97%处于中度风险，53.62%处于低度风险。基于两种 MRL 标准，评价的结果差异显著，可以看出 MRL 欧盟标准比中国国家标准更加严格和完善，过于宽松的 MRL 中国国家标准值能否有效保障人体的健康有待研究。

14.4.3 加强青海省水果蔬菜食品安全建议

我国食品安全风险评价体系仍不够健全，相关制度不够完善，多年来，由于农药用药次数多、用药量大或用药间隔时间短，产品残留量大，农药残留所造成的食品安全问题日益严峻，给人体健康带来了直接或间接的危害。据估计，美国与农药有关的癌症患者数约占全国癌症患者总数的 50%，中国更高。同样，农药对其他生物也会形成直接杀伤和慢性危害，植物中的农药可经过食物链逐级传递并不断蓄积，对人和动物构成潜在威胁，并影响生态系统。

基于本次农药残留侦测数据的风险评价结果，提出以下几点建议：

1）加快食品安全标准制定步伐

我国食品标准中对农药每日允许最大摄入量（ADI）的数据严重缺乏，在本次青海省水果蔬菜农药残留评价所涉及的 115 种农药中，仅有 84.3%的农药具有 ADI 值，而 15.7%的农药中国尚未规定相应的 ADI 值，亟待完善。

我国食品中农药最大残留限量值的规定严重缺乏，对评估涉及的不同水果蔬菜中不同农药 523 个 MRL 限值进行统计来看，我国仅制定出 275 个标准，标准完整率仅为 52.6%，欧盟的完整率达到 100%（表 14-15）。因此，中国更应加快 MRL 标准的制定步伐。

表 14-15 我国国家食品标准农药的 ADI、MRL 值与欧盟标准的数量差异

分类		中国 ADI	MRL 中国国家标准	MRL 欧盟标准
标准限值（个）	有	97	275	523
	无	0	248	0
总数		97	523	523
无标准值比例（%）		0	47.4	0.0

此外，MRL 中国国家标准限值普遍高于欧盟标准限值，这些标准中共有 349 个高于欧盟。过高的 MRL 值难以保障人体健康，建议继续加强对限值基准和标准的科学研究，将农产品中的危险性减少到尽可能低的水平。

2）加强农药的源头控制和分类监管

在青海省某些水果蔬菜中仍有禁用农药残留，利用 LC-Q-TOF/MS 侦测出 7 种禁用农药，检出频次为 107 次，残留禁用农药均存在较大的膳食暴露风险和预警风险。早已列入黑名单的禁用农药在我国并未真正退出，有些药物由于价格便宜、工艺简单，此类高毒农药一直生产和使用。建议在我国采取严格有效的控制措施，从源头控制禁用农药。

对于非禁用农药，在我国作为"田间地头"最典型单位的县级蔬果产地中，农药残留的侦测几乎缺失。建议根据农药的毒性，对高毒、剧毒、中毒农药实现分类管理，减少使用高毒和剧毒高残留农药，进行分类监管。

3）加强残留农药的生物修复及降解新技术

市售果蔬中残留农药的品种多、频次高、禁用农药多次检出这一现状，说明了我国的田间土壤和水体因农药长期、频繁、不合理的使用而遭到严重污染。为此，建议中国相关部门出台相关政策，鼓励高校及科研院所积极开展分子生物学、酶学等研究，加强土壤、水体中残留农药的生物修复及降解新技术研究，切实加大农药监管力度，以控制农药的面源污染问题。

综上所述，在本工作基础上，根据蔬菜残留危害，可进一步针对其成因提出和采取严格管理、大力推广无公害蔬菜种植与生产、健全食品安全控制技术体系、加强蔬菜食品质量侦测体系建设和积极推行蔬菜食品质量追溯制度等相应对策。建立和完善食品安全综合评价指数与风险监测预警系统，对食品安全进行实时、全面的监控与分析，为我国的食品安全科学监管与决策提供新的技术支持，可实现各类检验数据的信息化系统管理，降低食品安全事故的发生。

第15章　GC-Q-TOF/MS 侦测青海省市售水果蔬菜农药残留报告

从青海省随机采集了 580 例水果蔬菜样品，使用气相色谱-飞行时间质谱（GC-Q-TOF/MS），进行了 691 种农药化学污染物的全面侦测。

15.1　样品种类、数量与来源

15.1.1　样品采集与检测

为了真实反映百姓餐桌上水果蔬菜中农药残留污染状况，本次所有检测样品均由检验人员于 2021 年 7 月期间，从青海省所属 30 个采样点，包括 17 个农贸市场、13 个个体商户，以随机购买方式采集，总计 30 批 580 例样品，从中检出农药 110 种，3238 频次。采样及监测概况见表 15-1，样品明细见表 15-2。

表 15-1　农药残留监测总体概况

采样地区	青海省所属7个区县
采样点（个体商户+农贸市场）	30
样本总数	580
检出农药品种/频次	110/3238
各采样点样本农药残留检出率范围	85.0%～100.0%

表 15-2　样品分类及数量

样品分类	样品名称（数量）	数量小计
1. 水果		130
1）核果类水果	桃（30）	30
2）浆果和其他小型水果	葡萄（30），草莓（10）	40
3）仁果类水果	苹果（30），梨（30）	60
2. 蔬菜		450
1）豆类蔬菜	豇豆（30），菜豆（30）	60
2）鳞茎类蔬菜	韭菜（30），蒜薹（30）	60
3）叶菜类蔬菜	小白菜（30），油麦菜（30），芹菜（30），小油菜（30），大白菜（30），菠菜（30）	180
4）芸薹属类蔬菜	结球甘蓝（30）	30

续表

样品分类	样品名称（数量）	数量小计
5）茄果类蔬菜	辣椒（30），番茄（30），茄子（30）	90
6）瓜类蔬菜	黄瓜（30）	30
合计	1. 水果 5 种 2. 蔬菜 15 种	580

15.1.2　检测结果

这次使用的检测方法是庞国芳院士团队最新研发的不需使用标准品对照，而以高分辨精确质量数（0.0001 m/z）为基准的 GC-Q-TOF/MS 检测技术，对于 580 例样品，每个样品均侦测了 691 种农药化学污染物的残留现状。通过本次侦测，在 580 例样品中共计检出农药化学污染物 110 种，检出 3238 频次。

15.1.2.1　各采样点样品检出情况

统计分析发现 30 个采样点中，被测样品的农药检出率范围为 85.0%～100.0%。其中，有 9 个采样点样品的检出率最高，达到了 100.0%，见表 15-3。

表 15-3　青海省采样点信息

采样点序号	行政区域	检出率（%）
个体商户（13）		
1	海北藏族自治州　门源回族自治县	95.0
2	海北藏族自治州　门源回族自治县	90.0
3	海北藏族自治州　门源回族自治县	100.0
4	海北藏族自治州　门源回族自治县	95.0
5	海北藏族自治州　门源回族自治县	85.0
6	海北藏族自治州　门源回族自治县	95.0
7	海北藏族自治州　门源回族自治县	90.0
8	海北藏族自治州　门源回族自治县	85.0
9	黄南藏族自治州　同仁县	94.7
10	黄南藏族自治州　尖扎县	100.0
11	黄南藏族自治州　尖扎县	94.7
12	黄南藏族自治州　尖扎县	94.7
13	黄南藏族自治州　尖扎县	100.0
农贸市场（17）		
1	海北藏族自治州　门源回族自治县	90.0
2	海北藏族自治州　门源回族自治县	90.0
3	西宁市　城东区	94.7
4	西宁市　城东区	100.0

续表

采样点序号	行政区域	检出率（%）
5	西宁市 城中区	100.0
6	西宁市 城北区	94.7
7	西宁市 城北区	94.7
8	西宁市 城北区	94.7
9	西宁市 城西区	100.0
10	西宁市 城西区	100.0
11	西宁市 城西区	100.0
12	西宁市 城西区	100.0
13	黄南藏族自治州 同仁县	89.5
14	黄南藏族自治州 同仁县	89.5
15	黄南藏族自治州 同仁县	94.7
16	黄南藏族自治州 同仁县	94.7
17	黄南藏族自治州 尖扎县	89.5

15.1.2.2 检出农药的品种总数与频次

统计分析发现，对于580例样品中691种农药化学污染物的侦测，共检出农药3238频次，涉及农药110种，结果如图15-1所示。其中烯酰吗啉检出频次最高，共检出194次。检出频次排名前10的农药如下：①烯酰吗啉（194），②二苯胺（180），③乙氧喹啉（176），④腐霉利（166），⑤氯氟氰菊酯（163），⑥吡唑醚菌酯（159），⑦异菌脲（153），⑧虫螨腈（146），⑨苯醚甲环唑（135），⑩灭菌丹（133）。

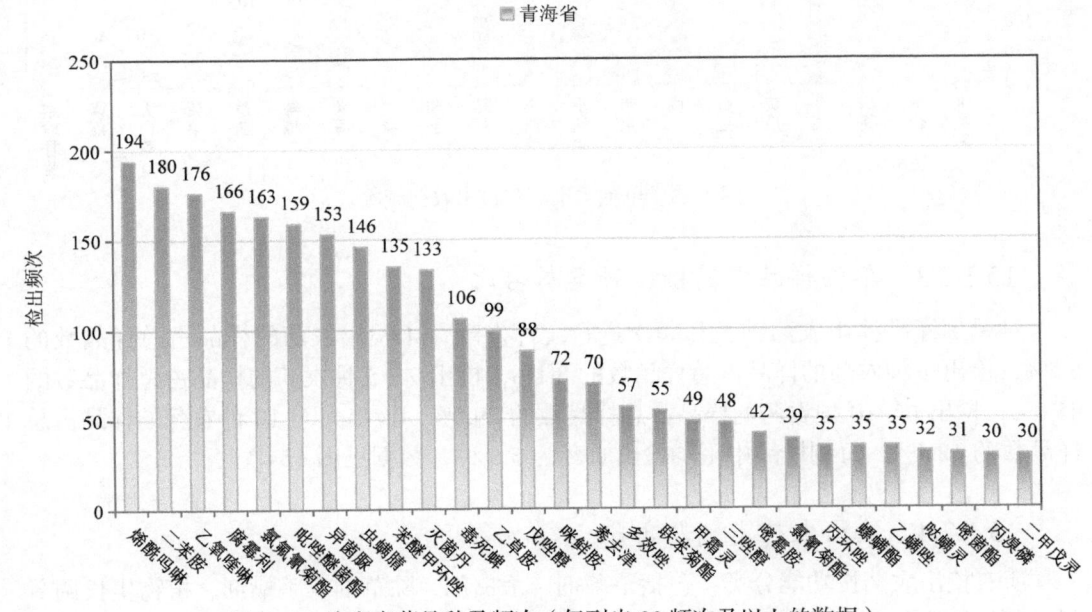

图15-1 检出农药品种及频次（仅列出30频次及以上的数据）

由图 15-2 可见，豇豆、葡萄、油麦菜、芹菜、小油菜、黄瓜和桃这 7 种果蔬样品中检出的农药品种数较高，均超过 30 种，其中，豇豆和葡萄检出农药品种最多，均为 41 种。由图 15-3 可见，油麦菜、葡萄、蒜薹、芹菜、黄瓜、豇豆、桃、苹果、小油菜、小白菜、梨、茄子、韭菜、菜豆、辣椒和番茄这 16 种果蔬样品中的农药检出频次较高，均超过 100 次，其中，油麦菜检出农药频次最高，为 354 次。

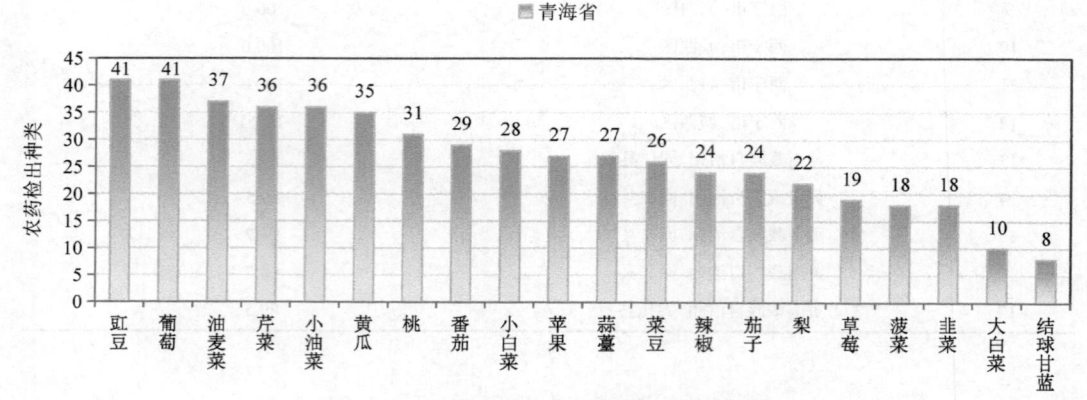

图 15-2 单种水果蔬菜检出农药的种类数

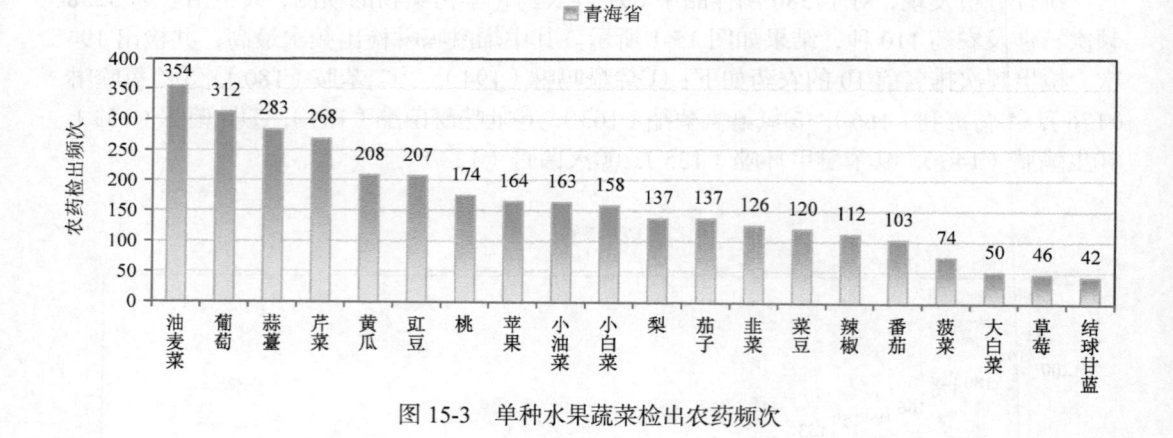

图 15-3 单种水果蔬菜检出农药频次

15.1.2.3 单例样品农药检出种类与占比

对单例样品检出农药种类和频次进行统计发现，未检出农药的样品占总样品数的 5.5%，检出 1 种农药的样品占总样品数的 8.1%，检出 2~5 种农药的样品占总样品数的 45.0%，检出 6~10 种农药的样品占总样品数的 29.0%，检出大于 10 种农药的样品占总样品数的 12.4%。每例样品中平均检出农药为 5.6 种，数据见图 15-4。

15.1.2.4 检出农药类别与占比

所有检出农药按功能分类，包括杀菌剂、杀虫剂、除草剂、杀螨剂、植物生长调节剂、杀线虫剂共 6 类。其中杀菌剂与杀虫剂为主要检出的农药类别，分别占总数的 45.5%

和 32.7%，见图 15-5。

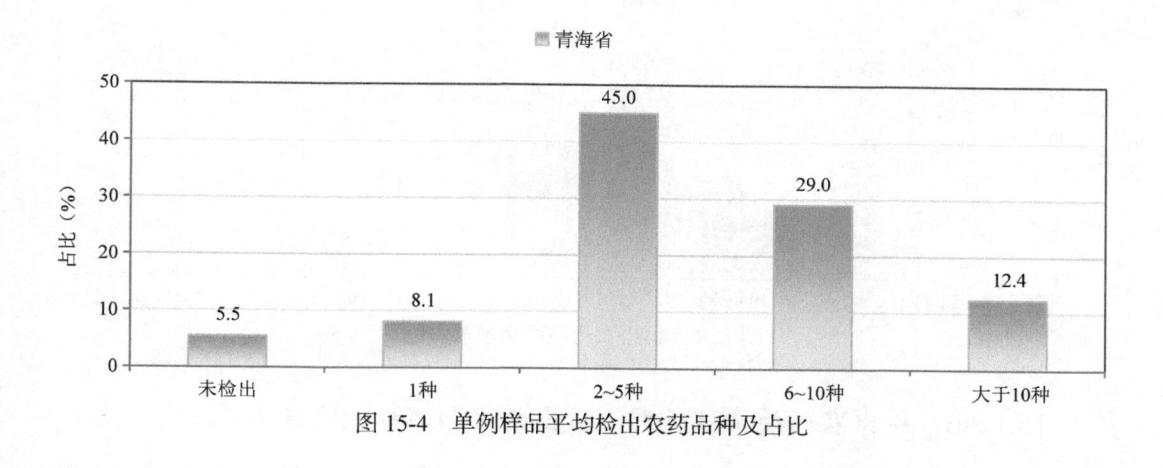

图 15-4 单例样品平均检出农药品种及占比

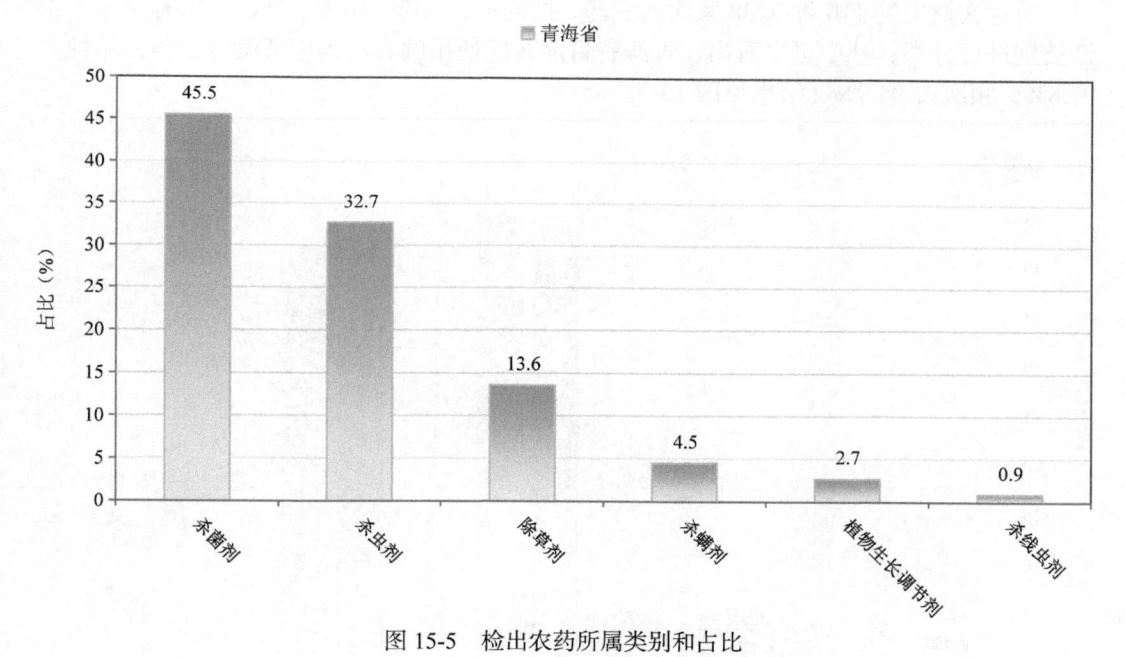

图 15-5 检出农药所属类别和占比

15.1.2.5 检出农药的残留水平

按检出农药残留水平进行统计，残留水平在 1~5 μg/kg（含）的农药占总数的 55.0%，在 5~10 μg/kg（含）的农药占总数的 12.7%，在 10~100 μg/kg（含）的农药占总数的 22.5%，在 100~1000 μg/kg（含）的农药占总数的 9.1%，在 >1000 μg/kg 的农药占总数的 0.7%。

由此可见，这次检测的 30 批 580 例水果蔬菜样品中农药多数处于较低残留水平。结果见图 15-6。

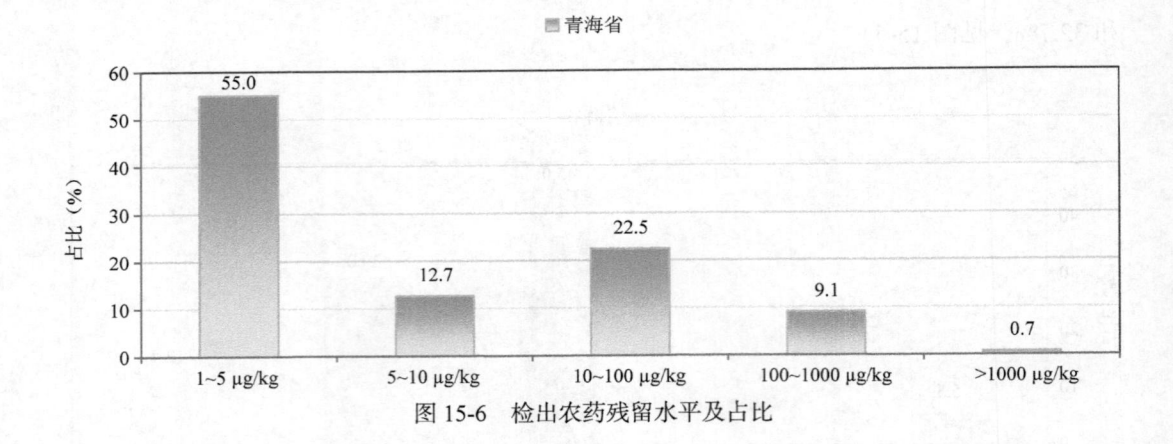

图 15-6 检出农药残留水平及占比

15.1.2.6 检出农药的毒性类别、检出频次和超标频次及占比

对这次检出的 110 种 3238 频次的农药,按剧毒、高毒、中毒、低毒和微毒这五个毒性类别进行分类,从中可以看出,青海省目前普遍使用的农药为中低微毒农药,品种占 91.8%,频次占 98.9%。结果见图 15-7。

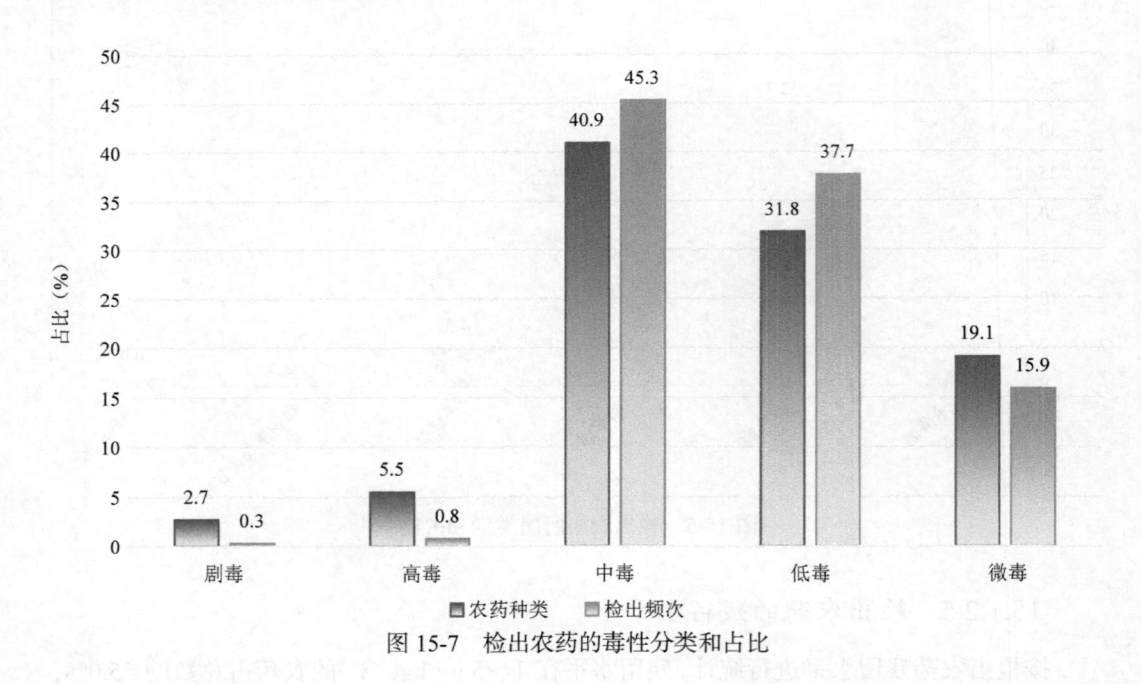

图 15-7 检出农药的毒性分类和占比

15.1.2.7 检出剧毒/高毒类农药的品种和频次

值得特别关注的是,在此次侦测的 580 例样品中有 7 种蔬菜 2 种水果的 34 例样品检出了 9 种 35 频次的剧毒和高毒农药,占样品总量的 5.9%,详见图 15-8、表 15-4 及表 15-5。

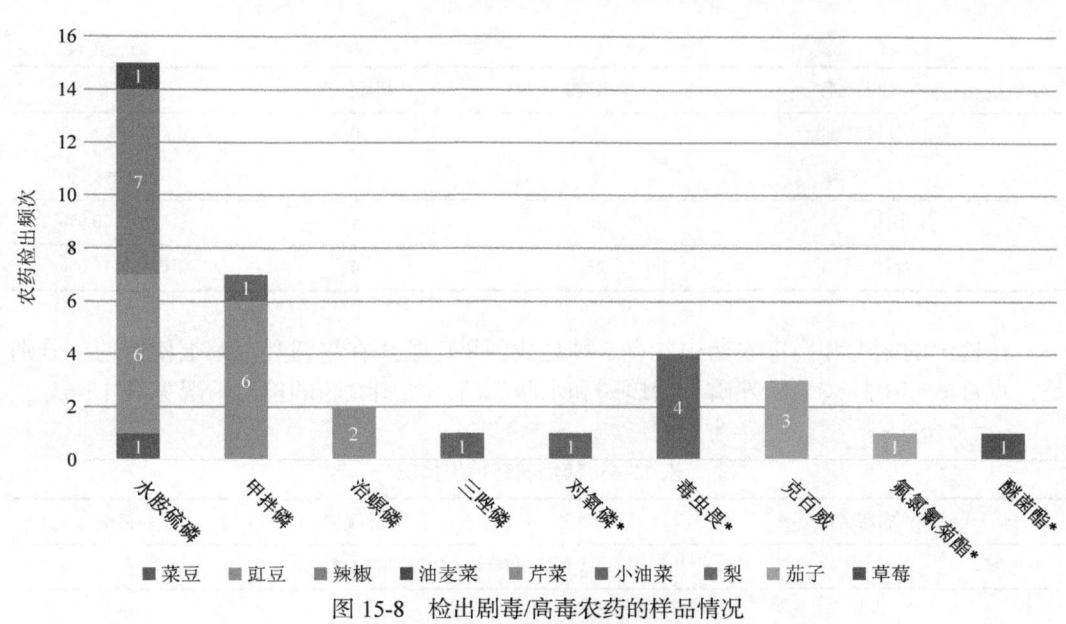

第15章 GC-Q-TOF/MS侦测青海省市售水果蔬菜农药残留报告

图15-8 检出剧毒/高毒农药的样品情况
*表示允许在水果和蔬菜上使用的农药

表15-4 剧毒农药检出情况

序号	农药名称	检出频次	超标频次	超标率
		水果中未检出剧毒农药		
	小计	0	0	超标率：0.0%
		从2种蔬菜中检出3种剧毒农药，共计检出10次		
1	甲拌磷*	7	2	28.6%
2	治螟磷*	2	0	0.0%
3	对氧磷*	1	0	0.0%
	小计	10	2	超标率：20.0%
	合计	10	2	超标率：20.0%

*表示剧毒农药

表15-5 高毒农药检出情况

序号	农药名称	检出频次	超标频次	超标率
		从2种水果中检出2种高毒农药，共计检出5次		
1	毒虫畏	4	0	0.0%
2	醚菌酯	1	0	0.0%
	小计	5	0	超标率：0.0%
		从6种蔬菜中检出4种高毒农药，共计检出20次		
1	水胺硫磷	15	3	20.0%
2	克百威	3	0	0.0%

续表

序号	农药名称	检出频次	超标频次	超标率
3	氟氯氰菊酯	1	0	0.0%
4	三唑磷	1	1	100.0%
	小计	20	4	超标率：20.0%
	合计	25	4	超标率：16.0%

在检出的剧毒和高毒农药中，有 5 种是我国早已禁止在果树和蔬菜上使用的，分别是：克百威、甲拌磷、三唑磷、治螟磷和水胺硫磷。禁用农药的检出情况见表 15-6。

表 15-6 禁用农药检出情况

序号	农药名称	检出频次	超标频次	超标率
从 4 种水果中检出 1 种禁用农药，共计检出 54 次				
1	毒死蜱	54	0	0.0%
	小计	54	0	超标率：0.0%
从 13 种蔬菜中检出 11 种禁用农药，共计检出 100 次				
1	毒死蜱	52	10	19.2%
2	水胺硫磷	15	3	20.0%
3	甲拌磷*	7	2	28.6%
4	氟虫腈	6	6	100.0%
5	林丹	5	0	0.0%
6	硫丹	4	0	0.0%
7	六六六	4	0	0.0%
8	克百威	3	0	0.0%
9	治螟磷*	2	0	0.0%
10	氰戊菊酯	1	0	0.0%
11	三唑磷	1	1	100.0%
	小计	100	22	超标率：22.0%
	合计	154	22	超标率：14.3%

注：超标结果参考 MRL 中国国家标准计算
*表示剧毒农药

此次抽检的果蔬样品中，有 2 种蔬菜检出了剧毒农药，分别是：小油菜中检出对氧磷 1 次，检出甲拌磷 1 次；芹菜中检出治螟磷 2 次，检出甲拌磷 6 次。

样品中检出剧毒和高毒农药残留水平超过 MRL 中国国家标准的频次为 6 次，其中：小油菜检出三唑磷超标 1 次，检出甲拌磷超标 1 次；芹菜检出甲拌磷超标 1 次；豇豆检出水胺硫磷超标 3 次。本次检出结果表明，高毒、剧毒农药的使用现象依旧存在。详见

表 15-7。

表 15-7 各样本中检出剧毒/高毒农药情况

样品名称	农药名称	检出频次	超标频次	检出浓度（μg/kg）
水果 2 种			
梨	毒虫畏	4	0	1.1, 1.1, 1.0, 1.1
草莓	醚菌酯	1	0	36.9
	小计	5	0	超标率：0.0%
蔬菜 7 种			
小油菜	三唑磷▲	1	1	139.2a
小油菜	甲拌磷*▲	1	1	408.9a
小油菜	对氧磷*	1	0	4.5
油麦菜	水胺硫磷▲	1	0	1.4
芹菜	甲拌磷*▲	6	1	53.0a, 1.1, 1.2, 5.3, 4.5, 1.4
芹菜	治螟磷*▲	2	0	1.9, 1.7
茄子	克百威	3	0	6.6, 4.2, 13.4
茄子	氟氯氰菊酯	1	0	42.4
菜豆	水胺硫磷▲	1	0	8.2
豇豆	水胺硫磷▲	6	3	185.8a, 13.8, 62.1a, 36.7, 62.5a, 44.3
辣椒	水胺硫磷▲	7	0	20.8, 3.7, 43.9, 1.2, 3.4, 4.2, 3.7
	小计	30	6	超标率：20.0%
	合计	35	6	超标率：17.1%

*表示剧毒农药；▲表示禁用农药；a 表示超标结果（参考 MRL 中国国家标准）

15.2 农药残留检出水平与最大残留限量标准对比分析

我国于 2021 年 3 月 3 日正式颁布并于 2021 年 9 月 3 日正式实施食品农药残留限量国家标准《食品中农药最大残留限量》（GB 2763—2021），该标准包括 548 个农药条目，涉及最大残留限量（MRL）标准 10092 项。将 3238 频次检出结果的浓度水平与 10092 项 MRL 中国国家标准进行核对，其中有 1618 频次的结果找到了对应的 MRL 标准，占 50.0%，还有 1620 频次的侦测数据则无相关 MRL 标准供参考，占 50.0%。

将此次侦测结果与国际上现行 MRL 标准对比发现，在 3238 频次的检出结果中有 3238 频次的结果找到了对应的 MRL 欧盟标准，占 100.0%；其中，3143 频次的结果有明确对应的 MRL 标准，占 97.1%，其余 95 频次按照欧盟一律标准判定，占 2.9%；有 3238 频次的结果找到了对应的 MRL 日本标准，占 100.0%；其中，2230 频次的结果有明确对应的 MRL 标准，占 68.9%，其余 1008 频次按照日本一律标准判定，占 31.1%；有 1337 频次的结果找到了对应的 MRL 中国香港标准，占 41.3%；有 1346 频次的结果找到了对应的 MRL 美国标准，占 41.6%；有 1026 频次的结果找到了对应的 MRL CAC 标准，占 31.7%。结果见图 15-9。

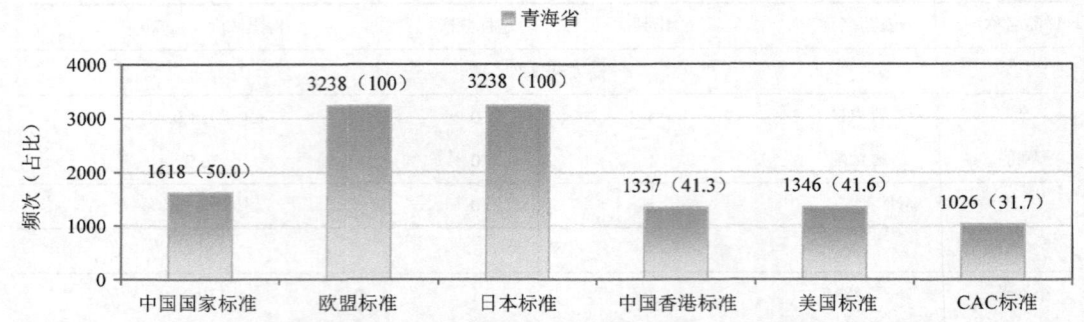

图 15-9　3238 频次检出农药可用 MRL 中国国家标准、欧盟标准、日本标准、中国香港标准、美国标准、CAC 标准判定衡量的数量及占比（%）

15.2.1　超标农药样品分析

本次侦测的 580 例样品中，32 例样品未检出任何残留农药，占样品总量的 5.5%，548 例样品检出不同水平、不同种类的残留农药，占样品总量的 94.5%。在此，我们将本次侦测的农残检出情况与中国国家标准、欧盟标准、日本标准、中国香港标准、美国标准和 CAC 标准这 6 大国际主流 MRL 标准进行对比分析，样品农残检出与超标情况见图 15-10、表 15-8 和图 15-11。

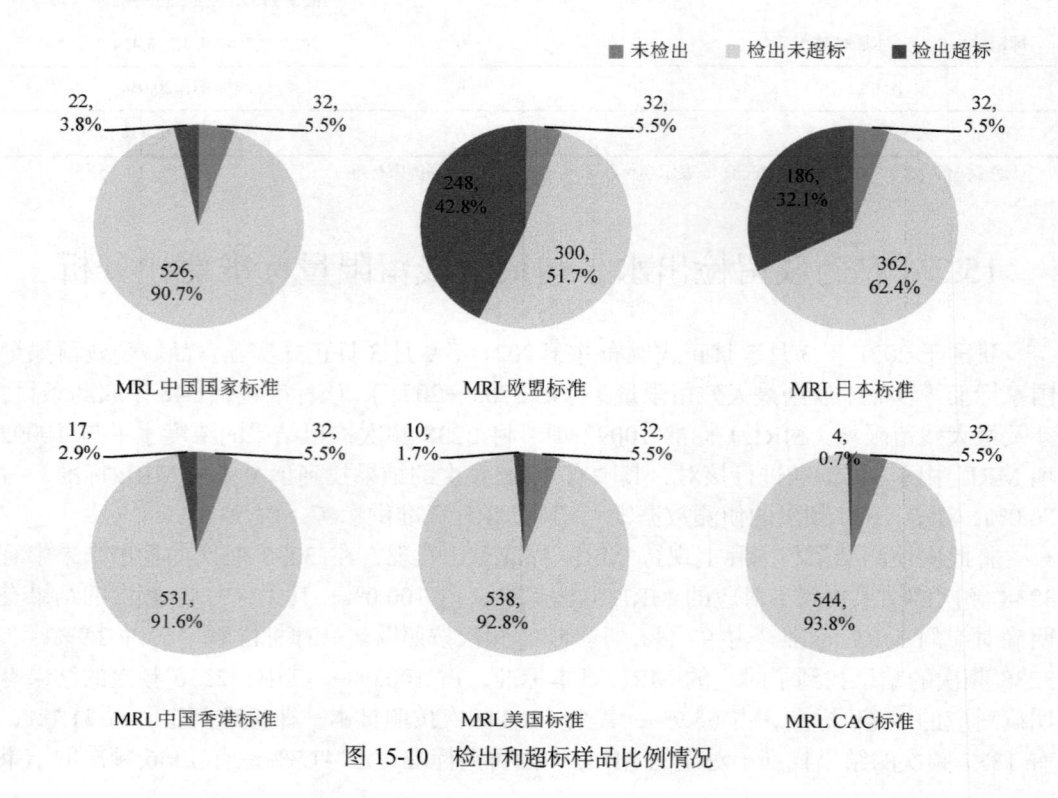

图 15-10　检出和超标样品比例情况

第 15 章　GC-Q-TOF/MS 侦测青海省市售水果蔬菜农药残留报告

表 15-8　各 MRL 标准下样本农残检出与超标数量及占比

	中国国家标准	欧盟标准	日本标准	中国香港标准	美国标准	CAC 标准
	数量/占比（%）	数量/占比（%）	数量/占比（%）	数量/占比（%）	数量/占比（%）	数量/占比（%）
未检出	32/5.5	32/5.5	32/5.5	32/5.5	32/5.5	32/5.5
检出未超标	526/90.7	300/51.7	362/62.4	531/91.6	538/92.8	544/93.8
检出超标	22/3.8	248/42.8	186/32.1	17/2.9	10/1.7	4/0.7

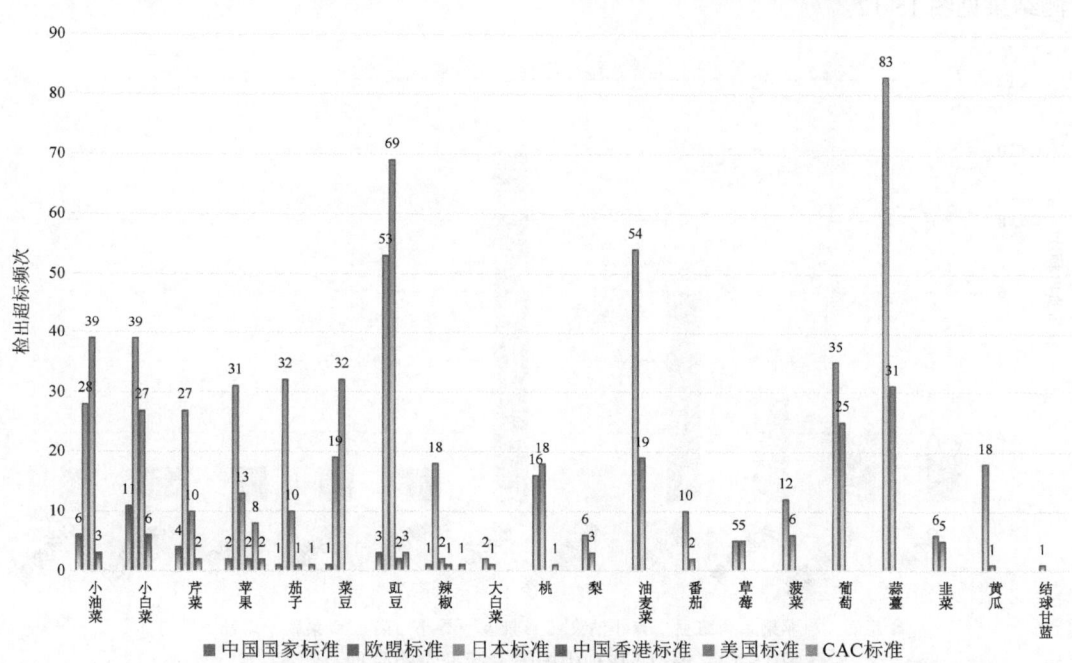

图 15-11　超过 MRL 中国国家标准、欧盟标准、日本标准、中国香港标准、美国标准和 CAC 标准结果在水果蔬菜中的分布

15.2.2　超标农药种类分析

按照中国国家标准、欧盟标准、日本标准、中国香港标准、美国标准和 CAC 标准这 6 大国际主流 MRL 标准衡量，本次侦测检出的农药超标品种及频次情况见表 15-9。

表 15-9　各 MRL 标准下超标农药品种及频次

	中国国家标准	欧盟标准	日本标准	中国香港标准	美国标准	CAC 标准
超标农药品种	11	61	57	4	4	3
超标农药频次	29	494	319	17	12	4

15.2.2.1 按 MRL 中国国家标准衡量

按 MRL 中国国家标准衡量，共有 11 种农药超标，检出 29 频次，分别为剧毒农药甲拌磷，高毒农药三唑磷和水胺硫磷，中毒农药氟虫腈、溴氰菊酯、甲氰菊酯、虫螨腈、腈菌唑、氯氟氰菊酯、吡唑醚菌酯和毒死蜱。

按超标程度比较，小白菜中毒死蜱超标 43.1 倍，小油菜中甲拌磷超标 39.9 倍，小油菜中毒死蜱超标 27.4 倍，小白菜中氟虫腈超标 16.0 倍，芹菜中腈菌唑超标 11.2 倍。检测结果见图 15-12。

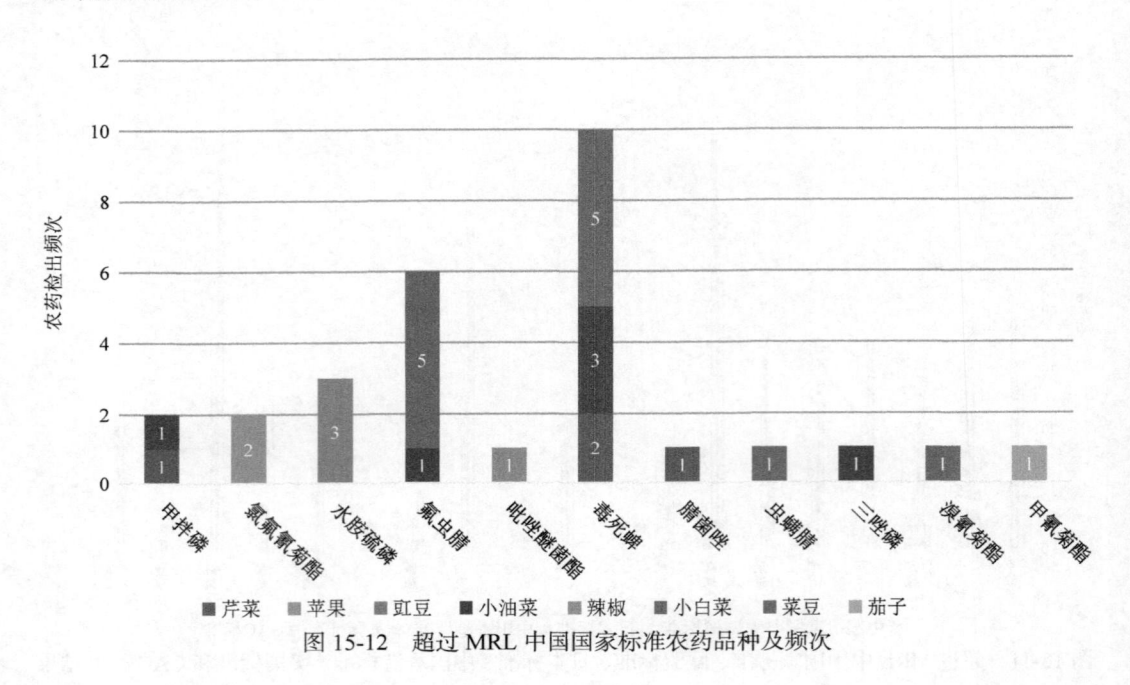

图 15-12 超过 MRL 中国国家标准农药品种及频次

15.2.2.2 按 MRL 欧盟标准衡量

按 MRL 欧盟标准衡量，共有 61 种农药超标，检出 494 频次，分别为剧毒农药甲拌磷，高毒农药三唑磷、水胺硫磷和克百威，中毒农药氟虫腈、多效唑、溴氰菊酯、丁噻隆、戊唑醇、甲氰菊酯、甲霜灵、咪鲜胺、噁霜灵、烯效唑、虫螨腈、抑霉唑、三唑酮、烯唑醇、丙环唑、氰戊菊酯、氯氰菊酯、腈菌唑、氯氟氰菊酯、四氟醚唑、异丙威、吡唑醚菌酯、联苯菊酯、唑虫酰胺、三唑醇、哒螨灵、丙溴磷、毒死蜱和西草净，低毒农药己唑醇、8-羟基喹啉、乙氧喹啉、五氯苯甲腈、扑草净、溴氰虫酰胺、烯酰吗啉、螺螨酯、异菌脲、灭幼脲、乙草胺、马拉硫磷、二苯胺、莠去津、噻菌灵、苄呋菊酯、嘧霉胺和炔螨特，微毒农药氟环唑、霜霉威、腐霉利、乙螨唑、灭菌丹、乙烯菌核利、丙硫菌唑、四氟苯菊酯、吡丙醚和百菌清。

按超标程度比较，油麦菜中百菌清超标 208.2 倍，菜豆中虫螨腈超标 203.7 倍，芹菜中丙环唑超标 185.9 倍，蒜薹中异菌脲超标 119.0 倍、噻菌灵超标 103.3 倍。检测结果见图 15-13。

图 15-13-1　超过 MRL 欧盟标准农药品种及频次

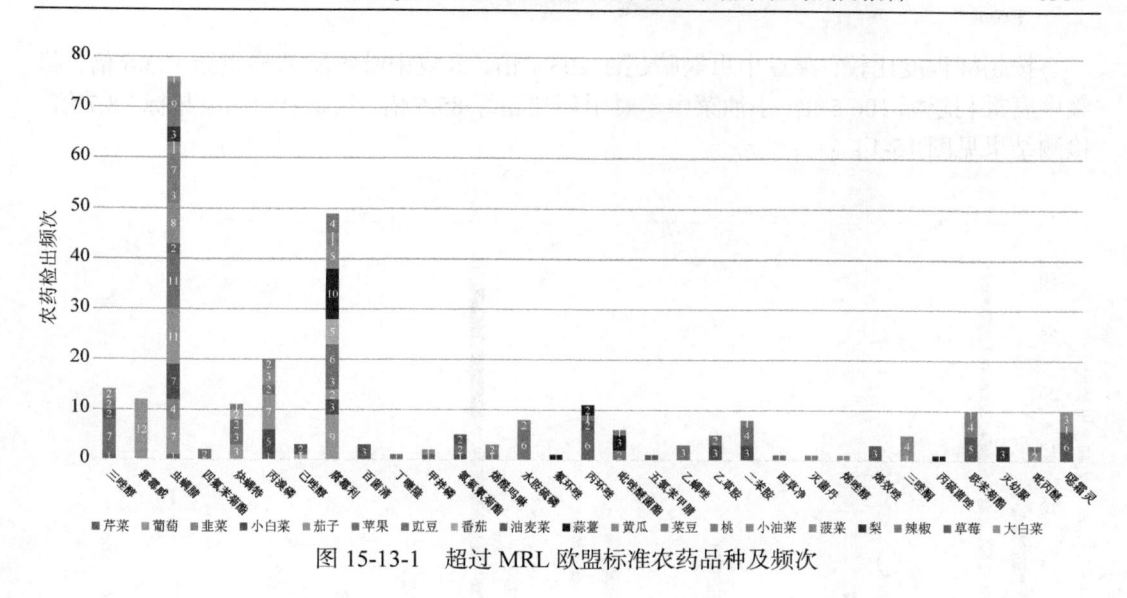

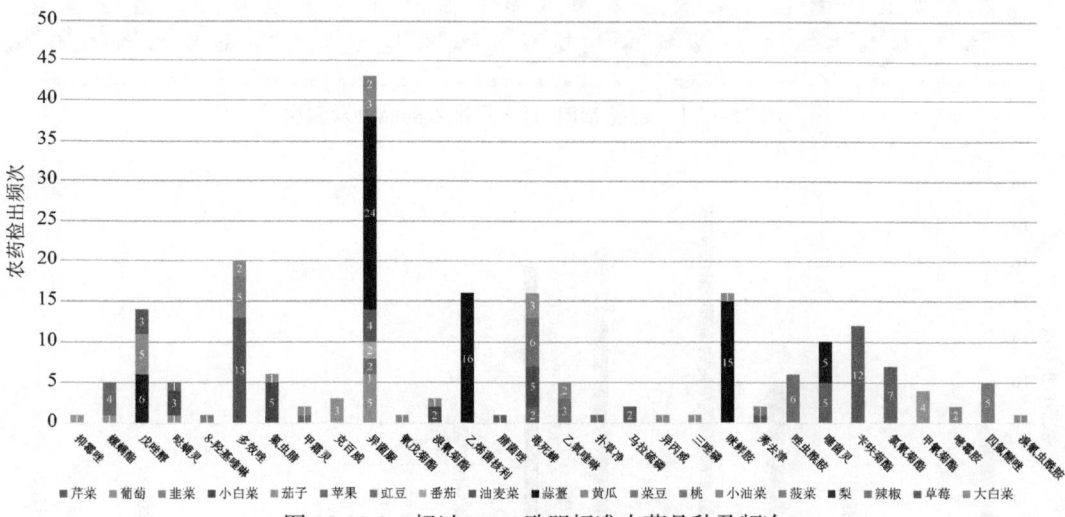

图 15-13-2　超过 MRL 欧盟标准农药品种及频次

15.2.2.3　按 MRL 日本标准衡量

按 MRL 日本标准衡量，共有 57 种农药超标，检出 319 频次，分别为剧毒农药甲拌磷，高毒农药三唑磷和水胺硫磷，中毒农药戊唑醇、多效唑、丁噻隆、氟虫腈、溴氰菊酯、咪鲜胺、甲霜灵、烯效唑、虫螨腈、抑霉唑、二甲戊灵、烯唑醇、茚虫威、丙环唑、腈菌唑、氯氟氰菊酯、四氟醚唑、吡唑醚菌酯、异丙威、联苯菊酯、唑虫酰胺、三唑醇、哒螨灵、丙溴磷、苯醚甲环唑、毒死蜱和西草净，低毒农药已唑醇、8-羟基喹啉、乙氧喹啉、螺虫乙酯、溴氰虫酰胺、五氯苯甲腈、萘乙酸、扑草净、螺螨酯、烯酰吗啉、乙嘧酚磺酸酯、灭幼脲、乙草胺、莠去津、二苯胺、嘧霉胺和炔螨特，微毒农药氟环唑、霜霉威、腐霉利、灭菌丹、乙螨唑、乙烯菌核利、丙硫菌唑、四氟苯菊酯、吡丙醚和百菌清。

按超标程度比较，菜豆中虫螨腈超标203.7倍，豇豆中吡唑醚菌酯超标133.6倍，蒜薹中腐霉利超标106.5倍，小油菜中苯醚甲环唑超标85.5倍，豇豆中哒螨灵超标78.7倍。检测结果见图15-14。

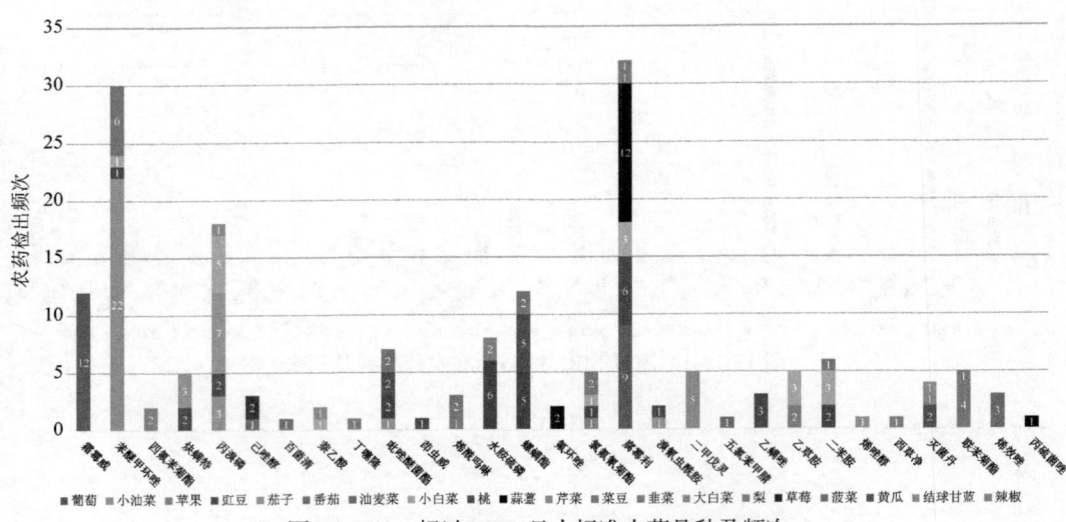

图15-14-1 超过MRL日本标准农药品种及频次

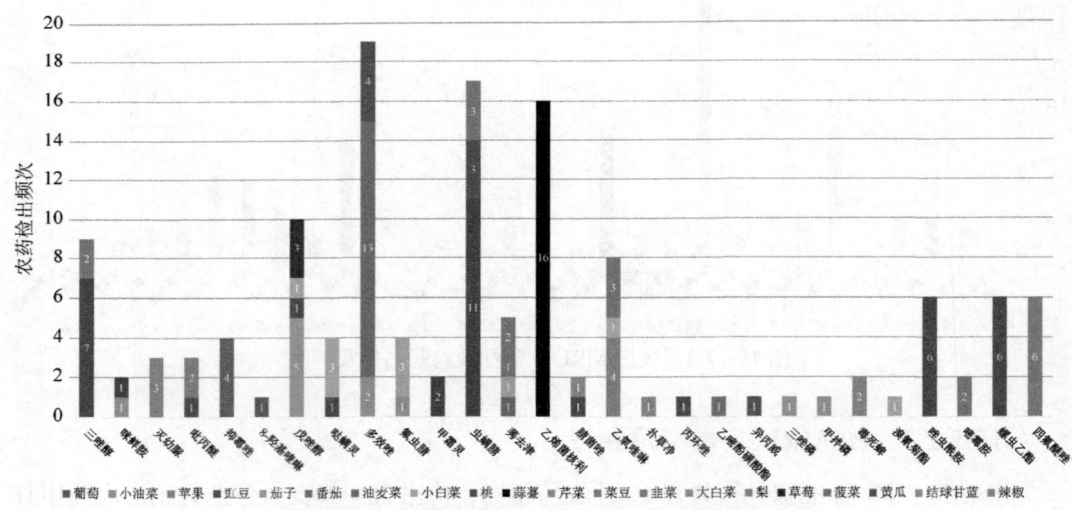

图15-14-2 超过MRL日本标准农药品种及频次

15.2.2.4 按MRL中国香港标准衡量

按MRL中国香港标准衡量，共有4种农药超标，检出17频次，分别为中毒农药甲氰菊酯、氯氟氰菊酯、吡唑醚菌酯和毒死蜱。

按超标程度比较，豇豆中吡唑醚菌酯超标66.3倍，芹菜中毒死蜱超标11.1倍，小白菜中毒死蜱超标7.8倍，小油菜中毒死蜱超标4.7倍，小白菜中氯氟氰菊酯超标4.5倍。检测结果见图15-15。

图 15-15　超过 MRL 中国香港标准农药品种及频次

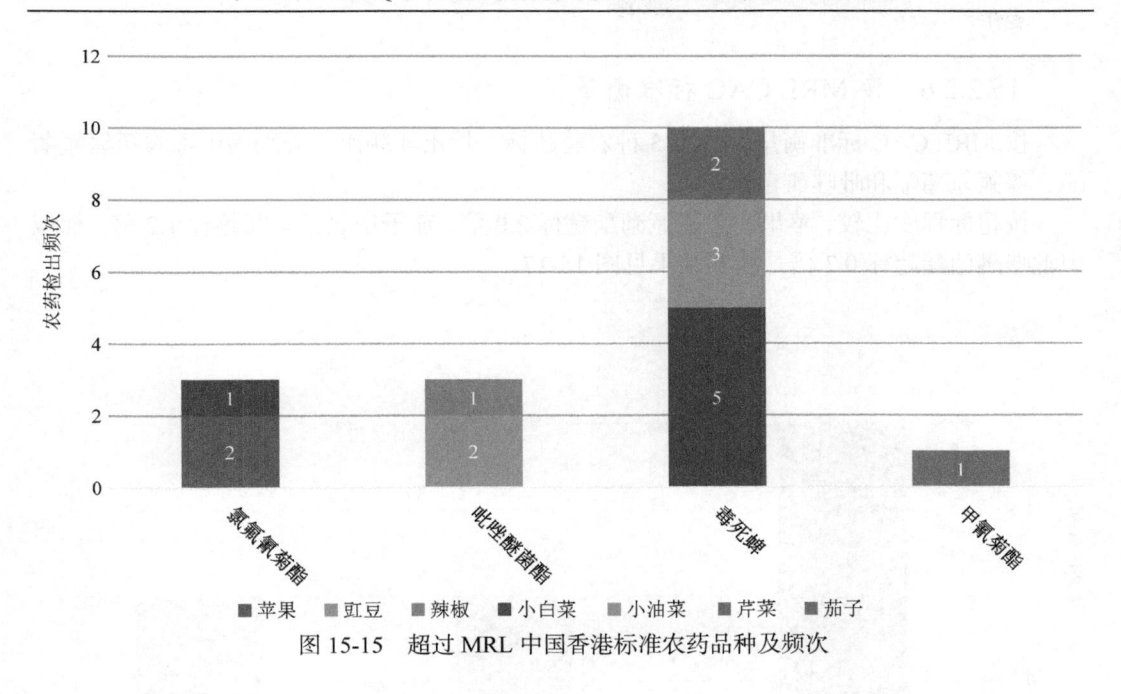

15.2.2.5　按 MRL 美国标准衡量

按 MRL 美国标准衡量，共有 4 种农药超标，检出 12 频次，分别为中毒农药甲霜灵、氯氟氰菊酯、吡唑醚菌酯和毒死蜱。

按超标程度比较，苹果中毒死蜱超标 29.2 倍，豇豆中吡唑醚菌酯超标 1.7 倍，苹果中氯氟氰菊酯超标 1.0 倍，桃中毒死蜱超标 0.4 倍，豇豆中甲霜灵超标 0.1 倍。检测结果见图 15-16。

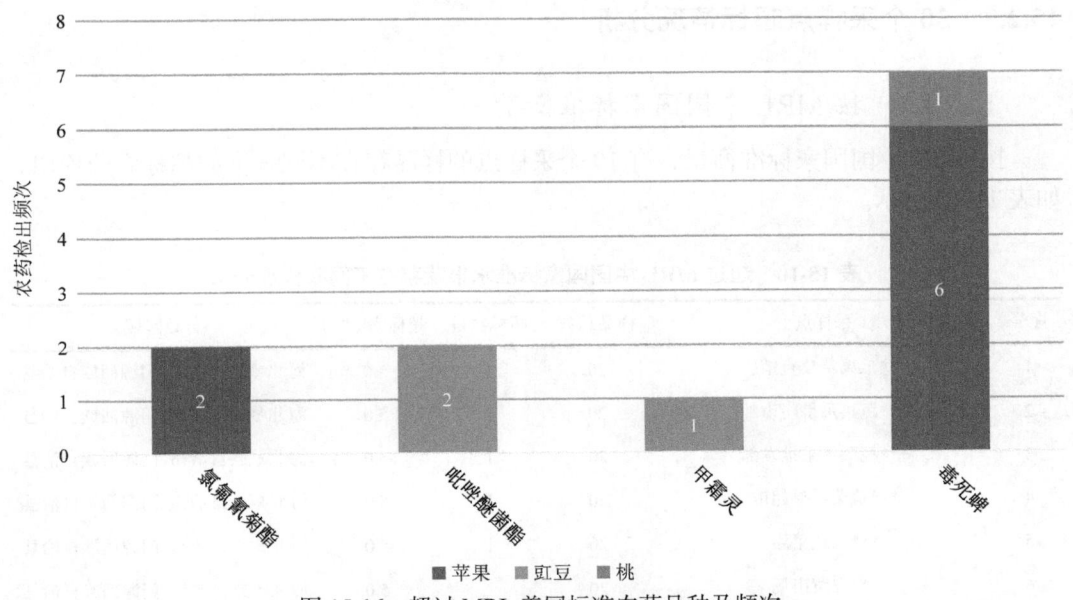

图 15-16　超过 MRL 美国标准农药品种及频次

15.2.2.6 按 MRL CAC 标准衡量

按 MRL CAC 标准衡量，共有 3 种农药超标，检出 4 频次，分别为中毒农药氯氰菊酯、氯氟氰菊酯和吡唑醚菌酯。

按超标程度比较，苹果中氯氟氰菊酯超标 2.0 倍，茄子中氯氰菊酯超标 1.2 倍，辣椒中吡唑醚菌酯超标 0.3 倍。检测结果见图 15-17。

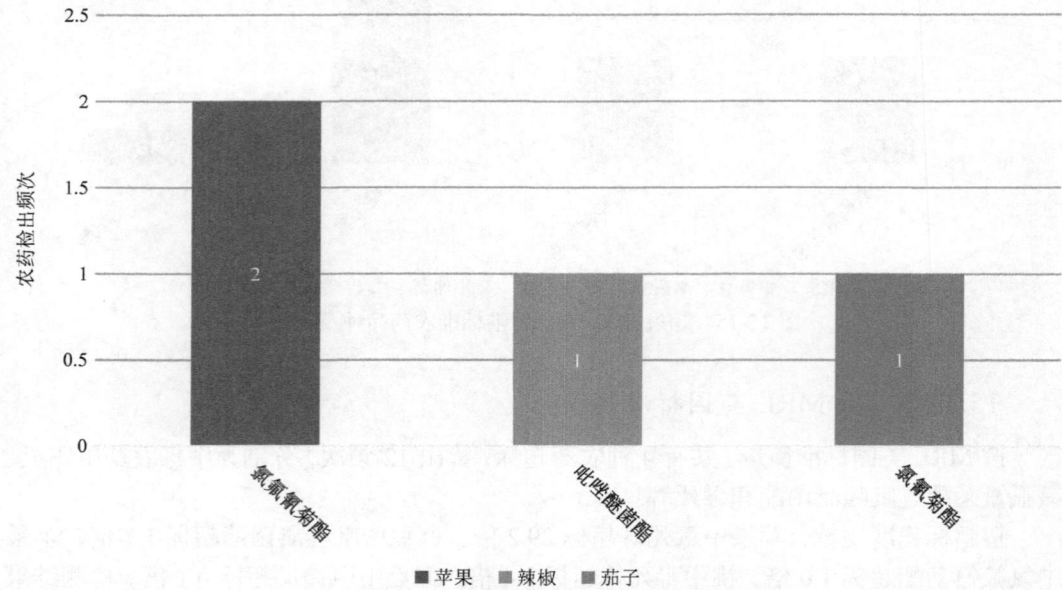

图 15-17　超过 MRL CAC 标准农药品种及频次

15.2.3　30 个采样点超标情况分析

15.2.3.1　按 MRL 中国国家标准衡量

按 MRL 中国国家标准衡量，有 19 个采样点的样品存在不同程度的超标农药检出，如表 15-10 所示。

表 15-10　超过 MRL 中国国家标准水果蔬菜在不同采样点分布

序号	采样点	样品总数	超标数量	超标率（%）	行政区域
1	***瓜果蔬菜直销店	20	1	5.0	海北藏族自治州 门源回族自治县
2	***蔬菜瓜果门市部	20	1	5.0	海北藏族自治州 门源回族自治县
3	***蔬菜瓜果批发部	20	1	5.0	海北藏族自治州 门源回族自治县
4	***蔬菜瓜果超市	20	1	5.0	海北藏族自治州 门源回族自治县
5	***果蔬菜店	20	1	5.0	海北藏族自治州 门源回族自治县
6	***农贸市场	20	1	5.0	海北藏族自治州 门源回族自治县

续表

序号	采样点	样品总数	超标数量	超标率（%）	行政区域
7	***蔬菜瓜果门市部	20	1	5.0	海北藏族自治州 门源回族自治县
8	***市场	19	1	5.3	黄南藏族自治州 同仁县
9	***水果蔬菜批发部	19	2	10.5	黄南藏族自治州 同仁县
10	***果蔬店	19	1	5.3	黄南藏族自治州 尖扎县
11	***瓜果蔬菜店	19	1	5.3	黄南藏族自治州 尖扎县
12	***蔬菜水果店	19	1	5.3	黄南藏族自治州 尖扎县
13	***农贸市场	19	1	5.3	黄南藏族自治州 同仁县
14	***市场	19	1	5.3	西宁市 城西区
15	***农贸市场	19	1	5.3	西宁市 城北区
16	***市场	19	1	5.3	西宁市 城西区
17	***农贸市场	19	1	5.3	西宁市 城北区
18	***农贸市场	19	2	10.5	西宁市 城中区
19	***市场	19	2	10.5	西宁市 城西区

15.2.3.2 按 MRL 欧盟标准衡量

按 MRL 欧盟标准衡量，所有采样点的样品均存在不同程度的超标农药检出，如表 15-11 所示。

表 15-11 超过 MRL 欧盟标准水果蔬菜在不同采样点分布

序号	采样点	样品总数	超标数量	超标率（%）	行政区域
1	***瓜果蔬菜直销店	20	7	35.0	海北藏族自治州 门源回族自治县
2	***蔬菜水果门市部	20	6	30.0	海北藏族自治州 门源回族自治县
3	***蔬菜水果	20	4	20.0	海北藏族自治州 门源回族自治县
4	***蔬菜瓜果门市部	20	7	35.0	海北藏族自治州 门源回族自治县
5	***蔬菜瓜果批发部	20	8	40.0	海北藏族自治州 门源回族自治县
6	***蔬菜瓜果超市	20	8	40.0	海北藏族自治州 门源回族自治县
7	***果蔬菜店	20	11	55.0	海北藏族自治州 门源回族自治县
8	***农贸市场	20	7	35.0	海北藏族自治州 门源回族自治县
9	***批发市场	20	7	35.0	海北藏族自治州 门源回族自治县
10	***蔬菜瓜果门市部	20	11	55.0	海北藏族自治州 门源回族自治县
11	***市场	19	8	42.1	黄南藏族自治州 同仁县
12	***农贸市场	19	9	47.4	黄南藏族自治州 同仁县
13	***水果蔬菜批发部	19	10	52.6	黄南藏族自治州 同仁县

续表

序号	采样点	样品总数	超标数量	超标率（%）	行政区域
14	***市场	19	7	36.8	黄南藏族自治州 同仁县
15	***农贸市场	19	8	42.1	黄南藏族自治州 尖扎县
16	***蔬菜水果	19	8	42.1	黄南藏族自治州 尖扎县
17	***果蔬店	19	13	68.4	黄南藏族自治州 尖扎县
18	***瓜果蔬菜店	19	10	52.6	黄南藏族自治州 尖扎县
19	***蔬菜水果店	19	8	42.1	黄南藏族自治州 尖扎县
20	***农贸市场	19	8	42.1	黄南藏族自治州 同仁县
21	***市场	19	9	47.4	西宁市 城西区
22	***市场	19	3	15.8	西宁市 城东区
23	***市场	19	7	36.8	西宁市 城东区
24	***农贸市场	19	9	47.4	西宁市 城北区
25	***市场	19	8	42.1	西宁市 城西区
26	***市场	19	9	47.4	西宁市 城西区
27	***农贸市场	19	10	52.6	西宁市 城北区
28	***农贸市场	19	12	63.2	西宁市 城中区
29	***综合市场	19	6	31.6	西宁市 城北区
30	***市场	19	10	52.6	西宁市 城西区

15.2.3.3 按 MRL 日本标准衡量

按 MRL 日本标准衡量，所有采样点的样品均存在不同程度的超标农药检出，如表 15-12 所示。

表 15-12 超过 MRL 日本标准水果蔬菜在不同采样点分布

序号	采样点	样品总数	超标数量	超标率（%）	行政区域
1	***瓜果蔬菜直销店	20	6	30.0	海北藏族自治州 门源回族自治县
2	***蔬菜水果门市部	20	4	20.0	海北藏族自治州 门源回族自治县
3	***蔬菜水果	20	2	10.0	海北藏族自治州 门源回族自治县
4	***蔬菜瓜果门市部	20	5	25.0	海北藏族自治州 门源回族自治县
5	***蔬菜瓜果批发部	20	8	40.0	海北藏族自治州 门源回族自治县
6	***蔬菜瓜果超市	20	6	30.0	海北藏族自治州 门源回族自治县
7	***果蔬菜店	20	6	30.0	海北藏族自治州 门源回族自治县
8	***农贸市场	20	5	25.0	海北藏族自治州 门源回族自治县
9	***批发市场	20	4	20.0	海北藏族自治州 门源回族自治县

续表

序号	采样点	样品总数	超标数量	超标率（%）	行政区域
10	***蔬菜瓜果门市部	20	9	45.0	海北藏族自治州 门源回族自治县
11	***市场	19	6	31.6	黄南藏族自治州 同仁县
12	***农贸市场	19	5	26.3	黄南藏族自治州 同仁县
13	***水果蔬菜批发部	19	7	36.8	黄南藏族自治州 同仁县
14	***市场	19	5	26.3	黄南藏族自治州 同仁县
15	***农贸市场	19	5	26.3	黄南藏族自治州 尖扎县
16	***蔬菜水果	19	6	31.6	黄南藏族自治州 尖扎县
17	***果蔬店	19	8	42.1	黄南藏族自治州 尖扎县
18	***瓜果蔬菜店	19	7	36.8	黄南藏族自治州 尖扎县
19	***蔬菜水果店	19	7	36.8	黄南藏族自治州 尖扎县
20	***农贸市场	19	5	26.3	黄南藏族自治州 同仁县
21	***市场	19	7	36.8	西宁市 城西区
22	***市场	19	5	26.3	西宁市 城东区
23	***市场	19	7	36.8	西宁市 城东区
24	***农贸市场	19	6	31.6	西宁市 城北区
25	***市场	19	7	36.8	西宁市 城西区
26	***市场	19	6	31.6	西宁市 城西区
27	***农贸市场	19	9	47.4	西宁市 城北区
28	***农贸市场	19	11	57.9	西宁市 城中区
29	***综合市场	19	5	26.3	西宁市 城北区
30	***市场	19	7	36.8	西宁市 城西区

15.2.3.4 按 MRL 中国香港标准衡量

按 MRL 中国香港标准衡量，有 15 个采样点的样品存在不同程度的超标农药检出，如表 15-13 所示。

表 15-13 超过 MRL 中国香港标准水果蔬菜在不同采样点分布

序号	采样点	样品总数	超标数量	超标率（%）	行政区域
1	***蔬菜瓜果门市部	20	1	5.0	海北藏族自治州 门源回族自治县
2	***蔬菜瓜果超市	20	1	5.0	海北藏族自治州 门源回族自治县
3	***果蔬菜店	20	1	5.0	海北藏族自治州 门源回族自治县
4	***农贸市场	20	1	5.0	海北藏族自治州 门源回族自治县
5	***蔬菜瓜果门市部	20	1	5.0	海北藏族自治州 门源回族自治县
6	***水果蔬菜批发部	19	1	5.3	黄南藏族自治州 同仁县

续表

序号	采样点	样品总数	超标数量	超标率（%）	行政区域
7	***瓜果蔬菜店	19	1	5.3	黄南藏族自治州 尖扎县
8	***蔬菜水果店	19	1	5.3	黄南藏族自治州 尖扎县
9	***农贸市场	19	1	5.3	黄南藏族自治州 同仁县
10	***市场	19	1	5.3	西宁市 城西区
11	***市场	19	1	5.3	西宁市 城东区
12	***市场	19	1	5.3	西宁市 城东区
13	***农贸市场	19	1	5.3	西宁市 城北区
14	***农贸市场	19	2	10.5	西宁市 城中区
15	***市场	19	2	10.5	西宁市 城西区

15.2.3.5 按 MRL 美国标准衡量

按 MRL 美国标准衡量，有 8 个采样点的样品存在不同程度的超标农药检出，如表 15-14 所示。

表 15-14 超过 MRL 美国标准水果蔬菜在不同采样点分布

序号	采样点	样品总数	超标数量	超标率（%）	行政区域
1	***蔬菜瓜果门市部	20	1	5.0	海北藏族自治州 门源回族自治县
2	***果蔬菜店	20	1	5.0	海北藏族自治州 门源回族自治县
3	***瓜果蔬菜店	19	1	5.3	黄南藏族自治州 尖扎县
4	***市场	19	1	5.3	西宁市 城东区
5	***市场	19	2	10.5	西宁市 城东区
6	***农贸市场	19	2	10.5	西宁市 城北区
7	***农贸市场	19	1	5.3	西宁市 城中区
8	***市场	19	1	5.3	西宁市 城西区

15.2.3.6 按 MRL CAC 标准衡量

按 MRL CAC 标准衡量，有 4 个采样点的样品存在不同程度的超标农药检出，如表 15-15 所示。

表 15-15 超过 MRL CAC 标准水果蔬菜在不同采样点分布

序号	采样点	样品总数	超标数量	超标率（%）	行政区域
1	***蔬菜瓜果门市部	20	1	5.0	海北藏族自治州 门源回族自治县
2	***水果蔬菜批发部	19	1	5.3	黄南藏族自治州 同仁县
3	***瓜果蔬菜店	19	1	5.3	黄南藏族自治州 尖扎县
4	***农贸市场	19	1	5.3	黄南藏族自治州 同仁县

15.3 水果中农药残留分布

15.3.1 检出农药品种和频次排前 5 的水果

本次残留侦测的水果共 5 种，包括葡萄、苹果、桃、草莓和梨。

根据检出农药品种及频次进行排名，将各项排名前 5 的水果样品检出情况列表说明，详见表 15-16。

表 15-16 检出农药品种和频次排名前 5 的水果

检出农药品种排名前 5（品种）	①葡萄（41），②桃（31），③苹果（27），④梨（22），⑤草莓（19）
检出农药频次排名前 5（频次）	①葡萄（312），②桃（174），③苹果（164），④梨（137），⑤草莓（46）
检出禁用、高毒及剧毒农药品种排名前 5（品种）	①梨（2），②草莓（1），③苹果（1），④葡萄（1），⑤桃（1）
检出禁用、高毒及剧毒农药频次排名前 5（频次）	①桃（22），②苹果（20），③梨（13），④葡萄（3），⑤草莓（1）

15.3.2 超标农药品种和频次排前 5 的水果

鉴于 MRL 欧盟标准和日本标准制定比较全面且覆盖率较高，我们参照 MRL 中国国家标准、欧盟标准和日本标准衡量水果样品中农残检出情况，将超标农药品种及频次排名前 5 的水果列表说明，详见表 15-17。

表 15-17 超标农药品种和频次排名前 5 的水果

超标农药品种排名前 5（农药品种数）	MRL 中国国家标准	①苹果（1）
	MRL 欧盟标准	①苹果（13），②葡萄（6），③桃（6），④草莓（2），⑤梨（2）
	MRL 日本标准	①苹果（8），②桃（7），③葡萄（3），④草莓（2），⑤梨（1）
超标农药频次排名前 5（农药频次数）	MRL 中国国家标准	①苹果（2）
	MRL 欧盟标准	①葡萄（35），②苹果（31），③桃（16），④梨（6），⑤草莓（5）
	MRL 日本标准	①葡萄（25），②桃（18），③苹果（13），④草莓（5），⑤梨（3）

通过对各品种水果样本总数及检出率进行综合分析发现，桃、草莓和梨的残留污染最为严重，在此，我们参照 MRL 中国国家标准、欧盟标准和日本标准对这 3 种水果的农残检出情况进行进一步分析。

15.3.3 农药残留检出率较高的水果样品分析

15.3.3.1 桃

这次共检测 30 例桃样品，全部检出了农药残留，检出率为 100.0%，检出农药共计 31 种。其中毒死蜱、吡唑醚菌酯、苯醚甲环唑、乙氧喹啉和氯氟氰菊酯检出频次较高，分别检出了 22、21、16、15 和 14 次。桃中农药检出品种和频次见图 15-18，超标农药见图 15-19 和表 15-18。

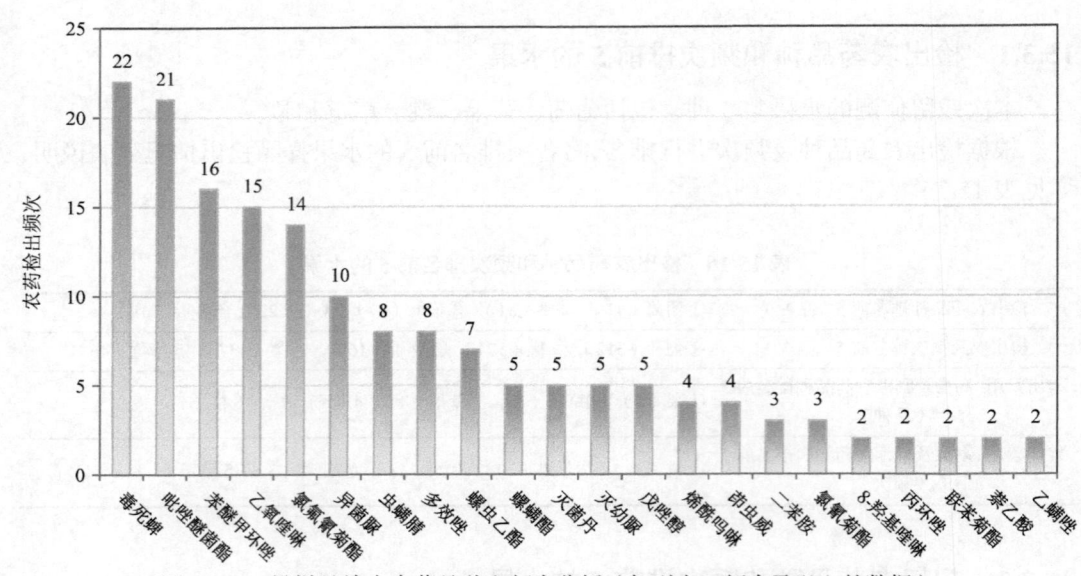

图 15-18　桃样品检出农药品种和频次分析（仅列出 2 频次及以上的数据）

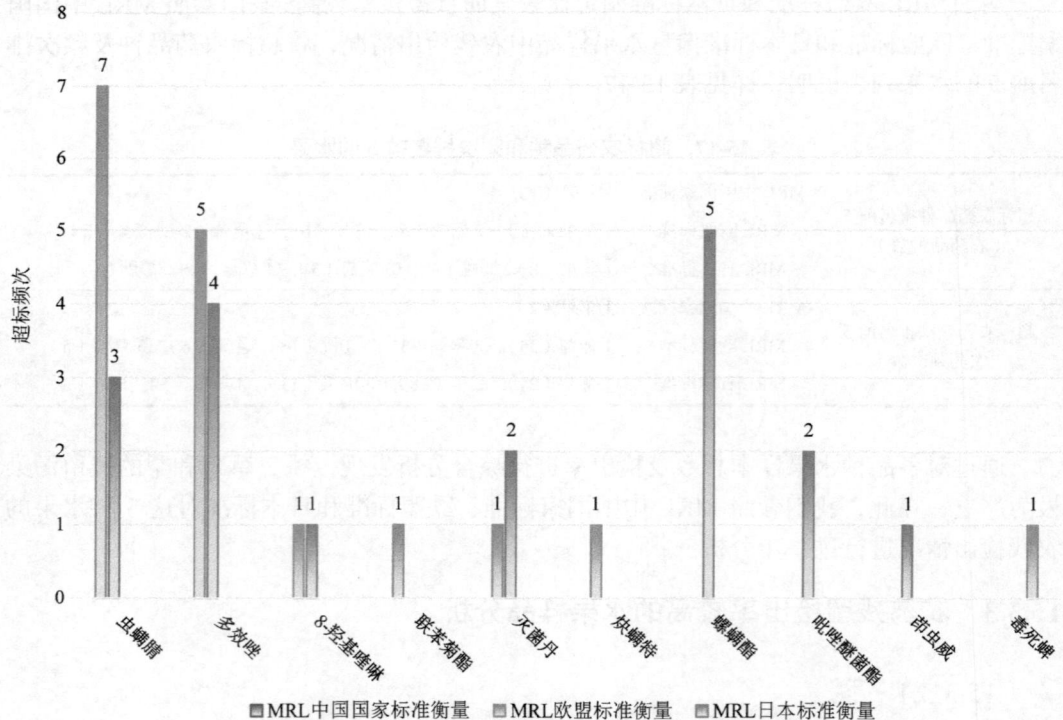

图 15-19　桃样品中超标农药分析

表 15-18 桃中农药残留超标情况明细表

样品总数 30		检出农药样品数 30	样品检出率（%） 100	检出农药品种总数 31
	超标农药品种	超标农药频次	按照 MRL 中国国家标准、欧盟标准和日本标准衡量超标农药名称及频次	
MRL 中国国家标准	0	0		
MRL 欧盟标准	6	16	虫螨腈（7），多效唑（5），8-羟基喹啉（1），联苯菊酯（1），灭菌丹（1），炔螨特（1）	
MRL 日本标准	7	18	螺螨酯（5），多效唑（4），虫螨腈（3），吡唑醚菌酯（2），灭菌丹（2），8-羟基喹啉（1），茚虫威（1）	

15.3.3.2 草莓

这次共检测 10 例草莓样品，全部检出了农药残留，检出率为 100.0%，检出农药共计 19 种。其中螺螨酯、乙氧喹啉、乙螨唑、哒螨灵和氟吡菌酰胺检出频次较高，分别检出了 7、5、4、3 和 3 次。草莓中农药检出品种和频次见图 15-20，超标农药见图 15-21 和表 15-19。

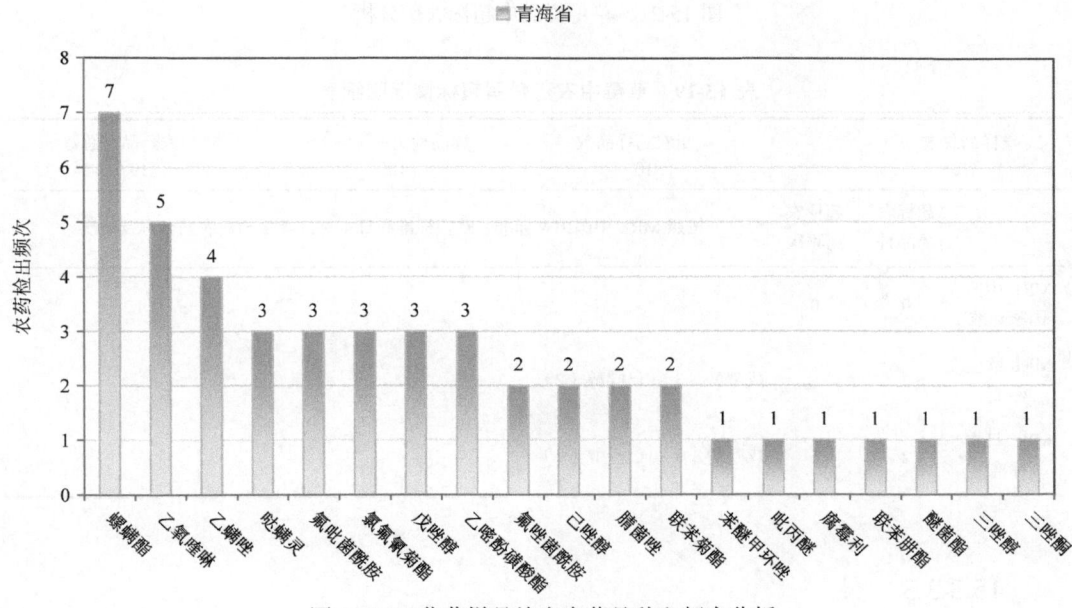

图 15-20 草莓样品检出农药品种和频次分析

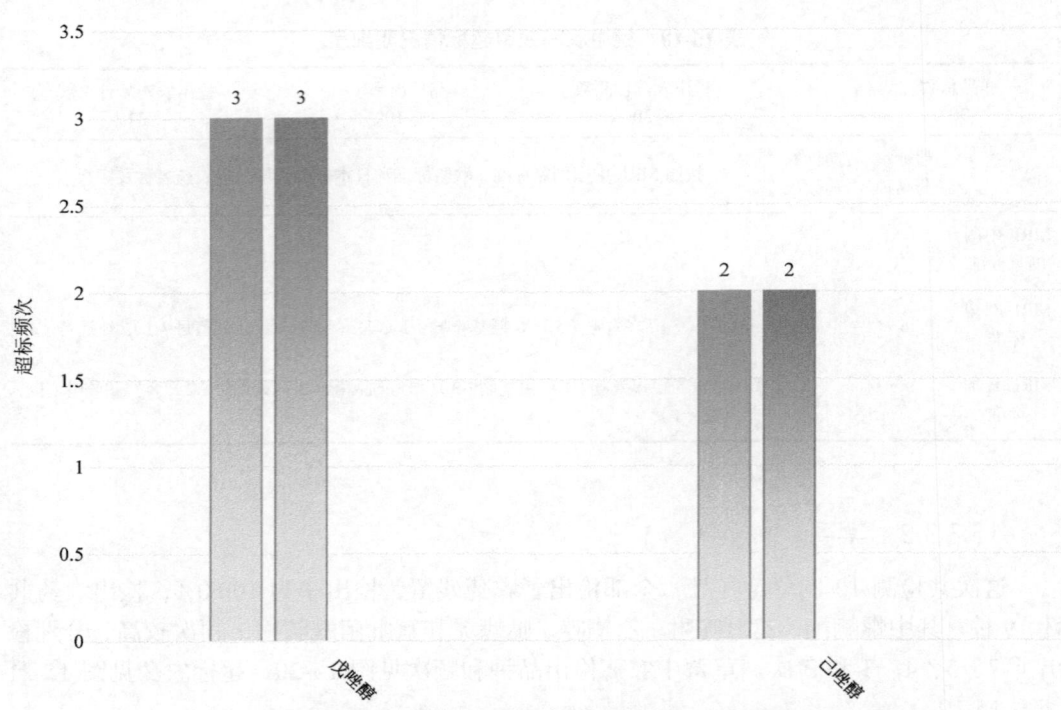

图 15-21 草莓样品中超标农药分析

表 15-19 草莓中农药残留超标情况明细表

样品总数 10	检出农药样品数 10	样品检出率（%） 100	检出农药品种总数 19
超标农药品种	超标农药频次	按照 MRL 中国国家标准、欧盟标准和日本标准衡量超标农药名称及频次	
MRL 中国国家标准	0	0	
MRL 欧盟标准	2	5	戊唑醇（3）、己唑醇（2）
MRL 日本标准	2	5	戊唑醇（3）、己唑醇（2）

15.3.3.3 梨

这次共检测 30 例梨样品，全部检出了农药残留，检出率为 100.0%，检出农药共计 22 种。其中乙氧喹啉、氯氟氰菊酯、虫螨腈、吡唑醚菌酯和螺虫乙酯检出频次较高，分别检出了 17、15、14、13 和 11 次。梨中农药检出品种和频次见图 15-22，超标农药见

图 15-23 和表 15-20。

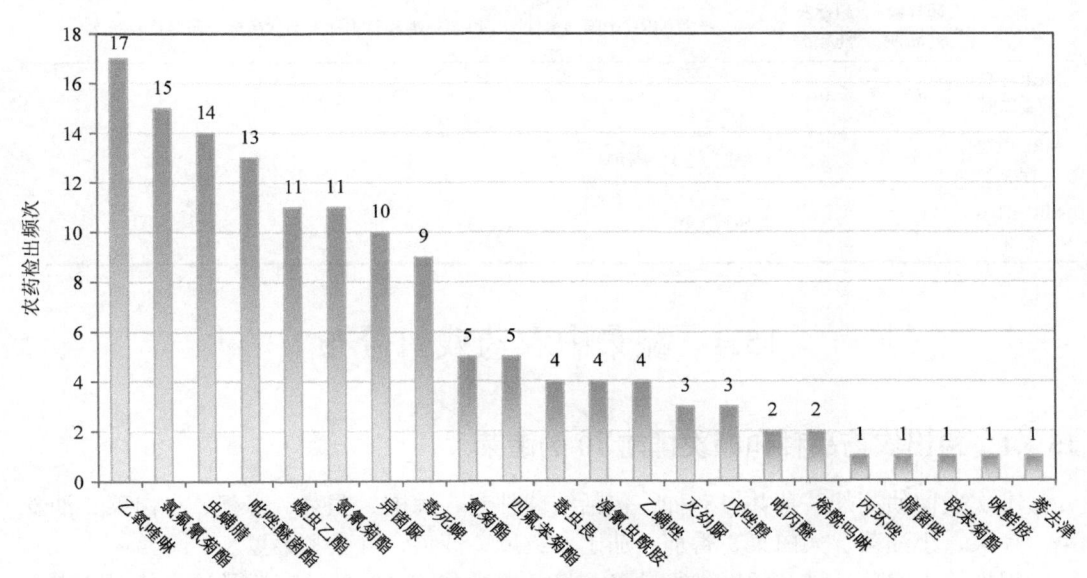

图 15-22 梨样品检出农药品种和频次分析

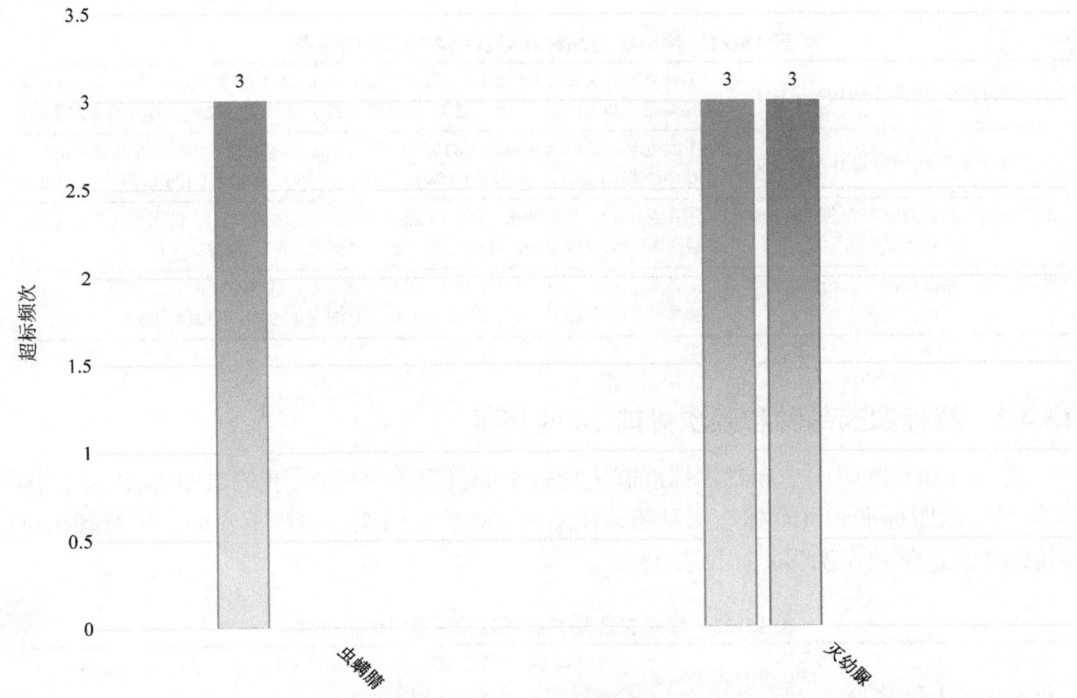

图 15-23 梨样品中超标农药分析

表 15-20　梨中农药残留超标情况明细表

样品总数 30		检出农药样品数 30	样品检出率（%） 100	检出农药品种总数 22
	超标农药品种	超标农药频次	按照 MRL 中国国家标准、欧盟标准和日本标准衡量超标农药名称及频次	
MRL 中国国家标准	0	0		
MRL 欧盟标准	2	6	虫螨腈（3），灭幼脲（3）	
MRL 日本标准	1	3	灭幼脲（3）	

15.4　蔬菜中农药残留分布

15.4.1　检出农药品种和频次排前 10 的蔬菜

本次残留侦测的蔬菜共 15 种，包括结球甘蓝、辣椒、韭菜、蒜薹、小白菜、油麦菜、芹菜、小油菜、大白菜、番茄、茄子、黄瓜、菠菜、豇豆和菜豆。

根据检出农药品种及频次进行排名，将各项排名前 10 的蔬菜样品检出情况列表说明，详见表 15-21。

表 15-21　检出农药品种和频次排名前 10 的蔬菜

检出农药品种排名前 10（品种）	①豇豆（41），②油麦菜（37），③芹菜（36），④小油菜（36），⑤黄瓜（35），⑥番茄（29），⑦小白菜（28），⑧蒜薹（27），⑨菜豆（26），⑩辣椒（24）
检出农药频次排名前 10（频次）	①油麦菜（354），②蒜薹（283），③芹菜（268），④黄瓜（208），⑤豇豆（207），⑥小油菜（163），⑦小白菜（158），⑧茄子（137），⑨韭菜（126），⑩菜豆（120）
检出禁用、高毒及剧毒农药品种排名前 10（品种）	①芹菜（6），②小油菜（6），③茄子（3），④小白菜（3），⑤菜豆（2），⑥豇豆（2），⑦辣椒（2），⑧油麦菜（2），⑨菠菜（1），⑩番茄（1）
检出禁用、高毒及剧毒农药频次排名前 10（频次）	①芹菜（34），②小油菜（12），③小油菜（9），④辣椒（8），⑤豇豆（7），⑥蒜薹（7），⑦茄子（6），⑧韭菜（4），⑨油麦菜（4），⑩菠菜（3）

15.4.2　超标农药品种和频次排前 10 的蔬菜

鉴于 MRL 欧盟标准和日本标准制定比较全面且覆盖率较高，我们参照 MRL 中国国家标准、欧盟标准和日本标准衡量蔬菜样品中农残检出情况，将超标农药品种及频次排名前 10 的蔬菜列表说明，详见表 15-22。

表 15-22　超标农药品种和频次排名前 10 的蔬菜

超标农药品种排名前 10（农药品种数）	MRL 中国国家标准	①小油菜（4），②芹菜（3），③小白菜（3），④菜豆（1），⑤豇豆（1），⑥辣椒（1），⑦茄子（1）
	MRL 欧盟标准	①小油菜（16），②豇豆（14），③油麦菜（12），④小白菜（11），⑤芹菜（10），⑥蒜薹（10），⑦菜豆（8），⑧茄子（8），⑨菠菜（6），⑩黄瓜（5）

续表

超标农药品种排名前 10（农药品种数）	MRL 日本标准	①豇豆（22），②小白菜（13），③菜豆（12），④小油菜（11），⑤芹菜（5），⑥油麦菜（5），⑦蒜薹（4），⑧菠菜（3），⑨韭菜（3），⑩番茄（2）
超标农药频次排名前 10（农药频次数）	MRL 中国国家标准	①小白菜（11），②小油菜（6），③芹菜（4），④豇豆（3），⑤菜豆（1），⑥辣椒（1），⑦茄子（1）
	MRL 欧盟标准	①蒜薹（83），②油麦菜（54），③豇豆（53），④小白菜（39），⑤茄子（32），⑥小油菜（28），⑦芹菜（27），⑧菜豆（19），⑨黄瓜（18），⑩辣椒（18）
	MRL 日本标准	①豇豆（69），②小油菜（39），③菜豆（32），④蒜薹（31），⑤小白菜（27），⑥油麦菜（19），⑦茄子（10），⑧芹菜（10），⑨菠菜（6），⑩韭菜（5）

通过对各品种蔬菜样本总数及检出率进行综合分析发现，豇豆、油麦菜和芹菜的残留污染最为严重，在此，我们参照 MRL 中国国家标准、欧盟标准和日本标准对这 3 种蔬菜的农残检出情况进行进一步分析。

15.4.3 农药残留检出率较高的蔬菜样品分析

15.4.3.1 豇豆

这次共检测 30 例豇豆样品，全部检出了农药残留，检出率为 100.0%，检出农药共计 41 种。其中烯酰吗啉、虫螨腈、二苯胺、三唑醇和乙氧喹啉检出频次较高，分别检出了 23、20、15、14 和 13 次。豇豆中农药检出品种和频次见图 15-24，超标农药见图 15-25 和表 15-23。

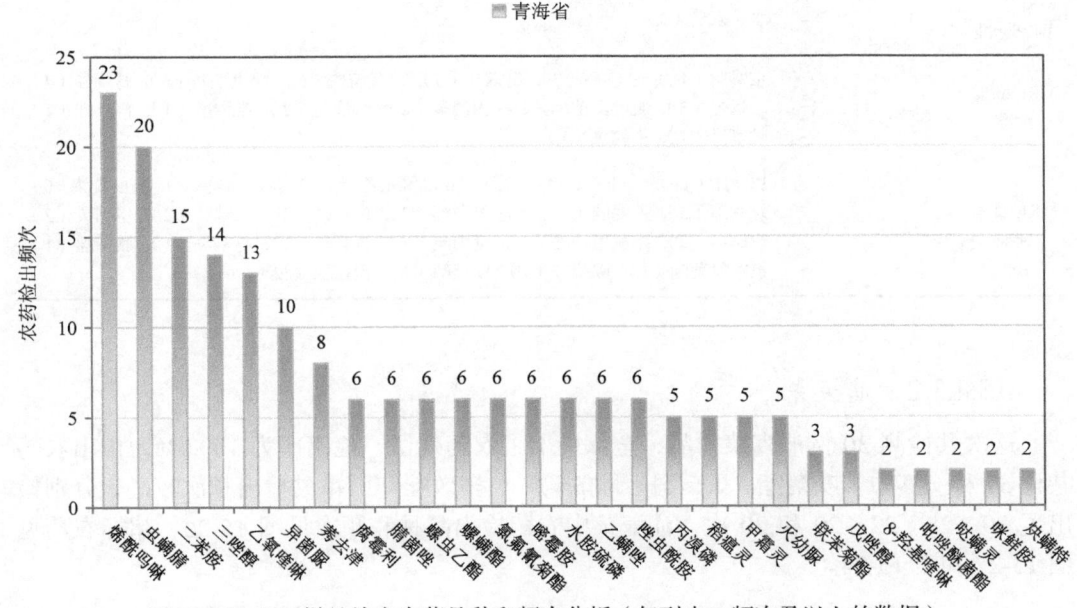

图 15-24 豇豆样品检出农药品种和频次分析（仅列出 2 频次及以上的数据）

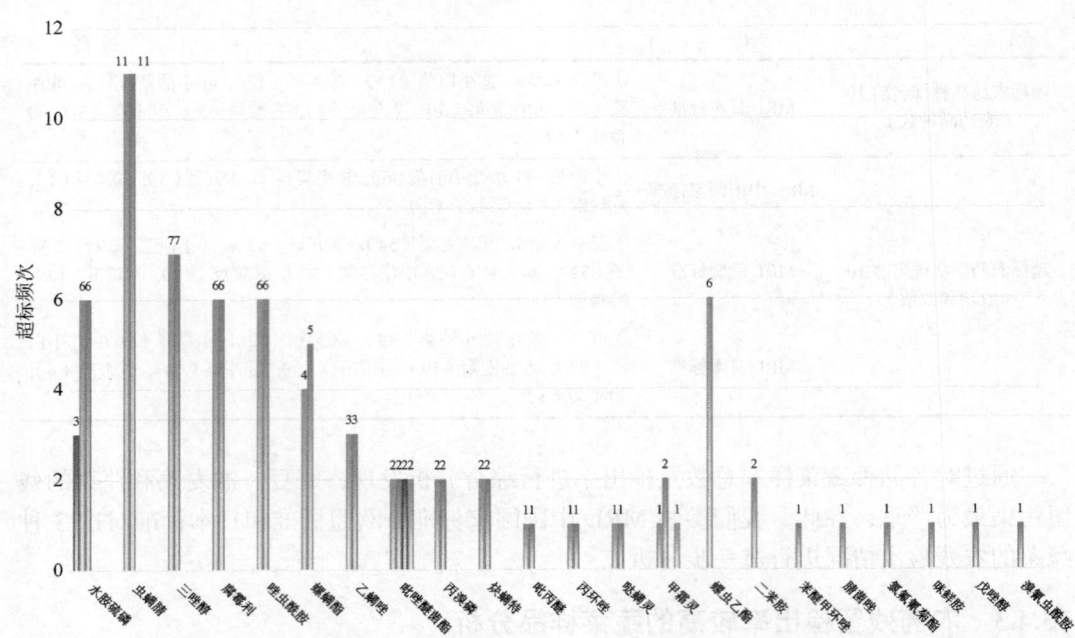

图 15-25 豇豆样品中超标农药分析

表 15-23 豇豆中农药残留超标情况明细表

样品总数	检出农药样品数	样品检出率（%）	检出农药品种总数
30	30	100	41

	超标农药品种	超标农药频次	按照 MRL 中国国家标准、欧盟标准和日本标准衡量超标农药名称及频次
MRL 中国国家标准	1	3	水胺硫磷（3）
MRL 欧盟标准	14	53	虫螨腈（11），三唑醇（7），腐霉利（6），水胺硫磷（6），唑虫酰胺（6），螺螨酯（4），乙螨唑（3），吡唑醚菌酯（2），丙溴磷（2），炔螨特（2），吡丙醚（1），丙环唑（1），哒螨灵（1），甲霜灵（1）
MRL 日本标准	22	69	虫螨腈（11），三唑醇（7），腐霉利（6），螺虫乙酯（6），水胺硫磷（6），唑虫酰胺（6），螺螨酯（5），乙螨唑（3），吡唑醚菌酯（2），丙溴磷（2），二苯胺（2），甲霜灵（2），炔螨特（2），苯醚甲环唑（1），吡丙醚（1），丙环唑（1），哒螨灵（1），腈菌唑（1），氯氟氰菊酯（1），咪鲜胺（1），戊唑醇（1），溴氰虫酰胺（1）

15.4.3.2 油麦菜

这次共检测 30 例油麦菜样品，全部检出了农药残留，检出率为 100.0%，检出农药共计 37 种。其中苄呋菊酯、灭菌丹、烯酰吗啉、多效唑和甲霜灵检出频次较高，分别检出了 29、28、22、20 和 20 次。油麦菜中农药检出品种和频次见图 15-26，超标农药见图 15-27 和表 15-24。

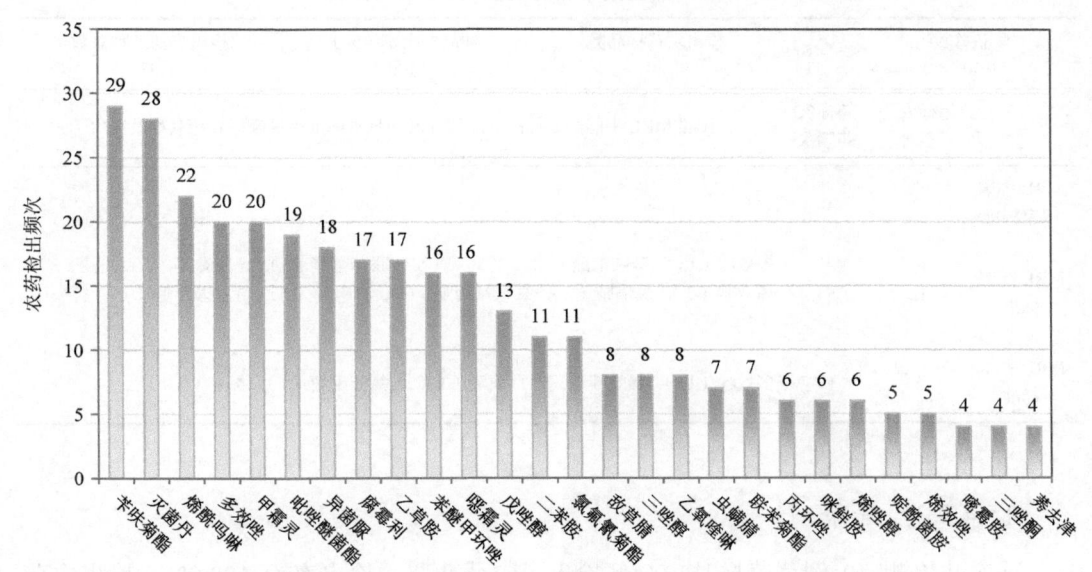

图 15-26 油麦菜样品检出农药品种和频次分析（仅列出 4 频次及以上的数据）

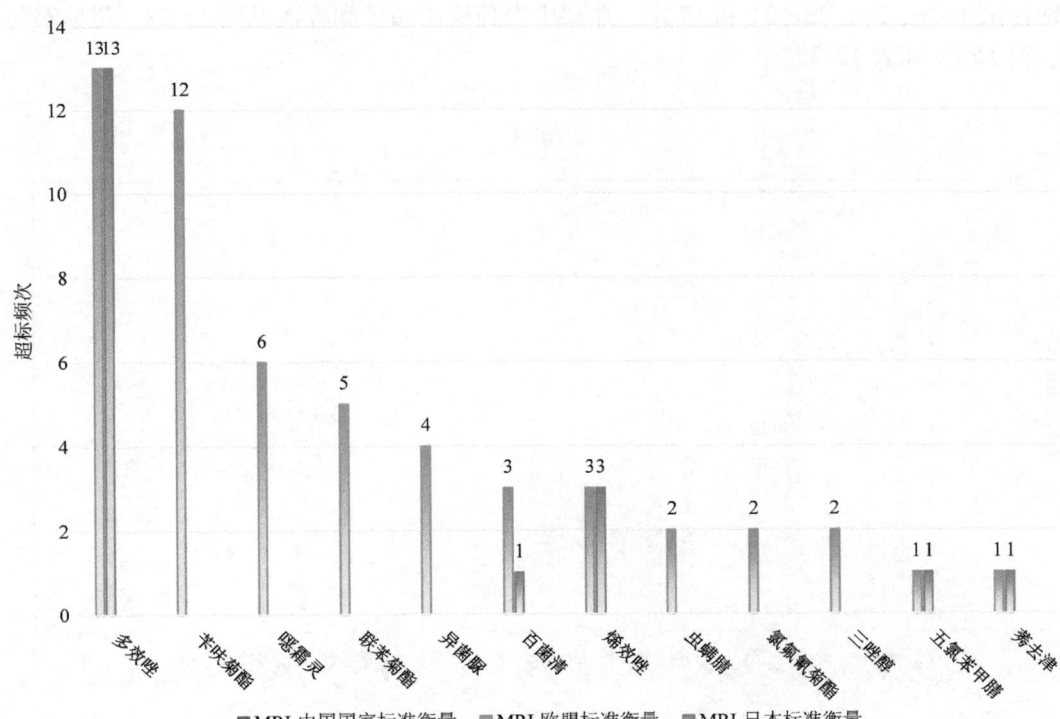

图 15-27 油麦菜样品中超标农药分析

表 15-24　油麦菜中农药残留超标情况明细表

样品总数 30		检出农药样品数 30	样品检出率（%） 100	检出农药品种总数 37
	超标农药品种	超标农药频次	按照 MRL 中国国家标准、欧盟标准和日本标准衡量超标农药名称及频次	
MRL 中国国家标准	0	0		
MRL 欧盟标准	12	54	多效唑（13），苄呋菊酯（12），噁霜灵（6），联苯菊酯（5），异菌脲（4），百菌清（3），烯效唑（3），虫螨腈（2），氯氟氰菊酯（2），三唑醇（2），五氯苯甲腈（1），莠去津（1）	
MRL 日本标准	5	19	多效唑（13），烯效唑（3），百菌清（1），五氯苯甲腈（1），莠去津（1）	

15.4.3.3　芹菜

这次共检测 30 例芹菜样品，全部检出了农药残留，检出率为 100.0%，检出农药共计 36 种。其中乙草胺、灭菌丹、苯醚甲环唑、烯酰吗啉和毒死蜱检出频次较高，分别检出了 26、23、22、21 和 17 次。芹菜中农药检出品种和频次见图 15-28，超标农药见图 15-29 和表 15-25。

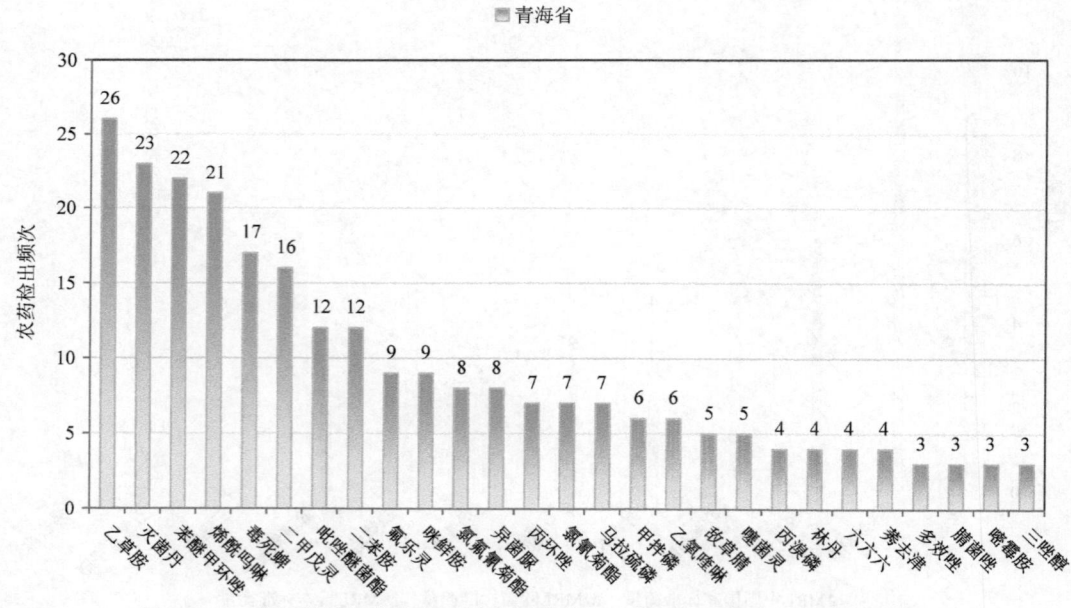

图 15-28　芹菜样品检出农药品种和频次分析（仅列出 3 频次及以上的数据）

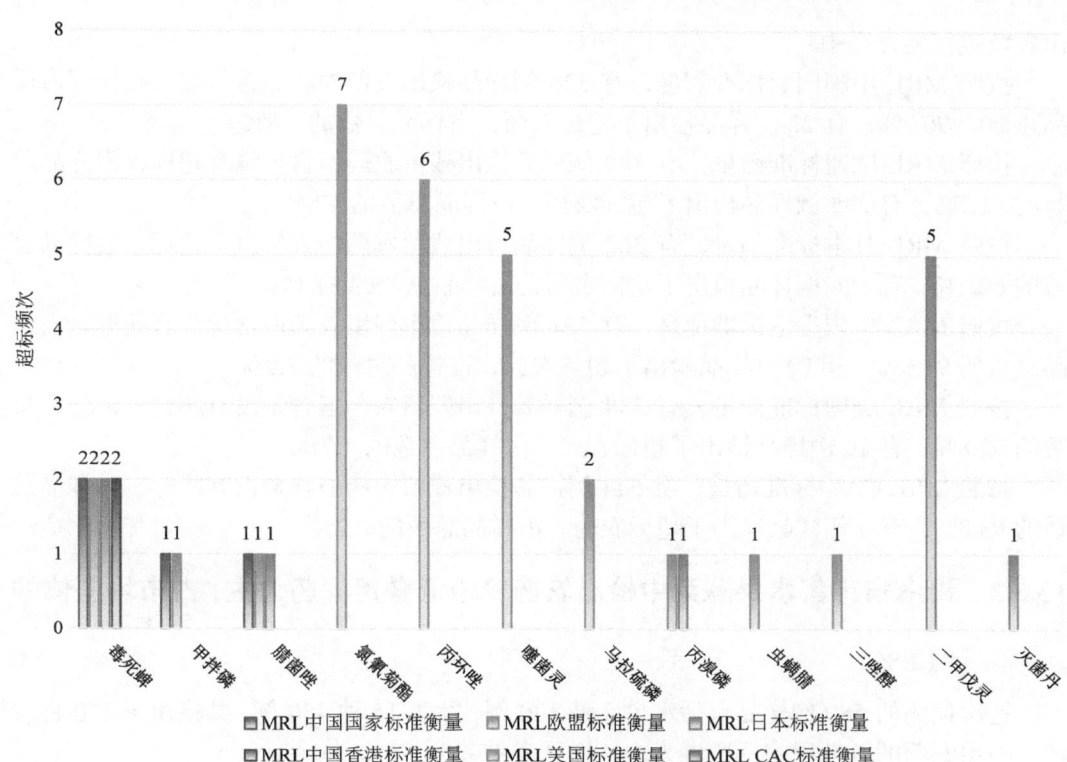

图 15-29　芹菜样品中超标农药分析

表 15-25　芹菜中农药残留超标情况明细表

样品总数 30		检出农药样品数 30	样品检出率（％） 100	检出农药品种总数 36
	超标农药品种	超标农药频次	按照 MRL 中国国家标准、欧盟标准和日本标准衡量超标农药名称及频次	
MRL 中国国家标准	3	4	毒死蜱（2），甲拌磷（1），腈菌唑（1）	
MRL 欧盟标准	10	27	氯氰菊酯（7），丙环唑（6），噻菌灵（5），毒死蜱（2），马拉硫磷（2），丙溴磷（1），虫螨腈（1），甲拌磷（1），腈菌唑（1），三唑醇（1）	
MRL 日本标准	5	10	二甲戊灵（5），毒死蜱（2），丙溴磷（1），腈菌唑（1），灭菌丹（1）	

15.5　初 步 结 论

15.5.1　青海省市售水果蔬菜按国际主要 MRL 标准衡量的合格率

　　本次侦测的 580 例样品中，32 例样品未检出任何残留农药，占样品总量的 5.5%，548 例样品检出不同水平、不同种类的残留农药，占样品总量的 94.5%。在这 548 例检出农药残留的样品中：

按照 MRL 中国国家标准衡量，有 526 例样品检出残留农药但含量没有超标，占样品总数的 90.7%，有 22 例样品检出了超标农药，占样品总数的 3.8%。

按照 MRL 欧盟标准衡量，有 300 例样品检出残留农药但含量没有超标，占样品总数的 51.7%，有 248 例样品检出了超标农药，占样品总数的 42.8%。

按照 MRL 日本标准衡量，有 362 例样品检出残留农药但含量没有超标，占样品总数的 62.4%，有 186 例样品检出了超标农药，占样品总数的 32.1%。

按照 MRL 中国香港标准衡量，有 531 例样品检出残留农药但含量没有超标，占样品总数的 91.6%，有 17 例样品检出了超标农药，占样品总数的 2.9%。

按照 MRL 美国标准衡量，有 538 例样品检出残留农药但含量没有超标，占样品总数的 92.8%，有 10 例样品检出了超标农药，占样品总数的 1.7%。

按照 MRL CAC 标准衡量，有 544 例样品检出残留农药但含量没有超标，占样品总数的 93.8%，有 4 例样品检出了超标农药，占样品总数的 0.7%。

15.5.2 青海省市售水果蔬菜中检出农药以中低微毒农药为主，占市场主体的 91.8%

这次侦测的 580 例样品包括水果 5 种 130 例，蔬菜 15 种 450 例，共检出了 110 种农药，检出农药的毒性以中低微毒为主，详见表 15-26。

表 15-26 市场主体农药毒性分布

毒性	检出品种	占比	检出频次	占比
剧毒农药	3	2.7%	10	0.3%
高毒农药	6	5.5%	25	0.8%
中毒农药	45	40.9%	1467	45.3%
低毒农药	35	31.8%	1220	37.7%
微毒农药	21	19.1%	516	15.9%

中低微毒农药，品种占比 91.8%，频次占比 98.9%

15.5.3 检出剧毒、高毒和禁用农药现象应该警醒

在此次侦测的 580 例样品中的 134 例样品检出了 15 种 161 频次的剧毒和高毒或禁用农药，占样品总量的 23.1%。其中剧毒农药甲拌磷、治螟磷和对氧磷以及高毒农药水胺硫磷、毒虫畏和克百威检出频次较高。

按 MRL 中国国家标准衡量，剧毒农药甲拌磷，检出 7 次，超标 2 次；高毒农药水胺硫磷，检出 15 次，超标 3 次；按超标程度比较，小油菜中甲拌磷超标 39.9 倍，芹菜中甲拌磷超标 4.3 倍，豇豆中水胺硫磷超标 2.7 倍，小油菜中三唑磷超标 1.8 倍。

剧毒、高毒或禁用农药的检出情况及按照 MRL 中国国家标准衡量的超标情况见表 15-27。

表 15-27　剧毒、高毒或禁用农药的检出及超标明细

序号	农药名称	样品名称	检出频次	超标频次	最大超标倍数	超标率（%）
1.1	对氧磷*	小油菜	1	0	0	0.0
2.1	治螟磷*▲	芹菜	2	0	0	0.0
3.1	甲拌磷*▲	芹菜	6	1	4.3	16.7
3.2	甲拌磷*▲	小油菜	1	1	39.89	100.0
4.1	三唑磷◊▲	小油菜	1	1	1.784	100.0
5.1	克百威◊▲	茄子	3	0	0	0.0
6.1	毒虫畏◊	梨	4	0	0	0.0
7.1	氟氯氰菊酯◊	茄子	1	0	0	0.0
8.1	水胺硫磷◊▲	辣椒	7	0	0	0.0
8.2	水胺硫磷◊▲	豇豆	6	3	2.716	50.0
8.3	水胺硫磷◊▲	油麦菜	1	0	0	0.0
8.4	水胺硫磷◊▲	菜豆	1	0	0	0.0
9.1	醚菌酯◊	草莓	1	0	0	0.0
10.1	六六六▲	芹菜	4	0	0	0.0
11.1	林丹▲	芹菜	4	0	0	0.0
11.2	林丹▲	小白菜	1	0	0	0.0
12.1	毒死蜱▲	桃	22	0	0	0.0
12.2	毒死蜱▲	苹果	20	0	0	0.0
12.3	毒死蜱▲	芹菜	17	2	11.128	11.8
12.4	毒死蜱▲	梨	9	0	0	0.0
12.5	毒死蜱▲	蒜薹	7	0	0	0.0
12.6	毒死蜱▲	小白菜	6	5	43.135	83.3
12.7	毒死蜱▲	小油菜	4	3	27.405	75.0
12.8	毒死蜱▲	韭菜	4	0	0	0.0
12.9	毒死蜱▲	油麦菜	3	0	0	0.0
12.10	毒死蜱▲	番茄	3	0	0	0.0
12.11	毒死蜱▲	菠菜	3	0	0	0.0
12.12	毒死蜱▲	葡萄	3	0	0	0.0
12.13	毒死蜱▲	茄子	2	0	0	0.0
12.14	毒死蜱▲	菜豆	1	0	0	0.0
12.15	毒死蜱▲	豇豆	1	0	0	0.0
12.16	毒死蜱▲	辣椒	1	0	0	0.0
13.1	氟虫腈▲	小白菜	5	5	15.955	100.0
13.2	氟虫腈▲	小油菜	1	1	10.19	100.0
14.1	氰戊菊酯▲	小油菜	1	0	0	0.0
15.1	硫丹▲	黄瓜	3	0	0	0.0
15.2	硫丹▲	芹菜	1	0	0	0.0
合计			161	22		13.7

注：超标倍数参照 MRL 中国国家标准衡量
*表示剧毒农药；◊表示高毒农药；▲表示禁用农药

这些超标的高剧毒或禁用农药都是中国政府早有规定禁止在水果蔬菜中使用的，为什么还屡次被检出，应该引起警惕。

15.5.4 残留限量标准与先进国家或地区差距较大

3238 频次的检出结果与我国公布的 GB 2763—2021《食品中农药最大残留限量》对比，有 1618 频次能找到对应的 MRL 中国国家标准，占 50.0%；还有 1620 频次的侦测数据无相关 MRL 标准供参考，占 50.0%。

与国际上现行 MRL 对比发现：

有 3238 频次能找到对应的 MRL 欧盟标准，占 100.0%；

有 3238 频次能找到对应的 MRL 日本标准，占 100.0%；

有 1337 频次能找到对应的 MRL 中国香港标准，占 41.3%；

有 1346 频次能找到对应的 MRL 美国标准，占 41.6%；

有 1026 频次能找到对应的 MRL CAC 标准，占 31.7%。

由上可见，MRL 中国国家标准与先进国家或地区标准还有很大差距，我们无标准，境外有标准，这就会导致我们在国际贸易中，处于受制于人的被动地位。

15.5.5 水果蔬菜单种样品检出 27～41 种农药残留，拷问农药使用的科学性

通过此次监测发现，葡萄、桃和苹果是检出农药品种最多的 3 种水果，豇豆、油麦菜和芹菜是检出农药品种最多的 3 种蔬菜，从中检出农药品种及频次详见表 15-28。

表 15-28　单种样品检出农药品种及频次

样品名称	样品总数	检出率（%）	检出农药品种数	检出农药（频次）
豇豆	30	100.0	41	烯酰吗啉（23），虫螨腈（20），二苯胺（15），三唑醇（14），乙氧喹啉（13），异菌脲（10），莠去津（8），腐霉利（6），腈菌唑（6），螺虫乙酯（6），螺螨酯（6），氯氟氰菊酯（6），嘧霉胺（6），水胺硫磷（6），乙螨唑（6），唑虫酰胺（6），丙溴磷（5），稻瘟灵（5），甲霜灵（5），灭幼脲（5），联苯菊酯（3），戊唑醇（3），8-羟基喹啉（2），吡唑醚菌酯（2），哒螨灵（2），咪鲜胺（2），炔螨特（2），苯醚甲环唑（1），吡丙醚（1），吡噻菌胺（1），丙环唑（1），啶氧菌酯（1），毒死蜱（1），多效唑（1），二甲戊灵（1），己唑醇（1），苦参碱（1），嘧菌酯（1），噻嗪酮（1），烯唑醇（1），溴氰虫酰胺（1）
油麦菜	30	100.0	37	苄呋菊酯（29），灭菌丹（28），烯酰吗啉（22），多效唑（20），甲霜灵（20），吡唑醚菌酯（19），异菌脲（18），腐霉利（17），乙草胺（17），苯醚甲环唑（16），噁霜灵（16），戊唑醇（13），二苯胺（11），氯氟氰菊酯（11），敌草腈（8），三唑醇（8），乙氧喹啉（8），虫螨腈（7），联苯菊酯（7），丙环唑（6），咪鲜胺（6），烯唑醇（6），啶酰菌胺（5），烯效唑（5），嘧霉胺（4），三唑酮（4），莠去津（4），百菌清（3），毒死蜱（3），嘧菌酯（3），五氯苯甲腈（3），萘乙酸（2），啶氧菌酯（1），氟硅唑（1），苦参碱（1），水胺硫磷（1），唑虫酰胺（1）

续表

样品名称	样品总数	检出率（%）	检出农药品种数	检出农药（频次）
芹菜	30	100.0	36	乙草胺（26），灭菌丹（23），苯醚甲环唑（22），烯酰吗啉（21），毒死蜱（17），二甲戊灵（16），吡唑醚菌酯（12），二苯胺（12），氟乐灵（9），咪鲜胺（9），氯氟氰菊酯（8），异菌脲（8），丙环唑（7），氯氰菊酯（7），马拉硫磷（7），甲拌磷（6），乙氧喹啉（6），敌草腈（5），噻菌灵（5），丙溴磷（4），林丹（4），六六六（4），莠去津（4），多效唑（3），腈菌唑（3），嘧霉胺（3），三唑醇（3），腐霉利（2），甲霜灵（2），肟菌酯（2），五氯硝基苯（2），治螟磷（2），虫螨腈（1），啶酰菌胺（1），硫丹（1），野麦畏（1）
葡萄	30	96.7	41	吡唑醚菌酯（26），氟吡菌酰胺（20），氯氟氰菊酯（17），烯酰吗啉（16），腐霉利（15），嘧霉胺（15），乙氧喹啉（14），苯醚甲环唑（13），霜霉威（13），抑霉唑（13），虫螨腈（12），氟唑菌酰胺（12），多效唑（10），二苯胺（10），嘧菌环胺（10），戊唑醇（10），异菌脲（9），啶酰菌胺（8），戊唑醇（8），乙螨唑（7），肟菌酯（6），唑胺菌酯（6），敌草腈（5），氯菊酯（4），嘧菌酯（4），毒死蜱（3），四氟醚唑（3），乙烯菌核利（3），二甲戊灵（2），螺虫乙酯（2），螺螨酯（2），四氟苯菊酯（2），威杀灵（2），溴氰菊酯（2），仲丁灵（2），哒螨灵（1），氟环唑（1），甲霜灵（1），氯氰菊酯（1），咪鲜胺（1），灭菌丹（1）
桃	30	100.0	31	毒死蜱（22），吡唑醚菌酯（21），苯醚甲环唑（16），乙氧喹啉（15），氯氟氰菊酯（14），异菌脲（10），虫螨腈（8），多效唑（8），螺虫乙酯（7），螺螨酯（5），灭菌丹（5），灭幼脲（5），戊唑醇（5），烯酰吗啉（4），茚虫威（4），二苯胺（3），氯氰菊酯（3），8-羟基喹啉（2），丙环唑（2），联苯菊酯（2），萘乙酸（2），乙螨唑（2），二甲戊灵（1），甲氰菊酯（1），腈菌唑（1），氯菊酯（1），咪鲜胺（1），嘧菌酯（1），炔螨特（1），溴氰虫酰胺（1），溴氰菊酯（1）
苹果	30	96.7	27	毒死蜱（20），吡唑醚菌酯（16），乙氧喹啉（16），灭菌丹（13），氯氟氰菊酯（12），戊唑醇（12），哒螨灵（11），二苯胺（9），苯醚甲环唑（7），炔螨特（7），乙草胺（7），腈菌唑（5），腐霉利（4），丁噻隆（3），氯氰菊酯（3），四氟苯菊酯（3），烯酰吗啉（3），异菌脲（3），螺螨酯（2），多效唑（1），氟唑菌酰胺（1），咪鲜胺（1），灭幼脲（1），扑草净（1），三唑醇（1），西草净（1），乙螨唑（1）

上述 6 种水果蔬菜，检出农药 27~41 种，是多种农药综合防治，还是未严格实施农业良好管理规范（GAP），抑或根本就是乱施药，值得我们思考。

第 16 章　GC-Q-TOF/MS 侦测青海省市售水果蔬菜农药残留膳食暴露风险与预警风险评估

16.1　农药残留侦测数据分析与统计

庞国芳院士科研团队建立的农药残留高通量侦测技术以高分辨精确质量数（0.0001 m/z 为基准）为识别标准，采用 GC-Q-TOF/MS 技术对 691 种农药化学污染物进行侦测。

科研团队于 2021 年 7 月在青海省 7 个区县的 30 个采样点，随机采集了 580 例水果蔬菜样品，采样点分布在个体商户和农贸市场，水果蔬菜样品采集数量如表 16-1 所示。

表 16-1　青海省 7 月内采集水果蔬菜样品数列表

时间	样品数（例）
2021 年 7 月	580

利用 GC-Q-TOF/MS 技术对 580 例样品中的农药进行侦测，侦测出残留农药 3238 频次。侦测出农药残留水平如表 16-2 和图 16-1 所示。检出频次最高的前 10 种农药如表 16-3 所示。从侦测结果中可以看出，在水果蔬菜中农药残留普遍存在，且有些水果蔬菜存在高浓度的农药残留，这些可能存在膳食暴露风险，对人体健康产生危害，因此，为了定量地评价水果蔬菜中农药残留的风险程度，有必要对其进行风险评价。

表 16-2　侦测出农药的不同残留水平及其所占比例列表

残留水平（μg/kg）	检出频次	占比（%）
1~5（含）	1781	55.0
5~10（含）	412	12.7
10~100（含）	729	22.5
100~1000（含）	294	9.1
>1000	22	0.7

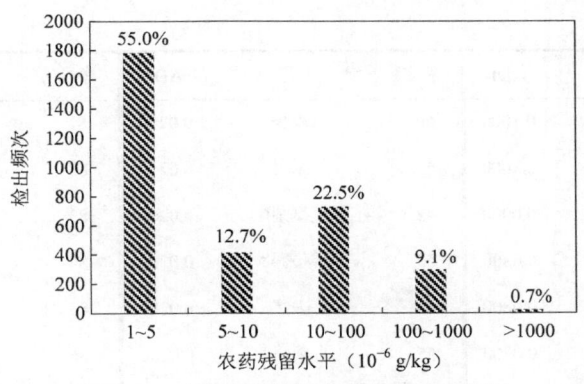

图 16-1　残留农药侦测出浓度频数分布图

表 16-3　检出频次最高的前 10 种农药列表

序号	农药	检出频次
1	烯酰吗啉	194
2	二苯胺	180
3	乙氧喹啉	176
4	腐霉利	166
5	氯氟氰菊酯	163
6	吡唑醚菌酯	159
7	异菌脲	153
8	虫螨腈	146
9	苯醚甲环唑	135
10	灭菌丹	133

本研究使用 GC-Q-TOF/MS 技术对青海省 580 例样品中的农药侦测中，共侦测出农药 110 种，这些农药的每日允许最大摄入量（ADI）值见表 16-4。为评价青海省农药残留的风险，本研究采用两种模型分别评价膳食暴露风险和预警风险，具体的风险评价模型见附录 A。

表 16-4　青海省水果蔬菜中侦测出农药的 ADI 值

序号	农药	ADI	序号	农药	ADI	序号	农药	ADI
1	灭幼脲	1.2500	7	烯酰吗啉	0.2000	13	吡丙醚	0.1000
2	霜霉威	0.4000	8	嘧霉胺	0.2000	14	吡噻菌胺	0.1000
3	咯菌腈	0.4000	9	仲丁灵	0.2000	15	稻瘟灵	0.1000
4	醚菌酯	0.4000	10	萘乙酸	0.1500	16	苦参碱	0.1000
5	马拉硫磷	0.3000	11	丁噻隆	0.1400	17	噻菌灵	0.1000
6	嘧菌酯	0.2000	12	二甲戊灵	0.1000	18	多效唑	0.1000

续表

序号	农药	ADI	序号	农药	ADI	序号	农药	ADI
19	腐霉利	0.1000	50	野麦畏	0.0250	81	氟硅唑	0.0070
20	灭菌丹	0.1000	51	氟乐灵	0.0250	82	禾草丹	0.0070
21	啶氧菌酯	0.0900	52	氯氟氰菊酯	0.0200	83	硫丹	0.0060
22	二苯胺	0.0800	53	氯氰菊酯	0.0200	84	唑虫酰胺	0.0060
23	甲霜灵	0.0800	54	莠去津	0.0200	85	乙氧喹啉	0.0050
24	丙环唑	0.0700	55	百菌清	0.0200	86	己唑醇	0.0050
25	吡唑萘菌胺	0.0600	56	氟唑菌酰胺	0.0200	87	林丹	0.0050
26	异菌脲	0.0600	57	氰戊菊酯	0.0200	88	六六六	0.0050
27	乙螨唑	0.0500	58	烯效唑	0.0200	89	烯唑醇	0.0050
28	螺虫乙酯	0.0500	59	氟环唑	0.0200	90	四氟醚唑	0.0040
29	氯菊酯	0.0500	60	噻呋酰胺	0.0140	91	丁苯吗啉	0.0040
30	乙嘧酚磺酸酯	0.0500	61	苯醚甲环唑	0.0100	92	噻唑磷	0.0040
31	啶酰菌胺	0.0400	62	毒死蜱	0.0100	93	乙霉威	0.0040
32	氟氯氰菊酯	0.0400	63	乙草胺	0.0100	94	唑胺菌酯	0.0040
33	扑草净	0.0400	64	联苯菊酯	0.0100	95	水胺硫磷	0.0030
34	肟菌酯	0.0400	65	咪鲜胺	0.0100	96	异丙威	0.0020
35	三唑醇	0.0300	66	哒螨灵	0.0100	97	克百威	0.0010
36	苄呋菊酯	0.0300	67	氟吡菌酰胺	0.0100	98	三唑磷	0.0010
37	丙溴磷	0.0300	68	螺螨酯	0.0100	99	治螟磷	0.0010
38	腈菌唑	0.0300	69	乙烯菌核利	0.0100	100	氟吡禾灵	0.0007
39	嘧菌环胺	0.0300	70	敌草腈	0.0100	101	氟吡甲禾灵	0.0007
40	三唑酮	0.0300	71	噁霜灵	0.0100	102	甲拌磷	0.0007
41	抑霉唑	0.0300	72	炔螨特	0.0100	103	毒虫畏	0.0005
42	戊菌唑	0.0300	73	丙硫菌唑	0.0100	104	氟虫腈	0.0002
43	甲氰菊酯	0.0300	74	联苯肼酯	0.0100	105	8-羟基喹啉	—
44	溴氰虫酰胺	0.0300	75	氯硝胺	0.0100	106	对氧磷	—
45	乙氧氟草醚	0.0300	76	五氯硝基苯	0.0100	107	杀螨特	—
46	戊唑醇	0.0300	77	茚虫威	0.0100	108	四氟苯菊酯	—
47	吡唑醚菌酯	0.0300	78	溴氰菊酯	0.0100	109	威杀灵	—
48	虫螨腈	0.0300	79	喹禾灵	0.0090	110	五氯苯甲腈	—
49	西草净	0.0250	80	噻嗪酮	0.0090			

注："—"表示国家标准中无 ADI 值规定；ADI 值单位为 mg/kg bw

16.2 农药残留膳食暴露风险评估

16.2.1 每例水果蔬菜样品中农药残留安全指数分析

基于农药残留侦测数据，发现在 580 例样品中侦测出农药 3238 频次，计算样品中每种残留农药的安全指数 IFS_c，并分析农药对样品安全的影响程度，农药残留对水果蔬菜样品安全的影响程度频次分布情况如图 16-2 所示。

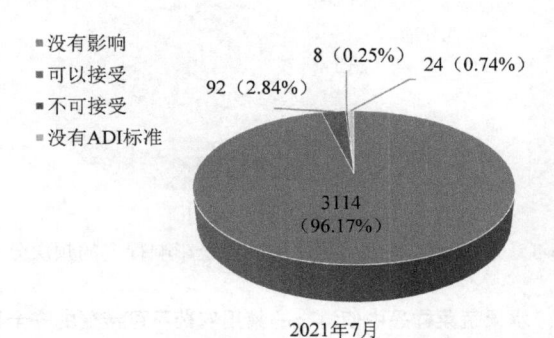

图 16-2 农药残留对水果蔬菜样品安全的影响程度频次分布图

由图 16-2 可以看出，农药残留对样品安全的影响不可接受的频次为 8，占 0.25%；农药残留对样品安全的影响可以接受的频次为 92，占 2.84%；农药残留对样品安全的没有影响的频次为 3114，占 96.17%。分析发现，2021 年 7 月的农药残留对样品安全存在不可接受的影响，频次为 8，占 0.25%。表 16-5 为对水果蔬菜样品安全影响不可接受的农药残留列表。

表 16-5 水果蔬菜样品中安全影响不可接受的农药残留列表

序号	样品编号	采样点	基质	农药	含量（mg/kg）	IFS_c
1	20210719-632200-LZFDC-PB-05A	***蔬菜瓜果门市部	小白菜	氟虫腈	0.3391	10.7382
2	20210718-632300-LZFDC-CL-03A	***蔬菜水果店	小油菜	氟虫腈	0.2238	7.0870
3	20210719-632200-LZFDC-PB-03A	***果蔬菜店	小白菜	氟虫腈	0.1214	3.8443
4	20210715-630100-LZFDC-CL-08A	***市场	小油菜	甲拌磷	0.4089	3.6996
5	20210719-632200-LZFDC-PB-01A	***农贸市场	小白菜	氟虫腈	0.1039	3.2902
6	20210715-630100-LZFDC-PB-15A	***农贸市场	小白菜	氟虫腈	0.0691	2.1882
7	20210719-632200-LZFDC-PB-04A	***蔬菜瓜果超市	小白菜	氟虫腈	0.0463	1.4662
8	20210718-632300-LZFDC-CE-04A	***蔬菜水果	芹菜	苯醚甲环唑	1.9677	1.2462

部分样品侦测出禁用农药 11 种 154 频次，为了明确残留的禁用农药对样品安全的影响，分析侦测出禁用农药残留的样品安全指数，禁用农药残留对水果蔬菜样品安全的影响程度频次分布情况如图 16-3 所示，农药残留对样品安全的影响不可接受的频次为 7，占 4.55%；农药残留对样品安全的影响可以接受的频次为 17，占 11.04%；农药残留对样品安全没有影响的频次为 130，占 84.42%。表 16-6 列出了水果蔬菜样品中侦测出的禁用农药残留不可接受的安全指数表。

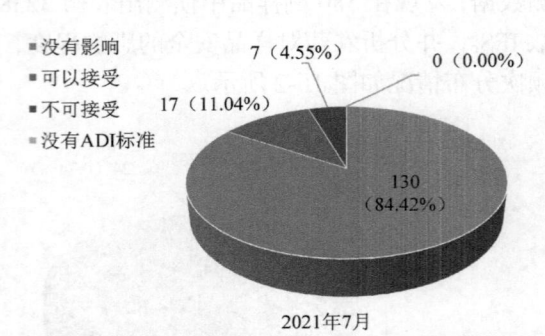

图 16-3 禁用农药对水果蔬菜样品安全影响程度的频次分布图

表 16-6 水果蔬菜样品中侦测出的禁用农药不可接受的安全指数表

序号	样品编号	采样点	基质	农药	含量（mg/kg）	IFS$_c$
1	20210719-632200-LZFDC-PB-05A	***蔬菜瓜果门市部	小白菜	氟虫腈	0.3391	10.7382
2	20210718-632300-LZFDC-CL-03A	***蔬菜水果店	小油菜	氟虫腈	0.2238	7.0870
3	20210719-632200-LZFDC-PB-03A	***果蔬菜店	小白菜	氟虫腈	0.1214	3.8443
4	20210715-630100-LZFDC-CL-08A	***市场	小油菜	甲拌磷	0.4089	3.6996
5	20210719-632200-LZFDC-PB-01A	***农贸市场	小白菜	氟虫腈	0.1039	3.2902
6	20210715-630100-LZFDC-PB-15A	***农贸市场	小白菜	氟虫腈	0.0691	2.1882
7	20210719-632200-LZFDC-PB-04A	***蔬菜瓜果超市	小白菜	氟虫腈	0.0463	1.4662

此外，本次侦测发现部分样品中非禁用农药残留量超过了 MRL 中国国家标准和欧盟标准，为了明确超标的非禁用农药对样品安全的影响，分析了非禁用农药残留超标的样品安全指数。

水果蔬菜残留量超过 MRL 中国国家标准的非禁用农药对水果蔬菜样品安全的影响程度频次分布情况如图 16-4 所示。可以看出，侦测出超过 MRL 中国国家标准的非禁用农药共 7 频次，其中农药残留对样品安全的影响可以接受的频次为 6，占 85.71%；农药残留对样品安全没有影响的频次为 1，占 14.29%。表 16-7 为水果蔬菜样品中侦测出的非禁用农药残留安全指数表。

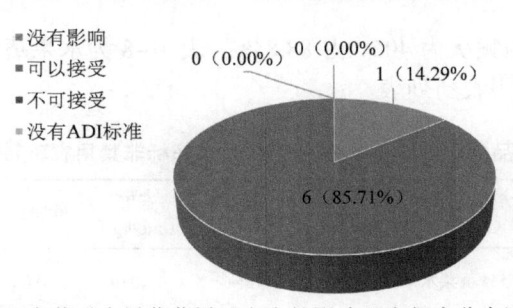

图 16-4 残留超标的非禁用农药对水果蔬菜样品安全的影响程度频次分布图（MRL 中国国家标准）

表 16-7 水果蔬菜样品中侦测出的非禁用农药残留安全指数表（MRL 中国国家标准）

序号	样品编号	采样点	基质	农药	含量（mg/kg）	中国国家标准	超标倍数	IFS$_c$	影响程度
1	20210719-632200-LZFDC-PB-05A	***蔬菜瓜果门市部	小白菜	溴氰菊酯	0.9390	0.50	0.88 倍	0.5947	可以接受
2	20210721-632200-LZFDC-DJ-08A	***蔬菜瓜果批发部	菜豆	虫螨腈	2.0466	1.00	1.05 倍	0.4321	可以接受
3	20210718-632300-LZFDC-AP-02A	***瓜果蔬菜店	苹果	氯氟氰菊酯	0.6011	0.20	2.01 倍	0.1903	可以接受
4	20210717-632300-LZFDC-LJ-06A	***水果蔬菜批发部	辣椒	吡唑醚菌酯	0.6574	0.50	0.31 倍	0.1388	可以接受
5	20210715-630100-LZFDC-CE-03A	***农贸市场	芹菜	腈菌唑	0.6098	0.05	11.2 倍	0.1287	可以接受
6	20210721-632200-LZFDC-AP-01A	***蔬菜瓜果门市部	苹果	氯氟氰菊酯	0.3338	0.20	0.67 倍	0.1057	可以接受
7	20210717-632300-LZFDC-EP-02A	***农贸市场	茄子	甲氰菊酯	0.3517	0.20	0.76 倍	0.0742	没有影响

残留量超过 MRL 欧盟标准的非禁用农药对水果蔬菜样品安全的影响程度频次分布情况如图 16-5 所示。可以看出，超过 MRL 欧盟标准的非禁用农药共 457 频次，其中农药没有 ADI 标准的频次为 4，占 0.88%；农药残留对样品安全的影响不可接受的频次为 0，占 0.00%；农药残留对样品安全的影响可以接受的频次为 47，占 10.28%；农药残留

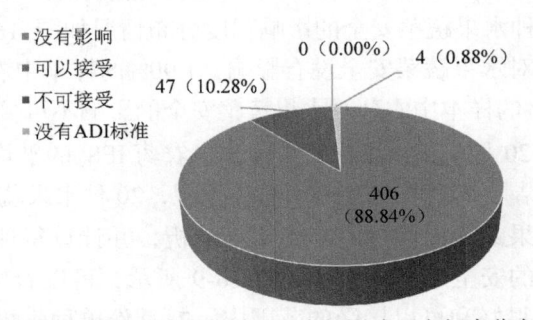

图 16-5 残留超标的非禁用农药对水果蔬菜样品安全的影响程度频次分布图（MRL 欧盟标准）

对样品安全没有影响的频次为 406，占 88.84%。表 16-8 为水果蔬菜样品中安全指数排名前 10 的残留超标非禁用农药列表。

表 16-8　水果蔬菜样品中安全指数排名前 10 的残留超标非禁用农药列表（MRL 欧盟标准）

序号	样品编号	采样点	基质	农药	含量（mg/kg）	欧盟标准	超标倍数	IFS$_c$	影响程度
1	20210718-632300-LZFDC-GS-04A	***蔬菜水果	蒜薹	咪鲜胺	1.4049	0.05	27.10 倍	0.8898	可以接受
2	20210717-632300-LZFDC-GS-03A	***农贸市场	蒜薹	咪鲜胺	1.3047	0.05	25.09 倍	0.8263	可以接受
3	20210718-632300-LZFDC-GS-03A	***蔬菜水果店	蒜薹	咪鲜胺	1.2588	0.05	24.18 倍	0.7972	可以接受
4	20210717-632300-LZFDC-GS-06A	***水果蔬菜批发部	蒜薹	咪鲜胺	1.1952	0.05	22.90 倍	0.7570	可以接受
5	20210718-632300-LZFDC-GS-02A	***瓜果蔬菜店	蒜薹	咪鲜胺	1.0498	0.05	20.00 倍	0.6649	可以接受
6	20210716-630100-LZFDC-YM-01A	***市场	油麦菜	百菌清	2.0915	0.01	208.15 倍	0.6623	可以接受
7	20210717-632300-LZFDC-GS-01A	***农贸市场	蒜薹	咪鲜胺	1.0405	0.05	19.81 倍	0.6590	可以接受
8	20210718-632300-LZFDC-GS-01A	***果蔬店	蒜薹	咪鲜胺	1.0386	0.05	19.77 倍	0.6578	可以接受
9	20210719-632200-LZFDC-PB-05A	***蔬菜瓜果门市部	小白菜	溴氰菊酯	0.9390	0.20	3.70 倍	0.5947	可以接受
10	20210717-632300-LZFDC-GS-04A	***市场	蒜薹	咪鲜胺	0.7978	0.05	14.96 倍	0.5053	可以接受

16.2.2　单种水果蔬菜中农药残留安全指数分析

本次 20 种水果蔬菜中侦测出 110 种农药，所有水果蔬菜均侦测出农药，检出频次为 3238 次，其中 6 种农药没有 ADI 标准，104 种农药存在 ADI 标准。对 20 种水果蔬菜按不同种类分别计算侦测出的具有 ADI 标准的各种农药的 IFS$_c$ 值，农药残留对水果蔬菜的安全指数分布图如图 16-6 所示。

本次侦测中，20 种水果蔬菜和 104 种残留农药（包括没有 ADI 标准）共涉及 580 个分析样本，农药对单种水果蔬菜安全的影响程度分布情况如图 16-7 所示。可以看出，93.79% 的样本中农药对水果蔬菜安全没有影响，1.90% 的样本中农药对水果蔬菜安全的影响可以接受，0.17% 的样本中农药对水果蔬菜安全的影响不可接受。

此外，分别计算 20 种水果蔬菜中所有侦测出农药 IFS$_c$ 的平均值 $\overline{IFS_c}$，分析每种水果蔬菜的安全状态，结果如图 16-8 所示，分析发现，20 种水果蔬菜的安全状态都很好。

对 7 月份每种水果蔬菜中农药的 IFS$_c$ 进行分析，并计算每种水果蔬菜的 $\overline{IFS_c}$ 值，以评价每种水果蔬菜的安全状态，结果如图 16-9 所示，可以看出，7 月份所有水果蔬菜的安全状态均处于很好和可以接受的范围内，7 月份单种水果蔬菜安全状态统计情况如图 16-10 所示。

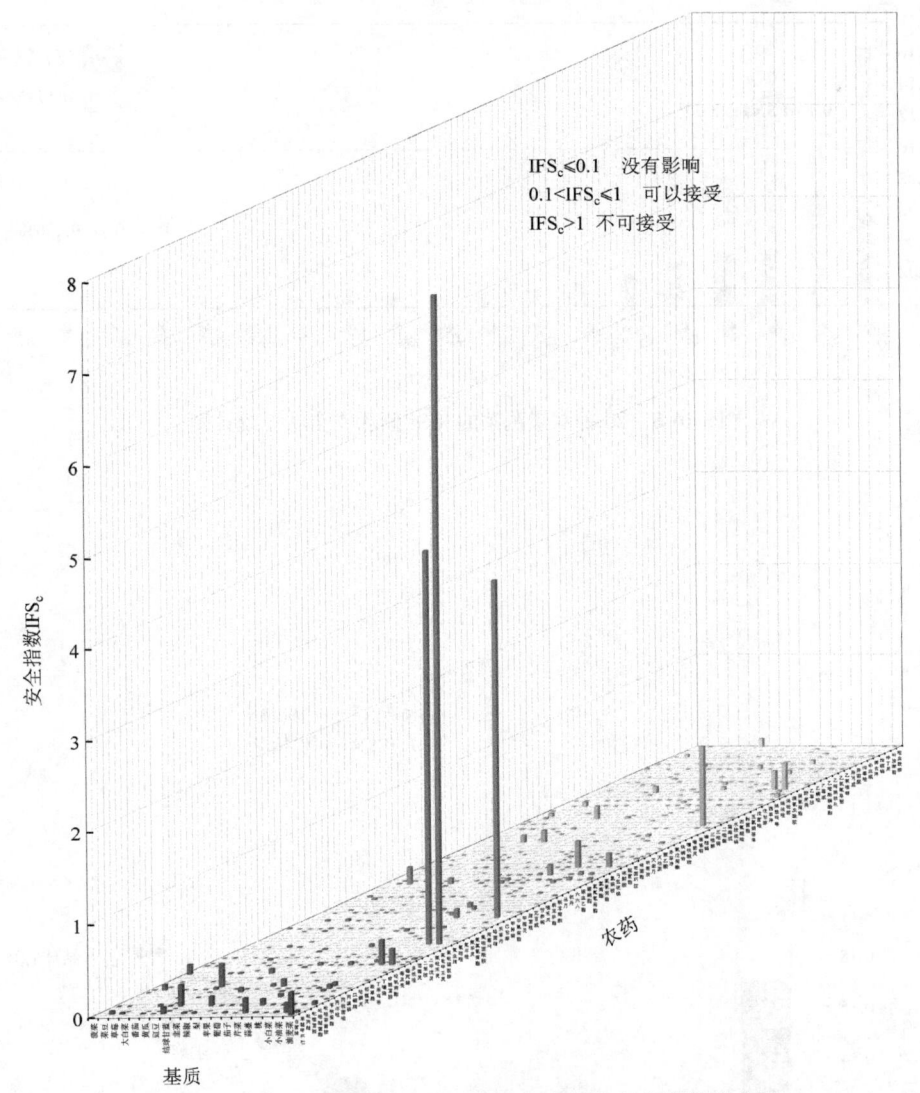

图 16-6　20 种水果蔬菜中 104 种残留农药的安全指数分布图

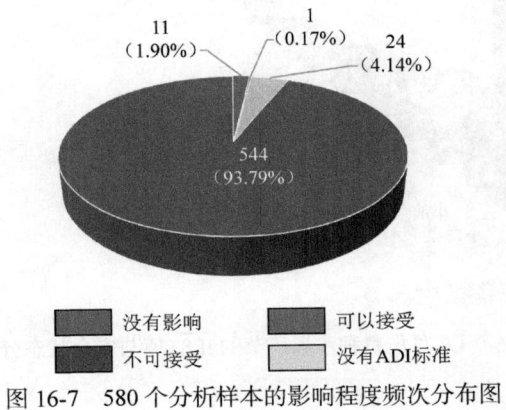

图 16-7　580 个分析样本的影响程度频次分布图

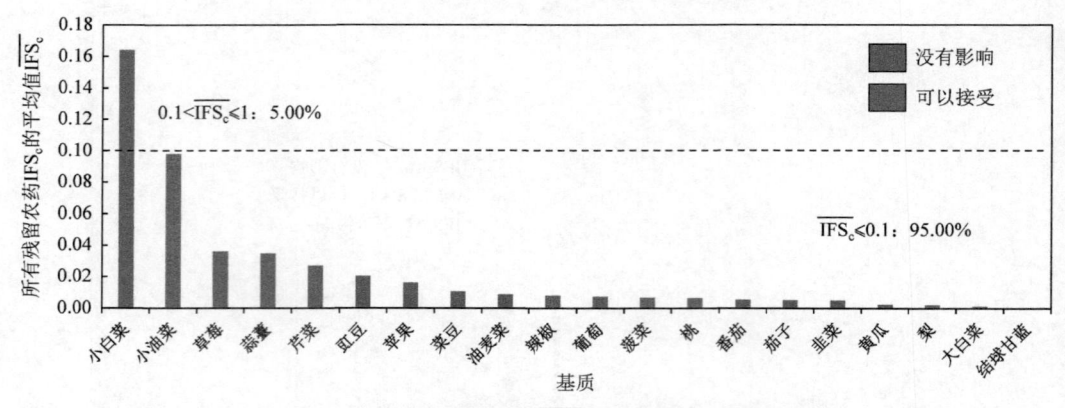

图 16-8　20 种水果蔬菜的 $\overline{IFS_c}$ 值和安全状态统计图

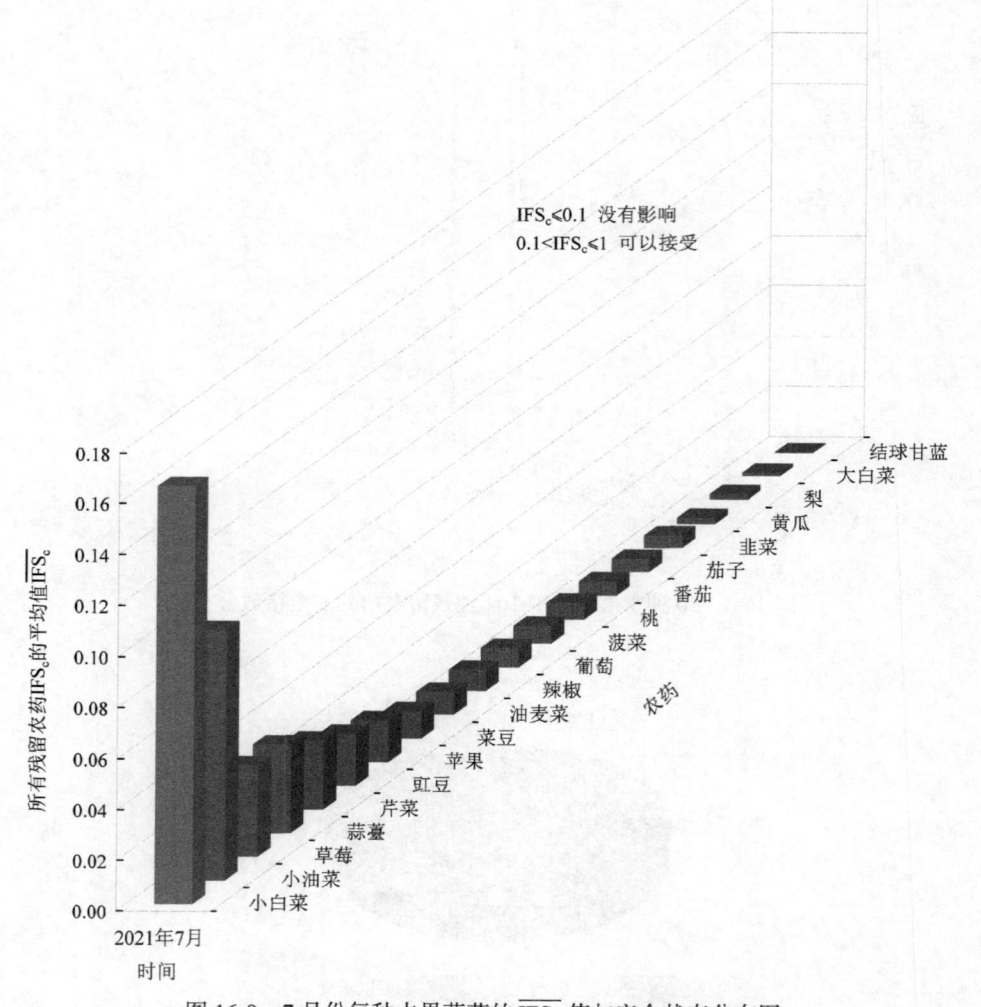

图 16-9　7 月份每种水果蔬菜的 $\overline{IFS_c}$ 值与安全状态分布图

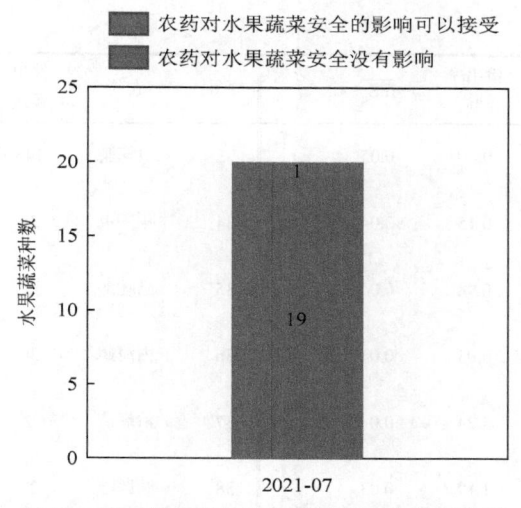

图 16-10 7月份单种水果蔬菜安全状态统计图

16.2.3 所有水果蔬菜中农药残留安全指数分析

计算所有水果蔬菜中 104 种农药的 $\overline{IFS_c}$ 值，结果如图 16-11 及表 16-9 所示。

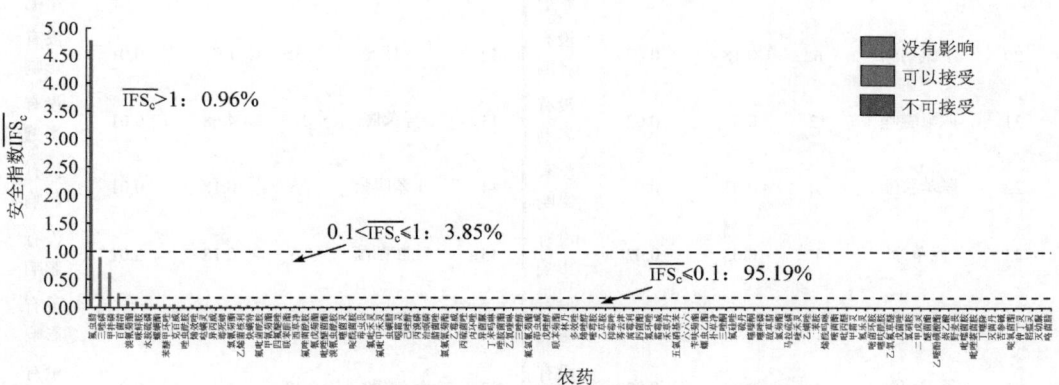

图 16-11 104 种残留农药对水果蔬菜的安全影响程度统计图

表 16-9 水果蔬菜中 104 种农药残留的安全指数表

序号	农药	检出频次	检出率（%）	$\overline{IFS_c}$	影响程度	序号	农药	检出频次	检出率（%）	$\overline{IFS_c}$	影响程度
1	氟虫腈	6	0.18	4.77	不可接受	6	咪鲜胺	72	2.20	0.10	没有影响
2	三唑磷	1	0.03	0.88	没有影响	7	水胺硫磷	15	0.46	0.07	没有影响
3	甲拌磷	7	0.21	0.61	没有影响	8	螺螨酯	35	1.07	0.06	没有影响
4	百菌清	3	0.09	0.25	没有影响	9	苯醚甲环唑	135	4.13	0.05	没有影响
5	溴氰菊酯	13	0.40	0.11	没有影响	10	克百威	3	0.09	0.05	没有影响

续表

序号	农药	检出频次	检出率（%）	$\overline{IFS_c}$	影响程度	序号	农药	检出频次	检出率（%）	$\overline{IFS_c}$	影响程度
11	唑虫酰胺	13	0.40	0.05	没有影响	33	虫螨腈	146	4.46	0.01	没有影响
12	烯效唑	5	0.15	0.04	没有影响	34	噁霜灵	25	0.76	0.01	没有影响
13	哒螨灵	32	0.98	0.04	没有影响	35	己唑醇	5	0.15	0.01	没有影响
14	异丙威	1	0.03	0.04	没有影响	36	丙溴磷	30	0.92	0.01	没有影响
15	毒死蜱	106	3.24	0.04	没有影响	37	治螟磷	2	0.06	0.01	没有影响
16	氯氰菊酯	39	1.19	0.03	没有影响	38	腈菌唑	22	0.67	0.01	没有影响
17	乙烯菌核利	24	0.73	0.03	没有影响	39	氯氟氰菊酯	163	4.98	0.01	没有影响
18	炔螨特	19	0.58	0.03	没有影响	40	乙霉威	1	0.03	0.01	没有影响
19	氟吡菌酰胺	28	0.86	0.03	没有影响	41	丙硫菌唑	2	0.06	0.01	没有影响
20	甲氰菊酯	6	0.18	0.02	没有影响	42	丙环唑	35	1.07	0.01	没有影响
21	四氟醚唑	12	0.37	0.02	没有影响	43	异菌脲	153	4.68	0.01	没有影响
22	联苯肼酯	1	0.03	0.02	没有影响	44	丁苯吗啉	6	0.18	0.01	没有影响
23	西草净	1	0.03	0.02	没有影响	45	唑胺菌酯	6	0.18	0.01	没有影响
24	氟唑菌酰胺	16	0.49	0.02	没有影响	46	乙氧喹啉	176	5.38	0.01	没有影响
25	氰戊菊酯	1	0.03	0.02	没有影响	47	三唑醇	48	1.47	0.01	没有影响
26	吡唑醚菌酯	159	4.86	0.02	没有影响	48	氟氯氰菊酯	1	0.03	0.01	没有影响
27	溴氰虫酰胺	8	0.24	0.02	没有影响	49	茚虫威	4	0.12	0.01	没有影响
28	噻菌灵	14	0.43	0.02	没有影响	50	戊唑醇	88	2.69	0.01	没有影响
29	啶酰菌胺	23	0.70	0.02	没有影响	51	联苯菊酯	55	1.68	0.01	没有影响
30	毒虫畏	4	0.12	0.01	没有影响	52	林丹	5	0.15	0.01	没有影响
31	氟吡禾灵	3	0.09	0.01	没有影响	53	多效唑	57	1.74	0.00	没有影响
32	氟吡甲禾灵	3	0.09	0.01	没有影响	54	烯唑醇	11	0.34	0.00	没有影响

续表

序号	农药	检出频次	检出率（%）	$\overline{IFS_c}$	影响程度	序号	农药	检出频次	检出率（%）	$\overline{IFS_c}$	影响程度
55	嘧霉胺	42	1.28	0.00	没有影响	77	喹禾灵	29	0.89	0.00	没有影响
56	乙草胺	99	3.03	0.00	没有影响	78	乙螨唑	35	1.07	0.00	没有影响
57	抑霉唑	13	0.40	0.00	没有影响	79	二苯胺	180	5.50	0.00	没有影响
58	莠去津	70	2.14	0.00	没有影响	80	烯酰吗啉	194	5.93	0.00	没有影响
59	腐霉利	166	5.08	0.00	没有影响	81	嘧菌酯	31	0.95	0.00	没有影响
60	肟菌酯	17	0.52	0.00	没有影响	82	吡丙醚	16	0.49	0.00	没有影响
61	氟环唑	11	0.34	0.00	没有影响	83	甲霜灵	49	1.50	0.00	没有影响
62	霜霉威	16	0.49	0.00	没有影响	84	氟乐灵	10	0.31	0.00	没有影响
63	禾草丹	1	0.03	0.00	没有影响	85	嘧菌环胺	15	0.46	0.00	没有影响
64	五氯硝基苯	5	0.15	0.00	没有影响	86	噻呋酰胺	3	0.09	0.00	没有影响
65	六六六	4	0.12	0.00	没有影响	87	乙氧氟草醚	5	0.15	0.00	没有影响
66	苄呋菊酯	29	0.89	0.00	没有影响	88	戊菌唑	10	0.31	0.00	没有影响
67	螺虫乙酯	26	0.80	0.00	没有影响	89	氯硝胺	1	0.03	0.00	没有影响
68	扑草净	4	0.12	0.00	没有影响	90	二甲戊灵	30	0.92	0.00	没有影响
69	三唑酮	15	0.46	0.00	没有影响	91	醚菌酯	1	0.03	0.00	没有影响
70	氟硅唑	3	0.09	0.00	没有影响	92	乙嘧酚磺酸酯	8	0.24	0.00	没有影响
71	硫丹	4	0.12	0.00	没有影响	93	萘乙酸	9	0.28	0.00	没有影响
72	噻嗪酮	3	0.09	0.00	没有影响	94	野麦畏	1	0.03	0.00	没有影响
73	噻唑磷	1	0.03	0.00	没有影响	95	吡噻菌胺	1	0.03	0.00	没有影响
74	敌草腈	27	0.83	0.00	没有影响	96	吡唑萘菌胺	1	0.03	0.00	没有影响
75	氯菊酯	10	0.31	0.00	没有影响	97	丁噻隆	3	0.09	0.00	没有影响
76	马拉硫磷	7	0.21	0.00	没有影响	98	灭菌丹	133	4.07	0.00	没有影响

序号	农药	检出频次	检出率（%）	$\overline{IFS_c}$	影响程度	序号	农药	检出频次	检出率（%）	$\overline{IFS_c}$	影响程度
99	苦参碱	2	0.06	0.00	没有影响	102	稻瘟灵	5	0.15	0.00	没有影响
100	啶氧菌酯	2	0.06	0.00	没有影响	103	灭幼脲	14	0.43	0.00	没有影响
101	仲丁灵	2	0.06	0.00	没有影响	104	咯菌腈	2	0.06	0.00	没有影响

分析发现，104 种农药对水果蔬菜安全的影响在没有影响和不可接受的范围内，其中 0.96%的农药对水果蔬菜安全的影响不可接受，99.04%的农药对水果蔬菜安全没有影响。

对 7 月份所有水果蔬菜中残留农药的 $\overline{IFS_c}$ 进行分析，结果如图 16-12 所示。分析发

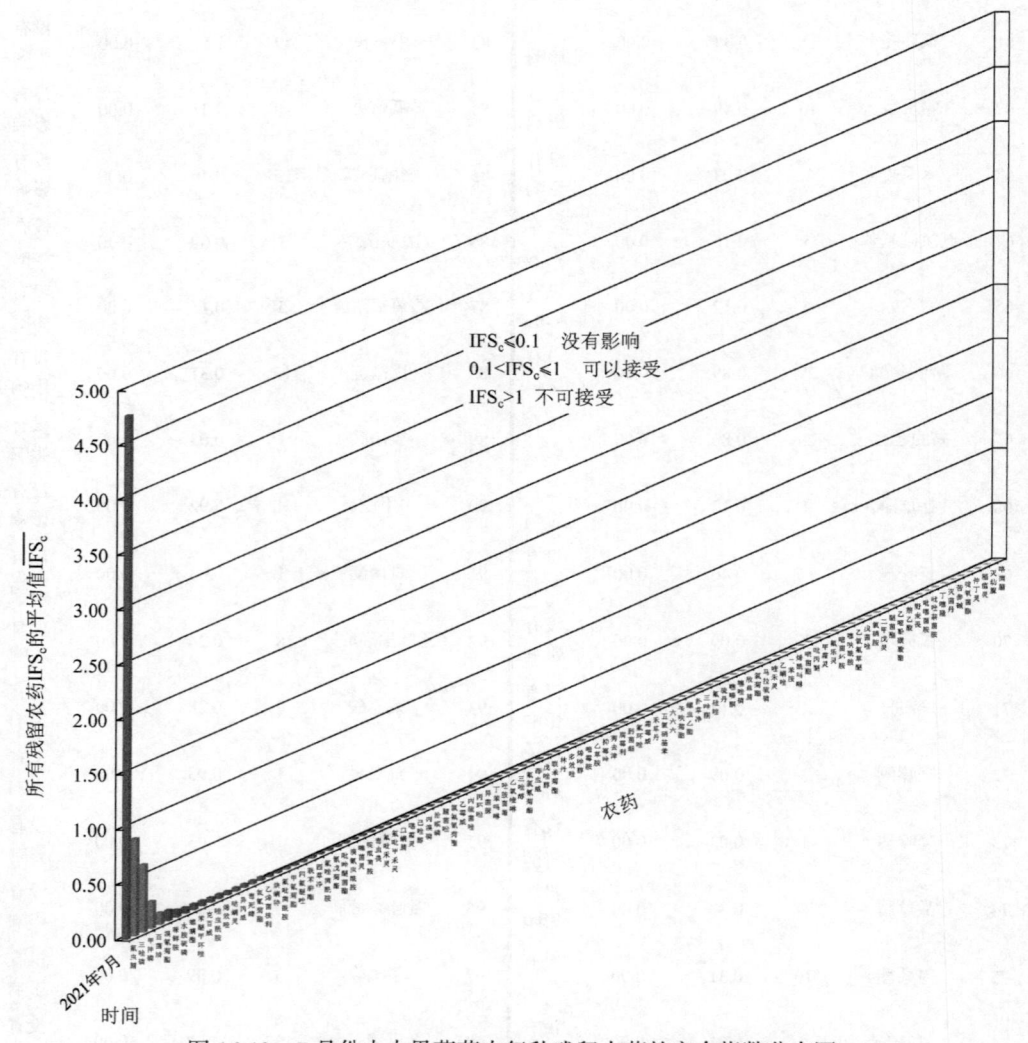

图 16-12　7 月份内水果蔬菜中每种残留农药的安全指数分布图

现，7月份所有农药对水果蔬菜安全的影响均处于没有影响、可以接受和不可接受的范围内。7月份不同农药对水果蔬菜安全影响程度的统计如图16-13所示。

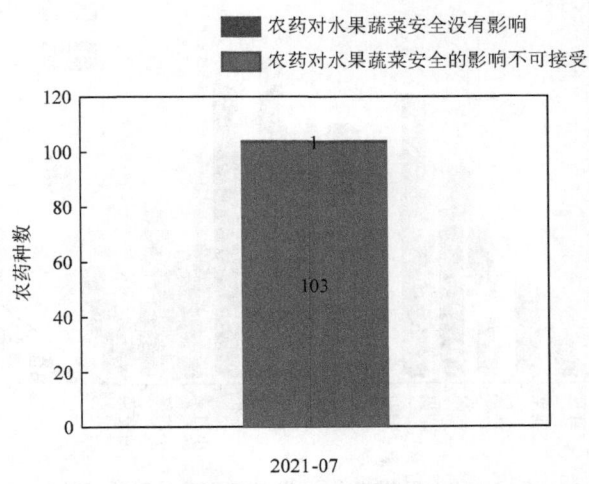

图 16-13　7月份内农药对水果蔬菜安全影响程度的统计图

16.3　农药残留预警风险评估

基于青海省水果蔬菜样品中农药残留 GC-Q-TOF/MS 侦测数据，分析禁用农药的检出率，同时参照中华人民共和国国家标准 GB 2763—2021 和欧盟农药最大残留限量（MRL）标准分析非禁用农药残留的超标率，并计算农药残留风险系数。分析单种水果蔬菜中农药残留以及所有水果蔬菜中农药残留的风险程度。

16.3.1　单种水果蔬菜中农药残留风险系数分析

16.3.1.1　单种水果蔬菜中禁用农药残留风险系数分析

侦测出的 110 种残留农药中有 11 种为禁用农药，且它们分布在 17 种水果蔬菜中，计算 17 种水果蔬菜中禁用农药的超标率，根据超标率计算风险系数 R，进而分析水果蔬菜中禁用农药的风险程度，结果如图 16-14 与表 16-10 所示。分析发现 8 种禁用农药在 14 种水果蔬菜中的残留处于高度风险；8 种禁用农药在 8 种水果蔬菜中的残留均处于中度风险。

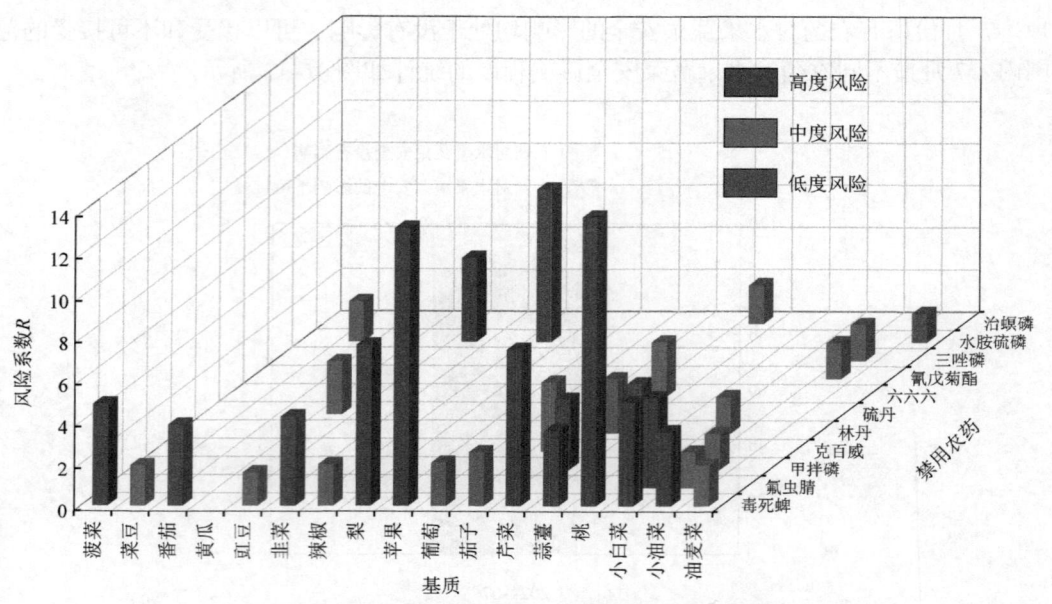

图 16-14 17种水果蔬菜中11种禁用农药的风险系数分布图

表 16-10 17种水果蔬菜中11种禁用农药的风险系数列表

序号	基质	农药	检出频次	检出率（%）	风险系数 R	风险程度
1	桃	毒死蜱	22	12.64	13.74	高度风险
2	苹果	毒死蜱	20	12.12	13.22	高度风险
3	梨	毒死蜱	9	6.57	7.67	高度风险
4	芹菜	毒死蜱	17	6.34	7.44	高度风险
5	辣椒	水胺硫磷	7	6.14	7.24	高度风险
6	小白菜	毒死蜱	6	3.80	4.90	高度风险
7	菠菜	毒死蜱	3	3.75	4.85	高度风险
8	小白菜	氟虫腈	5	3.16	4.26	高度风险
9	韭菜	毒死蜱	4	3.15	4.25	高度风险
10	豇豆	水胺硫磷	6	2.90	4.00	高度风险
11	番茄	毒死蜱	3	2.75	3.85	高度风险
12	蒜薹	毒死蜱	7	2.47	3.57	高度风险
13	小油菜	毒死蜱	4	2.42	3.52	高度风险
14	芹菜	甲拌磷	6	2.24	3.34	高度风险
15	茄子	克百威	3	2.19	3.29	高度风险
16	芹菜	林丹	4	1.49	2.59	高度风险
17	芹菜	六六六	4	1.49	2.59	高度风险
18	茄子	毒死蜱	2	1.46	2.56	高度风险

续表

序号	基质	农药	检出频次	检出率（%）	风险系数 R	风险程度
19	黄瓜	硫丹	3	1.44	2.54	高度风险
20	葡萄	毒死蜱	3	0.96	2.06	中度风险
21	辣椒	毒死蜱	1	0.88	1.98	中度风险
22	油麦菜	毒死蜱	3	0.85	1.95	中度风险
23	菜豆	毒死蜱	1	0.82	1.92	中度风险
24	菜豆	水胺硫磷	1	0.82	1.92	中度风险
25	芹菜	治螟磷	2	0.75	1.85	中度风险
26	小白菜	林丹	1	0.63	1.73	中度风险
27	小油菜	氟虫腈	1	0.61	1.71	中度风险
28	小油菜	甲拌磷	1	0.61	1.71	中度风险
29	小油菜	氰戊菊酯	1	0.61	1.71	中度风险
30	小油菜	三唑磷	1	0.61	1.71	中度风险
31	豇豆	毒死蜱	1	0.48	1.58	中度风险
32	芹菜	硫丹	1	0.37	1.47	低度风险
33	油麦菜	水胺硫磷	1	0.28	1.38	低度风险

16.3.1.2 基于 MRL 中国国家标准的单种水果蔬菜中非禁用农药残留风险系数分析

参照中华人民共和国国家标准 GB 2763—2021 中农药残留限量计算每种水果蔬菜中每种非禁用农药的超标率，进而计算其风险系数，根据风险系数大小判断残留农药的预警风险程度，水果蔬菜中非禁用农药残留风险程度分布情况如图 16-15 所示。

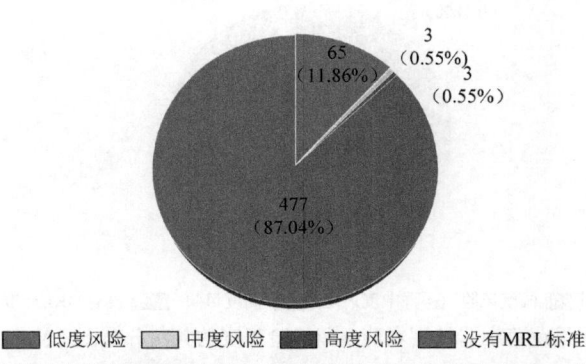

图 16-15 水果蔬菜中非禁用农药残留风险程度的频次分布图（MRL 中国国家标准）

本次分析中，发现在 6 种水果蔬菜中侦测出 6 种残留非禁用农药，涉及样本 548 个，3084 检出频次。在 548 个样本中，0.55%处于中度风险，11.86%处于低度风险。此外发现有 477 个样本没有 MRL 中国国家标准值，无法判断其风险程度，有 MRL 中国国家标准值的 71 个样本涉及 6 种水果蔬菜中的 6 种非禁用农药，其风险系数 R 值如图 16-16 所示。

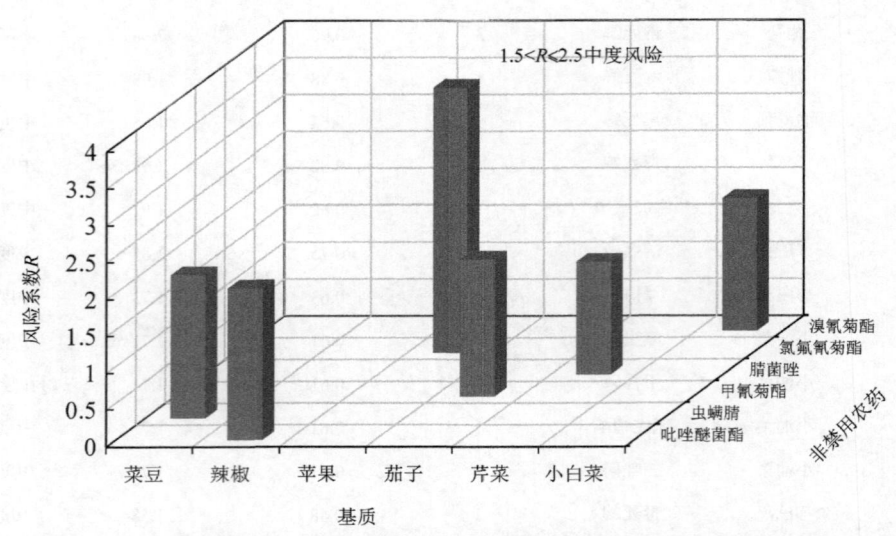

图 16-16　6 种水果蔬菜中 6 种非禁用农药的风险系数分布图（MRL 中国国家标准）

16.3.1.3　基于 MRL 欧盟标准的单种水果蔬菜中非禁用农药残留风险系数分析

参照 MRL 欧盟标准计算每种水果蔬菜中每种非禁用农药的超标率，进而计算其风险系数，根据风险系数大小判断农药残留的预警风险程度，水果蔬菜中非禁用农药残留风险程度分布情况如图 16-17 所示。

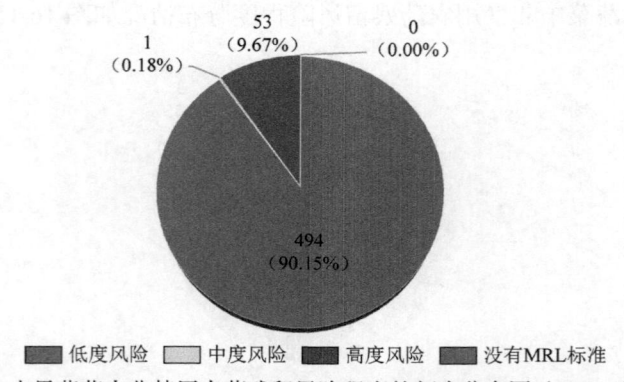

图 16-17　水果蔬菜中非禁用农药残留风险程度的频次分布图（MRL 欧盟标准）

本次分析中，发现在 19 种水果蔬菜中共侦测出 54 种非禁用农药，涉及样本 548 个，3084 检出频次。在 548 个样本中，0.18%处于中度风险，90.15%处于低度风险，9.67%处于高度风险。单种水果蔬菜中的非禁用农药风险系数分布图如图 16-18 所示。单种水果蔬菜中处于高度风险的非禁用农药风险系数如图 16-19 和表 16-11 所示。

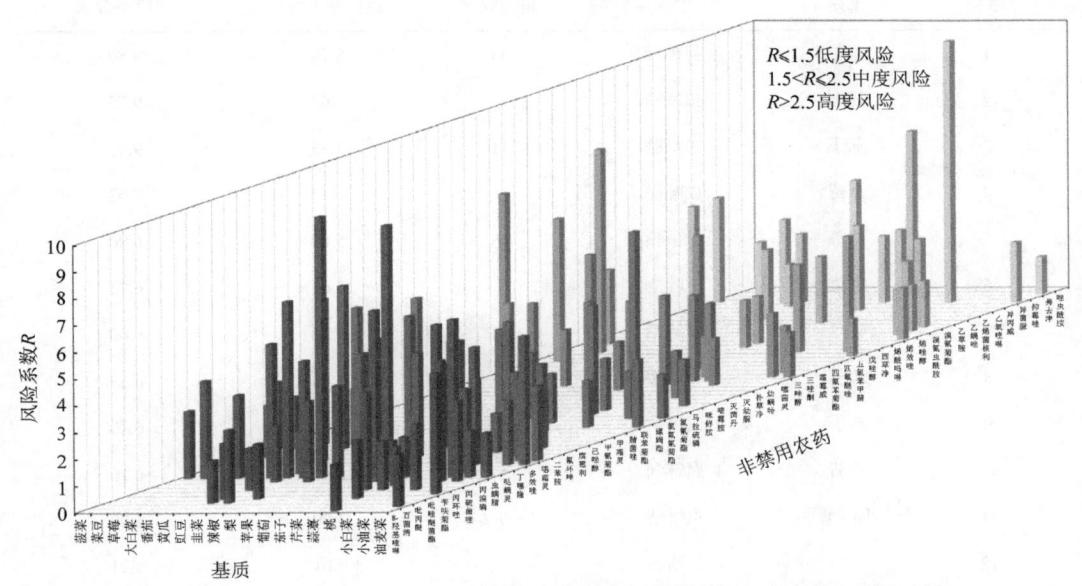

图 16-18 19 种水果蔬菜中 54 种非禁用农药的风险系数分布图（MRL 欧盟标准）

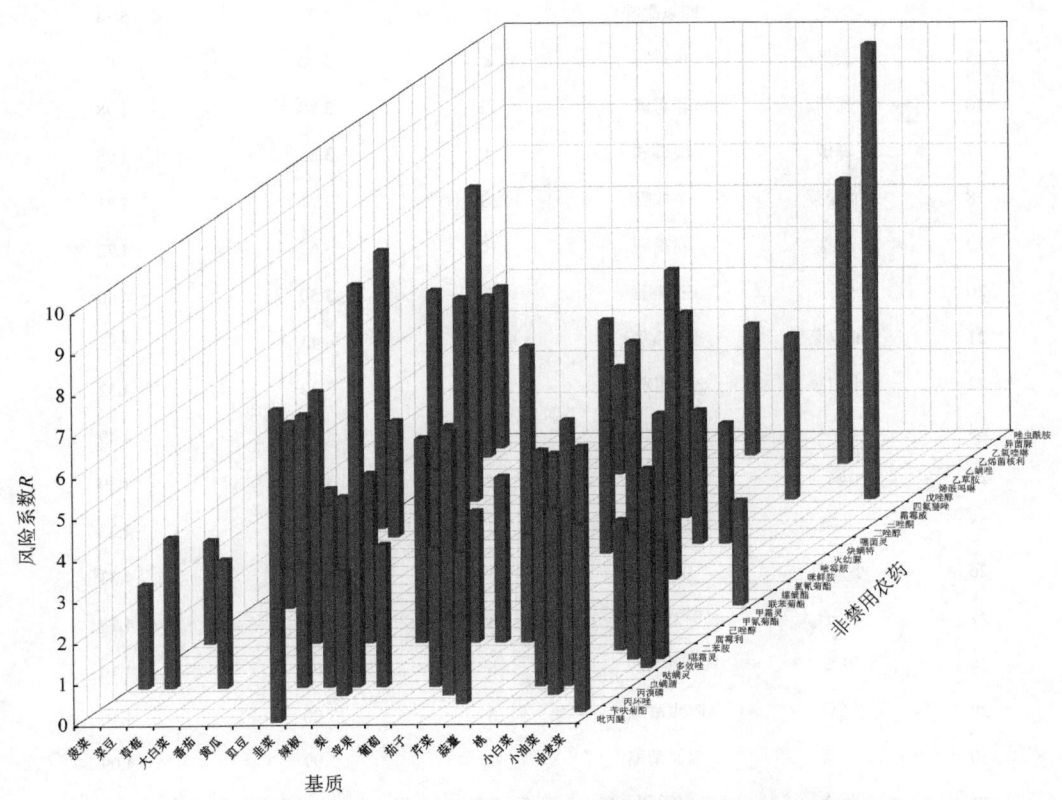

图 16-19 单种水果蔬菜中处于高度风险的非禁用农药的风险系数分布图（MRL 欧盟标准）

表 16-11 单种水果蔬菜中处于高度风险的非禁用农药的风险系数表（MRL 欧盟标准）

序号	基质	农药	超标频次	超标率（%）	风险系数 R
1	蒜薹	异菌脲	24	8.70	9.80
2	辣椒	虫螨腈	9	8.65	9.75
3	茄子	虫螨腈	11	8.33	9.43
4	草莓	戊唑醇	3	6.52	7.62
5	蒜薹	乙烯菌核利	16	5.80	6.90
6	菠菜	三唑酮	4	5.63	6.73
7	豇豆	虫螨腈	11	5.50	6.60
8	蒜薹	咪鲜胺	15	5.43	6.53
9	茄子	丙溴磷	7	5.30	6.40
10	番茄	腐霉利	5	5.00	6.10
11	小白菜	虫螨腈	7	4.79	5.89
12	桃	虫螨腈	7	4.61	5.71
13	草莓	己唑醇	2	4.35	5.45
14	菜豆	四氟醚唑	5	4.24	5.34
15	黄瓜	虫螨腈	8	3.90	5.00
16	葡萄	霜霉威	12	3.88	4.98
17	辣椒	腐霉利	4	3.85	4.95
18	油麦菜	多效唑	13	3.71	4.81
19	蒜薹	腐霉利	10	3.62	4.72
20	豇豆	三唑醇	7	3.50	4.60
21	油麦菜	苄呋菊酯	12	3.43	4.53
22	小白菜	丙溴磷	5	3.42	4.52
23	菜豆	联苯菊酯	4	3.39	4.49
24	桃	多效唑	5	3.29	4.39
25	韭菜	虫螨腈	4	3.28	4.38
26	小油菜	戊唑醇	5	3.23	4.33
27	茄子	甲氰菊酯	4	3.03	4.13
28	豇豆	腐霉利	6	3.00	4.10
29	豇豆	唑虫酰胺	6	3.00	4.10
30	芹菜	氯氰菊酯	7	2.99	4.09
31	葡萄	腐霉利	9	2.91	4.01

续表

序号	基质	农药	超标频次	超标率（%）	风险系数 R
32	菠菜	嘧霉胺	2	2.82	3.92
33	菠菜	乙氧喹啉	2	2.82	3.92
34	菠菜	异菌脲	2	2.82	3.92
35	苹果	二苯胺	4	2.78	3.88
36	芹菜	丙环唑	6	2.56	3.66
37	菜豆	虫螨腈	3	2.54	3.64
38	黄瓜	腐霉利	5	2.44	3.54
39	梨	虫螨腈	3	2.34	3.44
40	梨	灭幼脲	3	2.34	3.44
41	茄子	炔螨特	3	2.27	3.37
42	葡萄	虫螨腈	7	2.27	3.37
43	蒜薹	戊唑醇	6	2.17	3.27
44	芹菜	噻菌灵	5	2.14	3.24
45	苹果	腐霉利	3	2.08	3.18
46	苹果	炔螨特	3	2.08	3.18
47	苹果	乙氧喹啉	3	2.08	3.18
48	小白菜	哒螨灵	3	2.05	3.15
49	小白菜	二苯胺	3	2.05	3.15
50	小白菜	腐霉利	3	2.05	3.15
51	小白菜	乙草胺	3	2.05	3.15
52	大白菜	虫螨腈	1	2.00	3.10
53	大白菜	甲霜灵	1	2.00	3.10
54	番茄	炔螨特	2	2.00	3.10
55	番茄	异菌脲	2	2.00	3.10
56	豇豆	螺螨酯	4	2.00	3.10
57	小油菜	丙溴磷	3	1.94	3.04
58	小油菜	噁霜灵	3	1.94	3.04
59	辣椒	丙溴磷	2	1.92	3.02
60	蒜薹	噻菌灵	5	1.81	2.91
61	油麦菜	噁霜灵	6	1.71	2.81
62	菜豆	三唑醇	2	1.69	2.79
63	菜豆	烯酰吗啉	2	1.69	2.79

续表

序号	基质	农药	超标频次	超标率（%）	风险系数 R
64	韭菜	吡丙醚	2	1.64	2.74
65	葡萄	异菌脲	5	1.62	2.72
66	茄子	腐霉利	2	1.52	2.62
67	豇豆	乙螨唑	3	1.50	2.60
68	黄瓜	异菌脲	3	1.46	2.56
69	油麦菜	联苯菊酯	5	1.43	2.53
70	菠菜	虫螨腈	1	1.41	2.51
71	菠菜	腐霉利	1	1.41	2.51

16.3.2 所有水果蔬菜中农药残留风险系数分析

16.3.2.1 所有水果蔬菜中禁用农药残留风险系数分析

在侦测出的 110 种农药中有 11 种为禁用农药，计算所有水果蔬菜中禁用农药的风险系数，结果如表 16-12 所示。禁用农药毒死蜱处于高度风险。

表 16-12 水果蔬菜中 11 种禁用农药的风险系数表

序号	农药	检出频次	检出率 P（%）	风险系数 R	风险程度
1	毒死蜱	106	18.24	19.34	高度风险
2	水胺硫磷	15	2.58	3.68	高度风险
3	甲拌磷	7	1.20	2.30	中度风险
4	氟虫腈	6	1.03	2.13	中度风险
5	林丹	5	0.86	1.96	中度风险
6	硫丹	4	0.69	1.79	中度风险
7	六六六	4	0.69	1.79	中度风险
8	克百威	3	0.52	1.62	中度风险
9	治螟磷	2	0.34	1.44	低度风险
10	氰戊菊酯	1	0.17	1.27	低度风险
11	三唑磷	1	0.17	1.27	低度风险

对 7 月内的禁用农药的风险系数进行分析，结果如图 16-20 所示。

16.3.2.2 所有水果蔬菜中非禁用农药残留风险系数分析

参照 MRL 欧盟标准计算所有水果蔬菜中每种非禁用农药残留的风险系数，如图 16-21

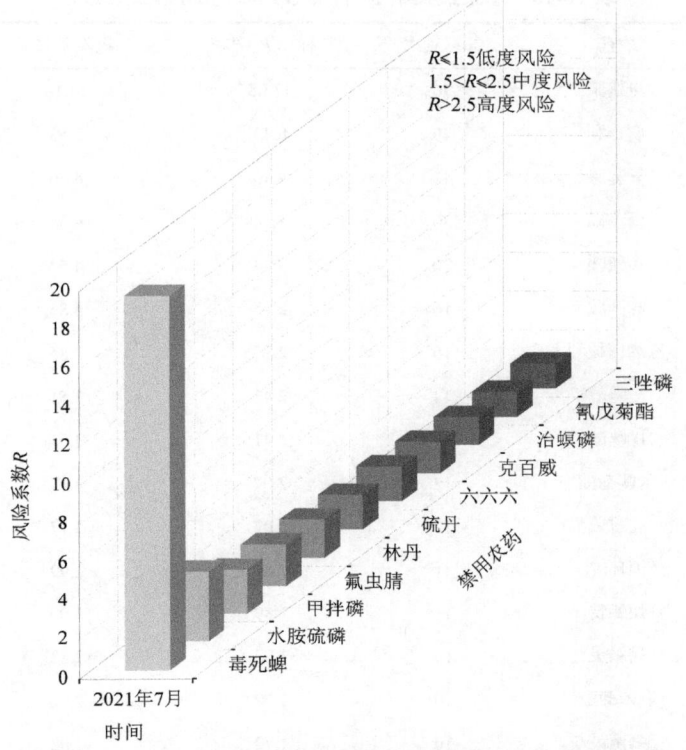

第 16 章　GC-Q-TOF/MS 侦测青海省市售水果蔬菜农药残留膳食暴露风险与预警风险评估 · 675 ·

图 16-20　7 月份内水果蔬菜中禁用农药残留的风险系数分布图

与表 16-13 所示。在侦测出的 54 种非禁用农药中，16 种农药（29.63%）残留处于高度风险，20 种农药（37.04%）残留处于中度风险，18 种农药（33.33%）残留处于低度风险。

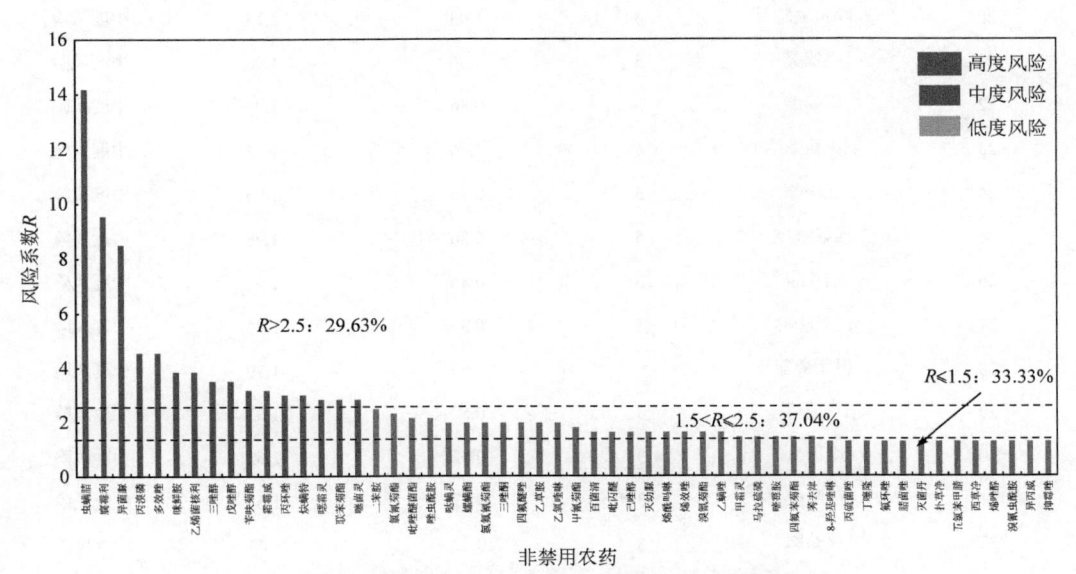

图 16-21　水果蔬菜中 54 种非禁用农药的风险程度统计图

表 16-13 水果蔬菜中 54 种非禁用农药的风险系数表

序号	农药	超标频次	超标率 P (%)	风险系数 R	风险程度
1	虫螨腈	76	13.08	14.18	高度风险
2	腐霉利	49	8.43	9.53	高度风险
3	异菌脲	43	7.40	8.50	高度风险
4	丙溴磷	20	3.44	4.54	高度风险
5	多效唑	20	3.44	4.54	高度风险
6	咪鲜胺	16	2.75	3.85	高度风险
7	乙烯菌核利	16	2.75	3.85	高度风险
8	三唑醇	14	2.41	3.51	高度风险
9	戊唑醇	14	2.41	3.51	高度风险
10	苄呋菊酯	12	2.07	3.17	高度风险
11	霜霉威	12	2.07	3.17	高度风险
12	丙环唑	11	1.89	2.99	高度风险
13	炔螨特	11	1.89	2.99	高度风险
14	噁霜灵	10	1.72	2.82	高度风险
15	联苯菊酯	10	1.72	2.82	高度风险
16	噻菌灵	10	1.72	2.82	高度风险
17	二苯胺	8	1.38	2.48	中度风险
18	氯氰菊酯	7	1.20	2.30	中度风险
19	吡唑醚菌酯	6	1.03	2.13	中度风险
20	唑虫酰胺	6	1.03	2.13	中度风险
21	哒螨灵	5	0.86	1.96	中度风险
22	螺螨酯	5	0.86	1.96	中度风险
23	氯氟氰菊酯	5	0.86	1.96	中度风险
24	三唑酮	5	0.86	1.96	中度风险
25	四氟醚唑	5	0.86	1.96	中度风险
26	乙草胺	5	0.86	1.96	中度风险
27	乙氧喹啉	5	0.86	1.96	中度风险
28	甲氰菊酯	4	0.69	1.79	中度风险
29	百菌清	3	0.52	1.62	中度风险
30	吡丙醚	3	0.52	1.62	中度风险
31	己唑醇	3	0.52	1.62	中度风险
32	灭幼脲	3	0.52	1.62	中度风险
33	烯酰吗啉	3	0.52	1.62	中度风险
34	烯效唑	3	0.52	1.62	中度风险

续表

序号	农药	超标频次	超标率 P（%）	风险系数 R	风险程度
35	溴氰菊酯	3	0.52	1.62	中度风险
36	乙螨唑	3	0.52	1.62	中度风险
37	甲霜灵	2	0.34	1.44	低度风险
38	马拉硫磷	2	0.34	1.44	低度风险
39	嘧霉胺	2	0.34	1.44	低度风险
40	四氟苯菊酯	2	0.34	1.44	低度风险
41	莠去津	2	0.34	1.44	低度风险
42	8-羟基喹啉	1	0.17	1.27	低度风险
43	丙硫菌唑	1	0.17	1.27	低度风险
44	丁噻隆	1	0.17	1.27	低度风险
45	氟环唑	1	0.17	1.27	低度风险
46	腈菌唑	1	0.17	1.27	低度风险
47	灭菌丹	1	0.17	1.27	低度风险
48	扑草净	1	0.17	1.27	低度风险
49	五氯苯甲腈	1	0.17	1.27	低度风险
50	西草净	1	0.17	1.27	低度风险
51	烯唑醇	1	0.17	1.27	低度风险
52	溴氰虫酰胺	1	0.17	1.27	低度风险
53	异丙威	1	0.17	1.27	低度风险
54	抑霉唑	1	0.17	1.27	低度风险

对 7 月份内的非禁用农药的风险系数分析，7 月内非禁用农药风险程度分布图如图 16-22 所示。7 月份内处于高度风险的农药数为 16。

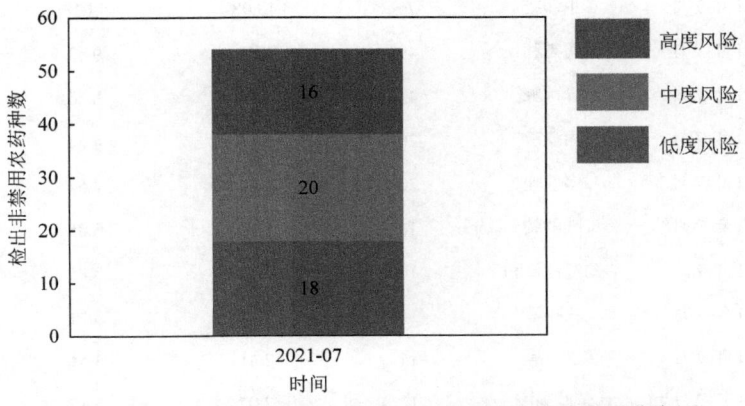

图 16-22　7 月份水果蔬菜中非禁用农药残留的风险程度分布图

7 月份内水果蔬菜中非禁用农药处于中度风险和高度风险的风险系数如图 16-23 和表 16-14 所示。

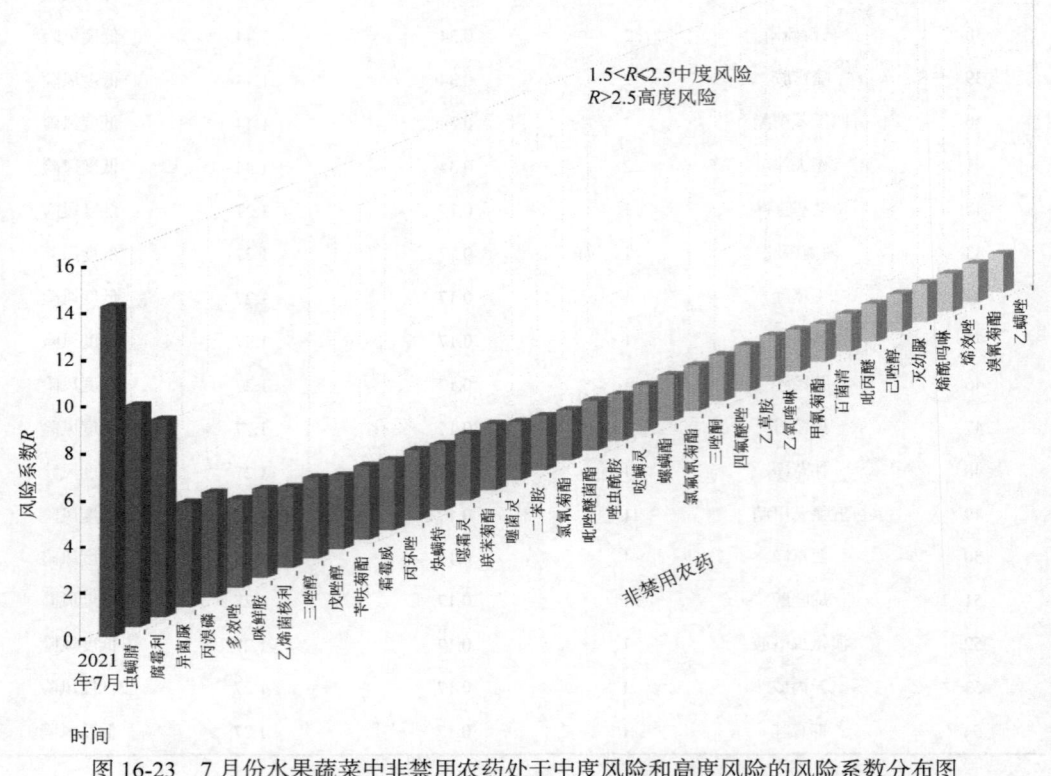

图 16-23　7 月份水果蔬菜中非禁用农药处于中度风险和高度风险的风险系数分布图

表 16-14　7 月份水果蔬菜中非禁用农药处于中度风险和高度风险的风险系数表

序号	年月	农药	超标频次	超标率 P（%）	风险系数 R	风险程度
1	2021 年 7 月	虫螨腈	76	13.08	14.18	高度风险
2	2021 年 7 月	腐霉利	49	8.43	9.53	高度风险
3	2021 年 7 月	异菌脲	43	7.40	8.50	高度风险
4	2021 年 7 月	丙溴磷	20	3.44	4.54	高度风险
5	2021 年 7 月	多效唑	20	3.44	4.54	高度风险
6	2021 年 7 月	咪鲜胺	16	2.75	3.85	高度风险
7	2021 年 7 月	乙烯菌核利	16	2.75	3.85	高度风险
8	2021 年 7 月	三唑醇	14	2.41	3.51	高度风险
9	2021 年 7 月	戊唑醇	14	2.41	3.51	高度风险
10	2021 年 7 月	苄呋菊酯	12	2.07	3.17	高度风险

续表

序号	年月	农药	超标频次	超标率 P（%）	风险系数 R	风险程度
11	2021年7月	霜霉威	12	2.07	3.17	高度风险
12	2021年7月	丙环唑	11	1.89	2.99	高度风险
13	2021年7月	炔螨特	11	1.89	2.99	高度风险
14	2021年7月	噁霜灵	10	1.72	2.82	高度风险
15	2021年7月	联苯菊酯	10	1.72	2.82	高度风险
16	2021年7月	噻菌灵	10	1.72	2.82	高度风险
17	2021年7月	二苯胺	8	1.38	2.48	中度风险
18	2021年7月	氯氰菊酯	7	1.20	2.30	中度风险
19	2021年7月	吡唑醚菌酯	6	1.03	2.13	中度风险
20	2021年7月	唑虫酰胺	6	1.03	2.13	中度风险
21	2021年7月	哒螨灵	5	0.86	1.96	中度风险
22	2021年7月	螺螨酯	5	0.86	1.96	中度风险
23	2021年7月	氯氟氰菊酯	5	0.86	1.96	中度风险
24	2021年7月	三唑酮	5	0.86	1.96	中度风险
25	2021年7月	四氟醚唑	5	0.86	1.96	中度风险
26	2021年7月	乙草胺	5	0.86	1.96	中度风险
27	2021年7月	乙氧喹啉	5	0.86	1.96	中度风险
28	2021年7月	甲氰菊酯	4	0.69	1.79	中度风险
29	2021年7月	百菌清	3	0.52	1.62	中度风险
30	2021年7月	吡丙醚	3	0.52	1.62	中度风险
31	2021年7月	己唑醇	3	0.52	1.62	中度风险
32	2021年7月	灭幼脲	3	0.52	1.62	中度风险
33	2021年7月	烯酰吗啉	3	0.52	1.62	中度风险
34	2021年7月	烯效唑	3	0.52	1.62	中度风险
35	2021年7月	溴氰菊酯	3	0.52	1.62	中度风险
36	2021年7月	乙螨唑	3	0.52	1.62	中度风险

16.4　农药残留风险评估结论与建议

农药残留是影响水果蔬菜安全和质量的主要因素，也是我国食品安全领域备受关注的敏感话题和亟待解决的重大问题之一。各种水果蔬菜均存在不同程度的农药残留现象，本研究主要针对青海省各类水果蔬菜存在的农药残留问题，基于2021年7月期间对青海省580例水果蔬菜样品中农药残留侦测得出的3238个侦测结果，分别采用食品安全指数模型和风险系数模型，开展水果蔬菜中农药残留的膳食暴露风险和预警风险评估。

水果蔬菜样品取自个体商户和农贸市场，符合大众的膳食来源，风险评价时更具有代表性和可信度。

本研究力求通用简单地反映食品安全中的主要问题，且为管理部门和大众容易接受，为政府及相关管理机构建立科学的食品安全信息发布和预警体系提供科学的规律与方法，加强对农药残留的预警和食品安全重大事件的预防，控制食品风险。

16.4.1 青海省水果蔬菜中农药残留膳食暴露风险评价结论

1）水果蔬菜样品中农药残留安全状态评价结论

采用食品安全指数模型，对 2021 年 7 月期间青海省水果蔬菜食品农药残留膳食暴露风险进行评价，根据 IFS_c 的计算结果发现，水果蔬菜中农药的 $\overline{IFS_c}$ 为 0.0246，说明青海省水果蔬菜总体处于很好的安全状态，但部分禁用农药、高残留农药在蔬菜、水果中仍有侦测出，导致膳食暴露风险的存在，成为不安全因素。

2）单种水果蔬菜中农药膳食暴露风险不可接受情况评价结论

单种水果蔬菜中农药残留安全指数分析结果显示，农药对单种水果蔬菜安全影响不可接受（$IFS_c>1$）的样本数共 8 个，占总样本数的 1.38%，样本分别为芹菜中的苯醚甲环唑，小白菜中的氟虫腈，小油菜中的氟虫腈、甲拌磷。说明芹菜中的苯醚甲环唑，小白菜中的氟虫腈，小油菜中的氟虫腈、甲拌磷会对消费者身体健康造成较大的膳食暴露风险。芹菜、小白菜、小油菜均为较常见的蔬菜，百姓日常食用量较大，长期食用大量残留农药的蔬菜会对人体造成不可接受的影响，本次侦测发现农药在蔬菜样品中多次并大量侦测出，是未严格实施农业良好管理规范（GAP），抑或是农药滥用，这应该引起相关管理部门的警惕，应加强对蔬菜中农药的严格管控。

3）禁用农药膳食暴露风险评价

本次侦测发现部分水果蔬菜样品中有禁用农药侦测出，侦测出禁用农药 11 种，检出频次为 154，水果蔬菜样品中的禁用农药 IFS_c 计算结果表明，禁用农药残留膳食暴露风险不可接受的频次为 7，占 4.55%；可以接受的频次为 17，占 11.04%；没有影响的频次为 130，占 84.42%。对于水果蔬菜样品中所有农药而言，膳食暴露风险不可接受的频次为 8，仅占总体频次的 0.25%。可以看出，禁用农药的膳食暴露风险不可接受的比例远高于总体水平，这在一定程度上说明禁用农药更容易导致严重的膳食暴露风险。此外，膳食暴露风险不可接受的残留禁用农药为甲拌磷和氟虫腈，因此，应该加强对禁用农药甲拌磷、氟虫腈的管控力度。为何在国家明令禁止禁用农药喷洒的情况下，还能在多种水果蔬菜中多次侦测出禁用农药残留并造成不可接受的膳食暴露风险，这应该引起相关部门的高度警惕，应该在禁止禁用农药喷洒的同时，严格管控禁用农药的生产和售卖，从根本上杜绝安全隐患。

16.4.2 青海省水果蔬菜中农药残留预警风险评价结论

1）单种水果蔬菜中禁用农药残留的预警风险评价结论

本次侦测过程中，在 17 种水果蔬菜中侦测出 11 种禁用农药，禁用农药为：毒死蜱、氟虫腈、甲拌磷、克百威、林丹、硫丹、六六六、氰戊菊酯、三唑磷、水胺硫磷、治螟磷,水果蔬菜为:菠菜、菜豆、番茄、黄瓜、豇豆、韭菜、辣椒、梨、苹果、葡萄、茄子、芹菜、蒜薹、桃、小白菜、小油菜、油麦菜,水果蔬菜中禁用农药的风险系数分析结果显示,2种禁用农药在2种水果蔬菜中的残留处于高度风险,说明在单种水果蔬菜中禁用农药的残留会导致较低的预警风险。

2)单种水果蔬菜中非禁用农药残留的预警风险评价结论

本次侦测过程中,以 MRL 中国国家标准为标准,在6种水果蔬菜中侦测出6种残留非禁用农药,涉及548个样本,3084检出频次。计算水果蔬菜中非禁用农药风险系数,0.55%处于中度风险,11.86%处于低度风险,87.04%的数据没有 MRL 中国国家标准值,无法判断其风险程度;以 MRL 欧盟标准为标准,在19种水果蔬菜中共侦测出54种非禁用农药,涉及548个样本,3084检出频次。计算水果蔬菜中非禁用农药风险系数,发现有9.67%处于高度风险,0.18%处于中度风险,90.15%处于低度风险。基于两种 MRL 标准,评价的结果差异显著,可以看出 MRL 欧盟标准比中国国家标准更加严格和完善,过于宽松的 MRL 中国国家标准值能否有效保障人体的健康有待研究。

16.4.3 加强青海省水果蔬菜食品安全建议

我国食品安全风险评价体系仍不够健全,相关制度不够完善,多年来,由于农药用药次数多、用药量大或用药间隔时间短,产品残留量大,农药残留所造成的食品安全问题日益严峻,给人体健康带来了直接或间接的危害。据估计,美国与农药有关的癌症患者数约占全国癌症患者总数的50%,中国更高。同样,农药对其他生物也会形成直接杀伤和慢性危害,植物中的农药可经过食物链逐级传递并不断蓄积,对人和动物构成潜在威胁,并影响生态系统。

基于本次农药残留侦测数据的风险评价结果,提出以下几点建议:

1)加快食品安全标准制定步伐

我国食品标准中对农药每日允许最大摄入量(ADI)的数据严重缺乏,在本次青海省水果蔬菜农药残留评价所涉及的110种农药中,仅有94.55%的农药具有 ADI 值,而5.45%的农药中国尚未规定相应的 ADI 值,亟待完善。

我国食品中农药最大残留限量值的规定严重缺乏,对评估涉及的不同水果蔬菜中不同农药539个 MRL 限值进行统计来看,我国仅制定出267个标准,标准完整率仅为49.54%,欧盟的完整率达到100%(表16-15)。因此,中国更应加快 MRL 标准的制定步伐。

表16-15 我国国家食品标准农药的 ADI、MRL 值与欧盟标准的数量差异

分类		中国 ADI	MRL 中国国家标准	MRL 欧盟标准
标准限值(个)	有	104	267	538
	无	6	272	0
总数(个)		110	539	538
无标准限值比例(%)		5.45	50.46	0.00

此外，MRL 中国国家标准限值普遍高于欧盟标准限值，这些标准中共有 169 个高于欧盟。过高的 MRL 值难以保障人体健康，建议继续加强对限值基准和标准的科学研究，将农产品中的危险性减少到尽可能低的水平。

2）加强农药的源头控制和分类监管

在青海省某些水果蔬菜中仍有禁用农药残留，利用 GC-Q-TOF/MS 侦测出 11 种禁用农药，检出频次为 154 次，残留禁用农药均存在较大的膳食暴露风险和预警风险。早已列入黑名单的禁用农药在我国并未真正退出，有些药物由于价格便宜、工艺简单，此类高毒农药一直生产和使用。建议在我国采取严格有效的控制措施，从源头控制禁用农药。

对于非禁用农药，在我国作为"田间地头"最典型单位的县级蔬果产地中，农药残留的侦测几乎缺失。建议根据农药的毒性，对高毒、剧毒、中毒农药实现分类管理，减少使用高毒和剧毒高残留农药，进行分类监管。

3）加强残留农药的生物修复及降解新技术

市售果蔬中残留农药的品种多、频次高、禁用农药多次检出这一现状，说明了我国的田间土壤和水体因农药长期、频繁、不合理的使用而遭到严重污染。为此，建议中国相关部门出台相关政策，鼓励高校及科研院所积极开展分子生物学、酶学等研究，加强土壤、水体中残留农药的生物修复及降解新技术研究，切实加大农药监管力度，以控制农药的面源污染问题。

综上所述，在本工作基础上，根据蔬菜残留危害，可进一步针对其成因提出和采取严格管理、大力推广无公害蔬菜种植与生产、健全食品安全控制技术体系、加强蔬菜食品质量侦测体系建设和积极推行蔬菜食品质量追溯制度等相应对策。建立和完善食品安全综合评价指数与风险监测预警系统，对食品安全进行实时、全面的监控与分析，为我国的食品安全科学监管与决策提供新的技术支持，可实现各类检验数据的信息化系统管理，降低食品安全事故的发生。

第17章 LC-Q-TOF/MS 侦测宁夏回族自治区市售水果蔬菜农药残留报告

从宁夏回族自治区随机采集了 570 例水果蔬菜样品，使用液相色谱-飞行时间质谱（LC-Q-TOF/MS），进行了 871 种农药化学污染物的全面侦测。

17.1 样品种类、数量与来源

17.1.1 样品采集与检测

为了真实反映百姓餐桌上水果蔬菜中农药残留污染状况，本次所有检测样品均由检验人员于 2021 年 8~9 月期间，从宁夏回族自治区所属 40 个采样点，包括 4 个农贸市场、17 个个体商户、19 个超市，以随机购买方式采集，总计 41 批 570 例样品，从中检出农药 111 种，2608 频次。采样及监测概况见表 17-1，样品明细见表 17-2。

表 17-1 农药残留监测总体概况

采样地区	宁夏回族自治区所属 3 个区县
采样点（超市+农贸市场+个体商户）	40
样本总数	570
检出农药品种/频次	111/2608
各采样点样本农药残留检出率范围	66.7%~100.0%

表 17-2 样品分类及数量

样品分类	样品名称（数量）	数量小计
1. 水果		120
1）核果类水果	桃（30）	30
2）浆果和其他小型水果	葡萄（30）	30
3）仁果类水果	苹果（30），梨（30）	60
2. 蔬菜		450
1）豆类蔬菜	豇豆（30），菜豆（30）	60
2）鳞茎类蔬菜	韭菜（30），蒜薹（30）	60
3）叶菜类蔬菜	小白菜（30），油麦菜（30），芹菜（30），小油菜（30），大白菜（30），菠菜（30）	180

续表

样品分类	样品名称（数量）	数量小计
4）芸薹属类蔬菜	结球甘蓝（30）	30
5）茄果类蔬菜	辣椒（30），番茄（30），茄子（30）	90
6）瓜类蔬菜	黄瓜（30）	30
合计	1. 水果 4 种 2. 蔬菜 15 种	570

17.1.2 检测结果

这次使用的检测方法是庞国芳院士团队最新研发的不需使用标准品对照，而以高分辨精确质量数（0.0001 m/z）为基准的 LC-Q-TOF/MS 检测技术，对于 570 例样品，每个样品均侦测了 871 种农药化学污染物的残留现状。通过本次侦测，在 570 例样品中共计检出农药化学污染物 111 种，检出 2608 频次。

17.1.2.1 各采样点样品检出情况

统计分析发现 40 个采样点中，被测样品的农药检出率范围为 66.7%~100.0%。其中，有 15 个采样点样品的检出率最高，达到了 100.0%，见表 17-3。

表 17-3 宁夏回族自治区采样点信息

采样点序号	行政区域	检出率（%）
个体商户（17）		
1	固原市 原州区	86.7
2	固原市 原州区	89.5
3	固原市 原州区	87.5
4	固原市 原州区	100.0
5	固原市 原州区	88.9
6	固原市 原州区	66.7
7	固原市 原州区	100.0
8	固原市 原州区	93.8
9	固原市 原州区	100.0
10	固原市 原州区	93.8
11	石嘴山市 大武口区	88.2
12	石嘴山市 大武口区	100.0
13	石嘴山市 大武口区	100.0
14	银川市 金凤区	100.0
15	银川市 金凤区	81.3

续表

采样点序号	行政区域	检出率（%）
16	银川市 金凤区	93.8
17	银川市 金凤区	92.9
农贸市场（4）		
1	石嘴山市 大武口区	100.0
2	石嘴山市 大武口区	100.0
3	石嘴山市 大武口区	100.0
4	银川市 金凤区	89.5
超市（19）		
1	固原市 原州区	83.3
2	固原市 原州区	88.9
3	固原市 原州区	81.3
4	石嘴山市 大武口区	75.0
5	石嘴山市 大武口区	88.9
6	石嘴山市 大武口区	100.0
7	石嘴山市 大武口区	75.0
8	石嘴山市 大武口区	91.7
9	石嘴山市 大武口区	88.2
10	银川市 金凤区	94.7
11	银川市 金凤区	94.4
12	银川市 金凤区	100.0
13	银川市 金凤区	100.0
14	银川市 金凤区	86.7
15	银川市 金凤区	100.0
16	银川市 金凤区	100.0
17	银川市 金凤区	86.7
18	银川市 金凤区	100.0
19	银川市 金凤区	75.0

17.1.2.2　检出农药的品种总数与频次

统计分析发现，对于570例样品中871种农药化学污染物的侦测，共检出农药2608频次，涉及农药111种，结果如图17-1所示。其中烯酰吗啉检出频次最高，共检出169次。检出频次排名前10的农药如下：①烯酰吗啉（169），②啶虫脒（168），③吡唑醚菌酯（147），④噻虫嗪（146），⑤苯醚甲环唑（140），⑥多菌灵（127），⑦噻虫胺（113），⑧吡虫啉（104），⑨霜霉威（93），⑩戊唑醇（86）。

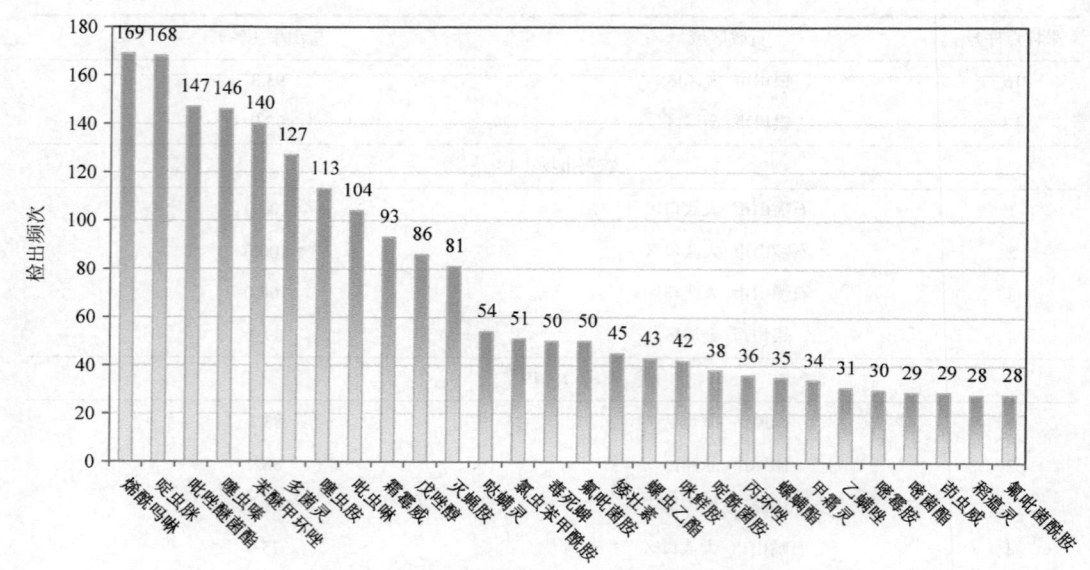

图 17-1 检出农药品种及频次（仅列出 28 频次及以上的数据）

由图 17-2 可见，番茄、葡萄、黄瓜、芹菜、油麦菜、菜豆、茄子、菠菜和小白菜这 9 种果蔬样品中检出的农药品种数较高，均超过 30 种，其中，番茄检出农药品种最多，为 52 种。由图 17-3 可见，葡萄、番茄、油麦菜、芹菜、菜豆、桃、梨、蒜薹、豇豆、小油菜、菠菜、茄子、黄瓜、小白菜和苹果这 15 种果蔬样品中的农药检出频次较高，均超过 100 次，其中，葡萄检出农药频次最高，为 281 次。

图 17-2 单种水果蔬菜检出农药的频次

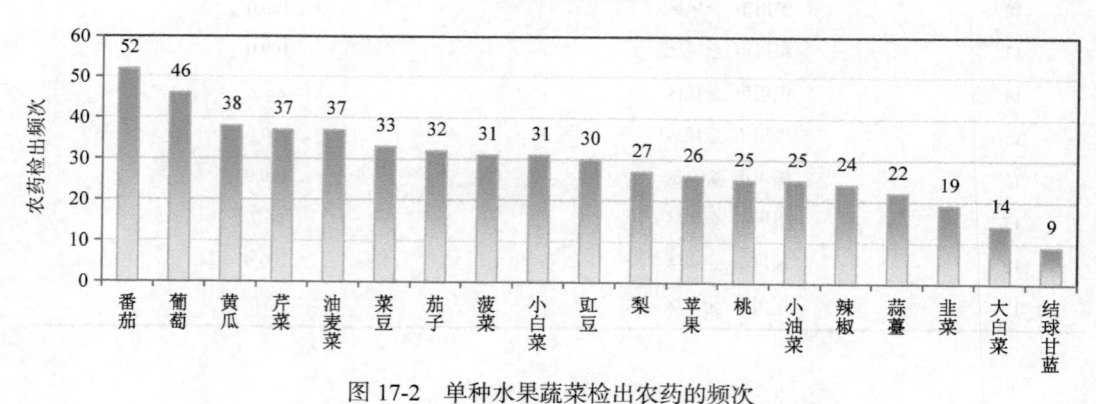

17.1.2.3 单例样品农药检出种类与占比

对单例样品检出农药种类和频次进行统计发现，未检出农药的样品占总样品数的 7.9%，检出 1 种农药的样品占总样品数的 11.9%，检出 2～5 种农药的样品占总样品数的 45.8%，检出 6～10 种农药的样品占总样品数的 28.6%，检出大于 10 种农药的样品占总样品数的 5.8%。每例样品中平均检出农药为 4.6 种，数据见图 17-4。

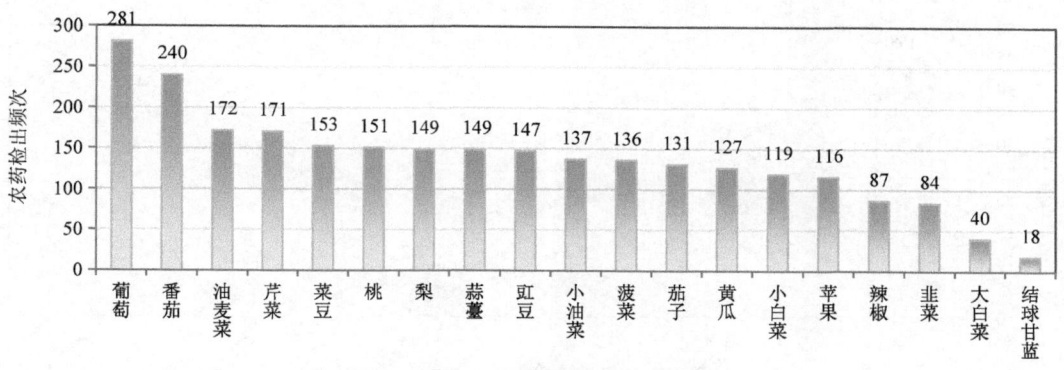

图 17-3　单种水果蔬菜检出农药频次

图 17-4　单例样品平均检出农药品种及占比

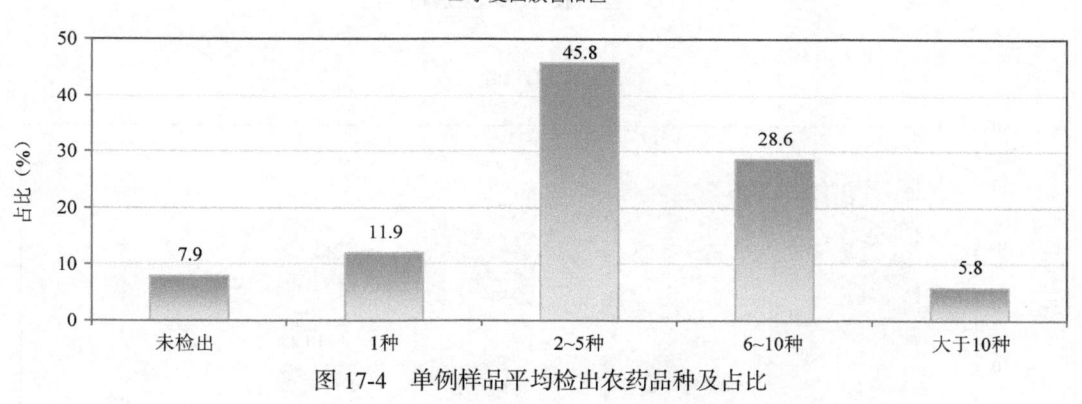

17.1.2.4　检出农药类别与占比

所有检出农药按功能分类，包括杀菌剂、杀虫剂、除草剂、杀螨剂、植物生长调节剂、杀线虫剂共 6 类。其中杀菌剂与杀虫剂为主要检出的农药类别，分别占总数的 45.0% 和 33.3%，见图 17-5。

17.1.2.5　检出农药的残留水平

按检出农药残留水平进行统计，残留水平在 1～5 μg/kg（含）的农药占总数的 42.9%，在 5～10 μg/kg（含）的农药占总数的 14.5%，在 10～100 μg/kg（含）的农药占总数的 32.1%，在 100～1000 μg/kg（含）的农药占总数的 10.2%，在 >1000 μg/kg 的农药占总数的 0.3%。

由此可见，这次检测的 41 批 570 例水果蔬菜样品中农药多数处于较低残留水平。结果见图 17-6。

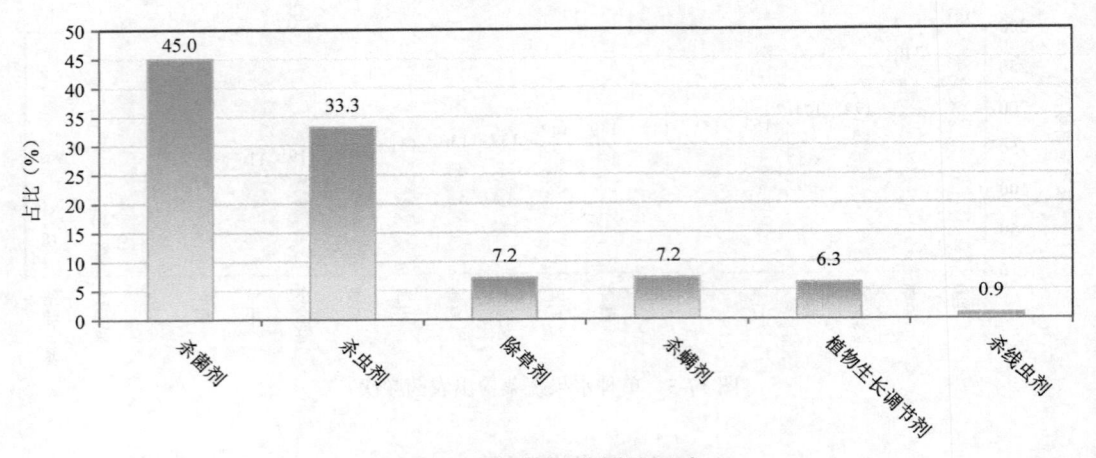

图 17-5　检出农药所属类别和占比

图 17-6　检出农药残留水平及占比

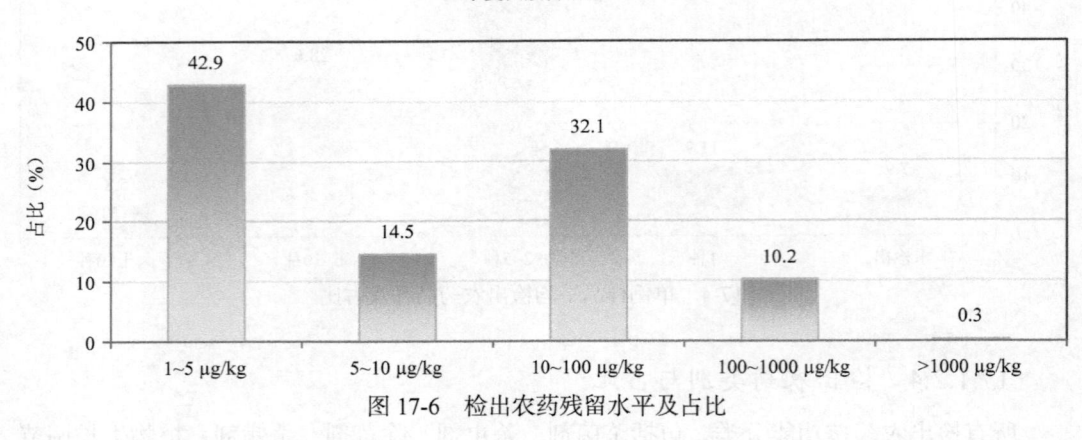

17.1.2.6　检出农药的毒性类别、检出频次和超标频次及占比

对这次检出的 111 种 2608 频次的农药，按剧毒、高毒、中毒、低毒和微毒这五个毒性类别进行分类，从中可以看出，宁夏回族自治区目前普遍使用的农药为中低微毒农药，品种占 94.6%，频次占 98.3%。结果见图 17-7。

17.1.2.7　检出、剧毒高毒类农药的品种和频次

值得特别关注的是，在此次侦测的 570 例样品中有 9 种蔬菜 2 种水果的 35 例样品检出了 6 种 44 频次的高毒农药，占样品总量的 6.1%，详见图 17-8、表 17-4 及表 17-5。

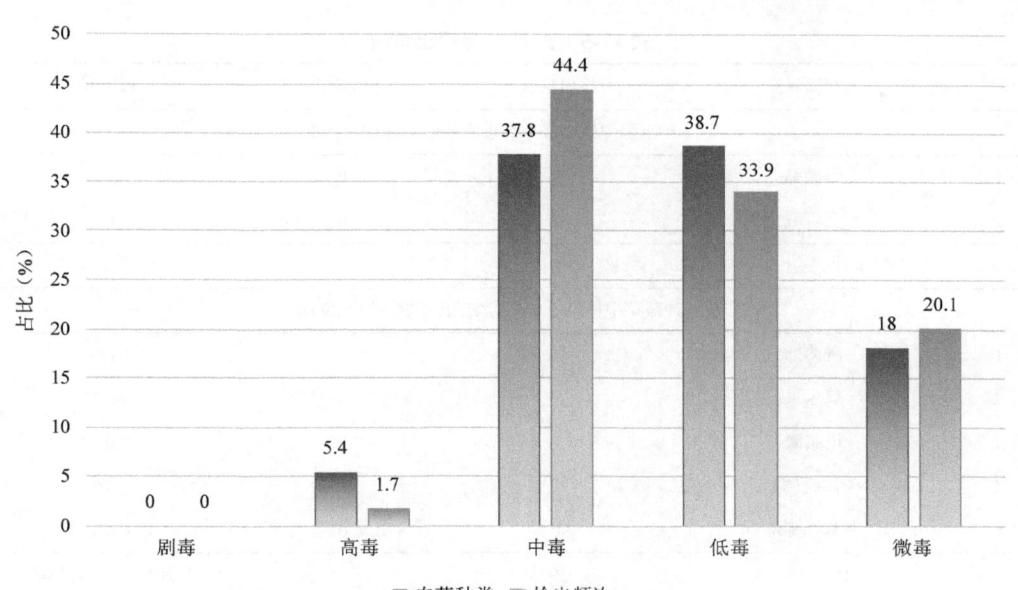

第 17 章 LC-Q-TOF/MS 侦测宁夏回族自治区市售水果蔬菜农药残留报告

图 17-7 检出农药的毒性分类和占比

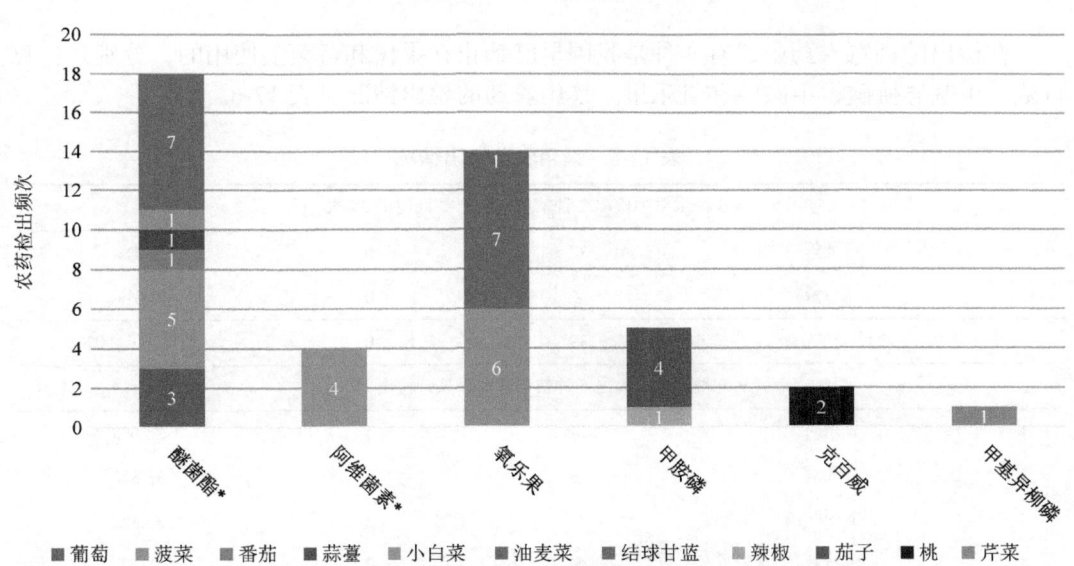

图 17-8 检出高毒农药的样品情况
*表示允许在水果和蔬菜上使用的农药

表 17-4 剧毒农药检出情况

序号	农药名称	检出频次	超标频次	超标率
水果中未检出剧毒农药					
	小计	0	0	超标率：0.0%
蔬菜中未检出剧毒农药					
	小计	0	0	超标率：0.0%
	合计	0	0	超标率：0.0%

表 17-5　高毒农药检出情况

序号	农药名称	检出频次	超标频次	超标率
从 2 种水果中检出 2 种高毒农药，共计检出 5 次				
1	醚菌酯	3	0	0.0%
2	克百威	2	0	0.0%
	小计	5	0	超标率：0.0%
从 9 种蔬菜中检出 5 种高毒农药，共计检出 39 次				
1	醚菌酯	15	0	0.0%
2	氧乐果	14	4	28.6%
3	甲胺磷	5	0	0.0%
4	阿维菌素	4	3	75.0%
5	甲基异柳磷	1	0	0.0%
	小计	39	7	超标率：17.9%
	合计	44	7	超标率：15.9%

在检出的高毒农药中，有 4 种是我国早已禁止在果树和蔬菜上使用的，分别是：克百威、甲基异柳磷、甲胺磷和氧乐果。禁用农药的检出情况见表 17-6。

表 17-6　禁用农药检出情况

序号	农药名称	检出频次	超标频次	超标率
从 3 种水果中检出 2 种禁用农药，共计检出 39 次				
1	毒死蜱	37	0	0.0%
2	克百威	2	0	0.0%
	小计	39	0	超标率：0.0%
从 9 种蔬菜中检出 5 种禁用农药，共计检出 39 次				
1	氧乐果	14	4	28.6%
2	毒死蜱	13	5	38.5%
3	乙酰甲胺磷	6	2	33.3%
4	甲胺磷	5	0	0.0%
5	甲基异柳磷	1	0	0.0%
	小计	39	11	超标率：28.2%
	合计	78	11	超标率：14.1%

注：超标结果参考 MRL 中国国家标准计算

此次抽检的果蔬样品中，没有检出剧毒农药。

样品中检出高毒农药残留水平超过 MRL 中国国家标准的频次为 7 次，其中：小白菜检出氧乐果超标 3 次；油麦菜检出氧乐果超标 1 次；菠菜检出阿维菌素超标 3 次。本次检出结果表明，高毒农药的使用现象依旧存在。详见表 17-7。

表 17-7 各样本中检出高毒农药情况

样品名称	农药名称	检出频次	超标频次	检出浓度（μg/kg）
水果 2 种				
桃	克百威▲	2	0	19.8, 2.0
葡萄	醚菌酯	3	0	4.2, 1.6, 1.8
	小计	5	0	超标率：0.0%
蔬菜 9 种				
小白菜	氧乐果▲	6	3	286.2ª, 209.7ª, 243.5ª, 1.3, 1.8, 3.3
小白菜	醚菌酯	1	0	1.8
油麦菜	氧乐果▲	7	1	60.0ª, 18.6, 1.3, 2.2, 3.7, 3.0, 1.6
油麦菜	醚菌酯	7	0	57.8, 131.3, 1.2, 110.2, 38.5, 57.2, 89.7
番茄	醚菌酯	1	0	4.8
结球甘蓝	氧乐果▲	1	0	3.8
芹菜	甲基异柳磷▲	1	0	9.1
茄子	甲胺磷▲	4	0	2.9, 1.4, 4.8, 5.6
菠菜	醚菌酯	5	0	37.6, 58.8, 46.1, 16.0, 45.8
菠菜	阿维菌素	4	3	135.1ª, 60.7ª, 22.5, 83.8ª
蒜薹	醚菌酯	1	0	110.6
辣椒	甲胺磷▲	1	0	4.2
	小计	39	7	超标率：17.9%
	合计	44	7	超标率：15.9%

▲表示禁用农药；a 表示超标结果（参考 MRL 中国国家标准）

17.2 农药残留检出水平与最大残留限量标准对比分析

我国于 2021 年 3 月 3 日正式颁布并于 2021 年 9 月 3 日正式实施食品农药残留限量国家标准《食品中农药最大残留限量》（GB 2763—2021），该标准包括 548 个农药条目，涉及最大残留限量（MRL）标准 10092 项。将 2608 频次检出结果的浓度水平与 10092 项 MRL 中国国家标准进行核对，其中有 1789 频次的结果找到了对应的 MRL 标准，占 68.6%，还有 819 频次的侦测数据则无相关 MRL 标准供参考，占 31.4%。

将此次侦测结果与国际上现行 MRL 标准对比发现，在 2608 频次的检出结果中有 2608 频次的结果找到了对应的 MRL 欧盟标准，占 100.0%；其中，2497 频次的结果有明确对应的 MRL 标准，占 95.7%，其余 111 频次按照欧盟一律标准判定，占 4.3%；有 2608 频次的结果找到了对应的 MRL 日本标准，占 100.0%；其中，2016 频次的结果有明确对应的 MRL 标准，占 77.3%，其余 592 频次按照日本一律标准判定，占 22.7%；有 1537 频次的结果找到了对应的 MRL 中国香港标准，占 58.9%；有 1679 频次的结果找到了对应的 MRL 美国标准，占 64.4%；有 1396 频次的结果找到了对应的 MRL CAC 标准，占 53.5%。（见图 17-9）。

图 17-9 2608 频次检出农药可用中国国家标准、欧盟标准、日本标准、中国香港标准、美国标准、CAC 标准判定衡量的数量及占比（%）

17.2.1 超标农药样品分析

本次侦测的 570 例样品中，45 例样品未检出任何残留农药，占样品总量的 7.9%，525 例样品检出不同水平、不同种类的残留农药，占样品总量的 92.1%。在此，我们将本次侦测的农残检出情况与中国国家标准、欧盟标准、日本标准、中国香港标准、美国标准和 CAC 标准这 6 大国际主流 MRL 标准进行对比分析，样品农残检出与超标情况见图 17-10、表 17-8 和图 17-11。

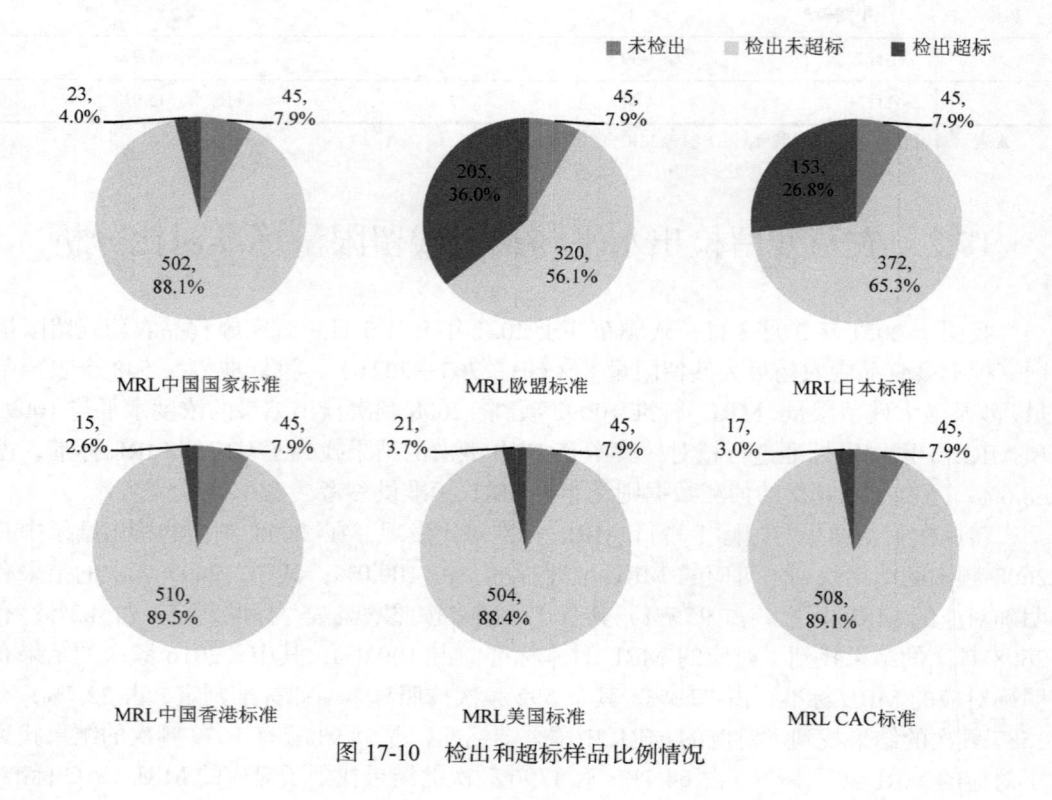

图 17-10 检出和超标样品比例情况

表 17-8 各 MRL 标准下样本农残检出与超标数量及占比

	中国国家标准 数量/占比(%)	欧盟标准 数量/占比(%)	日本标准 数量/占比(%)	中国香港标准 数量/占比(%)	美国标准 数量/占比(%)	CAC 标准 数量/占比(%)
未检出	45/7.9	45/7.9	45/7.9	45/7.9	45/7.9	45/7.9
检出未超标	502/88.1	320/56.1	372/65.3	510/89.5	504/88.4	508/89.1
检出超标	23/4.0	205/36.0	153/26.8	15/2.6	21/3.7	17/3.0

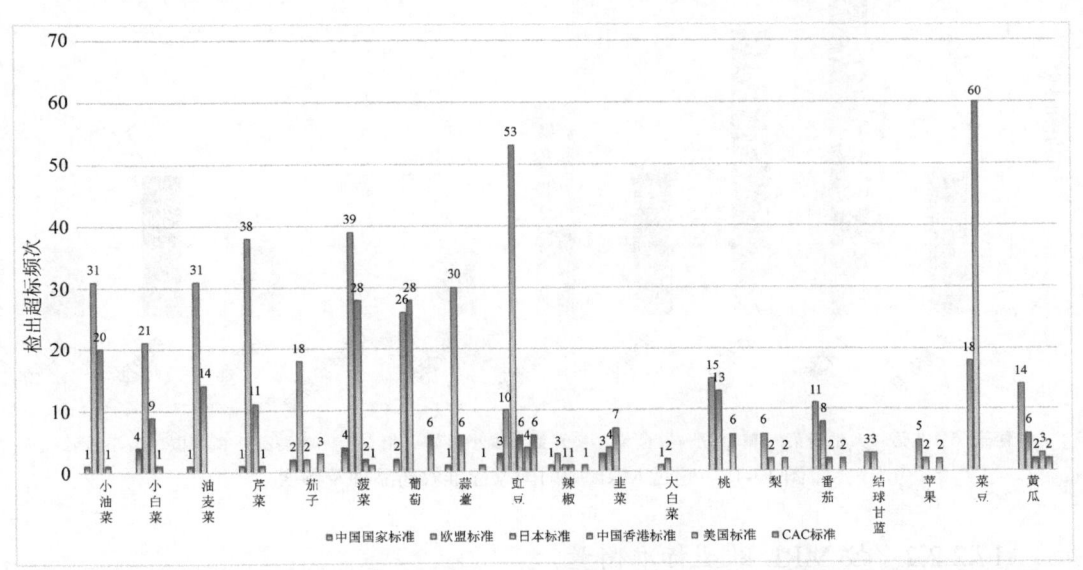

图 17-11 超过 MRL 中国国家标准、欧盟标准、日本标准、中国香港标准、美国标准和 CAC 标准结果在水果蔬菜中的分布

17.2.2 超标农药种类分析

按照中国国家标准、欧盟标准、日本标准、中国香港标准、美国标准和 CAC 标准这 6 大国际主流 MRL 标准衡量，本次侦测检出的农药超标品种及频次情况见表 17-9。

表 17-9 各 MRL 标准下超标农药品种及频次

	中国国家标准	欧盟标准	日本标准	中国香港标准	美国标准	CAC 标准
超标农药品种	10	57	57	6	4	5
超标农药频次	23	324	275	16	21	18

17.2.2.1 按 MRL 中国国家标准衡量

按 MRL 中国国家标准衡量，共有 10 种农药超标，检出 23 频次，分别为高毒农药阿维菌素和氧乐果，中毒农药乙酰甲胺磷、啶虫脒、腈菌唑、苯醚甲环唑、毒死蜱和辛硫磷，低毒农药灭蝇胺和噻虫胺。

按超标程度比较，小白菜中氧乐果超标 13.3 倍，小白菜中毒死蜱超标 11.4 倍，菠菜中毒死蜱超标 9.3 倍，葡萄中苯醚甲环唑超标 5.6 倍，韭菜中毒死蜱超标 5.5 倍。检测结果见图 17-12。

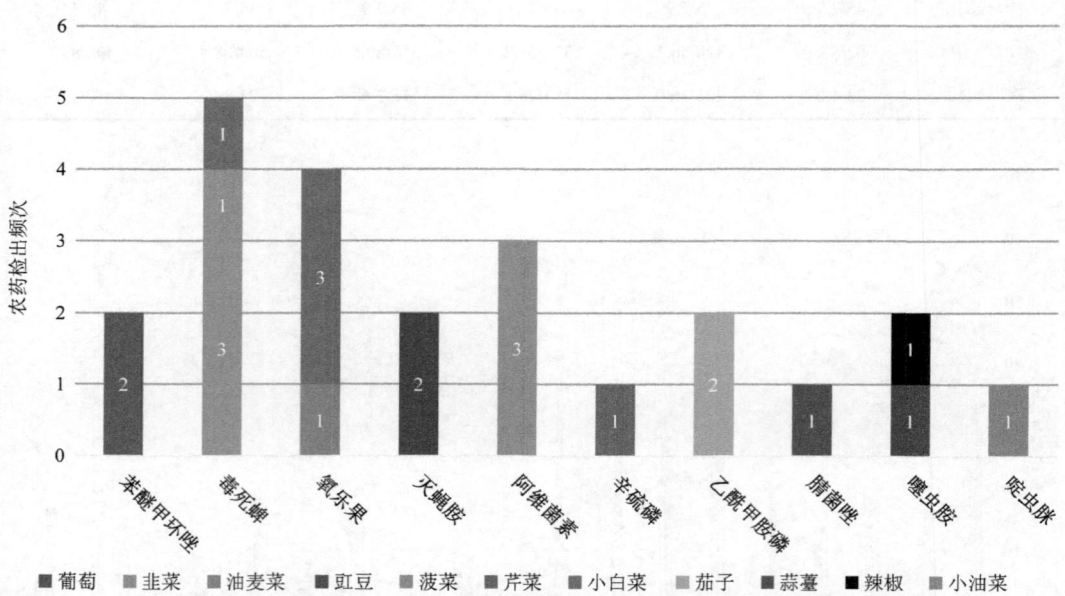

图 17-12 超过 MRL 中国国家标准农药品种及频次

17.2.2.2 按 MRL 欧盟标准衡量

按 MRL 欧盟标准衡量，共有 57 种农药超标，检出 324 频次，分别为高毒农药阿维菌素、克百威、氧乐果和醚菌酯，中毒农药戊唑醇、乙酰甲胺磷、咪鲜胺、噁霜灵、稻瘟灵、甲霜灵、氟啶虫酰胺、二嗪磷、抑霉唑、烯唑醇、矮壮素、啶虫脒、三唑酮、丙环唑、氟硅唑、腈菌唑、唑虫酰胺、吡唑醚菌酯、仲丁威、丙溴磷、辛硫磷、苯醚甲环唑、毒死蜱和哒螨灵，低毒农药己唑醇、烯肟菌胺、调环酸、四螨嗪、扑草净、敌草腈、氟噻唑吡乙酮、噻虫嗪、螺螨酯、烯酰吗啉、灭幼脲、唑菌酯、氟吗啉、异菌脲、呋虫胺、烯啶虫胺、灭蝇胺、丁醚脲、噻嗪酮、炔螨特、噻虫胺和噻菌灵，微毒农药氟环唑、霜霉威、氰霜唑、乙螨唑、甲氧虫酰肼、噻呋酰胺和多菌灵。

按超标程度比较，蒜薹中噻菌灵超标 194.3 倍，小油菜中啶虫脒超标 125.7 倍，葡萄中噻呋酰胺超标 91.8 倍，油麦菜中稻瘟灵超标 37.7 倍，菠菜中氟噻唑吡乙酮超标 34.5 倍。检测结果见图 17-13。

17.2.2.3 按 MRL 日本标准衡量

按 MRL 日本标准衡量，共有 57 种农药超标，检出 275 频次，分别为高毒农药阿维菌素和醚菌酯，中毒农药戊唑醇、甲哌、咪鲜胺、稻瘟灵、二嗪磷、抑霉唑、仲丁灵、烯唑醇、茚虫威、矮壮素、啶虫脒、丙环唑、氟硅唑、双甲脒、腈菌唑、吡唑醚菌酯、仲丁威、哒螨灵、丙溴磷、苯醚甲环唑、毒死蜱和辛硫磷，低毒农药己唑醇、烯肟菌胺、

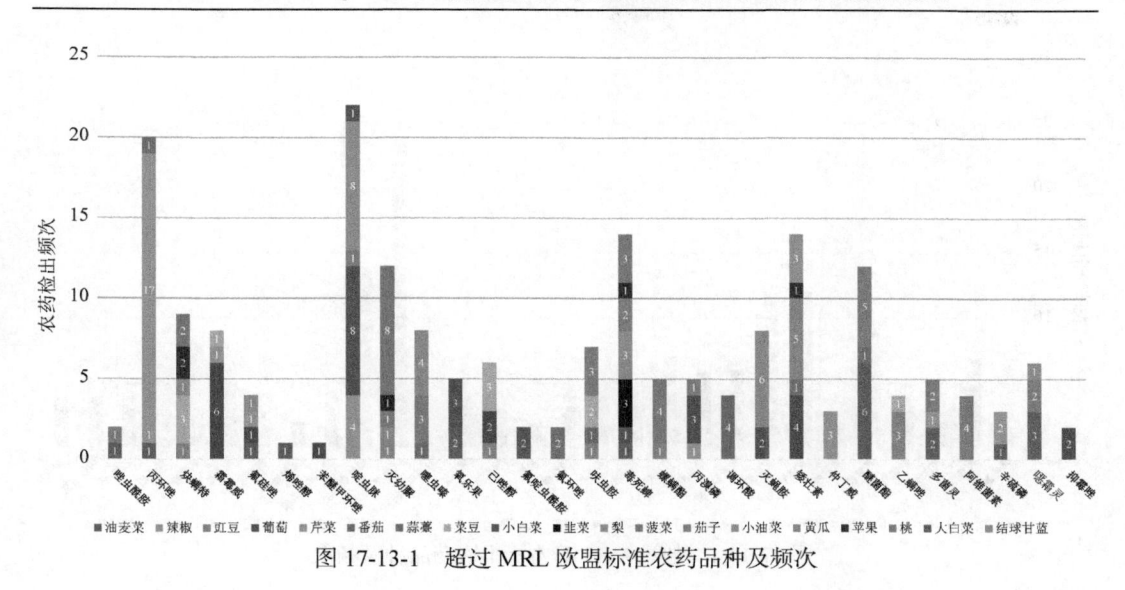

图 17-13-1　超过 MRL 欧盟标准农药品种及频次

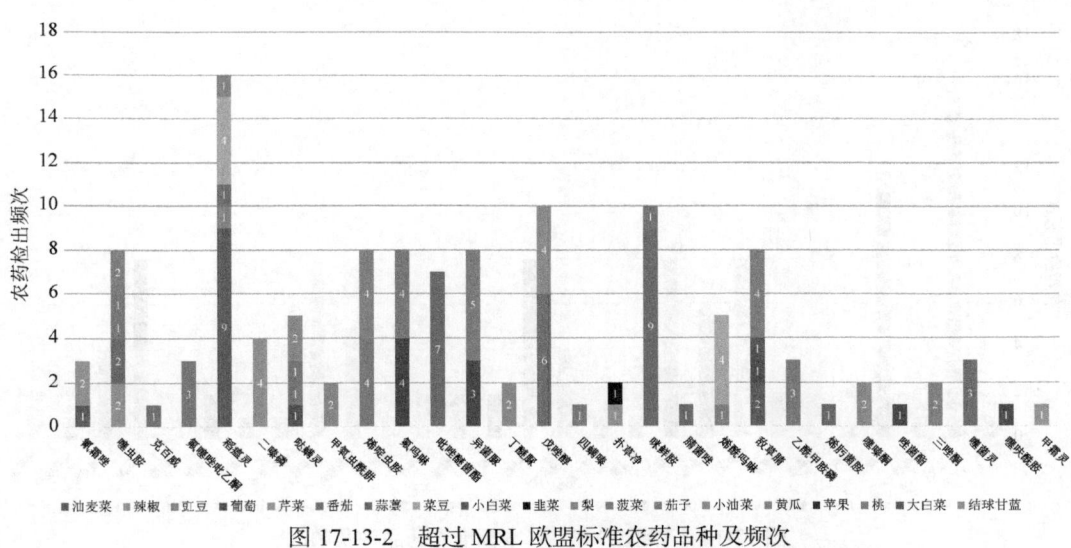

图 17-13-2　超过 MRL 欧盟标准农药品种及频次

调环酸、四螨嗪、氟吡菌酰胺、扑草净、敌草腈、噻虫嗪、螺螨酯、异丙甲草胺、烯酰吗啉、灭幼脲、唑菌酯、氟吗啉、呋虫胺、灭蝇胺、丁醚脲、噻嗪酮、炔螨特、嘧霉胺和噻虫胺，微毒农药氟环唑、霜霉威、乙螨唑、氰霜唑、乙嘧酚、氯虫苯甲酰胺、肟菌酯、甲氧虫酰肼、嘧菌酯、噻呋酰胺、多菌灵和啶酰菌胺。

按超标程度比较，豇豆中灭蝇胺超标 192.2 倍，葡萄中噻呋酰胺超标 91.8 倍，小白菜中灭蝇胺超标 41.2 倍，油麦菜中稻瘟灵超标 37.7 倍，桃中灭幼脲超标 30.9 倍。检测结果见图 17-14。

17.2.2.4　按 MRL 中国香港标准衡量

按 MRL 中国香港标准衡量，共有 6 种农药超标，检出 16 频次，分别为高毒农药阿维菌素，中毒农药啶虫脒、毒死蜱和辛硫磷，低毒农药噻虫嗪和噻虫胺。

图 17-14-1　超过 MRL 日本标准农药品种及频次

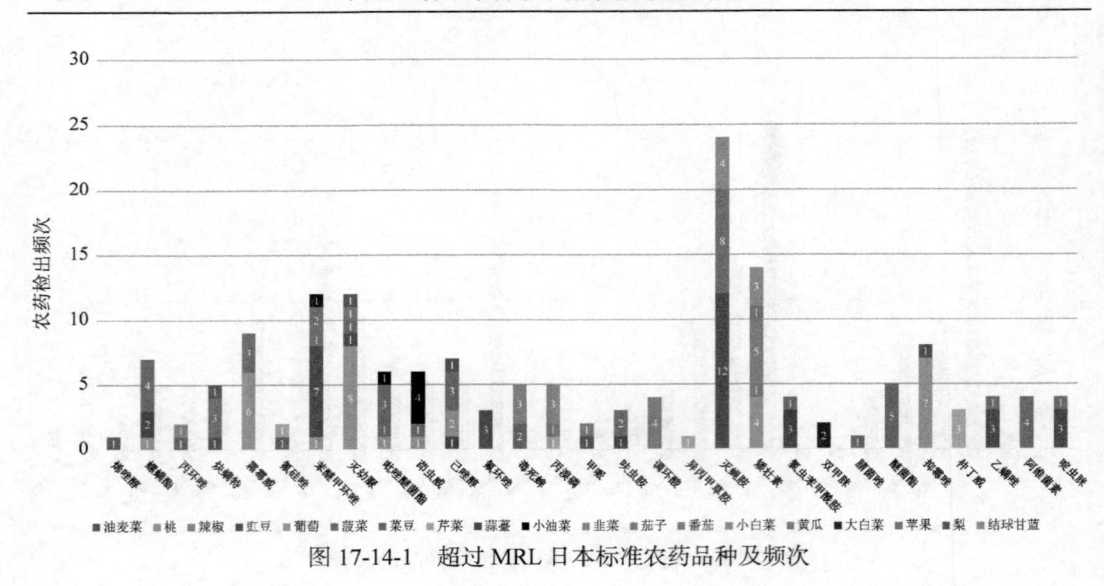

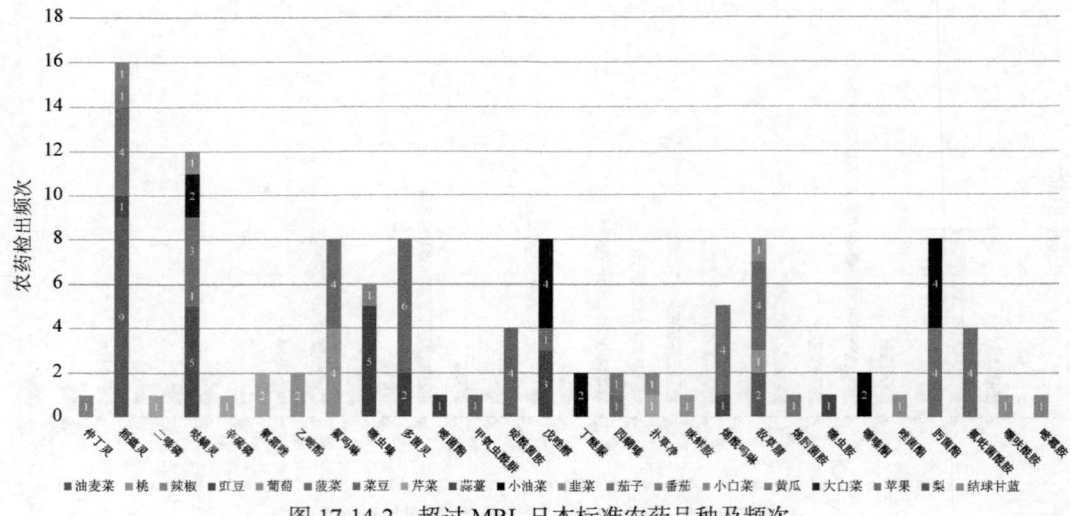

图 17-14-2　超过 MRL 日本标准农药品种及频次

按超标程度比较，豇豆中噻虫嗪超标 7.6 倍，芹菜中辛硫磷超标 2.7 倍，豇豆中噻虫胺超标 2.3 倍，小白菜中毒死蜱超标 1.5 倍，番茄中噻虫胺超标 1.3 倍。检测结果见图 17-15。

17.2.2.5　按 MRL 美国标准衡量

按 MRL 美国标准衡量，共有 4 种农药超标，检出 21 频次，分别为高毒农药阿维菌素，中毒农药戊唑醇和毒死蜱，低毒农药噻虫嗪。

按超标程度比较，桃中毒死蜱超标 7.6 倍，豇豆中噻虫嗪超标 3.3 倍，苹果中毒死蜱超标 1.5 倍，黄瓜中噻虫嗪超标 1.2 倍，梨中毒死蜱超标 1.1 倍。检测结果见图 17-16。

图 17-15 超过 MRL 中国香港标准农药品种及频次

图 17-16 超过 MRL 美国标准农药品种及频次

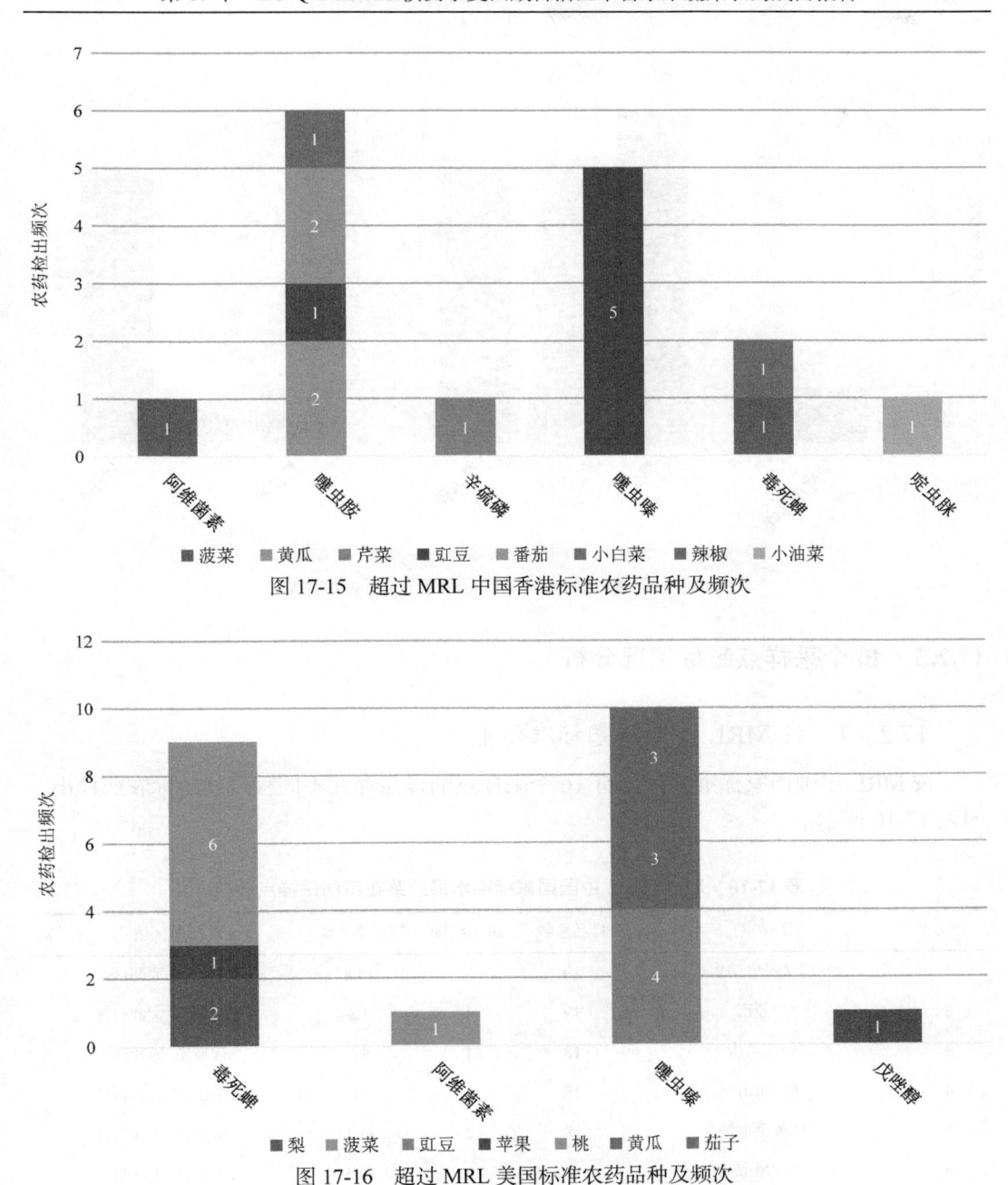

17.2.2.6 按 MRL CAC 标准衡量

按 MRL CAC 标准衡量，共有 5 种农药超标，检出 18 频次，分别为中毒农药矮壮素、腈菌唑和苯醚甲环唑，低毒农药噻虫嗪和噻虫胺。

按超标程度比较，豇豆中噻虫嗪超标 7.6 倍，豇豆中噻虫胺超标 2.3 倍，葡萄中矮壮素超标 1.9 倍，番茄中噻虫胺超标 1.3 倍，蒜薹中腈菌唑超标 0.3 倍。检测结果见图 17-17。

图 17-17　超过 MRL CAC 标准农药品种及频次

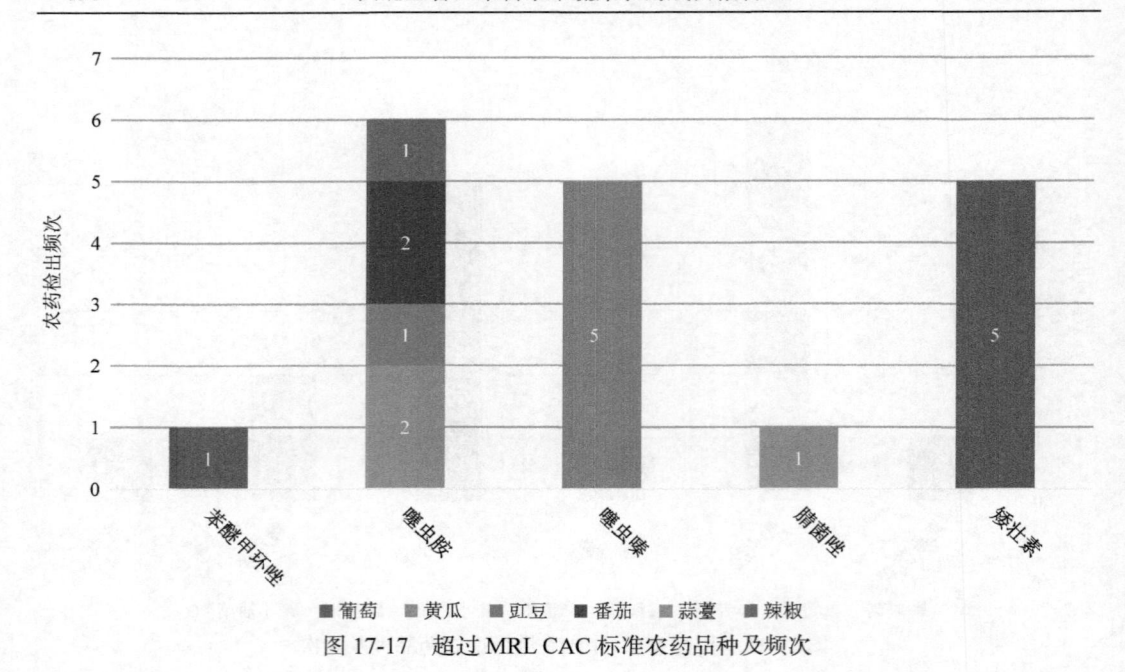

17.2.3　40 个采样点超标情况分析

17.2.3.1　按 MRL 中国国家标准衡量

按 MRL 中国国家标准衡量，有 16 个采样点的样品存在不同程度的超标农药检出，如表 17-10 所示。

表 17-10　超过 MRL 中国国家标准水果蔬菜在不同采样点分布

序号	采样点	样品总数	超标数量	超标率（%）	行政区域
1	***蔬菜批发销售点	19	3	15.8	固原市　原州区
2	***超市	19	1	5.3	石嘴山市　大武口区
3	***蔬菜店	18	1	5.6	固原市　原州区
4	***超市	18	1	5.6	石嘴山市　大武口区
5	***蔬菜市场	18	2	11.1	石嘴山市　大武口区
6	***超市	16	2	12.5	石嘴山市　大武口区
7	***蔬菜水果直销店	16	1	6.2	固原市　原州区
8	***蔬菜批发销售点	16	1	6.2	固原市　原州区
9	***超市	16	1	6.2	银川市　金凤区
10	***菜市场	16	3	18.8	石嘴山市　大武口区
11	***超市	15	1	6.7	银川市　金凤区
12	***农贸市场	15	1	6.7	银川市　金凤区
13	***超市	15	2	13.3	石嘴山市　大武口区

续表

序号	采样点	样品总数	超标数量	超标率（%）	行政区域
14	***超市	12	1	8.3	银川市 金凤区
15	***市场	12	1	8.3	石嘴山市 大武口区
16	***蔬菜水果批零店	10	1	10.0	固原市 原州区

17.2.3.2 按MRL欧盟标准衡量

按MRL欧盟标准衡量，有39个采样点的样品存在不同程度的超标农药检出，如表17-11所示。

表17-11 超过MRL欧盟标准水果蔬菜在不同采样点分布

序号	采样点	样品总数	超标数量	超标率（%）	行政区域
1	***蔬菜批发销售点	19	8	42.1	固原市 原州区
2	***超市	19	10	52.6	石嘴山市 大武口区
3	***超市	19	7	36.8	银川市 金凤区
4	***超市	19	2	10.5	银川市 金凤区
5	***超市	19	8	42.1	石嘴山市 大武口区
6	***超市	19	12	63.2	固原市 原州区
7	***蔬菜店	18	5	27.8	固原市 原州区
8	***超市	18	7	38.9	石嘴山市 大武口区
9	***超市	18	7	38.9	银川市 金凤区
10	***超市	18	9	50.0	银川市 金凤区
11	***超市	18	6	33.3	石嘴山市 大武口区
12	***蔬菜市场	18	8	44.4	石嘴山市 大武口区
13	***超市	18	8	44.4	固原市 原州区
14	***超市	17	7	41.2	银川市 金凤区
15	***超市	17	6	35.3	银川市 金凤区
16	***便利店	17	5	29.4	固原市 原州区
17	***超市	16	3	18.8	石嘴山市 大武口区
18	***超市	16	6	37.5	石嘴山市 大武口区
19	***蔬菜水果直销店	16	3	18.8	固原市 原州区
20	***蔬菜批发销售点	16	6	37.5	固原市 原州区
21	***超市	16	6	37.5	银川市 金凤区
22	***之源	16	6	37.5	固原市 原州区
23	***菜市场	16	7	43.8	石嘴山市 大武口区

续表

序号	采样点	样品总数	超标数量	超标率（%）	行政区域
24	***超市	15	6	40.0	银川市 金凤区
25	***农贸市场	15	6	40.0	银川市 金凤区
26	***超市	15	4	26.7	固原市 原州区
27	***超市	15	6	40.0	石嘴山市 大武口区
28	***超市	14	3	21.4	石嘴山市 大武口区
29	***超市	13	4	30.8	固原市 原州区
30	***超市	12	6	50.0	银川市 金凤区
31	***市场	12	3	25.0	石嘴山市 大武口区
32	***蔬菜水果批零店	10	1	10.0	固原市 原州区
33	***时光	10	3	30.0	固原市 原州区
34	***超市	9	4	44.4	石嘴山市 大武口区
35	***	8	2	25.0	银川市 金凤区
36	***南桥市场	7	1	14.3	银川市 金凤区
37	***蔬菜直销店	4	1	25.0	银川市 金凤区
38	***水果蔬菜便利店	3	2	66.7	银川市 金凤区
39	***粮油店	2	1	50.0	银川市 金凤区

17.2.3.3　按 MRL 日本标准衡量

按 MRL 日本标准衡量，有 37 个采样点的样品存在不同程度的超标农药检出，如表 17-12 所示。

表 17-12　超过 MRL 日本标准水果蔬菜在不同采样点分布

序号	采样点	样品总数	超标数量	超标率（%）	行政区域
1	***蔬菜批发销售点	19	6	31.6	固原市 原州区
2	***超市	19	7	36.8	石嘴山市 大武口区
3	***超市	19	5	26.3	银川市 金凤区
4	***超市	19	2	10.5	银川市 金凤区
5	***超市	19	7	36.8	石嘴山市 大武口区
6	***超市	19	8	42.1	固原市 原州区
7	***蔬菜店	18	3	16.7	固原市 原州区
8	***超市	18	3	16.7	石嘴山市 大武口区
9	***超市	18	5	27.8	银川市 金凤区
10	***超市	18	3	16.7	银川市 金凤区
11	***超市	18	5	27.8	石嘴山市 大武口区

续表

序号	采样点	样品总数	超标数量	超标率（%）	行政区域
12	***蔬菜市场	18	7	38.9	石嘴山市 大武口区
13	***超市	18	6	33.3	固原市 原州区
14	***超市	17	7	41.2	银川市 金凤区
15	***超市	17	3	17.6	银川市 金凤区
16	***便利店	17	3	17.6	固原市 原州区
17	***超市	16	3	18.8	石嘴山市 大武口区
18	***超市	16	5	31.2	石嘴山市 大武口区
19	***蔬菜水果直销店	16	2	12.5	固原市 原州区
20	***蔬菜批发销售点	16	5	31.2	固原市 原州区
21	***超市	16	4	25.0	银川市 金凤区
22	***之源	16	3	18.8	固原市 原州区
23	***菜市场	16	5	31.2	石嘴山市 大武口区
24	***超市	15	5	33.3	银川市 金凤区
25	***农贸市场	15	4	26.7	银川市 金凤区
26	***超市	15	4	26.7	固原市 原州区
27	***超市	15	5	33.3	石嘴山市 大武口区
28	***超市	14	2	14.3	石嘴山市 大武口区
29	***超市	13	5	38.5	固原市 原州区
30	***超市	12	3	25.0	银川市 金凤区
31	***市场	12	2	16.7	石嘴山市 大武口区
32	***蔬菜水果批零店	10	4	40.0	固原市 原州区
33	***时光	10	3	30.0	固原市 原州区
34	***超市	9	5	55.6	石嘴山市 大武口区
35	***	8	1	12.5	银川市 金凤区
36	***蔬菜直销店	4	1	25.0	银川市 金凤区
37	***水果蔬菜便利店	3	2	66.7	银川市 金凤区

17.2.3.4 按MRL中国香港标准衡量

按MRL中国香港标准衡量，有13个采样点的样品存在不同程度的超标农药检出，如表17-13所示。

表17-13 超过MRL中国香港标准水果蔬菜在不同采样点分布

序号	采样点	样品总数	超标数量	超标率（%）	行政区域
1	***超市	19	1	5.3	银川市 金凤区
2	***超市	19	1	5.3	固原市 原州区

续表

序号	采样点	样品总数	超标数量	超标率（%）	行政区域
3	***超市	18	1	5.6	银川市 金凤区
4	***蔬菜市场	18	1	5.6	石嘴山市 大武口区
5	***超市	18	1	5.6	固原市 原州区
6	***超市	17	1	5.9	银川市 金凤区
7	***超市	16	1	6.2	石嘴山市 大武口区
8	***超市	16	2	12.5	银川市 金凤区
9	***菜市场	16	2	12.5	石嘴山市 大武口区
10	***超市	15	1	6.7	银川市 金凤区
11	***超市	15	1	6.7	石嘴山市 大武口区
12	***市场	12	1	8.3	石嘴山市 大武口区
13	***蔬菜水果批零店	10	1	10.0	固原市 原州区

17.2.3.5 按 MRL 美国标准衡量

按 MRL 美国标准衡量，有 16 个采样点的样品存在不同程度的超标农药检出，如表 17-14 所示。

表 17-14 超过 MRL 美国标准水果蔬菜在不同采样点分布

序号	采样点	样品总数	超标数量	超标率（%）	行政区域
1	***超市	19	1	5.3	石嘴山市 大武口区
2	***超市	19	1	5.3	石嘴山市 大武口区
3	***超市	19	2	10.5	固原市 原州区
4	***超市	18	2	11.1	银川市 金凤区
5	***蔬菜市场	18	1	5.6	石嘴山市 大武口区
6	***超市	18	2	11.1	固原市 原州区
7	***超市	17	1	5.9	银川市 金凤区
8	***超市	16	2	12.5	石嘴山市 大武口区
9	***超市	16	1	6.2	银川市 金凤区
10	***之源	16	1	6.2	固原市 原州区
11	***菜市场	16	1	6.2	石嘴山市 大武口区
12	***超市	12	1	8.3	银川市 金凤区
13	***市场	12	2	16.7	石嘴山市 大武口区
14	***蔬菜水果批零店	10	1	10.0	固原市 原州区
15	***时光	10	1	10.0	固原市 原州区
16	***蔬菜直销店	4	1	25.0	银川市 金凤区

17.2.3.6 按 MRL CAC 标准衡量

按 MRL CAC 标准衡量,有 14 个采样点的样品存在不同程度的超标农药检出,如表 17-15 所示。

表 17-15 超过 MRL CAC 标准水果蔬菜在不同采样点分布

序号	采样点	样品总数	超标数量	超标率（%）	行政区域
1	***蔬菜批发销售点	19	2	10.5	固原市 原州区
2	***超市	19	1	5.3	银川市 金凤区
3	***超市	19	1	5.3	固原市 原州区
4	***超市	18	1	5.6	银川市 金凤区
5	***超市	18	1	5.6	银川市 金凤区
6	***超市	18	1	5.6	固原市 原州区
7	***超市	17	2	11.8	银川市 金凤区
8	***超市	17	1	5.9	银川市 金凤区
9	***超市	16	2	12.5	银川市 金凤区
10	***之源	16	1	6.2	固原市 原州区
11	***菜市场	16	1	6.2	石嘴山市 大武口区
12	***市场	12	1	8.3	石嘴山市 大武口区
13	***蔬菜水果批零店	10	1	10.0	固原市 原州区
14	***时光	10	1	10.0	固原市 原州区

17.3 水果中农药残留分布

17.3.1 检出农药品种和频次排前 4 的水果

本次残留侦测的水果共 4 种,包括葡萄、苹果、桃和梨。

根据检出农药品种及频次进行排名,将各项排名前 4 位的水果样品检出情况列表说明,详见表 17-16。

表 17-16 检出农药品种和频次排名前 4 的水果

检出农药品种排名前 4（品种）	①葡萄（46），②梨（27），③苹果（26），④桃（25）
检出农药频次排名前 4（频次）	①葡萄（281），②桃（151），③梨（149），④苹果（116）
检出禁用、高毒农药品种排名前 4(品种)	①桃（2），②梨（1），③苹果（1），④葡萄（1）
检出禁用、高毒农药频次排名前 4(频次)	①桃（19），②梨（11），③苹果（9），④葡萄（3）

17.3.2 超标农药品种和频次排前 4 的水果

鉴于 MRL 欧盟标准和日本标准制定比较全面且覆盖率较高,我们参照 MRL 中国国家标准、欧盟标准和日本标准衡量水果样品中农残检出情况，将超标农药品种及频次排名前 4 的水果列表说明，详见表 17-17。

表 17-17 超标农药品种和频次排名前 4 的水果

超标农药品种排名前 4 （农药品种数）	MRL 中国国家标准	①葡萄（1）
	MRL 欧盟标准	①葡萄（11），②桃（5），③梨（4），④苹果（4）
	MRL 日本标准	①葡萄（9），②桃（6），③梨（2），④苹果（2）
超标农药频次排名前 4 （农药频次数）	MRL 中国国家标准	①葡萄（2）
	MRL 欧盟标准	①葡萄（26），②桃（15），③梨（6），④苹果（5）
	MRL 日本标准	①葡萄（28），②桃（13），③梨（2），④苹果（2）

通过对各品种水果样本总数及检出率进行综合分析发现，葡萄、桃和苹果的残留污染最为严重，在此，我们参照 MRL 中国国家标准、欧盟标准和日本标准对这 3 种水果的农残检出情况进行进一步分析。

17.3.3 农药残留检出率较高的水果样品分析

17.3.3.1 葡萄

这次共检测 30 例葡萄样品，29 例样品中检出了农药残留，检出率为 96.7%，检出农药共计 46 种。其中嘧霉胺、吡唑醚菌酯、苯醚甲环唑、戊唑醇和烯酰吗啉检出频次较高，分别检出了 22、20、16、16 和 16 次。葡萄中农药检出品种和频次见图 17-18，超标农药见图 17-19 和表 17-18。

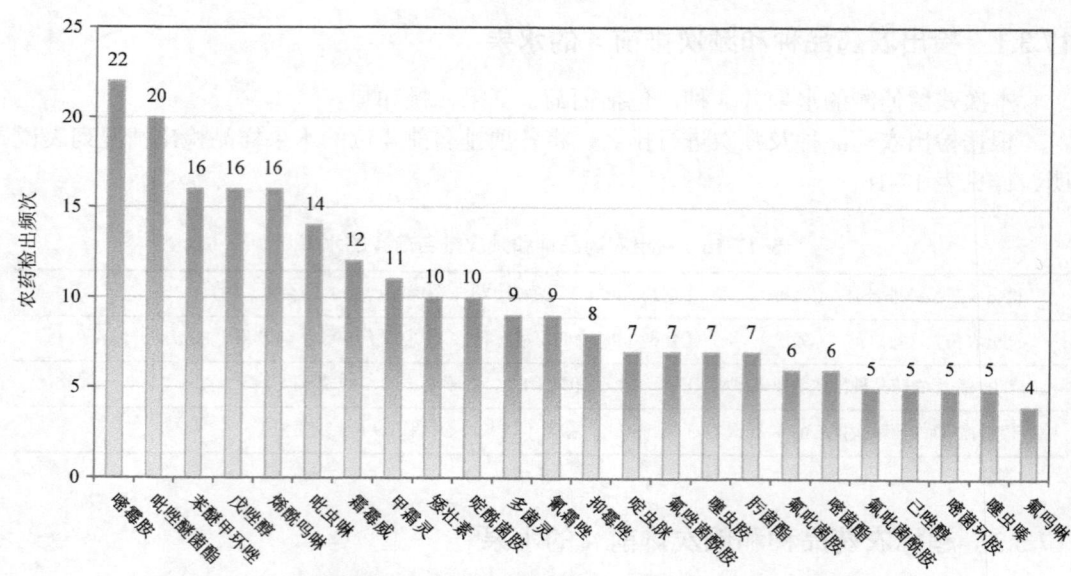

图 17-18 葡萄样品检出农药品种和频次分析（仅列出 4 频次及以上的数据）

图 17-19 葡萄样品中超标农药分析

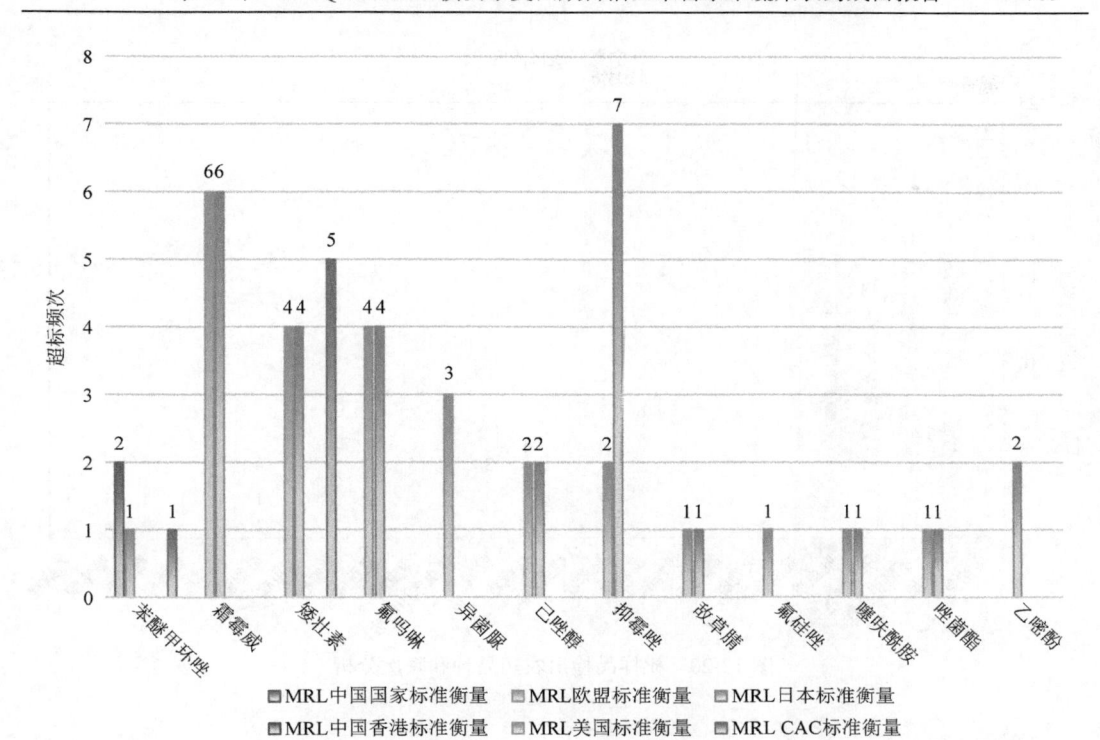

表 17-18 葡萄中农药残留超标情况明细表

样品总数		检出农药样品数	样品检出率（%）	检出农药品种总数
30		29	96.7	46
	超标农药品种	超标农药频次	按照 MRL 中国国家标准、欧盟标准和日本标准衡量超标农药名称及频次	
MRL 中国国家标准	1	2	苯醚甲环唑（2）	
MRL 欧盟标准	11	26	霜霉威（6），矮壮素（4），氟吡啉（4），异菌脲（3），己唑醇（2），抑霉唑（2），苯醚甲环唑（1），敌草腈（1），氟硅唑（1），噻呋酰胺（1），唑菌酯（1）	
MRL 日本标准	9	28	抑霉唑（7），霜霉威（6），矮壮素（4），氟吡啉（4），己唑醇（2），乙嘧酚（2），敌草腈（1），噻呋酰胺（1），唑菌酯（1）	

17.3.3.2 桃

这次共检测 30 例桃样品，29 例样品中检出了农药残留，检出率为 96.7%，检出农药共计 25 种。其中多菌灵、毒死蜱、苯醚甲环唑、吡唑醚菌酯和吡虫啉检出频次较高，分别检出了 22、17、16、13 和 12 次。桃中农药检出品种和频次见图 17-20，超标农药见图 17-21 和表 17-19。

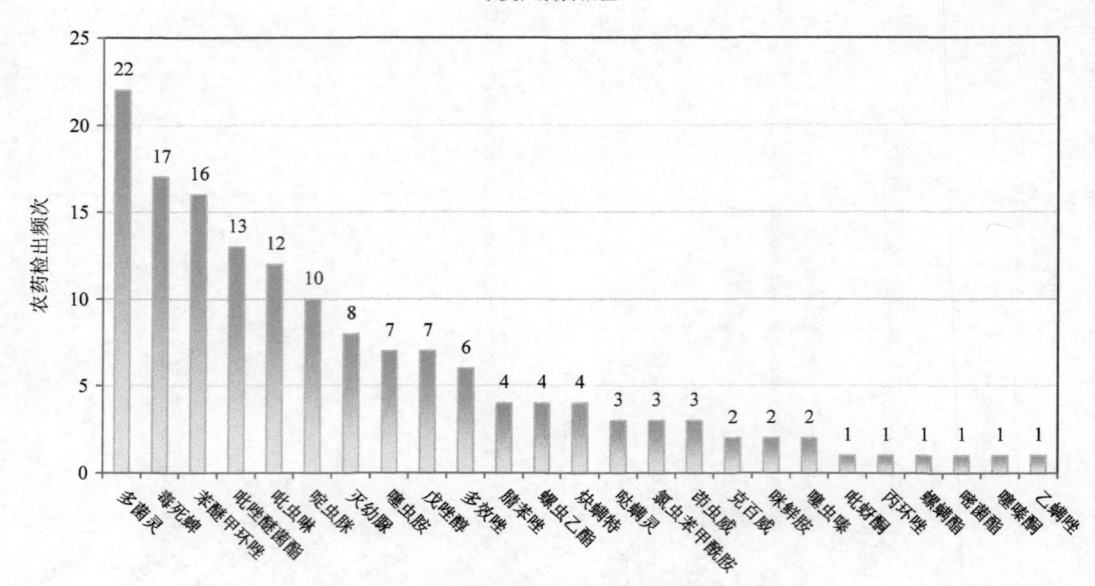

图 17-20 桃样品检出农药品种和频次分析

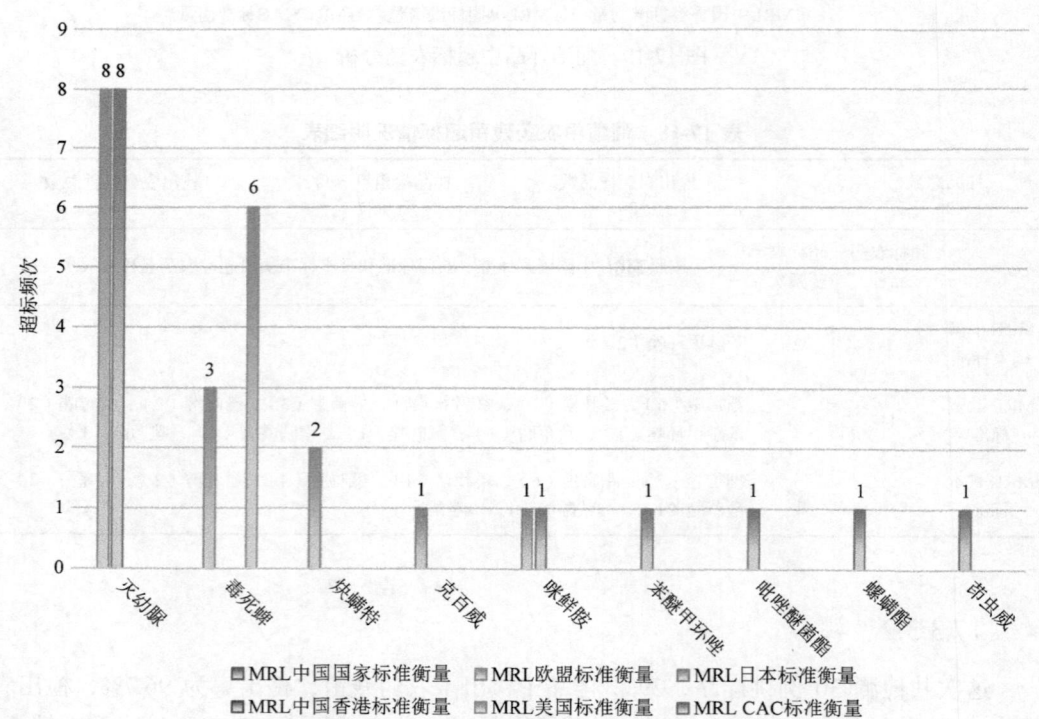

图 17-21 桃样品中超标农药分析

表 17-19　桃中农药残留超标情况明细表

样品总数 30		检出农药样品数 29	样品检出率（%） 96.7	检出农药品种总数 25
	超标农药品种	超标农药频次	按照 MRL 中国国家标准、欧盟标准和日本标准衡量超标农药名称及频次	
MRL 中国国家标准	0	0		
MRL 欧盟标准	5	15	灭幼脲（8），毒死蜱（3），炔螨特（2），克百威（1），咪鲜胺（1）	
MRL 日本标准	6	13	灭幼脲（8），苯醚甲环唑（1），吡唑醚菌酯（1），螺螨酯（1），咪鲜胺（1），茚虫威（1）	

17.3.3.3　苹果

这次共检测 30 例苹果样品，29 例样品中检出了农药残留，检出率为 96.7%，检出农药共计 26 种。其中多菌灵、啶虫脒、吡唑醚菌酯、毒死蜱和螺螨酯检出频次较高，分别检出了 23、17、10、9 和 7 次。苹果中农药检出品种和频次见图 17-22，超标农药见图 17-23 和表 17-20。

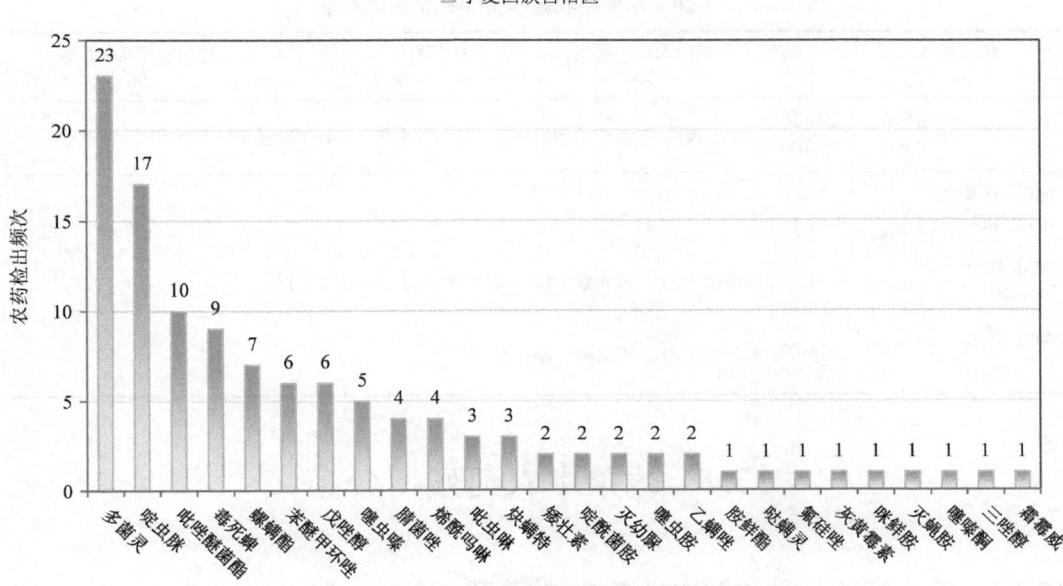

图 17-22　苹果样品检出农药品种和频次分析

图 17-23 苹果样品中超标农药分析

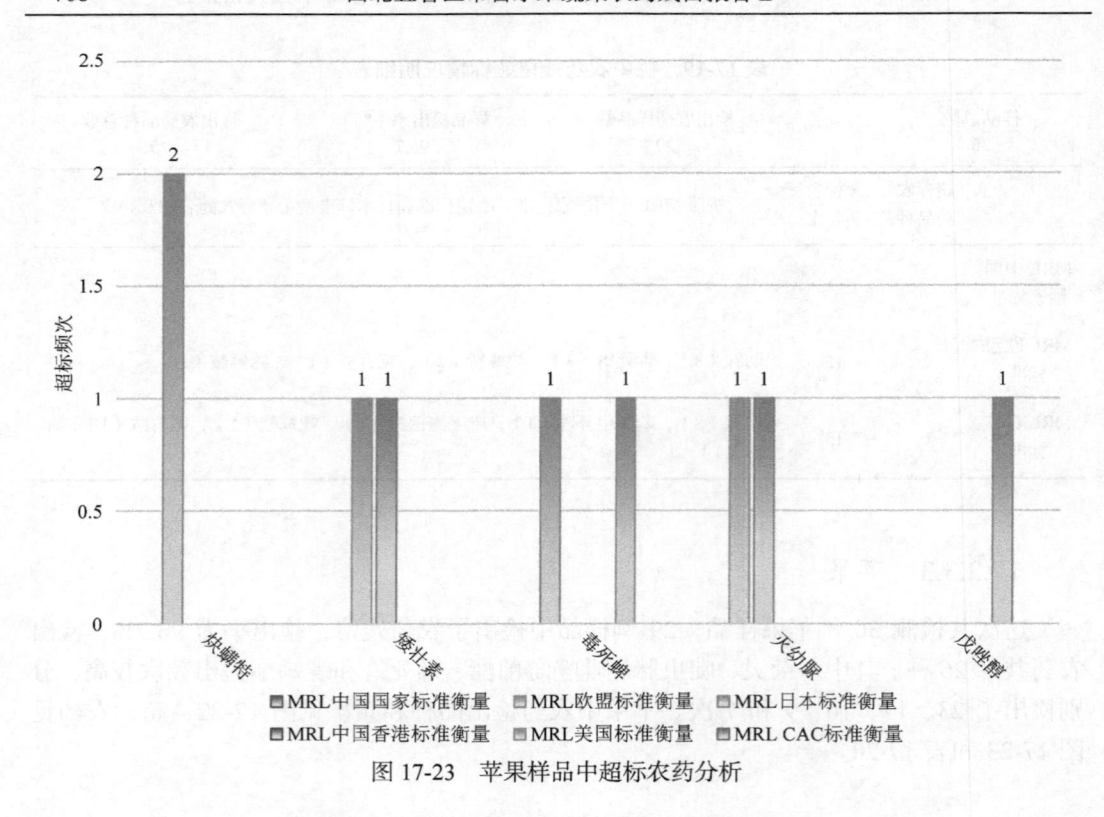

表 17-20 苹果中农药残留超标情况明细表

样品总数 30		检出农药样品数 29	样品检出率（%） 96.7	检出农药品种总数 26
	超标农药品种	超标农药频次	按照 MRL 中国国家标准、欧盟标准和日本标准衡量超标农药名称及频次	
MRL 中国国家标准	0	0		
MRL 欧盟标准	4	5	炔螨特（2），矮壮素（1），毒死蜱（1），灭幼脲（1）	
MRL 日本标准	2	2	矮壮素（1），灭幼脲（1）	

17.4　蔬菜中农药残留分布

17.4.1　检出农药品种和频次排前 10 的蔬菜

本次残留侦测的蔬菜共 15 种，包括结球甘蓝、辣椒、韭菜、蒜薹、小白菜、油麦菜、芹菜、小油菜、大白菜、番茄、茄子、黄瓜、菠菜、豇豆和菜豆。

根据检出农药品种及频次进行排名，将各项排名前 10 位的蔬菜样品检出情况列表说明，详见表 17-21。

表 17-21　检出农药品种和频次排名前 10 的蔬菜

检出农药品种排名前 10（品种）	①番茄（52），②黄瓜（38），③芹菜（37），④油麦菜（37），⑤菜豆（33），⑥茄子（32），⑦菠菜（31），⑧小白菜（31），⑨豇豆（30），⑩小油菜（25）
检出农药频次排名前 10（频次）	①番茄（240），②油麦菜（172），③芹菜（171），④菜豆（153），⑤蒜薹（149），⑥豇豆（147），⑦小油菜（137），⑧菠菜（136），⑨茄子（131），⑩黄瓜（127）
检出禁用、高毒农药品种排名前 10（品种）	①菠菜（3），②小白菜（3），③油麦菜（3），④番茄（2），⑤茄子（2），⑥芹菜（2），⑦结球甘蓝（1），⑧韭菜（1），⑨辣椒（1），⑩蒜薹（1）
检出禁用、高毒农药频次排名前 10（频次）	①油麦菜（15），②菠菜（11），③茄子（10），④小白菜（9），⑤韭菜（5），⑥芹菜（3），⑦番茄（2），⑧结球甘蓝（1），⑨辣椒（1），⑩蒜薹（1）

17.4.2　超标农药品种和频次排前 10 的蔬菜

鉴于 MRL 欧盟标准和日本标准制定比较全面且覆盖率较高，我们参照 MRL 中国国家标准、欧盟标准和日本标准衡量蔬菜样品中农残检出情况，将超标农药品种及频次排名前 10 的蔬菜列表说明，详见表 17-22。

表 17-22　超标农药品种和频次排名前 10 的蔬菜

超标农药品种排名前 10（农药品种数）	MRL 中国国家标准	①菠菜（2），②豇豆（2），③小白菜（2），④韭菜（1），⑤辣椒（1），⑥茄子（1），⑦芹菜（1），⑧蒜薹（1），⑨小油菜（1），⑩油麦菜（1）
	MRL 欧盟标准	①菠菜（14），②油麦菜（13），③芹菜（12），④茄子（9），⑤小油菜（9），⑥豇豆（8），⑦蒜薹（8），⑧小白菜（8），⑨菜豆（7），⑩番茄（7）
	MRL 日本标准	①菜豆（21），②豇豆（18），③菠菜（11），④芹菜（8），⑤小油菜（8），⑥番茄（5），⑦韭菜（5），⑧油麦菜（5），⑨蒜薹（4），⑩小白菜（4）
超标农药频次排名前 10（农药频次数）	MRL 中国国家标准	①菠菜（4），②小白菜（4），③豇豆（3），④韭菜（3），⑤茄子（2），⑥辣椒（1），⑦芹菜（1），⑧蒜薹（1），⑨小油菜（1），⑩油麦菜（1）
	MRL 欧盟标准	①菠菜（39），②芹菜（38），③小油菜（31），④油麦菜（31），⑤蒜薹（30），⑥小白菜（21），⑦菜豆（18），⑧茄子（18），⑨黄瓜（14），⑩番茄（11）
	MRL 日本标准	①菜豆（60），②豇豆（53），③菠菜（28），④小油菜（20），⑤油麦菜（14），⑥芹菜（11），⑦小油菜（9），⑧番茄（8），⑨韭菜（7），⑩黄瓜（6）

通过对各品种蔬菜样本总数及检出率进行综合分析发现，番茄、芹菜和油麦菜的残留污染最为严重，在此，我们参照 MRL 中国国家标准、欧盟标准和日本标准对这 3 种蔬菜的农残检出情况进行进一步分析。

17.4.3　农药残留检出率较高的蔬菜样品分析

17.4.3.1　番茄

这次共检测 30 例番茄样品，全部检出了农药残留，检出率为 100.0%，检出农药共计 52 种。其中吡唑醚菌酯、苯醚甲环唑、噻虫胺、噻虫嗪和霜霉威检出频次较高,分别检出了 17、16、15、15 和 14 次。番茄中农药检出品种和频次见图 17-24,超标农药见图 17-25 和表 17-23。

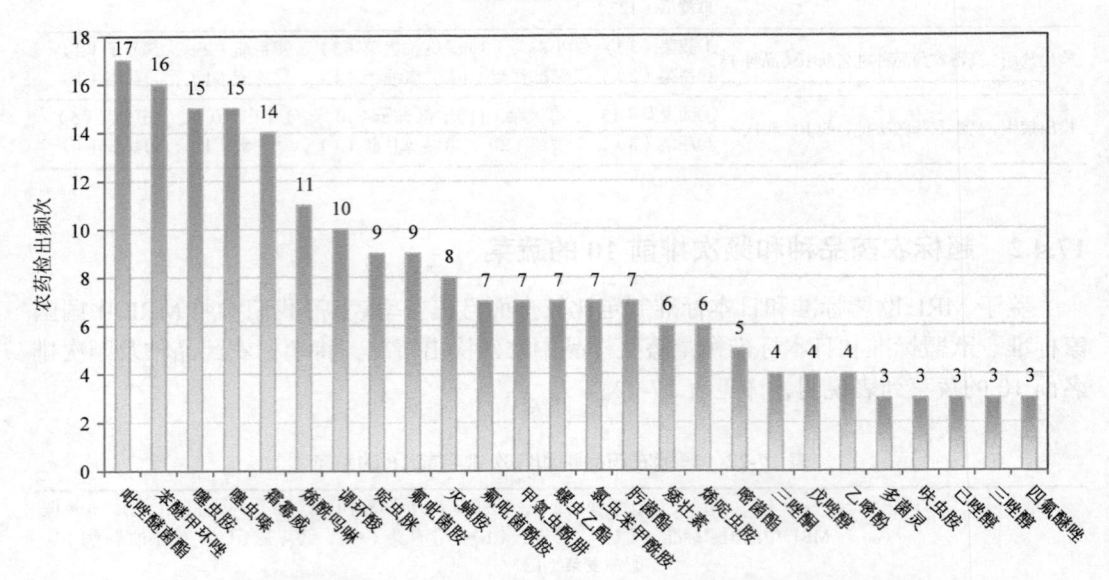

图 17-24 番茄样品检出农药品种和频次分析(仅列出 3 频次及以上的数据)

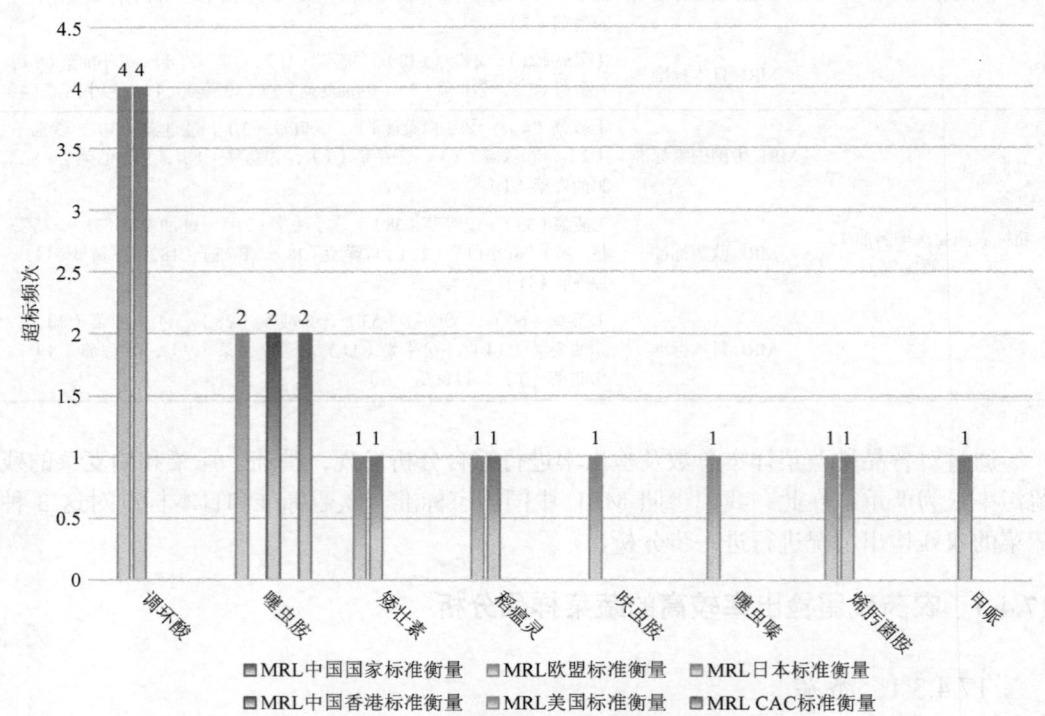

图 17-25 番茄样品中超标农药分析

表 17-23　番茄中农药残留超标情况明细表

样品总数 30		检出农药样品数 30	样品检出率（%） 100	检出农药品种总数 52
	超标农药品种	超标农药频次	按照 MRL 中国国家标准、欧盟标准和日本标准衡量超标农药名称及频次	
MRL 中国国家标准	0	0		
MRL 欧盟标准	7	11	调环酸（4），噻虫胺（2），矮壮素（1），稻瘟灵（1），呋虫胺（1），噻虫嗪（1），烯肟菌胺（1）	
MRL 日本标准	5	8	调环酸（4），矮壮素（1），稻瘟灵（1），甲哌（1），烯肟菌胺（1）	

17.4.3.2　芹菜

这次共检测 30 例芹菜样品，全部检出了农药残留，检出率为 100.0%，检出农药共计 37 种。其中丙环唑、苯醚甲环唑、吡唑醚菌酯、啶虫脒和噻虫嗪检出频次较高，分别检出了 22、18、14、12 和 12 次。芹菜中农药检出品种和频次见图 17-26，超标农药见图 17-27 和表 17-24。

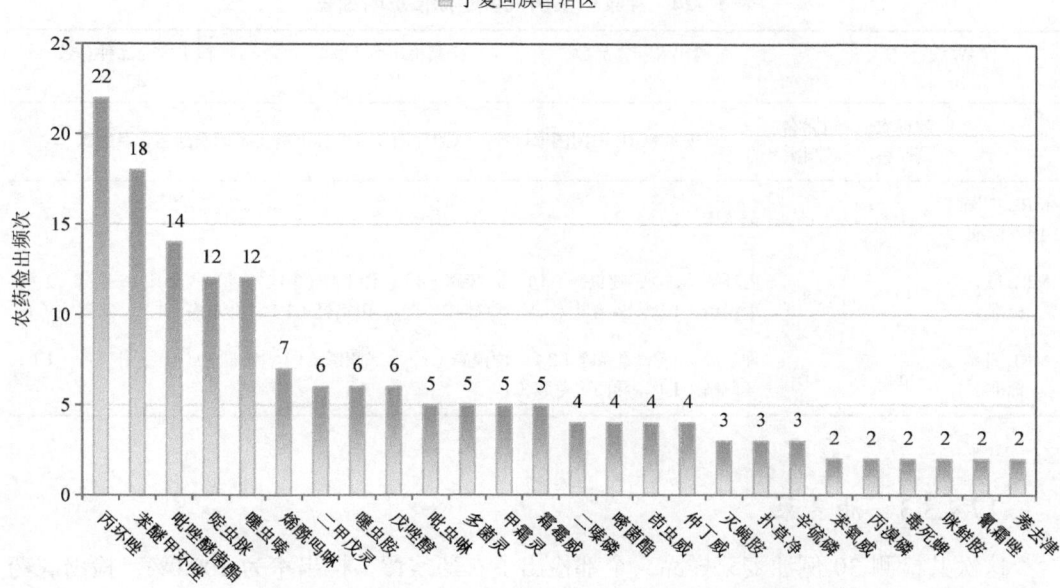

图 17-26　芹菜样品检出农药品种和频次分析（仅列出 2 频次及以上的数据）

图 17-27 芹菜样品中超标农药分析

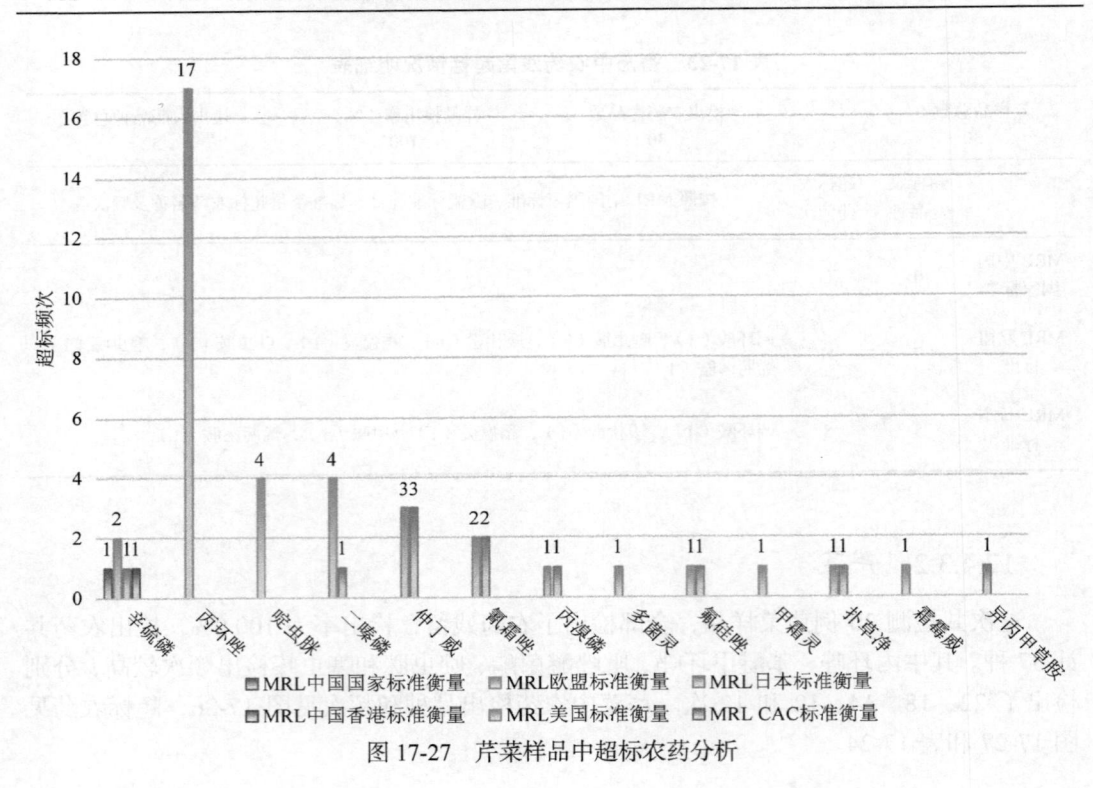

表 17-24 芹菜中农药残留超标情况明细表

样品总数 30		检出农药样品数 30	样品检出率（%） 100	检出农药品种总数 37
	超标农药品种	超标农药频次	按照 MRL 中国国家标准、欧盟标准和日本标准衡量超标农药名称及频次	
MRL 中国国家标准	1	1	辛硫磷（1）	
MRL 欧盟标准	12	38	丙环唑（17），啶虫脒（4），二嗪磷（4），仲丁威（3），氰霜唑（2），辛硫磷（2），丙溴磷（1），多菌灵（1），氟硅唑（1），甲霜灵（1），扑草净（1），霜霉威（1）	
MRL 日本标准	8	11	仲丁威（3），氰霜唑（2），丙溴磷（1），二嗪磷（1），氟硅唑（1），扑草净（1），辛硫磷（1），异丙甲草胺（1）	

17.4.3.3 油麦菜

这次共检测 30 例油麦菜样品，全部检出了农药残留，检出率为 100.0%，检出农药共计 37 种。其中烯酰吗啉、稻瘟灵、啶虫脒、灭蝇胺和苯醚甲环唑检出频次较高，分别检出了 26、12、12、12 和 11 次。油麦菜中农药检出品种和频次见图 17-28，超标农药见图 17-29 和表 17-25。

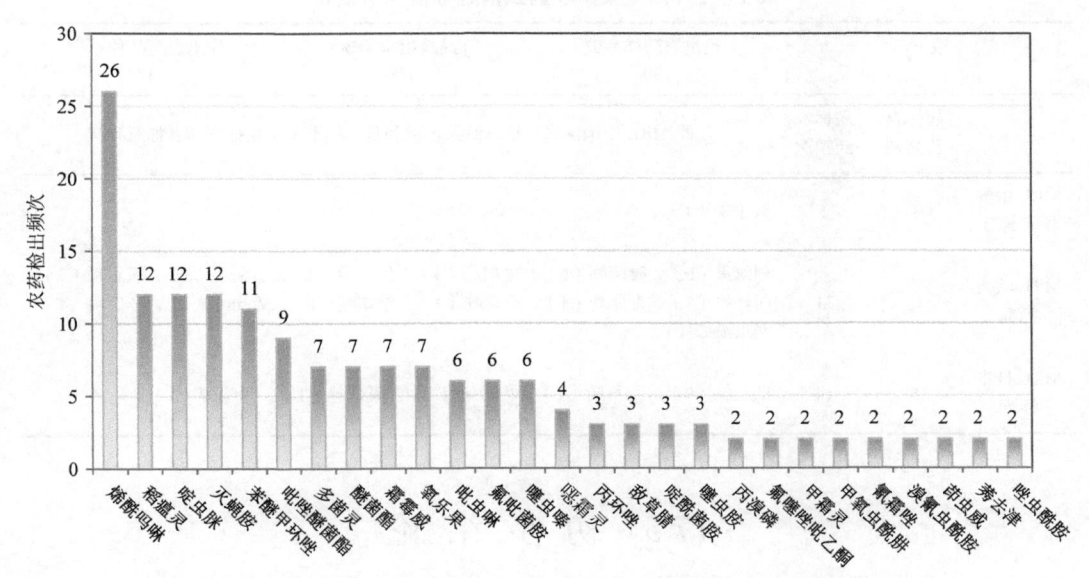

图 17-28　油麦菜样品检出农药品种和频次分析（仅列出 2 频次及以上的数据）

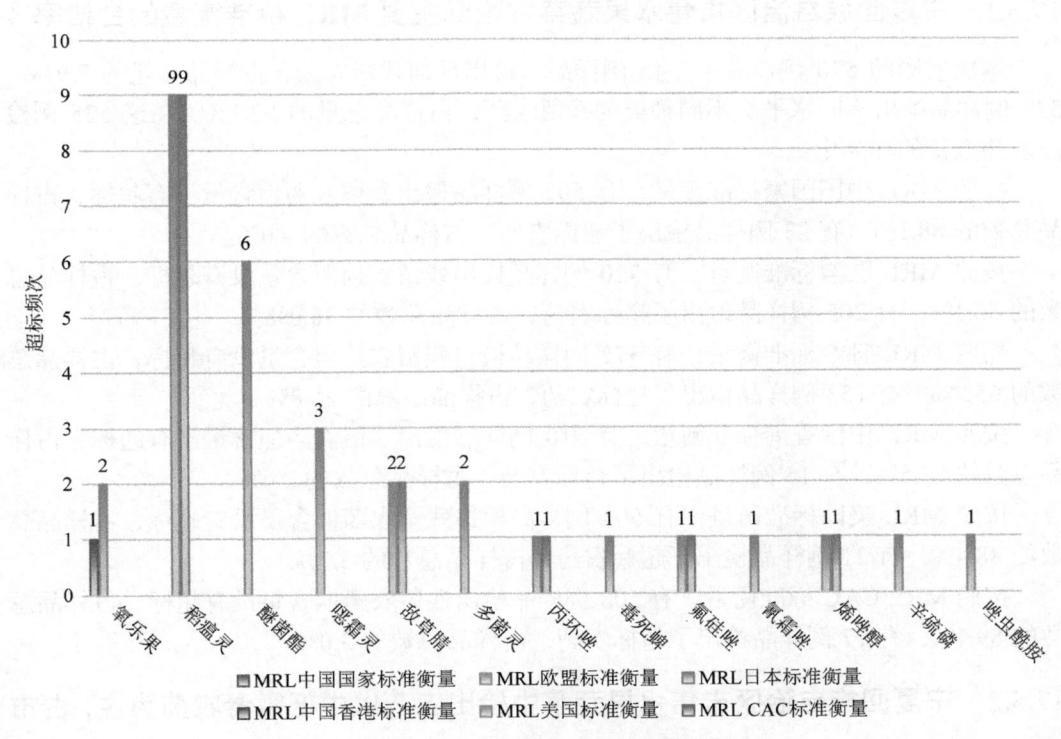

图 17-29　油麦菜样品中超标农药分析

表 17-25　油麦菜中农药残留超标情况明细表

样品总数 30		检出农药样品数 30	样品检出率（%） 100	检出农药品种总数 37
	超标农药品种	超标农药频次	按照 MRL 中国国家标准、欧盟标准和日本标准衡量超标农药名称及频次	
MRL 中国国家标准	1	1	氧乐果（1）	
MRL 欧盟标准	13	31	稻瘟灵（9），醚菌酯（6），噁霜灵（3），敌草腈（2），多菌灵（2），氧乐果（2），丙环唑（1），毒死蜱（1），氟硅唑（1），氰霜唑（1），烯唑醇（1），辛硫磷（1），唑虫酰胺（1）	
MRL 日本标准	5	14	稻瘟灵（9），敌草腈（2），丙环唑（1），氟硅唑（1），烯唑醇（1）	

17.5　初 步 结 论

17.5.1　宁夏回族自治区市售水果蔬菜按国际主要 MRL 标准衡量的合格率

本次侦测的 570 例样品中，45 例样品未检出任何残留农药，占样品总量的 7.9%，525 例样品检出不同水平、不同种类的残留农药，占样品总量的 92.1%。在这 525 例检出农药残留的样品中：

按照 MRL 中国国家标准衡量，有 502 例样品检出残留农药但含量没有超标，占样品总数的 88.1%，有 23 例样品检出了超标农药，占样品总数的 4.0%。

按照 MRL 欧盟标准衡量，有 320 例样品检出残留农药但含量没有超标，占样品总数的 56.1%，有 205 例样品检出了超标农药，占样品总数的 36.0%。

按照 MRL 日本标准衡量，有 372 例样品检出残留农药但含量没有超标，占样品总数的 65.3%，有 153 例样品检出了超标农药，占样品总数的 26.8%。

按照 MRL 中国香港标准衡量，有 510 例样品检出残留农药但含量没有超标，占样品总数的 89.5%，有 15 例样品检出了超标农药，占样品总数的 2.6%。

按照 MRL 美国标准衡量，有 504 例样品检出残留农药但含量没有超标，占样品总数的 88.4%，有 21 例样品检出了超标农药，占样品总数的 3.7%。

按照 MRL CAC 标准衡量，有 508 例样品检出残留农药但含量没有超标，占样品总数的 89.1%，有 17 例样品检出了超标农药，占样品总数的 3.0%。

17.5.2　宁夏回族自治区市售水果蔬菜中检出农药以中低微毒农药为主，占市场主体的 94.6%

这次侦测的 570 例样品包括水果 4 种 120 例，蔬菜 15 种 450 例，共检出了 111 种农药，检出农药的毒性以中低微毒为主，详见表 17-26。

表 17-26 市场主体农药毒性分布

毒性	检出品种	占比	检出频次	占比
高毒农药	6	5.4%	44	1.7%
中毒农药	42	37.8%	1157	44.4%
低毒农药	43	38.7%	884	33.9%
微毒农药	20	18.0%	523	20.1%

中低微毒农药，品种占比 94.6%，频次占比 98.3%

17.5.3 检出高毒和禁用农药现象应该警醒

在此次侦测的 570 例样品中的 84 例样品检出了 8 种 100 频次的高毒或禁用农药，占样品总量的 14.7%。其中高毒农药醚菌酯、氧乐果和甲胺磷检出频次较高。

按 MRL 中国国家标准衡量，高毒农药氧乐果，检出 14 次，超标 4 次；按超标程度比较，小白菜中氧乐果超标 13.3 倍，油麦菜中氧乐果超标 2.0 倍，菠菜中阿维菌素超标 1.7 倍。

高毒或禁用农药的检出情况及按照 MRL 中国国家标准衡量的超标情况见表 17-27。

表 17-27 高毒或禁用农药的检出及超标明细

序号	农药名称	样品名称	检出频次	超标频次	最大超标倍数	超标率（%）
1.1	克百威°▲	桃	2	0	0	0.0
2.1	氧乐果°▲	油麦菜	7	1	2	14.3
2.2	氧乐果°▲	小白菜	6	3	13.31	50.0
2.3	氧乐果°▲	结球甘蓝	1	0	0	0.0
3.1	甲基异柳磷°▲	芹菜	1	0	0	0.0
4.1	甲胺磷°▲	茄子	4	0	0	0.0
4.2	甲胺磷°▲	辣椒	1	0	0	0.0
5.1	醚菌酯°	油麦菜	7	0	0	0.0
5.2	醚菌酯°	菠菜	5	0	0	0.0
5.3	醚菌酯°	葡萄	3	0	0	0.0
5.4	醚菌酯°	小白菜	1	0	0	0.0
5.5	醚菌酯°	番茄	1	0	0	0.0
5.6	醚菌酯°	蒜薹	1	0	0	0.0
6.1	阿维菌素°	菠菜	4	3	1.702	75.0
7.1	乙酰甲胺磷▲	茄子	6	2	0.705	33.3
8.1	毒死蜱▲	桃	17	0	0	0.0
8.2	毒死蜱▲	梨	11	0	0	0.0
8.3	毒死蜱▲	苹果	9	0	0	0.0

续表

序号	农药名称	样品名称	检出频次	超标频次	最大超标倍数	超标率（%）
8.4	毒死蜱▲	韭菜	5	3	5.47	60.0
8.5	毒死蜱▲	小白菜	2	1	11.39	50.0
8.6	毒死蜱▲	菠菜	2	1	9.28	50.0
8.7	毒死蜱▲	芹菜	2	0	0	0.0
8.8	毒死蜱▲	油麦菜	1	0	0	0.0
8.9	毒死蜱▲	番茄	1	0	0	0.0
合计			100	14		14.0

注：超标倍数参照 MRL 中国国家标准衡量

◇表示高毒农药；▲表示禁用农药

这些超标的高剧毒或禁用农药都是中国政府早有规定禁止在水果蔬菜中使用的，为什么还屡次被检出，应该引起警惕。

17.5.4 残留限量标准与先进国家或地区差距较大

2608 频次的检出结果与我国公布的 GB 2763—2021《食品中农药最大残留限量》对比，有 1789 频次能找到对应的 MRL 中国国家标准，占 68.6%；还有 819 频次的侦测数据无相关 MRL 标准供参考，占 31.4%。

与国际上现行 MRL 标准对比发现：

有 2608 频次能找到对应的 MRL 欧盟标准，占 100.0%；

有 2608 频次能找到对应的 MRL 日本标准，占 100.0%；

有 1537 频次能找到对应的 MRL 中国香港标准，占 58.9%；

有 1679 频次能找到对应的 MRL 美国标准，占 64.4%；

有 1396 频次能找到对应的 MRL CAC 标准，占 53.5%。

由上可见，MRL 中国国家标准与先进国家或地区标准还有很大差距，我们无标准，境外有标准，这就会导致我们在国际贸易中，处于受制于人的被动地位。

17.5.5 水果蔬菜单种样品检出 26～52 种农药残留，拷问农药使用的科学性

通过此次监测发现，葡萄、梨和苹果是检出农药品种最多的 3 种水果，番茄、黄瓜和芹菜是检出农药品种最多的 3 种蔬菜，从中检出农药品种及频次详见表 17-28。

表 17-28 单种样品检出农药品种及频次

样品名称	样品总数	检出率（%）	检出农药品种数	检出农药（频次）
番茄	30	100.0	52	吡唑醚菌酯（17），苯醚甲环唑（16），噻虫胺（15），噻虫嗪（15），霜霉威（14），烯酰吗啉（11），调环酸（10），啶虫脒（9），氟吡菌胺（9），灭蝇胺（8），氟吡菌酰胺（7），甲氧虫酰肼（7），螺虫乙酯（7），氯虫苯甲酰胺（7），肟菌酯（7），矮壮素（6），烯啶虫胺（6），嘧菌酯（5），三唑酮（4），

续表

样品名称	样品总数	检出率（%）	检出农药品种数	检出农药（频次）
番茄	30	100.0	52	戊唑醇（4），乙嘧酚（4），多菌灵（3），呋虫胺（3），己唑醇（3），三唑醇（3），四氟醚唑（3），苯菌酮（2），吡丙醚（2），吡唑萘菌胺（2），哒螨灵（2），稻瘟灵（2），啶酰菌胺（2），氟嘧唑吡乙酮（2），腈嘧唑（2），嘧霉胺（2），氰霜唑（2），烯肟菌胺（2），吡虫啉（1），丙环唑（1），毒死蜱（1），氟啶虫胺腈（1），氟啶虫酰胺（1），氟吗啉（1），氟唑菌酰胺（1），甲哌（1），咪鲜胺（1），醚菌酯（1），噻虫啉（1），乙嘧酚磺酸酯（1），茚虫威（1），莠去津（1），唑虫酰胺（1）
黄瓜	30	90.0	38	噻虫胺（11），噻虫嗪（11），啶虫脒（10），矮壮素（9），烯酰吗啉（7），灭蝇胺（6），吡唑醚菌酯（5），多菌灵（5），烯啶虫胺（5），吡虫啉（4），啶酰菌胺（4），氟啶虫酰胺（4），氟硅唑（4），甲霜灵（4），三唑醇（4），吡蚜酮（3），三唑酮（3），粉唑醇（2），己唑醇（2），腈菌唑（2），螺螨酯（2），噻唑磷（2），霜霉威（2），四氟醚唑（2），苯醚甲环唑（1），丙溴磷（1），哒螨灵（1），稻瘟灵（1），噁霜灵（1），氟吡菌胺（1），氟吡菌酰胺（1），咪鲜胺（1），嘧螨酯（1），嘧霉胺（1），肟菌酯（1），溴氰虫酰胺（1），乙螨唑（1），莠去津（1）
芹菜	30	100.0	37	丙环唑（22），苯醚甲环唑（18），吡唑醚菌酯（14），啶虫脒（12），噻虫嗪（12），烯酰吗啉（7），二甲戊灵（6），噻虫胺（6），戊唑醇（6），吡虫啉（5），多菌灵（5），甲霜灵（5），霜霉威（5），二嗪磷（4），嘧菌酯（4），茚虫威（4），仲丁威（4），灭蝇胺（3），扑草净（3），辛硫磷（3），苯氧威（2），丙溴磷（2），毒死蜱（2），咪鲜胺（2），氰霜唑（2），莠去津（2），敌百虫（1），氟吡菌胺（1），氟硅唑（1），甲基异柳磷（1），腈菌唑（1），喹禾灵（1），马拉硫磷（1），嘧霉胺（1），肟菌酯（1），异丙甲草胺（1），仲丁灵（1）
葡萄	30	96.7	46	嘧霉胺（22），吡唑醚菌酯（20），苯醚甲环唑（16），戊唑醇（16），烯酰吗啉（16），吡虫啉（14），霜霉威（12），甲霜灵（11），矮壮素（10），啶酰菌胺（10），多菌灵（9），氰霜唑（9），抑霉唑（8），啶虫脒（7），氟唑菌酰胺（7），噻虫胺（7），肟菌酯（7），氟吡菌胺（6），嘧菌酯（6），氟吡菌酰胺（5），己唑醇（5），嘧菌环胺（5），噻虫嗪（5），氟吗啉（4），苯菌酮（3），氟硅唑（3），螺虫乙酯（3），氯虫苯甲酰胺（3），咪鲜胺（3），醚菌酯（3），四氟醚唑（3），乙嘧酚（3），异菌脲（3），吡丙醚（2），腈菌唑（2），联苯肼酯（2），乙螨唑（2），敌草腈（1），噁霜灵（1），氟嘧菌酯（1），甲哌（1），噻呋酰胺（1），三唑醇（1），缬霉威（1），唑菌酯（1），唑嘧菌胺（1）

续表

样品名称	样品总数	检出率（%）	检出农药品种数	检出农药（频次）
梨	30	93.3	27	噻虫胺（21），噻虫嗪（16），吡虫啉（14），螺虫乙酯（12），啶虫脒（11），毒死蜱（11），苯醚甲环唑（8），螺螨酯（7），联苯肼酯（6），吡丙醚（5），多菌灵（5），乙螨唑（5），吡唑醚菌酯（4），腈菌唑（4），哒螨灵（3），戊唑醇（3），呋虫胺（2），噻虫啉（2），烯唑醇（2），啶酰菌胺（1），氟硅唑（1），己唑醇（1），苦参碱（1），氯虫苯甲酰胺（1），灭幼脲（1），炔螨特（1），噻嗪酮（1）
苹果	30	96.7	26	多菌灵（23），啶虫脒（17），吡唑醚菌酯（10），毒死蜱（9），螺螨酯（7），苯醚甲环唑（6），戊唑醇（6），噻虫嗪（5），腈菌唑（4），烯酰吗啉（4），吡虫啉（3），炔螨特（3），矮壮素（2），啶酰菌胺（2），灭幼脲（2），噻虫胺（2），乙螨唑（2），胺鲜酯（1），哒螨灵（1），氟硅唑（1），灰黄霉素（1），咪鲜胺（1），灭蝇胺（1），噻嗪酮（1），三唑醇（1），霜霉威（1）

上述 6 种水果蔬菜，检出农药 26～52 种，是多种农药综合防治，还是未严格实施农业良好管理规范（GAP），抑或根本就是乱施药，值得我们思考。

第 18 章　LC-Q-TOF/MS 侦测宁夏回族自治区市售水果蔬菜农药残留膳食暴露风险与预警风险评估

18.1　农药残留侦测数据分析与统计

庞国芳院士科研团队建立的农药残留高通量侦测技术以高分辨精确质量数（0.0001 m/z 为基准）为识别标准，采用 LC-Q-TOF/MS 技术对 871 种农药化学污染物进行侦测。

科研团队于 2021 年 8~9 月在宁夏回族自治区 3 个区县的 40 个采样点，随机采集了 570 例水果蔬菜样品，采样点分布在超市、个体商户、农贸市场，各月内水果蔬菜样品采集数量如表 18-1 所示。

表 18-1　宁夏回族自治区各月内采集水果蔬菜样品数列表

时间	样品数（例）
2021 年 8 月	380
2021 年 9 月	190

利用 LC-Q-TOF/MS 技术对 570 例样品中的农药进行侦测，共侦测出残留农药 2608 频次。侦测出农药残留水平如表 18-2 和图 18-1 所示。检出频次最高的前 10 种农药如表 18-3 所示。从侦测结果中可以看出，在水果蔬菜中农药残留普遍存在，且有些水果蔬菜存在高浓度的农药残留，这些可能存在膳食暴露风险，对人体健康产生危害，因此，为了定量地评价水果蔬菜中农药残留的风险程度，有必要对其进行风险评价。

表 18-2　侦测出农药的不同残留水平及其所占比例列表

残留水平（μg/kg）	检出频次	占比（%）
1~5（含）	1497	56.7
5~10（含）	377	14.3
10~100（含）	836	31.7
100~1000（含）	266	10.1
>1000	7	0.3

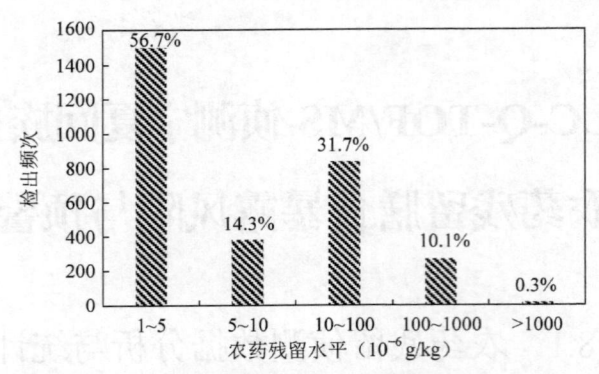

图 18-1 残留农药侦测出浓度频数分布图

表 18-3 检出频次最高的前 10 种农药列表

序号	农药	检出频次
1	烯酰吗啉	169
2	啶虫脒	168
3	吡唑醚菌酯	147
4	噻虫嗪	146
5	苯醚甲环唑	140
6	多菌灵	127
7	噻虫胺	113
8	吡虫啉	104
9	霜霉威	93
10	戊唑醇	86

本研究使用 LC-Q-TOF/MS 技术对宁夏回族自治区 570 例样品中的农药侦测中，共侦测出农药 111 种，这些农药的每日允许最大摄入量（ADI）值见表 18-4。为评价宁夏回族自治区农药残留的风险，本研究采用两种模型分别评价膳食暴露风险和预警风险，具体的风险评价模型见附录 A。

表 18-4 宁夏回族自治区水果蔬菜中侦测出农药的 ADI 值

序号	农药	ADI	序号	农药	ADI	序号	农药	ADI
1	吡虫啉	0.0600	9	氟硅唑	0.0070	17	嘧菌酯	0.2000
2	啶虫脒	0.0700	10	氯虫苯甲酰胺	2.0000	18	四氟醚唑	0.0040
3	噻虫胺	0.1000	11	吡唑醚菌酯	0.0300	19	调环酸	0.2000
4	噻虫嗪	0.0800	12	腈苯唑	0.0300	20	二嗪磷	0.0050
5	烯酰吗啉	0.2000	13	苯醚甲环唑	0.0100	21	茚虫威	0.0100
6	灭蝇胺	0.0600	14	稻瘟灵	0.1000	22	仲丁威	0.0600
7	霜霉威	0.4000	15	多菌灵	0.0300	23	丙环唑	0.0700
8	氟吡菌胺	0.0800	16	己唑醇	0.0050	24	二甲戊灵	0.1000

续表

序号	农药	ADI	序号	农药	ADI	序号	农药	ADI
25	呋虫胺	0.2000	54	醚菌酯	0.4000	83	唑菌酯	0.0013
26	咪鲜胺	0.0100	55	噻菌灵	0.1000	84	唑嘧菌胺	10.0000
27	戊唑醇	0.0300	56	氟啶脲	0.0050	85	噻呋酰胺	0.0140
28	啶酰菌胺	0.0400	57	三唑醇	0.0300	86	氟吗啉	0.1600
29	异菌脲	0.0600	58	噁霜灵	0.0100	87	氟嘧菌酯	0.0150
30	哒螨灵	0.0100	59	噻嗪酮	0.0090	88	马拉硫磷	0.3000
31	氟噻唑吡乙酮	4.0000	60	克百威	0.0010	89	苯氧威	0.0530
32	矮壮素	0.0500	61	乙螨唑	0.0500	90	阿维菌素	0.0010
33	抑霉唑	0.0300	62	联苯肼酯	0.0100	91	喹禾灵	0.0090
34	氰霜唑	0.2000	63	敌草腈	0.0100	92	仲丁灵	0.2000
35	氟环唑	0.0200	64	莠去津	0.0200	93	丁醚脲	0.0030
36	氟吡菌酰胺	0.0100	65	乙酰甲胺磷	0.0300	94	吡唑萘菌胺	0.0600
37	甲霜灵	0.0800	66	异丙甲草胺	0.1000	95	稻瘟酰胺	0.0070
38	腈菌唑	0.0300	67	甲胺磷	0.0040	96	敌百虫	0.0020
39	氟啶虫酰胺	0.0700	68	吡蚜酮	0.0300	97	噻虫啉	0.0100
40	多效唑	0.1000	69	粉唑醇	0.0100	98	苦参碱	0.1000
41	灭幼脲	1.2500	70	噻唑磷	0.0040	99	莠灭净	0.0720
42	螺虫乙酯	0.0500	71	烯唑醇	0.0050	100	氟啶虫胺腈	0.0500
43	螺螨酯	0.0100	72	嘧菌环胺	0.0300	101	烯肟菌胺	0.0690
44	吡丙醚	0.1000	73	溴氰虫酰胺	0.0300	102	甲基异柳磷	0.0030
45	丙溴磷	0.0300	74	唑虫酰胺	0.0060	103	乙嘧酚磺酸酯	0.0500
46	烯啶虫胺	0.5300	75	三唑酮	0.0300	104	氰氟虫腙	0.1000
47	乙嘧酚	0.0350	76	胺鲜酯	0.0230	105	硅氟唑	—
48	甲氧虫酰肼	0.1000	77	四螨嗪	0.0200	106	嘧螨酯	—
49	氧乐果	0.0003	78	炔螨特	0.0100	107	异戊烯腺嘌呤	—
50	毒死蜱	0.0100	79	辛硫磷	0.0040	108	缬霉威	—
51	肟菌酯	0.0400	80	扑草净	0.0400	109	双苯基脲	—
52	氟唑菌酰胺	0.0200	81	双甲脒	0.0100	110	甲哌	—
53	嘧霉胺	0.2000	82	苯菌酮	0.3000	111	灰黄霉素	—

注:"—"表示中国国家标准中无 ADI 值规定;ADI 值单位为 mg/kg bw

18.2 农药残留膳食暴露风险评估

18.2.1 每例水果蔬菜样品中农药残留安全指数分析

基于农药残留值测数据,发现在 570 例样品中侦测出农药 2608 频次,计算样品中每种残留农药的安全指数 IFS_c，并分析农药对样品安全的影响程度，农药残留对水果蔬菜样品安全的影响程度频次分布情况如图 18-2 所示。

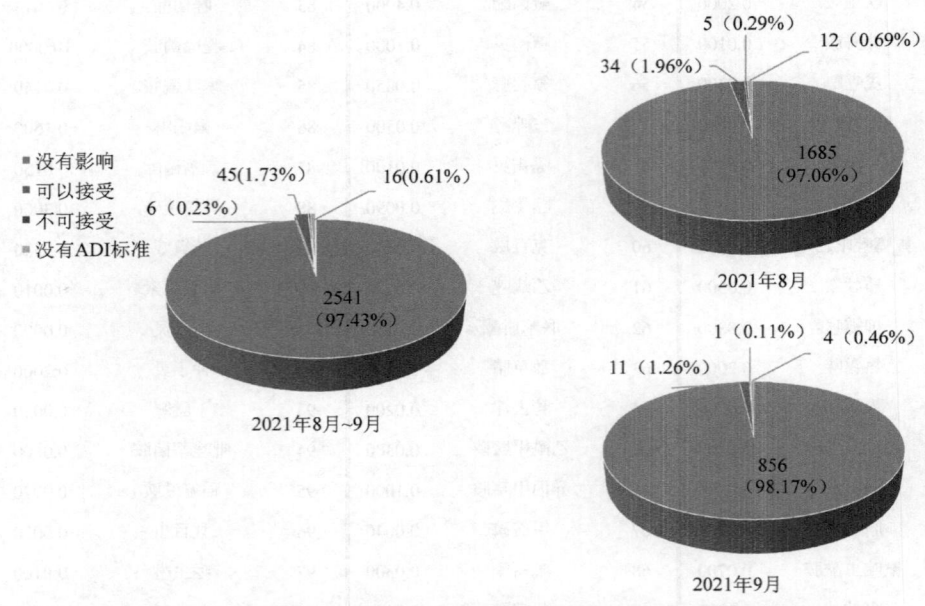

图 18-2 农药残留对水果蔬菜样品安全的影响程度频次分布图

由图 18-2 可以看出，农药残留对样品安全的影响不可接受的频次为 6，占 0.23%；农药残留对样品安全的影响可以接受的频次为 45，占 1.73%；农药残留对样品安全没有影响的频次为 2541，占 97.43%。分析发现，农药残留对水果蔬菜样品安全的影响程度频次 2021 年 9 月（867）< 2021 年 8 月（1719）；2021 年 8 月的农药残留对样品安全存在不可接受的影响，频次为 5，占 0.29%；2021 年 9 月的农药残留对样品安全存在不可接受的影响，频次为 1，占 0.11%。表 18-5 为对水果蔬菜样品中安全影响不可接受的农药残留列表。

表 18-5 水果蔬菜样品中安全影响不可接受的农药残留列表

序号	样品编号	采样点	基质	农药	含量（mg/kg）	IFS_c
1	20210827-640200-LZFDC-PB-05A	***超市（大武口店）	小白菜	氧乐果	0.2862	6.0420
2	20210827-640200-LZFDC-PB-06A	***超市（康泰隆店）	小白菜	氧乐果	0.2435	5.1406
3	20210827-640200-LZFDC-PB-12A	***超市	小白菜	氧乐果	0.2097	4.4270
4	20210811-640400-LZFDC-GP-05A	***蔬菜批发销售点	葡萄	苯醚甲环唑	3.3115	2.0973
5	20210811-640400-LZFDC-GP-07A	***蔬菜店	葡萄	苯醚甲环唑	2.7985	1.7724
6	20210906-640100-LZFDC-YM-10A	***农贸市场	油麦菜	氧乐果	0.0600	1.2667

第 18 章 LC-Q-TOF/MS 侦测宁夏回族自治区市售水果蔬菜农药残留膳食暴露风险与预警风险评估

部分样品侦测出禁用农药 6 种 78 频次，为了明确残留的禁用农药对样品安全的影响，分析侦测出禁用农药残留的样品安全指数，禁用农药残留对水果蔬菜样品安全的影响程度频次分布情况如图 18-3 所示，农药残留对样品安全的影响不可接受的频次为 4，占 5.13%；农药残留对样品安全的影响可以接受的频次为 6，占 7.69%；农药残留对样品安全没有影响的频次为 68，占 87.18%。由图中可以看出 2 个月份的水果蔬菜样品中均侦测出禁用农药残留。

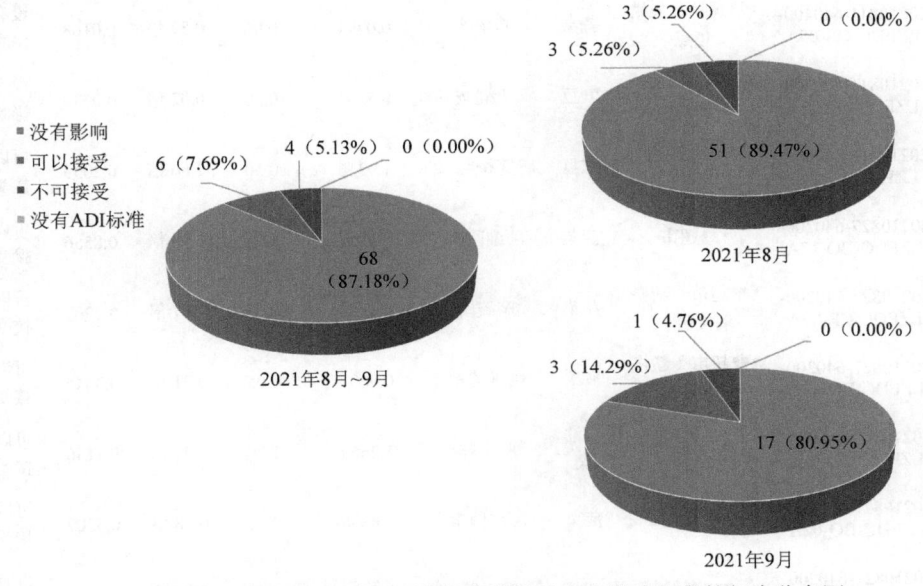

图 18-3 禁用农药残留对水果蔬菜样品安全影响程度的频次分布图

此外，本次侦测发现部分样品中非禁用农药残留量超过了 MRL 中国国家标准和欧盟标准，为了明确超标的非禁用农药对样品安全的影响，分析了非禁用农药残留超标的样品安全指数。

水果蔬菜残留量超过 MRL 中国国家标准的非禁用农药对水果蔬菜样品安全的影响程度频次分布情况如图 18-4 所示。可以看出侦测出超过 MRL 中国国家标准的非禁用农药共 11 频次，其中农药残留对样品安全的影响不可接受的频次为 4，占 36.36%；农药残留对样品安全的影响可以接受的频次为 2，占 18.18%；农药残留对样品安全没有影响的频次为 5，占 45.45%。表 18-6 为水果蔬菜样品中侦测出的非禁用农药残留安全指数表。

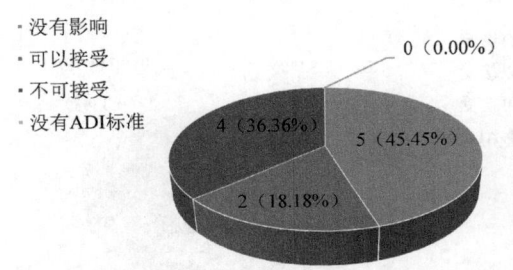

图 18-4 残留超标的非禁用农药对水果蔬菜样品安全的影响程度频次分布图（MRL 中国国家标准）

表18-6 水果蔬菜样品中侦测出的非禁用农药残留安全指数表（MRL 中国国家标准）

序号	样品编号	采样点	基质	农药	含量（mg/kg）	中国国家标准	超标倍数	IFS$_c$	影响程度
1	20210811-640400-LZFDC-GP-07A	***蔬菜店	葡萄	苯醚甲环唑	2.7985	0.50	4.60倍	1.7724	不可接受
2	20210811-640400-LZFDC-GP-05A	***蔬菜批发销售点	葡萄	苯醚甲环唑	3.3115	0.50	5.62倍	2.0973	不可接受
3	20210811-640400-LZFDC-GS-05A	***蔬菜批发销售点	蒜薹	腈菌唑	0.0794	0.06	0.32倍	0.0168	没有影响
4	20210811-640400-LZFDC-JD-05A	***蔬菜批发销售点	豇豆	灭蝇胺	0.5103	0.50	0.02倍	0.0539	没有影响
5	20210811-640400-LZFDC-JD-11B	***蔬菜水果批零店	豇豆	灭蝇胺	1.9316	0.50	2.86倍	0.2039	可以接受
6	20210827-640200-LZFDC-BO-12A	***超市	菠菜	阿维菌素	0.1351	0.05	1.70倍	0.8556	可以接受
7	20210827-640200-LZFDC-CE-07A	***超市（新格瑞拉店）	芹菜	辛硫磷	0.1837	0.05	2.67倍	0.2909	可以接受
8	20210827-640200-LZFDC-BO-07A	***超市（新格瑞拉店）	菠菜	阿维菌素	0.0607	0.05	0.21倍	0.3844	可以接受
9	20210827-640200-LZFDC-CL-11A	***蔬菜市场	小油菜	啶虫脒	1.2669	1.00	0.27倍	0.1146	可以接受
10	20210827-640200-LZFDC-BO-02A	***菜市场	菠菜	阿维菌素	0.0838	0.05	0.68倍	0.5307	可以接受
11	20210827-640200-LZFDC-JD-04A	***市场	豇豆	噻虫胺	0.0329	0.01	2.29倍	0.0021	没有影响
12	20210906-640100-LZFDC-LJ-11A	***超市（西塔市场店）	辣椒	噻虫胺	0.0600	0.05	0.20倍	0.0038	没有影响

残留量超过 MRL 欧盟标准的非禁用农药对水果蔬菜样品安全的影响程度频次分布情况如图18-5所示。可以看出超过 MRL 欧盟标准的非禁用农药共301频次，其中农药没有ADI标准的频次为0，占0.00%；农药残留对样品安全的影响不可接受的频次为1，占0.33%；农药残留对样品安全的影响可以接受的频次为22，占7.31%；农药残留对样品安全没有影响的频次为278，占92.36%。表18-7为水果蔬菜样品中安全指数排名前10的残留超标非禁用农药列表。

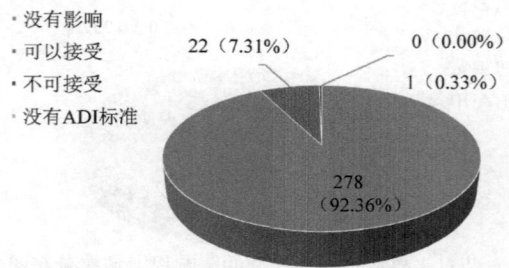

图18-5 残留超标的非禁用农药对水果蔬菜样品安全的影响程度频次分布图（MRL 欧盟标准）

表 18-7 水果蔬菜样品中安全指数排名前 10 的残留超标非禁用农药列表（MRL 欧盟标准）

序号	样品编号	采样点	基质	农药	含量（mg/kg）	欧盟标准	超标倍数	IFS$_c$	影响程度
1	20210811-640400-LZFDC-GP-05A	***蔬菜批发销售点	葡萄	苯醚甲环唑	3.3115	3.00	0.10倍	2.0973	不可接受
2	20210827-640200-LZFDC-GS-05A	***超市（大武口店）	蒜薹	咪鲜胺	1.4629	0.05	28.26倍	0.9265	可以接受
3	20210827-640200-LZFDC-BO-12A	***超市	菠菜	阿维菌素	0.1351	0.01	12.51倍	0.8556	可以接受
4	20210827-640200-LZFDC-BO-02A	***菜市场	菠菜	阿维菌素	0.0838	0.01	7.38倍	0.5307	可以接受
5	20210827-640200-LZFDC-GS-12A	***超市	蒜薹	咪鲜胺	0.8184	0.05	15.37倍	0.5183	可以接受
6	20210811-640400-LZFDC-GS-05A	***蔬菜批发销售点	蒜薹	咪鲜胺	0.7957	0.05	14.91倍	0.5039	可以接受
7	20210811-640400-LZFDC-GP-05A	***蔬菜批发销售点	葡萄	噻呋酰胺	0.9283	0.01	91.83倍	0.4199	可以接受
8	20210811-640400-LZFDC-GP-05A	***蔬菜批发销售点	葡萄	唑菌酯	0.0816	0.01	7.16倍	0.3975	可以接受
9	20210827-640200-LZFDC-BO-07A	***超市（新格瑞拉店）	菠菜	阿维菌素	0.0607	0.01	5.07倍	0.3844	可以接受
10	20210827-640200-LZFDC-CE-07A	***超市（新格瑞拉店）	芹菜	辛硫磷	0.1837	0.01	17.37倍	0.2909	可以接受

18.2.2 单种水果蔬菜中农药残留安全指数分析

本次 19 种水果蔬菜中侦测出 111 种农药，所有水果蔬菜均侦测出农药，检出频次为 2608 次，其中 7 种农药没有 ADI 标准，104 种农药存在 ADI 标准。对 19 种水果蔬菜按不同种类分别计算侦测出的具有 ADI 标准的各种农药的 IFS$_c$ 值，农药残留对水果蔬菜的安全指数分布图如图 18-6 所示。

本次侦测中，19 种水果蔬菜和 111 种残留农药（包括没有 ADI 标准）共涉及 524 个分析样本，农药对单种水果蔬菜安全的影响程度分布情况如图 18-7 所示。可以看出，96.37%的样本中农药对水果蔬菜安全没有影响，2.67%的样本中农药对水果蔬菜安全的影响可以接受，0.00%的样本中农药对水果蔬菜安全的影响不可接受。

此外，分别计算 19 种水果蔬菜中所有侦测出农药 IFS$_c$ 的平均值 $\overline{IFS_c}$，分析每种水果蔬菜的安全状态，结果如图 18-8 所示，分析发现 18 种（94.74%）水果蔬菜的安全状态很好。

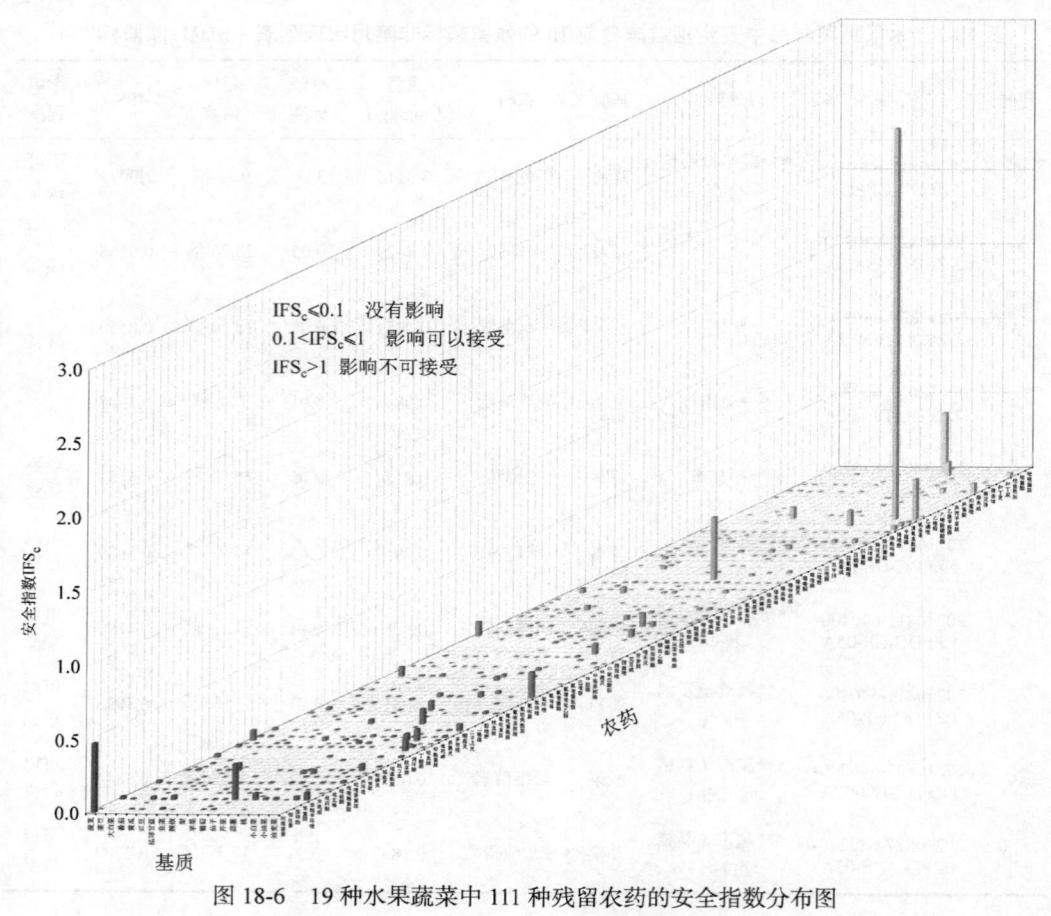

图 18-6   19 种水果蔬菜中 111 种残留农药的安全指数分布图

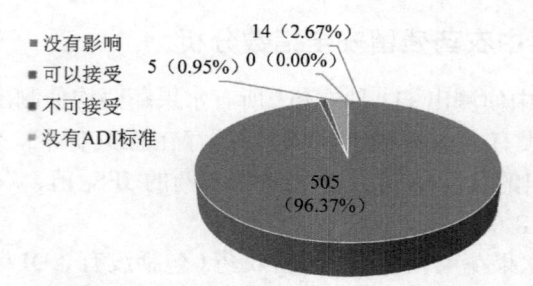

图中标注：
IFS$_c$<0.1　没有影响
0.1<IFS$_c$<1　影响可以接受
IFS$_c$>1　影响不可接受

图 18-7   524 个分析样本的影响程度频次分布图

饼图数据：
- 没有影响：505（96.37%）
- 可以接受：14（2.67%）
- 不可接受：0（0.00%）
- 没有 ADI 标准：5（0.95%）

对每个月内每种水果蔬菜中农药的 $\overline{IFS_c}$ 进行分析，并计算每月内每种水果蔬菜的 $\overline{IFS_c}$ 值，以评价每种水果蔬菜的安全状态，结果如图 18-9 所示，可以看出，2 个月份所有水果蔬菜的安全状态均处于很好的范围内，各月份内单种水果蔬菜安全状态统计情况如图 18-10 所示。

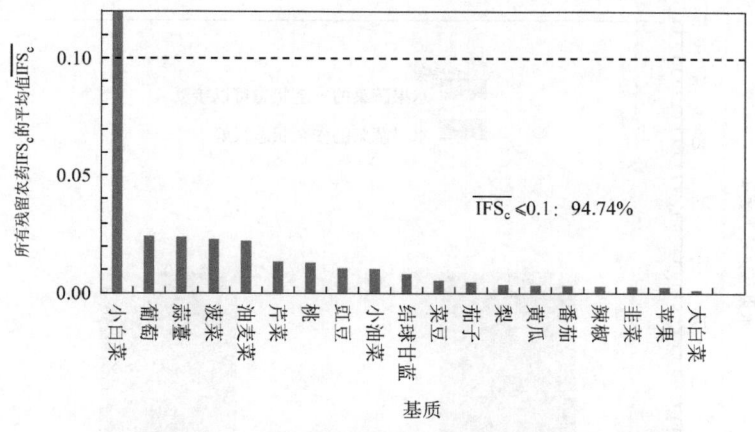

第 18 章　LC-Q-TOF/MS 侦测宁夏回族自治区市售水果蔬菜农药残留膳食暴露风险与预警风险评估

图 18-8　19 种水果蔬菜的 $\overline{\text{IFS}_c}$ 值和安全状态统计图

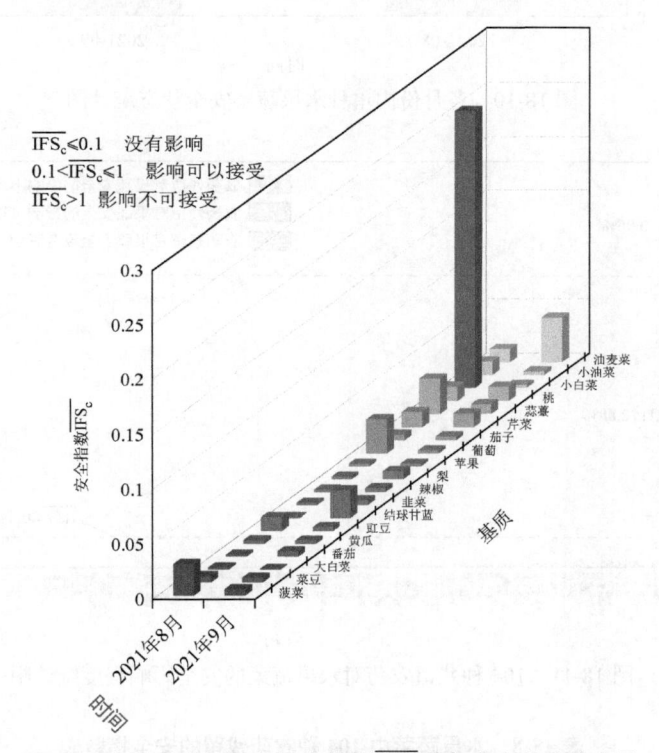

图 18-9　各月份内每种水果蔬菜的 $\overline{\text{IFS}_c}$ 值与安全状态分布图

18.2.3　所有水果蔬菜中农药残留安全指数分析

计算所有水果蔬菜中 111 种（其中 104 种具有 ADI 值的）农药的 $\overline{\text{IFS}_c}$ 值，结果如图 18-11 及表 18-8 所示。

分析发现，其中 0.96% 的农药对水果蔬菜安全的影响不可接受，其中 2.88% 的农药对水果蔬菜安全的影响可以接受，96.15% 的农药对水果蔬菜安全没有影响。

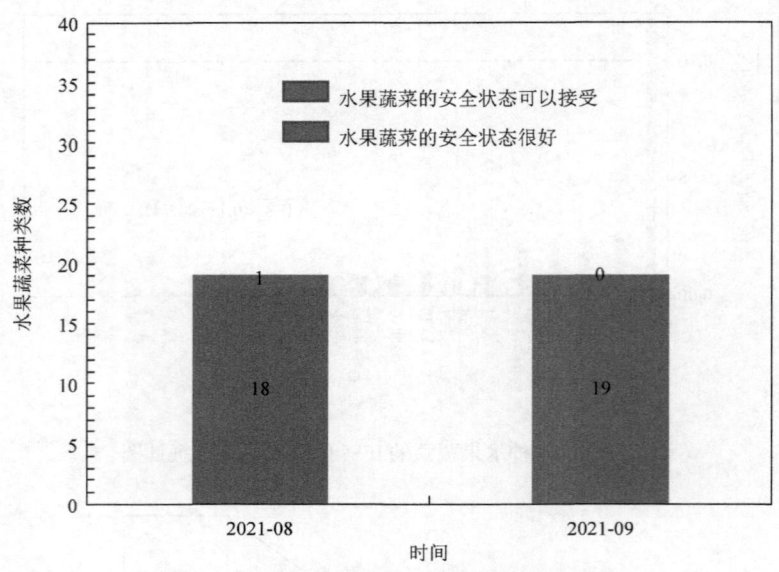

图 18-10　各月份内单种水果蔬菜安全状态统计图

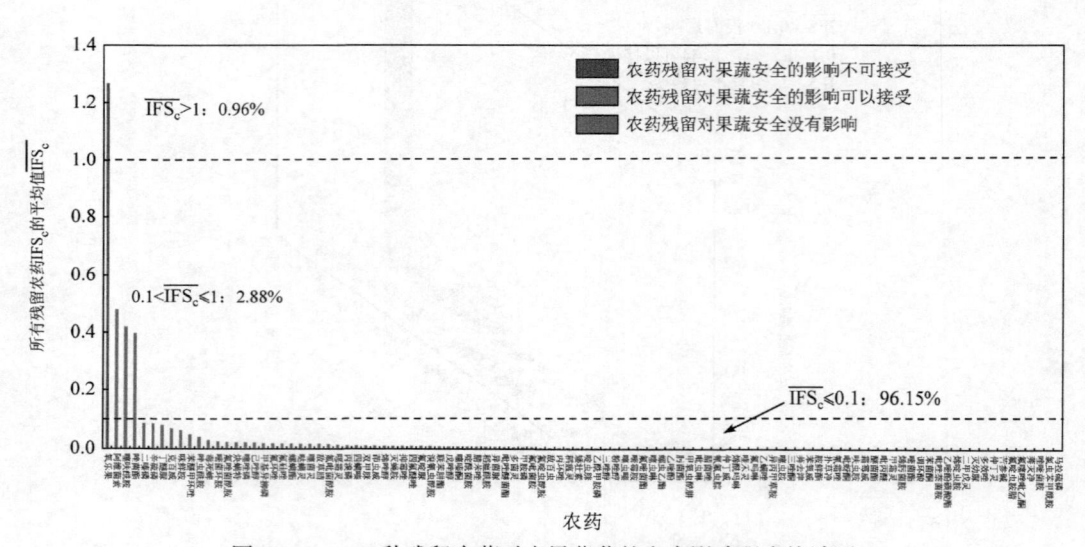

图 18-11　104 种残留农药对水果蔬菜的安全影响程度统计图

表 18-8　水果蔬菜中 104 种农药残留的安全指数表

序号	农药	检出频次	检出率（%）	$\overline{IFS_c}$	影响程度	序号	农药	检出频次	检出率（%）	$\overline{IFS_c}$	影响程度
1	氧乐果	14	0.54%	1.27	不可接受	5	二嗪磷	5	0.19%	0.09	可以接受
2	阿维菌素	4	0.15%	0.48	可以接受	6	辛硫磷	4	0.15%	0.09	可以接受
3	噻呋酰胺	1	0.04%	0.42	可以接受	7	丁醚脲	2	0.08%	0.08	可以接受
4	唑菌酯	1	0.04%	0.40	可以接受	8	克百威	2	0.08%	0.07	可以接受

续表

序号	农药	检出频次	检出率（%）	$\overline{IFS}_c$	影响程度	序号	农药	检出频次	检出率（%）	$\overline{IFS}_c$	影响程度
9	咪鲜胺	42	1.61%	0.06	可以接受	34	四氟醚唑	13	0.50%	0.01	没有影响
10	苯醚甲环唑	140	5.37%	0.05	可以接受	35	氟啶脲	1	0.04%	0.01	没有影响
11	唑虫酰胺	6	0.23%	0.04	可以接受	36	溴氰虫酰胺	3	0.12%	0.01	没有影响
12	毒死蜱	50	1.92%	0.03	没有影响	37	联苯肼酯	8	0.31%	0.01	没有影响
13	嘧菌环胺	6	0.23%	0.02	没有影响	38	戊唑醇	86	3.30%	0.01	没有影响
14	氟唑菌酰胺	8	0.31%	0.02	没有影响	39	噻嗪酮	6	0.23%	0.01	没有影响
15	炔螨特	12	0.46%	0.02	没有影响	40	啶酰菌胺	38	1.46%	0.01	没有影响
16	噻唑磷	2	0.08%	0.02	没有影响	41	腈苯唑	4	0.15%	0.01	没有影响
17	己唑醇	17	0.65%	0.02	没有影响	42	稻瘟酰胺	1	0.04%	0.01	没有影响
18	甲基异柳磷	1	0.04%	0.02	没有影响	43	异菌脲	8	0.31%	0.01	没有影响
19	氟环唑	9	0.35%	0.02	没有影响	44	吡唑醚菌酯	147	5.64%	0.01	没有影响
20	氟硅唑	15	0.58%	0.02	没有影响	45	多菌灵	127	4.87%	0.01	没有影响
21	螺螨酯	35	1.34%	0.02	没有影响	46	甲胺磷	5	0.19%	0.01	没有影响
22	哒螨灵	54	2.07%	0.02	没有影响	47	氟吡菌胺	50	1.92%	0.01	没有影响
23	噻菌灵	13	0.50%	0.02	没有影响	48	氟啶虫酰胺	8	0.31%	0.00	没有影响
24	敌草腈	9	0.35%	0.02	没有影响	49	敌百虫	2	0.08%	0.00	没有影响
25	氟吡菌酰胺	28	1.07%	0.02	没有影响	50	丙环唑	36	1.38%	0.00	没有影响
26	噁霜灵	22	0.84%	0.01	没有影响	51	稻瘟灵	28	1.07%	0.00	没有影响
27	丙溴磷	11	0.42%	0.01	没有影响	52	矮壮素	45	1.73%	0.00	没有影响
28	四螨嗪	3	0.12%	0.01	没有影响	53	啶虫脒	168	6.44%	0.00	没有影响
29	双甲脒	3	0.12%	0.01	没有影响	54	乙酰甲胺磷	6	0.23%	0.00	没有影响
30	茚虫威	29	1.11%	0.01	没有影响	55	三唑醇	15	0.58%	0.00	没有影响
31	烯唑醇	3	0.12%	0.01	没有影响	56	粉唑醇	2	0.08%	0.00	没有影响
32	灭蝇胺	81	3.11%	0.01	没有影响	57	噻虫嗪	146	5.60%	0.00	没有影响
33	抑霉唑	12	0.46%	0.01	没有影响	58	噻虫啉	3	0.12%	0.00	没有影响

续表

序号	农药	检出频次	检出率（%）	$\overline{IFS_c}$	影响程度	序号	农药	检出频次	检出率（%）	$\overline{IFS_c}$	影响程度
59	螺虫乙酯	43	1.65%	0.00	没有影响	82	醚菌酯	18	0.69%	0.00	没有影响
60	乙嘧酚	7	0.27%	0.00	没有影响	83	吡丙醚	13	0.50%	0.00	没有影响
61	肟菌酯	25	0.96%	0.00	没有影响	84	甲霜灵	34	1.30%	0.00	没有影响
62	甲氧虫酰肼	13	0.50%	0.00	没有影响	85	烯肟菌胺	3	0.12%	0.00	没有影响
63	吡虫啉	104	3.99%	0.00	没有影响	86	嘧菌酯	29	1.11%	0.00	没有影响
64	腈菌唑	24	0.92%	0.00	没有影响	87	调环酸	10	0.38%	0.00	没有影响
65	氰氟虫腙	1	0.04%	0.00	没有影响	88	苯菌酮	5	0.19%	0.00	没有影响
66	仲丁威	4	0.15%	0.00	没有影响	89	吡唑萘菌胺	2	0.08%	0.00	没有影响
67	烯酰吗啉	169	6.48%	0.00	没有影响	90	乙嘧酚磺酸酯	1	0.04%	0.00	没有影响
68	喹禾灵	1	0.04%	0.00	没有影响	91	嘧霉胺	30	1.15%	0.00	没有影响
69	氟吗啉	16	0.61%	0.00	没有影响	92	氟嘧菌酯	1	0.04%	0.00	没有影响
70	乙螨唑	31	1.19%	0.00	没有影响	93	灭幼脲	13	0.50%	0.00	没有影响
71	异丙甲草胺	1	0.04%	0.00	没有影响	94	多效唑	7	0.27%	0.00	没有影响
72	噻虫胺	113	4.33%	0.00	没有影响	95	仲丁灵	3	0.12%	0.00	没有影响
73	三唑酮	7	0.27%	0.00	没有影响	96	苦参碱	1	0.04%	0.00	没有影响
74	莠去津	23	0.88%	0.00	没有影响	97	氟啶虫胺腈	1	0.04%	0.00	没有影响
75	苯氧威	2	0.08%	0.00	没有影响	98	烯啶虫胺	15	0.58%	0.00	没有影响
76	胺鲜酯	1	0.04%	0.00	没有影响	99	二甲戊灵	6	0.23%	0.00	没有影响
77	扑草净	7	0.27%	0.00	没有影响	100	氟噻唑吡乙酮	10	0.38%	0.00	没有影响
78	氰霜唑	16	0.61%	0.00	没有影响	101	莠灭净	2	0.08%	0.00	没有影响
79	吡蚜酮	7	0.27%	0.00	没有影响	102	唑嘧菌胺	1	0.04%	0.00	没有影响
80	呋虫胺	27	1.04%	0.00	没有影响	103	氯虫苯甲酰胺	51	1.96%	0.00	没有影响
81	霜霉威	93	3.57%	0.00	没有影响	104	马拉硫磷	1	0.04%	0.00	没有影响

对每个月内所有水果蔬菜中残留农药的 $\overline{IFS_c}$ 进行分析,结果如图 18-12 所示。分析发现,8 月份所有农药对水果蔬菜安全的影响处于没有影响、可以接受和不可接受的范围内,9 月份所有农药对水果蔬菜安全的影响处于没有影响和可以接受的范围内。每月内不同农药对水果蔬菜安全影响程度的统计如图 18-13 所示。

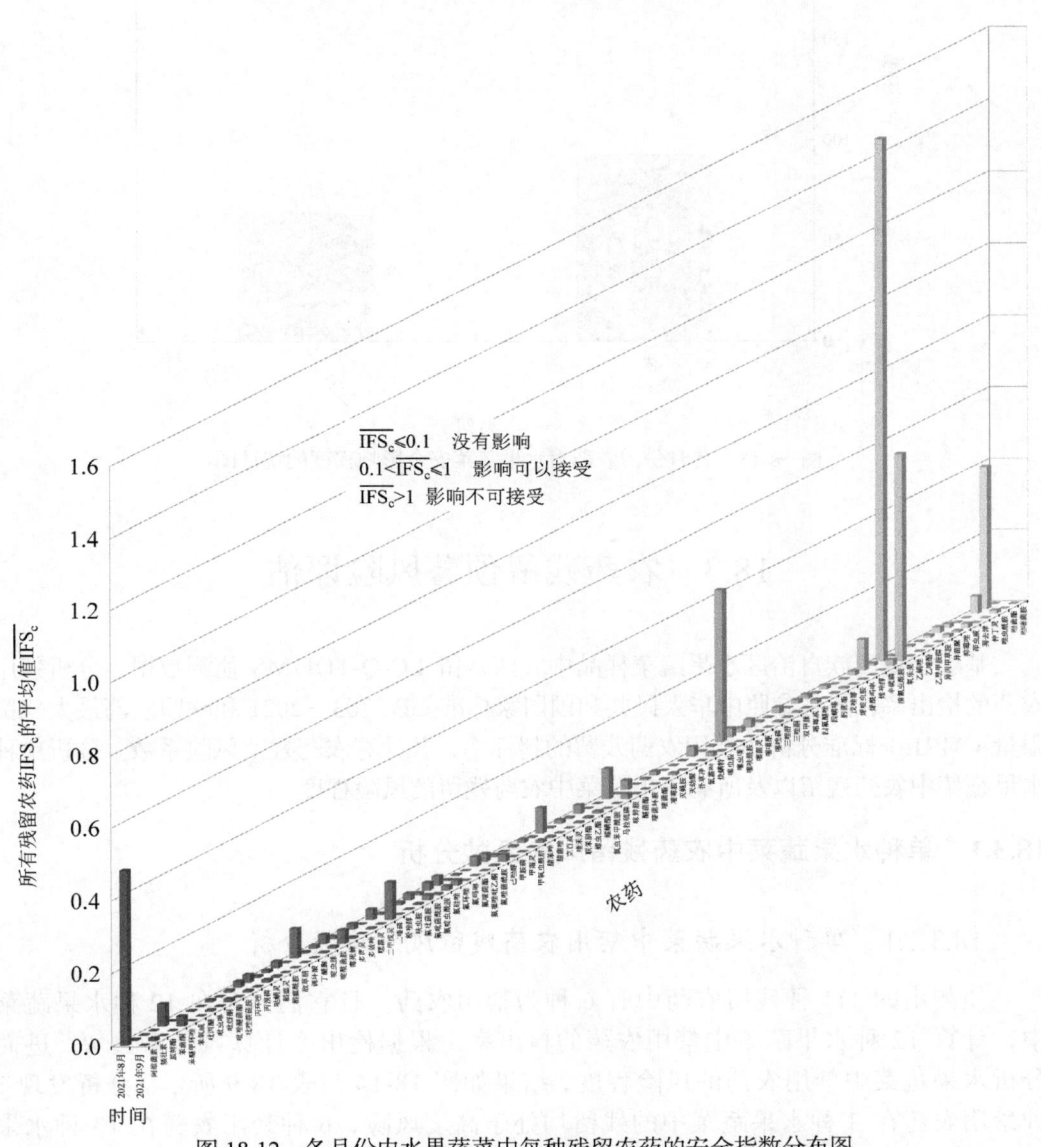

图 18-12　各月份内水果蔬菜中每种残留农药的安全指数分布图

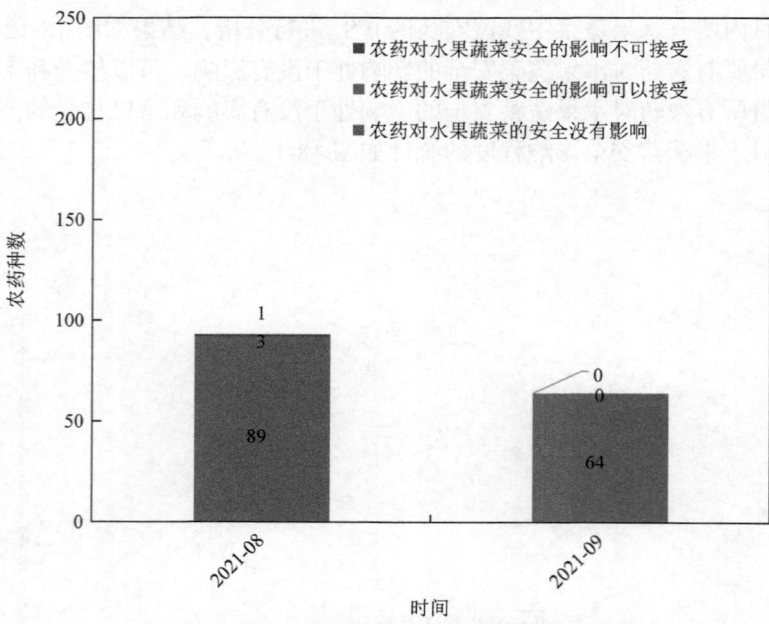

图 18-13　各月份内农药对水果蔬菜安全影响程度的统计图

18.3　农药残留预警风险评估

基于宁夏回族自治区水果蔬菜样品中农药残留 LC-Q-TOF/MS 侦测数据，分析禁用农药的检出率，同时参照中华人民共和国国家标准 GB 2763—2021 和欧盟农药最大残留限量（MRL）标准分析非禁用农药残留的超标率，并计算农药残留风险系数。分析单种水果蔬菜中农药残留以及所有水果蔬菜中农药残留的风险程度。

18.3.1　单种水果蔬菜中农药残留风险系数分析

18.3.1.1　单种水果蔬菜中禁用农药残留风险系数分析

侦测出的 111 种残留农药中有 6 种为禁用农药，且它们分布在 12 种水果蔬菜中，计算 12 种水果蔬菜中禁用农药的检出率，根据检出率计算风险系数 R，进而分析水果蔬菜中禁用农药的风险程度，结果如图 18-14 与表 18-9 所示。分析发现 3 种禁用农药在 3 种水果蔬菜中的残留均处于高度风险，6 种禁用农药在 13 种水果蔬菜中的残留均处于中度风险，10 种禁用农药在 12 种水果蔬菜中的残留均处于低度风险。

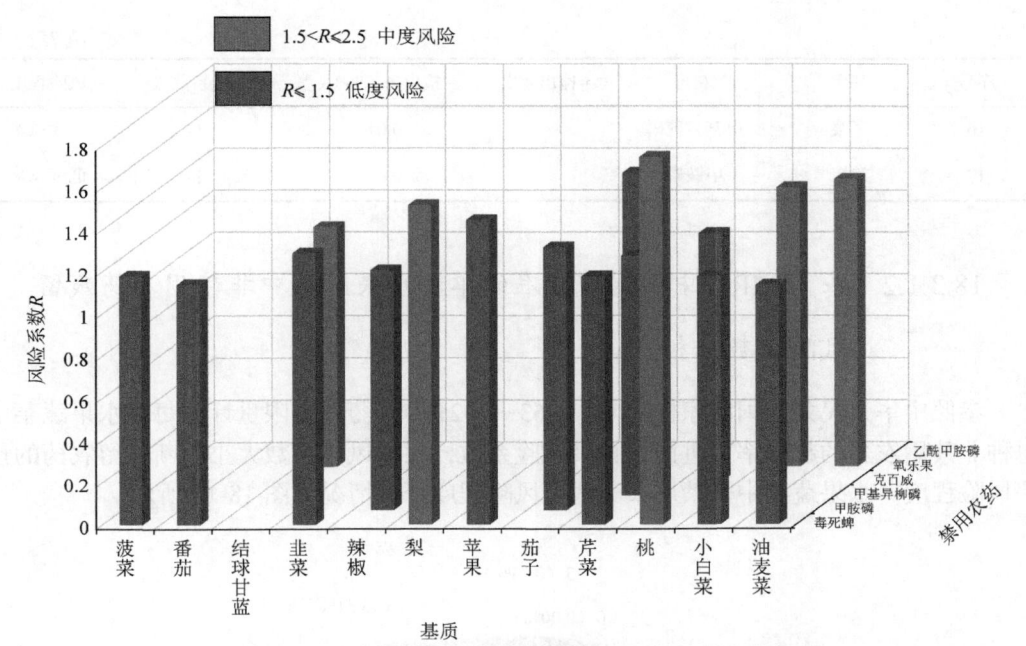

第 18 章 LC-Q-TOF/MS 侦测宁夏回族自治区市售水果蔬菜农药残留膳食暴露风险与预警风险评估

图 18-14 12 种水果蔬菜中 6 种禁用农药的风险系数分布图

表 18-9 12 种水果蔬菜中 6 种禁用农药的风险系数列表

序号	基质	农药	检出频次	检出率（%）	风险系数 R	风险程度
1	桃	毒死蜱	17	0.65	1.75	中度风险
2	梨	毒死蜱	11	0.42	1.52	中度风险
3	苹果	毒死蜱	9	0.35	1.45	低度风险
4	油麦菜	氧乐果	7	0.27	1.37	低度风险
5	小白菜	氧乐果	6	0.23	1.33	低度风险
6	茄子	乙酰甲胺磷	6	0.23	1.33	低度风险
7	韭菜	毒死蜱	5	0.19	1.29	低度风险
8	茄子	甲胺磷	4	0.15	1.25	低度风险
9	菠菜	毒死蜱	2	0.08	1.18	低度风险
10	芹菜	毒死蜱	2	0.08	1.18	低度风险
11	小白菜	毒死蜱	2	0.08	1.18	低度风险
12	桃	克百威	2	0.08	1.18	低度风险
13	番茄	毒死蜱	1	0.04	1.14	低度风险
14	油麦菜	毒死蜱	1	0.04	1.14	低度风险
15	结球甘蓝	氧乐果	1	0.04	1.14	低度风险

续表

序号	基质	农药	检出频次	检出率（%）	风险系数 R	风险程度
16	芹菜	甲基异硫磷	1	0.04	1.14	低度风险
17	辣椒	甲胺磷	1	0.04	1.14	低度风险

18.3.1.2　基于 MRL 中国国家标准的单种水果蔬菜中非禁用农药残留风险系数分析

参照中华人民共和国国家标准 GB 2763—2021 中农药残留限量计算每种水果蔬菜中每种非禁用农药的超标率，进而计算其风险系数，根据风险系数大小判断残留农药的预警风险程度，水果蔬菜中非禁用农药残留风险程度分布情况如图 18-15 所示。

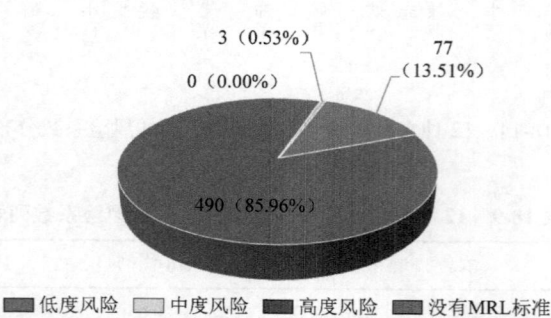

图 18-15　水果蔬菜中非禁用农药残留风险程度的频次分布图（MRL 中国国家标准）

本次分析中，发现在 19 种水果蔬菜中侦测出 105 种残留非禁用农药，涉及样本 570 个，2530 检出频次。在 570 个样本中，0.53%处于中度风险，85.96%处于低度风险。此外发现有 77 个样本没有 MRL 中国国家标准值，无法判断其风险程度，有 MRL 中国国家标准值的 493 个样本涉及 19 种水果蔬菜中的 25 种非禁用农药，其风险系数 R 值如图 18-16 所示。表 18-10 为非禁用农药残留处于高度风险的水果蔬菜列表。

表 18-10　单种水果蔬菜中处于高度风险的非禁用农药风险系数表（MRL 中国国家标准）

序号	基质	农药	超标频次	超标率 P（%）	风险系数 R
1	菠菜	阿维菌素	3	2.21	3.31
2	豇豆	灭蝇胺	2	1.35	2.45

18.3.1.3　基于 MRL 欧盟标准的单种水果蔬菜中非禁用农药残留风险系数分析

参照 MRL 欧盟标准计算每种水果蔬菜中每种非禁用农药的超标率，进而计算其风

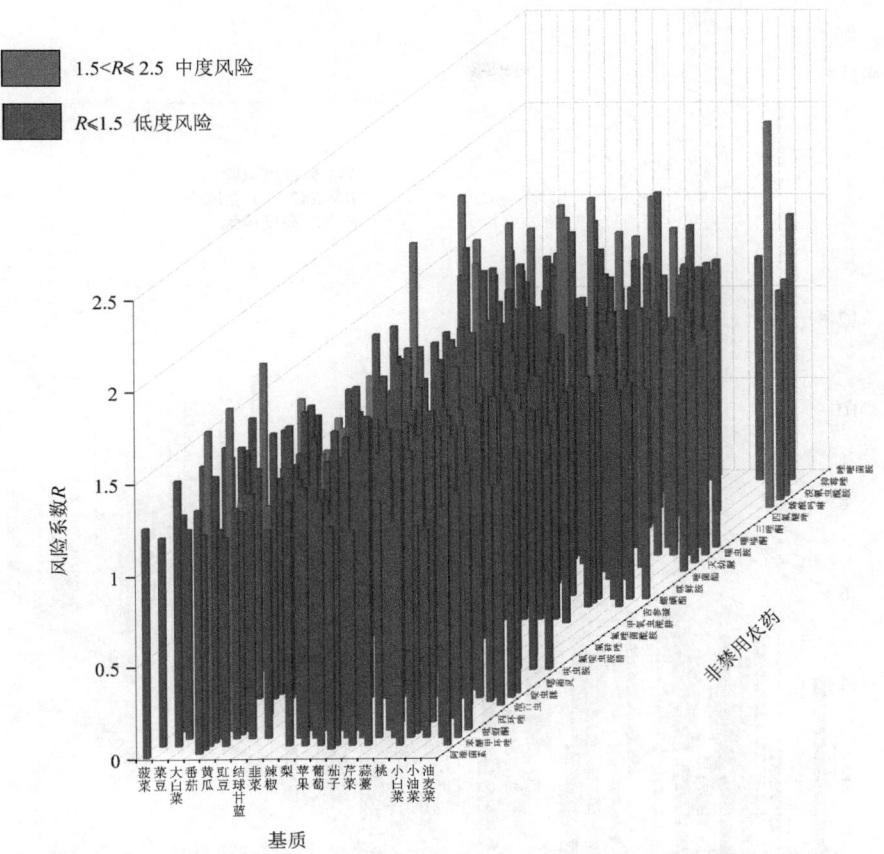

第18章　LC-Q-TOF/MS侦测宁夏回族自治区市售水果蔬菜农药残留膳食暴露风险与预警风险评估

图 18-16　19种水果蔬菜中25种非禁用农药的风险系数分布图（MRL中国国家标准）

险系数，根据风险系数大小判断农药残留的预警风险程度，水果蔬菜中非禁用农药残留风险程度分布情况如图 18-17 所示。

图 18-17　水果蔬菜中非禁用农药残留风险程度的频次分布图（MRL欧盟标准）

本次分析中，发现在 19 种水果蔬菜中共侦测出 105 种非禁用农药，涉及样本 570 个，2530 检出频次。其中，8.07%处于高度风险，涉及 8 种水果蔬菜和 4 种农药；4.04% 处于中度风险，涉及 10 种水果蔬菜和 13 种农药，80.00%处于低度风险，涉及 19 种水果蔬菜和 100 种农药。单种水果蔬菜中的非禁用农药风险系数分布图如图 18-18 所示。单种水果蔬菜中处于高度风险的非禁用农药风险系数如图 18-19 和表 18-11 所示。

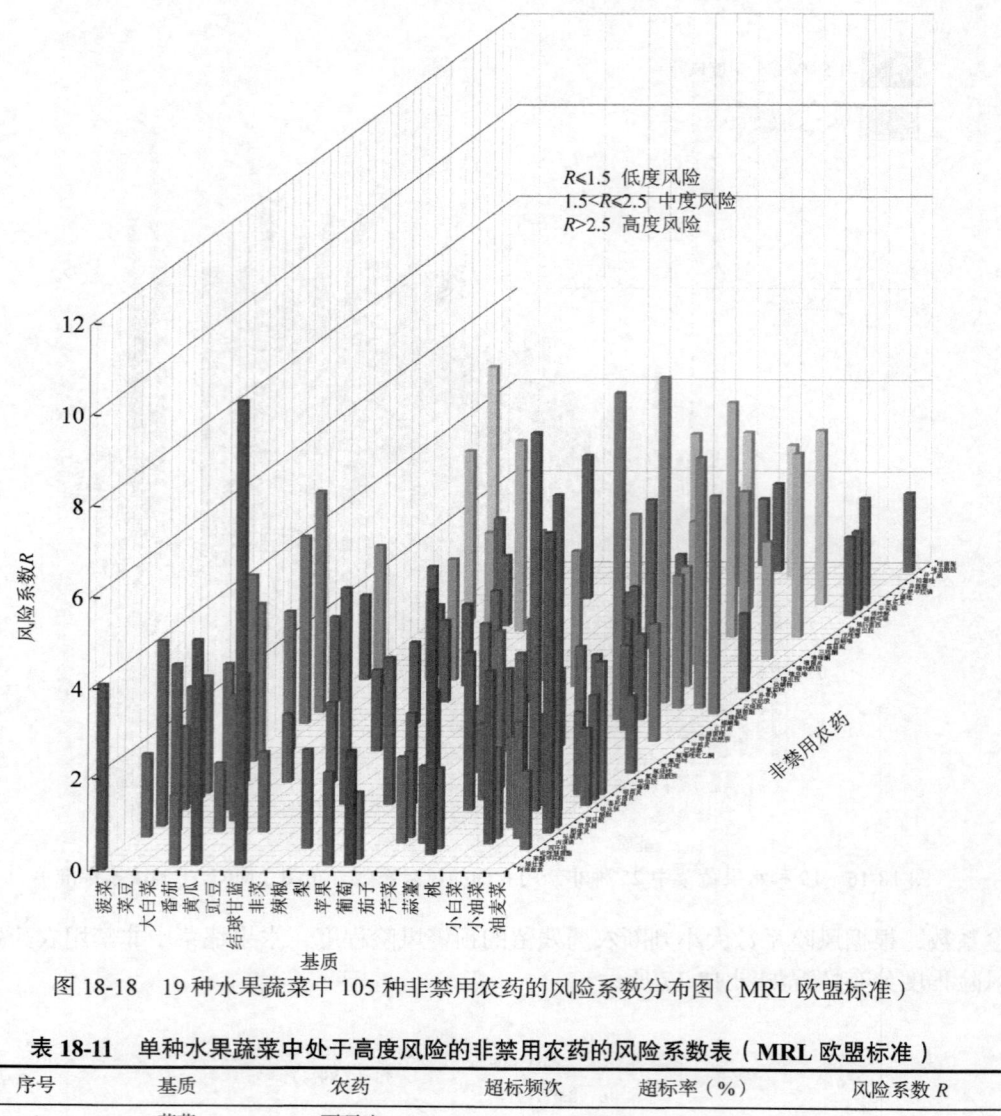

图 18-18 19种水果蔬菜中105种非禁用农药的风险系数分布图（MRL 欧盟标准）

表 18-11 单种水果蔬菜中处于高度风险的非禁用农药的风险系数表（MRL 欧盟标准）

序号	基质	农药	超标频次	超标率（%）	风险系数 R
1	芹菜	丙环唑	17	10.12	11.22
2	结球甘蓝	矮壮素	3	9.09	10.19
3	小白菜	啶虫脒	8	7.21	8.31
4	蒜薹	咪鲜胺	9	6.04	7.14
5	桃	灭幼脲	8	6.02	7.12
6	小油菜	啶虫脒	8	5.84	6.94
7	油麦菜	稻瘟灵	9	5.49	6.59
8	蒜薹	吡唑醚菌酯	7	4.7	5.8
9	小油菜	灭蝇胺	6	4.38	5.48
10	蒜薹	戊唑醇	6	4.03	5.13
11	黄瓜	矮壮素	5	3.85	4.95
12	菠菜	醚菌酯	5	3.73	4.83
13	菠菜	异菌脲	5	3.73	4.83

续表

序号	基质	农药	超标频次	超标率（%）	风险系数 R
14	韭菜	毒死蜱	3	3.66	4.76
15	油麦菜	醚菌酯	6	3.66	4.76
16	茄子	烯啶虫胺	4	3.23	4.33
17	黄瓜	烯啶虫胺	4	3.08	4.18
18	菠菜	阿维菌素	4	2.99	4.09
19	菠菜	敌草腈	4	2.99	4.09
20	菠菜	氟吗啉	4	2.99	4.09
21	菠菜	螺螨酯	4	2.99	4.09
22	小油菜	噻虫嗪	4	2.92	4.02
23	小油菜	戊唑醇	4	2.92	4.02
24	小白菜	丙溴磷	3	2.7	3.8
25	小白菜	氧乐果	3	2.7	3.8
26	菜豆	稻瘟灵	4	2.6	3.7
27	菜豆	烯酰吗啉	4	2.6	3.7
28	茄子	呋虫胺	3	2.42	3.52
29	茄子	噻虫嗪	3	2.42	3.52
30	茄子	乙酰甲胺磷	3	2.42	3.52
31	芹菜	啶虫脒	4	2.38	3.48
32	芹菜	二嗪磷	4	2.38	3.48
33	桃	毒死蜱	3	2.26	3.36
34	菠菜	氟噻唑吡乙酮	3	2.24	3.34
35	辣椒	噻虫胺	2	2.17	3.27
36	梨	毒死蜱	3	2.14	3.24
37	大白菜	啶虫脒	1	2.13	3.23
38	葡萄	霜霉威	6	2.13	3.23
39	豇豆	乙螨唑	3	2.03	3.13
40	蒜薹	噻菌灵	3	2.01	3.11
41	菜豆	己唑醇	3	1.95	3.05
42	菜豆	炔螨特	3	1.95	3.05
43	苹果	炔螨特	2	1.85	2.95
44	油麦菜	噁霜灵	3	1.83	2.93
45	小白菜	氟啶虫酰胺	2	1.8	2.9
46	小白菜	灭蝇胺	2	1.8	2.9
47	芹菜	仲丁威	3	1.79	2.89
48	番茄	调环酸	4	1.67	2.77
49	黄瓜	噻虫胺	2	1.54	2.64
50	黄瓜	三唑酮	2	1.54	2.64
51	桃	炔螨特	2	1.5	2.6
52	菠菜	毒死蜱	2	1.49	2.59

续表

序号	基质	农药	超标频次	超标率（%）	风险系数 R
53	菠菜	多菌灵	2	1.49	2.59
54	菠菜	噁霜灵	2	1.49	2.59
55	小油菜	哒螨灵	2	1.46	2.56
56	小油菜	丁醚脲	2	1.46	2.56
57	小油菜	甲氧虫酰肼	2	1.46	2.56
58	小油菜	噻嗪酮	2	1.46	2.56
59	葡萄	矮壮素	4	1.42	2.52
60	葡萄	氟吗啉	4	1.42	2.52

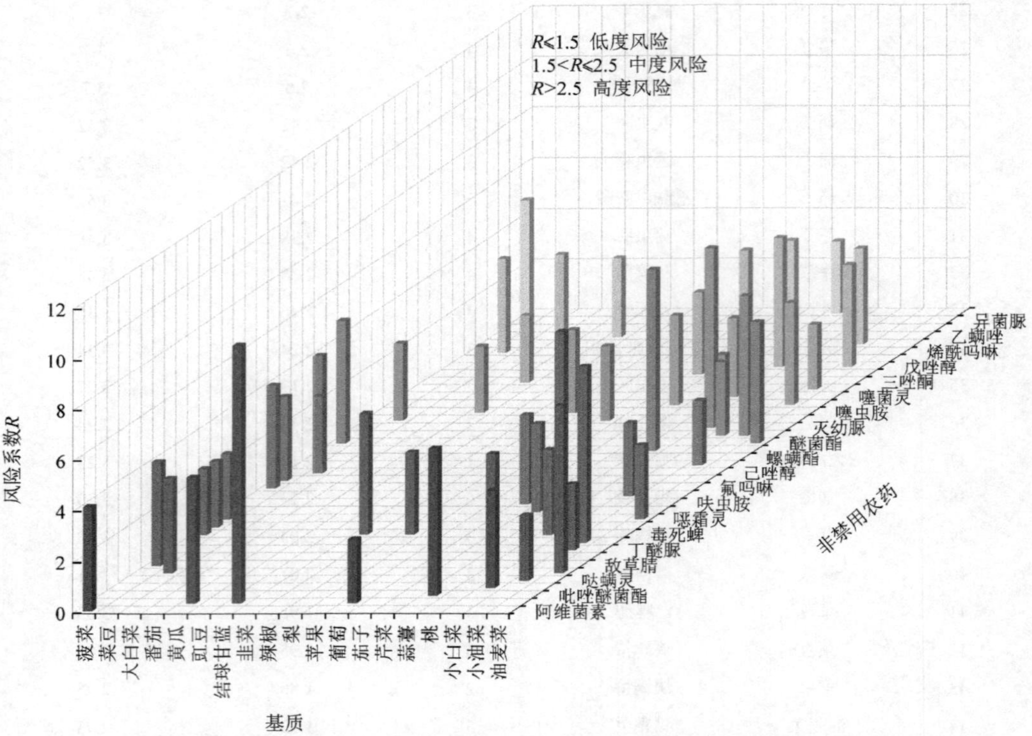

图 18-19 单种水果蔬菜中处于高度风险的非禁用农药的风险系数分布图（MRL 欧盟标准）

18.3.2 所有水果蔬菜中农药残留风险系数分析

18.3.2.1 所有水果蔬菜中禁用农药残留风险系数分析

在侦测出的 111 种农药中有 6 种为禁用农药，计算所有水果蔬菜中禁用农药的风险系数，结果如表 18-12 所示。禁用农药毒死蜱和氧乐果处于高度风险。

第 18 章　LC-Q-TOF/MS 侦测宁夏回族自治区市售水果蔬菜农药残留膳食暴露风险与预警风险评估

表 18-12　水果蔬菜中 6 种禁用农药的风险系数表

序号	农药	超标频次	超标率（%）	风险系数 R	风险程度
1	毒死蜱	50	8.77	9.87	高度风险
2	氧乐果	14	2.46	3.56	高度风险
3	乙酰甲胺磷	6	1.05	2.15	中度风险
4	甲胺磷	5	0.88	1.98	中度风险
5	克百威	2	0.35	1.45	低度风险
6	甲基异柳磷	1	0.18	1.28	低度风险

对每个月的禁用农药的风险系数进行分析，结果如图 18-20 和表 18-13 所示。

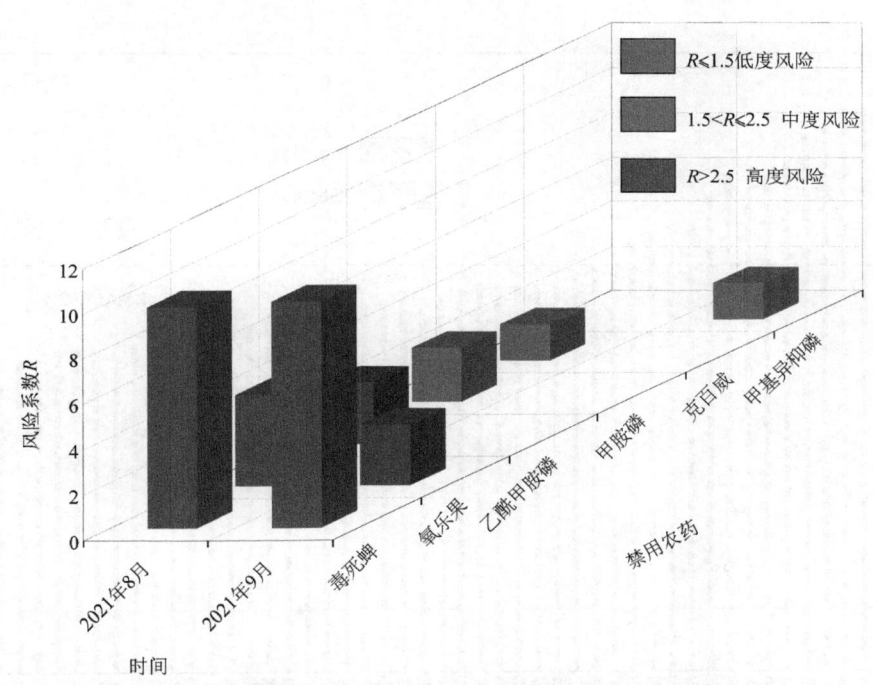

图 18-20　各月份内水果蔬菜中禁用农药残留的风险系数分布图

表 18-13　各月份内水果蔬菜中禁用农药残留的风险系数表

序号	基质	农药	超标频次	超标率 P（%）	风险系数 R	风险程度
1	2021 年 8 月	毒死蜱	33	8.66	9.76	高度风险
2	2021 年 8 月	氧乐果	11	2.89	3.99	高度风险
3	2021 年 8 月	乙酰甲胺磷	6	1.57	2.67	高度风险
4	2021 年 8 月	甲胺磷	5	1.31	2.41	中度风险
5	2021 年 8 月	克百威	2	0.52	1.62	中度风险

续表

序号	基质	农药	超标频次	超标率 P（%）	风险系数 R	风险程度
6	2021年9月	毒死蜱	17	8.90	10.00	高度风险
7	2021年9月	氧乐果	3	1.57	2.67	高度风险
8	2021年9月	甲基异柳磷	1	0.52	1.62	高度风险

18.3.2.2 所有水果蔬菜中非禁用农药残留风险系数分析

参照 MRL 欧盟标准计算所有水果蔬菜中每种非禁用农药残留的风险系数，如图 18-21 与表 18-14 所示。在侦测出的 105 种非禁用农药中，参照 MRL 欧盟标准有 53 种农药残留超标，17 种农药（32.03%）残留处于中度风险，36 种农药（67.92%）残留处于低度风险。

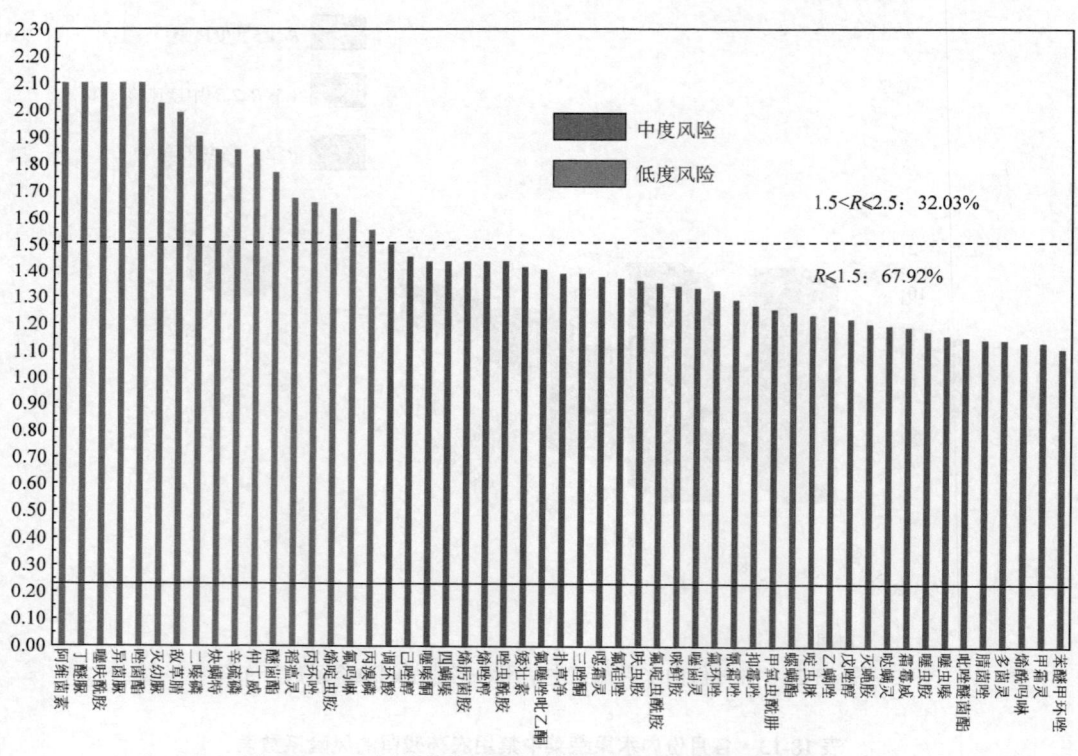

图 18-21 水果蔬菜中 53 种非禁用农药的风险程度统计图

表 18-14 水果蔬菜中 53 种非禁用农药的风险系数表

序号	农药	超标频次	超标率（%）	风险系数 R	风险程度
1	阿维菌素	4	100.00%	2.10	中度风险
2	丁醚脲	2	100.00%	2.10	中度风险
3	噻呋酰胺	1	100.00%	2.10	中度风险

续表

序号	农药	超标频次	超标率（%）	风险系数 R	风险程度
4	异菌脲	8	100.00%	2.10	中度风险
5	唑菌酯	1	100.00%	2.10	中度风险
6	灭幼脲	12	92.31%	2.02	中度风险
7	敌草腈	8	88.89%	1.99	中度风险
8	二嗪磷	4	80.00%	1.90	中度风险
9	炔螨特	9	75.00%	1.85	中度风险
10	辛硫磷	3	75.00%	1.85	中度风险
11	仲丁威	3	75.00%	1.85	中度风险
12	醚菌酯	12	66.67%	1.77	中度风险
13	稻瘟灵	16	57.14%	1.67	中度风险
14	丙环唑	20	55.56%	1.66	中度风险
15	烯啶虫胺	8	53.33%	1.63	中度风险
16	氟吗啉	8	50.00%	1.60	中度风险
17	丙溴磷	5	45.45%	1.55	中度风险
18	调环酸	4	40.00%	1.50	低度风险
19	己唑醇	6	35.29%	1.45	低度风险
20	噻嗪酮	2	33.33%	1.43	低度风险
21	四螨嗪	1	33.33%	1.43	低度风险
22	烯肟菌胺	1	33.33%	1.43	低度风险
23	烯唑醇	1	33.33%	1.43	低度风险
24	唑虫酰胺	2	33.33%	1.43	低度风险
25	矮壮素	14	31.11%	1.41	低度风险
26	氟噻唑吡乙酮	3	30.00%	1.40	低度风险
27	扑草净	2	28.57%	1.39	低度风险
28	三唑酮	2	28.57%	1.39	低度风险
29	噁霜灵	6	27.27%	1.37	低度风险
30	氟硅唑	4	26.67%	1.37	低度风险
31	呋虫胺	7	25.93%	1.36	低度风险
32	氟啶虫酰胺	2	25.00%	1.35	低度风险
33	咪鲜胺	10	23.81%	1.34	低度风险
34	噻菌灵	3	23.08%	1.33	低度风险
35	氟环唑	2	22.22%	1.32	低度风险

续表

序号	农药	超标频次	超标率（%）	风险系数 R	风险程度
36	氰霜唑	3	18.75%	1.29	低度风险
37	抑霉唑	2	16.67%	1.27	低度风险
38	甲氧虫酰肼	2	15.38%	1.25	低度风险
39	螺螨酯	5	14.29%	1.24	低度风险
40	啶虫脒	22	13.10%	1.23	低度风险
41	乙螨唑	4	12.90%	1.23	低度风险
42	戊唑醇	10	11.63%	1.22	低度风险
43	灭蝇胺	8	9.88%	1.20	低度风险
44	哒螨灵	5	9.26%	1.19	低度风险
45	霜霉威	8	8.60%	1.19	低度风险
46	噻虫胺	8	7.08%	1.17	低度风险
47	噻虫嗪	8	5.48%	1.15	低度风险
48	吡唑醚菌酯	7	4.76%	1.15	低度风险
49	腈菌唑	1	4.17%	1.14	低度风险
50	多菌灵	5	3.94%	1.14	低度风险
51	烯酰吗啉	5	2.96%	1.13	低度风险
52	甲霜灵	1	2.94%	1.13	低度风险
53	苯醚甲环唑	1	0.71%	1.11	低度风险

对每个月份内的非禁用农药的风险系数分析，每月内非禁用农药风险程度分布图如图 18-22 所示。这 2 个月份内处于高度风险的农药数排序为 2021 年 9 月 > 2021 年 8 月。

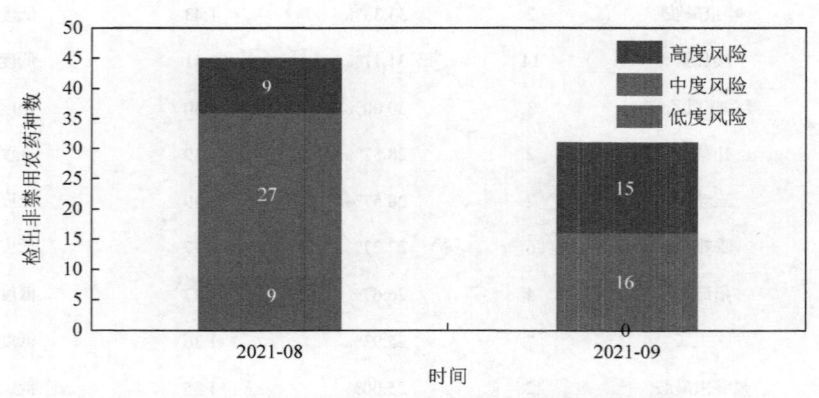

图 18-22　各月份水果蔬菜中非禁用农药残留的风险程度分布图

2 个月份内水果蔬菜中非禁用农药处于中度风险和高度风险的风险系数如图 18-23 和表 18-15 所示。

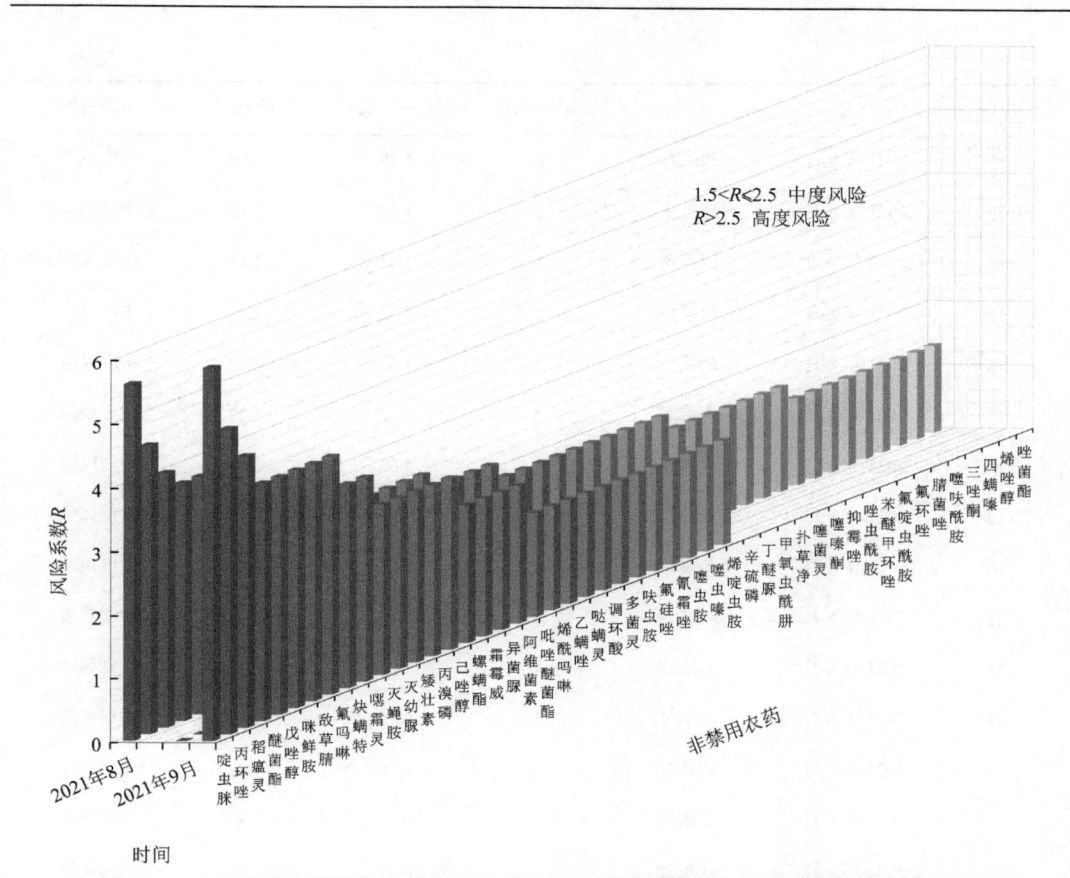

第18章 LC-Q-TOF/MS 侦测宁夏回族自治区市售水果蔬菜农药残留膳食暴露风险与预警风险评估

图 18-23 各月份水果蔬菜中非禁用农药处于中度风险和高度风险的风险系数分布图

表 18-15 各月份水果蔬菜中非禁用农药处于中度风险和高度风险的风险系数表

序号	年月	农药	超标频次	超标率（%）	风险系数 R	风险程度
1	2021年8月	啶虫脒	17	4.5	5.6	高度风险
2	2021年8月	丙环唑	13	3.44	4.54	高度风险
3	2021年8月	稻瘟灵	11	2.91	4.01	高度风险
4	2021年8月	醚菌酯	10	2.65	3.75	高度风险
5	2021年8月	戊唑醇	10	2.65	3.75	高度风险
6	2021年8月	咪鲜胺	9	2.38	3.48	高度风险
7	2021年8月	敌草腈	8	2.12	3.22	高度风险
8	2021年8月	氟吗啉	8	2.12	3.22	高度风险
9	2021年8月	炔螨特	8	2.12	3.22	高度风险
10	2021年8月	噁霜灵	6	1.59	2.69	高度风险
11	2021年8月	灭蝇胺	6	1.59	2.69	高度风险

续表

序号	年月	农药	超标频次	超标率（%）	风险系数 R	风险程度
12	2021 年 8 月	灭幼脲	6	1.59	2.69	高度风险
13	2021 年 8 月	矮壮素	5	1.32	2.42	中度风险
14	2021 年 8 月	丙溴磷	5	1.32	2.42	中度风险
15	2021 年 8 月	己唑醇	5	1.32	2.42	中度风险
16	2021 年 8 月	螺螨酯	5	1.32	2.42	中度风险
17	2021 年 8 月	霜霉威	5	1.32	2.42	中度风险
18	2021 年 8 月	异菌脲	5	1.32	2.42	中度风险
19	2021 年 8 月	阿维菌素	4	1.06	2.16	中度风险
20	2021 年 8 月	吡唑醚菌酯	4	1.06	2.16	中度风险
21	2021 年 8 月	烯酰吗啉	4	1.06	2.16	中度风险
22	2021 年 8 月	乙螨唑	4	1.06	2.16	中度风险
23	2021 年 8 月	哒螨灵	3	0.79	1.89	中度风险
24	2021 年 8 月	调环酸	3	0.79	1.89	中度风险
25	2021 年 8 月	多菌灵	3	0.79	1.89	中度风险
26	2021 年 8 月	呋虫胺	3	0.79	1.89	中度风险
27	2021 年 8 月	氟硅唑	3	0.79	1.89	中度风险
28	2021 年 8 月	氰霜唑	3	0.79	1.89	中度风险
29	2021 年 8 月	噻虫胺	3	0.79	1.89	中度风险
30	2021 年 8 月	噻虫嗪	3	0.79	1.89	中度风险
31	2021 年 8 月	烯啶虫胺	3	0.79	1.89	中度风险
32	2021 年 9 月	辛硫磷	3	0.79	1.89	中度风险
33	2021 年 9 月	丁醚脲	2	0.53	1.63	中度风险
34	2021 年 9 月	甲氧虫酰肼	2	0.53	1.63	中度风险
35	2021 年 9 月	扑草净	2	0.53	1.63	中度风险
36	2021 年 9 月	噻菌灵	2	0.53	1.63	中度风险
37	2021 年 9 月	噻嗪酮	2	0.53	1.63	中度风险
38	2021 年 9 月	抑霉唑	2	0.53	1.63	中度风险
39	2021 年 9 月	唑虫酰胺	2	0.53	1.63	中度风险
40	2021 年 9 月	矮壮素	9	4.76	5.86	中度风险

续表

序号	年月	农药	超标频次	超标率（%）	风险系数 R	风险程度
41	2021年9月	丙环唑	7	3.7	4.8	中度风险
42	2021年9月	灭幼脲	6	3.17	4.27	中度风险
43	2021年9月	稻瘟灵	5	2.65	3.75	中度风险
44	2021年9月	啶虫脒	5	2.65	3.75	中度风险
45	2021年9月	噻虫胺	5	2.65	3.75	中度风险
46	2021年9月	噻虫嗪	5	2.65	3.75	中度风险
47	2021年9月	烯啶虫胺	5	2.65	3.75	中度风险
48	2021年9月	二嗪磷	4	2.12	3.22	中度风险
49	2021年9月	呋虫胺	4	2.12	3.22	中度风险
50	2021年9月	吡唑醚菌酯	3	1.59	2.69	中度风险
51	2021年9月	氟噻唑吡乙酮	3	1.59	2.69	中度风险
52	2021年9月	霜霉威	3	1.59	2.69	中度风险
53	2021年9月	异菌脲	3	1.59	2.69	中度风险
54	2021年9月	仲丁威	3	1.59	2.69	中度风险
55	2021年9月	哒螨灵	2	1.06	2.16	中度风险
56	2021年9月	多菌灵	2	1.06	2.16	中度风险
57	2021年9月	醚菌酯	2	1.06	2.16	中度风险
58	2021年9月	灭蝇胺	2	1.06	2.16	中度风险
59	2021年9月	调环酸	1	0.53	1.63	中度风险
60	2021年9月	氟啶虫酰胺	1	0.53	1.63	中度风险
61	2021年9月	氟硅唑	1	0.53	1.63	中度风险
62	2021年9月	氟环唑	1	0.53	1.63	中度风险
63	2021年9月	己唑醇	1	0.53	1.63	中度风险
64	2021年9月	甲霜灵	1	0.53	1.63	中度风险
65	2021年9月	咪鲜胺	1	0.53	1.63	中度风险
66	2021年9月	炔螨特	1	0.53	1.63	中度风险
67	2021年9月	噻菌灵	1	0.53	1.63	中度风险
68	2021年9月	三唑酮	1	0.53	1.63	中度风险
69	2021年9月	烯肟菌胺	1	0.53	1.63	中度风险
70	2021年9月	烯酰吗啉	1	0.53	1.63	中度风险

18.4 农药残留风险评估结论与建议

农药残留是影响水果蔬菜安全和质量的主要因素，也是我国食品安全领域备受关注的敏感话题和亟待解决的重大问题之一。各种水果蔬菜均存在不同程度的农药残留现象，本研究主要针对宁夏回族自治区各类水果蔬菜存在的农药残留问题，基于 2021 年 8～9 月期间对宁夏回族自治区 570 例水果蔬菜样品中农药残留侦测得出的 2608 个侦测结果，分别采用食品安全指数模型和风险系数模型，开展水果蔬菜中农药残留的膳食暴露风险和预警风险评估。水果蔬菜样品取自超市、农贸市场和个体商户，符合大众的膳食来源，风险评价时更具有代表性和可信度。

本研究力求通用简单地反映食品安全中的主要问题，且为管理部门和大众容易接受，为政府及相关管理机构建立科学的食品安全信息发布和预警体系提供科学的规律与方法，加强对农药残留的预警和食品安全重大事件的预防，控制食品风险。

18.4.1 宁夏回族自治区水果蔬菜中农药残留膳食暴露风险评价结论

1）水果蔬菜样品中农药残留安全状态评价结论

采用食品安全指数模型，对 2021 年 8～9 月期间宁夏回族自治区水果蔬菜食品农药残留膳食暴露风险进行评价，根据 IFS_c 的计算结果发现，水果蔬菜中农药的 IFS_c 为 0.0004，说明宁夏回族自治区水果蔬菜总体处于很好的安全状态，但部分禁用农药、高残留农药在蔬菜、水果中仍有侦测出，导致膳食暴露风险的存在，成为不安全因素。

2）单种水果蔬菜中农药膳食暴露风险不可接受情况评价结论

单种水果蔬菜中农药残留安全指数分析结果显示，农药对单种水果蔬菜安全影响不可接受（$IFS_c>1$）的样本数共 6 个，占总样本数的 0.23%，样本为小白菜和油麦菜中的氧乐果，葡萄中的苯醚甲环唑，说明小白菜和油麦菜中的氧乐果，葡萄中的苯醚甲环唑的确会对消费者身体健康造成较大的膳食暴露风险。小白菜、油麦菜和葡萄均为较常见的水果蔬菜，百姓日常食用量较大，长期食用大量残留氧乐果的小白菜和油麦菜以及苯醚甲环唑的葡萄会对人体造成不可接受的影响，本次侦测发现氧乐果和苯醚甲环唑在小白菜、油麦菜和葡萄样品中多次大量侦测出，是未严格实施农业良好管理规范（GAP），抑或是农药滥用，这应该引起相关管理部门的警惕，应加强对小白菜和油麦菜中的氧乐果，葡萄中的苯醚甲环唑的严格管控。

18.4.2 宁夏回族自治区水果蔬菜中农药残留预警风险评价结论

1）单种水果蔬菜中禁用农药残留的预警风险评价结论

本次侦测过程中，在 12 种水果蔬菜中侦测出 6 种禁用农药，禁用农药为毒死蜱、甲胺磷、甲基异柳磷、克百威、氧乐果、乙酰甲胺磷，水果蔬菜为菠菜、番茄、结球甘蓝、韭菜、辣椒、梨、苹果、茄子、芹菜、桃、小白菜、油麦菜，水果蔬菜中禁用农药的风险系数分析结果显示，6 种禁用农药在 12 种水果蔬菜中的残留有 10%处于高度风险，40%处于中度风险，说明在单种水果蔬菜中禁用农药的残留会导致较高的预警风险。

2）单种水果蔬菜中非禁用农药残留的预警风险评价结论

本次侦测过程中，在 19 种水果蔬菜中侦测出 105 种残留非禁用农药，涉及 570 个样本，2530 检出频次。以 MRL 中国国家标准为标准，计算水果蔬菜中非禁用农药风险系数，0.53%处于中度风险，85.96%处于低度风险，13.51%的数据没有 MRL 中国国家标准值,无法判断其风险程度;以 MRL 欧盟标准为标准,计算水果蔬菜中非禁用农药风险系数,发现有 8.07%处于高度风险,4.04%处于中度风险,80%处于低度风险。基于两种 MRL 标准,评价的结果差异显著,可以看出 MRL 欧盟标准比中国国家标准更加严格和完善,过于宽松的 MRL 中国国家标准值能否有效保障人体的健康有待研究。

18.4.3 加强宁夏回族自治区水果蔬菜食品安全建议

我国食品安全风险评价体系仍不够健全,相关制度不够完善,多年来,由于农药用药次数多、用药量大或用药间隔时间短,产品残留量大,农药残留所造成的食品安全问题日益严峻,给人体健康带来了直接或间接的危害。据估计,美国与农药有关的癌症患者数约占全国癌症患者总数的 50%,中国更高。同样,农药对其他生物也会形成直接杀伤和慢性危害,植物中的农药可经过食物链逐级传递并不断蓄积,对人和动物构成潜在威胁,并影响生态系统。

基于本次农药残留侦测数据的风险评价结果,提出以下几点建议:

1)加快食品安全标准制定步伐

我国食品标准中对农药每日允许最大摄入量(ADI)的数据严重缺乏,在本次宁夏回族自治区水果蔬菜农药残留评价所涉及的 111 种农药中,仅有 93.7%的农药具有 ADI 值,而 6.3%的农药中国尚未规定相应的 ADI 值,亟待完善。

我国食品中农药最大残留限量值的规定严重缺乏,对评估涉及的不同水果蔬菜中不同农药 846 个 MRL 限值进行统计来看,我国仅制定出 618 个标准,标准完整率仅为 73.0%,欧盟的完整率达到 100%(表 18-16)。因此,中国更应加快 MRL 标准的制定步伐。

表 18-16 我国国家食品标准农药的 ADI、MRL 值与欧盟标准的数量差异

分类		中国 ADI	MRL 中国国家标准	MRL 欧盟标准
标准限值(个)	有	104	618	558
	无	7	228	0
总数(个)		111	846	558
无标准限值比例(%)		6.3	27.0	0.0

此外,MRL 中国国家标准限值普遍高于欧盟标准限值,这些标准中共有 189 个高于欧盟。过高的 MRL 值难以保障人体健康,建议继续加强对限值基准和标准的科学研究,将农产品中的危险性减少到尽可能低的水平。

2)加强农药的源头控制和分类监管

在宁夏回族自治区某些水果蔬菜中仍有禁用农药残留,利用 LC-Q-TOF/MS 技术侦测出 7 种禁用农药,检出频次为 78 次,残留禁用农药均存在较大的膳食暴露风险和预警风险。早已列入黑名单的禁用农药在我国并未真正退出,有些药物由于价格便宜、工艺简单,此类高毒农药一直生产和使用。建议在我国采取严格有效的控制措施,从源头控

制禁用农药。

对于非禁用农药,在我国作为"田间地头"最典型单位的县级蔬果产地中,农药残留的侦测几乎缺失。建议根据农药的毒性,对高毒、剧毒、中毒农药实现分类管理,减少使用高毒和剧毒高残留农药,进行分类监管。

3)加强残留农药的生物修复及降解新技术

市售果蔬中残留农药的品种多、频次高、禁用农药多次检出这一现状,说明了我国的田间土壤和水体因农药长期、频繁、不合理的使用而遭到严重污染。为此,建议中国相关部门出台相关政策,鼓励高校及科研院所积极开展分子生物学、酶学等研究,加强土壤、水体中残留农药的生物修复及降解新技术研究,切实加大农药监管力度,以控制农药的面源污染问题。

综上所述,在本工作基础上,根据蔬菜残留危害,可进一步针对其成因提出和采取严格管理、大力推广无公害蔬菜种植与生产、健全食品安全控制技术体系、加强蔬菜食品质量侦测体系建设和积极推行蔬菜食品质量追溯制度等相应对策。建立和完善食品安全综合评价指数与风险监测预警系统,对食品安全进行实时、全面的监控与分析,为我国的食品安全科学监管与决策提供新的技术支持,可实现各类检验数据的信息化系统管理,降低食品安全事故的发生。

第 19 章　GC-Q-TOF/MS 侦测宁夏回族自治区市售水果蔬菜农药残留报告

从宁夏回族自治区随机采集了 570 例水果蔬菜样品，使用气相色谱-飞行时间质谱（GC-Q-TOF/MS），进行了 691 种农药化学污染物的全面侦测。

19.1　样品种类、数量与来源

19.1.1　样品采集与检测

为了真实反映百姓餐桌上水果蔬菜中农药残留污染状况，本次所有检测样品均由检验人员于 2021 年 8～9 月期间，从宁夏回族自治区所属 40 个采样点，包括 4 个农贸市场、17 个个体商户、19 个超市，以随机购买方式采集，总计 41 批 570 例样品，从中检出农药 109 种，1869 频次。采样及监测概况见表 19-1，样品明细见表 19-2。

表 19-1　农药残留监测总体概况

采样地区	宁夏回族自治区所属 3 个区县
采样点（超市+农贸市场+个体商户）	40
样本总数	570
检出农药品种/频次	109/1869
各采样点样本农药残留检出率范围	64.7%～100.0%

表 19-2　样品分类及数量

样品分类	样品名称（数量）	数量小计
1. 水果		120
1）核果类水果	桃（30）	30
2）浆果和其他小型水果	葡萄（30）	30
3）仁果类水果	苹果（30），梨（30）	60
2. 蔬菜		450
1）豆类蔬菜	豇豆（30），菜豆（30）	60
2）鳞茎类蔬菜	韭菜（30），蒜薹（30）	60
3）叶菜类蔬菜	小白菜（30），油麦菜（30），芹菜（30），小油菜（30），大白菜（30），菠菜（30）	180

样品分类	样品名称（数量）	数量小计
4）芸薹属类蔬菜	结球甘蓝（30）	30
5）茄果类蔬菜	辣椒（30），番茄（30），茄子（30）	90
6）瓜类蔬菜	黄瓜（30）	30
合计	1. 水果 4 种 2. 蔬菜 15 种	570

19.1.2 检测结果

这次使用的检测方法是庞国芳院士团队最新研发的不需使用标准品对照，而以高分辨精确质量数（0.0001 m/z）为基准的 GC-Q-TOF/MS 检测技术，对于 570 例样品，每个样品均侦测了 691 种农药化学污染物的残留现状。通过本次侦测，在 570 例样品中共计检出农药化学污染物 109 种，检出 1869 频次。

19.1.2.1 各采样点样品检出情况

统计分析发现 40 个采样点中，被测样品的农药检出率范围为 64.7%～100.0%。其中，有 6 个采样点样品的检出率最高，达到了 100.0%，见表 19-3。

表 19-3 宁夏回族自治区采样点信息

采样点序号	行政区域	检出率（%）	采样点序号	行政区域	检出率（%）
个体商户(17)			农贸市场(4)		
1	固原市 原州区	66.7	1	石嘴山市 大武口区	84.2
2	固原市 原州区	89.5	2	石嘴山市 大武口区	94.4
3	固原市 原州区	81.3	3	石嘴山市 大武口区	86.7
4	固原市 原州区	100.0	4	银川市 金凤区	73.7
5	固原市 原州区	77.8	超市(19)		
6	固原市 原州区	66.7	1	固原市 原州区	83.3
7	固原市 原州区	89.5	2	固原市 原州区	83.3
8	固原市 原州区	81.3	3	固原市 原州区	68.8
9	固原市 原州区	92.3	4	石嘴山市 大武口区	91.7
10	固原市 原州区	75.0	5	石嘴山市 大武口区	88.9
11	石嘴山市 大武口区	76.5	6	石嘴山市 大武口区	100.0
12	石嘴山市 大武口区	100.0	7	石嘴山市 大武口区	87.5
13	石嘴山市 大武口区	90.0	8	石嘴山市 大武口区	100.0
14	银川市 金凤区	66.7	9	石嘴山市 大武口区	64.7
15	银川市 金凤区	93.8	10	银川市 金凤区	84.2
16	银川市 金凤区	75.0	11	银川市 金凤区	83.3
17	银川市 金凤区	92.9	12	银川市 金凤区	84.2

| | | | 续表 |
采样点序号	行政区域	检出率（%）	采样点序号	行政区域	检出率（%）
13	银川市 金凤区	85.7	17	银川市 金凤区	86.7
14	银川市 金凤区	86.7	18	银川市 金凤区	100.0
15	银川市 金凤区	93.8	19	银川市 金凤区	100.0
16	银川市 金凤区	88.2			

19.1.2.2 检出农药的品种总数与频次

统计分析发现，对于570例样品中691种农药化学污染物的侦测，共检出农药1869频次，涉及农药109种，结果如图19-1所示。其中氯氟氰菊酯检出频次最高，共检出165次。检出频次排名前10的农药如下：①氯氟氰菊酯（165），②烯酰吗啉（122），③虫螨腈（119），④毒死蜱（100），⑤戊唑醇（93），⑥苯醚甲环唑（84），⑦腐霉利（77），⑧咪鲜胺（51），⑨联苯菊酯（50），⑩异菌脲（49）。

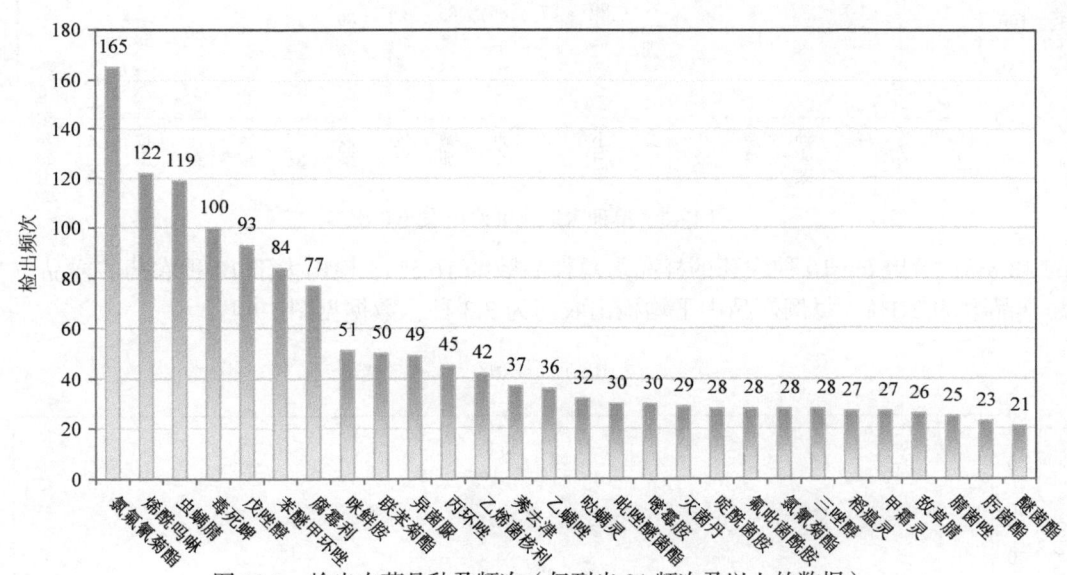

图19-1　检出农药品种及频次（仅列出21频次及以上的数据）

由图19-2可见，葡萄、油麦菜、桃、黄瓜、蒜薹、小油菜、番茄、芹菜和小白菜这9种果蔬样品中检出的农药品种数较高，均超过25种，其中，葡萄和油麦菜检出农药品种最多，均为35种。由图19-3可见，蒜薹、葡萄、桃、油麦菜、芹菜和小油菜这6种果蔬样品中的农药检出频次较高，均超过100次，其中，蒜薹检出农药频次最高，为216次。

19.1.2.3 单例样品农药检出种类与占比

对单例样品检出农药种类和频次进行统计发现，未检出农药的样品占总样品数的15.4%，检出1种农药的样品占总样品数的17.0%，检出2～5种农药的样品占总样品数

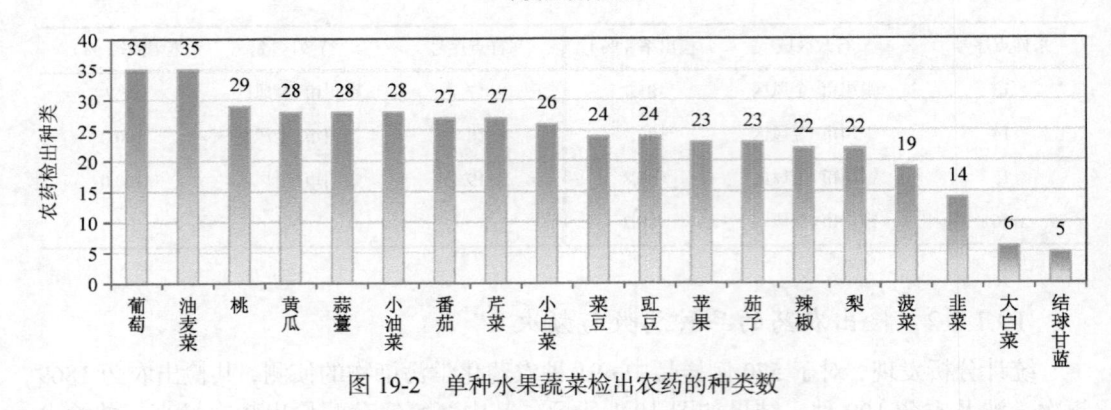

▇ 宁夏回族自治区

图 19-2 单种水果蔬菜检出农药的种类数

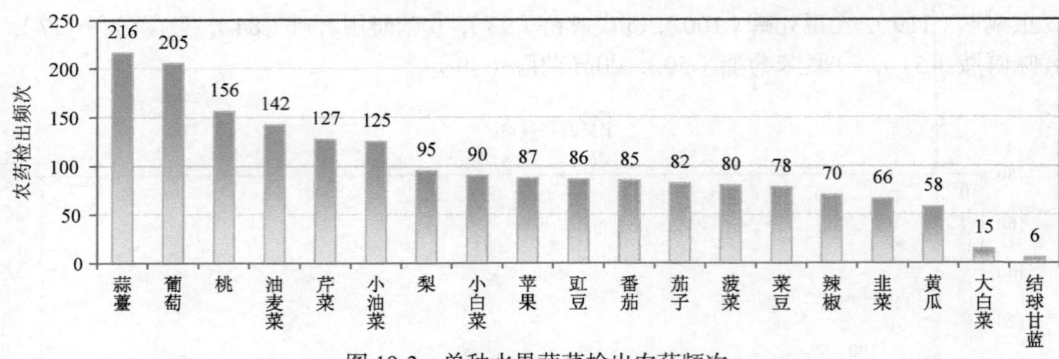

▇ 宁夏回族自治区

图 19-3 单种水果蔬菜检出农药频次

的 48.8%，检出 6~10 种农药的样品占总样品数的 16.5%，检出大于 10 种农药的样品占总样品数的 2.3%。每例样品中平均检出农药为 3.3 种，数据见图 19-4。

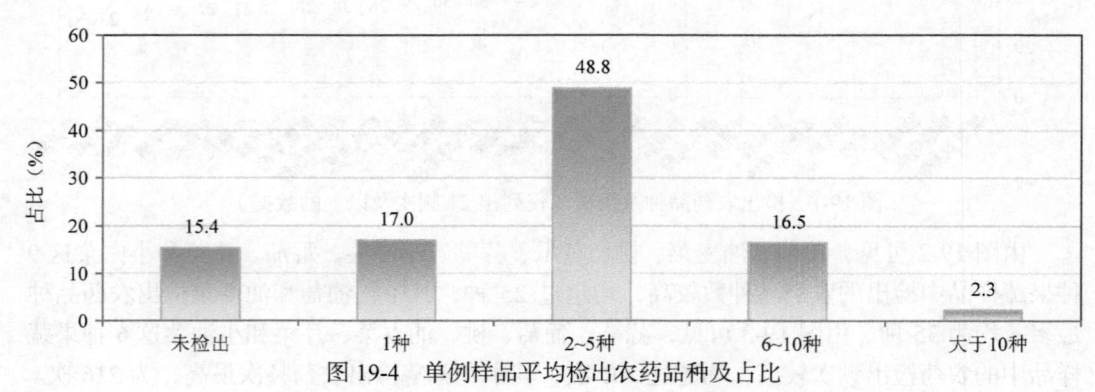

▇ 宁夏回族自治区

图 19-4 单例样品平均检出农药品种及占比

19.1.2.4 检出农药类别与占比

所有检出农药按功能分类，包括杀菌剂、杀虫剂、除草剂、杀螨剂、植物生长调节剂和其他共 6 类。其中杀菌剂与杀虫剂为主要检出的农药类别，分别占总数的 47.7% 和

33.0%，见图 19-5。

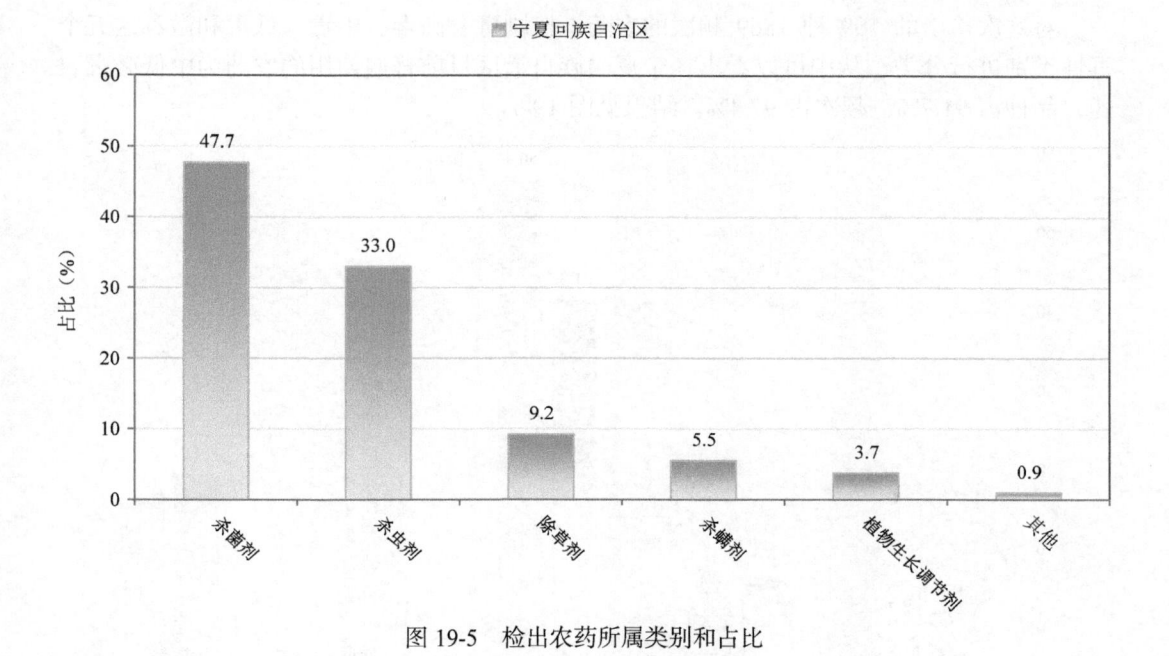

图 19-5 检出农药所属类别和占比

19.1.2.5 检出农药的残留水平

按检出农药残留水平进行统计，残留水平在 1~5 μg/kg（含）的农药占总数的 36.0%，在 5~10 μg/kg（含）的农药占总数的 13.4%，在 10~100 μg/kg（含）的农药占总数的 33.8%，在 100~1000 μg/kg（含）的农药占总数的 14.6%，在>1000 μg/kg 的农药占总数的 2.2%。

由此可见，这次检测的 41 批 570 例水果蔬菜样品中农药多数处于中高残留水平。结果见图 19-6。

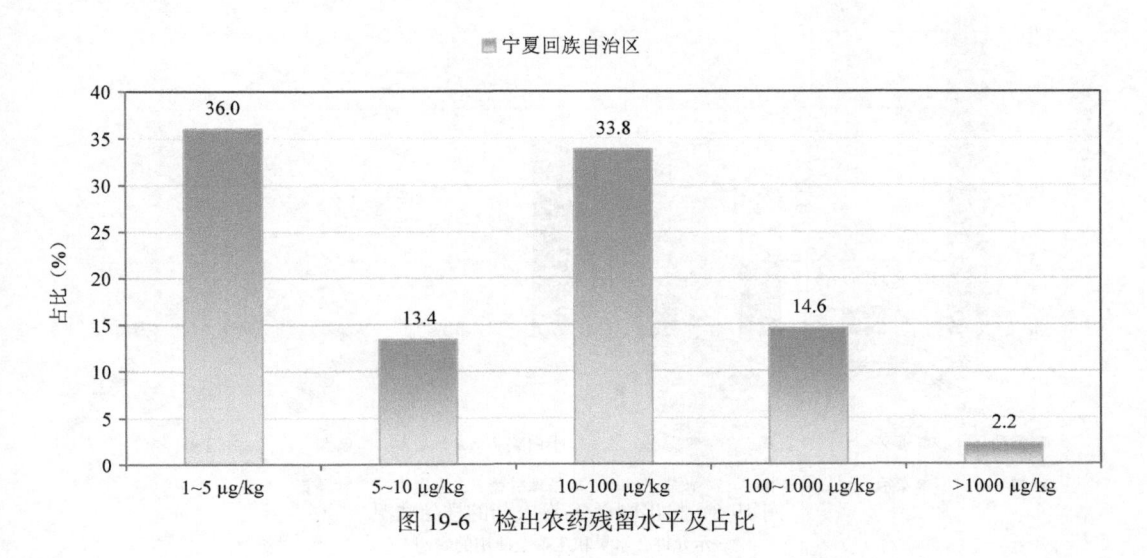

图 19-6 检出农药残留水平及占比

19.1.2.6 检出农药的毒性类别、检出频次和超标频次及占比

对这次检出的 109 种 1869 频次的农药,按剧毒、高毒、中毒、低毒和微毒这五个毒性类别进行分类,从中可以看出,宁夏回族自治区目前普遍使用的农药为中低微毒农药,品种占 91.7%,频次占 97.4%。结果见图 19-7。

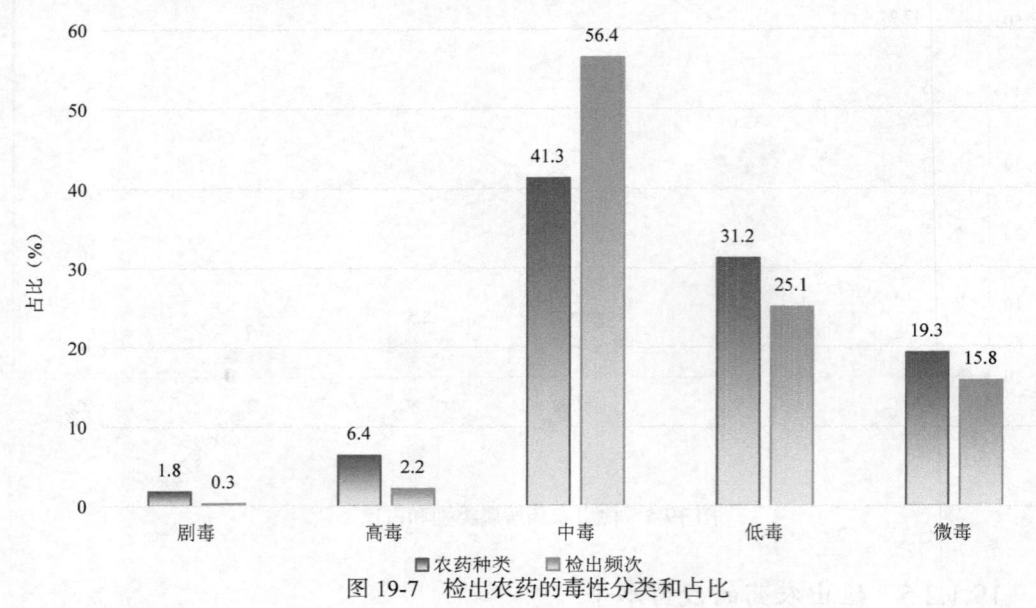

图 19-7 检出农药的毒性分类和占比

19.1.2.7 检出剧毒/高毒类农药的品种和频次

值得特别关注的是,在此次侦测的 570 例样品中有 11 种蔬菜 4 种水果的 48 例样品检出了 9 种 48 频次的剧毒和高毒农药,占样品总量的 8.4%,详见图 19-8、表 19-4 及表 19-5。

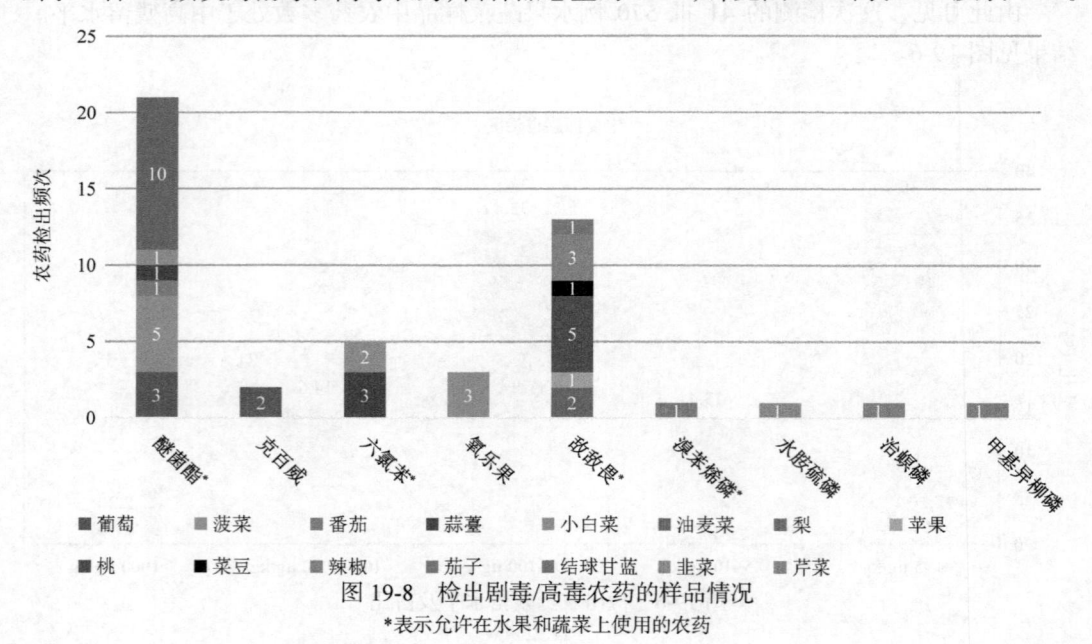

图 19-8 检出剧毒/高毒农药的样品情况
*表示允许在水果和蔬菜上使用的农药

第 19 章　GC-Q-TOF/MS 侦测宁夏回族自治区市售水果蔬菜农药残留报告

表 19-4　剧毒农药检出情况

序号	农药名称	检出频次	超标频次	超标率
	水果中未检出剧毒农药			
	小计	0	0	超标率：0.0%
	从 3 种蔬菜中检出 2 种剧毒农药，共计检出 6 次			
1	六氯苯*	5	0	0.0%
2	治螟磷*	1	0	0.0%
	小计	6	0	超标率：0.0%
	合计	6	0	超标率：0.0%

*表示剧毒农药

表 19-5　高毒农药检出情况

序号	农药名称	检出频次	超标频次	超标率
	从 4 种水果中检出 3 种高毒农药，共计检出 13 次			
1	敌敌畏	8	1	12.5%
2	醚菌酯	3	0	0.0%
3	克百威	2	0	0.0%
	小计	13	1	超标率：7.7%
	从 11 种蔬菜中检出 6 种高毒农药，共计检出 29 次			
1	醚菌酯	18	0	0.0%
2	敌敌畏	5	0	0.0%
3	氧乐果	3	3	100.0%
4	甲基异柳磷	1	1	100.0%
5	水胺硫磷	1	0	0.0%
6	溴苯烯磷	1	0	0.0%
	小计	29	4	超标率：13.8%
	合计	42	5	超标率：11.9%

在检出的剧毒和高毒农药中，有 5 种是我国早已禁止在果树和蔬菜上使用的，分别是：克百威、甲基异柳磷、治螟磷、氧乐果和水胺硫磷。禁用农药的检出情况见表 19-6。

表 19-6　禁用农药检出情况

序号	农药名称	检出频次	超标频次	超标率
	从 4 种水果中检出 3 种禁用农药，共计检出 60 次			
1	毒死蜱	55	0	0.0%
2	氰戊菊酯	3	0	0.0%
3	克百威	2	0	0.0%
	小计	60	0	超标率：0.0%

续表

序号	农药名称	检出频次	超标频次	超标率
从 10 种蔬菜中检出 8 种禁用农药，共计检出 60 次				
1	毒死蜱	45	5	11.1%
2	氰戊菊酯	5	0	0.0%
3	硫丹	3	1	33.3%
4	氧乐果	3	3	100.0%
5	氟虫腈	1	0	0.0%
6	甲基异柳磷	1	1	100.0%
7	水胺硫磷	1	0	0.0%
8	治螟磷*	1	0	0.0%
	小计	60	10	超标率：16.7%
	合计	120	10	超标率：8.3%

注：超标结果参考 MRL 中国国家标准计算
*表示剧毒农药

此次抽检的果蔬样品中，有 3 种蔬菜检出了剧毒农药，分别是：小白菜中检出六氯苯 2 次；芹菜中检出治螟磷 1 次；蒜薹中检出六氯苯 3 次。

样品中检出剧毒和高毒农药残留水平超过 MRL 中国国家标准的频次为 5 次，其中：桃检出敌敌畏超标 1 次；小白菜检出氧乐果超标 3 次；芹菜检出甲基异柳磷超标 1 次。本次检出结果表明，高毒、剧毒农药的使用现象依旧存在。详见表 19-7。

表 19-7　各样本中检出剧毒/高毒农药情况

样品名称	农药名称	检出频次	超标频次	检出浓度（µg/kg）
水果 4 种				
桃	敌敌畏	5	1	1.1, 1.5, 35.5, 5.7, 117.7[a]
梨	敌敌畏	2	0	87.3, 20.8
苹果	敌敌畏	1	0	3.6
葡萄	醚菌酯	3	0	7.2, 2.8, 2.3
葡萄	克百威▲	2	0	2.2, 2.4
	小计	13	1	超标率：7.7%
蔬菜 11 种				
小白菜	氧乐果▲	3	3	1094.9[a], 1114.7[a], 1281.6[a]
小白菜	醚菌酯	1	0	4.0
小白菜	六氯苯*	2	0	5.7, 3.3
油麦菜	醚菌酯	10	0	1.8, 119.6, 243.9, 2.0, 3.1, 217.4, 82.5, 125.7, 2.2, 197.1
番茄	醚菌酯	1	0	4.3

续表

样品名称	农药名称	检出频次	超标频次	检出浓度（µg/kg）
结球甘蓝	溴苯烯磷	1	0	1.4
芹菜	甲基异柳磷▲	1	1	10.7ª
芹菜	治螟磷*▲	1	0	2.0
茄子	敌敌畏	1	0	6.1
菜豆	敌敌畏	1	0	5.7
菠菜	醚菌酯	5	0	31.9, 66.6, 65.4, 16.8, 38.3
蒜薹	醚菌酯	1	0	61.5
蒜薹	六氯苯*	3	0	1.8, 3.3, 1.7
辣椒	敌敌畏	3	0	3.7, 5.2, 1.5
韭菜	水胺硫磷▲	1	0	3.7
小计		35	4	超标率：11.4%
合计		48	5	超标率：10.4%

*表示剧毒农药；▲表示禁用农药；a 表示超标结果（参考 MRL 中国国家标准）

19.2 农药残留检出水平与最大残留限量标准对比分析

我国于 2021 年 3 月 3 日正式颁布并于 2021 年 9 月 3 日正式实施食品农药残留限量国家标准《食品中农药最大残留限量》（GB 2763—2021），该标准包括 548 个农药条目，涉及最大残留限量（MRL）标准 10092 项。将 1869 频次检出结果的浓度水平与 10092 项 MRL 中国国家标准进行核对，其中有 1112 频次的结果找到了对应的 MRL 标准，占 59.5%，还有 757 频次的侦测数据则无相关 MRL 标准供参考，占 40.5%。

将此次侦测结果与国际上现行 MRL 标准对比发现，在 1869 频次的检出结果中有 1869 频次的结果找到了对应的 MRL 欧盟标准，占 100.0%；其中，1780 频次的结果有明确对应的 MRL 标准，占 95.2%，其余 89 频次按照欧盟一律标准判定，占 4.8%；有 1869 频次的结果找到了对应的 MRL 日本标准，占 100.0%；其中，1374 频次的结果有明确对应的 MRL 标准，占 73.5%，其余 495 频次按照日本一律标准判定，占 26.5%；有 879 频次的结果找到了对应的 MRL 中国香港标准，占 47.0%；有 930 频次的结果找到了对应的 MRL 美国标准，占 49.8%；有 707 频次的结果找到了对应的 MRL CAC 标准，占 37.8%。结果见图 19-9。

19.2.1 超标农药样品分析

本次侦测的 570 例样品中，88 例样品未检出任何残留农药，占样品总量的 15.4%，482 例样品检出不同水平、不同种类的残留农药，占样品总量的 84.6%。在此，我们将本次侦测的农残检出情况与中国国家标准、欧盟标准、日本标准、中国香港标准、美国标准和 CAC 标准这 6 大国际主流 MRL 标准进行对比分析，样品农残检出与超标情况见

表 19-8、图 19-10 和图 19-11。

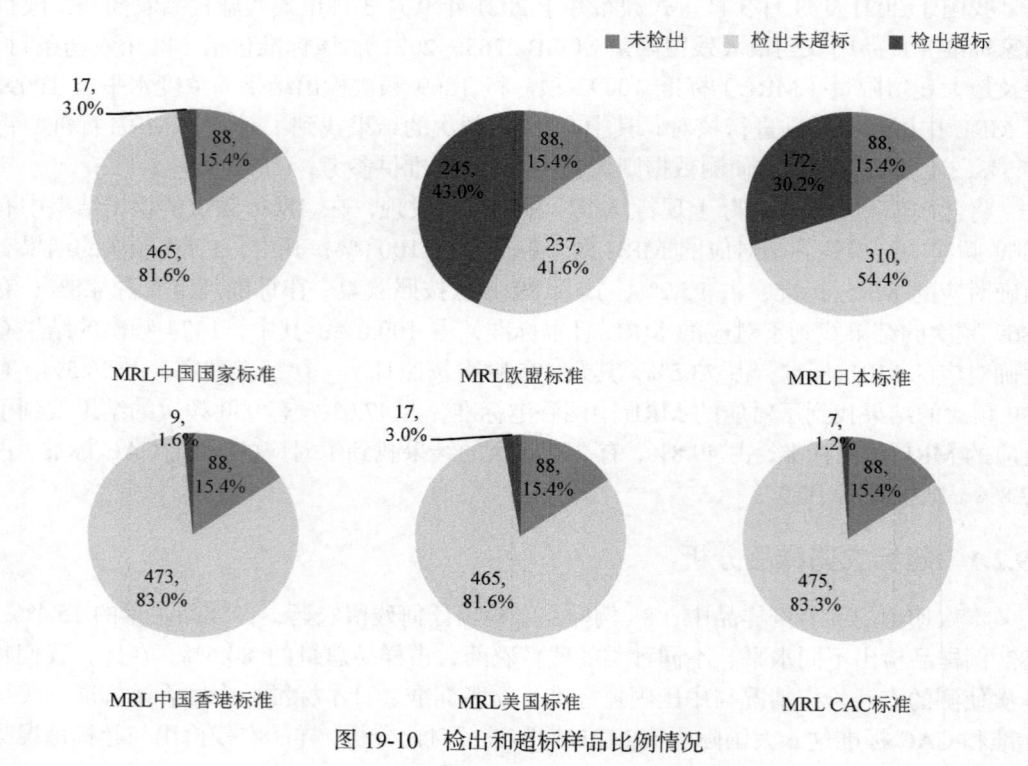

图 19-9　1869 频次检出农药可用 MRL 中国国家标准、欧盟标准、日本标准、中国香港标准、美国标准、CAC 标准判定衡量的数量及占比（%）

表 19-8　各 MRL 标准下样本农残检出与超标数量及占比

	MRL 中国国家标准	MRL 欧盟标准	MRL 日本标准	MRL 中国香港标准	MRL 美国标准	MRL CAC 标准
	数量/占比（%）	数量/占比（%）	数量/占比（%）	数量/占比（%）	数量/占比（%）	数量/占比（%）
未检出	88/15.4	88/15.4	88/15.4	88/15.4	88/15.4	88/15.4
检出未超标	465/81.6	237/41.6	310/54.4	473/83.0	465/81.6	475/83.3
检出超标	17/3.0	245/43.0	172/30.2	9/1.6	17/3.0	7/1.2

图 19-10　检出和超标样品比例情况

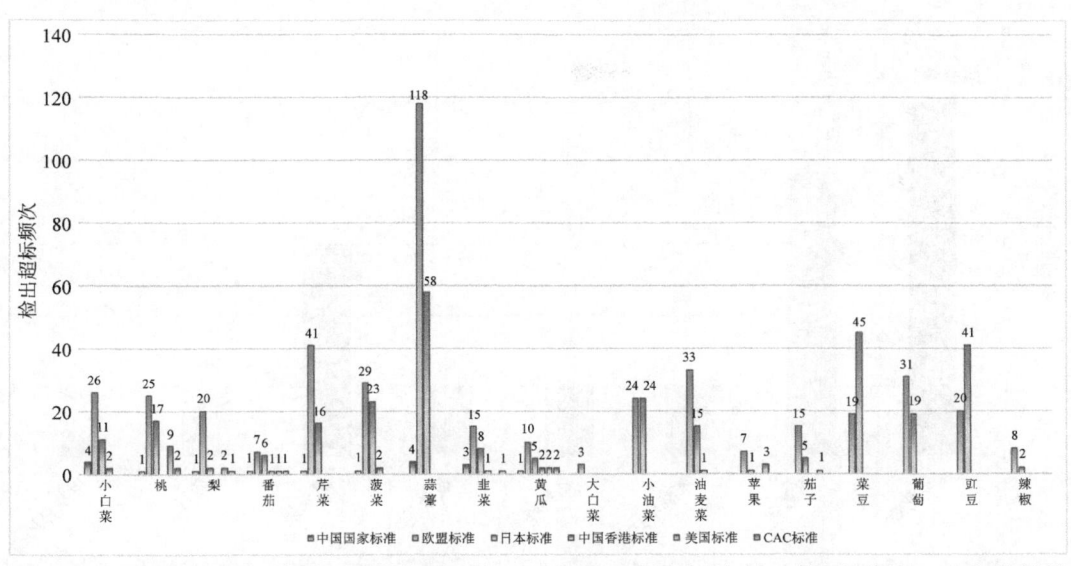

图 19-11 超过 MRL 中国国家标准、欧盟标准、日本标准、中国香港标准、美国标准和 CAC 标准结果在水果蔬菜中的分布

19.2.2 超标农药种类分析

按照 MRL 中国国家标准、欧盟标准、日本标准、中国香港标准、美国标准和 CAC 标准这 6 大国际主流 MRL 标准衡量，本次侦测检出的农药超标品种及频次情况见表 19-9。

表 19-9 各 MRL 标准下超标农药品种及频次

	MRL 中国国家标准	MRL 欧盟标准	MRL 日本标准	MRL 中国香港标准	MRL 美国标准	MRL CAC 标准
超标农药品种	8	56	55	3	5	4
超标农药频次	17	451	298	9	18	7

19.2.2.1 按 MRL 中国国家标准衡量

按 MRL 中国国家标准衡量，共有 8 种农药超标，检出 17 频次，分别为高毒农药敌敌畏、甲基异柳磷和氧乐果，中毒农药硫丹、毒死蜱和苯醚甲环唑，微毒农药乙螨唑和腐霉利。

按超标程度比较，小白菜中氧乐果超标 63.1 倍，菠菜中毒死蜱超标 9.4 倍，小白菜中毒死蜱超标 8.7 倍，韭菜中毒死蜱超标 7.0 倍，蒜薹中腐霉利超标 0.7 倍。检测结果见图 19-12。

19.2.2.2 按 MRL 欧盟标准衡量

按 MRL 欧盟标准衡量，共有 56 种农药超标，检出 451 频次，分别为高毒农药敌敌畏、甲基异柳磷、克百威、氧乐果和醚菌酯，中毒农药戊唑醇、氟虫腈、三苯锡、甲氰菊酯、菌核净、咪鲜胺、噁霜灵、甲霜灵、稻瘟灵、氟啶虫酰胺、二嗪磷、抑霉唑、虫

图 19-12 超过 MRL 中国国家标准农药品种及频次

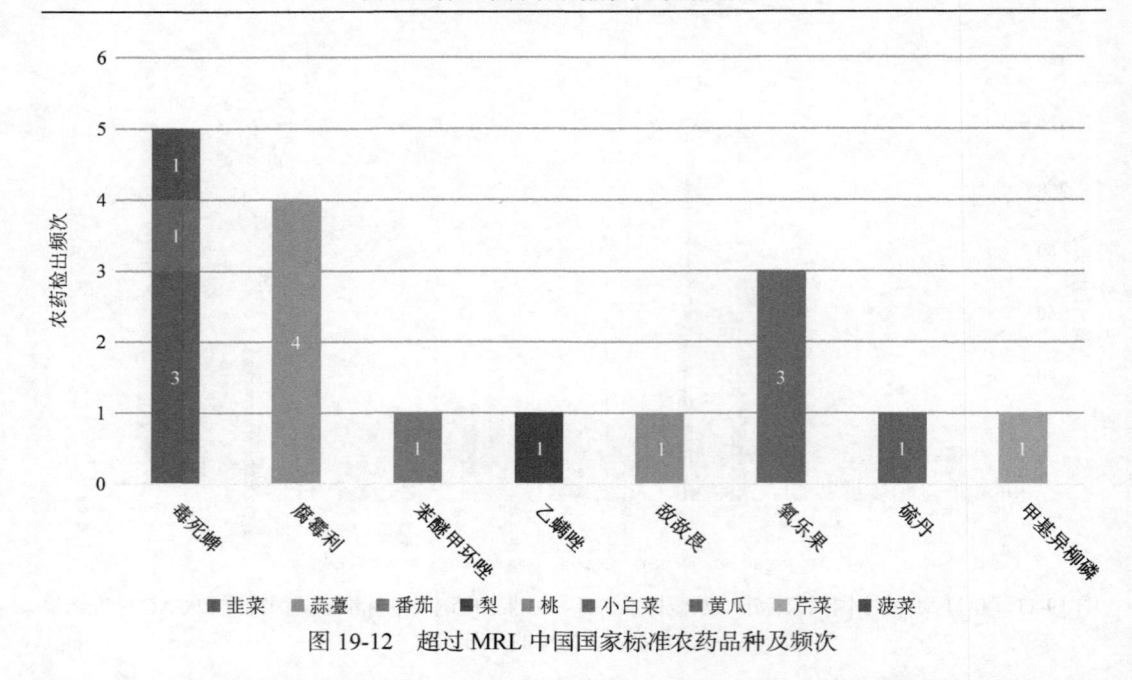

螨腈、烯唑醇、三唑酮、丙环唑、氟硅唑、氰戊菊酯、氯氰菊酯、氯氟氰菊酯、硫丹、异丙威、唑虫酰胺、吡唑醚菌酯、联苯菊酯、仲丁威、三唑醇、哒螨灵、丙溴磷和毒死蜱，低毒农药四氢吩胺、己唑醇、8-羟基喹啉、扑草净、五氯苯甲腈、敌草腈、萘乙酸、溴氰虫酰胺、烯酰吗啉、螺螨酯、灭幼脲、异菌脲、噻嗪酮、嘧霉胺和炔螨特，微毒农药氟环唑、腐霉利、乙螨唑、五氯硝基苯、乙烯菌核利和噻呋酰胺。

按超标程度比较，菠菜中 8-羟基喹啉超标 428.6 倍，蒜薹中腐霉利超标 257.7 倍，油麦菜中虫螨腈超标 236.5 倍，蒜薹中异菌脲超标 231.4 倍，油麦菜中异菌脲超标 226.5 倍。检测结果见图 19-13。

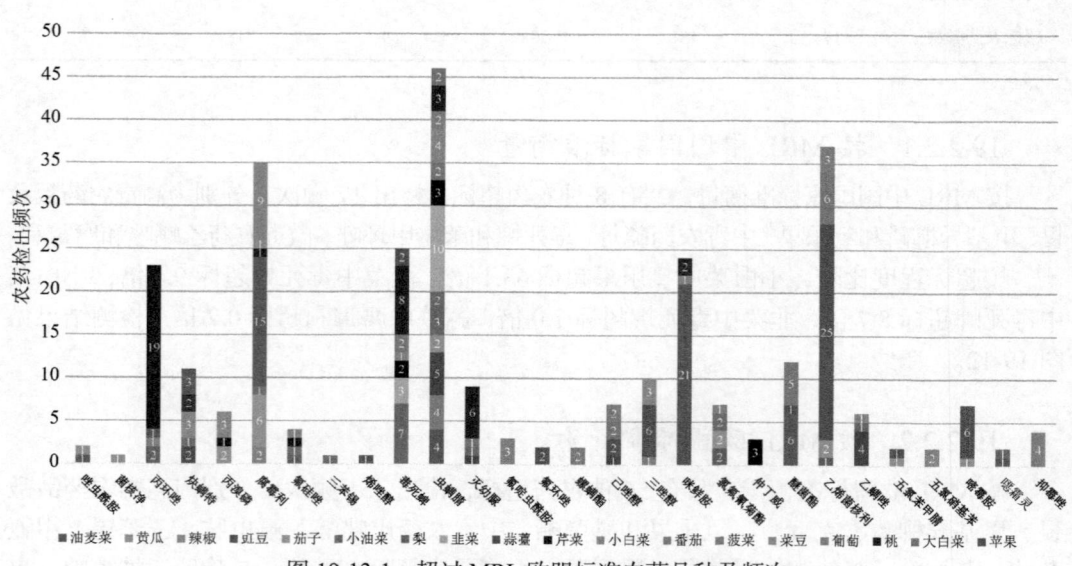

图 19-13-1 超过 MRL 欧盟标准农药品种及频次

图 19-13-2　超过 MRL 欧盟标准农药品种及频次

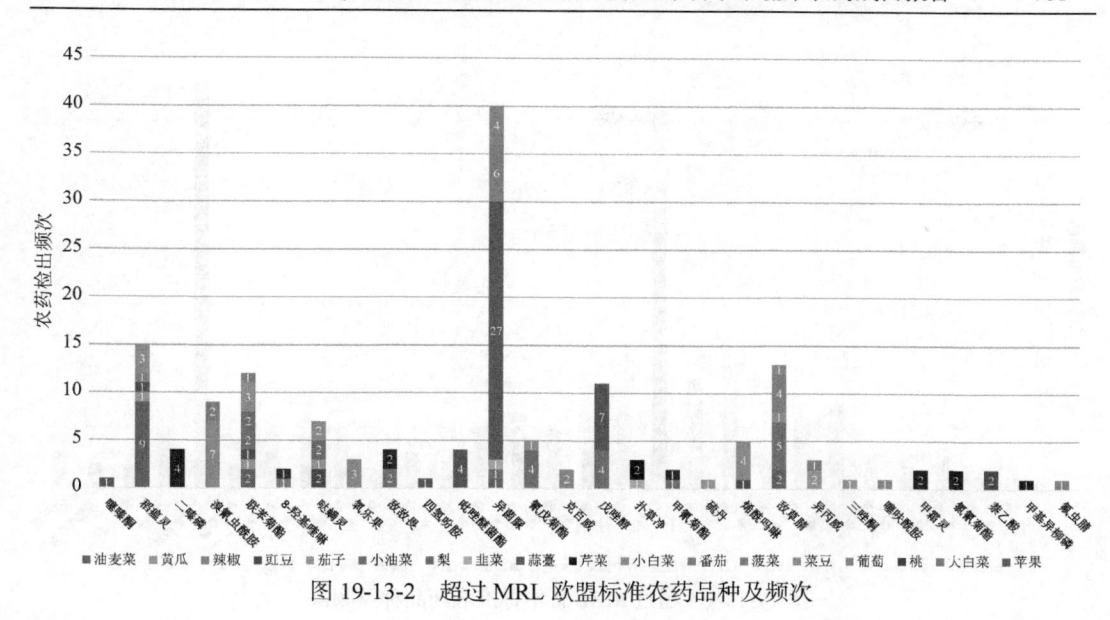

19.2.2.3　按 MRL 日本标准衡量

按 MRL 日本标准衡量，共有 55 种农药超标，检出 298 频次，分别为高毒农药敌敌畏、甲基异柳磷、氧乐果和醚菌酯，中毒农药戊唑醇、氟虫腈、菌核净、咪鲜胺、稻瘟灵、二嗪磷、抑霉唑、虫螨腈、仲丁灵、烯唑醇、二甲戊灵、茚虫威、丙环唑、氟硅唑、氯氟氰菊酯、腈菌唑、吡唑醚菌酯、异丙威、仲丁威、联苯菊酯、三唑醇、哒螨灵、丙溴磷、苯醚甲环唑和毒死蜱，低毒农药四氢吩胺、8-羟基喹啉、己唑醇、乙氧喹啉、氟吡菌酰胺、五氯苯甲腈、扑草净、敌草腈、萘乙酸、溴氰虫酰胺、螺螨酯、异丙甲草胺、烯酰吗啉、灭幼脲、莠去津、嘧霉胺和炔螨特，微毒农药氟环唑、腐霉利、乙螨唑、五氯硝基苯、肟菌酯、乙烯菌核利、噻呋酰胺、苯酰菌胺和啶酰菌胺。

按超标程度比较，蒜薹中腐霉利超标 516.5 倍，菠菜中 8-羟基喹啉超标 428.6 倍，豇豆中虫螨腈超标 108.7 倍，小油菜中哒螨灵超标 101.2 倍，桃中灭幼脲超标 57.0 倍。检测结果见图 19-14。

19.2.2.4　按 MRL 中国香港标准衡量

按 MRL 中国香港标准衡量，共有 3 种农药超标，检出 9 频次，分别为中毒农药氯氟氰菊酯、苯醚甲环唑和毒死蜱。

按超标程度比较，黄瓜中氯氟氰菊酯超标 1.4 倍，菠菜中毒死蜱超标 1.1 倍，小白菜中毒死蜱超标 0.9 倍，番茄中苯醚甲环唑超标 0.3 倍，小白菜中氯氟氰菊酯超标 0.2 倍。检测结果见图 19-15。

19.2.2.5　按 MRL 美国标准衡量

按 MRL 美国标准衡量，共有 5 种农药超标，检出 18 频次，分别为中毒农药戊唑醇、氯氟氰菊酯、联苯菊酯、毒死蜱和苯醚甲环唑。

图 19-14-1　超过 MRL 日本标准农药品种及频次

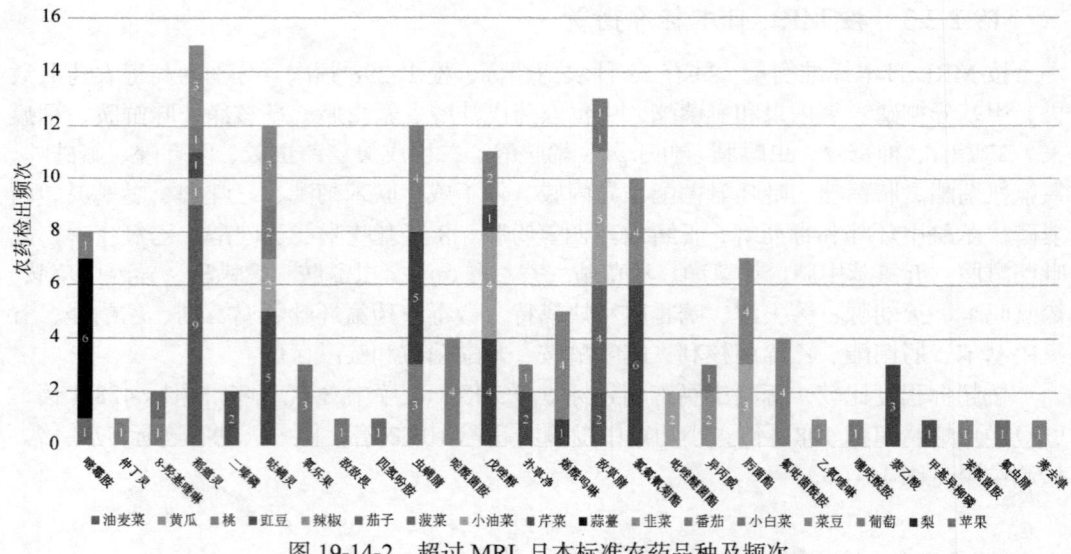

图 19-14-2　超过 MRL 日本标准农药品种及频次

按超标程度比较，桃中毒死蜱超标 11.0 倍，茄子中联苯菊酯超标 2.7 倍，梨中毒死蜱超标 2.5 倍，苹果中毒死蜱超标 1.9 倍，苹果中戊唑醇超标 1.6 倍。检测结果见图 19-16。

19.2.2.6　按 MRL CAC 标准衡量

按 MRL CAC 标准衡量，共有 4 种农药超标，检出 7 频次，分别为中毒农药氯氟氰菊酯、苯醚甲环唑和毒死蜱，微毒农药乙螨唑。

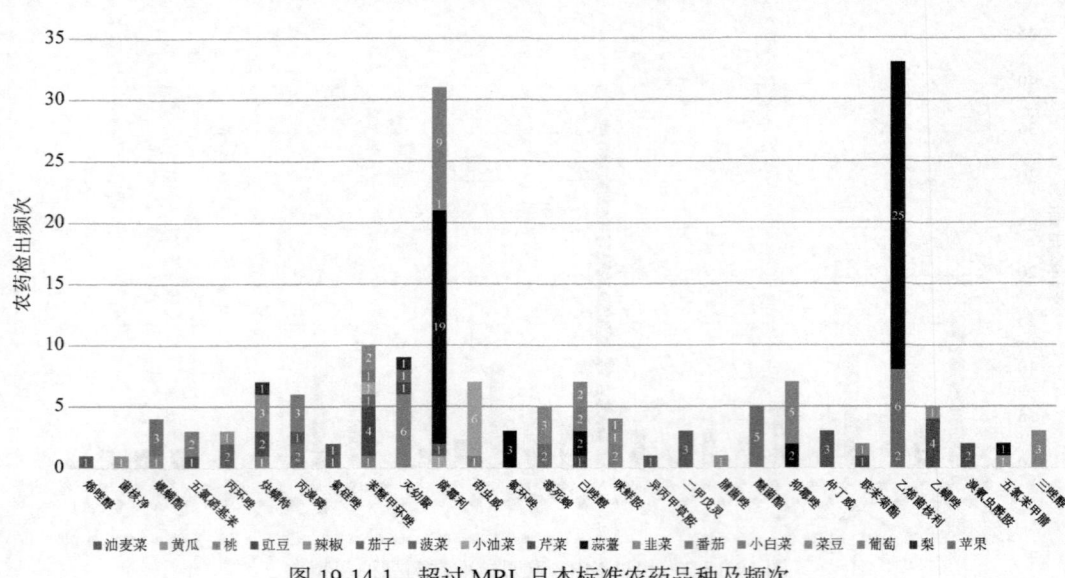

按超标程度比较，黄瓜中氯氟氰菊酯超标 1.4 倍，番茄中苯醚甲环唑超标 0.3 倍，桃中毒死蜱超标 0.2 倍，梨中乙螨唑超标 0.2 倍，韭菜中氯氟氰菊酯超标 0.1 倍。检测结果见图 19-17。

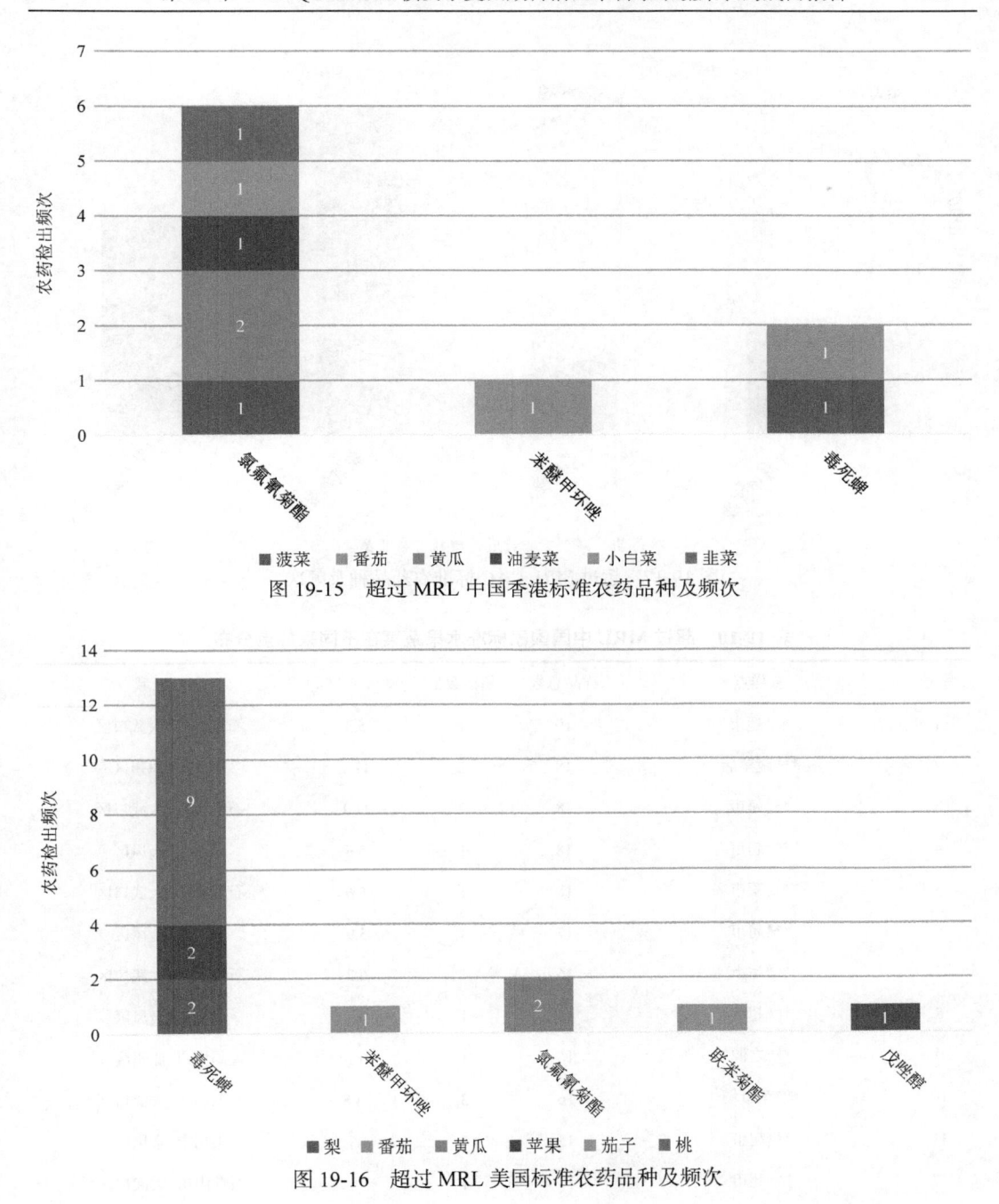

图 19-15　超过 MRL 中国香港标准农药品种及频次

图 19-16　超过 MRL 美国标准农药品种及频次

19.2.3　40 个采样点超标情况分析

19.2.3.1　按 MRL 中国国家标准衡量

按 MRL 中国国家标准衡量，有 13 个采样点的样品存在不同程度的超标农药检出，如表 19-10 所示。

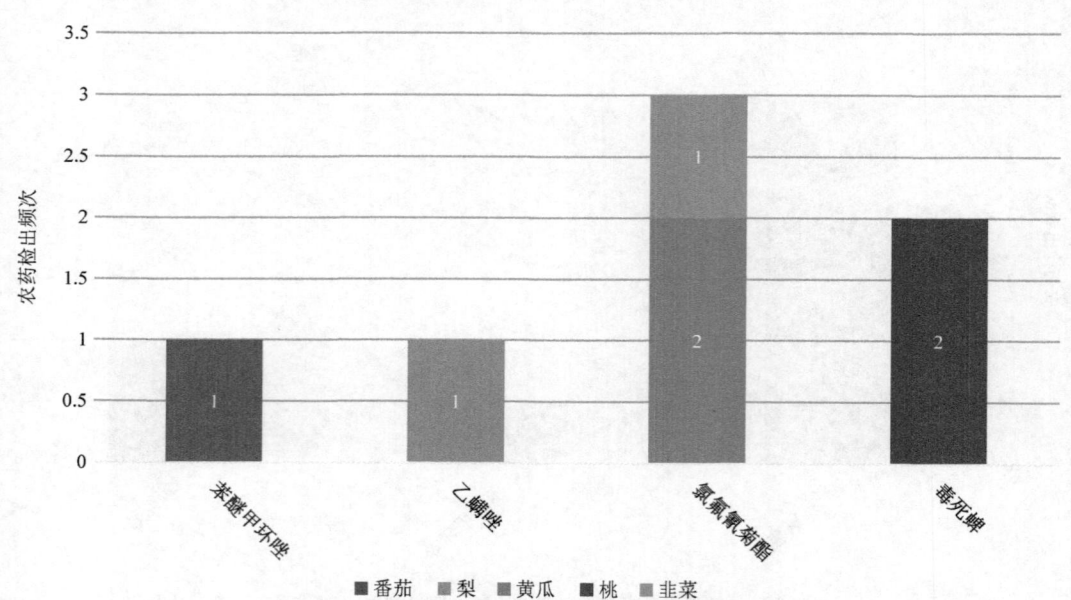

图 19-17　超过 MRL CAC 标准农药品种及频次

图例：■ 番茄　■ 梨　■ 黄瓜　■ 桃　■ 韭菜

表 19-10　超过 MRL 中国国家标准水果蔬菜在不同采样点分布

序号	采样点	样品总数	超标数量	超标率（%）	行政区域
1	***超市	19	1	5.3	石嘴山市　大武口区
2	***蔬菜店	18	2	11.1	固原市　原州区
3	***超市	18	2	11.1	石嘴山市　大武口区
4	***超市	18	1	5.6	银川市　金凤区
5	***蔬菜市场	18	1	5.6	石嘴山市　大武口区
6	***超市	17	1	5.9	银川市　金凤区
7	***超市	16	1	6.2	石嘴山市　大武口区
8	***超市	16	1	6.2	银川市　金凤区
9	***之源	16	1	6.2	固原市　原州区
10	***菜市场	16	3	18.8	石嘴山市　大武口区
11	***超市	15	1	6.7	银川市　金凤区
12	***超市	14	1	7.1	石嘴山市　大武口区
13	***超市	12	1	8.3	银川市　金凤区

19.2.3.2　按 MRL 欧盟标准衡量

按 MRL 欧盟标准衡量，所有采样点的样品均存在不同程度的超标农药检出，如表 19-11 所示。

表 19-11 超过 MRL 欧盟标准水果蔬菜在不同采样点分布

序号	采样点	样品总数	超标数量	超标率（%）	行政区域
1	***蔬菜批发销售点	19	10	52.6	固原市 原州区
2	***超市	19	9	47.4	石嘴山市 大武口区
3	***超市	19	5	26.3	银川市 金凤区
4	***超市	19	4	21.1	银川市 金凤区
5	***超市	19	8	42.1	石嘴山市 大武口区
6	***超市	19	13	68.4	固原市 原州区
7	***蔬菜店	18	7	38.9	固原市 原州区
8	***超市	18	11	61.1	石嘴山市 大武口区
9	***超市	18	5	27.8	银川市 金凤区
10	***超市	18	6	33.3	银川市 金凤区
11	***超市	18	5	27.8	石嘴山市 大武口区
12	***蔬菜市场	18	8	44.4	石嘴山市 大武口区
13	***超市	18	13	72.2	固原市 原州区
14	***超市	17	7	41.2	银川市 金凤区
15	***超市	17	7	41.2	银川市 金凤区
16	***便利店	17	7	41.2	固原市 原州区
17	***超市	16	3	18.8	石嘴山市 大武口区
18	***超市	16	6	37.5	石嘴山市 大武口区
19	***蔬菜水果直销店	16	3	18.8	固原市 原州区
20	***蔬菜批发销售点	16	6	37.5	固原市 原州区
21	***超市	16	6	37.5	银川市 金凤区
22	***之源	16	9	56.2	固原市 原州区
23	***菜市场	16	10	62.5	石嘴山市 大武口区
24	***超市	15	6	40.0	银川市 金凤区
25	***农贸市场	15	5	33.3	银川市 金凤区
26	***超市	15	8	53.3	固原市 原州区
27	***超市	15	8	53.3	石嘴山市 大武口区
28	***超市	14	6	42.9	石嘴山市 大武口区
29	***超市	13	9	69.2	固原市 原州区
30	***超市	12	5	41.7	银川市 金凤区
31	***市场	12	7	58.3	石嘴山市 大武口区
32	***蔬菜水果批零店	10	3	30.0	固原市 原州区
33	***时光	10	7	70.0	固原市 原州区
34	***超市	9	4	44.4	石嘴山市 大武口区

续表

序号	采样点	样品总数	超标数量	超标率（%）	行政区域
35	***	8	2	25.0	银川市 金凤区
36	***南桥市场	7	2	28.6	银川市 金凤区
37	***蔬菜直销店	4	2	50.0	银川市 金凤区
38	***水果蔬菜便利店	3	1	33.3	银川市 金凤区
39	***蔬菜水果店	3	1	33.3	固原市 原州区
40	***粮油店	2	1	50.0	银川市 金凤区

19.2.3.3 按 MRL 日本标准衡量

按 MRL 日本标准衡量，所有采样点的样品均存在不同程度的超标农药检出，如表 19-12 所示。

表 19-12 超过 MRL 日本标准水果蔬菜在不同采样点分布

序号	采样点	样品总数	超标数量	超标率（%）	行政区域
1	***蔬菜批发销售点	19	7	36.8	固原市 原州区
2	***超市	19	7	36.8	石嘴山市 大武口区
3	***超市	19	4	21.1	银川市 金凤区
4	***超市	19	4	21.1	银川市 金凤区
5	***超市	19	6	31.6	石嘴山市 大武口区
6	***超市	19	8	42.1	固原市 原州区
7	***蔬菜店	18	5	27.8	固原市 原州区
8	***超市	18	7	38.9	石嘴山市 大武口区
9	***超市	18	4	22.2	银川市 金凤区
10	***超市	18	5	27.8	银川市 金凤区
11	***超市	18	5	27.8	石嘴山市 大武口区
12	***蔬菜市场	18	7	38.9	石嘴山市 大武口区
13	***超市	18	7	38.9	固原市 原州区
14	***超市	17	5	29.4	银川市 金凤区
15	***超市	17	3	17.6	银川市 金凤区
16	***便利店	17	4	23.5	固原市 原州区
17	***超市	16	2	12.5	石嘴山市 大武口区
18	***超市	16	5	31.2	石嘴山市 大武口区
19	***蔬菜水果直销店	16	3	18.8	固原市 原州区
20	***蔬菜批发销售点	16	4	25.0	固原市 原州区
21	***超市	16	5	31.2	银川市 金凤区

续表

序号	采样点	样品总数	超标数量	超标率（%）	行政区域
22	***之源	16	6	37.5	固原市 原州区
23	***菜市场	16	7	43.8	石嘴山市 大武口区
24	***超市	15	6	40.0	银川市 金凤区
25	****农贸市场	15	3	20.0	银川市 金凤区
26	***超市	15	5	33.3	固原市 原州区
27	***超市	15	6	40.0	石嘴山市 大武口区
28	***超市	14	4	28.6	石嘴山市 大武口区
29	***超市	13	3	23.1	固原市 原州区
30	***超市	12	3	25.0	银川市 金凤区
31	***市场	12	5	41.7	石嘴山市 大武口区
32	***蔬菜水果批零店	10	3	30.0	固原市 原州区
33	***时光	10	3	30.0	固原市 原州区
34	***超市	9	4	44.4	石嘴山市 大武口区
35	***	8	1	12.5	银川市 金凤区
36	***南桥市场	7	1	14.3	银川市 金凤区
37	***蔬菜直销店	4	2	50.0	银川市 金凤区
38	***水果蔬菜便利店	3	1	33.3	银川市 金凤区
39	***蔬菜水果店	3	1	33.3	固原市 原州区
40	***粮油店	2	1	50.0	银川市 金凤区

19.2.3.4　按 MRL 中国香港标准衡量

按 MRL 中国香港标准衡量，有 8 个采样点的样品存在不同程度的超标农药检出，如表 19-13 所示。

表 19-13　超过 MRL 中国香港标准水果蔬菜在不同采样点分布

序号	采样点	样品总数	超标数量	超标率（%）	行政区域
1	***超市	19	1	5.3	固原市 原州区
2	***超市	17	1	5.9	银川市 金凤区
3	***超市	16	1	6.2	银川市 金凤区
4	***菜市场	16	1	6.2	石嘴山市 大武口区
5	***超市	15	1	6.7	银川市 金凤区
6	***超市	15	1	6.7	固原市 原州区
7	***超市	13	2	15.4	固原市 原州区
8	***超市	12	1	8.3	银川市 金凤区

19.2.3.5 按 MRL 美国标准衡量

按 MRL 美国标准衡量，有 16 个采样点的样品存在不同程度的超标农药检出，如表 19-14 所示。

表 19-14 超过 MRL 美国标准水果蔬菜在不同采样点分布

序号	采样点	样品总数	超标数量	超标率（%）	行政区域
1	***超市	19	1	5.3	石嘴山市 大武口区
2	***超市	19	1	5.3	固原市 原州区
3	***超市	18	1	5.6	石嘴山市 大武口区
4	***超市	18	1	5.6	银川市 金凤区
5	***蔬菜市场	18	1	5.6	石嘴山市 大武口区
6	***超市	18	1	5.6	固原市 原州区
7	***超市	17	1	5.9	银川市 金凤区
8	***超市	16	1	6.2	石嘴山市 大武口区
9	***超市	16	1	6.2	石嘴山市 大武口区
10	***蔬菜水果直销店	16	1	6.2	固原市 原州区
11	***之源	16	2	12.5	固原市 原州区
12	***超市	15	1	6.7	固原市 原州区
13	***超市	13	1	7.7	固原市 原州区
14	***超市	12	1	8.3	银川市 金凤区
15	***时光	10	1	10.0	固原市 原州区
16	***蔬菜直销店	4	1	25.0	银川市 金凤区

19.2.3.6 按 MRL CAC 标准衡量

按 MRL CAC 标准衡量，有 7 个采样点的样品存在不同程度的超标农药检出，如表 19-15 所示。

表 19-15 超过 MRL CAC 标准水果蔬菜在不同采样点分布

序号	采样点	样品总数	超标数量	超标率（%）	行政区域
1	***超市	19	1	5.3	石嘴山市 大武口区
2	***超市	17	1	5.9	银川市 金凤区
3	***超市	16	1	6.2	银川市 金凤区
4	***之源	16	1	6.2	固原市 原州区
5	***超市	15	1	6.7	固原市 原州区
6	***超市	13	1	7.7	固原市 原州区
7	***蔬菜直销店	4	1	25.0	银川市 金凤区

19.3 水果中农药残留分布

19.3.1 检出农药品种和频次排前 4 的水果

本次残留侦测的水果共 4 种,包括葡萄、苹果、桃和梨。

根据检出农药品种及频次进行排名,将各项排名前 4 位的水果样品检出情况列表说明,详见表 19-16。

表 19-16 检出农药品种和频次排名前 4 的水果

检出农药品种排名前 4(品种)	①葡萄(35),②桃(29),③苹果(23),④梨(22)
检出农药频次排名前 4(频次)	①葡萄(205),②桃(156),③梨(95),④苹果(87)
检出禁用、高毒及剧毒农药品种排名前 4(品种)	①葡萄(3),②桃(3),③梨(2),④苹果(2)
检出禁用、高毒及剧毒农药频次排名前 4(频次)	①桃(31),②梨(21),③苹果(13),④葡萄(6)

19.3.2 超标农药品种和频次排前 4 的水果

鉴于 MRL 欧盟标准和日本标准制定比较全面且覆盖率较高,我们参照 MRL 中国国家标准、欧盟标准和日本标准衡量水果样品中农残检出情况,将超标农药品种及频次排名前 4 的水果列表说明,详见表 19-17。

表 19-17 超标农药品种和频次排名前 4 的水果

超标农药品种排名前 4(农药品种数)	MRL 中国国家标准	①梨(1),②桃(1)
	MRL 欧盟标准	①葡萄(12),②梨(10),③桃(8),④苹果(4)
	MRL 日本标准	①桃(9),②葡萄(6),③梨(2),④苹果(1)
超标农药频次排名前 4(农药频次数)	MRL 中国国家标准	①梨(1),②桃(1)
	MRL 欧盟标准	①葡萄(31),②桃(25),③梨(20),④苹果(7)
	MRL 日本标准	①葡萄(19),②桃(17),③梨(2),④苹果(1)

通过对各品种水果样本总数及检出率进行综合分析发现,桃、葡萄和苹果的残留污染最为严重,在此,我们参照 MRL 中国国家标准、欧盟标准和日本标准对这 3 种水果的农残检出情况进行进一步分析。

19.3.3 农药残留检出率较高的水果样品分析

19.3.3.1 桃

这次共检测 30 例桃样品,全部检出了农药残留,检出率为 100.0%,检出农药共计

29种。其中毒死蜱、苯醚甲环唑、氯氟氰菊酯、灭幼脲和戊唑醇检出频次较高，分别检出了24、23、18、11和9次。桃中农药检出品种和频次见图19-18，超标农药见图19-19和表19-18。

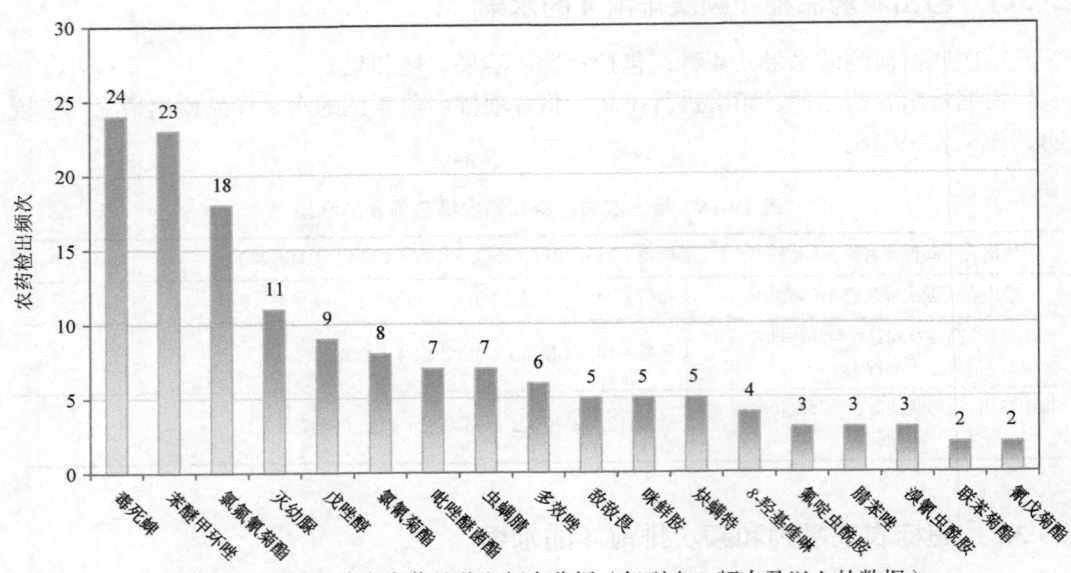

图19-18 桃样品检出农药品种和频次分析（仅列出2频次及以上的数据）

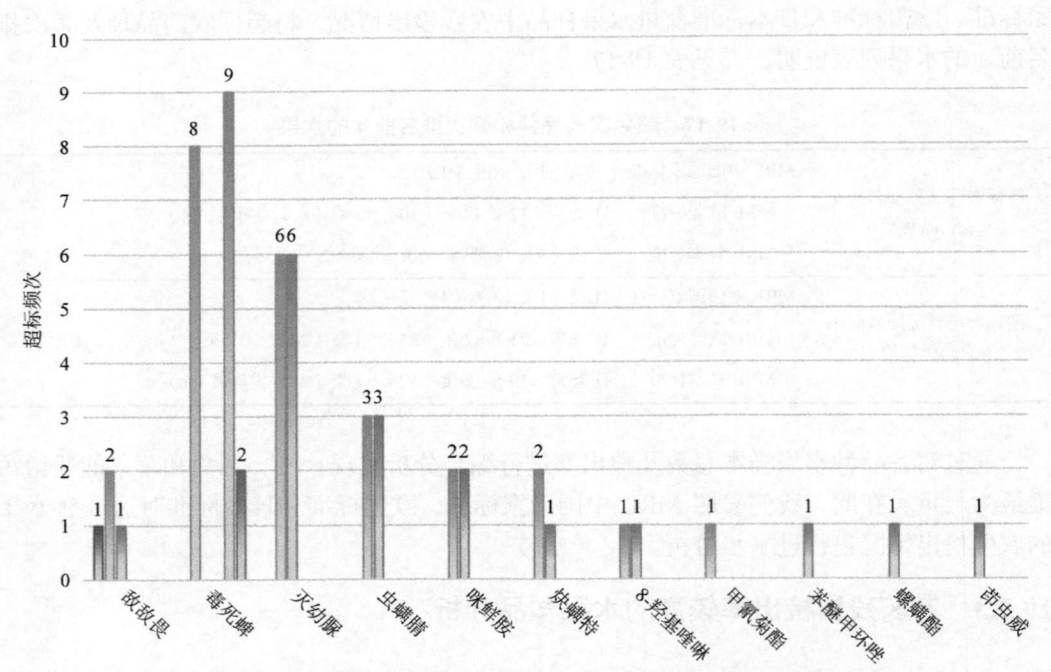

图19-19 桃样品中超标农药分析

表 19-18 桃中农药残留超标情况明细表

样品总数		检出农药样品数	样品检出率（%）	检出农药品种总数
30		30	100	29
	超标农药品种	超标农药频次	按照 MRL 中国国家标准、欧盟标准和日本标准衡量超标农药名称及频次	
MRL 中国国家标准	1	1	敌敌畏（1）	
MRL 欧盟标准	8	25	毒死蜱（8），灭幼脲（6），虫螨腈（3），敌敌畏（2），咪鲜胺（2），炔螨特（2），8-羟基喹啉（1），甲氰菊酯（1）	
MRL 日本标准	9	17	灭幼脲（6），虫螨腈（3），咪鲜胺（2），8-羟基喹啉（1），苯醚甲环唑（1），敌敌畏（1），螺螨酯（1），炔螨特（1），茚虫威（1）	

19.3.3.2 葡萄

这次共检测 30 例葡萄样品，28 例样品中检出了农药残留，检出率为 93.3%，检出农药共计 35 种。其中腐霉利、嘧霉胺、烯酰吗啉、甲霜灵和戊唑醇检出频次较高，分别检出了 20、15、15、11 和 11 次。葡萄中农药检出品种和频次见图 19-20，超标农药见图 19-21 和表 19-19。

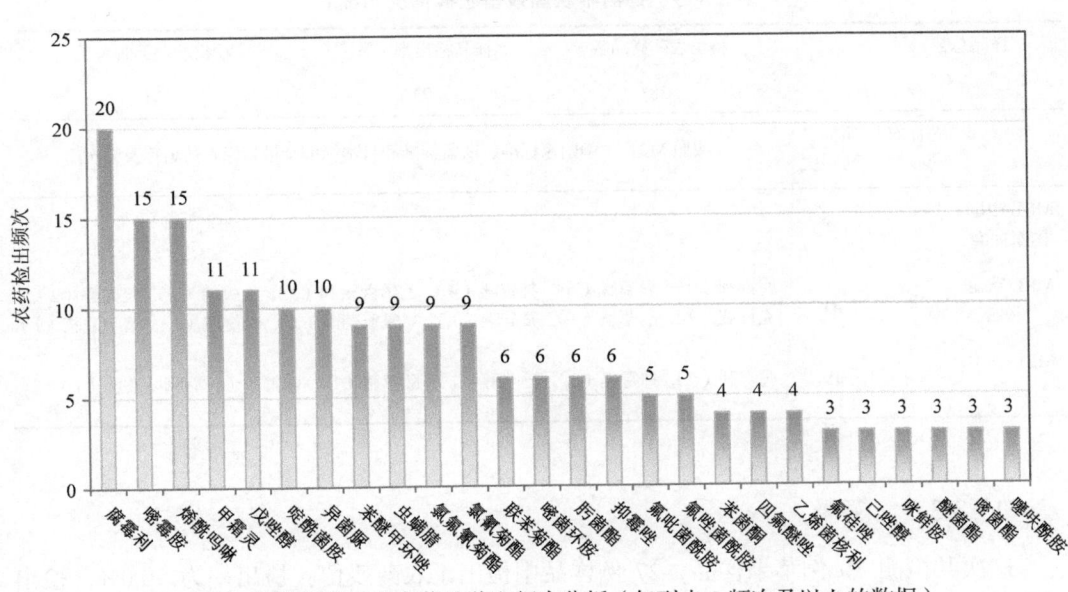

图 19-20 葡萄样品检出农药品种和频次分析（仅列出 3 频次及以上的数据）

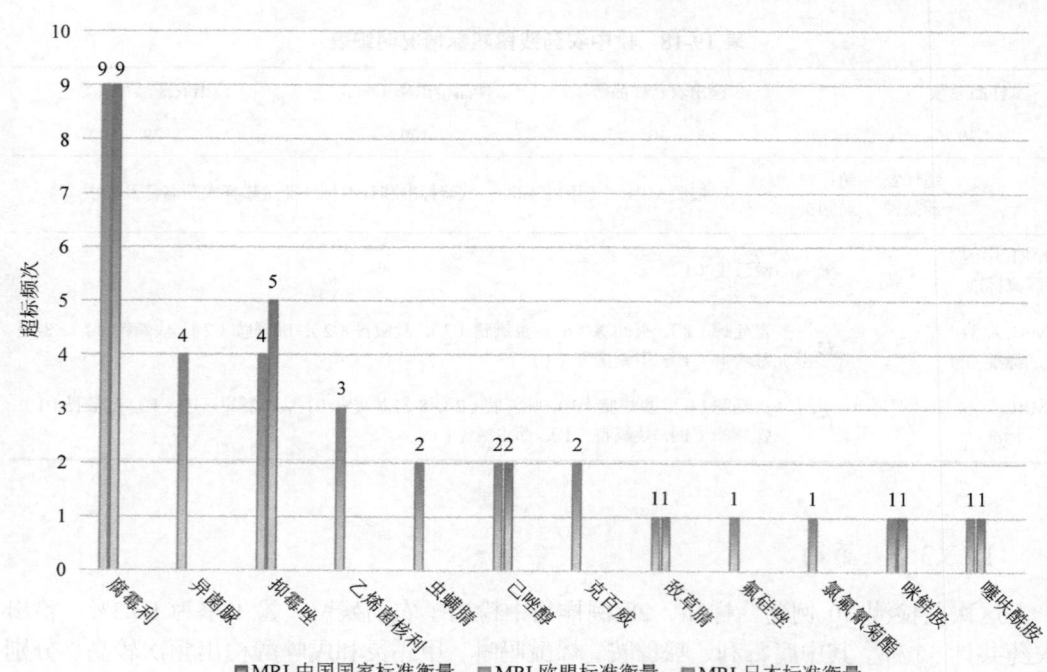

图 19-21　葡萄样品中超标农药分析

表 19-19　葡萄中农药残留超标情况明细表

样品总数	检出农药样品数	样品检出率（%）	检出农药品种总数
30	28	93.3	35

	超标农药品种	超标农药频次	按照 MRL 中国国家标准、欧盟标准和日本标准衡量超标农药名称及频次
MRL 中国国家标准	0	0	
MRL 欧盟标准	12	31	腐霉利（9），异菌脲（4），抑霉唑（4），乙烯菌核利（3），虫螨腈（2），己唑醇（2），克百威（2），敌草腈（1），氟硅唑（1），氯氟氰菊酯（1），咪鲜胺（1），噻呋酰胺（1）
MRL 日本标准	6	19	腐霉利（9），抑霉唑（5），己唑醇（2），敌草腈（1），咪鲜胺（1），噻呋酰胺（1）

19.3.3.3　苹果

这次共检测 30 例苹果样品，27 例样品中检出了农药残留，检出率为 90.0%，检出农药共计 23 种。其中氯氟氰菊酯、毒死蜱、戊唑醇、吡唑醚菌酯和咪鲜胺检出频次较高，分别检出了 20、12、11、6 和 4 次。苹果中农药检出品种和频次见图 19-22，超标农药见图 19-23 和表 19-20。

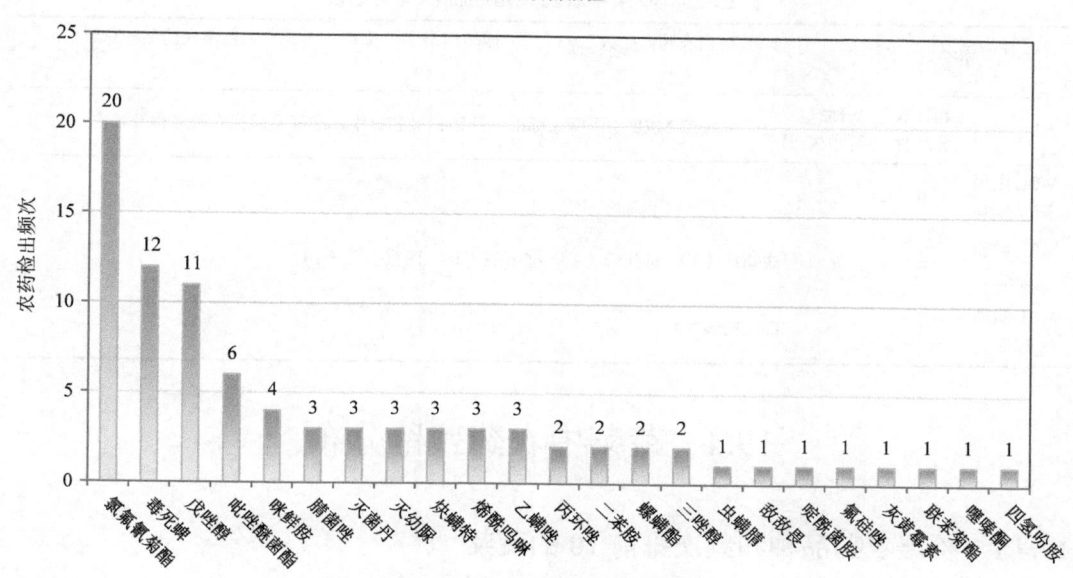

第 19 章　GC-Q-TOF/MS 侦测宁夏回族自治区市售水果蔬菜农药残留报告

图 19-22　苹果样品检出农药品种和频次分析

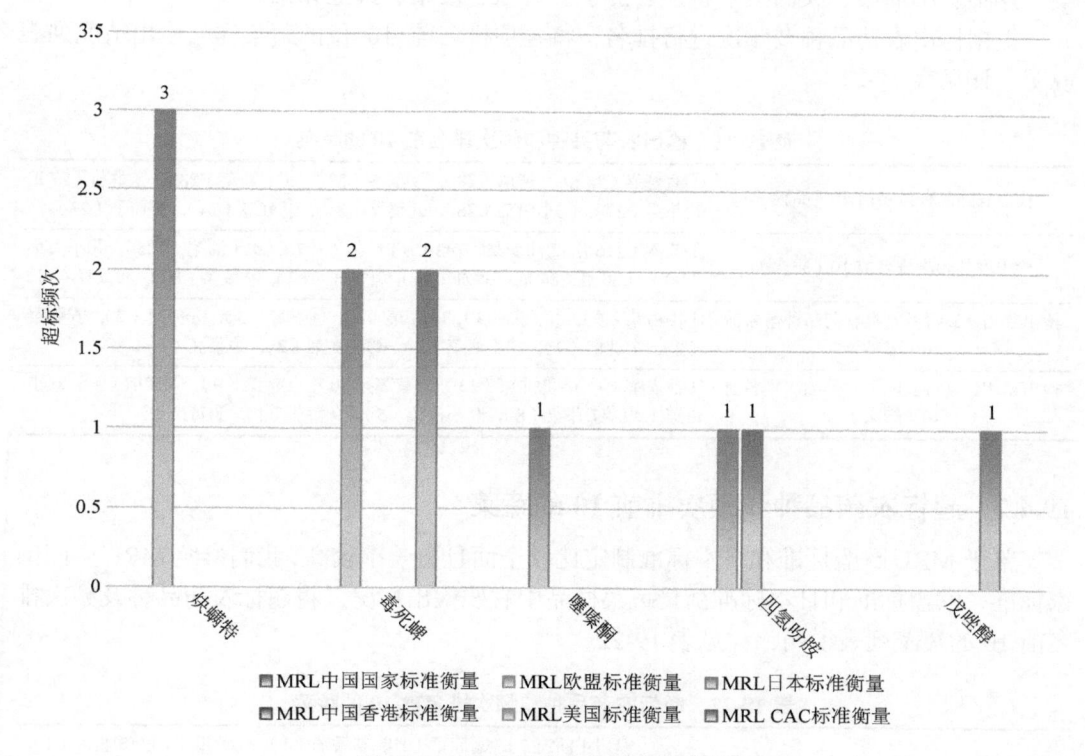

图 19-23　苹果样品中超标农药分析

表 19-20　苹果中农药残留超标情况明细表

样品总数		检出农药样品数	样品检出率（%）	检出农药品种总数
30		27	90	23

	超标农药品种	超标农药频次	按照 MRL 中国国家标准、欧盟标准和日本标准衡量超标农药名称及频次
MRL 中国国家标准	0	0	
MRL 欧盟标准	4	7	炔螨特（3），毒死蜱（2），噻嗪酮（1），四氢酞胺（1）
MRL 日本标准	1	1	四氢酞胺（1）

19.4　蔬菜中农药残留分布

19.4.1　检出农药品种和频次排前 10 的蔬菜

本次残留侦测的蔬菜共 15 种，包括结球甘蓝、辣椒、韭菜、蒜薹、小白菜、油麦菜、芹菜、小油菜、大白菜、番茄、茄子、黄瓜、菠菜、豇豆和菜豆。

根据检出农药品种及频次进行排名，将各项排名前 10 位的蔬菜样品检出情况列表说明，详见表 19-21。

表 19-21　检出农药品种和频次排名前 10 的蔬菜

检出农药品种排名前 10（品种）	①油麦菜（35），②黄瓜（28），③蒜薹（28），④小油菜（28），⑤番茄（27），⑥芹菜（27），⑦小白菜（26），⑧菜豆（24），⑨豇豆（24），⑩茄子（23）
检出农药频次排名前 10（频次）	①蒜薹（216），②油麦菜（142），③芹菜（127），④小油菜（125），⑤小白菜（90），⑥豇豆（86），⑦番茄（85），⑧茄子（82），⑨菠菜（80），⑩菜豆（78）
检出禁用、高毒及剧毒农药品种排名前 10（品种）	①小白菜（5），②番茄（3），③芹菜（3），④蒜薹（3），⑤菠菜（2），⑥韭菜（2），⑦辣椒（2），⑧小油菜（2），⑨油麦菜（2），⑩菜豆（1）
检出禁用、高毒及剧毒农药频次排名前 10（频次）	①油麦菜（16），②韭菜（13），③蒜薹（10），④菠菜（9），⑤辣椒（9），⑥小白菜（9），⑦芹菜（8），⑧小油菜（5），⑨番茄（4），⑩黄瓜（3）

19.4.2　超标农药品种和频次排前 10 的蔬菜

鉴于 MRL 欧盟标准和日本标准制定比较全面且覆盖率较高，我们参照 MRL 中国国家标准、欧盟标准和日本标准衡量蔬菜样品中农残检出情况，将超标农药品种及频次排名前 10 的蔬菜列表说明，详见表 19-22。

表 19-22　超标农药品种和频次排名前 10 的蔬菜

超标农药品种排名前 10（农药品种数）	MRL 中国国家标准	①小白菜（2），②菠菜（1），③番茄（1），④黄瓜（1），⑤韭菜（1），⑥芹菜（1），⑦蒜薹（1）
	MRL 欧盟标准	①蒜薹（13），②油麦菜（13），③芹菜（12），④豇豆（10），⑤小白菜（10），⑥小油菜（10），⑦菠菜（9），⑧黄瓜（8），⑨菜豆（7），⑩茄子（7）

续表

超标农药品种排名前 10（农药品种数）	MRL 日本标准	①菜豆（17），②豇豆（15），③芹菜（10），④菠菜（8），⑤小油菜（8），⑥蒜薹（7），⑦韭菜（6），⑧番茄（5），⑨小白菜（5），⑩油麦菜（5）
超标农药频次排名前 10（农药频次数）	MRL 中国国家标准	①蒜薹（4），②小白菜（4），③韭菜（3），④菠菜（1），⑤番茄（1），⑥黄瓜（1），⑦芹菜（1）
	MRL 欧盟标准	①蒜薹（118），②芹菜（41），③油麦菜（33），④菠菜（29），⑤小白菜（26），⑥小油菜（24），⑦豇豆（20），⑧菜豆（19），⑨韭菜（15），⑩茄子（15）
	MRL 日本标准	①蒜薹（58），②菜豆（45），③豇豆（41），④小油菜（24），⑤菠菜（23），⑥芹菜（16），⑦油麦菜（15），⑧小白菜（11），⑨韭菜（8），⑩番茄（6）

通过对各品种蔬菜样本总数及检出率进行综合分析发现，油麦菜、蒜薹和小油菜的残留污染最为严重，在此，我们参照 MRL 中国国家标准、欧盟标准和日本标准对这 3 种蔬菜的农残检出情况进行进一步分析。

19.4.3 农药残留检出率较高的蔬菜样品分析

19.4.3.1 油麦菜

这次共检测 30 例油麦菜样品，全部检出了农药残留，检出率为 100.0%，检出农药共计 35 种。其中烯酰吗啉、稻瘟灵、苯醚甲环唑、醚菌酯和 1,4-二甲基萘检出频次较高，分别检出了 25、12、11、10 和 9 次。油麦菜中农药检出品种和频次见图 19-24，超标农药见图 19-25 和表 19-23。

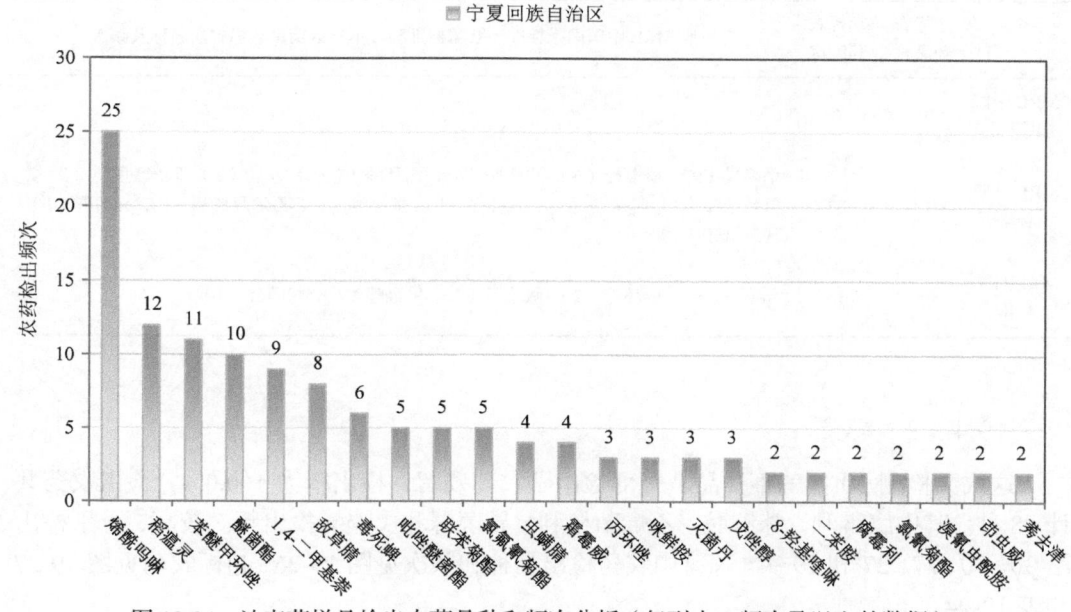

图 19-24　油麦菜样品检出农药品种和频次分析（仅列出 2 频次及以上的数据）

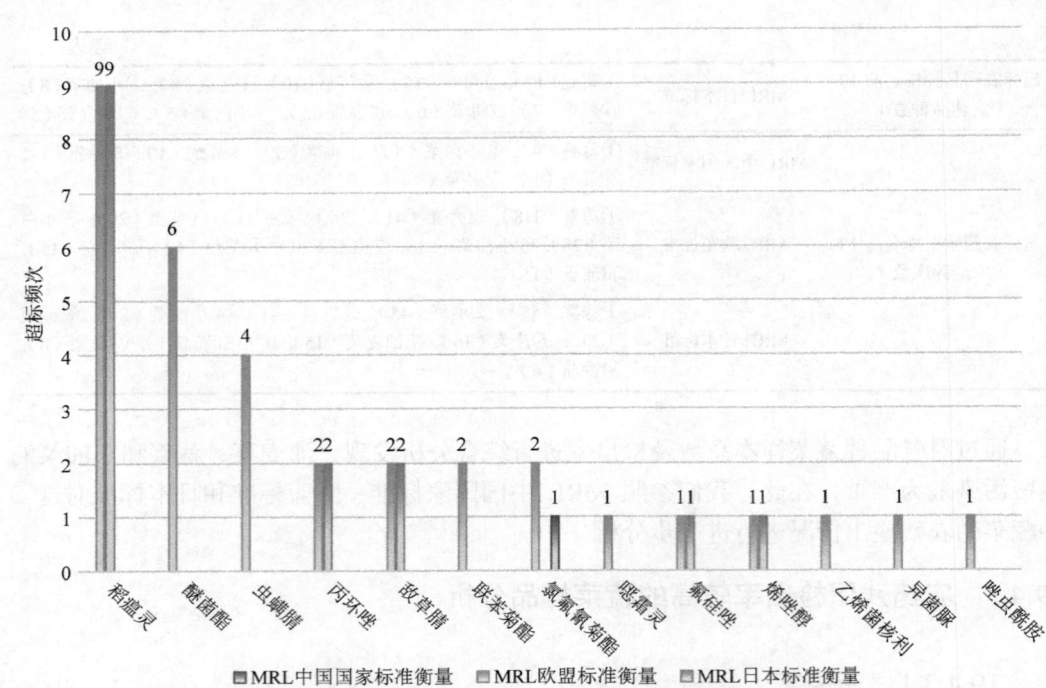

图 19-25 油麦菜样品中超标农药分析

表 19-23 油麦菜中农药残留超标情况明细表

样品总数	检出农药样品数	样品检出率（%）	检出农药品种总数
30	30	100	35

	超标农药品种	超标农药频次	按照 MRL 中国国家标准、欧盟标准和日本标准衡量超标农药名称及频次
MRL 中国国家标准	0	0	
MRL 欧盟标准	13	33	稻瘟灵（9），醚菌酯（6），虫螨腈（4），丙环唑（2），敌草腈（2），联苯菊酯（2），氯氟氰菊酯（2），噁霜灵（1），氟硅唑（1），烯唑醇（1），乙烯菌核利（1），异菌脲（1），唑虫酰胺（1）
MRL 日本标准	5	15	稻瘟灵（9），丙环唑（2），敌草腈（2），氟硅唑（1），烯唑醇（1）

19.4.3.2 蒜薹

这次共检测 30 例蒜薹样品，全部检出了农药残留，检出率为 100.0%，检出农药共计 28 种。其中腐霉利、咪鲜胺、乙烯菌核利、异菌脲和戊唑醇检出频次较高，分别检出了 30、30、27、27 和 19 次。蒜薹中农药检出品种和频次见图 19-26，超标农药见图 19-27 和表 19-24。

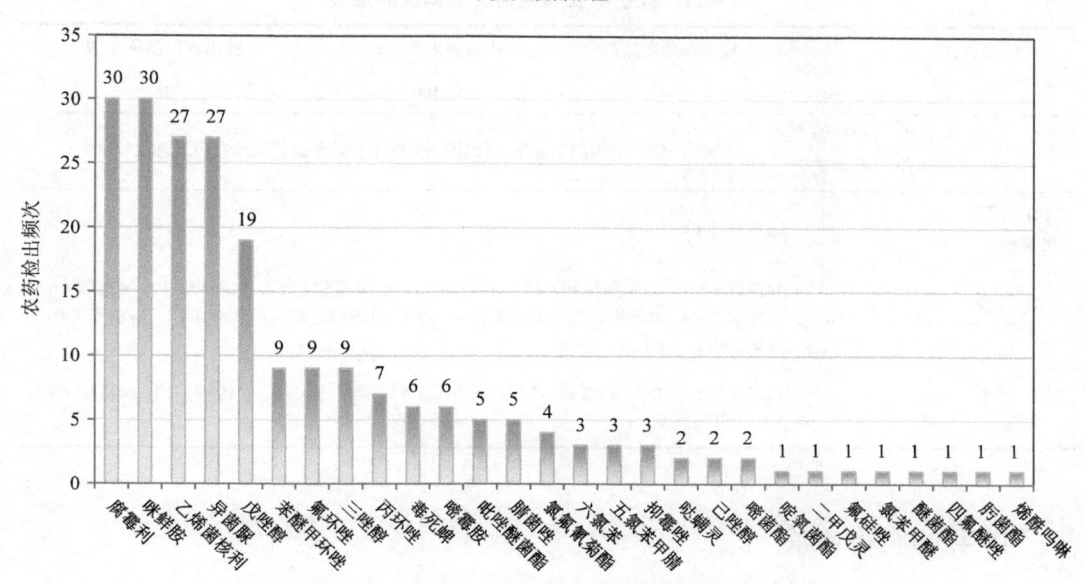

图 19-26 蒜薹样品检出农药品种和频次分析

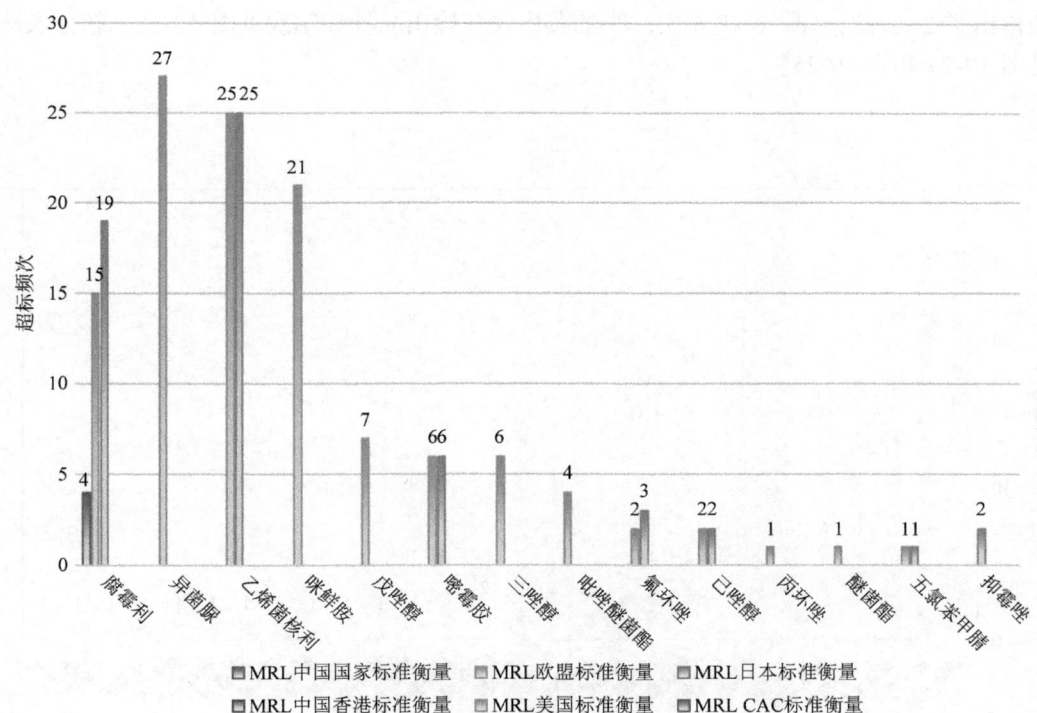

图 19-27 蒜薹样品中超标农药分析

表 19-24　蒜薹中农药残留超标情况明细表

样品总数		检出农药样品数	样品检出率（%）	检出农药品种总数
30		30	100	28
	超标农药品种	超标农药频次	按照 MRL 中国国家标准、欧盟标准和日本标准衡量超标农药名称及频次	
MRL 中国国家标准	1	4	腐霉利（4）	
MRL 欧盟标准	13	118	异菌脲（27），乙烯菌核利（25），咪鲜胺（21），腐霉利（15），戊唑醇（7），嘧霉胺（6），三唑醇（6），吡唑醚菌酯（4），氟环唑（2），己唑醇（2），丙环唑（1），醚菌酯（1），五氯苯甲腈（1）	
MRL 日本标准	7	58	乙烯菌核利（25），腐霉利（19），嘧霉胺（6），氟环唑（3），己唑醇（2），抑霉唑（2），五氯苯甲腈（1）	

19.4.3.3　小油菜

这次共检测 30 例小油菜样品，全部检出了农药残留，检出率为 100.0%，检出农药共计 28 种。其中烯酰吗啉、灭菌丹、氯氟氰菊酯、敌草腈和氯氰菊酯检出频次较高，分别检出了 26、22、18、6 和 6 次。小油菜中农药检出品种和频次见图 19-28，超标农药见图 19-29 和表 19-25。

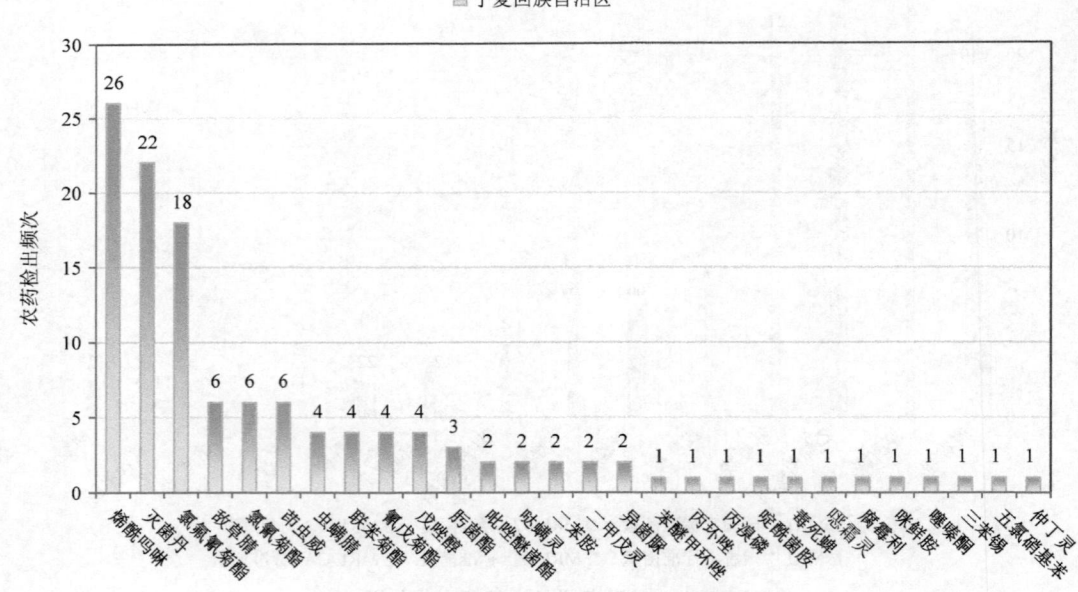

图 19-28　小油菜样品检出农药品种和频次分析

图 19-29 小油菜样品中超标农药分析

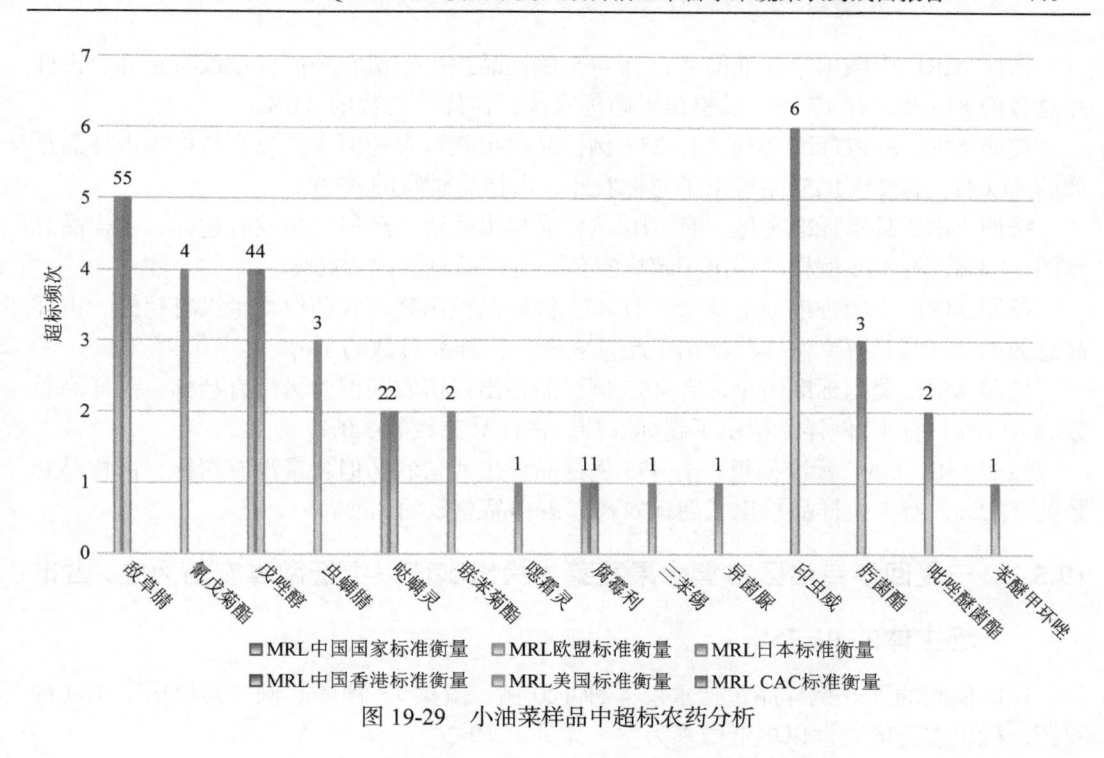

表 19-25 小油菜中农药残留超标情况明细表

样品总数		检出农药样品数	样品检出率（%）	检出农药品种总数
30		30	100	28
	超标农药品种	超标农药频次	按照 MRL 中国国家标准、欧盟标准和日本标准衡量超标农药名称及频次	
MRL 中国国家标准	0	0		
MRL 欧盟标准	10	24	敌草腈（5），氰戊菊酯（4），戊唑醇（4），虫螨腈（3），哒螨灵（2），联苯菊酯（2），噁霜灵（1），腐霉利（1），三苯锡（1），异菌脲（1）	
MRL 日本标准	8	24	茚虫威（6），敌草腈（5），戊唑醇（4），肟菌酯（3），吡唑醚菌酯（2），哒螨灵（2），苯醚甲环唑（1），腐霉利（1）	

19.5 初步结论

19.5.1 宁夏回族自治区市售水果蔬菜按国际主要 MRL 标准衡量的合格率

本次侦测的 570 例样品中，88 例样品未检出任何残留农药，占样品总量的 15.4%，482 例样品检出不同水平、不同种类的残留农药，占样品总量的 84.6%。在这 482 例检出农药残留的样品中：

按照 MRL 中国国家标准衡量，有 465 例样品检出残留农药但含量没有超标，占样品总数的 81.6%，有 17 例样品检出了超标农药，占样品总数的 3.0%。

按照 MRL 欧盟标准衡量，有 237 例样品检出残留农药但含量没有超标，占样品总数的 41.6%，有 245 例样品检出了超标农药，占样品总数的 43.0%。

按照 MRL 日本标准衡量，有 310 例样品检出残留农药但含量没有超标，占样品总数的 54.4%，有 172 例样品检出了超标农药，占样品总数的 30.2%。

按照 MRL 中国香港标准衡量，有 473 例样品检出残留农药但含量没有超标，占样品总数的 83.0%，有 9 例样品检出了超标农药，占样品总数的 1.6%。

按照 MRL 美国标准衡量，有 465 例样品检出残留农药但含量没有超标，占样品总数的 81.6%，有 17 例样品检出了超标农药，占样品总数的 3.0%。

按照 MRL CAC 标准衡量，有 475 例样品检出残留农药但含量没有超标，占样品总数的 83.3%，有 7 例样品检出了超标农药，占样品总数的 1.2%。

19.5.2 宁夏回族自治区市售水果蔬菜中检出农药以中低微毒农药为主，占市场主体的 91.7%

这次侦测的 570 例样品包括水果 4 种 120 例，蔬菜 15 种 450 例，共检出了 109 种农药，检出农药的毒性以中低微毒为主，详见表 19-26。

表 19-26 市场主体农药毒性分布

毒性	检出品种	占比	检出频次	占比
剧毒农药	2	1.8%	6	0.3%
高毒农药	7	6.4%	42	2.2%
中毒农药	45	41.3%	1055	56.4%
低毒农药	34	31.2%	470	25.1%
微毒农药	21	19.3%	296	15.8%

中低微毒农药，品种占比 91.7%，频次占比 97.4%

19.5.3 检出剧毒、高毒和禁用农药现象应该警醒

在此次侦测的 570 例样品中的 145 例样品检出了 13 种 160 频次的剧毒和高毒或禁用农药，占样品总量的 25.4%。其中剧毒农药六氯苯和治螟磷以及高毒农药醚菌酯、敌敌畏和氧乐果检出频次较高。

按 MRL 中国国家标准衡量，剧毒农药高毒农药敌敌畏，检出 13 次，超标 1 次；氧乐果，检出 3 次，超标 3 次；按超标程度比较，小白菜中氧乐果超标 63.1 倍，桃中敌敌畏超标 0.2 倍，芹菜中甲基异柳磷超标 0.1 倍。

剧毒、高毒或禁用农药的检出情况及按照 MRL 中国国家标准衡量的超标情况见表 19-27。

表 19-27　剧毒、高毒或禁用农药的检出及超标明细

序号	农药名称	样品名称	检出频次	超标频次	最大超标倍数	超标率
1.1	六氯苯*	蒜薹	3	0	0	0.0%
1.2	六氯苯*	小白菜	2	0	0	0.0%
2.1	治螟磷*▲	芹菜	1	0	0	0.0%
3.1	克百威°▲	葡萄	2	0	0	0.0%
4.1	敌敌畏°	桃	5	1	0.177	20.0%
4.2	敌敌畏°	辣椒	3	0	0	0.0%
4.3	敌敌畏°	梨	2	0	0	0.0%
4.4	敌敌畏°	苹果	1	0	0	0.0%
4.5	敌敌畏°	茄子	1	0	0	0.0%
4.6	敌敌畏°	菜豆	1	0	0	0.0%
5.1	氧乐果°▲	小白菜	3	3	63.08	100.0%
6.1	水胺硫磷°▲	韭菜	1	0	0	0.0%
7.1	溴苯烯磷°	结球甘蓝	1	0	0	0.0%
8.1	甲基异柳磷°▲	芹菜	1	1	0.07	100.0%
9.1	醚菌酯°	油麦菜	10	0	0	0.0%
9.2	醚菌酯°	菠菜	5	0	0	0.0%
9.3	醚菌酯°	葡萄	3	0	0	0.0%
9.4	醚菌酯°	小白菜	1	0	0	0.0%
9.5	醚菌酯°	番茄	1	0	0	0.0%
9.6	醚菌酯°	蒜薹	1	0	0	0.0%
10.1	毒死蜱▲	桃	24	0	0	0.0%
10.2	毒死蜱▲	梨	19	0	0	0.0%
10.3	毒死蜱▲	韭菜	12	3	7.01	25.0%
10.4	毒死蜱▲	苹果	12	0	0	0.0%
10.5	毒死蜱▲	油麦菜	6	0	0	0.0%
10.6	毒死蜱▲	芹菜	6	0	0	0.0%
10.7	毒死蜱*	蒜薹	6	0	0	0.0%
10.8	毒死蜱▲	辣椒	6	0	0	0.0%
10.9	毒死蜱▲	菠菜	4	1	9.4	25.0%
10.10	毒死蜱▲	小白菜	2	1	8.73	50.0%
10.11	毒死蜱▲	番茄	2	0	0	0.0%
10.12	毒死蜱▲	小油菜	1	0	0	0.0%
11.1	氟虫腈▲	番茄	1	0	0	0.0%
12.1	氰戊菊酯▲	小油菜	4	0	0	0.0%

续表

序号	农药名称	样品名称	检出频次	超标频次	最大超标倍数	超标率
12.2	氰戊菊酯▲	桃	2	0	0	0.0%
12.3	氰戊菊酯▲	小白菜	1	0	0	0.0%
12.4	氰戊菊酯▲	葡萄	1	0	0	0.0%
13.1	硫丹▲	黄瓜	3	1	0.198	33.3%
合计			160	11		6.9%

注：超标倍数参照 MRL 中国国家标准衡量
*表示剧毒农药；◇表示高毒农药；▲表示禁用农药

这些超标的高剧毒或禁用农药都是中国政府早有规定禁止在水果蔬菜中使用的，为什么还屡次被检出，应该引起警惕。

19.5.4　残留限量标准与先进国家或地区差距较大

1869 频次的检出结果与我国公布的 GB 2763—2021《食品中农药最大残留限量》对比，有 1112 频次能找到对应的 MRL 中国国家标准，占 59.5%；还有 757 频次的侦测数据无相关 MRL 标准供参考，占 40.5%。

与国际上现行 MRL 标准对比发现：

有 1869 频次能找到对应的 MRL 欧盟标准，占 100.0%；

有 1869 频次能找到对应的 MRL 日本标准，占 100.0%；

有 879 频次能找到对应的 MRL 中国香港标准，占 47.0%；

有 930 频次能找到对应的 MRL 美国标准，占 49.8%；

有 707 频次能找到对应的 MRL CAC 标准，占 37.8%。

由上可见，MRL 中国国家标准与先进国家或地区标准还有很大差距，我们无标准，境外有标准，这就会导致我们在国际贸易中，处于受制于人的被动地位。

19.5.5　水果蔬菜单种样品检出 23～35 种农药残留，拷问农药使用的科学性

通过此次监测发现，葡萄、桃和苹果是检出农药品种最多的 3 种水果，油麦菜、黄瓜和蒜薹是检出农药品种最多的 3 种蔬菜，从中检出农药品种及频次详见表 19-28。

表 19-28　单种样品检出农药品种及频次

样品名称	样品总数	检出率（%）	检出农药品种数	检出农药（频次）
油麦菜	30	100.0	35	烯酰吗啉（25），稻瘟灵（12），苯醚甲环唑（11），醚菌酯（10），1,4-二甲基萘（9），敌草腈（8），毒死蜱（6），吡唑醚菌酯（5），联苯菊酯（5），氯氟氰菊酯（5），虫螨腈（4），霜霉威（4），丙环唑（3），咪鲜胺（3），灭菌丹（3），戊唑醇（3），8-羟基喹啉（2），二苯胺（2），腐霉利（2），氯氰菊酯（2），溴氰虫酰胺（2），茚虫威（2），莠去津（2），吡丙醚（1），啶酰菌胺（1），噁霜灵（1），氟硅唑（1），甲霜灵（1），嘧菌胺（1），嘧菌酯（1），五氯硝基苯（1），烯唑醇（1），乙烯菌核利（1），异菌脲（1），唑虫酰胺（1）

续表

样品名称	样品总数	检出率（%）	检出农药品种数	检出农药（频次）
黄瓜	30	73.3	28	虫螨腈（8），腐霉利（4），烯酰吗啉（4），啶酰菌胺（3），腈菌唑（3），联苯菊酯（3），硫丹（3），氯氟氰菊酯（3），三唑醇（3），粉唑醇（2），己唑醇（2），甲霜灵（2），四氟醚唑（2），异丙威（2），八氯苯乙烯（1），哒螨灵（1），稻瘟灵（1），氟吡菌酰胺（1），氟硅唑（1），菌核净（1），螺螨酯（1），嘧螨酯（1），嘧霉胺（1），三唑酮（1），肟菌酯（1），五氯苯甲腈（1），乙螨唑（1），莠去津（1）
蒜薹	30	100.0	28	腐霉利（30），咪鲜胺（30），乙烯菌核利（27），异菌脲（27），戊唑醇（19），苯醚甲环唑（9），氟环唑（9），三唑醇（9），丙环唑（7），毒死蜱（6），嘧霉胺（6），吡唑醚菌酯（5），腈菌唑（5），氯氟氰菊酯（4），六氯苯（3），五氯苯甲腈（3），抑霉唑（3），哒螨灵（2），己唑醇（2），嘧菌酯（2），啶氧菌酯（1），二甲戊灵（1），氟硅唑（1），氯苯甲醚（1），醚菌酯（1），四氟醚唑（1），肟菌酯（1），烯酰吗啉（1）
葡萄	30	93.3	35	腐霉利（20），嘧霉胺（15），烯酰吗啉（15），甲霜灵（11），戊唑醇（11），啶酰菌胺（10），异菌脲（10），苯醚甲环唑（9），虫螨腈（9），氯氟氰菊酯（9），氯氰菊酯（9），联苯菊酯（6），嘧菌环酯（6），肟菌酯（6），抑霉唑（6），氟吡菌酰胺（5），氟唑菌酰胺（5），苯菌酮（4），四氟醚唑（4），乙烯菌核利（4），氟硅唑（3），己唑醇（3），咪鲜胺（3），醚菌酯（3），嘧菌酯（3），噻呋酰胺（3），敌草腈（2），腈菌唑（2），克百威（2），乙螨唑（2），吡丙醚（1），醚菊酯（1），氰戊菊酯（1），三唑醇（1），缬霉威（1）
桃	30	100.0	29	毒死蜱（24），苯醚甲环唑（23），氯氟氰菊酯（18），灭幼脲（11），戊唑醇（9），氯氰菊酯（8），吡唑醚菌酯（7），虫螨腈（7），多效唑（6），敌敌畏（5），咪鲜胺（5），炔螨特（5），8-羟基喹啉（4），氟啶虫酰胺（3），腈苯唑（3），溴氰虫酰胺（3），联苯菊酯（2），氰戊菊酯（2），丙环唑（1），哒螨灵（1），甲氰菊酯（1），腈菌唑（1），螺螨酯（1），氯菊酯（1），嘧菌酯（1），灭菌丹（1），噻嗪酮（1），乙螨唑（1），茚虫威（1）
苹果	30	90.0	23	氯氟氰菊酯（20），毒死蜱（12），戊唑醇（11），吡唑醚菌酯（6），咪鲜胺（4），腈菌唑（3），灭菌丹（3），灭幼脲（3），炔螨特（3），烯酰吗啉（3），乙螨唑（3），丙环唑（2），二苯胺（2），螺螨酯（2），三唑醇（2），虫螨腈（1），敌敌畏（1），啶酰菌胺（1），氟硅唑（1），灰黄霉素（1），联苯菊酯（1），噻嗪酮（1），四氢吩胺（1）

上述 6 种水果蔬菜，检出农药 23～35 种，是多种农药综合防治，还是未严格实施农业良好管理规范（GAP），抑或根本就是乱施药，值得我们思考。

第 20 章 GC-Q-TOF/MS 侦测宁夏回族自治区市售水果蔬菜农药残留膳食暴露风险与预警风险评估

20.1 农药残留侦测数据分析与统计

庞国芳院士科研团队建立的农药残留高通量侦测技术以高分辨精确质量数（0.0001 m/z 为基准）为识别标准，采用 GC-Q-TOF/MS 技术对 686 种农药化学污染物进行侦测。

科研团队于 2021 年 8~9 月在宁夏回族自治区 3 个区县的 40 个采样点，随机采集了 570 例水果蔬菜样品，采样点分布在超市、个体商户和农贸市场，各月内水果蔬菜样品采集数量如表 20-1 所示。

表 20-1 宁夏回族自治区各月内采集水果蔬菜样品数列表

时间	样品数（例）
2021 年 8 月	380
2021 年 9 月	190

利用 GC-Q-TOF/MS 技术对 570 例样品中的农药进行侦测，侦测出残留农药 1869 频次。侦测出农药残留水平如表 20-2 和图 20-1 所示。检出频次最高的前 10 种农药如表 20-3 所示。从侦测结果中可以看出，在水果蔬菜中农药残留普遍存在，且有些水果蔬菜存在高浓度的农药残留，这些可能存在膳食暴露风险，对人体健康产生危害，因此，为了定量地评价水果蔬菜中农药残留的风险程度，有必要对其进行风险评价。

表 20-2 侦测出农药的不同残留水平及其所占比例列表

残留水平（μg/kg）	检出频次	占比（%）
1~5（含）	673	36.0
5~10（含）	251	13.4
10~100（含）	631	33.8
100~1000（含）	272	14.6
>1000	42	2.2

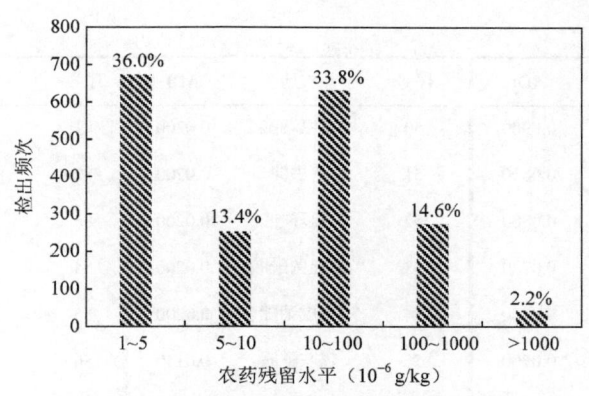

图 20-1　残留农药侦测出浓度频数分布图

表 20-3　检出频次最高的前 10 种农药列表

序号	农药	检出频次
1	氯氟氰菊酯	165
2	烯酰吗啉	122
3	虫螨腈	119
4	毒死蜱	100
5	戊唑醇	93
6	苯醚甲环唑	84
7	腐霉利	77
8	咪鲜胺	51
9	联苯菊酯	50
10	异菌脲	49

本研究使用 GC-Q-TOF/MS 技术对宁夏回族自治区 570 例样品中的农药侦测中，共侦测出农药 109 种，这些农药的每日允许最大摄入量（ADI）值见表 20-4。为评价宁夏回族自治区农药残留的风险，本研究采用两种模型分别评价膳食暴露风险和预警风险，具体的风险评价模型见附录 A。

表 20-4　宁夏回族自治区水果蔬菜中侦测出农药的 ADI 值

序号	农药	ADI	序号	农药	ADI	序号	农药	ADI
1	灭幼脲	1.2500	7	嘧菌酯	0.2000	13	二甲戊灵	0.1000
2	苯酰菌胺	0.5000	8	仲丁灵	0.2000	14	苦参碱	0.1000
3	醚菌酯	0.4000	9	烯酰吗啉	0.2000	15	异丙甲草胺	0.1000
4	霜霉威	0.4000	10	萘乙酸	0.1500	16	吡丙醚	0.1000
5	苯菌酮	0.3000	11	灭菌丹	0.1000	17	多效唑	0.1000
6	嘧霉胺	0.2000	12	稻瘟灵	0.1000	18	腐霉利	0.1000

续表

序号	农药	ADI	序号	农药	ADI	序号	农药	ADI
19	啶氧菌酯	0.0900	50	氯氰菊酯	0.0200	81	四氟醚唑	0.0040
20	二苯胺	0.0800	51	莠去津	0.0200	82	甲基异柳磷	0.0030
21	甲霜灵	0.0800	52	氟环唑	0.0200	83	水胺硫磷	0.0030
22	莠灭净	0.0720	53	氟唑菌酰胺	0.0200	84	异丙威	0.0020
23	氟啶虫酰胺	0.0700	54	氰戊菊酯	0.0200	85	菌核净	0.0013
24	丙环唑	0.0700	55	噻呋酰胺	0.0140	86	克百威	0.0010
25	异菌脲	0.0600	56	氯苯甲醚	0.0130	87	治螟磷	0.0010
26	吡唑萘菌胺	0.0600	57	毒死蜱	0.0100	88	氧乐果	0.0003
27	仲丁威	0.0600	58	苯醚甲环唑	0.0100	89	氟虫腈	0.0002
28	乙螨唑	0.0500	59	乙烯菌核利	0.0100	90	1,4-二甲基萘	—
29	氯菊酯	0.0500	60	哒螨灵	0.0100	91	2,3,4,5-四氯苯胺	—
30	乙嘧酚磺酸酯	0.0500	61	氟吡菌酰胺	0.0100	92	8-羟基喹啉	—
31	螺虫乙酯	0.0500	62	联苯菊酯	0.0100	93	八氯苯乙烯	—
32	啶酰菌胺	0.0400	63	咪鲜胺	0.0100	94	苯醚菊酯	—
33	肟菌酯	0.0400	64	敌草腈	0.0100	95	丁二酸二丁酯	—
34	扑草净	0.0400	65	噁霜灵	0.0100	96	硅氟唑	—
35	吡唑醚菌酯	0.0300	66	粉唑醇	0.0100	97	灰黄霉素	—
36	三唑醇	0.0300	67	联苯肼酯	0.0100	98	解草噁唑	—
37	腈菌唑	0.0300	68	五氯硝基苯	0.0100	99	六氯苯	—
38	溴氰虫酰胺	0.0300	69	茚虫威	0.0100	100	嘧螨酯	—
39	丙溴磷	0.0300	70	螺螨酯	0.0100	101	灭除威	—
40	抑霉唑	0.0300	71	炔螨特	0.0100	102	三苯锡	—
41	甲氰菊酯	0.0300	72	噻嗪酮	0.0090	103	双苯酰草胺	—
42	腈苯唑	0.0300	73	氟硅唑	0.0070	104	四氢吩胺	—
43	醚菊酯	0.0300	74	硫丹	0.0060	105	五氯苯	—
44	嘧菌环胺	0.0300	75	唑虫酰胺	0.0060	106	五氯苯甲腈	—
45	三唑酮	0.0300	76	二嗪磷	0.0050	107	缬霉威	—
46	戊唑醇	0.0300	77	己唑醇	0.0050	108	溴苯烯磷	—
47	虫螨腈	0.0300	78	烯唑醇	0.0050	109	抑芽唑	—
48	野麦畏	0.0250	79	乙氧喹啉	0.0050			
49	氯氟氰菊酯	0.0200	80	敌敌畏	0.0040			

注："—"表示国家标准中无 ADI 值规定；ADI 值单位为 mg/kg bw

20.2 农药残留膳食暴露风险评估

20.2.1 每例水果蔬菜样品中农药残留安全指数分析

基于农药残留侦测数据，发现在 570 例样品中侦测出农药 1869 频次，计算样品中每种残留农药的安全指数 IFS_c，并分析农药对样品安全的影响程度，农药残留对水果蔬菜样品安全的影响程度频次分布情况如图 20-2 所示。

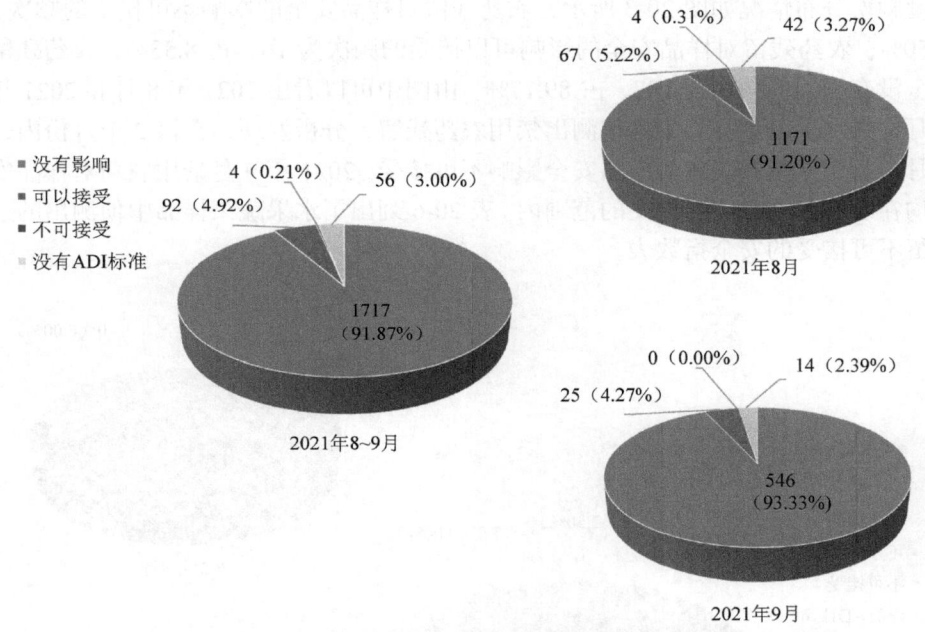

图 20-2 农药残留对水果蔬菜样品安全的影响程度频次分布图

由图 20-2 可以看出，农药残留对样品安全的影响不可接受的频次为 4，占 0.21%；农药残留对样品安全的影响可以接受的频次为 92，占 4.92%；农药残留对样品安全的没有影响的频次为 1717，占 91.87%。分析发现，农药残留对水果蔬菜样品安全的影响程度频次 2021 年 9 月（571）< 2021 年 8 月（1238），2021 年 8 月的农药残留对样品安全存在不可接受的影响，频次为 4，占 0.31%。表 20-5 为对水果蔬菜样品中安全影响不可接受的农药残留列表。

表 20-5 水果蔬菜样品中安全影响不可接受的农药残留列表

序号	样品编号	采样点	基质	农药	含量（mg/kg）	IFS_c
1	20210827-640200-LZFDC-PB-06A	***超市（康泰隆店）	小白菜	氧乐果	1.2816	27.0560

续表

序号	样品编号	采样点	基质	农药	含量（mg/kg）	IFS$_c$
2	20210827-640200-LZFDC-PB-12A	***超市	小白菜	氧乐果	1.1147	23.5326
3	20210827-640200-LZFDC-PB-05A	***超市（大武口店）	小白菜	氧乐果	1.0949	23.1146
4	20210827-640200-LZFDC-GS-05A	***超市（大武口店）	蒜薹	咪鲜胺	1.5977	1.0119

部分样品侦测出禁用农药9种120频次，为了明确残留的禁用农药对样品安全的影响，分析侦测出禁用农药残留的样品安全指数，禁用农药残留对水果蔬菜样品安全的影响程度频次分布情况如图20-3所示，农药残留对样品安全的影响不可接受的频次为3，占2.50%；农药残留对样品安全的影响可以接受的频次为10，占8.33%；农药残留对样品安全没有影响的频次为107，占89.17%。由图中可以看出2021年8月和2021年9月两个月份的水果蔬菜样品中均侦测出禁用农药残留，分析发现，在该2个月份内，2021年8月内有7种禁用农药对样品安全影响不可接受，2021年9月禁用农药对样品安全的影响均在没有影响和可以接受的范围内。表20-6列出了水果蔬菜样品中侦测出的禁用农药残留不可接受的安全指数表。

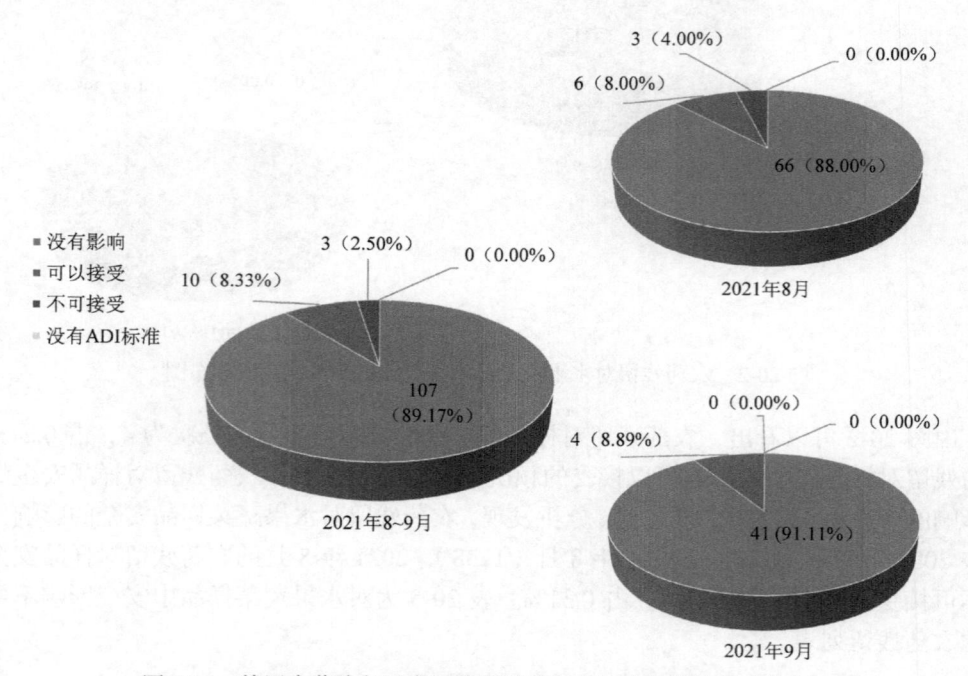

图 20-3 禁用农药残留对水果蔬菜样品安全影响程度的频次分布图

表 20-6 水果蔬菜样品中侦测出的禁用农药残留不可接受的安全指数表

序号	样品编号	采样点	基质	农药	含量（mg/kg）	IFS$_c$
1	20210827-640200-LZFDC-PB-06A	***超市（康泰隆店）	小白菜	氧乐果	1.2816	27.0560

第20章　GC-Q-TOF/MS侦测宁夏回族自治区市售水果蔬菜农药残留
膳食暴露风险与预警风险评估

续表

序号	样品编号	采样点	基质	农药	含量（mg/kg）	IFS$_c$
2	20210827-640200-LZFDC-PB-12A	***超市	小白菜	氧乐果	1.1147	23.5326
3	20210827-640200-LZFDC-PB-05A	***超市（大武口店）	小白菜	氧乐果	1.0949	23.1146

此外，本次侦测发现部分样品中非禁用农药残留量超过了MRL中国国家标准和欧盟标准，为了明确超标的非禁用农药对样品安全的影响，分析了非禁用农药残留超标的样品安全指数。

水果蔬菜残留量超过MRL中国国家标准的非禁用农药对水果蔬菜样品安全的影响程度频次分布情况如图20-4所示。可以看出侦测出超过MRL中国国家标准的非禁用农药共7频次，其中农药残留对样品安全的影响可以接受的频次为7频次，占100.00%。表20-7为水果蔬菜样品中侦测出的非禁用农药残留安全指数表。

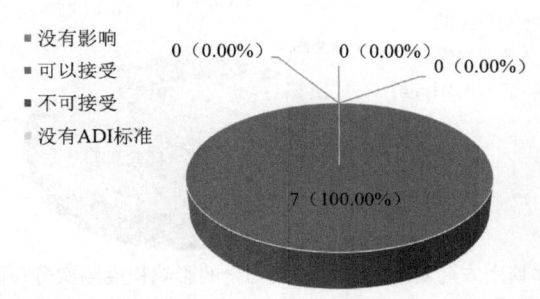

图20-4　残留超标的非禁用农药对水果蔬菜样品安全的影响程度频次分布图（MRL中国国家标准）

表20-7　水果蔬菜样品中侦测出的非禁用农药残留安全指数表（MRL中国国家标准）

序号	样品编号	采样点	基质	农药	含量（mg/kg）	中国国家标准	超标倍数	IFS$_c$	影响程度
1	20210906-640100-LZFDC-TO-12A	***超市（西塔市场店）	番茄	苯醚甲环唑	0.7803	0.5000	0.56倍	0.4942	可以接受
2	20210811-640400-LZFDC-GS-07A	***蔬菜店	蒜薹	腐霉利	5.1745	3.0000	0.72倍	0.3277	可以接受
3	20210827-640200-LZFDC-GS-06A	***超市（康泰隆店）	蒜薹	腐霉利	4.6250	3.0000	0.54倍	0.2929	可以接受
4	20210906-640100-LZFDC-GS-07A	***超市（阳澄巷店）	蒜薹	腐霉利	3.5895	3.0000	0.20倍	0.2273	可以接受
5	20210827-640200-LZFDC-GS-08A	***超市（凯旋城店）	蒜薹	腐霉利	3.4350	3.0000	0.15倍	0.2176	可以接受
6	20210827-640200-LZFDC-PH-02A	***菜市场	桃	敌敌畏	0.1177	0.1000	0.18倍	0.1864	可以接受

续表

序号	样品编号	采样点	基质	农药	含量（mg/kg）	中国国家标准	超标倍数	IFS$_c$	影响程度
7	20210809-640400-LZFDC-PE-05A	***之源	梨	乙螨唑	0.0812	0.0700	0.16倍	0.0103	可以接受

残留量超过 MRL 欧盟标准的非禁用农药对水果蔬菜样品安全的影响程度频次分布情况如图 20-5 所示。可以看出超过 MRL 欧盟标准的非禁用农药 413 频次，其中没有 ADI 标准的频次为 6 频次，占 1.45%；农药残留对样品安全的影响不可接受的频次为 1 频次，占 0.24%；农药残留对样品安全的影响可以接受的频次为 57 频次，占 13.80%；农药残留对样品安全没有影响的频次为 349，占 84.50%。表 20-8 为水果蔬菜样品中安全指数排名前 10 的残留超标非禁用农药列表。

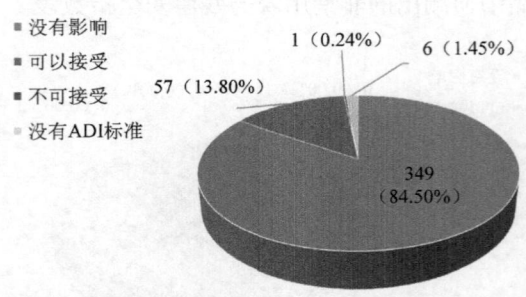

图 20-5　残留超标的非禁用农药对水果蔬菜样品安全的影响程度频次分布图（MRL 欧盟标准）

表 20-8　水果蔬菜样品中安全指数排名前 10 的残留超标非禁用农药列表（MRL 欧盟标准）

序号	样品编号	采样点	基质	农药	含量（mg/kg）	欧盟标准	超标倍数	IFS$_c$	影响程度
1	20210827-640200-LZFDC-GS-05A	***超市（大武口店）	蒜薹	咪鲜胺	1.5977	0.05	30.95倍	1.0119	不可接受
2	20210827-640200-LZFDC-CL-11A	***蔬菜市场	小油菜	哒螨灵	1.0216	0.01	101.16倍	0.6470	可以接受
3	20210811-640400-LZFDC-GS-05A	***蔬菜批发销售点	蒜薹	咪鲜胺	0.9291	0.05	17.58倍	0.5884	可以接受
4	20210811-640400-LZFDC-YM-05A	***蔬菜批发销售点	油麦菜	虫螨腈	2.3747	0.01	236.47倍	0.5013	可以接受
5	20210827-640200-LZFDC-GS-12A	***超市	蒜薹	咪鲜胺	0.7787	0.05	14.57倍	0.4932	可以接受
6	20210827-640200-LZFDC-CL-09A	***超市（解放东街店）	小油菜	哒螨灵	0.6711	0.01	66.11倍	0.4250	可以接受
7	20210811-640400-LZFDC-GS-07A	***蔬菜店	蒜薹	腐霉利	5.1745	0.02	257.73倍	0.3277	可以接受
8	20210827-640200-LZFDC-GS-02A	***菜市场	蒜薹	咪鲜胺	0.5161	0.05	9.32倍	0.3269	可以接受

续表

序号	样品编号	采样点	基质	农药	含量（mg/kg）	欧盟标准	超标倍数	IFS$_c$	影响程度
9	20210906-640100-LZFDC-PB-08A	***超市（森林公园店）	小白菜	溴氰虫酰胺	1.4440	0.01	143.40 倍	0.3048	可以接受
10	20210809-640400-LZFDC-GS-02A	***超市	蒜薹	己唑醇	0.2331	0.02	10.66 倍	0.2953	可以接受

20.2.2 单种水果蔬菜中农药残留安全指数分析

本次 19 种水果蔬菜中侦测出 109 种农药，所有水果蔬菜均侦测出农药，检出频次为 1957 次，其中 20 种农药没有 ADI 标准，89 种农药存在 ADI 标准。对 19 种水果蔬菜按不同种类分别计算侦测出的具有 ADI 标准的各种农药的 IFS$_c$ 值，农药残留对水果蔬菜的安全指数分布图如图 20-6 所示。

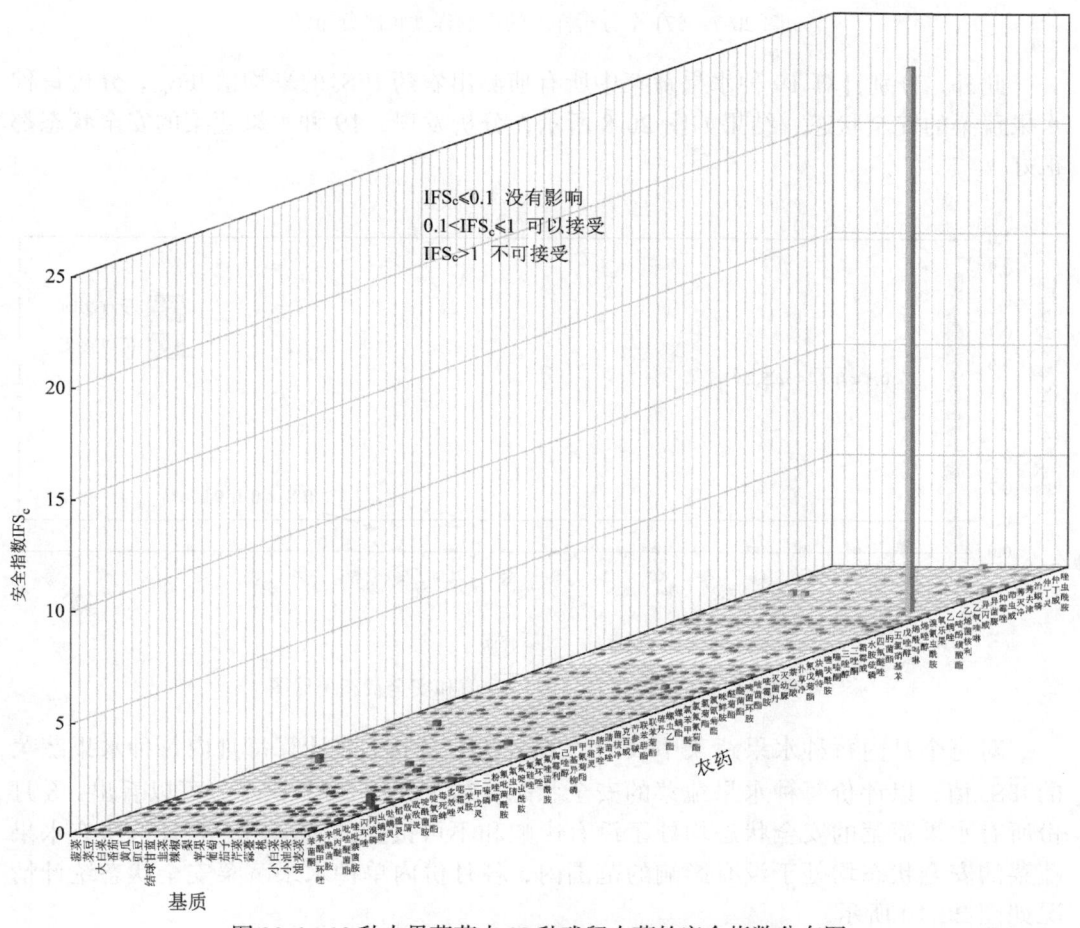

图 20-6　19 种水果蔬菜中 89 种残留农药的安全指数分布图

本次侦测中，19种水果蔬菜和109种残留农药（包括没有ADI标准）共涉及571个分析样本，农药对单种水果蔬菜安全的影响程度分布情况如图20-7所示。可以看出，90.19%的样本中农药对水果蔬菜安全没有影响，1.05%的样本中农药对水果蔬菜安全的影响可以接受，0.53%的样本中农药对水果蔬菜安全的影响不可接受。

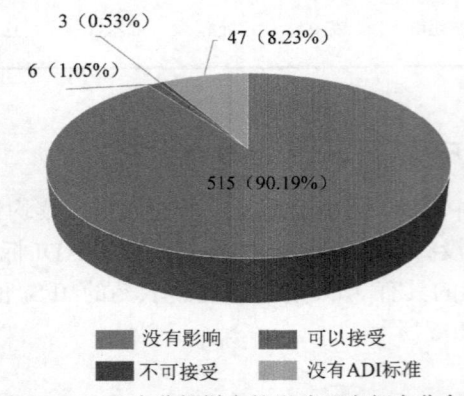

图20-7　571个分析样本的影响程度频次分布图

此外，分别计算19种水果蔬菜中所有侦测出农药IFS_c的平均值$\overline{IFS_c}$，分析每种水果蔬菜的安全状态，结果如图20-8所示，分析发现，19种水果蔬菜的安全状态都很好。

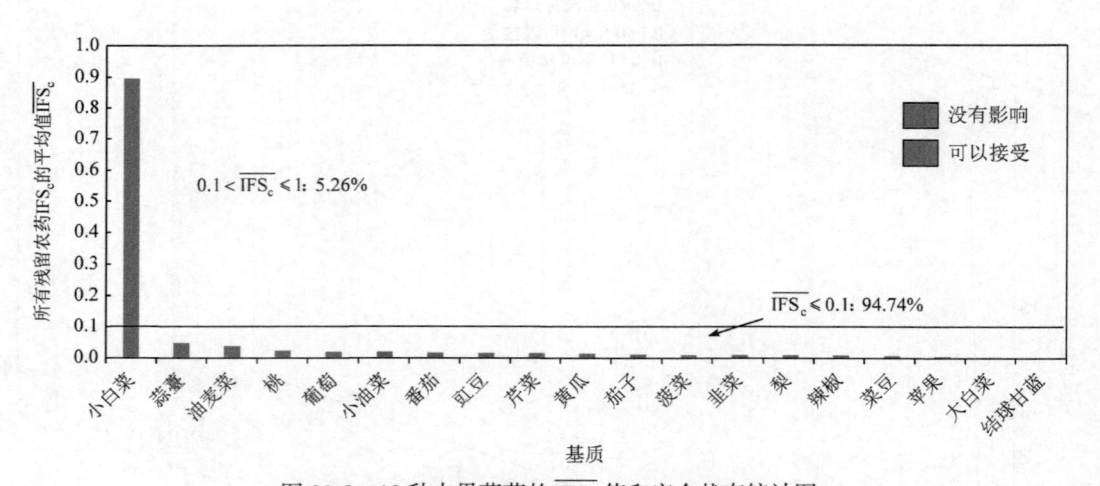

图20-8　19种水果蔬菜的$\overline{IFS_c}$值和安全状态统计图

对每个月内每种水果蔬菜中农药的IFS_c进行分析，并计算每月内每种水果蔬菜的$\overline{IFS_c}$值，以评价每种水果蔬菜的安全状态，结果如图20-9所示，可以看出，8月份所有水果蔬菜的安全状态均处于没有影响和不可接受的范围内，9月份所有水果蔬菜的安全状态均处于没有影响的范围内，各月份内单种水果蔬菜安全状态统计情况如图20-10所示。

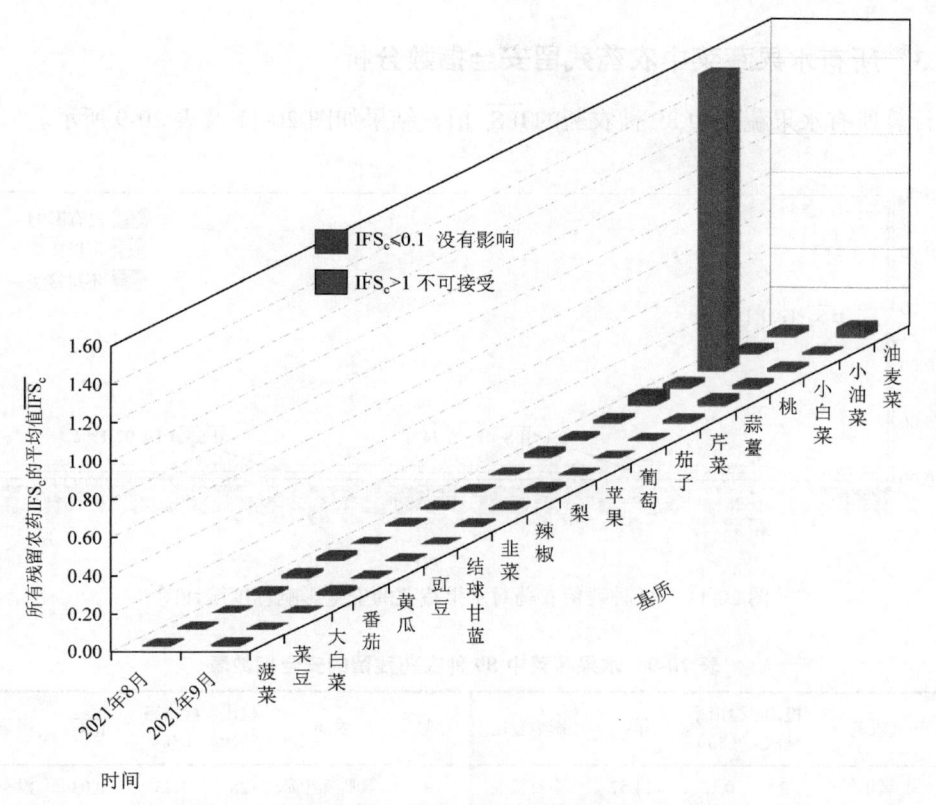

第 20 章　GC-Q-TOF/MS 侦测宁夏回族自治区市售水果蔬菜农药残留膳食暴露风险与预警风险评估

图 20-9　各月份内每种水果蔬菜的 $\overline{IFS_c}$ 值与安全状态分布图

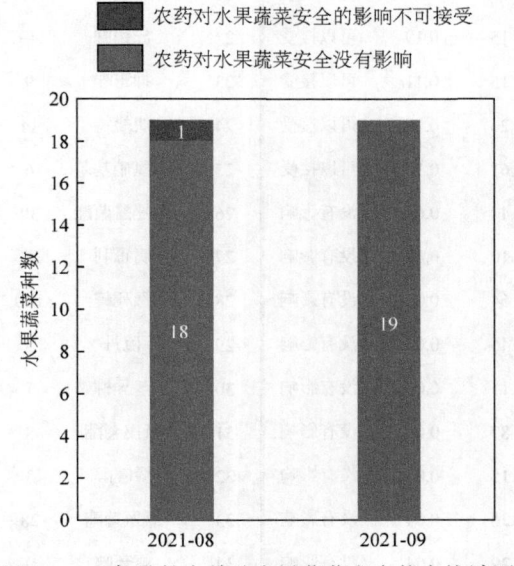

图 20-10　各月份内单种水果蔬菜安全状态统计图

20.2.3 所有水果蔬菜中农药残留安全指数分析

计算所有水果蔬菜中 89 种农药的 $\overline{IFS_c}$ 值，结果如图 20-11 及表 20-9 所示。

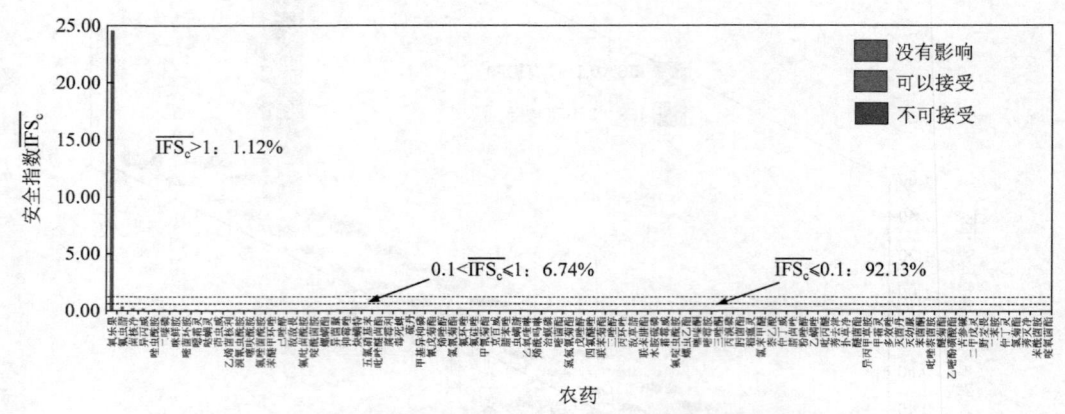

图 20-11 89 种残留农药对水果蔬菜的安全影响程度统计图

表 20-9 水果蔬菜中 89 种农药残留的安全指数表

序号	农药	检出频次	检出率（%）	$\overline{IFS_c}$	影响程度	序号	农药	检出频次	检出率（%）	$\overline{IFS_c}$	影响程度
1	氧乐果	3	0.15	24.57	不可接受	19	氟吡菌酰胺	28	1.43	0.03	没有影响
2	氟虫腈	1	0.05	0.35	可以接受	20	啶酰菌胺	28	1.43	0.03	没有影响
3	菌核净	1	0.05	0.22	可以接受	21	螺螨酯	10	0.51	0.03	没有影响
4	异丙威	3	0.15	0.19	可以接受	22	异菌脲	49	2.50	0.03	没有影响
5	唑虫酰胺	3	0.15	0.11	可以接受	23	抑霉唑	9	0.46	0.03	没有影响
6	二嗪磷	5	0.26	0.10	可以接受	24	炔螨特	14	0.72	0.03	没有影响
7	咪鲜胺	51	2.61	0.10	可以接受	25	五氯硝基苯	6	0.31	0.02	没有影响
8	嘧菌环胺	8	0.41	0.09	没有影响	26	吡唑醚菌酯	30	1.53	0.02	没有影响
9	噁霜灵	2	0.10	0.08	没有影响	27	腐霉利	77	3.93	0.02	没有影响
10	哒螨灵	32	1.64	0.06	没有影响	28	毒死蜱	100	5.11	0.02	没有影响
11	茚虫威	9	0.46	0.05	没有影响	29	硫丹	3	0.15	0.02	没有影响
12	乙烯菌核利	42	2.15	0.05	没有影响	30	甲基异柳磷	1	0.05	0.02	没有影响
13	溴氰虫酰胺	17	0.87	0.04	没有影响	31	氰戊菊酯	8	0.41	0.02	没有影响
14	噻呋酰胺	3	0.15	0.04	没有影响	32	烯唑醇	3	0.15	0.02	没有影响
15	氟唑菌酰胺	5	0.26	0.04	没有影响	33	氯氰菊酯	28	1.43	0.02	没有影响
16	苯醚甲环唑	84	4.29	0.04	没有影响	34	氟环唑	9	0.46	0.02	没有影响
17	己唑醇	17	0.87	0.04	没有影响	35	氟硅唑	12	0.61	0.02	没有影响
18	敌敌畏	13	0.66	0.04	没有影响	36	甲氰菊酯	2	0.10	0.02	没有影响

续表

序号	农药	检出频次	检出率（%）	$\overline{IFS}_c$	影响程度	序号	农药	检出频次	检出率（%）	$\overline{IFS}_c$	影响程度
37	克百威	2	0.10	0.01	没有影响	64	仲丁威	4	0.20	0.00	没有影响
38	腈苯唑	3	0.15	0.01	没有影响	65	腈菌唑	25	1.28	0.00	没有影响
39	虫螨腈	119	6.08	0.01	没有影响	66	粉唑醇	4	0.20	0.00	没有影响
40	乙氧喹啉	2	0.10	0.01	没有影响	67	乙螨唑	36	1.84	0.00	没有影响
41	烯酰吗啉	122	6.23	0.01	没有影响	68	吡丙醚	8	0.41	0.00	没有影响
42	治螟磷	1	0.05	0.01	没有影响	69	莠去津	37	1.89	0.00	没有影响
43	嘧菌酯	7	0.36	0.01	没有影响	70	扑草净	7	0.36	0.00	没有影响
44	氯氟氰菊酯	165	8.43	0.01	没有影响	71	醚菌酯	21	1.07	0.00	没有影响
45	戊唑醇	93	4.75	0.01	没有影响	72	异丙甲草胺	2	0.10	0.00	没有影响
46	四氟醚唑	15	0.77	0.01	没有影响	73	甲霜灵	27	1.38	0.00	没有影响
47	联苯菊酯	50	2.55	0.01	没有影响	74	多效唑	7	0.36	0.00	没有影响
48	三唑醇	28	1.43	0.01	没有影响	75	灭菌丹	29	1.48	0.00	没有影响
49	丙环唑	45	2.30	0.01	没有影响	76	灭幼脲	20	1.02	0.00	没有影响
50	敌草腈	26	1.33	0.01	没有影响	77	苯菌酮	6	0.31	0.00	没有影响
51	联苯肼酯	9	0.46	0.01	没有影响	78	吡唑萘菌胺	2	0.10	0.00	没有影响
52	水胺硫磷	1	0.05	0.01	没有影响	79	醚菊酯	1	0.05	0.00	没有影响
53	霜霉威	4	0.20	0.01	没有影响	80	乙嘧酚磺酸酯	1	0.05	0.00	没有影响
54	氟啶虫酰胺	6	0.31	0.01	没有影响	81	苦参碱	1	0.05	0.00	没有影响
55	螺虫乙酯	8	0.41	0.01	没有影响	82	二甲戊灵	17	0.87	0.00	没有影响
56	噻嗪酮	3	0.15	0.00	没有影响	83	野麦畏	1	0.05	0.00	没有影响
57	嘧霉胺	30	1.53	0.00	没有影响	84	二苯胺	20	1.02	0.00	没有影响
58	三唑酮	1	0.05	0.00	没有影响	85	仲丁灵	7	0.36	0.00	没有影响
59	丙溴磷	12	0.61	0.00	没有影响	86	氯菊酯	2	0.10	0.00	没有影响
60	肟菌酯	23	1.18	0.00	没有影响	87	莠灭净	2	0.10	0.00	没有影响
61	稻瘟灵	27	1.38	0.00	没有影响	88	苯酰菌胺	3	0.15	0.00	没有影响
62	氯苯甲醚	1	0.05	0.00	没有影响	89	啶氧菌酯	1	0.05	0.00	没有影响
63	萘乙酸	3	0.15	0.00	没有影响						

分析发现，89种农药对水果蔬菜安全的影响在没有影响、可以接受和不可接受的范围内，其中1.12%的农药对水果蔬菜安全的影响不可接受，6.74%的农药对水果蔬菜安全的影响可以接受，92.13%的农药对水果蔬菜安全没有影响。

对每个月内所有水果蔬菜中残留农药的$\overline{IFS}_c$进行分析，结果如图20-12所示。分析发现，8月份所有水果蔬菜的安全状态处于没有影响和不可接受的范围内，9月份所有水果蔬菜的安全状态处于没有影响和可以接受的范围内，每月内不同农药对水果蔬菜安全影响程度的统计如图20-13所示。

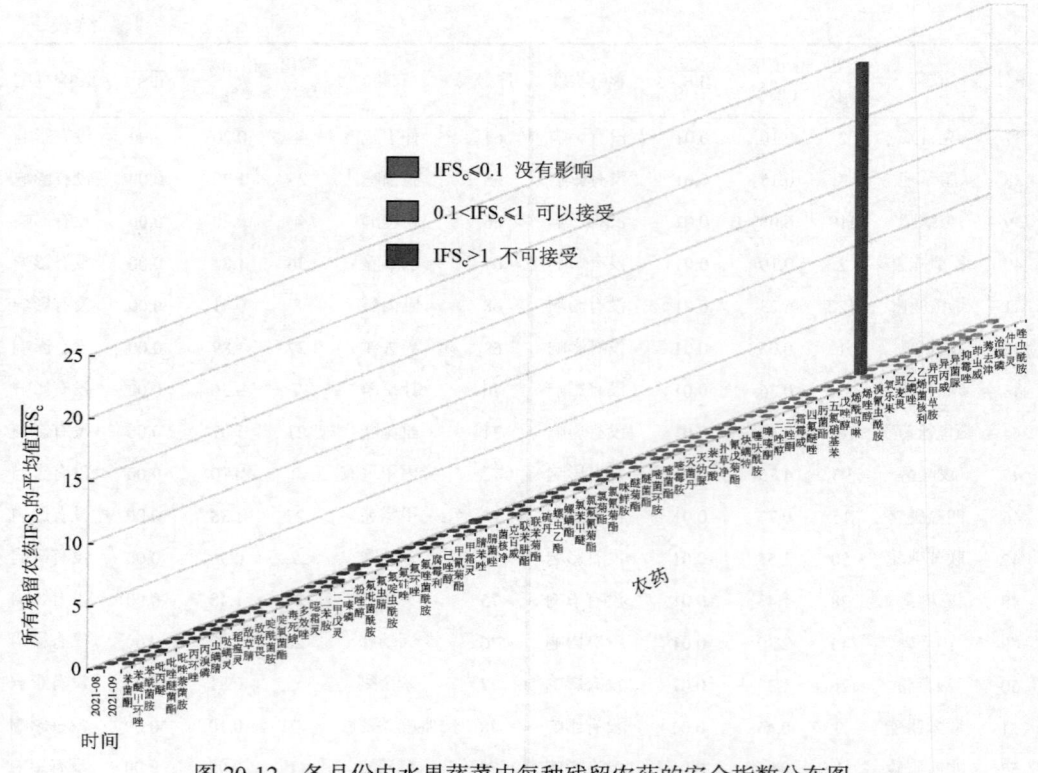

图 20-12　各月份内水果蔬菜中每种残留农药的安全指数分布图

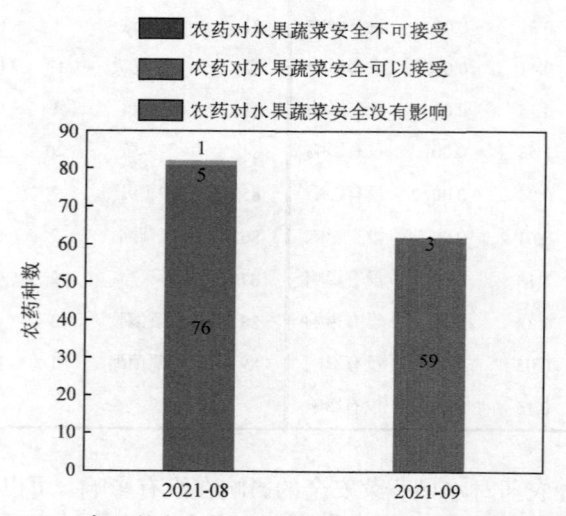

图 20-13　各月份内农药对水果蔬菜安全影响程度的统计图

20.3　农药残留预警风险评估

基于宁夏回族自治区水果蔬菜样品中农药残留 GC-Q-TOF/MS 侦测数据，分析禁用农药的检出率，同时参照中华人民共和国国家标准 GB 2763—2021 和欧盟农药最大残留限量（MRL）标准分析非禁用农药残留的超标率，并计算农药残留风险系数。分析单种水果蔬菜中农药残留以及所有水果蔬菜中农药残留的风险程度。

20.3.1 单种水果蔬菜中农药残留风险系数分析

20.3.1.1 单种水果蔬菜中禁用农药残留风险系数分析

侦测出的 109 种残留农药中有 9 种为禁用农药，且它们分布在 14 种水果蔬菜中，计算 14 种水果蔬菜中禁用农药的超标率，根据超标率计算风险系数 R，进而分析水果蔬菜中禁用农药的风险程度，结果如图 20-14 与表 20-10 所示。分析发现 5 种禁用农药在 13 种水果蔬菜中的残留处于高度风险；6 种禁用农药在 6 种水果蔬菜中的残留均处于中度风险。

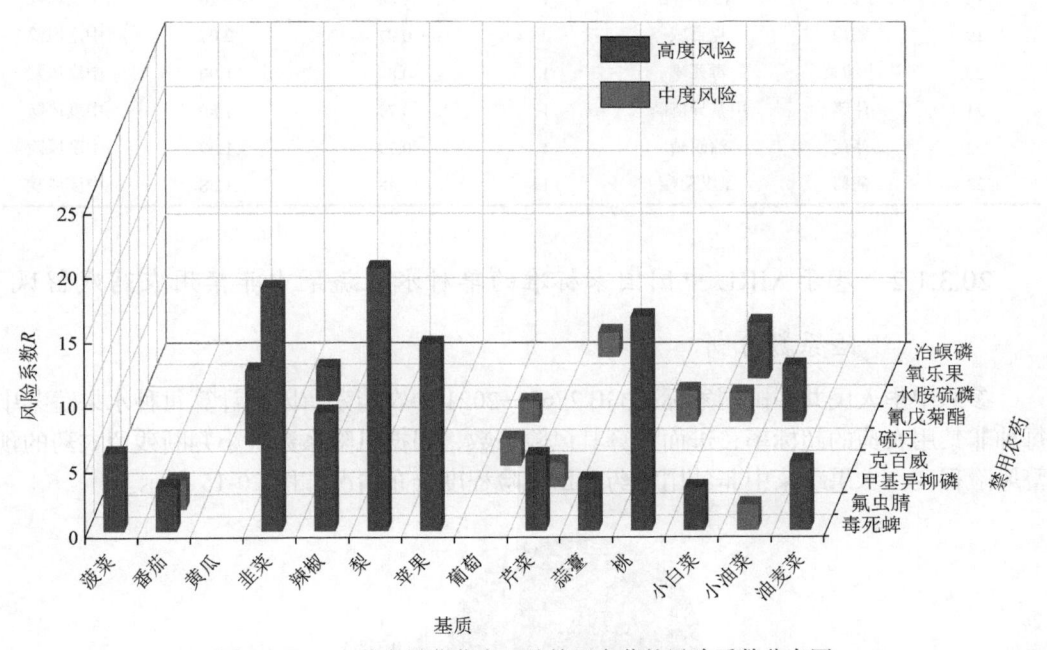

图 20-14　14 种水果蔬菜中 9 种禁用农药的风险系数分布图

表 20-10　14 种水果蔬菜中 9 种禁用农药的风险系数列表

序号	基质	农药	检出频次	检出率（%）	风险系数 R	风险程度
1	梨	毒死蜱	19	19.19	20.29	高度风险
2	韭菜	毒死蜱	12	17.65	18.75	高度风险
3	桃	毒死蜱	24	15.38	16.48	高度风险
4	苹果	毒死蜱	12	13.33	14.43	高度风险
5	辣椒	毒死蜱	6	8.00	9.10	高度风险
6	菠菜	毒死蜱	4	4.88	5.98	高度风险
7	芹菜	毒死蜱	6	4.72	5.82	高度风险

续表

序号	基质	农药	检出频次	检出率（%）	风险系数 R	风险程度
8	黄瓜	硫丹	3	4.55	5.65	高度风险
9	油麦菜	毒死蜱	6	4.23	5.33	高度风险
10	小白菜	氧乐果	3	3.23	4.33	高度风险
11	小油菜	氰戊菊酯	4	3.20	4.30	高度风险
12	蒜薹	毒死蜱	6	2.78	3.88	高度风险
13	番茄	毒死蜱	2	2.30	3.40	高度风险
14	小白菜	毒死蜱	2	2.15	3.25	高度风险
15	韭菜	水胺硫磷	1	1.47	2.57	高度风险
16	桃	氰戊菊酯	2	1.28	2.38	中度风险
17	番茄	氟虫腈	1	1.15	2.25	中度风险
18	小白菜	氰戊菊酯	1	1.08	2.18	中度风险
19	葡萄	克百威	2	0.97	2.07	中度风险
20	小油菜	毒死蜱	1	0.80	1.90	中度风险
21	芹菜	甲基异柳磷	1	0.79	1.89	中度风险
22	芹菜	治螟磷	1	0.79	1.89	中度风险
23	葡萄	氰戊菊酯	1	0.48	1.58	中度风险

20.3.1.2 基于MRL中国国家标准的单种水果蔬菜中非禁用农药残留风险系数分析

参照中华人民共和国国家标准GB 2763—2021中农药残留限量计算每种水果蔬菜中每种非禁用农药的超标率，进而计算其风险系数，根据风险系数大小判断残留农药的预警风险程度，水果蔬菜中非禁用农药残留风险程度分布情况如图20-15所示。

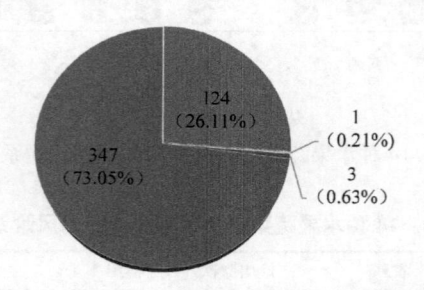

图 20-15 水果蔬菜中非禁用农药残留风险程度的频次分布图（MRL 中国国家标准）

本次分析中，发现在19种水果蔬菜中侦测出100种残留非禁用农药，涉及样本475个，1749检出频次。在475个样本中，0.21%处于中度风险，26.11%处于低度风险。此外发现有347个样本没有MRL中国国家标准值，无法判断其风险程度，有MRL中国国家标准值的128个样本涉及4种水果蔬菜中的4种非禁用农药，其风险系数 R 值如图20-16所示。表20-11为非禁用农药残留处于高度风险的水果蔬菜列表。

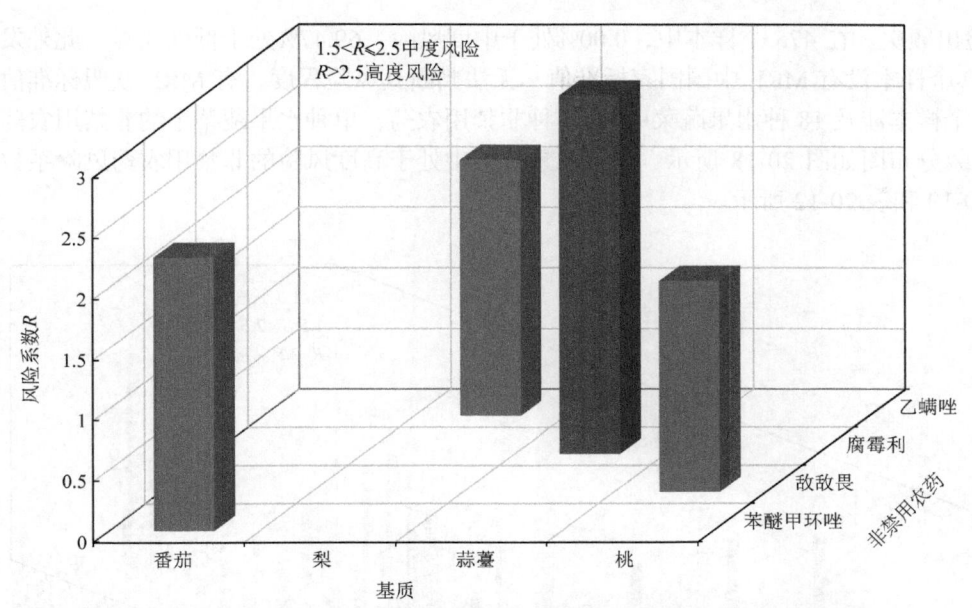

第 20 章　GC-Q-TOF/MS 侦测宁夏回族自治区市售水果蔬菜农药残留膳食暴露风险与预警风险评估　　·799·

图 20-16　4 种水果蔬菜中 4 种非禁用农药的风险系数分布图（MRL 中国国家标准）

表 20-11　单种水果蔬菜中处于高度风险的非禁用农药风险系数表（MRL 中国国家标准）

序号	基质	农药	超标频次	超标率 P（%）	风险系数 R
1	蒜薹	腐霉利	4	1.85	2.95

20.3.1.3　基于 MRL 欧盟标准的单种水果蔬菜中非禁用农药残留风险系数分析

参照 MRL 欧盟标准计算每种水果蔬菜中每种非禁用农药的超标率，进而计算其风险系数，根据风险系数大小判断农药残留的预警风险程度，水果蔬菜中非禁用农药残留风险程度分布情况如图 20-17 所示。

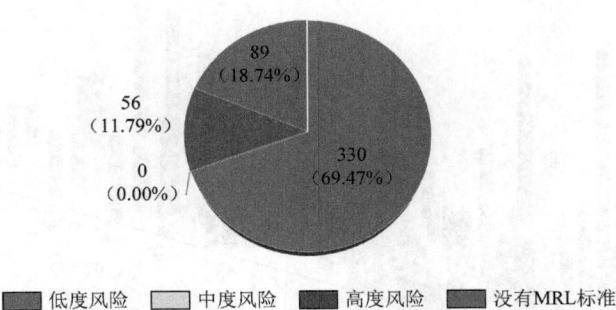

图 20-17　水果蔬菜中非禁用农药残留风险程度的频次分布图（MRL 欧盟标准）

本次分析中，发现在 18 种水果蔬菜中共侦测出 56 种非禁用农药，涉及样本 475 个，

1749 检出频次。在 475 个样本中，0.00%处于中度风险，69.47%处于低度风险。此外发现有 89 个样本没有 MRL 中国国家标准值，无法判断其风险程度，有 MRL 欧盟标准值的 386 个样本涉及 18 种水果蔬菜中的 56 种非禁用农药，单种水果蔬菜中的非禁用农药风险系数分布图如图 20-18 所示。单种水果蔬菜中处于高度风险的非禁用农药风险系数如图 20-19 和表 20-12 所示。

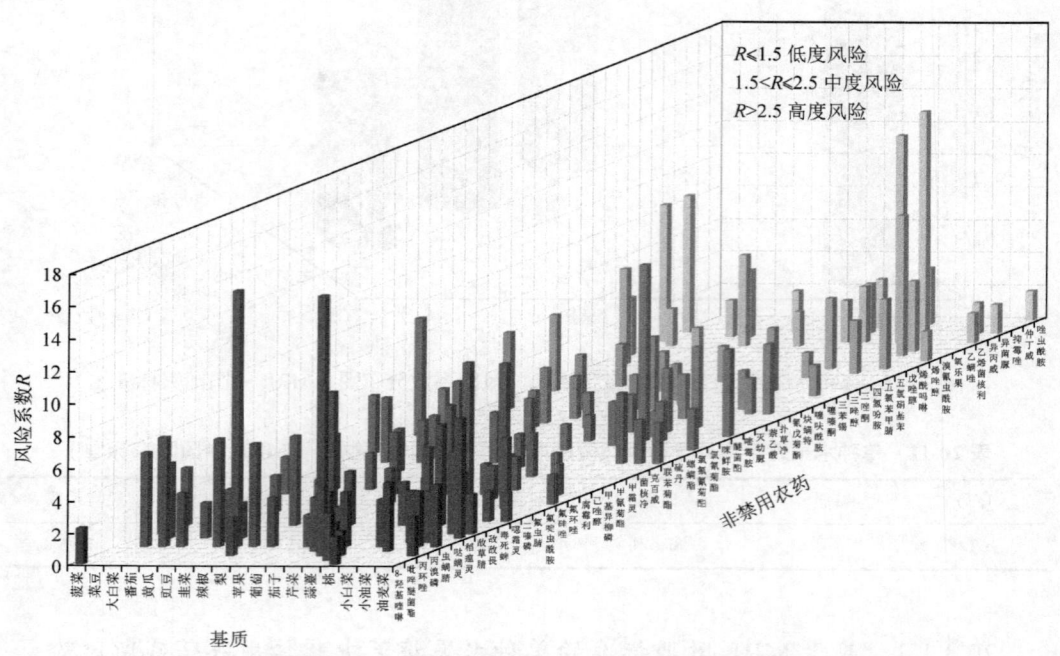

图 20-18　18 种水果蔬菜中 56 种非禁用农药的风险系数分布图（MRL 欧盟标准）

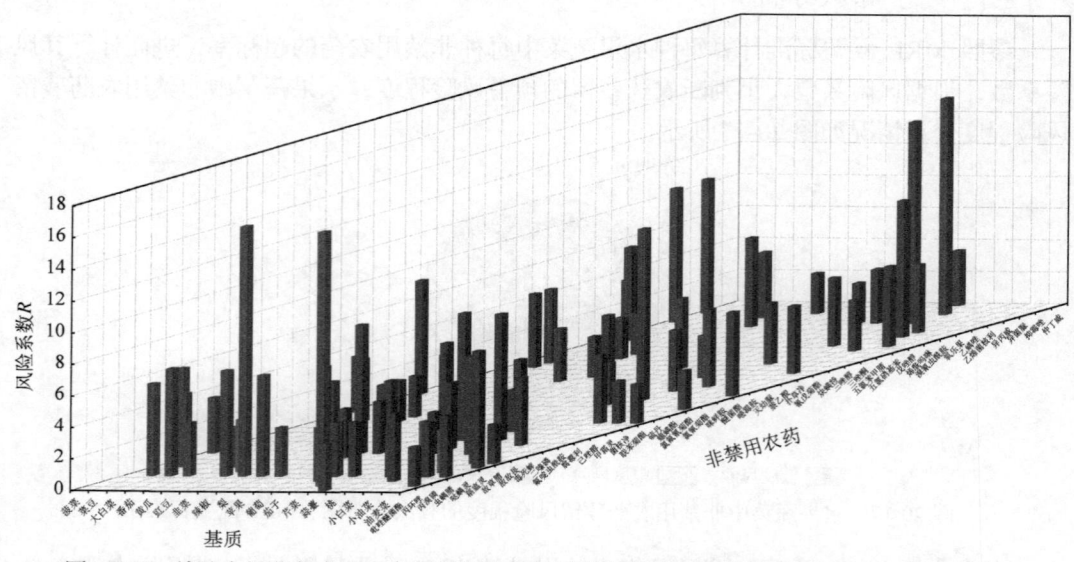

图 20-19　单种水果蔬菜中处于高度风险的非禁用农药的风险系数分布图（MRL 欧盟标准）

表 20-12　单种水果蔬菜中处于高度风险的非禁用农药的风险系数表（MRL 欧盟标准）

序号	基质	农药	超标频次	超标率（%）	风险系数 R
1	芹菜	丙环唑	19	14.96	16.06
2	韭菜	虫螨腈	10	14.71	15.81
3	蒜薹	异菌脲	27	12.50	13.60
4	蒜薹	乙烯菌核利	25	11.57	12.67
5	蒜薹	咪鲜胺	21	9.72	10.82
6	小白菜	溴氰虫酰胺	7	7.53	8.63
7	菠菜	乙烯菌核利	6	7.32	8.42
8	菠菜	异菌脲	6	7.32	8.42
9	梨	毒死蜱	7	7.07	8.17
10	茄子	腐霉利	6	6.98	8.08
11	蒜薹	腐霉利	15	6.94	8.04
12	油麦菜	稻瘟灵	9	6.34	7.44
13	菠菜	醚菌酯	5	6.10	7.20
14	大白菜	虫螨腈	2	5.71	6.81
15	豇豆	虫螨腈	5	5.62	6.72
16	辣椒	虫螨腈	4	5.33	6.43
17	桃	毒死蜱	8	5.13	6.23
18	菠菜	敌草腈	4	4.88	5.98
19	菜豆	虫螨腈	4	4.76	5.86
20	菜豆	烯酰吗啉	4	4.76	5.86
21	豇豆	乙螨唑	4	4.49	5.59
22	韭菜	毒死蜱	3	4.41	5.51
23	葡萄	腐霉利	9	4.35	5.45
24	油麦菜	醚菌酯	6	4.23	5.33
25	小油菜	敌草腈	5	4.00	5.10
26	桃	灭幼脲	6	3.85	4.95
27	菜豆	稻瘟灵	3	3.57	4.67
28	菜豆	炔螨特	3	3.57	4.67
29	菜豆	三唑醇	3	3.57	4.67
30	苹果	炔螨特	3	3.33	4.43
31	蒜薹	戊唑醇	7	3.24	4.34
32	小白菜	丙溴磷	3	3.23	4.33
33	小白菜	氟啶虫酰胺	3	3.23	4.33
34	小白菜	联苯菊酯	3	3.23	4.33

续表

序号	基质	农药	超标频次	超标率（%）	风险系数 R
35	小白菜	氧乐果	3	3.23	4.33
36	小油菜	氰戊菊酯	4	3.20	4.30
37	小油菜	戊唑醇	4	3.20	4.30
38	芹菜	二嗪磷	4	3.15	4.25
39	黄瓜	氯氟氰菊酯	2	3.03	4.13
40	黄瓜	异丙威	2	3.03	4.13
41	大白菜	联苯菊酯	1	2.86	3.96
42	油麦菜	虫螨腈	4	2.82	3.92
43	蒜薹	嘧霉胺	6	2.78	3.88
44	蒜薹	三唑醇	6	2.78	3.88
45	辣椒	腐霉利	2	2.67	3.77
46	菠菜	毒死蜱	2	2.44	3.54
47	菠菜	螺螨酯	2	2.44	3.54
48	菠菜	溴氰虫酰胺	2	2.44	3.54
49	小油菜	虫螨腈	3	2.40	3.50
50	芹菜	虫螨腈	3	2.36	3.46
51	芹菜	仲丁威	3	2.36	3.46
52	茄子	丙溴磷	2	2.33	3.43
53	茄子	虫螨腈	2	2.33	3.43
54	茄子	乙烯菌核利	2	2.33	3.43
55	番茄	虫螨腈	2	2.30	3.40
56	番茄	己唑醇	2	2.30	3.40
57	豇豆	哒螨灵	2	2.25	3.35
58	豇豆	萘乙酸	2	2.25	3.35
59	豇豆	炔螨特	2	2.25	3.35
60	苹果	毒死蜱	2	2.22	3.32
61	小白菜	哒螨灵	2	2.15	3.25
62	小白菜	五氯硝基苯	2	2.15	3.25
63	梨	虫螨腈	2	2.02	3.12
64	梨	敌敌畏	2	2.02	3.12
65	梨	联苯菊酯	2	2.02	3.12
66	梨	氯氟氰菊酯	2	2.02	3.12
67	葡萄	异菌脲	4	1.93	3.03
68	葡萄	抑霉唑	4	1.93	3.03

续表

序号	基质	农药	超标频次	超标率（%）	风险系数 R
69	桃	虫螨腈	3	1.92	3.02
70	蒜薹	吡唑醚菌酯	4	1.85	2.95
71	小油菜	哒螨灵	2	1.60	2.70
72	小油菜	联苯菊酯	2	1.60	2.70
73	芹菜	毒死蜱	2	1.57	2.67
74	芹菜	甲霜灵	2	1.57	2.67
75	芹菜	氯氰菊酯	2	1.57	2.67
76	芹菜	扑草净	2	1.57	2.67
77	黄瓜	稻瘟灵	1	1.52	2.62
78	黄瓜	菌核净	1	1.52	2.62
79	黄瓜	联苯菊酯	1	1.52	2.62
80	黄瓜	硫丹	1	1.52	2.62
81	黄瓜	三唑酮	1	1.52	2.62
82	黄瓜	五氯苯甲腈	1	1.52	2.62
83	韭菜	扑草净	1	1.47	2.57
84	韭菜	异菌脲	1	1.47	2.57
85	葡萄	乙烯菌核利	3	1.45	2.55
86	油麦菜	丙环唑	2	1.41	2.51
87	油麦菜	敌草腈	2	1.41	2.51
88	油麦菜	联苯菊酯	2	1.41	2.51
89	油麦菜	氯氟氰菊酯	2	1.41	2.51

20.3.2 所有水果蔬菜中农药残留风险系数分析

20.3.2.1 所有水果蔬菜中禁用农药残留风险系数分析

在侦测出的 109 种农药中有 9 种为禁用农药，计算所有水果蔬菜中禁用农药的风险系数，结果如表 20-13 所示。禁用农药毒死蜱处于高度风险。

表 20-13 水果蔬菜中 9 种禁用农药的风险系数表

序号	农药	检出频次	检出率 P（%）	风险系数 R	风险程度
1	毒死蜱	100	17.51	18.61	高度风险
2	氰戊菊酯	8	1.40	2.50	中度风险
3	硫丹	3	0.53	1.63	中度风险

续表

序号	农药	检出频次	检出率 P（%）	风险系数 R	风险程度
4	氧乐果	3	0.53	1.63	中度风险
5	克百威	2	0.35	1.45	低度风险
6	氟虫腈	1	0.18	1.28	低度风险
7	甲基异柳磷	1	0.18	1.28	低度风险
8	水胺硫磷	1	0.18	1.28	低度风险
9	治螟磷	1	0.18	1.28	低度风险

对每个月内的禁用农药的风险系数进行分析，结果如图 20-20 和表 20-14 所示。

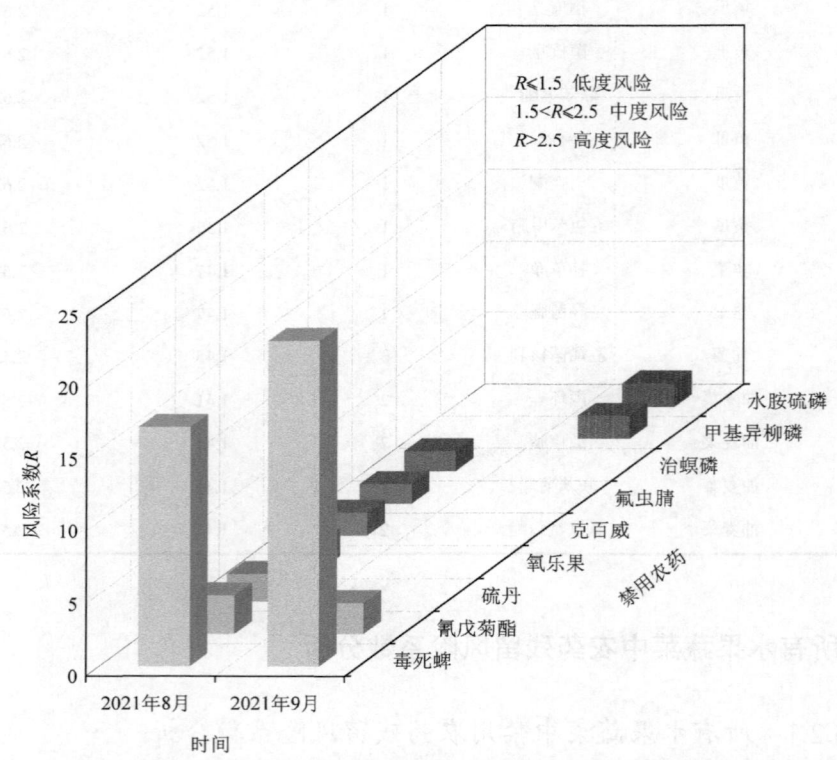

图 20-20　各月份内水果蔬菜中禁用农药残留的风险系数分布图

表 20-14　各月份内水果蔬菜中禁用农药残留的风险系数表

序号	年月	农药	检出频次	检出率 P（%）	风险系数 R	风险程度
1	2021 年 8 月	毒死蜱	59	15.49	16.59	高度风险
2	2021 年 8 月	氰戊菊酯	6	1.57	2.67	高度风险
3	2021 年 8 月	硫丹	3	0.79	1.89	中度风险
4	2021 年 8 月	氧乐果	3	0.79	1.89	中度风险

续表

序号	年月	农药	检出频次	检出率 P（%）	风险系数 R	风险程度
5	2021年8月	克百威	2	0.52	1.62	中度风险
6	2021年8月	氟虫腈	1	0.26	1.36	低度风险
7	2021年8月	治螟磷	1	0.26	1.36	低度风险
8	2021年9月	毒死蜱	41	21.47	22.57	高度风险
9	2021年9月	氰戊菊酯	2	1.05	2.15	中度风险
10	2021年9月	甲基异柳磷	1	0.52	1.62	中度风险
11	2021年9月	水胺硫磷	1	0.52	1.62	中度风险

20.3.2.2 所有水果蔬菜中非禁用农药残留风险系数分析

参照 MRL 欧盟标准计算所有水果蔬菜中每种非禁用农药残留的风险系数，如图 20-21 与表 20-15 所示。在侦测出的 47 种非禁用农药中，13 种农药（27.66%）残留处于高度风险，13 种农药（27.66%）残留处于中度风险，21 种农药（44.68%）残留处于低度风险。

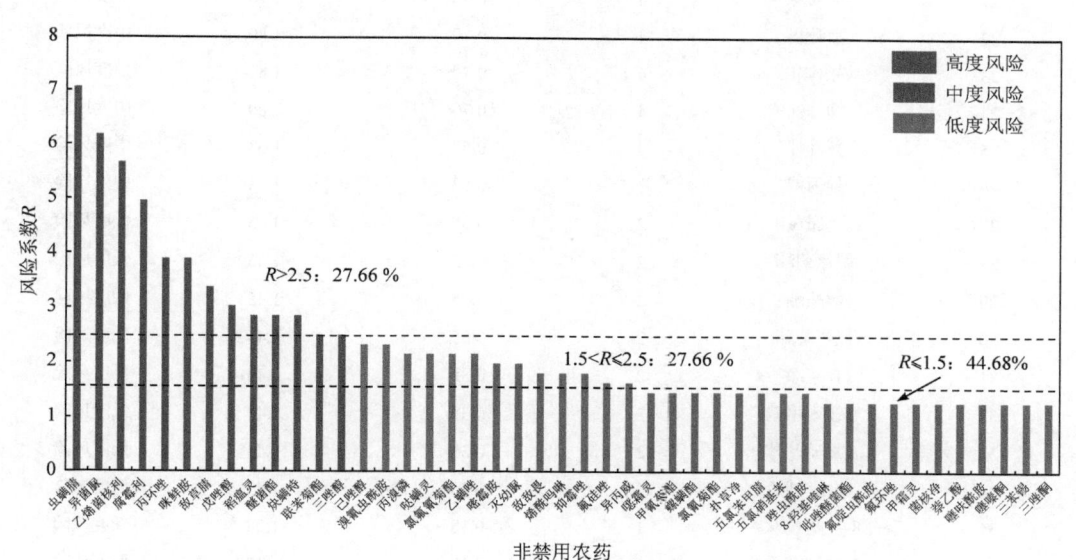

图 20-21 水果蔬菜中 47 种非禁用农药的风险程度统计图

表 20-15 水果蔬菜中 47 种非禁用农药的风险系数表

序号	农药	超标频次	超标率 P（%）	风险系数 R	风险程度
1	虫螨腈	34	5.95	7.05	高度风险
2	异菌脲	29	5.08	6.18	高度风险
3	乙烯菌核利	26	4.55	5.65	高度风险
4	腐霉利	22	3.85	4.95	高度风险
5	丙环唑	16	2.80	3.90	高度风险

续表

序号	农药	超标频次	超标率 P（%）	风险系数 R	风险程度
6	咪鲜胺	16	2.80	3.90	高度风险
7	敌草腈	13	2.28	3.38	高度风险
8	戊唑醇	11	1.93	3.03	高度风险
9	稻瘟灵	10	1.75	2.85	高度风险
10	醚菌酯	10	1.75	2.85	高度风险
11	炔螨特	10	1.75	2.85	高度风险
12	联苯菊酯	8	1.40	2.50	高度风险
13	三唑醇	8	1.40	2.50	高度风险
14	己唑醇	7	1.23	2.33	中度风险
15	溴氰虫酰胺	7	1.23	2.33	中度风险
16	丙溴磷	6	1.05	2.15	中度风险
17	哒螨灵	6	1.05	2.15	中度风险
18	氯氟氰菊酯	6	1.05	2.15	中度风险
19	乙螨唑	6	1.05	2.15	中度风险
20	嘧霉胺	5	0.88	1.98	中度风险
21	灭幼脲	5	0.88	1.98	中度风险
22	敌敌畏	4	0.70	1.80	中度风险
23	烯酰吗啉	4	0.70	1.80	中度风险
24	抑霉唑	4	0.70	1.80	中度风险
25	氟硅唑	3	0.53	1.63	中度风险
26	异丙威	3	0.53	1.63	中度风险
27	噁霜灵	2	0.35	1.45	低度风险
28	甲氰菊酯	2	0.35	1.45	低度风险
29	螺螨酯	2	0.35	1.45	低度风险
30	氯氰菊酯	2	0.35	1.45	低度风险
31	扑草净	2	0.35	1.45	低度风险
32	五氯苯甲腈	2	0.35	1.45	低度风险
33	五氯硝基苯	2	0.35	1.45	低度风险
34	唑虫酰胺	2	0.35	1.45	低度风险
35	8-羟基喹啉	1	0.18	1.28	低度风险
36	吡唑醚菌酯	1	0.18	1.28	低度风险
37	氟啶虫酰胺	1	0.18	1.28	低度风险
38	氟环唑	1	0.18	1.28	低度风险
39	甲霜灵	1	0.18	1.28	低度风险
40	菌核净	1	0.18	1.28	低度风险
41	萘乙酸	1	0.18	1.28	低度风险
42	噻呋酰胺	1	0.18	1.28	低度风险
43	噻嗪酮	1	0.18	1.28	低度风险
44	三苯锡	1	0.18	1.28	低度风险

续表

序号	农药	超标频次	超标率 P（%）	风险系数 R	风险程度
45	三唑酮	1	0.18	1.28	低度风险
46	四氢吩胺	1	0.18	1.28	低度风险
47	烯唑醇	1	0.18	1.28	低度风险

对每个月份内的非禁用农药的风险系数分析，每月内非禁用农药风险程度分布图如图 20-22 所示。这 2 个月份内处于高度风险的农药数排序为 2021 年 8 月（19）＞2021 年 9 月（12）。

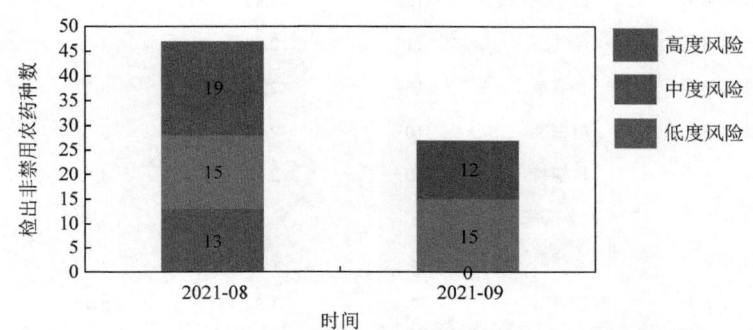

图 20-22　各月份水果蔬菜中非禁用农药残留的风险程度分布图

2 个月份内水果蔬菜中非禁用农药处于中度风险和高度风险的风险系数如图 20-23 和表 20-16 所示。

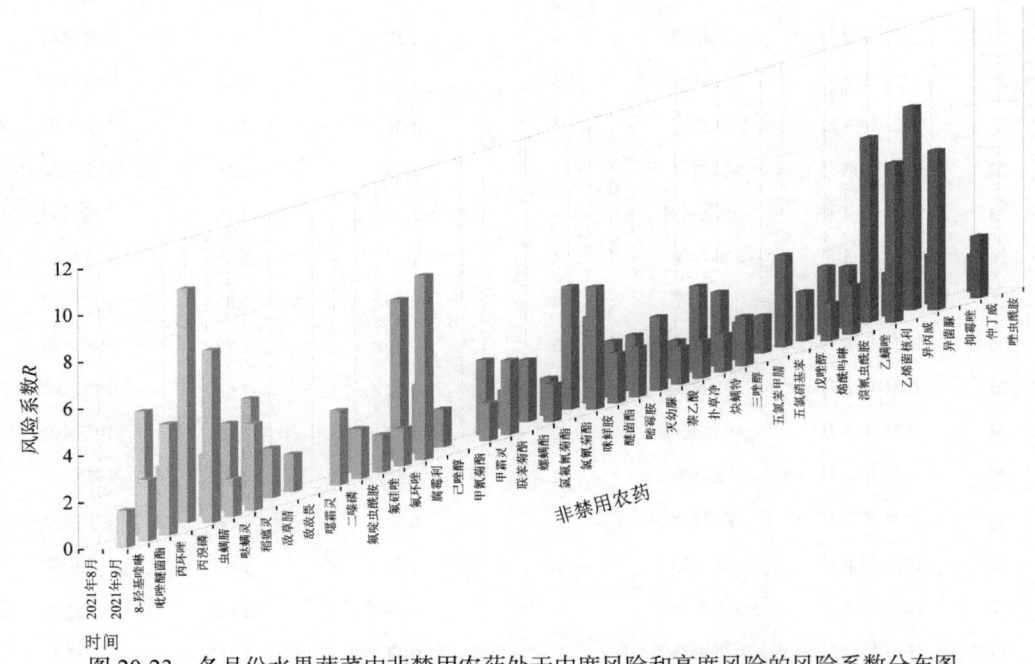

图 20-23　各月份水果蔬菜中非禁用农药处于中度风险和高度风险的风险系数分布图

表 20-16 各月份水果蔬菜中非禁用农药处于中度风险和高度风险的风险系数表

序号	年月	农药	超标频次	超标率 P（%）	风险系数 R	风险程度
1	2021年8月	虫螨腈	34	8.92	10.02	高度风险
2	2021年8月	异菌脲	29	7.61	8.71	高度风险
3	2021年8月	乙烯菌核利	26	6.82	7.92	高度风险
4	2021年8月	腐霉利	22	5.77	6.87	高度风险
5	2021年8月	丙环唑	16	4.20	5.30	高度风险
6	2021年8月	咪鲜胺	16	4.20	5.30	高度风险
7	2021年8月	敌草腈	13	3.41	4.51	高度风险
8	2021年8月	戊唑醇	11	2.89	3.99	高度风险
9	2021年8月	稻瘟灵	10	2.62	3.72	高度风险
10	2021年8月	醚菌酯	10	2.62	3.72	高度风险
11	2021年8月	炔螨特	10	2.62	3.72	高度风险
12	2021年8月	联苯菊酯	8	2.10	3.20	高度风险
13	2021年8月	三唑醇	8	2.10	3.20	高度风险
14	2021年8月	己唑醇	7	1.84	2.94	高度风险
15	2021年8月	溴氰虫酰胺	7	1.84	2.94	高度风险
16	2021年8月	丙溴磷	6	1.57	2.67	高度风险
17	2021年8月	哒螨灵	6	1.57	2.67	高度风险
18	2021年8月	氯氟氰菊酯	6	1.57	2.67	高度风险
19	2021年8月	乙螨唑	6	1.57	2.67	高度风险
20	2021年8月	嘧霉胺	5	1.31	2.41	中度风险
21	2021年8月	灭幼脲	5	1.31	2.41	中度风险
22	2021年8月	敌敌畏	4	1.05	2.15	中度风险
23	2021年8月	烯酰吗啉	4	1.05	2.15	中度风险
24	2021年8月	抑霉唑	4	1.05	2.15	中度风险
25	2021年8月	氟硅唑	3	0.79	1.89	中度风险
26	2021年8月	异丙威	3	0.79	1.89	中度风险
27	2021年8月	噁霜灵	2	0.52	1.62	中度风险
28	2021年8月	甲氰菊酯	2	0.52	1.62	中度风险
29	2021年8月	螺螨酯	2	0.52	1.62	中度风险
30	2021年8月	氯氰菊酯	2	0.52	1.62	中度风险
31	2021年8月	扑草净	2	0.52	1.62	中度风险
32	2021年8月	五氯苯甲腈	2	0.52	1.62	中度风险
33	2021年8月	五氯硝基苯	2	0.52	1.62	中度风险
34	2021年8月	唑虫酰胺	2	0.52	1.62	中度风险

续表

序号	年月	农药	超标频次	超标率 P（%）	风险系数 R	风险程度
35	2021年9月	腐霉利	13	6.81	7.91	高度风险
36	2021年9月	虫螨腈	12	6.28	7.38	高度风险
37	2021年9月	乙烯菌核利	11	5.76	6.86	高度风险
38	2021年9月	异菌脲	11	5.76	6.86	高度风险
39	2021年9月	咪鲜胺	8	4.19	5.29	高度风险
40	2021年9月	丙环唑	7	3.66	4.76	高度风险
41	2021年9月	稻瘟灵	5	2.62	3.72	高度风险
42	2021年9月	二嗪磷	4	2.09	3.19	高度风险
43	2021年9月	联苯菊酯	4	2.09	3.19	高度风险
44	2021年9月	灭幼脲	4	2.09	3.19	高度风险
45	2021年9月	吡唑醚菌酯	3	1.57	2.67	高度风险
46	2021年9月	仲丁威	3	1.57	2.67	高度风险
47	2021年9月	氟啶虫酰胺	2	1.05	2.15	中度风险
48	2021年9月	醚菌酯	2	1.05	2.15	中度风险
49	2021年9月	嘧霉胺	2	1.05	2.15	中度风险
50	2021年9月	三唑醇	2	1.05	2.15	中度风险
51	2021年9月	溴氰虫酰胺	2	1.05	2.15	中度风险
52	2021年9月	8-羟基喹啉	1	0.52	1.62	中度风险
53	2021年9月	哒螨灵	1	0.52	1.62	中度风险
54	2021年9月	氟硅唑	1	0.52	1.62	中度风险
55	2021年9月	氟环唑	1	0.52	1.62	中度风险
56	2021年9月	甲霜灵	1	0.52	1.62	中度风险
57	2021年9月	氯氟氰菊酯	1	0.52	1.62	中度风险
58	2021年9月	萘乙酸	1	0.52	1.62	中度风险
59	2021年9月	扑草净	1	0.52	1.62	中度风险
60	2021年9月	炔螨特	1	0.52	1.62	中度风险
61	2021年9月	烯酰吗啉	1	0.52	1.62	中度风险

20.4 农药残留风险评估结论与建议

农药残留是影响水果蔬菜安全和质量的主要因素，也是我国食品安全领域备受关注的敏感话题和亟待解决的重大问题之一。各种水果蔬菜均存在不同程度的农药残留现象，本研究主要针对宁夏回族自治区各类水果蔬菜存在的农药残留问题，基于2021年8～9月期间对宁夏回族自治区570例水果蔬菜样品中农药残留侦测得出的1869个侦测结果，分别采用食品安全指数模型和风险系数模型，开展水果蔬菜中农药残留的膳食暴露风险和预警风险评估。水果蔬菜样品取自超市、个体商户和农贸市场，符合大众的膳食来源，风险评价时更具有代表性和可信度。

本研究力求通用简单地反映食品安全中的主要问题，且为管理部门和大众容易接受，为政府及相关管理机构建立科学的食品安全信息发布和预警体系提供科学的规律与方法，加强对农药残留的预警和食品安全重大事件的预防，控制食品风险。

20.4.1 宁夏回族自治区水果蔬菜中农药残留膳食暴露风险评价结论

1）水果蔬菜样品中农药残留安全状态评价结论

采用食品安全指数模型，对2021年8～9月期间宁夏回族自治区水果蔬菜食品农药残留膳食暴露风险进行评价，根据 IFS_c 的计算结果发现，水果蔬菜中农药的 $\overline{IFS_c}$ 为0.0610，说明宁夏回族自治区水果蔬菜总体处于很好的安全状态，但部分禁用农药、高残留农药在蔬菜、水果中仍有侦测出，导致膳食暴露风险的存在，成为不安全因素。

2）单种水果蔬菜中农药膳食暴露风险不可接受情况评价结论

单种水果蔬菜中农药残留安全指数分析结果显示，农药对单种水果蔬菜安全影响不可接受（$IFS_c > 1$）的样本数共4个，占总样本数的0.70%，样本分别为蒜薹中的咪鲜胺、小白菜中的氧乐果，说明蒜薹中的咪鲜胺、小白菜中的氧乐果会对消费者身体健康造成较大的膳食暴露风险。蒜薹、小白菜均为较常见的蔬菜，百姓日常食用量较大，长期食用大量残留农药的蔬菜会对人体造成不可接受的影响，本次侦测发现农药在蔬菜样品中多次并大量侦测出，是未严格实施农业良好管理规范（GAP），抑或是农药滥用，这应该引起相关管理部门的警惕，应加强对蔬菜中农药的严格管控。

3）禁用农药膳食暴露风险评价

本次侦测发现部分水果蔬菜样品中有禁用农药侦测出，侦测出禁用农药9种，检出频次为120，水果蔬菜样品中的禁用农药 IFS_c 计算结果表明，禁用农药残留膳食暴露风险不可接受的频次为3，占2.50%；可以接受的频次为10，占8.33%；没有影响的频次为107，占89.17%。对于水果蔬菜样品中所有农药而言，膳食暴露风险不可接受的频次为4，占总体频次的0.20%。可以看出，禁用农药的膳食暴露风险不可接受的比例高于总体水平，故禁用农药更容易导致严重的膳食暴露风险。此外，膳食暴露风险不可接受的残留禁用农药为氧乐果，因此，应该加强对禁用农药氧乐果的管控力度。为何在国家明令禁止禁用农药喷洒的情况下，还能在多种水果蔬菜中多次侦测出禁用农药残留并造成不可接受的膳食暴露风险，这应该引起相关部门的高度警惕，应该在禁止禁用农药喷洒的同时，严格管控禁用农药的生产和售卖，从根本上杜绝安全隐患。

20.4.2 宁夏回族自治区水果蔬菜中农药残留预警风险评价结论

1）单种水果蔬菜中禁用农药残留的预警风险评价结论

本次侦测过程中，在14种水果蔬菜中侦测出9种禁用农药，禁用农药为：毒死蜱、氟虫腈、甲基异柳磷、克百威、硫丹、氰戊菊酯、水胺硫磷、氧乐果和治螟磷，水果蔬菜为：菠菜、番茄、黄瓜、韭菜、辣椒、梨、苹果、葡萄、芹菜、蒜薹、桃、小白菜、小油菜和油麦菜，水果蔬菜中禁用农药的风险系数分析结果显示，仅有 1 种禁用农药在 1 种水果蔬菜中的残留处于高度风险，说明在单种水果蔬菜中禁用农药的残留导致的预警风险普遍可以接受。

2）单种水果蔬菜中非禁用农药残留的预警风险评价结论

本次侦测过程中，以 MRL 中国国家标准为标准，在 19 种水果蔬菜中侦测出 100 种残留非禁用农药，涉及 475 个样本，1749 检出频次。计算水果蔬菜中非禁用农药风险系数，0.21%处于中度风险，26.11%处于低度风险，0.63%处于高度风险，73.05%的数据没有 MRL 中国国家标准值，无法判断其风险程度；以 MRL 欧盟标准为标准，在 18 种水果蔬菜中共侦测出 56 种非禁用农药，计算水果蔬菜中非禁用农药风险系数，发现有 11.79%处于高度风险，0.00%处于中度风险，69.47%处于低度风险。基于两种 MRL 标准，评价的结果差异显著，可以看出 MRL 欧盟标准比中国国家标准更加严格和完善，过于宽松的 MRL 中国国家标准值能否有效保障人体的健康有待研究。

20.4.3 加强宁夏回族自治区水果蔬菜食品安全建议

我国食品安全风险评价体系仍不够健全，相关制度不够完善，多年来，由于农药用药次数多、用药量大或用药间隔时间短，产品残留量大，农药残留所造成的食品安全问题日益严峻，给人体健康带来了直接或间接的危害。据估计，美国与农药有关的癌症患者数约占全国癌症患者总数的 50%，中国更高。同样，农药对其他生物也会形成直接杀伤和慢性危害，植物中的农药可经过食物链逐级传递并不断蓄积，对人和动物构成潜在威胁，并影响生态系统。

基于本次农药残留侦测数据的风险评价结果，提出以下几点建议：

1）加快食品安全标准制定步伐

我国食品标准中对农药每日允许最大摄入量（ADI）的数据严重缺乏，在本次宁夏回族自治区水果蔬菜农药残留评价所涉及的 110 种农药中，有 81.82%的农药具有 ADI 值，而 18.18%的农药中国尚未规定相应的 ADI 值，有待完善。

我国食品中农药最大残留限量值的规定严重缺乏，对评估涉及的不同水果蔬菜中不同农药 447 个 MRL 限值进行统计来看，我国仅制定出 231 个标准，我国标准完整率仅为 51.68%，欧盟的完整率达到 100%（表 20-17）。因此，中国更应加快 MRL 标准的制定步伐。

表 20-17 我国国家食品标准农药的 ADI、MRL 值与欧盟标准的数量差异

分类		中国 ADI	MRL 中国国家标准	MRL 欧盟标准
标准限值（个）	有	90	231	446
	无	20	216	0
总数（个）		110	447	446
无标准限值比例（%）		18.18	48.32	0.00

此外，MRL 中国国家标准限值普遍高于欧盟标准限值，这些标准中共有 147 个高于欧盟。过高的 MRL 值难以保障人体健康，建议继续加强对限值基准和标准的科学研究，将农产品中的危险性减少到尽可能低的水平。

2）加强农药的源头控制和分类监管

在宁夏回族自治区某些水果蔬菜中仍有禁用农药残留，利用 GC-Q-TOF/MS 技术侦测出 9 种禁用农药，检出频次为 120 次，残留禁用农药均存在较大的膳食暴露风险和预警风险。早已列入黑名单的禁用农药在我国并未真正退出，有些药物由于价格便宜、工艺简单，此类高毒农药一直生产和使用。建议在我国采取严格有效的控制措施，从源头控制禁用农药。

对于非禁用农药，在我国作为"田间地头"最典型单位的县级蔬果产地中，农药残留的侦测几乎缺失。建议根据农药的毒性，对高毒、剧毒、中毒农药实现分类管理，减少使用高毒和剧毒高残留农药，进行分类监管。

3）加强残留农药的生物修复及降解新技术

市售果蔬中残留农药的品种多、频次高、禁用农药多次检出这一现状，说明了我国的田间土壤和水体因农药长期、频繁、不合理的使用而遭到严重污染。为此，建议中国相关部门出台相关政策，鼓励高校及科研院所积极开展分子生物学、酶学等研究，加强土壤、水体中残留农药的生物修复及降解新技术研究，切实加大农药监管力度，以控制农药的面源污染问题。

综上所述，在本工作基础上，根据蔬菜残留危害，可进一步针对其成因提出和采取严格管理、大力推广无公害蔬菜种植与生产、健全食品安全控制技术体系、加强蔬菜食品质量侦测体系建设和积极推行蔬菜食品质量追溯制度等相应对策。建立和完善食品安全综合评价指数与风险监测预警系统，对食品安全进行实时、全面的监控与分析，为我国的食品安全科学监管与决策提供新的技术支持，可实现各类检验数据的信息化系统管理，降低食品安全事故的发生。

第 21 章　LC-Q-TOF/MS 侦测新疆维吾尔自治区市售水果蔬菜农药残留报告

从新疆维吾尔自治区随机采集了 200 例水果蔬菜样品，使用液相色谱-飞行时间质谱（LC-Q-TOF/MS），进行了 871 种农药化学污染物的全面侦测。

21.1　样品种类、数量与来源

21.1.1　样品采集与检测

为了真实反映百姓餐桌上水果蔬菜中农药残留污染状况，本次所有检测样品均由检验人员于 2021 年 7 月期间，从新疆维吾尔自治区所属 20 个采样点，包括 10 个电商平台、10 个个体商户，以随机购买方式采集，总计 20 批 200 例样品，从中检出农药 84 种，940 频次。采样及监测概况见表 21-1，样品明细见表 21-2。

表 21-1　农药残留监测总体概况

采样地区	新疆维吾尔自治区所属 4 个区县
采样点（电商平台+个体商户）	20
样本总数	200
检出农药品种/频次	84/940
各采样点样本农药残留检出率范围	73.7%～100.0%

表 21-2　样品分类及数量

样品分类	样品名称（数量）	数量小计
1. 水果		50
1）核果类水果	桃（10）	10
2）浆果和其他小型水果	葡萄（10），草莓（10）	20
3）仁果类水果	苹果（10），梨（10）	20
2. 蔬菜		150
1）豆类蔬菜	豇豆（10），菜豆（10）	20
2）鳞茎类蔬菜	韭菜（10），蒜薹（10）	20
3）叶菜类蔬菜	小白菜（10），芹菜（10），油麦菜（10），大白菜（10），小油菜（10），菠菜（10）	60

续表

样品分类	样品名称（数量）	数量小计
4）芸薹属类蔬菜	结球甘蓝（10）	10
5）茄果类蔬菜	辣椒（10），番茄（10），茄子（10）	30
6）瓜类蔬菜	黄瓜（10）	10
合计	1. 水果 5 种 2. 蔬菜 15 种	200

21.1.2 检测结果

这次使用的检测方法是庞国芳院士团队最新研发的不需使用标准品对照，而以高分辨精确质量数（0.0001 m/z）为基准的 LC-Q-TOF/MS 检测技术，对于 200 例样品，每个样品均侦测了 871 种农药化学污染物的残留现状。通过本次侦测，在 200 例样品中共计检出农药化学污染物 84 种，检出 940 频次。

21.1.2.1 各采样点样品检出情况

统计分析发现 20 个采样点中，被测样品的农药检出率范围为 73.7%～100.0%。其中，有 14 个采样点样品的检出率最高，达到了 100.0%，见表 21-3。

表 21-3 新疆维吾尔自治区采样点信息

采样点序号	行政区域	检出率（%）
个体商户（10）		
1	乌鲁木齐市 天山区	89.5
2	乌鲁木齐市 新市区	73.7
3	乌鲁木齐市 沙依巴克区	100.0
4	乌鲁木齐市 沙依巴克区	94.7
5	乌鲁木齐市 沙依巴克区	84.2
6	哈密地区 哈密市	100.0
7	哈密地区 哈密市	100.0
8	哈密地区 哈密市	94.7
9	哈密地区 哈密市	100.0
10	哈密地区 哈密市	94.7
电商平台（10）		
1	乌鲁木齐市 天山区	100.0
2	乌鲁木齐市 天山区	100.0
3	乌鲁木齐市 天山区	100.0
4	乌鲁木齐市 天山区	100.0
5	乌鲁木齐市 天山区	100.0
6	乌鲁木齐市 天山区	100.0
7	乌鲁木齐市 天山区	100.0

续表

采样点序号	行政区域	检出率（%）
8	乌鲁木齐市 天山区	100.0
9	乌鲁木齐市 天山区	100.0
10	乌鲁木齐市 天山区	100.0

21.1.2.2 检出农药的品种总数与频次

统计分析发现，对于 200 例样品中 871 种农药化学污染物的侦测，共检出农药 940 频次，涉及农药 84 种，结果如图 21-1 所示。其中啶虫脒检出频次最高，共检出 106 次。检出频次排名前 10 的农药如下：①啶虫脒（106），②烯酰吗啉（71），③噻虫嗪（60），④多菌灵（49），⑤吡唑醚菌酯（41），⑥吡虫啉（40），⑦噻虫胺（39），⑧苯醚甲环唑（32），⑨螺螨酯（28），⑩霜霉威（28）。

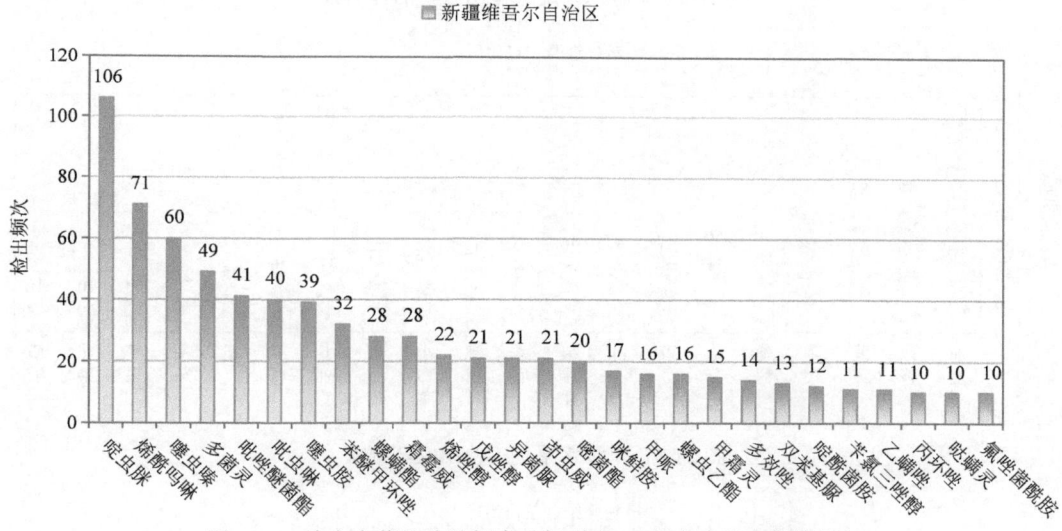

图 21-1 检出农药品种及频次（仅列出 10 频次及以上的数据）

由图 21-2 可见，油麦菜、结球甘蓝和草莓这 3 种果蔬样品中检出的农药品种数较高，均超过 20 种，其中，油麦菜检出农药品种最多，为 30 种。由图 21-3 可见，油麦菜、蒜薹和菠菜这 3 种果蔬样品中的农药检出频次较高，均超过 80 次，其中，油麦菜检出农药频次最高，为 143 次。

21.1.2.3 单例样品农药检出种类与占比

对单例样品检出农药种类和频次进行统计发现，未检出农药的样品占总样品数的 6.5%，检出 1 种农药的样品占总样品数的 10.0%，检出 2～5 种农药的样品占总样品数的 51.5%，检出 6～10 种农药的样品占总样品数的 22.0%，检出大于 10 种农药的样品占总样品数的 10.0%。每例样品中平均检出农药为 4.7 种，数据见图 21-4。

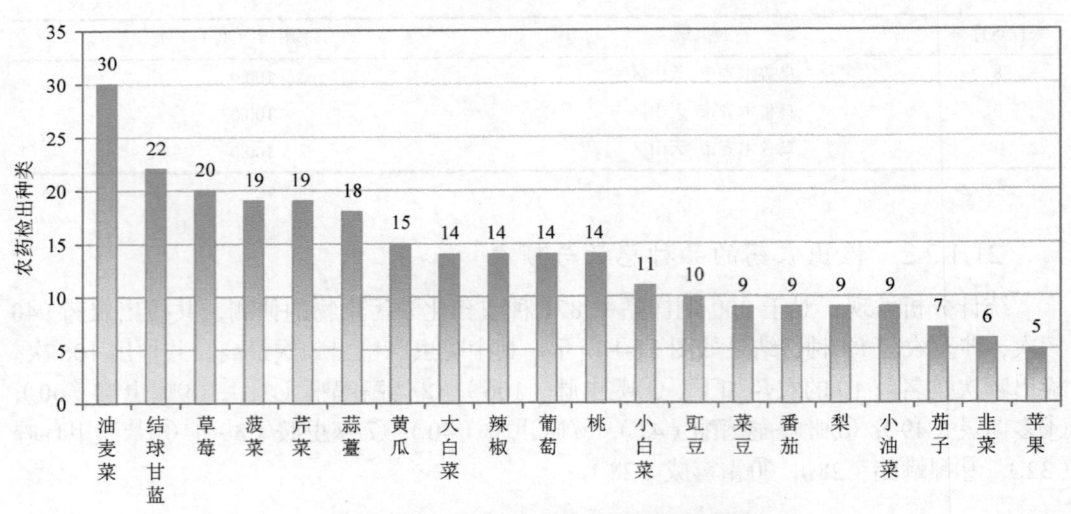

图 21-2　单种水果蔬菜检出农药的种类数

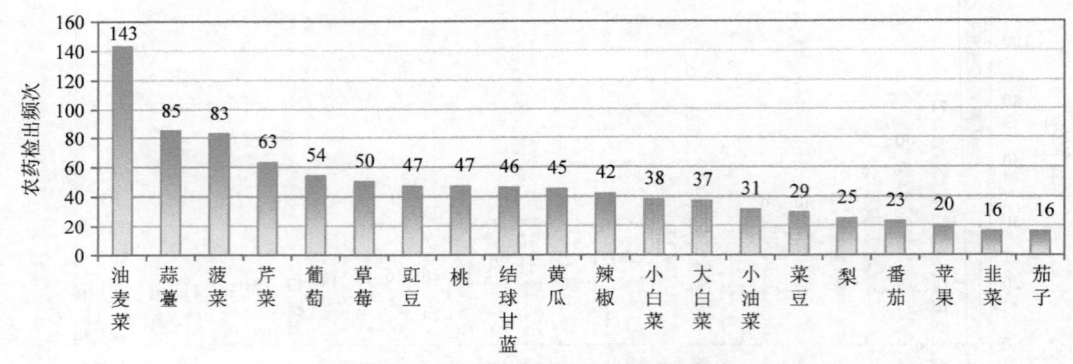

图 21-3　单种水果蔬菜检出农药频次

图 21-4　单例样品平均检出农药品种及占比

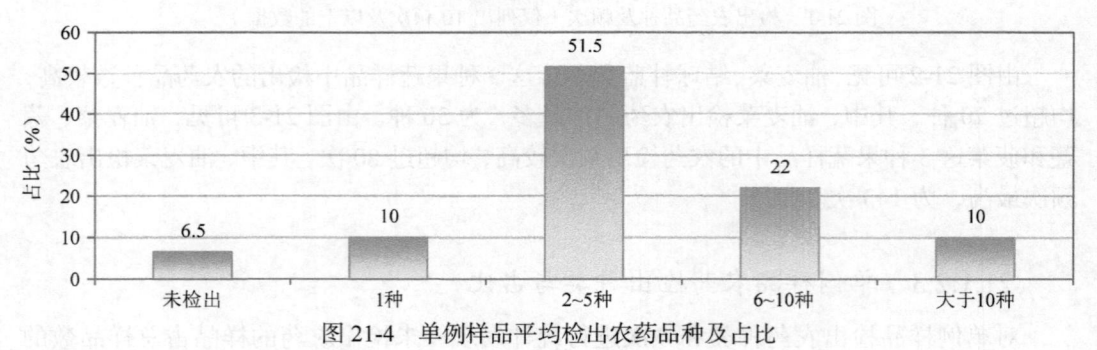

21.1.2.4　检出农药类别与占比

所有检出农药按功能分类，包括杀菌剂、杀虫剂、除草剂、植物生长调节剂、杀螨剂共

5类。其中杀菌剂与杀虫剂为主要检出的农药类别,分别占总数的42.9%和33.3%,见图21-5。

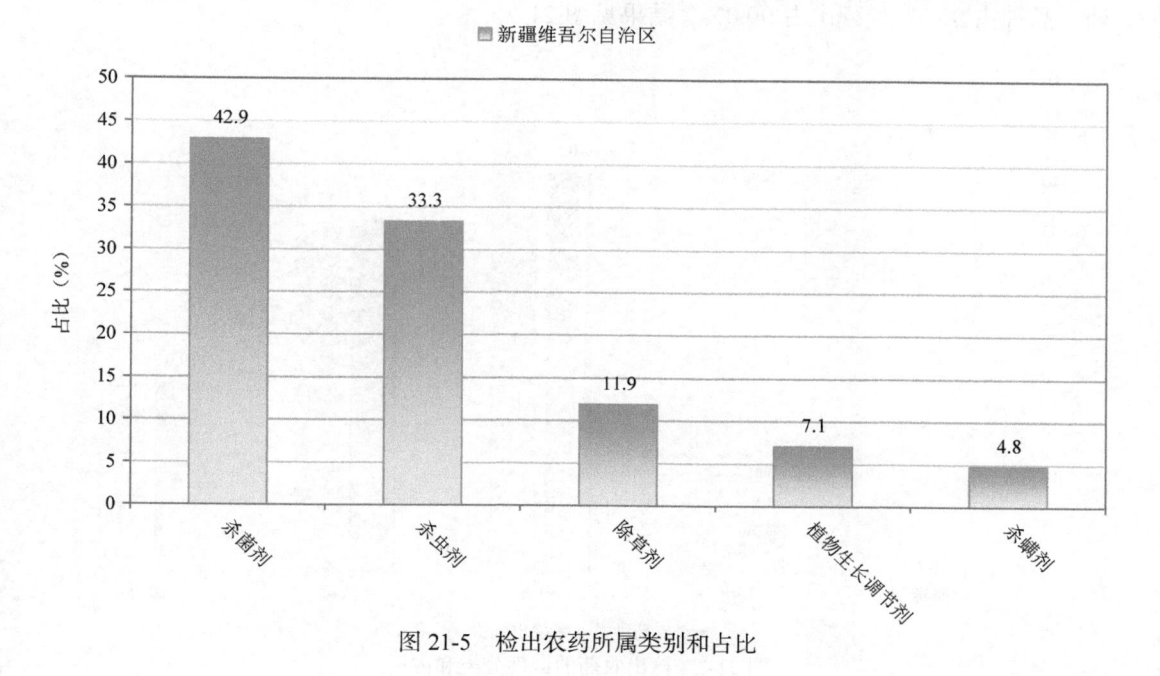

图 21-5　检出农药所属类别和占比

21.1.2.5　检出农药的残留水平

按检出农药残留水平进行统计,残留水平在1~5 μg/kg(含)的农药占总数的40.4%,在5~10 μg/kg(含)的农药占总数的12.9%,在10~100 μg/kg(含)的农药占总数的30.5%,在100~1000 μg/kg(含)的农药占总数的15.3%,在>1000 μg/kg的农药占总数的0.9%。

由此可见,这次检测的20批200例水果蔬菜样品中农药多数处于较低残留水平。结果见图21-6。

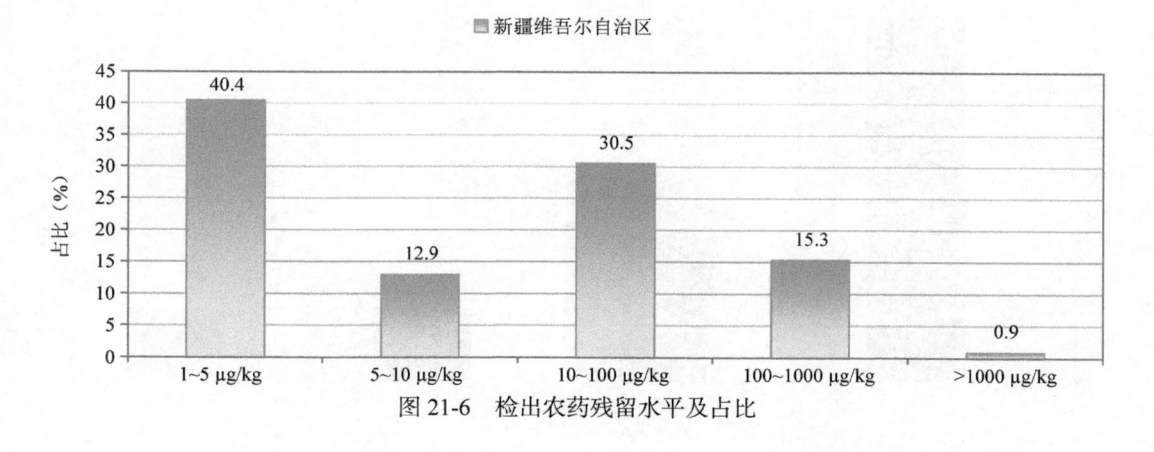

图 21-6　检出农药残留水平及占比

21.1.2.6　检出农药的毒性类别、检出频次和超标频次及占比

对这次检出的84种940频次的农药,按剧毒、高毒、中毒、低毒和微毒这五个毒

性类别进行分类，从中可以看出，新疆维吾尔自治区目前普遍使用的农药为中低微毒农药，品种占 95.2%，频次占 99.0%。结果见图 21-7。

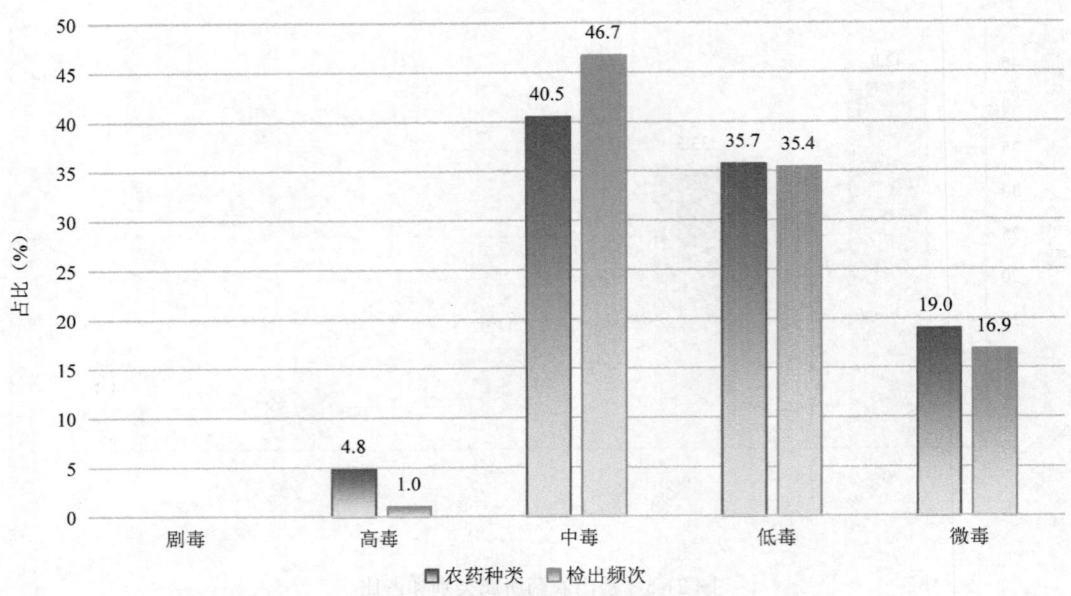

图 21-7　检出农药的毒性分类和占比

21.1.2.7　检出高毒类农药的品种和频次

值得特别关注的是，在此次侦测的 200 例样品中有 4 种蔬菜 1 种水果的 9 例样品检出了 4 种 9 频次的高毒农药，占样品总量的 4.5%，详见图 21-8、表 21-4 及表 21-5。

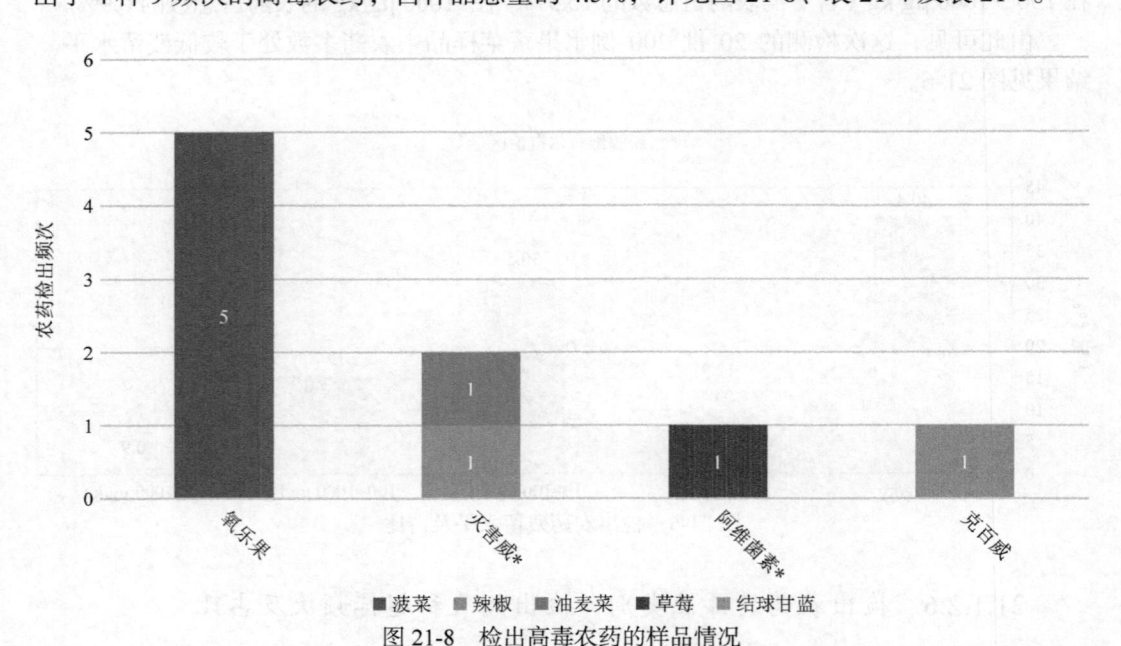

图 21-8　检出高毒农药的样品情况
*表示允许在水果和蔬菜上使用的农药

表 21-4　剧毒农药检出情况

农药名称	检出频次	超标频次	超标率
水果中未检出剧毒农药			
小计	0	0	超标率：0.0%
蔬菜中未检出剧毒农药			
小计	0	0	超标率：0.0%
合计	0	0	超标率：0.0%

表 21-5　高毒农药检出情况

序号	农药名称	检出频次	超标频次	超标率
	从 1 种水果中检出 1 种高毒农药，共计检出 1 次			
1	阿维菌素	1	0	0.0%
	小计	1	0	超标率：0.0%
	从 4 种蔬菜中检出 3 种高毒农药，共计检出 8 次			
1	氧乐果	5	0	0.0%
2	灭害威	2	0	0.0%
3	克百威	1	1	100.0%
	小计	8	1	超标率：12.5%
	合计	9	1	超标率：11.1%

在检出的高毒农药中，有 2 种是我国早已禁止在果树和蔬菜上使用的，分别是：克百威和氧乐果。禁用农药的检出情况见表 21-6。

表 21-6　禁用农药检出情况

序号	农药名称	检出频次	超标频次	超标率
	从 1 种水果中检出 1 种禁用农药，共计检出 1 次			
1	毒死蜱	1	0	0.0%
	小计	1	0	超标率：0.0%
	从 4 种蔬菜中检出 3 种禁用农药，共计检出 9 次			
1	氧乐果	5	0	0.0%
2	毒死蜱	3	0	0.0%
3	克百威	1	1	100.0%
	小计	9	1	超标率：11.1%
	合计	10	1	超标率：10.0%

注：超标结果参考 MRL 中国国家标准计算

此次抽检的果蔬样品中，没有检出剧毒农药。

样品中检出高毒农药残留水平超过 MRL 中国国家标准的频次为 1 次，为：结球甘蓝检出克百威超标 1 次。本次检出结果表明，高毒农药的使用现象依旧存在。详见表 21-7。

表 21-7　各样本中检出高毒农药情况

样品名称	农药名称	检出频次	超标频次	检出浓度（μg/kg）
水果 1 种				
草莓	阿维菌素	1	0	16.8
小计		1	0	超标率：0.0%
蔬菜 4 种				
油麦菜	灭害威	1	0	83.7
结球甘蓝	克百威▲	1	1	33.7[a]
菠菜	氧乐果▲	5	0	2.0, 3.1, 1.5, 2.8, 2.3
辣椒	灭害威	1	0	1.0
小计		8	1	超标率：12.5%
合计		9	1	超标率：11.1%

▲表示禁用农药；a 表示超标结果（参考 MRL 中国国家标准）

21.2　农药残留检出水平与最大残留限量标准对比分析

我国于 2021 年 3 月 3 日正式颁布并于 2021 年 9 月 3 日正式实施食品农药残留限量国家标准《食品中农药最大残留限量》（GB 2763—2021），该标准包括 548 个农药条目，涉及最大残留限量（MRL）标准 10092 项。将 940 频次检出结果的浓度水平与 10092 项国家 MRL 标准进行核对，其中有 570 频次的结果找到了对应的 MRL 标准，占 60.6%，还有 370 频次的侦测数据则无相关 MRL 标准供参考，占 39.4%。

将此次侦测结果与国际上现行 MRL 标准对比发现，在 940 频次的检出结果中有 940 频次的结果找到了对应的 MRL 欧盟标准，占 100.0%；其中，866 频次的结果有明确对应的 MRL 标准，占 92.1%，其余 74 频次按照欧盟一律标准判定，占 7.9%；有 940 频次的结果找到了对应的 MRL 日本标准，占 100.0%；其中，685 频次的结果有明确对应的 MRL 标准，占 72.9%，其余 255 频次按照日本一律标准判定，占 27.1%；有 458 频次的结果找到了对应的 MRL 中国香港标准，占 48.7%；有 553 频次的结果找到了对应的 MRL 美国标准，占 58.8%；有 413 频次的结果找到了对应的 MRL CAC 标准，占 43.9%。结果见图 21-9。

21.2.1　超标农药样品分析

本次侦测的 200 例样品中，13 例样品未检出任何残留农药，占样品总量的 6.5%，187 例样品检出不同水平、不同种类的残留农药，占样品总量的 93.5%。在此，我们将

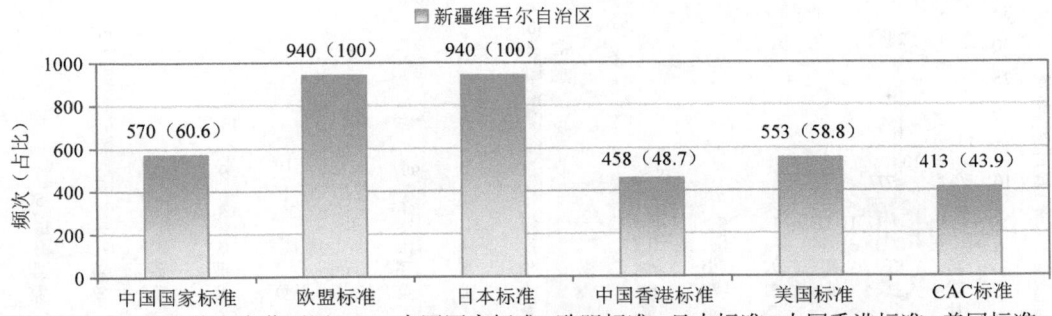

图 21-9　940 频次检出农药可用 MRL 中国国家标准、欧盟标准、日本标准、中国香港标准、美国标准、CAC 标准判定衡量的数量及占比（%）

本次侦测的农残检出情况与中国国家标准、欧盟标准、日本标准、中国香港标准、美国标准和 CAC 标准这 6 大国际主流 MRL 标准进行对比分析，样品农残检出与超标情况见图 21-10、表 21-8 和图 21-11。

图 21-10　检出和超标样品比例情况

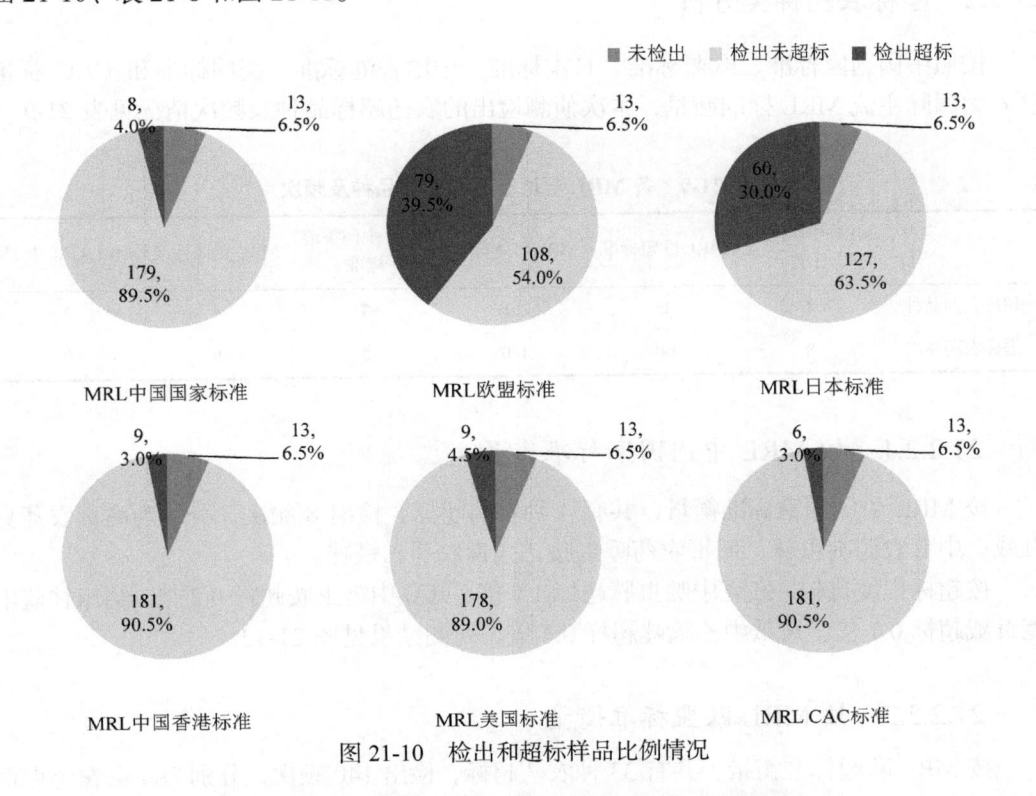

表 21-8　各 MRL 标准下样本农残检出与超标数量及占比

	MRL 中国国家标准	MRL 欧盟标准	MRL 日本标准	MRL 中国香港标准	MRL 美国标准	MRL CAC 标准
	数量/占比（%）	数量/占比（%）	数量/占比（%）	数量/占比（%）	数量/占比（%）	数量/占比（%）
未检出	13/6.5	13/6.5	13/6.5	13/6.5	13/6.5	13/6.5
检出未超标	179/89.5	108/54.0	127/63.5	181/90.5	178/89.0	181/90.5
检出超标	8/4.0	79/39.5	60/30.0	6/3.0	9/4.5	6/3.0

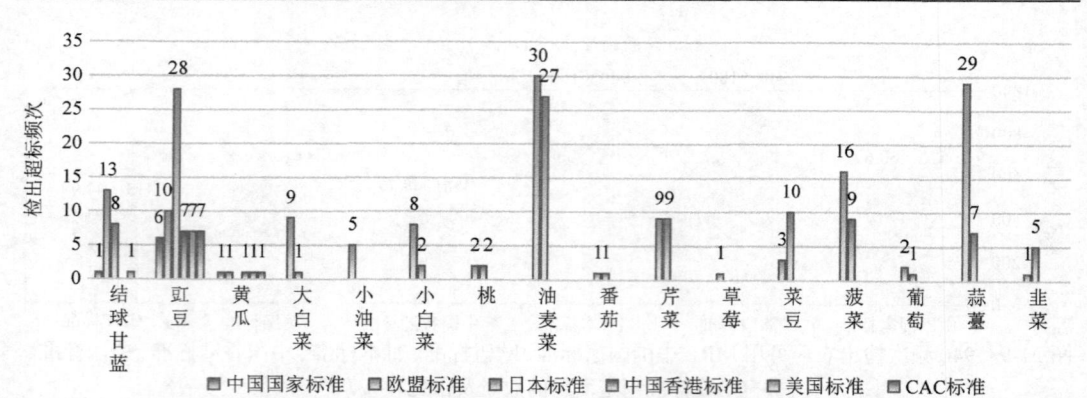

图 21-11　超过 MRL 中国国家标准、欧盟标准、日本标准、中国香港标准、美国标准和 CAC 标准结果在水果蔬菜中的分布

21.2.2　超标农药种类分析

按照中国国家标准、欧盟标准、日本标准、中国香港标准、美国标准和 CAC 标准这 6 大国际主流 MRL 标准衡量，本次侦测检出的农药超标品种及频次情况见表 21-9。

表 21-9　各 MRL 标准下超标农药品种及频次

	MRL 中国国家标准	MRL 欧盟标准	MRL 日本标准	MRL 中国香港标准	MRL 美国标准	MRL CAC 标准
超标农药品种	4	33	29	3	4	3
超标农药频次	8	140	110	8	9	8

21.2.2.1　按 MRL 中国国家标准衡量

按 MRL 中国国家标准衡量，共有 4 种农药超标，检出 8 频次，分别为高毒农药克百威，中毒农药啶虫脒，低毒农药噻虫胺，微毒农药乙螨唑。

按超标程度比较，豇豆中啶虫脒超标 1.5 倍，豇豆中噻虫胺超标 0.7 倍，结球甘蓝中克百威超标 0.7 倍，黄瓜中乙螨唑超标 0.1 倍。检测结果见图 21-12。

21.2.2.2　按 MRL 欧盟标准衡量

按 MRL 欧盟标准衡量，共有 33 种农药超标，检出 140 频次，分别为高毒农药克百威和灭害威，中毒农药戊唑醇、咪鲜胺、杀螟丹、啶虫脒、烯唑醇、茵草敌、丙环唑、茵多酸、异丙威、毒死蜱和三唑醇，低毒农药异戊烯腺嘌呤、吡唑萘菌胺、螺螨酯、噻虫嗪、乙草胺、呋虫胺、异菌脲、依维菌素、氟吡啉、噻嗪酮、环虫腈、胺鲜酯、烯啶虫胺、噻虫胺和噻菌灵，微毒农药氟环唑、乙螨唑、甲氧虫酰肼、苄氯三唑醇和多菌灵。

按超标程度比较，油麦菜中烯唑醇超标 131.7 倍，菠菜中异菌脲超标 78.1 倍，大白菜中噻虫嗪超标 62.3 倍，小白菜中啶虫脒超标 56.5 倍，蒜薹中噻菌灵超标 47.1 倍。检测结果见图 21-13。

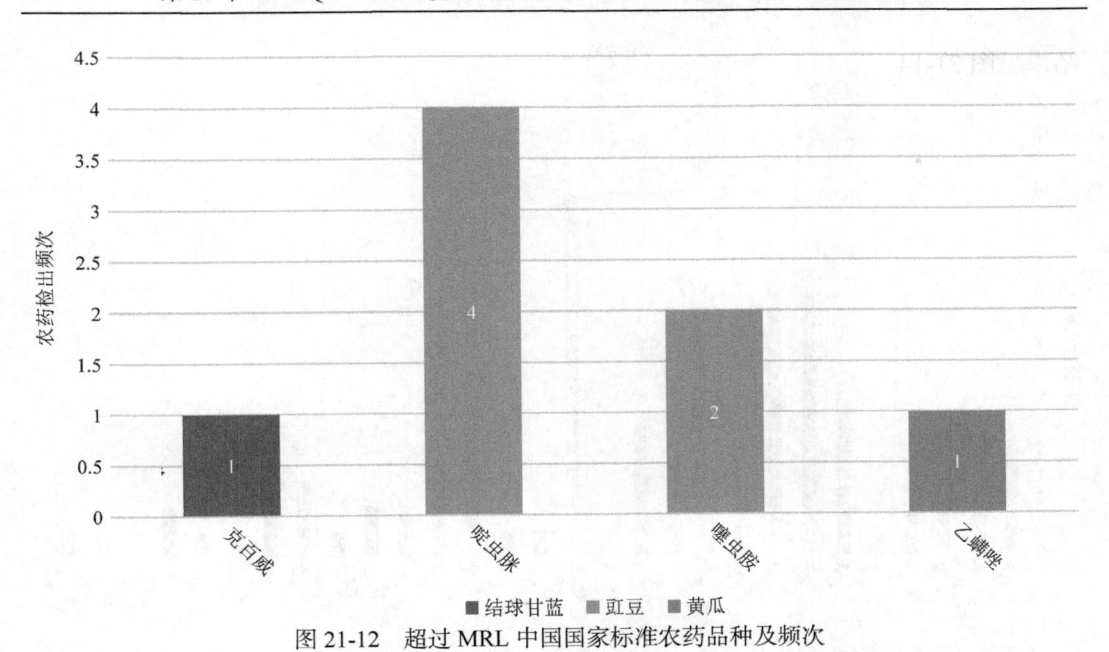

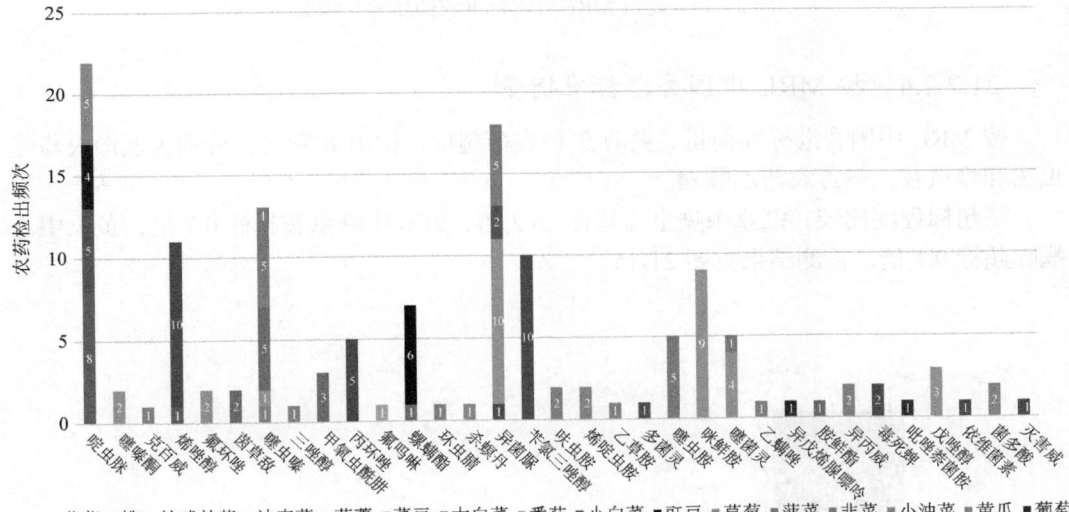

图 21-12　超过 MRL 中国国家标准农药品种及频次

图 21-13　超过 MRL 欧盟标准农药品种及频次

21.2.2.3　按 MRL 日本标准衡量

按 MRL 日本标准衡量，共有 29 种农药超标，检出 110 频次，分别为高毒农药灭害威，中毒农药甲哌、氟啶虫酰胺、啶虫脒、茵草敌、二甲戊灵、烯唑醇、丙环唑、腈菌唑、茵多酸、异丙威、吡唑醚菌酯、苯醚甲环唑和哒螨灵，低毒农药己唑醇、异戊烯腺嘌呤、异丙甲草胺、螺螨酯、噻虫嗪、乙草胺、依维菌素、氟吗啉、灭蝇胺、环虫腈、烯啶虫胺、胺鲜酯和噻虫胺，微毒农药氟环唑和苄氯三唑醇。

按超标程度比较，油麦菜中烯唑醇超标 131.7 倍，豇豆中啶虫脒超标 97.5 倍，豇豆中螺螨酯超标 51.3 倍，菠菜中吡唑醚菌酯超标 42.9 倍，桃中螺螨酯超标 31.8 倍。检测结果见图 21-14。

图 21-14　超过 MRL 日本标准农药品种及频次

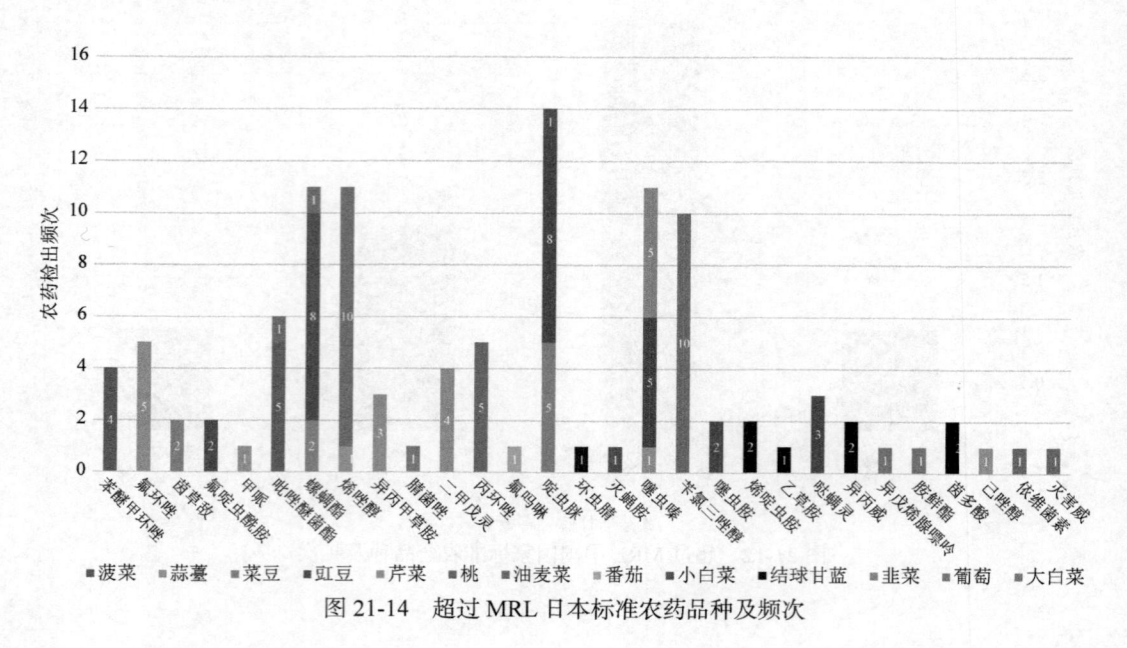

21.2.2.4　按 MRL 中国香港标准衡量

按 MRL 中国香港标准衡量，共有 3 种农药超标，检出 8 频次，分别为低毒农药噻虫嗪和噻虫胺，微毒农药乙螨唑。

按超标程度比较，豇豆中噻虫嗪超标 16.2 倍，豇豆中噻虫胺超标 0.7 倍，黄瓜中乙螨唑超标 0.1 倍。检测结果见图 21-15。

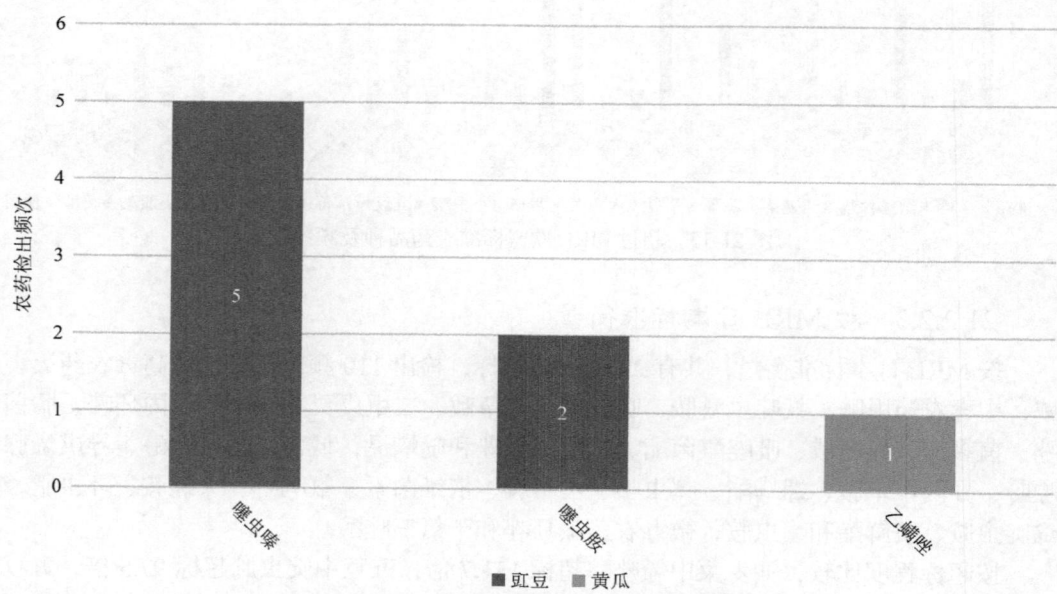

图 21-15　超过 MRL 中国香港标准农药品种及频次

21.2.2.5 按 MRL 美国标准衡量

按 MRL 美国标准衡量，共有 4 种农药超标，检出 9 频次，分别为中毒农药啶虫脒和茵多酸，低毒农药噻虫嗪，微毒农药乙螨唑。

按超标程度比较，豇豆中噻虫嗪超标 7.6 倍，结球甘蓝中茵多酸超标 1.9 倍，豇豆中啶虫脒超标 0.6 倍，黄瓜中乙螨唑超标 0.1 倍。检测结果见图 21-16。

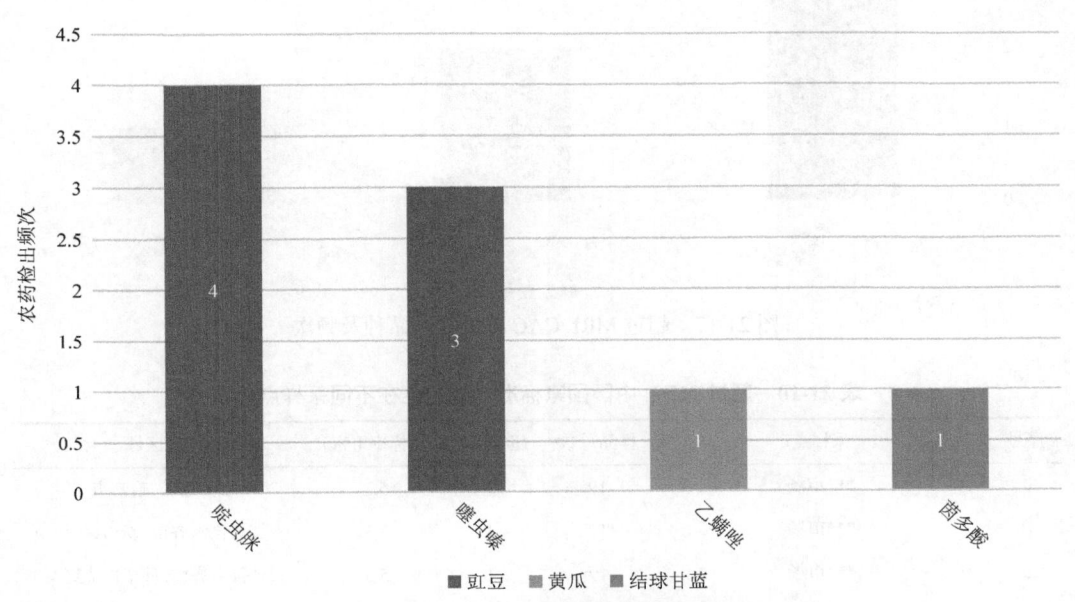

图 21-16 超过 MRL 美国标准农药品种及频次

21.2.2.6 按 MRL CAC 标准衡量

按 MRL CAC 标准衡量，共有 3 种农药超标，检出 8 频次，分别为低毒农药噻虫嗪和噻虫胺，微毒农药乙螨唑。

按超标程度比较，豇豆中噻虫嗪超标 16.2 倍，豇豆中噻虫胺超标 0.7 倍，黄瓜中乙螨唑超标 0.1 倍。检测结果见图 21-17。

21.2.3 20 个采样点超标情况分析

21.2.3.1 按 MRL 中国国家标准衡量

按 MRL 中国国家标准衡量，有 8 个采样点的样品存在不同程度的超标农药检出，超标率均为 5.3%，如表 21-10 所示。

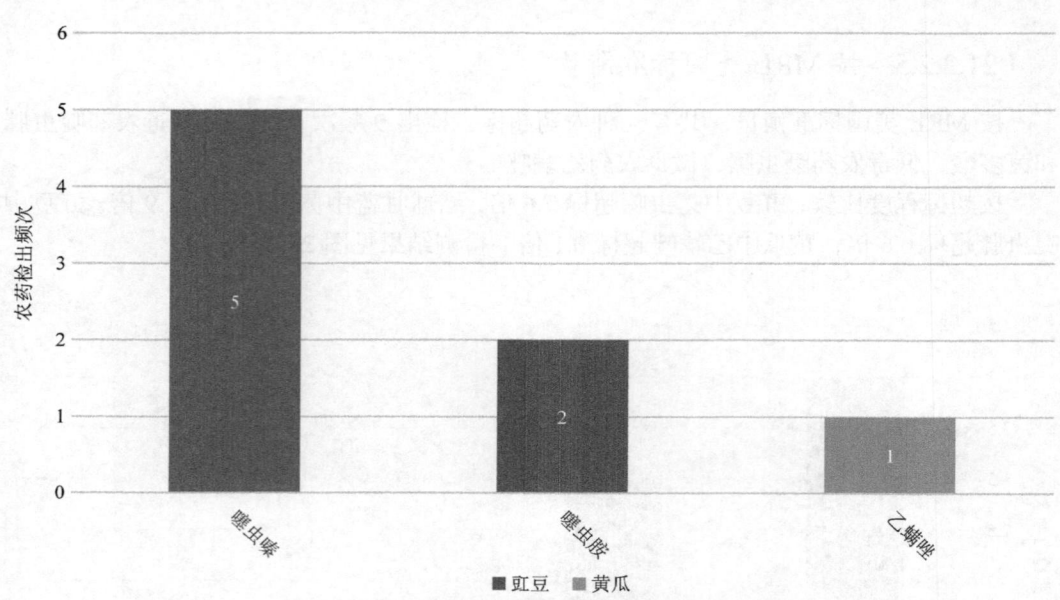

图 21-17　超过 MRL CAC 标准农药品种及频次

表 21-10　超过 MRL 中国国家标准水果蔬菜在不同采样点分布

序号	采样点	样品总数	超标数量	超标率（%）	行政区域
1	***市场	19	1	5.3	哈密地区 哈密市
2	***市场	19	1	5.3	乌鲁木齐市 新市区
3	***市场	19	1	5.3	乌鲁木齐市 沙依巴克区
4	***市场	19	1	5.3	乌鲁木齐市 沙依巴克区
5	***市场	19	1	5.3	乌鲁木齐市 沙依巴克区
6	***市场	19	1	5.3	哈密地区 哈密市
7	***超市	19	1	5.3	哈密地区 哈密市
8	***市场	19	1	5.3	哈密地区 哈密市

21.2.3.2　按 MRL 欧盟标准衡量

按 MRL 欧盟标准衡量，有 11 个采样点的样品存在不同程度的超标农药检出，如表 21-11 所示。

表 21-11　超过 MRL 欧盟标准水果蔬菜在不同采样点分布

序号	采样点	样品总数	超标数量	超标率（%）	行政区域
1	***市场	19	8	42.1	哈密地区 哈密市
2	***市场	19	6	31.6	哈密地区 哈密市
3	***市场	19	7	36.8	乌鲁木齐市 天山区
4	***市场	19	8	42.1	乌鲁木齐市 新市区

续表

序号	采样点	样品总数	超标数量	超标率（%）	行政区域
5	***市场	19	7	36.8	乌鲁木齐市 沙依巴克区
6	***市场	19	7	36.8	乌鲁木齐市 沙依巴克区
7	***市场	19	7	36.8	乌鲁木齐市 沙依巴克区
8	***市场	19	9	47.4	哈密地区 哈密市
9	***超市	19	10	52.6	哈密地区 哈密市
10	***市场	19	9	47.4	哈密地区 哈密市
11	***网	1	1	100.0	乌鲁木齐市 天山区

21.2.3.3 按 MRL 日本标准衡量

按 MRL 日本标准衡量，有 10 个采样点的样品存在不同程度的超标农药检出，如表 21-12 所示。

表 21-12 超过 MRL 日本标准水果蔬菜在不同采样点分布

序号	采样点	样品总数	超标数量	超标率（%）	行政区域
1	***市场	19	7	36.8	哈密地区 哈密市
2	***市场	19	8	42.1	哈密地区 哈密市
3	***市场	19	7	36.8	乌鲁木齐市 天山区
4	***市场	19	3	15.8	乌鲁木齐市 新市区
5	***市场	19	4	21.1	乌鲁木齐市 沙依巴克区
6	***市场	19	4	21.1	乌鲁木齐市 沙依巴克区
7	***市场	19	4	21.1	乌鲁木齐市 沙依巴克区
8	***市场	19	7	36.8	哈密地区 哈密市
9	***超市	19	8	42.1	哈密地区 哈密市
10	***市场	19	8	42.1	哈密地区 哈密市

21.2.3.4 按 MRL 中国香港标准衡量

按 MRL 中国香港标准衡量，有 5 个采样点的样品存在不同程度的超标农药检出，如表 21-13 所示。

表 21-13 超过 MRL 中国香港标准水果蔬菜在不同采样点分布

序号	采样点	样品总数	超标数量	超标率（%）	行政区域
1	***市场	19	1	5.3	乌鲁木齐市 天山区
2	***市场	19	1	5.3	乌鲁木齐市 新市区
3	***市场	19	1	5.3	乌鲁木齐市 沙依巴克区

续表

序号	采样点	样品总数	超标数量	超标率（%）	行政区域
4	***市场	19	1	5.3	乌鲁木齐市 沙依巴克区
5	***市场	19	2	10.5	乌鲁木齐市 沙依巴克区

21.2.3.5 按 MRL 美国标准衡量

按 MRL 美国标准衡量，有 8 个采样点的样品存在不同程度的超标农药检出，如表 21-14 所示。

表 21-14 超过 MRL 美国标准水果蔬菜在不同采样点分布

序号	采样点	样品总数	超标数量	超标率（%）	行政区域
1	***市场	19	1	5.3	哈密地区 哈密市
2	***市场	19	1	5.3	哈密地区 哈密市
3	***市场	19	1	5.3	乌鲁木齐市 新市区
4	***市场	19	1	5.3	乌鲁木齐市 沙依巴克区
5	***市场	19	2	10.5	乌鲁木齐市 沙依巴克区
6	***市场	19	1	5.3	哈密地区 哈密市
7	***超市	19	1	5.3	哈密地区 哈密市
8	***市场	19	1	5.3	哈密地区 哈密市

21.2.3.6 按 MRL CAC 标准衡量

按 MRL CAC 标准衡量，有 5 个采样点的样品存在不同程度的超标农药检出，如表 21-15 所示。

表 21-15 超过 MRL CAC 标准水果蔬菜在不同采样点分布

序号	采样点	样品总数	超标数量	超标率（%）	行政区域
1	***市场	19	1	5.3	乌鲁木齐市 天山区
2	***市场	19	1	5.3	乌鲁木齐市 新市区
3	***市场	19	1	5.3	乌鲁木齐市 沙依巴克区
4	***市场	19	1	5.3	乌鲁木齐市 沙依巴克区
5	***市场	19	2	10.5	乌鲁木齐市 沙依巴克区

21.3 水果中农药残留分布

21.3.1 检出农药品种和频次排前 5 的水果

本次残留侦测的水果共 5 种，包括葡萄、桃、草莓、苹果和梨。

根据检出农药品种及频次进行排名,将各项排名前 5 的水果样品检出情况列表说明,详见表 21-16。

表 21-16　检出农药品种和频次排名前 5 的水果

检出农药品种排名前 5（品种）	①草莓（20），②葡萄（14），③桃（14），④梨（9），⑤苹果（5）
检出农药频次排名前 5（频次）	①葡萄（54），②草莓（50），③桃（47），④梨（25），⑤苹果（20）
检出禁用、高毒农药品种排名前 5(品种)	①草莓（1），②桃（1）
检出禁用、高毒农药频次排名前 5(频次)	①草莓（1），②桃（1）

21.3.2　超标农药品种和频次排前 5 的水果

鉴于 MRL 欧盟标准和日本标准制定比较全面且覆盖率较高,我们参照 MRL 中国国家标准、欧盟标准和日本标准衡量水果样品中农残检出情况,将超标农药品种及频次排名前 5 的水果列表说明,详见表 21-17。

表 21-17　超标农药品种和频次排名前 5 的水果

超标农药品种排名前 5（农药品种数）	MRL 中国国家标准	
	MRL 欧盟标准	①葡萄（2），②草莓（1），③桃（1）
	MRL 日本标准	①桃（2），②葡萄（1）
超标农药频次排名前 5（农药频次数）	MRL 中国国家标准	
	MRL 欧盟标准	①葡萄（2），②桃（2），③草莓（1）
	MRL 日本标准	①桃（2），②葡萄（1）

通过对各品种水果样本总数及检出率进行综合分析发现,草莓、桃和葡萄的残留污染最为严重,在此,我们参照 MRL 中国国家标准、欧盟标准和日本标准对这 3 种水果的农残检出情况进行进一步分析。

21.3.3　农药残留检出率较高的水果样品分析

21.3.3.1　草莓

这次共检测 10 例草莓样品,全部检出了农药残留,检出率为 100.0%,检出农药共计 20 种。其中吡唑醚菌酯、啶酰菌胺、多菌灵、己唑醇和腈菌唑检出频次较高,分别检出了 4、4、4、4 和 4 次。草莓中农药检出品种和频次见图 21-18,超标农药见图 21-19 和表 21-18。

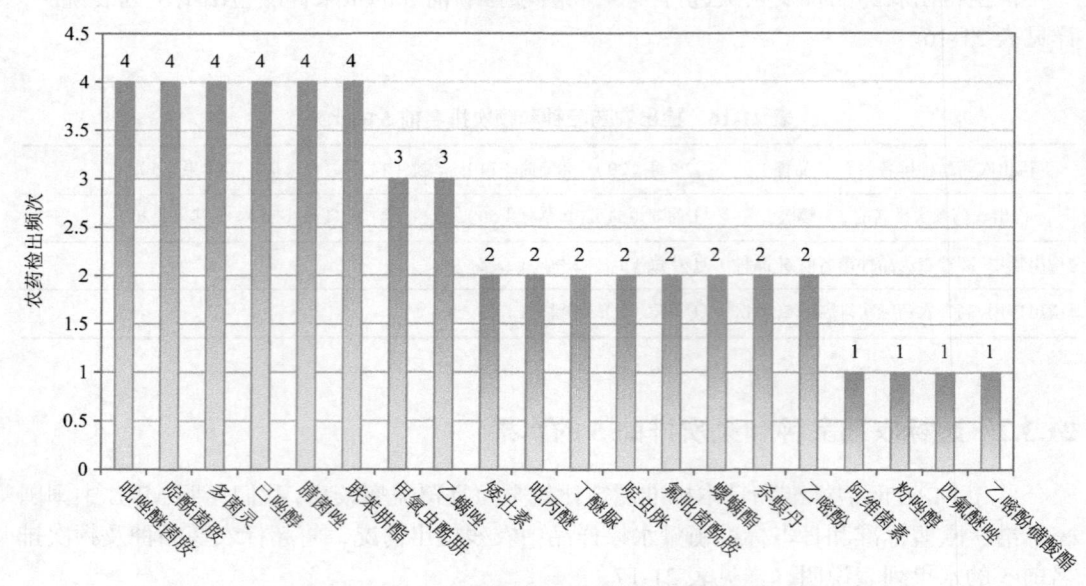

图 21-18　草莓样品检出农药品种和频次分析

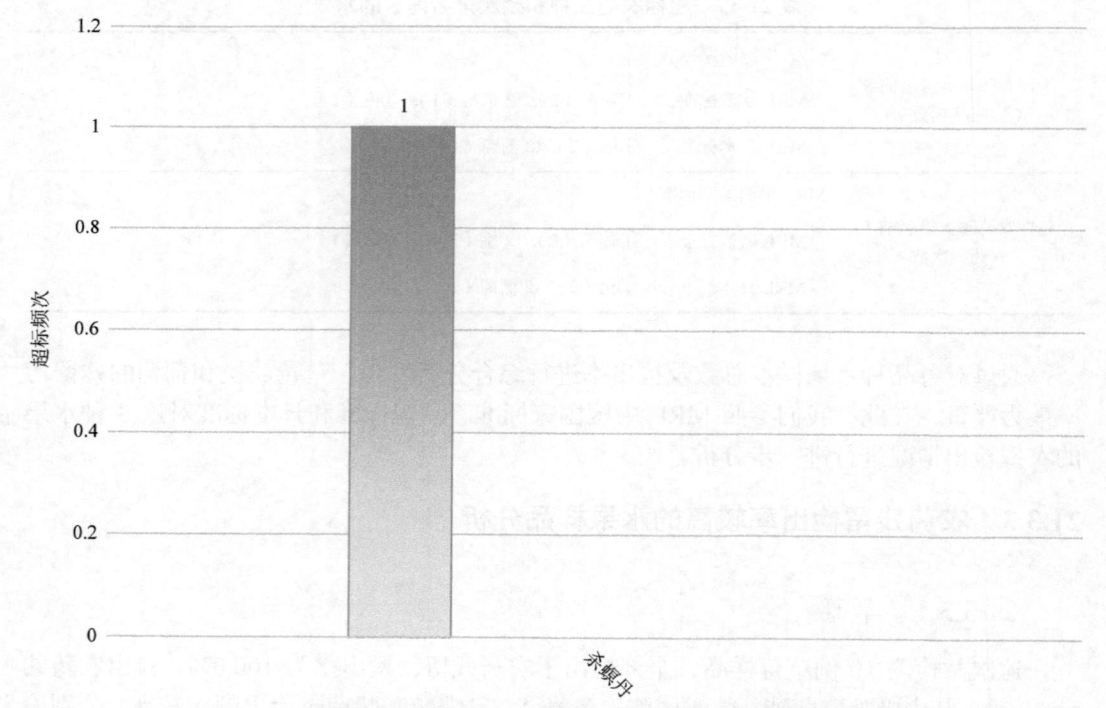

图 21-19　草莓样品中超标农药分析

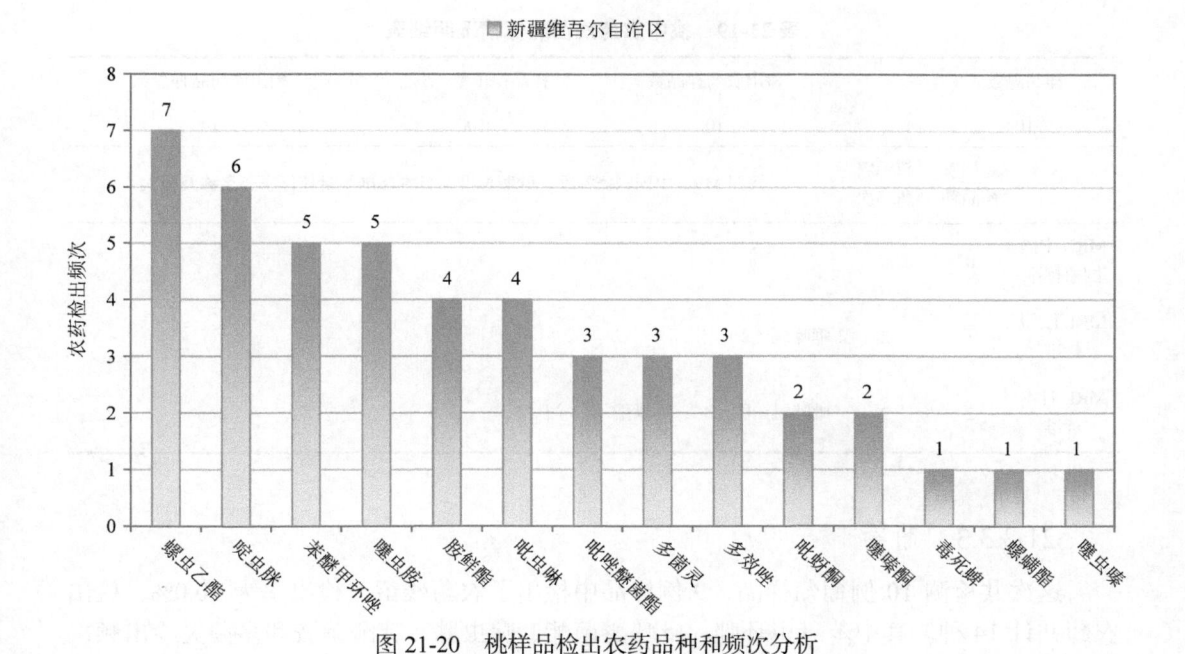

表 21-18　草莓中农药残留超标情况明细表

样品总数		检出农药样品数	样品检出率（%）	检出农药品种总数
10		10	100	20
	超标农药品种	超标农药频次	按照 MRL 中国国家标准、欧盟标准和日本标准衡量超标农药名称及频次	
MRL 中国国家标准	0	0		
MRL 欧盟标准	1	1	杀螟丹（1）	
MRL 日本标准	0	0		

21.3.3.2　桃

这次共检测 10 例桃样品，全部检出了农药残留，检出率为 100.0%，检出农药共计 14 种。其中螺虫乙酯、啶虫脒、苯醚甲环唑、噻虫胺和胺鲜酯检出频次较高，分别检出了 7、6、5、5 和 4 次。桃中农药检出品种和频次见图 21-20，超标农药见图 21-21 和表 21-19。

图 21-20　桃样品检出农药品种和频次分析

图 21-21 桃样品中超标农药分析

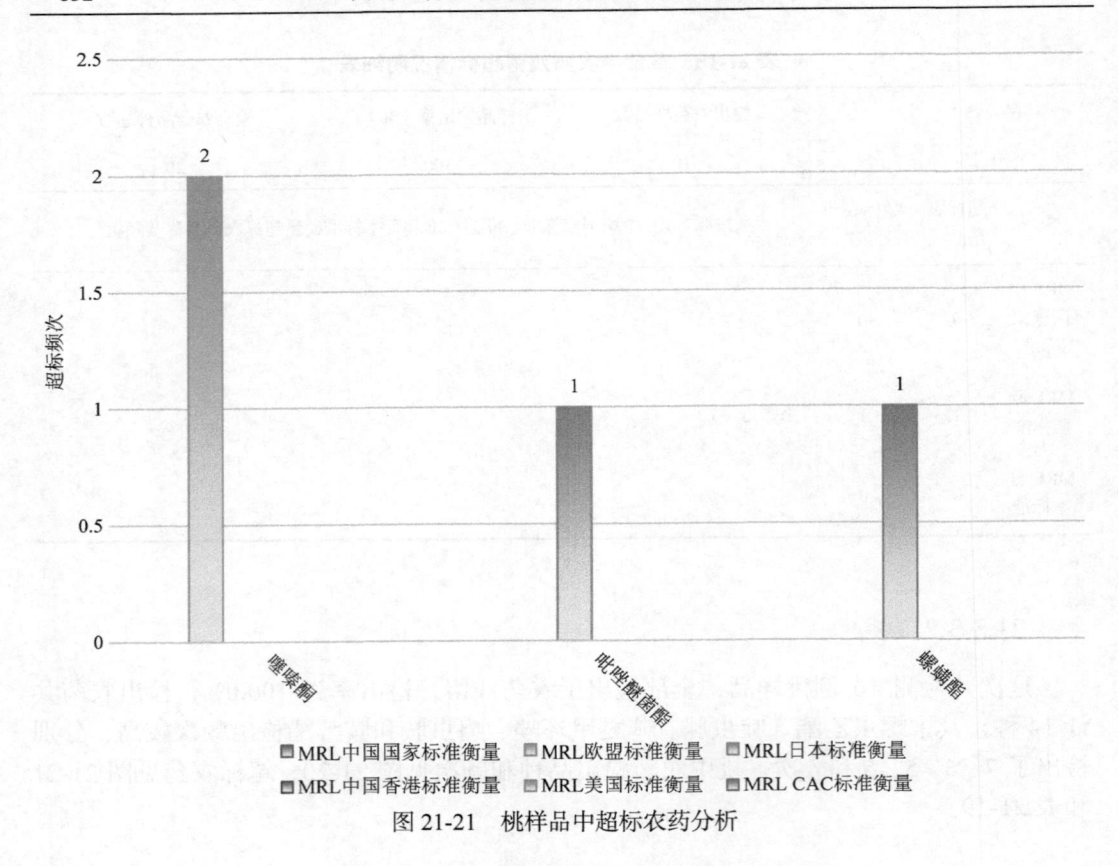

表 21-19　桃中农药残留超标情况明细表

样品总数	检出农药样品数	样品检出率（%）	检出农药品种总数
10	10	100	14

超标农药品种	超标农药频次	按照 MRL 中国国家标准、欧盟标准和日本标准衡量超标农药名称及频次
MRL 中国国家标准	0	0
MRL 欧盟标准	1	2	噻嗪酮（2）
MRL 日本标准	2	2	吡唑醚菌酯（1）、螺螨酯（1）

21.3.3.3　葡萄

这次共检测 10 例葡萄样品，9 例样品中检出了农药残留，检出率为 90.0%，检出农药共计 14 种。其中苯醚甲环唑、吡唑醚菌酯、啶虫脒、啶酰菌胺和多菌灵检出频次较高，分别检出了 5、5、5、5 和 5 次。葡萄中农药检出品种和频次见图 21-22，超标农药见图 21-23 和表 21-20。

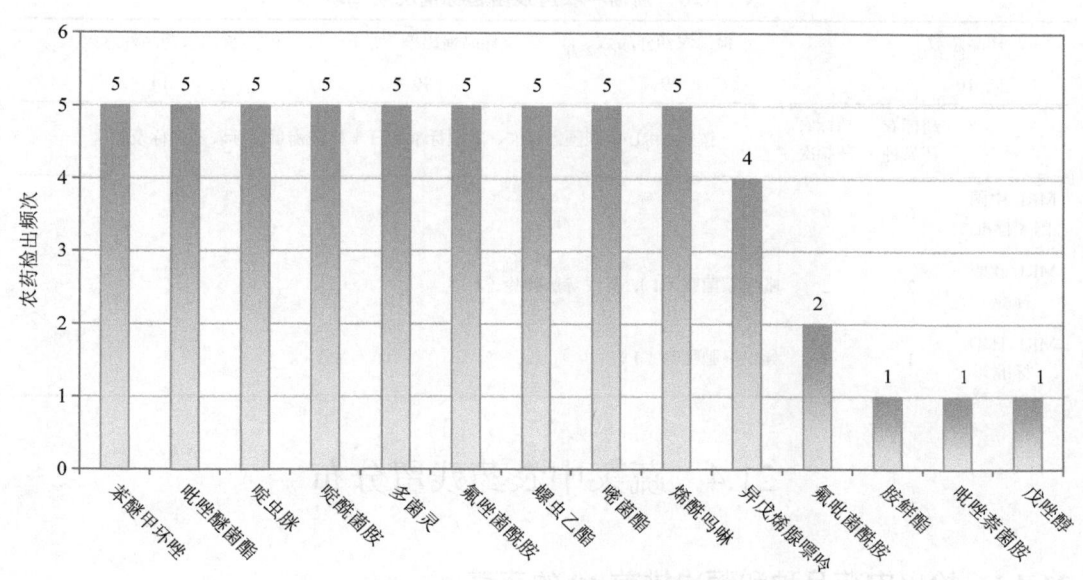

第 21 章　LC-Q-TOF/MS 侦测新疆维吾尔自治区市售水果蔬菜农药残留报告

图 21-22　葡萄样品检出农药品种和频次分析

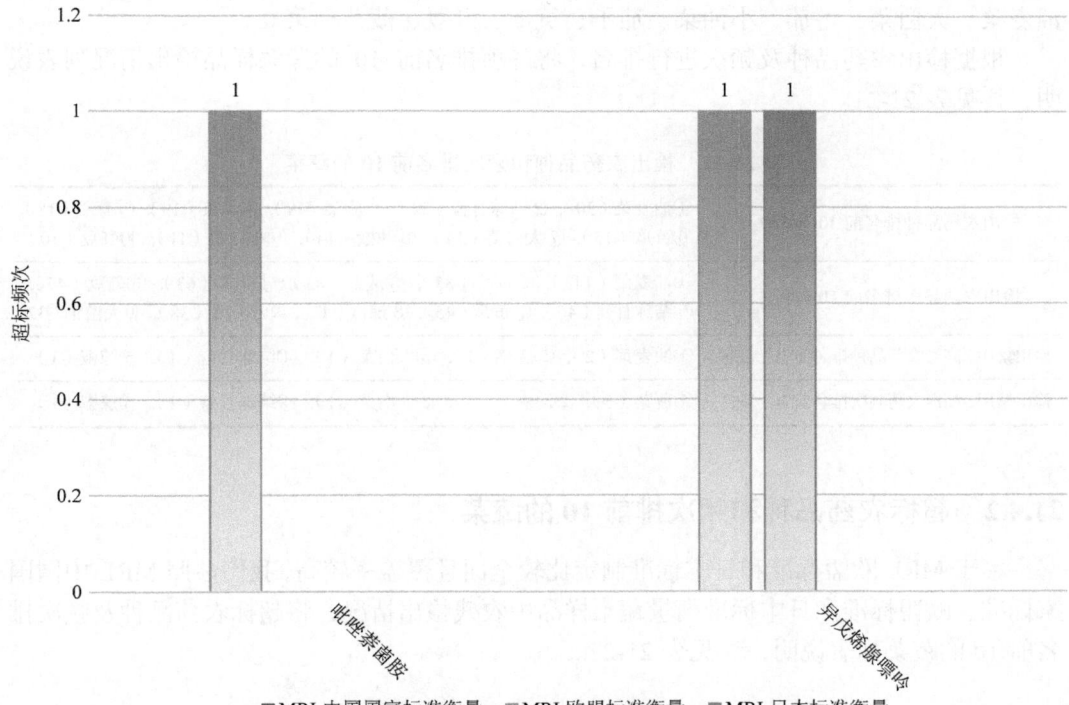

图 21-23　葡萄样品中超标农药分析

表 21-20　葡萄中农药残留超标情况明细表

样品总数	检出农药样品数	样品检出率（%）	检出农药品种总数
10	9	90	14

	超标农药品种	超标农药频次	按照 MRL 中国国家标准、欧盟标准和日本标准衡量超标农药名称及频次
MRL 中国国家标准	0	0	
MRL 欧盟标准	2	2	吡唑萘菌胺（1），异戊烯腺嘌呤（1）
MRL 日本标准	1	1	异戊烯腺嘌呤（1）

21.4　蔬菜中农药残留分布

21.4.1　检出农药品种和频次排前 10 的蔬菜

本次残留侦测的蔬菜共 15 种，包括辣椒、结球甘蓝、韭菜、蒜薹、小白菜、芹菜、油麦菜、大白菜、番茄、小油菜、茄子、黄瓜、豇豆、菠菜和菜豆。

根据检出农药品种及频次进行排名，将各项排名前 10 的蔬菜样品检出情况列表说明，详见表 21-21。

表 21-21　检出农药品种和频次排名前 10 的蔬菜

检出农药品种排名前 10（品种）	①油麦菜（30），②结球甘蓝（22），③菠菜（19），④芹菜（19），⑤蒜薹（18），⑥黄瓜（15），⑦大白菜（14），⑧辣椒（14），⑨小白菜（11），⑩豇豆（10）
检出农药频次排名前 10（频次）	①油麦菜（143），②蒜薹（85），③菠菜（83），④芹菜（63），⑤豇豆（47），⑥结球甘蓝（46），⑦黄瓜（45），⑧辣椒（42），⑨小白菜（38），⑩大白菜（37）
检出禁用、高毒农药品种排名前10（品种）	①油麦菜（2），②菠菜（1），③大白菜（1），④结球甘蓝（1），⑤辣椒（1）
检出禁用、高毒农药频次排名前10（频次）	①菠菜（5），②油麦菜（3），③大白菜（1），④结球甘蓝（1），⑤辣椒（1）

21.4.2　超标农药品种和频次排前 10 的蔬菜

鉴于 MRL 欧盟标准和日本标准制定比较全面且覆盖率较高，我们参照 MRL 中国国家标准、欧盟标准和日本标准衡量蔬菜样品中农残检出情况，将超标农药品种及频次排名前 10 的蔬菜列表说明，详见表 21-22。

表 21-22　超标农药品种和频次排名前 10 的蔬菜

超标农药品种排名前 10（农药品种数）	MRL 中国国家标准	①豇豆（2），②黄瓜（1），③结球甘蓝（1）
	MRL 欧盟标准	①结球甘蓝（9），②油麦菜（7），③蒜薹（6），④菠菜（4），⑤大白菜（3），⑥小白菜（3），⑦菜豆（2），⑧豇豆（2），⑨芹菜（2），⑩番茄（1）

续表

超标农药品种排名前10（农药品种数）	MRL 日本标准	①豇豆（6），②结球甘蓝（5），③油麦菜（5），④菜豆（4），⑤芹菜（4），⑥蒜薹（3），⑦菠菜（2），⑧小白菜（2），⑨大白菜（1），⑩番茄（1）
超标农药频次排名前10（农药频次数）	MRL 中国国家标准	①豇豆（6），②黄瓜（1），③结球甘蓝（1）
	MRL 欧盟标准	①油麦菜（30），②蒜薹（29），③菠菜（16），④结球甘蓝（13），⑤豇豆（10），⑥大白菜（9），⑦芹菜（9），⑧小白菜（8），⑨小油菜（5），⑩菜豆（3）
	MRL 日本标准	①豇豆（28），②油麦菜（27），③菜豆（10），④菠菜（9），⑤芹菜（9），⑥结球甘蓝（8），⑦蒜薹（7），⑧韭菜（5），⑨小白菜（2），⑩大白菜（1）

通过对各品种蔬菜样本总数及检出率进行综合分析发现，油麦菜、结球甘蓝和菠菜的残留污染最为严重，在此，我们参照 MRL 中国国家标准、欧盟标准和日本标准对这 3 种蔬菜的农残检出情况进行进一步分析。

21.4.3 农药残留检出率较高的蔬菜样品分析

21.4.3.1 油麦菜

这次共检测 10 例油麦菜样品，全部检出了农药残留，检出率为 100.0%，检出农药共计 30 种。其中吡虫啉、苄氯三唑醇、啶虫脒、多效唑和甲哌检出频次较高，分别检出了 10、10、10、10 和 10 次。油麦菜中农药检出品种和频次见图 21-24，超标农药见图 21-25 和表 21-23。

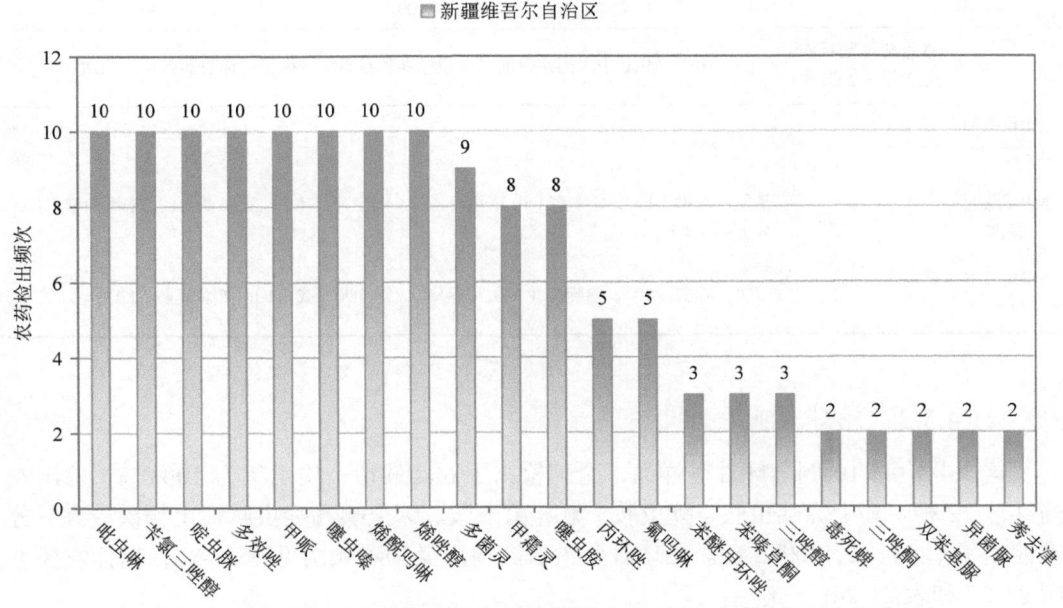

图 21-24 油麦菜样品检出农药品种和频次分析（仅列出 2 频次及以上的数据）

图 21-25　油麦菜样品中超标农药分析

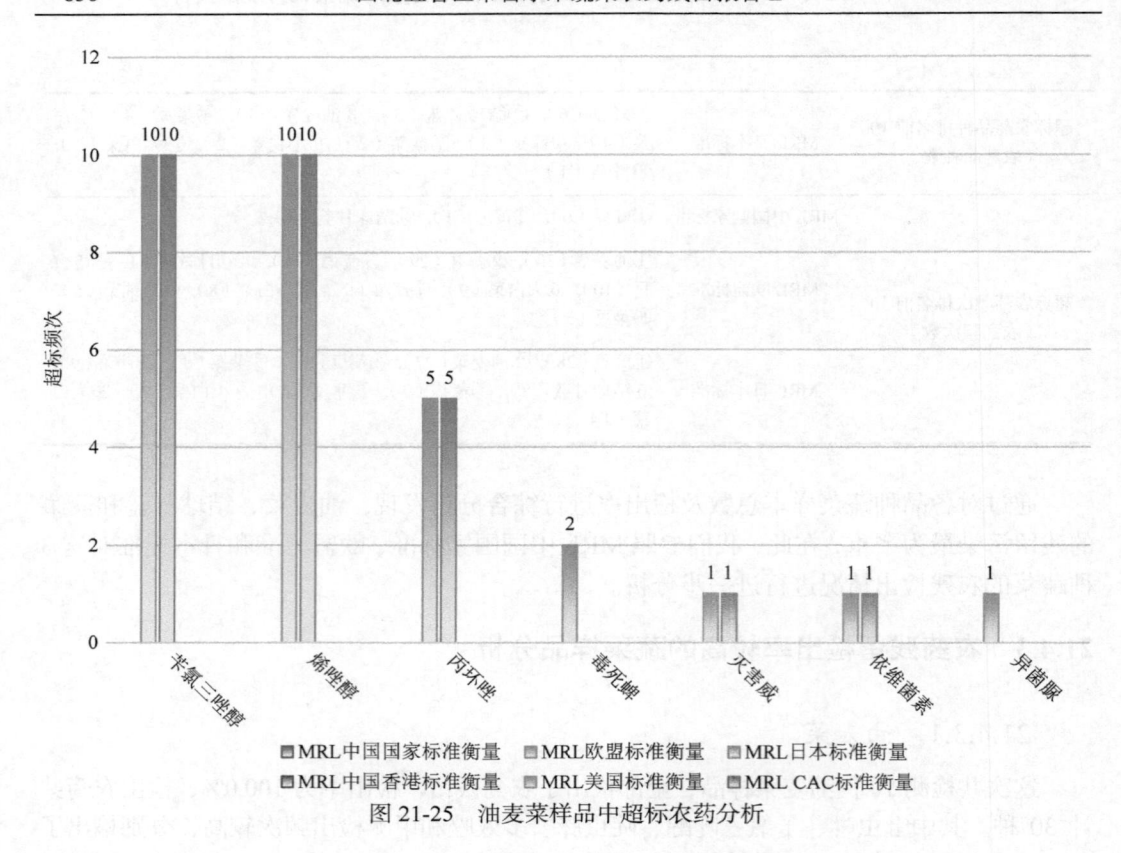

表 21-23　油麦菜中农药残留超标情况明细表

样品总数	检出农药样品数	样品检出率（%）	检出农药品种总数
10	10	100	30

	超标农药品种	超标农药频次	按照 MRL 中国国家标准、欧盟标准和日本标准衡量超标农药名称及频次
MRL 中国国家标准	0	0	
MRL 欧盟标准	7	30	苄氯三唑醇（10）、烯唑醇（10）、丙环唑（5）、毒死蜱（2）、灭害威（1）、依维菌素（1）、异菌脲（1）
MRL 日本标准	5	27	苄氯三唑醇（10）、烯唑醇（10）、丙环唑（5）、灭害威（1）、依维菌素（1）

21.4.3.2　结球甘蓝

这次共检测 10 例结球甘蓝样品，全部检出了农药残留，检出率为 100.0%，检出农药共计 22 种。其中烯啶虫胺、噻虫胺、氟唑菌酰胺、噻虫嗪和啶虫脒检出频次较高，分别检出了 7、4、3、3 和 2 次。结球甘蓝中农药检出品种和频次见图 21-26，超标农药见图 21-27 和表 21-24。

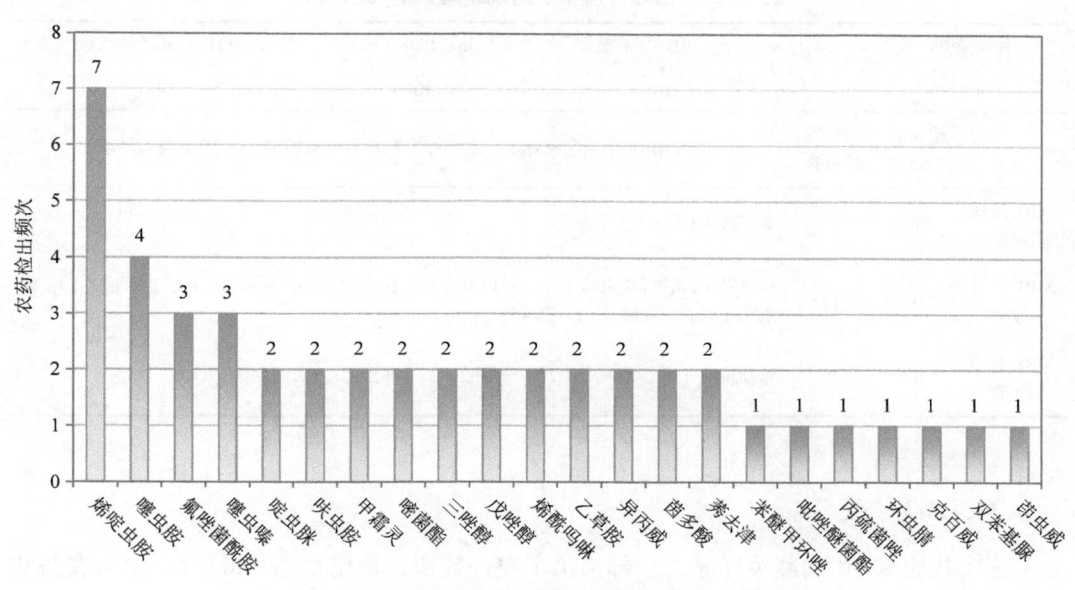

第 21 章 LC-Q-TOF/MS 侦测新疆维吾尔自治区市售水果蔬菜农药残留报告

图 21-26 结球甘蓝样品检出农药品种和频次分析

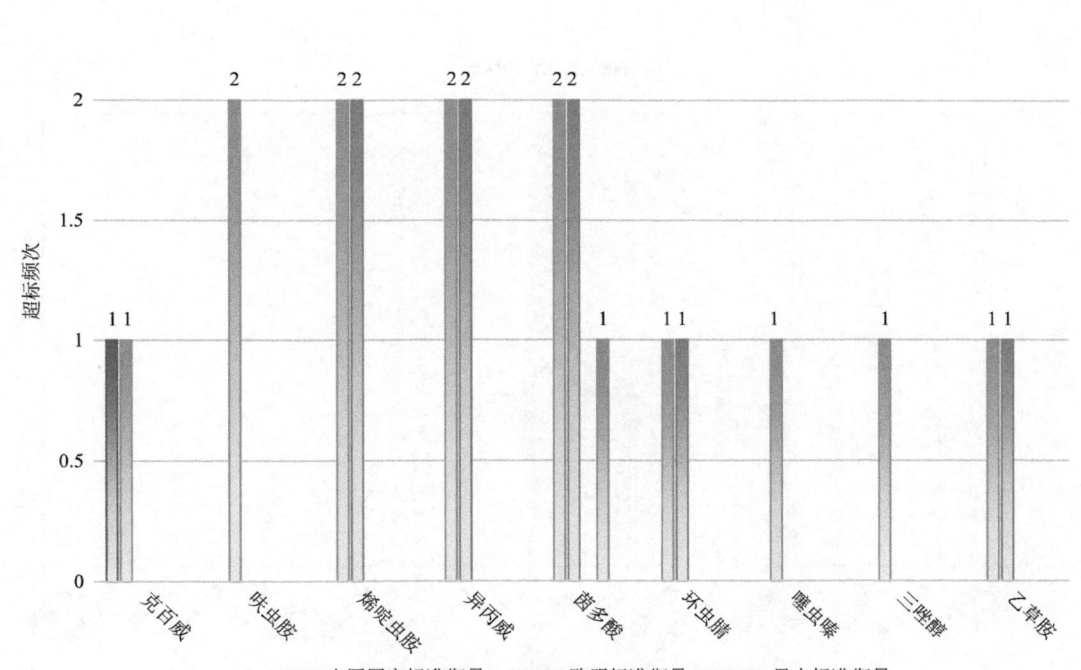

图 21-27 结球甘蓝样品中超标农药分析

表 21-24 结球甘蓝中农药残留超标情况明细表

样品总数	检出农药样品数	样品检出率（%）	检出农药品种总数
10	10	100	22

	超标农药品种	超标农药频次	按照 MRL 中国国家标准、欧盟标准和日本标准衡量超标农药名称及频次
MRL 中国国家标准	1	1	克百威（1）
MRL 欧盟标准	9	13	呋虫胺（2），烯啶虫胺（2），异丙威（2），茚多酸（2），环虫腈（1），克百威（1），噻虫嗪（1），三唑醇（1），乙草胺（1）
MRL 日本标准	5	8	烯啶虫胺（2），异丙威（2），茚多酸（2），环虫腈（1），乙草胺（1）

21.4.3.3 菠菜

这次共检测 10 例菠菜样品，全部检出了农药残留，检出率为 100.0%，检出农药共计 19 种。其中霜霉威、烯酰吗啉、啶虫脒、噻虫嗪和噻虫胺检出频次较高，分别检出了 10、10、8、7 和 6 次。菠菜中农药检出品种和频次情况见图 21-28，超标农药见图 21-29 和表 21-25。

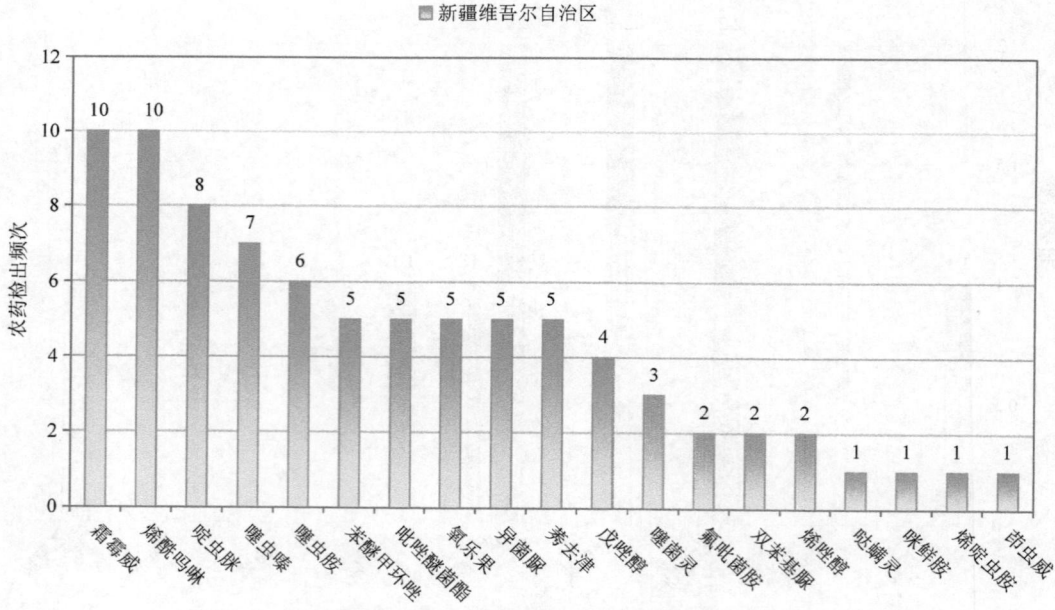

图 21-28 菠菜样品检出农药品种和频次分析

图 21-29　菠菜样品中超标农药分析

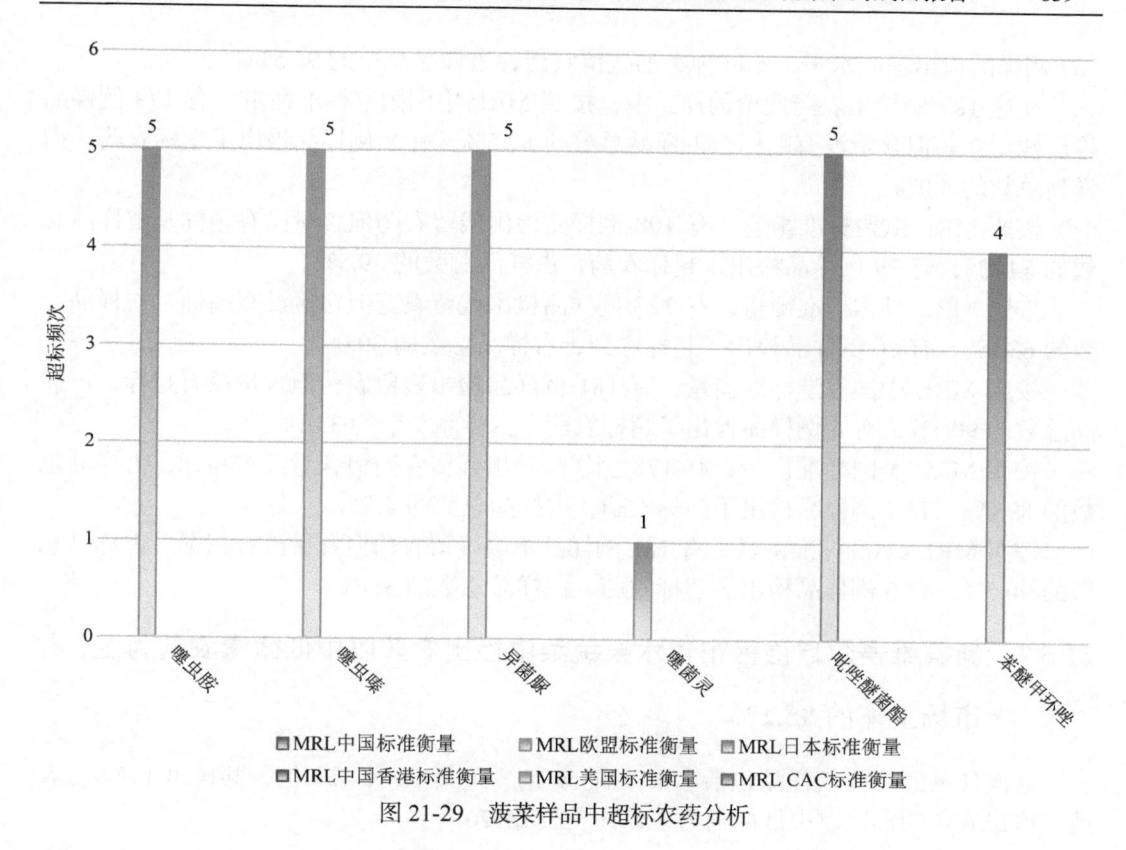

表 21-25　菠菜中农药残留超标情况明细表

样品总数	检出农药样品数	样品检出率（%）	检出农药品种总数
10	10	100	19

	超标农药品种	超标农药频次	按照 MRL 中国国家标准、欧盟标准和日本标准衡量超标农药名称及频次
MRL 中国国家标准	0	0	
MRL 欧盟标准	4	16	噻虫胺（5），噻虫嗪（5），异菌脲（5），噻菌灵（1）
MRL 日本标准	2	9	吡唑醚菌酯（5），苯醚甲环唑（4）

21.5　初步结论

21.5.1　新疆维吾尔自治区市售水果蔬菜按国际主要 MRL 标准衡量的合格率

本次侦测的 200 例样品中，13 例样品未检出任何残留农药，占样品总量的 6.5%，

187 例样品检出不同水平、不同种类的残留农药，占样品总量的 93.5%。

在这 187 例检出农药残留的样品中，按照 MRL 中国国家标准衡量，有 179 例样品检出残留农药但含量没有超标，占样品总数的 89.5%，有 8 例样品检出了超标农药，占样品总数的 4.0%。

按照 MRL 欧盟标准衡量，有 108 例样品检出残留农药但含量没有超标，占样品总数的 54.0%，有 79 例样品检出了超标农药，占样品总数的 39.5%。

按照 MRL 日本标准衡量，有 127 例样品检出残留农药但含量没有超标，占样品总数的 63.5%，有 60 例样品检出了超标农药，占样品总数的 30.0%。

按照 MRL 中国香港标准衡量，有 181 例样品检出残留农药但含量没有超标，占样品总数的 90.5%，有 6 例样品检出了超标农药，占样品总数的 3.0%。

按照 MRL 美国标准衡量，有 178 例样品检出残留农药但含量没有超标，占样品总数的 89.0%，有 9 例样品检出了超标农药，占样品总数的 4.5%。

按照 MRL CAC 标准衡量，有 181 例样品检出残留农药但含量没有超标，占样品总数的 90.5%，有 6 例样品检出了超标农药，占样品总数的 3.0%。

21.5.2 新疆维吾尔自治区市售水果蔬菜中检出农药以中低微毒农药为主，占市场主体的 95.2%

这次侦测的 200 例样品包括水果 5 种 50 例，蔬菜 15 种 150 例，共检出了 84 种农药，检出农药的毒性以中低微毒为主，详见表 21-26。

表 21-26 市场主体农药毒性分布

毒性	检出品种	占比	检出频次	占比
高毒农药	4	4.8%	9	1.0%
中毒农药	34	40.5%	439	46.7%
低毒农药	30	35.7%	333	35.4%
微毒农药	16	19.0%	159	16.9%

中低微毒农药，品种占比 95.2%，频次占比 99.0%

21.5.3 检出高毒和禁用农药现象应该警醒

在此次侦测的 200 例样品中的 13 例样品检出了 5 种 13 频次的高毒或禁用农药，占样品总量的 6.5%。其中高毒农药氧乐果、灭害威和阿维菌素检出频次较高。

按 MRL 中国国家标准衡量，高毒农药按超标程度比较，结球甘蓝中克百威超标 0.7 倍。

高毒或禁用农药的检出情况及按照 MRL 中国国家标准衡量的超标情况见表 21-27。

表 21-27 高毒或禁用农药的检出及超标明细

序号	农药名称	样品名称	检出频次	超标频次	最大超标倍数	超标率
1.1	克百威▲	结球甘蓝	1	1	0.685	100.0%
2.1	氧乐果◇▲	菠菜	5	0	0	0.0%
3.1	灭害威◇	油麦菜	1	0	0	0.0%
3.2	灭害威◇	辣椒	1	0	0	0.0%
4.1	阿维菌素◇	草莓	1	0	0	0.0%
5.1	毒死蜱▲	油麦菜	2	0	0	0.0%
5.2	毒死蜱▲	大白菜	1	0	0	0.0%
5.3	毒死蜱▲	桃	1	0	0	0.0%
合计			13	1		7.7%

注：超标倍数参照 MRL 中国国家标准衡量
◇表示高毒农药；▲表示禁用农药

这些超标的高剧毒或禁用农药都是中国政府早有规定禁止在水果蔬菜中使用的，为什么还屡次被检出，应该引起警惕。

21.5.4 残留限量标准与先进国家或地区标准差距较大

940 频次的检出结果与我国公布的 GB 2763—2021《食品中农药最大残留限量》对比，有 570 频次能找到对应的 MRL 中国国家标准，占 60.6%；还有 370 频次的侦测数据无相关 MRL 标准供参考，占 39.4%。

与国际上现行 MRL 标准对比发现：

有 940 频次能找到对应的 MRL 欧盟标准，占 100.0%；

有 940 频次能找到对应的 MRL 日本标准，占 100.0%；

有 458 频次能找到对应的 MRL 中国香港标准，占 48.7%；

有 553 频次能找到对应的 MRL 美国标准，占 58.8%；

有 413 频次能找到对应的 MRL CAC 标准，占 43.9%。

由上可见，MRL 中国国家标准与先进国家或地区标准还有很大差距，我们无标准，境外有标准，这就会导致我们在国际贸易中，处于受制于人的被动地位。

21.5.5 水果蔬菜单种样品检出 14～30 种农药残留，拷问农药使用的科学性

通过此次监测发现，草莓、葡萄和桃是检出农药品种最多的 3 种水果，油麦菜、结球甘蓝和菠菜是检出农药品种最多的 3 种蔬菜，从中检出农药品种及频次详见表 21-28。

表 21-28 单种样品检出农药品种及频次

样品名称	样品总数	检出率（%）	检出农药品种数	检出农药（频次）
油麦菜	10	100.0	30	吡虫啉（10），苯氯三唑醇（10），啶虫脒（10），多效唑（10），甲哌（10），噻虫嗪（10），烯酰吗啉（10），烯唑醇（10），多菌灵（9），甲霜灵（8），噻虫胺（8），丙环唑（5），氟吗啉（5），苯醚甲环唑（3），苯嗪草

续表

样品名称	样品总数	检出率（%）	检出农药品种数	检出农药（频次）
油麦菜	10	100.0	30	酮（3），三唑醇（3），毒死蜱（2），三唑酮（2），双苯基脲（2），异菌脲（2），莠去津（2），丙溴磷（1），噁霜灵（1），咪鲜胺（1），灭害威（1），扑草净（1），噻嗪酮（1），戊唑醇（1），依维菌素（1），茚虫威（1）
结球甘蓝	10	100.0	22	烯啶虫胺（7），噻虫胺（4），氟唑菌酰胺（3），噻虫嗪（3），啶虫脒（2），呋虫胺（2），甲霜灵（2），嘧菌酯（2），三唑醇（2），戊唑醇（2），烯酰吗啉（2），乙草胺（2），异丙威（2），茵多酸（2），莠去津（2），苯醚甲环唑（1），吡唑醚菌酯（1），丙硫菌唑（1），环虫腈（1），克百威（1），双苯基脲（1），茚虫威（1）
菠菜	10	100.0	19	霜霉威（10），烯酰吗啉（10），啶虫脒（8），噻虫嗪（7），噻虫胺（6），苯醚甲环唑（5），吡唑醚菌酯（5），氧乐果（5），异菌脲（5），莠去津（5），戊唑醇（4），噻菌灵（3），氟吡菌胺（2），双苯基脲（2），烯唑醇（2），哒螨灵（1），咪鲜胺（1），烯啶虫胺（1），茚虫威（1）
草莓	10	100.0	20	吡唑醚菌酯（4），啶酰菌胺（4），多菌灵（4），己唑醇（4），腈菌唑（4），联苯肼酯（4），甲氧虫酰肼（3），乙螨唑（3），矮壮素（2），吡丙醚（2），丁醚脲（2），啶虫脒（2），氟吡菌酰胺（2），螺螨酯（2），杀螟丹（2），乙嘧酚（2），阿维菌素（1），粉唑醇（1），四氟醚唑（1），乙嘧酚磺酸酯（1）
葡萄	10	90.0	14	苯醚甲环唑（5），吡唑醚菌酯（5），啶虫脒（5），啶酰菌胺（5），多菌灵（5），氟唑菌酰胺（5），螺虫乙酯（5），嘧菌酯（5），烯酰吗啉（5），异戊烯腺嘌呤（4），氟吡菌酰胺（2），胺鲜酯（1），吡唑萘菌胺（1），戊唑醇（1）
桃	10	100.0	14	螺虫乙酯（7），啶虫脒（6），苯醚甲环唑（5），噻虫胺（5），胺鲜酯（4），吡虫啉（4），吡唑醚菌酯（3），多菌灵（3），多效唑（3），吡蚜酮（2），噻嗪酮（2），毒死蜱（1），螺螨酯（1），噻虫嗪（1）

上述 6 种水果蔬菜，检出农药 14~30 种，是多种农药综合防治，还是未严格实施农业良好管理规范（GAP），抑或根本就是乱施药，值得我们思考。

第 22 章 LC-Q-TOF/MS 侦测新疆维吾尔自治区市售水果蔬菜农药残留膳食暴露风险与预警风险评估

22.1 农药残留侦测数据分析与统计

庞国芳院士科研团队建立的农药残留高通量侦测技术以高分辨精确质量数（0.0001 m/z 为基准）为识别标准，采用 LC-Q-TOF/MS 技术对 871 种农药化学污染物进行侦测。

科研团队于 2021 年 7 月在新疆维吾尔自治区 4 个区县的 20 个采样点，随机采集了 200 例水果蔬菜样品，采样点分布在电商平台、个体商户，7 月内水果蔬菜样品采集数量如表 22-1 所示。

表 22-1 新疆维吾尔自治区 7 月内采集水果蔬菜样品数列表

时间	样品数（例）
2021 年 7 月	200

利用 LC-Q-TOF/MS 技术对 200 例样品中的农药进行侦测，共侦测出残留农药 940 频次。侦测出农药残留水平如表 22-2 和图 22-1 所示。检出频次最高的前 10 种农药如表 22-3 所示。从侦测结果中可以看出，在水果蔬菜中农药残留普遍存在，且有些水果蔬菜存在高浓度的农药残留，这些可能存在膳食暴露风险，对人体健康产生危害，因此，为了定量地评价水果蔬菜中农药残留的风险程度，有必要对其进行风险评价。

表 22-2 侦测出农药的不同残留水平及其所占比例列表

残留水平（μg/kg）	检出频次	占比（%）
1~5（含）	334	39.0
5~10（含）	117	13.3
10~100（含）	274	31.1
100~1000（含）	139	15.8
>1000	8	0.9

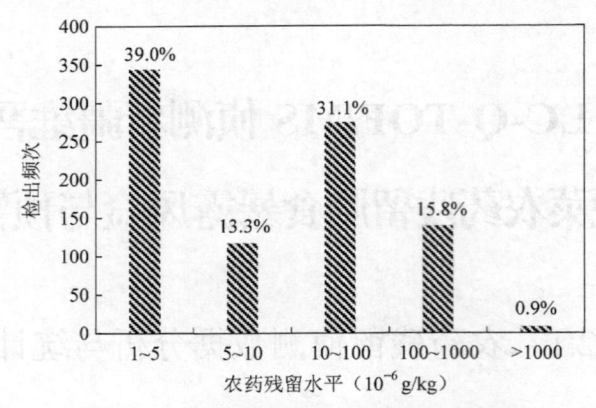

图 22-1 残留农药侦测出浓度频数分布图

表 22-3 检出频次最高的前 10 种农药列表

序号	农药	检出频次
1	啶虫脒	106
2	烯酰吗啉	71
3	噻虫嗪	60
4	多菌灵	49
5	吡唑醚菌酯	41
6	吡虫啉	40
7	噻虫胺	39
8	苯醚甲环唑	32
9	螺螨酯	28
10	霜霉威	28

本研究使用 LC-Q-TOF/MS 技术对新疆维吾尔自治区 196 例样品中的农药侦测中,共侦测出农药 84 种,这些农药的每日允许最大摄入量(ADI)值见表 22-4。为评价新疆维吾尔自治区农药残留的风险,本研究采用两种模型分别评价膳食暴露风险和预警风险,具体的风险评价模型见附录 A。

表 22-4 新疆维吾尔自治区水果蔬菜中侦测出农药的 ADI 值

序号	农药	ADI	序号	农药	ADI	序号	农药	ADI
1	吡虫啉	0.0600	7	己唑醇	0.0050	13	甲霜灵	0.0800
2	甲氧虫酰肼	0.1000	8	异菌脲	0.0600	14	烯唑醇	0.0050
3	茚虫威	0.0100	9	霜霉威	0.4000	15	噻虫嗪	0.0800
4	烯酰吗啉	0.2000	10	吡唑醚菌酯	0.0300	16	嘧菌酯	0.2000
5	多菌灵	0.0300	11	噻虫胺	0.1000	17	戊唑醇	0.0300
6	啶虫脒	0.0700	12	多效唑	0.1000	18	氰霜唑	0.2000

续表

序号	农药	ADI	序号	农药	ADI	序号	农药	ADI
19	烯啶虫胺	0.5300	41	丁醚脲	0.0030	63	克百威	0.0010
20	丙硫菌唑	0.0100	42	噻菌灵	0.1000	64	乙嘧酚磺酸酯	0.0500
21	三唑醇	0.0300	43	氟环唑	0.0200	65	吡丙醚	0.1000
22	氟唑菌酰胺	0.0200	44	肟菌酯	0.0400	66	联苯肼酯	0.0100
23	异丙甲草胺	0.1000	45	敌百虫	0.0020	67	矮壮素	0.0500
24	苯醚甲环唑	0.0100	46	哒螨灵	0.0100	68	四氟醚唑	0.0040
25	辛硫磷	0.0040	47	胺鲜酯	0.0230	69	杀螟丹	0.1000
26	扑草净	0.0400	48	灭蝇胺	0.0600	70	乙嘧酚	0.0350
27	丙环唑	0.0700	49	吡蚜酮	0.0300	71	粉唑醇	0.0100
28	二甲戊灵	0.1000	50	噻嗪酮	0.0090	72	阿维菌素	0.0010
29	啶酰菌胺	0.0400	51	乙螨唑	0.0500	73	咪草酸	—
30	螺螨酯	0.0100	52	乙草胺	0.0100	74	甲哌	—
31	腈菌唑	0.0300	53	氟吡菌酰胺	0.0100	75	苄氯三唑醇	—
32	莠去津	0.0200	54	吡唑萘菌胺	0.0600	76	茵多酸	—
33	氧乐果	0.0003	55	氟啶虫酰胺	0.0700	77	灭害威	—
34	氟吡菌胺	0.0800	56	依维菌素	0.0010	78	茵草敌	—
35	螺虫乙酯	0.0500	57	马拉硫磷	0.3000	79	环虫腈	—
36	咪鲜胺	0.0100	58	氟吗啉	0.1600	80	嘧菌腙	—
37	毒死蜱	0.0100	59	三唑酮	0.0300	81	异戊烯腺嘌呤	—
38	苯嗪草酮	0.0300	60	呋虫胺	0.2000	82	双苯基脲	—
39	丙溴磷	0.0300	61	氟硅唑	0.0070	83	噻嗯菊酯	—
40	异丙威	0.0020	62	噁霜灵	0.0100	84	环氧嘧磺隆	—

注："—"表示国家标准中无 ADI 值规定；ADI 值单位为 mg/kg bw

22.2 农药残留膳食暴露风险评估

22.2.1 每例水果蔬菜样品中农药残留安全指数分析

基于农药残留侦测数据，发现在 200 例样品中侦测出农药 940 频次，计算样品中每种残留农药的安全指数 IFS_c，并分析农药对样品安全的影响程度，农药残留对水果蔬菜样品安全的影响程度频次分布情况如图 22-2 所示。

由图 22-2 可以看出，2021 年 7 月的农药残留对样品安全的影响不可接受的频次为 5，占 0.57%；农药残留对样品安全的影响可以接受的频次为 33，占 3.74%；农药残留对样品安全没有影响的频次为 844，占 95.69%。表 22-5 为对水果蔬菜样品中安全影响不可接受的农药残留列表。

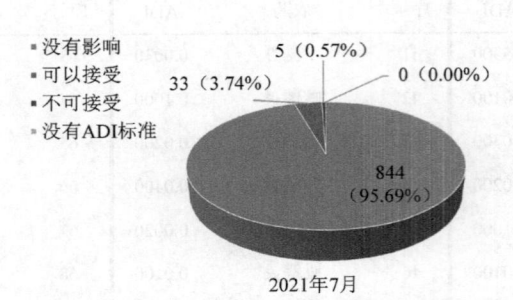

图 22-2 农药残留对水果蔬菜样品安全的影响程度频次分布图

表 22-5 水果蔬菜样品中安全影响不可接受的农药残留列表

序号	样品编号	采样点	基质	农药	含量 (mg/kg)	IFS$_c$
1	20210723-650100-LZFDC-YM-02A	***市场（便民蔬菜店）	油麦菜	烯唑醇	1.3269	1.6807
2	20210722-652200-LZFDC-YM-41A	***市场（海清果蔬批发店）	油麦菜	烯唑醇	1.2721	1.6113
3	20210725-650100-LZFDC-YM-01A	***市场（老李蔬菜批发配送）	油麦菜	烯唑醇	1.1119	1.4084
4	20210724-650100-LZFDC-YM-02A	***市场（新鲜果蔬店）	油麦菜	烯唑醇	1.0296	1.3042
5	20210722-652200-LZFDC-YM-08A	***超市	油麦菜	烯唑醇	0.9234	1.1696

部分样品侦测出禁用农药 3 种 10 频次，为了明确残留的禁用农药对样品安全的影响，分析侦测出禁用农药残留的样品安全指数，禁用农药残留对水果蔬菜样品安全的影响程度频次分布情况如图 22-3 所示，农药残留对样品安全的影响可以接受的频次为 1，占 10.00%；农药残留对样品安全没有影响的频次为 9，占 90.00%。由图可以看出 2021 年 7 月禁用农药对样品安全的影响在可以接受和没有影响的范围内。

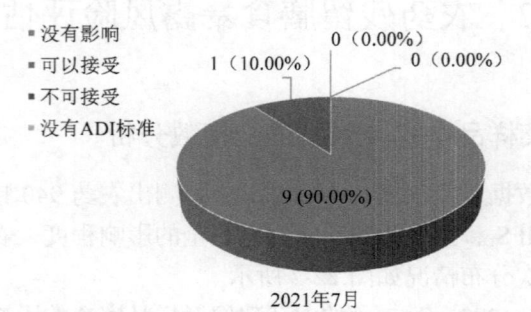

图 22-3 禁用农药残留对水果蔬菜样品安全影响程度的频次分布图

此外，本次侦测发现部分样品中非禁用农药残留量超过了 MRL 中国国家标准和欧

第 22 章　LC-Q-TOF/MS 侦测新疆维吾尔自治区市售水果蔬菜农药残留
膳食暴露风险与预警风险评估

· 847 ·

盟标准，为了明确超标的非禁用农药对样品安全的影响，分析了非禁用农药残留超标的样品安全指数。

水果蔬菜残留量超过 MRL 中国国家标准的非禁用农药对水果蔬菜样品安全的影响程度频次分布情况如图 22-4 所示。可以看出侦测出超过 MRL 中国国家标准的非禁用农药共 7 频次，其中农药残留对样品安全没有影响的频次为 7，占 100.00%。表 22-6 为水果蔬菜样品中侦测出的非禁用农药残留安全指数表。

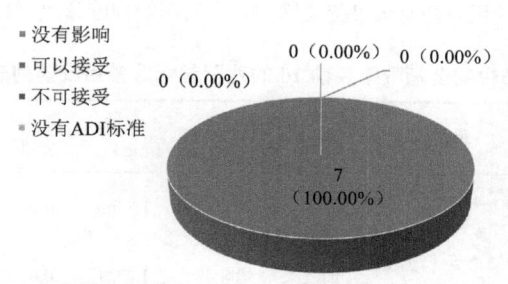

图 22-4　残留超标的非禁用农药对水果蔬菜样品安全的影响程度频次分布图（MRL 中国国家标准）

表 22-6　水果蔬菜样品中侦测出的非禁用农药残留安全指数表（MRL 中国国家标准）

序号	样品编号	采样点	基质	农药	含量（mg/kg）	中国国家标准	超标倍数	IFS$_c$	影响程度
1	20210721-652200-LZFDC-JD-06A	***市场（运堂果蔬）	豇豆	啶虫脒	0.6586	0.40	0.65 倍	0.0596	没有影响
2	20210722-652200-LZFDC-JD-41A	***市场（海清果蔬批发店）	豇豆	啶虫脒	0.6635	0.40	0.66 倍	0.0600	没有影响
3	20210722-652200-LZFDC-JD-08A	***超市	豇豆	啶虫脒	0.9847	0.40	1.46 倍	0.0891	没有影响
4	20210722-652200-LZFDC-JD-12A	***市场（运疆蔬菜店）	豇豆	啶虫脒	0.9007	0.40	1.25 倍	0.0815	没有影响
5	20210723-650100-LZFDC-CU-02A	***市场（便民蔬菜店）	黄瓜	乙螨唑	0.0225	0.02	0.13 倍	0.0029	没有影响
6	20210724-650100-LZFDC-JD-01A	***市场（小黄果品批发部）	豇豆	噻虫胺	0.0174	0.01	0.74 倍	0.0011	没有影响
7	20210725-650100-LZFDC-JD-01A	***市场（老李蔬菜批发配送）	豇豆	噻虫胺	0.0107	0.01	0.07 倍	0.0007	没有影响

残留量超过 MRL 欧盟标准的非禁用农药对水果蔬菜样品安全的影响程度频次分布情况如图 22-5 所示。可以看出超过 MRL 欧盟标准的非禁用农药共 137 频次，其中农药没有 ADI 标准的频次为 17，占 12.41%；农药残留对样品安全的影响不可接受的频次为 5，占 3.65%；农药残留对样品安全的影响可以接受的频次为 22，占 16.06%；农药残留对样品安全没有影响的频次为 93，占 67.88%。表 22-7 为水果蔬菜样品中安全指数排名前 10 的残留超标非禁用农药列表。

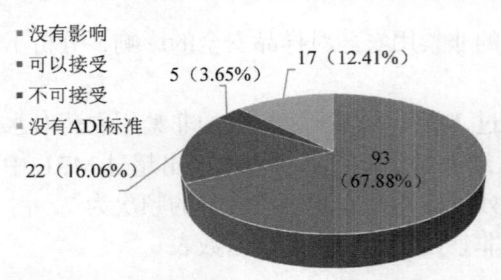

图 22-5　残留超标的非禁用农药对水果蔬菜样品安全的影响程度频次分布图（MRL 欧盟标准）

表 22-7　水果蔬菜样品中安全指数排名前 10 的残留超标非禁用农药列表（MRL 欧盟标准）

序号	样品编号	采样点	基质	农药	含量（mg/kg）	欧盟标准	超标倍数	IFS$_c$	影响程度
1	20210723-650100-LZFDC-YM-02A	***市场（便民蔬菜店）	油麦菜	烯唑醇	1.3269	0.01	131.69 倍	1.6807	不可接受
2	20210722-652200-LZFDC-YM-41A	***市场（海清果蔬批发店）	油麦菜	烯唑醇	1.2721	0.01	126.21 倍	1.6113	不可接受
3	20210725-650100-LZFDC-YM-01A	***市场（老李蔬菜批发配送）	油麦菜	烯唑醇	1.1119	0.01	110.19 倍	1.4084	不可接受
4	20210724-650100-LZFDC-YM-02A	***市场（新鲜果蔬店）	油麦菜	烯唑醇	1.0296	0.01	101.96 倍	1.3042	不可接受
5	20210722-652200-LZFDC-YM-08A	***超市	油麦菜	烯唑醇	0.9234	0.01	91.34 倍	1.1696	不可接受
6	20210722-652200-LZFDC-YM-12A	***市场（运疆蔬菜店）	油麦菜	烯唑醇	0.7607	0.01	75.07 倍	0.9636	可以接受
7	20210721-652200-LZFDC-YM-06A	***市场（运堂果蔬）	油麦菜	烯唑醇	0.6303	0.01	62.03 倍	0.7984	可以接受
8	20210721-652200-LZFDC-YM-04A	***市场（红亮蔬菜批发）	油麦菜	烯唑醇	0.5904	0.01	58.04 倍	0.7478	可以接受
9	20210721-652200-LZFDC-GS-04A	***市场（红亮蔬菜批发）	蒜薹	咪鲜胺	1.1524	0.05	22.05 倍	0.7299	可以接受
10	20210721-652200-LZFDC-GS-06A	***市场（运堂果蔬）	蒜薹	咪鲜胺	0.9968	0.05	18.94 倍	0.6313	可以接受

22.2.2　单种水果蔬菜中农药残留安全指数分析

本次 20 种水果蔬菜中侦测出 84 种农药，所有水果蔬菜均侦测出农药，检出频次为 940 次，其中 12 种农药没有 ADI 标准，72 种农药存在 ADI 标准。对 20 种水果蔬菜按不同种类分别计算侦测出的具有 ADI 标准的各种农药的 IFS$_c$ 值，农药残留对水果蔬菜的安全指数分布图如图 22-6 所示。

本次侦测中，20 种水果蔬菜和 84 种残留农药（包括没有 ADI 标准）共涉及 188 个分析样本，农药对单种水果蔬菜安全的影响程度分布情况如图 22-7 所示。可以看出，70.21%的样本中农药对水果蔬菜安全没有影响，1.06%的样本中农药对水果蔬菜安全的影响可以接受。

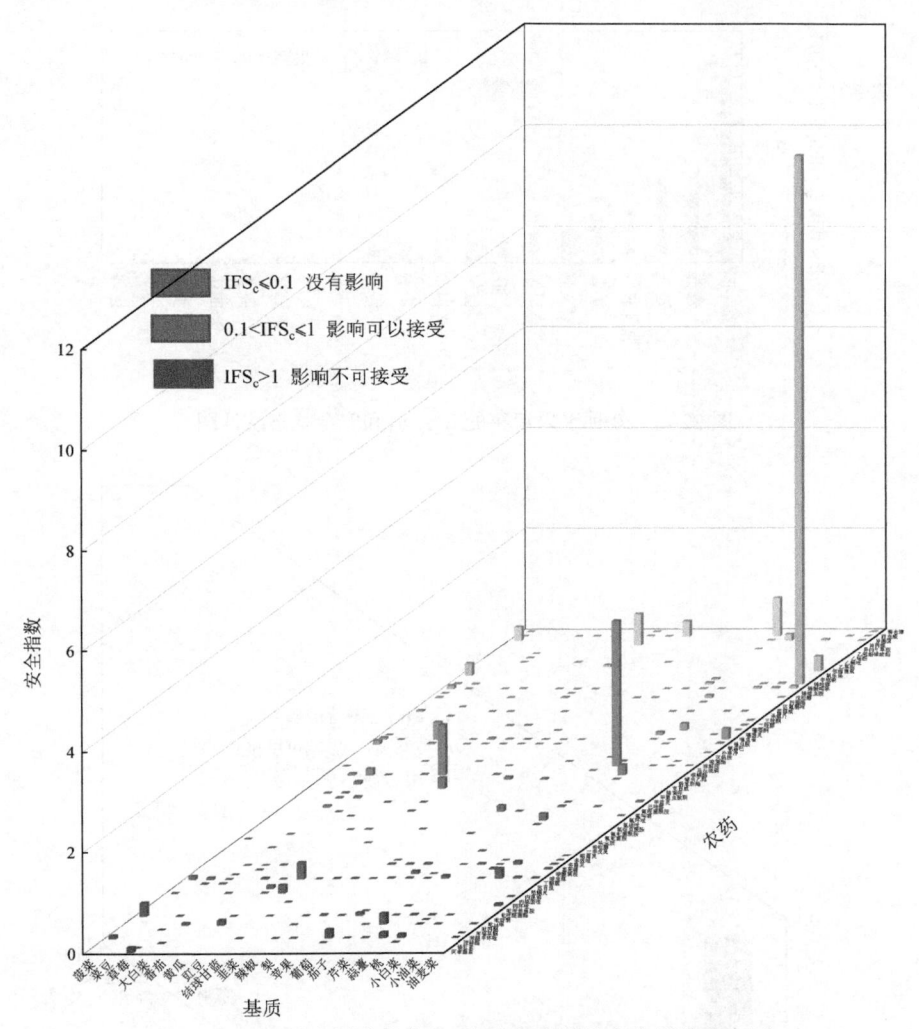

图 22-6　20 种水果蔬菜中 72 种残留农药的安全指数分布图

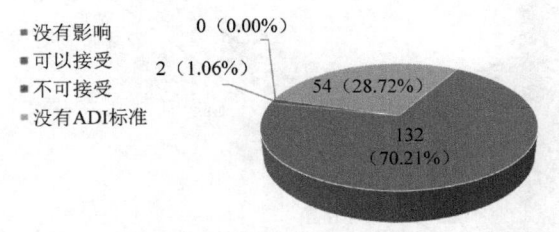

图 22-7　188 个分析样本的影响程度频次分布图

此外，分别计算 20 种水果蔬菜中所有侦测出农药 IFS_c 的平均值 $\overline{IFS_c}$，分析每种水果蔬菜的安全状态，结果如图 22-8 所示，分析发现 20 种（100%）水果蔬菜的安全状态很好。

对每种水果蔬菜中农药的 $\overline{IFS_c}$ 进行分析，并计算每种水果蔬菜的 $\overline{IFS_c}$ 值，以评价每种水果蔬菜的安全状态，结果如图 22-9 所示，可以看出，7 月份所有水果蔬菜的安全状态均处于很好的范围内，单种水果蔬菜安全状态统计情况如图 22-10 所示。

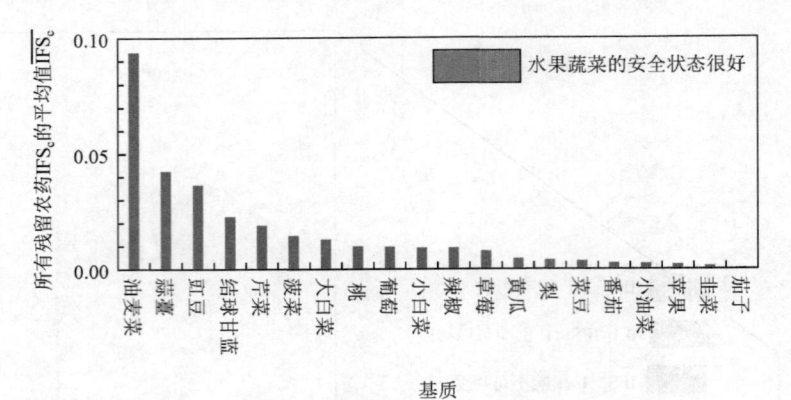

图 22-8　20 种水果蔬菜的 $\overline{IFS_c}$ 值和安全状态统计图

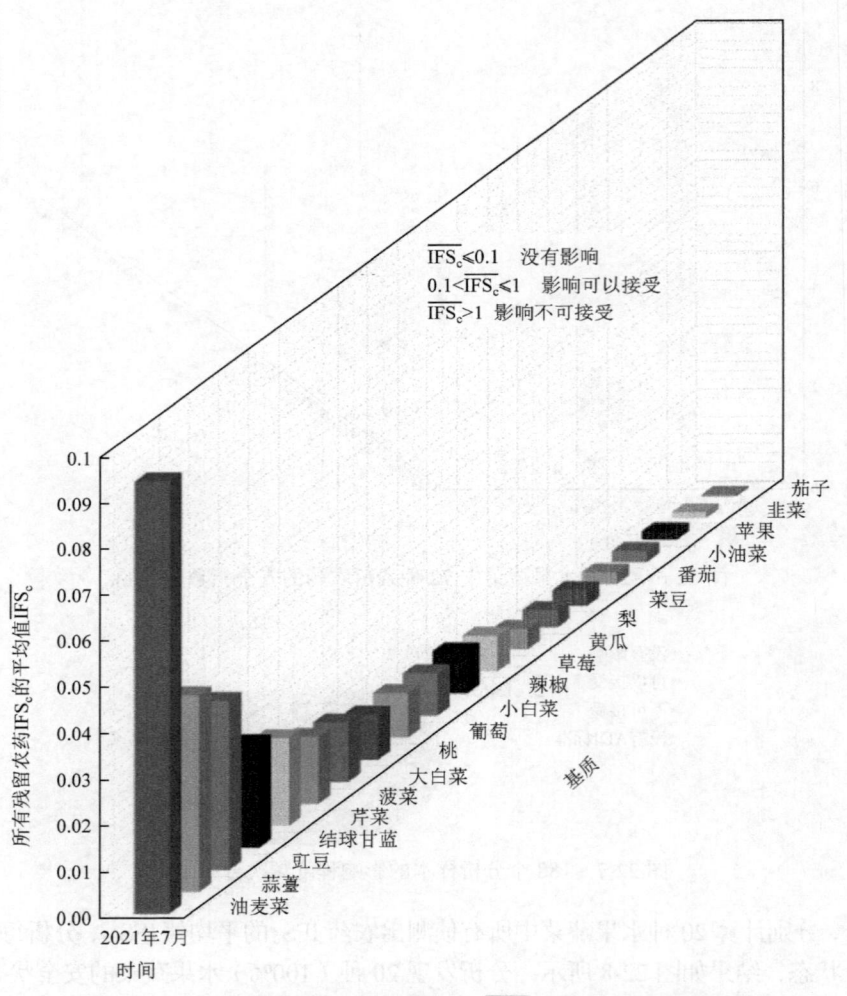

图 22-9　2021 年 7 月每种水果蔬菜的 $\overline{IFS_c}$ 值与安全状态分布图

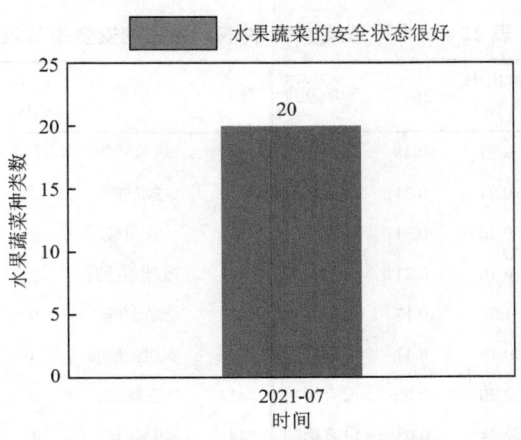

图 22-10　2021 年 7 月单种水果蔬菜安全状态统计图

22.2.3　所有水果蔬菜中农药残留安全指数分析

计算所有水果蔬菜中 72 种农药的 $\overline{IFS_c}$ 值，结果如图 22-11 及表 22-8 所示。

分析发现，其中 8.22% 的农药对水果蔬菜安全的影响可以接受，91.78% 的农药对水果蔬菜安全没有影响。

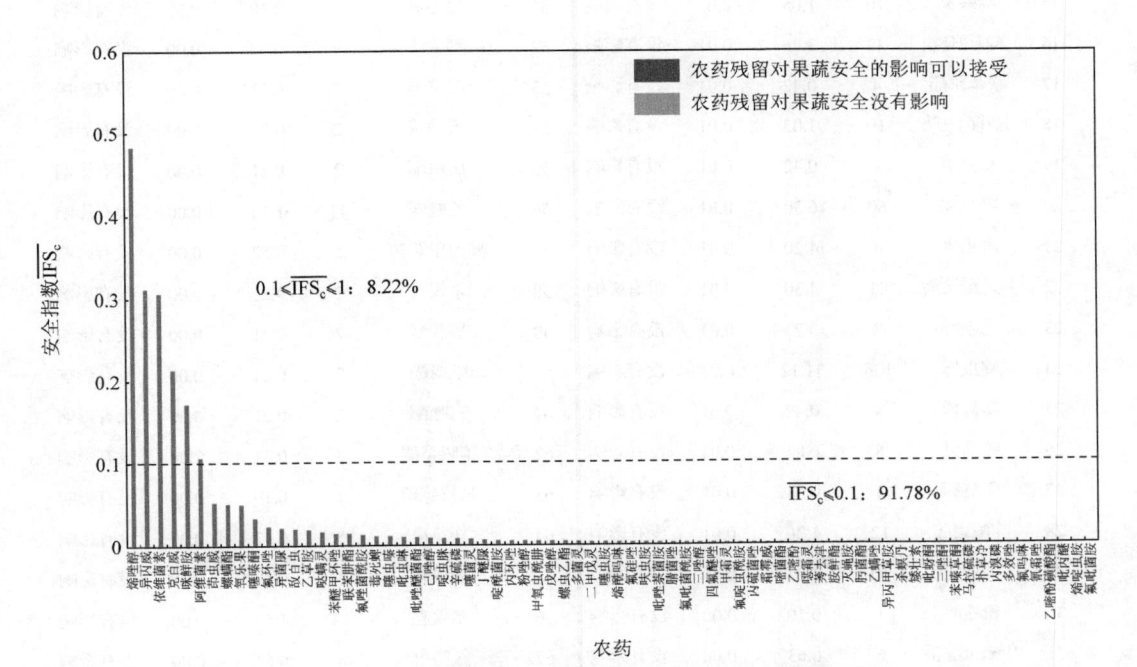

图 22-11　72 种残留农药对水果蔬菜的安全影响程度统计图

表 22-8　水果蔬菜中 72 种农药残留的安全指数表

序号	农药	检出频次	检出率（%）	$\overline{IFS_c}$	影响程度	序号	农药	检出频次	检出率（%）	$\overline{IFS_c}$	影响程度
1	烯唑醇	22	2.31	0.48	可以接受	37	烯酰吗啉	71	7.45	0.00	没有影响
2	异丙威	2	0.21	0.31	可以接受	38	氟硅唑	2	0.21	0.00	没有影响
3	依维菌素	1	0.10	0.31	可以接受	39	呋虫胺	2	0.21	0.00	没有影响
4	克百威	1	0.10	0.21	可以接受	40	吡唑萘菌胺	1	0.10	0.00	没有影响
5	咪鲜胺	17	1.78	0.17	可以接受	41	腈菌唑	9	0.94	0.00	没有影响
6	阿维菌素	1	0.10	0.11	可以接受	42	氟吡菌酰胺	4	0.42	0.00	没有影响
7	茚虫威	21	2.20	0.05	没有影响	43	三唑醇	9	0.94	0.00	没有影响
8	螺螨酯	28	2.94	0.05	没有影响	44	四氟醚唑	1	0.10	0.00	没有影响
9	氧乐果	5	0.52	0.05	没有影响	45	甲霜灵	15	1.57	0.00	没有影响
10	噻嗪酮	4	0.42	0.03	没有影响	46	氟啶虫酰胺	6	0.63	0.00	没有影响
11	氟环唑	6	0.63	0.02	没有影响	47	丙硫菌唑	1	0.10	0.00	没有影响
12	异菌脲	21	2.20	0.02	没有影响	48	霜霉威	28	2.94	0.00	没有影响
13	敌百虫	3	0.31	0.02	没有影响	49	嘧菌酯	20	2.10	0.00	没有影响
14	乙草胺	2	0.21	0.02	没有影响	50	乙嘧酚	2	0.21	0.00	没有影响
15	哒螨灵	10	1.05	0.02	没有影响	51	噁霜灵	1	0.10	0.00	没有影响
16	苯醚甲环唑	32	3.36	0.01	没有影响	52	莠去津	9	0.94	0.00	没有影响
17	联苯肼酯	4	0.42	0.01	没有影响	53	胺鲜酯	7	0.73	0.00	没有影响
18	氟唑菌酰胺	10	1.05	0.01	没有影响	54	灭蝇胺	2	0.21	0.00	没有影响
19	毒死蜱	4	0.42	0.01	没有影响	55	肟菌酯	2	0.21	0.00	没有影响
20	噻虫嗪	60	6.30	0.01	没有影响	56	乙螨唑	11	1.15	0.00	没有影响
21	吡虫啉	40	4.20	0.01	没有影响	57	异丙甲草胺	5	0.52	0.00	没有影响
22	吡唑醚菌酯	41	4.30	0.01	没有影响	58	杀螟丹	2	0.21	0.00	没有影响
23	己唑醇	7	0.73	0.01	没有影响	59	矮壮素	2	0.21	0.00	没有影响
24	啶虫脒	106	11.12	0.01	没有影响	60	吡蚜酮	2	0.21	0.00	没有影响
25	辛硫磷	4	0.42	0.01	没有影响	61	三唑酮	2	0.21	0.00	没有影响
26	噻菌灵	8	0.84	0.01	没有影响	62	苯嗪草酮	3	0.31	0.00	没有影响
27	丁醚脲	3	0.31	0.01	没有影响	63	马拉硫磷	1	0.10	0.00	没有影响
28	啶酰菌胺	12	1.26	0.01	没有影响	64	扑草净	5	0.52	0.00	没有影响
29	丙环唑	10	1.05	0.00	没有影响	65	丙溴磷	1	0.10	0.00	没有影响
30	粉唑醇	1	0.10	0.00	没有影响	66	多效唑	14	1.47	0.00	没有影响
31	甲氧虫酰肼	6	0.63	0.00	没有影响	67	氟吗啉	6	0.63	0.00	没有影响
32	戊唑醇	21	2.20	0.00	没有影响	68	氰霜唑	2	0.21	0.00	没有影响
33	螺虫乙酯	16	1.68	0.00	没有影响	69	乙嘧酚磺酸酯	1	0.10	0.00	没有影响
34	多菌灵	49	5.14	0.00	没有影响	70	吡丙醚	2	0.21	0.00	没有影响
35	二甲戊灵	4	0.42	0.00	没有影响	71	烯啶虫胺	8	0.84	0.00	没有影响
36	噻虫胺	39	4.09	0.00	没有影响	72	氟吡菌胺	2	0.21	0.00	没有影响

对每个月内所有水果蔬菜中残留农药的 $\overline{IFS_c}$ 进行分析，结果如图 22-12 所示。分析发现，7 月份所有农药对水果蔬菜安全的影响均处于没有影响和可以接受的范围内。不同农药对水果蔬菜安全影响程度的统计如图 22-13 所示。

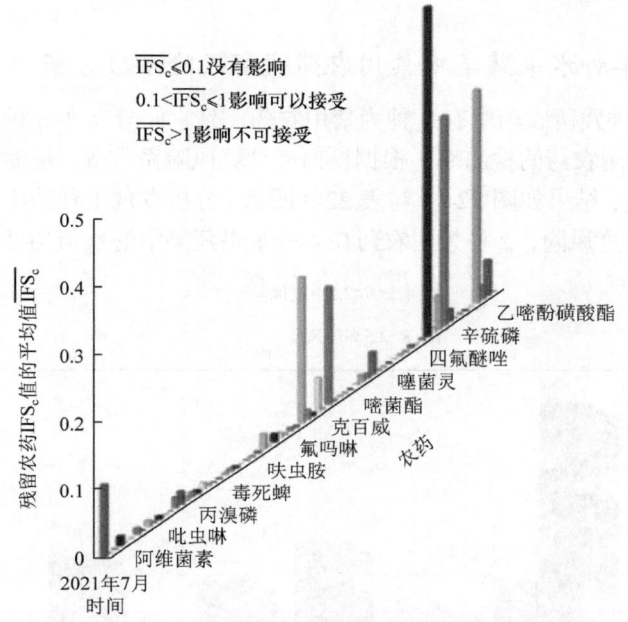

图 22-12 2021 年 7 月水果蔬菜中每种残留农药的安全指数分布图

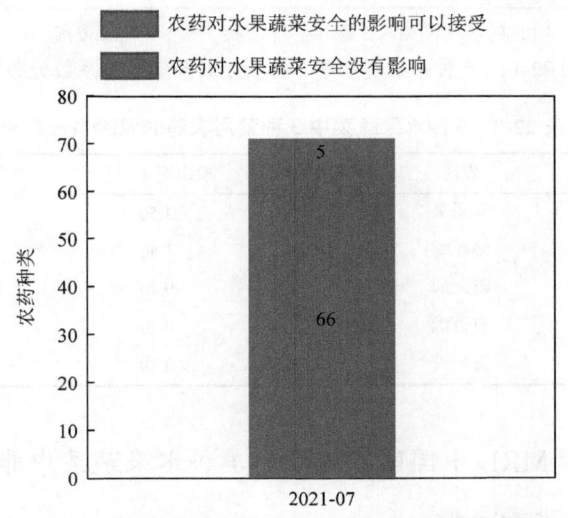

图 22-13 2021 年 7 月内农药对水果蔬菜安全影响程度的统计图

22.3 农药残留预警风险评估

基于新疆维吾尔自治区水果蔬菜样品中农药残留 LC-Q-TOF/MS 侦测数据，分析禁用农药的检出率，同时参照中华人民共和国国家标准 GB 2763—2021 和欧盟农药最大残留限量（MRL）标准分析非禁用农药残留的超标率，并计算农药残留风险系数。分析单种水果蔬菜中农药残留以及所有水果蔬菜中农药残留的风险程度。

22.3.1 单种水果蔬菜中农药残留风险系数分析

22.3.1.1 单种水果蔬菜中禁用农药残留风险系数分析

侦测出的72种残留农药中有3种为禁用农药，且它们分布在5种水果蔬菜中，计算5种水果蔬菜中禁用农药的检出率，根据检出率计算风险系数 R，进而分析水果蔬菜中禁用农药的风险程度，结果如图22-14与表22-9所示。分析发现1种禁用农药在1种水果蔬菜中的残留处于高度风险，2种禁用农药在4种水果蔬菜中的残留均处于中度风险。

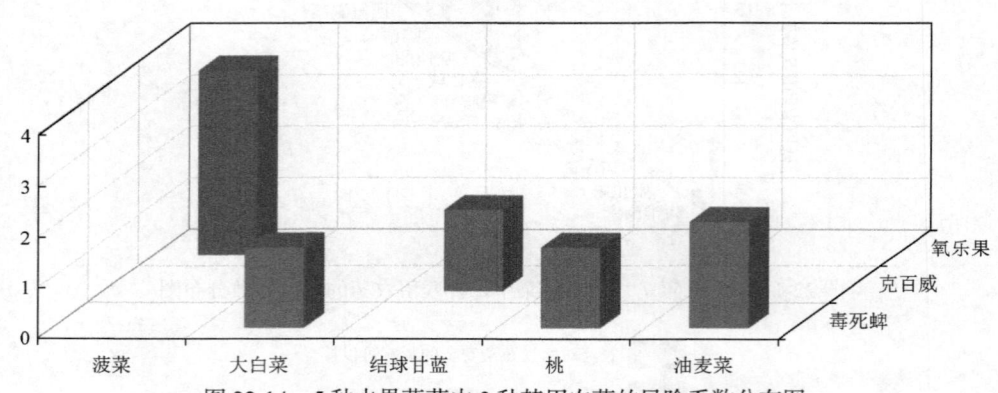

图22-14 5种水果蔬菜中3种禁用农药的风险系数分布图

表22-9 5种水果蔬菜中3种禁用农药的风险系数列表

序号	基质	农药	检出频次	检出率（%）	风险系数 R	风险程度
1	菠菜	氧乐果	5	3.50	3.59	高度风险
2	油麦菜	毒死蜱	2	1.40	2.10	中度风险
3	桃	毒死蜱	1	0.70	1.60	中度风险
4	结球甘蓝	克百威	1	0.70	1.60	中度风险
5	大白菜	毒死蜱	1	0.70	1.60	中度风险

22.3.1.2 基于MRL中国国家标准的单种水果蔬菜中非禁用农药残留风险系数分析

参照中华人民共和国国家标准 GB 2763—2021 中农药残留限量计算每种水果蔬菜中每种非禁用农药的超标率，进而计算其风险系数，根据风险系数大小判断残留农药的预警风险程度，水果蔬菜中非禁用农药残留风险程度分布情况如图22-15所示。

本次分析中，发现在20种水果蔬菜中侦测出81种残留非禁用农药，涉及样本200个，940检测频次。其中，1.50%处于高度风险，37.50%处于低度风险。此外发现有122

第 22 章 LC-Q-TOF/MS 侦测新疆维吾尔自治区市售水果蔬菜农药残留膳食暴露风险与预警风险评估

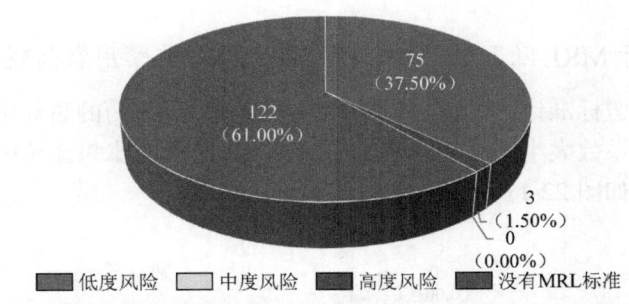

图 22-15 水果蔬菜中非禁用农药残留风险程度的频次分布图（MRL 中国国家标准）

个样本 370 频次没有 MRL 中国国家标准值，无法判断其风险程度，有 MRL 中国国家标准值的 78 个样本涉及 20 种水果蔬菜中的 43 种非禁用农药，其风险系数 R 值如图 22-16 所示。表 22-10 为非禁用农药残留处于高度风险的水果蔬菜列表。

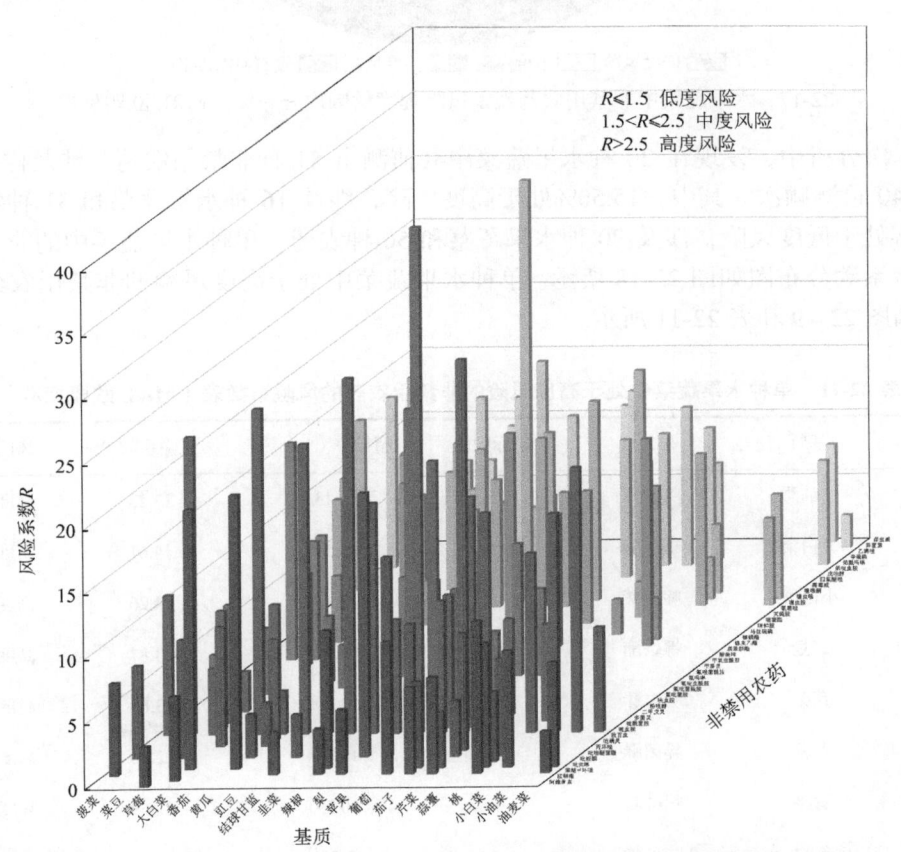

图 22-16 20 种水果蔬菜中 43 种非禁用农药的风险系数分布图（MRL 中国国家标准）

表 22-10 单种水果蔬菜中处于高度风险的非禁用农药风险系数表（MRL 中国国家标准）

序号	基质	农药	检出频次	检出率（%）	风险系数 R
1	豇豆	啶虫脒	4	3.77	4.87
2	豇豆	噻虫胺	2	5.12	6.22
3	黄瓜	乙螨唑	1	9.09	10.19

22.3.1.3 基于MRL欧盟标准的单种水果蔬菜中非禁用农药残留风险系数分析

参照 MRL 欧盟标准计算每种水果蔬菜中每种非禁用农药的超标率，进而计算其风险系数，根据风险系数大小判断农药残留的预警风险程度，水果蔬菜中非禁用农药残留风险程度分布情况如图 22-17 所示。

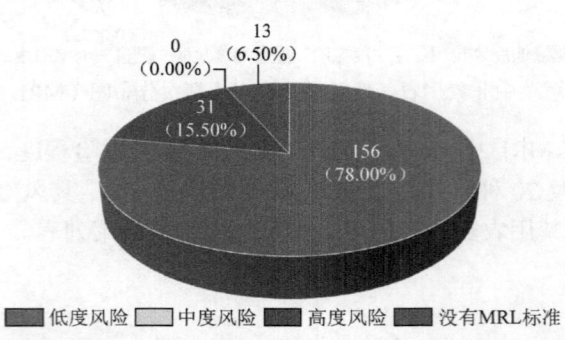

图 22-17 水果蔬菜中非禁用农药残留风险程度的频次分布图（MRL 欧盟标准）

本次分析中，发现在 20 种水果蔬菜中共侦测出 81 种非禁用农药，涉及样本 200 个，940 检测频次。其中，15.50%处于高度风险，涉及 16 种水果蔬菜和 31 种农药；78.00%处于低度风险，涉及 20 种水果蔬菜和 50 种农药。单种水果蔬菜中的非禁用农药风险系数分布图如图 22-18 所示。单种水果蔬菜中处于高度风险的非禁用农药风险系数如图 22-19 和表 22-11 所示。

表 22-11 单种水果蔬菜中处于高度风险的非禁用农药的风险系数表（MRL 欧盟标准）

序号	基质	农药	超标频次	超标率（%）	风险系数 R	风险程度
1	小油菜	啶虫脒	5	16.13	17.23	高度风险
2	大白菜	噻虫嗪	5	13.51	14.61	高度风险
3	小白菜	啶虫脒	5	13.16	14.26	高度风险
4	豇豆	螺螨酯	6	12.77	13.87	高度风险
5	芹菜	啶虫脒	8	12.70	13.80	高度风险
6	蒜薹	异菌脲	10	11.76	12.86	高度风险
7	蒜薹	咪鲜胺	9	10.59	11.69	高度风险
8	豇豆	啶虫脒	4	8.51	9.61	高度风险
9	大白菜	甲氧虫酰肼	3	8.11	9.21	高度风险
10	油麦菜	苄氯三唑醇	10	6.99	8.09	高度风险
11	油麦菜	烯唑醇	10	6.99	8.09	高度风险
12	菜豆	茵草敌	2	6.25	7.35	高度风险

第 22 章　LC-Q-TOF/MS 侦测新疆维吾尔自治区市售水果蔬菜农药残留膳食暴露风险与预警风险评估

续表

序号	基质	农药	超标频次	超标率（%）	风险系数 R	风险程度
13	菠菜	噻虫胺	5	6.02	7.12	高度风险
14	菠菜	噻虫嗪	5	6.02	7.12	高度风险
15	菠菜	异菌脲	5	6.02	7.12	高度风险
16	韭菜	噻虫嗪	1	5.26	6.36	高度风险
17	小白菜	异菌脲	2	5.26	6.36	高度风险
18	蒜薹	噻菌灵	4	4.71	5.81	高度风险
19	结球甘蓝	呋虫胺	2	4.35	5.45	高度风险
20	结球甘蓝	烯啶虫胺	2	4.35	5.45	高度风险
21	结球甘蓝	异丙威	2	4.35	5.45	高度风险
22	结球甘蓝	茚多酸	2	4.35	5.45	高度风险
23	桃	噻嗪酮	2	4.26	5.36	高度风险
24	番茄	氟吗啉	1	4.00	5.10	高度风险
25	蒜薹	戊唑醇	3	3.53	4.63	高度风险
26	油麦菜	丙环唑	5	3.50	4.60	高度风险
27	菜豆	螺螨酯	1	3.13	4.23	高度风险
28	大白菜	胺鲜酯	1	2.70	3.80	高度风险
29	小白菜	多菌灵	1	2.63	3.73	高度风险
30	蒜薹	氟环唑	2	2.35	3.45	高度风险
31	黄瓜	乙螨唑	1	2.22	3.32	高度风险
32	结球甘蓝	环虫腈	1	2.17	3.27	高度风险
33	结球甘蓝	噻虫嗪	1	2.17	3.27	高度风险
34	结球甘蓝	三唑醇	1	2.17	3.27	高度风险
35	结球甘蓝	乙草胺	1	2.17	3.27	高度风险
36	草莓	杀螟丹	1	2.00	3.10	高度风险
37	葡萄	吡唑萘菌胺	1	1.82	2.92	高度风险
38	葡萄	异戊烯腺嘌呤	1	1.82	2.92	高度风险
39	芹菜	烯唑醇	1	1.59	2.69	高度风险

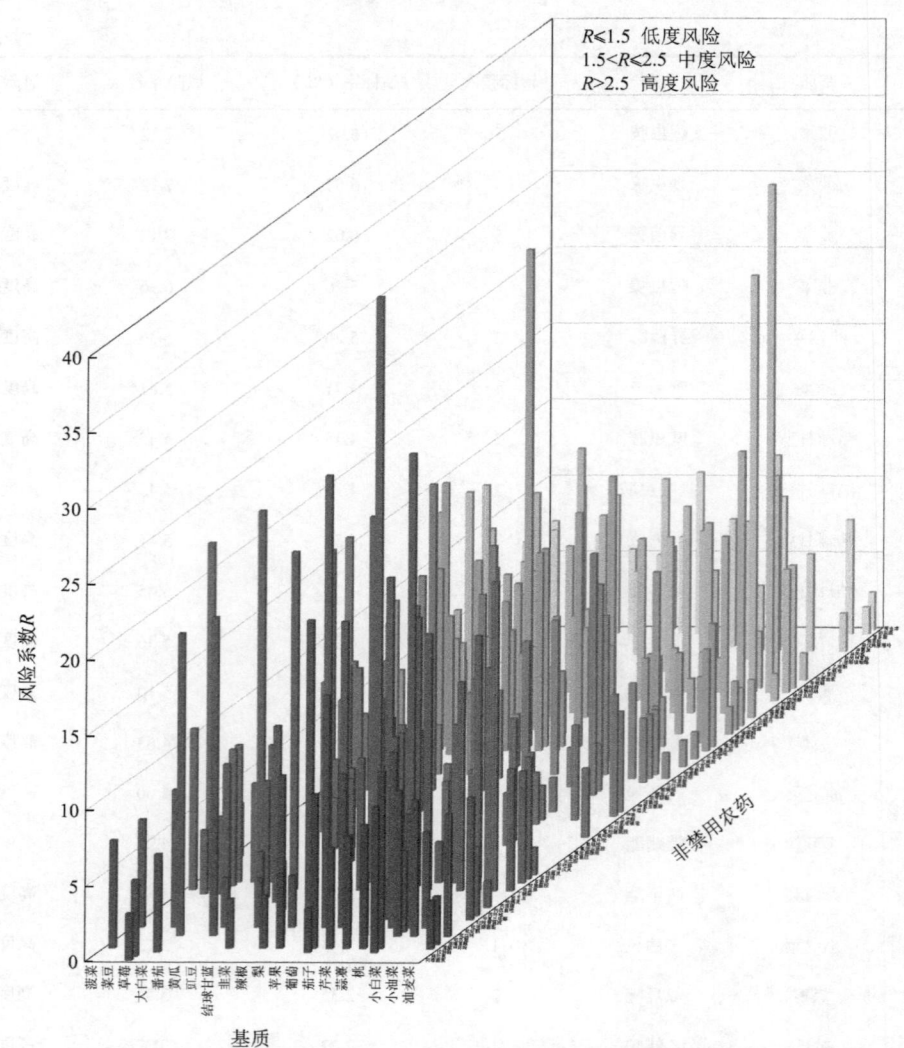

图 22-18　20 种水果蔬菜中 81 种非禁用农药的风险系数分布图（MRL 欧盟标准）

22.3.2　所有水果蔬菜中农药残留风险系数分析

22.3.2.1　所有水果蔬菜中禁用农药残留风险系数分析

在侦测出的 72 种农药中有 3 种为禁用农药，计算所有水果蔬菜中禁用农药的风险系数，结果如表 22-12 所示。禁用农药氧乐果和毒死蜱处于高度风险。

表 22-12　水果蔬菜中 3 种禁用农药的风险系数表

序号	基质	农药	超标频次	超标率（%）	风险程度
1	氧乐果	5	2.5	3.6	高度风险
2	毒死蜱	4	2	3.1	高度风险
3	克百威	1	0.5	1.6	中度风险

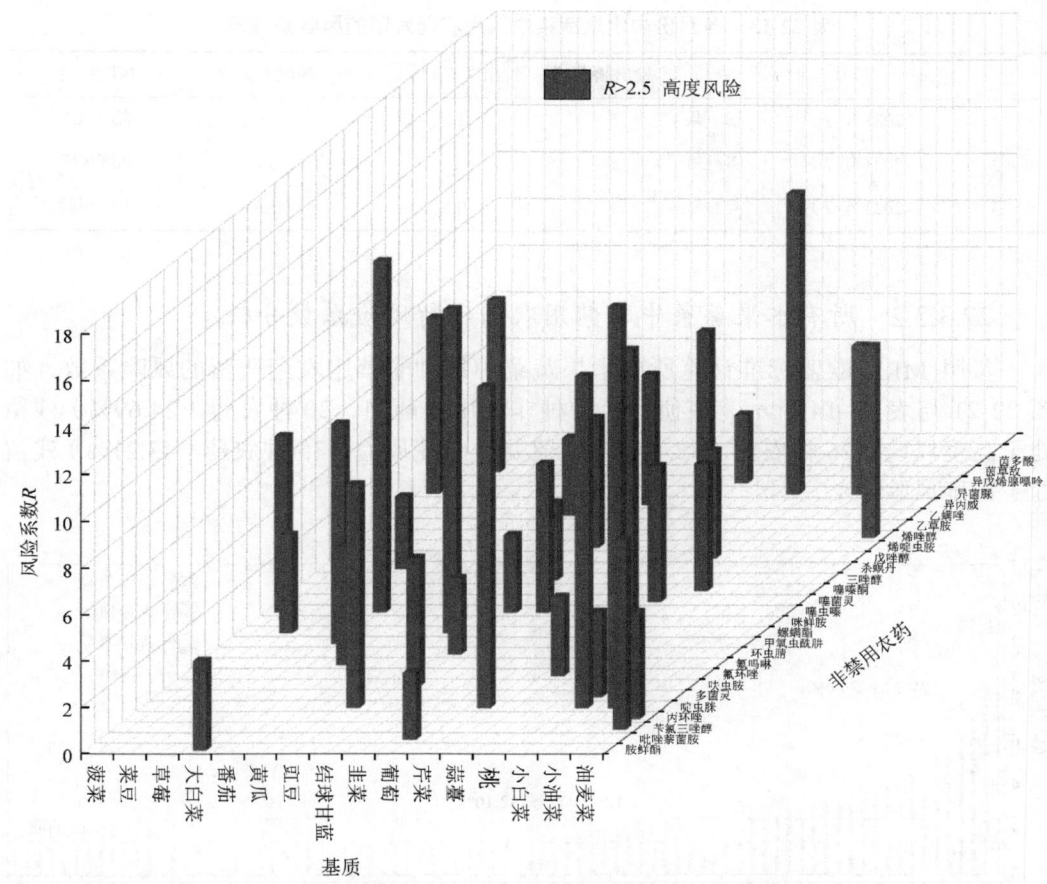

第22章　LC-Q-TOF/MS侦测新疆维吾尔自治区市售水果蔬菜农药残留膳食暴露风险与预警风险评估

图22-19　单种水果蔬菜中处于高度风险的非禁用农药的风险系数分布图（MRL欧盟标准）

对7月的禁用农药的风险系数进行分析，结果如图22-20和表22-13所示。

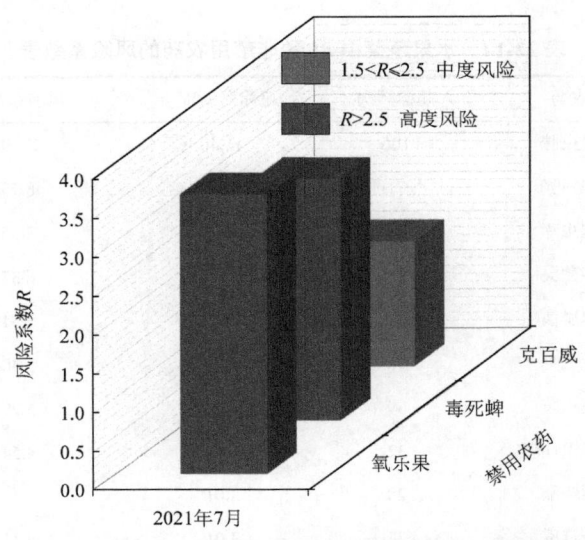

图22-20　2021年7月水果蔬菜中禁用农药残留的风险系数分布图

表 22-13　各月份内水果蔬菜中禁用农药残留的风险系数表

序号	年月	农药	检出频次	检出率 P（%）	风险系数 R	风险程度
1	2021年7月	氧乐果	5	2.5	3.6	高度风险
2	2021年7月	毒死蜱	4	2	3.1	高度风险
3	2021年7月	克百威	1	0.5	1.6	中度风险

22.3.2.2　所有水果蔬菜中非禁用农药残留风险系数分析

参照 MRL 欧盟标准计算所有水果蔬菜中每种非禁用农药残留的风险系数，如图 22-21 与表 22-14 所示。在侦测出的种非禁用农药中，20 种农药（24.69%）残留处于高度风险，26 种农药（32.10%）残留处于中度风险，35 种农药（43.21%）残留处于低度风险。

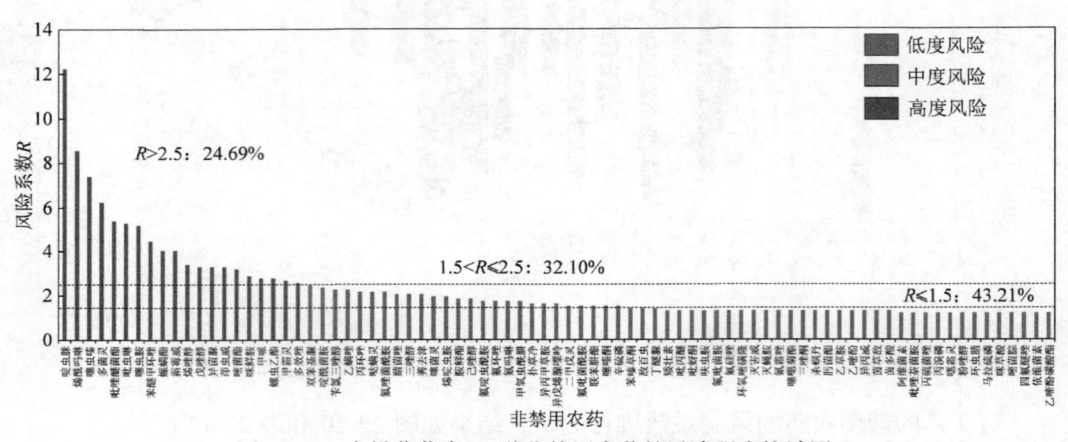

图 22-21　水果蔬菜中 81 种非禁用农药的风险程度统计图

表 22-14　水果蔬菜中 81 种非禁用农药的风险系数表

序号	农药	超标频次	超标率（%）	风险系数 R	风险程度
1	啶虫脒	106	11.40	12.50	高度风险
2	烯酰吗啉	71	7.63	8.73	高度风险
3	噻虫嗪	60	6.45	7.55	高度风险
4	多菌灵	49	5.27	6.37	高度风险
5	吡唑醚菌酯	41	4.41	5.51	高度风险
6	吡虫啉	40	4.30	5.40	高度风险
7	噻虫胺	39	4.19	5.29	高度风险
8	苯醚甲环唑	32	3.44	4.54	高度风险
9	螺螨酯	28	3.01	4.11	高度风险
10	霜霉威	28	3.01	4.11	高度风险

续表

序号	农药	超标频次	超标率（%）	风险系数 R	风险程度
11	烯唑醇	22	2.37	3.47	高度风险
12	戊唑醇	21	2.26	3.36	高度风险
13	异菌脲	21	2.26	3.36	高度风险
14	茚虫威	21	2.26	3.36	高度风险
15	嘧菌酯	20	2.15	3.25	高度风险
16	咪鲜胺	17	1.83	2.93	高度风险
17	甲哌	16	1.72	2.82	高度风险
18	螺虫乙酯	16	1.72	2.82	高度风险
19	甲霜灵	15	1.61	2.71	高度风险
20	多效唑	14	1.51	2.61	高度风险
21	双苯基脲	13	1.40	2.50	中度风险
22	啶酰菌胺	12	1.29	2.39	中度风险
23	苄氯三唑醇	11	1.18	2.28	中度风险
24	乙螨唑	11	1.18	2.28	中度风险
25	丙环唑	10	1.08	2.18	中度风险
26	哒螨灵	10	1.08	2.18	中度风险
27	氟唑菌酰胺	10	1.08	2.18	中度风险
28	腈菌唑	9	0.97	2.07	中度风险
29	三唑醇	9	0.97	2.07	中度风险
30	莠去津	9	0.97	2.07	中度风险
31	噻菌灵	8	0.86	1.96	中度风险
32	烯啶虫胺	8	0.86	1.96	中度风险
33	胺鲜酯	7	0.75	1.85	中度风险
34	己唑醇	7	0.75	1.85	中度风险
35	氟啶虫酰胺	6	0.65	1.75	中度风险
36	氟环唑	6	0.65	1.75	中度风险
37	氟吗啉	6	0.65	1.75	中度风险
38	甲氧虫酰肼	6	0.65	1.75	中度风险
39	扑草净	5	0.54	1.64	中度风险
40	异丙甲草胺	5	0.54	1.64	中度风险
41	异戊烯腺嘌呤	5	0.54	1.64	中度风险
42	二甲戊灵	4	0.43	1.53	中度风险
43	氟吡菌酰胺	4	0.43	1.53	中度风险
44	联苯肼酯	4	0.43	1.53	中度风险

续表

序号	农药	超标频次	超标率（%）	风险系数 R	风险程度
45	噻嗪酮	4	0.43	1.53	中度风险
46	辛硫磷	4	0.43	1.53	中度风险
47	苯嗪草酮	3	0.32	1.42	低度风险
48	敌百虫	3	0.32	1.42	低度风险
49	丁醚脲	3	0.32	1.42	低度风险
50	矮壮素	2	0.22	1.32	低度风险
51	吡丙醚	2	0.22	1.32	低度风险
52	吡蚜酮	2	0.22	1.32	低度风险
53	呋虫胺	2	0.22	1.32	低度风险
54	氟吡菌胺	2	0.22	1.32	低度风险
55	氟硅唑	2	0.22	1.32	低度风险
56	环氧嘧磺隆	2	0.22	1.32	低度风险
57	灭害威	2	0.22	1.32	低度风险
58	灭蝇胺	2	0.22	1.32	低度风险
59	氰霜唑	2	0.22	1.32	低度风险
60	噻嗯菊酯	2	0.22	1.32	低度风险
61	三唑酮	2	0.22	1.32	低度风险
62	杀螟丹	2	0.22	1.32	低度风险
63	肟菌酯	2	0.22	1.32	低度风险
64	乙草胺	2	0.22	1.32	低度风险
65	乙嘧酚	2	0.22	1.32	低度风险
66	异丙威	2	0.22	1.32	低度风险
67	茵草敌	2	0.22	1.32	低度风险
68	茵多酸	2	0.22	1.32	低度风险
69	阿维菌素	1	0.11	1.21	低度风险
70	吡唑萘菌胺	1	0.11	1.21	低度风险
71	丙硫菌唑	1	0.11	1.21	低度风险
72	丙溴磷	1	0.11	1.21	低度风险
73	噁霜灵	1	0.11	1.21	低度风险
74	粉唑醇	1	0.11	1.21	低度风险
75	环虫腈	1	0.11	1.21	低度风险
76	马拉硫磷	1	0.11	1.21	低度风险
77	咪草酸	1	0.11	1.21	低度风险
78	嘧菌腙	1	0.11	1.21	低度风险
79	四氟醚唑	1	0.11	1.21	低度风险
80	依维菌素	1	0.11	1.21	低度风险
81	乙嘧酚磺酸酯	1	0.11	1.21	低度风险

第 22 章　LC-Q-TOF/MS 侦测新疆维吾尔自治区市售水果蔬菜农药残留
膳食暴露风险与预警风险评估

对 7 月份内的非禁用农药的风险系数进行分析，7 月份非禁用农药残留的风险程度分布图如图 22-22 所示。

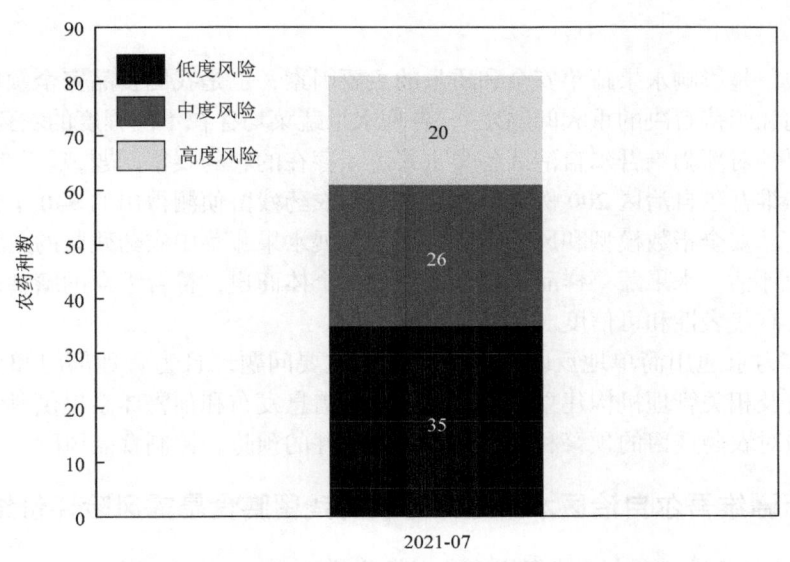

图 22-22　7 月份水果蔬菜中非禁用农药残留的风险程度分布图

2021 年 7 月份水果蔬菜中非禁用农药处于中度风险和高度风险的风险系数如图 22-23 所示。

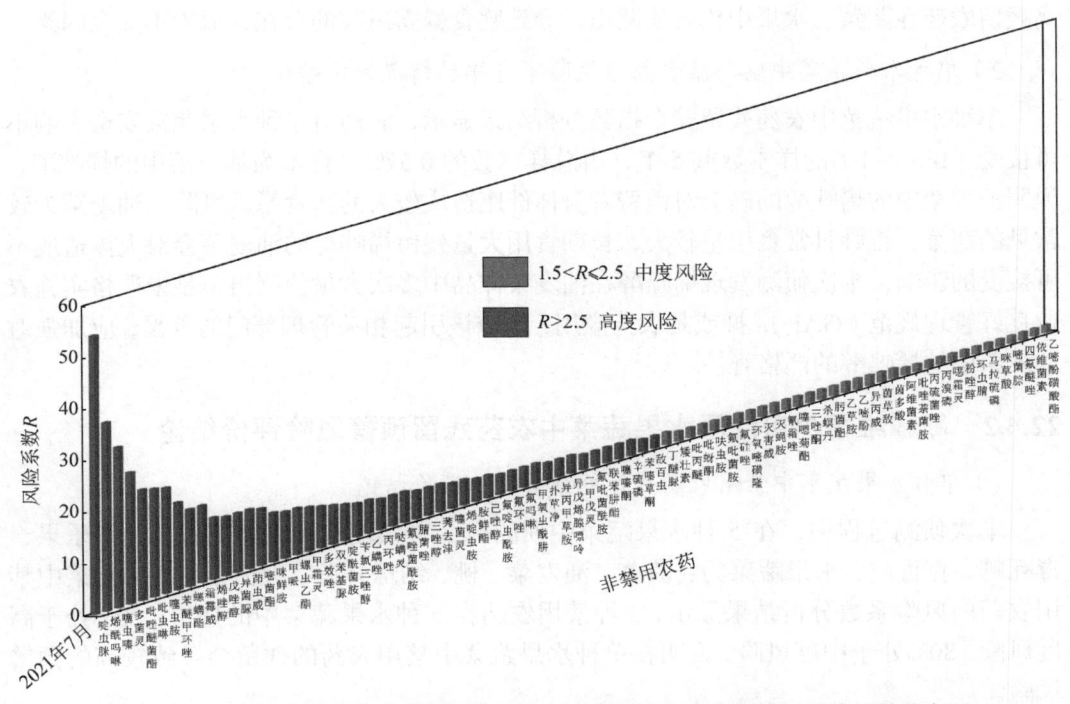

图 22-23　7 月份水果蔬菜中非禁用农药处于中度风险和高度风险的风险系数分布图

22.4 农药残留风险评估结论与建议

农药残留是影响水果蔬菜安全和质量的主要因素，也是我国食品安全领域备受关注的敏感话题和亟待解决的重大问题之一。各种水果蔬菜均存在不同程度的农药残留现象，本研究主要针对新疆维吾尔自治区各类水果蔬菜存在的农药残留问题，基于2021年7月期间对新疆维吾尔自治区200例水果蔬菜样品中农药残留侦测得出的940个侦测结果，分别采用食品安全指数模型和风险系数模型，开展水果蔬菜中农药残留的膳食暴露风险和预警风险评估。水果蔬菜样品取自电商平台和个体商户，符合大众的膳食来源，风险评价时更具有代表性和可信度。

本研究力求通用简单地反映食品安全中的主要问题，且为管理部门和大众容易接受，为政府及相关管理机构建立科学的食品安全信息发布和预警体系提供科学的规律与方法，加强对农药残留的预警和食品安全重大事件的预防，控制食品风险。

22.4.1 新疆维吾尔自治区水果蔬菜中农药残留膳食暴露风险评价结论

1) 水果蔬菜样品中农药残留安全状态评价结论

采用食品安全指数模型，对2021年7月期间新疆维吾尔自治区水果蔬菜食品农药残留膳食暴露风险进行评价，根据IFS_c的计算结果发现，水果蔬菜中农药的IFS_c为0.0085，说明新疆维吾尔自治区水果蔬菜总体处于很好的安全状态，但部分禁用农药、高残留农药在蔬菜、水果中仍有侦测出，导致膳食暴露风险的存在，成为不安全因素。

2) 单种水果蔬菜中农药膳食暴露风险不可接受情况评价结论

单种水果蔬菜中农药残留安全指数分析结果显示，农药对单种水果蔬菜安全影响不可接受（$IFS_c>1$）的样本数共5个，占总样本数的0.57%，样本为油麦菜中的烯唑醇，说明油麦菜中的烯唑醇的确会对消费者身体健康造成较大的膳食暴露风险。油麦菜为较常见的蔬菜，百姓日常食用量较大，长期食用大量残留烯唑醇的油麦菜会对人体造成不可接受的影响，本次侦测发现烯唑醇在油麦菜样品中多次大量侦测出，是未严格实施农业良好管理规范（GAP），抑或是农药滥用，这应该引起相关管理部门的警惕，应加强对油麦菜中的烯唑醇的严格管控。

22.4.2 新疆维吾尔自治区水果蔬菜中农药残留预警风险评价结论

1) 单种水果蔬菜中禁用农药残留的预警风险评价结论

本次侦测过程中，在5种水果蔬菜中侦测出3种禁用农药，禁用农药为氧乐果、毒死蜱、克百威，水果蔬菜为：菠菜、油麦菜、桃、结球甘蓝、大白菜，水果蔬菜中禁用农药的风险系数分析结果显示，3种禁用农药在5种水果蔬菜中的残留，20%处于高度风险，80%处于中度风险，说明在单种水果蔬菜中禁用农药的残留会导致较高的预警风险。

2）单种水果蔬菜中非禁用农药残留的预警风险评价结论

本次侦测过程中，在 20 种水果蔬菜侦测出 81 种残留非禁用农药，涉及 200 个样本，940 检出频次。以 MRL 中国国家标准为标准，计算水果蔬菜中非禁用农药风险系数，1.50%处于高度风险，37.50%处于低度风险，61.00%的数据没有 MRL 中国国家标准值，无法判断其风险程度；以 MRL 欧盟标准为标准，计算水果蔬菜中非禁用农药风险系数，发现有 15.50%处于高度风险，78.00%处于低度风险，6.50%的数据没有 MRL 欧盟标准值，无法判断其风险程度。基于两种 MRL 标准，评价的结果差异显著，可以看出 MRL 欧盟标准比中国国家标准更加严格和完善，过于宽松的 MRL 中国国家标准值能否有效保障人体的健康有待研究。

22.4.3 加强新疆维吾尔自治区水果蔬菜食品安全建议

我国食品安全风险评价体系仍不够健全，相关制度不够完善，多年来，由于农药用药次数多、用药量大或用药间隔时间短，产品残留量大，农药残留所造成的食品安全问题日益严峻，给人体健康带来了直接或间接的危害。据估计，美国与农药有关的癌症患者数约占全国癌症患者总数的 50%，中国更高。同样，农药对其他生物也会形成直接杀伤和慢性危害，植物中的农药可经过食物链逐级传递并不断蓄积，对人和动物构成潜在威胁，并影响生态系统。

基于本次农药残留侦测数据的风险评价结果，提出以下几点建议：

1）加快食品安全标准制定步伐

我国食品标准中对农药每日允许最大摄入量（ADI）的数据严重缺乏，在本次新疆维吾尔自治区水果蔬菜农药残留评价所涉及的 84 种农药中，仅有 85.7%的农药具有 ADI 值，而 14.3%的农药中国尚未规定相应的 ADI 值，亟待完善。

我国食品中农药最大残留限量值的规定严重缺乏，对评估涉及的不同水果蔬菜中不同农药 85 个 MRL 限值进行统计来看，我国仅制定出 36 个标准，标准完整率为 42.4%，而欧盟的完整率达到 97.6%（表 22-15）。因此，中国更应加快 MRL 标准的制定步伐。

表 22-15 我国国家食品标准农药的 ADI、MRL 值与欧盟标准的数量差异

分类		中国 ADI	MRL 中国国家标准	MRL 欧盟标准
标准限值（个）	有	72	36	83
	无	12	49	2
总数（个）		84	85	85
无标准值比例（%）		14.3	57.6	2.4

此外，MRL 中国国家标准限值普遍高于欧盟标准限值，这些标准中共有 87 个高于欧盟。过高的 MRL 值难以保障人体健康，建议继续加强对限值基准和标准的科学研究，将农产品中的危险性减少到尽可能低的水平。

2）加强农药的源头控制和分类监管

在新疆维吾尔自治区某些水果蔬菜中仍有禁用农药残留，利用 LC-Q-TOF/MS 技术

侦测出 3 种禁用农药，检出频次为 10 次，残留禁用农药均存在较大的膳食暴露风险和预警风险。早已列入黑名单的禁用农药在我国并未真正退出，有些药物由于价格便宜、工艺简单，此类高毒农药一直生产和使用。建议在我国采取严格有效的控制措施，从源头控制禁用农药。

对于非禁用农药，在我国作为"田间地头"最典型单位的县级蔬果产地中，农药残留的侦测几乎缺失。建议根据农药的毒性，对高毒、剧毒、中毒农药实现分类管理，减少使用高毒和剧毒高残留农药，进行分类监管。

3）加强残留农药的生物修复及降解新技术

市售果蔬中残留农药的品种多、频次高、禁用农药多次检出这一现状，说明了我国的田间土壤和水体因农药长期、频繁、不合理的使用而遭到严重污染。为此，建议中国相关部门出台相关政策，鼓励高校及科研院所积极开展分子生物学、酶学等研究，加强土壤、水体中残留农药的生物修复及降解新技术研究，切实加大农药监管力度，以控制农药的面源污染问题。

综上所述，在本工作基础上，根据蔬菜残留危害，可进一步针对其成因提出和采取严格管理、大力推广无公害蔬菜种植与生产、健全食品安全控制技术体系、加强蔬菜食品质量侦测体系建设和积极推行蔬菜食品质量追溯制度等相应对策。建立和完善食品安全综合评价指数与风险监测预警系统，对食品安全进行实时、全面的监控与分析，为我国的食品安全科学监管与决策提供新的技术支持，可实现各类检验数据的信息化系统管理，降低食品安全事故的发生。

第 23 章 GC-Q-TOF/MS 侦测新疆维吾尔自治区市售水果蔬菜农药残留报告

从新疆维吾尔自治区,随机采集了 200 例水果蔬菜样品,使用气相色谱-飞行时间质谱(GC-Q-TOF/MS),进行了 691 种农药化学污染物的全面侦测。

23.1 样品种类、数量与来源

23.1.1 样品采集与检测

为了真实反映百姓餐桌上水果蔬菜中农药残留污染状况,本次所有检测样品均由检验人员于 2021 年 7 月期间,从新疆维吾尔自治区所属 20 个采样点,包括 10 个电商平台、10 个个体商户,以随机购买方式采集,总计 20 批 200 例样品,从中检出农药 71 种,1152 频次。采样及监测概况见表 23-1,样品明细见表 23-2。

表 23-1 农药残留监测总体概况

采样地区	新疆维吾尔自治区所属 4 个区县
采样点(电商平台+个体商户)	20
样本总数	200
检出农药品种/频次	71/1152
各采样点样本农药残留检出率范围	84.2%~100.0%

表 23-2 样品分类及数量

样品分类	样品名称(数量)	数量小计
1. 水果		50
1)核果类水果	桃(10)	10
2)浆果和其他小型水果	葡萄(10),草莓(10)	20
3)仁果类水果	苹果(10),梨(10)	20
2. 蔬菜		150
1)豆类蔬菜	豇豆(10),菜豆(10)	20
2)鳞茎类蔬菜	韭菜(10),蒜薹(10)	20
3)叶菜类蔬菜	小白菜(10),芹菜(10),油麦菜(10),大白菜(10),小油菜(10),菠菜(10)	60

续表

样品分类	样品名称（数量）	数量小计
4）芸薹属类蔬菜	结球甘蓝（10）	10
5）茄果类蔬菜	辣椒（10），番茄（10），茄子（10）	30
6）瓜类蔬菜	黄瓜（10）	10
合计	1. 水果 5 种 2. 蔬菜 15 种	200

23.1.2 检测结果

这次使用的检测方法是庞国芳院士团队最新研发的不需使用标准品对照，而以高分辨精确质量数（0.0001 m/z）为基准的 GC-Q-TOF/MS 检测技术，对于 200 例样品，每个样品均侦测了 691 种农药化学污染物的残留现状。通过本次侦测，在 200 例样品中共计检出农药化学污染物 71 种，检出 1152 频次。

23.1.2.1 各采样点样品检出情况

统计分析发现 20 个采样点中，被测样品的农药检出率范围为 84.2%～100.0%。其中，有 15 个采样点样品的检出率最高，达到了 100.0%，见表 23-3。

表 23-3　新疆维吾尔自治区采样点信息

采样点序号	行政区域	检出率（%）
个体商户（10）		
1	乌鲁木齐市　天山区	84.2
2	乌鲁木齐市　新市区	94.7
3	乌鲁木齐市　沙依巴克区	100.0
4	乌鲁木齐市　沙依巴克区	89.5
5	乌鲁木齐市　沙依巴克区	94.7
6	哈密地区　哈密市	100.0
7	哈密地区　哈密市	100.0
8	哈密地区　哈密市	100.0
9	哈密地区　哈密市	100.0
10	哈密地区　哈密市	94.7
电商平台（10）		
1	乌鲁木齐市　天山区	100.0
2	乌鲁木齐市　天山区	100.0
3	乌鲁木齐市　天山区	100.0
4	乌鲁木齐市　天山区	100.0

采样点序号	行政区域	检出率（%）
5	乌鲁木齐市 天山区	100.0
6	乌鲁木齐市 天山区	100.0
7	乌鲁木齐市 天山区	100.0
8	乌鲁木齐市 天山区	100.0
9	乌鲁木齐市 天山区	100.0
10	乌鲁木齐市 天山区	100.0

23.1.2.2 检出农药的品种总数与频次

统计分析发现，对于 200 例样品中 691 种农药化学污染物的侦测，共检出农药 1152 频次，涉及农药 71 种，结果如图 23-1 所示。其中二苯胺检出频次最高，共检出 87 次。检出频次排名前 10 的农药如下：①二苯胺（87），②异菌脲（80），③乙氧喹啉（72），④氯氟氰菊酯（66），⑤烯酰吗啉（63），⑥虫螨腈（60），⑦灭菌丹（46），⑧吡唑醚菌酯（38），⑨戊唑醇（37），⑩乙草胺（32）。

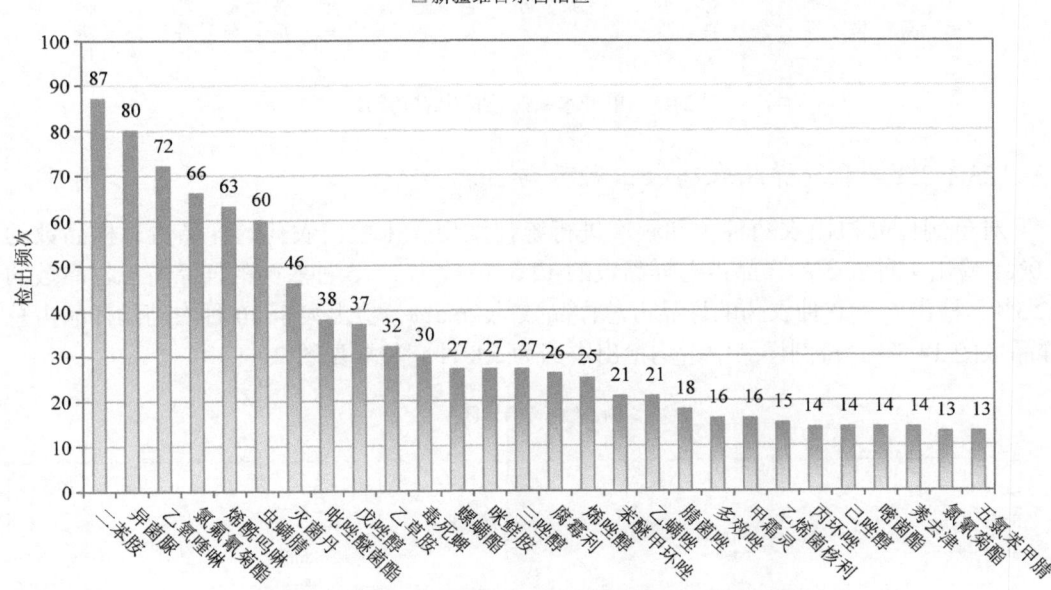

图 23-1 检出农药品种及频次（仅列出 13 频次及以上的数据）

由图 23-2 可见，油麦菜、芹菜、葡萄、桃和蒜薹这 5 种果蔬样品中检出的农药品种数较高，均超过 20 种，其中，油麦菜检出农药品种最多，为 28 种。由图 23-3 可见，油麦菜、蒜薹和芹菜这 3 种果蔬样品中的农药检出频次较高，均超过 100 次，其中，油麦菜检出农药频次最高，为 167 次。

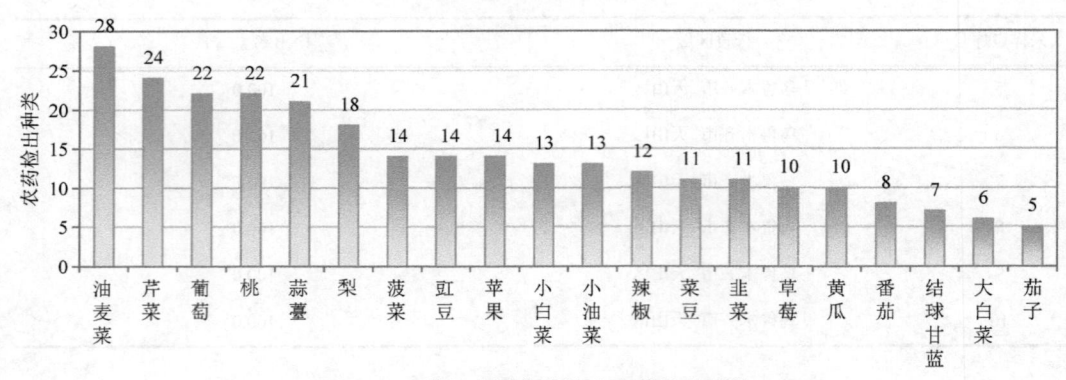

图 23-2　单种水果蔬菜检出农药的种类数

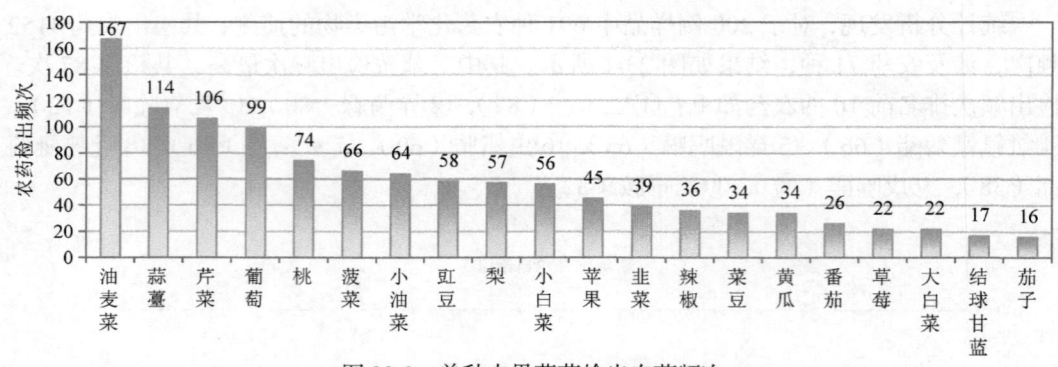

图 23-3　单种水果蔬菜检出农药频次

23.1.2.3　单例样品农药检出种类与占比

对单例样品检出农药种类和频次进行统计发现，未检出农药的样品占总样品数的 4.0%，检出 1 种农药的样品占总样品数的 12.5%，检出 2~5 种农药的样品占总样品数的 42.5%，检出 6~10 种农药的样品占总样品数的 26.5%，检出大于 10 种农药的样品占总样品数的 14.5%。每例样品中平均检出农药为 5.8 种，数据见图 23-4。

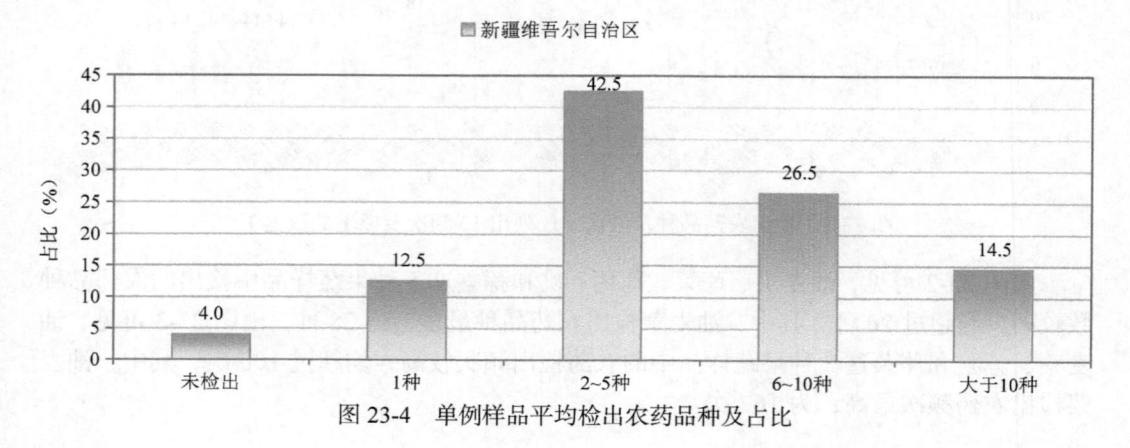

图 23-4　单例样品平均检出农药品种及占比

23.1.2.4 检出农药类别与占比

所有检出农药按功能分类,包括杀菌剂、杀虫剂、除草剂、杀螨剂、植物生长调节剂共 5 类。其中杀菌剂与杀虫剂为主要检出的农药类别,分别占总数的 50.7%和 25.4%,见图 23-5。

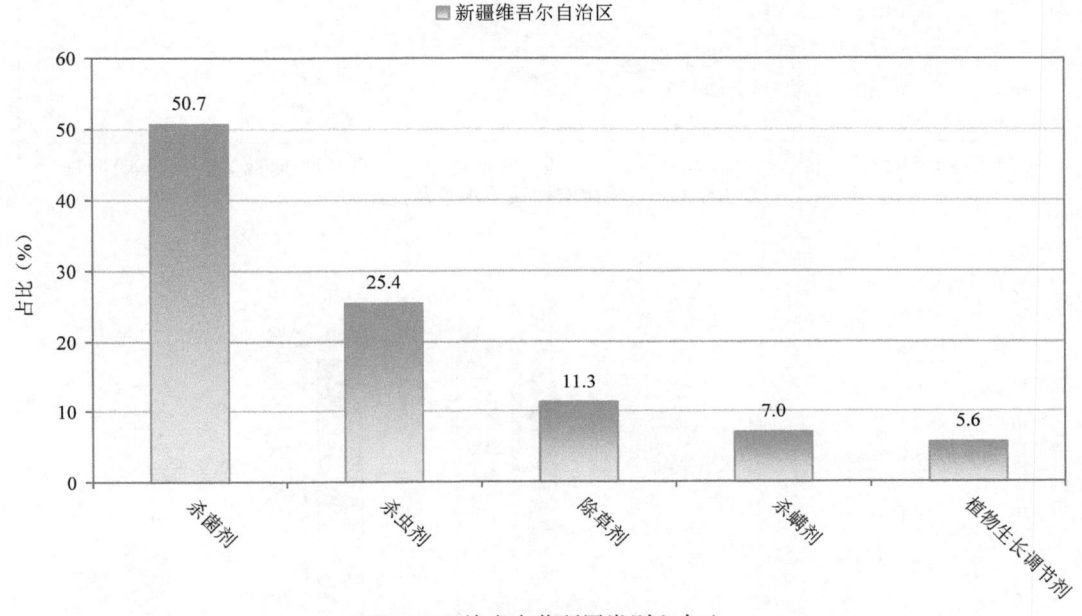

图 23-5 检出农药所属类别和占比

23.1.2.5 检出农药的残留水平

按检出农药残留水平进行统计,残留水平在 1~5 μg/kg(含)的农药占总数的 51.6%,在 5~10 μg/kg(含)的农药占总数的 12.5%,在 10~100 μg/kg(含)的农药占总数的 24.8%,在 100~1000 μg/kg(含)的农药占总数的 8.8%,在>1000 μg/kg 的农药占总数的 2.3%。

由此可见,这次检测的 20 批 200 例水果蔬菜样品中农药多数处于较低残留水平。结果见图 23-6。

23.1.2.6 检出农药的毒性类别、检出频次和超标频次及占比

对这次检出的 71 种 1152 频次的农药,按剧毒、高毒、中毒、低毒和微毒这五个毒性类别进行分类,从中可以看出,新疆维吾尔自治区目前普遍使用的农药为中低微毒农药,品种占 100.0%,频次占 100.0%。结果见图 23-7。

23.1.2.7 检出剧毒/高毒类农药的品种和频次

在此次样品检测中,没有检测出剧毒/高毒农药。
禁用农药的检出情况见表 23-4。

图 23-6　检出农药残留水平及占比

图 23-7　检出农药的毒性分类和占比

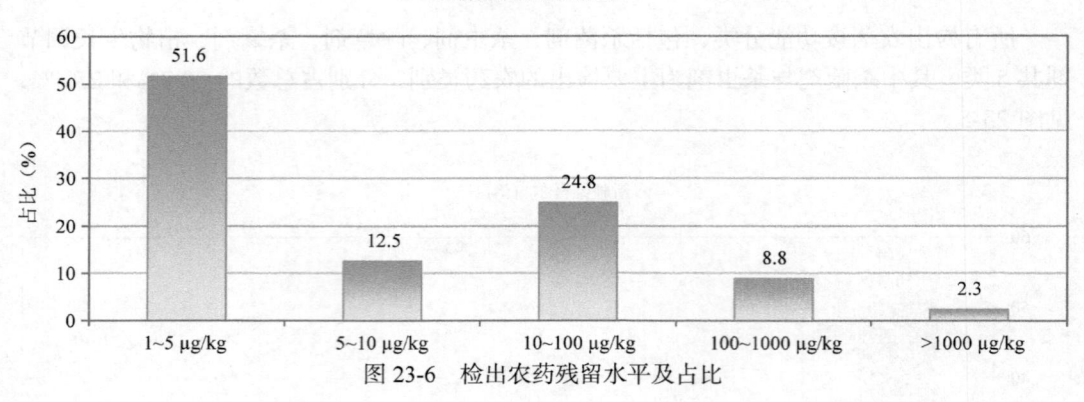

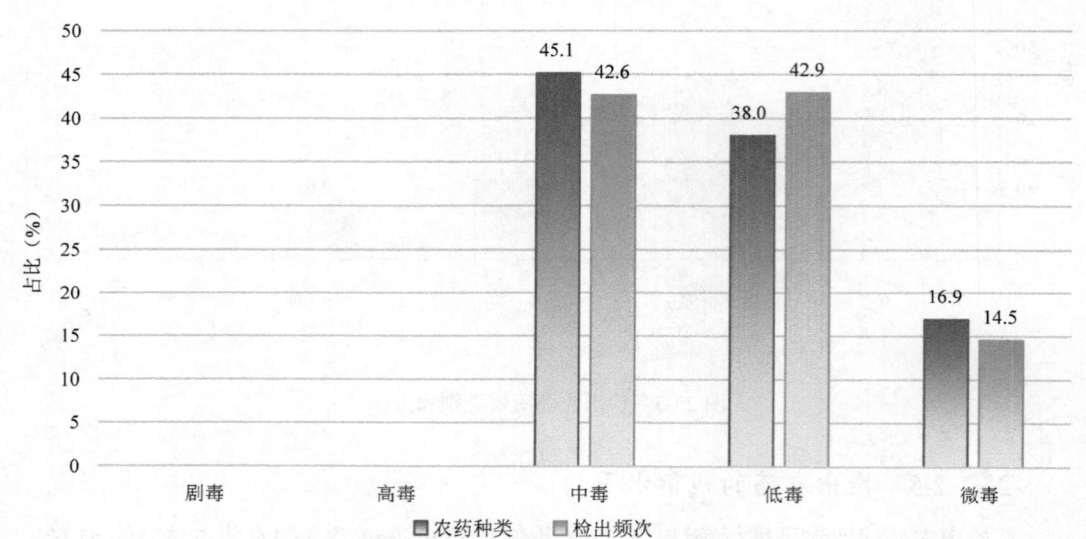

表 23-4　禁用农药检出情况

序号	农药名称	检出频次	超标频次	超标率
	从 3 种水果中检出 2 种禁用农药，共计检出 13 次			
1	毒死蜱	11	0	0.0%
2	硫丹	2	0	0.0%
	小计	13	0	超标率：0.0%
	从 5 种蔬菜中检出 3 种禁用农药，共计检出 25 次			
1	毒死蜱	19	0	0.0%
2	林丹	3	0	0.0%
3	六六六	3	0	0.0%
	小计	25	0	超标率：0.0%
	合计	38	0	超标率：0.0%

注：超标结果参考 MRL 中国国家标准计算

23.2 农药残留检出水平与最大残留限量标准对比分析

我国于 2021 年 3 月 3 日正式颁布并于 2021 年 9 月 3 日正式实施食品农药残留限量国家标准《食品中农药最大残留限量》(GB 2763—2021)，该标准包括 548 个农药条目，涉及最大残留限量(MRL)标准 10092 项。将 1152 频次检出结果的浓度水平与 10092 项 MRL 中国国家标准进行核对，其中有 516 频次的结果找到了对应的 MRL 标准，占 44.8%，还有 636 频次的侦测数据则无相关 MRL 标准供参考，占 55.2%。

将此次侦测结果与国际上现行 MRL 标准对比发现，在 1152 频次的检出结果中有 1152 频次的结果找到了对应的 MRL 欧盟标准，占 100.0%；其中，1107 频次的结果有明确对应的 MRL 标准，占 96.1%，其余 45 频次按照欧盟一律标准判定，占 3.9%；有 1152 频次的结果找到了对应的 MRL 日本标准，占 100.0%；其中，786 频次的结果有明确对应的 MRL 标准，占 68.2%，其余 366 频次按照日本一律标准判定，占 31.8%；有 398 频次的结果找到了对应的 MRL 中国香港标准，占 34.5%；有 444 频次的结果找到了对应的 MRL 美国标准，占 38.5%；有 333 频次的结果找到了对应的 MRL CAC 标准，占 28.9%。(图 23-8)。

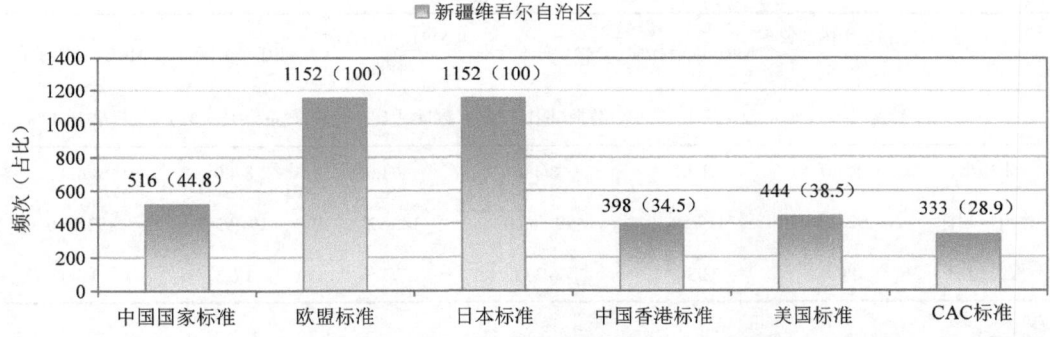

图 23-8 1152 频次检出农药可用 MRL 中国国家标准、欧盟标准、日本标准、中国香港标准、美国标准、CAC 标准判定衡量的数量及占比(%)

23.2.1 超标农药样品分析

本次侦测的 200 例样品中，8 例样品未检出任何残留农药，占样品总量的 4.0%，192 例样品检出不同水平、不同种类的残留农药，占样品总量的 96.0%。在此，我们将本次侦测的农残检出情况与 MRL 中国国家标准、欧盟标准、日本标准、中国香港标准、美国标准和 CAC 标准这 6 大国际主流标准进行对比分析，样品农残检出与超标情况见图 23-9、表 23-5 和图 23-10。

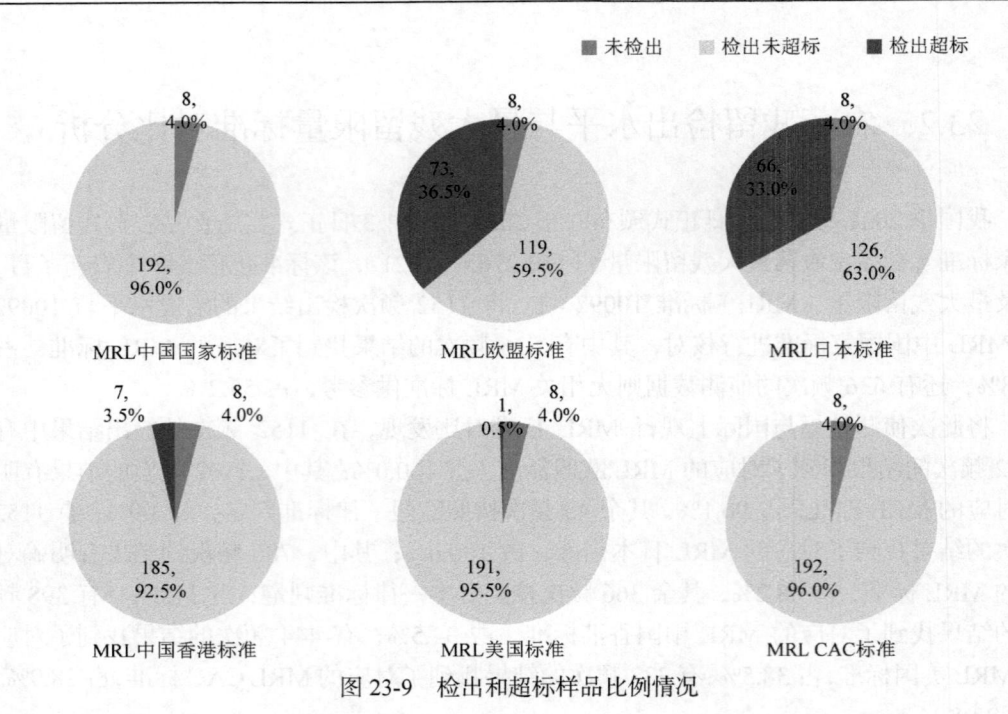

图 23-9 检出和超标样品比例情况

表 23-5 各 MRL 标准下样本农残检出与超标数量及占比

	MRL 中国国家标准 数量/占比（%）	MRL 欧盟标准 数量/占比（%）	MRL 日本标准 数量/占比（%）	MRL 中国香港标准 数量/占比（%）	MRL 美国标准 数量/占比（%）	MRL CAC 标准 数量/占比（%）
未检出	8/4.0	8/4.0	8/4.0	8/4.0	8/4.0	8/4.0
检出未超标	192/96.0	119/59.5	126/63.0	185/92.5	191/95.5	192/96.0
检出超标	0/0.0	73/36.5	66/33.0	7/3.5	1/0.5	0/0.0

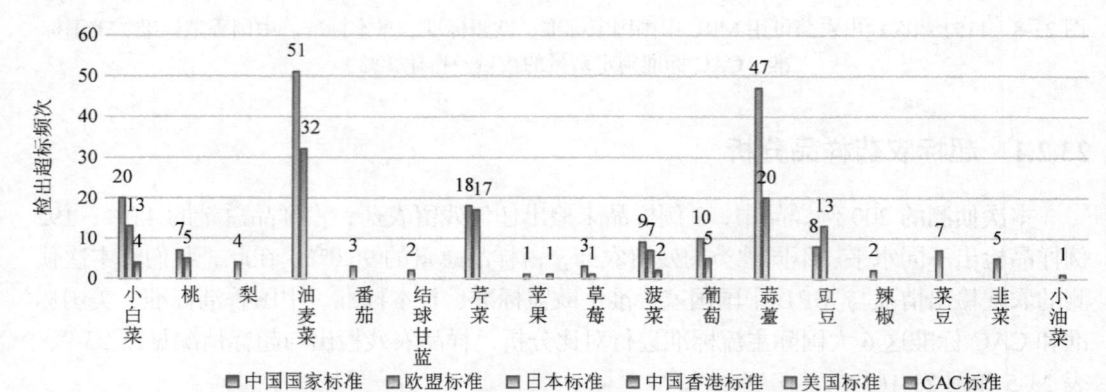

图 23-10 超过 MRL 中国国家标准、欧盟标准、日本标准、中国香港标准、美国标准和 CAC 标准结果在水果蔬菜中的分布

23.2.2 超标农药种类分析

按照 MRL 中国国家标准、欧盟标准、日本标准、中国香港标准、美国标准和 CAC 标准这 6 大国际主流标准衡量，本次侦测检出的农药超标品种及频次情况见表 23-6。

表 23-6 各 MRL 标准下超标农药品种及频次

	MRL 中国国家标准	MRL 欧盟标准	MRL 日本标准	MRL 中国香港标准	MRL 美国标准	MRL CAC 标准
超标农药品种	0	27	26	1	1	0
超标农药频次	0	185	125	7	1	0

23.2.2.1 按 MRL 中国国家标准衡量

按 MRL 中国国家标准衡量，无样品检出超标农药残留。

23.2.2.2 按 MRL 欧盟标准衡量

按 MRL 欧盟标准衡量，共有 27 种农药超标，检出 185 频次，分别为中毒农药多效唑、戊唑醇、咪鲜胺、杀螟丹、虫螨腈、烯唑醇、丙环唑、氯氟氰菊酯、吡唑醚菌酯、毒死蜱和三唑醇，低毒农药己唑醇、萘乙酸、五氯苯甲腈、螺螨酯、乙草胺、异菌脲、噻嗪酮、二苯胺、嘧霉胺、苄呋菊酯和噻菌灵，微毒农药氟环唑、腐霉利、乙烯菌核利、苄氯三唑醇和百菌清。

按超标程度比较，油麦菜中百菌清超标 213.6 倍，菠菜中异菌脲超标 201.8 倍，油麦菜中烯唑醇超标 196.1 倍，油麦菜中虫螨腈超标 156.7 倍，蒜薹中异菌脲超标 120.8 倍。检测结果见图 23-11。

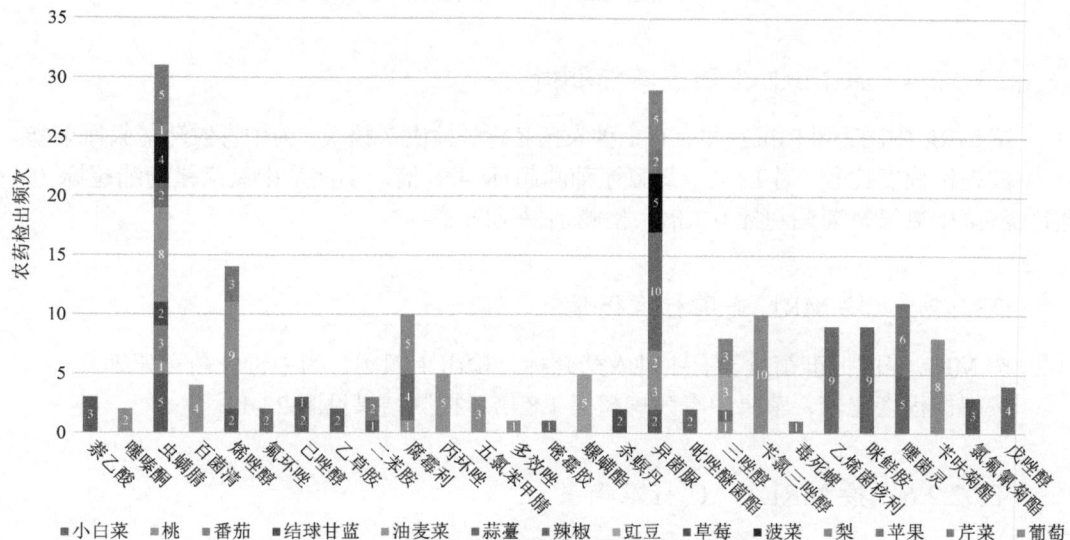

图 23-11 超过 MRL 欧盟标准农药品种及频次

23.2.2.3 按 MRL 日本标准衡量

按 MRL 日本标准衡量，共有 26 种农药超标，检出 125 频次，分别为中毒农药溴氰菊酯、多效唑、戊唑醇、二甲戊灵、烯唑醇、氯氰菊酯、丙环唑、氯氟氰菊酯、吡唑醚菌酯、哒螨灵和三唑醇，低毒农药己唑醇、乙氧喹啉、萘乙酸、五氯苯甲腈、异丙甲草胺、螺螨酯、乙草胺、二苯胺和嘧霉胺，微毒农药氟环唑、灭菌丹、腐霉利、乙烯菌核利、苄氯三唑醇和百菌清。

按超标程度比较，油麦菜中烯唑醇超标 196.1 倍，小白菜中萘乙酸超标 65.2 倍，豇豆中螺螨酯超标 53.2 倍，蒜薹中腐霉利超标 45.9 倍，蒜薹中乙烯菌核利超标 22.6 倍。检测结果见图 23-12。

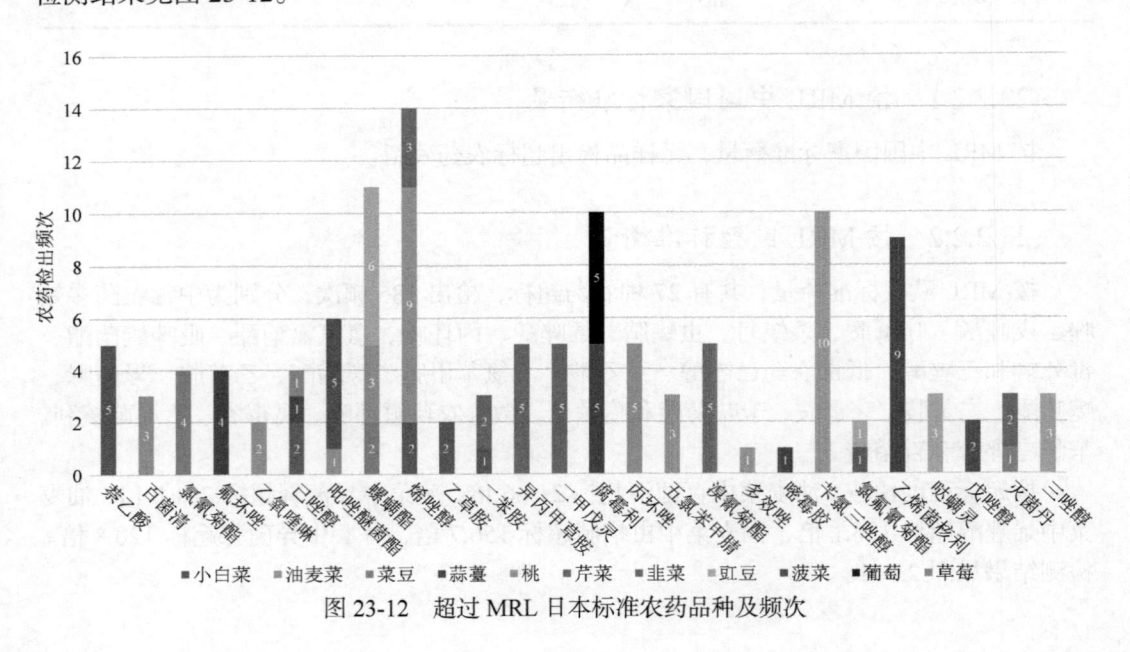

图 23-12 超过 MRL 日本标准农药品种及频次

23.2.2.4 按 MRL 中国香港标准衡量

按 MRL 中国香港标准衡量，有 1 种农药超标，检出 7 频次，为中毒农药氯氟氰菊酯。按超标程度比较，小白菜中氯氟氰菊酯超标 4.9 倍，小油菜中氯氟氰菊酯超标 0.4 倍，菠菜中氯氟氰菊酯超标 0.2 倍。检测结果见图 23-13。

23.2.2.5 按 MRL 美国标准衡量

按 MRL 美国标准衡量，有 1 种农药超标，检出 1 频次，为中毒农药毒死蜱。按超标程度比较，苹果中毒死蜱超标 1.8 倍。检测结果见图 23-14。

23.2.2.6 按 MRL CAC 标准衡量

按 MRL CAC 标准衡量，无样品检出超标农药残留。

图 23-13　超过 MRL 中国香港标准农药品种及频次

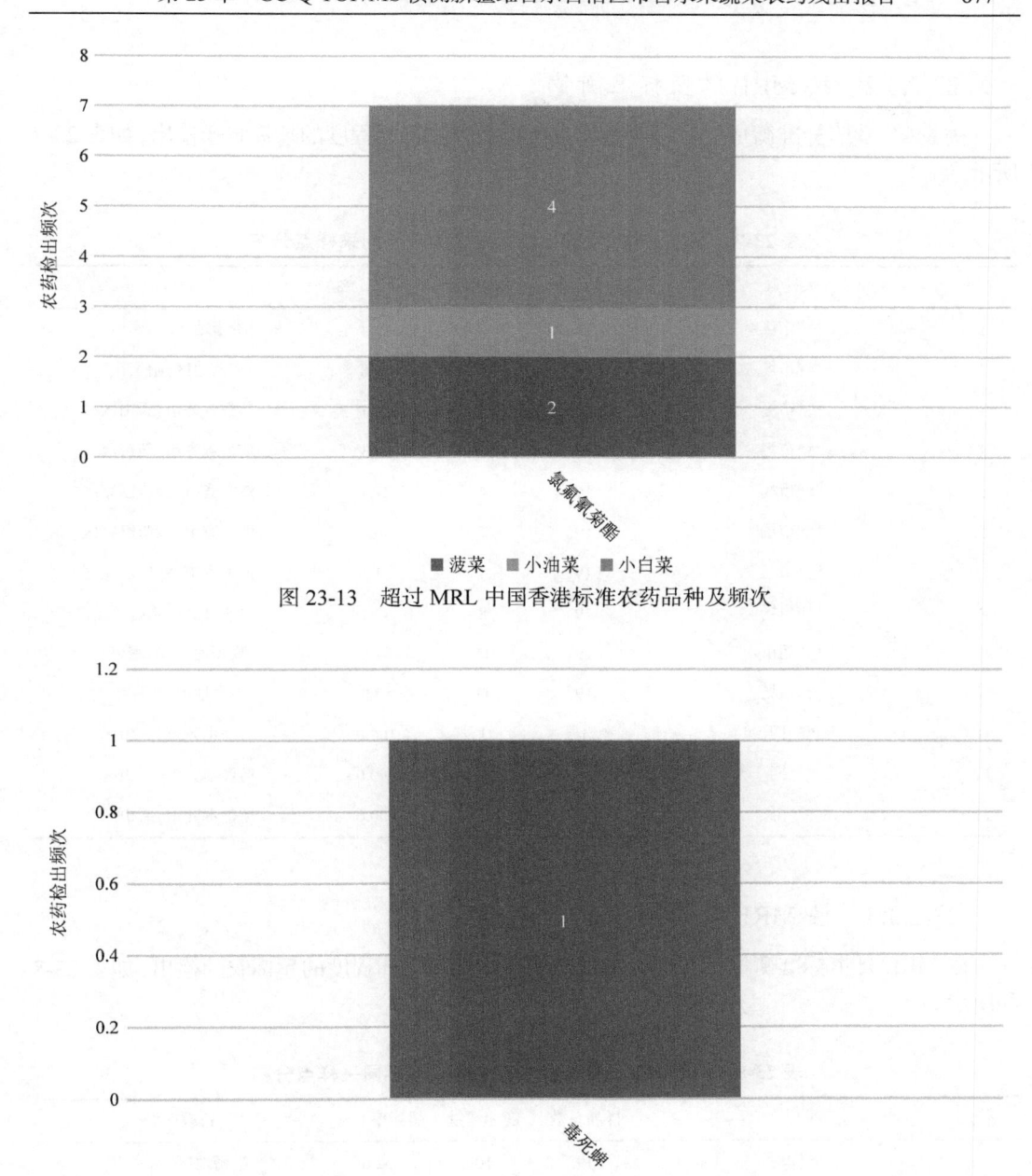

图 23-14　超过 MRL 美国标准农药品种及频次

23.2.3　20 个采样点超标情况分析

23.2.3.1　按 MRL 中国国家标准衡量

按 MRL 中国国家标准衡量，所有采样点的样品均未检出超标农药残留。

23.2.3.2 按 MRL 欧盟标准衡量

按 MRL 欧盟标准衡量,有 13 个采样点的样品存在不同程度的超标农药检出,如表 23-7 所示。

表 23-7　超过 MRL 欧盟标准水果蔬菜在不同采样点分布

序号	采样点	样品总数	超标数量	超标率(%)	行政区域
1	***市场	19	9	47.4	哈密地区 哈密市
2	***市场	19	7	36.8	哈密地区 哈密市
3	***市场	19	4	21.1	乌鲁木齐市 天山区
4	***市场	19	5	26.3	乌鲁木齐市 新市区
5	***市场	19	4	21.1	乌鲁木齐市 沙依巴克区
6	***市场	19	7	36.8	乌鲁木齐市 沙依巴克区
7	***市场	19	4	21.1	乌鲁木齐市 沙依巴克区
8	***市场	19	8	42.1	哈密地区 哈密市
9	***超市	19	11	57.9	哈密地区 哈密市
10	***市场	19	11	57.9	哈密地区 哈密市
11	***网	1	1	100.0	乌鲁木齐市 天山区
12	***网	1	1	100.0	乌鲁木齐市 天山区
13	***网	1	1	100.0	乌鲁木齐市 天山区

23.2.3.3 按 MRL 日本标准衡量

按 MRL 日本标准衡量,有 11 个采样点的样品存在不同程度的超标农药检出,如表 23-8 和所示。

表 23-8　超过 MRL 日本标准水果蔬菜在不同采样点分布

序号	采样点	样品总数	超标数量	超标率(%)	行政区域
1	***市场	19	10	52.6	哈密地区 哈密市
2	***市场	19	7	36.8	哈密地区 哈密市
3	***市场	19	3	15.8	乌鲁木齐市 天山区
4	***市场	19	5	26.3	乌鲁木齐市 新市区
5	***市场	19	5	26.3	乌鲁木齐市 沙依巴克区
6	***市场	19	4	21.1	乌鲁木齐市 沙依巴克区
7	***市场	19	4	21.1	乌鲁木齐市 沙依巴克区
8	***市场	19	8	42.1	哈密地区 哈密市
9	***超市	19	9	47.4	哈密地区 哈密市

续表

序号	采样点	样品总数	超标数量	超标率（%）	行政区域
10	***市场	19	10	52.6	哈密地区 哈密市
11	***网	1	1	100.0	乌鲁木齐市 天山区

23.2.3.4　按 MRL 中国香港标准衡量

按 MRL 中国香港标准衡量，有 6 个采样点的样品存在不同程度的超标农药检出，如表 23-9 所示。

表 23-9　超过 MRL 中国香港标准水果蔬菜在不同采样点分布

序号	采样点	样品总数	超标数量	超标率（%）	行政区域
1	***市场	19	1	5.3	哈密地区 哈密市
2	***市场	19	2	10.5	乌鲁木齐市 天山区
3	***市场	19	1	5.3	乌鲁木齐市 沙依巴克区
4	***市场	19	1	5.3	乌鲁木齐市 沙依巴克区
5	***市场	19	1	5.3	乌鲁木齐市 沙依巴克区
6	***市场	19	1	5.3	哈密地区 哈密市

23.2.3.5　按 MRL 美国标准衡量

按 MRL 美国标准衡量，有 1 个采样点的样品存在超标农药检出，如表 23-10 所示。

表 23-10　超过 MRL 美国标准水果蔬菜在不同采样点分布

序号	采样点	样品总数	超标数量	超标率（%）	行政区域
1	***市场	19	1	5.3	乌鲁木齐市 沙依巴克区

23.2.3.6　按 MRL CAC 标准衡量

按 MRL CAC 标准衡量，所有采样点的样品均未检出超标农药残留。

23.3　水果中农药残留分布

23.3.1　检出农药品种和频次排前 5 的水果

本次残留侦测的水果共 5 种，包括葡萄、桃、草莓、苹果和梨。

根据检出农药品种及频次进行排名,将各项排名前 5 的水果样品检出情况列表说明,详见表 23-11。

表 23-11　检出农药品种和频次排名前 5 的水果

检出农药品种排名前 5（品种）	①葡萄（22），②桃（22），③梨（18），④苹果（14），⑤草莓（10）
检出农药频次排名前 5（频次）	①葡萄（99），②桃（74），③梨（57），④苹果（45），⑤草莓（22）
检出禁用农药品种排名前 5（品种）	①桃（2），②梨（1），③苹果（1）
检出禁用农药频次排名前 5（频次）	①桃（7），②苹果（4），③梨（2）

23.3.2　超标农药品种和频次排前 5 的水果

鉴于 MRL 欧盟标准和日本标准制定比较全面且覆盖率较高,我们参照 MRL 中国国家标准、欧盟标准和日本标准衡量水果样品中农残检出情况,将超标农药品种及频次排名前 5 的水果列表说明,详见表 23-12。

表 23-12　超标农药品种和频次排名前 5 的水果

超标农药品种排名前 5（农药品种数）	MRL 中国国家标准	
	MRL 欧盟标准	①桃（4），②草莓（2），③梨（2），④葡萄（2），⑤苹果（1）
	MRL 日本标准	①桃（3），②草莓（1），③葡萄（1）
超标农药频次排名前 5（农药频次数）	MRL 中国国家标准	
	MRL 欧盟标准	①葡萄（10），②桃（7），③梨（4），④草莓（3），⑤苹果（1）
	MRL 日本标准	①葡萄（5），②桃（5），③草莓（1）

通过对各品种水果样本总数及检出率进行综合分析发现,桃、苹果和梨的残留污染最为严重,在此,我们参照 MRL 中国国家标准、欧盟标准和日本标准对这 3 种水果的农残检出情况进行进一步分析。

23.3.3　农药残留检出率较高的水果样品分析

23.3.3.1　桃

这次共检测 10 例桃样品,全部检出了农药残留,检出率为 100.0%,检出农药共计 22 种。其中苯醚甲环唑、异菌脲和戊唑醇检出频次较高,分别检出了 7、7 和 6 次。桃中农药检出品种和频次见图 23-15,超标农药见图 23-16 和表 23-13。

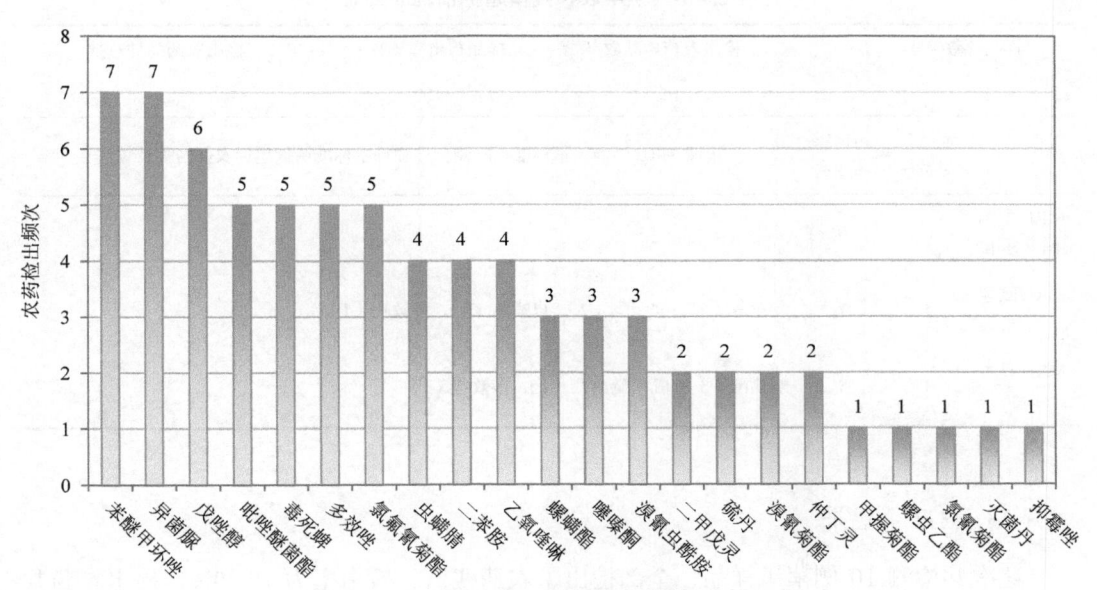

第23章 GC-Q-TOF/MS 侦测新疆维吾尔自治区市售水果蔬菜农药残留报告

图 23-15 桃样品检出农药品种和频次分析

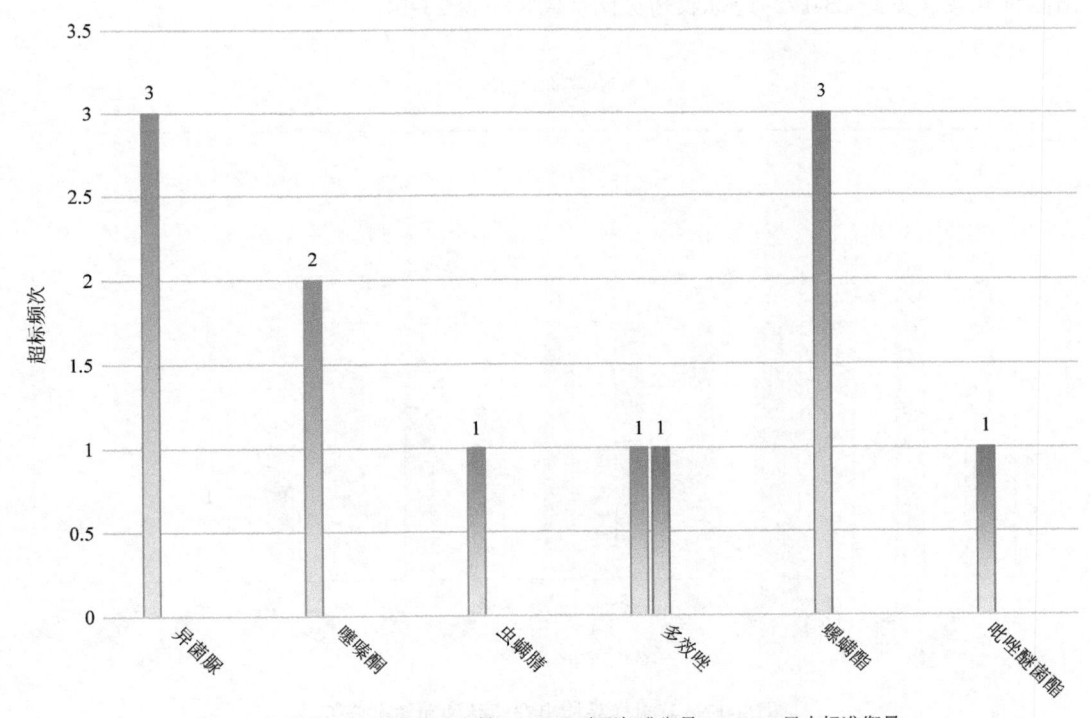

图 23-16 桃样品中超标农药分析

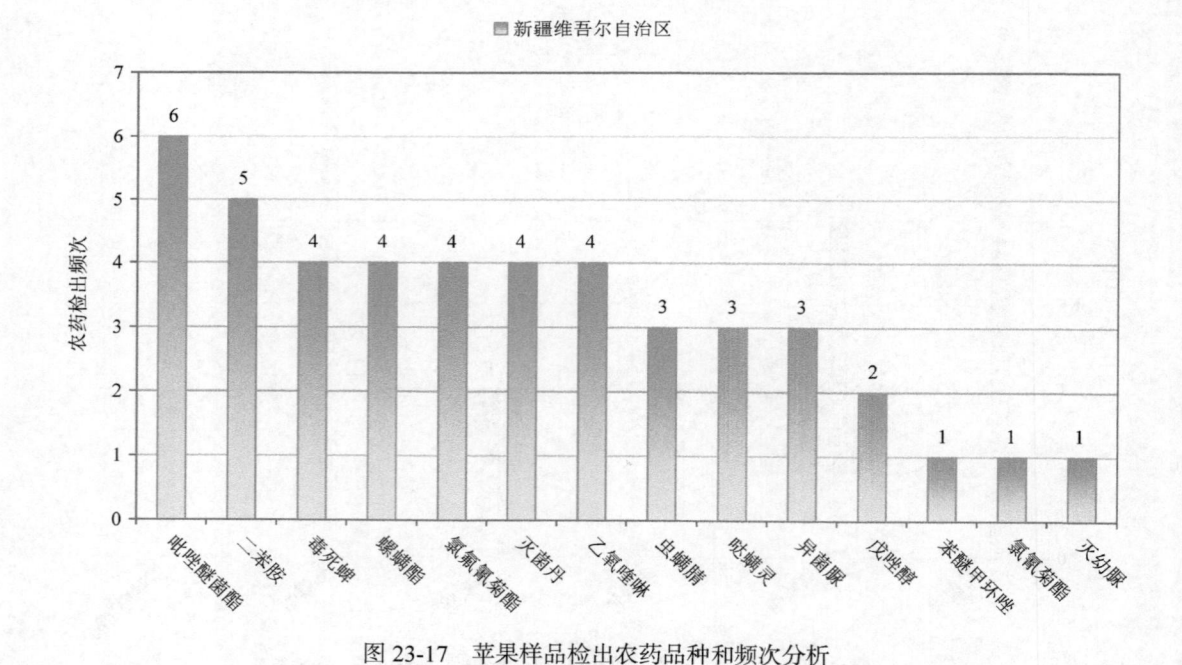

表 23-13　桃中农药残留超标情况明细表

样品总数		检出农药样品数	样品检出率（%）	检出农药品种总数
10		10	100	22
	超标农药品种	超标农药频次	按照 MRL 中国国家标准、欧盟标准和日本标准衡量超标农药名称及频次	
MRL 中国国家标准	0	0		
MRL 欧盟标准	4	7	异菌脲（3），噻嗪酮（2），虫螨腈（1），多效唑（1）	
MRL 日本标准	3	5	螺螨酯（3），吡唑醚菌酯（1），多效唑（1）	

23.3.3.2　苹果

这次共检测 10 例苹果样品，全部检出了农药残留，检出率为 100.0%，检出农药共计 14 种。其中吡唑醚菌酯和二苯胺检出频次较高，分别检出了 6 和 5 次。苹果中农药检出品种和频次见图 23-17，超标农药见图 23-18 和表 23-14。

图 23-17　苹果样品检出农药品种和频次分析

图 23-18　苹果样品中超标农药分析

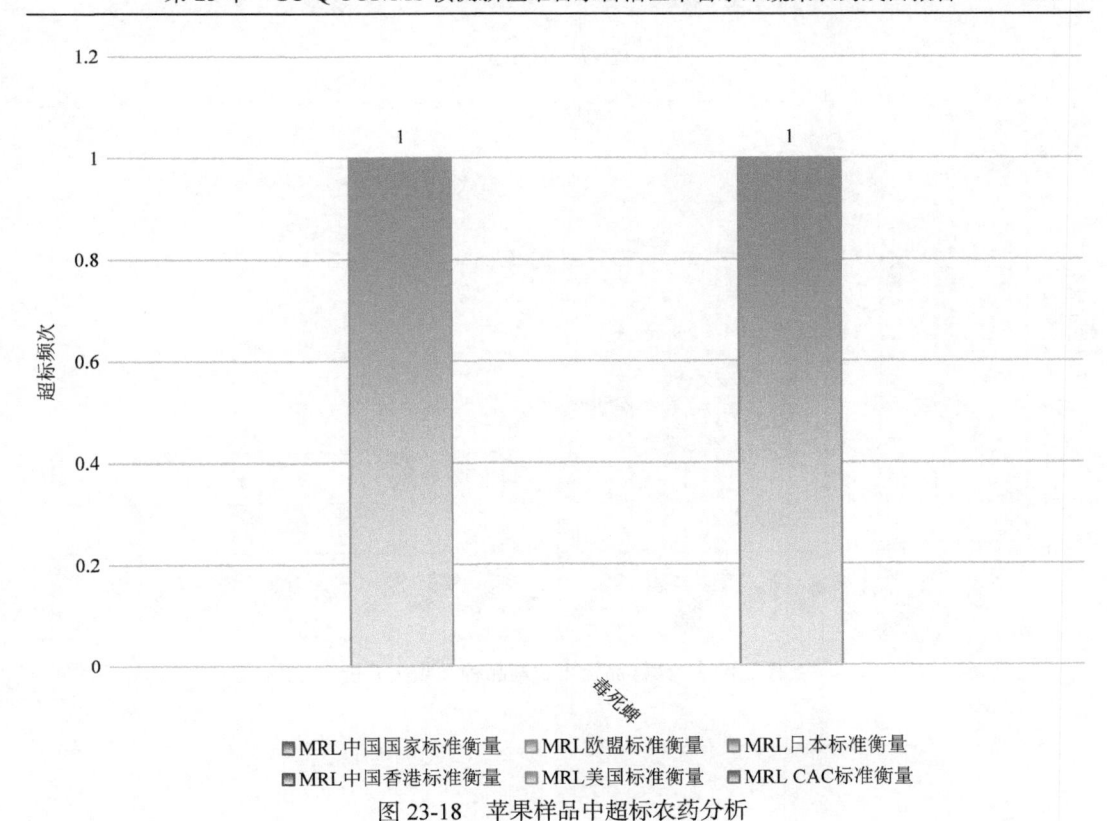

表 23-14　苹果中农药残留超标情况明细表

样品总数	检出农药样品数	样品检出率（%）	检出农药品种总数
10	10	100	14

	超标农药品种	超标农药频次	按照 MRL 中国国家标准、欧盟标准和日本标准衡量超标农药名称及频次
MRL 中国国家标准	0	0	
MRL 欧盟标准	1	1	毒死蜱（1）
MRL 日本标准	0	0	

23.3.3.3　梨

这次共检测 10 例梨样品，全部检出了农药残留，检出率为 100.0%，检出农药共计 18 种。其中氯氟氰菊酯、吡唑醚菌酯、螺虫乙酯和异菌脲检出频次较高，分别检出了 8、7、6 和 5 次。梨中农药检出品种和频次见图 23-19，超标农药见图 23-20 和表 23-15。

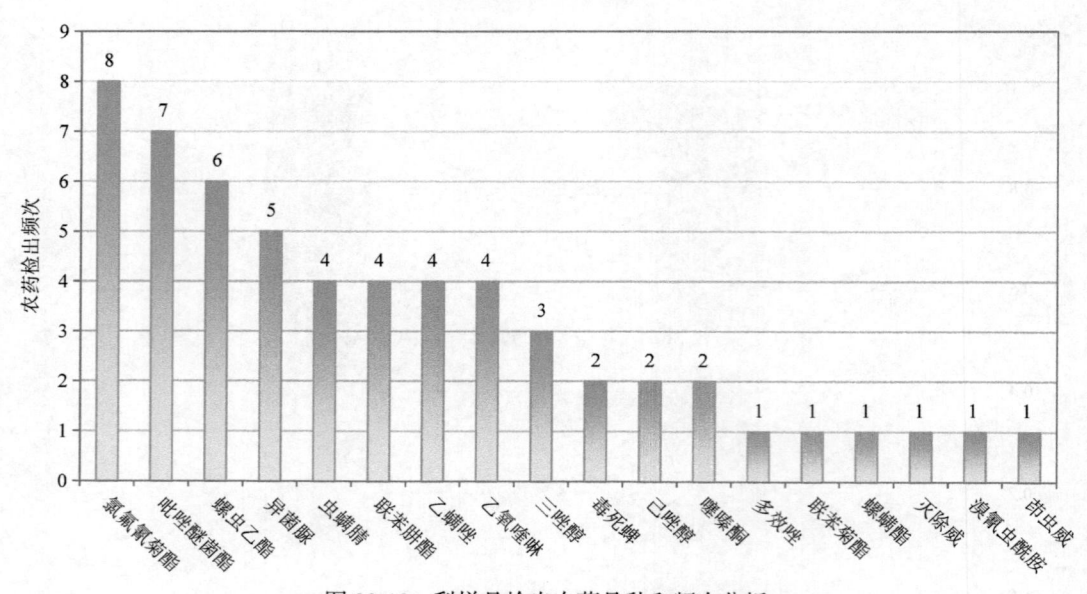

图 23-19　梨样品检出农药品种和频次分析

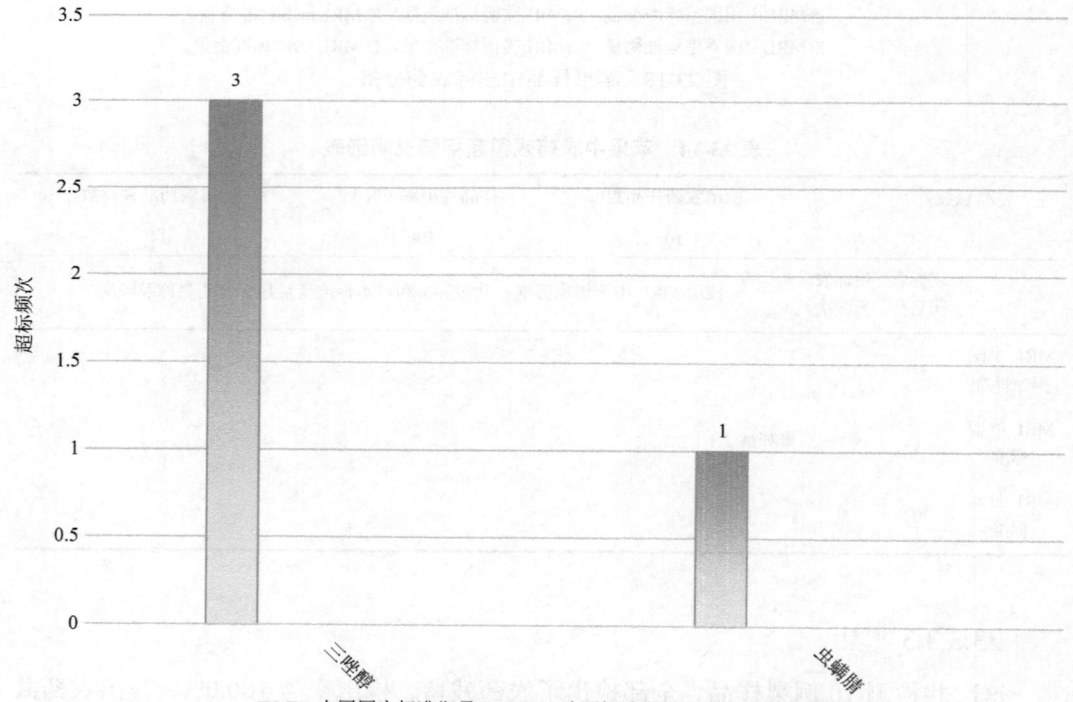

图 23-20　梨样品中超标农药分析

表 23-15 梨中农药残留超标情况明细表

样品总数	检出农药样品数	样品检出率（%）	检出农药品种总数
10	10	100	18

	超标农药品种	超标农药频次	按照 MRL 中国国家标准、欧盟标准和日本标准衡量超标农药名称及频次
MRL 中国国家标准	0	0	
MRL 欧盟标准	2	4	三唑醇（3），虫螨腈（1）
MRL 日本标准	0	0	

23.4　蔬菜中农药残留分布

23.4.1　检出农药品种和频次排前 10 的蔬菜

本次残留侦测的蔬菜共 15 种，包括辣椒、结球甘蓝、韭菜、蒜薹、小白菜、芹菜、油麦菜、大白菜、番茄、小油菜、茄子、黄瓜、豇豆、菠菜和菜豆。

根据检出农药品种及频次进行排名，将各项排名前 10 的蔬菜样品检出情况列表说明，详见表 23-16。

表 23-16　检出农药品种和频次排名前 10 的蔬菜

检出农药品种排名前 10（品种）	①油麦菜（28），②芹菜（24），③蒜薹（21），④菠菜（14），⑤豇豆（14），⑥小白菜（13），⑦小油菜（13），⑧辣椒（12），⑨菜豆（11），⑩韭菜（11）
检出农药频次排名前 10（频次）	①油麦菜（167），②蒜薹（114），③芹菜（106），④菠菜（66），⑤小油菜（64），⑥豇豆（58），⑦小白菜（56），⑧韭菜（39），⑨辣椒（36），⑩菜豆（34）
检出禁用农药品种排名前 10（品种）	①芹菜（3），②菠菜（1），③黄瓜（1），④辣椒（1），⑤油麦菜（1）
检出禁用农药频次排名前 10（频次）	①芹菜（7），②辣椒（6），③菠菜（5），④油麦菜（5），⑤黄瓜（2）

23.4.2　超标农药品种和频次排前 10 的蔬菜

鉴于 MRL 欧盟标准和日本标准制定比较全面且覆盖率较高，我们参照 MRL 中国国家标准、欧盟标准和日本标准衡量蔬菜样品中农残检出情况，将超标农药品种及频次排名前 10 的蔬菜列表说明，详见表 23-17。

表 23-17　超标农药品种和频次排名前 10 的蔬菜

超标农药品种排名前 10（农药品种数）	MRL 中国国家标准	
	MRL 欧盟标准	①蒜薹（10），②油麦菜（10），③小白菜（8），④芹菜（5），⑤菠菜（2），⑥豇豆（2），⑦番茄（1），⑧结球甘蓝（1），⑨辣椒（1）

	续表	
超标农药品种排名前10（农药品种数）	MRL 日本标准	①小白菜（6），②油麦菜（6），③芹菜（5），④蒜薹（5），⑤豇豆（4），⑥菜豆（3），⑦菠菜（2），⑧韭菜（1）
超标农药频次排名前10（农药频次数）	MRL 中国国家标准	
	MRL 欧盟标准	①油麦菜（51），②蒜薹（47），③小白菜（20），④芹菜（18），⑤菠菜（9），⑥豇豆（8），⑦番茄（3），⑧结球甘蓝（2），⑨辣椒（2）
	MRL 日本标准	①油麦菜（32），②蒜薹（20），③芹菜（17），④豇豆（13），⑤小白菜（13），⑥菠菜（7），⑦菜豆（7），⑧韭菜（5）

通过对各品种蔬菜样本总数及检出率进行综合分析发现，油麦菜、芹菜和蒜薹的残留污染最为严重，在此，我们参照 MRL 中国国家标准、欧盟标准和日本标准对这 3 种蔬菜的农残检出情况进行进一步分析。

23.4.3　农药残留检出率较高的蔬菜样品分析

23.4.3.1　油麦菜

这次共检测 10 例油麦菜样品，全部检出了农药残留，检出率为 100.0%，检出农药共计 28 种。其中苄呋菊酯、苄氯三唑醇、虫螨腈、多效唑和烯酰吗啉检出频次较高，分别检出了 10、10、10、10 和 10 次。油麦菜中农药检出品种和频次见图 23-21，超标农药见图 23-22 和表 23-18。

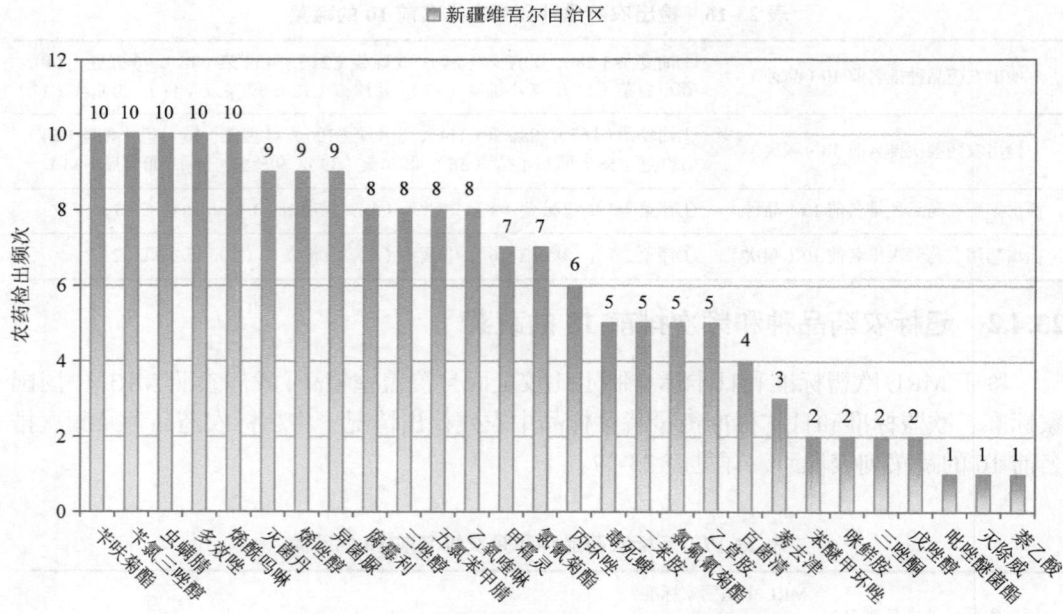

图 23-21　油麦菜样品检出农药品种和频次分析

图 23-22　油麦菜样品中超标农药分析

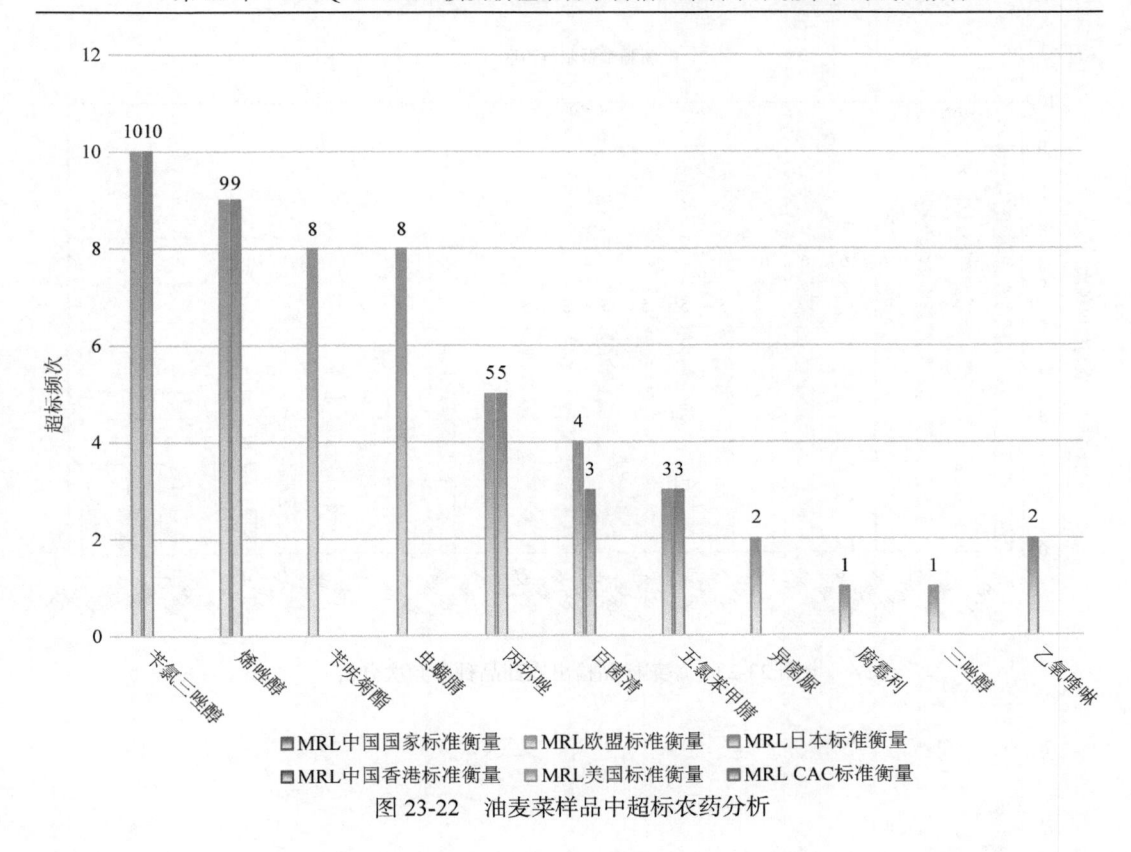

表 23-18　油麦菜中农药残留超标情况明细表

样品总数	检出农药样品数	样品检出率（%）	检出农药品种总数
10	10	100	28

	超标农药品种	超标农药频次	按照 MRL 中国国家标准、欧盟标准和日本标准衡量超标农药名称及频次
MRL 中国国家标准	0	0	
MRL 欧盟标准	10	51	苯氯三唑醇（10），烯唑醇（9），苯呋菊酯（8），虫螨腈（8），丙环唑（5），百菌清（4），五氯苯甲腈（3），异菌脲（2），腐霉利（1），三唑醇（1）
MRL 日本标准	6	32	苯氯三唑醇（10），烯唑醇（9），丙环唑（5），百菌清（3），五氯苯甲腈（3），乙氧喹啉（2）

23.4.3.2　芹菜

这次共检测 10 例芹菜样品，全部检出了农药残留，检出率为 100.0%，检出农药共计 24 种。其中灭菌丹、二苯胺和烯酰吗啉检出频次较高，分别检出了 9、8 和 8 次。芹菜中农药检出品种和频次见图 23-23，超标农药见图 23-24 和表 23-19。

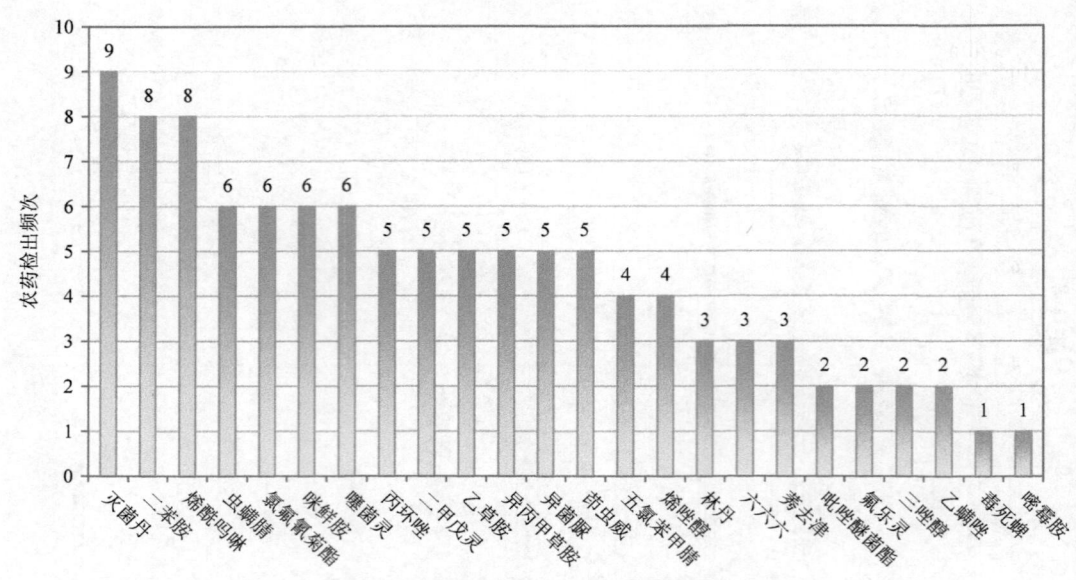

图 23-23　芹菜样品检出农药品种和频次分析

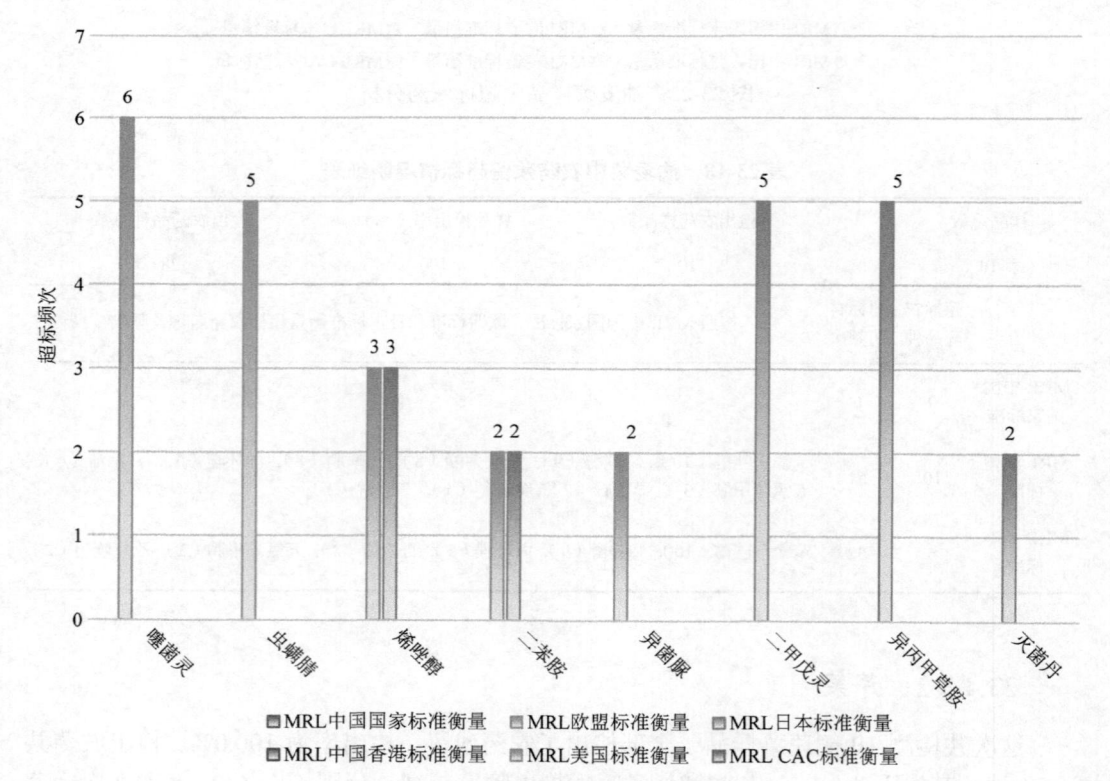

图 23-24　芹菜样品中超标农药分析

表 23-19 芹菜中农药残留超标情况明细表

样品总数	检出农药样品数	样品检出率（%）	检出农药品种总数
10	10	100	24

	超标农药品种	超标农药频次	按照 MRL 中国国家标准、欧盟标准和日本标准衡量超标农药名称及频次
MRL 中国国家标准	0	0	
MRL 欧盟标准	5	18	噻菌灵（6），虫螨腈（5），烯唑醇（3），二苯胺（2），异菌脲（2）
MRL 日本标准	5	17	二甲戊灵（5），异丙甲草胺（5），烯唑醇（3），二苯胺（2），灭菌丹（2）

23.4.3.3 蒜薹

这次共检测 10 例蒜薹样品，全部检出了农药残留，检出率为 100.0%，检出农药共计 21 种。其中咪鲜胺、戊唑醇、乙烯菌核利和异菌脲检出频次较高，分别检出了 10、10、10 和 10 次。蒜薹中农药检出品种和频次见图 23-25，超标农药见图 23-26 和表 23-20。

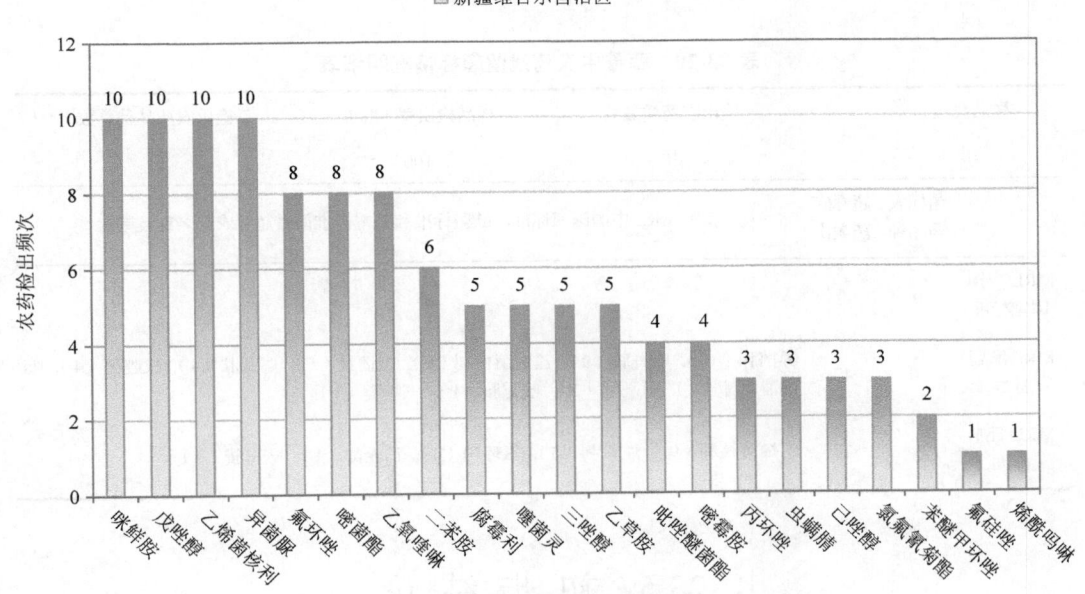

图 23-25 蒜薹样品检出农药品种和频次分析

图 23-26 蒜薹样品中超标农药分析

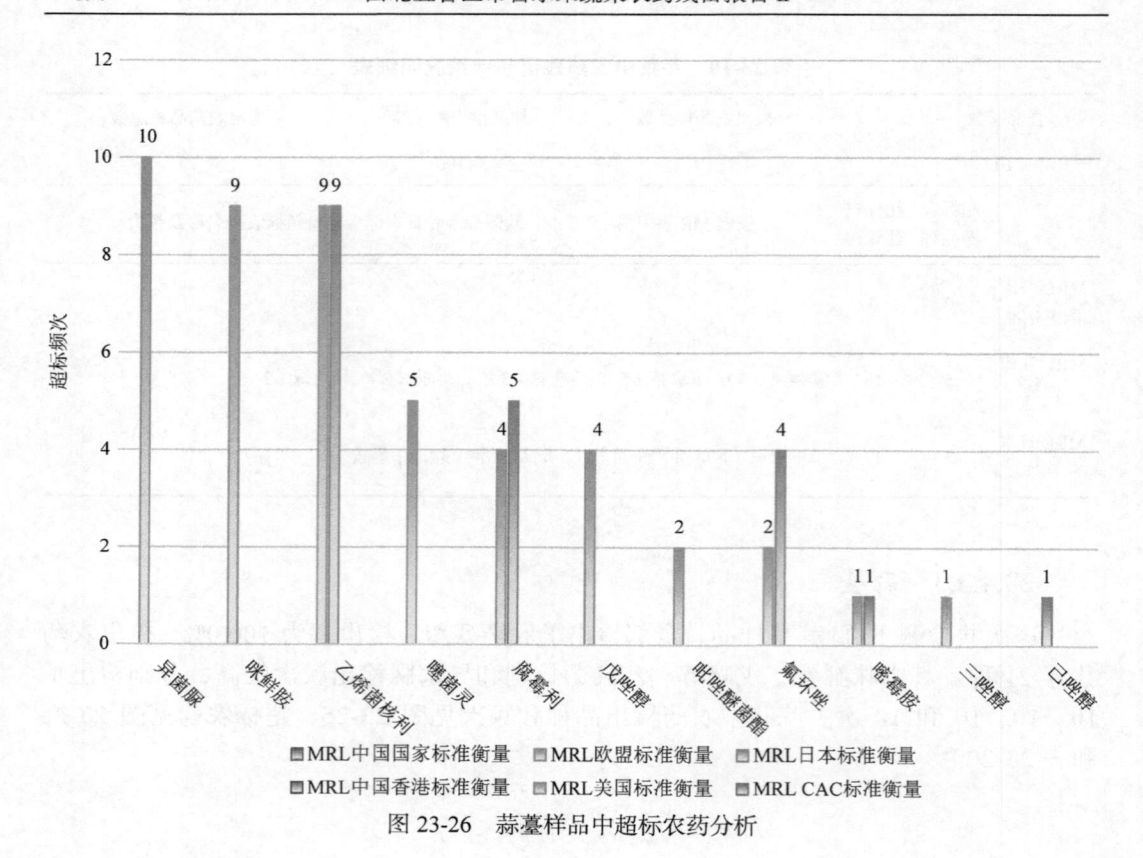

表 23-20 蒜薹中农药残留超标情况明细表

样品总数	检出农药样品数	样品检出率（%）	检出农药品种总数
10	10	100	21

	超标农药品种	超标农药频次	按照 MRL 中国国家标准、欧盟标准和日本标准衡量超标农药名称及频次
MRL 中国国家标准	0	0	
MRL 欧盟标准	10	47	异菌脲（10），咪鲜胺（9），乙烯菌核利（9），噻菌灵（5），腐霉利（4），戊唑醇（4），吡唑醚菌酯（2），氟环唑（2），嘧霉胺（1），三唑醇（1）
MRL 日本标准	5	20	乙烯菌核利（9），腐霉利（5），氟环唑（4），己唑醇（1），嘧霉胺（1）

23.5 初 步 结 论

23.5.1 新疆维吾尔自治区市售水果蔬菜按国际主要 MRL 标准衡量的合格率

本次侦测的 200 例样品中，8 例样品未检出任何残留农药，占样品总量的 4.0%，192

例样品检出不同水平、不同种类的残留农药，占样品总量的 96.0%。

在这 192 例检出农药残留的样品中，按照 MRL 中国国家标准衡量，有 192 例样品检出残留农药但含量没有超标，占样品总数的 96.0%，无检出残留农药超标的样品。

按照 MRL 欧盟标准衡量，有 119 例样品检出残留农药但含量没有超标，占样品总数的 59.5%，有 73 例样品检出了超标农药，占样品总数的 36.5%。

按照 MRL 日本标准衡量，有 126 例样品检出残留农药但含量没有超标，占样品总数的 63.0%，有 66 例样品检出了超标农药，占样品总数的 33.0%。

按照 MRL 中国香港标准衡量，有 185 例样品检出残留农药但含量没有超标，占样品总数的 92.5%，有 7 例样品检出了超标农药，占样品总数的 3.5%。

按照 MRL 美国标准衡量，有 191 例样品检出残留农药但含量没有超标，占样品总数的 95.5%，有 1 例样品检出了超标农药，占样品总数的 0.5%。

按照 MRL CAC 标准衡量，有 192 例样品检出残留农药但含量没有超标，占样品总数的 96.0%，无检出残留农药超标的样品。

23.5.2 新疆维吾尔自治区市售水果蔬菜中检出农药以中低微毒农药为主，占市场主体的 100.0%

这次侦测的 200 例样品包括水果 5 种 50 例，蔬菜 15 种 150 例，共检出了 71 种农药，检出农药的毒性以中低微毒为主，详见表 23-21。

表 23-21　市场主体农药毒性分布

毒性	检出品种	占比	检出频次	占比
中毒农药	32	45.1%	491	42.6%
低毒农药	27	38.0%	494	42.9%
微毒农药	12	16.9%	167	14.5%

中低微毒农药，品种占比 100.0%，频次占比 100.0%

23.5.3 检出禁用农药现象应该警醒

在此次侦测的 200 例样品中的 32 例样品检出了 4 种 38 频次的禁用农药，占样品总量的 16.0%。检出频次较高。

按 MRL 中国国家标准衡量，检出 38 频次的禁用农药均未超标。

禁用农药的检出情况及按照 MRL 中国国家标准衡量的超标情况见表 23-22。

表 23-22　禁用农药的检出及超标明细

序号	农药名称	样品名称	检出频次	超标频次	最大超标倍数	超标率
1.1	六六六▲	芹菜	3	0	0	0.0%
2.1	林丹▲	芹菜	3	0	0	0.0%
3.1	毒死蜱▲	辣椒	6	0	0	0.0%

续表

序号	农药名称	样品名称	检出频次	超标频次	最大超标倍数	超标率
3.2	毒死蜱▲	桃	5	0	0	0.0%
3.3	毒死蜱▲	油麦菜	5	0	0	0.0%
3.4	毒死蜱▲	菠菜	5	0	0	0.0%
3.5	毒死蜱▲	苹果	4	0	0	0.0%
3.6	毒死蜱▲	梨	2	0	0	0.0%
3.7	毒死蜱▲	黄瓜	2	0	0	0.0%
3.8	毒死蜱▲	芹菜	1	0	0	0.0%
4.1	硫丹▲	桃	2	0	0	0.0%
合计			38	0		0.0%

注：超标倍数参照 MRL 中国国家标准衡量
▲表示禁用农药

这些超标的高剧毒或禁用农药都是中国政府早有规定禁止在水果蔬菜中使用的，为什么还屡次被检出，应该引起警惕。

23.5.4　残留限量标准与先进国家或地区标准差距较大

1152 频次的检出结果与我国公布的 GB 2763—2021《食品中农药最大残留限量》对比，有 516 频次能找到对应的 MRL 中国国家标准，占 44.8%；还有 636 频次的侦测数据无相关 MRL 标准供参考，占 55.2%。

与国际上现行 MRL 标准对比发现：

有 1152 频次能找到对应的 MRL 欧盟标准，占 100.0%；

有 1152 频次能找到对应的 MRL 日本标准，占 100.0%；

有 398 频次能找到对应的 MRL 中国香港标准，占 34.5%；

有 444 频次能找到对应的 MRL 美国标准，占 38.5%；

有 333 频次能找到对应的 MRL CAC 标准，占 28.9%。

由上可见，MRL 中国国家标准与先进国家或地区标准还有很大差距，我们无标准，境外有标准，这就会导致我们在国际贸易中，处于受制于人的被动地位。

23.5.5　水果蔬菜单种样品检出 18～28 种农药残留，拷问农药使用的科学性

通过此次监测发现，葡萄、桃和梨是检出农药品种最多的 3 种水果，油麦菜、芹菜和蒜薹是检出农药品种最多的 3 种蔬菜，从中检出农药品种及频次详见表 23-23。

表 23-23　单种样品检出农药品种及频次

样品名称	样品总数	检出率（%）	检出农药品种数	检出农药（频次）
油麦菜	10	100.0	28	苄呋菊酯（10），苄氯三唑醇（10），虫螨腈（10），多效唑（10），烯酰吗啉（10），灭菌丹（9），烯唑醇（9），异菌脲（9），腐霉利（8），三唑醇（8），五氯苯甲腈

续表

样品名称	样品总数	检出率（%）	检出农药品种数	检出农药（频次）
油麦菜	10	100.0	28	（8），乙氧喹啉（8），甲霜灵（7），氯氰菊酯（7），丙环唑（6），毒死蜱（5），二苯胺（5），氯氟氰菊酯（5），乙草胺（5），百菌清（4），莠去津（3），苯醚甲环唑（2），咪鲜胺（2），三唑酮（2），戊唑醇（2），吡唑醚菌酯（1），灭除威（1），萘乙酸（1）
芹菜	10	100.0	24	灭菌丹（9），二苯胺（8），烯酰吗啉（8），虫螨腈（6），氯氟氰菊酯（6），咪鲜胺（6），噻菌灵（6），丙环唑（5），二甲戊灵（5），乙草胺（5），异丙甲草胺（5），异菌脲（5），茚虫威（5），五氯苯甲醛（4），烯唑醇（4），林丹（3），六六六（3），莠去津（3），吡唑醚菌酯（2），氟乐灵（2），三唑醇（2），乙螨唑（2），毒死蜱（1），嘧霉胺（1）
蒜薹	10	100.0	21	咪鲜胺（10），戊唑醇（10），乙烯菌核利（10），异菌脲（10），氟环唑（8），嘧菌酯（8），乙氧喹啉（8），二苯胺（6），腐霉利（5），噻菌灵（5），三唑醇（5），乙草胺（5），吡唑醚菌酯（4），嘧霉胺（4），丙环唑（3），虫螨腈（3），己唑醇（3），氯氟氰菊酯（3），苯醚甲环唑（2），氟硅唑（1），烯酰吗啉（1）
葡萄	10	60.0	22	二苯胺（6），苯醚甲环唑（5），吡唑醚菌酯（5），吡唑萘菌胺（5），啶酰菌胺（5），氟吡菌酰胺（5），氟唑菌酰胺（5），腐霉利（5），腈菌唑（5），联苯菊酯（5），嘧菌酯（5），戊唑醇（5），烯酰吗啉（5），乙烯菌核利（5），异菌脲（5），抑霉唑（5），甲霜灵（4），嘧霉胺（4），乙螨唑（4），8-羟基喹啉（3），螺虫乙酯（2），仲丁灵（1）
桃	10	100.0	22	苯醚甲环唑（7），异菌脲（7），戊唑醇（6），吡唑醚菌酯（5），毒死蜱（5），多效唑（5），氯氟氰菊酯（5），虫螨腈（4），二苯胺（4），乙氧喹啉（4），螺螨酯（3），噻嗪酮（3），溴氰虫酰胺（3），二甲戊灵（2），硫丹（2），溴氰菊酯（2），仲丁灵（2），甲氰菊酯（1），螺虫乙酯（1），氯氰菊酯（1），灭菌丹（1），抑霉唑（1）
梨	10	100.0	18	氯氟氰菊酯（8），吡唑醚菌酯（7），螺虫乙酯（6），异菌脲（5），虫螨腈（4），联苯肼酯（4），乙螨唑（4），乙氧喹啉（4），三唑醇（3），毒死蜱（2），己唑醇（2），噻嗪酮（2），多效唑（1），联苯菊酯（1），螺螨酯（1），灭除威（1），溴氰虫酰胺（1），茚虫威（1）

上述 6 种水果蔬菜，检出农药 18~28 种，是多种农药综合防治，还是未严格实施农业良好管理规范（GAP），抑或根本就是乱施药，值得我们思考。

第 24 章　GC-Q-TOF/MS 侦测新疆维吾尔自治区市售水果蔬菜农药残留膳食暴露风险与预警风险评估

24.1　农药残留侦测数据分析与统计

庞国芳院士科研团队建立的农药残留高通量侦测技术以高分辨精确质量数（0.0001 m/z 为基准）为识别标准，采用 GC-Q-TOF/MS 技术对 691 种农药化学污染物进行侦测。

科研团队于 2021 年 7 月在新疆维吾尔自治区 4 个区县的 20 个采样点，随机采集了 200 例水果蔬菜样品，采样点分布在电商平台和个体商户，7 月内水果蔬菜样品采集数量如表 24-1 所示。

表 24-1　新疆维吾尔自治区 7 月内采集水果蔬菜样品数列表

时间	样品数（例）
2021 年 7 月	200

利用 GC-Q-TOF/MS 技术对 200 例样品中的农药进行侦测，侦测出残留农药 1152 频次。侦测出农药残留水平如表 24-2 和图 24-1 所示。检出频次最高的前 10 种农药如表 24-3 所示。从侦测结果中可以看出，在水果蔬菜中农药残留普遍存在，且有些水果蔬菜存在高浓度的农药残留，这些可能存在膳食暴露风险，对人体健康产生危害，因此，为了定量地评价水果蔬菜中农药残留的风险程度，有必要对其进行风险评价。

表 24-2　侦测出农药的不同残留水平及其所占比例列表

残留水平（μg/kg）	检出频次	占比（%）
1~5（含）	594	51.6
5~10（含）	144	12.5
10~100（含）	286	24.8
100~1000（含）	101	8.8
>1000	27	2.3

第24章 GC-Q-TOF/MS 侦测新疆维吾尔自治区市售水果蔬菜农药残留膳食暴露风险与预警风险评估

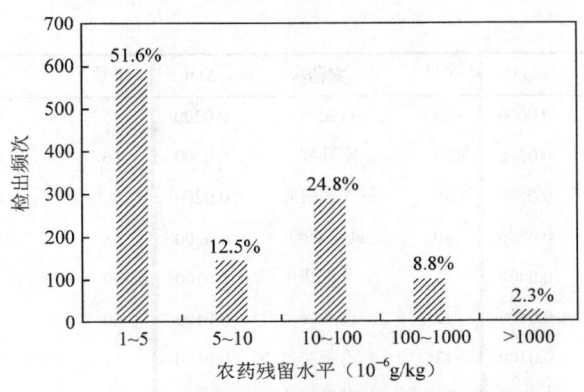

图 24-1 残留农药侦测出浓度频数分布图

表 24-3 检出频次最高的前 10 种农药列表

序号	农药	检出频次
1	二苯胺	87
2	异菌脲	80
3	乙氧喹啉	72
4	氯氟氰菊酯	66
5	烯酰吗啉	63
6	虫螨腈	60
7	灭菌丹	46
8	吡唑醚菌酯	38
9	戊唑醇	37
10	乙草胺	32

本研究使用 GC-Q-TOF/MS 技术对新疆维吾尔自治区 200 例样品中的农药侦测中，共侦测出农药 71 种，这些农药的每日允许最大摄入量（ADI）值见表 24-4。为评价新疆维吾尔自治区农药残留的风险，本研究采用两种模型分别评价膳食暴露风险和预警风险，具体的风险评价模型见附录 A。

表 24-4 新疆维吾尔自治区水果蔬菜中侦测出农药的 ADI 值

序号	农药	ADI	序号	农药	ADI	序号	农药	ADI
1	灭幼脲	1.2500	7	萘乙酸	0.1500	13	灭菌丹	0.1000
2	霜霉威	0.4000	8	腐霉利	0.1000	14	噻菌灵	0.1000
3	仲丁灵	0.2000	9	多效唑	0.1000	15	二苯胺	0.0800
4	嘧菌酯	0.2000	10	杀螟丹	0.1000	16	甲霜灵	0.0800
5	嘧霉胺	0.2000	11	异丙甲草胺	0.1000	17	丙环唑	0.0700
6	烯酰吗啉	0.2000	12	二甲戊灵	0.1000	18	吡唑萘菌胺	0.0600

续表

序号	农药	ADI	序号	农药	ADI	序号	农药	ADI
19	异菌脲	0.0600	37	百菌清	0.0200	55	茚虫威	0.0100
20	乙螨唑	0.0500	38	氟环唑	0.0200	56	噻嗪酮	0.0090
21	乙嘧酚磺酸酯	0.0500	39	氟唑菌酰胺	0.0200	57	喹禾灵	0.0090
22	螺虫乙酯	0.0500	40	氯氰菊酯	0.0200	58	氟硅唑	0.0070
23	啶酰菌胺	0.0400	41	莠去津	0.0200	59	硫丹	0.0060
24	扑草净	0.0400	42	毒死蜱	0.0100	60	乙氧喹啉	0.0050
25	虫螨腈	0.0300	43	乙草胺	0.0100	61	烯唑醇	0.0050
26	吡唑醚菌酯	0.0300	44	苯醚甲环唑	0.0100	62	林丹	0.0050
27	三唑醇	0.0300	45	螺螨酯	0.0100	63	六六六	0.0050
28	戊唑醇	0.0300	46	咪鲜胺	0.0100	64	己唑醇	0.0050
29	腈菌唑	0.0300	47	哒螨灵	0.0100	65	四氟醚唑	0.0040
30	苄呋菊酯	0.0300	48	粉唑醇	0.0100	66	1,4-二甲基萘	—
31	甲氰菊酯	0.0300	49	氟吡菌酰胺	0.0100	67	8-羟基喹啉	—
32	三唑酮	0.0300	50	联苯肼酯	0.0100	68	苄氯三唑醇	—
33	溴氰虫酰胺	0.0300	51	联苯菊酯	0.0100	69	灭除威	—
34	抑霉唑	0.0300	52	炔螨特	0.0100	70	五氯苯甲腈	—
35	氟乐灵	0.0250	53	溴氰菊酯	0.0100	71	抑芽唑	—
36	氯氟氰菊酯	0.0200	54	乙烯菌核利	0.0100			

注:"—"表示国家标准中无 ADI 值规定;ADI 值单位为 mg/kg bw

24.2 农药残留膳食暴露风险评估

24.2.1 每例水果蔬菜样品中农药残留安全指数分析

基于农药残留侦测数据,发现在 200 例样品中侦测出农药 1152 频次,计算样品中每种残留农药的安全指数 IFS_c,并分析农药对样品安全的影响程度,农药残留对水果蔬菜样品安全的影响程度频次分布情况如图 24-2 所示。

图 24-2 农药残留对水果蔬菜样品安全的影响程度频次分布图

由图 24-2 可以看出，没有 ADI 标准的频次为 35，占 3.04%；农药残留对样品安全的影响不可接受的频次为 8，占 0.69%；农药残留对样品安全的影响可以接受的频次为 49，占 4.25%；农药残留对样品安全没有影响的频次为 1060，占 92.01%。表 24-5 为对水果蔬菜样品中安全影响不可接受的农药残留列表。

表 24-5 水果蔬菜样品中安全影响不可接受的农药残留列表

序号	样品编号	采样点	基质	农药	含量（mg/kg）	IFS。
1	20210721-652200-LZFDC-YM-04A	***市场（红亮蔬菜批发）	油麦菜	烯唑醇	1.9706	2.4961
2	20210721-652200-LZFDC-YM-06A	***市场（运堂果蔬）	油麦菜	烯唑醇	1.9416	2.4594
3	20210721-652200-LZFDC-GS-06A	***市场（运堂果蔬）	蒜薹	咪鲜胺	1.7323	1.0971
4	20210722-652200-LZFDC-YM-08A	***超市	油麦菜	烯唑醇	1.1539	1.4616
5	20210722-652200-LZFDC-YM-12A	***市场（运疆蔬菜店）	油麦菜	烯唑醇	0.8557	1.0839
6	20210723-650100-LZFDC-YM-02A	***市场（便民蔬菜店）	油麦菜	烯唑醇	1.1688	1.4805
7	20210724-650100-LZFDC-YM-02A	***市场（新鲜果蔬店）	油麦菜	烯唑醇	1.1157	1.4132
8	20210725-650100-LZFDC-YM-01A	***市场（老李蔬菜批发配送）	油麦菜	烯唑醇	1.1152	1.4126

部分样品侦测出禁用农药 4 种 38 频次，为了明确残留的禁用农药对样品安全的影响，分析侦测出禁用农药残留的样品安全指数，禁用农药残留对水果蔬菜样品安全的影响程度频次分布情况如图 24-3 所示，农药残留对样品安全没有影响的频次为 38，占 100.00%，说明 2021 年 7 月禁用农药残留对样品安全的影响均在没有影响的范围内。

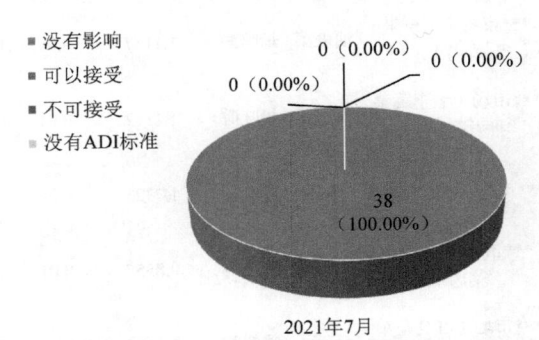

图 24-3 禁用农药残留对水果蔬菜样品安全影响程度的频次分布图

此外，本次侦测发现部分样品中非禁用农药残留量超过了 MRL 欧盟标准，为了明确超标的非禁用农药对样品安全的影响，分析了非禁用农药残留超标的样品安全指数。

水果蔬菜残留量超过 MRL 欧盟标准的非禁用农药对水果蔬菜样品安全的影响程度频次分布情况如图 24-4 所示。可以看出侦测出超过 MRL 欧盟标准的非禁用农药共 184 频次，其中没有 ADI 标准的频次为 13 频次，占 7.07%；农药残留对样品安全的影响不可接受的频次为 8 频次，占 4.35%；农药残留对样品安全的影响可以接受的频次为 42 频次，占22.83%；农药残留对样品的安全没有影响的频次为121频次，占65.76%。表24-6为水果蔬菜样品中安全指数排名前10的残留超标非禁用农药列表。

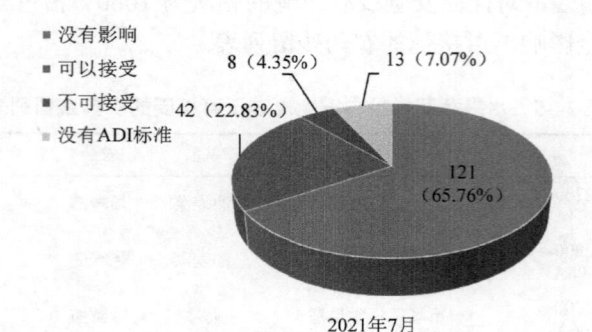

图 24-4 残留超标的非禁用农药对水果蔬菜样品安全的影响程度频次分布图（MRL 欧盟标准）

表 24-6 水果蔬菜样品中安全指数排名前10的残留超标非禁用农药列表（MRL 欧盟标准）

序号	样品编号	采样点	基质	农药	含量（mg/kg）	欧盟标准	超标倍数	IFS$_c$	影响程度
1	20210721-652200-LZFDC-YM-04A	***市场（红亮蔬菜批发）	油麦菜	烯唑醇	1.9706	0.01	196.06倍	2.4961	不可接受
2	20210721-652200-LZFDC-YM-06A	***市场（运堂果蔬）	油麦菜	烯唑醇	1.9416	0.01	193.16倍	2.4594	不可接受
3	20210723-650100-LZFDC-YM-02A	***市场（便民蔬菜店）	油麦菜	烯唑醇	1.1688	0.01	115.88倍	1.4805	不可接受
4	20210722-652200-LZFDC-YM-08A	***超市	油麦菜	烯唑醇	1.1539	0.01	114.39倍	1.4616	不可接受
5	20210724-650100-LZFDC-YM-02A	***市场（新鲜果蔬店）	油麦菜	烯唑醇	1.1157	0.01	110.57倍	1.4132	不可接受
6	20210725-650100-LZFDC-YM-01A	***市场（老李蔬菜批发配送）	油麦菜	烯唑醇	1.1152	0.01	110.52倍	1.4126	不可接受
7	20210721-652200-LZFDC-GS-06A	***市场（运堂果蔬）	蒜薹	咪鲜胺	1.7323	0.05	33.65倍	1.0971	不可接受
8	20210722-652200-LZFDC-YM-12A	***市场（运疆蔬菜店）	油麦菜	烯唑醇	0.8557	0.01	84.57倍	1.0839	不可接受
9	20210721-652200-LZFDC-GS-04A	***市场（红亮蔬菜批发）	蒜薹	咪鲜胺	1.5467	0.05	29.93倍	0.9796	可以接受
10	20210722-652200-LZFDC-GS-41A	***市场（海清果蔬批发店）	蒜薹	咪鲜胺	1.2170	0.05	23.34倍	0.7708	可以接受

24.2.2 单种水果蔬菜中农药残留安全指数分析

本次20种水果蔬菜中侦测出71种农药，所有水果蔬菜均侦测出农药，检出频次为

1152次,其中6种农药没有ADI标准,65种农药存在ADI标准。对20种水果蔬菜按不同种类分别计算侦测出的具有ADI标准的各种农药的IFS_c值,农药残留对水果蔬菜的安全指数分布图如图24-5所示。

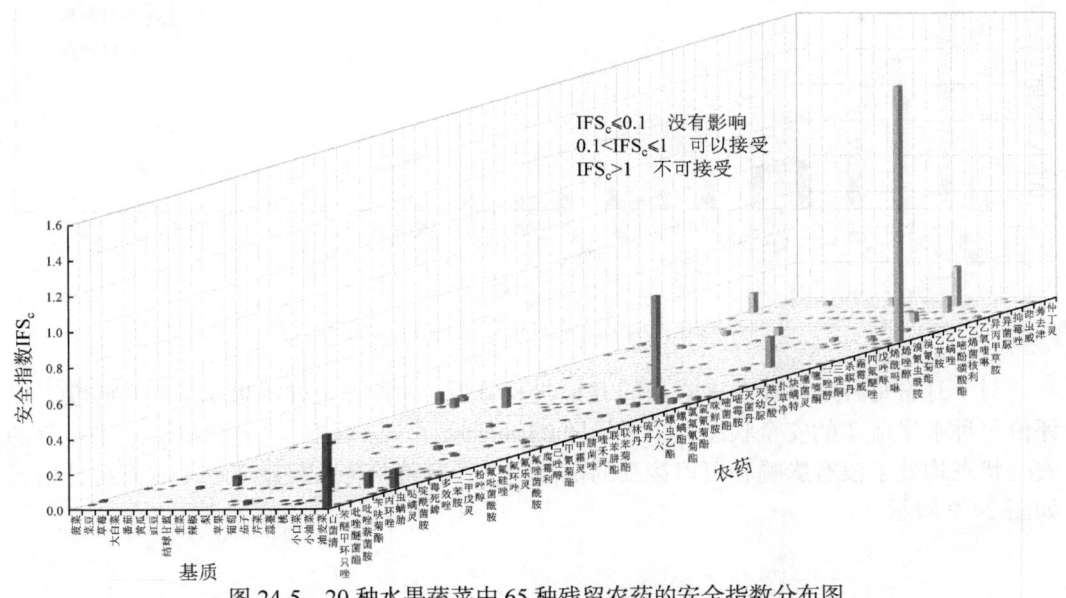

图24-5　20种水果蔬菜中65种残留农药的安全指数分布图

本次侦测中,20种水果蔬菜和71种残留农药共涉及200个分析样本,农药对单种水果蔬菜安全的影响程度分布情况如图24-6所示。可以看出,96.00%的样本中农药对水果蔬菜安全没有影响,1.00%的样本中农药对水果蔬菜安全的影响可以接受,0.00%的样本中农药对水果蔬菜安全的影响不可接受。

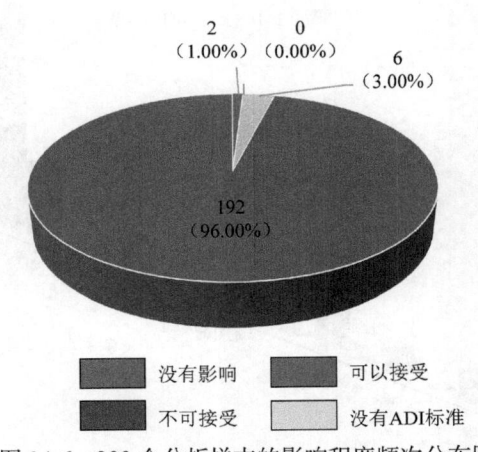

图24-6　200个分析样本的影响程度频次分布图

此外,分别计算20种水果蔬菜中所有侦测出农药IFS_c的平均值$\overline{IFS_c}$,分析每种水果蔬菜的安全状态,结果如图24-7所示,分析发现,20种水果蔬菜的安全状态都很好。

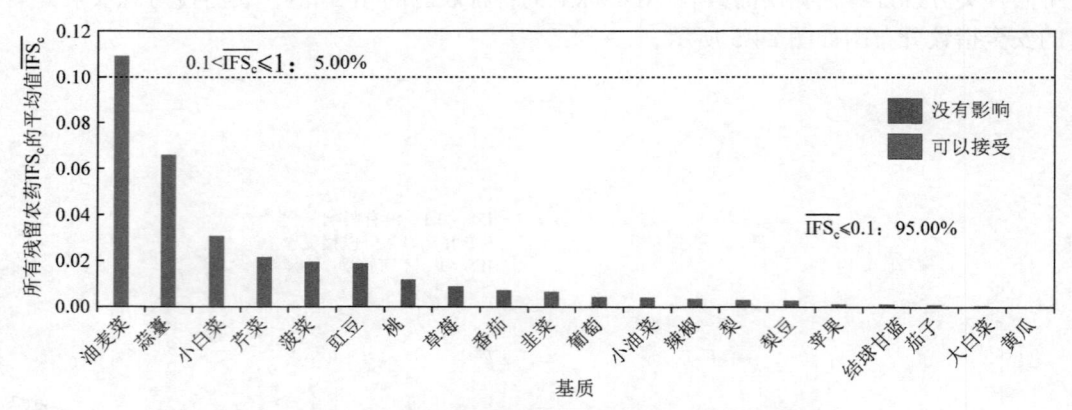

图 24-7 20种水果蔬菜的 $\overline{IFS_c}$ 值和安全状态统计图

对7月份每种水果蔬菜中农药的 IFS_c 进行分析,并计算每种水果蔬菜的 $\overline{IFS_c}$ 值,以评价每种水果蔬菜的安全状态,结果如图24-8所示,可以看出,7月份所有水果蔬菜的安全状态均处于没有影响和可以接受的范围内,7月份单种水果蔬菜安全状态统计情况如图24-9所示。

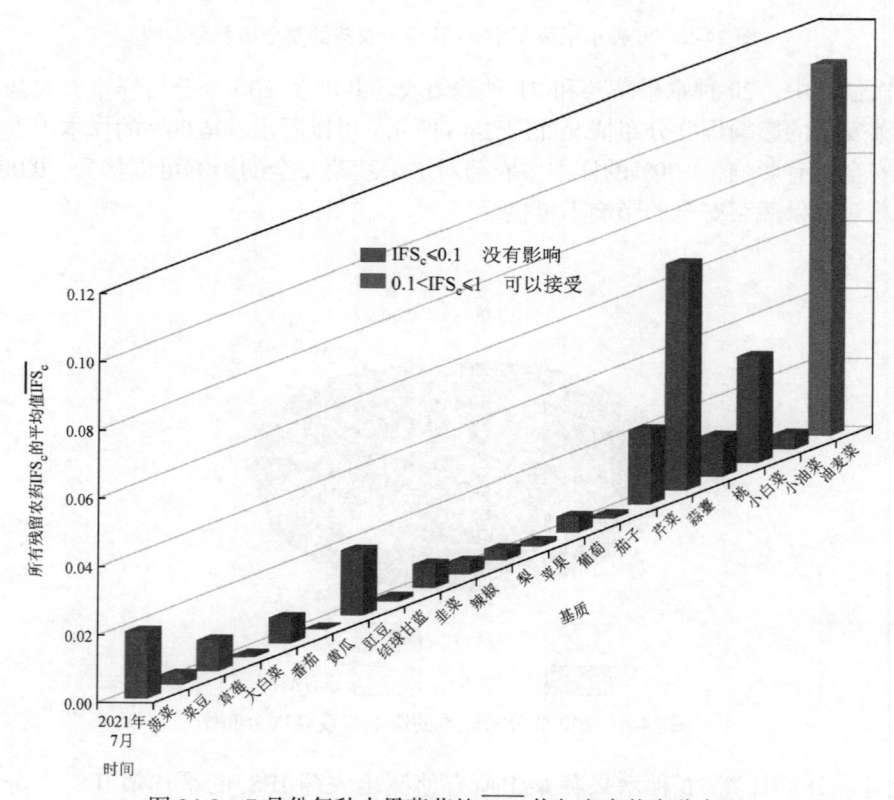

图 24-8 7月份每种水果蔬菜的 $\overline{IFS_c}$ 值与安全状态分布图

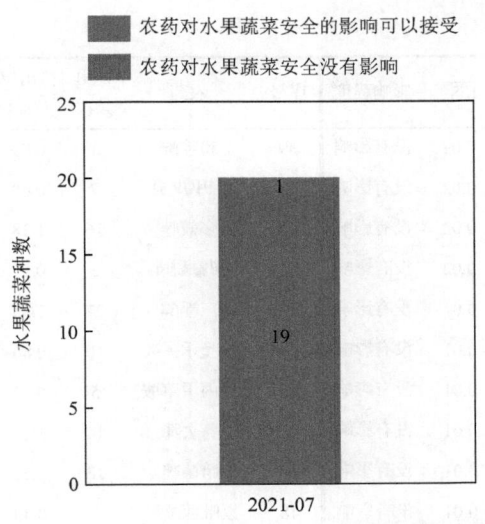

图 24-9 7月份内单种水果蔬菜安全状态统计图

24.2.3 所有水果蔬菜中农药残留安全指数分析

计算所有水果蔬菜中 65 种农药的 $\overline{IFS_c}$ 值，结果如图 24-10 及表 24-7 所示。

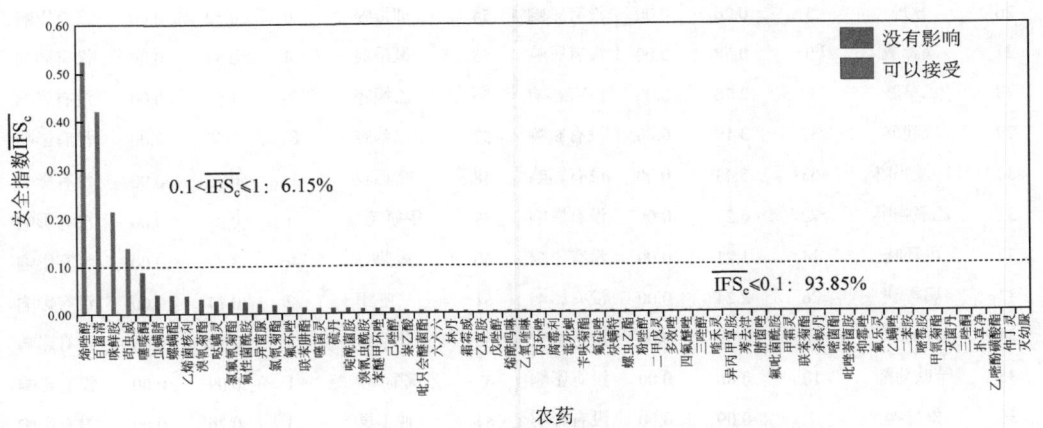

图 24-10 65 种残留农药对水果蔬菜的安全影响程度统计图

表 24-7 水果蔬菜中 65 种农药残留的安全指数表

序号	农药	检出频次	检出率（%）	$\overline{IFS_c}$	影响程度	序号	农药	检出频次	检出率（%）	$\overline{IFS_c}$	影响程度
1	烯唑醇	25	2.16	0.52	可以接受	6	虫螨腈	60	5.17	0.04	没有影响
2	百菌清	4	0.34	0.42	可以接受	7	螺螨酯	27	2.33	0.04	没有影响
3	咪鲜胺	27	2.33	0.21	可以接受	8	乙烯菌核利	15	1.29	0.04	没有影响
4	茚虫威	9	0.78	0.14	可以接受	9	溴氰菊酯	9	0.78	0.03	没有影响
5	噻嗪酮	6	0.52	0.09	没有影响	10	哒螨灵	7	0.60	0.03	没有影响

续表

序号	农药	检出频次	检出率(%)	$\overline{IFS_c}$	影响程度	序号	农药	检出频次	检出率(%)	$\overline{IFS_c}$	影响程度
11	氯氟氰菊酯	66	5.69	0.02	没有影响	39	粉唑醇	1	0.09	0.00	没有影响
12	氟唑菌酰胺	5	0.43	0.02	没有影响	40	二甲戊灵	7	0.60	0.00	没有影响
13	异菌脲	80	6.90	0.02	没有影响	41	多效唑	16	1.38	0.00	没有影响
14	氯氰菊酯	13	1.12	0.02	没有影响	42	四氟醚唑	2	0.17	0.00	没有影响
15	氟环唑	8	0.69	0.01	没有影响	43	三唑醇	27	2.33	0.00	没有影响
16	联苯肼酯	5	0.43	0.01	没有影响	44	喹禾灵	10	0.86	0.00	没有影响
17	噻菌灵	11	0.95	0.01	没有影响	45	异丙甲草胺	5	0.43	0.00	没有影响
18	硫丹	2	0.17	0.01	没有影响	46	莠去津	14	1.21	0.00	没有影响
19	啶酰菌胺	5	0.43	0.01	没有影响	47	腈菌唑	18	1.55	0.00	没有影响
20	溴氰虫酰胺	4	0.34	0.01	没有影响	48	氟吡菌酰胺	5	0.43	0.00	没有影响
21	苯醚甲环唑	21	1.81	0.01	没有影响	49	甲霜灵	16	1.38	0.00	没有影响
22	己唑醇	14	1.21	0.01	没有影响	50	联苯菊酯	8	0.69	0.00	没有影响
23	萘乙酸	6	0.52	0.01	没有影响	51	杀螟丹	3	0.26	0.00	没有影响
24	吡唑醚菌酯	38	3.28	0.01	没有影响	52	嘧菌酯	14	1.21	0.00	没有影响
25	六六六	3	0.26	0.00	没有影响	53	吡唑萘菌胺	5	0.43	0.00	没有影响
26	林丹	3	0.26	0.00	没有影响	54	抑霉唑	6	0.52	0.00	没有影响
27	霜霉威	9	0.78	0.00	没有影响	55	氟乐灵	4	0.34	0.00	没有影响
28	乙草胺	32	2.76	0.00	没有影响	56	乙螨唑	21	1.81	0.00	没有影响
29	戊唑醇	37	3.19	0.00	没有影响	57	二苯胺	87	7.50	0.00	没有影响
30	烯酰吗啉	63	5.43	0.00	没有影响	58	嘧霉胺	11	0.95	0.00	没有影响
31	乙氧喹啉	72	6.21	0.00	没有影响	59	甲氰菊酯	1	0.09	0.00	没有影响
32	丙环唑	14	1.21	0.00	没有影响	60	灭菌丹	46	3.97	0.00	没有影响
33	腐霉利	26	2.24	0.00	没有影响	61	三唑酮	2	0.17	0.00	没有影响
34	毒死蜱	30	2.59	0.00	没有影响	62	扑草净	2	0.17	0.00	没有影响
35	苄呋菊酯	10	0.86	0.00	没有影响	63	乙嘧酚磺酸酯	1	0.09	0.00	没有影响
36	氟硅唑	1	0.09	0.00	没有影响	64	仲丁灵	3	0.26	0.00	没有影响
37	炔螨特	1	0.09	0.00	没有影响	65	灭幼脲	5	0.43	0.00	没有影响
38	螺虫乙酯	9	0.78	0.00	没有影响						

分析发现，所有农药的 $\overline{IFS_c}$ 均小于1，说明65种农药对水果蔬菜安全的影响均在没有影响和可以接受的范围内，其中6.15%的农药对水果蔬菜安全的影响可以接受，93.85%的农药对水果蔬菜安全没有影响。

对7月份所有水果蔬菜中残留农药的 $\overline{IFS_c}$ 进行分析，结果如图24-11所示。分析发现，7月份所有农药对水果蔬菜安全的影响均处于没有影响和可以接受的范围内。7月份不同农药对水果蔬菜安全影响程度的统计如图24-12所示。

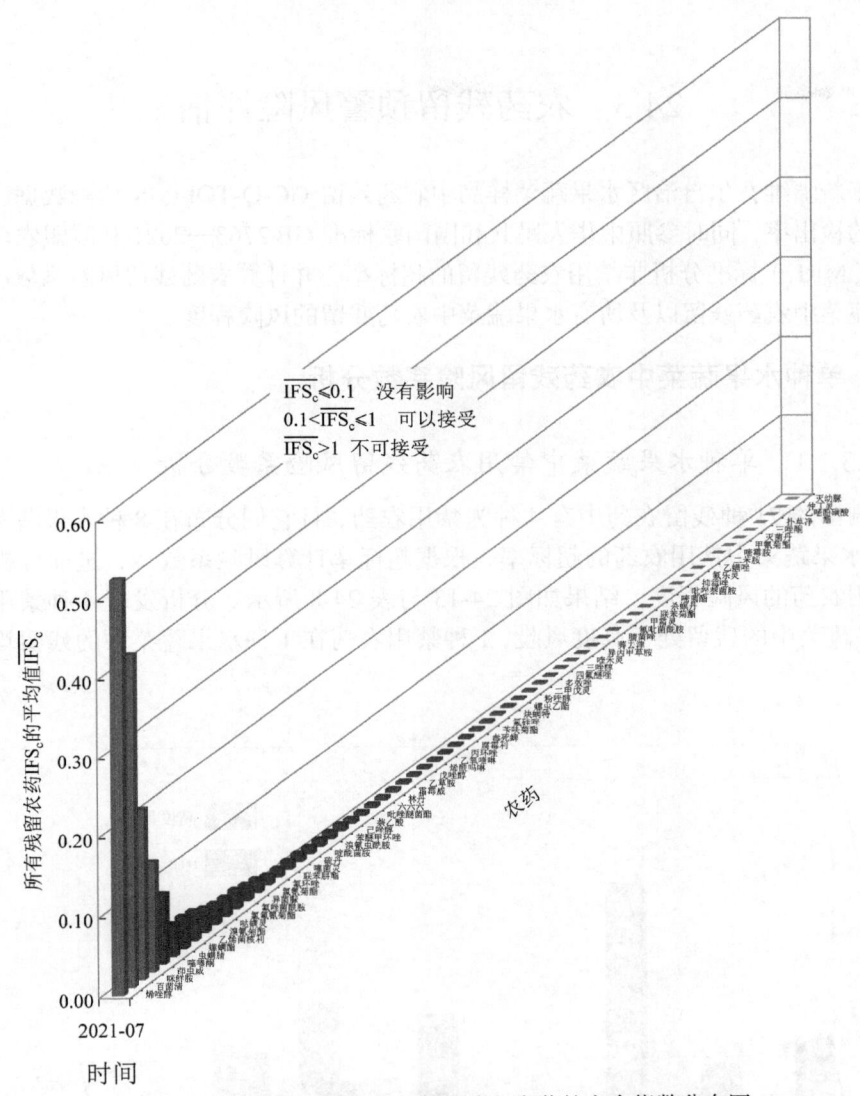

图 24-11　7 月份水果蔬菜中每种残留农药的安全指数分布图

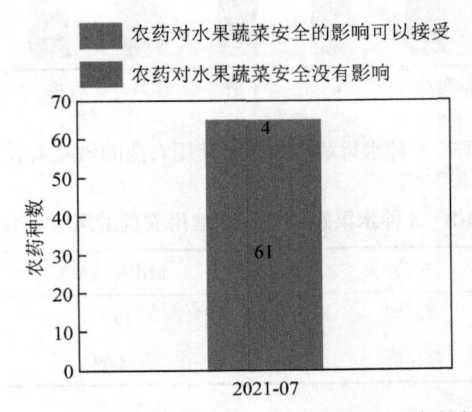

图 24-12　7 月份农药对水果蔬菜安全影响程度的统计图

24.3 农药残留预警风险评估

基于新疆维吾尔自治区水果蔬菜样品中农药残留 GC-Q-TOF/MS 侦测数据，分析禁用农药的检出率，同时参照中华人民共和国国家标准 GB 2763—2021 和欧盟农药最大残留限量（MRL）标准分析非禁用农药残留的超标率，并计算农药残留风险系数。分析单种水果蔬菜中农药残留以及所有水果蔬菜中农药残留的风险程度。

24.3.1 单种水果蔬菜中农药残留风险系数分析

24.3.1.1 单种水果蔬菜中禁用农药残留风险系数分析

侦测出的 71 种残留农药中有 4 种为禁用农药，且它们分布在 8 种水果蔬菜中，计算 8 种水果蔬菜中禁用农药的超标率，根据超标率计算风险系数 R，进而分析水果蔬菜中禁用农药的风险程度，结果如图 24-13 与表 24-8 所示。分析发现 4 种禁用农药在 8 种水果蔬菜中的残留处于高度风险；1 种禁用农药在 1 种水果蔬菜中的残留均处于中度风险。

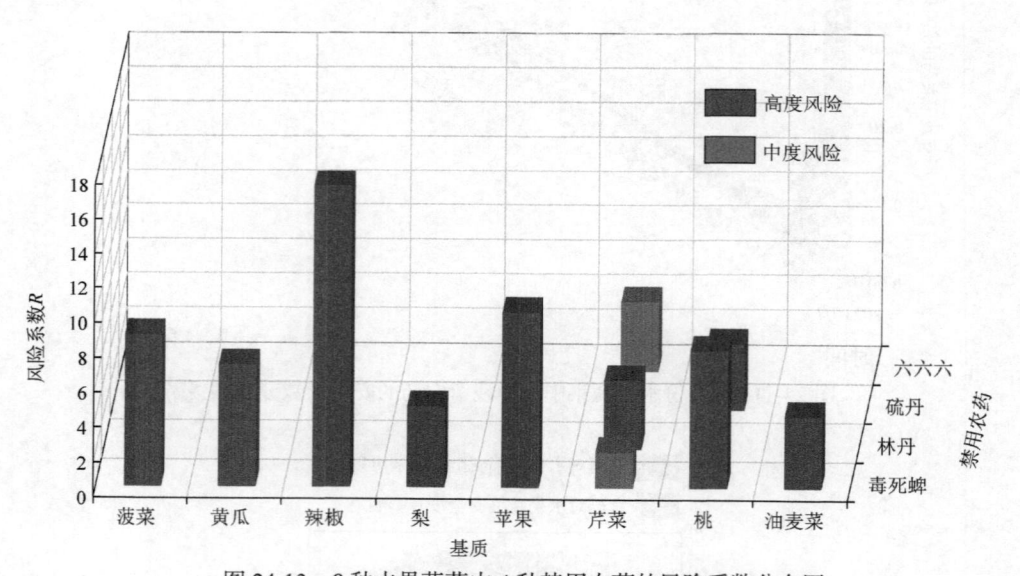

图 24-13　8 种水果蔬菜中 4 种禁用农药的风险系数分布图

表 24-8　8 种水果蔬菜中 4 种禁用农药的风险系数列表

序号	基质	农药	检出频次	检出率（%）	风险系数 R	风险程度
1	辣椒	毒死蜱	6	16.22	17.32	高度风险
2	苹果	毒死蜱	4	8.89	9.99	高度风险

续表

序号	基质	农药	检出频次	检出率（%）	风险系数 R	风险程度
3	菠菜	毒死蜱	5	7.58	8.68	高度风险
4	桃	毒死蜱	5	6.76	7.86	高度风险
5	黄瓜	毒死蜱	5	5.88	6.98	高度风险
6	梨	毒死蜱	2	3.51	4.61	高度风险
7	油麦菜	毒死蜱	5	2.99	4.09	高度风险
8	芹菜	林丹	3	2.83	3.93	高度风险
9	芹菜	六六六	3	2.83	3.93	高度风险
10	桃	硫丹	2	2.70	3.80	高度风险
11	芹菜	毒死蜱	1	0.94	2.04	中度风险

24.3.1.2 基于 MRL 中国国家标准的单种水果蔬菜中非禁用农药残留风险系数分析

参照中华人民共和国国家标准 GB 2763—2021 中农药残留限量计算每种水果蔬菜中每种非禁用农药的超标率，进而计算其风险系数，根据风险系数大小判断残留农药的预警风险程度，水果蔬菜中非禁用农药残留风险程度分布情况如图 24-14 所示。

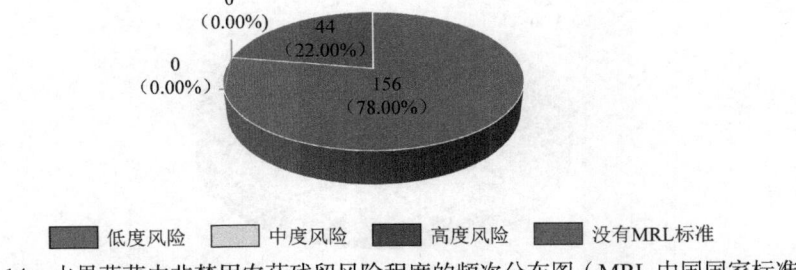

图 24-14 水果蔬菜中非禁用农药残留风险程度的频次分布图（MRL 中国国家标准）

本次分析中，发现在 20 种水果蔬菜中侦测出 67 种残留非禁用农药，涉及样本 200 个，1152 检出频次。在 200 个样本中，78.00%处于低度风险，此外发现有 44 个样本没有 MRL 中国国家标准值，无法判断其风险程度，有 MRL 中国国家标准值的 156 个样本涉及 20 种水果蔬菜中的 67 种非禁用农药，其风险系数 R 值如图 24-15 所示。

24.3.1.3 基于 MRL 欧盟标准的单种水果蔬菜中非禁用农药残留风险系数分析

参照 MRL 欧盟标准计算每种水果蔬菜中每种非禁用农药的超标率，进而计算其风

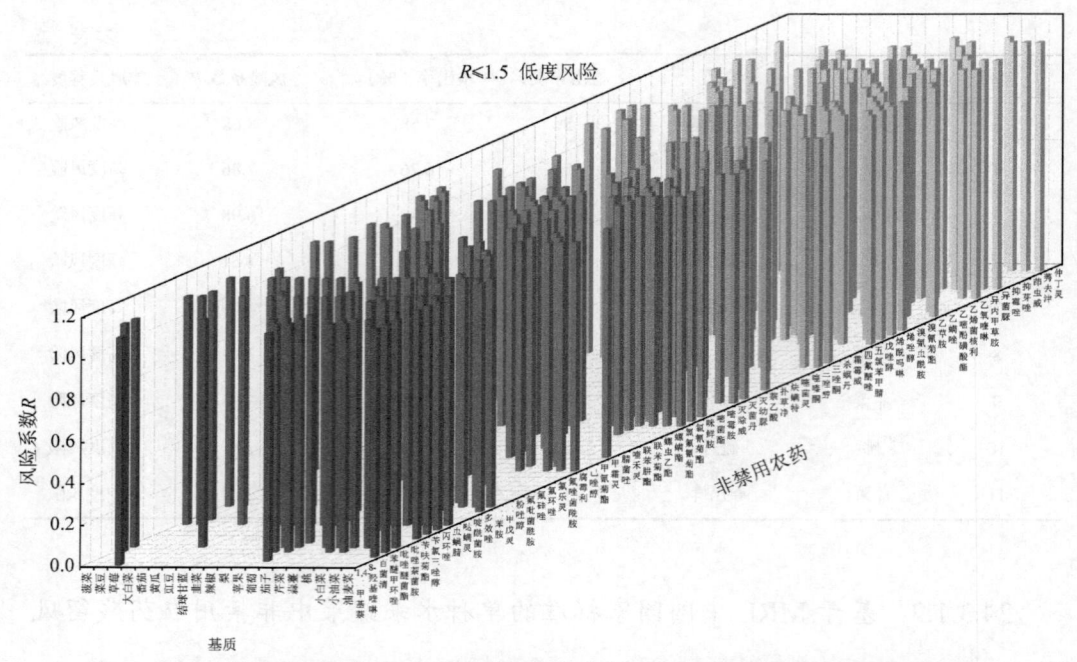

图 24-15 20 种水果蔬菜中 67 种非禁用农药的风险系数分布图（MRL 中国国家标准）

险系数，根据风险系数大小判断农药残留的预警风险程度，水果蔬菜中非禁用农药残留风险程度分布情况如图 24-16 所示。

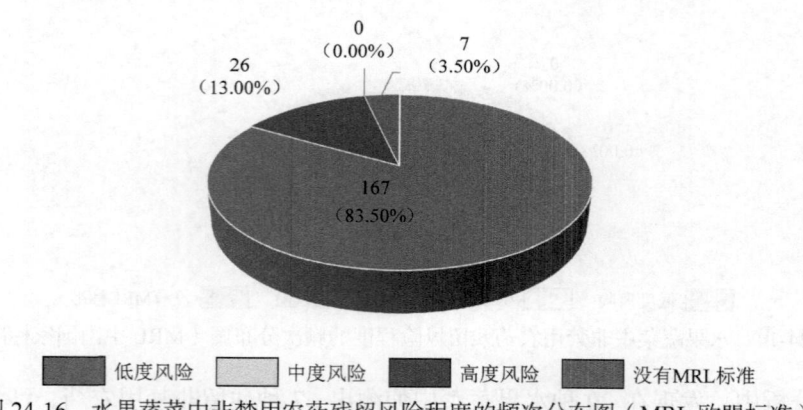

图 24-16 水果蔬菜中非禁用农药残留风险程度的频次分布图（MRL 欧盟标准）

本次分析中，发现在 13 种水果蔬菜中侦测出 26 种残留非禁用农药，涉及样本 200 个，1152 检出频次。在 200 个样本中，13.00%处于高度风险，0.00%处于中度风险，83.50%处于低度风险。200 个样本均有 MRL 欧盟标准，涉及 13 种水果蔬菜中的 26 种非禁用农药，单种水果蔬菜中的非禁用农药风险系数分布图如图 24-17 所示。单种水果蔬菜中处于高度风险的非禁用农药风险系数如图 24-18 和表 24-9 所示。

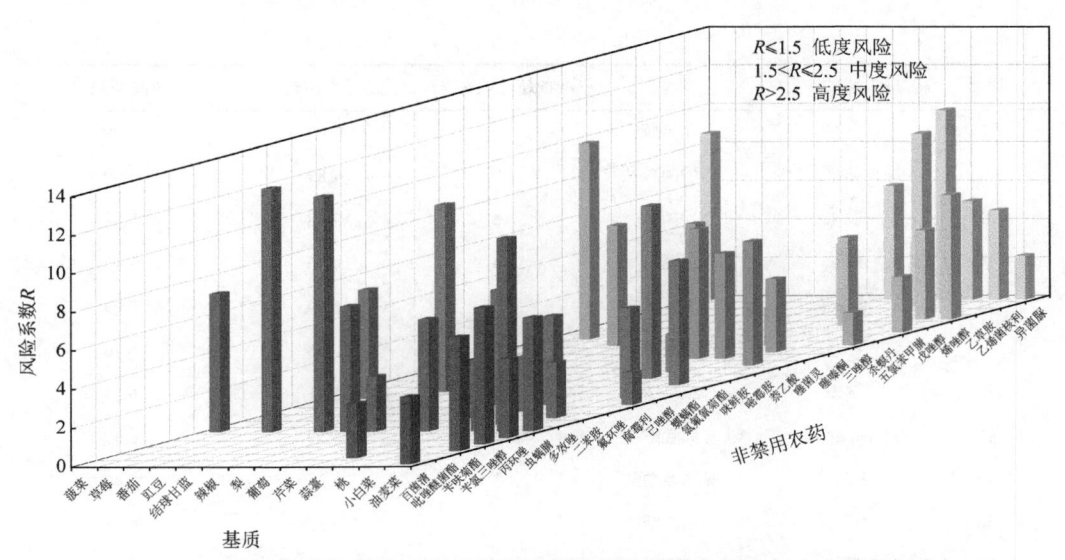

第 24 章　GC-Q-TOF/MS 侦测新疆维吾尔自治区市售水果蔬菜农药残留膳食暴露风险与预警风险评估

图 24-17　13 种水果蔬菜中 26 种非禁用农药的风险系数分布图（MRL 欧盟标准）

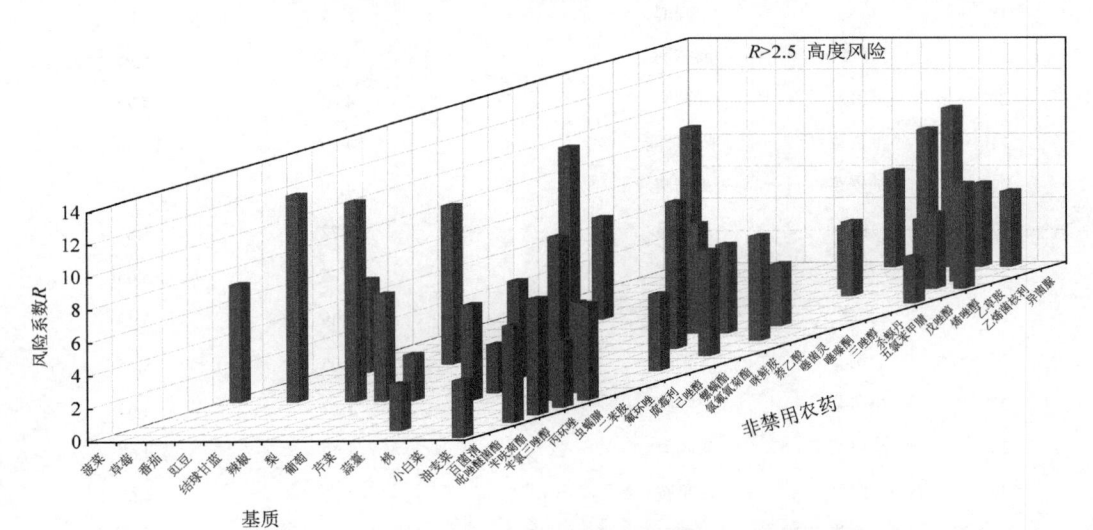

图 24-18　单种水果蔬菜中处于高度风险的非禁用农药的风险系数分布图（MRL 欧盟标准）

表 24-9　单种水果蔬菜中处于高度风险的非禁用农药的风险系数表（MRL 欧盟标准）

序号	基质	农药	超标频次	超标率（%）	风险系数 R
1	番茄	虫螨腈	3	11.54	12.64
2	结球甘蓝	虫螨腈	2	11.11	12.21
3	草莓	杀螟丹	2	9.09	10.19
4	小白菜	虫螨腈	5	8.93	10.03
5	蒜薹	异菌脲	10	8.77	9.87
6	豇豆	螺螨酯	5	8.62	9.72

续表

序号	基质	农药	超标频次	超标率（%）	风险系数 R
7	蒜薹	咪鲜胺	9	7.89	8.99
8	蒜薹	乙烯菌核利	9	7.89	8.99
9	菠菜	异菌脲	5	7.58	8.68
10	菠菜	虫螨腈	4	6.06	7.16
11	油麦菜	苄氯三唑醇	10	5.99	7.09
12	芹菜	噻菌灵	6	5.66	6.76
13	辣椒	虫螨腈	2	5.41	6.51
14	油麦菜	烯唑醇	9	5.39	6.49
15	小白菜	氯氟氰菊酯	3	5.36	6.46
16	小白菜	萘乙酸	3	5.36	6.46
17	梨	三唑醇	3	5.26	6.36
18	豇豆	三唑醇	3	5.17	6.27
19	葡萄	腐霉利	5	4.85	5.95
20	葡萄	异菌脲	5	4.85	5.95
21	油麦菜	苄呋菊酯	8	4.79	5.89
22	油麦菜	虫螨腈	8	4.79	5.89
23	芹菜	虫螨腈	5	4.72	5.82
24	草莓	己唑醇	1	4.55	5.65
25	蒜薹	噻菌灵	5	4.39	5.49
26	桃	异菌脲	3	4.05	5.15
27	小白菜	己唑醇	2	3.57	4.67
28	小白菜	烯唑醇	2	3.57	4.67
29	小白菜	乙草胺	2	3.57	4.67
30	小白菜	异菌脲	2	3.57	4.67
31	蒜薹	腐霉利	4	3.51	4.61
32	蒜薹	戊唑醇	4	3.51	4.61
33	油麦菜	丙环唑	5	2.99	4.09
34	芹菜	烯唑醇	3	2.83	3.93
35	桃	噻嗪酮	2	2.70	3.80
36	油麦菜	百菌清	4	2.40	3.50
37	芹菜	二苯胺	2	1.89	2.99
38	芹菜	异菌脲	2	1.89	2.99
39	油麦菜	五氯苯甲腈	3	1.80	2.90
40	小白菜	二苯胺	1	1.79	2.89

续表

序号	基质	农药	超标频次	超标率（%）	风险系数 R
41	梨	虫螨腈	1	1.75	2.85
42	蒜薹	吡唑醚菌酯	2	1.75	2.85
43	蒜薹	氟环唑	2	1.75	2.85

24.3.2 所有水果蔬菜中农药残留风险系数分析

24.3.2.1 所有水果蔬菜中禁用农药残留风险系数分析

在侦测出的 71 种农药中有 4 种为禁用农药，计算所有水果蔬菜中禁用农药的风险系数，结果如表 24-10 所示。禁用农药毒死蜱处于高度风险。

表 24-10 水果蔬菜中 4 种禁用农药的风险系数表

序号	农药	检出频次	检出率 P（%）	风险系数 R	风险程度
1	毒死蜱	30	14.93	16.03	高度风险
2	林丹	3	1.49	2.59	高度风险
4	六六六	3	1.49	2.59	高度风险
3	硫丹	2	1.00	2.10	中度风险

对 7 月内的禁用农药的风险系数进行分析，结果如图 24-19 和表 24-11 所示。

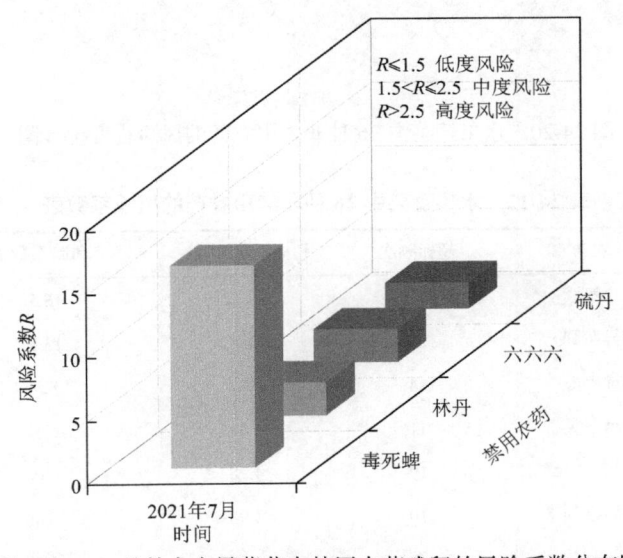

图 24-19 7 月份内水果蔬菜中禁用农药残留的风险系数分布图

表 24-11 7 月份内水果蔬菜中禁用农药残留的风险系数表

序号	年月	农药	检出频次	检出率 P（%）	风险系数 R	风险程度
1	2021 年 7 月	毒死蜱	30	14.93	16.03	高度风险
2	2021 年 7 月	林丹	3	1.49	2.59	高度风险
3	2021 年 7 月	六六六	3	1.49	2.59	高度风险
4	2021 年 7 月	硫丹	2	1.00	2.10	中度风险

24.3.2.2 所有水果蔬菜中非禁用农药残留风险系数分析

参照 MRL 欧盟标准计算所有水果蔬菜中每种非禁用农药残留的风险系数，如图 24-20 与表 24-12 所示。在侦测出的 26 种非禁用农药中，19 种农药（73.08%）残留处于高度风险，7 种农药（26.92%）残留处于中度风险，0 种农药（00.00%）残留处于低度风险。

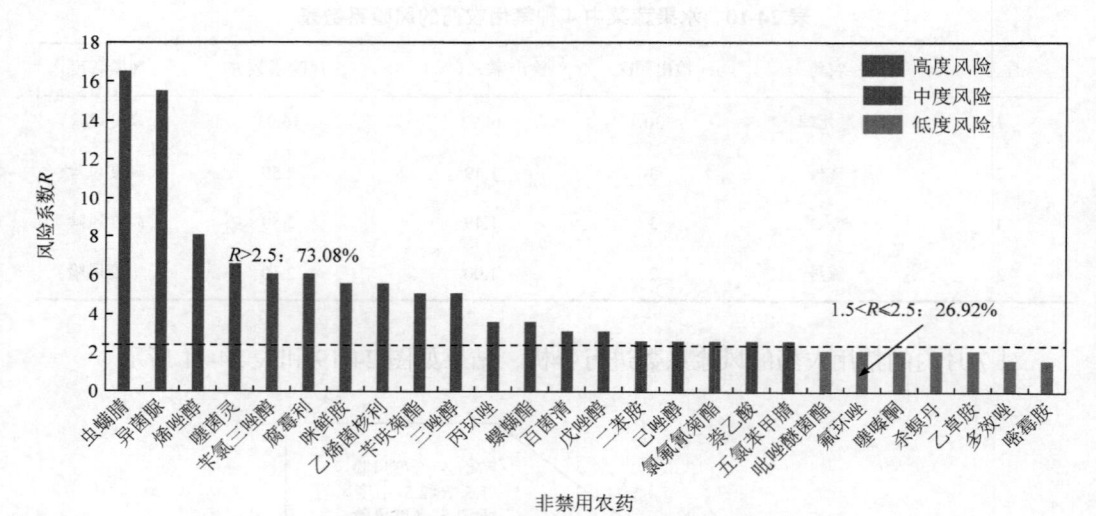

图 24-20 水果蔬菜中 26 种非禁用农药的风险程度统计图

表 24-12 水果蔬菜中 26 种非禁用农药的风险系数表

序号	农药	超标频次	超标率 P（%）	风险系数 R	风险程度
1	虫螨腈	31	15.42	16.52	高度风险
2	异菌脲	29	14.43	15.53	高度风险
3	烯唑醇	14	6.97	8.07	高度风险
4	噻菌灵	11	5.47	6.57	高度风险
5	苄氯三唑醇	10	4.98	6.08	高度风险
6	腐霉利	10	4.98	6.08	高度风险
7	咪鲜胺	9	4.48	5.58	高度风险
8	乙烯菌核利	9	4.48	5.58	高度风险

续表

序号	农药	超标频次	超标率 P（%）	风险系数 R	风险程度
9	苄呋菊酯	8	3.98	5.08	高度风险
10	三唑醇	8	3.98	5.08	高度风险
11	丙环唑	5	2.49	3.59	高度风险
12	螺螨酯	5	2.49	3.59	高度风险
13	百菌清	4	1.99	3.09	高度风险
14	戊唑醇	4	1.99	3.09	高度风险
15	二苯胺	3	1.49	2.59	高度风险
16	己唑醇	3	1.49	2.59	高度风险
17	氯氟氰菊酯	3	1.49	2.59	高度风险
18	萘乙酸	3	1.49	2.59	高度风险
19	五氯苯甲腈	3	1.49	2.59	高度风险
20	吡唑醚菌酯	2	1.00	2.10	中度风险
21	氟环唑	2	1.00	2.10	中度风险
22	噻嗪酮	2	1.00	2.10	中度风险
23	杀螟丹	2	1.00	2.10	中度风险
24	乙草胺	2	1.00	2.10	中度风险
25	多效唑	1	0.50	1.60	中度风险
26	嘧霉胺	1	0.50	1.60	中度风险

对 7 月份内的非禁用农药的风险系数进行分析，7 月内非禁用农药残留风险程度分布图如图 24-21 所示。7 月份内处于高度风险的农药数为 19。

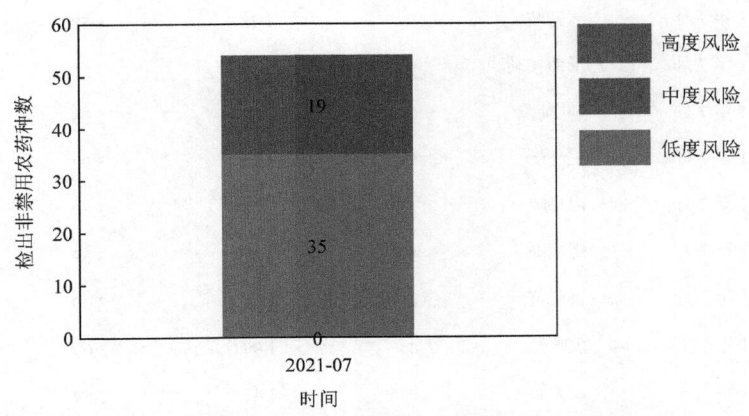

图 24-21　7 月份水果蔬菜中非禁用农药残留的风险程度分布图

7 月份内水果蔬菜中非禁用农药处于中度风险和高度风险的风险系数如图 24-22 和表 24-13 所示。

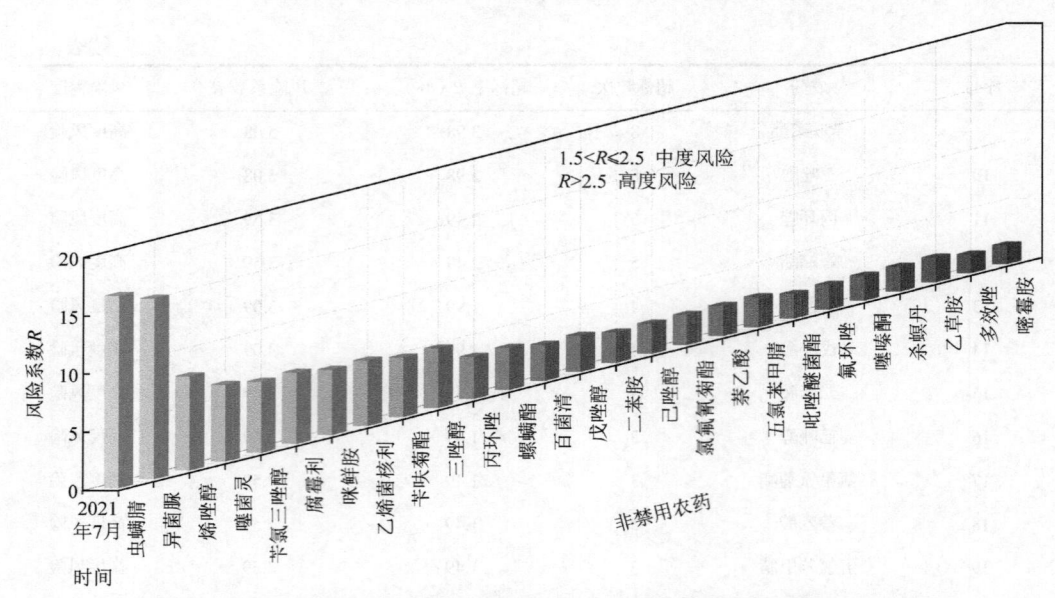

图 24-22　7 月份水果蔬菜中非禁用农药处于中度风险和高度风险的风险系数分布图

表 24-13　7 月份水果蔬菜中非禁用农药处于中度风险和高度风险的风险系数表

序号	年月	农药	超标频次	超标率 P（%）	风险系数 R	风险程度
1	2021 年 7 月	虫螨腈	31	15.42	16.52	高度风险
2	2021 年 7 月	异菌脲	29	14.43	15.53	高度风险
3	2021 年 7 月	烯唑醇	14	6.97	8.07	高度风险
4	2021 年 7 月	噻菌灵	11	5.47	6.57	高度风险
5	2021 年 7 月	苄氯三唑醇	10	4.98	6.08	高度风险
6	2021 年 7 月	腐霉利	10	4.98	6.08	高度风险
7	2021 年 7 月	咪鲜胺	9	4.48	5.58	高度风险
8	2021 年 7 月	乙烯菌核利	9	4.48	5.58	高度风险
9	2021 年 7 月	苄呋菊酯	8	3.98	5.08	高度风险
10	2021 年 7 月	三唑醇	8	3.98	5.08	高度风险
11	2021 年 7 月	丙环唑	5	2.49	3.59	高度风险
12	2021 年 7 月	螺螨酯	5	2.49	3.59	高度风险
13	2021 年 7 月	百菌清	4	1.99	3.09	高度风险
14	2021 年 7 月	戊唑醇	4	1.99	3.09	高度风险
15	2021 年 7 月	二苯胺	3	1.49	2.59	高度风险
16	2021 年 7 月	己唑醇	3	1.49	2.59	高度风险
17	2021 年 7 月	氯氟氰菊酯	3	1.49	2.59	高度风险
18	2021 年 7 月	萘乙酸	3	1.49	2.59	高度风险

续表

序号	年月	农药	超标频次	超标率 P（%）	风险系数 R	风险程度
19	2021年7月	五氯苯甲腈	3	1.49	2.59	高度风险
20	2021年7月	吡唑醚菌酯	2	1.00	2.10	中度风险
21	2021年7月	氟环唑	2	1.00	2.10	中度风险
22	2021年7月	噻嗪酮	2	1.00	2.10	中度风险
23	2021年7月	杀螟丹	2	1.00	2.10	中度风险
24	2021年7月	乙草胺	2	1.00	2.10	中度风险
25	2021年7月	多效唑	1	0.50	1.60	中度风险
26	2021年7月	嘧霉胺	1	0.50	1.60	中度风险

24.4 农药残留风险评估结论与建议

农药残留是影响水果蔬菜安全和质量的主要因素，也是我国食品安全领域备受关注的敏感话题和亟待解决的重大问题之一。各种水果蔬菜均存在不同程度的农药残留现象，本研究主要针对新疆维吾尔自治区各类水果蔬菜存在的农药残留问题，基于2021年7月期间对新疆维吾尔自治区200例水果蔬菜样品中农药残留侦测得出的1152个侦测结果，分别采用食品安全指数模型和风险系数模型，开展水果蔬菜中农药残留的膳食暴露风险和预警风险评估。水果蔬菜样品取自电商平台和个体商户，符合大众的膳食来源，风险评价时更具有代表性和可信度。

本研究力求通用简单地反映食品安全中的主要问题，且为管理部门和大众容易接受，为政府及相关管理机构建立科学的食品安全信息发布和预警体系提供科学的规律与方法，加强对农药残留的预警和食品安全重大事件的预防，控制食品风险。

24.4.1 新疆维吾尔自治区水果蔬菜中农药残留膳食暴露风险评价结论

1）水果蔬菜样品中农药残留安全状态评价结论

采用食品安全指数模型，对2021年7月期间新疆维吾尔自治区水果蔬菜食品农药残留膳食暴露风险进行评价，根据IFS_c的计算结果发现，水果蔬菜中农药的$\overline{IFS_c}$为0.0295，说明新疆维吾尔自治区水果蔬菜总体处于很好的安全状态，但部分禁用农药、高残留农药在蔬菜、水果中仍有侦测出，导致膳食暴露风险的存在，成为不安全因素。

2）单种水果蔬菜中农药膳食暴露风险不可接受情况评价结论

单种水果蔬菜中农药残留安全指数分析结果显示，农药对单种水果蔬菜安全影响不可接受（$IFS_c>1$）的样本数共8个，占总样本数的4.00%，样本分别为蒜薹中的咪鲜胺、油麦菜中的烯唑醇，说明蒜薹中的咪鲜胺、油麦菜中的烯唑醇会对消费者身体健康造成较大的膳食暴露风险。蒜薹、油麦菜均为较常见的蔬菜，百姓日常食用量较大，长期食用大量残留农药的蔬菜会对人体造成不可接受的影响，本次侦测发现农药在蔬菜样品中多次并大量侦测出，是未严格实施农业良好管理规范（GAP），抑或是农药滥用，这应该引起相关管理部门的警惕，加强对蔬菜中农药的严格管控。

3）禁用农药膳食暴露风险评价

本次侦测发现部分水果蔬菜样品中有禁用农药侦测出，侦测出禁用农药 4 种，检出频次为 38，水果蔬菜样品中的禁用农药 IFS_c 计算结果表明，禁用农药残留膳食暴露风险没有影响的频次为 38，占 100.00%。对于水果蔬菜样品中所有农药而言，膳食暴露风险不可接受的频次为 8，占总体频次的 4.00%。可以看出，禁用农药的膳食暴露风险不可接受的比例低于总体水平。但为何在国家明令禁止禁用农药喷洒的情况下，还能在多种水果蔬菜中多次侦测出禁用农药残留，这应该引起相关部门的警惕，应该在禁止禁用农药喷洒的同时，严格管控禁用农药的生产和售卖，从根本上杜绝安全隐患。

24.4.2 新疆维吾尔自治区水果蔬菜中农药残留预警风险评价结论

1）单种水果蔬菜中禁用农药残留的预警风险评价结论

本次侦测过程中，在 8 种水果蔬菜中侦测出 4 种禁用农药，禁用农药为：毒死蜱、林丹、硫丹、六六六，水果蔬菜为：菠菜、黄瓜、辣椒、梨、苹果、芹菜、桃、油麦菜，水果蔬菜中禁用农药的风险系数分析结果显示，没有禁用农药的残留处于高度风险，说明在单种水果蔬菜中禁用农药的残留导致的预警风险可以接受。

2）单种水果蔬菜中非禁用农药残留的预警风险评价结论

本次侦测过程中，以 MRL 中国国家标准为标准，在 20 种水果蔬菜中侦测出 67 种残留非禁用农药，涉及 200 个样本，1152 检出频次。计算水果蔬菜中非禁用农药风险系数，78.00%处于低度风险，22.00%的数据没有 MRL 中国国家标准值，无法判断其风险程度；以 MRL 欧盟标准为标准，在 13 种水果蔬菜中侦测出 26 种残留非禁用农药，涉及 200 个样本，1152 检出频次。计算水果蔬菜中非禁用农药风险系数，发现有 13.00%处于高度风险，0.00%处于中度风险，83.50%处于低度风险。基于两种 MRL 标准，评价的结果差异显著，可以看出 MRL 欧盟标准比中国国家标准更加严格和完善，过于宽松的 MRL 中国国家标准值能否有效保障人体的健康有待研究。

24.4.3 加强新疆维吾尔自治区水果蔬菜食品安全建议

我国食品安全风险评价体系仍不够健全，相关制度不够完善，多年来，由于农药用药次数多、用药量大或用药间隔时间短，产品残留量大，农药残留所造成的食品安全问题日益严峻，给人体健康带来了直接或间接的危害。据估计，美国与农药有关的癌症患者数约占全国癌症患者总数的 50%，中国更高。同样，农药对其他生物也会形成直接杀伤和慢性危害，植物中的农药可经过食物链逐级传递并不断蓄积，对人和动物构成潜在威胁，并影响生态系统。

基于本次农药残留侦测数据的风险评价结果，提出以下几点建议：

1）加快食品安全标准制定步伐

我国食品标准中对农药每日允许最大摄入量（ADI）的数据严重缺乏，在本次新疆维吾尔自治区水果蔬菜农药残留评价所涉及的 71 种农药中，有 91.55%的农药具有 ADI

值，而 8.45%的农药中国尚未规定相应的 ADI 值，有待完善。

我国食品中农药最大残留限量值的规定严重缺乏，对评估涉及的不同水果蔬菜中不同农药 285 个 MRL 限值进行统计来看，我国仅制定出 133 个标准，我国标准完整率仅为 46.67%，欧盟的完整率达到 100%（表 24-14）。因此，中国更应加快 MRL 标准的制定步伐。

表 24-14 我国国家食品标准农药的 ADI、MRL 值与欧盟标准的数量差异

分类		中国 ADI	MRL 中国国家标准	MRL 欧盟标准
标准限值（个）	有	65	133	284
	无	6	152	0
总数（个）		71	285	284
无标准限值比例（%）		8.45	53.33	0.00

此外，MRL 中国国家标准限值普遍高于欧盟标准限值，这些标准中共有 83 个高于欧盟。过高的 MRL 值难以保障人体健康，建议继续加强对限值基准和标准的科学研究，将农产品中的危险性减少到尽可能低的水平。

2）加强农药的源头控制和分类监管

在甘肃省某些水果蔬菜中仍有禁用农药残留，利用 GC-Q-TOF/MS 技术侦测出 4 种禁用农药，检出频次为 38 次，残留禁用农药均存在较大的膳食暴露风险和预警风险。早已列入黑名单的禁用农药在我国并未真正退出，有些药物由于价格便宜、工艺简单，此类高毒农药一直生产和使用。建议在我国采取严格有效的控制措施，从源头控制禁用农药。

对于非禁用农药，在我国作为"田间地头"最典型单位的县级蔬果产地中，农药残留的侦测几乎缺失。建议根据农药的毒性，对高毒、剧毒、中毒农药实现分类管理，减少使用高毒和剧毒高残留农药，进行分类监管。

3）加强残留农药的生物修复及降解新技术

市售果蔬中残留农药的品种多、频次高、禁用农药多次检出这一现状，说明了我国的田间土壤和水体因农药长期、频繁、不合理的使用而遭到严重污染。为此，建议中国相关部门出台相关政策，鼓励高校及科研院所积极开展分子生物学、酶学等研究，加强土壤、水体中残留农药的生物修复及降解新技术研究，切实加大农药监管力度，以控制农药的面源污染问题。

综上所述，在本工作基础上，根据蔬菜残留危害，可进一步针对其成因提出和采取严格管理、大力推广无公害蔬菜种植与生产、健全食品安全控制技术体系、加强蔬菜食品质量侦测体系建设和积极推行蔬菜食品质量追溯制度等相应对策。建立和完善食品安全综合评价指数与风险监测预警系统，对食品安全进行实时、全面的监控与分析，为我国的食品安全科学监管与决策提供新的技术支持，可实现各类检验数据的信息化系统管理，降低食品安全事故的发生。

附录 A 农药残留风险评价模型

对西北五省区水果蔬菜中农药残留分别开展暴露风险评估和预警风险评估。膳食暴露风险评估利用食品安全指数模型对水果蔬菜中的残留农药对人体可能产生的危害程度进行评价，该模型结合残留监测和膳食暴露评估评价化学污染物的危害；预警风险评价模型运用风险系数（risk index，R），风险系数综合考虑了危害物的超标率、施检频率及其本身敏感性的影响，能直观而全面地反映出危害物在一段时间内的风险程度。

A.1 食品安全指数模型

为了加强食品安全管理，《中华人民共和国食品安全法》第二章第十七条规定"国家建立食品安全风险评估制度，运用科学方法，根据食品安全风险监测信息、科学数据以及有关信息，对食品、食品添加剂、食品相关产品中生物性、化学性和物理性危害因素进行风险评估"[1]，膳食暴露评估是食品危险度评估的重要组成部分，也是膳食安全性的衡量标准[2]。国际上最早研究膳食暴露风险评估的机构主要是 JMPR（FAO、WHO 农药残留联合会议），该组织自 1995 年就已制定了急性毒性物质的风险评估急性毒性农药残留摄入量的预测。1960 年美国规定食品中不得加入致癌物质进而提出零阈值理论，渐渐零阈值理论发展成在一定概率条件下可接受风险的概念[3]，后衍变为食品中每日允许最大摄入量（ADI），而国际食品农药残留法典委员会（CCPR）认为 ADI 不是独立风险评估的唯一标准[4]，1995 年 JMPR 开始研究农药急性膳食暴露风险评估，并对食品国际短期摄入量的计算方法进行了修正，亦对膳食暴露评估准则及评估方法进行了修正[5]，2002 年，在对世界上现行的食品安全评价方法，尤其是国际公认的 CAC 的评价方法、全球环境监测系统/食品污染监测和评估规划（WHO GEMS/Food）及 FAO、WHO 食品添加剂联合专家委员会（JECFA）和 JMPR 对食品安全风险评估工作研究的基础之上，检验检疫食品安全管理的研究人员提出了结合残留监控和膳食暴露评估，以食品安全指数（IFS）计算食品中各种化学污染物对消费者的健康危害程度[6]。IFS 是表示食品安全状态的新方法，可有效地评价某种农药的安全性，进而评价食品中各种农药化学污染物对消费者健康的整体危害程度[7, 8]。从理论上分析，IFS_c 可指出食品中的污染物 c 对消费者健康是否存在危害及危害的程度[9]。其优点在于操作简单且结果容易被接受和理解，不需要大量的数据来对结果进行验证，使用默认的标准假设或者模型即可[10, 11]。

1）IFS_c 的计算

IFS_c 计算公式如下：

$$IFS_c = \frac{EDI_c \times f}{SI_c \times bw} \quad (A\text{-}1)$$

式中，c 为所研究的农药；EDI_c 为农药 c 的实际日摄入量估算值，等于 $\sum(R_i \times F_i \times E_i \times P_i)$

（i 为食品种类；R_i 为食品 i 中农药 c 的残留水平，mg/kg；F_i 为食品 i 的估计日消费量，g/（人·天）；E_i 为食品 i 的可食用部分因子；P_i 为食品 i 的加工处理因子）；SI_c 为安全摄入量，可采用每日允许最大摄入量（ADI）；bw 为人平均体重，kg；f 为校正因子，如果安全摄入量采用 ADI，则 f 取 1。

$IFS_c \ll 1$，农药 c 对食品安全没有影响；$IFS_c \leqslant 1$，农药 c 对食品安全的影响可以接受；$IFS_c > 1$，农药 c 对食品安全的影响不可接受。

本次评价中：

$IFS_c \leqslant 0.1$，农药 c 对水果蔬菜安全没有影响；

$0.1 < IFS_c \leqslant 1$，农药 c 对水果蔬菜安全的影响可以接受；

$IFS_c > 1$，农药 c 对水果蔬菜安全的影响不可接受。

本次评价中残留水平 R_i 取值为中国检验检疫科学研究院庞国芳院士课题组利用以高分辨精确质量数（0.0001 m/z）为基准的 LC-Q-TOF/MS 和 GC-Q-TOF/MS 侦测技术于 2020 年 8 月到 10 月对西北五省区水果蔬菜农药残留的侦测结果，估计日消费量 F_i 取值 0.38 kg/（人·天），$E_i = 1$，$P_i = 1$，$f = 1$，SI_c 采用《食品中农药最大残留限量》（GB 2763—2019）中 ADI 值，人平均体重（bw）取值 60 kg。

2）计算 IFS_c 的平均值 $\overline{IFS_c}$，评价农药对食品安全的影响程度

以 $\overline{IFS}$ 评价各种农药对人体健康危害的总程度，评价模型见公式（A-2）。

$$\overline{IFS_c} = \frac{\sum_{i=1}^{n} IFS_c}{n} \qquad (A-2)$$

$\overline{IFS_c} \ll 1$，所研究消费者人群的食品安全状态很好；$\overline{IFS_c} \leqslant 1$，所研究消费者人群的食品安全状态可以接受；$\overline{IFS_c} > 1$，所研究消费者人群的食品安全状态不可接受。

本次评价中：

$\overline{IFS_c} \leqslant 0.1$，所研究消费者人群的水果蔬菜安全状态很好；

$0.1 < \overline{IFS_c} \leqslant 1$，所研究消费者人群的水果蔬菜安全状态可以接受；

$\overline{IFS_c} > 1$，所研究消费者人群的水果蔬菜安全状态不可接受。

A.2 预警风险评估模型

2003 年，我国检验检疫食品安全管理的研究人员根据 WTO 的有关原则和我国的具体规定，结合危害物本身的敏感性、风险程度及其相应的施检频率，首次提出了食品中危害物风险系数 R 的概念[12]。R 是衡量一个危害物的风险程度大小最直观的参数，即在一定时期内其超标率或阳性检出率的高低，但受其施检频率的高低及其本身的敏感性（受关注程度）影响。该模型综合考察了农药在蔬菜中的超标率、施检频率及其本身敏感性，能直观而全面地反映出农药在一段时间内的风险程度[13]。

1）R 计算方法

危害物的风险系数综合考虑了危害物的超标率或阳性检出率、施检频率和其本身的敏感性影响，并能直观而全面地反映出危害物在一段时间内的风险程度。风险系数 R 的

计算公式如式（A-3）：

$$R = aP + \frac{b}{F} + S \qquad (A-3)$$

式中，P 为该种危害物的超标率；F 为危害物的施检频率；S 为危害物的敏感因子；a、b 分别为相应的权重系数。

本次评价中 $F=1$；$S=1$；$a=100$；$b=0.1$，对参数 P 进行计算，计算时首先判断是否为禁用农药，如果为非禁用农药，$P=$ 超标的样品数（侦测出的含量高于食品最大残留限量标准值，即 MRL）除以总样品数（包括超标、不超标、未侦测出）；如果为禁用农药，则侦测出即为超标，$P=$ 能侦测出的样品数除以总样品数。判断西北五省区水果蔬菜农药残留是否超标的标准限值 MRL 分别以 MRL 中国国家标准[14]和 MRL 欧盟标准作为对照。

2）评价风险程度

$R \leqslant 1.5$，受检农药处于低度风险；

$1.5 < R \leqslant 2.5$，受检农药处于中度风险；

$R > 2.5$，受检农药处于高度风险。

A.3 食品膳食暴露风险和预警风险评估应用程序的开发

1）应用程序开发的步骤

为成功开发膳食暴露风险和预警风险评估应用程序，与软件工程师多次沟通讨论，逐步提出并描述清楚计算需求，开发了初步应用程序。为明确出不同水果蔬菜、不同农药、不同地域和不同季节的风险水平，向软件工程师提出不同的计算需求，软件工程师对计算需求进行逐一地分析，经过反复的细节沟通，需求分析得到明确后，开始进行解决方案的设计，在保证需求的完整性、一致性的前提下，编写出程序代码，最后设计出满足需求的风险评估专用计算软件，并通过一系列的软件测试和改进，完成专用程序的开发。软件开发基本步骤见图 A-1。

需求捕捉 → 需求分析 → 软件设计 → 代码编写 → 软件测试 → 软件维护

图 A-1 专用程序开发总体步骤

2）膳食暴露风险评估专业程序开发的基本要求

首先直接利用公式（A-1），分别计算 LC-Q-TOF/MS 和 GC-Q-TOF/MS 仪器侦测出的各水果蔬菜样品中每种农药 IFS_c，将结果列出。为考察超标农药和禁用农药的使用安全性，分别以我国《食品中农药最大残留限量》（GB 2763—2021）和欧盟食品中农药最大残留限量（以下简称 MRL 中国国家标准和 MRL 欧盟标准）为标准，对侦测出的禁用农药和超标的非禁用农药 IFS_c 单独进行评价；按 IFS_c 大小列表，并找出 IFS_c 值排名前 20 的样本重点关注。

对不同水果蔬菜 i 中每一种侦测出的农药 c 的安全指数进行计算，多个样品时求平均值。若监测数据为该市多个月的数据，则逐月、逐季度分别列出每个月、每个季度内每一种水果蔬菜 i 对应的每一种农药 c 的 IFS_c。

按农药种类，计算整个监测时间段内每种农药的 IFS_c，不区分水果蔬菜。若侦测数据为该市多个月的数据，则需分别计算每个月、每个季度内每种农药的 IFS_c。

3）预警风险评估专业程序开发的基本要求

分别以 MRL 中国国家标准和 MRL 欧盟标准，按公式（A-3）逐个计算不同水果蔬菜、不同农药的风险系数，禁用农药和非禁用农药分别列表。

为清楚了解各种农药的预警风险，不分时间，不分水果蔬菜，按禁用农药和非禁用农药分类，分别计算各种侦测出农药全部侦测时段内风险系数。由于有 MRL 中国国家标准的农药种类太少，无法计算超标数，非禁用农药的风险系数只以 MRL 欧盟标准为标准，进行计算。若侦测数据为多个月的，则按月计算每个月、每个季度内每种禁用农药残留的风险系数和以 MRL 欧盟标准为标准的非禁用农药残留的风险系数。

4）风险程度评价专业应用程序的开发方法

采用 Python 计算机程序设计语言，Python 是一个高层次地结合了解释性、编译性、互动性和面向对象的脚本语言。风险评价专用程序主要功能包括：分别读入每例样品 LC-Q-TOF/MS 和 GC-Q-TOF/MS 农药残留侦测数据，根据风险评价工作要求，依次对不同农药、不同食品、不同时间、不同采样点的 IFS_c 值和 R 值分别进行数据计算，筛选出禁用农药、超标农药（分别与 MRL 中国国家标准、MRL 欧盟标准限值进行对比）单独重点分析，再分别对各农药、各水果蔬菜种类分类处理，设计出计算和排序程序，编写计算机代码，最后将生成的膳食暴露风险评估和超标风险评估定量计算结果列入设计好的各个表格中，并定性判断风险对目标的影响程度，直接用文字描述风险发生的高低，如"不可接受""可以接受""没有影响""高度风险""中度风险""低度风险"。

参 考 文 献

[1] 全国人民代表大会常务委员会. 中华人民共和国食品安全法[Z]. 2015-04-24.

[2] 钱永忠, 李耘. 农产品质量安全风险评估: 原理、方法和应用[M]. 银川: 中国标准出版社, 2007.

[3] 高仁君, 陈隆智, 郑明奇, 等. 农药对人体健康影响的风险评估[J]. 农药学学报, 2004, 6(3): 8-14.

[4] 高仁君, 王蔚, 陈隆智, 等. JMPR农药残留急性膳食摄入量计算方法[J]. 中国农学通报, 2006, 22(4): 101-104.

[5] WHO. Recommendation for the revision of the guidelines for predicting dietary intake of pesticide residues, Report of a FAO/WHO Consultation[R]. 2-6 May 1995, York, United Kingdom.

[6] 李聪, 张艺兵, 李朝伟, 等. 暴露评估在食品安全状态评价中的应用[J]. 检验检疫学刊, 2002, 12(1): 11-12.

[7] Liu Y, Li S, Ni Z, et al. Pesticides in persimmons, jujubes and soil from China: Residue levels, risk assessment and relationship between fruits and soils[J]. Science of the Total Environment, 2016, 542(Pt A): 620-628.

[8] Claeys W L, Schmit J F O, Bragard C, et al. Exposure of several Belgian consumer groups to pesticide residues through fresh fruit and vegetable consumption[J]. Food Control, 2011, 22(3): 508-516.

[9] Quijano L, Yusà V, Font G, et al. Chronic cumulative risk assessment of the exposure to organophosphorus, carbamate and pyrethroid and pyrethrin pesticides through fruit and vegetables consumption in the region of Valencia(Spain)[J]. Food & Chemical Toxicology, 2016, 89: 39-46.

[10] Fang L, Zhang S, Chen Z, et al. Risk assessment of pesticide residues in dietary intake of celery in China.[J]. Regulatory Toxicology & Pharmacology, 2015, 73(2): 578-586.

[11] Nuapia Y, Chimuka L, Cukrowska E. Assessment of organochlorine pesticide residues in raw food samples from open markets in two African cities[J]. Chemosphere, 2016, 164: 480-487.

[12] 秦燕, 李辉, 李聪. 危害物的风险系数及其在食品检测中的应用[J]. 检验检疫学刊, 2003, 13(5): 13-14.

[13] 金征宇. 食品安全导论[M]. 银川: 化学工业出版社, 2005.

[14] 中华人民共和国国家卫生和计划生育委员会, 中华人民共和国农业部, 中华人民国家食品药品监督管理总局. GB 2763—2019 食品安全国家标准-食品中农药最大残留限量[S]. 2019.